国家卫生健康委员会“十四五”规划教材
全国高等中医药教育教材
供中药学、制药工程、药学、生物制药学、药物分析学等专业用

有机化学

第3版

中藥

主　编　赵　骏　康　威

主　审　吉卯祉

副主编　方　方　陈胡兰　万屏南　张立剑　彭彩云

编　委（按姓氏笔画排序）

万屏南（江西中医药大学）
王建华（内蒙古医科大学）
牛　奔（大连医科大学）
方　方（安徽中医药大学）
尹　飞（天津中医药大学）
邓仕任（辽宁中医药大学）
权　彦（陕西中医药大学）
李红梅（齐齐哈尔医学院）
余宇燕（福建中医药大学）
沈　琤（湖北中医药大学）
张立剑（黑龙江中医药大学）
张园园（北京中医药大学）
张京玉（河南中医药大学）
陈胡兰（成都中医药大学）
虎春艳（云南中医药大学）
房　方（南京中医药大学）
赵　骏（天津中医药大学）
胡冬华（长春中医药大学）
贾智若（广西中医药大学）
徐秀玲（浙江中医药大学）
康　威（北京中医药大学）
彭彩云（湖南中医药大学）
蔡梅超（山东中医药大学）

人民卫生出版社
·北　京·

图书在版编目（CIP）数据

有机化学 / 赵骏，康威主编．—3 版．—北京：人民卫生出版社，2021.6（2024.11重印）
ISBN 978-7-117-31634-7

Ⅰ. ①有… Ⅱ. ①赵…②康… Ⅲ. ①有机化学 — 中医学院 — 教材 Ⅳ. ①O62

中国版本图书馆 CIP 数据核字（2021）第 092919 号

有 机 化 学

Youji Huaxue

第 3 版

主　　编：赵　骏　康　威
出版发行：人民卫生出版社（中继线 010-59780011）
地　　址：北京市朝阳区潘家园南里 19 号
邮　　编：100021
E - mail：pmph @ pmph.com
购书热线：010-59787592　010-59787584　010-65264830
印　　刷：北京市艺辉印刷有限公司
经　　销：新华书店
开　　本：850 × 1168　1/16　　印张：29
字　　数：760 千字
版　　次：2012 年 8 月第 1 版　　2021 年 6 月第 3 版
印　　次：2024 年11月第 4 次印刷
标准书号：ISBN 978-7-117-31634-7
定　　价：85.00 元
打击盗版举报电话：010-59787491　E-mail：WQ @ pmph.com
质量问题联系电话：010-59787234　E-mail：zhiliang @ pmph.com

数字增值服务编委会

主　编　赵　骏　康　威

副主编　尹　飞　房　方　方玉宇

编　委（按姓氏笔画排序）

万屏南（江西中医药大学）
马　艳（山东中医药大学）
王　敏（内蒙古医科大学）
王建华（内蒙古医科大学）
牛　奔（大连医科大学）
方　方（安徽中医药大学）
方玉宇（成都中医药大学）
尹　飞（天津中医药大学）
邓仕任（辽宁中医药大学）
权　彦（陕西中医药大学）
刘　华（江西中医药大学）
李　根（天津中医药大学）
李红梅（齐齐哈尔医学院）
李贺敏（南京中医药大学）
杨淑珍（北京中医药大学）
余宇燕（福建中医药大学）
沈　琤（湖北中医药大学）
张立剑（黑龙江中医药大学）
张园园（北京中医药大学）
张京玉（河南中医药大学）
陈胡兰（成都中医药大学）
林玉萍（云南中医药大学）
虎春艳（云南中医药大学）
房　方（南京中医药大学）
赵　骏（天津中医药大学）
胡冬华（长春中医药大学）
姚惠文（湖北中医药大学）
贾智若（广西中医药大学）
徐秀玲（浙江中医药大学）
盛文兵（湖南中医药大学）
康　威（北京中医药大学）
彭彩云（湖南中医药大学）
蔡梅超（山东中医药大学）

修订说明

为了更好地贯彻落实《中医药发展战略规划纲要(2016—2030年)》《中共中央国务院关于促进中医药传承创新发展的意见》《教育部 国家卫生健康委 国家中医药管理局关于深化医教协同进一步推动中医药教育改革与高质量发展的实施意见》《关于加快中医药特色发展的若干政策措施》和新时代全国高等学校本科教育工作会议精神，做好第四轮全国高等中医药教育教材建设工作，人民卫生出版社在教育部、国家卫生健康委员会、国家中医药管理局的领导下，在上一轮教材建设的基础上，组织和规划了全国高等中医药教育本科国家卫生健康委员会“十四五”规划教材的编写和修订工作。

为做好新一轮教材的出版工作，人民卫生出版社在教育部高等学校中医学类专业教学指导委员会、中药学类专业教学指导委员会和第三届全国高等中医药教育教材建设指导委员会的大力支持下，先后成立了第四届全国高等中医药教育教材建设指导委员会和相应的教材评审委员会，以指导和组织教材的遴选、评审和修订工作，确保教材编写质量。

根据“十四五”期间高等中医药教育教学改革和高等中医药人才培养目标，在上述工作的基础上，人民卫生出版社规划、确定了第一批中医学、针灸推拿学、中医骨伤科学、中药学、护理学5个专业100种国家卫生健康委员会“十四五”规划教材。教材主编、副主编和编委的遴选按照公开、公平、公正的原则进行。在全国50余所高等院校2 400余位专家和学者申报的基础上，2 000余位申报者经教材建设指导委员会、教材评审委员会审定批准，聘任为主编、副主编、编委。

本套教材的主要特色如下：

1. 立德树人，思政教育 坚持以文化人，以文载道，以德育人，以德为先。将立德树人深化到各学科、各领域，加强学生理想信念教育，厚植爱国主义情怀，把社会主义核心价值观融入教育教学全过程。根据不同专业人才培养特点和专业能力素质要求，科学合理地设计思政教育内容。教材中有机融入中医药文化元素和思想政治教育元素，形成专业课教学与思政理论教育、课程思政与专业思政紧密结合的教材建设格局。

2. 准确定位，联系实际 教材的深度和广度符合各专业教学大纲的要求和特定学制、特定对象、特定层次的培养目标，紧扣教学活动和知识结构。以解决目前各院校教材使用中的突出问题为出发点和落脚点，对人才培养体系、课程体系、教材体系进行充分调研和论证，使之更加符合教改实际、适应中医药人才培养要求和社会需求。

3. 夯实基础，整体优化 以科学严谨的治学态度，对教材体系进行科学设计、整体优化，体现中医药基本理论、基本知识、基本思维、基本技能；教材编写综合考虑学科的分化、交叉，既充分体现不同学科自身特点，又注意各学科之间有机衔接；确保理论体系完善，知识点结合完备，内容精练、完整，概念准确，切合教学实际。

4. 注重衔接，合理区分 严格界定本科教材与职业教育教材、研究生教材、毕业后教育教材的知识范畴，认真总结、详细讨论现阶段中医药本科各课程的知识和理论框架，使其在教材中得以凸显，既要相互联系，又要在编写思路、框架设计、内容取舍等方面有一定的区分度。

5. 体现传承，突出特色 本套教材是培养复合型、创新型中医药人才的重要工具，是中医药文明传承的重要载体。传统的中医药文化是国家软实力的重要体现。因此，教材必须遵循中医药传承发展规律，既要反映原汁原味的中医药知识，培养学生的中医思维，又要使学生中西医学融会贯通，既要传承经典，又要创新发挥，体现新版教材“传承精华、守正创新”的特点。

6. 与时俱进，纸数融合 本套教材新增中医抗疫知识，培养学生的探索精神、创新精神，强化中医药防疫人才培养。同时，教材编写充分体现与时代融合、与现代科技融合、与现代医学融合的特色和理念，将移动互联、网络增值、慕课、翻转课堂等新的教学理念和教学技术、学习方式融入教材建设之中。书中设有随文二维码，通过扫码，学生可对教材的数字增值服务内容进行自主学习。

7. 创新形式，提高效用 教材在形式上仍将传承上版模块化编写的设计思路，图文并茂、版式精美；内容方面注重提高效用，同时应用问题导入、案例教学、探究教学等教材编写理念，以提高学生的学习兴趣和学习效果。

8. 突出实用，注重技能 增设技能教材、实验实训内容及相关栏目，适当增加实践教学学时数，增强学生综合运用所学知识的能力和动手能力，体现医学生早临床、多临床、反复临床的特点，使学生好学、临床好用、教师好教。

9. 立足精品，树立标准 始终坚持具有中国特色的教材建设机制和模式，编委会精心编写，出版社精心审校，全程全员坚持质量控制体系，把打造精品教材作为崇高的历史使命，严把各个环节质量关，力保教材的精品属性，使精品和金课互相促进，通过教材建设推动和深化高等中医药教育教学改革，力争打造国内外高等中医药教育标准化教材。

10. 三点兼顾，有机结合 以基本知识点作为主体内容，适度增加新进展、新技术、新方法，并与相关部门制订的职业技能鉴定规范和国家执业医师（药师）资格考试有效衔接，使知识点、创新点、执业点三点结合；紧密联系临床和科研实际情况，避免理论与实践脱节、教学与临床脱节。

本轮教材的修订编写，教育部、国家卫生健康委员会、国家中医药管理局有关领导和教育部高等学校中医学类专业教学指导委员会、中药学类专业教学指导委员会等相关专家给予了大力支持和指导，得到了全国各医药卫生院校和部分医院、科研机构领导、专家和教师的积极支持和参与，在此，对有关单位和个人表示衷心的感谢！希望各院校在教学使用中，以及在探索课程体系、课程标准和教材建设与改革的进程中，及时提出宝贵意见或建议，以便不断修订和完善，为下一轮教材的修订工作奠定坚实的基础。

人民卫生出版社

2021年3月

前　言

本教材根据全国高等中医药教育本科国家卫生健康委员会“十四五”规划教材主编人会议的精神，为推进高等学校加快“双一流”建设，把握新时代要求，满足培养传承中医药文明，发展中医药事业的高素质、复合型、创新型高等中医药专业人才的需要编写。本教材由天津中医药大学、北京中医药大学、成都中医药大学、安徽中医药大学、江西中医药大学、黑龙江中医药大学、湖北中医药大学、湖南中医药大学等全国20余所高校有机化学专家联合编写，供中药学等专业使用。

本教材遵循以学生发展为目标，以培养学生自主能力为途径的教学理念，突出中医药思维和科学思维培养。体现中药学等专业对有机化学课程的基本要求，突出实用性和实践性的原则，强化有机化学的基本原理、基本知识和基本反应，以利于学生综合素质的形成和科学思维方法与创新能力的培养。注重前后知识的连贯性、逻辑性，图文并茂，力求深入浅出。

本版教材保持了2版教材的知识体系，加强突出中药学专业特色，适度调整，优化内容体系，贯彻以必须、够用为度的原则，为后续课程的学习和可持续教育打下坚实的基础。主要调整内容如下：第一，根据《有机化合物命名原则》(2017)对第二章有机化合物命名内容进行重新编写，其他各章有机化合物名称也进行了修订。第二，教材是知识的重要载体，不仅仅反映学科内容，还承载着立德树人根本任务，因此将思想政治教育元素以显性和隐性相结合方式有机融入教材中。第三，为满足学生学习需要，在章后复习思考题与习题部分适当增加了题型和题量。另外，增加了一些绿色环保的知识拓展，提升学生的环保意识，并力求保持与有机化学和中医药学的发展同步，使学生所学知识能满足中药学专业发展的需要。第四，教材增加了数字内容，以二维码形式呈现，具体内容包括教学课件、微课、动画、拓展阅读、复习思考题与习题答案、模拟试卷等。数字内容扩展了学习知识范围，能更好地培养学生自主学习的能力，提高学生学习效率。

在本教材编写过程中，相关院校领导给予了大力支持，人民卫生出版社编辑在教材的审订和书稿的审阅修改等工作中付出了辛勤劳动，在此表示衷心的感谢。

由于编写时间仓促，加之编者水平有限，书中难免有不妥和疏漏之处，敬请各院校师生在使用过程中批评指正，以不断提高本教材的质量。

编者

2021年2月

目　录

第一章

绪　论

笔记栏

绪论PPT

PPT 课件

学习目标

绪论是教材的先导和灵魂，是对全书的高度概括和总结。学好绪论对学习全书具有重要的指导性意义。

1. 掌握有机化合物的结构，有机化合物的研究方法，化学键的类型，共价键的形成及属性；诱导效应、共轭效应和超共轭效应及其影响。

2. 理解共振论的基本概念和对分子性质的描述。

3. 了解有机化学的研究对象、发展简史，有机化合物的特点。

第一节　有机化学概述

一、有机化学的研究对象

有机化学是研究有机化合物的化学。有机化合物简称有机物，主要含碳和氢两种元素，有的还含有氧、氮、卤素、硫、磷等元素。通常把碳氢化合物作为有机化合物的母体。碳氢化合物中的氢原子被其他原子或原子团取代而得的化合物称为碳氢化合物的衍生物。因此，有机化合物可以定义为“碳氢化合物及其衍生物”。有机化学的完整定义——研究碳氢化合物及其衍生物的化学。它主要是研究有机化合物的结构、命名、理化性质、合成方法、应用，以及有机化合物之间相互转化所遵循的理论和规律的一门学科。

有机物是生命产生的物质基础。脂肪、氨基酸、蛋白质、糖、血红素、叶绿素、酶、激素等均为有机化合物；生物体内的新陈代谢和生物的遗传现象，也都涉及有机化合物的转变；我们所使用的药物，绝大多数都是有机化合物。此外，许多与人类生活有密切关系的物质，如石油、天然气、棉花、染料、化学纤维、天然药物和合成药物等，均属有机化合物。含碳化合物数目很多。据统计，目前已知的化学物质已超过一亿五千万种，其中绝大多数为有机化合物，并且新发现或新合成的有机化合物还在与日俱增，并且这个数目还在不断地迅速增长中。因此，把有机化学作为一门独立的学科来研究是很必要的。实际上，在有机化合物和无机化合物之间并没有一个绝对的界线，它们遵循着共同的变化规律，只是在组成和性质上有所不同。至于某些简单的含碳化合物，如一氧化碳、二氧化碳、碳酸盐等，因其有无机化合物的典型性质，通常看作无机化合物而不在有机化学中讨论。

回顾有机化学的发展史可知，有机化学是在 19 世纪中期形成的一门学科，但是有机化合物在生活和生产中的应用由来已久。最初人们从植物中提取药物、染料和香料。据

笔记栏

《周礼》记载，我国在夏、商时代设有专职官员管理染色、酿酒和制醋等。随着通过加工天然产物得到的有机化合物越来越多，人们对有机物的认识也逐渐加深和提高。18 世纪以来，先后从动植物中分离出一系列较纯的有机化合物，如甘油、草酸、酒石酸、枸橼酸、苹果酸、乳酸、尿素、吗啡等。当时这些有机物的来源只限于动植物有机体，而且这些化合物有许多共同的性质，明显不同于当时从矿物中得到的无机化合物，因此当时有些学者提出了"生命力"学说，认为有机物只能在"生命力"的影响下在生物体中产生，人只能从动植物体中得到它们，而不能用人工合成的方法以无机物制取，并称这些物质为有机化合物。这种看法，使有机物和无机物之间形成了一条不可逾越的鸿沟，严重阻碍了有机化学的发展。

1828 年，德国化学家维勒（F. Wohler）在加热无机物氰酸铵时得到了有机化合物尿素。

$$\underset{\text{氰酸钾}}{KOCN} + \underset{\text{氯化铵}}{NH_4Cl} \longrightarrow \underset{\text{氰酸铵（无机物）}}{NH_4OCN} + \underset{\text{氯化钾}}{KCl}$$

$$NH_4OCN \xrightarrow{\text{加热}} \underset{\text{尿素（有机物）}}{(NH_2)_2CO}$$

这一发现，说明在实验室中用无机物为原料，可以合成有机物而不必依赖神秘的"生命力"。这一事实无疑给"生命力"学说一个有力的冲击。

接着，1845 年柯尔贝（H. Kolbe）合成了乙酸，1854 年贝特罗（H. Berthelot）合成了脂肪等有机化合物。这些事实彻底推翻了"生命力"学说，开创了合成有机化合物的新时代，于是成千上万种有机化合物被陆续合成出来。对有机化合物的组成研究发现，有机化合物都含碳，大多数还含氢，因此到了 19 世纪中叶，开始把有机化合物看成碳的化合物，"有机化学"这个名称仍在沿用但是含义已经改变了。

ER-1-1

首届诺贝尔化学奖获得者——范托夫

随后，结构理论的研究也取得了很大的进展。1865 年，德国化学家凯库勒提出大多数有机化合物中的碳为四价。在此基础上，凯库勒和英国化学家库珀（A. Couper）以及俄国化学家布特列洛夫（A. Бутлеров）分别提出了有机化合物的结构学说，有力地推动了有机化学的发展。1874 年，法国化学家勒贝尔（A. Le Bel）和荷兰化学家范托夫（H. van't Hoff）同时提出饱和碳原子为四价的四面体学说，从而开创了有机化合物的立体化学研究。1916 年，美国物理化学家路易斯（G. Lewis）首次用共用电子对解释了共价键的形成。之后的分子轨道理论、诱导效应理论、共轭效应理论以及共振论等重要理论的创立，使得有机化学形成了完善的结构理论体系。

ER-1-2

电子对共价键理论和酸碱电子理论的提出者——路易斯

目前，在有机化学的发展过程中，逐步形成了有机合成化学、天然有机化学、金属与元素有机化学、物理有机化学等多个成熟的分支学科。这些领域在各自的发展过程中相互渗透、交叉并相互促进，为有机化学学科的发展作出重要的贡献。随着近代科学技术的发展，有机化学在理论概念、研究方法和实验手段等方面多有不少新的突破。以有机化学为基础的石油化工、医药、农药、合成材料等工业已经是国民经济的基础，而有机化学在能源、环境、生命科学中正发挥着越来越重要的作用。2015 年，屠呦呦因开创性地从中草药中分离出青蒿素应用于疟疾治疗而获得当年的诺贝尔生理学或医学奖。这是在中国本土进行的科学研究首次获得诺贝尔奖。我国自然资源丰富，又有着几千年传统防治疾病的经验积累，因此在我国大力发展天然有机化学的研究有着非常现实的意义。

思政元素

坚持科学精神、勇于挑战权威的维勒

有机物是有机化学的研究对象，“有机物就是生命有机体产生的化合物”即是这一名称的最初由来。但在1824年，24岁的德国化学家维勒意外地发现无机物氰酸铵加热也可以获得有机物尿素。面对当时统治着有机化学界“生命力”学说的代表人物贝采利乌斯(维勒的老师)，维勒并未盲从，克服各方压力，潜心研究，确证反应的产物就是哺乳动物的代谢产物——尿素，并于1828年在《物理学和化学年鉴》第12卷上正式发表论文《论尿素的人工合成》，从而颠覆了“生命力”学说，开创了有机合成的新纪元。

二、有机化合物的结构和特点

(一) 碳原子的特性及有机化合物的特点

碳元素在元素周期表中位于第二周期，属ⅣA族，为四价原子。为了满足电子的八隅体，碳必须与碳或其他元素形成4个价键，同时C—C键特别强(键能约350kJ/mol)，这意味着碳原子能无限多地相连成直链、支链或闭环。因此，有机化合物虽然组成元素少，有C、H、O、N、P、S、X(卤素：F、Cl、Br、I)等，但有机化合物种类繁多、数目庞大。

由于有机化合物分子中以碳元素为骨架，所以决定了有机物在组成和理化性质等方面具有与无机物很不相同的特性。一般来讲，有机化合物具有下列一些特点：

1. 有机化合物结构复杂，普遍存在同分异构现象　有机化合物中普遍存在着多种同分异构现象(isomerism)。具有同一分子式，而化学结构不同的化合物称为同分异构体，这种现象就称为同分异构现象。例如，分子式为 C_2H_6O 的物质就有乙醇和甲醚两个性质不同的化合物。

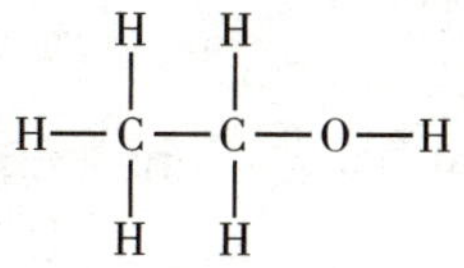

乙醇（沸点78.3℃）

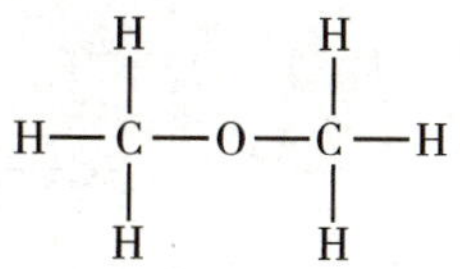

甲醚（沸点-23.6℃）

它们互为同分异构体(或简称异构体)。

同分异构现象可分为构造异构、顺反异构、对映异构(又称旋光异构)、构象异构等，这是有机化合物的重要特点，也是造成有机化合物数目众多的主要原因之一。无机化合物很少有这种现象。因此，无机化合物通常以分子式表示即可，而有机化合物要用结构式表示。

2. 有机物通常熔、沸点较低，挥发性较强　有机物在常温下常为气体、液体或低熔点的固体，且其熔点多在400℃以下；而无机物很多是固体，其熔点高得多，如氯化钠的熔点为808℃。这是由于无机物多属于离子晶格或原子晶格，而有机物属于分子晶格。分子晶格只靠微弱的范德瓦耳斯力(van der Walls force，又称范德华力)相吸引。范德华力比离子间和原子间的引力要弱得多，只需较低能量就可被破坏，所以熔点较低。同样，液体有机化合物的沸点也比较低。由于有机物的熔点、沸点都较低而又比较容易测定，故常用来鉴定有机化合物。

3. 有机物通常难溶于水　有机化合物分子中的化学键多为共价键，极性小或没有极

笔记栏

性，因此一般难溶于极性强的水中，而易溶于乙醚、苯等极性很弱的有机溶剂中，这就是所谓的“相似相溶”经验规则。当然，有些极性较大的有机化合物，如乙醇、乙酸等则易溶于水，甚至可以与水以任何比例互溶。

4. 有机物易于燃烧 绝大多数有机物都能燃烧，且能燃尽，最后产物是二氧化碳和水，以及其他所含元素的氧化物。而大多数无机化合物则不易燃烧，也不能燃尽。我们可利用这个性质来区别有机化合物和无机化合物。当然这一性质的区别不是绝对的，有的有机物不易燃烧，甚至可以作灭火剂，如 CCl_4、$C_2F_2Br_2$ 等。

5. 有机物反应速度比较慢 无机物之间起反应很快，往往瞬时完成。有机物之间的反应则比较慢，需要较长时间，如几十分钟、几小时或更多的时间才能完成。无机反应一般为离子反应，故反应速度快。有机化合物的反应一般为分子之间的反应，反应速度决定于分子之间有效的碰撞，往往需要一定的活化能，因此反应缓慢。为了加速有机反应，往往需要采取加热、加压、振摇或搅拌，以及使用催化剂等方法。

6. 有机物反应产物复杂 由于有机化合物的分子是由较多的原子结合而成的一个复杂分子，当它和某一试剂发生反应时，分子的各部分可能都受影响，也就是说，在反应时，并不限定于分子某一特定部位发生反应。在主要反应的同时，还常伴随着副反应。即在同样条件下，一个化合物往往可以同时进行几个不同的反应，生成不同的产物。因此，有机物反应结果比较复杂，若一个有机反应能达到 60%~70% 的理论产量，就算是比较满意的，这在无机反应中是不常见的。

以上特点都是相对的。例如有的有机化合物并不燃烧，也有的极易溶于水，或反应速度极快。然而尽管这些特点都是相对的，但它们合在一起，就能在一定程度上反映出大多数有机化合物的特点。

（二）有机化合物的结构

有机物中普遍存在同分异构现象，因此对于一个有机分子，只知道它的分子式是不够的，因为往往可能有好几个有机化合物都具有相同的分子式，而它们的理化性质却很不相同。例如，分子式为 C_4H_{10} 的化合物，可以是下面两个不同的化合物。

正丁烷（沸点-0.5℃）

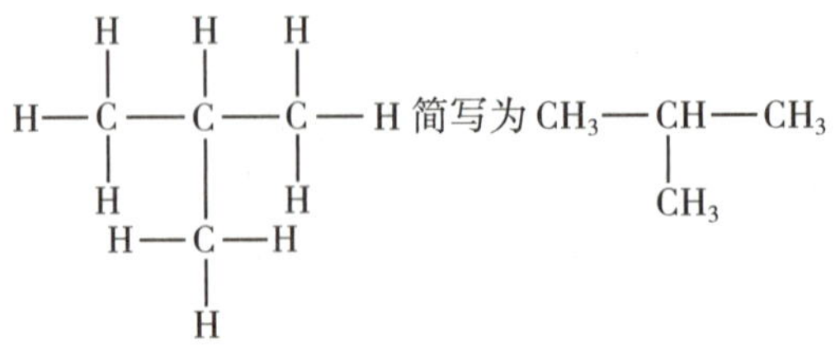

异丁烷（沸点-11.7℃）

正丁烷和异丁烷分子中各原子间的连接方式和次序不同，性质也不同。因此，了解有机物分子中原子连接的方式、次序和探讨原子结构理论问题是很重要的。19 世纪，凯库勒、库珀及布特列洛夫等先后提出有关有机化合物的经典结构理论。其要点可归纳如下：

(1) 在分子中组成化合物的若干原子，是按一定的次序和方式连接的，这种连接次序和方式称为“化学结构”或简称“结构”（construction），现在按 IUPAC 的建议应改称“构造”

(constitution)。有机化合物的结构决定着性质，反之，也可以根据化合物的性质，推断它的化学结构。

(2) 在有机化合物中，碳原子是四价的，而且 4 个价键相等。它可以用 4 个相等的价键与其他原子相连接，每一个价键可用一条短线代表，所以把每一条短线叫作键(bond)。

其他元素也都有各自的化合价，例如：氢为一价，氯为一价，氧为二价，氮为三价，等等。这样，我们可以用短线表示化合物的结构图式，即“结构式”。如：

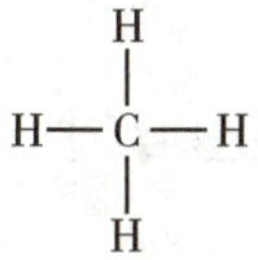

甲烷

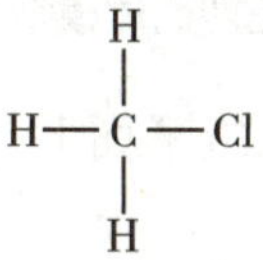

一氯甲烷

(3) 碳原子还可以用二价、三价相连接，这样就分别形成碳碳单键、双键和三键。

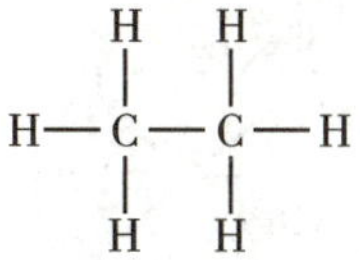

单键

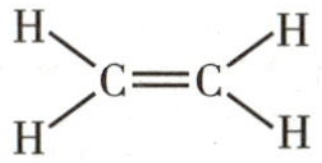

双键

三键

根据以上理论，正丁烷和异丁烷两个化合物的结构不同，因而性质不同，也是十分自然的。因此，它们是同分异构体，也是一种同分异构现象。

(三) 有机分子的立体结构

经典的结构理论，开始只提出分子中各原子的原子价、数目和彼此间的相互关系，还没有涉及分子的立体结构问题。如果将分子都想象成平面结构是很难理解的。例如，二氯甲烷(CH_2Cl_2)分子就应当有 2 个不同的平面结构式(异构体)。

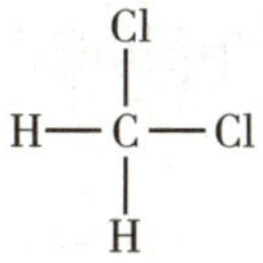

(Ⅰ)

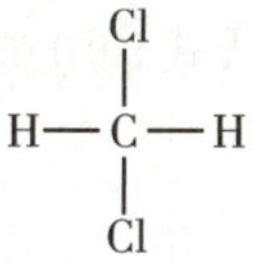

(Ⅱ)

二氯甲烷

在上面的 2 个平面结构中，2 个氯和 2 个氢排列的关系不同，似乎是 2 个不同的化合物。但实践证明，二氯甲烷只有 1 个，并无异构体。此外，还有为数不多的个别有机分子，它们的化学结构完全相同，但它们的确是几个不同的化合物。为了解释这个问题，1874 年，范托夫和勒贝尔总结了前人研究所得的一些事实，分别提出碳原子的正四面体结构学说，这样就把结构理论引申到三维空间的立体结构中来。根据这个学说，碳原子的四价是完全相等的，它们分别处在正四面体的 4 个顶角的方向上，各价键间的夹角为 109.5°，如图 1-1 所示。

如果用各种颜色的小圆球代表不同的原子，用短木棒代表原子间的键，甲烷的立体形象就可以用图 1-2 表示。这种用圆球和木棒做成的模型称为球棒模型，又称凯库勒模型。这种立体模型常用“透视式”表示，例如甲烷的透视式：

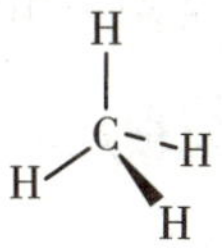

笔记栏

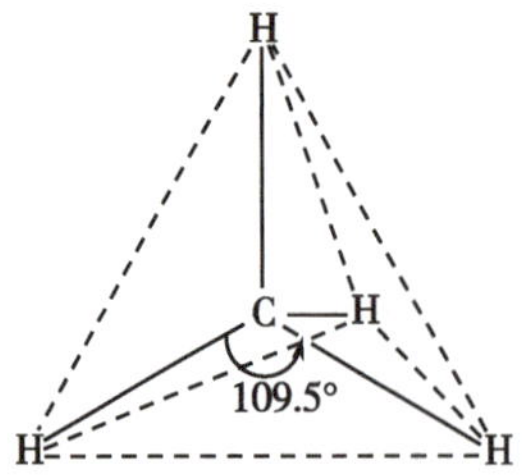

图 1-1 甲烷的正四面体模型

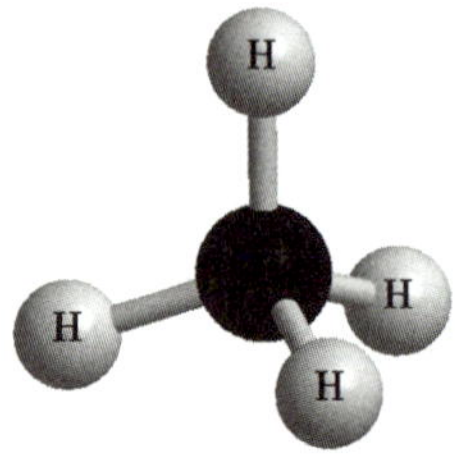

图 1-2 甲烷的球棒模型

透视式中的实线表示键在纸平面上，虚线表示键在纸平面后方，楔形线表示键在纸平面的前方。

由此可见，写在平面上的结构式，只是表示分子结构的一种方法，并不能全面地反映分子的真实结构。按照碳原子的立体结构，正丁烷和丙酮分别表示如下：

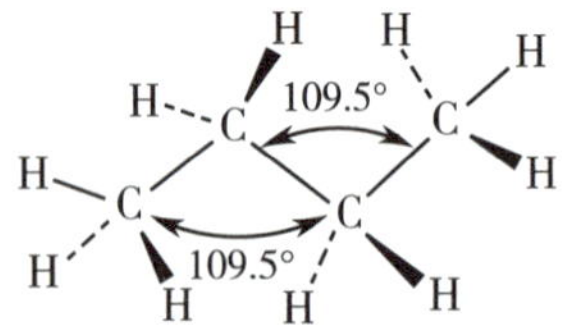

正丁烷

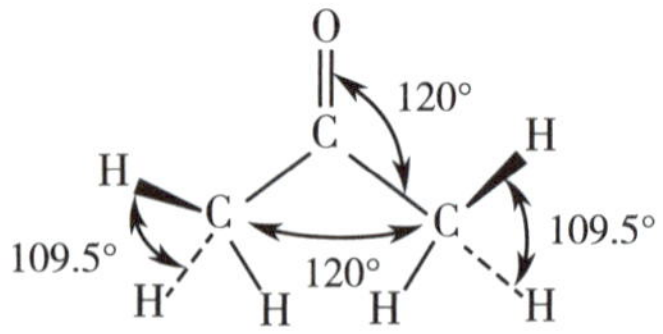

丙酮

但是为了方便起见，一般表示有机物的结构时，还可采用平面结构式。

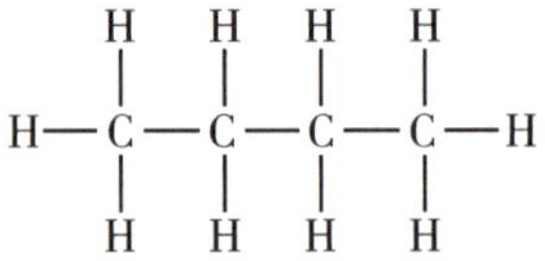

正丁烷

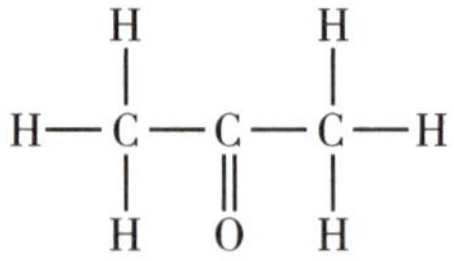

丙酮

书写平面结构式时仍不方便，例如正丁烷，如果把它的每一条键线都画出来，就要画 13 条短线，见式（Ⅰ），一般可简写成式（Ⅱ）或式（Ⅲ），叫结构简式或示性式。

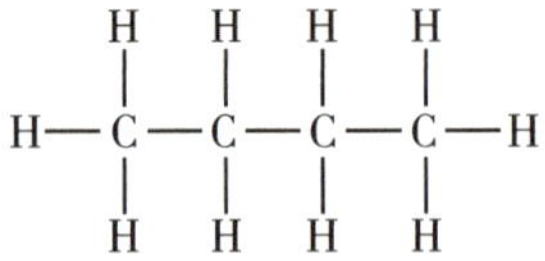

（Ⅰ）

$CH_3—CH_2—CH_2—CH_3$

（Ⅱ）

$CH_3(CH_2)_2CH_3$

（Ⅲ）

但分子稍大一点时，按示性式的写法，也还是不太方便，如环己烷按式（Ⅱ）的写法应为：

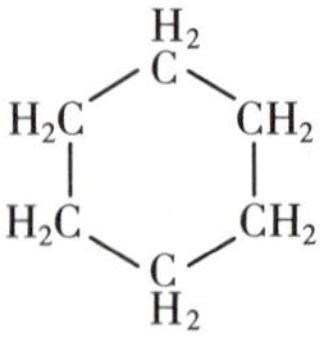

现在一般都采用一种“键线”的写法，所得式子称为“键线式”。这种写法是把碳、氢的元素符号都不写出，为了区别一个碳键和下一个碳键，把两条线画成一个角度，每个角度顶处代表一个碳原子。一条线上若不标明其他元素，就认为它是被氢原子所饱和。假若碳与其他原子或基团相连接，就把那个原子或基团写出来。例如上面的环己烷，就可写成 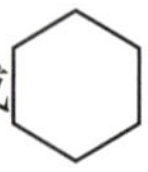；如其中一个碳被一个氧原子取代，或一个氢被羟基取代，或者双键存在，就分别写成：

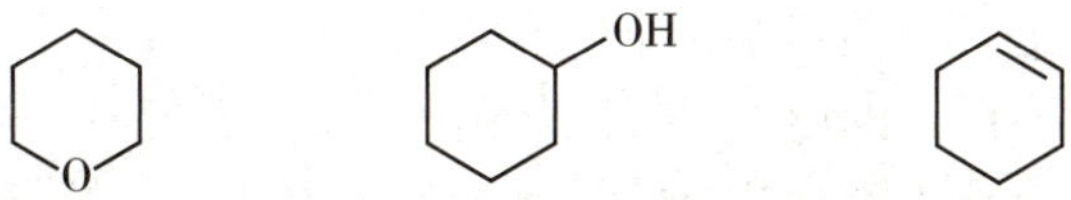

任何一个链状化合物都可以根据上面的规则改写成键线式：

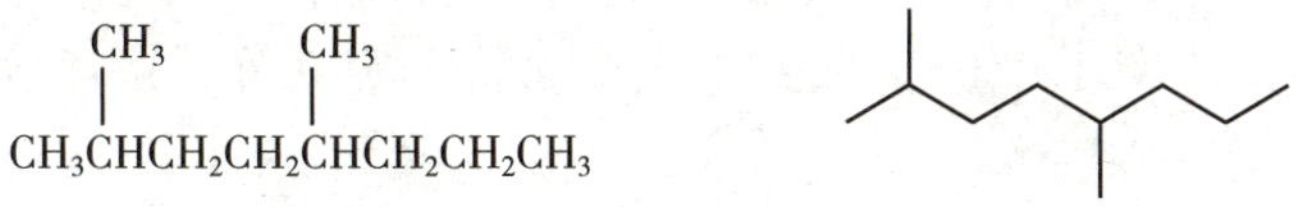

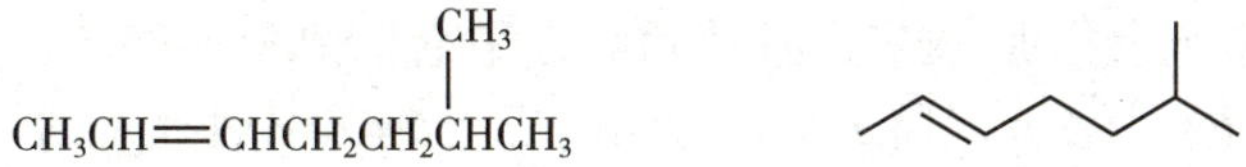

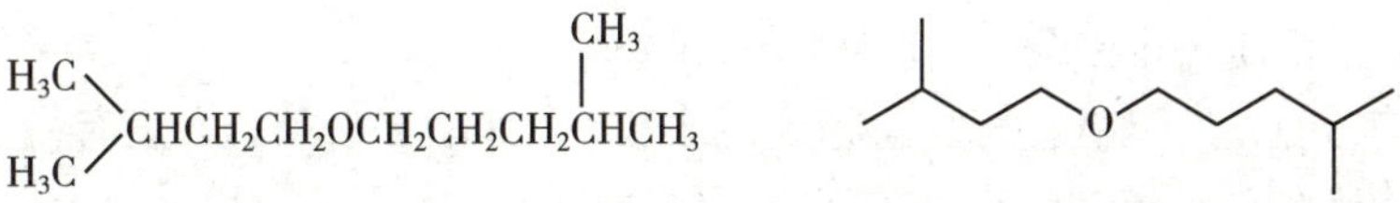

根据近代物理学的研究，甲烷分子中原子间的距离，并不像球棒模型所表示的那样远，而是原子间互相部分重叠，价键也不是一根棒。因此，后来有人根据实际测得的原子大小和原子核间的距离，按比例制成甲烷分子的模型，见图 1-3。它能更精确地表示原子间的相互空间关系。这种模型称为比例模型，又称斯陶特模型（Stuart model）。

图 1-3 甲烷的比例模型

从以上讨论不难看出，二氯甲烷只能有一种空间排列方式，只要把式（Ⅱ）转一转，就变成与式（Ⅰ）完全相同的模型。

碳原子的正四面体模型，成功地解释了许多以前不能理解的现象。在这种模型提出多年以后，由于 X 射线衍射法的应用，准确地测定了碳原子的立体结构，完全证实了这个模型的正确性。

有机分子几何形象的提出，是有机化合物结构理论的重要发展和补充。这就充分说明认识是不断发展和深入的，认识是没有止境的，每一次认识的提高，更能动地指导再实践。

三、有机化合物的研究方法

研究天然存在的有机化合物或人工合成的有机化合物，一般要通过下列步骤。

1. 分离提纯　在研究一个有机化合物之前，必须保证它是纯净的物质。但是从自然界或通过人工方法合成得到的有机化合物总含有一些杂质，因此必须经过分离和提纯，加以除去。

分离和提纯有机化合物的方法很多，根据不同的需要，可以选择重结晶、蒸馏、分馏、升华、减压蒸馏或色谱分析等方法。例如，根据溶解度和沸点的不同，可以分别用结晶法和分馏法加以分离。根据物质被吸附剂吸附的性能不同，可以利用色谱分析法达到分离、提纯的目的。

笔记栏

2. 纯度的检验 经过精制提纯后的有机化合物，还需要进一步鉴定它的纯度。因为每一个纯的有机化合物都有固定的熔点、沸点、折射率（又称折光率）和比重等重要物理常数，所以测定这些物理常数是检验有机化合物纯度的有效方法。此外，近年来光谱等物理技术的应用，为检验纯度提供了更为方便的方法。

3. 实验式和分子式的确定 提纯后的有机化合物，就需要知道它是由哪些元素组成的，各自占多少比例，以求出该化合物的“实验式”，再测定其分子量（又称相对分子质量）后，就可确定“分子式”。

确定有机物元素组成的方法，就是有机元素定性分析。其方法是把组成有机化合物的各种元素转变成无机化合物，再用鉴定无机化合物的方法去鉴定。其变化过程如下：

$$[C、H] + CuO \xrightarrow{\triangle} Cu + CO_2 + H_2O$$

$$[C、H、N、X、S] + Na \xrightarrow{\triangle} NaX + NaCN + Na_2S$$

然后进行有机元素定量分析，测定出各种元素的百分含量，就能确定它的实验式。

实验式仅说明该分子中各元素原子数目的比例，不能确定各种原子的具体数目。因此，必须先测定其分子量，才能确定分子式。分子量的测定方法很多，如蒸气密度法、凝固点下降法等，而现在采用质谱仪来测定，更为准确、迅速。

例 1-1 有 3.26g 纯有机物，经燃烧后得到 4.74g CO_2、1.92g H_2O，没有得到其他燃烧产物。已知该有机物的分子量为 60，求它的分子式。

解：

$$含碳量 = 生成二氧化碳量 \times \frac{碳原子量}{二氧化碳分子量}$$

$$此样品中含碳量 = 4.74 \times \frac{12}{44} = 1.29g$$

$$样品中碳占的百分比 = \frac{1.29}{3.26} \times 100\% = 39.6\%$$

$$含氢量 = 生成水质量 \times \frac{氢原子量 \times 2}{水分子量}$$

$$此样品中含氢量 = 1.92 \times \frac{2}{18} = 0.213g$$

$$样品中氢占的百分比 = \frac{0.213}{3.26} \times 100\% = 6.53\%$$

因不含其他元素，其余为氧，所以：

$$样品中氧占的百分比 = 1-(39.6\%+6.53\%) = 53.87\%$$

根据百分含量，再确定它的实验式：

C=39.6/12=3.30　　3.30/3.30=1

H=6.53/1=6.53　　6.53/3.30=1.98

O=53.87/16=3.37　　3.37/3.30=1.02

$\therefore$ C∶H∶O=1∶2∶1

实验式应为：CH_2O

已知该分子的分子量为 60，而它应该是实验式量的整数倍，则实验式量为：

$$12+1\times2+16=30$$

所以 $$60/30=2$$

故分子式为 $$(CH_2O)_2 = C_2H_4O_2$$

4. 结构式的确定　有机化合物中普遍存在着同分异构现象，分子式相同的有机化合物，往往并不止一个，因此还需要利用化学方法和物理方法来确定其“结构式”，这是相当烦琐的工作。近年来，由于将近代物理方法应用于化学分析，给有机物结构的测定带来了比较简便而准确的方法。例如，利用红外光谱分析，可以确定分子中某些基团的存在；通过紫外光谱可以确定化合物中有无共轭体系；磁共振波谱可以提供分子中氢原子的结合方式；质谱分析可以推断化合物的分子量和结构等。关于这方面的内容，在分析化学课程中还要作较详细的讲解。

以上是研究未知化合物的一般过程，对于鉴定一个已知化合物，通常是在提纯后测定其物理常数和光谱数据，再与文献上记载的已知数据相对照，即可知道它是不是该化合物。

第二节　有机化合物的化学键

一、化学键的类型

分子中原子之间存在的一种把原子结合成分子的相互作用，叫化学键（chemical bond）。典型的化学键有离子键（ionic bond）、共价键（covalent bond）、配位键（coordination bond）和金属键（metallic bond）。

1. 离子键　带电荷的原子或原子团称为离子（ion）。原子之间由于电子转移之后形成正离子、负离子，两者之间由于静电引力所形成的化学键叫离子键。如氯化钠晶体中，钠正离子和氯负离子之间的化学键即为离子键。离子键没有方向性和饱和性。

2. 共价键　共价键是指 2 个原子通过共用 1 对电子而结合在一起所形成的化学键。共价键的概念是 1916 年由路易斯提出的。他指出原子的电子可以配对成键，以使原子能够形成类似惰性气体的稳定的电子构型。例如甲烷：

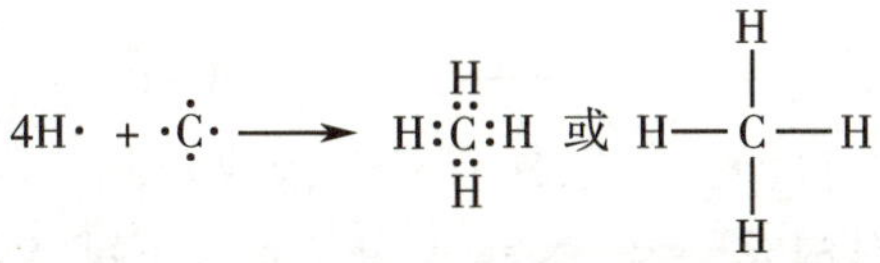

碳位于元素周期表的第二周期，属ⅣA 主族，处于中间位置。它外层有 4 个价电子，既不容易失去 4 个电子变成 $C^{4\oplus}$，也不容易得到 4 个电子变成 $C^{4\ominus}$而形成稳定的八电子构型。当碳和其他原子形成化合物时，为了要达到稳定的八电子构型，它总是和其他原子提供相同的电子形成两个原子共用的电子对。碳有 4 个单电子，可以和 4 个氢原子形成 4 个共价键而生成甲烷。

共价键有方向性和饱和性。

3. 配位键　由一方提供共用电子对形成的化学键叫配位键。例如：三氟化硼和氨分子形成配位键，因为硼外层有 3 个电子，可以和 3 个氟原子形成三氟化硼（BF_3），这样硼的外层共有 6 个电子，还有空轨道，还能容纳其他电子对。氨分子中的氮上有孤电子对，可以和硼结合形成配位键。

笔记栏

这种键是由一方(A)提供电子给另一方(B),可用 A⟶B 表示,箭头所指方向是给电子方向,或用下式表示:

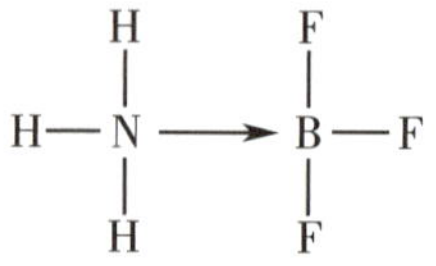

配位键也叫配位共价键,是共价键的一种。

4. 金属键 使金属原子结合成金属晶体的化学键称为金属键。金属键没有方向性和饱和性。

二、共价键的形成

有机物的性质取决于结构,而要说明结构,首先必须弄清有机物中普遍存在的共价键是怎样形成的,以及它有哪些属性。原子的电子构型虽然可以解释原子价的饱和性,但是无法解释为什么原子结合在一起共用电子对,比以单原子存在要稳定。1927 年,海特勒(W. Heitler)和伦敦(F. London)将量子力学的概念引入到有机化学时,才成功地解释了有机分子中共价键的本质。

用量子力学处理分子中的共价键,一般有两种方法——价键理论和分子轨道理论。价键理论是一种认为“形成共价键的电子只位于形成共价键的两个原子之间”的定域理论。分子轨道理论是一种认为“形成共价键的电子是分布于整个分子之中”的离域理论。价键理论形象直观、易于理解,在解释有机化合物分子结构时较常用。分子轨道理论对电子离域描述更为准确,多用于处理具有明显离域现象的有机化合物的分子结构。现分别简单介绍如下。

(一) 价键理论

价键理论(valence bond theory,VB)又称电子配对法。价键理论是把价键的形成看作原子轨道重叠或电子配对的结果。它的主要内容可归纳如下:

1. 如果 A、B 两原子各有 1 个未成对的电子,且自旋方向相反,就可以互相配对形成 1 个共价键。如果 A、B 两原子各有 2 个或 3 个未成对的电子,那么配对形成的共价键就是双键或三键。

$$A\cdot + B\cdot \longrightarrow A{:}B \quad 或 \quad A—B$$

例如:H—Cl 是以单键结合的,因为 H 有一个未成对的(1s)电子,Cl 有一个未成对的(3p)电子,所以它们可以配对构成单键。N≡N 分子是以三键结合的,因为 N 原子含有 3 个未成对的电子,所以可以构成共价三键。

2. 如果原子 A 有 2 个未成对电子,原子 B 有 1 个未成对电子,那么 1 个原子 A 就可以和 2 个原子 B 相结合。例如 H_2O 分子,因为氧有 2 个单电子,氢有 1 个单电子,所以 1 个氧可以和 2 个氢结合形成水。因此,原子的未成对电子数,一般就是它的原子价数。

3. 一个未成对电子一旦配对成键,就不能再与其他未成对电子配对,因此共价键具有饱和性。例如:2 个 H 原子各有 1 个未成对的电子,它们能配对构成 H_2 分子,如有第 3 个 H 原子接近 H_2,就不能再结合成为 H_3 分子。

4. 电子配对也就是原子轨道的重叠。原子轨道重叠越多,形成的共价键越牢固,因此成键原子要尽可能沿着电子云密度最大的方向(键轴方向,即两原子核间的连线)重叠,才能形成稳定的共价键。由此可见,共价键具有方向性。例如:氢原子的 1s 轨道是球形、没有方向性，氯原子的 p 轨道在其对称轴（x 轴）上电子云密度最大、有方向性，当这两个原子轨道结合时，只有沿 x 轴（$2p_x$）方向接近时才有最大程度的重叠而形成稳定的 H—Cl 共价键（图 1-4）。如按其他方向接近，都不能达到最大的重叠。

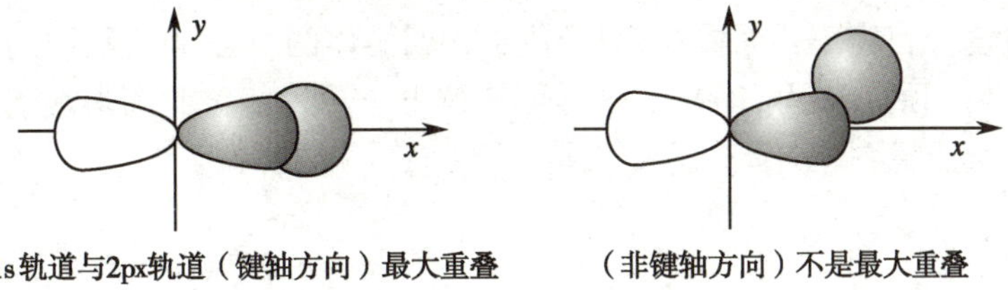

图 1-4 共价键的方向性

5. 能量相近的原子轨道可以进行杂化，组成能量相等的杂化轨道（hybrid orbital），这样可以使原子的成键能力增强，体系的能量降低，成键后可达到最稳定的分子状态。

碳原子的电子构型是 $1s^22s^22p_x^12p_y^1$，在形成化学键时，按照价键理论，碳应该是二价的，而实际上在有机化合物中碳是四价的。1931 年，鲍林等提出了“轨道杂化理论”，解决了这个矛盾。鲍林认为，2s 轨道和 2p 轨道同属于一个电子层，能量相近，2s 轨道上的 1 个电子经激发后跃迁到 2p 轨道上去，形成 4 个未成对的价电子，即 1 个 s 电子和 3 个 p 电子，如图 1-5 所示。

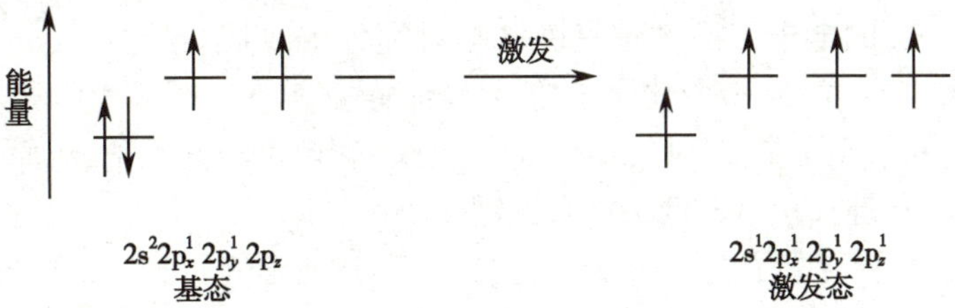

图 1-5 2s 轨道的 1 个电子激发到 2p 轨道上

电子由低能级（2s）跃迁到高能级（2p）所需的能量（约 401.66kJ/mol）可以从多形成 2 个 C—H 共价键时所放出的能量［$2\times414.22=828.44$（kJ/mol）］中得到补偿，这样解决了碳四价问题。但激发态中的 4 个价电子，1 个是 2s 电子，另外 3 个是 $2p_x$、$2p_y$ 和 $2p_z$ 电子，这两种轨道在能量和方向上都是不同的，由它们形成的化学键，键长、键能、键角应该不一样，而事实上在有机化合物中，碳的四价是等同的。

因此，又提出了轨道杂化概念，即 2s 轨道中的 1 个电子激发到 $2p_z$ 轨道中，然后这 4 个轨道以不同方式进行杂化，形成新的杂化轨道，再与其他原子的轨道相互成键。原子轨道的杂化方式可分为以下几种。

（1）sp^3 杂化：如果碳原子的 1 个 2s 轨道与 3 个 2p 轨道杂化，则形成 4 个相同的 sp^3 杂化轨道，每个杂化轨道中有 1 个电子。如图 1-6 所示。

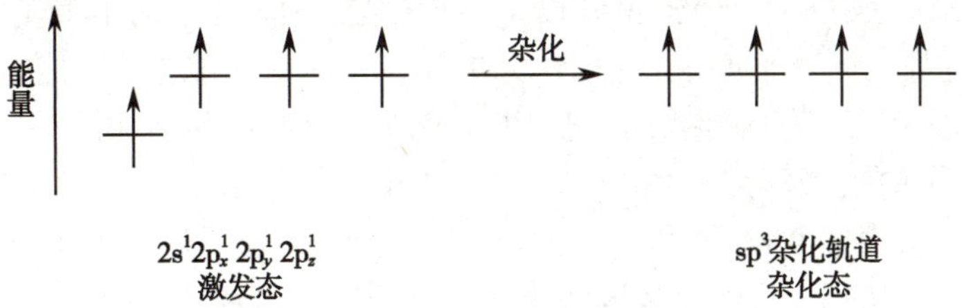

图 1-6 1 个 s 轨道和 3 个 p 轨道进行杂化

笔记栏

杂化后的 4 个 sp^3 杂化轨道能量相等，形状相同。每个 sp^3 杂化轨道含有 1/4 的 s 成分和 3/4 的 p 成分；每个杂化轨道中各有 1 个单电子。杂化后，大部分电子云集中于轨道的一个方向，呈现为一头大一头小的葫芦形，比原来的 s 轨道和 p 具有更明显的方向性，有利于原子轨道互相重叠。因此，这种杂化轨道成键能力更强，更稳定。

sp^3 杂化轨道分布为正四面体，碳原子位于正四面体的中心，4 个等同的 sp^3 杂化轨道指向正四面体的 4 个顶点，夹角 109.5°，这样可使价电子尽可能彼此离得最远，相互间的斥力最小，有利于成键。见图 1-7。

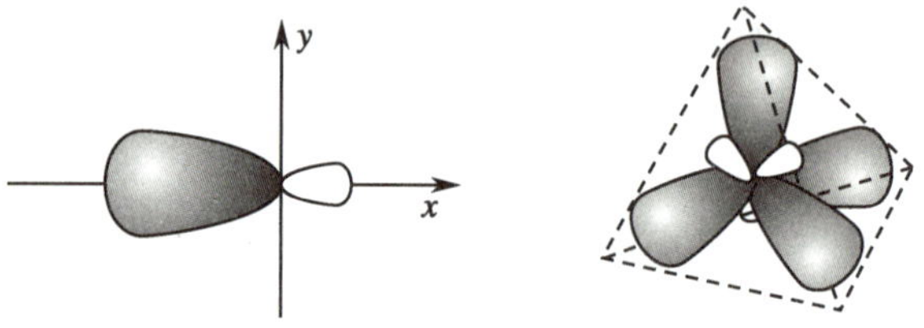

图 1-7 碳原子的 sp^3 杂化

如果 4 个氢原子分别沿着 sp^3 杂化轨道电子云密度最大的方向接近碳原子，则氢的 1s 轨道可与碳的 sp^3 杂化轨道最大限度重叠，这样可以生成 4 个稳定的、等同的 C—H 键，就形成甲烷。这种 C—H 的电子云沿键轴呈圆柱形对称分布，叫作 σ 键（σ bond）。形成 σ 键的两原子可绕键轴旋转。如果一个碳原子的 sp^3 杂化轨道与另一个碳的 sp^3 杂化轨道沿着各自的对称轴互相重叠，则形成 C—C σ 键。sp^3 杂化轨道也可与卤原子、氧原子和氮原子等其他原子形成 C—Cl σ 键、C—O σ 键、C—N σ 键。

（2）sp^2 杂化：如果碳原子的 1 个 2s 轨道和 2 个 2p 轨道（如 p_x，p_y）进行杂化，则形成 3 个能量相等的 sp^2 杂化轨道。每个 sp^2 杂化轨道含有 1/3 的 s 成分和 2/3 的 p 成分，也呈葫芦形；每个 sp^2 杂化轨道中各有 1 个单电子。sp^2 杂化轨道的对称轴都在同一个平面内，互成 120° 角，这样 3 个 sp^2 杂化轨道就构成了平面三角形。碳原子位于平面三角形的中心，3 个 sp^2 杂化轨道指向平面三角形的 3 个顶点，轨道夹角 120°。见图 1-8。

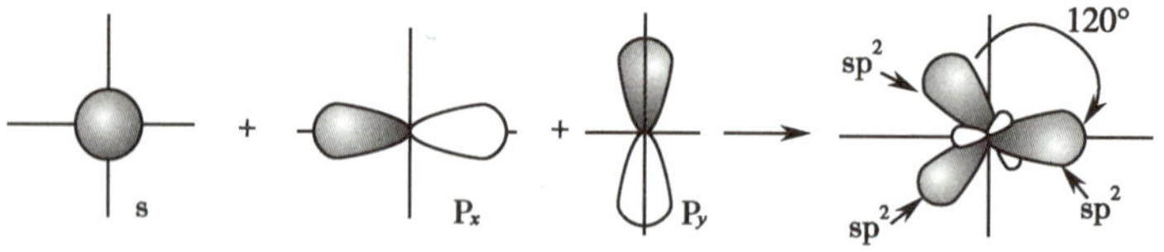

图 1-8 碳原子的 sp^2 杂化轨道

此外，还有一个未参与杂化的 $2p_z$ 轨道中也有 1 个单电子。未杂化的 $2p_z$ 轨道垂直于杂化轨道的平面。这种杂化方式的碳原子在形成乙烯分子时，2 个碳原子彼此以 sp^2 杂化轨道沿着键轴方向重叠形成 C—C σ 键，又各以 sp^2 杂化轨道和氢原子的 1s 轨道重叠形成 C—H σ 键，这 5 个 σ 键都在同一平面上，键角约为 120°。每个碳上未杂化的 $2p_z$ 轨道，垂直于 σ 键所在平面，彼此平行侧面重叠形成 π 键（π bond），见图 1-9 和图 1-10。

所以乙烯分子中碳碳双键是由 1 个 σ 键和 1 个 π 键组成的。组成 π 键的 2 个 p 轨道由于是侧面重叠，重叠程度较小，所以 π 键不如 σ 键牢固，比较容易断裂，而且 π 键的 2 个电子暴露在分子平面的上下方，比较容易流动。如果 2 个碳原子绕 C—C σ 键轴旋转，π 键就会断裂，所以双键不能自由旋转。

笔记栏

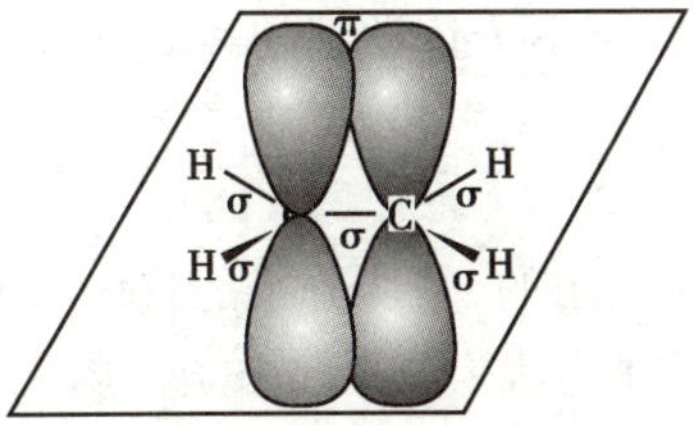

图 1-9 乙烯分子中 p 轨道的重叠

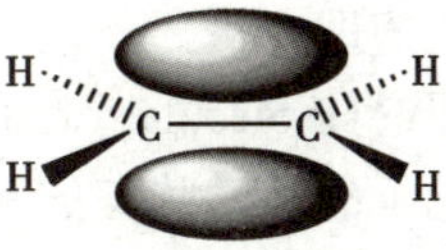

图 1-10 乙烯分子中 π 键电子云分布

(3) sp 杂化：如果碳原子的 1 个 2s 轨道和 1 个 2p 轨道（如 p_x）进行 sp 杂化，则形成 2 个能量相等、方向相反的 sp 杂化轨道。它的空间取向是直线形，夹角为 180°，见图 1-11。

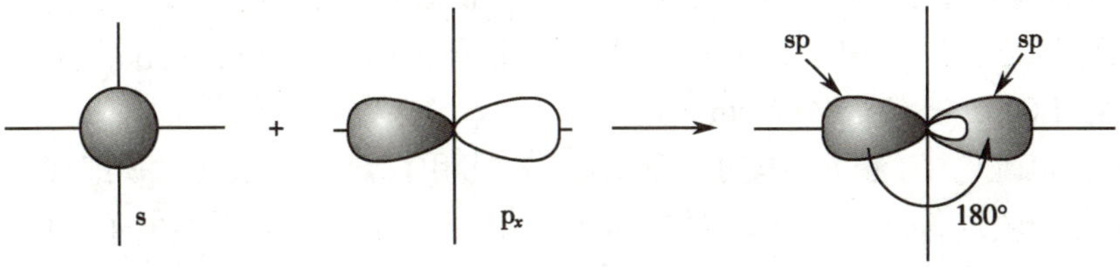

图 1-11 碳原子的 sp 杂化

每个 sp 杂化轨道含有 1/2 的 s 和 1/2 的 p 成分；每个 sp 杂化轨道中各有 1 个单电子。2 个 sp 杂化轨道都垂直于 p_y 和 p_z 轨道所在的平面，而 p_y 和 p_z 轨道也仍保持相互垂直。

在形成乙炔分子时，2 个碳原子各以 sp 杂化轨道重叠形成 C—C σ 键，并又各以 sp 杂化轨道和氢原子的 1s 轨道重叠成 C—H σ 键，这 3 个 σ 键在一条直线上。每个碳原子上 2 个未参加杂化的 2p 轨道，两两相对应平行重叠，分别形成 2 个 π 键，从而组成碳碳三键，见图 1-12。三键中的 2 个 π 键电子云相互重叠在一起，围绕 C—C 键轴呈圆筒形分布，见图 1-13。

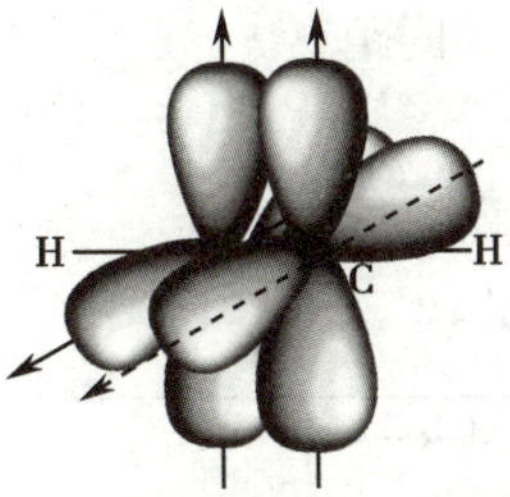

图 1-12 乙炔分子中 p 轨道重叠

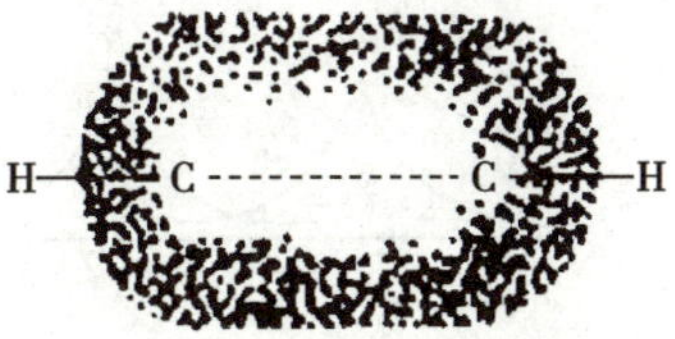

图 1-13 乙炔分子中 π 电子云分布

碳原子的 3 种杂化轨道形状大致相同，但是其中 s 轨道的成分不同，能量与电负性均有不同，与其他原子形成 σ 键的稳定程度也有差别。s 成分多的轨道，核对轨道中的电子束缚得牢固。这些轨道都是轴对称分布的，互相形成 C—C σ 键，就构成有机分子的碳链或碳环。这些杂化碳还可以和卤原子、氧原子和氮原子等形成 σ 键。碳原子未杂化的 p 轨道也可以与自身或与其他原子相互形成 π 键。

共价键的形成是一个复杂的过程，轨道的杂化和键的形成是同时完成的。上述 3 种杂化方式都是等性杂化，即同一组杂化轨道中 s 轨道和 p 轨道的成分相同，形成的轨道夹角也相等，但在某些分子中也可能形成不等性杂化轨道。

上面我们讨论了价键理论。价键理论强调 2 个单电子自旋方向相反，即可以配对成键。形成共价键的电子局限在成键的 2 个原子之间，简单明了地解释了共价键的饱和性、方向

笔记栏

性、分子的立体构型及化学键的定域性。但价键理论解释不了化学键的离域性和某些分子特殊的化学性质。

(二) 分子轨道理论

分子轨道理论(molecular orbital theory)是1932年提出的,是从分子的整体出发去研究分子中每一个电子的运动状态的一种方法。分子轨道理论认为,分子中的原子以一定的方式连接形成分子轨道,形成化学键的电子是在整个分子轨道中分布和运动的。每个分子轨道有一定的能量,每个分子轨道只能容纳2个自旋方向相反的电子,遵循能量最低原理、泡利(Pauli)不相容原理和洪德(Hund)定则。用分子轨道理论来处理含电子离域体系(共轭体系)的有机化合物分子是非常方便的。下面就来具体介绍分子轨道理论。

分子轨道理论中最常用的方法就是把分子轨道看成是其分子中的原子轨道的线性组合。这种近似的处理方法叫作原子轨道线性组合法(linear combination of atomic orbital method),简称LCAO法(LCAO method)。

在分子轨道理论中,分子中电子的运动状态,可用波函数 ψ 表示。ψ 即代表分子轨道。对于每一个分子轨道,ψ 有一个相应的能量 E,近似地表示这个轨道上电子的电离能。各分子轨道所对应的能量通常称为分子轨道的能级。分子的总能量为各电子占据着的分子轨道能量的总和。

分子轨道理论认为,化学键是原子轨道重叠产生的,有几个原子轨道就能线性组合成几个分子轨道。那么,当2个原子轨道重叠时,就可以形成2个分子轨道($\psi=\phi_1 \pm \phi_2$)。ϕ_1 和 ϕ_2 分别代表2个原子轨道。其中一个分子轨道是由2个原子轨道的波函数相加而成,即 $\psi_1=\phi_1+\phi_2$,叫成键轨道(bonding orbital);另一个分子轨道由2个原子轨道的波函数相减而成,即 $\psi_2=\phi_1-\phi_2$,叫反键轨道(antibonding orbital)。

在分子轨道 ψ_1 中,2个原子轨道的波函数的符号相同,即波相相同。这两个波相互作用的结果,是波峰与波峰相遇相互增强,代表2个原子核之间电子出现的概率相当高,这样就抵消了原子核之间相互排斥的作用,使原子轨道的重叠达到最大程度,把2个原子结合起来,因此 ψ_1 被称为成键轨道。如图1-14所示,图中 r 为核间距离。

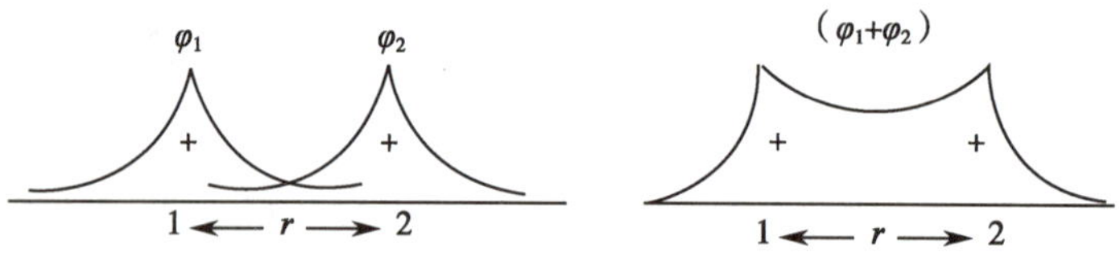

图1-14 波相相同的波(或波函数)之间的相互作用

在分子轨道 ψ_2 中,2个原子轨道的波函数的符号相反,即波相不同。这两个波相互作用的结果,使2个原子核间的波函数值减小或抵消,在波峰和波谷相遇的地方出现节点,即在原子核之间的区域,电子出现的概率为零,也就是说,在原子核之间没有电子来结合,2个原子轨道不重叠,故不能成键,因此 ψ_2 被称为反键轨道。如图1-15所示。

成键轨道和反键轨道的电子云密度 ψ^2 可通过下列公式计算而得:

$$\psi_1^2=(\phi_1+\phi_2)^2=\phi_1^2+\phi_2^2+2\phi_1\times\phi_2$$

$$\psi_2^2=(\phi_1-\phi_2)^2=\phi_1^2+\phi_2^2-2\phi_1\times\phi_2$$

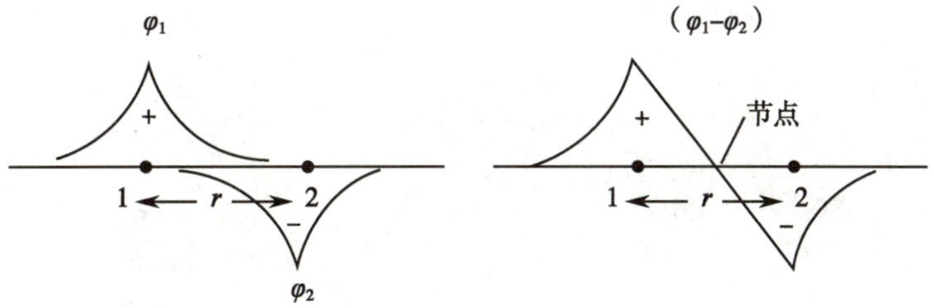

图 1-15 波相不同的波(或波函数)之间的相互作用

由上式可知,在成键轨道 ψ_1 中,两核间电子云密度很大,其能量较原子轨道能量低,有助于成键。而在反键轨道 ψ_2 中,两核间电子云密度为零,其能量较原子轨道能量高,不能成键。如图 1-16 所示。

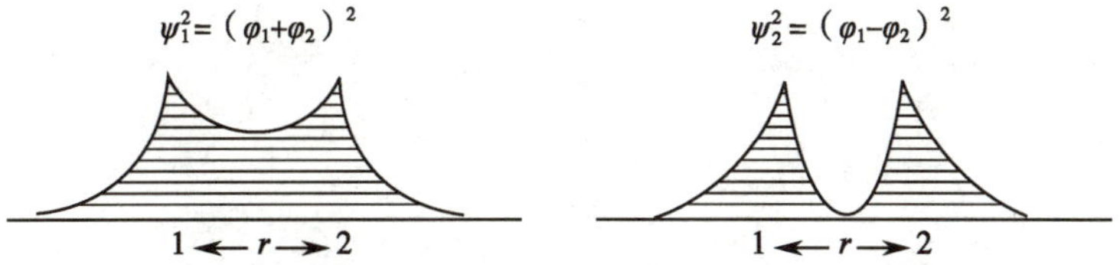

图 1-16 分子轨道的电子云密度(对键轴的)分布图

综上所述,成键轨道的电子云在 2 个核之间密度较大,对核有吸引力,使 2 个核接近而降低了能量,而反键轨道的电子云在 2 个核之间密度很小,主要在两核的外侧对核吸引而使核远离,同时 2 个核又有相互排斥作用,因而能量增加。由此可见,原子间共价键的形成是由于电子转入成键分子轨道的结果。

1. 氢分子的分子轨道 氢分子中 2 个 s 轨道组合成的成键轨道用 σ 表示,反键轨道用 σ^* 表示。氢分子的 2 个 1s 电子,占据成键轨道 σ 且自旋相反,而反键轨道 σ^* 是空的,如图 1-17 所示。

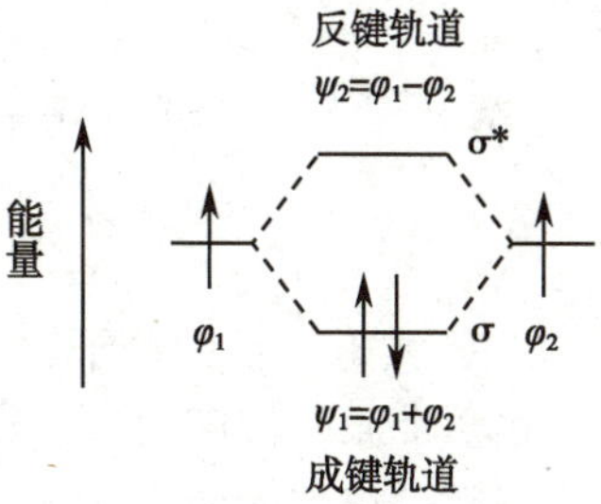

图 1-17 氢分子基态的电子排布

2. 碳化合物的分子轨道 碳的分子轨道由 2 个 p 轨道组合成分子轨道时,可以有 2 种方式:一种是"头对头"的组合,另一种是"肩并肩"的组合。它们都分别形成 1 个成键轨道和 1 个反键轨道。由"头对头"方式组成的分子轨道称 σ 分子轨道,它的反键轨道用 σ^* 表示;由"肩并肩"方式形成的分子轨道称 π 分子轨道,它的反键轨道用 π^* 表示,如图 1-18 所示。

据理论计算,成键轨道的能量较 2 个原子轨道的能量低,反键轨道的能量较 2 个原子轨道的能量高,电子在分子轨道中排布时,遵循泡利不相容原理和能量最低原理,电子应首先占据能量较低的分子轨道,因此电子从原子轨道进入成键分子轨道,从而使体系的能量降低,形成了稳定的分子。能量降低越多,形成的分子越稳定。

由原子轨道组成分子轨道时,必须遵循 3 条基本原则:

(1)能量相近原则:成键的原子轨道的能量要相近,能量差越小越好,这样才能够有效地组成分子轨道,才能解释不同原子轨道所形成的共价键的相对稳定性。

(2)最大重叠原则:成键原子轨道的重叠要最大,这样才能形成稳定的分子轨道。

(3)对称匹配原则:原子轨道在不同的区域有不同的波相或符号,波相或符号相同的原子轨道重叠,才能组成分子轨道。如图 1-19 所示。

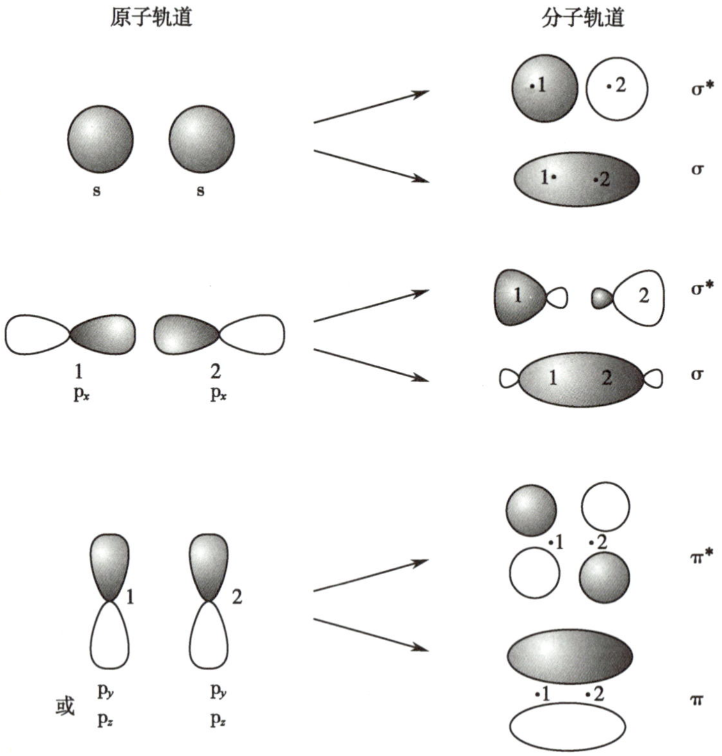

图 1-18 原子轨道形成分子轨道示意图

图 1-19 原子轨道的对称性

3. 共轭 π 键的分子轨道 分子轨道理论在处理多原子分子时，认为共价键的电子不局限在 2 个原子核区域内运动，而是可以离域，比如丁 -1,3- 二烯的 4 个碳原子的 4 个 p 轨道波函数可以线性组合成 4 个能量不相等的 π 键分子轨道波函数 ψ_1、ψ_2、ψ_3 和 ψ_4。如图 1-20 所示。

ψ_1 和 ψ_2 是成键轨道，ψ_3 和 ψ_4 是反键轨道。基态时，4 个电子有 2 个占据 ψ_1 轨道，2 个占据 ψ_2 轨道。4 个成键电子离域分布在 4 个碳原子周围，即分布在由 4 个碳原子的 4 个 p 轨道形成的大 π 键中，形成四电子的离域体系。

价键理论和分子轨道理论都是以量子力学的波动方程为理论依据，用不同的方法揭示共价键的本质。价键理论在解释原子的杂化形式、几何形象时，简单直观，且解释定位效应时也很方便实用，因此在有机化学中常用。分子轨道理论可以解决价键理论解决不了的电子离域体系问题，如共轭二烯烃键长平均化及 1,4- 加成反应等。两种方法目前各有长处，互相补充。

三、共价键的属性（键参数）

在有机化学中，经常用到的键参数有键长、键能、键角和键的极性（偶极矩）。这些物理量可用来表征共价键的性质，可利用近代物理方法测定。现分述如下。

笔记栏

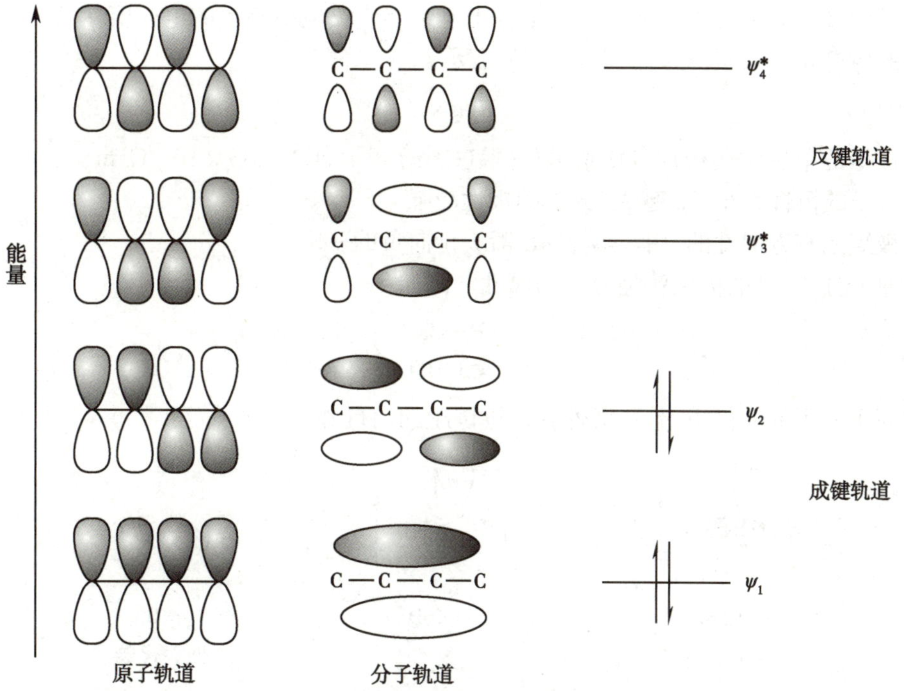

图 1-20 丁-1,3-二烯的 π 分子轨道图

(一) 共价键的极性和极化性

1. 极性(polarity) 共价键中共用电子对在两原子之间的位置或电子云在两原子之间的分布,一般有两种情况。当 2 个相同原子形成共价键时,共用的电子对(或电子云)均匀地分布在 2 个原子核之间,正负电荷中心相重叠,这种共价键没有极性,叫作非极性共价键。例如 H_2、Cl_2 等。当 2 个不同原子形成共价键时,由于成键原子的电负性不同,即吸引电子的能力不同,使共用电子对有所偏移,正负电荷中心不相重合,这种键具有极性,叫作极性共价键。例如:

$$\overset{\delta^+}{H}—\overset{\delta^-}{Cl} \qquad \overset{\delta^+}{H_3C}—\overset{\delta^-}{Cl}$$

电负性较大的氯吸引电子的能力较强,电子靠近氯,使其带部分负电荷,用 δ^- 表示;另一端电子云密度较小,带部分正电荷,用 δ^+ 表示;δ 表示部分。

键的极性大小,主要取决于成键原子的电负性差。电负性差越大,键的极性越强。表 1-1 列出了一些元素的电负性。

表 1-1 某些元素的电负性

H						
2.15						
Li	Be	B	C	N	O	F
0.98	1.57	2.04	2.55	3.04	3.44	3.98
Na	Mg	Al	Si	P	S	Cl
0.93	1.31	1.61	1.90	2.19	2.58	3.16
K	Ca					Br
0.82	1.00					2.96
						I
						2.66

数据录自 James E、Huheey 所著 *Inorganic Chemistry: Principles of Structure and Reactivity*,第 2 版。

笔记栏

分子的极性大小可用偶极矩来度量。正电中心或负电中心上的电荷值 q 与 2 个电荷中心之间的距离 d 的乘积，称为偶极矩，用 μ 表示。

$$\mu=q \times d$$

偶极矩的单位常用德拜（D）或库仑·米（C·m）表示（1D=3.33×10^{-30}C·m）。μ 的大小，表示一个分子的极性大小。μ 越大，分子的极性越强。

偶极矩是有方向性的，用 $+\!\!\longrightarrow$ 表示，箭头指向负的一端。

双原子分子，键的极性就是分子的极性。例如：

H—H	H—Cl	H—Br
μ=0	μ=1.03D	μ=0.78D

多原子分子的偶极矩，是各极性共价键键距的向量和。例如：

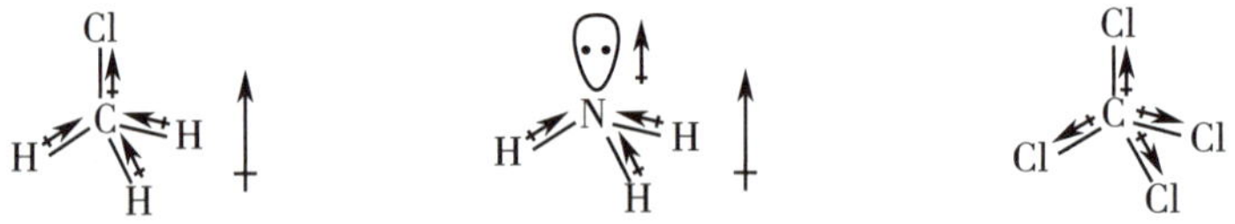

μ=1.86D　一氯甲烷　　μ=1.46D　氨　　μ=0　四氯化碳

乙炔、二氧化碳分子的偶极距方向相反，极性相等，又是线性分子，各化学键极性互相抵消，故偶极距为零。

μ=0　　μ=0

表 1-2 为常见化合物的偶极距。

表 1-2　某些化合物的偶极距（μ）

化合物	μ/D	化合物	μ/D
H_2O	1.84	CH_3Br	1.78
CO_2	0	CH_3Cl	1.86
CH_4	0	苯	0
HI	0.38	苯酚	1.70
HBr	0.78	乙醚	1.14
HCl	1.03	苯胺	1.51
CH_3COOH	1.40	硝基苯	4.19
CH_3OH	1.68	HCN	2.93
CH_3CH_2OH	1.70	乙酰苯胺	3.55
丙酮	2.80		

也可以根据电负性差，大致判断化学键的类型。一般来说，形成键的 2 个原子电负性差在 0~0.6，则为非极性或弱极性共价键；电负性差在 0.6~1.6，则为极性共价键；电负性差高于或等于 1.7，即为离子键。这仅是一个大致判断范围，并无严格界限。例如：HF 分子，氢的电负性是 2.15，氟的电负性是 3.98，相差 1.83，但 HF 是极性共价键，不是离子键。

极性是由于成键原子的电负性不同引起的，是键的内在性质，是永久性的。只要键存在，这种极性就存在。

2. 可极化性(polarizability) 分子在外界电场(试剂、溶剂、极性容器)的影响下,键的极性也会发生一些改变,这种现象叫极化。例如:正常情况下,Br—Br 键无极性,μ=0,但当外电场 $E^{\oplus}$接近时,由于 $E^{\oplus}$的诱导作用,引起 Br_2 的正负电荷中心分离,出现了键矩 μ。

$$\underset{\mu=0}{\mathrm{Br—Br}} + E^{\oplus} \longrightarrow \underset{\mu>0}{\overset{\delta^{+}\quad\delta^{-}}{\mathrm{Br—Br}}}$$

这种由于外界电场的影响使分子(或共价键)极化而产生的键矩叫作诱导键矩。

不同的共价键,对外界电场的影响有着不同的感受能力,这种感受能力通常叫作可极化性。共价键的可极化性越大,就越容易受外界电场的影响而发生极化。键的可极化性与成键电子的流动性有关,亦即与成键原子的电负性及原子半径有关。成键原子的电负性越大,原子半径越小,则对外层电子束缚力越大,电子流动性越小,共价键的可极化性就越小;反之,可极化性就越大。

键的可极化性对分子的反应性能起重要作用。例如,C—X 键:

C—X 键的极性:C—F>C—Cl>C—Br>C—I

X 的电子流动性:I>Br>Cl>F

C—X 键的可极化性:C—I>C—Br>C—Cl>C—F

C—X 键的化学活性:C—I>C—Br>C—Cl>C—F

这是因为 I 的原子半径最大,核对核外电子的束缚力最差,电子流动性大,可极化性大,所以 C—I 键最易解离。

极化性是在外界电场的影响下产生的,是一种暂时现象。离开外界电场,极化性不存在。

(二) 共价键的键长

成键的 2 个原子核间的距离称为键长(bond length),即核间距。当 2 个原子以共价键结合时,原子核对核外电子的引力把它们拉到一起,当接近到一定距离时,又发生核与核、电子与电子的排斥,当吸引和排斥达到平衡时,2 个原子保持一定的距离,这个核间距就是键长。键长的单位为 nm、pm 等。

不同原子形成的共价键的键长不同。键长越长,越容易受到外界电场的影响而发生极化。因此,可用共价键的键长估计化学键的稳定性。表 1-3 列出一些常见共价键的键长数据。

表 1-3 常见共价键的键长

键型	键长 /nm	键型	键长 /nm
C—C	0.154	C—H(烷)	0.109
C═C	0.134	O—H	0.970
C≡C	0.120	C—S	0.182
C—O	0.144	C—F	0.142
C═O	0.120	C—Cl	0.177
C—N	0.147	C—Br	0.191
C≡N	0.115	C—I	0.212

在不同的化合物中,由于化学结构不同,分子中原子间相互影响不同,共价键的键长也存在一些差异。

笔记栏

（三）共价键的键能

形成共价键的过程中体系释放出的能量，或共价键断裂过程中体系所吸收的能量，称为键能（bond energy）。键能的单位为 kJ/mol。

对于双原子分子而言，其键能也是该键的离解能。例如：

$$H:H \longrightarrow H\cdot + H\cdot \qquad \Delta H=+435.1kJ/mol$$

分子　　原子

$$Cl:Cl \longrightarrow Cl\cdot + Cl\cdot \qquad \Delta H=+242.2kJ/mol$$

分子　　原子

对于多原子分子而言，其键能则是断裂分子中相同类型共价键所需能量的均值。以甲烷为例，其各键的离解能为：

$$CH_4 \longrightarrow \cdot CH_3 + H\cdot \qquad D(CH_3—H)=435.1kJ/mol$$

$$\cdot CH_3 \longrightarrow \cdot\dot{C}H_2 + H\cdot \qquad D(CH_2—H)=443.5kJ/mol$$

$$\cdot\dot{C}H_2 \longrightarrow \cdot\dot{\underset{\cdot}{C}}H + H\cdot \qquad D(CH—H)=443.5kJ/mol$$

$$\cdot\dot{\underset{\cdot}{C}}H \longrightarrow \cdot\dot{\underset{\cdot}{C}}\cdot + H\cdot \qquad D(C—H)=338.9kJ/mol$$

而 C—H 键的键能则是以上 4 个碳氢键的离解能的平均值（435.1+443.5+443.5+338.9）/4=415.3（kJ/mol）。可见在多原子分子中，键能和键的离解能是有差别的。

键能反映了共价键的强度，通常键能越大则键越牢固。例如，σ 键是原子轨道沿键轴方向正面交盖形成的，键能大；π 键是原子轨道平行侧面交盖形成的，键能小。因此，破坏 1 个 σ 键比破坏 1 个 π 键需要的能量高。表 1-4 为常见共价键的键能。

表 1-4　常见共价键的键能　　kJ/mol

键型	键能	键型	键能	键型	键能
O—H	464.4	C═O	736.4（醛）	C═C	605.6
N—H	389.1	C—S	272.0	C≡C	836.8
S—H	347.3	C—N	305.4	C—F	485.3
C—H	414.2	C═N	615.1	C—Cl	338.9
H—H	435.1	C≡N	891.2	C—Br	300.5
C—O	359.8	C—C	347.3	C—I	217.6

（四）共价键的键角

二价以上的原子在与其他原子成键时，键与键之间的夹角叫键角（bond angle）。例如：

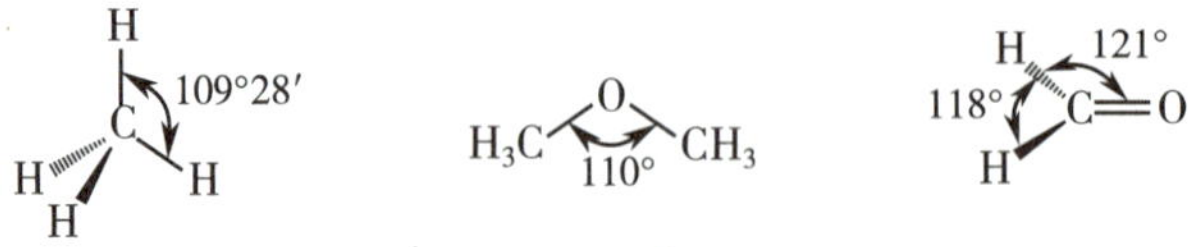

键角反映了分子中原子在空间的伸展方向。分子构型是由键角决定的。表 1-5 为常见化合物的键角。

表 1-5 常见化合物的键角

化合物	键角	数值	化合物	键角	数值
水	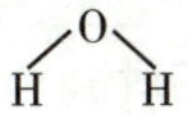	104°27′	氨	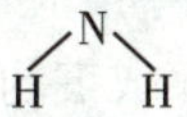	106°46′
甲醇	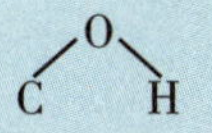	107°~109°	甲胺	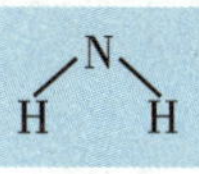	106°
甲醚	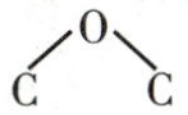	110°43′	二甲胺	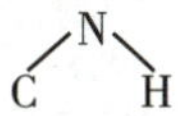	112°
二苯醚	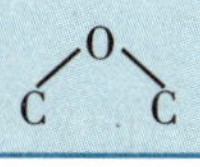	124°±5°	三甲胺	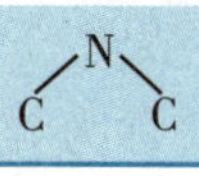	108°

键角是由原子的杂化形式决定的。由于连接的基团不同，键角就有不同程度的变化。例如：

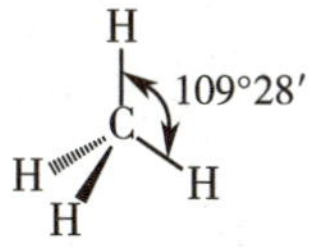

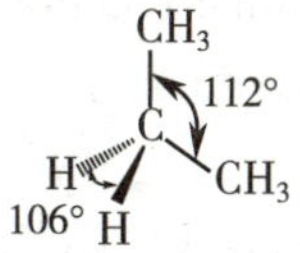

饱和碳原子是 sp^3 杂化的，碳的几何构型是正四面体，键角 109°28′。但在丙烷分子中，由于甲基的排斥作用，使 C—C 键角有所增加，分子构型为四面体。

再如：

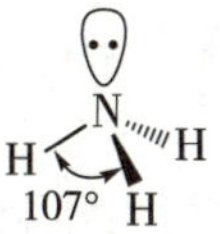

氨

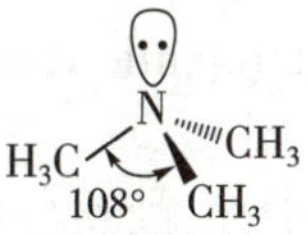

三甲胺

N 原子是 sp^3 不等性杂化的，分子构型也是正四面体，键角也应是 109°28′。在氨分子中，N 上孤电子对占据第 4 个 sp^3 杂化轨道，孤对电子的扩张作用使得 H—N—H 键角缩小，成锥体结构。在三甲胺中，甲基的排斥作用使键角有所增大。

四、共价键的断裂方式和有机反应的类型

化学反应是旧键断裂和新键生成的过程。在有机反应中，由于分子结构不同和反应条件不同，共价键有两种不同的断裂方式。

(一) 均裂与自由基反应

共价键断裂时，成键的电子对平均分配给 2 个原子或基团。

例如：

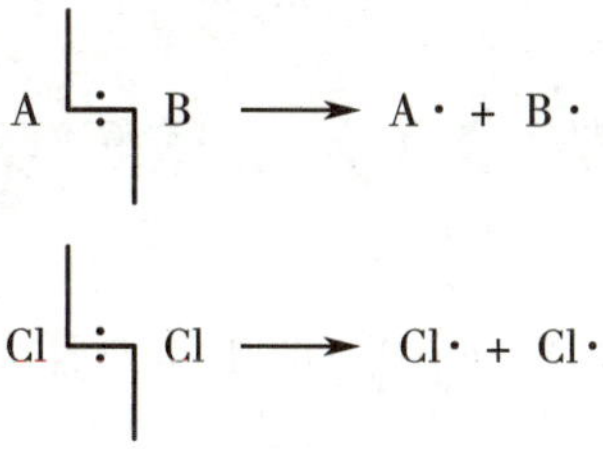

这种断裂方式称为均裂(homolysis)。均裂生成的带单电子的原子或基团叫自由基(free radical)，又称游离基。自由基的产生往往需要光或热。由于自由基有一个未配对的电子，因此能量很高，很活泼，是反应过程中生成的一种活性中间体，很容易和其他分子作用，夺取电

子形成稳定的八隅体结构。这种通过共价键均裂生成自由基而进行的反应称为自由基反应(free radical reaction)。

(二) 异裂与离子反应

共价键断裂时,成键的电子对完全转移给其中的一个原子或基团。

例如:

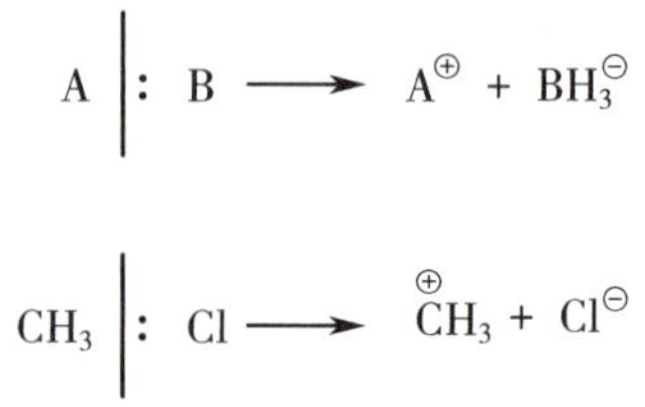

这种断裂方式称为异裂(heterolysis)。异裂生成带相反电荷的离子。反应一般发生在极性分子中,需要酸碱催化或极性条件。离子是反应过程中生成的又一种活性中间体;它很不稳定,一旦生成立即和其他分子进行反应。这种由共价键异裂生成离子而进行的反应称为离子反应(ionic reaction)。有机化合物经由离子反应生成的有机离子包括碳正离子(carbocation)或碳负离子(carbanion)。通常用 $R^{\oplus}$表示碳正离子,用 $R^{\ominus}$表示碳负离子。

碳正离子能与亲核试剂(nucleophilic reagent,如 H_2O、ROH、NH_3、$OH^{\ominus}$、$CN^{\ominus}$等)进行反应。由亲核试剂进攻碳正离子而引起的反应称为亲核反应(nucleophilic reaction)。亲核反应又分为亲核取代反应和亲核加成反应。相反,碳负离子能与亲电试剂(electrophilic reagent,如 $H^{\oplus}$、$Cl^{\oplus}$、$Br^{\oplus}$、$NO_2^{\oplus}$、$AlCl_3$ 等)进行反应。由亲电试剂进攻碳负离子所引起的反应称为亲电反应(electrophilic reaction)。亲电反应可分为亲电取代反应和亲电加成反应等。

上述有机化学反应中,旧键断裂和新键形成不是同时进行,也就是说反应不是一步而是分几步完成的,且在反应过程中要生成活性中间体(intermediate)。常见的中间体是碳正离子、碳负离子和碳自由基。这些中间体来自共价键的异裂和均裂。

(三) 协同过程与周环反应

还有一类反应,它不同于以上两类反应,反应过程中旧的共价键断裂和新的共价键形成是同时发生于过渡态的结构中,为一步完成的多中心反应(即反应是一个协同过程),称为协同反应。若协同反应经历了一个环状过渡态,则称为周环反应(pericyclic reaction)。例如:共轭二烯烃可与含双键和三键的不饱和化合物发生 1,4- 加成反应,生成具有六元环状结构的化合物。该反应于 1928 年由德国化学家第尔斯(O.Diels)和阿尔德(K.Alder)发现,因此称之为第尔斯 - 阿尔德(Diels-Alder)反应。

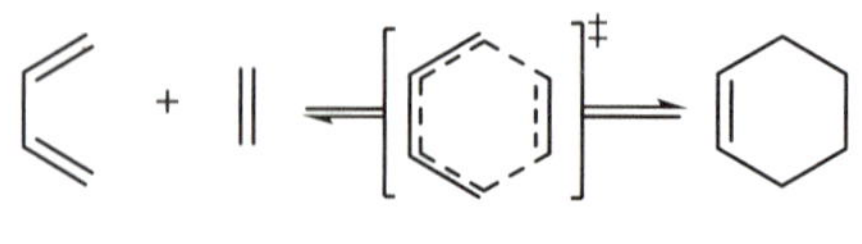

五、分子间的作用力及其对熔点、沸点、溶解度的影响

(一) 分子间的作用力

物质的结合力有原子间力和分子间力。原子间力有离子键、共价键和金属键等。分子间力有下面几种。

1. 偶极 - 偶极相互作用(dipole-dipole interaction)　极性分子间的相互作用,即偶极矩间的相互作用,称为偶极 - 偶极相互作用。一个分子的偶极正端与另一分子的偶极负端间有相互吸引作用,例如:

$$\overset{\delta^+}{H_3C}-\overset{\delta^-}{Cl} \qquad \overset{\delta^-}{Cl}-\overset{\delta^+}{CH_2}-\overset{\delta^+}{CH_2}-\overset{\delta^-}{Cl}$$

$$\overset{\delta^-}{Cl}-\overset{\delta^+}{CH_3} \qquad \overset{\delta^-}{Cl}-\overset{\delta^+}{CH_2}-\overset{\delta^+}{CH_2}-\overset{\delta^-}{Cl}$$

可以简单地表示为图 1-21。

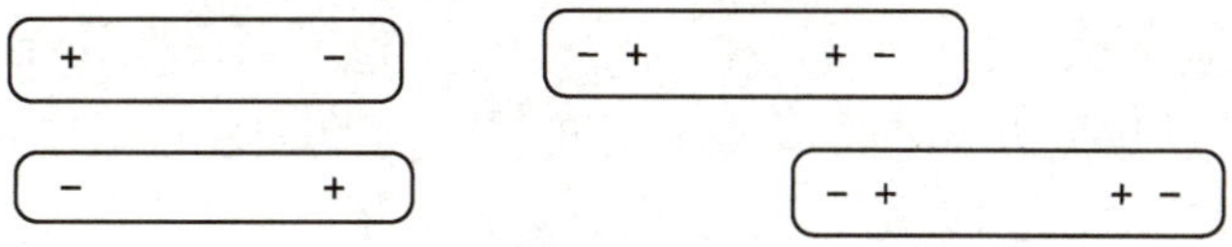

图 1-21 偶极 - 偶极的相互吸引

这种偶极 - 偶极的作用，只存在于极性分子中。

2. 色散力（dispersion force） 当非极性分子在一起时，非极性分子的偶极矩虽然为零，但是在分子中电荷的分配不是很均匀的，在运动中可以产生瞬时偶极矩，这种瞬时偶极之间的相互作用，称“色散力”。这种分子间的作用力，只有在分子很接近（距离小于 21pm）时才明显地存在，其大小与分子的极化性（度）和分子的接触表面的大小有关，如图 1-22 所示。

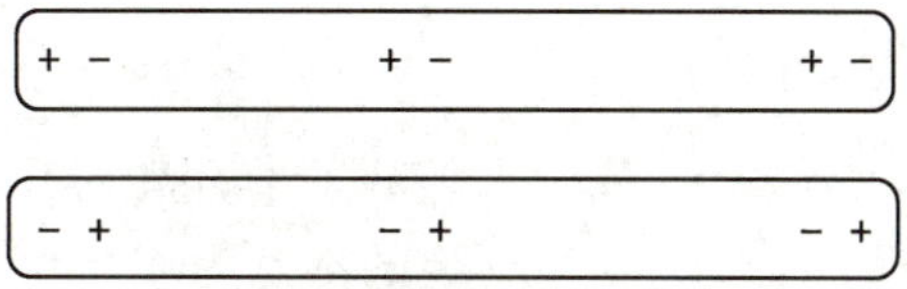

图 1-22 瞬时偶极的相互吸引

这种作用力没有饱和性和方向性，在非极性分子中存在，在极性分子中也存在。对大多数分子来说，这种作用力是主要的。

3. 氢键（hydrogen bond） 它可以属于偶极 - 偶极相互作用的一种。当氢原子与电负性很强、原子半径很小、负电荷又比较集中的氟、氧、氮等原子相连时，因为这种原子吸电子能力很强，而使氢原子带正电性。氢原子的半径很小，同时受到和它相连原子上电子的屏蔽作用也比较小。它可以与另一个氟、氧、氮等原子的非共用电子产生静电的吸引作用而形成“氢键”。

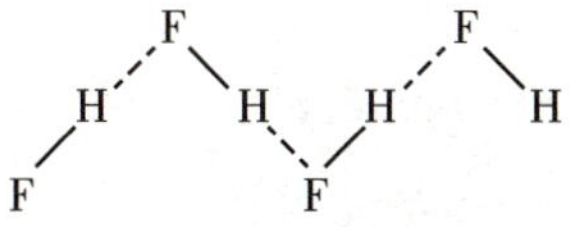

氟氢氢键

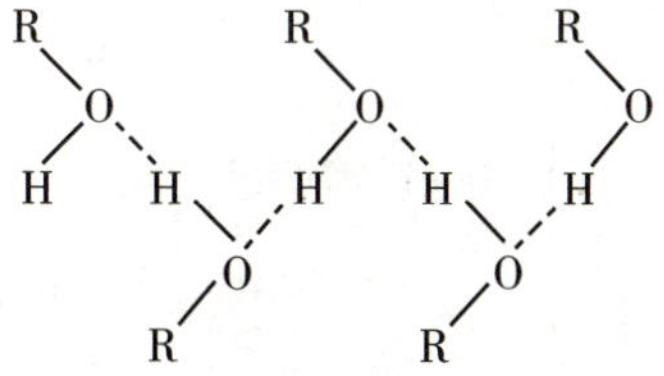

氧氢氢键

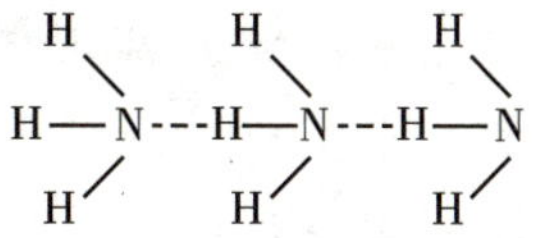

氮氢氢键

上式中，实线表示共价键，虚线表示氢键。氢原子很小，只能与 2 个负电性的原子结合，而且 2 个负电性的原子距离越远越好，因此氢键具有饱和性和方向性，键角大都接近 180°。氢键在很多分子中起着十分重要的作用，不仅对一个分子的物理性质和化学性质起着很重要的作用，而且可以使许多分子保持一定的几何构象。

分子以这种氢键结合在一起称为缔合体。能与氢原子形成氢键的主要是氟、氧、氮3种原子，而氯、硫一般不易形成，且形成的氢键也很不稳定。

（二）分子间的作用力对物质的某些物理性质的影响

1. 对沸点和熔点的影响　离子型化合物的正负离子以静电力互相吸引，并以一定的排列方式结合成分子或晶体。如果升高温度以提供能量来克服这种静电吸引力，则该化合物就可以熔化，如氯化钠熔点为801℃。但熔化后正、负离子仍有相反电荷间的相互作用，如继续加温，克服这种作用力，就可以沸腾，如氯化钠的沸点为1 413℃。

非离子型化合物是以共价键结合的，它的单位结构是分子。非离子型化合物的气体分子凝聚成液体、固体就是分子间作用力的结果。这种分子间的作用力只有1~2kJ/mol，比共价键弱得多，因此需要克服这种分子间作用力的温度也就比较低，而一般有机化合物的熔点、沸点都很少超过300℃。

非离子型化合物分子间的作用力，其大小与分子的极性有关，极性越大，偶极 - 偶极相互作用也越大，沸点就升高。例如顺式二氯乙烯（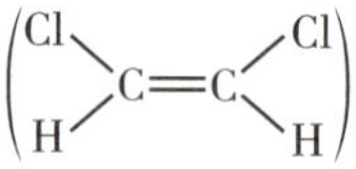）沸点为60.5℃，而反式二氯乙烯（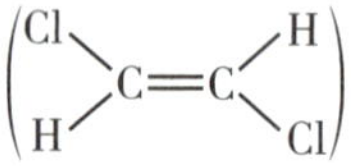）沸点为47.7℃，前者有偶极矩，后者偶极矩为零。如果分子内极性相同，则分子越大，范德华力也越大，故沸点随分子量升高而升高。例如氯代甲烷的沸点为−24℃，氯代乙烷的沸点为12.5℃，1- 氯丙烷的沸点为47℃。这一方面是因为分子量增加，分子运动所需的能量增加；另一方面是因为分子增大，分子间的接触面积增大，分子间的范德华力也增强，沸点就要升高。如果分子中极性相同，分子量也相同，但由于分子结构不同，分子间的接触面积也不相同，那么分子间接触面积大的，范德华力大，沸点高，如正戊烷的沸点为36℃，新戊烷的沸点为9℃，见图1-23。

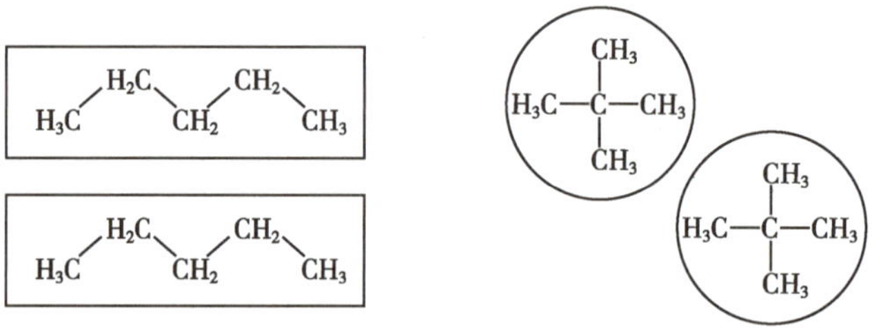

图1-23　分子接触面积与沸点的关系

分子如果通过氢键结合成缔合体，断裂氢键需要能量，因此沸点明显升高。例如正丙醇（$CH_3CH_2CH_2OH$）与乙二醇（$HOCH_2CH_2OH$）的分子量比较接近，但它们分子间能形成氢键的—OH数目不同，—OH越多，形成氢键越多，沸点就越高，所以正丙醇的沸点为97℃，乙二醇的沸点为197℃。因此，非离子型化合物的沸点与分子量的大小、分子的极性、范德华力、氢键等有关。对于熔点，不仅与上述这些因素有关，还与分子在晶格中排列的情况有关。一般讲，分子对称性高，排列比较整齐的，熔点较高。例如新戊烷（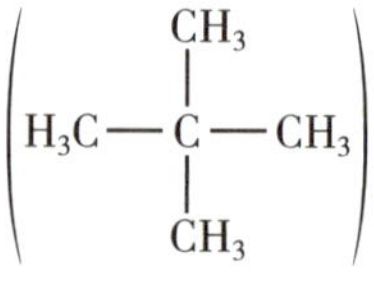）的熔

点为 $-17℃$，而异戊烷 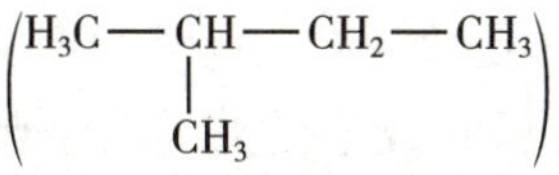 的熔点为 $-160℃$，因前者分子对称性高，结构比较紧密，分子间的吸引力大，所以熔点较后者高。

2. 对溶解度的影响 化合物在不同溶剂中的溶解度不同。溶剂可以分为质子溶剂、偶极非质子溶剂（或称偶极溶剂）与非极性溶剂 3 种。水、醇、氨、胺、酸等分子内有活泼氢的，为质子溶剂。丙酮、乙腈（CH_3CN）、二甲基甲酰胺［$HCON(CH_3)_2$］、二甲亚砜［$(CH_3)_2SO$］、六甲基磷三酰胺｛［$(CH_3)_2N$］$_3PO$｝等分子内有极性基团而没有质子，为偶极非质子溶剂。以上 2 类均属极性溶剂。烃类、苯类、醚类与卤代烷等均为非极性溶剂。

离子型化合物溶解时需要能量来克服 2 个正负离子间的静电吸引力，这可以由极性溶剂形成离子偶极键所释放的能量来提供。例如氯化钠溶于水，钠离子被水分子偶极负端所包围，氯离子被水分子偶极正端所包围（图 1-24），此时的钠离子和氯离子称为被水分子所溶剂化。溶剂化时，由于形成离子 - 偶极键，使钠离子和氯离子上的电荷分散而稳定，同时所放出能量补偿了用于克服钠离子和氯离子之间的静电吸引所需的能量。

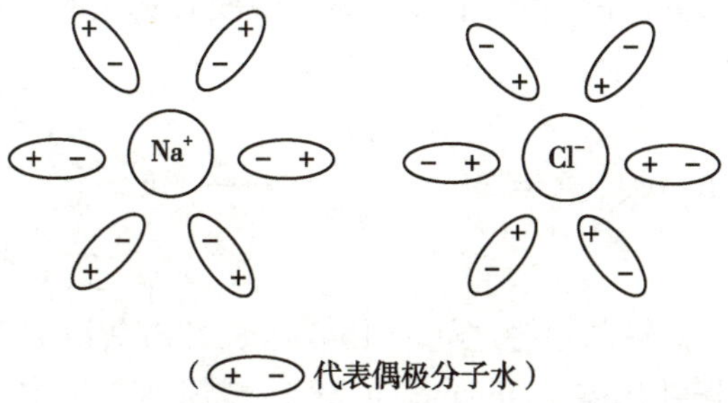

图 1-24 钠离子和氯离子与水分子形成离子 - 偶极键示意图

前面已经讨论过，对于非离子型化合物有一个经验规律“相似相溶”，就是极性大的分子与极性大的分子相溶，极性弱的分子与极性弱的分子相溶。这个经验规律可以由分子间作用力来说明。例如甲烷和水，它们本身分子间都有作用力，甲烷分子间有弱的范德华力，水分子间有较强的氢键吸引力，而甲烷与水之间只有很弱的吸引力，要拆开较强的氢键吸引力而代之以较弱的甲烷与水分子间的引力，非常困难，因此不易互溶。而甲烷与非极性溶剂如烃类、苯类、醚类、卤代烷等分子间的作用力相似，可以互溶。又如水与甲醇，都有活泼氢可以形成氢键。

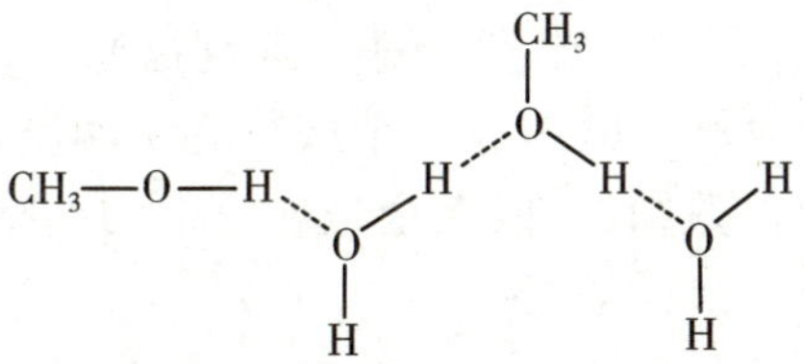

水中的氢键与甲醇中的氢键可以互相代替，因此水和甲醇可以互溶，但当醇分子逐渐增大时，分子中相似部分即羟基的成分逐渐减少，而不同部分即碳链的成分逐渐增加，这样水与醇的溶解度也逐渐减小。

第三节 共 振 论

共振论（resonance theory）是美国化学家鲍林为了解决用熟悉的经典结构式表达复杂的

电子离域体系的矛盾，于 1931—1933 年在美国化学杂志及化学物理杂志上发表的论文中提出的一种分子结构理论。在量子化学的基础上，共振论提供了以经典的价键结构式来描述电子离域体系的一个简便方法，是价键理论的延伸和发展。

一、共振论的基本概念

共振论认为，电子离域体系的分子、离子或自由基不能用一个经典结构表示清楚，也不能清楚地解释其某些性质（如能量值、键长、化学性能）时，就用 2 个或 2 个以上的经典结构式来代替通常的单一结构式，这个过程叫共振。用共振符号“⟷”表示，双向箭头表示共振或叠加。实际分子、离子或自由基是共振结构的共振杂化体。

例如：甲酸根负离子 $HCOO^{\ominus}$就不能用单一的结构式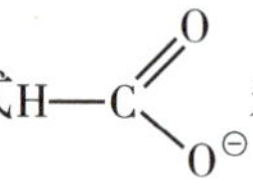来表示。式中有 C═O 双键和 C—O 单键 2 种键，在甲醇分子中 C—O 单键键长为 0.143nm，甲醛分子中 C═O 双键键长为 0.12nm，而实际测得甲酸根离子中的 2 个碳氧键键长都是 0.126nm，即介于两者之间。2 个氧原子有等量的负电荷，表明甲酸根离子中没有真正的 C—O 单键和 C═O 双键。因此，只能用下面 2 个共振式来表示。

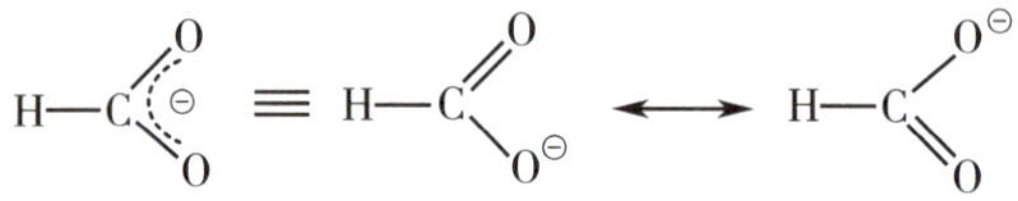

I　　　Ⅱ

其含义是碳氧键介于双键和单键之间的中间状态，负电荷被 2 个氧承担。

这些组合结构叫共振杂化体（resonance hybrid），或简称杂化体，也就是说 I 和Ⅱ综合称共振杂化体，每个参与杂化的结构叫共振结构式（resonance structures）或极限结构式，即 I 和Ⅱ互称共振结构式。

但并不是说，甲酸根离子一会儿是极限结构式 I，一会儿是极限结构式Ⅱ，也不是说一半是 I、一半是Ⅱ，而是介于 I 和Ⅱ之间。事实上，I 和Ⅱ都不是其真实结构，只是理论上的结构式，不能单独存在、独立表示甲酸根离子，只能参与共振杂化体。鲍林的学生、芝加哥大学的韦兰德（G.Welander）所作的生物杂化体的比喻是有启发性的——如把骡子看作马和驴杂交后生下的动物，是生物杂化体。这并不是说骡子是几分之几的马和几分之几的驴，也不能说骡子有时候是马、有时候是驴，只能说骡子是与马和驴都有关系的动物。因而可用两种熟知的动物马和驴来很好地说明骡子。加利福尼亚工艺学院的罗伯特（J.Robert）的比喻就更恰当了——在中世纪，欧洲有一个旅行者从印度回来，他把犀牛描绘成龙和独角兽的生物杂化体，用两种熟知的、但完全是想象中的动物来很好地描绘一种真实的动物。

同理，苯分子可表示成：

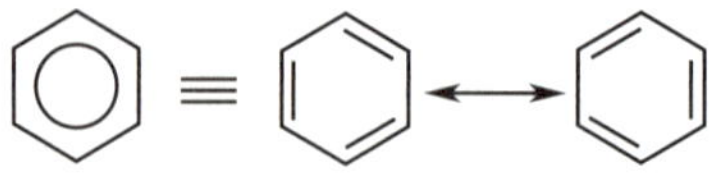

再如：丁-1,3-二烯（CH_2═CH—CH═CH_2）分子中 C═C 双键的键长不是 0.134nm，而是 0.137nm，C—C 单键的键长不是 0.154nm，而是 0.148nm，说明分子中不存在纯粹的单、双键，所以不能用一个结构式表示，而应该用共振杂化体表示。

笔记栏

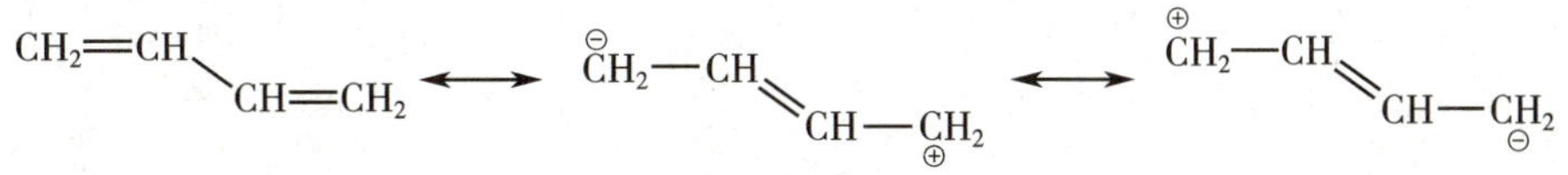

I　　II　　III

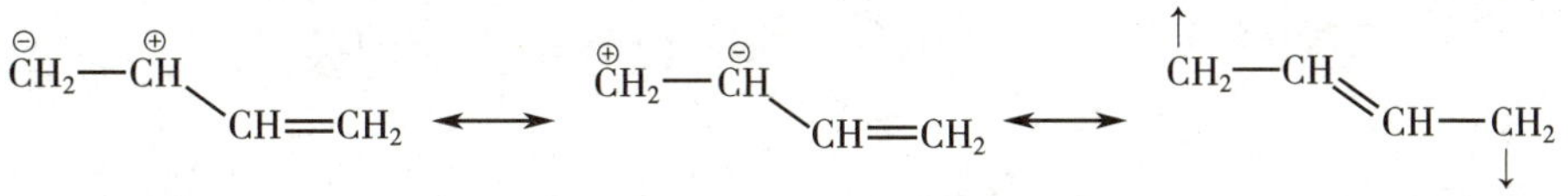

IV　　V　　VI

应写出上面Ⅰ～Ⅵ 6个共振结构式，Ⅰ～Ⅵ综合称共振杂化体，从Ⅰ～Ⅵ是靠电子的移动互相转变而成，哪一个也不是丁-1,3-二烯的真实结构，不能单独表示、单纯存在，其真实结构介于Ⅰ～Ⅵ之间。

二、书写共振结构式遵循的基本原则

1. 同一化合物分子的极限结构式，原子核（骨架）的相对位置保持不变，只是电子移动。一般是π键电子对和非键电子对移动，形成不同的排列方式。例如：

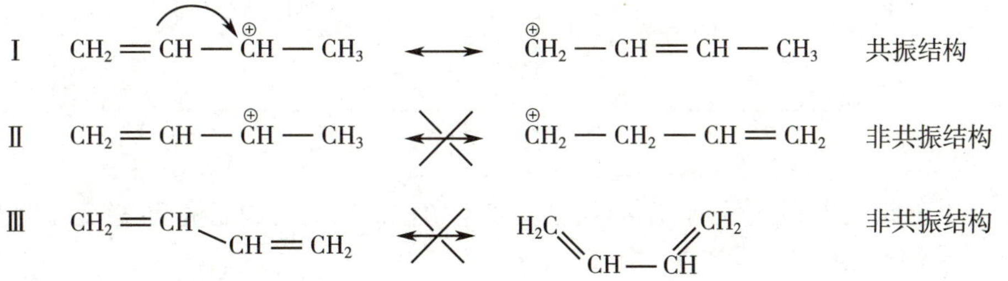

上述Ⅰ式中2个极限结构互为共振结构。Ⅱ式中右边结构式的氢原子移位了，Ⅲ式中右边结构式的碳原子移位了，故Ⅱ式、Ⅲ式中的2个价键结构式都不是左边结构式的共振结构。

2. 参与共振的所有原子都要共平面，都具有p轨道，如π键、自由基、离子、共轭体系等。

3. 键角要保持恒定。例如：

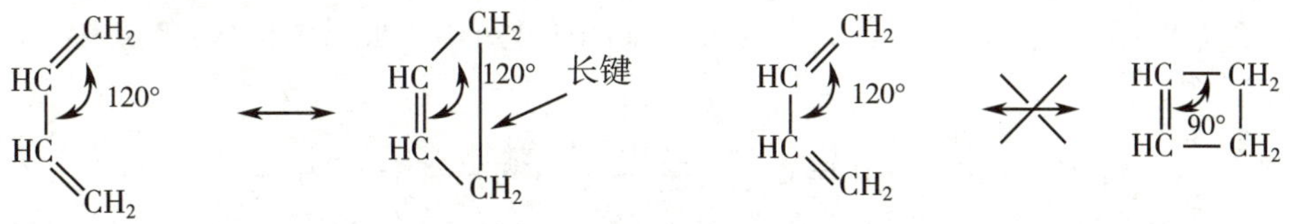

4. 同一分子的极限结构式，其成对电子数和未成对电子数必须相同。例如：烯丙基碳自由基中，Ⅰ式和Ⅱ式是共振结构，Ⅲ式由于改变了单电子数目，因此不是共振结构。

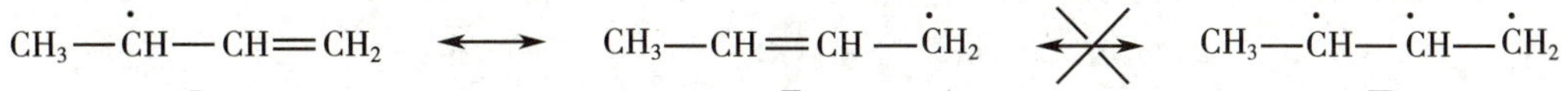

I　　II　　III

5. 所有的共振结构式必须符合价键理论。如原子的外层价电子数要符合八隅体要求，碳原子只能是四价等。

三、共振结构稳定性的估计

不同的共振结构对共振杂化体的贡献不同。能量越低、越稳定的共振结构对共振杂化体贡献越大。参与共振的结构的稳定性可按以下原则估计。

笔记栏

1. 具有相似结构、且能量相等的几个共振结构式，称作等性共振结构。它们对共振杂化体的贡献最大，内能最低，最稳定，最趋近于分子的真实结构。例如：

烯丙基正离子 $CH_2=CH-\overset{\oplus}{C}H_2 \longleftrightarrow H_2\overset{\oplus}{C}-CH=CH_2$

乙酸根负离子 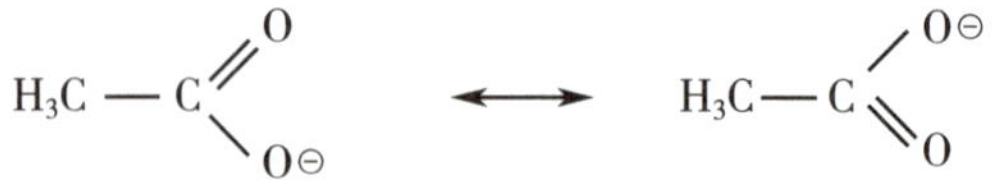

2. 在共振结构中，共价键数目越多的共振结构能量越低，越稳定。例如：丁-1,3-二烯中，Ⅰ式共价键数目多，稳定；Ⅱ式和Ⅲ式不如Ⅰ式稳定，但Ⅱ式和Ⅲ式稳定性相同。

$$\underset{\text{I}}{CH_2=CH-CH=CH_2} \longleftrightarrow \underset{\text{II}}{\overset{\oplus}{C}H_2-CH=CH-\overset{\ominus}{C}H_2} \longleftrightarrow \underset{\text{III}}{\overset{\ominus}{C}H_2-CH=CH-\overset{\oplus}{C}H_2}$$

稳定（Ⅰ） 不稳定（Ⅱ、Ⅲ）

3. 在共振结构中，相邻原子成键的共振结构能量低，更稳定。例如：

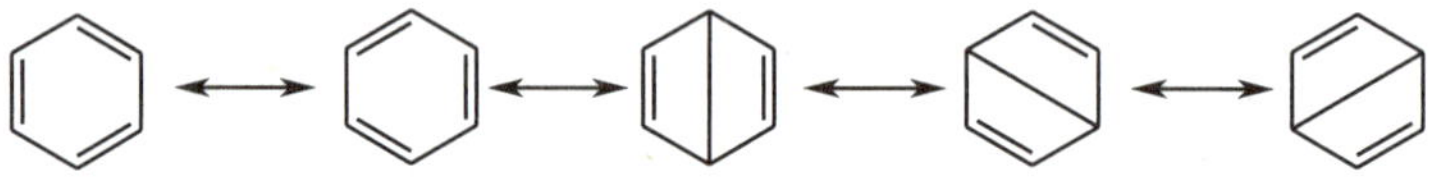

Ⅰ Ⅱ Ⅲ Ⅳ Ⅴ

稳定（Ⅰ、Ⅱ） 不稳定（Ⅲ、Ⅳ、Ⅴ）

4. 在共振结构中，电荷分布正常，符合元素电负性的共振结构能量低，稳定。例如：

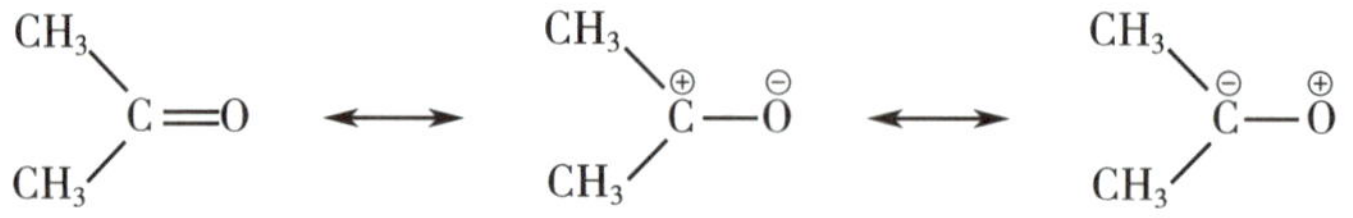

最稳定 较稳定 不稳定

由于氧的电负性较大，吸引电子的能力较强，所以氧上带负电荷的共振结构能量较低，较稳定；而氧上带正电荷的共振结构不稳定，实际意义很小。

5. 在共振结构中，所有的原子都具有完整的价电子层（八隅体结构）的共振结构能量低，稳定。例如：

$$\underset{\text{稳定}}{H_2C=HC-CH=CH_2} \longleftrightarrow \underset{\text{不稳定}}{\overset{\oplus}{C}H_2-CH=CH-\overset{\ominus}{C}H_2}$$

因为 $C^{\oplus}$的外层只有 6 个电子，不符合八隅体结构，故能量高，贡献小。

再如：

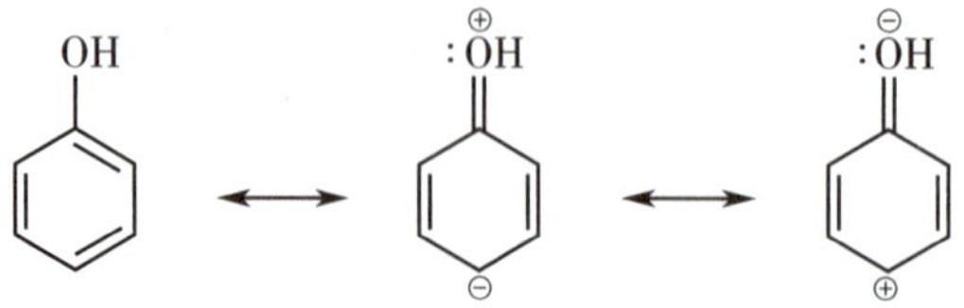

Ⅰ 最稳定　Ⅱ 较稳定　Ⅲ 不稳定

Ⅲ式中因为 $O^{\ominus}$的外层有 10 个电子，$C^{\oplus}$外层有 6 个电子，不具备八隅体结构，故能量高，极不稳定。

6. 在共振结构中，相邻原子所带的电荷相同时，该共振结构能量高，不稳定。例如：

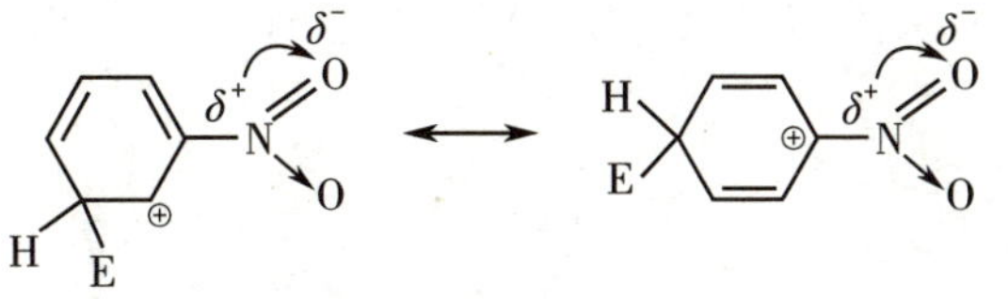

Ⅰ　　　　Ⅱ

极不稳定

上述结构中，Ⅱ式相邻的 C、N 都带正电荷，由于正电荷间的排斥作用，使其能量增大，极不稳定；Ⅰ式相邻原子没有都带正电荷，故比Ⅱ式稳定。

7. 在共振结构中，电荷分离是不稳定的如Ⅱ式，且两电荷相距越远越不稳定。电荷不分离的共振结构如Ⅰ式，分子能量低，较稳定。例如：

Ⅰ 稳定　　　Ⅱ 不稳定

四、共振能

共振杂化体比任何一个共振结构都要稳定，即共振杂化体有较小的内能。根据能量最低的共振结构所计算出的能量值与实际测得的共振杂化体的能量值之间的能量差，称为共振能（resonance energy）。

五、共振论对分子性质的描述

1. 根据共振结构式的数目可以说明分子的稳定性程度。共振结构式数目越多，分子越稳定。例如苯、萘、蒽、菲可分别写出 2、3、4、5 个共振结构式。其中蒽与菲比较，菲有 5 个共振结构式，蒽有 4 个共振结构式，所以菲比蒽稳定。

苯

萘

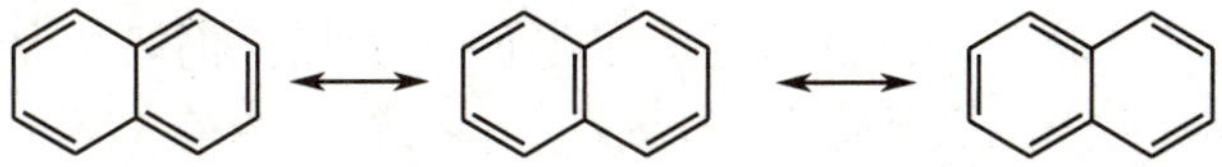

蒽

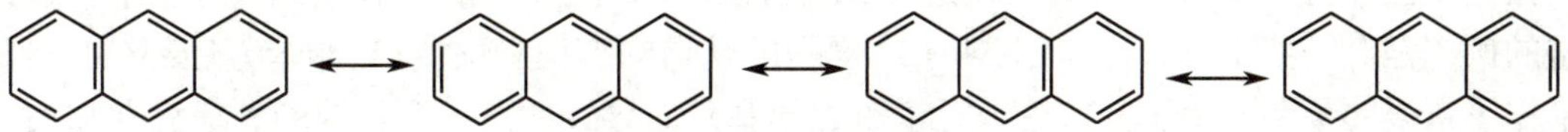

菲

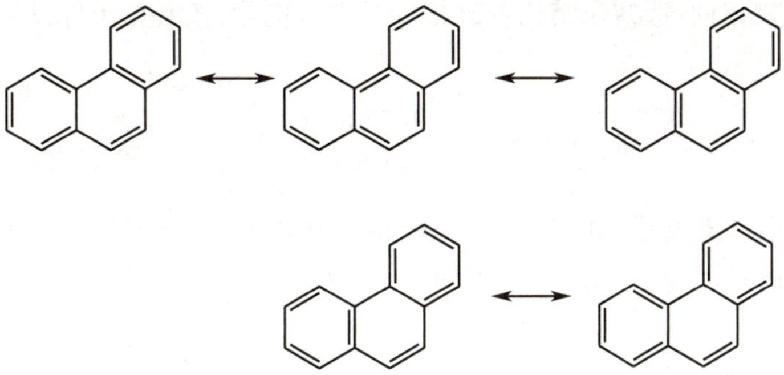

笔记栏

2. 可以用共振结构式来说明分子中的电子分布情况，从而决定反应试剂进攻的位置。例如：通过写出卤苯 C_6H_5X（X 为 F、Cl、Br、I）的共振结构式，可知电荷分布情况，以及亲电取代反应发生部位。

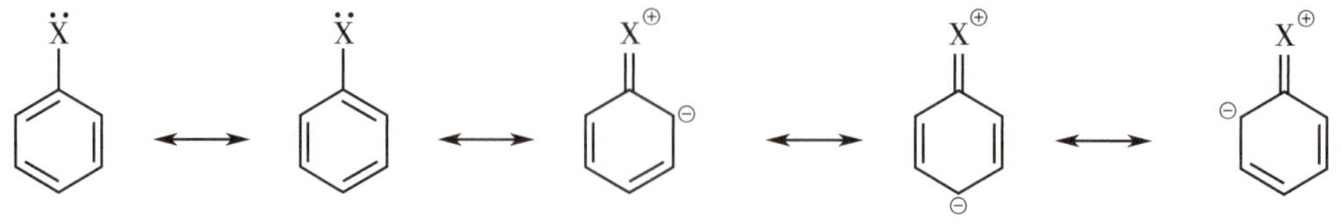

由于卤原子的邻位和对位带负电荷，电子云密度较大，所以亲电试剂进攻卤原子的邻位和对位，在邻对位发生亲电取代反应。

再如：苯甲醛 C_6H_5CHO

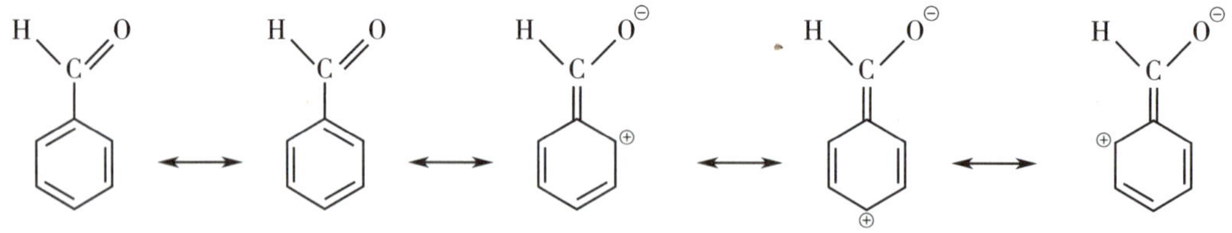

由于甲酰基的邻位和对位带正电荷，所以亲电试剂进攻甲酰基的间位，在间位发生亲电取代反应。

3. 通过计算键序，确定电子云密度。键序（P）是一个重要的参数，表示一个键区的电子密度。键序越大，键长越短，电子云密度越大。鲍林对键序下的定义是：某一个键以双键出现在各共振结构中的数目（*ND*），被共振结构总数目（*SC*）去除，所得的值叫键序，即 $P=ND/SC$。例如萘的共振结构总数是 3，1、2 之间键的双键结构数目是 2，因此，它的键序是 2/3。2、3 之间双键的结构数目是 1，则键序是 1/3。

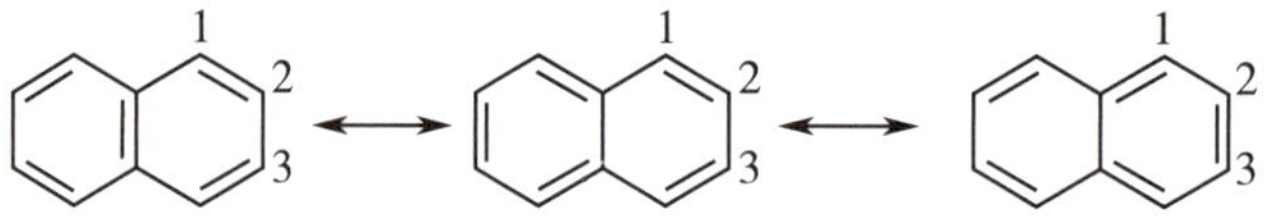

说明 C_1 和 C_2 之间电子云密度最大，事实也如此。

今天，在共价键理论领域内，分子轨道理论已远远走在前面，但共振论仍然被大量地使用，主要的一点是因为它采用经典的结构式，比起分子轨道理论来，较为清楚、简便，直观性强，易于应用。但是，与分子轨道理论相比，共振论中的量子力学处理比较表面和粗糙，因此共振论只能作为一个近似的定性理论，在精确性和预见性方面都不如分子轨道理论。最典型的例子是对一些不符合休克尔“4*n*+2”规则的轮烯的结构和性质（见非苯芳烃部分），共振论作了错误的预测。由于共振论缺乏量子力学基础而导致的另一严重缺陷是任意性和人为因素的渗入，结果导致忽略对所选共振结构合理性的考虑。例如，按共振条件，环丁二烯可以写出两个共振结构式：

而实际上这个分子不含离域键，而是含 2 个双键和 2 个单键的很不稳定的长方形烯烃。所以对待共振论要看到它的有用一面，也要认识到它的不足之处。

第四节 决定共价键中电子分布的因素

ER-1-3 诱导效应和场效应

在研究有机化合物的性质及反应性能的大小时，经常比较原子间的相互影响，这些影响可由诱导效应和共轭效应等原因所引起。有机化学中有许多问题都可用诱导效应和共轭效应来解释。

一、诱导效应

诱导效应（inductive effect）是分子中原子间相互影响的一种电子效应，分静态诱导效应（static inductive effect）和动态诱导效应（dynamic inductive effect）。

（一）静态诱导效应

由于成键原子的电负性不同，而使整个分子的电子云沿着碳链向某一方向偏移（即非极性键变成极性键）的现象叫诱导效应，简称 I 效应。“$\longrightarrow$”表示电子移动的方向。

例如：氯原子取代了烷烃碳上的氢原子后，由于氯的电负性较大，吸引电子的能力较强，电子向氯偏移，使氯带部分负电荷（δ^-）、碳带部分正电荷（δ^+）。带部分正电荷的碳又吸引相邻碳上的电子，使其也产生偏移，也带部分正电荷（$\delta\delta^+$），但偏移程度小一些，这样依次影响下去。

$$\overset{\delta^-}{Cl} \longleftarrow \overset{\delta^+}{C_1} \longleftarrow \overset{\delta\delta^+}{C_2} \longleftarrow \overset{\delta\delta\delta^+}{C_3}$$

原子上静电荷分布 −0.713 +0.681 +0.028 +0.002

诱导效应沿着碳链由近而远传递，距离越远影响越小，一般到第 3 个碳原子后，诱导效应的影响就很微弱，可以忽略不计。这种由极性键所表现出的诱导效应称为静态诱导效应，用 Is 表示，其中 s 为 static（静态）的缩写。

为了判断诱导效应的影响和强度，常以碳氢化合物的氢原子作为比较标准。

一个原子或基团吸引电子的能力比氢强，就叫吸电子基。由吸电子基引起的诱导效应为负诱导效应，用 −I 表示。

一个原子或基团吸引电子的能力比氢弱，就叫斥电子基。由斥电子基引起的诱导效应为正诱导效应，用 +I 表示。

$$R_3C \longleftarrow Y \qquad R_3C — H \qquad R_3C \longrightarrow X$$

+I效应　　比较标准 I=0　　−I效应

下面是一些原子或基团诱导效应的大小次序：

吸电子基团（−I）：$—\overset{\oplus}{N}R_3 > —NO_2 > —CN > —COOH > —C{=}O > —F > —Cl > —Br > —I > —OCH_3 > —OH > —C{\equiv}CH > —C_6H_5 > —CH{=}CH_2 > —H$

斥电子基团（+I）：$(CH_3)_3C— > (CH_3)_2CH— > CH_3CH_2— > CH_3— > H—$

原子或基团诱导效应的大小，与原子在周期表中的位置及基团结构密切相关。其一般规律如下：

对同族元素来说，随原子序数增大，吸电子能力逐渐减小。如：

$$—F > —Cl > —Br > —I$$

对同周期元素来说，随原子序数增大而吸电子能力增大。如：

$$—F > —OR > —NR_2$$

$$—\overset{\oplus}{O}R_2 > —\overset{\oplus}{N}R_3$$

笔记栏

对不同杂化状态的碳原子来说，S 成分多，吸电子能力强。如：

$$—C≡CR > —CR═CR_2 > —CR_2—CR_3$$

烷基只有与不饱和碳相连时才呈现 +I 效应，并且烷基间的 +I 效应差别比较小。

（二）动态诱导效应

在化学反应中，当某一个外来的极性核心接近分子时，能改变分子的共价键电子云分布的正常状态。这种由于外电场（如溶剂、试剂）的影响所产生的极化键表现出的暂时电子云分布状态的改变，称为动态诱导效应，用 Id 表示，其中 d 为 dynamic（动态）的缩写。这种效应是一种暂时现象，其存在决定于分子的内在可改变因素和外界电场的影响。

A ÷ B	A ÷ B $\|X\|^{\oplus}$
正常状态（静电）	对于试剂的动态表现

一个分子对于外界电场的反应，其强度决定于分子中价键的极化度和外界电场的强度。

静态诱导效应与动态诱导效应的不同之处，主要是起源不同、方向不同、极化效果不同。静态诱导效应是由于成键原子的电负性不同，而使整个分子的电子云沿着碳链向某一方向移动，是分子固有的性质。动态诱导效应是在发生化学反应时，分子的反应中心如受到极性试剂的进攻，键的电子云分布受到试剂电场影响而发生变化，是一种暂时现象，只有在进行化学反应的瞬间才表现出来。

诱导效应可以说明分子中原子间的相互影响。例如：氯原子取代乙酸的 α-H 后，生成氯乙酸，由于氯的吸电子作用通过碳链传递，使羧基中 O—H 键极性增大，氢更易以质子形式解离下去，从而酸性增强。

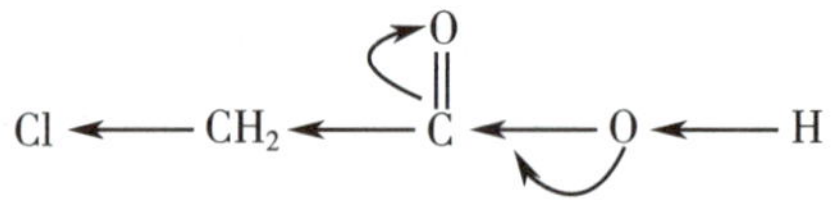

所以 $ClCH_2COOH$ 的酸性强于 CH_3COOH 的酸性。

诱导效应不但能影响物质的酸碱性，而且能影响物质的物理性质和其他化学性质。例如：醛酮羰基的特性反应是亲核加成反应，如连有吸电子基，使羰基碳上的电子云密度减小，正性增大，更易发生亲核加成反应；如连有斥电子基，使羰基碳上的电子云密度增大，正性减小，亲核加成活性减小，所以反应速度变慢。

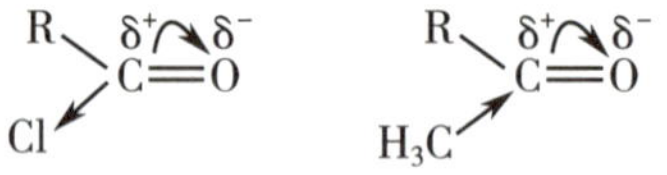

反应快　　反应慢

二、场效应

分子中相互作用的两部分，通过空间传递电子所产生的诱导效应叫场效应（field effect）。例如，邻氯代苯基丙炔酸和对位氯代苯基丙炔酸。

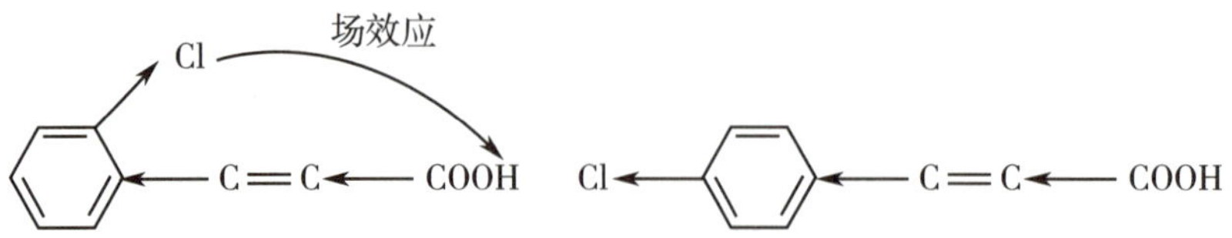

诱导效应　　诱导效应

按理来说，其酸性似应为邻位大于对位，因为邻位氯离羧基近，诱导效应作用大。但实际上酸性是对位大于邻位。这是因为邻位取代物中 C—Cl 偶极矩负的一端靠近羧基质子正

笔记栏

的一端，两者的静电作用可通过空间传递产生场效应，于是氯阻止了氢以质子的形式解离下去而使其酸性减弱。对位上的氯和羧基的质子相距很远，不存在场效应，所以它的酸性大于邻位。

根据一些数据的分析，场效应起的作用可能比诱导效应所起的作用还要广泛。但我们绝不能认为诱导效应就没有影响。确切地说，这两种效应往往同时存在。

三、共轭效应

ER-1-4

共轭效应

(一) 静态共轭效应

由于共轭体系的存在，发生原子间的相互影响而引起电子平均化的效应叫共轭效应(conjugative effect)。这种效应是分子的内在效应，叫静态共轭效应(static conjugative effect)。

例如：在丁-1,3-二烯($CH_2═CH—CH═CH_2$)分子中，4个碳原子都是sp^2杂化的，每个碳以sp^2杂化轨道与相邻碳原子相互交盖形成C—C σ键，与氢原子的s轨道交盖形成C—H σ键，这3个C—C σ键、6个C—H σ键在一个平面上，键角接近于120°。此外，每个碳上还有一个未杂化的p轨道，垂直于σ键所在平面，侧面交盖形成π键。这种交盖不是限于C_1~C_2、C_3~C_4之间，而是C_2~C_3之间也发生了一定程度的交盖，从而使C_2和C_3之间电子云密度比孤立C—C单键的电子云密度增大，键长缩短，具有了部分双键的性质，形成了大π键。我们通常把这样的体系称为共轭体系(即电子离域体系)。这种单双键交替出现的体系叫π-π共轭体系。如图1-25所示。

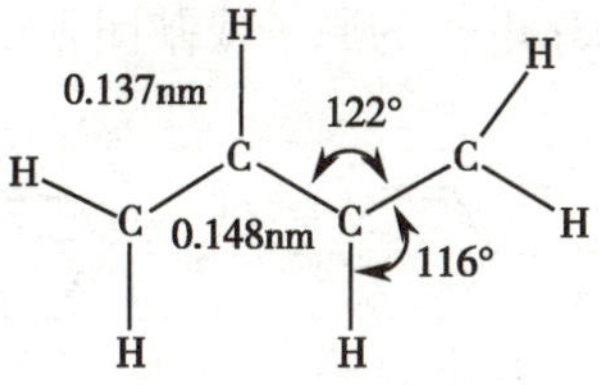

σ键所在平面在纸平面上

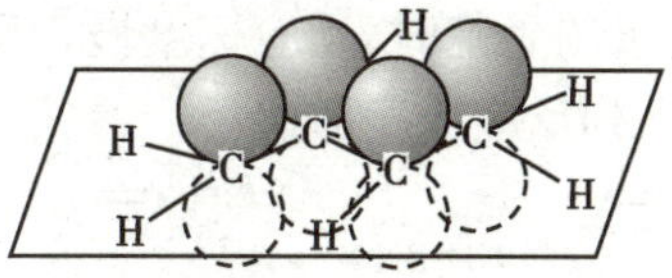

π键所在平面与纸平面垂直

图1-25 丁-1,3-二烯分子的σ键和π键位置

此外，当π键与p轨道间隔单键时，形成p-π共轭体系。例如在羧酸分子中，羧基碳原子上未参与杂化的p轨道与羰基氧原子的p轨道形成π键，羟基氧原子具有未共用电子对的p轨道与羰基的p键形成了p-π共轭体系。由于p-π共轭体系的存在，羟基氧原子上的电子云向羰基转移，氧原子电子云密度下降，从而使羟基极性增强，氢易于离解而使羧酸具有酸性。

共轭效应只存在于共轭体系中，不像诱导效应存在于一切键上。诱导效应是由于键的极性沿σ键而传导。共轭效应是由于π电子的转移，沿共轭键而传导，使共轭键的π电子云密度或多或少发生平均化。

当共轭体系的一端连有极性共价键时，常常使共轭体系的电子云密度发生疏密交替的变化(即交替极化)，从而产生交替偶极。我们用弯箭头表示电子云转移方向。

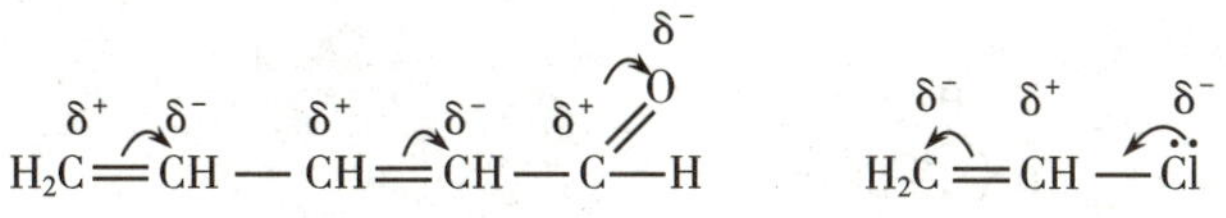

在共轭体系中，原子的相互影响会沿共轭链传递，且不受距离影响，即从头至尾作用强度不减弱，这点和诱导效应不同。

(二)动态共轭效应

在外界电场的影响下,使 π 电子极化而发生交替转移,这种效应叫动态共轭效应(dynamic conjugative effect)。例如丁 -1,3- 二烯与 HBr 加成时,丁 -1,3- 二烯与 HBr 接触,当 $H^{\oplus}$靠近 C_1 时就引起动态共轭效应

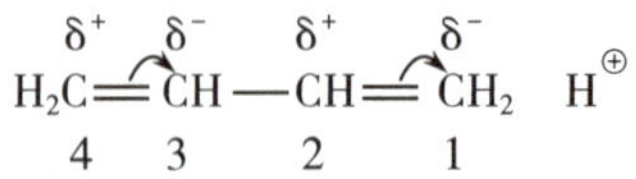

丁 -1,3- 二烯本身没有极性,但 $H^{\oplus}$接近于 C_1 时,在发生反应的瞬间,π 电子云被极化而发生交替转移,C_1 和 C_3 带部分负电荷,C_2 和 C_4 带部分正电荷,所以丁 -1,3- 二烯既可以发生 1,2- 加成,也可以发生 1,4- 加成。这种转移可沿着共轭碳链传递下去,其效应并不因距离的增加而减弱,但这是一种暂时性的反应,只有在分子进行化学反应时才能表现出来。

共轭效应和诱导效应一样也有方向性,分为正共轭效应(以 +C 表示)和负共轭效应(以 –C 表示)。

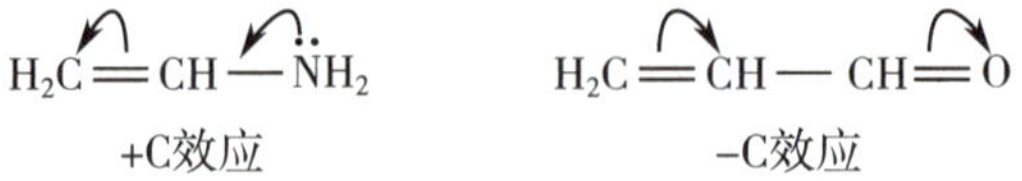

(三)超共轭效应

1935 年,贝克(J.Baker)和雷赛(W.Nathan)在进行溴苄和吡啶成盐反应时发现,反应速度随取代基的性质而改变。实验结果证明,吸引电子的原子或基团不利于此反应的进行,例如当 A 为吸电子的硝基时,反应速度慢。反之,A 为斥电子的原子或基团则反应加速,例如烷基(R)可使下列反应速度加快。

而且不同烷基对反应速度的影响不一样,可按下列次序排列:

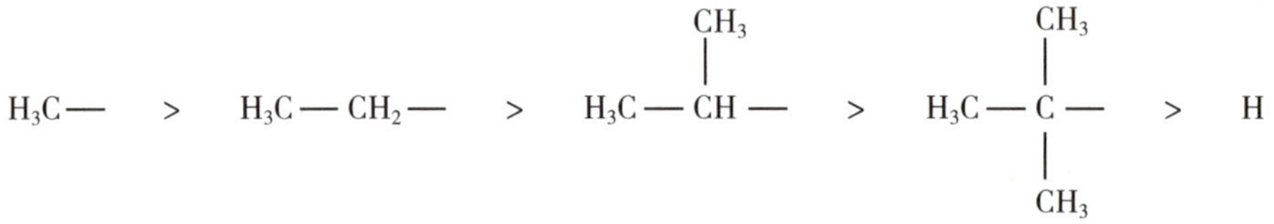

$K/\times10^4$	2.02	1.81	1.65	1.53	1.22

这个次序与正常的诱导效应强度次序正好相反,故贝克和雷赛提出:C—H 键和不饱和基团相连接时,通过单键和重键发生一定程度的共轭,C—H 键的成键电子云向重键转移。这是 σ 键与 π 键之间的共轭,称为 σ-π 超共轭。在超共轭体系中发生的电子效应称超共轭效应(hyperconjugative effect)。超共轭效应的电子云转移用弯箭头表示。

超共轭效应的产生与烷基上 C—H 键的性质有关。碳原子的 sp^3 杂化轨道与氢原子的 1s 轨道重叠为 C—H σ 键。H 原子很小,好比嵌在碳的原子轨道中,而电子云密度相对地向碳集中。在它和 π 键相邻时,就发生电子的离域现象,即 σ 键与 π 键之间的电子偏移,使体系变得较稳定。如图 1-26 所示。

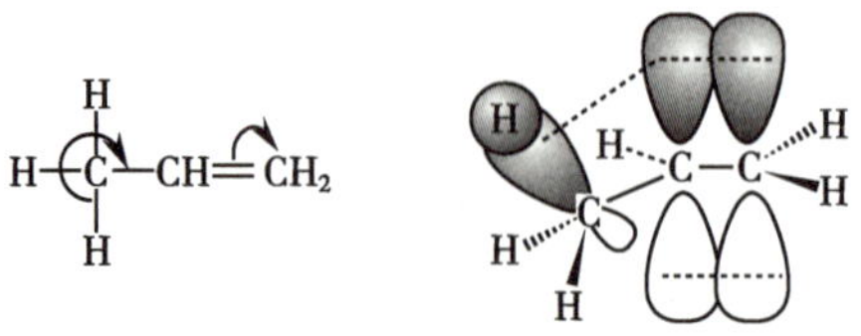

图 1-26 超共轭(烷基的 σ 轨道与双键的 π 轨道重叠)

笔记栏

很明显，烷基超共轭效应的强弱，由烷基中与重键发生共轭的 C—H 键的数目多少决定。这种碳氢键的数目越多，则所发生的超共轭效应也越强。如下式所示：

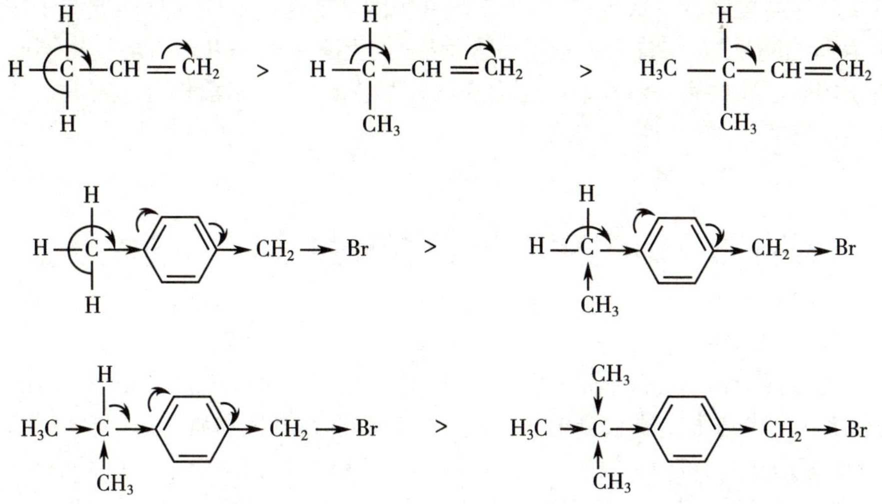

（直箭头表示诱导效应，弯箭头表示共轭效应）

在 $(CH_3)_3C—CH═CH_2$ 分子中就没有和 π 键发生超共轭的 C—H 键。用超共轭效应可以解释上述贝克和雷赛所得到的反应速度次序。在烷基取代的溴苄分子中，根据烷基结构不同，有的既存在诱导效应，也存在超共轭效应。超共轭效应的有无就看有无与 π 键发生超共轭的 C—H 键。C—H 键多的，超共轭效应就强。例如：

当戊-2-烯与 HBr 加成时，可用超共轭效应的观点来判断此反应的主要方向。因为甲基的超共轭效应大于乙基，所以 2-溴戊烷是反应的主要产物。

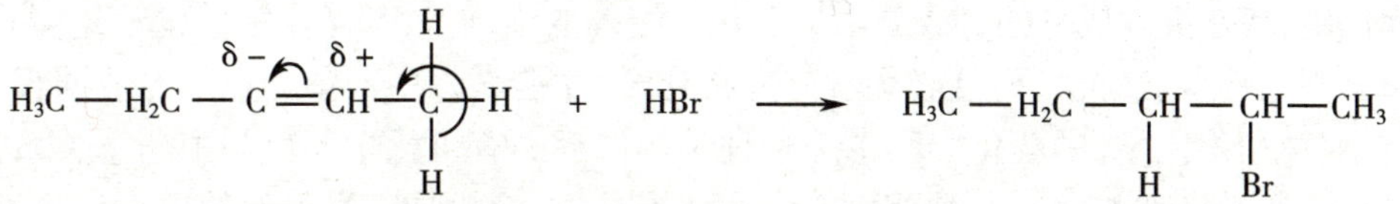

碳氢键不仅可以与 π 键发生超共轭，也可与 p 轨道相互作用而发生 σ-p 超共轭效应。例如：自由基具有电子不饱和性，它的单电子有配对成键的趋势。但它的稳定程度却随自由基的结构不同而异。当一个烷基自由基的单电子 p 轨道与 C—H 键的 σ 轨道相邻时，则可发生 σ-p 超共轭效应。C—H 键的成键电子云向具有单电子的碳原子转移，使此单电子不再局限在一个碳原子上，而为整个超共轭体系所分散，因而增加了自由基的稳定性。参与超共轭的 C—H 键越多，体系就越稳定。如下列烷基自由基的稳定次序为：

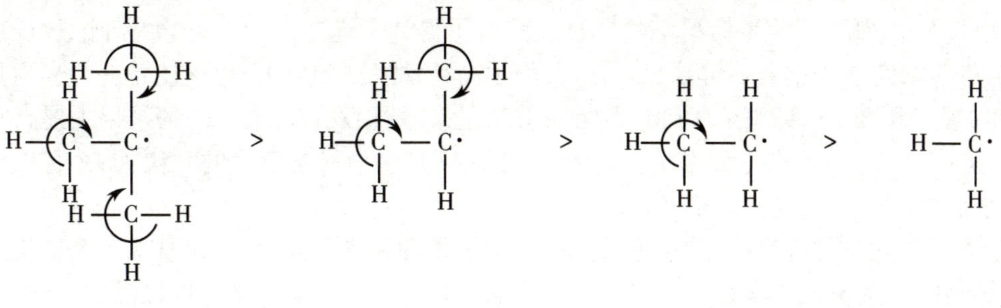

9个C—H键共轭　　6个C—H键共轭　　3个C—H键共轭　　没有C—H键共轭

所以自由基的稳定性是：3°>2°>1°> 甲基。

σ-π 超共轭效应和 σ-p 超共轭效应是部分共轭效应，比共轭效应弱得多。除了 σ-p 及

σ-π 超共轭外，还存在 σ-σ 超共轭效应。这种效应在静态分子中不明显，只在试剂进攻时才发生，这里就不再讨论了。

超共轭效应虽能解释一些现象，但由于超共轭效应所起的影响比共轭效应小得多，在物理性质上表现不明显，有些数据还难以使人信服，加上有人对超共轭效应提出不同看法，所以还有待于实验事实的进一步检验。但它在解释某些现象时，目前仍有一定的价值，这就是我们还要学习它的原因。

第五节 有机化学与药学及生命科学的关系

有机化学是中药相关专业一门重要的基础学科。药物大多数是有机化合物。合成药是由有机化学的合成方法制备的；抗生素以来自微生物为主，也有合成或半合成品；生化药物来自动物组织；而中药则主要来自植物和动物。它们都是有机物质。这些有机物质作为药物，一般都要先用化学方法加工炮制、提取或精制，才能符合药用要求。特别是对于中药有效成分的研究，要经过提取、分离、结构测定、人工合成等实验步骤，而所有这些研究程序，都离不开有机化学的基本理论和实验技能。

中药的组成非常复杂。例如，一种中药往往具有多种功效，这与中药本身含有多种有效成分有关。为了使它达到治疗疾病的目的，就必须采用化学方法进行炮制，以保留或增强所需的有效成分，减轻或消除不需要的或毒副作用成分。对于化学药物合成路线的选择，必须熟悉有机化学反应的特点，才能选出合理的合成路线。此外，中药的鉴定、质量检查、保管、剂型的改革等都必须通晓药物的理化性质。因此，一个中药工作者要能应用现代有机化学知识去认识中药，特别是中药有效成分的分子组成或结构、性质及其与化学结构的关系、主要生理作用、甚至有效成分的合成方法以及化学结构的修饰等，都需要掌握比较扎实的有机化学基础理论和实验方法，而且必须学好有机化学，才能学好中药学专业的专业课程，如中药鉴定学、中药炮制学、中药化学和中药药理学等课程。有机化学不仅与中药学关系密切，而且与生命科学密切相关。人类重要的食物如蛋白质、淀粉是一类天然的生物高分子。我国化学家在 1965 年合成了一个分子量较小的蛋白质——胰岛素，在人类认识生命的过程中起着很大的作用。因为人体内有多种蛋白质和其他生物高分子控制着生命的现象，如遗传、代谢等，所以胰岛素的合成意味着人类在生命探索的长途上迈出了重要的一步。有机化学与生物学、物理学密切配合，预计将来在征服疾病（如癌症、精神病）、控制遗传、延长人的寿命等方面起巨大作用。由于生命过程是许多生物分子间发生各种化学反应以及所引起的物质和能量转换的结果，所以可以认为从分子水平认识生命过程是认识的基础。近年来，从分子水平研究生命现象，使生命科学的研究及其应用得到了迅速发展。化学的理论观点和方法在整个生命科学中起着不可缺少的作用，而生命科学发展到今天，化学还要进一步为其提供理论、观点和方法。即将化学理论和方法移植过来，并用观察生命现象的结果去提高它们，使之成为生命科学的理论和方法。如果说 21 世纪是生命科学灿烂的时代，那么有机化学通过与生物学科结合，同样也是光辉灿烂的。

在学习有机化学的过程中，除了重视基础理论的掌握和应用外，还必须重视有机实验的基本操作训练，因为有机化学是一门实践性很强的学科。通过实验，不仅可以加深对有机化学理论的理解和应用，更重要的是，还可以加强动手能力和分析问题、解决问题的能力。总之，只有把理论和实践很好地结合起来，才能完整地学好有机化学。

（张园园 康 威 杨淑珍）

笔记栏

学习小结

1. 学习内容

- 共价键的有关理论
  - 化学键的类型
    - 离子键
    - 共价键
    - 配位键
  - 共价键的形成
    - 价键理论
    - 分子轨道理论
  - 共价键的属性
    - 共价键的键长
    - 共价键的键角
    - 共价键的键能
    - 共价键的极性
  - 有机化学中的电子效应
    - 诱导效应
    - 共轭效应
      - π-π共轭
      - p-π共轭
      - σ-π、σ-p超共轭

2. 学习方法 在本章的学习过程中，应对有机化合物的特点、结构表示方式和研究方法有基本了解，并了解有机化学在药学学科的地位和重要性。

在已学过的物质结构知识的基础上，进一步掌握与有机化合物有密切关系的共价键的形成理论（价键理论、分子轨道理论等）。此外，通过对有机化合物电荷分布的影响因素（诱导效应、共轭效应、场效应）的学习，掌握对有机反应有重大影响的电子效应对化合物结构和性质的影响。目的是为今后各类化合物结构和性质的学习奠定基础。

复习思考题与习题

1. 一个化合物含碳 49.3%、氢 9.6%、氮 19.2%，测得相对分子质量为 146，计算这个化合物的化学式。

2. 根据经典有机化合物结构理论，下列化学式中哪几个是可能的？哪几个是不可能的？

笔记栏

(1) C_4H_{10}　(2) C_5H_{11}　(3) $C_7H_{15}O$　(4) C_3H_8O　(5) $C_7H_7NO_2$　(6) $C_4H_{10}N$

3. 写出分子式为 C_5H_{12} 的化合物的所有异构体。

4. 指出下列化合物中各个碳原子的杂化状态。

(1) $H_3C-CH=CH_2$　(2) $H_3C-C\equiv CH$　(3) $H_3C-CH=C=CH-CH_3$

5. 将下列结构简式键改写成线式。

(1) 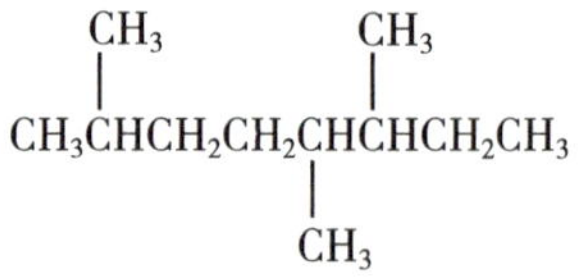

(2) 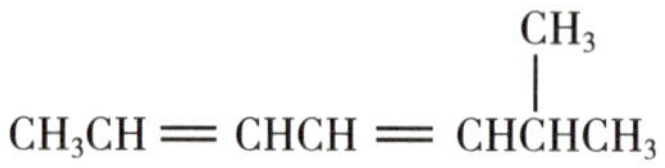

(3) 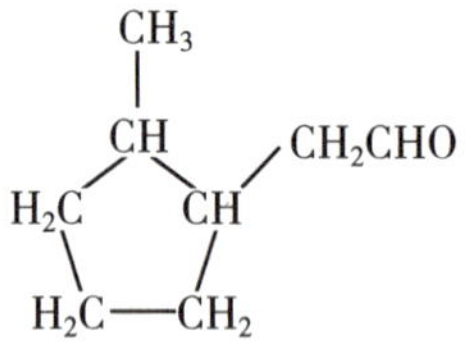

(4) 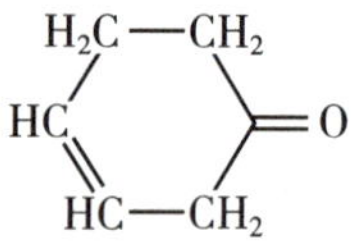

6. 将下列化合物按极性大小排序。

(1) CH_4　(2) CH_3F　(3) CH_3Cl　(4) CH_3Br　(5) CH_3I

7. 下列化合物有无偶极矩？如有，用箭头指向负极方向。

(1) 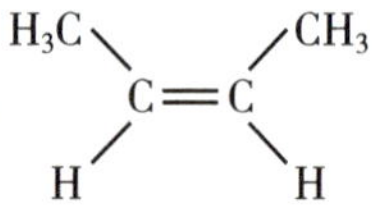

(2) 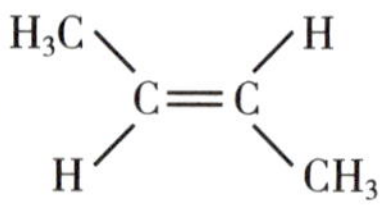

(3) CH_3CH_2Br

(4) CH_3OCH_3

8. 下列各对极限式中，哪一个极限式对分子结构贡献较大？

(1) $CH_2=CH-\overset{+}{C}H-CH_3 \longleftrightarrow H_3C-CH=CH-\overset{+}{C}H_2$

(2) $H_2\overset{-}{C}-\overset{\overset{O}{\|}}{C}-CH_3 \longleftrightarrow H_2C=\overset{\overset{O^-}{|}}{C}-CH_3$

(3) $H_2\overset{+}{C}-\underset{..}{\ddot{O}}-CH_3 \longleftrightarrow H_2C=\underset{..}{\overset{+}{O}}-CH_3$

(4) $CH_2=CH-\overset{+}{C}H-\overset{-}{C}H_2 \longleftrightarrow H_2\overset{-}{C}-CH=CH-\overset{+}{C}H_2$

9. 将下列化合物按酸性大小排序。

(1) CH_3CH_2COOH　(2) $CH_3CHClCOOH$

(3) $CH_3CHBrCOOH$　(4) $CH_3CHFCOOH$

(5) $CH_3CHICOOH$

10. 下列分子中各存在哪些类型的共轭效应？

(1) $CH_3CH=CHCOOH$　(2) $CH_3\overset{+}{C}HCH=CH_2$

(3) $CH_3CH=CH-CH=CH_2$　(4) 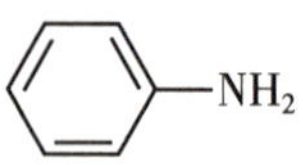

笔记栏

02章PPT

PPT 课件

第二章

有机化合物的分类和命名

学习目标

有机化合物数目庞大，新的有机物伴随人类对科学的探索还在不断大量涌现。只有对有机物进行科学的分类和命名，才能便于人们学习、研究和应用有机化学。

1. 掌握有机化合物按官能团分类法及化合物类名；特性基团；主体基团；碳原子的级；基；最低位次组；有机化合物系统命名法（取代名、官能团类别名）。

2. 熟悉不同类型特性基团为母体时的优先次序。

3. 了解常见杂环结构及名称；熳环。

第一节　有机化合物的分类

特性基团（characteristic group）也可称为官能团（functional group），是决定有机物化学特性的原子或基团。

有机化合物的分类方法主要有两种：一种是按照碳架分类，另一种是按照特性基团的种类分类。

一、按碳架分类

根据碳的骨架，可以把有机化合物分成以下 3 类：

（一）开链化合物

碳原子互相连接成链状的化合物称为开链化合物（acyclic compound）。例如：

$$\begin{array}{l} CH_3CH_2CH_2CHCH_3 \\ \qquad\qquad\quad\ \ | \\ \qquad\qquad\quad CH_3 \end{array}$$

异戊烷

$$\begin{array}{ccccc} CH_2 & — & CH & — & CH_2 \\ | & & | & & | \\ OH & & OH & & OH \end{array}$$

甘油

$CH_3(CH_2)_{14}COOH$

软脂酸

这类化合物最初是从动物的脂肪中获取的，所以也称为脂肪族化合物（aliphatic compound）。

（二）碳环化合物

碳原子互相连接成环的化合物称为碳环化合物（carbocyclic compound）。它们又可分为以下两类：

1. 脂环化合物（alicyclic compound）　这类碳环化合物与脂肪族化合物性质类似。例如：

笔记栏

环己烷

环戊-1,3-二烯

降莰烷

2. 芳香化合物(aromatic compound)　这类化合物通常含有苯环,而苯环的特殊结构决定了它们具有芳香性(aromaticity)的特殊性质,故此类碳环化合物称为芳香化合物。例如:

苯

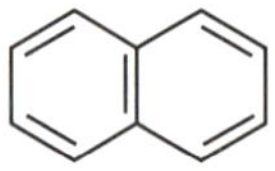
萘

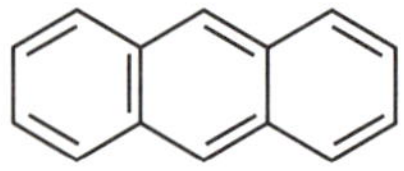
蒽

(三) 杂环化合物

环不是完全由碳原子组成,还有其他杂原子(O、N、S 等)的环状化合物称为杂环化合物(heterocyclic compound)。这类化合物分为两类,具有脂肪族性质特征的称为脂杂环化合物(aliphatic heterocyclic compound),具有芳香性质的称为芳杂环化合物(aromatic heterocyclic compound)。前者常与脂肪族化合物合在一起讨论,所以通常说的杂环化合物指的就是芳杂环化合物。例如:

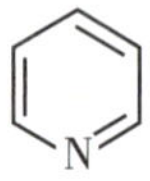
吡啶

噻吩

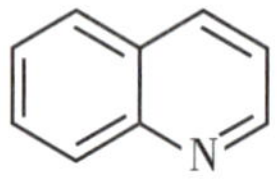
喹啉

按照碳架对有机化合物分类,各类化合物的关系为:

- 有机化合物
  - 开链化合物（脂肪族化合物）
  - 碳环化合物
    - 脂环化合物
    - 芳香化合物
  - 杂环化合物
    - 脂杂环化合物
    - 芳杂环化合物

二、按特性基团分类

由于特性基团决定了有机化合物的化学特性,因此含有相同特性基团的化合物,具有类似的化学性质。有机化合物按特性基团分类的情况见表 2-1。

表 2-1　常见的特性基团及其对应的化合物

特性基团名称	特性基团结构	化合物类名	特性基团名称	特性基团结构	化合物类名
碳碳双键 carbon-carbon double bond	$>C=C<$	烯烃 alkene	羧基 carboxyl	$-\overset{O}{\overset{\|}{C}}-OH$	羧酸 carboxylic acid
碳碳三键 carbon-carbon triple bond	$-C\equiv C-$	炔烃 alkyne	氨基 amino	$-N<^{R_1}_{R_2}$	胺 amine

笔记栏

续表

特性基团名称	特性基团结构	化合物类名	特性基团名称	特性基团结构	化合物类名
碳卤键 carbon halide bond	>C—X	卤代烃 halohydrocarbon	氨亚基 imino	>C=N—R	亚胺 imine
羟基 hydroxy	HO—	醇/酚 alcohol/phenol	硝基 nitro	$—NO_2$	硝基化合物 nitro-compound
巯基 mercapto	HS—	硫醇/硫酚 thiol/thiophenol	氰基 cyano	—C≡N	腈 nitrile
醚键 ether bond	>C—O—C<	醚 ether	酰卤基 acyl halide group	—C(=O)—X	酰卤 acyl halide
醛基 aldehyde group	—C(=O)—H	醛 aldehyde	酸酐基 acid anhydride group	—C(=O)—O—C(=O)—	酸酐 acid anhydride
羰基 carbonyl	—C(=O)—	酮 ketone	酯基 ester group	—C(=O)—O—R	酯 ester
磺酸基 sulfo	$—SO_3H$	磺酸 sulfonic acid	酰胺基 amide group	$—C(=O)—N(R_1)(R_2)$	酰胺 amide

第二节 有机化合物的命名

有机化合物的中文系统命名法，是中国化学会根据国际纯粹与应用化学联合会(IUPAC)的命名原则，结合我国文字特点而制定。1960 年修订了《有机化学物质的系统命名原则》，1980 年发布了《有机化学命名原则》(1980)。

随着有机化学学科的飞速发展，《有机化学命名原则》(1980)存在着与英文命名规则和书写顺序不同等诸多问题，给中文有机化学的信息交流、教学科研等带来了不便。中国化学会有机化合物命名审定委员会，在 IUPAC 1993 和 IUPAC 2013 两版有机化合物命名指南的基础上，对《有机化学命名原则》(1980)进行了修订和完善，并于 2017 年底正式发布了《有机化合物命名原则》(2017)，以顺应国内有机化学学科的发展需要。

本节根据《有机化合物命名原则》(2017)，重在介绍各类有机物以取代法为基础的系统命名法。有机分子构型的标识以及杂环化合物进一步的命名规则等详见相关各章。

ER-2-1 常见术语一二

ER-2-2 中文有机物命名法的历史演进

一、常见的术语

(一) 母体氢化物

母体氢化物(parent hydride)是指无分叉的链状或环状结构，以及有半系统名称或俗名的链状或环状结构，其骨架上仅连有氢原子，如碳氢化合物和其他原子的氢化物等。

(二) 主体基团

作为后缀的特性基团称为主体基团，用于该结构化合物类名的命名。如乙醇中羟基为主体基团，乳酸(α 羟基丙酸)中羧基为主体基团。

笔记栏

ER-2-3

常见术语三四

(三) 碳原子的级

分子中的碳原子，当分别与一个碳、二个碳、三个碳、四个碳相连时，该碳原子分别称为一级碳原子(或称伯碳)、二级碳原子(或称仲碳)、三级碳原子(或称叔碳)、四级碳原子(或称季碳)，分别用 1°C、2°C、3°C、4°C 表示。

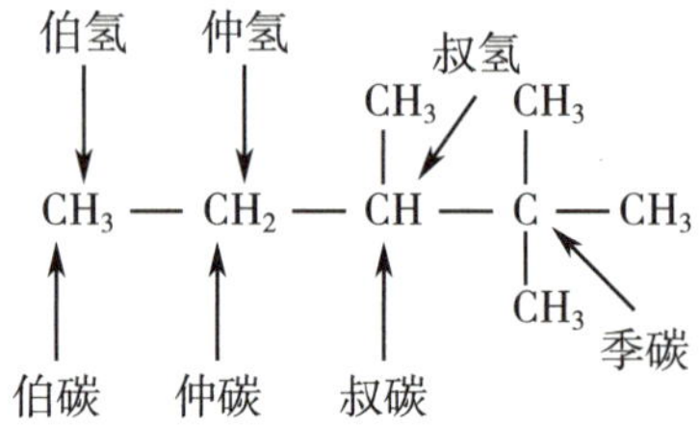

伯碳、仲碳、叔碳原子上的氢原子，分别称作伯氢(1°H)、仲氢(2°H)、叔氢(3°H)。

(四) 基

母体氢化物失去氢后，形成带游离价键的结构单元，采用加后缀“基”等方式命名。当该结构单元，以单键与分子骨架相连时，该结构单元称为“某基”；当以双键或三键与分子骨架相连时，分别称为“某亚基”或“某次基”；当以 2 个或 3 个单键分别与分子骨架的 2 个或 3 个原子相连时，则分别称为“某叉基”或“某爪基”。

HO—	CH_2=	CH_3CH=	CH_3—C≡
羟基(hydroxyl)	甲亚基(methylidene)	乙亚基(ethylidene)	乙次基(ethylidyne)
O=	HN=	H_2C<	H—C(—)(—)—
氧亚基(oxo-)	氨亚基(imino-)	甲叉基(methanediyl)	甲爪基(methanetriyl)

ER-2-4

常见术语四——复杂取代基的系统命名

复杂取代基的系统命名，从带游离价键的碳原子开始编号，名称为：母体氢化物 + 游离价键位次 + 后缀(基、亚基、叉基、次基)。常见取代基的系统名、英文名，以及部分取代基保留使用的中英文俗名见表 2-2。

表 2-2　常见取代基的系统名和英文名

取代基	中文系统名	英文系统名	中文俗名(英文俗名)
CH_3—	甲基	methyl(缩写 Me)	甲基(methyl，缩写 Me)
CH_3CH_2—	乙基	ethyl(缩写 Et)	乙基(ethyl，缩写 Et)
$CH_3CH_2CH_2$—	丙基	propyl(缩写 Pr)	正丙基(*n*-propyl，缩写 *n*-Pr)
$CH_3CH(CH_3)$—	1-甲基乙基	1-methylethyl	异丙基(isopropyl，缩写 *i*-Pr)
$CH_3CH_2CH_2CH_2$—	丁基	butyl(缩写 Bu)	正丁基(*n*-butyl，缩写 *n*-Bu)
$CH_3CH(CH_3)CH_2$—	2-甲基丙基	2-methylpropyl	异丁基(isobutyl，缩写 *i*-Bu)
$CH_3CH_2CH(CH_3)$—	1-甲基丙基	1-methylpropyl	仲丁基(*sec*-butyl，缩写 *s*-Bu)
$H_3C—C(CH_3)_2$—	1,1-二甲基乙基	1,1-dimethylethyl	叔丁基(*tert*-butyl，缩写 *t*-Bu)

笔记栏

续表

取代基	中文系统名	英文系统名	中文俗名（英文俗名）
$CH_3CH_2CH_2CH_2CH_2—$	戊基	pentyl	正戊基（*n*-pentyl）
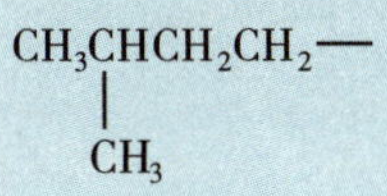	3-甲基丁基	3-methylbutyl	异戊基（isopentyl）
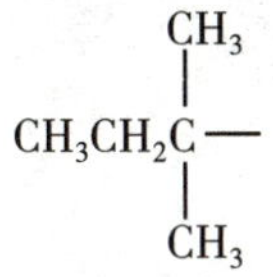	1,1-二甲基丙基	1,1-dimethylpropyl	叔戊基（*tert*-pentyl）
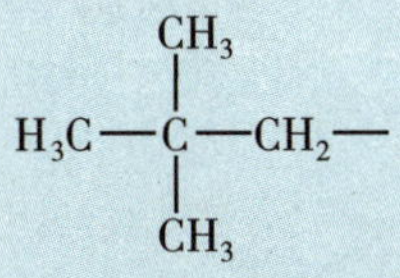	2,2-二甲基丙基	2,2-dimethylpropyl	新戊基（neopentyl）
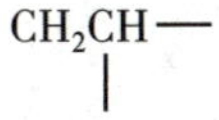	乙-1,1-叉基	ethane-1,1-diyl	—
$—CH_2CH_2—$	乙-1,2-叉基	ethane-1,2-diyl	亚乙基（ethylene）
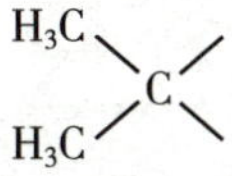	1-甲基乙-1,1-叉基	1-methylethane-1,1-diyl	—
$CH_3CH_2C\equiv$	丙次基	propylidyne	—
$CH_2=CHCH_2—$	丙-2-烯基	prop-2-enyl	烯丙基（allyl）
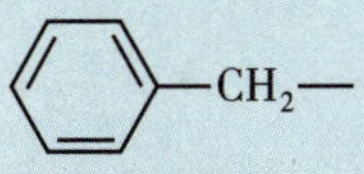	苯甲基	phenylmethyl	苄基（benzyl）
$CH_3CH=CHCH_2—$	丁-2-烯-1-基	but-2-en-1-yl	巴豆基（crotyl）
$CH\equiv C—CH=CH—CH_2—$	戊-2-烯-4-炔-1-基	pent-2-en-4-yn-1-yl	—

也可对取代基的主链进行编号，并使游离价键的位次尽可能低。如：

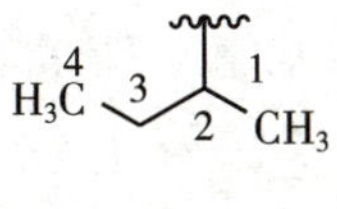

丁-2-基
butan-2-yl

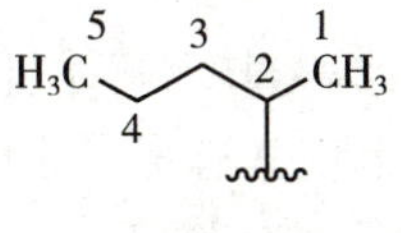

戊-2-基
pentan-2-yl

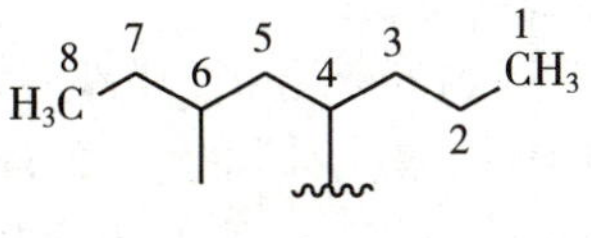

6-甲基辛-4-基
6-methyloctan-4-yl

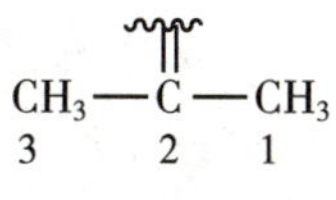

丙-2-亚基
propan-2-ylidene

从表 2-2 中文俗名对应基团的结构可以看出，正某基是结构为直链且游离价键在链端伯碳上的取代基，如正丙基、正丁基等；仲丁基是 $CH_3CH_2\underline{C}H_2CH_3$ 结构中的仲碳上失去一个氢原子，游离价键在仲碳上的取代基；叔丁基和叔戊基则分别是在 $(CH_3)_2\underline{C}H\text{-}CH_3$ 和 $CH_3CH_2\text{-}\underline{C}H(CH_3)_2$ 结构中的叔碳上失去一个氢原子，游离价键在叔碳上的取代基。

二、有机物系统命名法

按名称的构词方式，有机物的系统命名可以分为取代名、并合名、缀合名、置换名、加合名、减脱名、官能团类别名等多种类型。

笔记栏

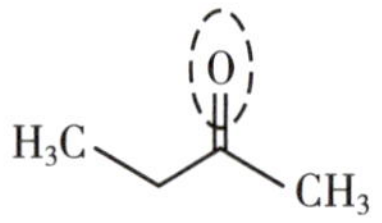

丁-2-酮（butan-2-one）
取代名（母体结构上有取代的原子或基团）

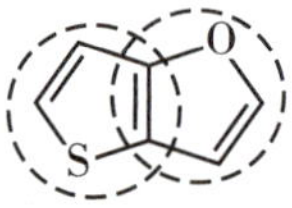

噻吩并[3,2-*b*]呋喃（thieno[3,2-*b*]furan）
并合名（两个环系共用两个或两个以上原子）

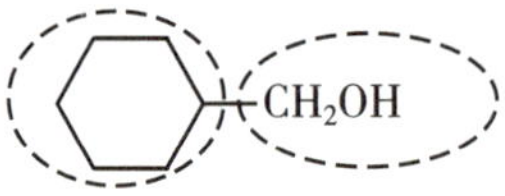

环己烷甲醇（cyclohexanemethanol）
缀合名（由原两部分名称相加而成）

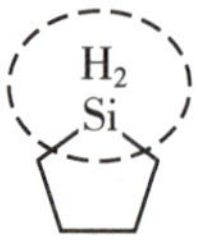

硅杂环戊烷（silacyclopentane）
置换名（母体结构的原子或基团被其他原子或基团置换）

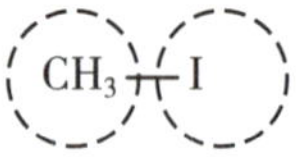

甲基碘（methyl iodide）
加合名（各组成部分名称相加而得）

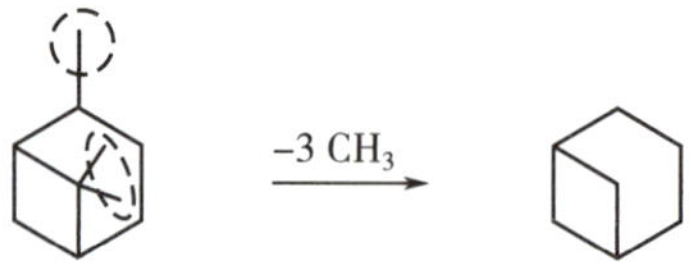

蒎烷（pinane）　　降蒎烷（norpinane）
减脱名（母体结构中减去原子或基团后的名称）

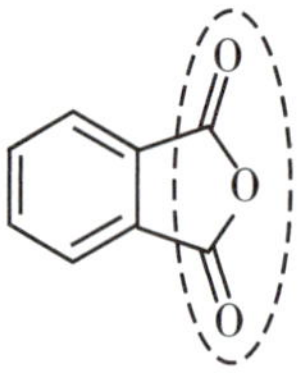

邻苯二甲酸酐（*o*-benzenedicarboxylic anhydride）
官能团类别名（母体结构名加特性基团类名）

通常讲的有机物系统命名，是指有机物的取代名。它是有机物最主要的一类系统名，命名时可将有机物看作由母体骨架或特性基团上的氢，被其他原子或基团取代后形成的化合物。取代名的构词形式为：前缀（如取代基）+ 母体氢化物名（如某烃）+ 后缀（如特性基团），前缀之后可加连缀字“代”，但通常省略。名称中还包括数字、各种符号等。取代名是本节主要介绍的内容。

（一）有机物结构的编号原则

对于连有多种特性基团的化合物，其母体结构的编号按“额外氢、主体基团、链状母体结构中的杂原子、不饱和键、取代基”的顺序，依次考虑使其有尽量小的位次。芳香并环、杂环等在原有编号方式不变的前提下，按上述顺序确定编号方向。

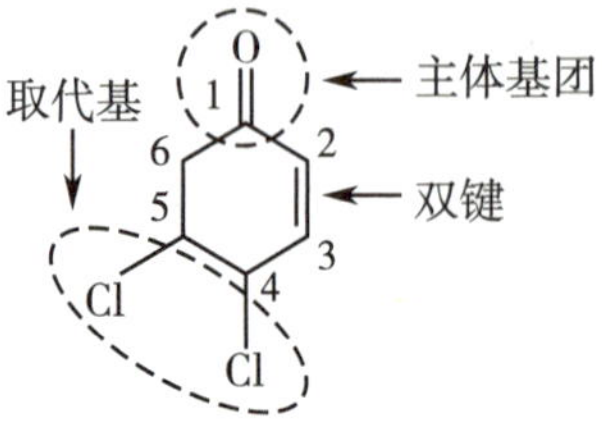

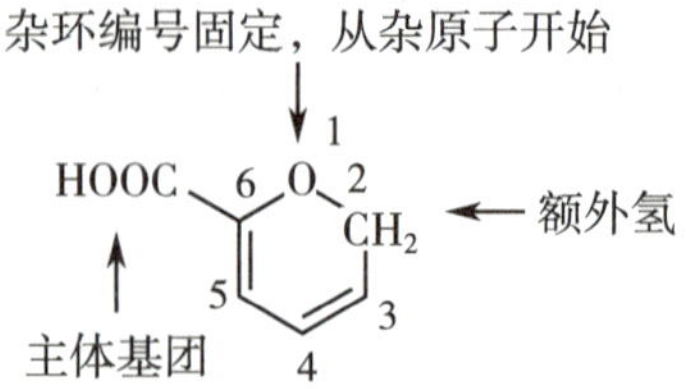

当有几种编号组时，将各组数字由小到大排列，从不同编号组的首个位次开始，依次逐一比较，直至分出大小，首先遇到位次较小者，即为最低位次组。如，2,3,6,8 组小于 3,4,6,8 组和 2,4,5,7 组。

（二）位次编号插入的位置

对于化合物命名中原子和基团的位次，不论是作为前缀的取代基，还是作为后缀的主体基团，其位次的标明一律采用“位次 + 名称”形式。

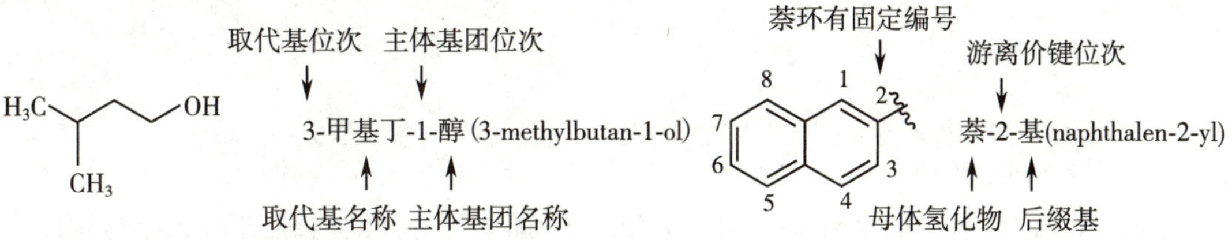

（三）链烃的系统命名

1. 直链烃　直链烷烃碳原子个数自 C_1 至 C_{10} 用天干“甲、乙、丙、丁、戊、己、庚、辛、壬、癸”加“烷”字命名；C_{11} 及以上用相应的中文数字加“(碳)烷”命名，碳字通常省略。但对于 C_{11} 及以上的不饱和烃，则“碳”字不可以省略。

$CH_3CH_2CH_2CH_2CH_3$	$CH_3(CH_2)_{16}CH_3$
戊烷	十八烷
pentane	octadecane

2. 支链烃的命名

(1) 选择最长碳链为主链，若有 2 条或多条等长的最长碳链时，则支链数最多的为主链。

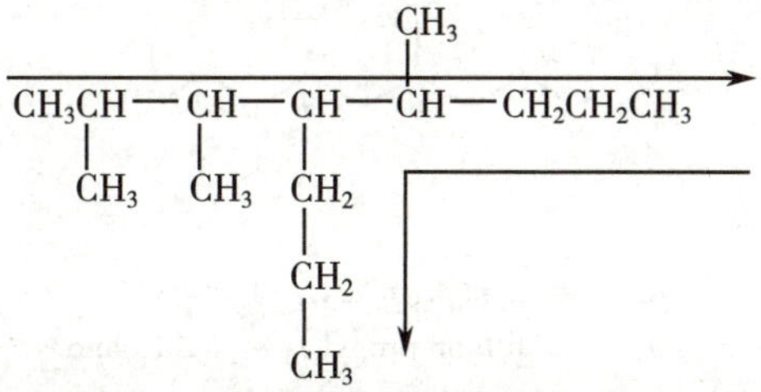

横向长链有4个取代基，弯曲长链有2个取代基
取代基多的优先，所以横向长链为主链

(2) 对主链进行编号，主链的编号应使支链的位次尽可能小，若有多个取代基，对不同编号组进行比较时，应逐个比较，直至分出大小。

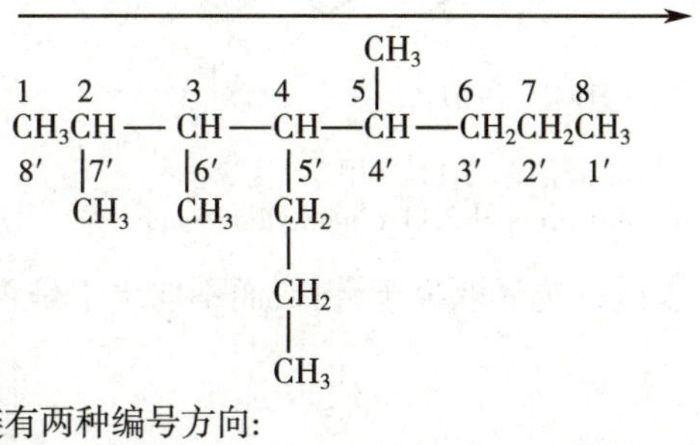

横向长链有两种编号方向：
按1′→8′编号，取代基位次是4′,5′,6′,7′。按1→8编号，取代基位次是2,3,4,5。
根据最低编号原则，选按1→8编号方向。

(3) 读出化合物的名称，取代基前用阿拉伯数字表示其在母体结构中的位次。多个相同取代基简并读出，前面冠以二、三等中文数字，表示取代基数目，多个位次数字间用逗号分开，阿拉伯数字与汉字间用英文连接号“-”连接。当化合物中有 2 种或 2 种以上取代基时，须逐个比较其英文名中字母顺序排列，靠前的先读出，靠后的后读出。

笔记栏

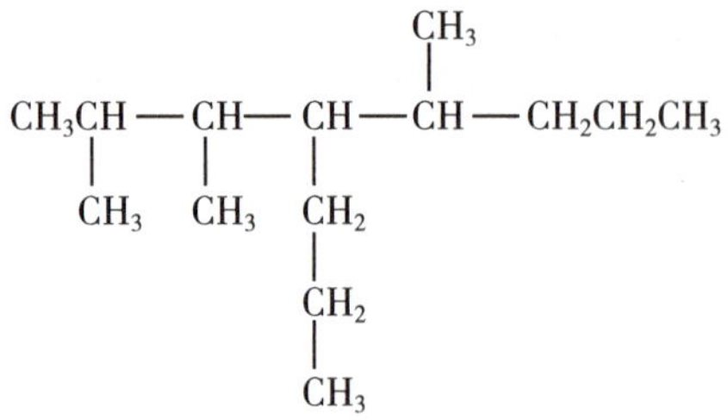

2,3,5-三甲基-4-丙基辛烷
2,3,5-trimethyl-4-propyloctane

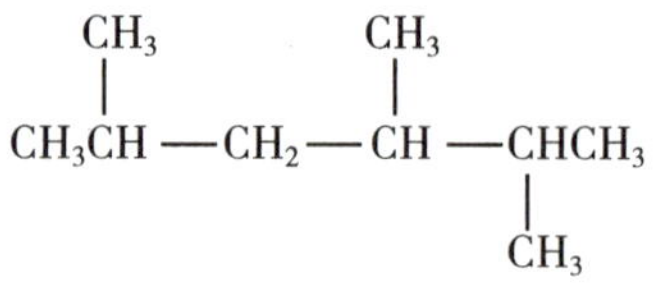

2,3,5-三甲基己烷
2,3,5-trimethylhexane

但表示取代基个数的复数字头(di、tri、tetra等)属于可分开的前缀,不计入字母顺序比较。类似的还有 *sec*-(二级)、*tert*-(三级)、*cis*-(顺)、*trans*-(反)等也不计入字母顺序。

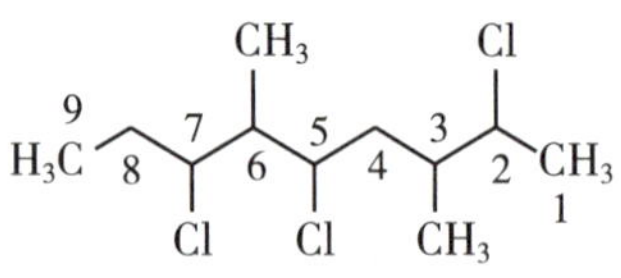

2,5,7-三氯-3,6-二甲基壬烷
2,5,7-trichloro-3,6-dimethylnonane

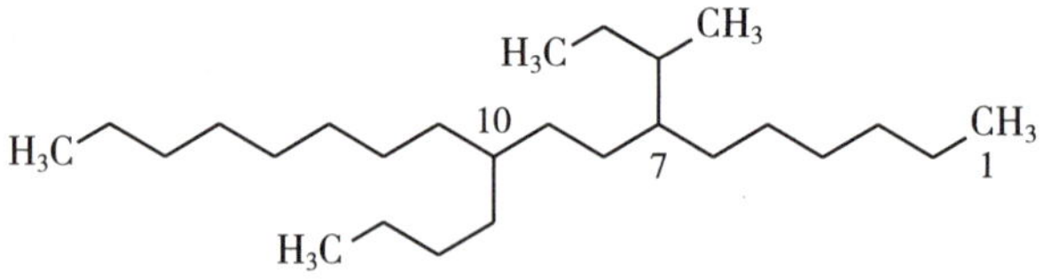

7-(丁-2-基)-10-丁基十八烷
7-(butan-2-yl)-10-butyloctadecane

当支链复杂(有进一步取代的大取代基)时,取代基复数字头计入字母顺序。

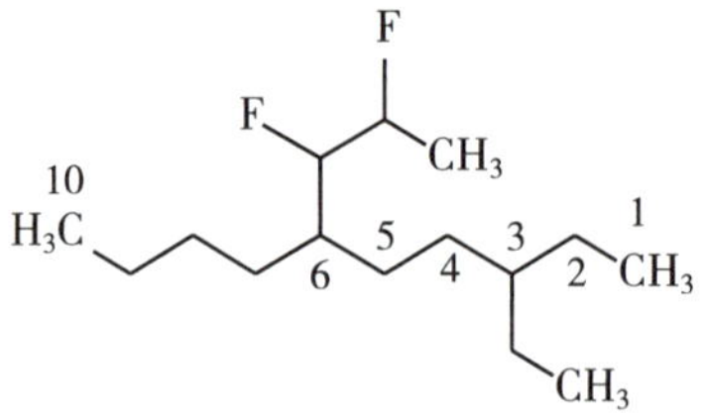

6-(1,2-二氟丙基)-3-乙基癸烷
6-(1,2-difluoropropyl)-3-ethyldecane

表示骨架异构化状态的前缀,如异(iso)、新(neo)等,属于不可分开的前缀,命名时其英文名称也要计入字母顺序。

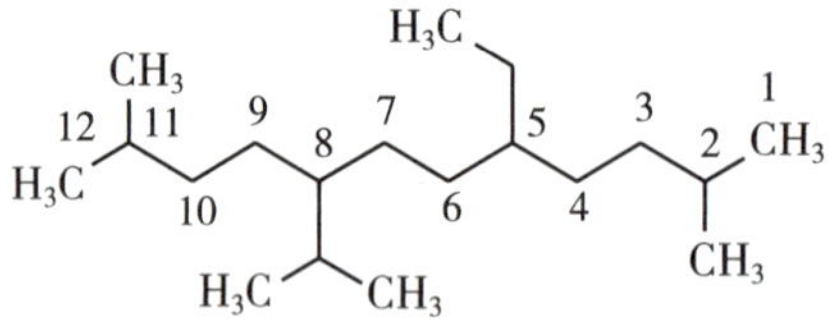

5-乙基-8-异丙基-2,11-二甲基十二烷
5-ethyl-8-isopropyl-2,11-dimethyldodecane

(4)含有双键或三键的链烃,主链的选择取决于链长,而不取决于是否包含了双键或三键。

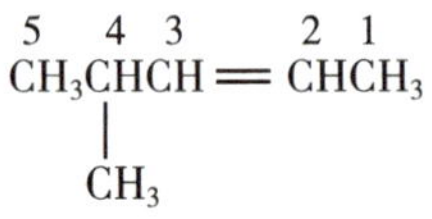

4-甲基戊-2-烯
4-methylpent-2-ene

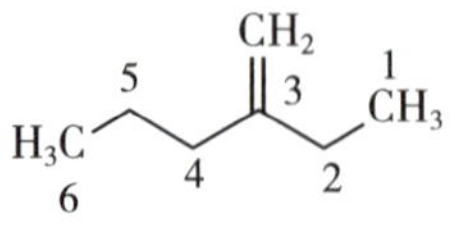

3-甲亚基己烷
3-methylidenehexane

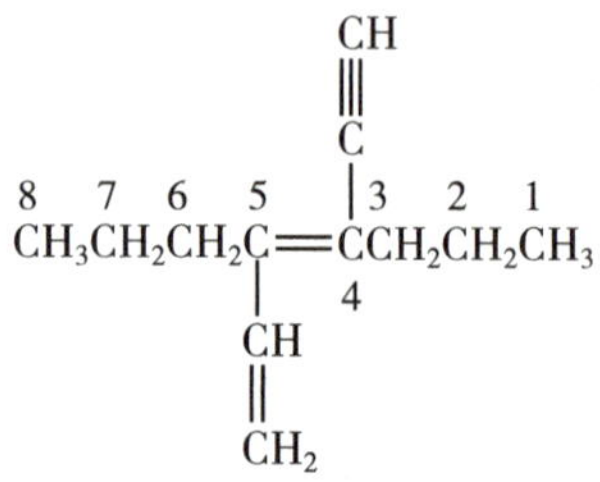

4-乙炔基-5-乙烯基辛-4-烯
4-ethynyl-5-vinyloct-4-ene

若主链中同时含有双键和三键，应按照位次组合最小原则，从最靠近双键或三键的一端开始编号，先烯后炔写出名称。当有选择时，应给双键位次最小。

6 5 4 3 2 1
$CH_3C \equiv C—CH_2—CH=CH_2$
己-1-烯-4-炔
hex-1-en-4-yne

6 5 4 3 2 1
$CH_3CH=CH—CH_2—C \equiv CH$
己-4-烯-1-炔
hex-4-en-1-yne

6 5 4 3 2 1
$CH \equiv CCH_2CH_2CH=CH_2$
己-1-烯-5-炔
hex-1-en-5-yne

（四）单环烃的命名

1. 无取代基的单环烃，其名称只需在相应的烃前加“环”字，英文名称则在相应烷烃英文名前加“cyclo”。

2. 当环上有取代基时，应对母体环进行编号，由于环没有端基，首先需确定1号碳的位置，再确定编号是按顺时针方向还是按逆时针方向进行。确定1号碳的位置及编号方向时，仍要遵循最低位次组原则。

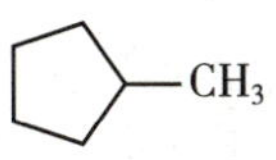

甲基环戊烷
methylcyclopentane

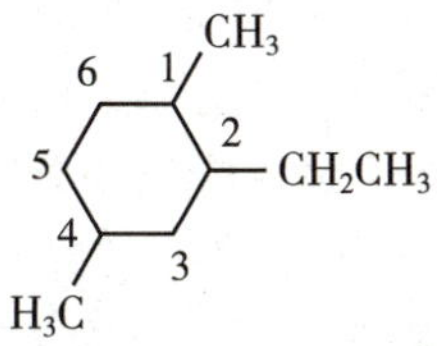

2-乙基-1,4-二甲基环己烷
2-ethyl-1,4-dimethylcyclohexane

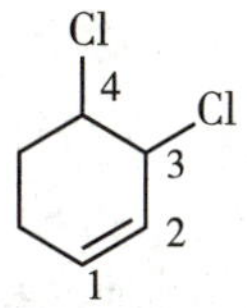

3,4-二氯环己-1-烯
3,4-dichlorocyclohex-1-ene

若有选择时，应给英文名首字母靠前的基团尽可能小的位次。

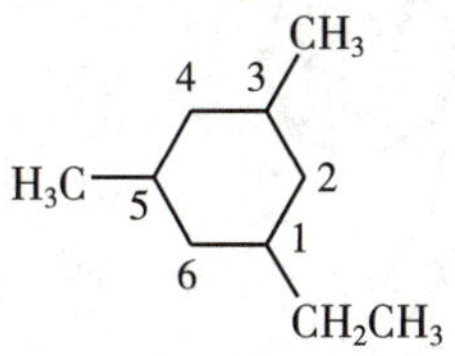

1-乙基-3,5-二甲基环己烷
1-ethyl-3,5-dimethylcyclohexane

（五）螺环烃的命名

环与环之间共用一个碳原子的多环烃称为螺环烃。共用的碳原子称为螺原子。

1. 确定螺数　根据螺原子个数称为几螺，如单螺、双螺、三螺等。

2. 编号　从与螺原子相连的小环上的碳开始编号，经螺原子过渡到大环。若有多个螺原子时，要按能使所有螺原子编号都尽可能小的路径编号。

3. 确定方括号内的数字　按环的编号顺序，依次写出每环不含螺原子的碳原子数，置于方括号内，数字间在右下角用圆点隔开。

4. 命名格式　取代基+螺数+带数字的方括号+母体烃。螺烃中有杂原子时，前缀“螺”替换为相应的“某杂螺”。

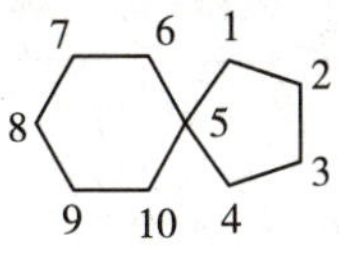

螺[4.5]癸烷
spiro[4.5]decane

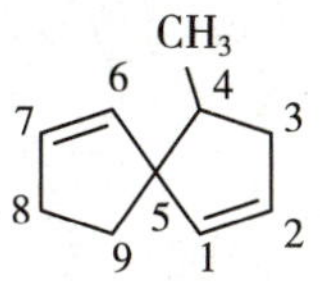

4-甲基螺[4.4]壬-1,6-二烯
4-methylspiro[4.4]nona-1,6-diene

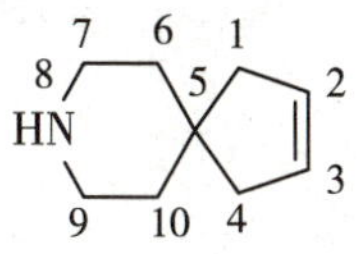

8-氮杂螺[4.5]癸-2-烯
8-azaspiro[4.5]dec-2-ene

对于含3个及以上螺原子数的螺环烃，当一个螺原子被再次涉及时，该螺原子的编号要以上标方式，标注在与其再次相连时的环碳原子数目上。

笔记栏

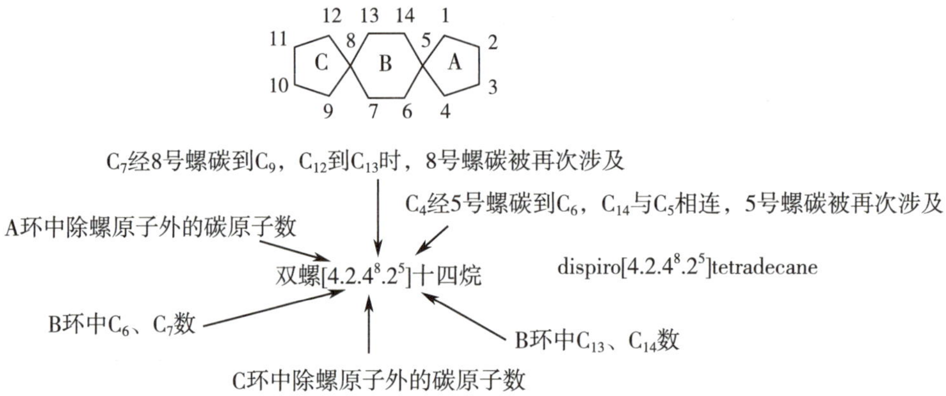

(六) 桥环烃的命名

环与环之间共用 2 个或多个碳原子的多环烃称为桥环烃。共用碳原子中的端碳原子称为桥头碳。2 个桥头碳之间可以是一根键或碳链，称为桥。

1. 确定环数　至少需要断裂几根共价键才能成为开链烃，即称为几环。

2. 确定主环、主桥和次桥　将含碳原子最多的环确定为主环，主环以外的碳链均为桥，最长的桥为主桥，其他的桥为次桥。若最长的桥有 2 个或多个，要选能较均匀分割主环的桥为主桥。下面桥环结构中的加粗部分，即为主环。

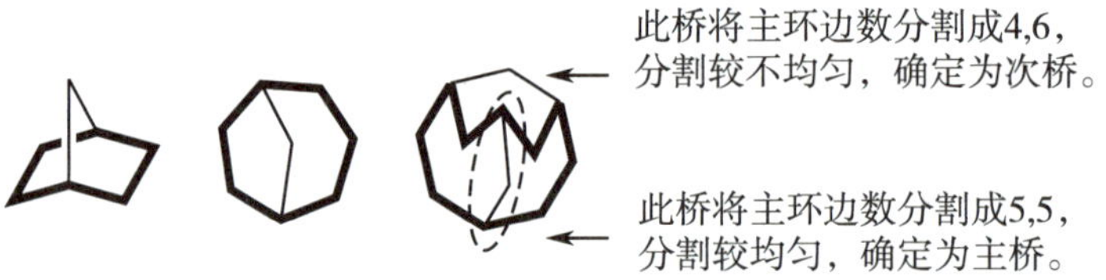

3. 编号　从主桥的一个桥头碳出发(编为 1 号)，沿主环碳多的一边依次编号至主桥的另一个桥头碳，再循次长的一边回到起点桥头碳。主环编完，接着编主桥上的碳原子，再编次桥上的碳原子，先长后短。

4. 确定方括号内的数字　在方括号内，依次写上 2 个桥头碳间的碳原子数(不含桥头碳，先多后少)，数字间在右下角用圆点隔开。当有次桥时，要在次桥碳原子数的右上方标出次桥的架桥位点，位号之间用逗号隔开。

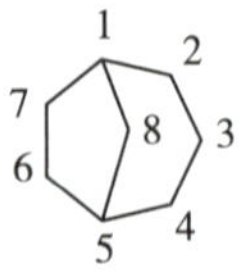

二环[3.2.1]辛烷
bicyclo[3.2.1]octane

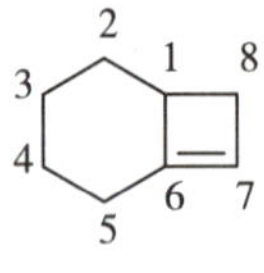

二环[4.2.0]辛-6-烯
bicyclo[4.2.0]oct-6-ene

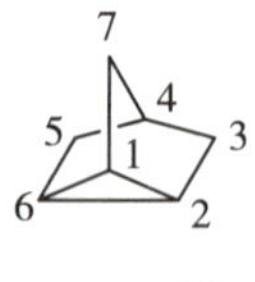

三环[2.2.1.0^{2,6}]庚烷
tricyclo[2.2.1.0^{2,6}]heptane

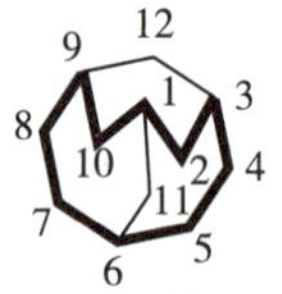

三环[4.4.1.1^{3,9}]十二烷
tricyclo[4.4.1.1^{3,9}]dodecane

(七) 芳烃的命名

一般是指分子中含有苯环的化合物。通常是以苯为母体，烃基为取代基，称为某苯。

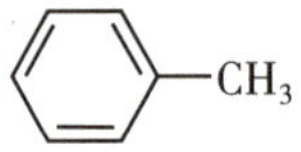

甲苯
methylbenzene

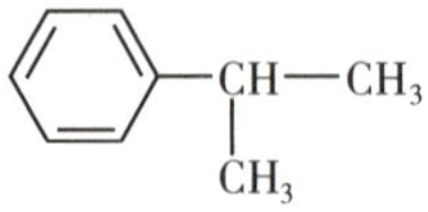

异丙苯
isopropylbenzene

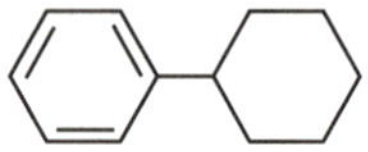

环己基苯
cyclohexylbenzene

1. 对于苯的二元取代物，由于取代基在苯环相对位置的不同有 3 种异构体，命名时用邻或 *o*(ortho)表示 2 个取代基处于邻位，用间或 *m*(meta)表示 2 个取代基处于中间相隔一

笔记栏

个碳原子的 2 个碳上，用对或 *p*（para）表示 2 个取代基处于对角位置。邻、间、对也可表示为 1，2-、1，3-、1，4-，建议优先考虑使用数字编号。

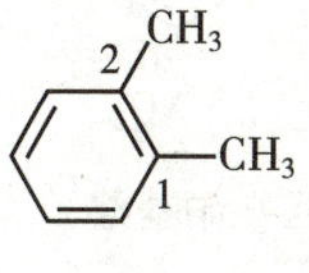

1,2-二甲苯（邻二甲苯）
o-dimethylbenzene

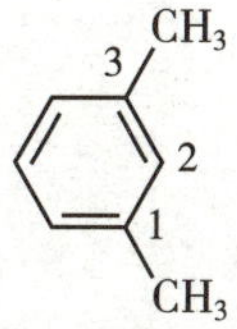

1,3-二甲苯（间二甲苯）
m-dimethylbenzene

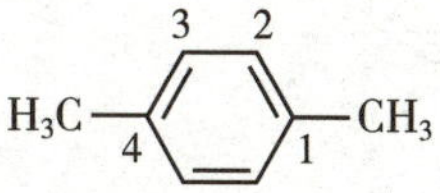

1,4-二甲苯（对二甲苯）
p-dimethylbenzene

2. 苯环上有 3 个相同取代基的，常用“连”（vicinal，简写 vic）为词头，表示取代基位于 1，2，3 位；用“偏”（unsymmetrical，简写 unsym）为词头，表示取代基位于 1，2，4 位；用“均”（symmetrical，简写 sym）为词头，表示 3 个取代基位于 1，3，5 位。建议优先考虑使用数字编号。

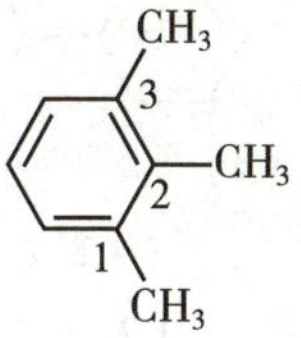

1,2,3-三甲苯（连三甲苯）
victrimethylbenzene

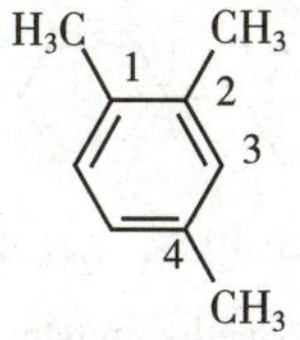

1,2,4-三甲苯（偏三甲苯）
unsymtrimethylbenzene

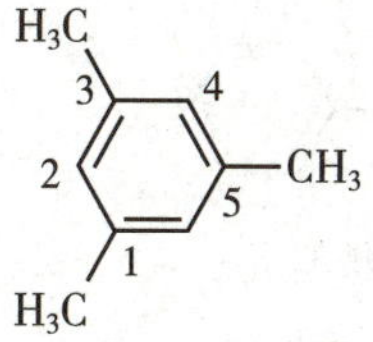

1,3,5-三甲苯（均三甲苯）
symtrimethylbenzene

3. 当苯环上有多个取代基时，苯环上的编号应符合最低位次组原则。当有选择时，应按英文字母顺序，字母靠前的基团给予较小编号。

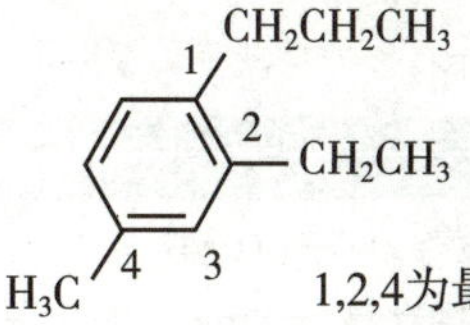

1,2,4为最低编号组

2-乙基-4-甲基-1-丙基苯
2-<u>e</u>thyl-4-<u>m</u>ethyl-1-<u>p</u>ropylbenzene

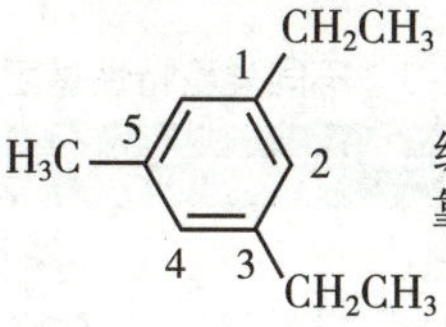

编号有选择时，英文字母靠前的乙基编号尽可能小

1,3-二乙基-5-甲基苯
1,3-di<u>e</u>thyl-5-<u>m</u>ethylbenzene

4. 若苯环的侧链较为复杂，也可将苯作为取代基，称为苯基（phenyl），以开链烃为母体进行命名。

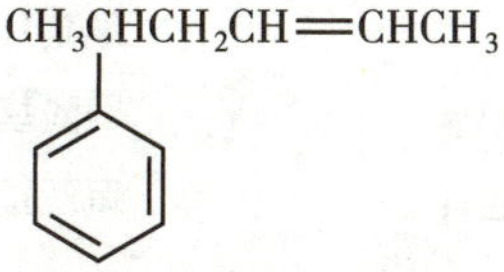

5-苯基己 -2- 烯
5-phenylhex-2-ene

以苯为母体，
可以命名为：

己 -4- 烯 -2- 基苯
hex-4-en-2-ylbenzene

5. 两个或多个苯环共用 2 个邻位碳原子的化合物称为并环芳烃。如最常见的萘、蒽、菲等都是并环芳烃，它们的编号都是固定的。

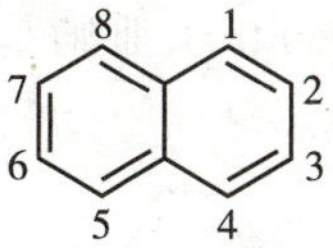

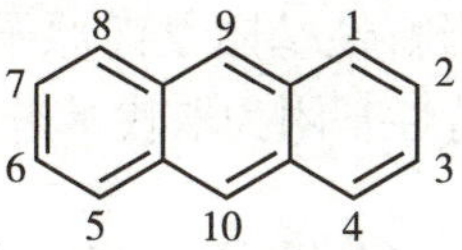

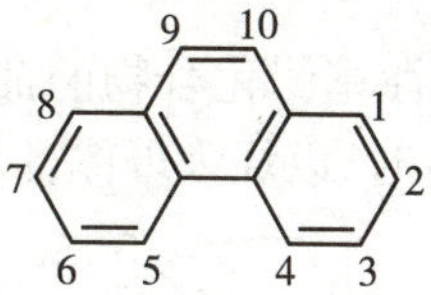

萘分子 1，4，5，8 位等同，称为 α 位；2，3，6，7 位等同，称为 β 位。

蒽分子 1，4，5，8 位等同，称为 α 位；2，3，6，7 位等同，称为 β 位；9，10 位等同，称为 γ 位。

菲有 5 对等同的位置：1 位和 8 位、2 位和 7 位、3 位和 6 位、4 位和 5 位、9 位和 10 位。

笔记栏

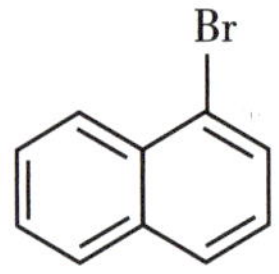

1-溴萘

1-bromonaphthalene

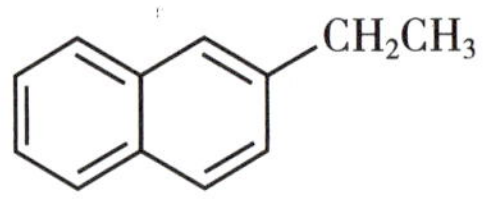

2-乙基萘

2-ethylnaphthalene

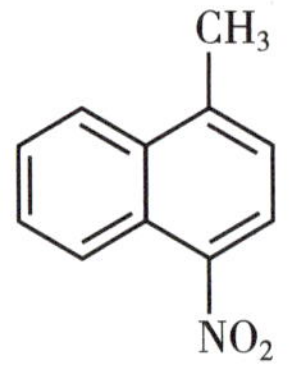

1-甲基-4-硝基萘

1-methyl-4-nitronaphthalene

编号有选择时，英文字母靠前的甲基编号尽可能小

6. 两个或多个苯环以单键直接相连的化合物称为联苯型化合物。联环环系仍保留原所连环系的编号体系，一个用带撇的，另一个用不带撇的数字，连接点用相应的位次标在名称前。

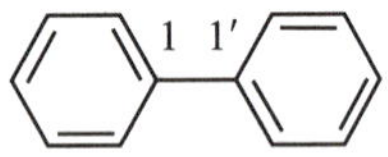

(二)联苯

biphenyl

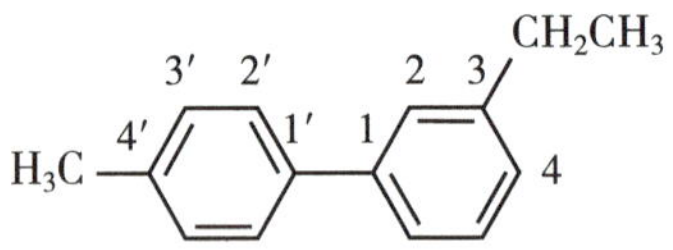

3-乙基-4′-甲基(二)联苯

3-ethyl-4′-methylbiphenyl

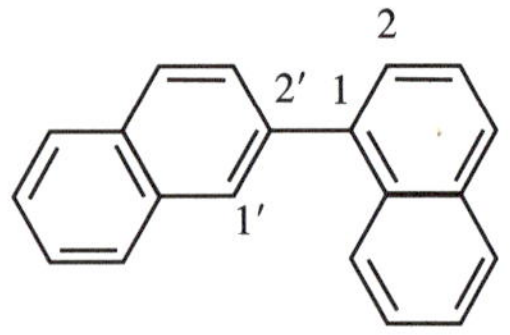

1,2′-(二)联萘

1,2′-binaphthalene

(八) 含特性基团化合物的命名

含有多个特性基团的化合物，命名时只能选择一个特性基团作为后缀主体基团，其他特性基团则作为取代基前缀。不同类型特性基团为母体时的优先次序以及作为取代基时的名称如表 2-3 所示。

表 2-3　不同类型特性基团为母体时的优先次序

优先次序	结构类别	结构式	作取代基时的名称
1	羧酸(carboxylic acid)	—COOH	羧基(carboxyl)
2	磺酸(sulfonic acid)	$—SO_3H$	磺酸基(sulfo)
3	酸酐(anhydride)	—CO—O—CO—	—
4	酯(ester)	—COOR	烃氧羰基(R-oxycarbonyl)
5	酰卤(acyl halide)	—COX	卤羰基(halocarbonyl)
6	酰胺(amide)	$—CONH_2$	氨基羰基(carbamoyl)
7	腈(nitrile)	—CN	氰基(cyano)
8	醛(aldehyde)	—CHO	甲酰基(formyl)
9	酮(ketone)	$>C{=}O$	氧亚基(oxo)
10	醇和酚(alcohol and phenol)	—OH	羟基(hydroxy)
11	胺(amine)	$—NH_2$	氨基(amino)
12	亚胺(imine)	=NH	氨亚基(imino)
13	醚(ether)	—OR	烃氧基(R-oxy)

1. 单特性基团化合物的命名　当特性基团是卤原子、硝基(nitro)、亚硝基(nitroso)、烃氧基(R-oxy)时，以烃为母体，以上述特性基团为取代基进行命名。

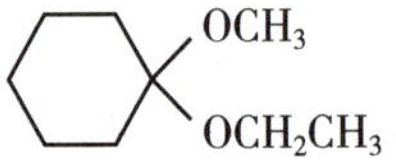

1-乙氧基-1-甲氧基环己烷

1-ethoxy-1-methoxycyclohexane

$$CH_3CH_2O — \overset{2}{C}H_2\overset{1}{C}H_2 — Cl$$

1-氯-2-乙氧基乙烷

1-chloro-2-ethoxyethane

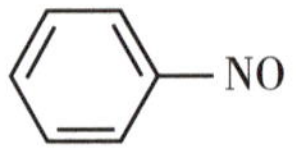

亚硝基苯

nitrosobenzene

笔记栏

烃基成环的醚称为环醚，命名时可把氧作为取代基，使用前缀“氧桥”，且命名时需与其他取代基前缀按字母顺序排列。

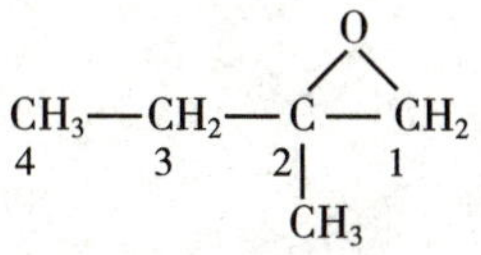

1,2-氧桥-2-甲基丁烷
1,2-epoxy-2-methylbutane

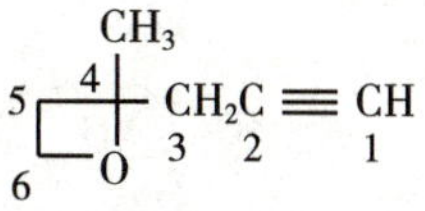

4,6-氧桥-4-甲基己-1-炔
4,6-epoxy-4-methylhex-1-yne

当含特性基团的最长链为母体化合物时，其命名步骤：①选含主体基团的最长碳链为主链。②给主体基团最小编号，并按最低位次组原则，依次给主链编号。③读出名称为ABCD。其中，A为取代基位次和名称，B是主链碳原子数，C是主体基团位次，D是根据主体基团种类确定的母体名称（如醇、醛、酮、酸、酰卤、酰胺、腈等）。

$CH_3CH_2CH_2CH_2CHO$

戊醛
pentanal

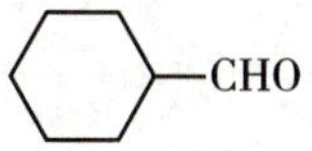

环己烷甲醛
cyclohexane carbaldehyde

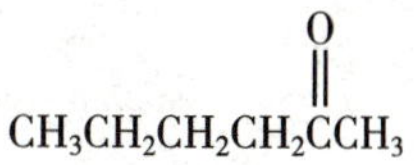

己-2-酮
hexan-2-one

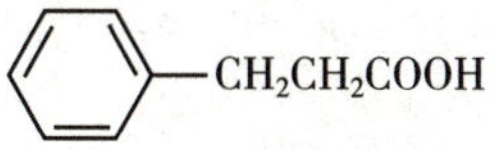

3-苯基丙酸
3-phenylpropanoicacid

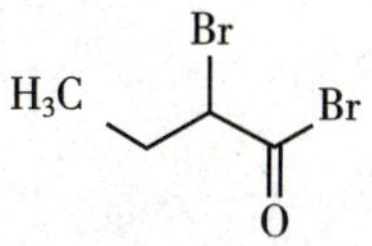

2-溴丁酰溴
2-bromobutanoylbromide

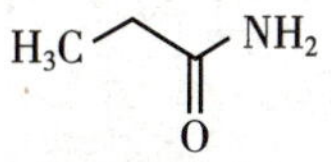

丙酰胺
propionamide

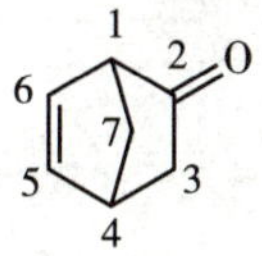

二环[2.2.1]庚-5-烯-2-酮
bicyclo[2.2.1]hept-5-en-2-one

$CH_3—CN$

乙腈
acetonitrile

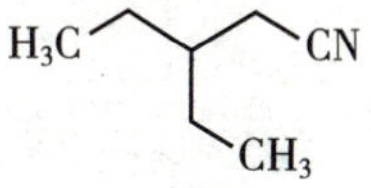

3-乙基戊腈
3-ethylpentanenitrile

酸酐可以看成是两分子羧酸失去一分子水后的产物。若两分子羧酸是相同的，命名时在羧酸的名称之后加“酐”字；若两分子羧酸不同，命名时2个酸的名称按字母顺序排列，再以酸酐结尾；二元羧酸分子内脱水，生成环状酸酐，命名时在二元羧酸的名称后加“酐”字。

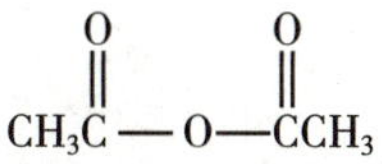

乙酸酐
acetic anhydride

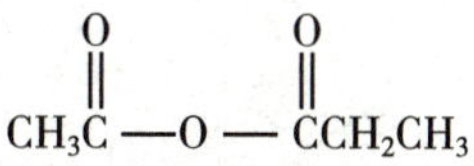

乙丙酸酐
acetic propionic anhydride

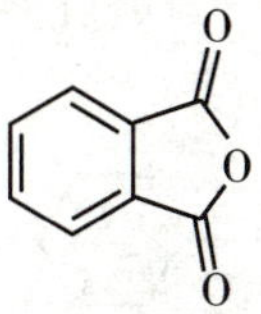

邻苯二甲酸酐
phthalic anhydride

酯可以看作羧酸中的氢原子被烃基取代的产物，命名时把羧酸名称放在前面，烃基名称放后（多元羧酸酯中不止一个烃基时，按英文字母顺序排列），再加一个“酯”字。酯的英文名是将烃基名称放前，后面再给出相应羧酸根阴离子名称，两名称之间用空格分开。如乙基ethyl，乙酸盐 acetate，乙酸乙酯英文名：ethyl acetate。

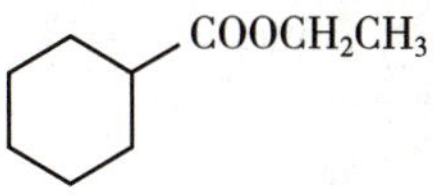

环己甲酸乙(基)酯
ethyl cyclohexanecarboxylate

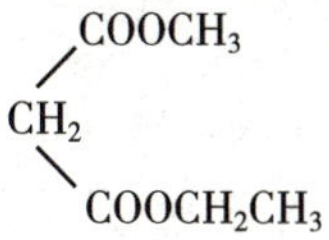

丙二酸乙(基)甲(基)酯
ethyl methyl malonate

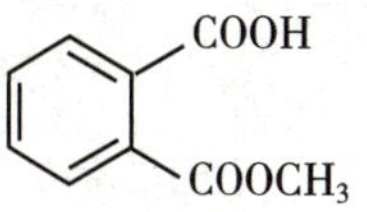

2-甲氧羰基苯甲酸
2-(methoxycarbonyl)benzoicacid

笔记栏

同一分子中的羧基和羟基脱水，形成的化合物称为内酯，命名时用“内酯”代替“酸”，并要标明羟基位置。如：

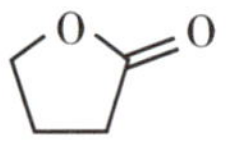

丁-4-内酯
butano-4-lactone

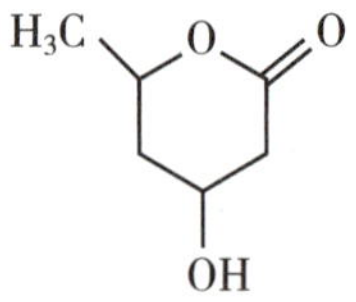

3-羟基己-1,5-内酯
3-hydroxyhexan-1,5-olide

类似的还有：

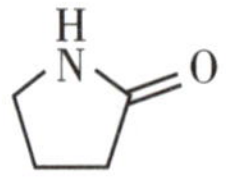

丁-4-内酰胺
butano-4-lactam

丁-4-内酯是指在原羟基酸中，羟基在主链的4-位。3-羟基己-1,5-内酯是指在原羟基酸中，3-位和5-位各有1个羟基，并且是5-位羟基与羧基形成内酯。

酰胺中氮上的氢被其他取代基取代后，可在取代基前加“*N*-”作为前缀进行命名。

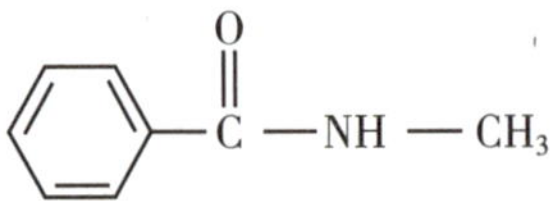

N-甲基苯甲酰胺
N-methylbenzamide

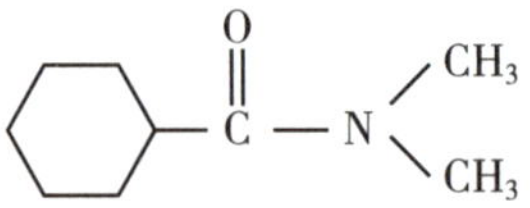

N,*N*-二甲基环己烷甲酰胺
N,*N*-dimethylcyclohexanecarboxamide

单酰胺的*N*-苯基衍生物在英文中有专用词“anilides”，中文称为“某酰苯胺”。如：

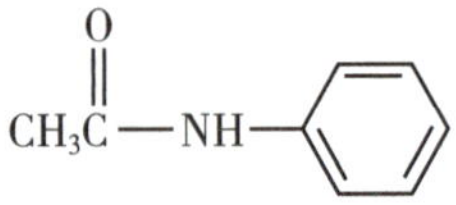

乙酰苯胺
acetanilide

也可按*N*-取代酰胺的方式命名：

N-苯基乙酰胺
N-phenylacetamide

2. 含多个特性基团化合物的命名　根据表2-3，选择排相对靠前的特性基团为主体基团（母体）。

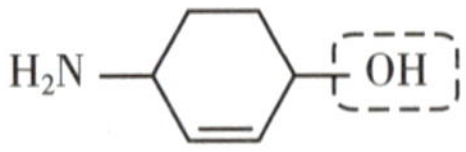

4-氨基环己-2-烯-1-醇
4-aminocyclohex-2-en-1-ol

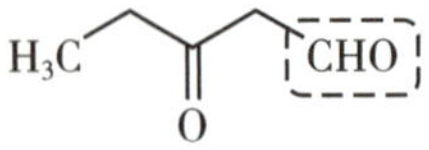

3-氧亚基戊醛
3-oxopentanal

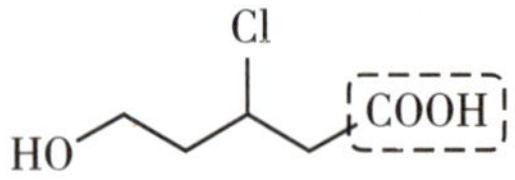

3-氯-5-羟基戊酸
3-chloro-5-hydroxypentanoicacid

选择含有主体基团及尽可能含较多特性基团（不包括双键或三键）的最长碳链为主链。

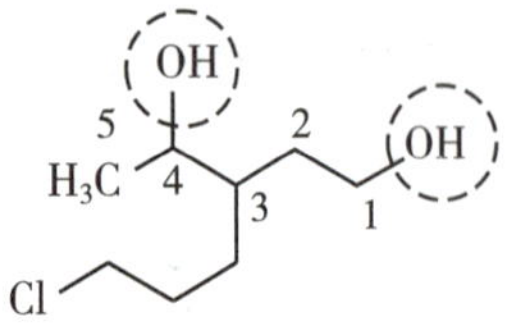

3-(3-氯丙基)戊-1,4-二醇
3-(3-chloropropyl)pentane-1,4-diol

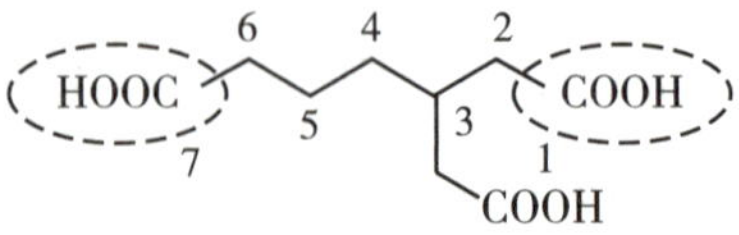

3-(羧甲基)庚二酸
3-(carboxymethyl)heptanedioicacid

选择同时包含最多主体基团的最长碳链为主链

编号时要让主体基团的位号尽可能小。根据主体基团确定母体名称，其他特性基团作为取代基。

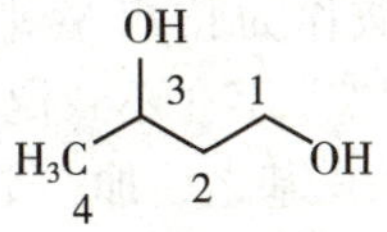

丁-1,3-二醇
butane-1,3-diol

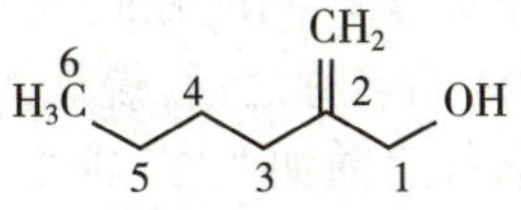

2-甲亚基己-1-醇
2-methylenehexan-1-ol

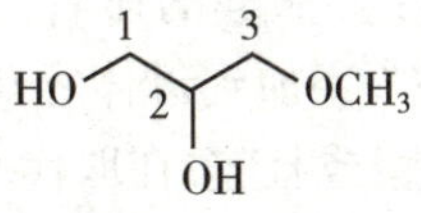

3-甲氧基丙-1,2-二醇
3-methoxypropane-1,2-diol

当结构中含双键或三键时，在满足上述规定的前提下，应选择含最多数量的双键和三键的链为主链。当有选择时，应选含最多双键的链为主链。

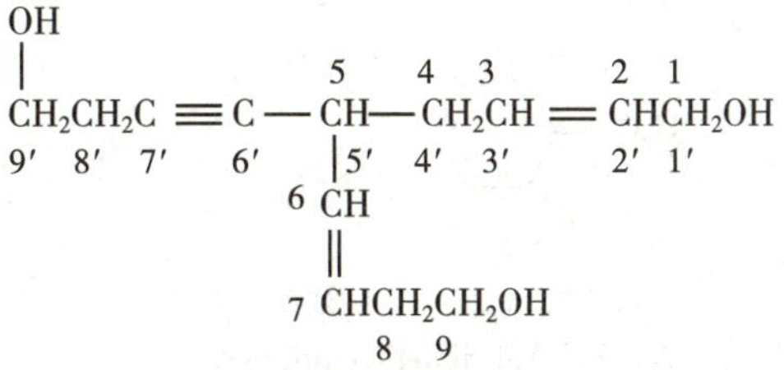

5-(4-羟基丁-1-炔-1-基)壬-2,6-二烯-1,9-二醇
5-(4-hydroxybut-1-yn-1-yl)nona-2,6-diene-1,9-diol
按1′→9′编号，碳链中连有两个羟基、含一个双键和一个三键。
按1→9编号，碳链中连有两个羟基、含两个双键。按规定，取1→9编号。

在满足上一条的基础上，应选择双键或三键构成的位次组最低的链为主链。当有选择时，应选择双键位次组最低的链为主链。

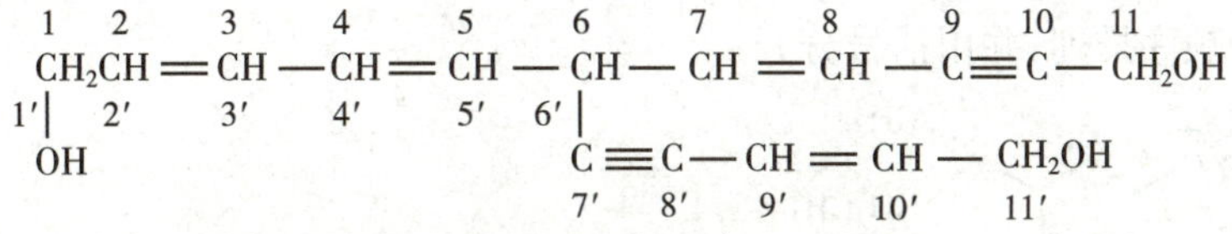

6-(5-羟基戊-3-烯-1-炔基)十一碳-2,4,7-三烯-9-炔-1,11-二醇
6-(5-hydroxypent-3-en-1-ynyl)undeca-2,4,7-trien-9-yne-1,11-diol
按1′→11′编号或按1→11编号时，碳链中均连两个羟基、含三个双键和一个三键，且不饱和键的位次一致。
按1′→11′编号，双键位次是2′,4′,9′。按1→11编号，双键位次是2,4,7。按规定，取1→11编号。

多特性基团芳烃衍生物的命名规则与此类似。如：

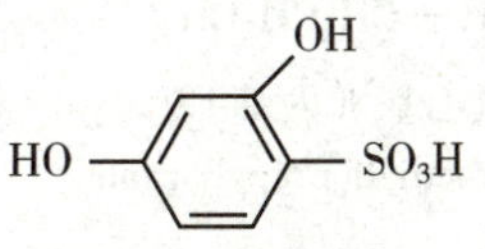

2,4-二羟基苯磺酸
2,4-dihydroxybenzenesulfonic acid

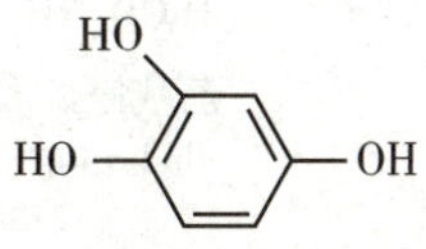

苯-1,2,4-三酚
benzene-1,2,4-triol

若直链烃直接与 2 个以上羧基相连，在命名时可看作母体氢化物被羧基取代，采用诸如"三甲酸(tricarboxylic acid)"等后缀表示。

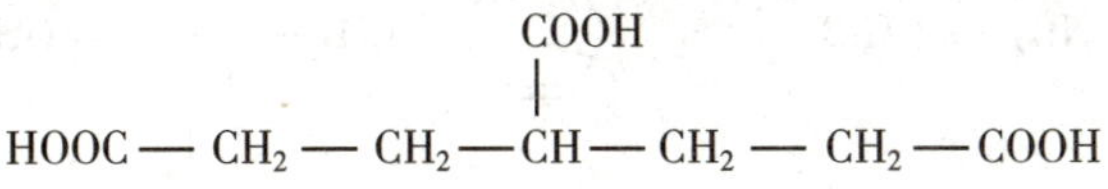

戊(烷)-1,3,5-三甲酸
pentane-1,3,5-tricarboxylic acid

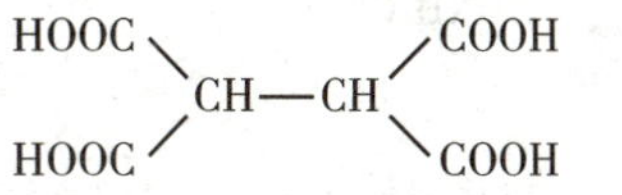

乙烷-1,1,2,2-四甲酸
ethane-1,1,2,2-tetracarboxylic acid

笔记栏

3. 胺、亚胺、二酰亚胺的命名 胺可以看作 NH_3 被烃基取代的衍生物，包括 RNH_2、NHRR′、NRR′R″，在分类上，分别属于伯胺、仲胺、叔胺。

胺的命名：参照醇的命名，烃基不完全相同的仲胺或叔胺作为胺的 *N*- 取代衍生物命名，后缀的“胺”字加到母体氢化物 RH 的名称之后，烷烃的“烷”字在不致混淆时可省略。烃基相同的仲胺或叔胺，在取代基 R 名称之前加“二”或“三”，R 基之后加“胺”。本教材优先推荐此法。

$CH_3CH_2NH_2$

乙(烷)胺
ethylamine

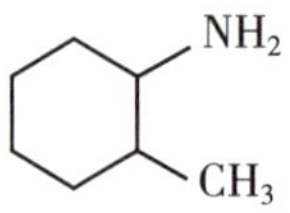

2-甲基环己(烷) -1-胺
2-methylcyclohexan-1-amine

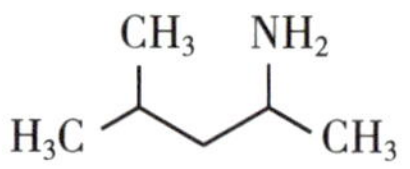

4-甲基戊烷-2-胺
4-methylpentan-2-amine

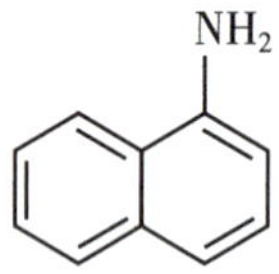

萘-1-胺
naphthalen-1-amine

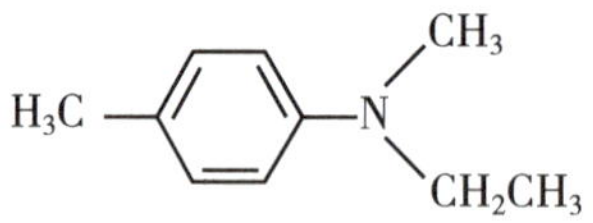

N-乙基-*N*,4-二甲基苯胺
N-ethyl-*N*,4-dimethylaniline

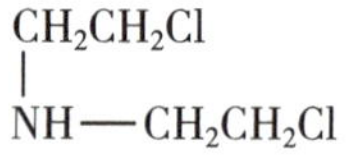

二(2-氯乙基)胺
bis(2-chloroethyl)amine

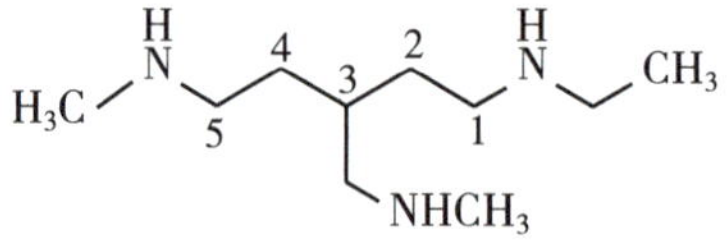

N-乙基–*N*′-甲基-3-[(甲基氨基)甲基]戊烷-1,5-二胺
N-ethyl–*N*′-methyl-3-((methylamino)methyl)pentane-1,5-diamine

烃基不完全相同的仲胺或叔胺，也可将所有取代基 R、R′、R″ 名称读出后加上“胺”，且取代基按字母顺序排列，并用括号分开。

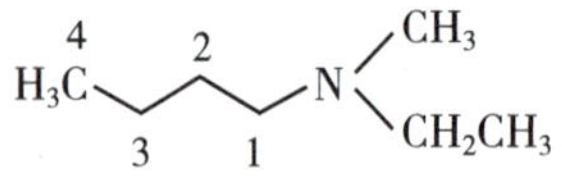

丁基（乙基）甲基胺 butyl(ethyl)methylamine　也可参照醇的命名称作：　*N*-乙基-*N*-甲基丁烷-1-胺 *N*-ethyl-*N*-methylbutan-1-amine

也可将胺看作氮烷的“烃基”衍生物进行命名。如：

$CH_3CH_2NH_2$

乙基氮烷
ethylazane

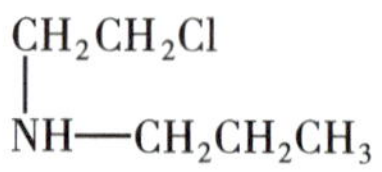

(2- 氯乙基)(丙基) 氮烷
(2-chloroethyl)(propyl)azane

四价氮原子的盐 $R_4N^+X^-$ 的命名，可将负离子名称加连缀字“化”，置于正离子“铵”之前。当 R 全部为烃基时，取代基按首字母顺序依次排列，并用括号分开。英文中则是将负离子名称置于正离子名称之后。

$CH_3\overset{+}{N}H_3Cl^-$

氯化甲铵
methanaminium chloride

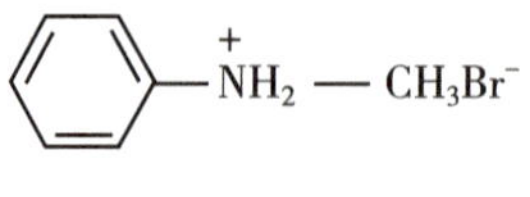

溴化*N*-甲基苯铵
N-methylbenzenaminium bromide

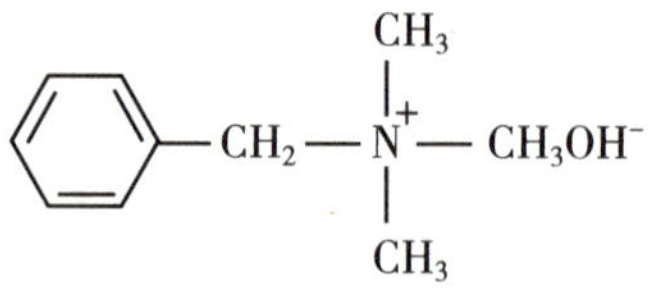

氢氧化苄基（三甲基）铵
benzyl(trimethyl)ammonium hydroxide

笔记栏

含有碳氮双键(C═N)的化合物称为亚胺，分为醛亚胺(R—CH═NR)和酮亚胺(RR′C═NR″)。亚胺根据母体的不同可命名为：① N-取代的亚胺；②胺的“亚基”衍生物；③氮烷的“亚基”衍生物。本教材优先推荐①法。

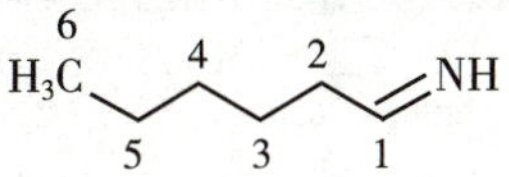

①己烷-1-亚胺(hexan-1-imine)

②己亚基胺(hexylideneamine)

③己亚基氮烷(hexylideneazane)

$\overset{2}{CH_3}—\overset{1}{CH}═N—CH_3$

①*N*-甲基乙烷亚胺(*N*-methylethanimine)

②*N*-甲基乙亚基胺(*N*-methylethylideneamine)

③乙亚基（甲基）氮烷[ethylidene(methyl)azane]

含有—CO—NH—CO—结构的化合物称为二酰亚胺，其结构可看作氨的二酰基衍生物。非环状二酰亚胺可命名为：①胺的酰基衍生物；②氮烷的“酰基”衍生物；③酰胺的*N*-酰基衍生物。

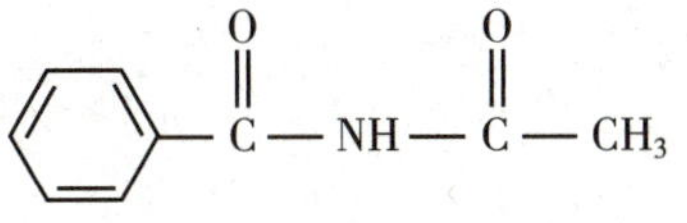

①乙酰（苯甲酰）胺[acetyl(benzoyl)amine]

②乙酰基（苯甲酰基）氮烷[acetyl(benzoyl)azane]

③*N*-乙酰基苯甲酰胺(*N*-acetyl benzamide)

环状酰亚胺在命名时，将其相应的二元羧酸的后缀“酸”，替换为“二酰亚胺”或“二甲酰亚胺”即可。

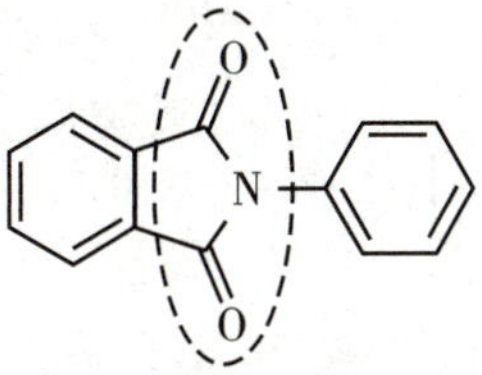

N-苯基邻苯二甲酰亚胺
N-phenylphthalimide

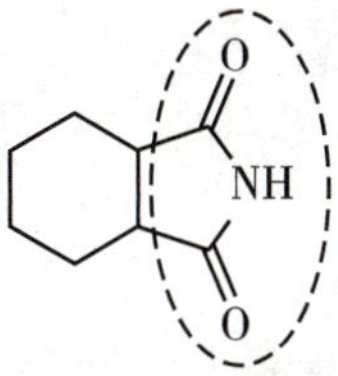

环己烷-1,2-二甲酰亚胺
cyclohexane-1,2-dicarboximide

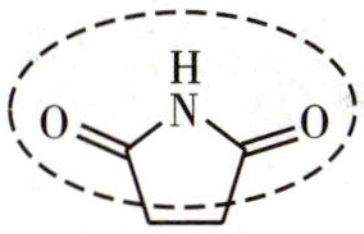

丁二酰亚胺
succinimide

4. 偶氮化合物的命名　结构通式为R—N=N—R′，其中R和R′可以相同或不同，此类化合物称为“偶氮化合物”。这类化合物通常命名为母体乙氮烯氢化物(HN═NH)的衍生物，当R和R′不同时，取代基按字母顺序排列，并用括号分开。

$H_3C—N═N—CH_3$

二甲基乙氮烯
dimethyldiazene

$H_2C═CH—N═N—CH_3$

甲基（乙烯基）乙氮烯
methyl(vinyl)diazene

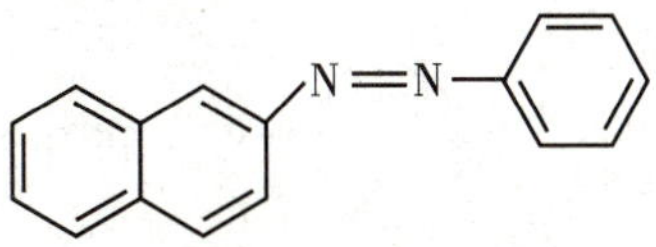

（萘-2-基）苯基乙氮烯
(naphthalen-2-yl)phenyldiazene

(九) 常见杂环结构及名称

有机化学中，通常将碳原子和氢原子之外的原子统称为杂原子。最常见的杂原子是氧原子、氮原子、硫原子。如果组成环的原子中包含杂原子，那么这类环统称为杂环(heterocycle)。含有杂环的有机物称为杂环化合物(heterocyclic compound)。

由于历史原因，国际上对含杂原子的单环母体氢化物、部分杂环多环母体氢化物多采用俗名，中文名常采用它们英文名称的音译，并在同音的汉字旁加上“口”字旁。杂环编号时首先要使杂原子编号尽可能小，然后再按最低位次组原则考虑取代基编号。含多个不同杂原子的杂环，编号时按F、Cl、Br、I、O、S、Se、Te、N、P、As的位次，靠前杂原子的编号要尽可能小。

笔记栏

部分含杂原子的单环母体氢化物的结构、中英文名称见表 2-4。

表 2-4　含杂原子单环母体氢化物命名

编号	结构式	中文名	英文名	编号	结构式	中文名	英文名
1	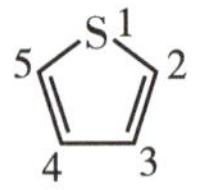	噻吩	thiophene	9	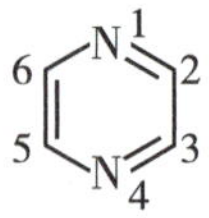	吡嗪	pyrazine
2	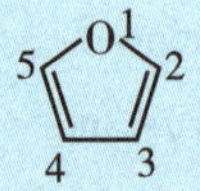	呋喃	furan	10	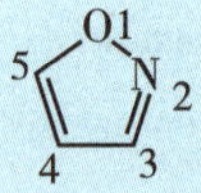	异噁唑（1,2-噁唑）	isoxazole
3	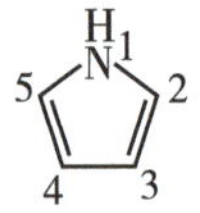	吡咯	pyrrole	11	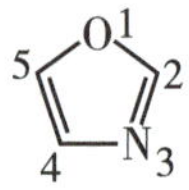	噁唑（1,3-噁唑）	oxazole
4	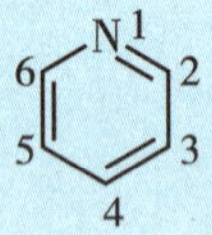	吡啶	pyridine	12	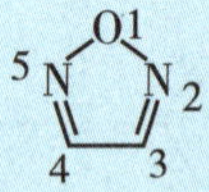	1,2,5-噁二唑	1,2,5-oxadiazole
5	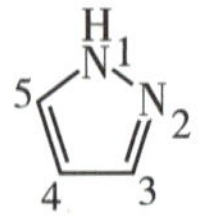	吡唑	pyrazole	13	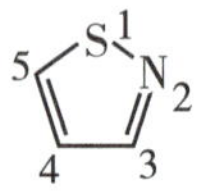	异噻唑（1,2-噻唑）	isothiazole
6	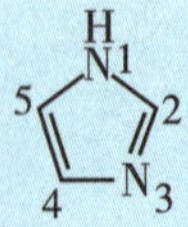	咪唑	imidazole	14	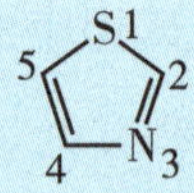	噻唑（1,3-噻唑）	thiazole
7	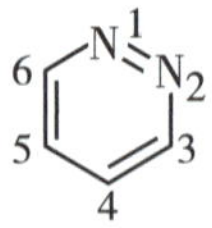	哒嗪	pyridazine	15	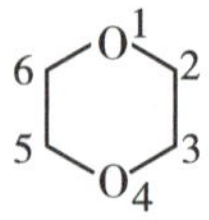	1,4-二氧杂环己烷（二噁烷）	dioxane
8	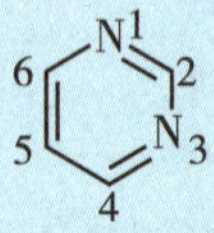	嘧啶	pyrimidine	16	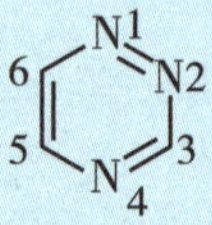	1,2,4-三嗪	1,2,4-triazine

部分并杂环也习惯用其俗名。如：

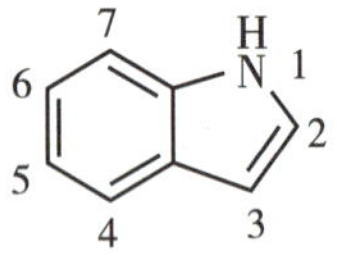

吲哚
indole

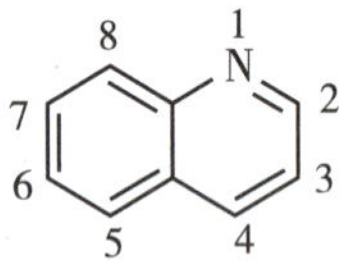

喹啉
quinoline

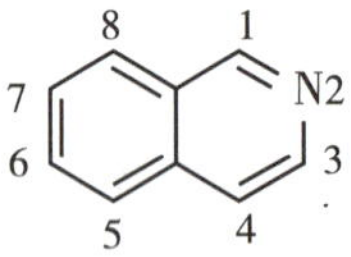

异喹啉
isoquinoline

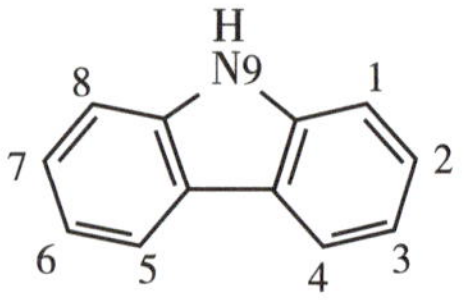

9*H*-咔唑
9*H*-carbazole

另有少数并杂环有例外的编号系统。如：

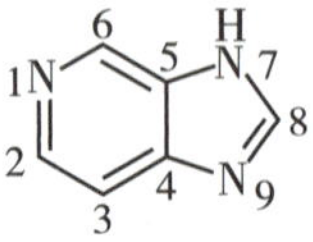

嘌呤
purine

含最大非累积双键数的不饱和环系，称为熳环。上述杂环的系统命名可用“环 + 表示环大小的天干 + 熳”的形式。如：

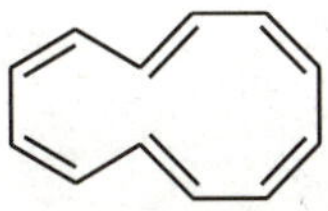

环十二(碳)熳
cyclododecine

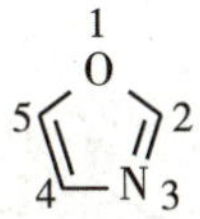

1,3-氧氮杂环戊熳
1,3-oxazole

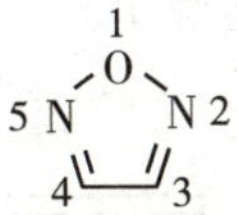

1,2,5-氧二氮杂环戊熳
1,2,5-oxadiazole

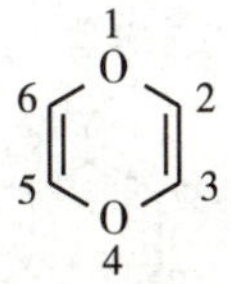

1,4-二氧杂环己熳
1,4-dioxine

杂环中已含有最多数目的非累积双键后，环上仍有未连双键的原子，可视为该位上带有额外氢（指示氢），以其位号加“*H*”（斜体、大写）置于母体名称前。

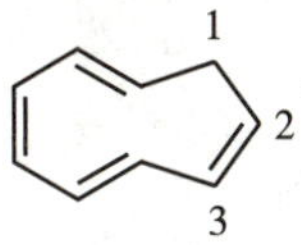

← 额外氢（指示氢）→

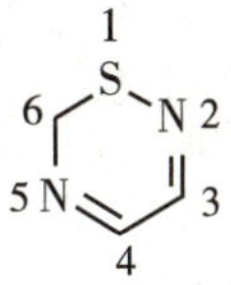

1*H*-环壬熳
1*H*-cyclononine

6*H*-1,2,5-硫二氮杂环己熳
6*H*-1,2,5-thiadiazine

单杂环、有特定名称的并杂环上有取代基时，根据已介绍的相关规则进行命名。如：

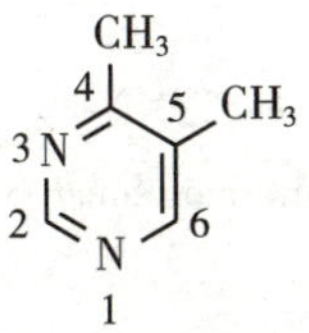

4,5-二甲基嘧啶
4,5-dimethylpyrimidine

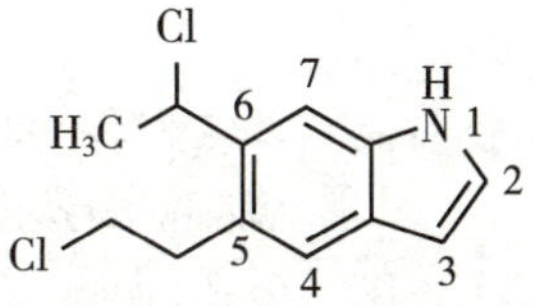

6-(1-氯乙基)-5-(2-氯乙基)-1*H*-吲哚
6-(1-chloroethyl)-5-(2-chloroethyl)-1*H*-indole
取代基名称相同，但数字位次不同，位次小的先读出

知识链接

天然产物——生物碱的半系统命名

生物碱(alkaloid)是天然来源的含氮有机物，是很多中草药及药用植物的有效成分。生物碱大都具有生理活性，如鸦片中得到的吗啡(morphine)具有强烈的镇痛作用，黄连中的小檗碱(berberine)具有抗菌消炎作用等。

生物碱结构较为复杂。按照生物碱的生源和化学结构，可将其含氮母核分为若干类生物碱母体氢化物。由各类母体氢化物衍生的化合物的半系统命名，按前述命名通则进行。现列举几类如下。

1. 莨菪烷类（曾称托品烷类）

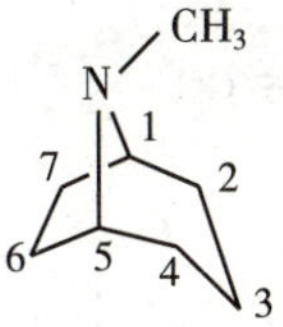

⟹

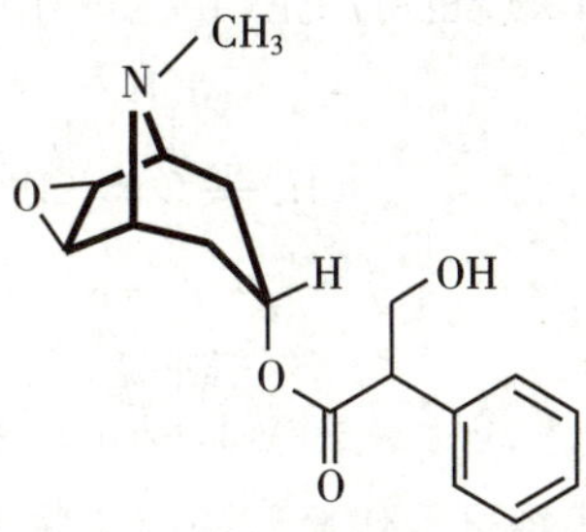

母体氢化物：莨菪烷(tropane)

半系统名：*N*-甲基-6β，7β-氧桥-莨菪-3-醇-莨菪酸酯
N-methyl-6β，7β-epoxy-tropan-3-ol-tropate
俗名：东莨菪碱(scopolamine)

笔记栏

2. 吲嗪类(又称吲哚里西啶类)

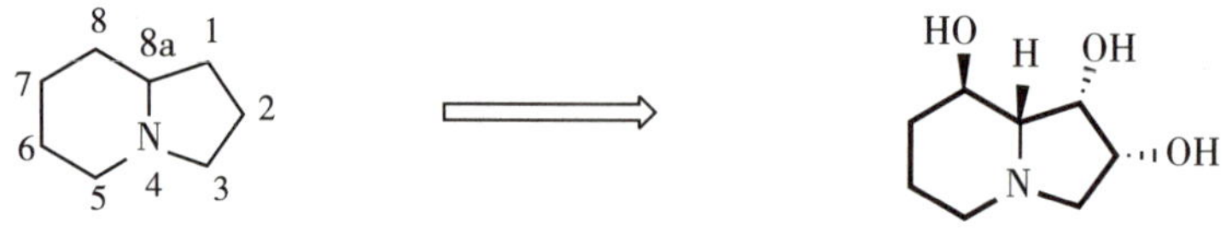

母体氢化物：吲嗪(indolizidine)

半系统名：(8a*R*)-吲嗪-1α，2α，8β-三醇

(8a*R*)-indolizidine-1α，2α，8β-triol

俗名：苦马豆碱(swainsonine)

3. 吗啡烷类

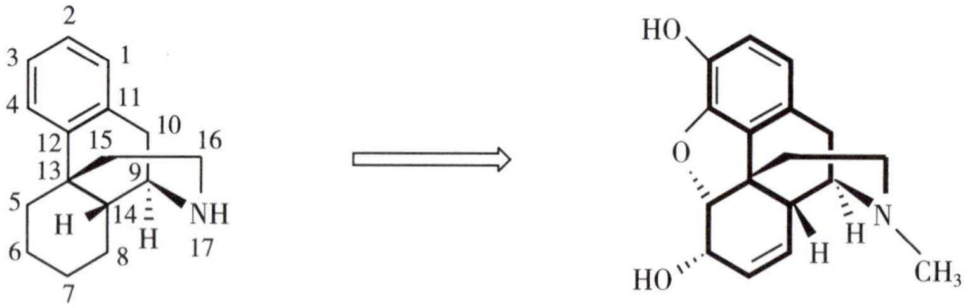

母体氢化物：吗啡烷(morphinane)

半系统名：*N*-甲基-4，5α-氧桥-7，8-二去氢-吗啡-3，6α-二醇

N-methyl-4，5α-epoxy-7，8-didehydro-morphinan-3，6α-diol

俗名：吗啡(morphine)

三、有机物其他命名法

(一) 以含特异性结构单元命名

1. 直链烷烃的普通命名与系统命名相同,用“正”表示无分支(正可以省)。命名有支链的烷烃时,用“异”表示端基有$(CH_3)_2CH$—结构,用“新”表示端基有$(CH_3)_3CCH_2$—结构。

$CH_3CH_2CH_2CH_2CH_3$

(正)戊烷
n-pentane

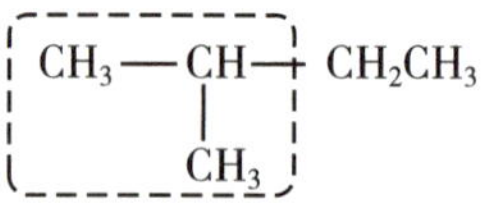

异戊烷
isopentane

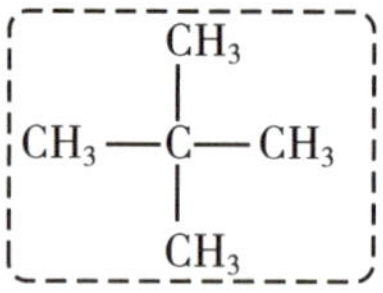

新戊烷
neopentane

烯烃和炔烃也可用正、异、新等词头,以区别不同的碳架。

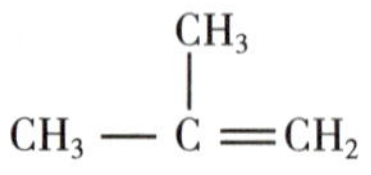

异丁烯
isobutylene

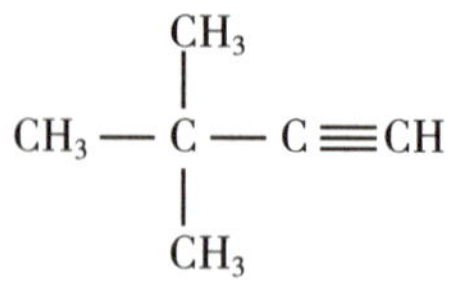

新己炔
neohexyne

2. 卤代烃可看作烃基的卤化物,根据表2-2中取代基的俗名,以“烃基俗名+卤原子”进行命名。

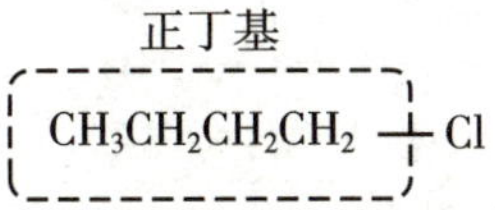

正丁基氯
n-butyl chloride

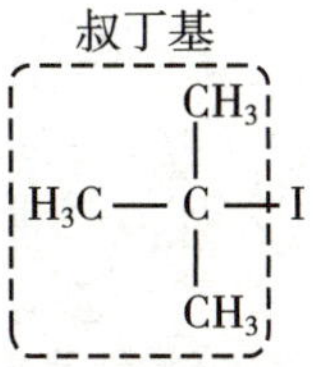

叔丁基碘
tert-butyl iodide

3. 醇的名称以“烃基＋醇”形式命名，“基”字可省去，烃基用伯、仲、叔、季、正、异、新等区别结构。

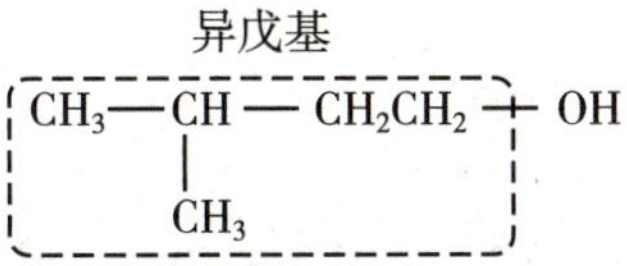

异戊醇
isopentyl alcohol

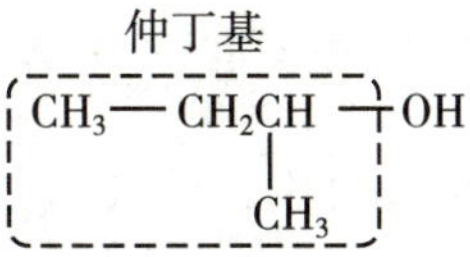

仲丁醇
sec-butyl alcohol

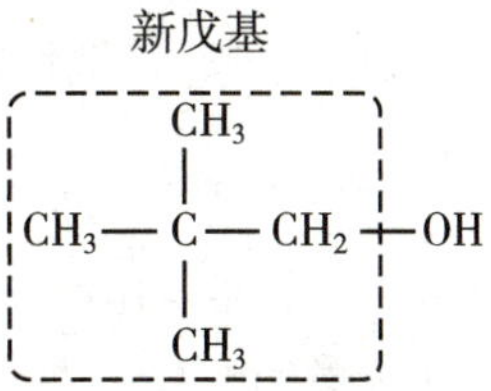

新戊醇
neopentanol

(二) 以官能团类别命名

1. 以酮为官能团类别时，可将连接在羰基上 2 个基团的名称作为前缀，依英文字母顺序前后排列，再以类别名“酮”结尾。

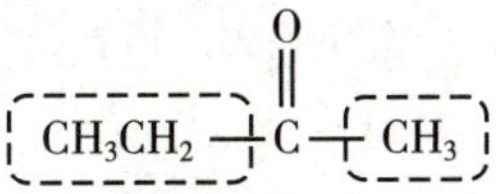

乙基甲基酮
ethyl methyl ketone

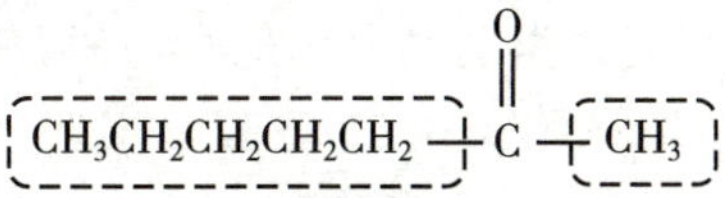

甲基戊基酮
methyl pentyl ketone

2. 醛或酮与醇反应生成的(半)缩醛或(半)缩酮，可按照官能团类别名，以“相应醛或酮名 +*O*- 取代基 + 缩醛或缩酮”进行命名。

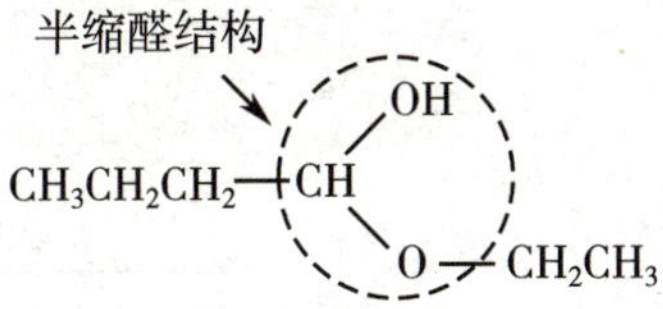

丁醛乙基半缩醛
butanal ethyl hemiacetal

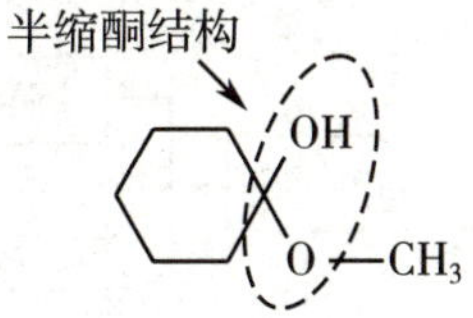

环己酮甲基半缩酮
cyclohexanonemethyl hemiketal

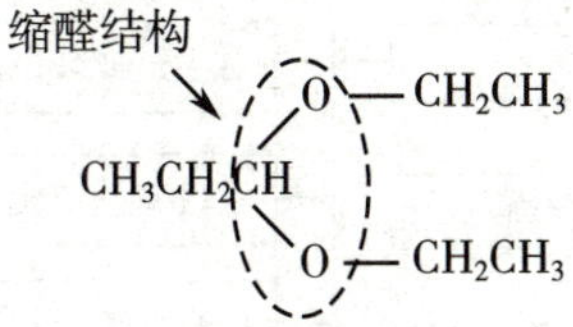

丙醛二乙基缩醛
propionaldehydediethyl acetal

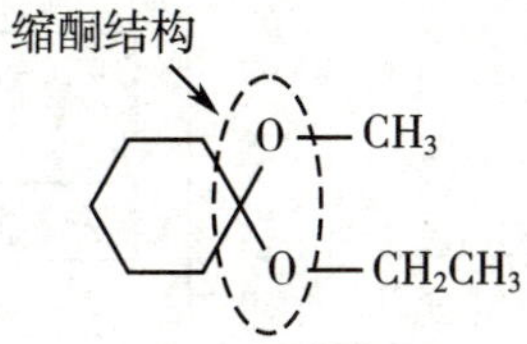

环己酮乙基甲基缩酮
cyclohexanone ethyl methyl ketal

3. 醛或酮与含氮试剂，如氨基脲反应后的生成产物，可用“相应醛或酮名＋缩氨基脲”命名。

笔记栏

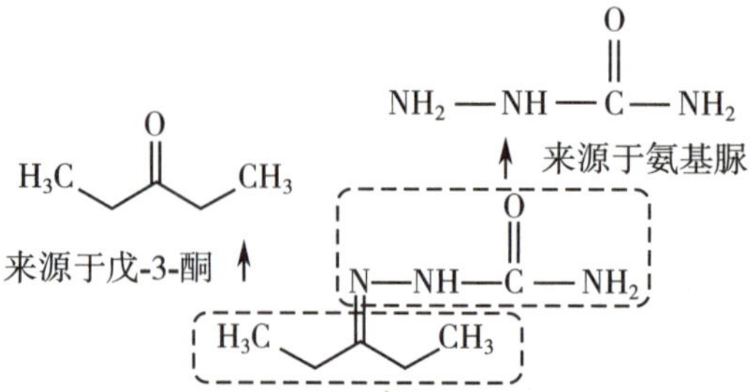

戊-3-酮缩氨基脲

pentan-3-one semicarbazone

4. 醛或酮与羟胺反应生成的产物称为肟（$\rangle$C=N—OH）；醛或酮与联氨反应生成的产物称为腙（$\rangle$C=N—NH_2）。可用“相应醛或酮名 + 肟或腙”命名。

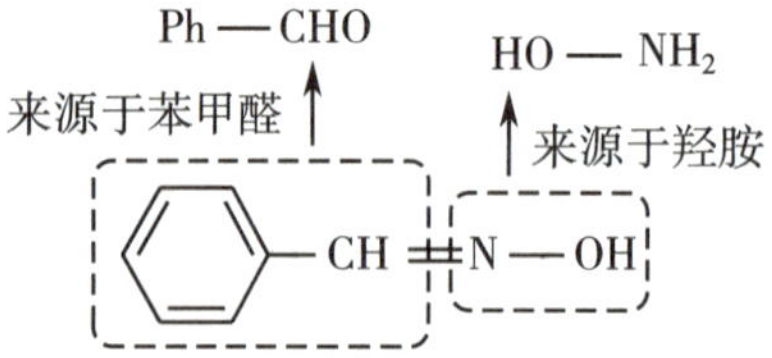

苯甲醛肟

benzaldehyde oxime

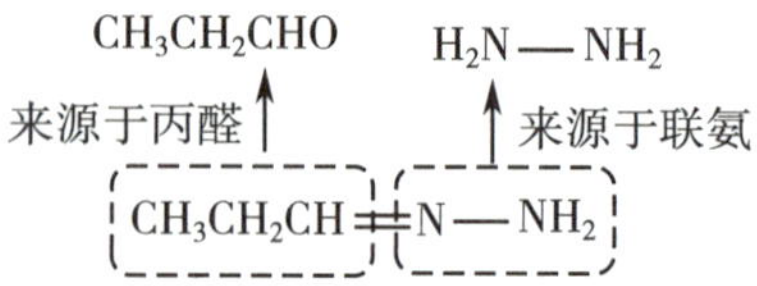

丙醛腙

propanal hydrazone

上述以官能团类别名命名的（半）缩醛、（半）缩酮、肟、腙等化合物，也可按照取代法进行系统命名。

（方　方　牛　奔　贾智若）

学习小结

1. 学习内容

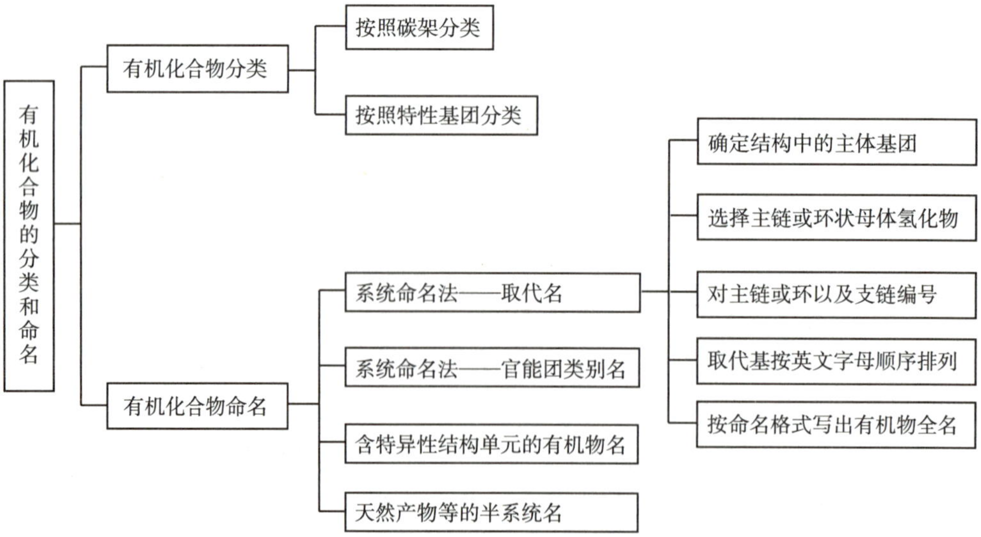

2. 学习方法　有机化合物种类繁多、结构复杂，必须有科学的系统的命名规则来区分各个化合物，因此学好有机化合物的分类和命名尤为重要。本章介绍了有机化合物分类方法、各类有机物结构中的特性基团，系统命名中的常用术语、特性基团和取代

基的中英文名称，以及有机化合物系统命名的基本原则。通过重点学习和理解最低位次组原则、英文字母顺序原则、不同特性基团为母体时的优先次序，注重对比以往有机化合物命名术语，从而掌握与时俱进的中英文有机物系统命名法的基本格式。记住基本原则以及不同适用条件，多做习题有助于概念和理论的掌握。有机化合物的系统命名涉及面广，本章介绍的是命名的基础理论，若想深入学习需要多多思考，并阅读相关的书籍和文献，提高学习效率。

复习思考题与习题

1. 用键线式写出分子式为 C_4H_9Cl 的所有同分异构体，并用“烃基俗名 + 卤原子”形式命名这些化合物（中、英文）。

2. 用系统命名法命名下列化合物。

(1) 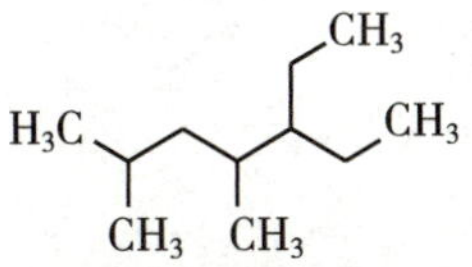

(2) 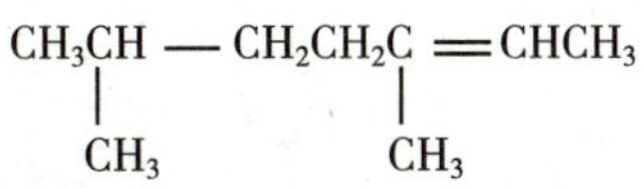

(3) 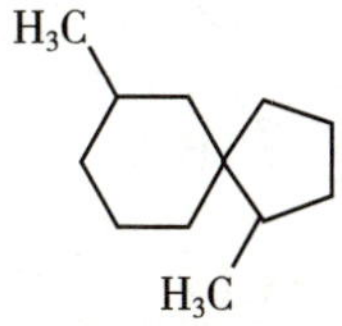

(4) 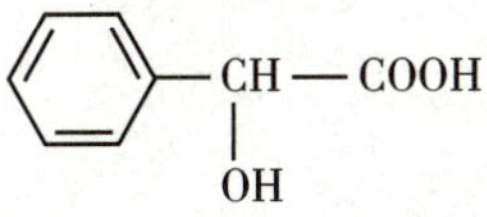

(5) 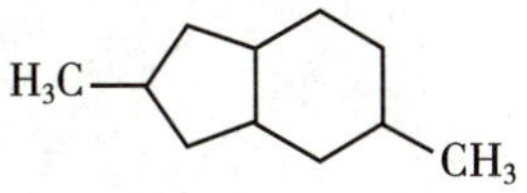

(6) 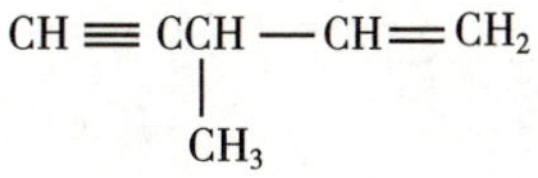

(7) 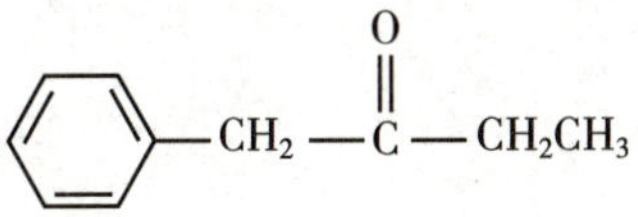

(8) 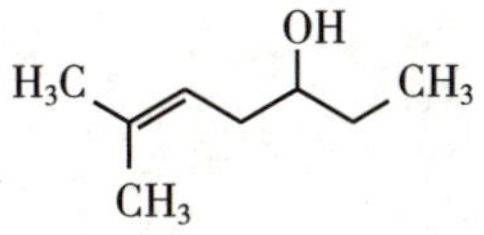

(9) 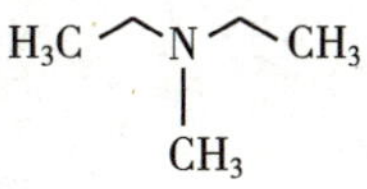

(10) 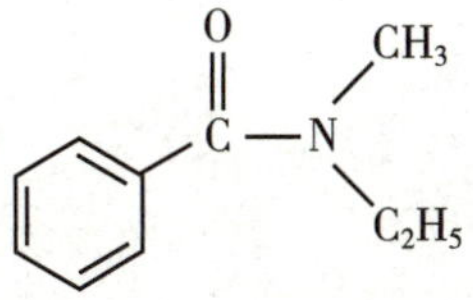

3. 根据名称写出下列化合物的化学结构式。

(1) 3- 氯 -2- 甲基丙烯酸　　(2) 2- 氨基 -5- 溴 -3- 硝基苯甲酸

(3) 2- 甲基 -2- 甲氧基戊烷　　(4) 3,3- 二甲基环己基甲醛

(5) *N*- 甲基乙酰苯胺　　(6) 5- 溴 -4- 甲基戊酸甲酯

(7) 1- 甲基螺[4.5]癸 -6- 烯　　(8) 8- 甲基萘 -2- 酚

(9) 邻苯二甲酸酐　　(10) 戊 -5- 内酰胺

笔记栏

03章PPT

PPT 课件

第三章
立体化学

学习目标

立体化学是有机化学的重要内容，是深入研究有机化合物的结构、性质、反应机理、反应速率、反应产物及其稳定性等方面的重要基础理论。通过学习应获得以下知识：

1. 掌握费歇尔投影式的投影规则、操作方法，以及费歇尔投影式与锯木架形投影式、纽曼投影式的相互转换；顺反异构产生的条件及顺反异构体的构型标识；手性碳原子、手性、旋光活性、对映体、非对映体、内消旋体、外消旋体等的概念；对映异构产生的充分必要条件、对称因素与手性因素；含 1 个和 2 个手性碳原子化合物的对映异构及 *R*、*S*- 构型标识；环己烷和取代环己烷的构象。

2. 熟悉 D、L- 构型标识法；不含手性碳原子化合物的对映异构；乙烷、丁烷的构象；环状化合物的顺反异构。

3. 了解顺反异构体、对映异构体的性质及生理活性差异；偏振光、旋光度、比旋光度等的概念；前手性碳原子、外消旋化、构型转化、外消旋体的拆分；环状化合物的对映异构。

有机化合物的结构除构造外，还包括组成分子的原子或基团在空间的位置关系。立体化学（stereochemistry）是研究分子中原子或基团在空间的排布状况及不同的空间排布对化合物的理化性质所产生的影响。本章主要介绍有机化合物的立体异构，为后续相关章节讨论各类有机化学反应的立体化学问题奠定基础。

第一节 同分异构现象

有机化合物普遍存在同分异构现象（isomerism），即具有相同分子式但具有不同结构的现象。同分异构分为构造异构（constitutional isomerism）和立体异构（stereoisomerism）两大类。构造异构是指具有相同分子组成而分子中原子连接次序和方式不同所产生的同分异构现象，如碳架异构、位置异构、官能团异构和互变异构。互变异构也可以说是官能团异构的一种。

碳架异构： $CH_3CH_2CH_2CH_3$（正丁烷） 和 $CH_3\underset{\displaystyle CH_3}{\underset{|}{C}H}CH_3$（异丁烷）

位置异构： $CH_2{=}CHCH_2CH_3$（丁-1-烯） 和 $CH_3CH{=}CHCH_3$(丁-2-烯)

笔记栏

官能团异构：CH_3CH_2OH（乙醇） 和 CH_3OCH_3（甲醚）

互变异构：

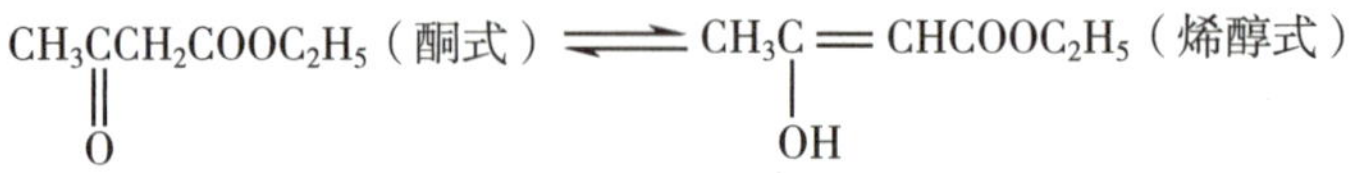

立体异构是指构造相同的分子，由于原子或基团在三维空间的排列方式不同所产生的同分异构现象，包括构型异构（configurational isomerism）和构象异构（conformational isomerism）。构型异构是指分子中原子或基团在空间的固定排列方式不同产生的异构现象，如顺反异构（cis-trans isomerism）和对映异构（enantiomerism）。构象异构是指具有一定构型的分子由于单键的旋转或扭曲使分子中原子或基团在空间产生不同排列的异构现象。

有机化合物的同分异构可表示如下：

- 同分异构
  - 构造异构
    - 碳架异构
    - 位置异构
    - 官能团异构
    - 互变异构
  - 立体异构
    - 构型异构
      - 顺反异构
      - 对映异构
    - 构象异构

第二节 分子模型的平面表示方法

分子是以一定的空间形象存在的。分子模型（如球棒模型和比例模型）可以帮助我们了解分子中原子的立体关系，但书写很不方便，因此常用费歇尔投影式（Fischer projection）、锯木架形投影式（sawhorse projection）和纽曼投影式（Newman projection）等分子模型的平面表示方法表达分子的立体形象。

ER-3-1

费歇尔简介

一、费歇尔投影式

费歇尔投影式又称十字投影式，是德国化学家费歇尔于 1891 年提出的，将分子的球棒模型按规定的方向投影在纸平面上即得，如乳酸（α 羟基丙酸）的费歇尔投影式见图 3-1。

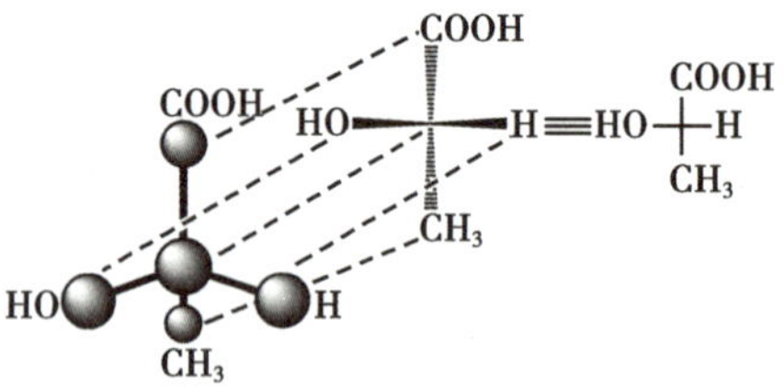

图 3-1 乳酸的费歇尔投影式

1. 费歇尔投影式的投影规则 一般将球棒模型所代表的分子碳链竖立放置，命名时编号最小的碳原子放在上方，编号最大的碳原子放在下方，上下方向的原子或基团指向纸平面的后方，投影到纸平面上用虚黑体楔形线（▪▪▪▪）表示；左右方向的原子或基团伸向纸平面的前方，投影到纸平面上用黑体楔形线（▶）表示。为了书写简便，直接采用直线表示为“十”投影式，即为费歇尔投影式。费歇尔投影式“十”交叉处为中心碳原子（省略不写出），竖键上的原子或基团指向纸平面的后方，横键上的原子或基团伸向纸平面的前方。

2. 费歇尔投影式相互转换的操作方法 在不强调命名编号最小和最大的碳原子放置顺序时，分子模型是可以改变位置按其他方式放置的，但上下方向的原子或基团必须指向纸平面后方，左右方向的原子或基团必须伸向纸平面前方。每种放置都会得到原子或基团位

笔记栏

分子模型的平面表示方法——费歇尔投影式

置不同的费歇尔投影式，即同一个模型可以写出多个费歇尔投影式，它们之间按下述操作方法可以实现相互转换。

费歇尔投影式在纸平面上旋转 180° 得到的投影式，其构型不变；旋转 90° 或 270° 得到的投影式，其构型发生改变，因为这样改变了中心碳原子周围各原子或基团的前后关系。例如：

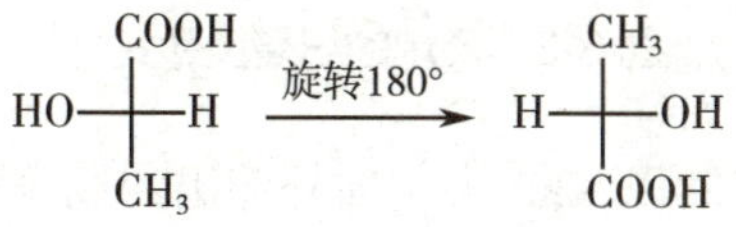

构型不变

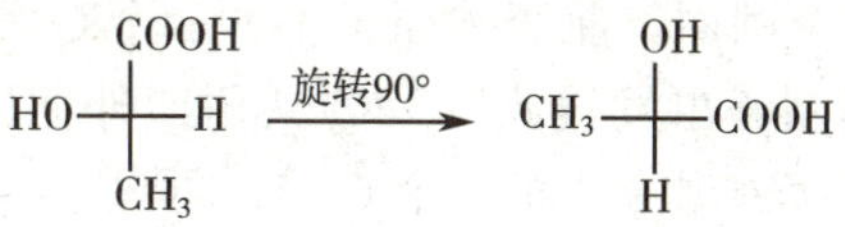

构型改变

费歇尔投影式的中心碳原子上任意 2 个原子或基团的位置经过偶数次交换得到的投影式，其构型不变；经过奇数次交换得到的投影式，其构型发生改变。例如：

构型不变

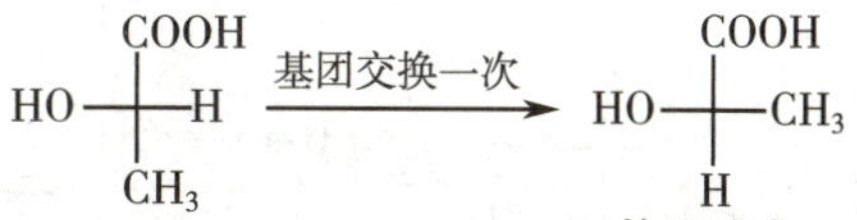

构型改变

费歇尔投影式中固定任意 1 个原子或基团位置不动，将另外 3 个原子或基团按顺时针或逆时针方向依次换位，得到的投影式，其构型不变。例如：

构型不变 构型不变 构型不变

值得注意的是，费歇尔投影式不能离开纸平面翻转，否则会改变中心碳原子周围各原子或基团的前后关系，而得到的投影式，其构型发生改变。例如：

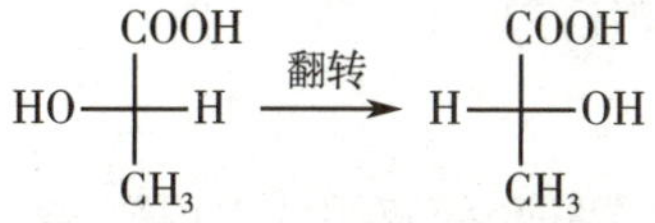

构型改变

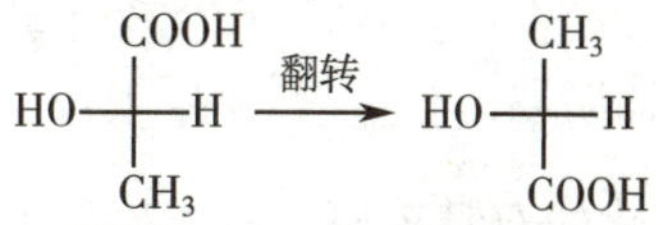

构型改变

二、锯木架形投影式

锯木架形投影式又称萨哈斯投影式，一般是从侧面观察，主要用于表示连接在相邻 2 个碳原子上的原子或基团的空间关系，如乙烷的锯木架形投影式见图 3-2。

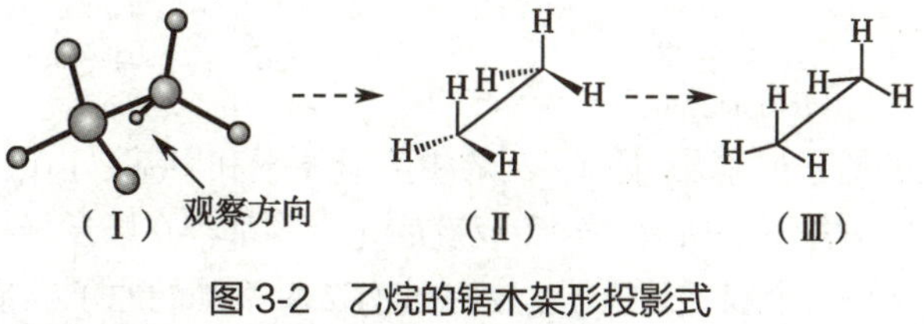

图 3-2　乙烷的锯木架形投影式

由图 3-2 中箭头指引的方向观察乙烷的球棒模型（Ⅰ），可以得到乙烷的锯木架形投影式（Ⅱ），其中直线表示在纸平面上，虚黑体楔形线表示远离观察者，黑体楔形线表示指向观察者，一般可以直接使用实线表示简化的锯木架形投影式（Ⅲ）。

三、纽曼投影式

纽曼投影式是纽曼于 1955 年提出的。与锯木架形投影式一样，纽曼投影式表示相邻 2 个碳原子上的原子或基团的空间关系，如乙烷的纽曼投影式见图 3-3。

笔记栏

由图 3-3 中箭头指引的方向从 C—C 单键的延长线去观察乙烷的球棒模型(Ⅳ),得到乙烷的纽曼投影式(Ⅴ),圆圈表示 C—C 单键上的碳原子,前后 2 个圆圈实际上是重叠的,纸面上只能画出 1 个圆圈。前面碳原子上的 3 个 C—H 键用 3 条从圆心出发彼此以 120° 夹角向外伸出的线表示,后面碳原子上的 3 个 C—H 键则用 3 条从圆周出发彼此以 120° 夹角向外伸出的线表示。

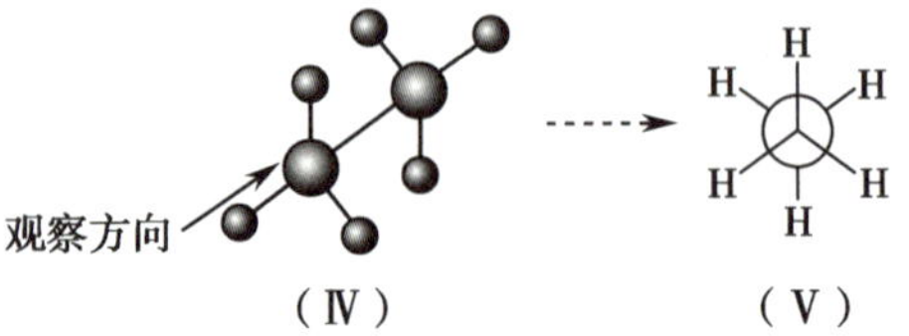

图 3-3 乙烷的纽曼投影式

费歇尔投影式、锯木架形投影式和纽曼投影式分别从不同的角度对分子模型进行观察和投影。它们之间是可以相互转换的,如丁 -2,3- 二醇的几种投影式之间的相互转换关系可以表示为:

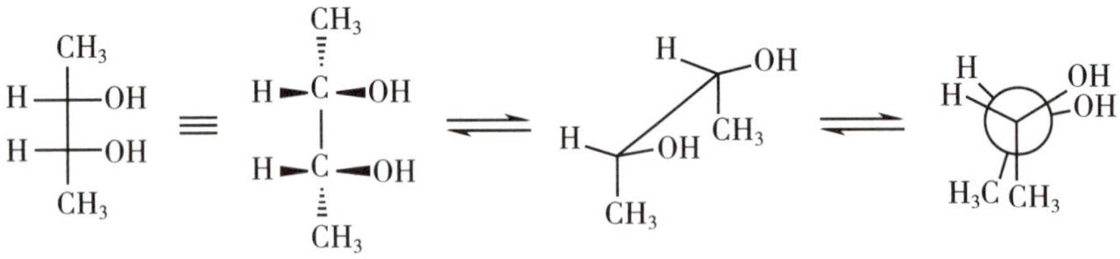

第三节 顺反异构

具有刚体结构(如双键或环)的有机化合物分子,由于其共价键的自由旋转受到阻碍,引起分子中原子或基团在空间的排列方式不同,从而有可能产生顺式(*cis*-)和反式(*trans*-)2 种不同的构型,这种现象称为顺反异构。

一、碳碳双键化合物的顺反异构

sp^2 杂化的双键碳原子所连接的 4 个原子处在同一平面,而双键的自由旋转又受到了阻碍,因此这种结构的化合物有可能产生顺式和反式 2 种异构体。如丁 -2- 烯有 *cis*- 丁 -2- 烯和 *trans*- 丁 -2- 烯 2 种异构体。

cis-丁-2-烯 *cis*-but-2-ene　　*trans*-丁-2-烯 *trans*-but-2-ene

分子中 2 个相同的原子或基团(如丁 -2- 烯中的氢原子和甲基)处在双键同侧的为顺式,处在双键异侧的为反式。但并不是所有含碳碳双键的化合物都存在顺反异构,因为碳碳双键化合物产生顺反异构的条件是每个双键碳原子上必须连有 2 个不同的原子或基团。如下所示:

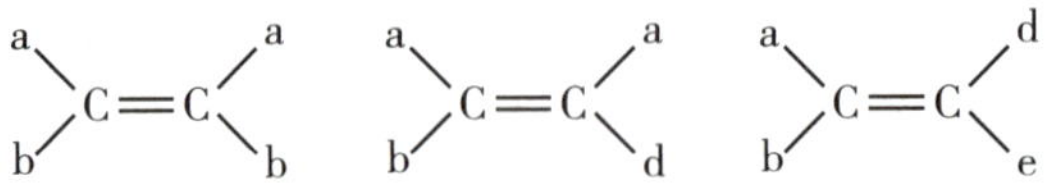

a≠b　　a≠b且a≠d　　a≠b且d≠e

如果其中一个双键碳原子上连有相同的原子或基团时则没有顺反异构。如下所示:

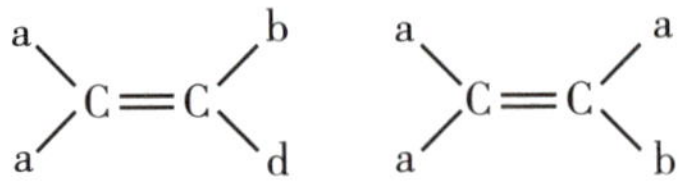

笔记栏

分子中存在 n 个碳碳双键时，因为每个碳碳双键都会产生顺反异构体，所以这个分子就有 2^n 个顺反异构体。如 1- 苯基戊 -1,3- 二烯就有 4 个顺反异构体：

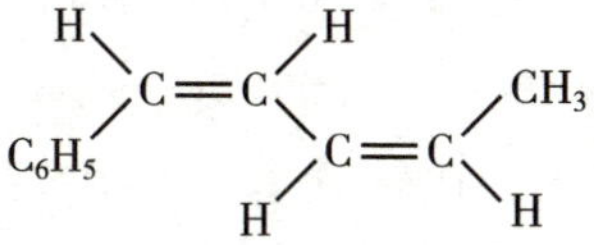
顺,顺

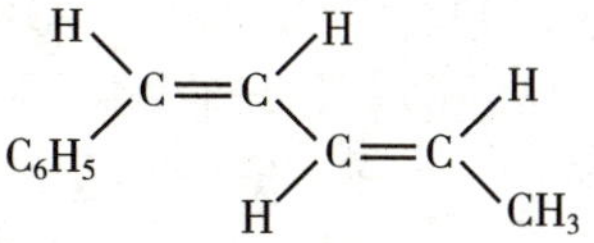
顺,反

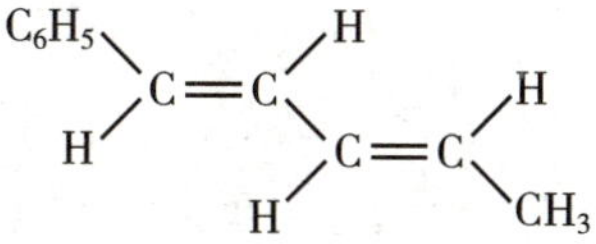
反,反

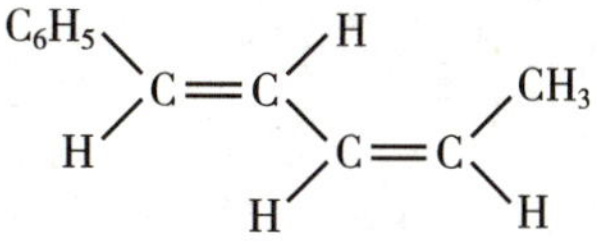
反,顺

当两个双键碳原子上连有相同的原子或基团时，顺反异构体的数目就会减少。如己 -2,4- 二烯只有 3 个顺反异构体：

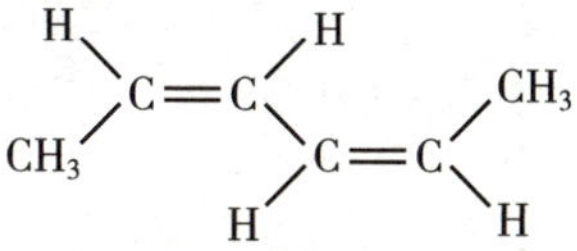
顺,顺

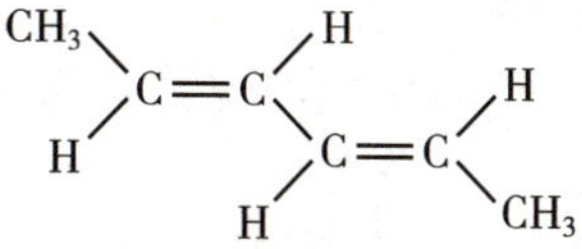
反,反

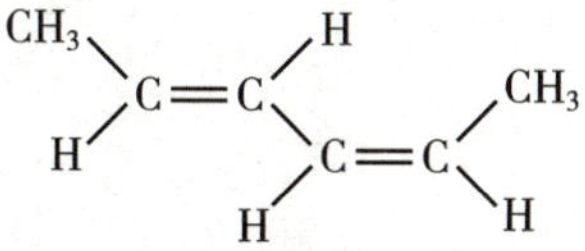
反,顺

≡

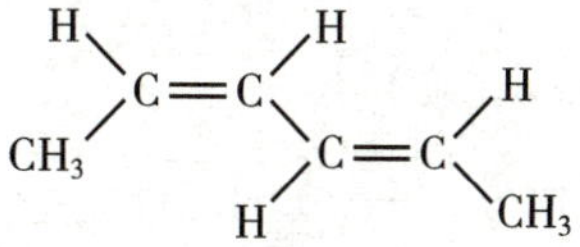
顺,反

二、顺反异构体的构型标识

(一) 顺、反构型标识法

双键两端碳原子上连有相同的原子或基团时，可以采用顺、反构型标识法标明构型，命名时在化合物全名前加上词头 “*cis*-” 或 “*trans*-”。例如：

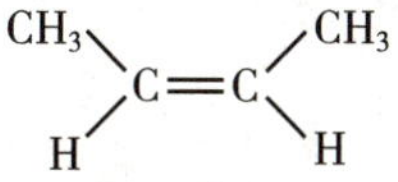
cis-丁-2-烯
cis-but-2-ene

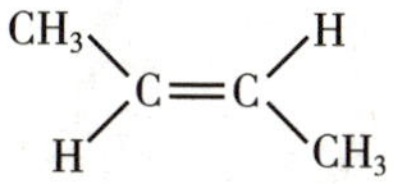
trans-丁-2-烯
trans-but-2-ene

如果双键碳原子上所连接的 4 个原子或基团各不相同时，也存在顺反异构，但用顺、反构型标识法标明构型却有困难，此时可以采用 *Z*、*E*- 构型标识法标明构型。

(二) *Z*、*E*- 构型标识法

IUPAC 规定用 *Z*（德文 Zusammen 的字首，在一起的意思）或 *E*（德文 Entgegen 的字首，相反的意思）标识顺反异构体的构型，即根据顺序规则比较同一个双键碳原子上所连接的 2 个原子或基团的优先顺序，优先的 2 个原子或基团处在双键同侧的为 *Z*- 构型，处在双键异侧的则为 *E*- 构型。如下所示，当 b 优先于 a、e 优先于 d 时，分别为 *Z*- 构型和 *E*- 构型。

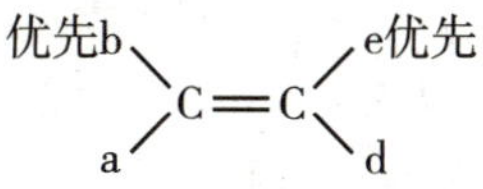

Z-构型

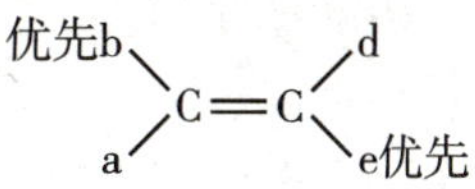

E-构型

笔记栏

确定原子或基团优先顺序（通常用“>”表示优先于）的顺序规则主要内容如下：

(1)比较各取代基或官能团的第1个原子的原子序数，原子序数大者优先。同位素则为原子质量大者优先。如I>Br>Cl>S>P>F>O>N>C>H>:(孤对电子)；D>H。

(2)如果2个基团的第1个原子相同，则比较与之相连的第2个原子，若仍相同，再依次比较第3个、第4个……原子，原子序数大者优先。比较时按原子序数排列，先比较各组中原子序数大者。例如：$—CH_3$与$—CH_2Cl$的第1个原子都是C，然后比较与C相连的第2个原子，$—CH_3$看成是C(H、H、H)，$—CH_2Cl$看成是C(Cl、H、H)，先比较原子序数大的，由于Cl>H，所以$—CH_2Cl>—CH_3$。

又如：$—CHClOCH_3$与$—CCl(CH_3)_2$的第1个原子都是C，然后比较与C相连的第2个原子，$—CHClOCH_3$看成是C(Cl、O、H)，$—CCl(CH_3)_2$看成是C(Cl、C、C)，第2个原子是一组三原子，先比较这组中原子序数最大者，为相同的Cl，再比较这组中的第2个，由于O>C，所以$—CHClOCH_3>—CCl(CH_3)_2$。

(3)含有双键或三键的基团，将双键或三键当作以单键连有1个真实的原子外还连有1个或2个复制的同样原子，复制的原子在结构式中用其元素符号加括号表示，此复制的原子也假设为四价原子，其余连着的是原子序数为0的“假想原子”，在结构式中用下标“0”表示。例如：

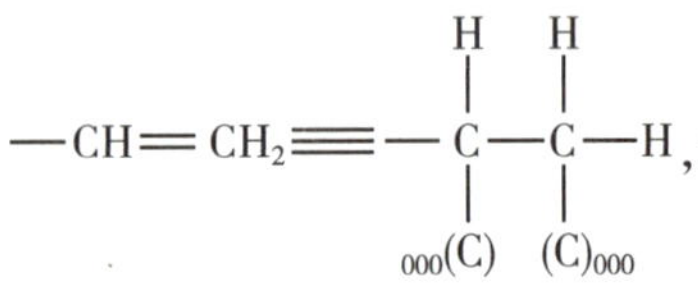
，看成是C(C、C、H)

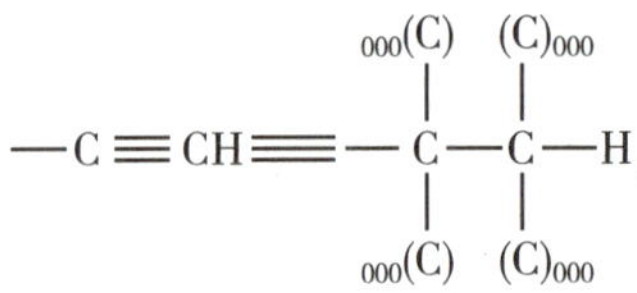
，看成是C(C、C、C)

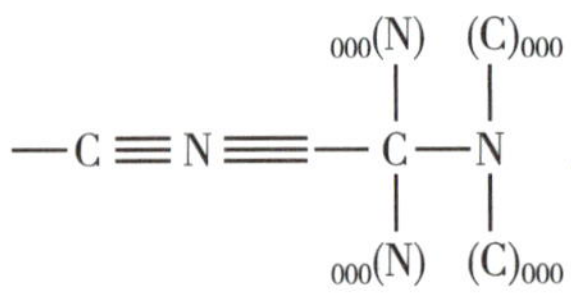
，看成是C(N、N、N)

所以$—C\equiv N>—C\equiv CH>—CH=CH_2$。

又如：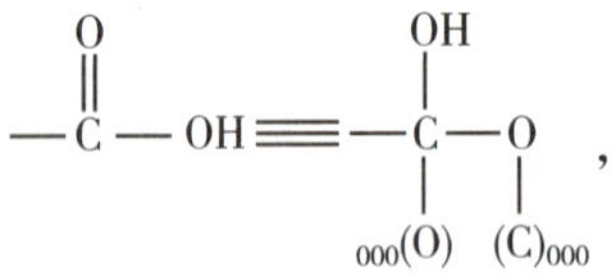
，看成是C(O、O、O)

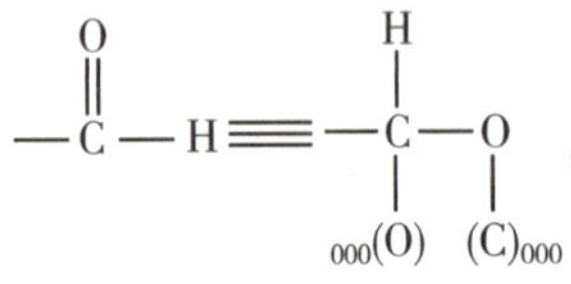
，看成是C(O、O、H)

所以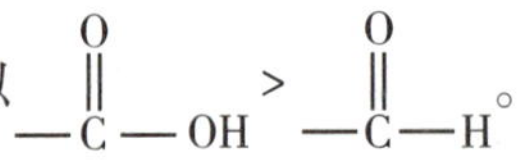。

(4)若原子的键不到4个（氢除外），可以加原子序数为零的假想原子，假想原子的排序放在最后。例如：$CH_3CH_2NHCH_3$，N上只有3个基团，则它的第4个基团为一个原子序数为0的假想原子，那么4个基团的排序为乙基>甲基>氢>假想原子。

(5)在学习了构型异构体后，还需要补充：*cis*优先于*trans*，*Z*优先于*E*，*R*优先于*S*。

命名时将*Z*或*E*写在括号里面放在化合物名称的前面。例如：

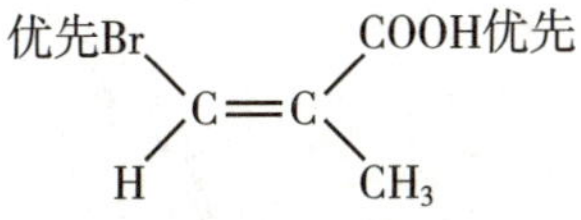

(*Z*)-3-溴-2-甲基丙烯酸
(*Z*)-3-bromo-2-methylacrylic acid

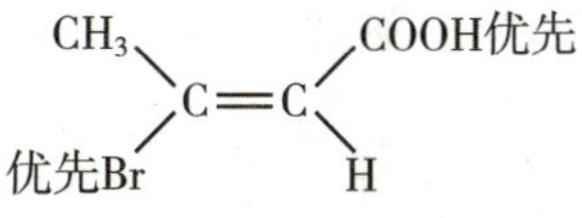

(*E*)-3-溴丁-2-烯酸
(*E*)-3-bromobut-2-enoic acid

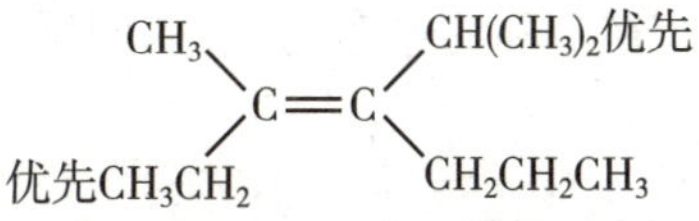

(*E*)-4-异丙基-3-甲基庚-3-烯
(*E*)-4-isopropyl-3-methylhept-3-ene

顺、反构型标识法与 *Z*、*E*- 构型标识法是两种不同标准的构型标识法。它们之间没有直接的关联，即顺式不一定是 *Z*- 构型，反式也不一定是 *E*- 构型。例如：

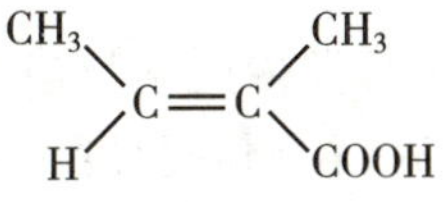

cis-2-甲基丁-2-烯酸
(*E*)-2-甲基丁-2-烯酸
(*E*)-2-methylbut-2-enoic acid

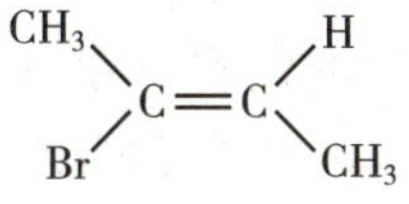

trans-2-溴丁-2-烯
(*Z*)-2-溴丁-2-烯
(*Z*)-2-bromobut-2-ene

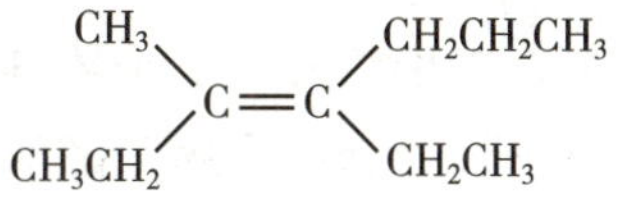

cis-4-乙基-3-甲基庚-3-烯
(*E*)-4-乙基-3-甲基庚-3-烯
(*E*)-4-ethyl-3-methylhept-3-ene

三、顺反异构体的性质

顺反异构体中 2 个双键碳原子上的原子或基团之间的距离是不同的，一般在顺式中距离较近，反式中距离较远，因而顺反异构体的理化性质有差异。

(一) 物理性质

顺反异构体的物理性质不同，并表现出一定的规律性。*cis*-丁-2-烯和 *trans*-丁-2-烯的物理常数见表 3-1。

表 3-1 *cis*-丁-2-烯和 *trans*-丁-2-烯的物理常数

异构体	熔点 /℃	沸点 /℃	相对密度 /d_4^{20}	折射率 /−12.7℃
cis-丁-2-烯	−138.9	3.7	0.667	1.386 8
trans-丁-2-烯	−105.5	0.9	0.649	1.377 8

cis-丁-2-烯的 2 个甲基处在双键的同侧，由于与双键相连的甲基斥电子诱导效应的存在使其具有一定的偶极矩（μ=0.33D），而 *trans*-丁-2-烯中与双键相连的 2 个甲基斥电子诱导效应恰好相互抵消，所以 *cis*-丁-2-烯的偶极矩较大，因而沸点较高，相对密度也较大。

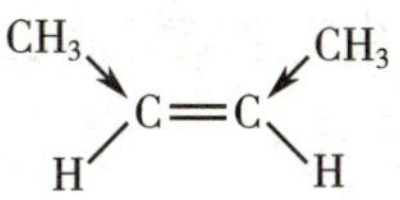

cis-丁-2-烯
(μ=0.33D)

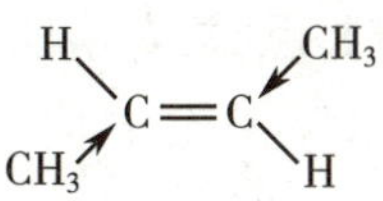

trans-丁-2-烯
(μ=0)

trans-丁-2-烯的原子排布比较对称，分子能够比较规则地排入晶体结构中，因而具有较高的熔点。

顺反异构体的构型与熔点或沸点之间的关系只是经验规律，也有很多例外，如 1,2-二碘乙烯的沸点就是反式（192℃）比顺式（188℃）的高。

(二) 化学性质

顺反异构体具有相同的官能团，因此二者的化学性质大致相同，但有些反应与原子或基团在空间的排布有关，因而反应就有差异。例如：

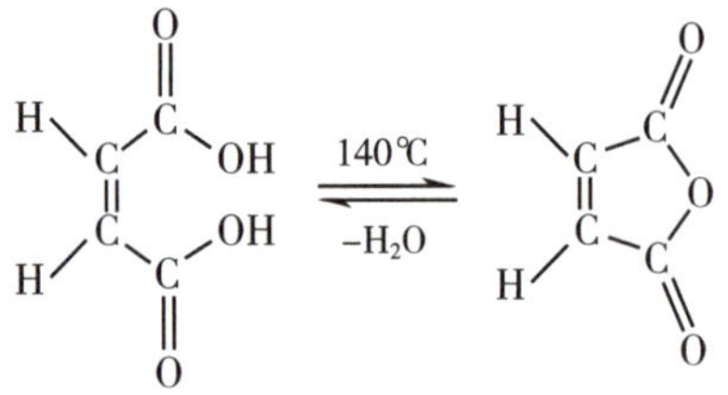

cis-丁烯二酸　　丁烯二酸酐

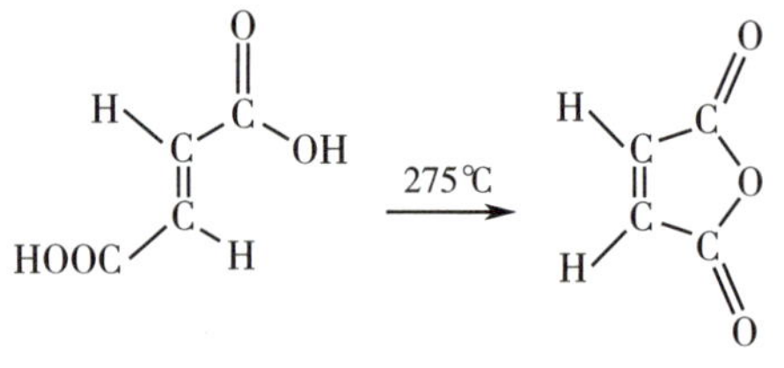

trans-丁烯二酸　　丁烯二酸酐

cis- 丁烯二酸的 2 个羧基处在双键的同侧，相距较近，受热容易发生脱水反应生成丁烯二酸酐。*trans*- 丁烯二酸的 2 个羧基处在双键的异侧，相距较远，在相同温度下难以发生脱水反应，但如果加热到较高温度时，*trans*- 丁烯二酸先转变成 *cis*- 丁烯二酸，再脱水生成丁烯二酸酐。

在顺反异构体中，反式异构体的燃烧热（heat of combustion）比顺式的小。燃烧热是指一摩尔化合物在指定温度和标准压力下完全燃烧生成该温度下最稳定氧化物（如二氧化碳和水）时所放出的热量。具有较小燃烧热的有机化合物，分子内能较低，稳定性较好，即反式异构体较顺式异构体稳定。如 *cis*- 丁烯二酸受热容易转变成 *trans*- 丁烯二酸，而 *trans*- 丁烯二酸要转变为 *cis*- 丁烯二酸较困难。

cis-丁烯二酸　　*trans*-丁烯二酸

四、顺反异构体与生理活性的关系

顺反异构体不仅理化性质有差异，而且在生理活性或药理作用上也往往表现出很大的差异。顺反异构体的生理活性差异可能是类型的，也可能是强度的。如 *cis*- 丁烯二酸有毒，而 *trans*- 丁烯二酸无毒；顺巴豆酸味辛辣，而反巴豆酸味甜。

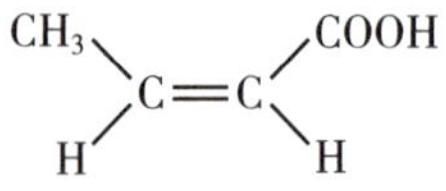

顺巴豆酸

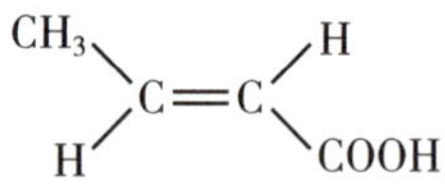

反巴豆酸

又如抗缺铁性贫血药富血铁（富马酸亚铁）是 *trans*- 丁烯二酸亚铁；具有降血脂作用的亚油酸中 9、12- 位 2 个双键是顺式，花生四烯酸中 4 个双键都是顺式，而构型改变将影响其生理活性。

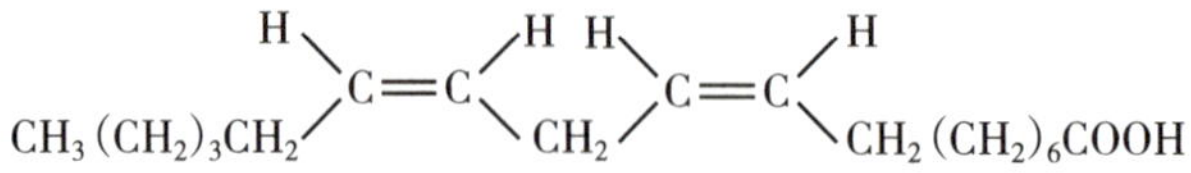

亚油酸

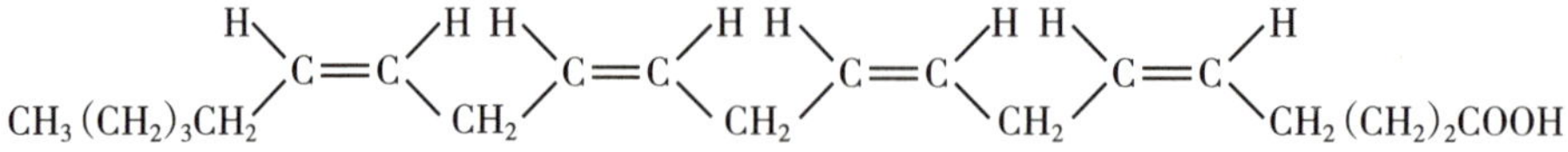

花生四烯酸

雌性激素己烯雌酚的反式异构体的生理活性较强，因而常用于治疗卵巢功能不全或垂体功能异常引起的妇科疾病。

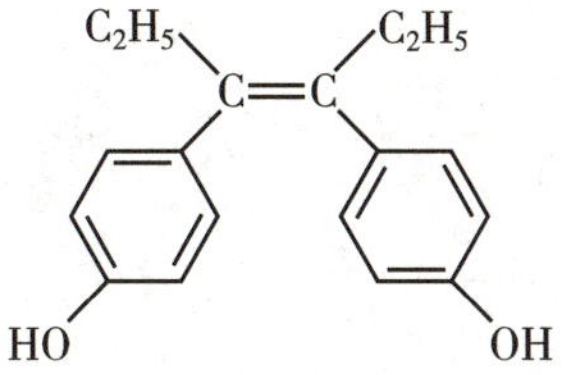

顺己烯雌酚

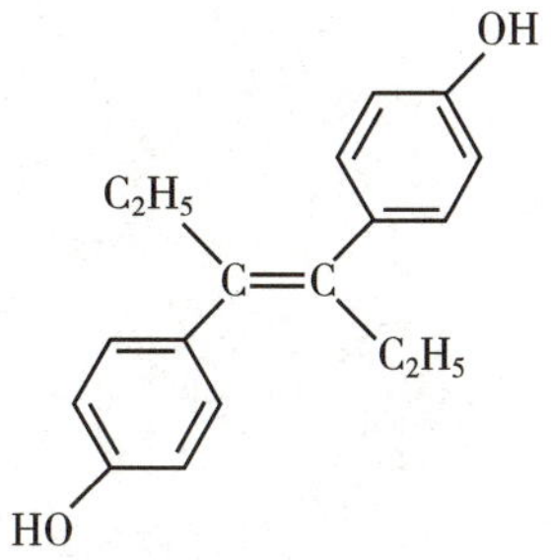

反己烯雌酚

一种药物之所以具有生理活性，是因为与生物体内的受体发生了相互作用，而受体一般都具有一定的立体形象。药物的结构应与受体的结构相适应才能发挥它的生理作用，产生特定的药理效应。顺反异构体与受体作用示意图如图 3-4 所示。

图 3-4 中，A、B 和 X 代表药物的各种原子或基团，A′、B′ 和 X′ 代表受体表面的结合点。图 3-4(Ⅰ)中的结合点有三点(A′、B′ 和 X′)，结合得比较牢固，生理活性较强；图 3-4(Ⅱ)中的结合点只有两点(B′ 和 X′)，结合得比较差，生理活性也就较差。

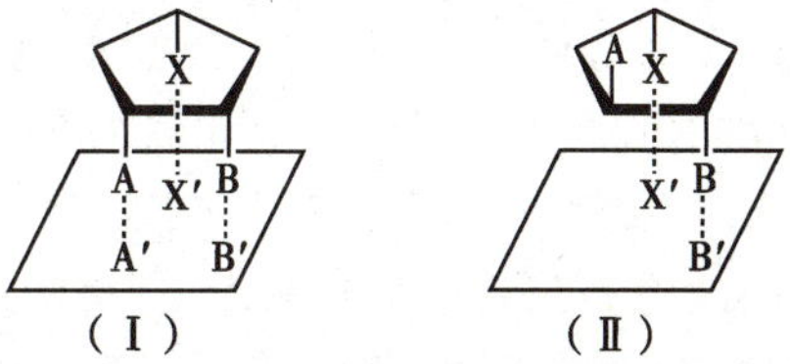

图 3-4　顺反异构体与受体作用示意图

第四节　对 映 异 构

对映异构是一种与物质的特殊物理性质——旋光活性(optical activity)相关的立体异构。

一、物质的旋光活性与分子结构的关系

(一) 偏振光和物质的旋光活性

光波是一种电磁波，它的振动方向与其传播方向互相垂直。普通光是由不同波长的光线所组成的光束，可以在与传播方向垂直的各个方向振动。当普通光通过由方解石制成的尼科耳(Nicol)棱镜时，由于尼科耳棱镜只允许与棱镜晶轴平行振动的光线通过，所以透射出棱镜的光只在一个平面上振动(图 3-5)。这种只在一个平面上振动的光称为偏振光(polarized light)，又称平面偏振光。

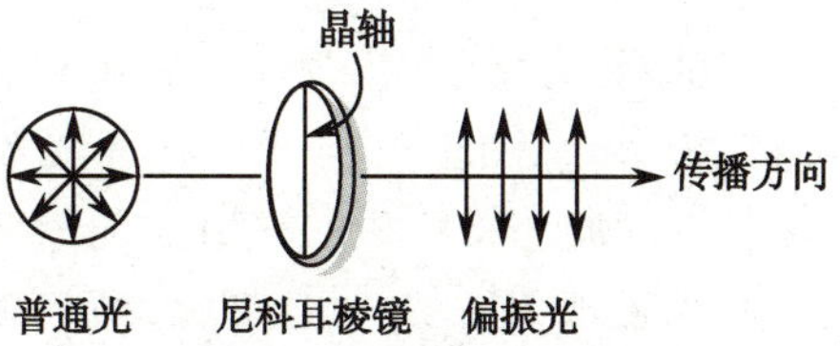

图 3-5　偏振光的产生

当偏振光透过某些物质如水或乙醇时，偏振光的振动方向不发生改变，即透过水或乙醇的偏振光仍在原方向振动，说明水和乙醇没有旋光活性。但也有些物质如蔗糖和乳酸，能使偏振光的振动方向发生旋转，这种能使偏振光的振动方向发生旋转的性质称为物质的旋光活性。具有旋光活性的物质称为旋光活性物质，其中使偏振光的振动方向向右(顺时针)旋转的物质称为右旋体，用“+”或“*d*”表示；使偏振光的振动方向向左(逆时针)旋转的物质称为左旋体，用“–”或“*l*”表示。

笔记栏

（二）旋光仪和比旋光度

旋光活性物质使偏振光的振动方向旋转的角度称为旋光度（optical rotation），用 α 表示。旋光度的大小可以通过旋光仪（polarimeter）来测定，其工作原理见图 3-6。

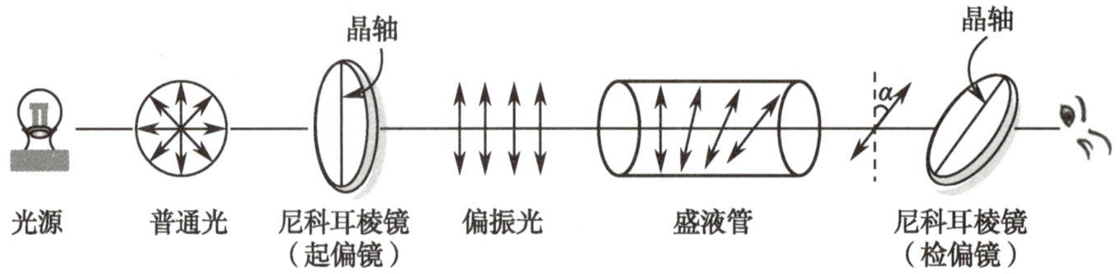

图 3-6　旋光仪的工作原理

旋光仪主要由 1 个钠光灯、2 个尼科耳棱镜和 1 个盛液管组成。其中，靠近钠光灯的尼科耳棱镜为起偏镜，是固定的；第 2 个尼科耳棱镜为检偏镜，是可以旋转的，并与一个刻度盘相连接。开始测定时，调整光线通过 2 个棱镜，即 2 个棱镜的晶轴互相平行，刻度盘指示为零。测定时，将待测的旋光活性物质置于盛液管中，光源发出的普通光通过起偏镜后产生偏振光，偏振光透过盛液管中的旋光活性物质使其振动方向向右或向左旋转一定的角度 α，此时偏振光不能通过检偏镜，只有将检偏镜向右或向左旋转相应的角度才能通过，并由连接在检偏镜上的刻度盘读出 α 的数值，即为该样品的旋光度。

旋光度不仅与物质的结构有关，而且与被测溶液的浓度或纯液体的密度、盛液管的长度、所用光波的波长和测定时的温度有关，所以物质的旋光活性通常采用比旋光度（specific rotation，$[\alpha]_\lambda^t$）表示。比旋光度是指在一定温度、一定波长下，浓度为 1g/ml 的被测物质在 1dm 长的盛液管中测得的旋光度，又称旋光率。比旋光度与旋光度的关系为：

$$[\alpha]_\lambda^t=\frac{\alpha}{c\cdot l}$$

式中，α 为被测物质的旋光度；c 为被测溶液的浓度或纯液体的密度（g/ml）；l 为盛液管的长度（dm）；λ 为测定时光源的波长，通常是钠光（波长为 589.0nm，用 D 表示）；t 为测定时的温度（℃），通常是室温。

比旋光度是旋光活性物质的特征物理常数。利用比旋光度不仅可以鉴别旋光活性物质，而且可以测定旋光活性物质的纯度和含量。

（三）对映异构和手性

1808 年，法国马吕斯（E. Malus）首次发现了偏振光，随后毕奥（I. B. Biot）发现石英晶体有 2 种形式（图 3-7），一种使偏振光的振动方向向右旋转一定的角度，另一种则使偏振光的振动方向向左旋转相同的角度，但当石英晶体熔融后（晶体结构被破坏），则其旋光活性消失。后来发现，某些无机盐如硫酸锌、氯酸钾和溴酸钾等晶体也具有旋光活性，但它们溶于水后会失去旋光活性。这些说明，物质的旋光活性是由它们的晶体结构所引起的。后来又发现，某些天然有机化合物如酒石酸、樟脑等在固态、液态或溶液中都具有旋光活性，从而逐渐认识到物质的旋光活性不仅和晶体结构有关，而且和分子的结构有关。1848 年，巴斯德（L. Pasteur）对酒石酸钠铵进行研究时，将酒石酸钠铵拆分为具有实物和镜像的对映而不重合关系的 2 种晶体（图 3-8），分别溶于水后经旋光仪测定，发现一种是右旋体，另一种是左旋体，且二者的比旋光度数值相等。巴斯德根据酒石酸钠铵晶体外形的不对称性，提出了物质的旋光活性与分子结构的不对称性有关。

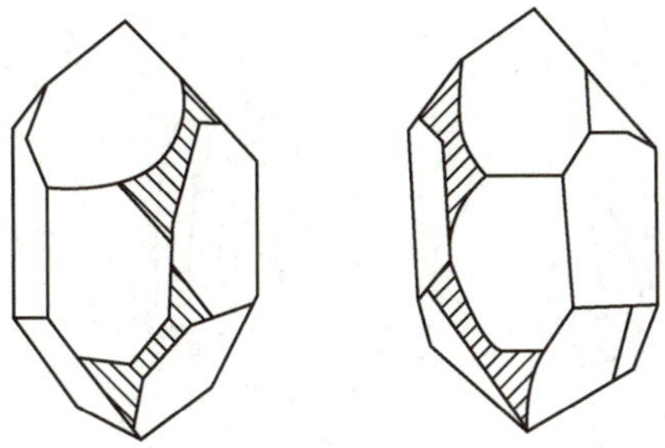

图 3-7 2 种石英晶体

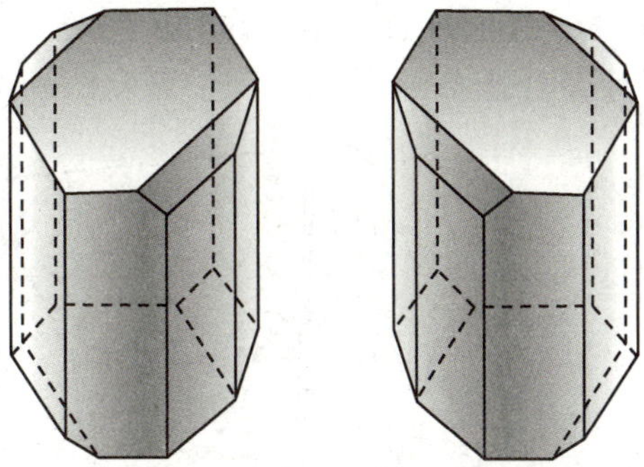

图 3-8 2 种酒石酸钠铵晶体

范托夫(H. van't Hoff)于 1874 年提出了碳原子的四面体学说，于是借助某一化合物与其镜像的四面体空间结构，发现有些分子的实物与其镜像是可以重合的。如下所示的乙醇分子的 2 个四面体空间结构(Ⅰ)和(Ⅱ)互为实物和镜像的关系，如果将(Ⅰ)和(Ⅱ)中的甲基和羟基分别重叠时，剩下的两个氢原子也一定会重叠，所以(Ⅰ)和(Ⅱ)是重合的，代表的是同一个化合物。

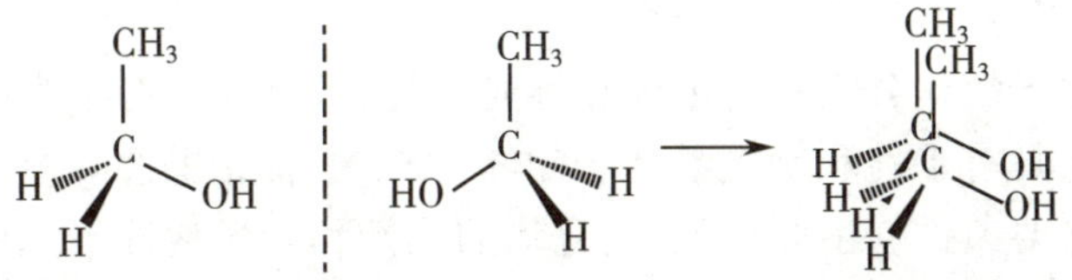

(Ⅰ) 镜面 (Ⅱ) (Ⅰ)和(Ⅱ)重合

但也有些分子的实物与其镜像是对映而不重合的。如下所示的乳酸分子的 2 个四面体空间结构(Ⅲ)和(Ⅳ)互为实物和镜像关系，如果将(Ⅲ)和(Ⅳ)中的甲基和羧基分别重叠时，剩下的氢原子和氢原子、羟基和羟基不能重叠，所以(Ⅲ)和(Ⅳ)具有对映而不完全重合的关系，代表的是不同的化合物。

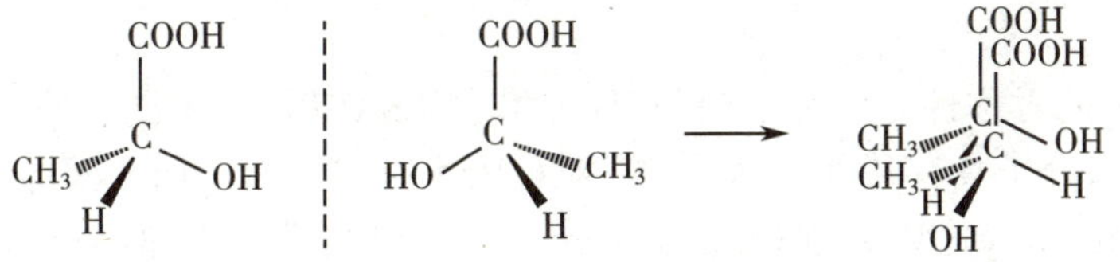

(Ⅲ) 镜面 (Ⅳ) (Ⅲ)和(Ⅳ)对映而不重合

两个相互对映而不完全重合的化合物彼此互称对映异构体(enantiomer)，简称对映体，而这种现象称为对映异构现象。物质的分子具有与其镜像对映而不重合的特征是物质具有旋光活性和产生对映异构现象的必要条件。

一对对映体就像我们的左右手一样，相互对映而不重合(图 3-9)。物质的这种性质称为手性(chirality)，而具有手性的分子称为手性分子(chiral molecule)。因此，也可以说，手性是物质具有旋光活性和产生对映异构现象的必要条件。

(四) 手性碳原子

如果和碳原子相连的 4 个原子或基团中至少有 2 个是相同的(如乙醇)，这样的分子在空间只有一种排列方式，不存在对映异构现象，也没有旋光活性。如果 1 个碳原子上连有 4 个不相同的原子或基团(如乳酸)，这样的分子有 2 种不同的四面体空间构型，它们相互对映而不重合，是一对对映体，因此具有手性和旋光活性。这种与 4 个不相同的原子或基团相连的碳原子称为手性碳原子(chiral carbon atoms)或不对称碳原子(asymmetric carbon atoms)，通常用 C* 表示。如 2- 氯丁烷和乳酸分子中都含有 1 个手性碳原子，酒石酸分子中含有 2 个手性碳原子。

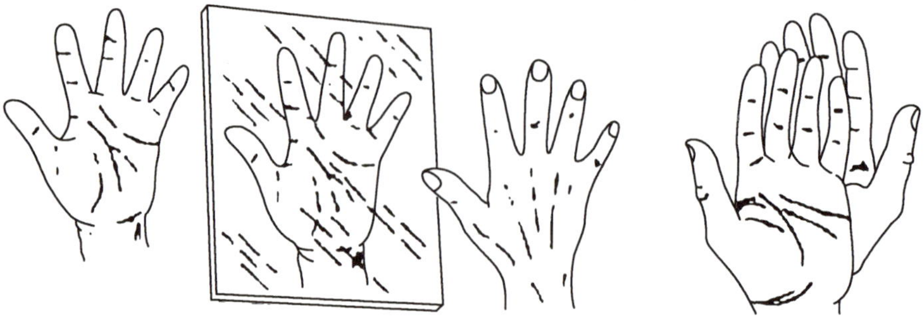

图 3-9 左右手对映而不重合的关系

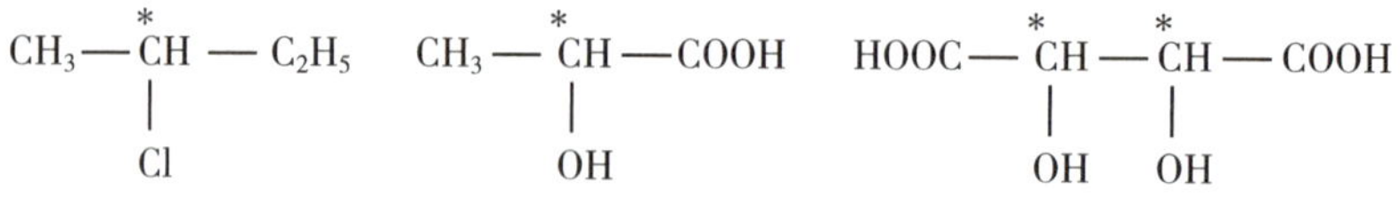

2-氯丁烷　　乳酸　　酒石酸

含 1 个手性碳原子的化合物具有手性和旋光活性，但有些含有 2 个或多个手性碳原子的化合物却并不一定具有手性和旋光活性。此外，分子中有无手性碳原子并不是物质具有手性和旋光活性的必要条件。由此可见，化合物的手性和旋光活性不能单纯依据有无手性碳原子来进行判断。

（五）分子的对称因素

根据实物与其镜像能否重合可以判断某一物质是否具有手性和旋光活性，而实物与其镜像能否重合与分子的对称性有关，所以考察分子的对称性就可以判断分子是否具有手性和旋光活性。当物质的分子结构对称时，分子与其镜像重合而没有手性和旋光活性；当物质的分子结构不对称时，分子与其镜像呈对映而不完全重合的关系，因而具有手性和旋光活性。

分析一个分子的对称性是将分子进行某一项对称操作后，如果能和原来的立体形象完全重合，就说明该分子具有某种对称因素。对称因素有对称面（plane of symmetry）、对称中心（center of symmetry）、对称轴（axis of symmetry）和交替对称轴（alternating axis of symmetry）。

1. 对称面　假如有一个平面可以把分子分为两部分，而其中一部分正好是另一部分的镜像，那么这个平面就是该分子的对称面，用 σ 表示。如氯乙烷分子中就有一个对称面［图 3-10（Ⅰ）阴影部分］，将整个分子分成完全对称的两部分。整个分子是对称的，因而没有手性和旋光活性。

如果分子中所有的原子都在同一平面，如（*E*）-1，2- 二氯乙烯，那么这个分子平面就是分子的对称面［图 3-10（Ⅱ）］，因而（*E*）-1，2- 二氯乙烯没有手性和旋光活性。

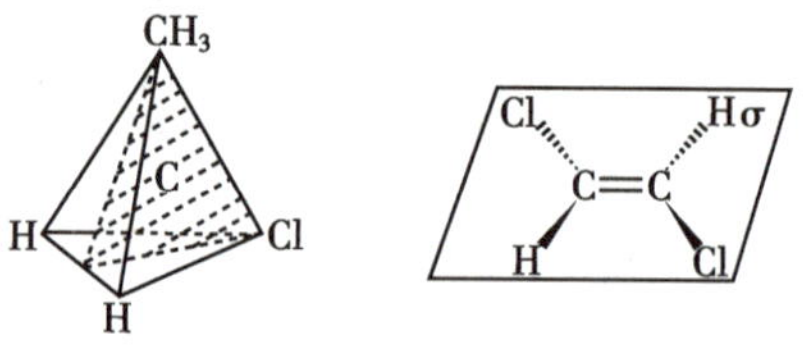

（Ⅰ）氯乙烷　　（Ⅱ）（*E*）-1,2-二氯乙烯

图 3-10 对称面

2. 对称中心　如果分子中有一假想点 *i*，通过点 *i* 画任何直线，在离点 *i* 等距离的直线两端有着相同的原子或基团，那么点 *i* 就是该分子的对称中心。下列化合物分子均有 1 个对称中心。

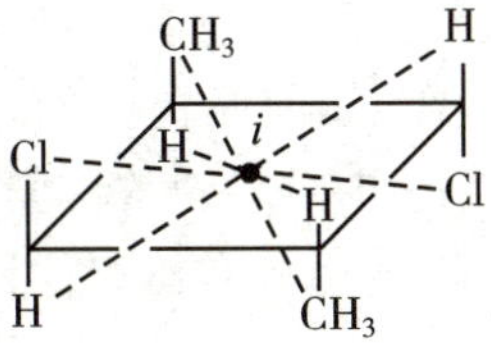

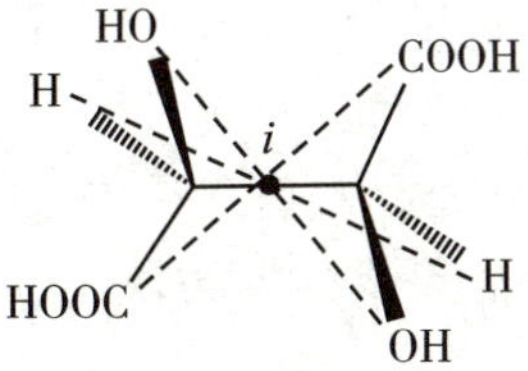

具有对称中心的化合物分子与其镜像是能够重合的，因而没有手性和旋光活性。

3. 对称轴　如果穿过分子画一条直线，当分子以它为轴旋转一定的角度后，得到的分子形象与原来的完全重合，这条直线即为该分子的对称轴。当分子绕轴旋转 360°/n（n=2，3，4，…）之后，得到的分子与原来的完全重合，此轴即为该分子的 n 重对称轴，用 C_n 表示。如环丁烷分子绕轴旋转 90° 后与原来的分子重合，根据 360°/4=90°，所以有 1 个四重对称轴（C_4）；苯分子绕轴旋转 60° 后与原来的分子重合，根据 360°/6=60°，所以有 1 个六重对称轴（C_6）。

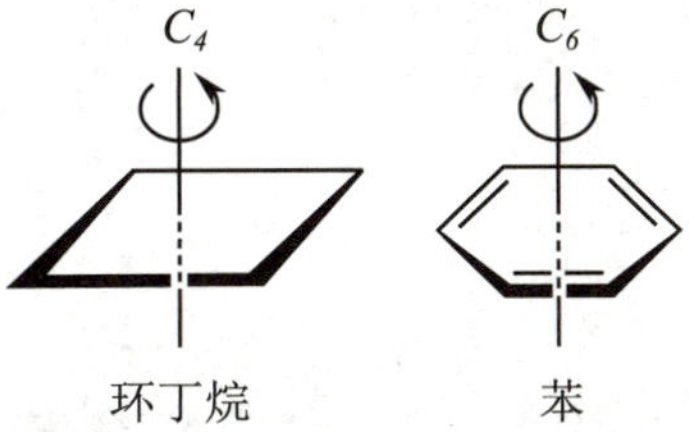

具有对称轴的化合物也可能有手性，如 *trans*-1，2- 二氯环丙烷分子具有 1 个二重对称轴（C_2），但它是手性分子，具有旋光活性，而且它和它的镜像不能重合，互为对映异构体。

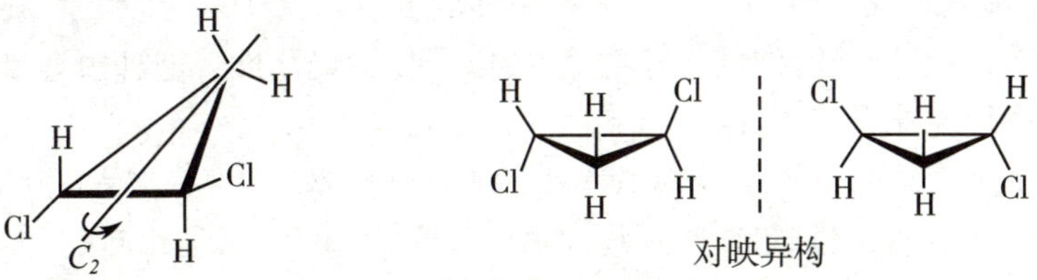

因此，有无对称轴不能作为判断分子有无手性的标准。在手性分子结构中，往往允许某些对称因素如对称轴的存在。

4. 交替对称轴　如果分子绕中心轴旋转 360°/n 的角度后，得到的立体形象通过一个垂直于该轴的镜面所成的镜像能与原分子的立体形象重合，此轴即为交替对称轴，用 S_n 表示。下列化合物分子就有 1 个四重交替对称轴（S_4）。

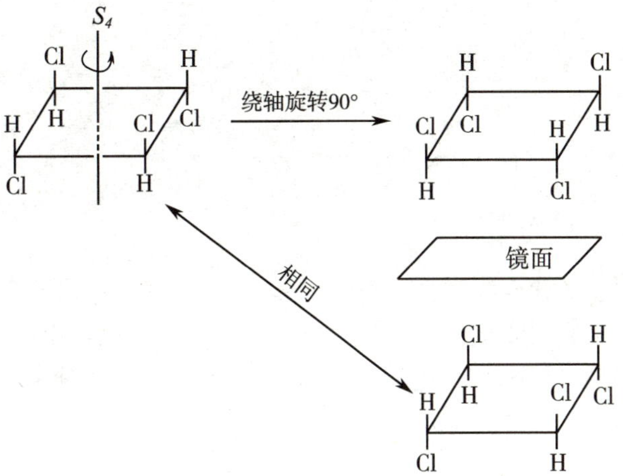

笔记栏

具有四重交替对称轴的化合物与其镜像能够重合,因而没有手性和旋光活性。一般情况下,交替对称轴往往和对称面或对称中心同时存在,如前面提到的具有对称面的分子就是具有 S_1 对称因素的分子,具有对称中心的分子就是具有 S_2 对称因素的分子。另外,化合物只有四重交替对称轴是极少见的,所以判断化合物是否具有旋光活性一般不考虑交替对称轴。

综上所述,凡物质分子在结构上具有对称面或对称中心,分子与其镜像就能够重合,因而没有手性和旋光活性;反之,物质分子在结构上既没有对称面,也没有对称中心(但允许有对称轴),分子与其镜像互为对映体,因而具有手性和旋光活性。

二、含 1 个手性碳原子化合物的对映异构

含 1 个手性碳原子化合物的实物与其镜像呈对映而不完全重合的关系,即互为对映体。前面所述的乳酸是含有 1 个手性碳原子化合物的典型例子。它在空间有 2 种不同的排列方式,彼此互呈实物和镜像的对映而不重合的关系,即互为对映体。

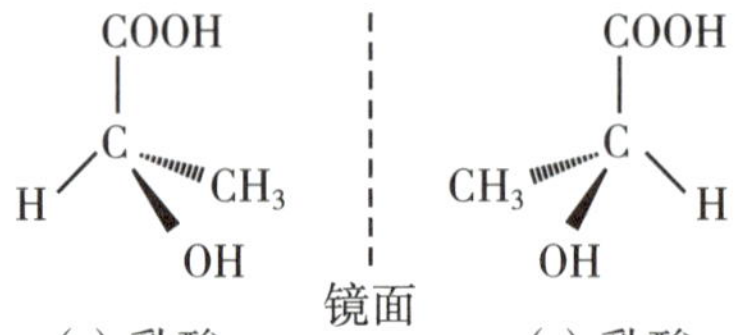

(+)-乳酸　　(–)-乳酸

最早发现的乳酸是从肌肉中得到的。它能使偏振光的振动方向向右旋转,为右旋乳酸或(+)-乳酸。另一种是葡萄糖或乳糖经左旋乳酸杆菌发酵制得的,可使偏振光的振动方向向左旋转,为左旋乳酸或(–)-乳酸。从酸奶中得到的乳酸由于是等量的右旋乳酸和左旋乳酸组成的混合物,对偏振光的作用相互抵消,所以不显旋光活性。这种由等量的一对对映体所组成的混合物称为外消旋体(racemate),常用(±)或 *dl* 表示。

其他含 1 个手性碳原子的化合物也都具有 1 对对映体,其中一个是右旋体,另一个是左旋体。对映体中围绕着手性碳原子的 4 个原子或基团间的距离是相同的,即在几何尺寸上是相等的,因而它们的物理性质和化学性质一般是相同的,如(+)-乳酸和(–)-乳酸具有相同的熔点、p*K*a,且两者比旋光度的数值也相等,但旋光方向相反。外消旋体的化学性质一般与其右旋体或左旋体相同,而物理性质却有差异。乳酸的物理常数见表 3-2。

表 3-2　乳酸的物理常数

乳酸	熔点 /℃	$[\alpha]_D^{25}$/H_2O	pKa/25℃
(+)-乳酸	28	+3.82°	3.79
(–)-乳酸	28	–3.82°	3.79
(±)-乳酸	18	0°	3.79

三、对映异构体的构型标识

含 1 个手性碳原子的化合物存在 1 对对映体,通过旋光仪可以测定哪一个是右旋体,哪一个是左旋体。但从旋光仪测定出来的旋光方向并不能用于确定手性碳原子所连接的原子或基团在空间的真实排布情况,即不能确定它们的构型。为了区分一对对映体,通常采用下面 2 种构型标识法。

笔记栏

ER-3-3

对映异构体的构型标识

（一）D、L- 构型标识法

费歇尔选用甘油醛为标准，将其基本碳链竖立放置，命名时编号最小的碳原子放在上方，编号最大的碳原子放在下方，写出甘油醛 1 对对映体的费歇尔投影式，并人为规定羟基在右侧的为 D- 甘油醛，羟基在左侧的为 L- 甘油醛。

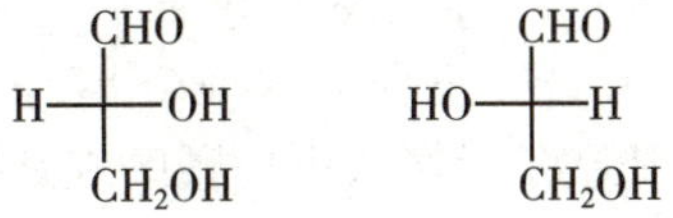

D-(+)-甘油醛　　L-(−)-甘油醛

其他旋光活性物质的分子构型可以通过一系列的化学反应，将其与甘油醛联系起来进行确定。如由 D-(+)- 甘油醛经溴水氧化得到的甘油酸为 D- 构型，因为该反应发生在 C_1 上，没有改变与手性碳原子相连的—H 和—OH 的空间排布，即—OH 还是处在右侧，因而与 D-(+)- 甘油醛具有相同的构型。

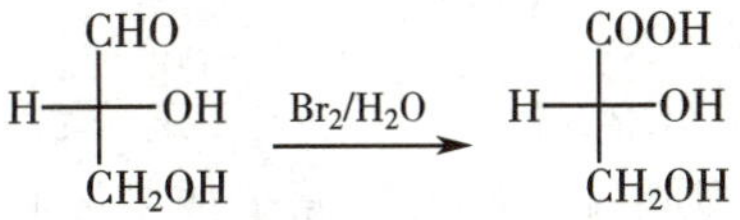

D-(+)-甘油醛　　D-(−)-甘油酸

必须注意的是，构型和旋光方向没有一定的关联，如 D- 甘油醛是右旋的，而 D- 甘油酸却是左旋的。当然，对于一对对映体而言，如果 D- 构型是左旋体，那么 L- 构型就一定是右旋体；反之亦然。

这种与人为规定的标准物（甘油醛）相联系而确定的构型称为相对构型（relative configuration）。1951 年，毕育特（J.M.Bijvoet）利用 X- 射线法确定的（+）- 酒石酸铷钠的绝对构型（absolute configuration，真实的三维空间立体形象）恰好与它的相对构型相一致，这就说明以人为规定的甘油醛构型为标准所确定的旋光活性物质的相对构型也就是它们的绝对构型。

D、L- 构型标识法只适用于含 1 个手性碳原子的化合物，对于含多个手性碳原子的化合物存在局限性。但由于习惯，目前在氨基酸和糖类中仍较普遍采用。

（二）*R*、*S*- 构型标识法

1970 年，IUPAC 建议采用 *R*、*S*- 构型标识法。这种方法是直接对化合物立体结构的透视式或费歇尔投影式进行构型标识。

1. 透视式观察法　首先将手性碳原子所连接的 4 个原子或基团（a、b、c、d）按顺序规则排序，优先基团排在前面，假设为 a>b>c>d。然后将排序最后的原子或基团（d）放在离观察者最远的位置，这时其他 3 个原子或基团（a、b、c）就指向观察者。再从 a 开始，观察 a→b→c 的顺序，如果是按顺时针方向排列的，此手性碳原子为 *R*- 构型（*R* 是拉丁文 Rectus 的字首，是右的意思）；如果是按逆时针方向排列的，则为 *S*- 构型（*S* 是拉丁文 Sinister 的字首，是左的意思）。

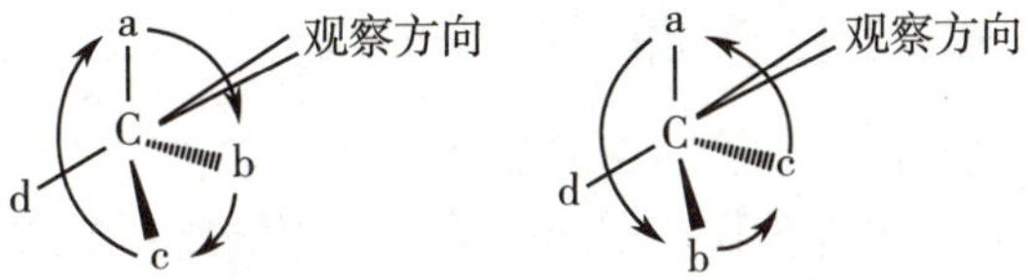

R-构型　　*S*-构型

命名时将 *R* 或 *S* 写在括号里面放在化合物名称的前面，例如：

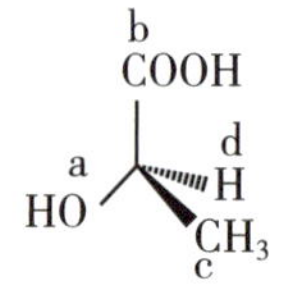

(*R*) -2-羟基丙酸
(*R*) -2-hydroxypropanoic acid

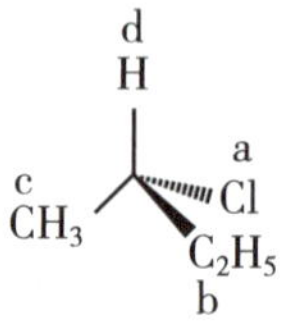

(*S*) -2-氯丁烷
(*S*) -2-chlorobutane

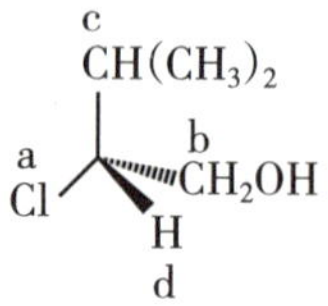

(*R*) -2-氯-3-甲基丁-1-醇
(*R*) -2-chloro-3-methylbutan-1-ol

2. 费歇尔投影式观察法　费歇尔投影式中按顺序规则排序最后的原子或基团(d)在竖线上时,直接观察其他 3 个原子或基团,如果 a→b→c 按顺时针方向排列则为 *R*- 构型,按逆时针方向排列则为 *S*- 构型,因为此时排序最后的原子或基团(d)已经处于离观察者最远的位置。例如:

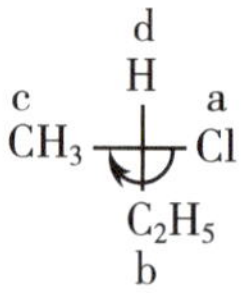

(*R*)-2-氯丁烷

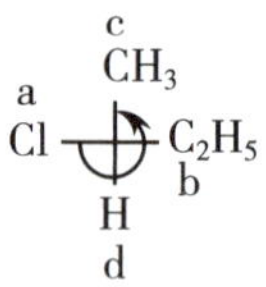

(*S*)-2-氯丁烷

费歇尔投影式中按顺序规则排序最后的原子或基团(d)在横线上时,直接观察其他 3 个原子或基团,如果 a→b→c 按顺时针方向排列则为 *S*- 构型,按逆时针方向排列则为 *R*- 构型。因为此时排序最后的原子或基团(d)处在离观察者最近的位置,而按规定要在离观察者最远的位置,所以结果正好相反。例如:

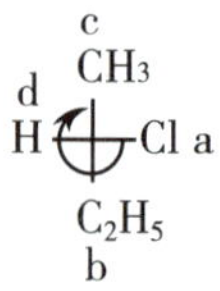

(*S*)-2-氯丁烷

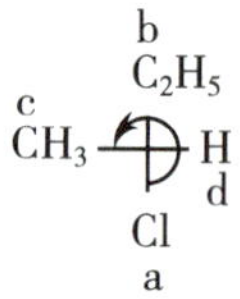

(*R*)-2-氯丁烷

费歇尔投影式中按顺序规则排序最后的原子或基团(d)在横线上时,也可以通过基团交换位置,即将横线上排序最后的原子或基团(d)交换至竖线上,根据交换后的费歇尔投影式的构型来确定原费歇尔投影式的构型。例如:

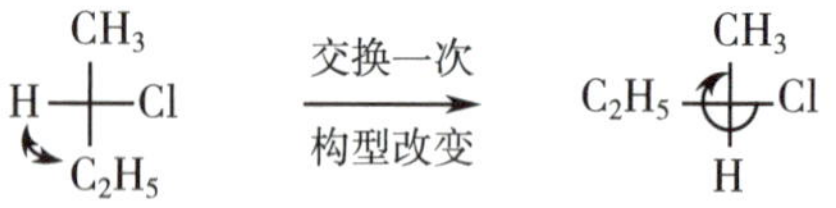

(*S*)-2-氯丁烷　　(*R*)-2-氯丁烷

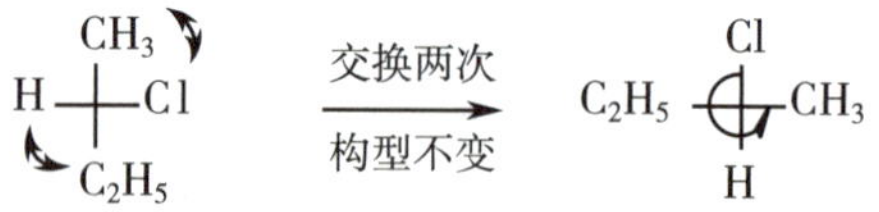

(*S*)-2-氯丁烷　　(*S*)-2-氯丁烷

费歇尔投影式中按顺序规则排序最后的原子或基团(d)在横线上时,还可以用手臂代表排序最后的原子或基团(在横线左方的用左臂,在横线右方的用右臂),拇指代表另一横线方向上的原子或基团,食指朝上代表竖直向上的原子或基团,中指朝下代表竖直向下的原子或基团;然后将手臂转到离观察者最远的位置,此时拇指、食指、中指都指向观察者;再按拇指、食指、中指所代表原子或基团的排序确定其构型。

四、含 2 个手性碳原子化合物的对映异构

(一) 含 2 个不同手性碳原子化合物的对映异构

含 2 个不同手性碳原子的化合物在空间有 4 种不同的排列方式,即有 4 个立体异构体。如丁醛糖(三羟基丁醛 $CH_2OH—^*CHOH—^*CHOH—CHO$)分子中有 2 个不同的手性碳原子,共有 4 个立体异构体。其费歇尔投影式及名称如下:

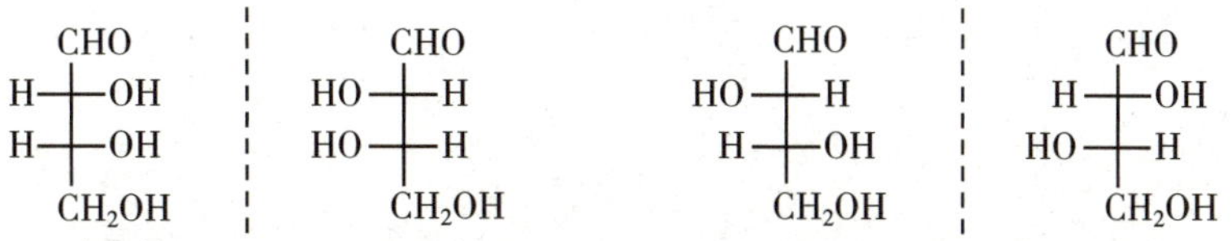

(Ⅰ) (2*R*,3*R*) D-(−)-赤藓糖　(Ⅱ) (2*S*,3*S*) L-(+)-赤藓糖　(Ⅲ) (2*S*,3*R*) D-(−)-苏阿糖　(Ⅳ) (2*R*,3*S*) L-(+)-苏阿糖

(Ⅰ)与(Ⅱ)：对映体；(Ⅲ)与(Ⅳ)：对映体；非对映体

在丁醛糖的4个立体异构体中,(Ⅰ)和(Ⅱ)、(Ⅲ)和(Ⅳ)呈实物和镜像对映而不重合的关系,各构成一对对映体。而(Ⅰ)和(Ⅲ)、(Ⅰ)和(Ⅳ)、(Ⅱ)和(Ⅲ)、(Ⅱ)和(Ⅳ)不呈实物和镜像的对映关系,像这种不呈实物和镜像对映关系的立体异构体称为非对映异构体(diastereoisomer),简称非对映体。非对映体的比旋光度大小和方向均不同,其他物理性质如熔点、沸点、溶解度也不一样。

在含有2个或多个手性碳原子的立体异构体中,只有1个对应的手性碳原子构型不同,其他对应的手性碳原子构型都相同的立体异构体称为差向异构体(epimer),如(Ⅰ)和(Ⅲ)、(Ⅰ)和(Ⅳ)、(Ⅱ)和(Ⅲ)、(Ⅱ)和(Ⅳ)均为差向异构体。

如果2个不同的手性碳原子含有1个相同的原子或基团,习惯上把它们与丁醛糖的4个立体异构体作比较来标识其构型。如果2个相同的原子或基团处在费歇尔投影式的同侧,类似于赤藓糖(erythrose)构型的为赤型或赤式(erythro-);处在异侧而类似于苏阿糖(threose)构型的为苏型或苏式(threo-)。如从中药麻黄中提取的生物碱中有麻黄碱和伪麻黄碱,它们的2个手性碳原子含有1个相同的氢原子,可以用赤型或苏型来标识它们的构型。

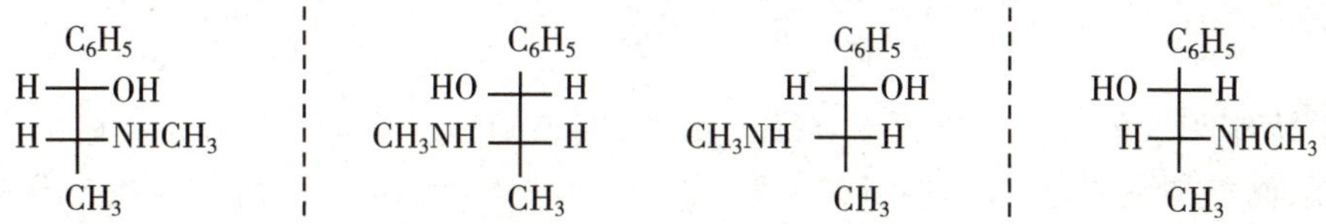

赤型-(+)-麻黄碱　赤型-(−)-麻黄碱　苏型-(+)-伪麻黄碱　苏型-(−)-伪麻黄碱

含1个手性碳原子的化合物有2个立体异构体,即为一对对映体;含2个不同手性碳原子的化合物有4个立体异构体,即为两对对映体。以此类推,含n个不同手性碳原子的化合物有2^n个立体异构体,它们可以组成2^{n-1}对对映体。如果分子中含n个相同手性碳原子,其立体异构体的数目要小于2^n个。

(二) 含2个相同手性碳原子化合物的对映异构

分子中含2个相同手性碳原子的化合物,如酒石酸(2,3-二羟基丁二酸)分子中2个手性碳原子上都连有—H、—OH、—COOH和—CH(OH)COOH,只有3个立体异构体。其费歇尔投影式如下:

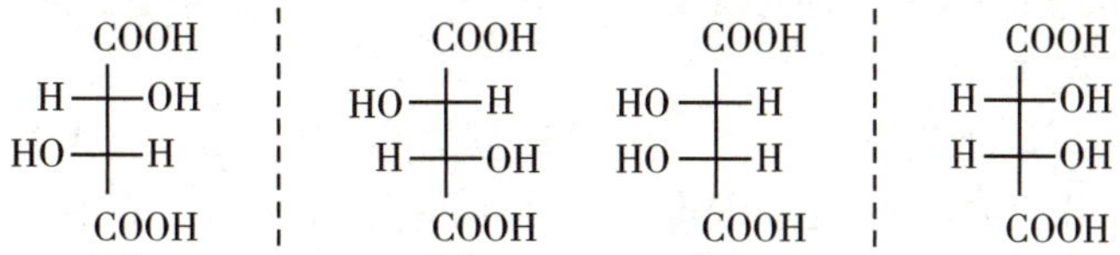

(Ⅰ) (2*R*,3*R*) (+)-酒石酸　(Ⅱ) (2*S*,3*S*) (−)-酒石酸　(Ⅲ) (2*S*,3*R*)、(Ⅳ) (2*R*,3*S*) *meso*-酒石酸

笔记栏

（Ⅰ）和（Ⅱ）为对映体，（Ⅲ）和（Ⅳ）是同一种物质，因为将（Ⅲ）在纸平面上旋转 180° 就可以得到（Ⅳ）。

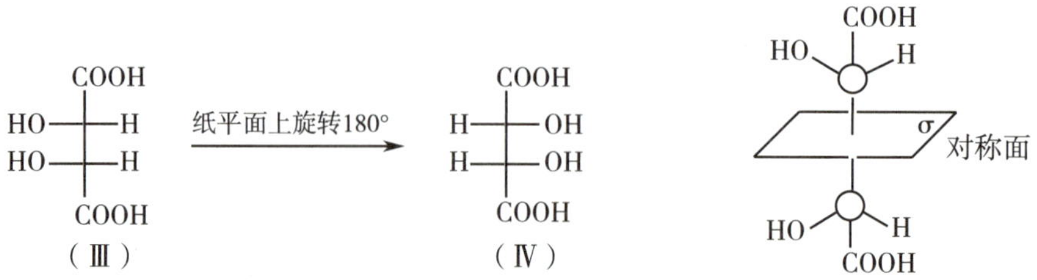

（Ⅲ）　　（Ⅳ）

实验测得（Ⅲ）没有旋光活性，因为在（Ⅲ）中的 C_2 和 C_3 之间存在 1 个对称面，把整个分子分成互为实物与镜像对映而不重合关系的上下两部分，2 个手性碳原子的旋光度大小相等，旋光方向却相反，恰好相互抵消而没有旋光活性。像这种由于分子中含 2 个相同手性碳原子，而且分子的两部分又呈实物与镜像对映而不重合的关系，从而使分子内部旋光活性相互抵消的化合物称为内消旋体（mesomer），常用“*meso*”表示。这样酒石酸就只有 3 个立体异构体，即右旋体、左旋体和内消旋体。右旋体和左旋体互为对映体，它们等量混合组成外消旋体。酒石酸 3 种立体异构体及外消旋体的物理常数见表 3-3。

表 3-3　酒石酸的物理常数

酒石酸	熔点 /℃	$[\alpha]_D^{25}/H_2O$	溶解度 /（g/100g 水）
（+）- 酒石酸	170	+12°	139
（-）- 酒石酸	170	-12°	139
meso- 酒石酸	140	0°	125
（±）- 酒石酸	206	0°	20.6

内消旋体和外消旋体虽然都不显旋光活性，但它们却有着本质的差别。内消旋体是一种纯物质，而外消旋体是由两种物质（等量的一对对映体）组成的混合物，因此内消旋体不能像外消旋体那样可以拆分成具有旋光活性的两种物质。

五、不含手性碳原子化合物的对映异构

有机化合物中大部分旋光活性物质都含有手性碳原子，但也有些旋光活性物质中并不含有手性碳原子，因为使物质具有旋光活性的手性因素（chirality element）包括手性中心（chiral center）、手性轴（chiral axis）和手性面（chiral plane）。

（一）含其他手性原子的化合物

当原子或基团围绕某一点呈非对称排列时，使分子具有手性，则此点称为手性中心。最常见的手性中心是手性碳原子。其他多价原子如 N、P、S、Si 等也可以成为手性中心。当所连接的原子或基团互不相同时，该原子就是手性原子。含有这些手性原子的分子也可能是手性分子，有对映体的存在。

胺类化合物的氮原子连有 3 个不同原子或基团时，理论上应有 1 对对映体，但在常温下这两种构型快速相互转换，使之无法拆分，因而不存在对映体。但在某些桥环胺中，如特勒格（Tröger）碱有 2 个手性氮原子被 1 个甲叉基（$—CH_2—$）桥固定，阻碍了构型间的快速转换，因而可以拆分成 1 对对映体。对于季铵盐和氧化胺而言，由于氮原子形成了 4 个化学键，构型间的转换受到了限制，当氮原子连有 4 个不同的原子或基团时，有 1 对对映体。

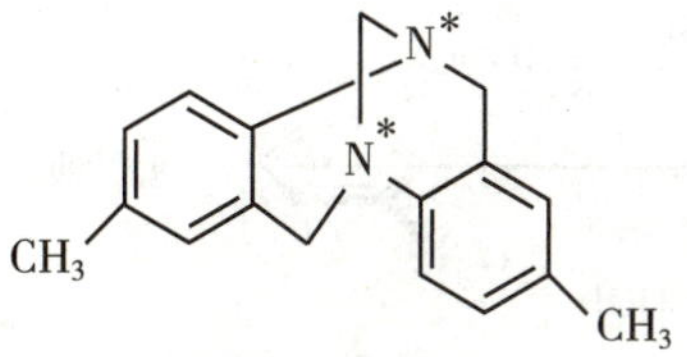

特勒格(Tröger)碱

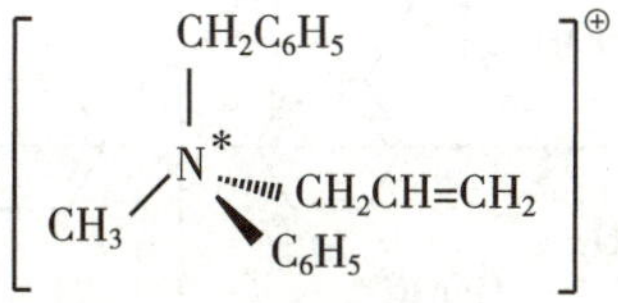

季铵盐

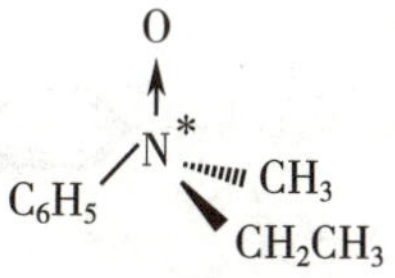

氧化胺

膦化合物的三价磷原子与胺类化合物的氮原子类似，但当磷原子所连接的 3 个原子或基团的重量增加时，构型间的相互转换将减慢，因而有可能拆分得到 1 对对映体，如甲基苯基正丙基膦已拆分得到稳定的 1 对对映体。季鏻盐和膦的氧化物也已拆分得到稳定的 1 对对映体。

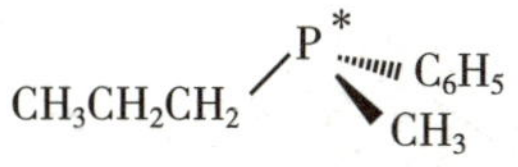

甲基苯基正丙基膦

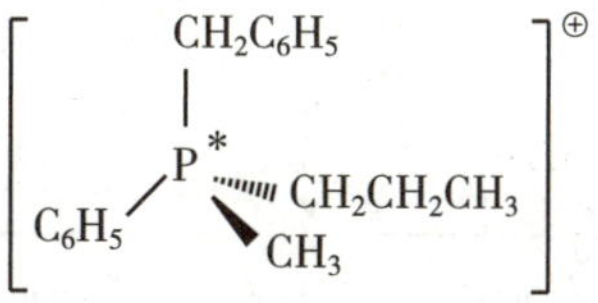

季鏻盐

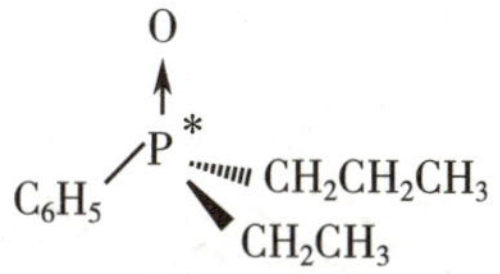

膦的氧化物

锍盐、亚磺酸酯和亚砜等分子中的硫原子连有不同原子或基团时，也存在对映异构。

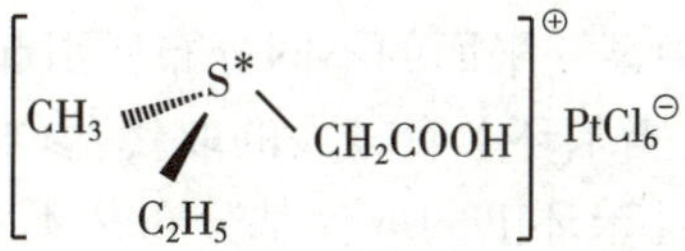

锍盐

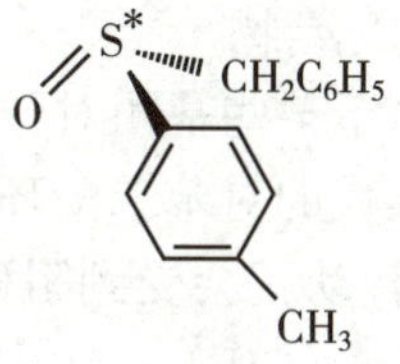

亚砜

(二) 含手性轴的化合物

分子中含有由若干原子组成的轴状结构，由于分子中的原子或基团在此轴周围的空间排布情况不同而产生手性，故此轴称为手性轴。

1. 丙二烯型化合物　丙二烯型分子两端的碳原子为 sp^2 杂化，中间碳原子为 sp 杂化，分子中的 2 个 π 键互相垂直，两端碳原子上的原子或基团所在的平面也互相垂直。因此，丙二烯型分子中两端碳原子上的 4 个原子或基团处在互相垂直的 2 个平面上。其立体形象如下：

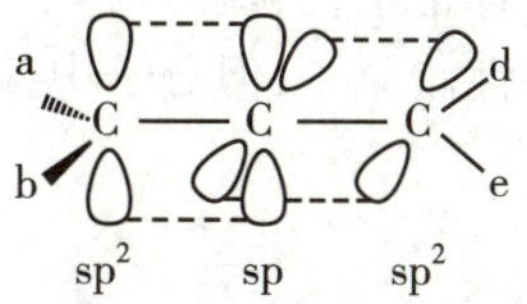

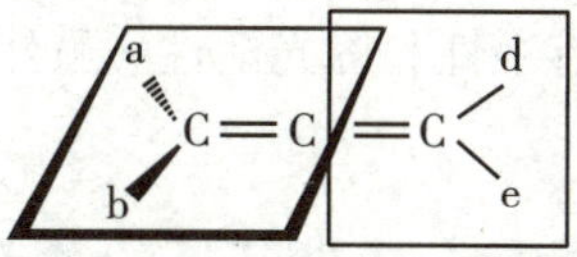

当 a ≠ b 且 d ≠ e 时，整个分子没有对称面和对称中心，因此具有手性和旋光活性。虽然没有手性碳原子，但存在通过 C ═ C ═ C 的手性轴，所以有 1 对对映体。例如：

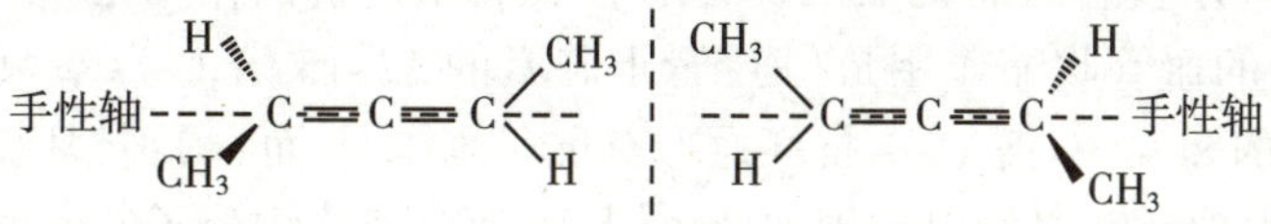

2. 联苯型化合物　联苯中的 2 个苯环可以围绕着单键自由地旋转，但当苯环邻位上连有较大体积的取代基时，苯环的自由旋转受到阻碍，致使 2 个苯环不能处在同一个平面上。如果每个苯环上的 2 个邻位取代基都不相同，如 6,6′- 二硝基 -2,2′- 联苯二甲酸，整个分子没有对称面和对称中心，因此具有手性和旋光活性。虽然没有手性碳原子，但分子中存在手性轴，所以有 1 对对映体。

笔记栏

ER-3-4

手性轴化合物的构型标识

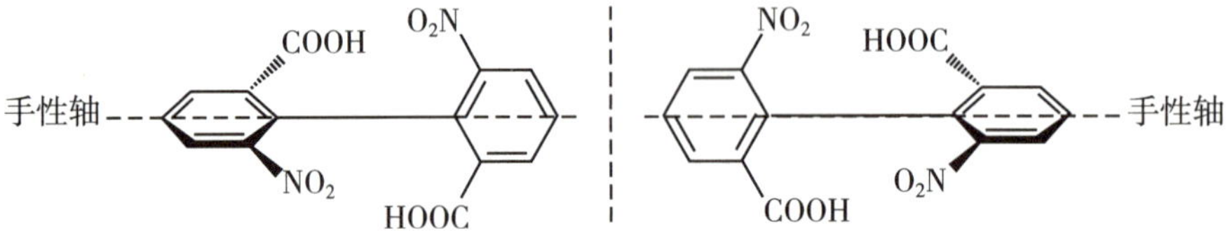

其他含手性轴的化合物如 2-(4- 甲基环己亚基)乙酸和双环上带有不同取代基的螺环化合物，同样由于分子中存在手性轴，所以有 1 对对映体。

2-(4-甲基环己亚基)乙酸

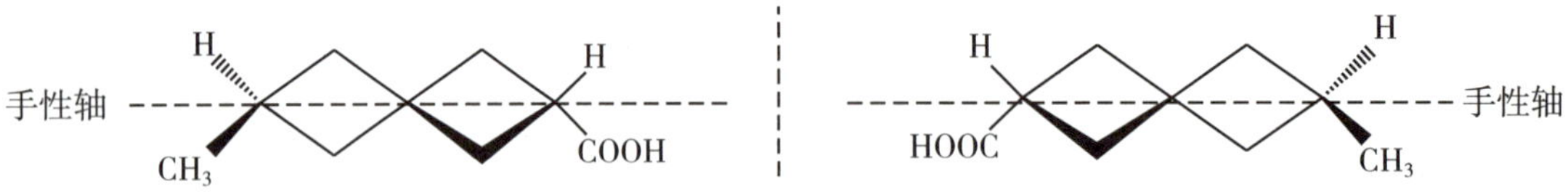

6-甲基螺[3.3]庚烷-2-羧酸

(三) 含手性面的化合物

分子的手性是由于某些基团对分子中某一平面的不同分布所引起的，那么此平面称为手性面。如不对称取代的对苯二酚环醚，当苯环上有较大的取代基(如—COOH)而环又较小(n 小)时，苯环的转动就会受到阻碍，且苯环上的取代基分布是不对称的。下列化合物中，—COOH 在—O—$(CH_2)_8$—O—所决定的平面前后和左右的分布是不对称的，这个平面就是手性面。该化合物称为含手性面的化合物。

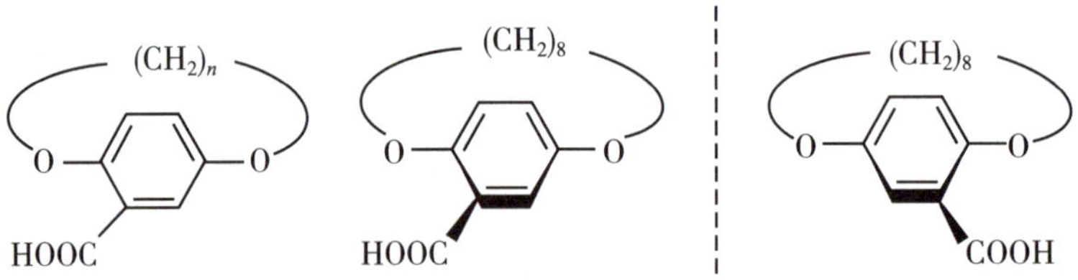

含手性面的化合物由于像一个提篮的把手，又称把手化合物。整个分子没有对称面和对称中心，因此具有手性和旋光活性。虽然没有手性碳原子，但分子中存在手性面，所以有 1 对对映体。

六、对映异构体与生理活性的关系

许多旋光活性化合物具有生理活性，但对映体的作用往往差别很大。如(–)- 莨菪碱的放大瞳孔作用比(+)- 莨菪碱的大 15~20 倍；(–)- 氯霉素的抗菌作用比(+)- 氯霉素的大 100 倍；(–)- 肾上腺素的血管收缩作用是(+)- 肾上腺素的 12~15 倍；(–)- 氧氟沙星的杀菌活性是(+)- 氧氟沙星的 80~200 倍；(–)- 抗坏血酸有抗坏血作用，而(+)- 抗坏血酸则无效。

手性药物的生理活性之所以差别如此大，是因为很多药物分子的生理活性是通过与受体大分子严格匹配和手性识别而实现的，只有药物的立体结构与受体的立体结构相适应时才能发挥它的生理作用，产生特定的药理效应。图 3-11 中左边的化合物有 3 个基团 A、B、C 分别与受体 A′、B′、C′ 3 个结合点结合，而它的对映体(右边的化合物)只有 1 个基团 B 与同样的受体 B′ 1 个结合点结合，因而左边化合物的立体结构与受体的立体结构相适应，其生理活性就大于右边的化合物。

笔记栏

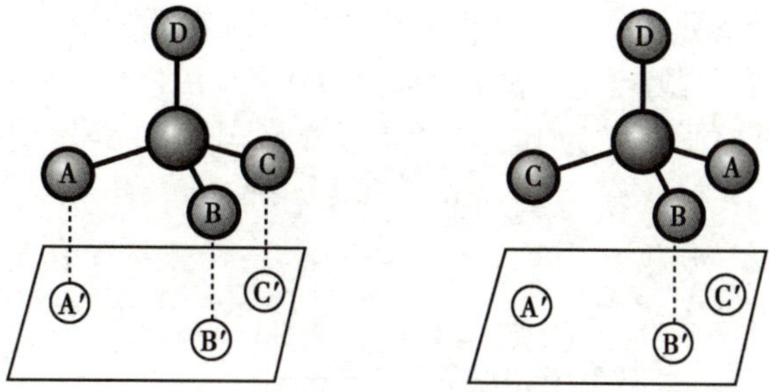

图 3-11 对映体与受体作用示意图

思政元素

“反应停”事件

手性药物的不同异构体可能一种有药效，另一种没有药效，甚至有毒副作用。20世纪60年代前后，反应停（沙利度胺，thalidomide）曾作为抗妊娠反应药物在全世界广泛使用。它能够有效地阻止女性怀孕早期的呕吐，但也妨碍了孕妇对胎儿的血液供应，导致大量“海豹婴”出生。研究发现，反应停分子中含有1个手性碳原子，存在1对对映异构体，其中*R*-构型的具有镇静催眠、抑制孕妇妊娠反应的作用，而*S*-构型的则具有致畸性。

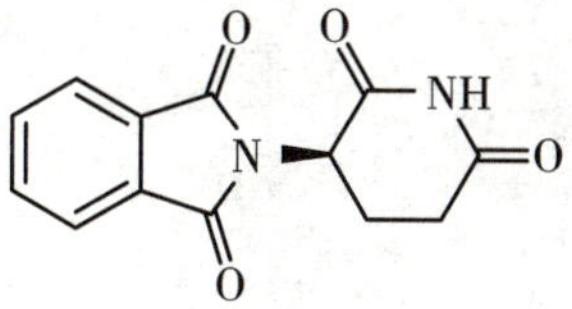

(*R*)-沙利度胺

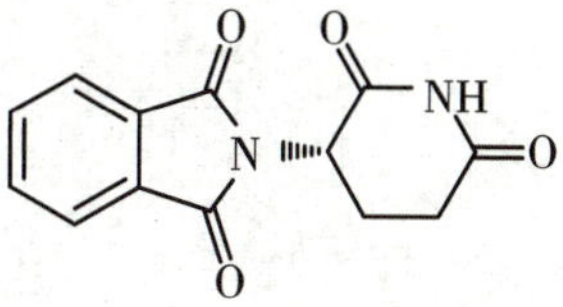

(*S*)-沙利度胺

“反应停”事件是药物审批制度不完善的产物，由于生产商急功近利，没有做过人体试验，对于动物也只是用小白鼠做了试验。历史的教训告诫我们，在新药的审批过程中马虎不得，药物在研制成功后，都要经过严格的生物活性和毒性试验。同时也要重视药物分析，在生产和使用新药的各阶段通过分析手段获得包括药品质量在内的信息。这也说明，对药物的研究不能草率行事，必须树立严谨的科学态度，不断地深入研究，才能更好地发挥药物的价值。

七、前手性碳原子

连有2个相同和2个不相同的原子或基团的碳原子称为前手性碳原子（prochiral carbon），用pro—C表示。当其中2个相同的原子或基团之一a（多为氢原子）被一个不同于a、b、e的原子或基团d所取代时，就得到一个新的手性碳原子C*abed。如丁烷、乙醇和丙酸分子中甲叉基的碳原子就是前手性碳原子。

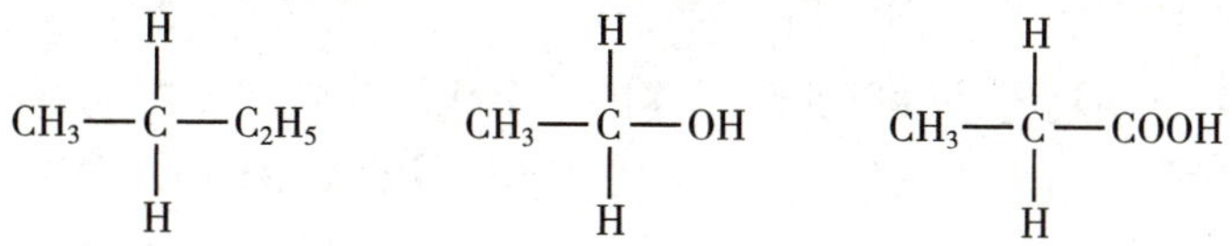

笔记栏

具有前手性碳原子的分子称为前手性分子。前手性分子中 2 个相同的氢原子可分别用 H_{pro}-*R* 和 H_{pro}-*S* 表示。它是根据这个氢原子被氘(D)取代后所得产物的构型确定的，若得到 *R*- 构型的产物，这个氢原子就称为 H_{pro}-*R*，简称为 H_R；若得到 *S*- 构型的产物则称为 H_{pro}-*S*，简称为 H_S。

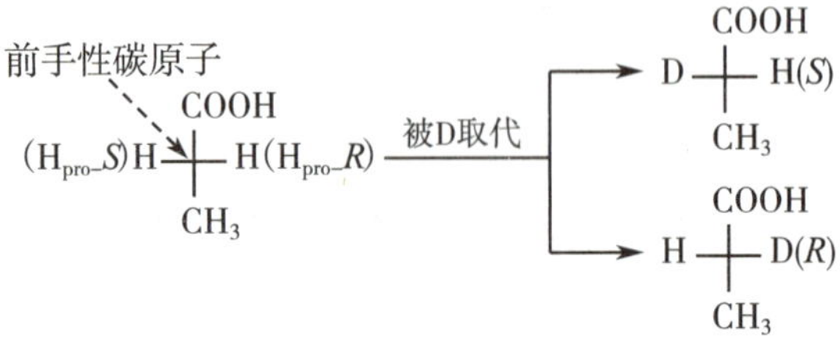

前手性化合物存在一个对称面，当与对称试剂反应时，试剂从反应物分子对称面两侧进攻反应中心的概率相等，生成的产物是等量的一对对映体，即为外消旋体。例如：

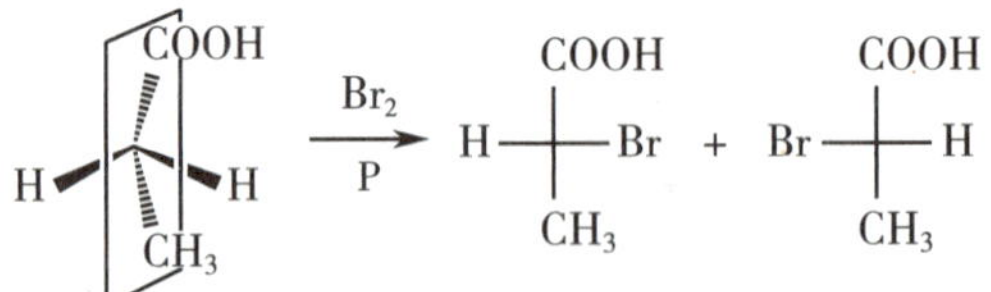

(*R*)-2-溴丙酸　(*S*)-2-溴丙酸

如果前手性碳原子邻近已存在 1 个或多个手性碳原子时，则生成不等量的非对映体。例如：

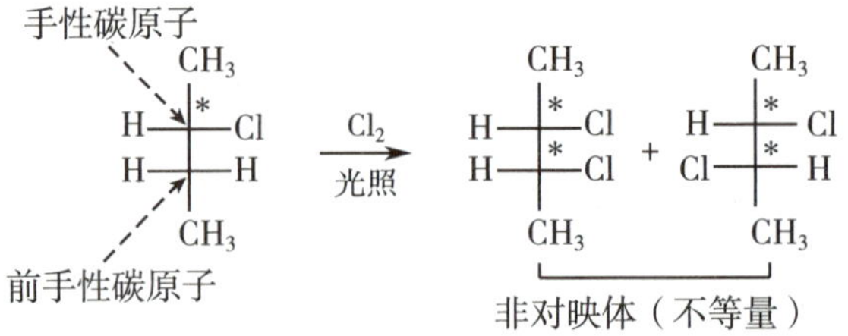

2- 氯丁烷分子中的 C_2 是手性碳原子，C_3 是前手性碳原子，当 C_3 上的一个氢原子被氯取代后形成一个新的手性碳原子。这种新形成的手性碳原子有 2 种不同的构型，而原来的手性碳原子的构型是相同的，因此取代后的产物是非对映体。

前手性碳原子邻近已存在 1 个手性碳原子时，使分子的这一部分具有一个不对称面，这时试剂优先从位阻较小的一面进攻，从而生成的 2 个立体异构体的量是不相等的。这种将手性分子中的前手性碳原子转变成手性碳原子并生成不等量的立体异构体的过程称为手性合成(chiral synthesis)，也称不对称合成(asymmetric synthesis)。不对称合成在手性药物的合成中非常重要。

八、外消旋化和构型转化

（一）外消旋化

有些旋光活性化合物在适当的条件下可以使半数分子转变成其对映体，从而得到外消旋体。像这种由一种旋光活性化合物转变成外消旋体的过程称为外消旋化(racemization)。其转变形式表示如下：

$$(+)A \rightarrow \frac{1}{2}(+)A + \frac{1}{2}(-)A \qquad (-)A \rightarrow \frac{1}{2}(-)A + \frac{1}{2}(+)A$$

外消旋化一般是通过与手性碳原子相连的某个化学键断裂后再成键而完成的，有些必须在高温下经过几十小时才能发生，有些在室温下不需要使用催化剂就能发生。如手性碳原子上连有 1 个 H 和 1 个 C═O 的化合物就很容易发生外消旋化，这是因为酮式可以转

笔记栏

变成烯醇式。当酮式转变成烯醇式时，四面体构型转变成平面构型，而这个烯醇式（不稳定）再转变成酮式时，就有 2 种可能性，既可以转变成原来的构型，也可以转变成其对映体，且这两种转变的概率是相等的，从而得到外消旋体。如 α- 甲基丁酸受热时最后转变成外消旋体。

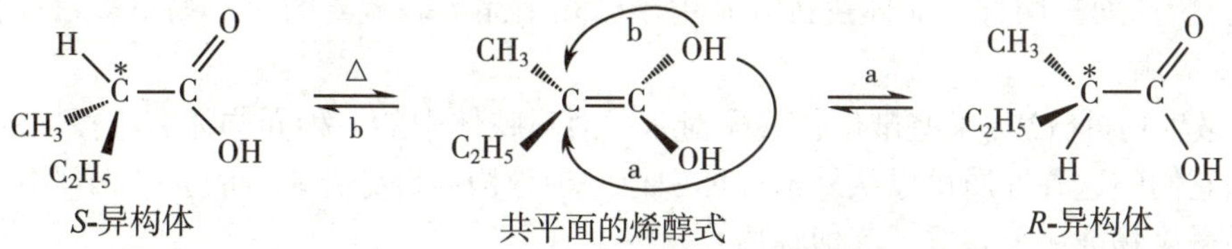

此平衡体系包括 *S*- 异构体、*R*- 异构体以及它们所通过的一个共平面的烯醇式。该烯醇式是由手性碳原子上的氢转移到羰基氧原子上形成的，再转变成酮式时，氢可以从烯醇式所在平面的上方加到双键碳原子上得到原来的 *S*- 异构体，也可以从平面的下方加到双键碳原子上得到 *R*- 异构体。烯醇式转变成酮式的这两种途径的概率是相等的，所以最后得到等量的一对对映体，即外消旋体。

从中药莨菪、曼陀罗中提制阿托品时就是利用了外消旋化。其提制流程如下：

$$\text{莨菪或曼陀罗} \xrightarrow{\text{苯提取}} (-)\text{莨菪碱} \xrightarrow[\text{0.5h}]{\text{115~120℃}} (\pm)\text{莨菪碱（阿托品）}$$

外消旋化

2,3- 二氯丁酸的 2 个手性碳原子中只有一个手性碳原子能够通过烯醇式发生构型的转变，而另一个手性碳原子的构型保持不变。这种情况下所得到的就不是外消旋体，而是 2 个非对映体的混合物。这两个非对映体是互为 C_2 差向异构体，所以这种转化过程称为差向异构化（epimerization）。

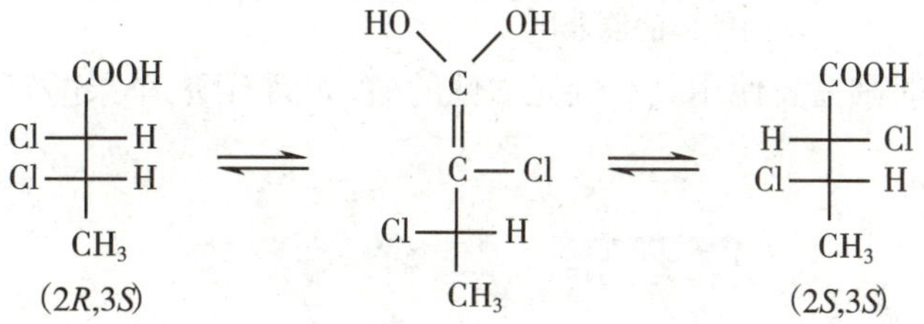

（二）构型转化

卤代烷在碱性溶液中进行的水解反应为：

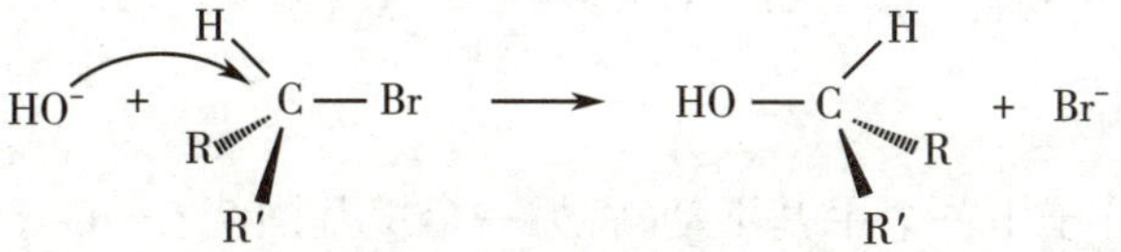

此反应是 HO^- 从溴的背面进攻中心碳原子，使溴成为 Br^- 离去，所得产物的构型和反应物的构型完全相反，即 HO^- 不是在离去溴所占据的位置上，而是在离去溴的背面，如同被大风吹翻的雨伞，这种构型的变化称为构型转化，也称瓦尔登（Walden）翻转。

瓦尔登翻转和外消旋化不同。外消旋化生成的产物是不显旋光活性的外消旋体，即只有 50% 的反应物发生构型转化成为其对映体，而瓦尔登翻转生成的产物却是有旋光活性的物质，即 50% 以上（往往接近 100%）产物的构型和反应物的构型相反。

九、外消旋体的拆分

外消旋体是由等量的一对对映体混合而成的。一对对映体除旋光方向相反外，其他物

笔记栏

理性质都相同，所以采用一般的物理方法，如蒸馏、重结晶等不能把一对对映体分离开来。它们的分离必须采用特殊的方法。将外消旋体分离成一对对映体的过程称为外消旋体的拆分。外消旋体的拆分方法一般有下列几种：

（1）机械拆分法：利用外消旋体中一对对映体在结晶形态上的差异，通过肉眼或借助放大镜进行辨认而把两种结晶体挑拣开。由于已知结晶形态差异的化合物不多，目前这种方法已很少应用。

（2）微生物拆分法：某些微生物或酶对于一对对映体中的一种异构体有选择性的分解作用，利用它们的这种性质可以从外消旋体中把一种异构体拆分开来，而另一种异构体则被消耗掉（被微生物或酶分解成了其他物质）。

（3）晶种结晶拆分法：在热的外消旋体饱和溶液中，加入一定量的左旋体或右旋体作为晶种，当溶液冷却时，与晶种相同的异构体便优先析出。把这种晶体滤出后，另一种异构体在滤液中的量就相对较多，再向滤液中加入外消旋体制成热的饱和溶液，当溶液冷却时，溶液中另一种异构体优先结晶析出。如此反复处理，就可以把外消旋体完全拆分。

（4）选择吸附拆分法：利用某种旋光活性物质作为吸附剂，使它选择性地吸附外消旋体中的一种异构体，从而达到拆分的目的。

（5）化学拆分法：选择合适的手性试剂，通过简单的化学方法将外消旋体转变成非对映体，再利用非对映体物理性质的差异加以分离，然后去掉与它们发生反应的手性试剂部分，就可以得到纯的右旋体和左旋体。这种方法最适合于酸或碱的外消旋体的拆分，如拆分外消旋酸可用旋光活性的碱如吗啡、奎宁等。其拆分过程如下：

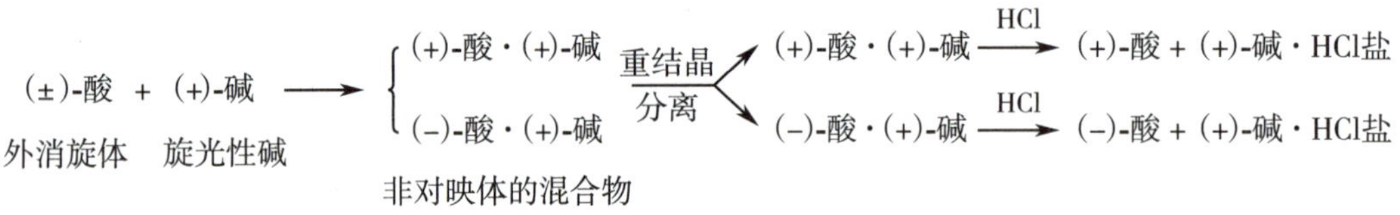

拆分外消旋碱时则需要使用具有旋光活性的酸，如酒石酸、苹果酸等。

第五节 构象异构

围绕 C—C σ 键旋转时，分子中原子或基团在空间的排列方式不断变化，这种由于围绕 C—C σ 键旋转而产生的各种立体形象称为构象（conformation）。

一、乙烷的构象

如果固定乙烷分子中一个甲基不动，将另一个甲基围绕 C—C σ 键旋转，那么一个甲基上的 3 个氢原子相对于另一个甲基上的 3 个氢原子就可以产生无数种构象。重叠构象（eclipsed conformation）和叉开构象（staggered conformation，又称交叉构象）只是其中的 2 种典型构象（又称极限构象），可用锯木架形投影式和纽曼投影式分别表示如下：

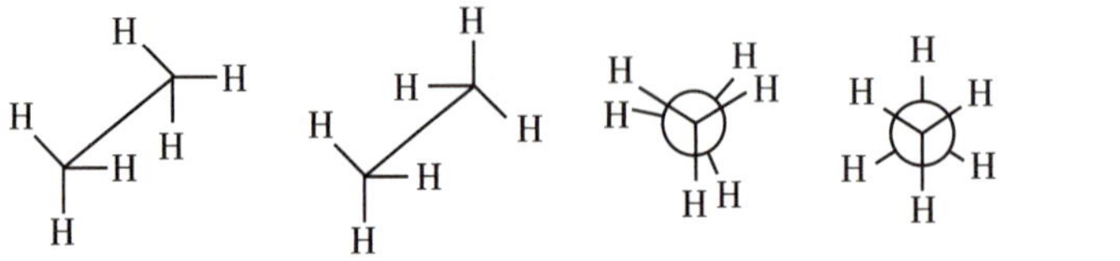

重叠式　叉开式（交叉式）　重叠式　叉开式（交叉式）

锯架投影式　纽曼投影式

在叉开构象中，非键合氢原子间的距离最远，相互间的排斥力最小，能量也就最低，是最稳定的构象，称为优势构象。而在重叠构象中，非键合氢原子间距离最近，相互间的排斥力最大，能量最高，是最不稳定的构象。

乙烷重叠构象的能量比叉开构象的能量高约 12.6kJ/mol，所以围绕 C—C σ 键的旋转并不是完全自由的，但在室温时分子的热运动就可以克服此能垒而使 2 种典型构象快速转换。因此，在室温时，乙烷分子处于重叠构象、叉开构象和介于这 2 种典型构象之间的无数构象的动态平衡混合体系中，故不能分离出某一构象异构体。围绕乙烷分子 C—C σ 键旋转时分子的构象和能量变化见图 3-12。

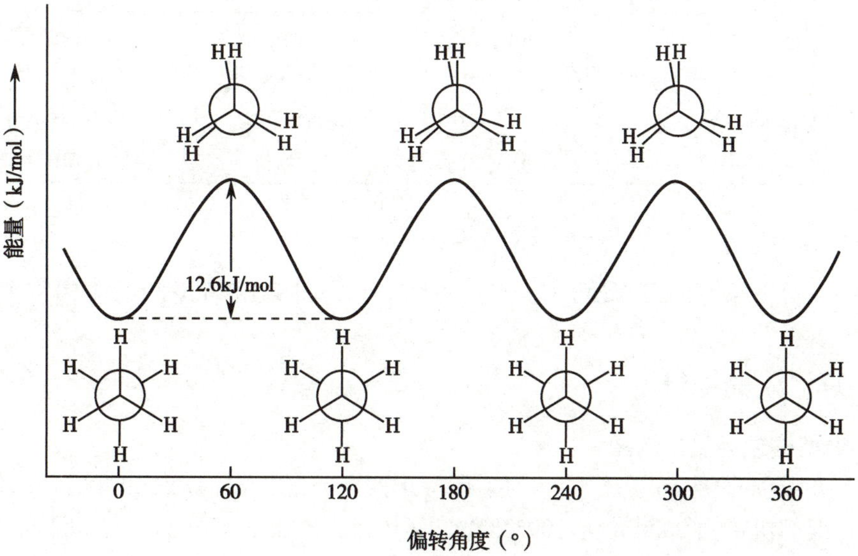

图 3-12　围绕乙烷分子 C—C σ 键旋转时分子的构象和能量变化示意图

二、丁烷的构象

丁烷可以看成是 1,2- 二甲基乙烷，在围绕 C_2—C_3 σ 键旋转所产生的无数种构象中，典型构象有对位交叉构象、部分重叠构象、邻位交叉构象和全重叠构象，用纽曼投影式表示如下：

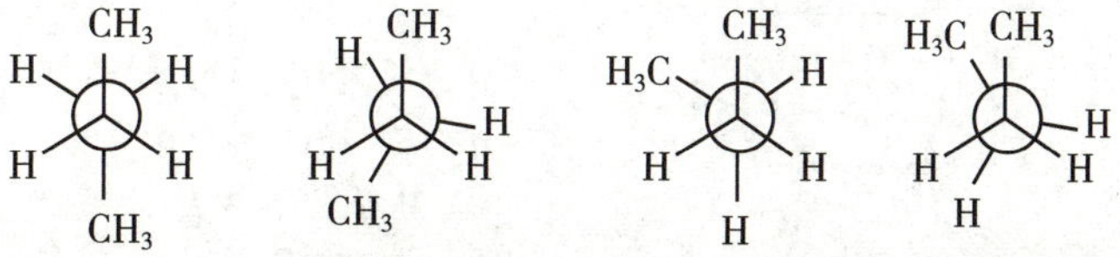

对位交叉构象中的 2 个甲基相距最远，彼此间的排斥力最小，能量最低（0.21kJ/mol），是丁烷的优势构象；邻位交叉构象中的 2 个甲基相距较近，彼此间的排斥力较对位交叉构象的大，能量比对位交叉构象的高约 3.7kJ/mol，是较稳定的构象；部分重叠构象中的 2 个甲基比邻位交叉构象的较远一点，但这 2 个甲基都是和氢原子处在靠近的位置，彼此间也有排斥力，能量较高（比对位交叉构象能量高约 15.9kJ/mol）；全重叠构象中的 2 个甲基相距最近，排斥力最大，能量最高（比对位交叉构象能量高约 18.8kJ/mol），是最不稳定的构象。由于分子的热运动，丁烷所有构象异构体间的相互转换非常快速，也不可能分离出单一的构象异构体，因此在室温时，丁烷分子处于无数构象的动态平衡混合体系中，其中对位交叉构象约为 68%，邻位交叉构象约为 32%。围绕丁烷分子 C_2—C_3 σ 键旋转时分子的构象和能量变化见图 3-13。

笔记栏

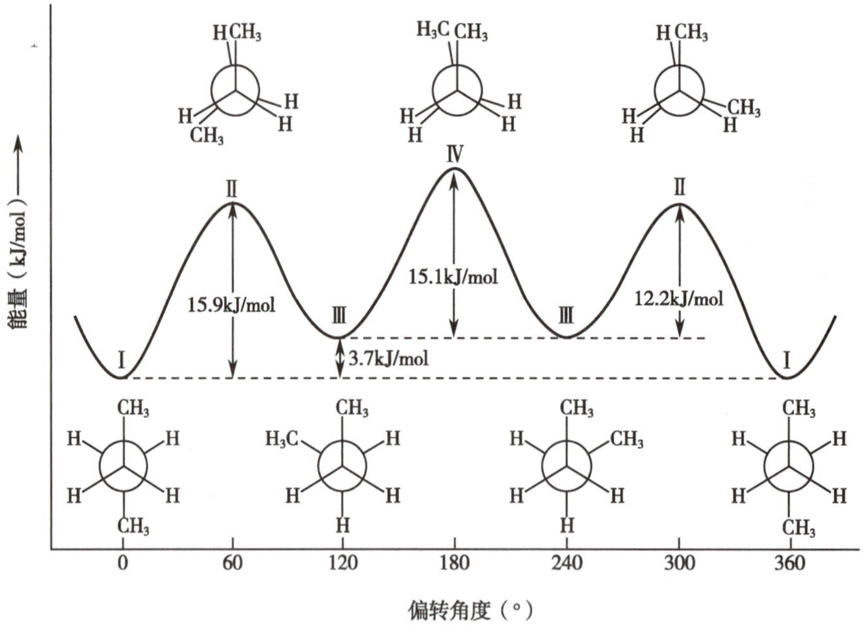

图 3-13 围绕丁烷分子 C_2—C_3 σ 键旋转时分子的构象和能量变化示意图

三、环己烷的构象

(一) 椅型构象与船型构象

环己烷的碳原子是 sp^3 杂化的。为了保持正四面体的正常键角 109°28′,环己烷通过环内 C—C σ 键的扭转,形成键角为 109°28′ 的椅型构象(chair conformation)和船型构象(boat conformation)2 种典型构象,其透视式见图 3-14。

在环己烷的椅型构象中,C—C—C 键角都接近正四面体键角 109°28′,同时环的两个对角上的氢原子间距离最大(约 0.230nm),而且从其纽曼投影式(图 3-15)可以看出环上所有相邻碳原子上的氢原子都处于邻位交叉,这些因素导致环己烷椅型构象的能量低,是环己烷的优势构象。

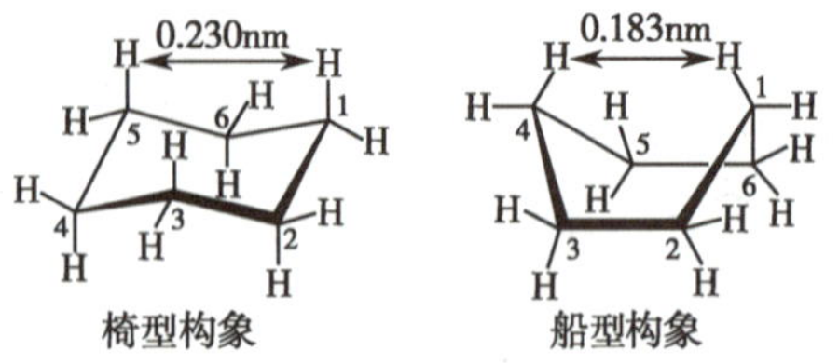

图 3-14 环己烷椅型构象与船型构象的透视式

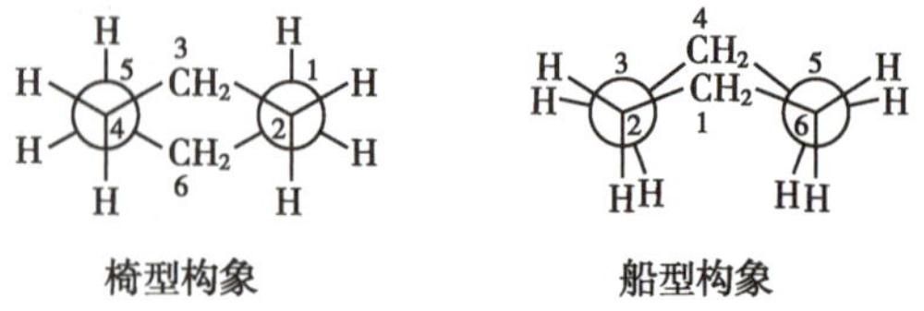

图 3-15 环己烷椅型构象与船型构象的纽曼投影式

在环己烷的船型构象中,C—C—C 键角也都接近正四面体键角 109°28′,但是 C_1 和 C_4 两个船头碳原子上的氢原子间相距较近(约 0.183nm),远小于两个氢原子半径之和(0.250nm),因而存在由于空间拥挤所引起的排斥力,而且从其纽曼投影式(图 3-15)可以看出,在 C_2—C_3、C_5—C_6 上存在 4 对重叠的氢原子,这些因素导致环己烷船型构象能量升高(比椅型构象能量高 28.9kJ/mol),是一个不稳定的构象。

椅型构象和船型构象在室温下能快速地相互转换,转换过程中要经半椅型构象(half-chair conformation)和扭船型构象(skew boat conformation)。

笔记栏

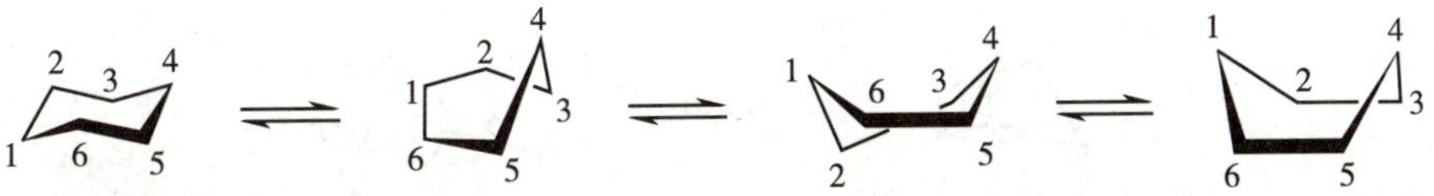

椅型构象的 C_1 向上翘，转换成 5 个碳原子在同一平面的半椅型构象（能量最高状态），其能量比椅型构象高 46.0kJ/mol；C_1 继续往上翘，带动平面上的原子运动，转换成扭船型构象，其能量仅比椅型构象高 23.5kJ/mol；C_1 再往上翘，转换成船型构象，其能量比扭船型构象高 5.4kJ/mol。环己烷几种构象之间的能量关系见图 3-16。

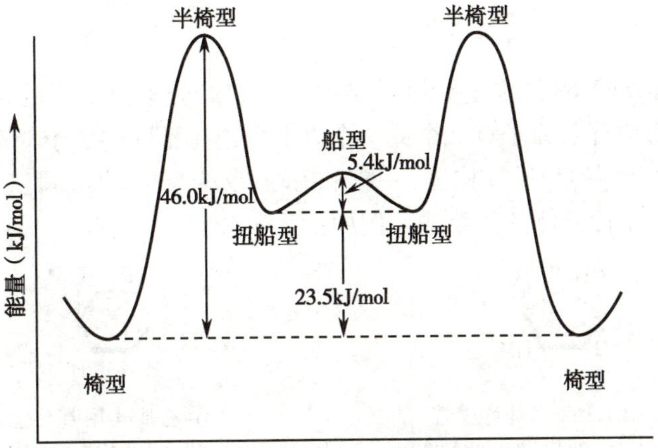

图 3-16 环己烷几种构象之间的能量关系示意图

由此可见，椅型构象最稳定。在室温时，环己烷分子几乎完全以能量最低的椅型构象存在。

（二）直立键与平伏键

环己烷的椅型构象中，6 个碳原子分别处在 2 个互相平行的环平面上，若 C_1、C_3、C_5 处在上平面，则 C_2、C_4、C_6 处在下平面。穿过分子中心并垂直于环平面的直线，是分子的三重对称轴（C_3 轴）。据此，环己烷分子中 12 个 C—H 键分为两类：第一类是 6 个 C—H 键与 C_3 轴近似于平行，称为直立键或 a 键（axial bond），交替地竖直向上和向下；第二类是 6 个 C—H 键与 C_3 轴近似于垂直，称为平伏键或 e 键（equatorial bond），交替地上翘和下翘（图 3-17）。很显然，同一个碳原子的 a 键是竖直向上的，则 e 键必然是下翘的；反之亦然。

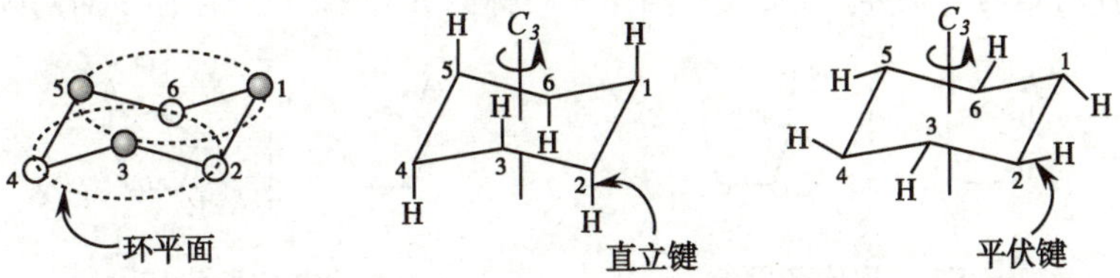

图 3-17 环己烷椅型构象的环平面、三重对称轴及直立键与平伏键

（三）椅型构象的环翻转

环己烷通过环内 C—C σ 键的扭转，可以从一种椅型构象转变成另一种椅型构象，称为椅型构象的环翻转（ring inversion）。环翻转需要克服 46.0kJ/mol 的能垒。室温时，分子热运动具有足够动能克服此能垒而迅速环翻转。环翻转后，原来的 a 键变为 e 键，e 键变为 a 键，但其向上和向下的取向不变（图 3-18）。

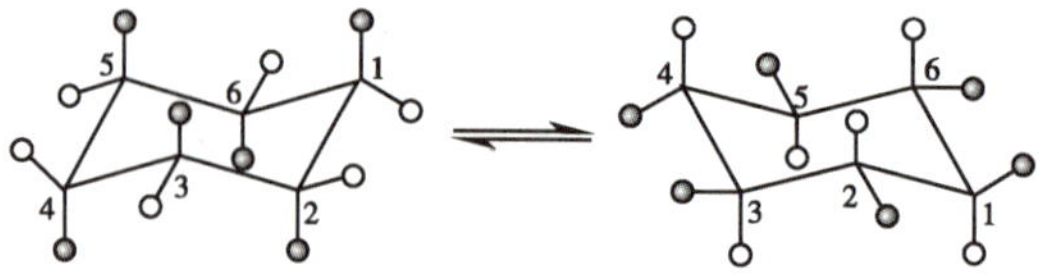

图 3-18 环己烷椅型构象的环翻转

第六节 环状化合物的立体异构

一、环状化合物的顺反异构

环状化合物与双键类似，也是一刚体结构。环烷烃分子由于环的存在限制了 C—C σ 键的自由旋转，如果成环碳原子有 2 个或 2 个以上各连有不同的原子或基团时，就存在顺反异构。对于环状化合物的顺反异构体，一般采用顺、反构型标识法，即 2 个取代基在环平面同侧的为顺式，在环平面异侧的为反式。例如：

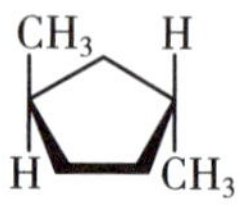

trans-1,3-二甲基环戊烷
trans-1,3-dimethylcyclopentane

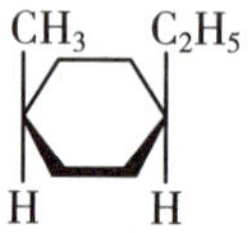

cis-1-乙基-4-甲基环己烷
cis-1-ethyl-4-methylcyclohexane

环的一部分用黑体楔形线、一部分用实线写出，表示环平面与纸平面垂直；也可以写成环平面在纸平面上的立体结构式，而且氢有时可以省略。例如：

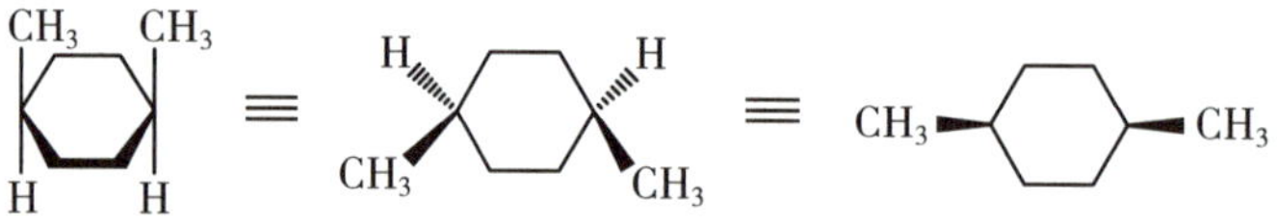

二、环状化合物的对映异构

环状化合物和开链化合物类似，一般也是根据分子结构中是否存在对称面或对称中心来判断化合物有无对映异构体及旋光活性。如 1,3- 二取代环戊烷，当 2 个取代基不相同时，无论是顺式还是反式，都存在 1 对对映体；当 2 个取代基相同（A=B）时，顺式异构体因存在对称面而无旋光活性，是内消旋体，而反式异构体无对称面和对称中心，存在 1 对对映体。

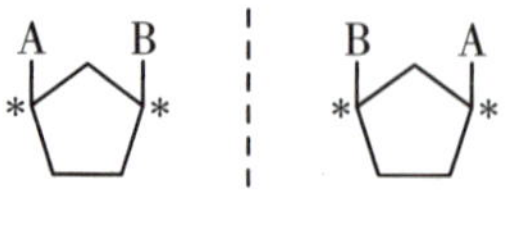

cis-1,3-二取代环戊烷

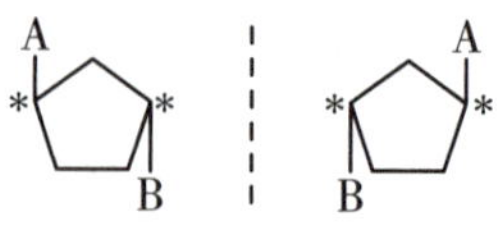

trans-1,3-二取代环戊烷

又如 1,3- 二取代环丁烷，无论是顺式还是反式，都因为有对称面的存在而没有旋光活性。

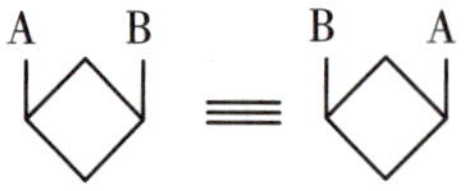

cis-1,3-二取代环丁烷

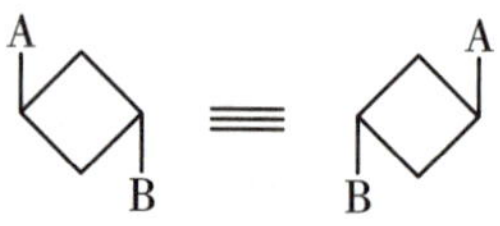

trans-1,3-二取代环丁烷

笔记栏

三、取代环己烷的构象

(一) 一取代环己烷

一取代环己烷有 2 种椅型构象，如甲基环己烷的 2 种椅型构象可表示如下：

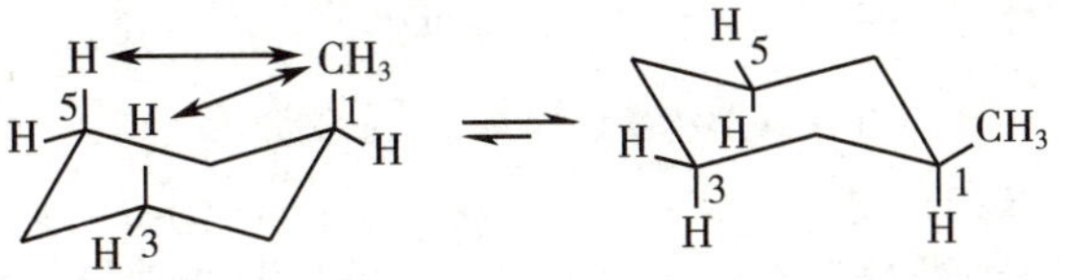

甲基处在 a 键时，甲基与 C_3 及 C_5 位上的 2 个 a 键氢原子之间距离较近，存在较大的排斥力。发生环翻转后，甲基转变成了 e 键，与 C_3 及 C_5 位上的氢原子彼此间距离增大，排斥力减小。而且从甲基环己烷椅型构象的纽曼投影式(图 3-19)可以看出，a 键甲基与 C_3 位 CH_2 成邻位交叉式，e 键甲基与 C_3 位 CH_2 成对位交叉式。因此，甲基处于 e 键的椅型构象比较稳定。室温下，e 键甲基环己烷在平衡混合体系中约占 95%，而且随着取代基体积的增大，取代基处在 e 键的构象优势更为明显，如叔丁基环己烷的叔丁基几乎全部处在 e 键。由此可见，一取代环己烷的取代基处在 e 键的构象为优势构象。

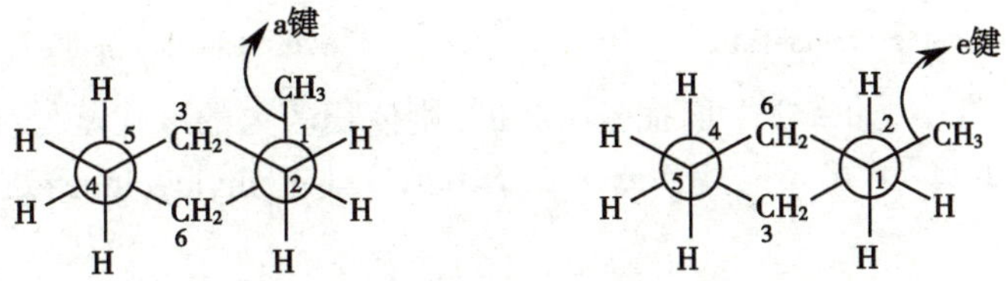

图 3-19 甲基环己烷椅型构象的纽曼投影式

(二) 二取代环己烷

二取代环己烷的顺反异构体分别都有 2 种椅型构象。如 *cis*-1,2- 二甲基环己烷的 2 种椅型构象均为一个甲基处在 e 键，另一个甲基处在 a 键，称为 ea 构象(或 ae 构象)，而且它们能量相等，在平衡混合体系中两者的量相等；*trans*-1,2- 二甲基环己烷的 2 种椅型构象中，其一是 2 个甲基均处在 a 键(aa 构象)，其二是 2 个甲基均处在 e 键(ee 构象)。ee 构象能量低于 aa 构象，所以 ee 构象为优势构象，在平衡混合体系中约占 99%。

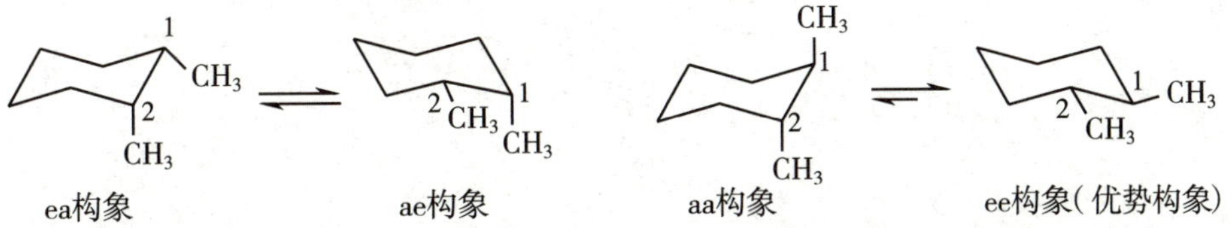

cis-1,2-二甲基环己烷　　*trans*-1,2-二甲基环己烷

cis-1,2-dimethylcyclohexane　　*trans*-1,2-dimethylcyclohexane

由于 *trans*-1,2- 二甲基环己烷有能量最低的 ee 构象，所以较顺式异构体稳定，这与测得的 2 种异构体的燃烧热相一致(表 3-4)。

表 3-4 1,2、1,3、1,4- 二甲基环己烷顺反异构体的燃烧热及稳定性

名称	燃烧热的差别 /(kJ/mol)	较稳定的异构体
1,2- 二甲基环己烷	反式比顺式低 6	反式
1,3- 二甲基环己烷	顺式比反式低 7	顺式
1,4- 二甲基环己烷	反式比顺式低 6	反式

笔记栏

cis-1,3- 二甲基环己烷的优势构象是 ee 构象，*trans*-1,3- 二甲基环己烷的优势构象是 ae 构象（或 ea 构象），因此顺式异构体较稳定，燃烧热稍低。

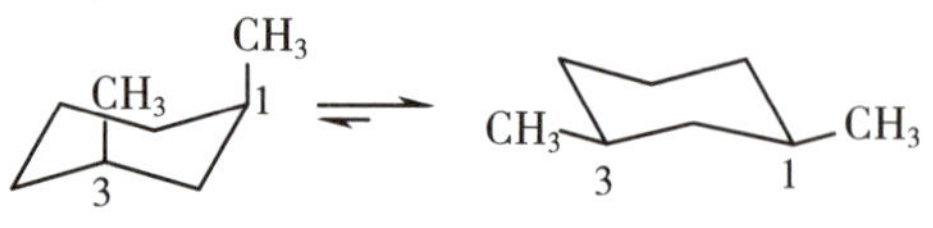

aa构象　　ee构象（优势构象）

cis-1,3-二甲基环己烷

cis-1,3-dimethylcyclohexane

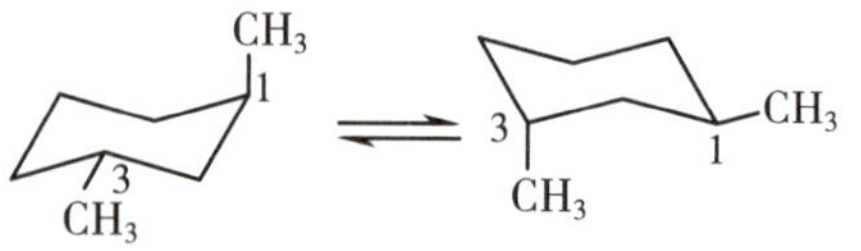

ae构象　　ea构象

trans-1,3-二甲基环己烷

trans-1,3-dimethylcyclohexane

cis-1,4- 二甲基环己烷的优势构象是 ae 构象（或 ea 构象），*trans*-1,4- 二甲基环己烷的优势构象是 ee 构象，因此反式异构体较稳定，燃烧热稍低。

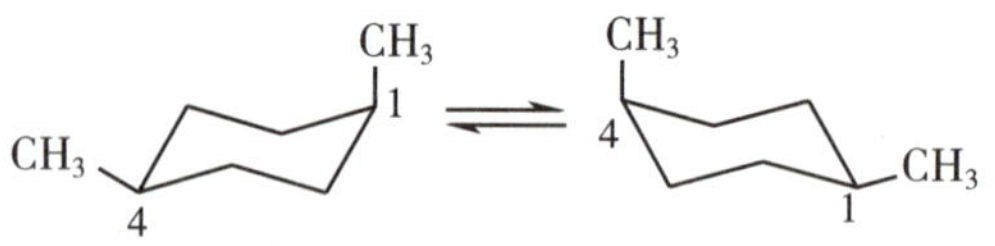

ae构象　　ea构象

cis-1,4-二甲基环己烷

cis-1,4-dimethylcyclohexane

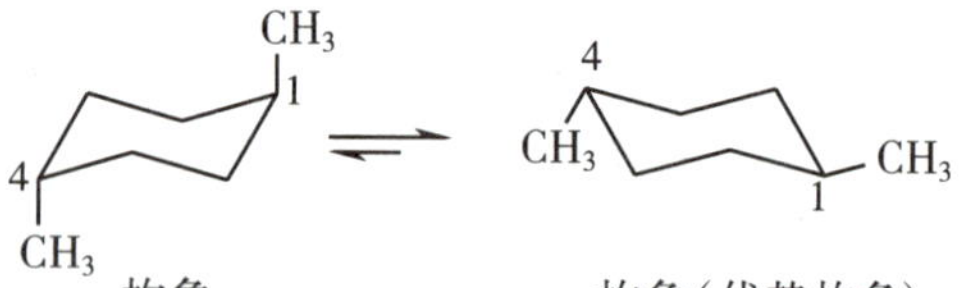

aa构象　　ee构象（优势构象）

trans-1,4-二甲基环己烷

trans-1,4-dimethylcyclohexane

在二取代环己烷中，如果 2 个取代基不相同，则体积较大的取代基处在 e 键的为优势构象，如 *cis*-1- 叔丁基 -4- 甲基环己烷［*cis*-1-（tert-butyl）-4-methylcyclohexane］中叔丁基处在 e 键的为优势构象。

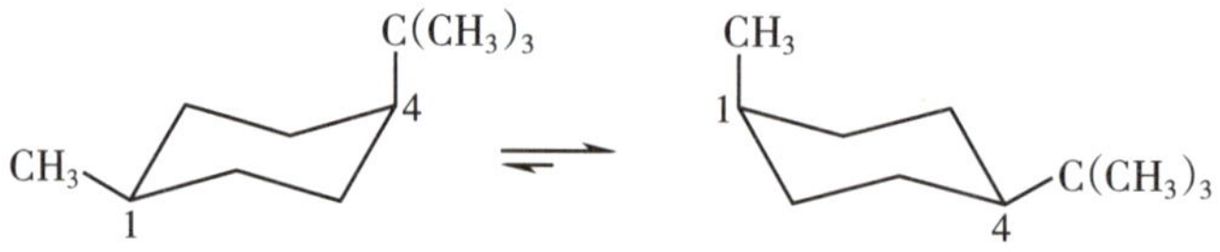

ea构象　　ae构象（优势构象）

如果环上有多个取代基，以最多数目的较大取代基处在 e 键的椅型构象为优势构象，如有体积特别大的基团（如叔丁基），则以它处在 e 键的椅型构象为优势构象。例如：

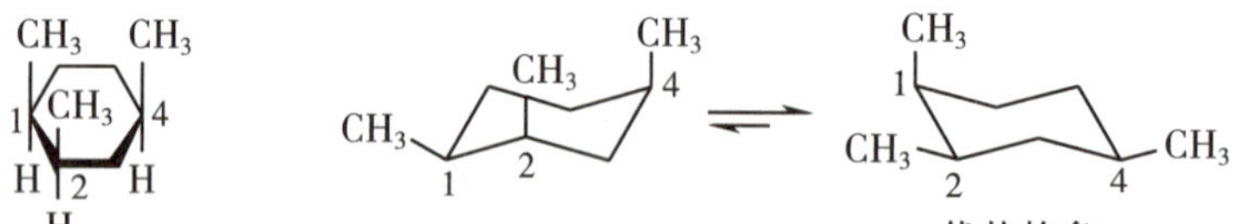

优势构象

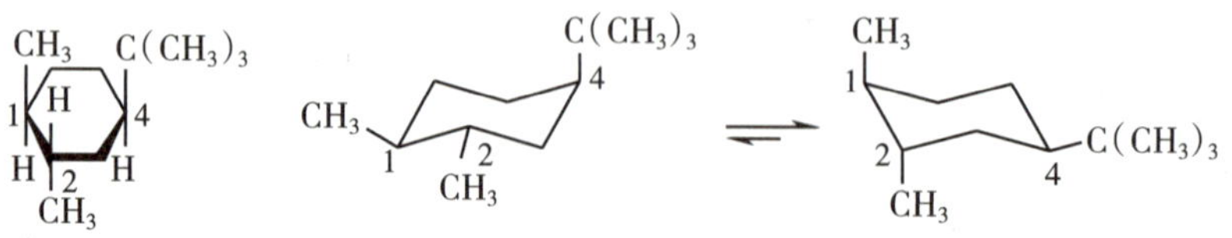

优势构象

以上取代环己烷的优势构象仅仅是从取代基的空间效应进行分析的，如果取代基为极性基团，除考虑空间效应以外，还需要考虑偶极 - 偶极相互作用和氢键等因素的影响。如 *trans*-1,2- 二氯环己烷由于 2 个极性 C—Cl 键的相互排斥作用，使得 2 个氯处在反式 a 键的为优势构象；*cis*- 环己 -1,3- 二醇由于氢键的存在，使得 2 个羟基处在顺式 a 键的为优势构象。

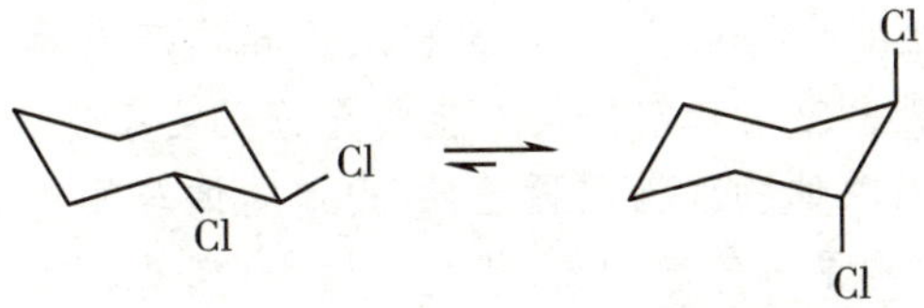

优势构象

trans-1,2-二氯环己烷

trans-1,2-dichlorocyclohexane

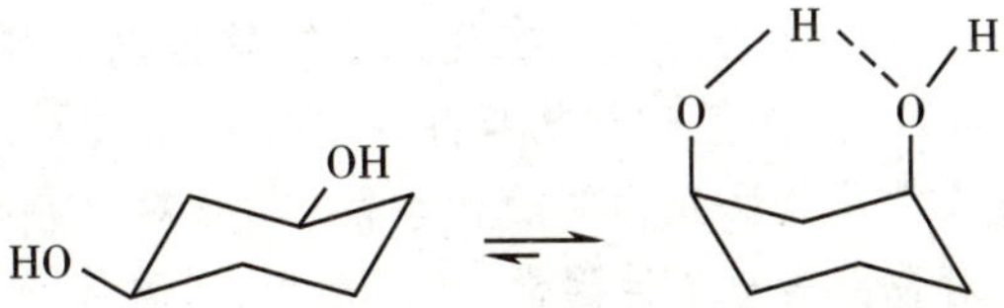

优势构象

cis-环己-1,3-二醇

cis-cyclohexane-1,3-diol

（万屏南）

学习小结

1. 学习内容

- 立体化学
  - 常用投影式
    - 费歇尔投影式
      - 投影规则
      - 操作方法
    - 锯木架形投影式
    - 纽曼投影式
  - 顺反异构
    - 产生的条件
    - 构型标识
    - 理化性质的差异
  - 对映异构
    - 基本概念
      - 偏振光与旋光活性
      - 手性与旋光活性的关系
      - 手性与对称因素的关系
    - 不同手性因素导致的对映异构
      - 手性碳化合物
        - 对映体
        - 非对映体
        - 外消旋体
        - 内消旋体
        - 构型标识
      - 手性轴化合物
      - 手性面化合物
  - 构象异构
    - 乙烷和丁烷的构象
      - 典型构象
      - 优势构象
    - 环己烷的构象
      - 椅型与船型构象
      - 直立键与平伏键
      - 环翻转
    - 环状化合物的立体异构
      - 环状化合物的顺反异构
      - 环状化合物的对映异构
      - 取代环己烷的构象

笔记栏

2. 学习方法　在建立立体概念的基础上，了解因分子立体形象不同而导致的顺反异构、对映异构和构象异构现象。通过对刚性结构特点的认识，掌握顺反异构产生的条件及顺反异构体的构型标识；对对映异构现象应重点掌握其产生的充分必要条件、对称因素与手性因素、构型标识、对映体与非对映体物理性质的差异、内消旋体与外消旋体的不同等知识；对构象异构则应掌握典型构象与优势构象、能垒等概念，熟悉导致不同构象能量差异的主要因素，能够正确判断不同结构分子的优势构象。

复习思考题与习题

1. 测得某旋光活性物质溶液的旋光度为 +170°，用什么方法可以确定其旋光度为 +170°而不是 −190°？

2. 判断下列化合物哪些具有旋光活性。

(1)
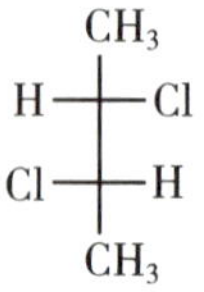

(2)
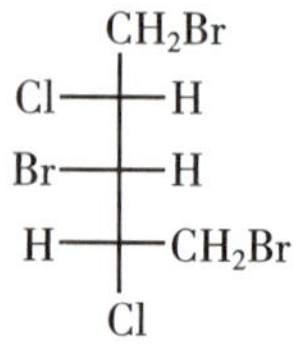

(3)
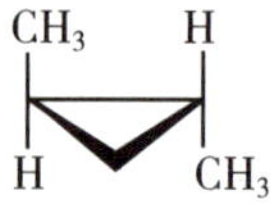

(4)

(5)
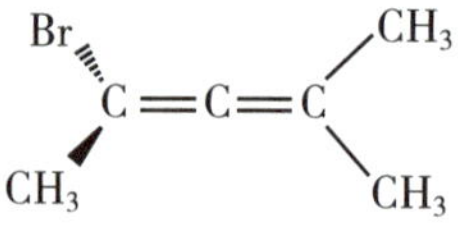

(6)
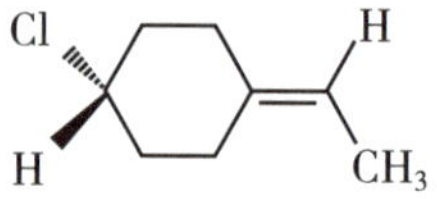

(7)
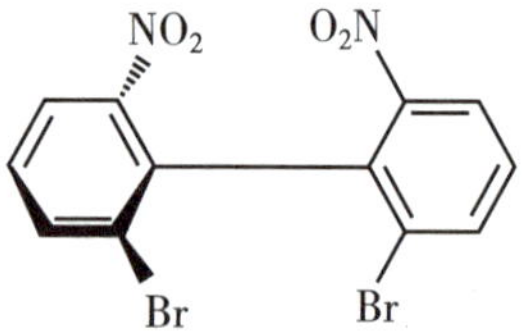

(8)

3. 判断下列各组化合物哪些分别属于构造异构体、顺反异构体、对映体、非对映体或是同一化合物。

(1)
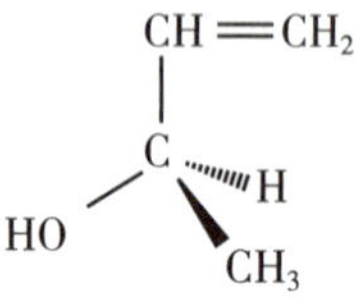
与
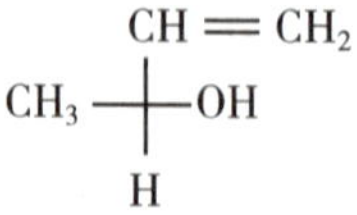

(2)
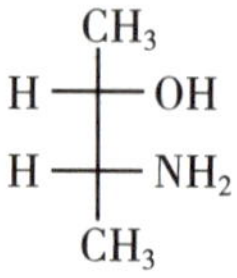
与
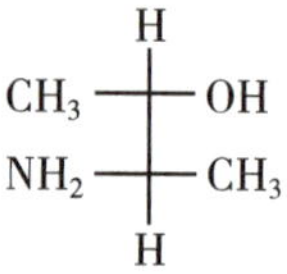

(3)
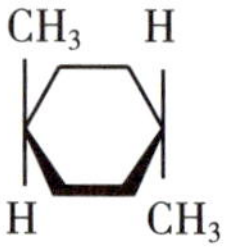
与
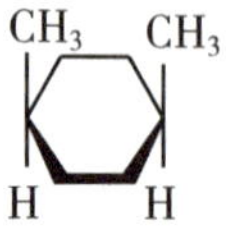

(4)
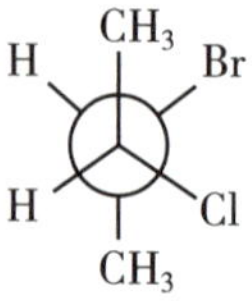
与
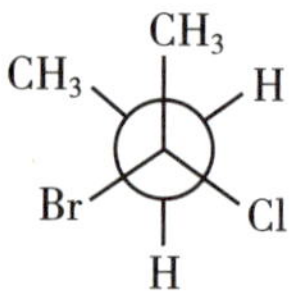

(5)
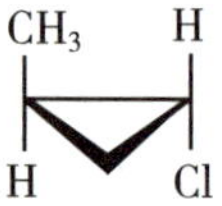
与
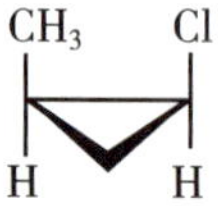

(6)

与

(7) 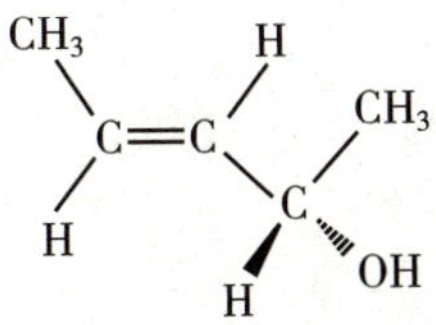 与 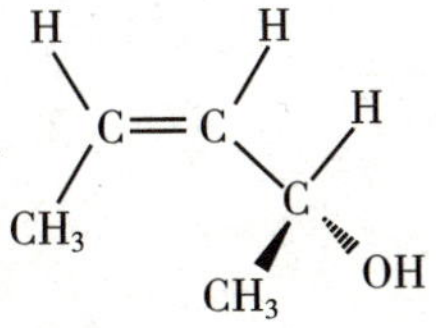 (8) 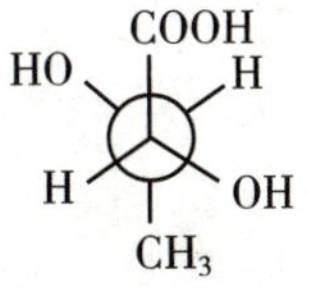 与 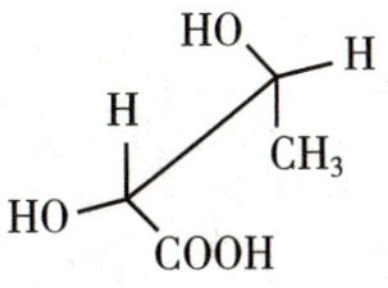

4. 用 *R*、*S* 标识下列化合物手性碳原子的构型。

(1) 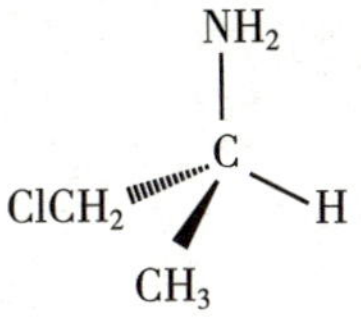

(2) 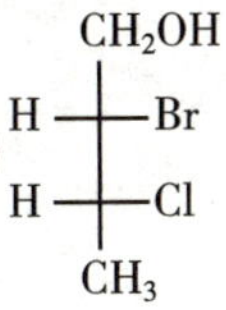

(3) 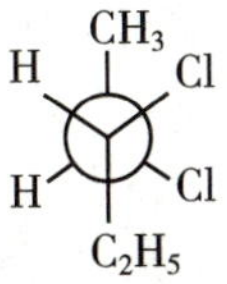

(4) 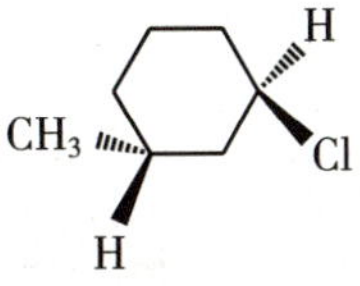

5. 写出下列化合物的结构式。

(1) (*Z*)–4– 异丙基 –3– 甲基庚 –3– 烯

(2) (*E*)–3– 溴 –2– 甲基丙烯酸

(3) (3*R*,4*S*)–3– 氯 –4– 甲基己烷(费歇尔投影式)

(4) (1*S*,2*R*)–2– 氯环己醇

(5) 具有旋光活性的 1,2– 二甲基环丁烷

(6) 内消旋体 1,3- 二甲基环戊烷

6. 写出下列化合物的优势构象。

(1) (2*S*,3*R*)- 丁 -2,3- 二醇

(2) *trans*-1- 异丙基 -3- 甲基环己烷

(3) 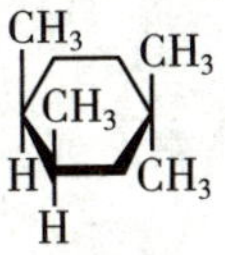

(4) 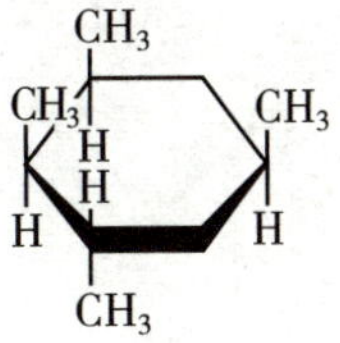

7. 写出 3- 溴 -5- 氯环己醇的所有立体异构体。

笔记栏

04章PPT

PPT 课件

第四章

饱　和　烃

学习目标

烷烃、环烷烃是烃类化合物中最基础，也是比较重要的一类化合物。有机化合物的学习是从饱和烃开始的。本章内容非常重要，将为学习烃的衍生物及糖类、杂环等化合物奠定基础。

1. 掌握烷烃的化学性质（卤化反应及卤化反应机理、氧化反应），环烷烃的化学性质（加成反应、自由基取代反应、氧化反应）。

2. 熟悉烷烃的定义、分类和异构，烷烃和环烷烃的结构，理解环烷烃结构的稳定性。

3. 了解烷烃的物理性质；环烷烃的定义、分类和异构。

烷烃广泛存在于自然界中，主要源自天然气和石油。烷烃主要用作医药产品和化工产品的原料，如医药中常用的液体石蜡、固体石蜡和凡士林都是烷烃的混合物。现代工业的主要动力能源——石油和天然气的主要成分也是烷烃的混合物。自然界中烷烃的资源是有限的，应当合理使用。

第一节　烷　　烃

一、烷烃的定义、分类和异构

（一）烷烃的定义和分类

烷烃是一类饱和的烃类化合物。学习烷烃的结构、性质等，首先需要了解什么是烃。

1. 烃和烷烃　分子中只含有碳氢两种元素的有机化合物称为烃，也称碳氢化合物。烃广泛存在于自然界，是各种有机化合物的母体，而其他有机物都可视为烃的衍生物。烃虽然只含有碳氢两种元素，但其分子中碳碳之间的连接方式和成键类型有多种。碳碳之间能以链状或环状连接，成键类型有碳碳单键、双键和三键。烃类化合物根据其碳原子的连接方式不同，可以分为链烃和环烃两大类，而链烃和环烃又可分为以下几类。

笔记栏

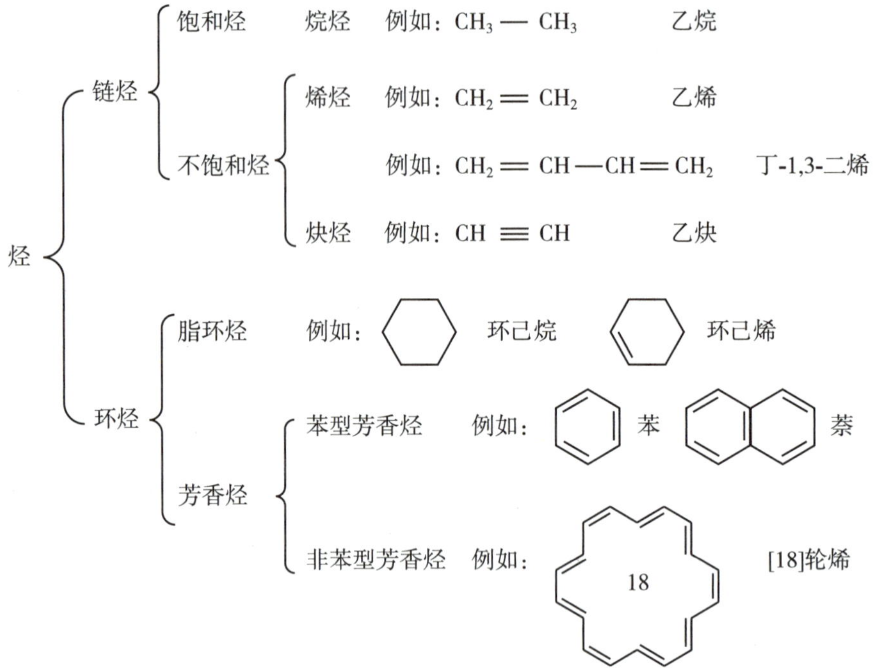

烷烃是烃类化合物中较为简单的一种，其分子中碳碳和碳氢之间均为单键相连，故又称为饱和烃。

2. 烷烃的通式、同系列和同系物　最简单的烷烃是甲烷，其分子式为CH_4，其次是乙烷、丙烷、丁烷等，分子式分别为C_2H_6、C_3H_8、C_4H_{10}。在分子组成上，它们均相差1个或多个CH_2单位，但都符合通式C_nH_{2n+2}（n为正整数）。这种具有相同分子通式，组成上相差1个或多个CH_2单位，结构特征相似的一系列化合物称为同系列。CH_2称为同系列的系差。同系列中的各个化合物互称为同系物。同系物的物理性质有规律性的变化，化学性质则相似。

（二）烷烃的结构和异构

烷烃分子中碳原子均为sp^3杂化。甲烷分子中，碳原子的4个sp^3杂化轨道分别与4个氢原子的s轨道沿键轴方向重叠形成4个σ键。乙烷分子中，2个碳原子之间分别以1个sp^3杂化轨道重叠形成C—C σ键，其余3个sp^3杂化轨道分别与3个氢原子形成C—H σ键。烷烃分子以碳原子为中心均是四面体构型，除乙烷外，烷烃分子中的碳原子不在同一条直线上，而3个碳以上的烷烃分子，其碳链呈锯齿状。以下是乙烷、丙烷和丁烷的分子模型。

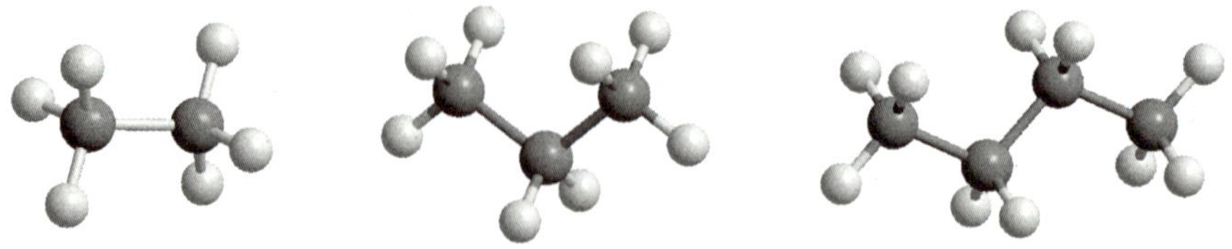

乙烷　　丙烷　　正丁烷

四面体结构的烷烃分子中，成键的2个碳原子间可以相对旋转，因此烷烃的碳原子可以产生无数个构象异构体。优势构象一般为能量较低的对位交叉构象。

甲烷、乙烷和丙烷没有异构体，但含4个及4个以上碳原子的烷烃就存在同分异构现象。随着碳原子数的增加，异构体的数目也增多。例如：

笔记栏

正丁烷 异丁烷

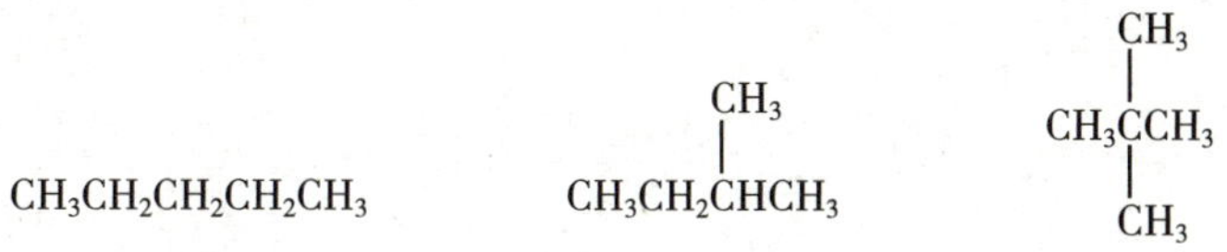

正戊烷 异戊烷 新戊烷

从丁烷和戊烷的异构体中可以看出，它们的分子式相同，但分子中碳原子的连接顺序不同，因此属于不同的化合物。这种分子式相同，但碳原子的连接顺序不同所产生的异构现象，称为碳链异构。碳链异构属于构造异构中的一种，是有机化合物中最简单的同分异构现象。烷烃中碳原子数越多，其碳链异构数目越多。例如：分子式为 C_8H_{18} 和 $C_{10}H_{22}$ 的烷烃分别有 18 个和 75 个异构体。

二、烷烃的物理性质

烷烃是天然气、汽油、煤油、润滑剂等的主要成分。烷烃的相对分子质量不同，其物理性质也不一样，但有一定的变化规律。

1. 溶解性　烷烃是非极性分子，不溶于水，能溶于非极性或极性较小的有机溶剂。由于烷烃不溶于水，能阻止水与金属表面接触腐蚀金属，故烷烃可用于金属保护和用作润滑剂。

2. 沸点　直链烷烃的沸点随着相对分子质量增加而有规律地升高，这是因为较大的分子具有较大的表面积和范德华力所致。

在相同碳原子数的烷烃异构体中，直链异构体比支链异构体的沸点高。含支链越多，沸点越低。例如：

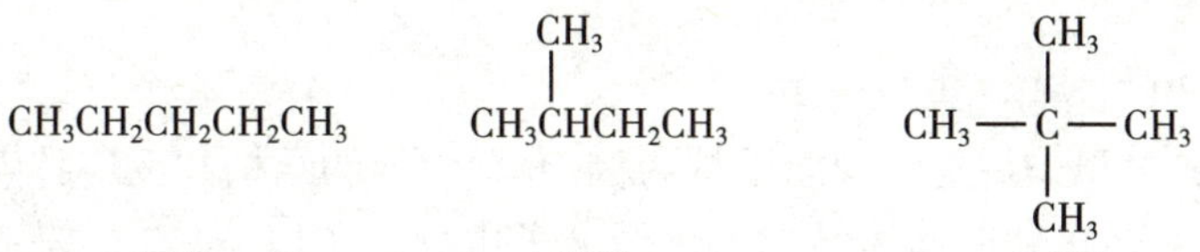

b.p.　36℃　28℃　9.5℃

3. 熔点　与烷烃沸点相似，直链烷烃的熔点变化也随着相对分子质量的增加而升高，但具有偶数碳原子烷烃的熔点比奇数碳原子烷烃的熔点升高较多。

在相同碳原子数烷烃异构体中，支链影响烷烃的熔点，分子的对称性越好，熔点就越高。如戊烷的 3 个异构体中，异戊烷熔点最小，新戊烷的熔点最高（沸点则是最小），因为新戊烷分子中 3 个甲基围绕中心碳原子均等排列，分子高度对称，熔点比其他 2 个异构体高得多。

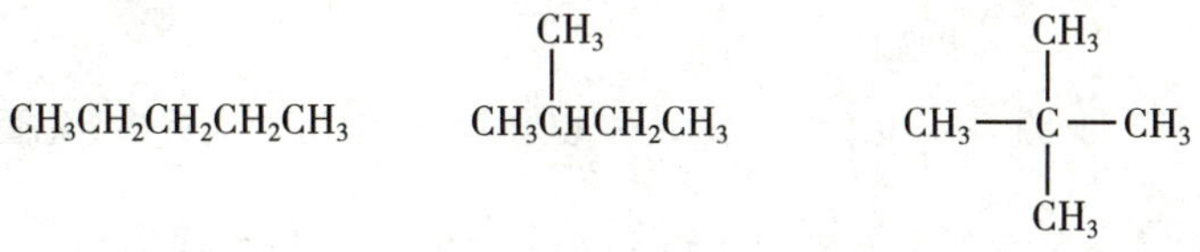

m.p.　−130℃　−160℃　−17℃

4. 密度　烷烃的密度比水轻，且不溶于水。烷烃与水混合会迅速分层，且烷烃位于上层。部分直链烷烃的物理常数见表 4-1。

笔记栏

表 4-1 部分直链烷烃的物理常数

名称	分子式	沸点 /℃	熔点 /℃	相对密度 /d_4^{20}
甲烷	CH_4	-161.5	-183	0.424
乙烷	C_2H_6	-88.6	-172	0.540
丙烷	C_3H_8	-42.1	-188	0.501
丁烷	C_4H_{10}	-0.5	-135	0.579
戊烷	C_5H_{12}	36.1	-130	0.626
己烷	C_6H_{14}	68.7	-95.0	0.659
庚烷	C_7H_{16}	98.7	-91.0	0.684
辛烷	C_8H_{18}	125.7	-57.0	0.703
壬烷	C_9H_{20}	150.8	-54.0	0.718
癸烷	$C_{10}H_{22}$	174.1	-30.0	0.730
十一烷	$C_{11}H_{24}$	195.9	-26.0	0.740
十二烷	$C_{12}H_{26}$	216.3	-10.0	0.749
十五烷	$C_{15}H_{32}$	270.6	10.0	0.769
十七烷	$C_{17}H_{36}$	292.0	22.0	0.776
十八烷	$C_{18}H_{38}$	308.0	28.0	0.777
二十烷	$C_{20}H_{42}$	342.7	37.0	0.786
三十烷	$C_{30}H_{62}$	444.6	66.0	0.810

三、烷烃的化学性质

烷烃的化学性质相对稳定，是反应类型较少的一类有机物，主要能发生自由基卤化反应和氧化反应。

(一) 烷烃的结构特点及反应

甲烷是最简单的烷烃。现以甲烷为例，介绍烷烃的结构和反应特点。

1. 烷烃的杂化和四面体结构　烷烃分子中碳原子以 sp^3 杂化轨道成键，形成四面体构型，键角为 109.5°。如甲烷分子中碳原子以 4 个 sp^3 杂化轨道与氢原子连接，碳原子位于四面体的中心，氢原子位于正四面体的 4 个顶点，如图 4-1 所示。

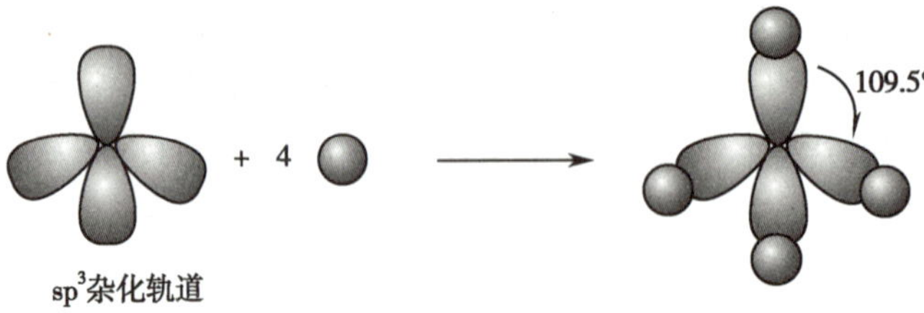

图 4-1　碳的 4 个 sp^3 杂化轨道与氢的 1s 轨道重叠示意图

2. σ 键的特点　σ 键是成键轨道沿键轴“头对头”重叠，重叠程度大。因电子云呈圆柱形对称分布，集中于两原子之间，受原子核的约束较大，故 σ 键的可极化性较小，键能高，键牢固稳定，反应活性低。σ 键可以围绕键轴旋转，而不影响电子云的分布，且可以单独存在于共价键中。

笔记栏

3. 烷烃的反应特点　烷烃分子为非极性分子，分子中的σ单键重叠程度大，键比较牢固，且烷烃分子中没有其他活性官能团，因此，化学性质稳定，反应活性低，是化学反应类型较少的一类有机物。一般不与强酸、强碱、氧化剂和还原剂等反应，但在特殊条件下能发生取代、氧化等反应。

(二) 烷烃的卤化反应

取代反应是指分子中的原子（或原子团）被其他原子（或原子团）取代的反应。烷烃分子中的氢原子被卤素原子取代的反应称为卤化反应（或卤代反应）。烷烃具有高稳定性，因此，只有在高温、光照或自由基引发剂等条件下，才能与卤素反应，生成卤代烷和卤化氢。

1. 甲烷与氯的取代反应　在光照、加热温度高于250℃或自由基引发剂的作用下，甲烷分子中的氢被氯原子取代。

$$CH_4 + Cl_2 \xrightarrow[\text{或 高温}]{h\nu} CH_3Cl + HCl$$

生成的一氯甲烷继续发生氯化，可生成二氯甲烷、三氯甲烷和四氯化碳。

$$CH_3Cl + Cl_2 \xrightarrow{h\nu} CH_2Cl_2 + HCl$$

$$CH_2Cl_2 + Cl_2 \xrightarrow{h\nu} CHCl_3 + HCl$$

$$CHCl_3 + Cl_2 \xrightarrow{h\nu} CCl_4 + HCl$$

烷烃氯化反应生成的是混合产物，一般不能得到单一的产物，但控制反应条件，可以生成以一种氯代烷为主的产物。如果用大量甲烷，主要得到一氯甲烷；如果用大量氯气，主要得到四氯化碳。

2. 烷烃与其他卤素的取代反应　烷烃的溴化反应与氯化反应相似，由于溴化反应活性比氯化反应小，因此反应速率较氯化反应慢。但溴化反应更具有选择性。例如丙烷的溴化反应中，仲氢97%左右被取代。

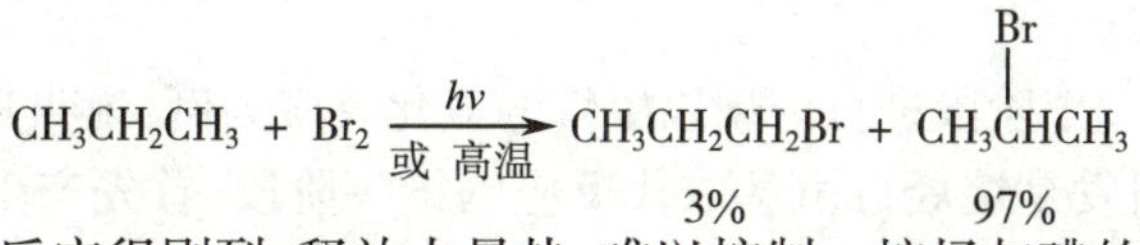

氟与烷烃的取代反应很剧烈，释放大量热，难以控制。烷烃与碘的取代反应是强吸热反应，较难发生。

不同卤素与烷烃反应的活性次序为$F_2>Cl_2>Br_2>I_2$。由于氟和碘的特殊性，烷烃的卤化反应通常是指氯化反应和溴化反应。

3. 其他烷烃的卤化反应　卤素与其他烷烃的取代反应，同样需要在光照、加热（250~400℃）或自由基引发剂等条件下进行，反应产物较为复杂，生成不同的一卤代物。这是因为随着分子中碳原子数的增多，产生不同类型的氢原子，而不同类型氢原子的反应活性不同，被卤原子取代的难易也不一样，导致反应活性高的氢优先被取代，形成反应的主产物。例如：丙烷和异丁烷的氯化反应。

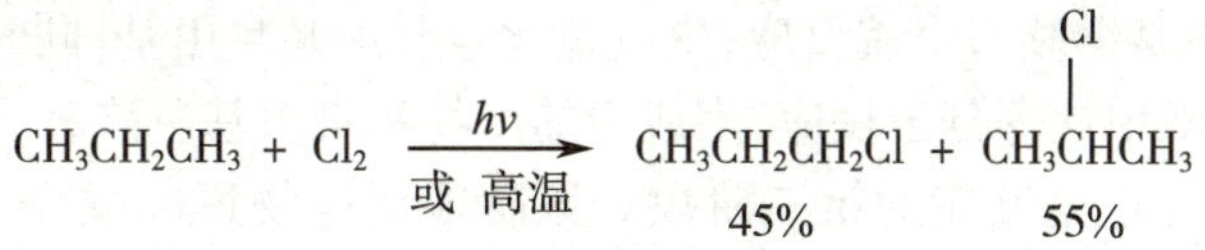

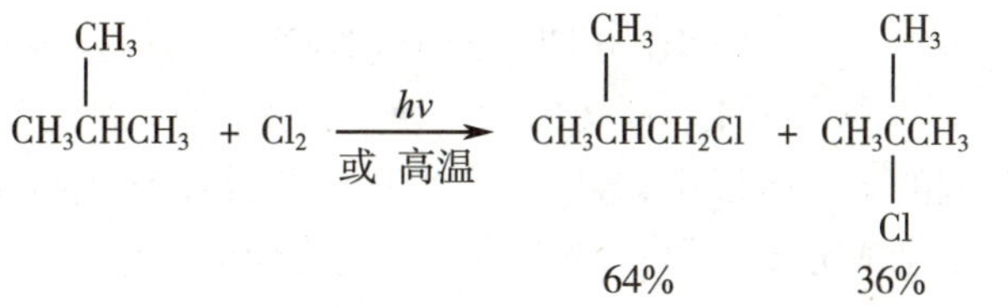

笔记栏

实验证明，烷烃中不同类型氢原子被卤素取代的反应活性为：

$$3°H > 2°H > 1°H > CH_3—H$$

从上述反应可以看出，在氯化反应中，虽然1°H的反应速率不如2°H和3°H，但在分子中，1°H的总数较2°H和3°H多，因此反应机会较多，故而从产率上看，1°H、2°H和3°H被氯取代的产率差别不大。

（三）烷烃的氧化反应

有机化学中的氧化反应是指有机物分子获得氧或失去氢的反应。烷烃的性质很稳定，常温常压下不与氧化剂反应，不能使高锰酸钾溶液褪色。但烷烃很容易在空气中燃烧，完全氧化生成二氧化碳和水，并放出大量的热。例如：

$$CH_3CH_2CH_3 + O_2 \xrightarrow{\text{燃烧}} CO_2 + H_2O$$

烷烃燃烧不完全时，释放大量挥发性有机物和一氧化碳等有害物质。控制反应条件，在催化剂的作用下，烷烃可以部分氧化生成醇、醛酮和羧酸等含氧化合物。

汽油、柴油、天然气等是含碳不等的烷烃混合物，燃烧完全氧化放出大量热，是日常使用的重要能源之一。但这些燃料均来自不可再生的石油，无限制开采使用终将耗尽。为了保护人类赖以生存的自然环境，人们正在研究、寻找环保可再生的新能源。

ER-4-1

人物介绍
——肖莱马

四、烷烃取代反应机理

ER-4-2

烷烃与氯的自由基取代反应历程

反应机理（又称反应机制）是研究从反应物到产物形成过程中，反应物旧键断裂和产物新键生成的步骤、途径及遵循的原理和规律。烷烃的取代反应属于自由基取代反应机理。自由基（也称游离基）是成键电子对均裂形成的带有一个孤电子的高活性中间体。自由基很不稳定，存在时间短，一旦生成立即就进行下一步反应。自由基通常用一个圆点代表未配对的孤电子，如甲基自由基表示为$CH_3·$。

（一）烷烃取代反应机理

烷烃取代反应分3个阶段进行。现以甲烷的氯化反应为例，说明其反应机理。

1. 链引发　链引发是烷烃自由基取代反应的第一阶段，首先产生活性中间体，即自由基。氯分子在光照、高温或自由基引发剂的作用下，均裂成2个氯自由基。

$$Cl_2 \xrightarrow[\text{或 高温}]{h\nu} 2Cl·$$

2. 链增长　链增长是反应物与链引发产生的自由基反应，以链反应方式重复进行，不断生成取代产物和新的自由基。氯自由基很活泼，一生成会立即与甲烷分子反应，夺取甲烷的一个氢原子，生成氯化氢和甲基自由基。

$$CH_4 + Cl· \longrightarrow ·CH_3 + HCl$$

甲基自由基再与氯分子反应夺取一个氯原子，生成一氯甲烷和氯自由基。

$$·CH_3 + Cl_2 \longrightarrow CH_3Cl + Cl·$$

新生成的氯自由基继续与甲烷反应，生成氯化氢和甲基自由基，同时新生成的氯自由基也可与一氯甲烷、二氯甲烷等分子反应，生成新的产物和自由基。该链反应重复进行。

3. 链终止　链终止是反应的第三阶段。该阶段反应物逐渐减少，自由基之间相互结合，生成稳定分子，不再产生新的自由基，反应终止。

$$·CH_3 + Cl· \longrightarrow CH_3Cl$$

$$·CH_3 + ·CH_3 \longrightarrow CH_3CH_3$$

在自由基取代反应的3个阶段中，链引发产生自由基，链增长生成产物和新的自由基，链终止是自由基相互结合成分子。第一阶段链引发是反应的基础，由于键的均裂产生自由

笔记栏

基需要能量，为了能顺利产生自由基，反应的第一阶段常需要在光照、高温或自由基引发剂等条件下进行。例如：

$$X_2 \xrightarrow[\text{或 高温}]{h\nu} 2X\cdot(X=Cl \text{ 或 } Br)$$

自由基引发剂由于十分活泼，极易产生活性自由基。例如：

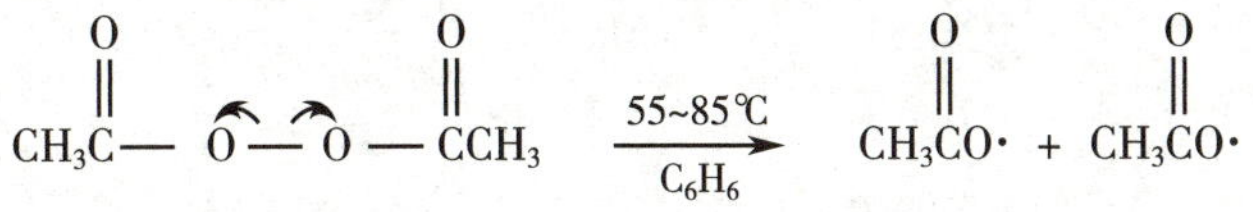

自由基反应一般在气相或非极性溶剂中进行。

能够阻止自由基链反应增长的化合物称为自由基抑制剂。如在烷烃的氯化反应中通入空气，自由基反应便可受到抑制。

$$\cdot CH_3 \xrightarrow{\text{空气}} CH_3O—O\cdot$$

因为 $CH_3O—O\cdot$ 自由基比 $CH_3\cdot$ 自由基稳定，有较长的存活时间，从而使链增长反应受到抑制。

（二）自由基的稳定性

甲烷和乙烷与卤素发生取代反应只生成一种卤代产物。从丙烷开始，烷烃分子中存在不同类型的氢原子，它们被卤原子取代的难易不一样，因此反应生成的一卤代产物也不止一种，如前述异丁烷的氯化反应，可生成 2- 氯 -2- 甲基丙烷和 1- 氯 -2- 甲基丙烷，主产物为 2- 氯 -2- 甲基丙烷。

烷烃分子中不同类型氢原子的反应活性，与相应生成的碳自由基的稳定性是一致的，反应活性越大的氢原子越容易被卤原子取代，相应生成的碳自由基的稳定性也越高，越容易形成。自由基的稳定性可用键的离解能和电子效应进行解释。

1. 键的解离能　键的离解能越小，键均裂形成自由基所需的能量也越小，反应活性就高；反之，键的离解能越大，键均裂形成自由基的能量也越大，反应活性就低。不同类型碳氢键的解离能如下：

	$CH_3—H$	$RCH_2—H$	$R_2CH—H$	$R_3C—H$
键能 $KJ\cdot mol^{-1}$	434.7	405.5	392.9	376.2

由于叔氢的离解能最小，反应活性高，相应生成叔碳自由基所需的能量也最低，叔碳自由基则容易形成，能量低，最稳定。因此，烷烃卤化反应中不同类型氢原子的反应活性为：

$$3°H > 2°H > 1°H > CH_3—H$$

对应不同类型氢原子所形成的烷基自由基的稳定性为：

3°C 自由基 > 2°C 自由基 > 1°C 自由基 > 甲基自由基

2. 诱导效应　烷基自由基是不稳定的单电子体，有配对成键的趋势。当自由基中心碳原子上连有斥电子基时，由于斥电子基的给电子效应减缓了自由基缺电子状况，使得自由基稳定性增大。自由基上连接的斥电子基越多，稳定性越大。烷基均为斥电子基，其斥电子能力大小为：

$$(CH_3)_3C— > (CH_3)_2CH— > CH_3CH_2— > CH_3— > H—$$

3°C 自由基上连接 3 个斥电子烷基，2°C 自由基上连接 2 个斥电子烷基，1°C 自由基上只连接 1 个斥电子烷基，而甲基自由基上没有斥电子烷基，因此 3°C 自由基的稳定性最大，甲基自由基最小。

3°C 自由基 > 2°C 自由基 > 1°C 自由基 > 甲基自由基

笔记栏

3. σ-p 超共轭效应　烷基自由基中心碳原子为 sp^2 杂化，未杂化的 p 轨道上有 1 个电子，当有碳氢 σ 键与自由基相连时，碳氢 σ 键的成键电子云则向未杂化 p 轨道的碳原子上转移，发生 σ-p 超共轭效应。见图 4-2。

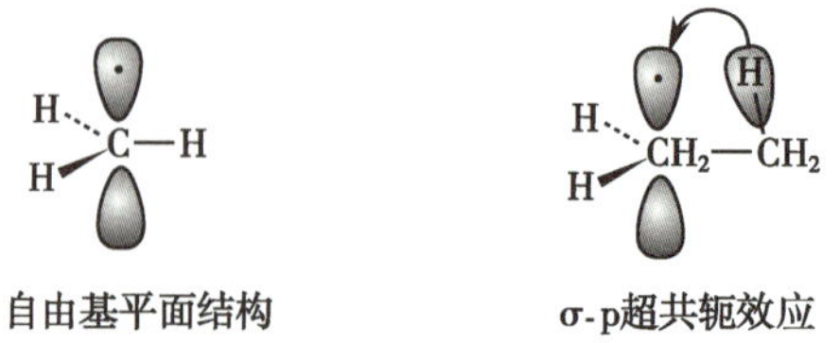

图 4-2　自由基的结构和乙基自由基的 σ-p 超共轭效应

这是由于氢原子的体积较小，C—H 键的电子云类似孤电子对，具有一定的可极化性，能与相邻的 p 轨道侧向重叠所致。σ-p 超共轭效应使得自由基的单电子不再局限在未杂化的 p 轨道上，而是分散到共轭体系中，从而增加了自由基单电子的稳定性。

参与超共轭效应的碳氢 σ 键越多，分散自由基单电子的作用越大，体系的能量越低，自由基就越稳定。如叔丁基自由基上连有 3 个甲基，每个甲基上有 3 个碳氢 σ 键与自由基的 p 轨道发生 σ-p 超共轭效应；异丙基自由基上连有 2 个甲基；乙基自由基上连有 1 个甲基；甲基自由基上没有连接碳氢 σ 键，故不能形成 σ-p 超共轭效应。见图 4-3。

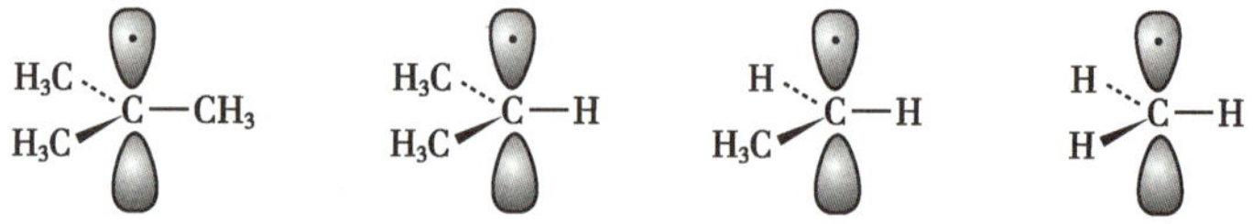

图 4-3　烷基自由基的结构和 σ-p 超共轭效应

因此，叔丁基自由基稳定性最高，甲基自由基的稳定性最低。稳定性大小为：

$$3°C \text{ 自由基} > 2°C \text{ 自由基} > 1°C \text{ 自由基} > \text{甲基自由基}$$

（三）烷烃卤化反应中的能量变化

烷烃卤化反应过程中，旧键的断裂和新键的生成经过一个过渡状态，且活化能较低的反应容易进行，反应中伴随能量变化，有放热和吸热反应。

1. 反应热（用 ΔH 表示）　反应热是指反应物和产物之间的能量差，即旧键断裂吸收的能量与新键形成放出的能量之差。根据键的离解能数据可以估算出反应热。如甲烷的氯化反应，其反应热的数据如下：

步（1）$Cl_2 \xrightarrow[\text{或 高温}]{h\nu} 2Cl\cdot$　　$\Delta H_1 = +242.7\text{kJ/mol}$

步（2）$CH_4 + Cl\cdot \longrightarrow \cdot CH_3 + HCl$　　$\Delta H_2 = +7.5\text{kJ/mol}$

步（3）$\cdot CH_3 + Cl_2 \longrightarrow CH_3Cl + Cl\cdot$　　$\Delta H_3 = -112.9\text{kJ/mol}$

步（2）+ 步（3）　　$\Delta H = -105.4\text{kJ/mol}$

从以上三步的反应热可看出，将 Cl_2 均裂形成 Cl· 需要吸收 242.7kJ/mol 的能量。步（2）Cl· 引发甲烷分子发生反应，生成 CH_3· 与 HCl 需要吸收 7.5kJ/mol 的能量。步（3）CH_3· 与 Cl_2 反应生成 CH_3Cl 和 Cl· 则放热 112.9kJ/mol。步（2）和步（3）两步反应共放热 105.4kJ/mol。

根据反应热的大小可以预测反应进行的难易程度。氟与甲烷的反应非常剧烈，是爆炸式的，需在低温、惰性气体稀释条件下进行。溴与甲烷的反应中，步（2）反应吸收 69.0kJ/mol 能量，步（3）反应放出 100.3kJ/mol 能量，两步反应共放热 31.3kJ/mol，因此溴化反应的速度较氯化反应的慢。碘与甲烷反应时，步(2)反应的 ΔH_2 为 +129.6kJ/mol，且 I· 易于重新结合为 I_2，因此，甲烷的碘化反应无实际意义。

2. 过渡态　过渡态是指反应物与产物之间能量处于最高点的中间状态。处于该状态的结构，既能转化成产物，也可能回到反应物。

始态(反应物) ⇌ 过渡态 ⇌ 终态(产物)

从反应物到过渡态，能量逐渐升高，达到过渡态时体系的能量最高。此后，体系能量迅速下降，反应生成产物。如图 4-4 所示。

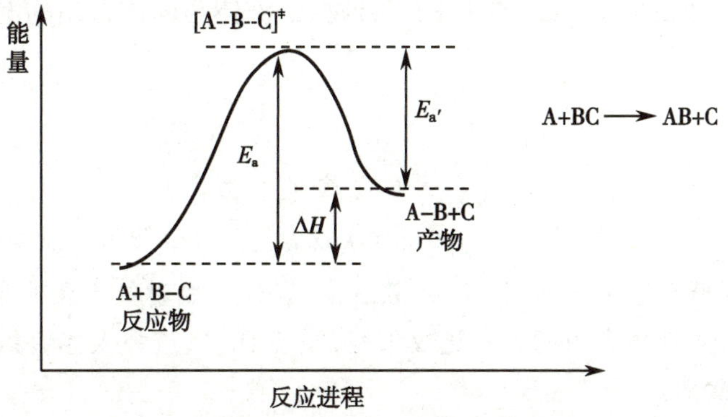

图 4-4　烷烃卤化反应能量图

过渡态不是中间体，而是由一种反应物或中间体向另一种中间体或产物转变过程中的过渡状态。处于过渡态的结构能量高，很不稳定，不能被分离出来。

3. 活化能　反应物与过渡态之间的能量差称为活化能。活化能决定反应速率的大小。活化能越小，反应速率越大。在分步进行的反应中，有多个过渡状态，每两个过渡状态之间的能量最低点相当于反应的活性中间体。活化能最高的那一步反应，速率是最慢的，因此，是整个反应中决定控制反应速率的步骤。甲烷氯化反应的能量变化如图 4-5 所示。

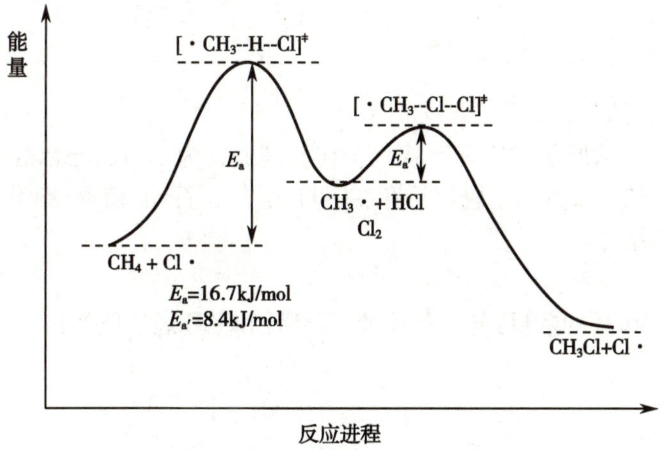

图 4-5　甲烷氯化反应的能量图

第一步反应的活化能 E_a 比第二步 $E_{a'}$ 大得多，因而第一步反应速率最慢，是控制反应速率的步骤。活性中间体甲基自由基处于两个过渡态之间的最低点，比过渡态稳定，但其能量

笔记栏

比反应物甲烷高，很活泼，所以它一生成立即进行下一步反应。

五、代表性化合物

1. 石油醚　石油醚是 C_5~C_8 低级烷烃的混合物，是无色透明易挥发的液体，广泛用于溶剂。常用的有 30~60℃馏分和 60~90℃馏分。石油醚极易燃烧，使用时须注意安全。

2. 石蜡　石蜡可分为液体石蜡和固体石蜡。液体石蜡是 C_{18}~C_{24} 烷烃的混合物，为无色透明状液体，不溶于水、酸，易溶于醚及氯仿，常用作熔点测定时的导热液体。固体石蜡是 C_{25}~C_{34} 烷烃的混合物，为蜡烛的主要原料，常用作中成药的密封材料。

3. 凡士林　一般是含 C_{18}~C_{34} 烷烃的混合物，是液体与固体石蜡的混合物，用于化妆品及医药工业。

知识链接

自由基与人体衰老

人体的正常代谢能产生自由基，环境污染、紫外线照射等因素也能导致人体产生自由基。人体内聚集的自由基容易进攻细胞，损伤 DNA，破坏人体组织系统，导致生命衰老，产生各种疾病。

自由基清除剂和抗氧剂可以延缓衰老，延长人的寿命。如维生素 C、花青素等容易失去电子捕获自由基，保护体内的生物活性物质免遭自由基的破坏。许多天然植物中也含有抗氧化物质，而经常摄入具有抗氧化功能的食物，能起到清除体内自由基、延缓衰老的作用。

第二节　环　烷　烃

一、环烷烃的定义、分类和异构

（一）环烷烃的定义

环烷烃是指含有碳原子的饱和环状化合物。其通式为 C_nH_{2n}，与烯烃相同，比直链烷烃少 2 个氢原子。环烷烃及其衍生物广泛存在于自然界，在石油、植物、糖类、杂环和很多药物分子中均含有碳环结构。

（二）环烷烃的分类

1. 根据分子中碳环的数目，分为单环烃、双环烃和多环烃。例如：

单环

单环

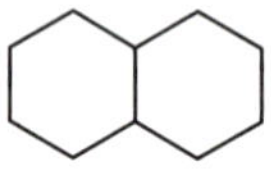
二环

多环

2. 根据环的大小，分为大环（含 12 个以上碳原子）、中环（含 8~12 个碳原子）、普通环（含 5~7 个碳原子）、小环（含 3~4 个碳原子）。

3. 根据环的连接方式，即分子中 2 个碳环共用的碳原子数，可分为螺环烃、桥环烃。

螺环烃:2 个碳环共用 1 个碳原子的脂环烃。例如:

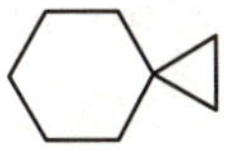

桥环烃:2 个碳环共用 2 个或 2 个以上碳原子的脂环烃。其中,2 个碳环共用 2 个碳原子时,又称为稠环烃。如:

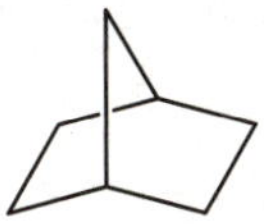

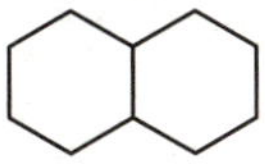

(三) 环烷烃的异构

1. 构造异构　同碳数的环存在环的大小异构,如环戊烷。

C_5H_{10} 

环上取代基存在位置异构,如 1,2- 二甲基环戊烷与 1,3- 二甲基环戊烷。

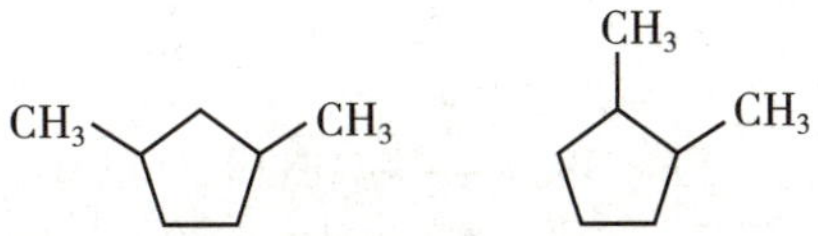

同碳原子数的环烷烃与烯烃互为官能团异构体,如丙烯与环丙烷。

$CH_3CH{=}CH_2$ 

2. 构型异构　环烷烃分子中因环状结构的存在,碳碳 σ 键之间不能像链烷烃一样自由旋转,当环上不同碳原子上连有取代基时,可产生立体异构中的顺反异构。例如:*trans*-1,2-二甲基环丙烷与 *cis*-1,2- 二甲基环丙烷。

2 个取代基在环的同一侧时称为顺式,在环的异侧称为反式。

二、环烷烃的化学性质

环烷烃的化学性质主要与成环的碳原子数有关。三元和四元小环烷烃的性质与烯烃相似,不稳定,容易开环发生加成反应;五元及以上的环烷烃的性质与烷烃相似,稳定,主要进行自由基取代反应。

环烷烃的化学性质

(一) 取代反应

在光照或高温的作用下,环烷烃能与卤素发生自由基取代反应。例如:

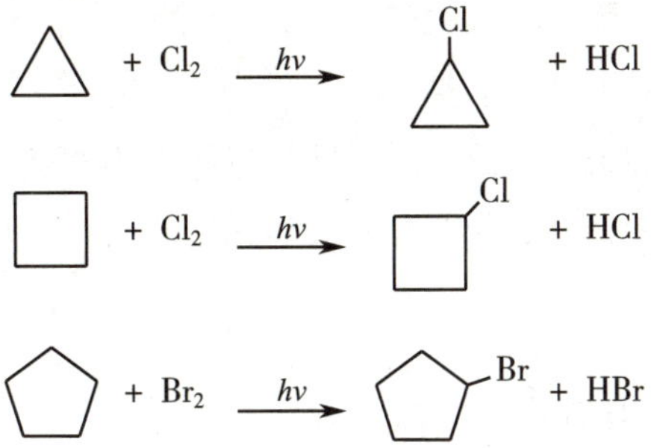

笔记栏

（二）加成反应

小环烷烃的性质与烯烃相似，不稳定，容易开环发生加成反应。五元及以上的环烷烃稳定性高，难发生加成反应。

1. 催化加氢　在催化剂 Ni 的作用下，环烷烃可进行催化加氢反应。加氢时，环烷烃开环生成直链烷烃。由于环烷烃的碳环原子数不同，开环反应难易程度也不同。环丙烷在 80℃时即可加氢生成丙烷，环丁烷在 200℃时加氢生成丁烷，环戊烷、环己烷及其他大环烷烃通常很难发生催化加氢反应。

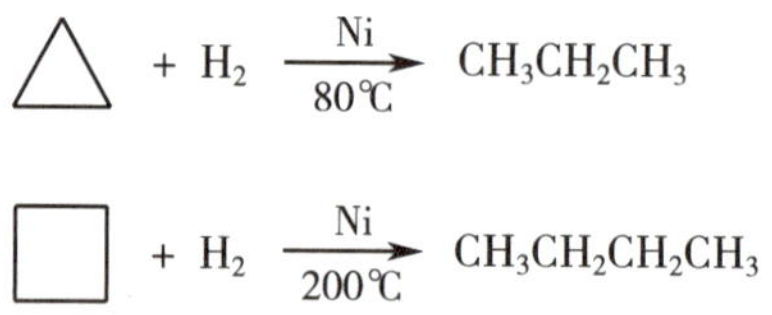

2. 与卤素加成　环丙烷、环丁烷与烯烃类似，能与卤素发生加成反应开环。

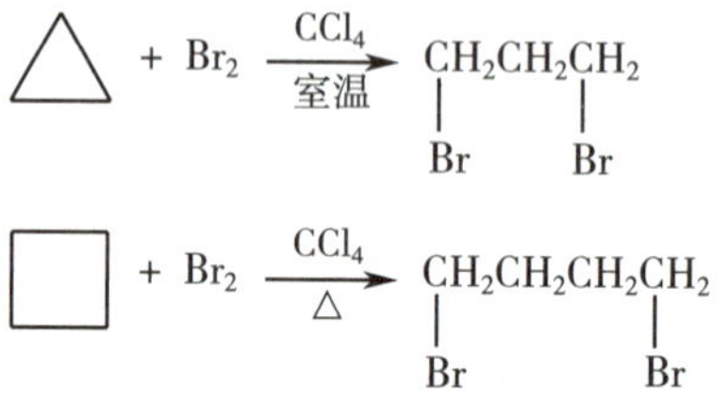

3. 与卤化氢加成　环丙烷、环丁烷及其衍生物能与卤化氢发生加成反应，开环发生在含氢最多和含氢最少的 2 个碳原子之间，加成方向遵循马氏规则。

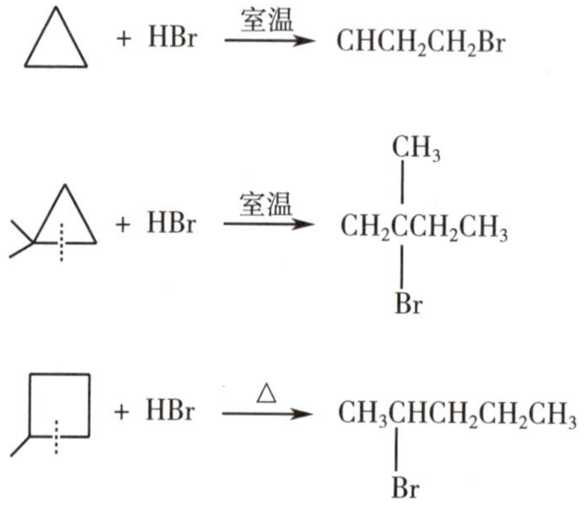

实验证明，环烷烃开环加成反应活性为：三元环 > 四元环 > 五、六元环。

（三）氧化反应

环烷烃与烷烃相似，不与氧化剂发生氧化反应。环丙烷易发生加成反应开环，但不能被高锰酸钾氧化，具有一定的抗氧化性。可以用高锰酸钾溶液鉴别不饱和烃与环丙烷及其衍生物。

三、环烷烃的结构及其稳定性

化学性质显示，环烷烃的反应活性、稳定性与环的大小有关。环丙烷不稳定易发生加成反应开环，而环戊烷、环己烷则稳定。张力学说和现代结构理论从结构上解释了环烷烃的稳定性。

（一）张力学说

1885 年，德国化学家拜耳提出张力学说。该理论认为，所有环状化合物碳环上的碳原

笔记栏

子都在同一平面上，为正多边形。如环丙烷为正三角形，键角为 60°；环丁烷为正四边形，键角为 90° 等。

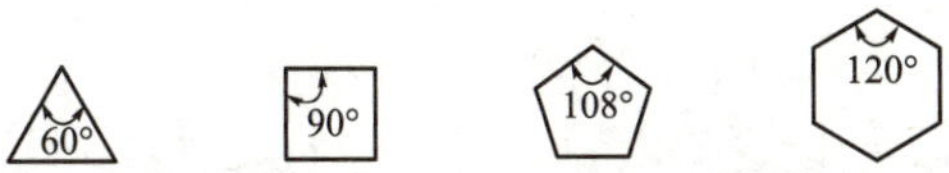

链烷烃分子中碳原子 sp^3 正常键角为 109.5°，为达到环丙烷正三角形 60° 的键角，原正常键角被压缩向内偏转，使得分子内产生恢复正常键角的张力，该张力称为角张力（或拜耳张力）。分子的偏转角度越大，角张力也越大，分子内能也越高，稳定性则越低。环烷烃中环丙烷的角张力最大，因此环丙烷的稳定性最小。

拜耳张力学说解释了小环的不稳定性，但解释不了五元及以上环烷烃性质稳定的现象。在分子的真实结构中，只有环丙烷具有拜耳假设的平面结构，其他环烷烃分子中的碳原子都不在一个平面上，不存在平面结构，加之六元环以上的环烷烃中碳原子保持了 sp^3 杂化的四面体构型的正常键角，因此拜耳张力学说不能解释五元及以上碳环的稳定性。

思政元素

批判性思维

没有依据分子的真实结构提出的拜耳张力学说，最终不能解释五、六元环的稳定性。由此可见，学习生活中，我们应该全方位、批判地看待问题，敢于质疑、善于思考、勇于探索。

人物介绍——拜耳

（二）现代结构理论

现代结构理论认为，共价键是成键原子轨道相互重叠形成的，重叠程度越大，形成的共价键就越稳定。根据该理论对环丙烷、环丁烷等的稳定性解释如下。

1. 环丙烷　在环丙烷分子中，由于受分子几何形状的影响，2 个碳原子的 sp^3 杂化轨道不能在碳原子核中心轴线上重叠，而是偏离一定角度在轴线外侧重叠，形成弯曲的 σ 键，称为弯曲键，因其形似香蕉，又称香蕉键，如图 4-6 所示。

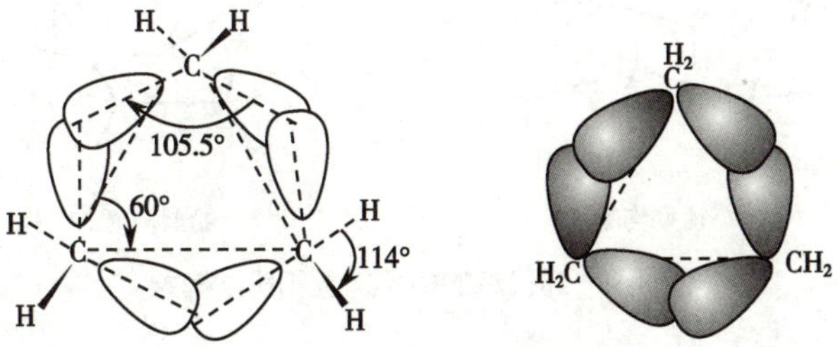

图 4-6　环丙烷原子轨道重叠图

环丙烷分子中，因香蕉键的存在，电子云重叠程度小，虽然碳碳实际键角为 105.5°，但也比链烷烃的正常键角 109.5° 小，故分子中仍存在角张力，键容易断裂。此外，环丙烷分子中由于碳氢键为重叠式，偏离交叉构象而存在扭转张力。因此，环丙烷具有较高的分子内能，很不稳定，易发生加成反应开环。

环丙烷的构象

2. 环丁烷和环戊烷　与环丙烷相比，环丁烷的碳原子不在同一平面上，其分子为折叠形状，称为蝶式。如图 4-7 所示，C(1)C(2)C(4) 平面和 C(2)C(3)C(4) 平面间的夹角约为

笔记栏

35°。在此构象中，C—H 键之间的扭转角约为 25°。折叠后的环丁烷因碳氢重叠所引起的扭转张力有所减小，所以较环丙烷稳定。2 个折叠型构象可以通过环翻转互变。

ER-4-6

环丁烷的构象

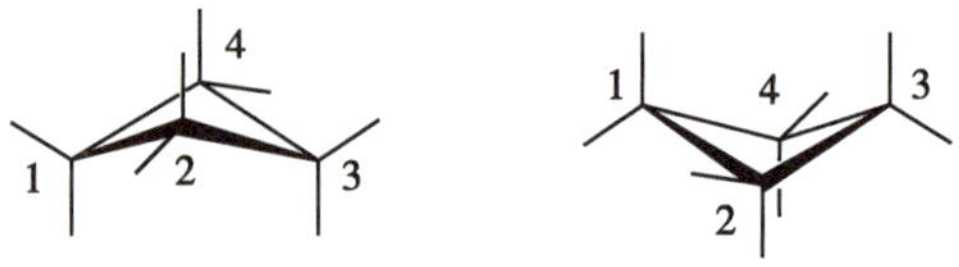

图 4-7 环丁烷的蝶型构象

环戊烷分子中的碳原子也不在同一平面上，其分子有信封型和半椅型两种折叠形状。在信封型构象中，4 个碳原子在同一平面上，另外 1 个碳原子在平面上方。在半椅型构象中，3 个碳原子在同一平面内，另外 2 个碳原子一上一下，位于该平面两侧。信封型和半椅型结构使扭转张力降低，因此，比平面结构更稳定。其中，信封型构象比半椅型构象更稳定。如图 4-8 所示。

信封型　　半椅型

图 4-8 环戊烷的信封型构象和半椅型构象

环丁烷、环戊烷的非平面型结构减小了碳原子在成环中的角张力，由于环上碳原子的键角在空间能得到伸展，使分子内的扭转张力也减小。因此，环丁烷、环戊烷的稳定性较环丙烷高。

3. 环己烷　环己烷的 6 个碳原子不在同一平面上，分子存在椅型构象和船型构象 2 种典型构象，且两者可互相转换。常温下，环己烷主要以稳定的椅型构象为主。如图 4-9 所示。

ER-4-7

环戊烷的构象

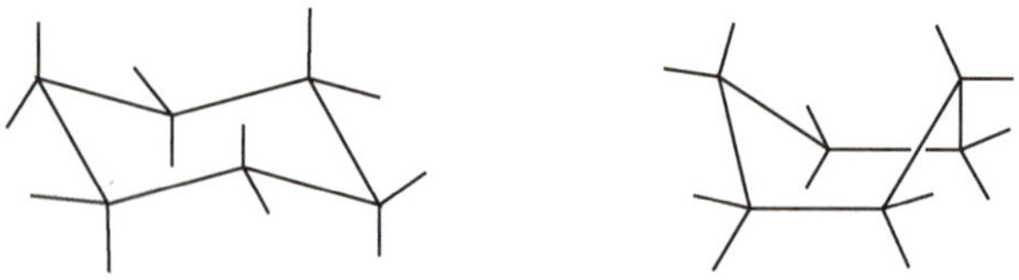

椅型构象　　船型构象

图 4-9 环己烷的椅型构象和船型构象

环己烷中由于碳原子不在同一平面上，碳碳键角可以保持烷烃 sp^3 杂化正常的 109.5°，因此，分子中不存在角张力和扭转张力，环很稳定。

（虎春艳　林玉萍）

笔记栏

学习小结

1. 学习内容

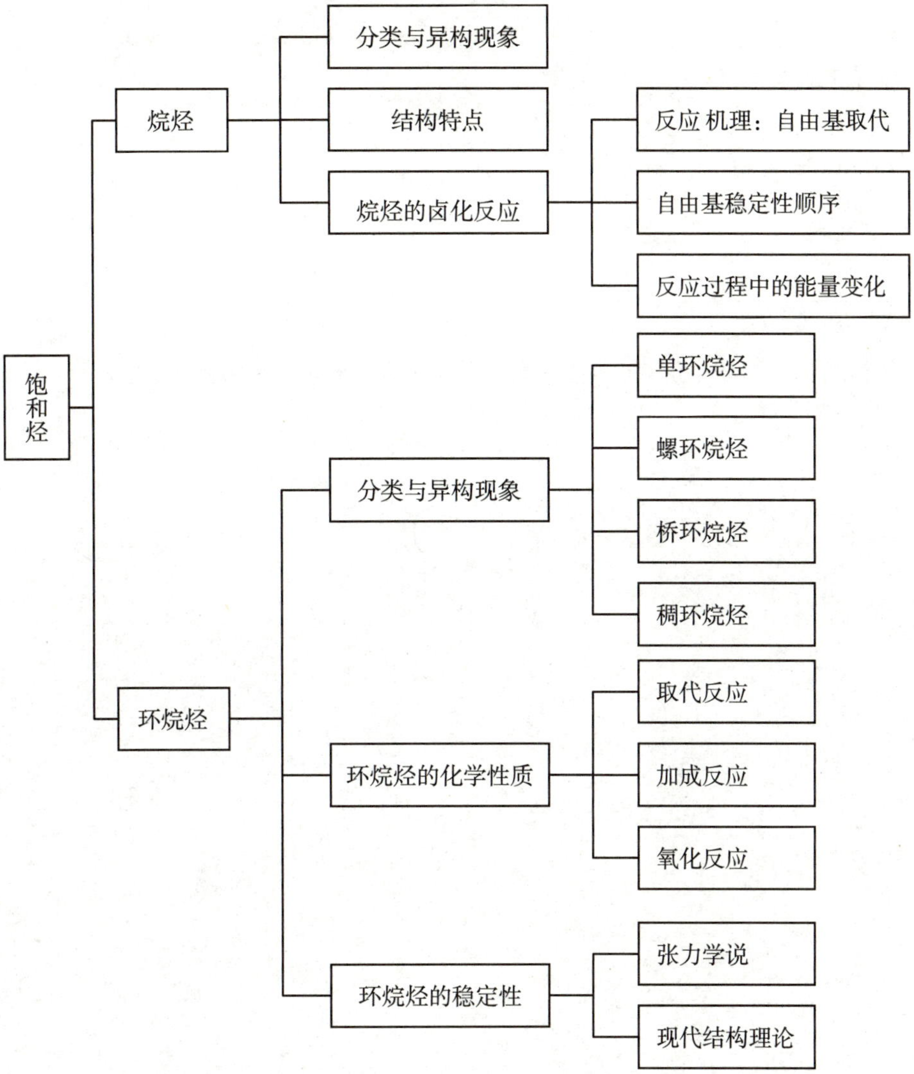

2. 学习方法　在了解烷烃结构特点的基础上掌握其化学性质，通过对烷烃卤化反应机理的学习，了解自由基反应的特点、反应过程中的能量变化情况，掌握从中间体稳定性出发，解释烷烃中不同氢原子反应活泼性及自由基稳定性不同的分析方法；对比不同环烷烃结构的异同，理解小环烷烃与普通环以上烷烃化学性质的差异。

复习思考题与习题

1. 请解释烷烃为什么比较稳定，不易发生化学反应。
2. 简述烷烃与卤素进行取代反应的机理。烷烃卤化反应发生的条件是什么？
3. 简述烷烃沸点变化的规律，并将下列烷烃按照沸点由低到高的顺序排列。

　己烷　辛烷　3- 甲基庚烷　2,2,3,3- 四甲基丁烷　2,3- 二甲基戊烷

笔记栏

4. 试阐述影响自由基稳定性的因素，并将下列自由基按其稳定性由大到小排列成序，说明理由。

$CH_3CH_2CH_2CH_2\dot{C}H_2$　　　$CH_3CH_2\underset{\underset{CH_3}{|}}{\dot{C}}CH_3$　　　$CH_3\dot{C}H\underset{\underset{CH_3}{|}}{C}HCH_3$

5. 完成下列反应式

(1) $CH_3\overset{\overset{CH_3}{|}}{C}HCH_3 + Br_2 \xrightarrow{h\nu}$

(2) 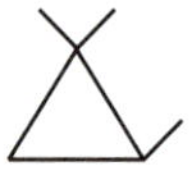 $+ HBr \longrightarrow$

(3) 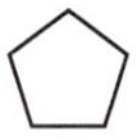 $+ Cl_2 \xrightarrow{h\nu}$

6. 杜松烷属于二环类烷烃，其结构式如下图所示，请写出其优势构象。

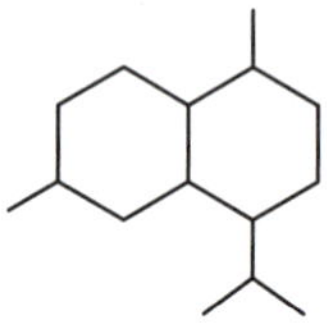

第五章

不饱和烃

学习目标

不饱和烃是一类重要的有机化合物，包括烯烃、炔烃、二烯烃等。不饱和烃都具有π键结构，因此化学性质相似，具有较强的反应活性，易发生加成、氧化、聚合等反应。

1. 掌握烯烃、炔烃的结构和重要化学性质(亲电加成、自由基加成、催化加氢、氧化反应和α-H 卤化反应)，亲电加成反应机理，共轭二烯烃的亲电加成和双烯合成反应。

2. 熟悉顺反异构对烯烃性质的影响(熔沸点、稳定性等)、炔烃与烯烃的性质差异(炔氢的酸性、金属炔化物的生成、亲核加成反应等)、有机反应的平衡控制和速率控制。

3. 了解不饱和烃的物理性质、实验室制备方法，以及在医药领域的代表性化合物。

不饱和烃是指分子中含有碳碳重键(碳碳双键或碳碳三键)的碳氢化合物。分子中含有碳碳双键的碳氢化合物称为烯烃(alkene)；根据分子中所含碳碳双键的数目，烯烃又可以分为单烯烃、二烯烃和多烯烃，而通常所说的烯烃指的是单烯烃。分子中含有碳碳三键的碳氢化合物称为炔烃(alkyne)。

第一节 烯 烃

碳碳双键是烯烃的官能团，而且反应多发生在碳碳双键上。链状单烯烃比相应的烷烃少 2 个氢原子，其通式为 C_nH_{2n}。

一、烯烃的结构和异构

(一) 结构

烯烃中双键碳原子为 sp^2 杂化，且 3 个 sp^2 杂化轨道的对称轴处于同一平面。以最简单的烯烃——乙烯($CH_2{=}CH_2$)为例，2 个双键碳原子各以 1 个 sp^2 杂化轨道沿键轴方向重叠(“头碰头”)形成碳碳 σ 键，同时未参与杂化的 p 轨道沿键轴方向侧面重叠(“肩并肩”)形成 π 键。所以，烯烃中的碳碳双键由 1 个 σ 键和 1 个 π 键组成。同时，2 个双键碳原子又各自以其剩余的 2 个 sp^2 杂化轨道与 2 个氢原子的 s 轨道重叠形成碳氢 σ 键。乙烯分子中 5 个 σ 键处于同一平面上，π 电子云则垂直并对称地分布在 σ 键所在平面上方和下方。乙烯分子的键长、键角以及分子结构见图 5-1 和图 5-2。

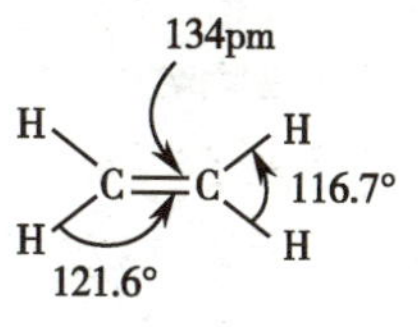

图 5-1 乙烯分子的键长与键角

笔记栏

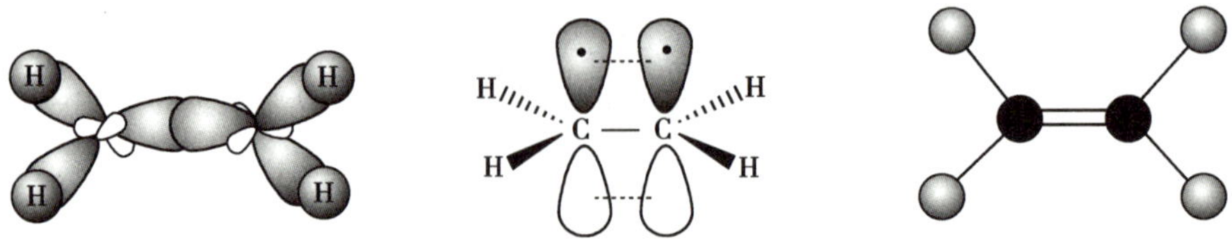

图 5-2 乙烯分子的结构

与 σ 键相比，π 键有以下主要特征：①形成 π 键的 2 个 p 轨道为侧面重叠，其重叠程度较小，π 键键能（265kJ/mol）比 σ 键键能（345kJ/mol）小，不如 σ 键牢固，容易断裂；② π 电子云分布在 σ 键的上方和下方，离核较远，受原子核的约束力较小，流动性较大，易极化，易受缺电子试剂（亲电试剂）进攻而发生反应；③ π 键不是按键轴方向重叠，不能沿 C—C 键轴自由旋转，当双键碳原子连有不同的原子或基团时会产生顺反异构。

（二）异构

烯烃除与烷烃一样存在碳链异构外，还有因双键在碳链中位置不同而产生的位置异构，以及由于原子或基团空间位置排布不同而产生的顺反异构。如：丁烷只有 2 种碳链异构体，而丁烯则有 4 种异构体。

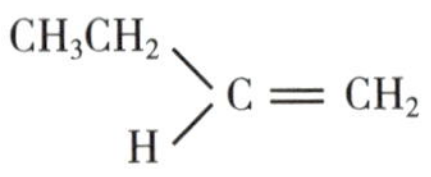

丁-1-烯
butene

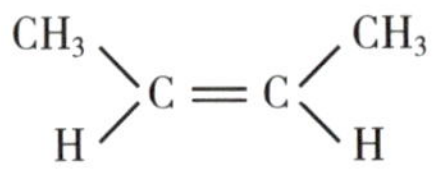

cis-丁-2-烯
cis-but-2-ene

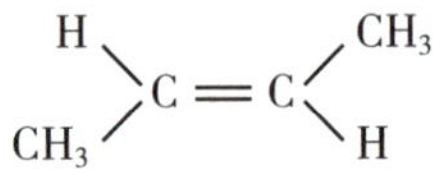

trans-丁-2-烯
trans-but-2-ene

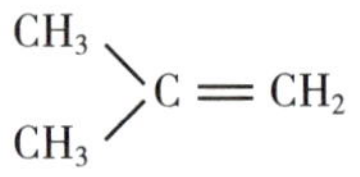

异丁烯
isobutylene

二、烯烃的物理性质

烯烃的物理性质与烷烃类似，熔点、沸点和相对密度随分子量的增加而升高。在常温常压下，含 2~4 个碳原子的烯烃为气体，含 5~18 个碳原子的烯烃为液体，含 18 个以上碳原子的烯烃为固体。烯烃极难溶于水而易溶于非极性有机溶剂，但烯烃可溶于浓硫酸。一些常见烯烃的物理常数见表 5-1。

表 5-1 常见烯烃的物理常数

名称	熔点 /℃	沸点 /℃	密度（液态时）/(g/L)
乙烯	-160.1	-103.7	0.001 26
丙烯	-185.2	-47.40	0.519
丁 -1- 烯	-185.4	-6.300	0.589
戊 -1- 烯	-165.0	29.20	0.641
己 -1- 烯	-139.8	64.00	0.678
庚 -1- 烯	-119.0	94.00	0.697
辛 -1- 烯	-101.7	121.3	0.714
壬 -1- 烯	-81.70	146.0	0.731
癸 -1- 烯	-66.30	170.3	0.741
2- 甲基丙烯	-140.3	-6.900	0.594
2- 甲基丁 -1- 烯	-137.0	31.00	0.652
3- 甲基丁 -1- 烯	-168.0	20.10	0.627
cis- 丁 -2- 烯	-139.3	3.700	0.621
trans- 丁 -2- 烯	-105.8	0.900 0	0.604

烯烃属于极性较小的有机化合物，但烯烃由于分子中存在着易流动的 π 电子，而且分子中不同杂化态碳原子的电负性也不一样，因而偶极矩比烷烃稍大。根据杂化理论，在碳原子的 sp^n 杂化轨道中，n 越小，s 成分越多，杂化碳原子电负性越大。这是由于 s 电子比 p 电子更靠近原子核，与原子核结合得更紧，所以碳原子的电负性随杂化轨道 s 成分的增大而增大。如丙烯分子中甲基碳原子 sp^3 杂化，双键碳原子 sp^2 杂化，sp^2 杂化碳原子的电负性比 sp^3 杂化碳原子大，因此甲基与双键碳相连 σ 键的电子偏向 sp^2 杂化的双键碳原子，形成偶极，且其偶极矩（μ）为 0.35D。

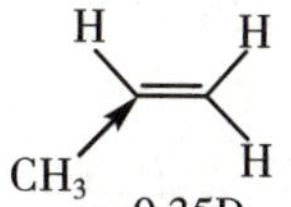

μ=0.35D

偶极矩的差异对烯烃顺反异构的沸点也有影响。对称的反式烯烃分子偶极矩为零，这是由于在反式异构体中键矩相反，相互抵消，向量和等于零；顺式异构体因键矩不能抵消，总是偶极分子。因此，一般情况下，与反式异构体相比，顺式烯烃偶极矩更大，沸点更高，比如 *cis*- 丁 -2- 烯的沸点比 *trans*- 丁 -2- 烯高。此外，反式烯烃对称性更好，晶格中排列紧密，熔点常较顺式高。顺反异构体在偶极矩、沸点和熔点方面的差异常可用于两者的鉴别。

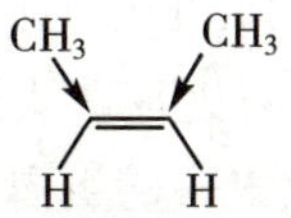

μ=0.33D
沸点3.7℃
熔点−138.9℃

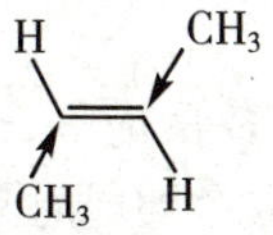

μ=0
沸点0.9℃
熔点−105.6℃

三、烯烃的化学性质

碳碳双键是烯烃的反应中心，能发生加成、氧化和聚合等化学反应，这些都是烯烃的典型反应。受碳碳双键的影响，α- 氢原子也可发生自由基型的取代反应。

（一）加成反应

在烯烃的碳碳双键中，π 键的强度比 σ 键小。π 键在进行化学反应时容易断裂，且在 π 键断开处形成 2 个强的 σ 键，此反应称为加成反应。

烯烃分子中的 π 电子云比较暴露，容易被缺电子试剂进攻引起加成反应。这些缺电子试剂即亲电试剂。由亲电试剂对 π 键进攻而引发的加成反应称为亲电加成反应。

1. 亲电加成反应　烯烃可与卤化氢、硫酸、水、卤素、次卤酸等发生反应。

(1) 与卤化氢加成：烯烃与卤化氢反应生成相应的一卤代烷。

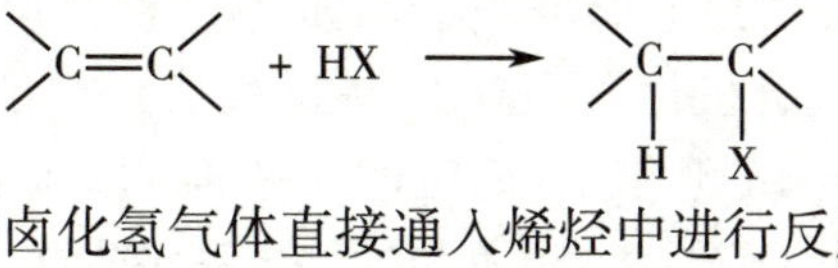

该反应通常是将干燥的卤化氢气体直接通入烯烃中进行反应，有时也使用乙酸等中等极性的溶剂，一般不用卤化氢水溶液，避免水与烯烃发生反应。

烯烃与卤化氢反应分两步进行：首先卤化氢中的氢进攻双键的 π 键，π 键发生异裂形成碳正离子中间体；然后，碳正离子与卤素负离子作用生成卤代烷。

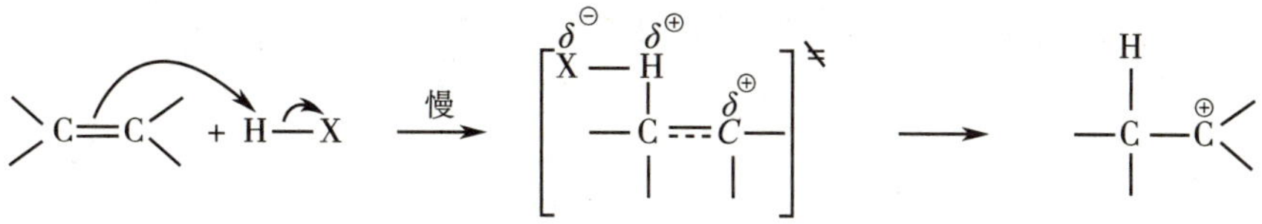

笔记栏

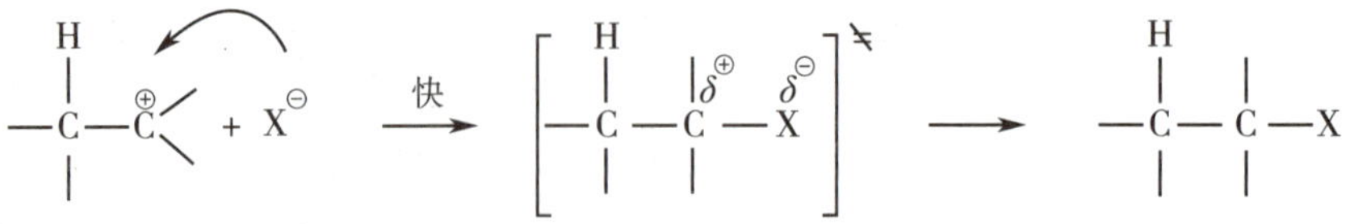

第一步生成碳正离子所需的活化能比第二步高，反应较慢，是整个反应的速率控制步骤。

反应机理表明，卤化氢与烯烃加成反应活性会随其酸性的增强而增强，即 HI>HBr>HCl>HF。氟化氢毒性大，与烯烃反应时会聚合，应用较少；碘化氢与烯烃加成时，因碘化氢具有还原性，能将生成的碘代烷还原成烷烃，应用也较少。因此，在有机合成中使用最多的是 HBr 和 HCl。

当卤化氢与结构对称的烯烃（如乙烯）发生加成反应时，只生成 1 种加成产物。

$$CH_2 = CH_2 + HX \longrightarrow CH_3CH_2X$$

但与不对称烯烃（如丙烯）发生反应时，则可能生成 2 种产物。

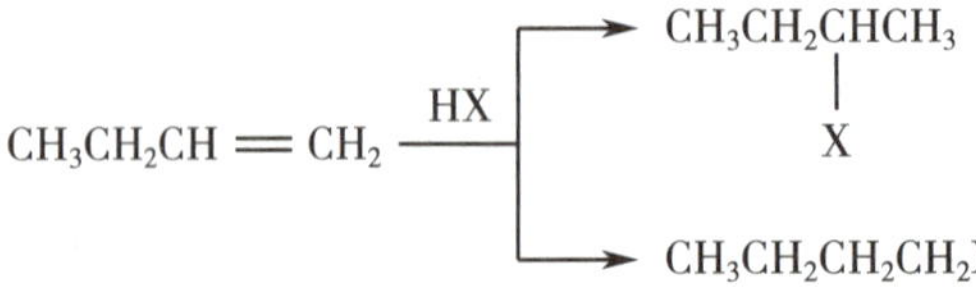

在考察了许多这种加成反应后，俄国化学家马尔科夫尼科夫（V·Markovnikov）在 1869 年提出：卤化氢与不对称烯烃加成时具有选择性，卤化氢中的氢总是优先加到含氢较多的双键碳原子上。该规律称为马尔科夫尼科夫规则，简称马氏规则。应用马氏规则可以预测反应的主要产物。例如：

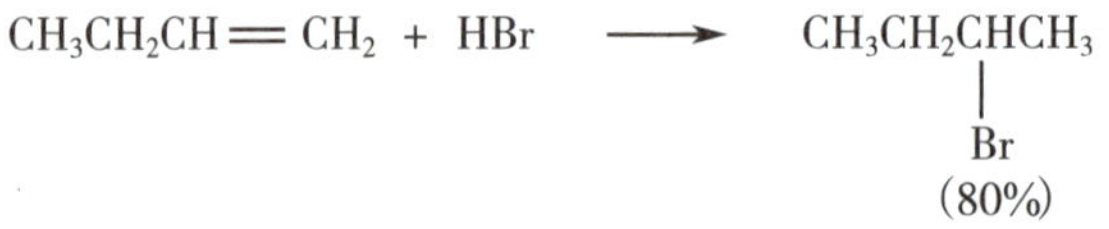

马氏规则可从反应机理进行解释，如以丁烯与卤化氢的加成反应为例：

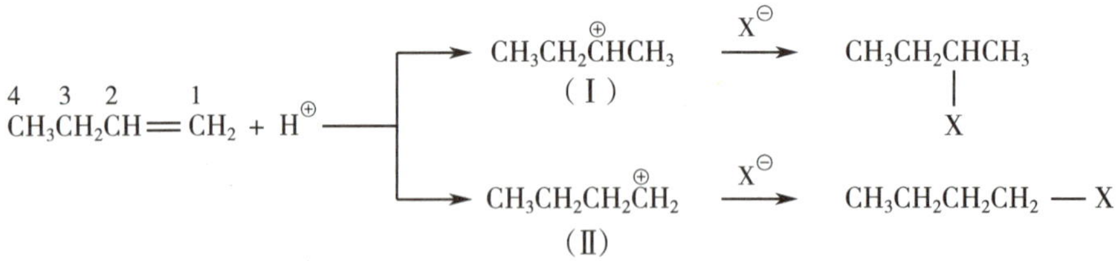

$H^{\oplus}$有 2 种加成的取向，若加到 C_1 上形成碳正离子（Ⅰ），若加到 C_2 上形成碳正离子（Ⅱ）。（Ⅰ）为 2° 碳正离子，（Ⅱ）为 1° 碳正离子。如前所述，该反应中生成碳正离子的这一步对反应起决定作用。在一般有机化学反应中，能够生成较稳定中间体（或过渡态）的反应，其反应速率就快，所以在亲电试剂与碳碳双键的亲电加成反应中，优先生成较稳定的碳正离子，因为生成较稳定的中间体（或过渡态）所需的反应活化能低，更容易形成。

碳正离子的稳定性次序为：3° 碳正离子 >2° 碳正离子 >1° 碳正离子 >$\overset{\oplus}{C}H_3$。故加成取向以（Ⅰ）为主，主要产物为 $CH_3CH_2CHXCH_3$，与按马氏规则形成的产物一致。

碳正离子的稳定性与其结构有关。碳正离子中带正电荷的碳一般采用 sp^2 杂化，3 个 sp^2 杂化轨道处在同一平面，不含电子的空 p 轨道垂直于该平面。

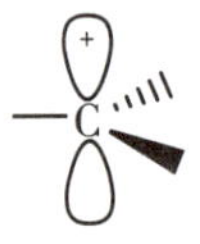

笔记栏

根据静电学原理，带电体系的电荷越分散，体系就越稳定。碳正离子的稳定性可从诱导效应和σ-p 超共轭效应加以解释。

烷基存在斥电子诱导效应，碳正离子上所连接的烷基越多，其正电荷就越分散，碳正离子就越稳定。

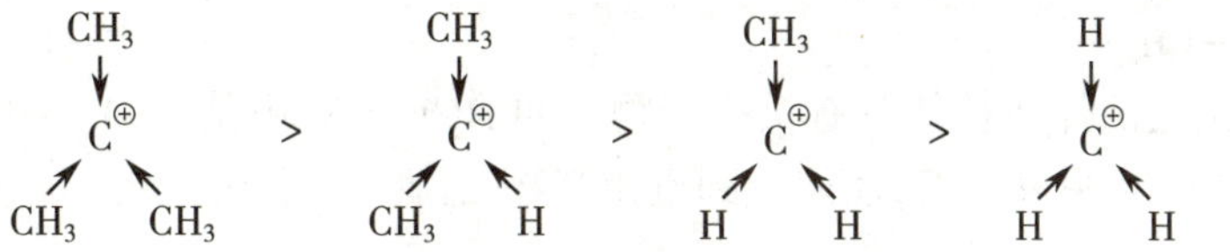

烷基的斥电子诱导效应

在烷烃中已讨论了σ-p 超共轭效应能够稳定自由基，同样，σ-p 超共轭效应也可以稳定碳正离子(图 5-3)。碳正离子中带正电荷的碳原子有 3 个 sp^2 杂化轨道和 1 个空的 p 轨道，与碳正离子直接相连的烷基的 C—H σ 键可以和空 p 轨道发生一定程度的轨道重叠，从而使 C—H σ 键电子部分离域到 p 轨道上，使碳正离子正电荷分散，稳定性增加。参与超共轭的烷基 C—H σ 键越多，碳正离子越稳定，所以其稳定性顺序为：

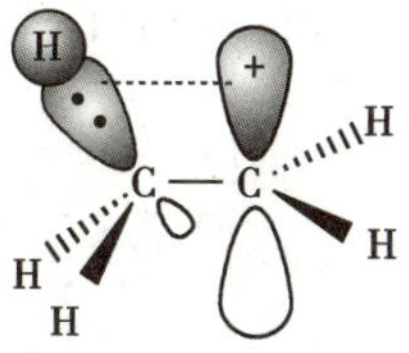

图 5-3 乙基碳正离子中的σ-p 超共轭作用

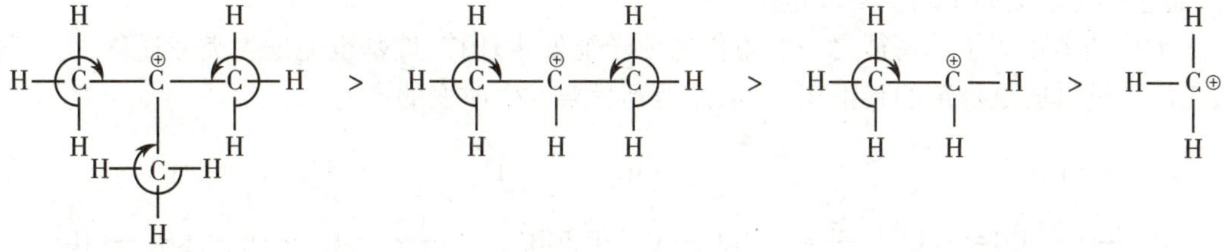

碳正离子的结构和稳定性

通过上述分析，已明确了加成反应的区域选择性取决于碳正离子的稳定性。据此可解释当 3,3,3- 三氟丙烯与氯化氢发生加成反应时的加成取向。

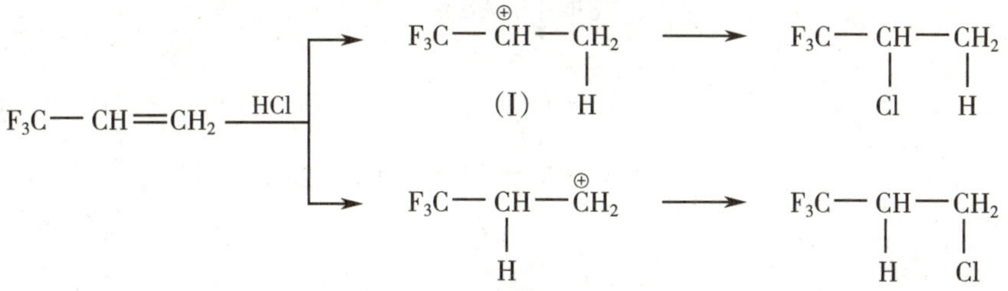

较稳定　　主要产物

比较碳正离子(Ⅰ)和(Ⅱ)的结构可看出，(Ⅰ)中带正电荷的碳原子直接与三氟甲基(F_3C—)相连，三氟甲基的吸电子诱导效应使正电荷更加集中，从而使这一碳正离子更不稳定；(Ⅱ)中带正电荷的碳原子距三氟甲基较远，受吸电子诱导效应的影响相对较小，因而稳定性大于(Ⅰ)，生成速率快，导致质子主要加在碳碳双键上含氢较少的碳原子上。这一反应从直观上看是反马氏规则的加成，但事实上该反应也是按能生成更稳定的碳正离子的途径进行的。所以，马氏规则应描述为"当不对称试剂与不对称烯烃发生亲电加成时，试剂中正电性部分主要加到能形成较稳定碳正离子的那个碳原子上"更为合适。

按上所述，就不难推断当双键碳原子上连的吸电子基团含有未共用电子对时，发生亲电加成后的产物结构。例如：

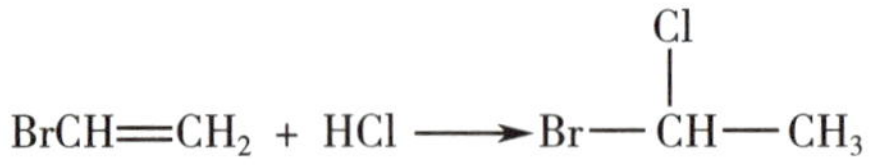

这是由于未共用电子对具有离域作用(p-p 共轭效应,即$\ddot{X}-\overset{\oplus}{C}H-CH_3$),$\ddot{B}r-\overset{\oplus}{C}H-CH_3$的稳定性大于$\ddot{B}r-CH_2-\overset{\oplus}{C}H_2$。

烯烃与卤化氢的加成往往会有重排产物。如 HCl 与 3- 甲基丁 -1- 烯的加成,不仅可得到预期产物 2- 氯 -3- 甲基丁烷,还能得到重排产物 2- 氯 -2- 甲基丁烷。

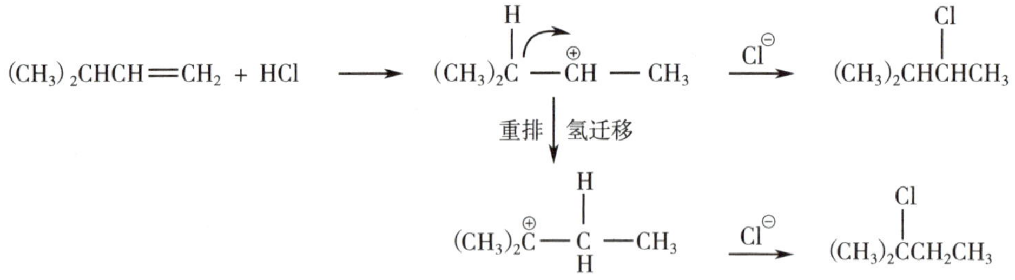

在重排时,氢带着一对电子迁移到相邻带正电荷的碳原子上,形成较稳定的叔碳正离子,而它再与氯负离子结合生成重排产物。

重排是碳正离子的特征之一。不仅氢原子能发生迁移,烷基也能发生类似迁移,由一种碳正离子重排成更稳定的碳正离子,从而得到骨架发生改变的产物。

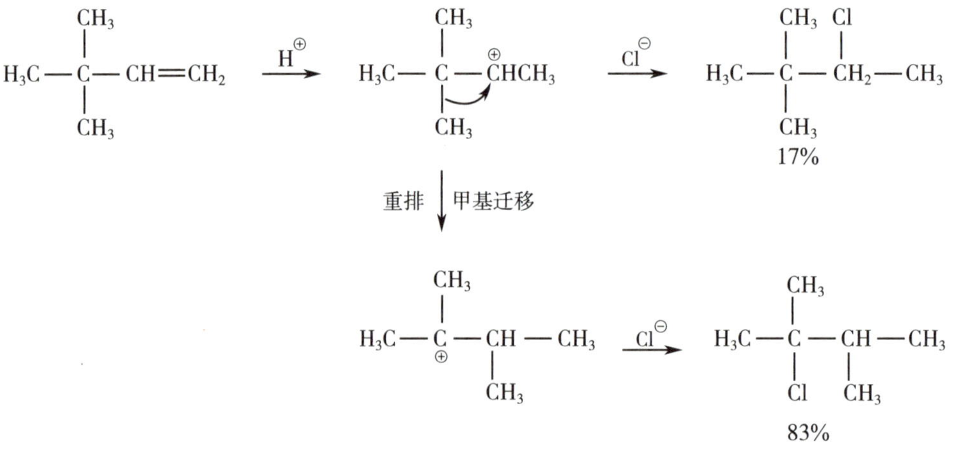

(2)与硫酸和水加成:烯烃可与浓硫酸发生加成反应。0℃时,质子和硫酸氢根分别加到双键的 2 个碳原子上,形成硫酸氢酯。硫酸氢酯可被水解生成醇。

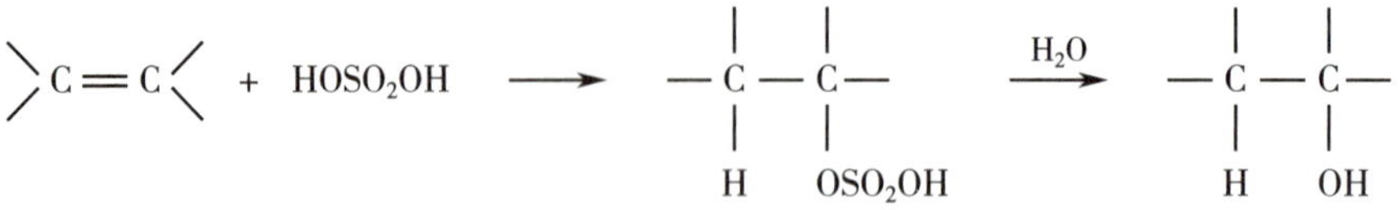

硫酸氢酯

加成机理类似于烯烃与卤化氢的加成,也是通过碳正离子中间体进一步形成加成产物。不对称烯烃与硫酸加成取向亦遵循马氏规则。

烯烃通过硫酸氢酯制备醇的方法称为间接水合法。工业上生产低级醇类就是将烯烃直接通入不同浓度的硫酸中,然后加水稀释,加热即可水解为相应的醇。

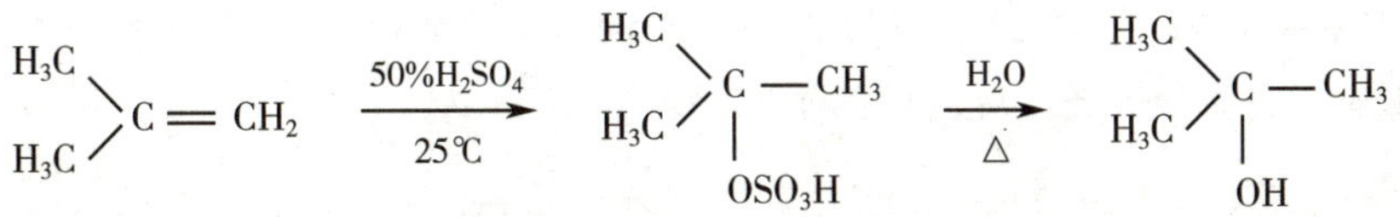

烯烃亦可在酸催化下与水生成醇，该方法为烯烃的直接水合法。如乙烯在磷酸催化下，在 300℃和 7MPa 压力下与水反应生成乙醇。

$$H_2C{=}CH_2 + H_2O \xrightarrow[300℃,\ 7MPa]{H_3PO_4} CH_3CH_2OH$$

(3) 与卤素加成：烯烃可与卤素进行加成反应生成邻二卤代烷。

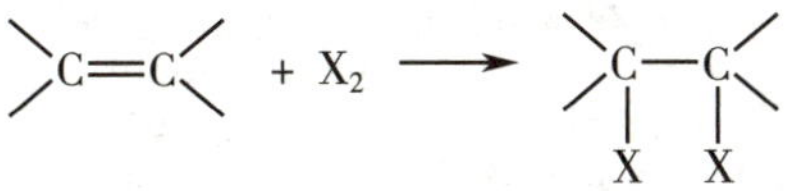

实验表明，卤素种类不同，在同样条件下的反应活性也不同，其反应活性次序为 $F_2>Cl_2>Br_2>I_2$。氟与烯烃反应十分剧烈，同时伴有其他副反应；碘一般不易与烯烃发生加成反应；烯烃与氯或溴的加成，无论在实验室或工业上都有应用价值，可用于制备邻二氯代烷和邻二溴代烷。将烯烃加入溴的四氯化碳溶液，溴的红棕色迅速褪去，此反应可作为烯烃的鉴别方法。

卤素与烯烃的亲电加成反应分两步完成，现以乙烯与溴的加成反应为例说明。第一步，非极性的溴分子向乙烯的 π 电子云靠近，由于受 π 电子云的影响而发生极化（其中靠近双键的溴原子带部分正电荷，一端带部分负电荷），极化使溴溴键发生异裂，正电荷溴原子与双键碳形成一个环状中间体——溴鎓离子，同时一个溴原子带负电荷离去。

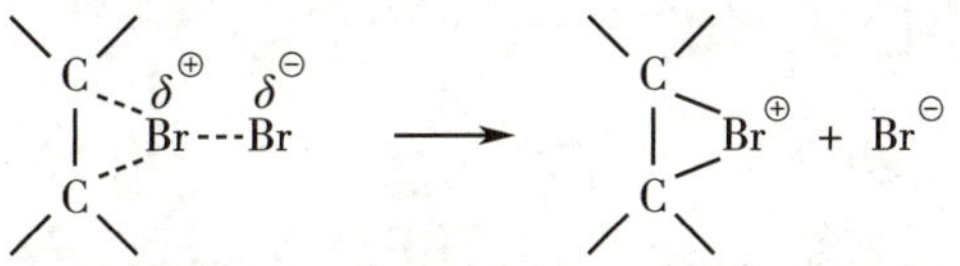

由于溴的原子半径较大，形成三元环时张力较小，加之电负性较小，较易给出电子而成环。在环鎓离子中又因每个原子都具八隅体结构而处于较低的能量状态，所以反应通过环鎓离子来完成是能量上有利的途径。

第二步，溴负离子从三元环的背面进攻溴鎓离子中的一个碳原子，得到反式加成产物。

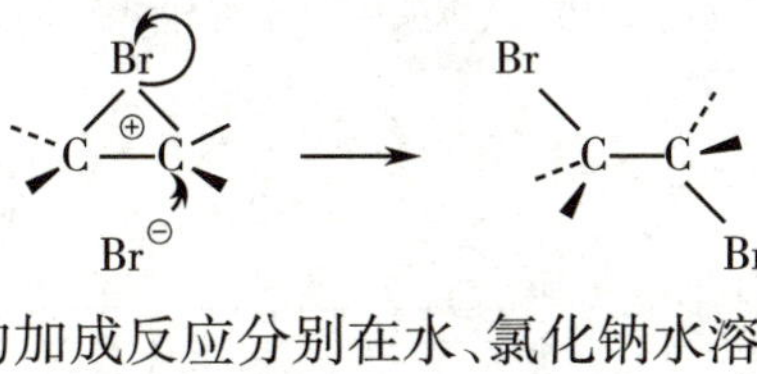

实验证明，当溴与乙烯的加成反应分别在水、氯化钠水溶液或甲醇中进行时，会发生混杂加成。

$$CH_2{=}CH_2 + Br_2 \begin{cases} \xrightarrow{H_2O} BrCH_2CH_2Br + BrCH_2CH_2OH \\ \xrightarrow{H_2O,\,Cl^{\ominus}} BrCH_2CH_2Br + BrCH_2CH_2Cl + BrCH_2CH_2OH \\ \xrightarrow{CH_3OH} BrCH_2CH_2Br + BrCH_2CH_2OCH_3 \end{cases}$$

上述实验表明，溴与烯烃的加成反应不是 2 个溴原子同时加到双键碳原子上的，是 $Br^{\oplus}$ 先加到乙烯分子中，之后 $Br^{\ominus}$ 再加到双键的另一端。

非末端烯烃与卤素加成，往往以反式加成产物为主。如溴与 *cis*- 丁 -2- 烯的加成，溴原子可按 a 或 b 方式加到烯烃相反的两面上，从而得到对映体。

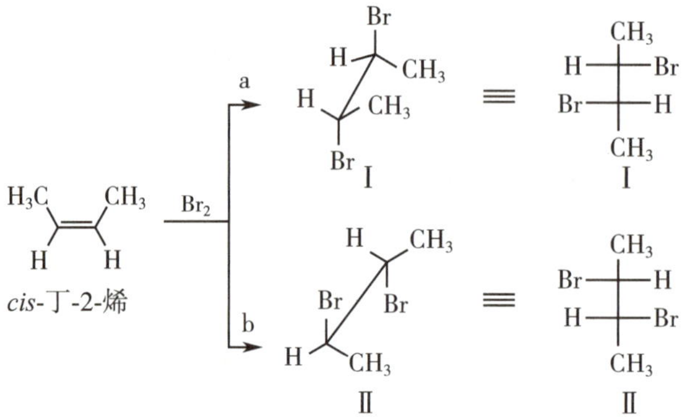

Ⅰ 和 Ⅱ 是对映体
外消旋-2,3-二溴丁烷

溴与 *trans*- 丁 -2- 烯的加成，溴原子也有 2 条途径加到烯烃相反的两面上，但无论是哪条途径，得到的都是内消旋的二溴化物。

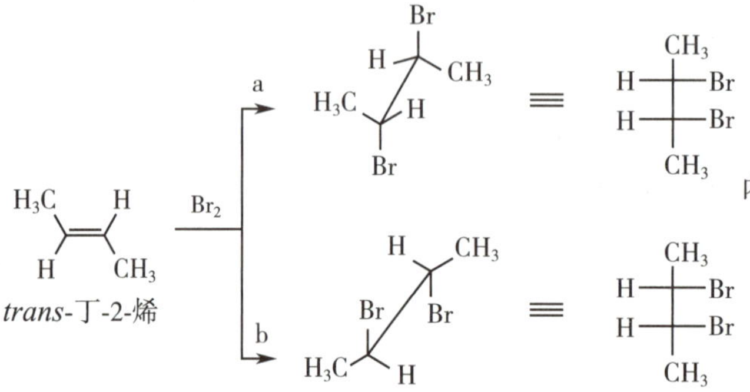

Ⅲ
内消旋-2,3-二溴丁烷

这种从不同立体异构体得到立体构型不同产物的反应叫作立体定向反应。

(4) 与次卤酸加成：烯烃与氯或溴的水溶液作用，生成邻氯（溴）代醇，相当于在双键上加成了一分子的次卤酸。

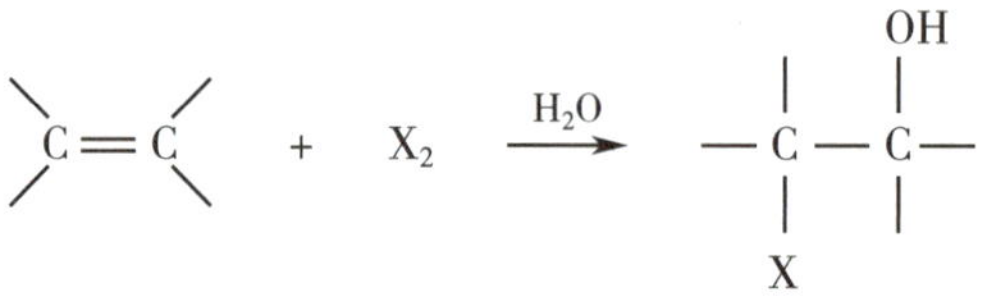

该反应机理分两步进行，第一步先生成卤鎓离子中间体，第二步 H_2O 分子从三元环的背面进攻，最后得到反式加成产物。

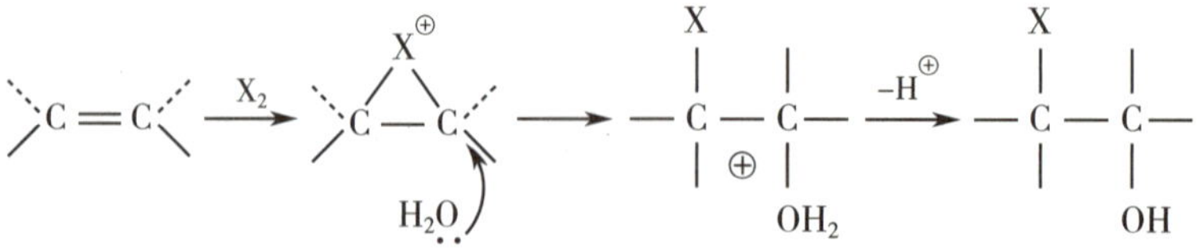

不对称烯烃与次卤酸的加成，是卤原子加到含氢较多的双键碳原子上。如：

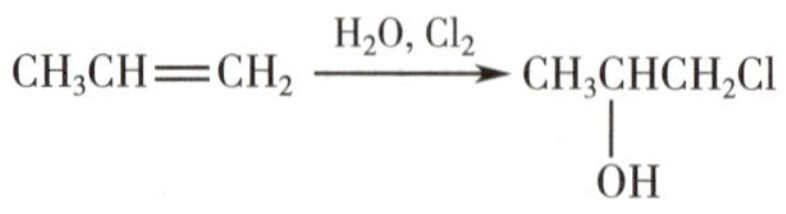

该反应可能的副产物是邻二卤化物（生成卤鎓离子，同时产生的卤负离子进攻卤鎓离子形成）。为了减少二卤化物生成，可控制卤素在水溶液中的浓度或加入适量银盐除去卤负离子。

知识链接

俄国化学家马尔科夫尼科夫

弗拉基米尔·瓦西里耶维奇·马尔科夫尼科夫(1838—1904),俄国化学家。他最著名的成就是于1869年提出的关于卤化氢与不对称烯烃亲电加成反应的马氏规则,这一规则在预测烯烃加成反应产物方面十分重要。马尔科夫尼科夫还分别在1879年、1889年合成了四元碳环和七元碳环,推翻了当时人们认为碳原子只能组成六元环这一说法,为有机化学的发展做出了贡献。

2. 自由基加成反应　当有过氧化物存在时,烯烃与溴化氢的加成方向则表现为反马氏规则特性。例如:

$$CH_3CH{=}CH_2 + HBr \xrightarrow{\text{过氧化物}} CH_3CH_2CH_2Br$$

这一反应是按自由基加成反应机理进行的。过氧化物在反应中能诱发自由基,使HBr均裂产生溴自由基,并与烯烃作用发生自由基加成。

$$CH_3CH{=}CH_2 + \dot{Br} \longrightarrow \underset{(\text{I})}{CH_3\dot{C}HCH_2Br} + \underset{(\text{II})}{CH_3\overset{\overset{\displaystyle Br}{|}}{C}H\dot{C}H_2}$$

(Ⅰ)(2° 自由基)比(Ⅱ)(1° 自由基)稳定性大,故反应按反马氏规则方向进行。

这一反马氏规则现象是卡拉施(M.S.Kharasch)于1933年发现的,称为卡拉施效应,也称为过氧化物效应,但在氯化氢或碘化氢与烯烃的加成中则无此效应。

3. 硼氢化　烯烃与硼烷在醚溶液中反应,硼烷中的硼原子和氢原子分别加到碳碳双键的2个碳原子上生成烷基硼烷,此反应称为硼氢化(hydroboration)。

硼氢化的常用试剂是乙硼烷(B_2H_6)。因为甲硼烷(BH_3)分子中硼原子的价电子层只有6个电子,很不稳定,不能单独存在。2个甲硼烷很容易结合成乙硼烷。乙硼烷是能独立存在的最简单的硼烷。乙硼烷通常以硼烷-醚络合物的形式保存在四氢呋喃(THF)、乙醚中,离解成甲硼烷-醚的络合物后再发生加成反应。

硼氢化发生时,亲电试剂BH_3中缺电子的硼原子加到含氢较多的双键碳原子上,而氢则加到含氢较少的双键碳原子上,生成一烷基硼烷。一烷基硼烷中仍含有B—H键,可继续与烯烃发生加成,直至生成三烷基硼烷。

$$RCH{=}CH_2 \xrightarrow{BH_3 \cdot THF} RCH_2CH_2BH_2 \xrightarrow{RCH{=}CH_2} (RCH_2CH_2)_2BH \xrightarrow{RCH{=}CH_2} (RCH_2CH_2)_3B$$

反应虽然分为三步,但由于反应非常迅速,通常分离不出一烷基硼烷和二烷基硼烷。如果双键碳原子上取代基的数目较多,位阻增大,调节试剂的用量比也可使反应停止在生成一烷基硼烷或二烷基硼烷阶段。

当不对称烯烃与硼烷反应加成时,因为硼的电负性(2.0)比氢(2.1)小,且具有空p轨道,亲电性强,加之硼烷体积较大,因此加成时硼加到电子云密度较大且空间位阻较小的含氢较多的双键碳原子上,氢加到含氢较少的双键碳原子上。

该反应过程中不生成碳正离子中间体,而是通过形成四中心环状过渡态的历程进行的:

笔记栏

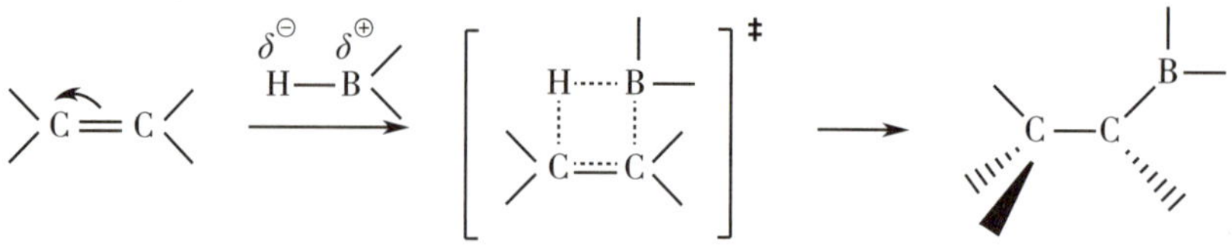

这样的过渡态决定了硼烷与烯烃加成不会发生重排，而且是顺式加成反应。

生成的三烷基硼烷通常不分离出来，而是直接用过氧化氢的碱性溶液处理，使之氧化、水解生成醇。

$$(RCH_2CH_2)_3B \xrightarrow{H_2O_2,\ OH^{\ominus}} 3RCH_2CH_2OH + H_3BO_3$$

这一反应与硼氢化合起来称为烯烃的硼氢化 - 氧化反应。它提供了又一种制备醇的方法，而这些醇是不能用酸催化水合方法制备的。

ER-5-2

硼氢化简介

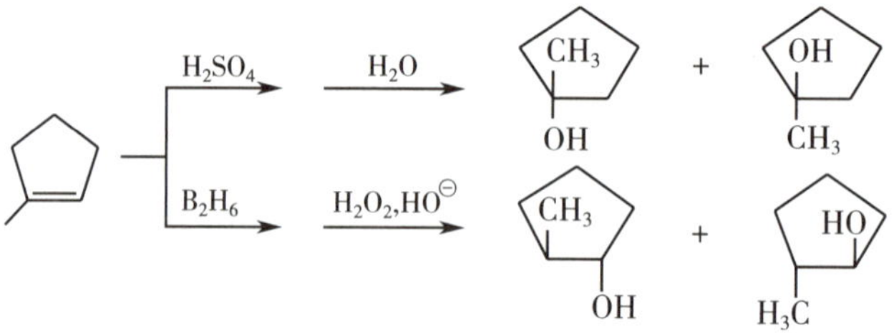

4. 催化加氢　烯烃与氢在催化剂存在下可发生加成反应生成相应的饱和烃，该反应称为催化加氢或催化氢化。在有机化学中，常将加氢反应称为还原反应。

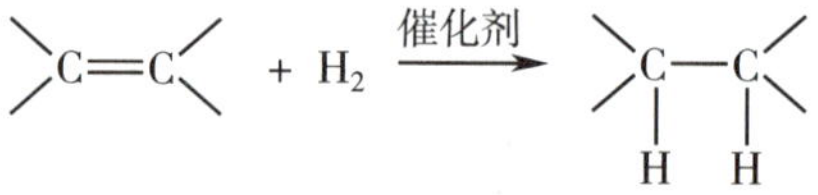

尽管催化加氢是放热反应，但如没有催化剂的参与，反应在 200℃时仍不能进行，因为这一反应的活化能相当大，而催化剂可降低活化能，使反应易于进行。常用的催化剂是分散程度较高的铂（Pt）、钯（Pd）、镍（Ni）等金属细粉。一般工业上多使用活性较高的多孔海绵状结构的催化剂骨架镍（Raney nickel，又称雷尼镍）。由于这些催化剂不溶于有机溶剂，所以称为非均相催化剂或异相催化剂。近年来，又发展了可溶于有机溶剂的催化剂，称为均相催化剂，常用的如氯化铑与三苯基膦的配合物[$(Ph_3P)_3RhCl$]，称威尔金森（Wilkinson）催化剂。使用这类催化剂在多数情况下可避免烯烃的重排和分解。

1mol 烯烃氢化时所放出的热量称为氢化热。氢化热常常可以提供有关不饱和化合物相对稳定性的信息。2 个同分异构的烯烃氢化时消耗同样量的氢气，生成同一产物，但氢化热不同，则说明它们的内能不同。氢化热小的分子内能较小，较稳定。如 *cis*- 丁 -2- 烯和 *trans*- 丁 -2- 烯催化加氢都生成丁烷，但两者氢化热不同，*cis*- 丁 -2- 烯的氢化热为 119.7kJ/mol，*trans*- 丁 -2- 烯的氢化热为 115.5kJ/mol，比较两者氢化热可推断 *trans*- 丁 -2- 烯比 *cis*- 丁 -2- 烯稳定。这是由于 *cis*- 丁 -2- 烯的 2 个甲基位于双键同侧，拥挤程度较大，分子内能较高。常见烯烃的氢化热数据见表 5-2。

从表 5-2 提供的数据可以看出，烯烃的稳定性除了受双键构型的影响外，还与双键在分子中所处的位置有关。连接在烯烃双键碳上的烷基越多，烯烃就越稳定。

烯烃氢化可定量得到烷烃，根据反应中消耗的氢气量可以推测分子所含碳碳双键的数目，可为推定结构提供依据。催化氢化在工业上也有着十分重要的用途，如工业上将植物油催化氢化，使分子熔点升高，成为固态脂肪；石油加工制得的粗汽油中，含有少量烯烃，因易氧化聚合影响汽油的质量，若进行加氢处理则可提高汽油的质量。

笔记栏

表 5-2 常见烯烃的氢化热 kJ/mol

烯烃	氢化热	烯烃	氢化热
乙烯	137.2	*cis*-戊-2-烯	119.7
丙烯	125.9	*trans*-戊-2-烯	115.5
丁-1-烯	126.8	2-甲基丁-1-烯	119.2
戊-1-烯	125.9	3-甲基丁-1-烯	126.8
cis-丁-2-烯	119.7	2-甲基丁-2-烯	112.5
trans-丁-2-烯	115.5	2,3-二甲基丁-1-烯	117.2
异丁烯	118.8	2,3-二甲基丁-2-烯	111.3

（二）氧化反应

烯烃中的碳碳双键易被氧化，发生双键断裂。氧化产物的结构随氧化剂及氧化条件的不同而不同。

1. 高锰酸钾氧化 烯烃可与冷稀、中性或碱性高锰酸钾溶液生成邻二醇。

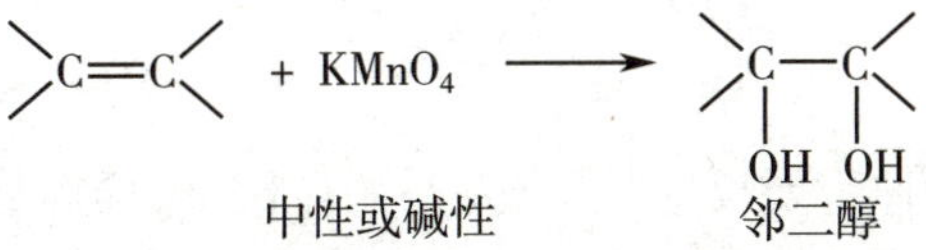

上述反应称为拜耳（Baeyer）试验。由于生成的邻二醇易被进一步氧化生成羟基酮或使碳碳键断裂，所以该反应用于合成邻二醇意义不大。但在反应过程中，高锰酸钾溶液的紫色会逐渐褪去，生成褐色的二氧化锰沉淀，故可据此现象来鉴别化合物中是否有碳碳双键或其他碳碳不饱和键的存在。

如果用酸性高锰酸钾、重铬酸钾溶液等强氧化剂氧化烯烃，分子中的碳碳双键会完全断裂，根据烯烃结构的不同而生成相应的羧酸、酮和二氧化碳。

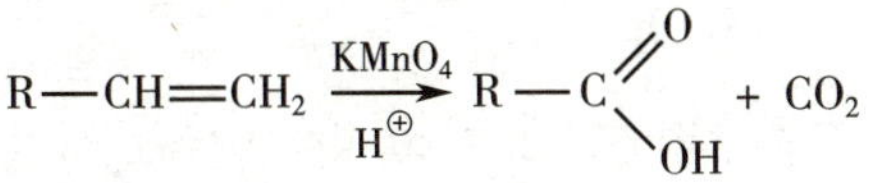

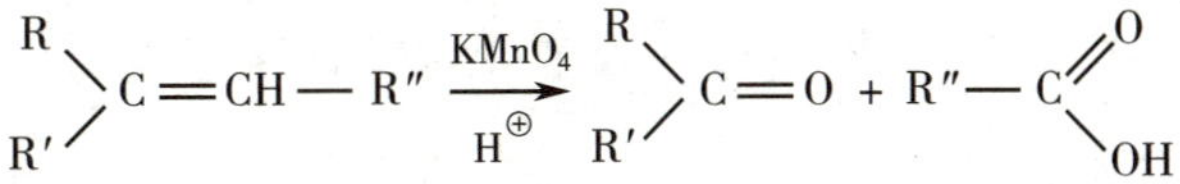

根据氧化产物的不同可推测烯烃的结构。

2. 臭氧氧化 在低温下，将含 6%~8% 臭氧的氧气通入烯烃或烯烃的惰性溶液中，臭氧可与碳碳双键加成生成臭氧化合物。臭氧化合物不稳定，在还原剂（如锌粉）存在下水解得到醛或酮。

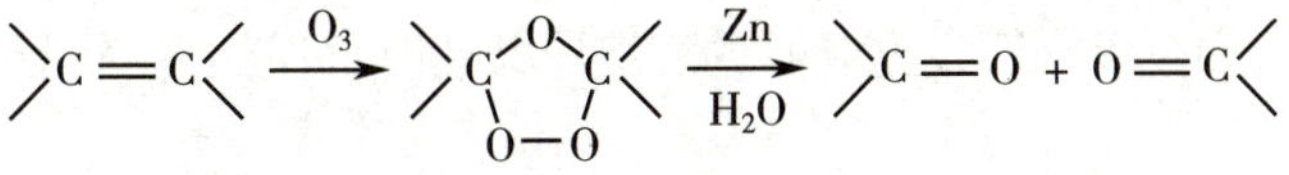

臭氧化合物

通过臭氧氧化的产物也可推测原来烯烃的结构。例如：

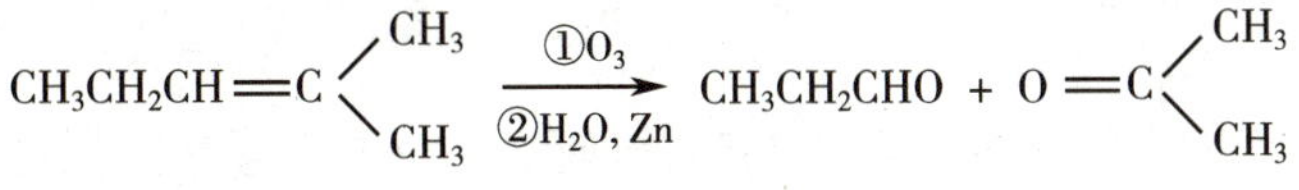

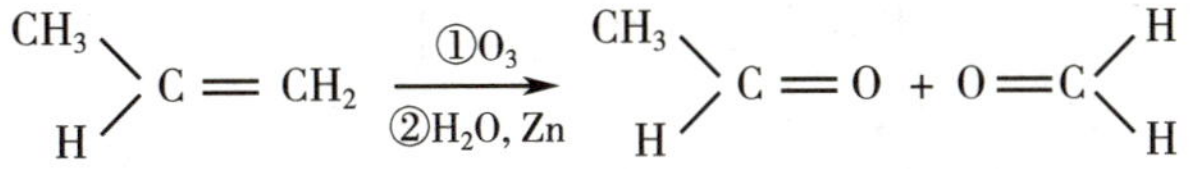

笔记栏

(三) α-H 卤化

与碳碳双键直接相连的碳原子称为 α- 碳原子，与其相连的氢称为 α- 氢或烯丙位氢。由于受双键的影响，其活性高于其他位置上的氢原子，在一定条件下，易发生卤化反应。丙烯与氯在常温下主要发生亲电加成反应，但在高温或过氧化物存在下，丙烯可通过氯化反应得 3- 氯丙烯。

$$CH_3CH{=}CH_2 + Cl_2 \xrightarrow{500℃} \underset{\text{3-氯丙烯（82\%）}}{ClCH_2CH{=}CH_2} + HCl$$

该反应与烷烃在光照下的卤化反应相似，属于自由基取代反应。

烯烃 α-H 卤化必须控制在高温及卤素低浓度条件下进行。如在实验室，需在较低温度下进行 α-H 卤化，可采用 *N*- 溴代琥珀酰亚胺（NBS）作为溴化剂。

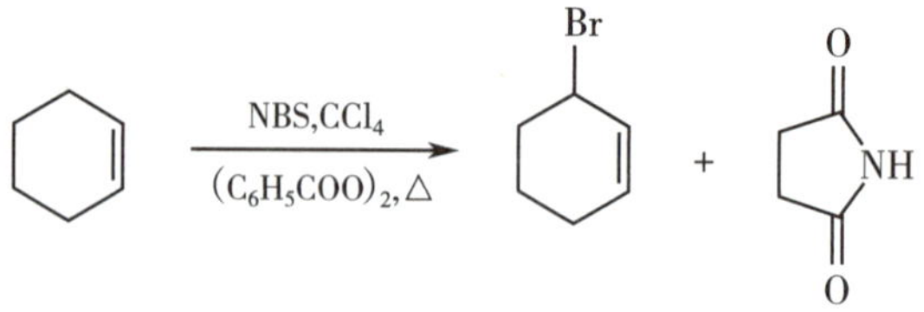

(四) 聚合反应

聚合反应是烯烃的一种重要反应，在引发剂的作用下，烯烃分子中的 π 键打开，通过自身相互加成方式生成相对分子质量较大的化合物。参加反应的烯烃称为单体，形成的产物称为聚合物。

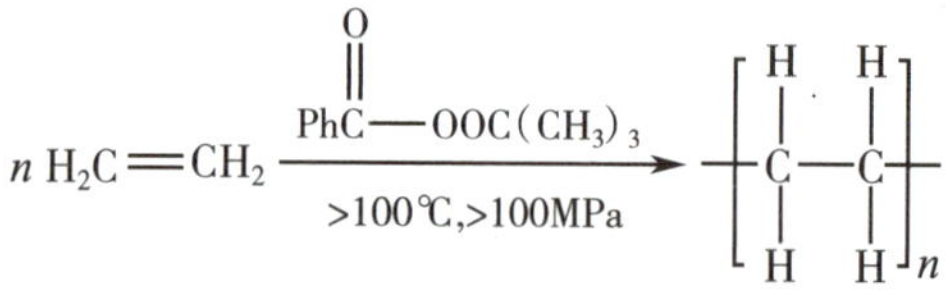

四、烯烃的制备

在工业上，低级烯烃主要靠石油裂解制取。实验室制备烯烃主要有以下几种方法。

(一) 醇的分子内脱水

醇在催化剂存在下加热，会发生分子内的脱水反应生成烯烃。常用的催化剂有浓 H_2SO_4、Al_2O_3 和 P_2O_5 等。

$$CH_3CH_2OH \xrightarrow[170℃]{浓H_2SO_4} CH_2{=}CH_2 + H_2O$$

$$CH_3CH_2OH \xrightarrow[350\sim360℃]{Al_2O_3} CH_2{=}CH_2 + H_2O$$

(二) 卤代烷脱卤化氢

卤代烷与强碱（如氢氧化钾、乙醇钠）的醇溶液共热时，可脱去一分子卤化氢生成相应的烯烃。

$$CH_3CH_2\underset{\underset{Br}{|}}{C}HCH_3 \xrightarrow[80℃]{KOH,C_2H_5OH} \underset{80\%}{CH_3CH{=}CHCH_3} + \underset{20\%}{CH_3CH_2CH{=}CH_2}$$

(三) 邻二卤代烷脱卤素

邻二卤代烷与锌粉一起在醇溶液中共热，可脱去一分子卤素生成烯烃。

$$CH_3\underset{\underset{Br}{|}}{C}H\underset{\underset{Br}{|}}{C}H_2 \xrightarrow[\triangle]{Zn,C_2H_5OH} CH_3CH{=}CH_2 + ZnBr_2$$

笔记栏

该反应较少用于烯烃的制备，因为邻二卤代烷一般都是通过烯烃与卤素的加成制备而得，但在分子量较大的有机化合物中引入双键时常采用此法。

五、代表性化合物

（一）乙烯

乙烯，无色气体，难溶于水，易溶于四氯化碳等有机溶剂。乙烯用途非常广泛，是合成纤维、合成橡胶、合成塑料等三大合成材料的基本化工原料，也是制造环氧乙烷、乙酸、乙醛和炸药等的基本有机合成原料。因此，乙烯是化工产业的基石，它的产量是衡量一个国家石油化工发展水平的主要依据。乙烯也是一种植物的内源激素，具有促进果实成熟的作用，可用作脐橙、蜜橘、香蕉等水果的环保催熟气体。

（二）苯乙烯

苯乙烯是合成高分子化合物的重要单体。苯乙烯是无色、带有辛辣气味的易燃液体，沸点 145.2℃，比重 0.906，难溶于水。苯乙烯有毒，人体吸入过多的苯乙烯气时会引起中毒，在空气中的允许浓度在 0.1mg/L 以下。

苯乙烯易聚合成聚苯乙烯。如果在聚苯乙烯的苯环上引入各种基团如磺酸基、氨基等，则在水相中可与某些正的或负的离子进行交换，而聚合物成为电性相反的物质，此即为离子交换树脂。

聚苯乙烯制得的离子交换树脂的性能很好，既可用于水处理，也可用于稀有元素的提取、氨基酸的分离，还可作为生物智能制剂材料等。因此，它是高分子化学领域中重要的研究课题之一。

第二节 炔　　烃

炔烃含碳碳三键，比同碳数的烯烃少 2 个氢原子，通式为 C_nH_{2n-2}。炔烃与含相同碳原子数的二烯烃互为同分异构体。

一、炔烃的分类和结构

（一）炔烃的分类

按碳架分类，可将炔烃分为链状炔烃和环状炔烃。链状炔烃中，三键在链端的为端基炔，三键不在链端的为非端基炔。

$CH_3CH_2CH_2C\equiv CH$
戊-1-炔（端基炔）
pent-1-yne

$CH_3CH_2C\equiv CCH_3$
戊-2-炔（非端基炔）
pent-2-yne

根据分子中三键的个数，又可将炔烃分为单炔烃、二炔烃和多炔烃。

$HC\equiv CCH_2CH_2CH_2CH_2CH_2CH_3$
辛-1-炔
oct-1-yne

$CH_3CH_2C\equiv C—C\equiv CCH_2CH_3$
辛-3,5-二炔
oct-3,5-diyne

$HC\equiv C—CH_2C\equiv CCH_2—C\equiv CH$
辛-1,4,7-三炔
oct-1,4,7-triyne

（二）炔烃的结构

乙炔是最简单的炔烃，分子中含有 1 个碳碳三键和 2 个碳氢单键，各键角均为 180°，是

笔记栏

一个直线型结构(图 5-4)。乙炔的三键碳原子为 sp 杂化,2 个 sp 杂化轨道互成 180°。乙炔分子中 2 个碳原子各以一个 sp 杂化轨道相互重叠形成一个碳碳 σ 键,又分别以另一个 sp 杂化轨道和氢原子的 1s 轨道形成碳氢 σ 键(图 5-5);2 个碳原子上相互垂直的 2 对 p 轨道侧面重叠形成 2 个 π 键(图 5-6);π 电子云以碳碳 σ 键为轴对称分布,呈圆筒状。乙炔分子中各 σ 键与 2 个 π 键相互垂直。

三键碳原子为 sp 杂化,s 成分高,成键原子核间距离缩短。因此,乙炔与乙烯或乙烷相比较,其碳 - 氢键和碳 - 碳键都缩短。

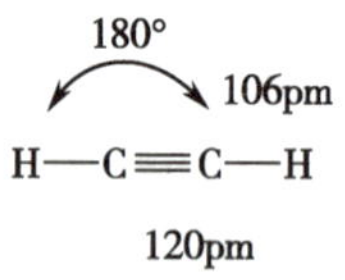

图 5-4 乙炔分子中的键长和键角

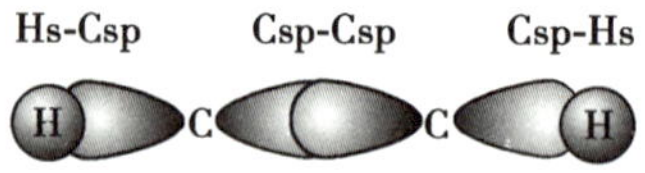

图 5-5 乙炔分子中的 σ 键

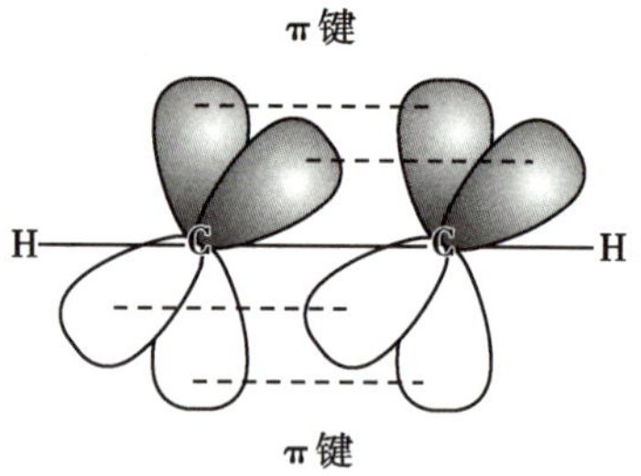

图 5-6 乙炔分子中 π 键

二、炔烃的物理性质

炔烃的沸点、熔点比含相同碳原子数的烯烃的高,非端基炔的沸点、熔点比具有相同碳原子数的端基炔高。炔烃的密度小于 1,不溶于水,易溶于烷烃、四氯化碳、乙醚等有机溶剂。一些常见炔烃的物理常数见表 5-3。

表 5-3 常见炔烃的物理性质

名称	熔点 /℃	沸点 /℃	相对密度(液态时)/(g/ml)
乙炔	-81.8(118.7kPa)	-84.0	0.617 9
丙炔	-101.5	-23.2	0.671 4
丁 -1- 炔	-125.9	8.10	0.668 2
丁 -2- 炔	-32.30	27.0	0.693 7
戊 -1- 炔	-106.5	40.2	0.695 0
戊 -2- 炔	-109.5	56.1	0.712 7
3- 甲基丁 -1- 炔	-89.70	29.0	0.666 0
己 -1- 炔	-132.4	71.4	0.719 5
己 -2- 炔	-89.60	84.5	0.730 5
己 -3- 炔	-103.2	81.4	0.725 5
3,3- 二甲基丁 -1- 炔	-81.00	38.0	0.668 6
庚 -1- 炔	-81.00	99.7	0.732 8
辛 -1- 炔	-79.60	126	0.747 0
壬 -1- 炔	-36.00	160	0.760 0
癸 -1- 炔	-40.00	182	0.765 0
十八碳 -1- 炔	28.00	180(12.7kPa)	0.802 5

三、炔烃的化学性质

三键是炔烃的官能团，由 1 个 σ 键和 2 个 π 键构成。炔烃分子中含有键能较小的 π 键，化学性质较为活泼，易发生与烯烃类似的加成、氧化等反应。

（一）加成反应

1. 亲电加成反应　炔烃与烯烃一样，也能和卤化氢、卤素、水等发生亲电加成反应。炔烃的亲电加成反应亦服从马氏规则。

(1) 与卤素加成：炔烃可与氯、溴加成，首先生成卤代烯，再生成卤代烷。

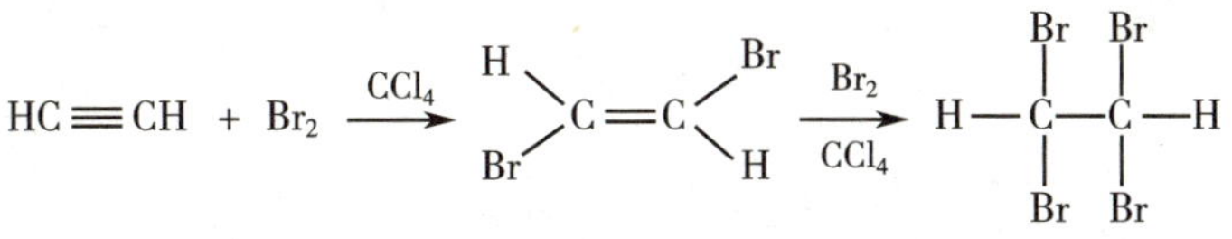

1,2-二溴乙烯　　　1,1,2,2-四溴乙烷

在 1，2- 二溴乙烯分子中，由于双键碳上各连有一个电负性大的卤原子，其吸电子诱导效应（-I）使双键的 π 电子云密度降低，继续发生亲电加成反应的活性大大减弱。所以，炔烃加卤素的反应可以停留在生成的卤代烯烃阶段。在室温时，乙烯和溴的四氯化碳溶液立即反应，使溴的红棕色迅速褪去，而乙炔则反应较慢，说明三键的反应活性小于双键。

(2) 与卤化氢加成：炔烃与一分子卤化氢反应生成单卤代烯烃，进一步反应则可生成 2 个卤原子连在同一碳原子上的偕二卤代烃。该反应可停留在第一步。

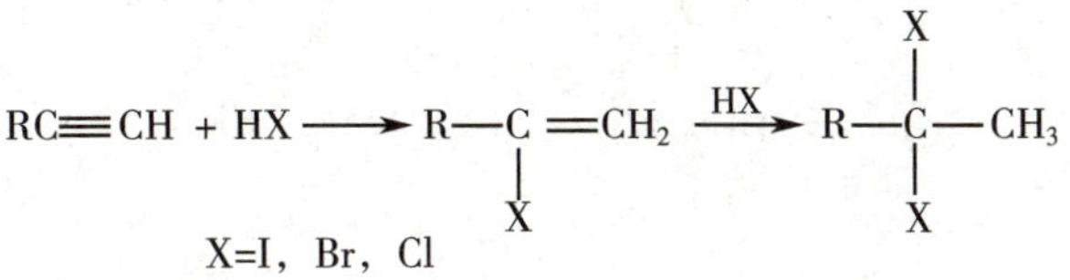

X=I，Br，Cl

不对称炔烃与卤化氢的亲电加成反应也遵守马氏规则。例如：

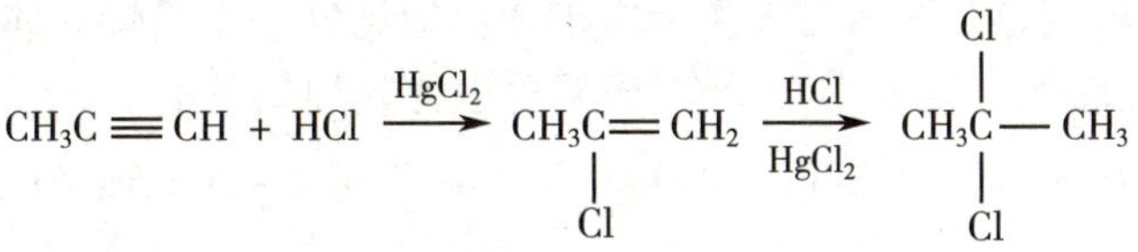

若三键在碳链中间，则生成反式加成产物。例如：

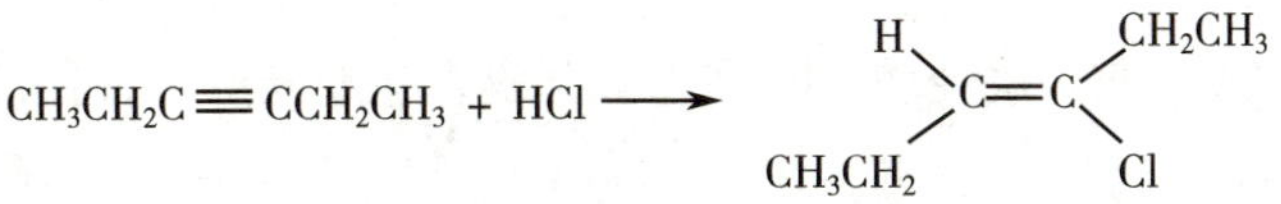

(3) 与水加成：炔烃的水合反应通常在硫酸溶液中进行，反应体系中还常加入醇或有机酸以增大炔烃在反应体系中的溶解度，反应中以 $HgSO_4$ 为催化剂。例如乙炔在 10% 硫酸和 5% 硫酸汞水溶液中发生加成反应，生成乙醛。

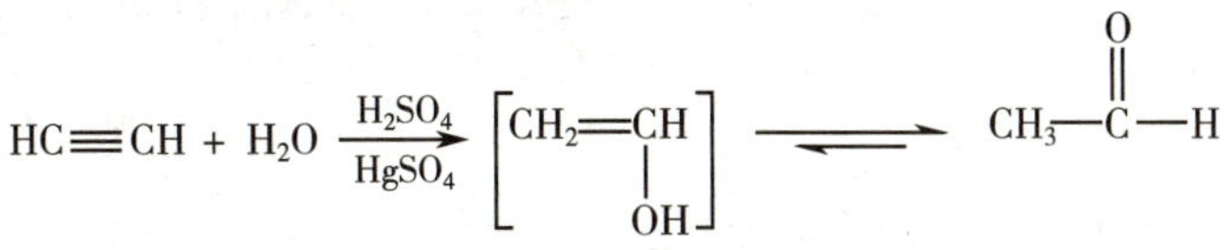

乙烯醇（烯醇式）　　　乙醛（酮式）

—OH 接在双键碳上的结构称为烯醇。烯醇分子中的羟基直接连在 sp^2 杂化碳上，有较明显酸性，羟基氢解离后迁移到双键碳上形成酮式；酮式结构中，羰基碳 α- 氢有弱酸性，解离后可迁移至羰基氧上形成烯醇。这种质子可逆地相互转移现象称为互变异构（tautomerism）。该反应为可逆反应，一般烯醇式不稳定，平衡倾向于形成酮式。

笔记栏

烯醇式　　　　酮式

水合产物遵守马氏规则，除乙炔的水合生成乙醛外，其他炔的水合都生成酮。例如：丙炔加成得丙酮，苯乙炔加成得苯乙酮。

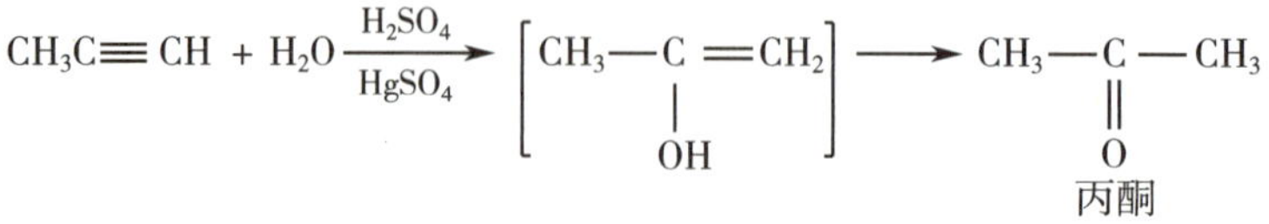

丙酮

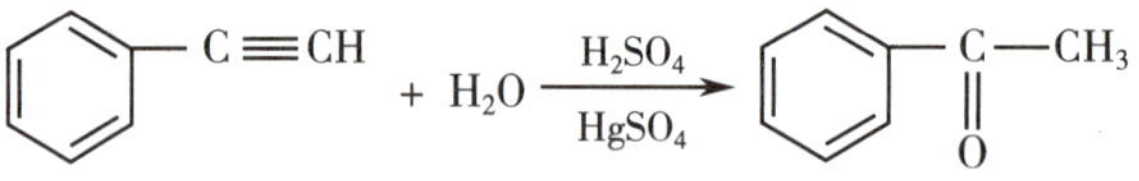

苯乙酮

(4)炔烃亲电加成反应机理：炔烃与卤化氢、卤素等发生亲电加成反应时，三键首先提供一对电子与亲电试剂($E^{\oplus}$)结合，形成活性很高的烯基碳正离子后与溶液中的负离子($Nu^{\ominus}$)迅速结合，生成加成产物。

$$RC\equiv CH + E^{\oplus} \longrightarrow R\overset{\oplus}{C}=CHE$$

乙烯型碳正离子

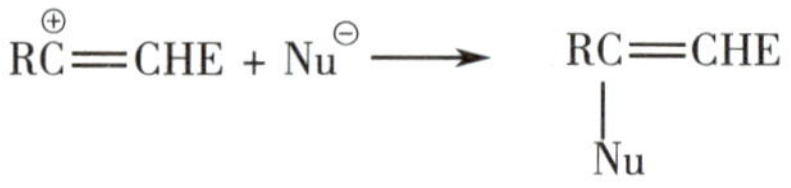

三键发生亲电加成反应时生成的乙烯型碳正离子，比双键发生相同类型反应时生成的烷基碳正离子更不稳定，因此，炔烃发生亲电加成反应活性小于烯烃。如果分子中同时含有碳碳三键和双键，在较低温度下小心操作，卤素可以优先加到双键上。

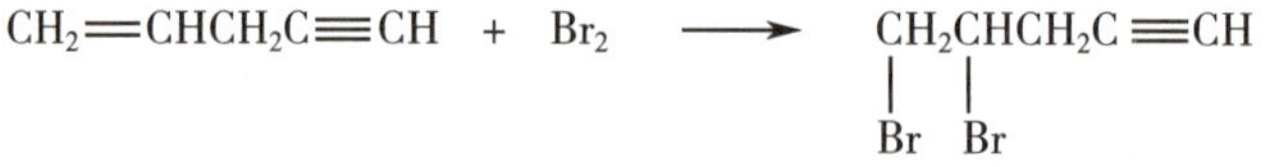

4,5-二溴戊-1-炔(90%)

2. 自由基型加成反应　炔烃和 HBr 在过氧化物存在或光照下，也可以发生自由基型加成反应。例如：

$$CH_3C\equiv CH + HBr \xrightarrow{\text{过氧化物}} CH_3CH=CHBr$$

3. 硼氢化　炔烃的硼氢化生成三烯基硼烷，硼原子加在取代基较少、位阻较小的三键碳原子上，得顺式加成产物。三烯基硼烷用乙酸处理生成烯烃；若用碱性过氧化氢处理，则最终得到醛或酮。

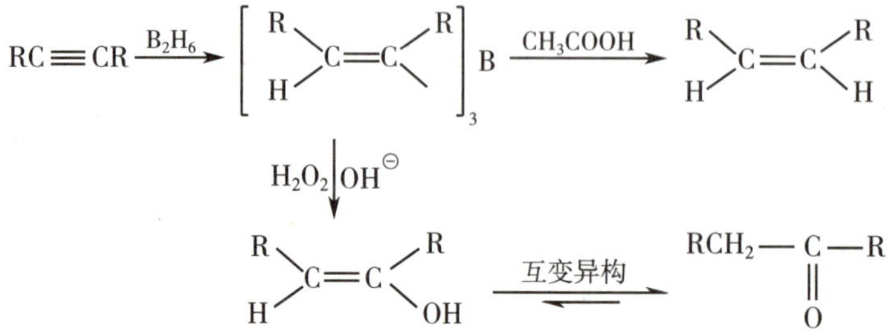

与炔烃的直接水合生成酮(乙炔生成乙醛除外)不同,端基炔经过硼氢化-过氧化氢氧化后生成醛,这是制备醛的一种方法。

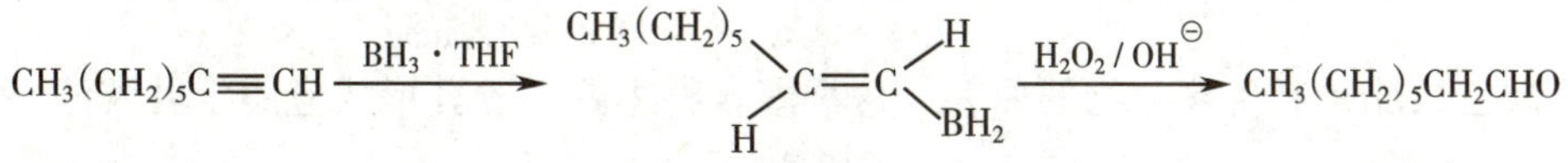

4. 催化加氢 炔烃在铂、钯、镍等过渡金属催化下与氢加成,生成相应的烯烃后进一步被彻底还原得到相应的烷烃。

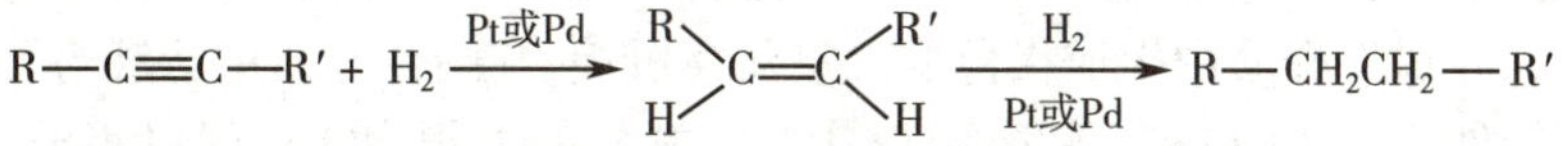

高纯铂粉或钯粉催化氢化能力很强,上述反应通常难以停留在生成的烯烃阶段。若使用特殊催化剂如林德拉(Lindlar)催化剂催化氢化,反应则可停留在烯烃阶段,得到较高收率的顺式烯烃。

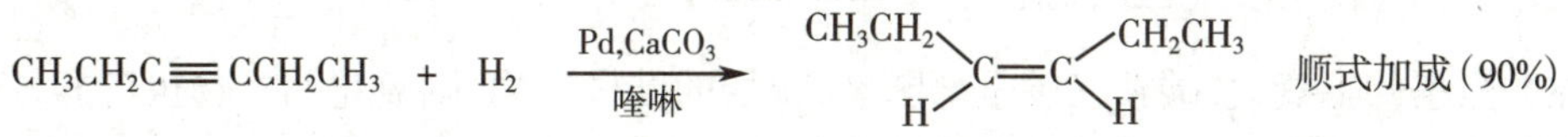

林德拉催化剂是将金属钯的细粉沉淀在碳酸钙(或 $BaSO_4$)上,再用乙酸铅或少量喹啉处理而制成。铅盐或喹啉中含有的微量硫化物能降低钯的催化活性,可使催化加氢停留在烯烃阶段。

若炔烃在液氨(-33℃)中用碱金属(Li、Na、K)还原,则立体选择性地生成反式烯烃。烯烃在此条件下不会被还原。

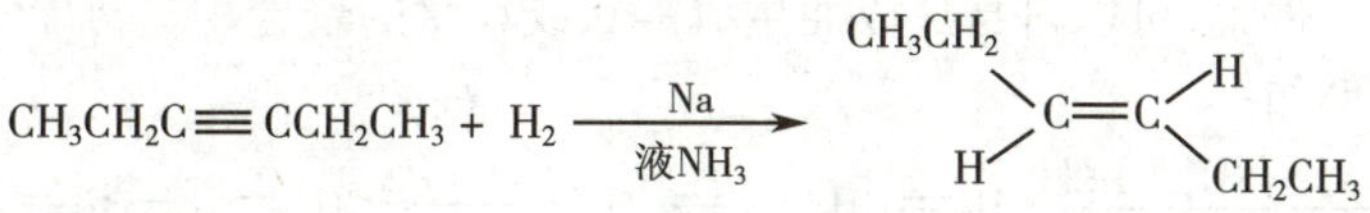

使用氢化铝锂在高沸点溶剂(如二乙二醇二甲醚,diglyme)中加热,也可将炔烃还原为烯烃,三键在碳链中间的也生成反式烯烃。

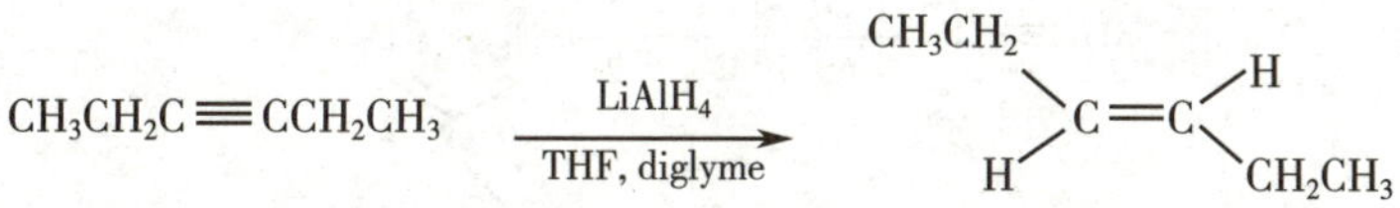

5. 亲核加成反应 炔烃与烯烃在化学性质上的重要差异,还在于炔烃可与 HCN、RONa、RCOOH 等试剂发生亲核加成反应。这类试剂一般带负电荷或电子云密度加大的部位,具有亲核性,故称亲核试剂。由亲核试剂引起的加成反应称亲核加成反应(nucleophilic addition reaction)。

(1) 与氢氰酸加成:乙炔在 Cu_2Cl_2-NH_4Cl 的酸性溶液中,与 HCN 发生反应可生成丙烯腈。

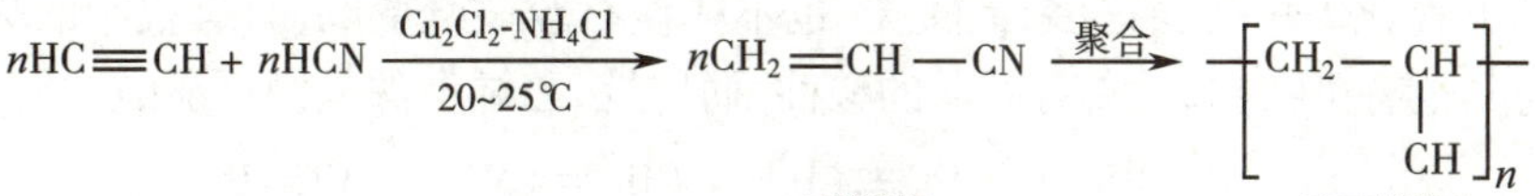

丙烯腈 聚丙烯腈

丙烯腈聚合所得的聚丙烯腈,是制造人造羊毛的原料。

(2) 与醇加成:乙炔与乙醇在碱催化加热条件下,生成乙烯基乙醚,产物是合成磺胺类药物的原料。

$$HC\equiv CH + C_2H_5OH \xrightarrow[150℃,加压]{C_2H_5OK} C_2H_5OCH=CH_2$$

(3) 与羧酸加成:将乙炔通入乙酸锌的乙酸溶液中,可发生加成反应,得到乙酸乙烯酯。

笔记栏

$$HC\equiv CH + CH_3COOH \xrightarrow[170\sim210℃]{Zn(OAC)_2/活性炭} CH_3-\overset{\overset{\displaystyle O}{\|}}{C}-O-CH=CH_2$$

乙酸乙烯酯

乙酸乙烯酯是制备聚合物的原料。这种聚合物主要以胶乳形式应用于乳胶漆、表面涂料、黏合剂等。

(二) 氧化反应

炔烃能被高锰酸钾、重铬酸钾、臭氧等氧化剂氧化。在用高锰酸钾氧化炔烃时，高锰酸钾的紫色褪去，在碱性介质中生成褐色的二氧化锰沉淀，在酸性介质中溶液为无色。

在温和条件下，用 $KMnO_4$ 水溶液(pH 7.5)氧化非端基炔烃，可以得到 1,2- 二酮化合物。

$$CH_3(CH_2)_7C\equiv C(CH_2)_7CH_3 \xrightarrow[pH\ 7.5]{KMnO_4/H_2O} CH_3(CH_2)_7\overset{\overset{\displaystyle O}{\|}}{C}-\overset{\overset{\displaystyle O}{\|}}{C}(CH_2)_7CH_3$$

在剧烈条件下氧化，碳碳三键全部断裂，炔烃的结构不同，则氧化的产物也各异，端基炔烃生成羧酸和二氧化碳，非端基炔烃被氧化则只生成羧酸。

$$RC\equiv CH \xrightarrow[100℃]{KMnO_4/H_2O} RCOOH + CO_2$$

$$RC\equiv CR' \xrightarrow[100℃]{KMnO_4/H_2O} RCOOH + R'COOH$$

(三) 聚合反应

乙炔在一定条件下，可以自身加成而生成链状或环状的聚合物。与烯烃不同，炔烃一般不形成高聚物。例如：

$$2HC\equiv CH \xrightarrow[\triangle]{Cu_2Cl_2-NH_4Cl-HCl} CH_2=CH-C\equiv CH \xrightarrow{HC\equiv CH} CH_2=CH-C\equiv C-CH=CH_2$$

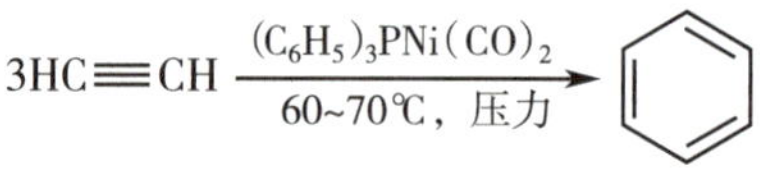

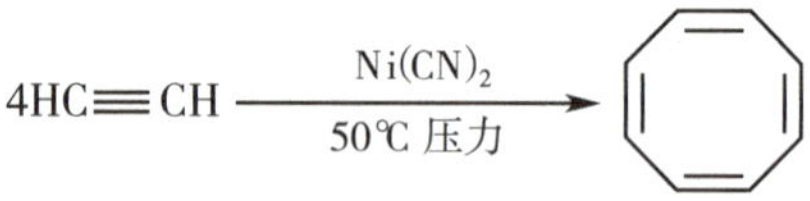

(四) 活泼氢的反应

1. 炔氢的酸性　由于炔烃三键碳原子为 sp 杂化，其杂化轨道中 s 成分比例较大，电子云离碳核近，结合紧密，所以末端炔烃可形成较稳定的炔基负离子($RH\equiv C:^{\ominus}$)，使端炔基上的氢(简称炔氢)显酸性。

乙炔的酸性比无机酸弱很多，无酸味，也不能使石蕊试纸变红，只有很小的失去氢质子的倾向。与其他有机物相比，它有微弱的酸性，而甲烷、乙烯上的氢则不显酸性。

	HOH	$HC\equiv CH$	$CH_2=CH_2$	CH_3CH_3
pKa	15.7	25	44	50

炔氢有酸性，含炔氢的末端炔烃能与钠、钾等碱金属作用放出氢气，并生成炔化钠：

$$2HC\equiv CH + 2Na \xrightarrow{220℃} 2HC\equiv CNa + H_2$$

乙炔钠

$$2RC\equiv CH + 2Na \xrightarrow{110℃} 2RC\equiv CNa + H_2$$

炔化钠

当乙炔和氨基钠放在一起时，得到乙炔钠，放出氨，说明乙炔的酸性比氨强；而乙炔钠和水在一起则放出乙炔，生成氢氧化钠，说明乙炔的酸性比水弱。

$$HC\equiv CH + \overset{\oplus}{Na}\overset{\ominus}{NH_2} \rightleftharpoons NH_3 + CH\equiv \overset{\ominus}{C}\!: \overset{\oplus}{Na}$$

$$H_2O + CH\equiv \overset{\ominus}{C}\!: \overset{\oplus}{Na} \rightleftharpoons HC\equiv CH + NaOH$$

酸性的次序为：$H_2O>HC\equiv CH>NH_3$

2. 金属炔化物的生成　炔氢还可与一些重金属盐作用，形成相应的金属炔化物。例如：乙炔通入硝酸银的氨溶液或氯化亚铜的氨溶液中，则生成白色的乙炔银或红棕色的乙炔亚铜沉淀。

$$HC\equiv CH + 2[Ag(NH_3)_2]^{\oplus}NO_3^{\ominus} \longrightarrow \underset{\text{乙炔银（白色）}}{AgC\equiv CAg\downarrow} + 2NH_4NO_3 + 2NH_3$$

$$HC\equiv CH + 2[Cu(NH_3)_2]^{\oplus}Cl^{\ominus} \longrightarrow \underset{\text{乙炔亚铜（红棕色）}}{CuC\equiv CCu\downarrow} + 2NH_4Cl + 2NH_3$$

其他端基炔也能与 Ag^+ 及 Cu^+ 等重金属正离子作用，生成不溶性的盐。此反应灵敏，现象明显，可用于端基炔的鉴别。这些重金属炔化物在干燥状态下，受热或撞击易爆炸，因此对不再使用的重金属炔化物应加酸（稀硝酸或稀盐酸）处理，以免发生危险。

四、炔烃的制备

1. 二卤代烷脱卤化氢　邻二卤代烷或偕二卤代烷在强碱（常用 $NaNH_2$）和高温条件下，能脱去两分子卤化氢生成炔烃。

$$(CH_3)_3CCH_2CHCl_2 \xrightarrow[\triangle]{NaNH_2} (CH_3)_3CC\equiv CNa \xrightarrow{H_2O} (CH_3)_3CC\equiv CH$$

$$CH_3(CH_2)_7\underset{\displaystyle\overset{|}{Br}}{CH}CH_2Br \xrightarrow[\triangle]{NaNH_2} CH_3(CH_2)_7C\equiv CNa \xrightarrow{H_2O} CH_3(CH_2)_7C\equiv CH$$

2. 伯卤代烷与炔钠反应　端基炔钠中的碳负离子是很强的亲核试剂，与卤代烃发生取代反应延长碳链，可生成更高级炔烃。

$$(CH_3)_2CHCH_2C\equiv CH \xrightarrow{NaNH_2} (CH_3)_2CHCH_2C\equiv CNa \xrightarrow{CH_3CH_2Br} (CH_3)_2CHCH_2C\equiv CCH_2CH_3$$

通过乙炔也可制得二取代乙炔：

$$HC\equiv CH \xrightarrow[(2)CH_3CH_2Br]{(1)NaNH_2} CH\equiv CCH_2CH_3 \xrightarrow[(2)\ CH_3I]{(1)\ NaNH_2} CH_3C\equiv CCH_2CH_3$$

由于炔基负离子的碱性极强，容易使仲或叔卤代烃发生消除反应，因此，该法只能用伯卤代烷。

五、代表性化合物

（一）乙炔

乙炔，微溶于水，溶于乙醇、丙酮和氯仿等有机溶剂，室温下是一种无色、极易燃的气体。乙炔燃烧时火焰明亮、温度高（>3 000℃），可用于照明、切割和焊接金属，其火焰被称为“氧

笔记栏

炔焰”。乙炔也是一种重要的基础有机合成工业原料，广泛用于丁二醇、乙酸乙烯酯、丙烯酸、聚氯乙烯、氯丁橡胶等的合成。以乙炔为原料合成的聚乙炔，是目前研究最早、最多的有机半导体材料，其结构中掺杂 I_2、Br_2 或 BF_3、AsF_5 等，可使其电导率达到金属水平，被称为“合成金属”。

（二）炔雌醇

炔雌醇（ethinylestradiol）是一种口服有效的人工合成长效雌激素。它通过在雌二醇连有醇羟基的碳上引入一个末端炔基，使其硫酸酯化受阻，降低胃肠道微生物的降解，药效作用是雌二醇的 10~20 倍。炔雌醇常与孕激素配伍制成女性避孕药。

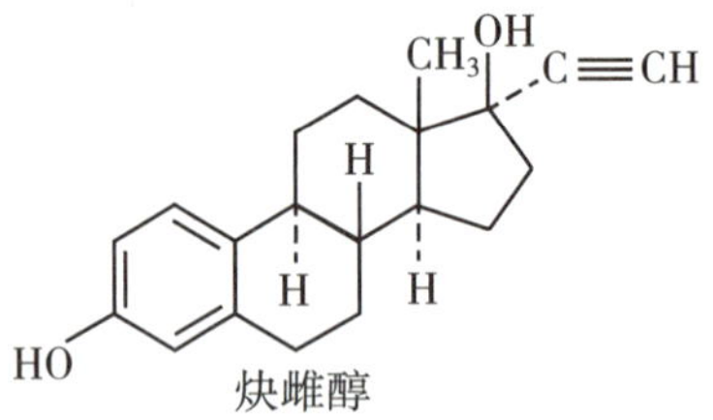

炔雌醇

思政元素

“共性”与“个性”

本章学习中发现，烯烃与炔烃这两类化合物有很多的共性，也发现它们在相同的反应类型之外还有“个性”。因为炔烃和烯烃都含有不饱和键——π 键，π 键决定了它们有一些相同的化学反应类型，即“共性”；又因为炔烃三键碳原子是 sp 杂化，其电负性比烯烃双键碳原子的 sp^2 杂化大，所以导致炔烃有一些特殊性，即“个性”。共性决定事物的基本性质，个性揭示事物之间的差异性，通过“共性”归纳和“个性”比较，更有利于整体把握所学的知识。

第三节 二烯烃

含有 2 个碳碳双键的烯烃称为二烯烃（diene），通式为 C_nH_{2n-2}，与炔烃相同。

一、二烯烃的分类

按二烯烃分子中双键的相对位置可分为下列 3 类：

1. 聚集二烯烃 2 个双键连接在同一个碳原子上的二烯烃叫作聚集二烯烃（cumulative diene），又称累积二烯烃。此类化合物结构不稳定，数量少，实际应用也不多。例如：

$H_2C{=}C{=}CH_2$ 丙二烯 propadiene

$CH_3{-}CH{=}C{=}CH_2$ 丁-1,2-二烯 buta-1,2-diene

2. 共轭二烯烃 2 个双键被 1 个单键隔开（即单、双键相互交替排列）的二烯烃叫作共轭二烯烃（conjugated diene）。由于分子中含有共轭双键，在化学反应中会体现特殊的性质。本节将主要讨论共轭二烯烃。例如：

$CH_2=CH-CH=CH_2$

丁-1,3-二烯
buta-1,3-diene

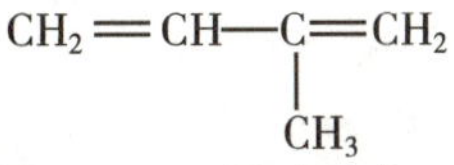

2-甲基丁-1,3-二烯（异戊二烯）
2-methylbuta-1,3-diene

3. 隔离二烯烃　2 个双键被 2 个或多个单键隔开，叫作隔离二烯烃(isolated diene)，又称孤立二烯烃，其性质类似于单烯烃。例如：

$CH_2=CH-CH_2-CH=CH_2$

戊-1,4-二烯
penta-1,4-diene

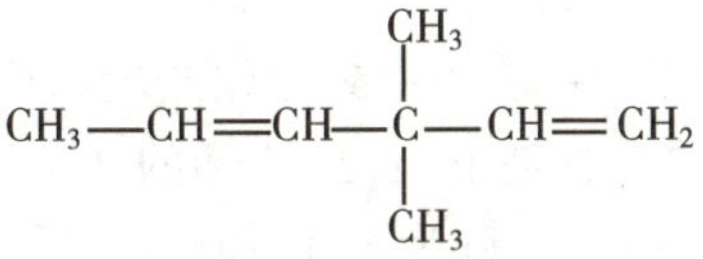

3,3-二甲基己-1,4-二烯
3,3-dimethylhexa-1,4-diene

二、共轭体系和共轭效应

丁 -1,3- 二烯是最简单的共轭二烯烃(图 5-7)。现以丁 -1,3- 二烯为例说明共轭二烯烃的结构特征。丁 -1,3- 二烯分子中 4 个双键碳原子均为 sp^2 杂化，所形成的 3 个碳碳 σ 键和 6 个碳氢 σ 键在同一平面上，每个碳原子中未参与杂化的 p 轨道互相平行并且垂直于 σ 键所在的平面，它们侧面相互重叠，构成了 π-π 共轭体系，所填充的 π 电子不再局限(定域)于 C_1 和 C_2 或 C_3 和 C_4 之间，而是扩展到整个 π-π 共轭体系中运动，形成了离域的大 π 键。

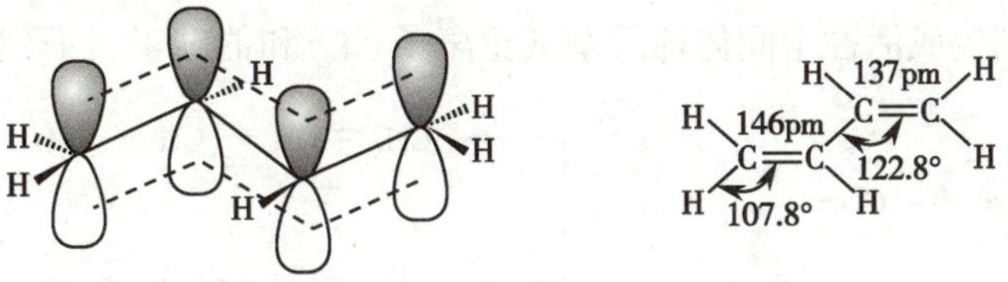

图 5-7　丁 -1,3- 二烯分子的结构

由于 π 电子的离域在整个分子中运动，即每个 π 电子均受到 4 个碳原子核的吸引，从而使分子的内能降低，稳定性增强。例如戊 -1,4- 二烯的氢化热为 254kJ/mol，戊 -1,3- 二烯的氢化热为 226kJ/mol，说明共轭二烯烃内能较低，较稳定。共轭的戊 -1,3- 二烯比非共轭戊 -1,4- 二烯的能量降低了 28kJ/mol。降低的能量叫作离域能，也称共轭能。由于 π 电子的离域，丁 -1,3- 二烯中的碳碳双键的键长比普通的碳碳双键长，碳碳单键比乙烷中的碳碳单键短，单键和双键的键长有平均化的趋势，这是共轭体系的特征之一。

丁 -1,3- 二烯分子的结构

共轭二烯烃中 C_2 与 C_3 之间的键存在着一些双键的特征，所以 C_2 和 C_3 之间的自由旋转也受到一定阻碍，因此丁 -1,3- 二烯存在着 2 种构象异构体。例如：

~97.5%　　~2.5%
s-反式　　*s*-顺式

三、共轭二烯烃的化学性质

(一) 加成反应

共轭二烯烃含有 π 键，可以与卤素、卤化氢等亲电试剂发生加成反应，并生成 2 种产物。例如，丁 -1,3- 二烯与溴发生加成反应时，既可得到 3,4- 二溴丁 -1- 烯，又可得到 1,4- 二溴

笔记栏

丁-2-烯。

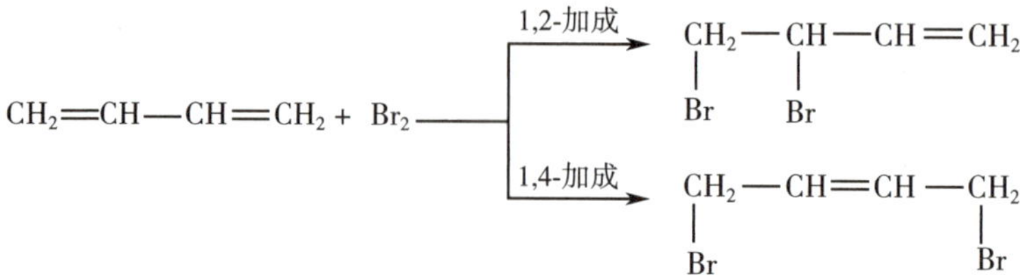

3,4-二溴丁-1-烯的生成是溴加成到丁-1,3-二烯的同一双键上，称为1,2-加成。1,4-二溴丁-2-烯的生成是丁-1,3-二烯的2个双键都打开，溴加成到C_1和C_4上，再在C_2和C_3间形成一个新的双键，称为1,4-加成，也称共轭加成。1,2-加成和1,4-加成常在反应中同时发生，这是共轭烯烃的典型特征。

丁-1,3-二烯与溴化氢的加成反应也可得到2种产物。

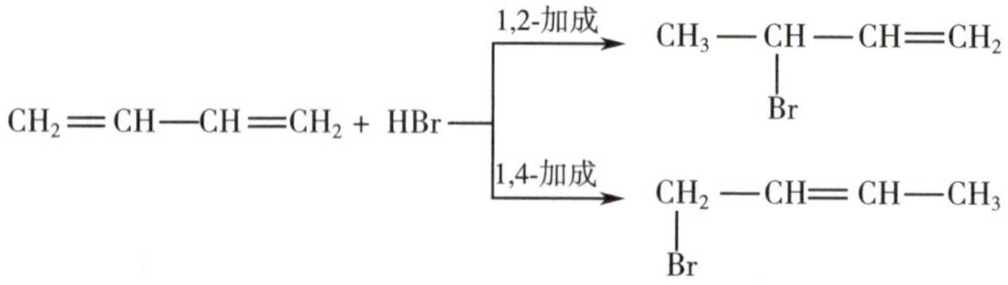

1. 反应机理　共轭二烯烃与卤素、卤化氢的加成按亲电加成机理进行，反应分两步进行。现以丁-1,3-二烯与溴化氢的加成为例进行讨论。第一步先生成碳正离子中间体。$H^{\oplus}$进攻C_1或C_2，分别生成活性中间体烯丙基碳正离子(Ⅰ)和伯碳正离子(Ⅱ)。

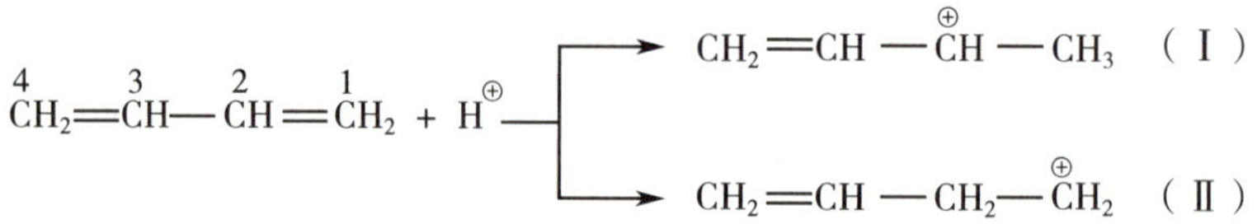

烯丙基碳正离子(Ⅰ)因可以发生共振，正电荷能被较好地分散而稳定。

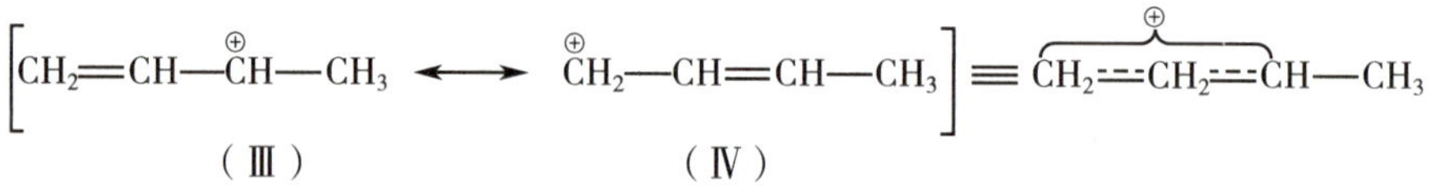

但伯碳正离子(Ⅱ)不能共振而不稳定。所以丁-1,3-二烯与HBr加成的第一步中，$H^{\oplus}$总是加到末端碳原子上。第二步是$Br^{\ominus}$进攻碳正离子，由极限式(Ⅲ)得到1,2-加成产物；由极限式(Ⅳ)得到1,4-加成产物。

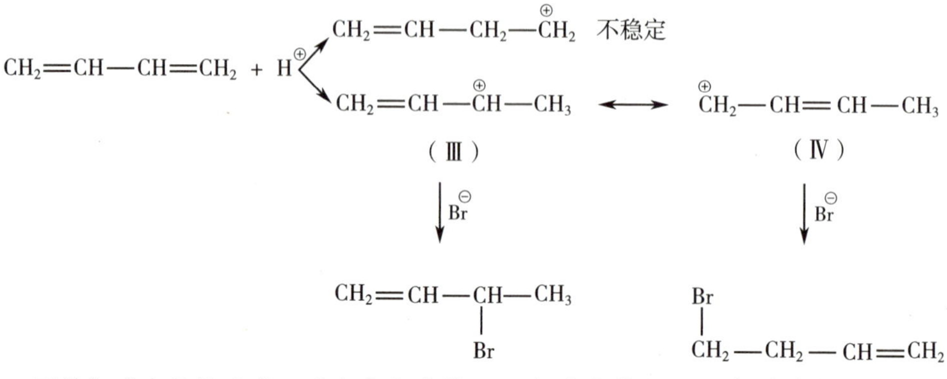

2. 两种加成产物的比率　反应中生成的1,2-加成产物和1,4-加成产物的相对数量受共轭二烯烃的结构、试剂和反应温度等条件的影响，一般低温有利于1,2-加成，高温有利于

1,4- 加成。

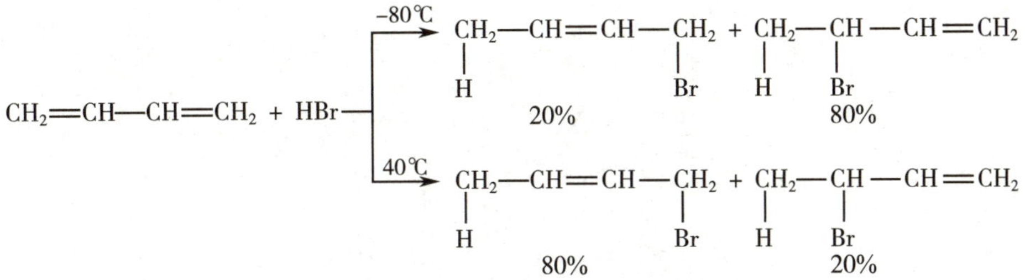

1,2- 加成产物和 1,4- 加成产物的生成都是经烯丙基碳正离子中间体，所以形成这两种产物的相对数量取决于第二步反应。

（Ⅲ）为仲碳正离子，（Ⅳ）为伯碳正离子，（Ⅲ）比（Ⅳ）稳定，对共振杂化体贡献大，因此 C_2 比 C_4 容易接受 $Br^{\ominus}$ 进攻，1,2- 加成所需的活化能较小，反应速率比 1,4- 加成快。如图 5-8 所示。

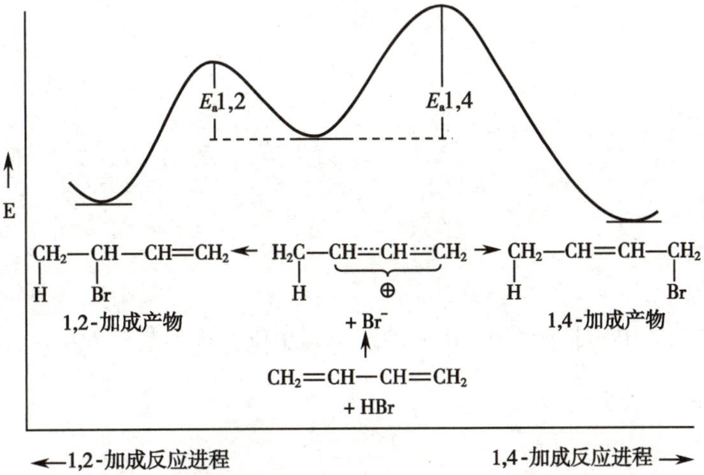

图 5-8　丁 -1,3- 二烯的 1,2- 加成和 1,4- 加成的势能变化图

由图 5-8 可看出，1,4- 加成比 1,2- 加成所需要的活化能高，即 1,4- 加成需提供较多的能量。但 1,4- 加成产物比 1,2- 加成产物稳定，所以在较高温度下以 1,4- 加成为主。

由上述分析可知，在较低温度的条件下反应，以 1,2- 加成产物为主，产物的比率由反应速率决定，称动力学控制；在较高温度的条件下反应，以 1,4- 加成产物为主，产物的比率由产物的稳定性决定，称热力学控制。

（二）双烯合成

共轭二烯烃与含碳碳双键或三键的化合物也可发生 1,4- 加成反应，生成环状化合物，此类反应称为双烯合成。该反应是由德国化学家奥托·第尔斯（Otto Paul Hermann Diels）和他的学生库尔特·阿尔德（Kurt Alder）发现的，并因此获得 1950 年的诺贝尔化学奖，所以又称为第尔斯 - 阿尔德反应（Diels-Alder reaction）。

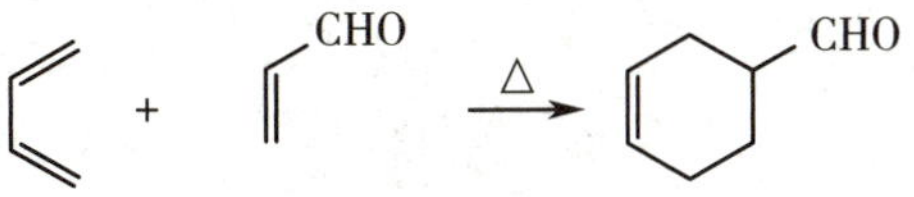

反应中，共轭二烯烃称双烯体，不饱和化合物称亲双烯体（dienophile）。反应要求双烯体为 *s*- 顺式构象，而具有供电子基的双烯体和具有吸电子基的亲双烯体可使反应较易进行。

笔记栏

共轭二烯烃与*cis*-丁烯二酸酐在室温下反应，生成的产物为白色固体。该反应常用于鉴别共轭二烯烃。

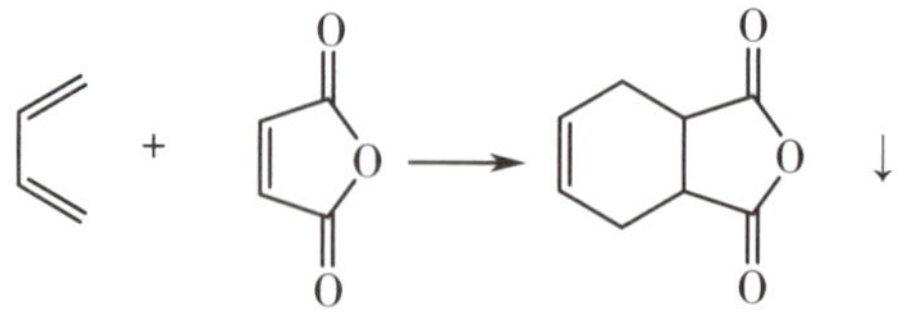

白色固体

第尔斯-阿尔德反应具有很强的区域选择性，当双烯体与亲双烯体均有取代基时，可能会生成2种不同的反应产物。实验证明，产物以2个取代基处于邻位或对位的占优势。例如：

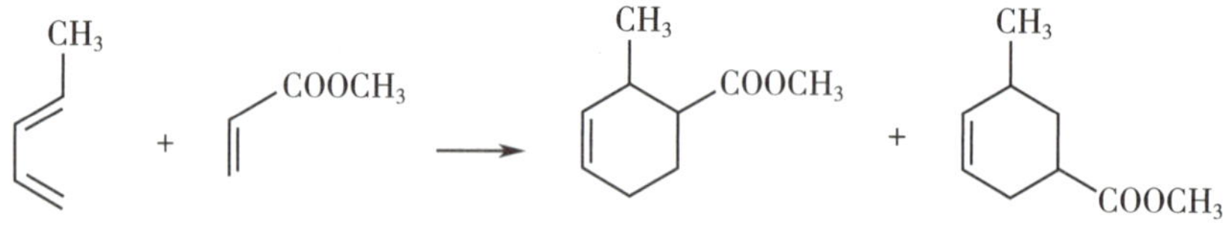

61%　　39%

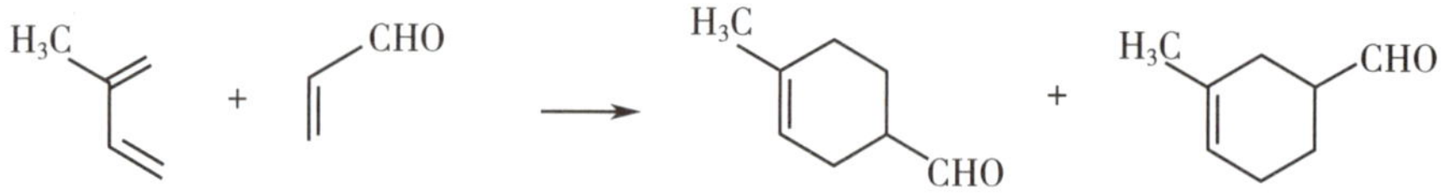

70%　　30%

ER-5-4

第尔斯-阿尔德反应简介

双烯合成反应的用途非常广泛，是合成六元环状化合物的重要方法。

四、代表性化合物

（一）丁二烯

丁二烯，即丁-1,3-二烯，无色气体，稍溶于水，易溶于丙酮、乙醚、氯仿等。丁二烯是重要的基础化工原料，可用于生产丁苯橡胶、顺丁橡胶、丁腈橡胶等合成橡胶，也是丙烯腈-丁二烯-苯乙烯共聚物（ABS）、苯乙烯-丁二烯-苯乙烯嵌段共聚物（SBS）、丁二烯-苯乙烯共聚物（BS）等合成树脂的主要原料。此外，丁二烯也广泛用于精细化学品的生产，比如乙叉降冰片烯、1,4-丁二醇、环丁砜、蒽醌、四氢呋喃等。

（二）胡萝卜素

胡萝卜素不仅存在于胡萝卜中，也广泛存在于植物的叶、花、果以及动物的乳汁和脂肪中。胡萝卜素有α、β、γ 3种异构体，其中β胡萝卜素最重要。胡萝卜素可转化为维生素A，所以称维生素A原。胡萝卜素化合物的分子中有多个共轭烯键，都是E构型。

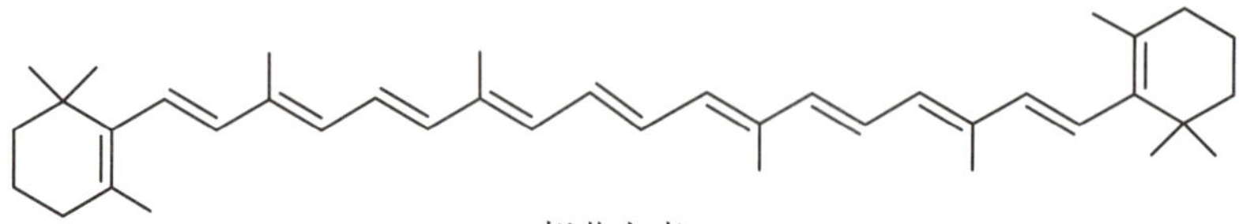

β-胡萝卜素

（三）两性霉素B

两性霉素B（amphotericin B）是由结节链霉菌M4 575产生的多烯类抗生素，具有广谱抗菌活性，临床上主要用于治疗深部真菌感染。两性霉素B通过7个全反式共轭双键与真菌细胞膜固醇分子间的范德华力等作用，形成亲水性离子通道，引发细胞内物质外漏而发挥抑菌作用。

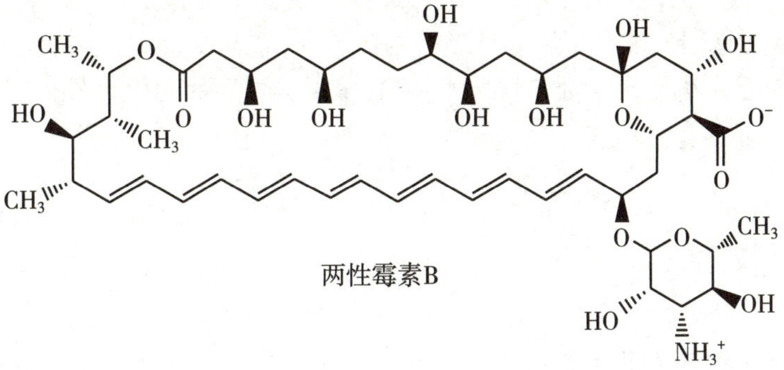

两性霉素B

（权 彦 徐秀玲）

学习小结

1. 学习内容

- 不饱和烃
  - 烯烃
    - 结构特点
    - 主要化学性质
      - 加成反应
      - 氧化反应
      - α-氢的取代
    - 亲电加成反应机理
      - 反应机理
      - 碳正离子稳定性
      - 中间体稳定性与反应活泼性
      - 马氏规则的理论解释
    - 一般制备方法
  - 炔烃
    - 主要化学性质
      - 加成反应
      - 氧化反应
      - 活泼氢的反应
    - 一般制备方法
  - 二烯烃
    - 二烯烃的分类
    - 共轭二烯烃的结构
    - 共轭二烯烃的性质
      - 1,2-加成与1,4-加成
      - Diels-Alder反应

笔记栏

2. 学习方法 了解烯烃的结构特点及化学性质活泼的原因，掌握烯烃的主要化学性质及其应用范围，通过对烯烃亲电加成反应机理的学习，了解亲电加成反应的特点及碳正离子的稳定性，从本质上掌握反应选择性规律及理论解释，能够分析不同结构烯烃反应活泼性差异；熟悉烯烃与炔烃结构的异同，掌握炔烃的主要化学性质及用途；了解共轭二烯烃的结构特点对其性质的影响，掌握其重要的化学性质。

复习思考题与习题

1. π 键有什么特点？
2. 不对称烯烃和不对称试剂的亲电加成为什么遵守马氏规则？
3. 不对称烯烃和溴化氢在过氧化物条件下的加成产物为什么是反马氏的？
4. 烷基碳正离子的稳定性顺序是怎样的？为什么？
5. 炔烃比烯烃难以进行亲电加成反应，但比烯烃易进行亲核加成反应，为什么？
6. 为什么高温下卤素与烯烃发生自由基 α-H 卤化，而不与双键发生自由基加成反应？
7. 端基炔烃能发生活泼氢反应，而烷烃、烯烃无此反应，为什么？
8. 为什么丁-1,3-二烯既能发生 1,2-加成，也能发生 1,4-加成？
9. 用化学方法鉴别下列化合物。

正丁烷、丁-1-烯、丁-2-烯、丁-1,3-二烯、丁-1-炔、丁-2-炔。

10. 写出 HCl 和下列化合物反应的主要产物。

(1) $CH_3CH_2CH{=}CHCOOH$　(2) $CH_3CH{=}CHCH_2NO_2$　(3) $(CH_3)_2C{=}CHCH_3$

11. 以 2-氯丁烷为原料合成丁酮。

笔记栏

PPT 课件

第六章 芳 香 烃

学习目标

芳香烃是一类化学性质与脂肪族化合物有明显差异的化合物，仅由碳氢两种元素组成，具有高度的不饱和性，且不易发生加成和氧化反应，具有特殊的稳定性。

1. 掌握苯环的亲电取代反应（卤化、硝化、磺化、弗里德 - 克拉夫茨反应）及反应机理，以及取代基定位规则及其应用。理解苯和萘的结构特征及用价键理论解释苯和萘的结构。

2. 熟悉萘化学性质和休克尔规则，学会判断非苯芳烃的芳香性。

3. 了解蒽、菲的结构和化学性质。

化学家把有机化合物分为脂肪族化合物和芳香化合物两类。脂肪族化合物是指开链化合物及与开链化合物相类似的环状化合物，如烷烃、烯烃、炔烃及其环状类似物。芳香烃(aromatic hydrocarbon)是指含有苯环结构以及不含苯环但其化学性质类似于苯的碳氢化合物。这类化合物具有高度的不饱和性，且具有特殊的稳定性，成环原子间的键长也趋于平均化，化学性质表现为易发生取代反应、不易发生加成反应和氧化反应，这些特性统称为芳香性。后经研究发现，具有芳香性的化合物在结构上都符合休克尔规则。因此，近代有机化学把结构上符合休克尔规则，性质上具有芳香性的化合物称为芳香化合物。苯是最简单的芳香烃。根据芳香烃分子中是否含有苯环和所含苯环的数目、连接方式的不同，芳香烃可分为单环芳烃、多环芳烃和非苯芳烃 3 类。

单环芳烃：分子中只含有 1 个苯环，其中包括苯、苯的同系物和苯基取代的不饱和烃。如苯、甲苯、苯乙烯等。

苯
benzene

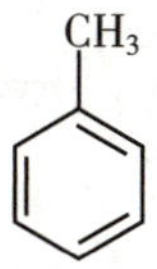

甲苯
methylbenzene
(toluene)

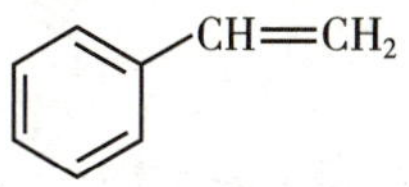

苯乙烯
vinylbenzene
(styrene)

多环芳烃：分子中含有 2 个或多个苯环，如联苯、萘、蒽等。

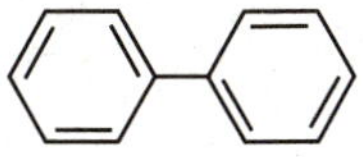

联苯
biphenyl

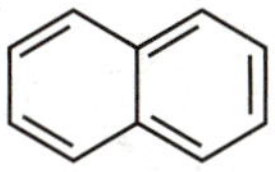

萘
naphthalene

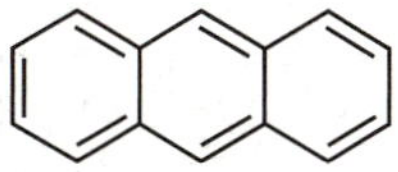

蒽
anthracene

笔记栏

非苯芳烃：不含苯环，但含有结构和性质与苯环相似的芳环，并具有芳香化合物的性质，如环戊二烯负离子、环庚三烯正离子、薁等。

环戊二烯负离子 cyclopentadienyl anion　　环庚三烯正离子 cycloheptatrienyl cation　　薁 azulene

第一节　苯的结构和同系物

一、苯的结构

（一）苯的凯库勒结构式

苯是芳香烃中最典型的代表物。1825 年，Michael Faraday（迈克尔·法拉第）从煤焦油中分离得到苯，并测定了苯的经验式为 CH。1833 年，Mitscherlich（米采利希）确定苯的分子式为 C_6H_6，但其结构的确定成为此后数十年中学术界极为关注的工作。化合物分子式为 C_6H_6 表明其具有很高的不饱和度，但实验却证明苯是一个十分稳定的化合物。化学家们发现，苯的化学性质更像烷烃的特性，而不像烯或炔的特性。

苯的典型反应是取代反应。例如在三溴化铁（催化剂）存在下，苯和溴反应只生成一种一取代产物溴苯。

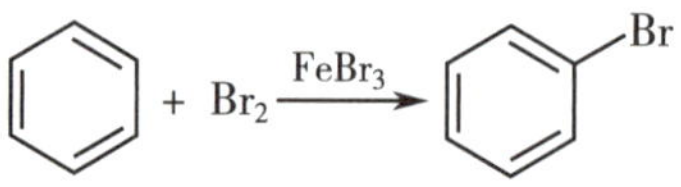

一元取代产物的生成，对于阐明苯的结构是十分有意义的。只生成一种一取代产物说明苯分子中的 6 个氢原子必须是相同的。实验数据进一步指出，当一元取代产物进一步发生取代时，能分离得到 3 个不同的二元取代苯异构体。

另外，苯虽然难以发生加成反应，但在特殊条件下，也能使苯发生加成反应。例如：

在光照射下，苯和氯加成，生成六氯环己烷。

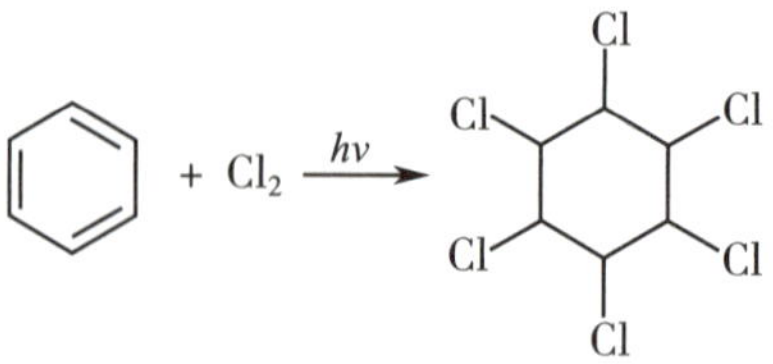

这个反应说明，苯实质上是个不饱和分子。在这些实验的基础上，德国化学家 Kekulé（凯库勒）于 1865 年提出了苯的结构——苯是由 6 个碳原子组成，具有交替单、双键的环状六边形平面结构，每个碳原子上连接着 1 个氢原子。

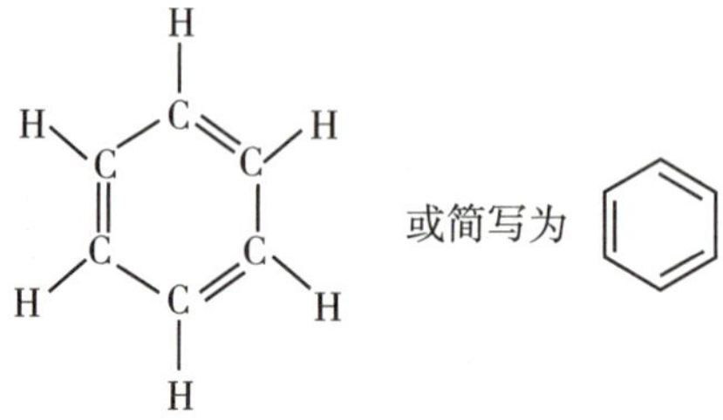

这个构造式叫作凯库勒结构式。这个式子虽然可以说明苯分子的组成和原子间的次序，能解释苯一元取代只有一种产物的事实，但它还是存在着一些缺陷，无法解释苯的某些性质。例如：

第一，根据凯库勒结构式，苯的邻二溴取代物应该有 2 种(1)和(2)，而事实上只有 1 种。

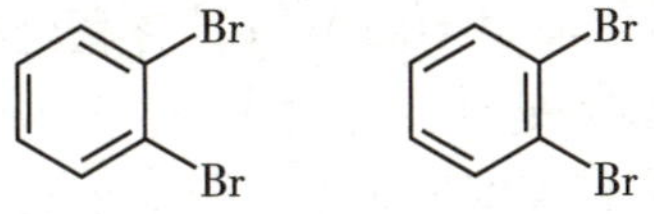

(1)　　(2)

第二，凯库勒结构式的结构中含有 3 个双键，具有高度不饱和性，却难以发生加成反应，且不易被高锰酸钾氧化。

知识链接

弗里德利希·奥古斯特·凯库勒

弗里德利希·奥古斯特·凯库勒(Friedrich August Kekulé，1829—1896)，德国化学家，1829 年 9 月 7 日生于德国达姆施塔特。

1851 年，凯库勒 22 岁时，在巴黎读了查理·弗雷德里克·日拉尔(Charles Frederic Gerhardt，1816—1856)的著作《有机化学概论》，对有机化学产生了兴趣。

1865 年 5 月 11 日，凯库勒在比利时皇家学会发表了论文《关于苯环的几种衍生物》。在这篇论文里，首先使用了芳香族这个名称，阐明苯环的结构。由于苯环学说对有机化学的发展具有特殊的意义，所以化学界把 1865 年看成有机化学具有突破性成就的一年。

1890 年 3 月 10 日，凯库勒在波恩大学宣读了论文《吡啶的结构式》。这篇论文进一步证明了苯环结构理论的正确性。

(二) 苯的凯库勒结构式的解释

1. 苯的稳定性　凯库勒结构式解释了苯的一些事实，但有些事实仍不能用此结构式来解释。这些不能解释的事实好像都与苯环的异常稳定性有关系。苯的氢化热比预料的低很多。苯的氢化热为 208.5kJ/mol，环己烯的氢化热为 119.5kJ/mol，假想的环己 -1,3,5- 三烯的氢化热应为 358.5(119.5 × 3)kJ/mol，苯的氢化热比假想的环己 -1,3,5- 三烯的低 150kJ/mol，这个氢化热差称共振能或离域能，体现了苯的稳定性。如果苯与氢加成形成环己 -1,3- 二烯，不但不放出热量，而且还吸收 23.3kJ/mol 的能量。

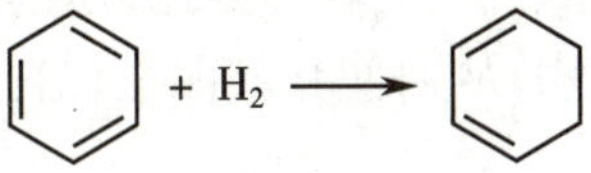

$\Delta E = -208.5-(-231.8) = 23.3$ (kJ/mol)

可见加成反应会破坏苯的稳定性，因此苯不易加成。

2. 苯结构的共振描述　苯的凯库勒结构式不能对苯的结构进行准确描述，之后经历了将近 80 年，随着量子理论和共振论的发展，人们才对苯的结构有了新的认识。共振论认为，无论什么时候，一个物质能用 2 个或 2 个以上相等或几乎相等的结构表示，它们之间只是 π 电子分布不同，其实际分子是它们的共振杂化体。

笔记栏

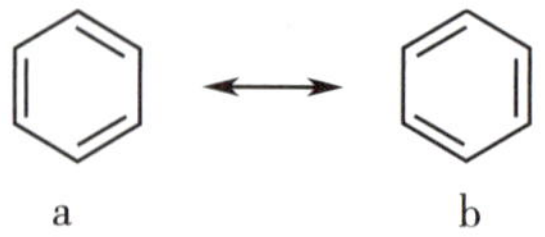

凯库勒结构式 a 和 b 是符合共振条件的，它们是 2 个仅在 π 电子排列上不同的结构，而苯的实际结构应是 a 和 b 的杂化体。由于 a 和 b 具有完全相同的稳定性，它们对杂化体的贡献是相等的，因此共振所引起的稳定作用是很大的。

共振论对于苯的描述是 2 个相邻碳原子之间既不是双键也不是单键，而均为 1½ 键，所以 6 个碳碳键的键长也是相同的。因此，苯的结构经常用键线式或圆圈来表示，这就不难解释苯的邻位二元取代产物只有一种。

或

3. 苯结构的价键理论描述　苯分子中的每一个碳原子都与 3 个其他原子成键，因而采用 sp^2 杂化轨道成键。这些轨道处于同一个平面中，如图 6-1(a) 所示。苯是一个平面分子，6 个碳原子和 6 个氢原子处于同一个平面中，是一个非常对称的分子。苯分子中有 6 个 C—C σ 键，6 个 C—H σ 键；每个碳原子还有一个未参与杂化的 p 轨道垂直于杂化平面，6 个 p 轨道彼此平行相互重叠，每个 p 轨道上有 1 个 π 电子，如图 6-1(b) 所示。6 个 p 轨道同时垂直于同一个平面，可以形成一个闭合的大 π 键，电子的离域范围增加，使电子云完全平均化，结果形成了 2 个连续的面包圈形的电子云，一个位于杂化平面的上面，另一个在下面，如图 6-1(c) 所示。这样的结构使苯分子中碳碳键的键长相等，分子变得较稳定。

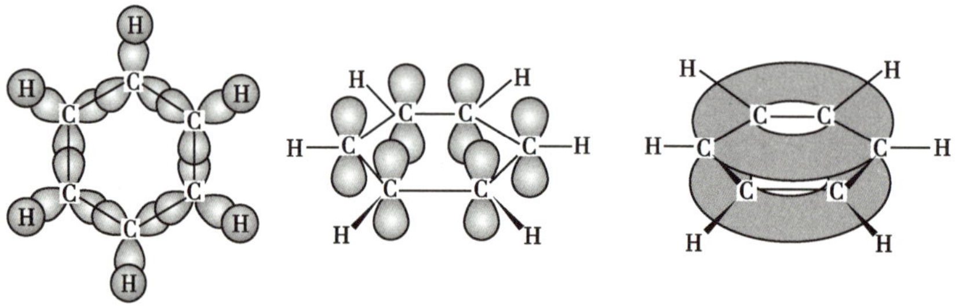

(a) 苯的 sp^2 杂化平面　(b) 苯分子中 p 轨道的重叠　(c) 苯的离域 π 分子轨道

图 6-1　苯分子的杂化

4. 苯结构的分子轨道理论描述　分子轨道理论认为，6 个碳原子上的 6 个 p 轨道组成 6 个 π 分子轨道 ψ_1、ψ_2、ψ_3、ψ_4、ψ_5 和 ψ_6，如图 6-2 所示。ψ_1、ψ_2 和 ψ_3 是成键轨道；ψ_4、ψ_5 和 ψ_6 是反键轨道；ψ_2 和 ψ_3，ψ_4 和 ψ_5 为简并轨道。苯分子在基态时，6 个 p 电子都处于成键轨道内，即 ψ_1、ψ_2 和 ψ_3 充满了电子，ψ_4、ψ_5 和 ψ_6 则全空着。因此，总的结果造成苯是一个高度对称的分子，其 π 电子有相当大的离域作用，从而使它的能量比在孤立的 π 轨道中低得多。

5. 苯结构的现代物理描述　现代物理方法测得苯的结构为：苯分子的 6 个碳原子和 6 个氢原子都在同一平面上，6 个碳原子构成正六边形，C—C 键长为 0.140nm，C—H 键长为 0.108nm，键角∠CCH 及∠CCC 均为 120°，如图 6-3 所示。

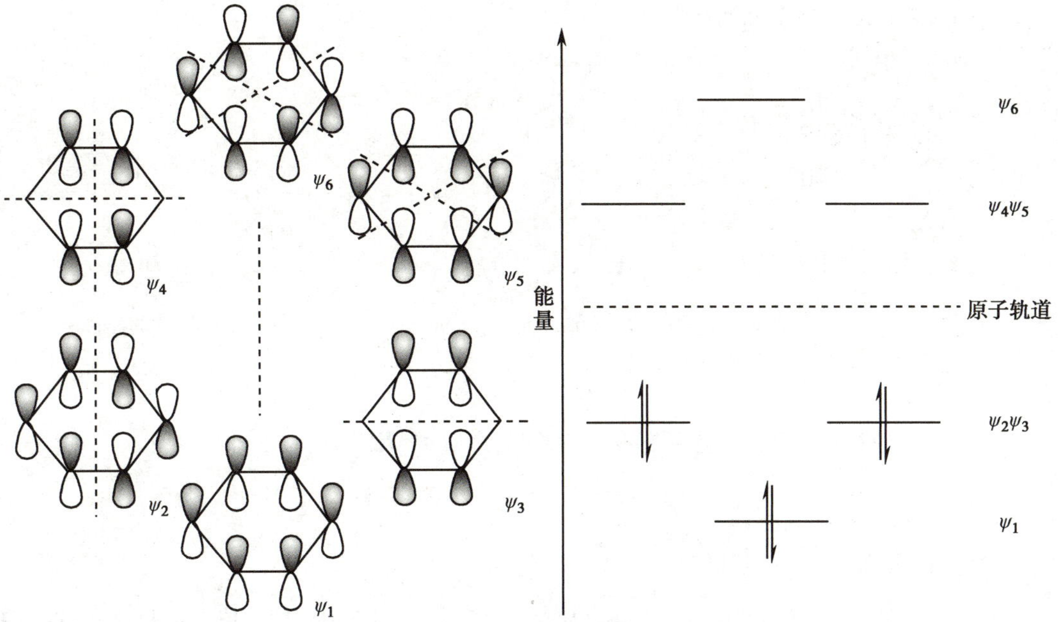

图 6-2　苯的 p 分子轨道和能级图

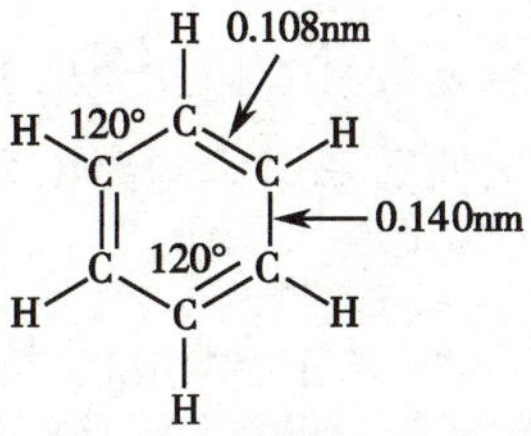

图 6-3　苯分子的结构

二、苯的同系物异构

苯的同系物是指苯环上的氢原子被烃基取代的衍生物，分为一烃基苯、二烃基苯、三烃基苯等。

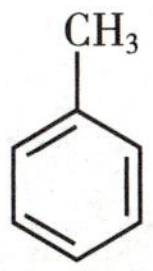

甲苯
methylbenzene
（toluene）

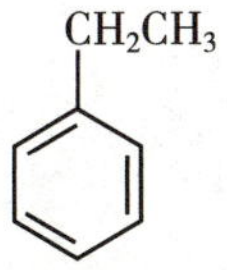

乙苯
ethylbenzene

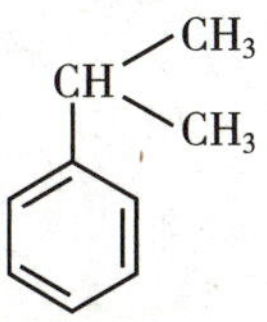

异丙苯
isopropylbenzene
（cumene）

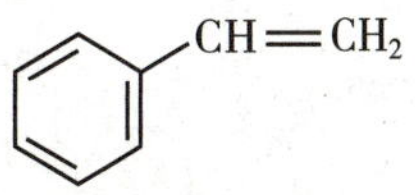

苯乙烯
vinylbenzene
（styrene）

二烃基苯有 3 种异构体。

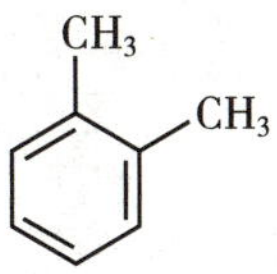

1，2-二甲基苯
邻二甲苯
o-dimethylbenzene

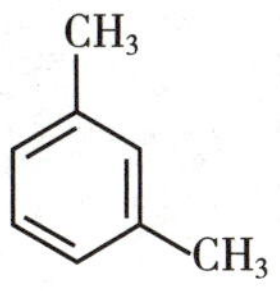

1，3-二甲基苯
间二甲苯
m-dimethylbenzene

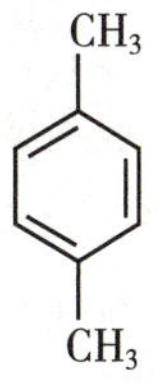

1，4-二甲基苯
对二甲苯
p-dimethylbenzene

笔记栏

三烃基苯也有 3 种异构体。

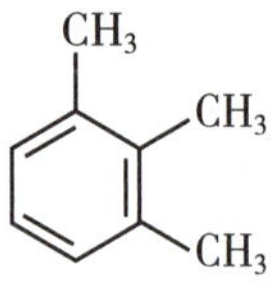

1，2，3-三甲苯
连三甲苯
1，2，3-trimethylbenzene

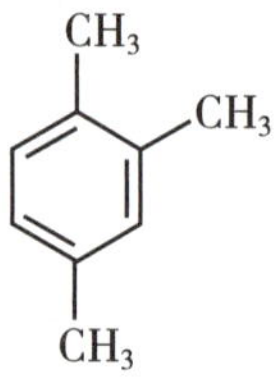

1，2，4-三甲苯
偏三甲苯
1，2，4-trimethylbenzene

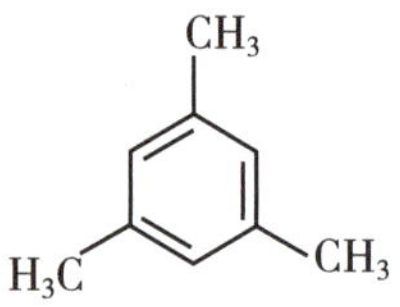

1，3，5-三甲苯
均三甲苯
1，3，5-trimethylbenzene

第二节 芳香烃的性质

一、单环芳烃的物理性质

苯及其同系物多数为液体，是一种良好的溶剂，不溶于水，比重一般为 0.86~0.9g/ml，易溶于石油醚、四氯化碳、乙醚等有机溶剂。单环芳烃有特殊的气味，蒸气有毒，会对呼吸道、中枢神经和造血器官产生损害。

在同分异构体中，结构对称的异构体具有较高的熔点，如对二甲苯的熔点比邻二甲苯、间二甲苯要高，可用低温结晶的方法使对二甲苯分离出来。一些常见苯的衍生物的物理性质见表 6-1。

表 6-1 苯衍生物的物理常数

化合物	熔点 /℃	沸点 /℃	密度 /(20℃,g/ml)	折射率 n_D^{20}
苯(benzene)	5.5	80.1	0.878 6	1.500 1
甲苯(toluene)	-95.0	110.6	0.866 9	1.496 1
乙苯(ethylbenzene)	-95.0	136.2	0.867 0	1.495 9
丙苯(propylbenzen)	-99.5	159.2	0.862 0	1.492 0
异丙苯(isopropylbenzene)	-96.0	152.4	0.861 8	1.491 5
邻二甲苯(*o*-xylene)	-25.5	144.4	0.880 2	1.505 5
间二甲苯(*m*-xylene)	-47.9	139.1	0.864 2	1.497 2
对二甲苯(*p*-xylene)	13.3	138.2	0.861 1	1.495 8
1,2,3- 三甲苯 (1,2,3-trimethylbenzene)	-25.4	176.1	0.894 4	
1,2,4- 三甲苯 (1,2,4-trimethylbenzene)	-43.8	169.4	0.875 8	
1,3,5- 三甲苯 (1,3,5-trimethylbenzene)	-44.7	164.7	0.865 2	
苯乙烯(vinylbenzene)	-30.6	145.2	0.906 0	1.546 8
苯乙炔(ethynylbenzene)	-44.8	142.4	0.928 1	1.548 5

笔记栏

二、苯及其同系物的化学性质

由于苯系芳烃都含有苯环结构，因此苯环结构特征决定了这类化合物的化学特性。

(一) 亲电取代反应

苯的特征反应是亲电取代反应。苯环平面上下方都有 π 电子云，同 σ 键相比，这些 π 电子云平行重叠结合较疏松，在反应中苯环可以充当电子源，当与缺电子试剂相遇时，就像烯烃中的 π 键，首先接受缺电子基团，但是由于苯分子中 π 键的共轭而使苯环具有特殊的稳定性，反应中总是保持苯环结构，因此苯的典型反应是亲电取代反应，而不是加成反应。

1. 卤化　苯与卤素在三卤化铁等催化剂作用下，苯环上的一个氢原子被卤素（X）取代，生成卤苯，这类反应称为卤化（又称卤化反应）。

例如：

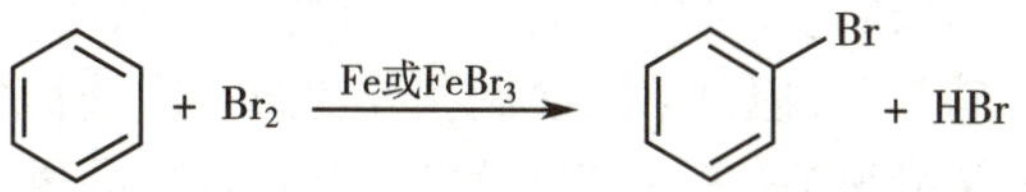

对于不同的卤素，亲电取代反应活性次序为：氟 > 氯 > 溴 > 碘。苯的卤化反应主要指与氯和溴 2 种卤素的反应。因为碘不够活泼，反应较慢，一般采用其他方法引入。而氟太活泼，氟化反应激烈不易控制，一般不直接引入。

无催化剂存在下，苯和溴或氯不发生反应，因为溴或氯的反应活性都不足以对较稳定的苯环发生亲电性进攻，所以需要用一种催化剂，通常是路易斯酸（Lewis acid）或布朗斯特酸（Brønsted acid，又称质子酸），以利于形成一个较强的亲电试剂 $Br^{\oplus}$ 或 $Cl^{\oplus}$。当分子溴与三溴化铁这一类路易斯酸反应时，首先形成带正电荷的溴正离子和络合阴离子，然后溴正离子进攻苯环，形成 σ- 络合物。络合物失去 1 个质子生成溴苯。与此同时，从 σ- 络合物中分离出来的质子与络合阴离子作用生成 HBr，并使催化剂三溴化铁再生。苯溴化机理的 3 个步骤如下：

(1) 形成活性较强的亲电试剂

$$Br_2 + FeBr_3 \longrightarrow Br^{\oplus} + FeBr_4^{\ominus}$$

(2) 亲电试剂进攻苯环形成中间体 σ- 络合物

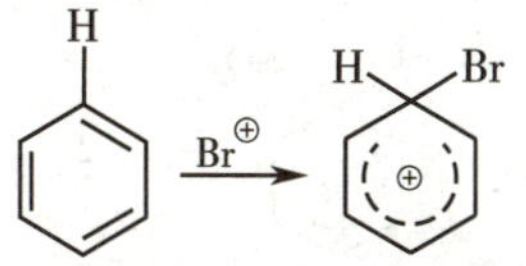

(3) σ- 络合物失去质子，苯环恢复稳定结构，即生成取代产物

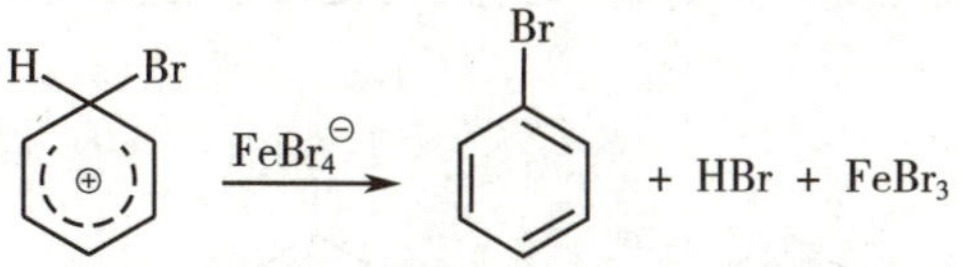

2. 硝化　苯与浓硝酸和浓硫酸的混合物（简称混酸）作用时，苯环上的氢原子被硝基取代，生成硝基苯，这个反应称为硝化（nitration）。

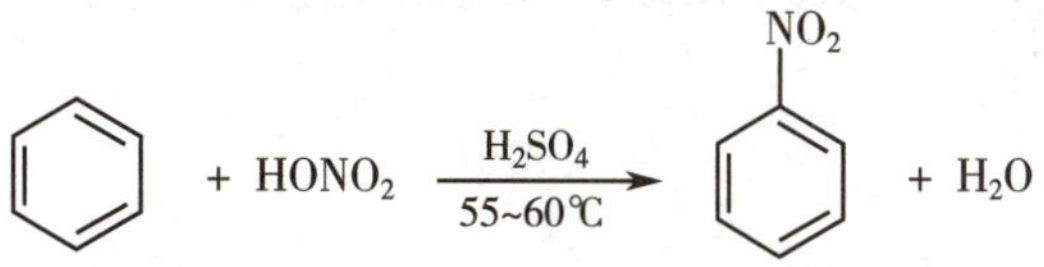

浓硫酸在反应中不仅是脱水剂，而且与硝酸作用生成硝酰正离子 $NO_2^{\oplus}$（或称硝基正离子）。

笔记栏

$$H-O-NO_2 + HOSO_3H \rightleftharpoons H-\underset{H}{\overset{\oplus}{O}}-NO_2 + HSO_4^{\ominus}$$

$$H-\underset{H}{\overset{\oplus}{O}}-NO_2 + H_2SO_4 \rightleftharpoons NO_2^{\oplus} + H_3O^{\oplus} + HSO_4^{\ominus}$$

硝基正离子（$NO_2^{\oplus}$）是进攻苯环的亲电试剂，反应过程如下：

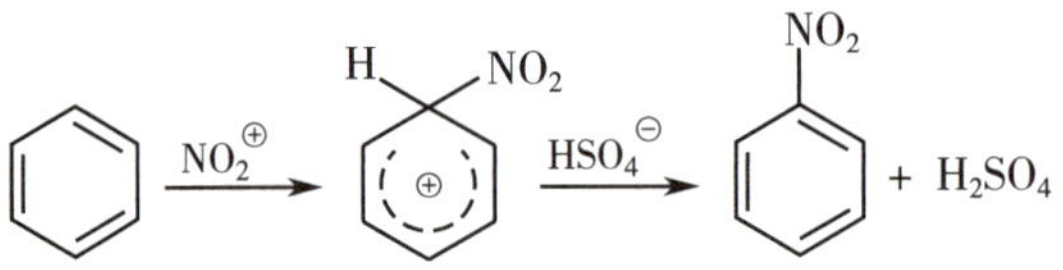

故硝化也是亲电取代反应。

反应温度和酸的用量对硝化程度的影响很大。例如，当硝基苯在过量的混酸存在下能够继续被硝化，生成间二硝基苯，但是第二次硝化要比第一次慢得多，需要比较高的温度。

3. 磺化　苯与98%浓硫酸在75~80℃时发生作用，苯环的氢原子被磺酸基（—SO_3H）取代生成苯磺酸。有机化合物分子中的氢原子被磺酸基取代的反应称为磺化（sulfonation）。与卤化、硝化不同，磺化是一个可逆反应，反应中生成的水使硫酸浓度变稀，磺化速度变慢，水解速度加快，因此，常用发烟硫酸在室温进行磺化。

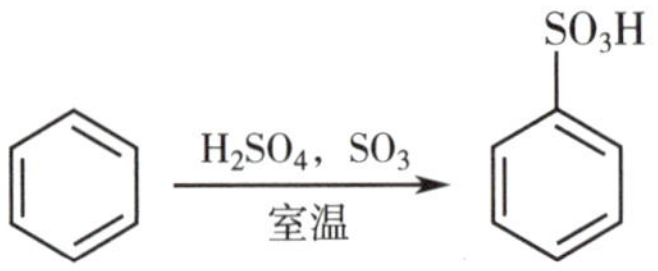

发烟硫酸为三氧化硫的硫酸溶液，所以一般认为磺化试剂可能是三氧化硫。硫酸加热可产生三氧化硫。

$$2H_2SO_4 \rightleftharpoons SO_3 + H_3O^{\oplus} + HSO_4^{\ominus}$$

磺化时，三氧化硫中的硫原子显正电性（即缺电子）。反应是通过带部分正电荷的硫进攻苯环而产生的。磺化机理如下：

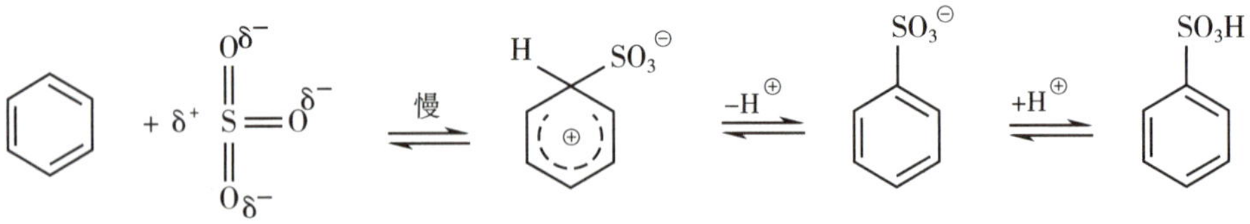

当苯磺酸与稀硫酸加热至100~175℃时，就转变为苯与硫酸，通过水蒸气蒸馏可将苯分离，使平衡向左进行反应。

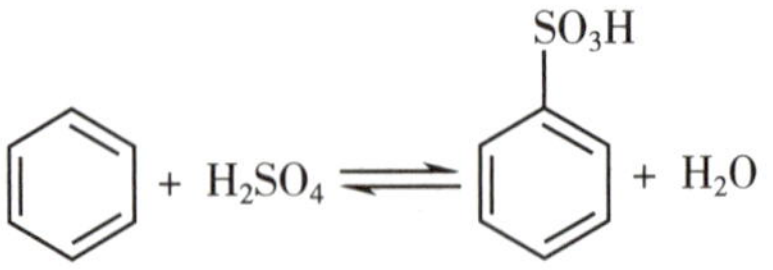

当用氯磺酸磺化苯时，可生成苯磺酸，如氯磺酸过量，也可生成苯磺酰氯。我们通常把这个反应称为氯磺化反应。

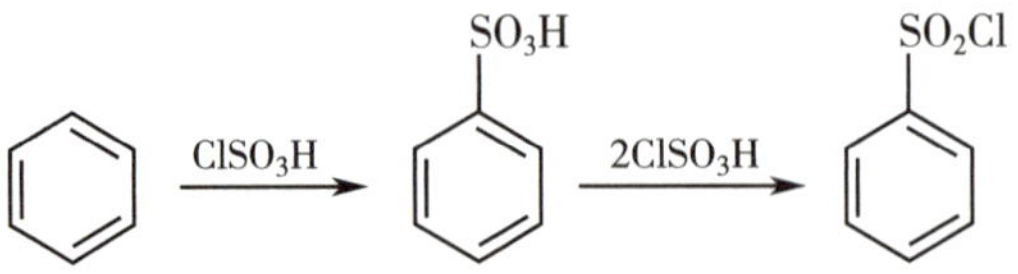

苯磺酰氯非常活泼，通过它可以制备苯磺酰胺等化合物。苯磺酰胺在合成医药、农药上有广泛用途。

4. 弗里德 - 克拉夫茨反应　在路易斯酸存在的条件下，芳烃与卤代烷或酰卤作用，苯环上的氢原子被烷基（—R）或酰基（$\mathrm{R-\overset{\overset{O}{\|}}{C}-}$）取代的反应，分别称为烷基化（alkylation）和酰化（acylation），统称弗里德 - 克拉夫茨反应（Friedel-Crafts reaction，也译为傅瑞德尔 - 克拉夫茨反应）。

（1）弗里德 - 克拉夫茨烷基化反应：在无水三氯化铝等催化剂的作用下，苯与烷基化试剂作用，生成烷基苯。烷基化是在苯环上引入烷基的重要方法。

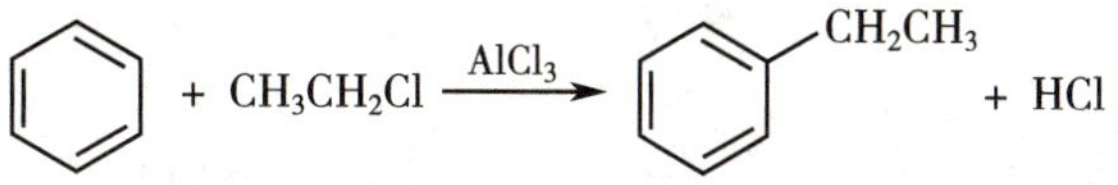

常用的催化剂有无水三氯化铝、三氯化铁、氯化锌、三氟化硼等，其中以无水三氯化铝的活性最高。

常用的烷基化试剂有卤代烷、烯烃和醇。例如：

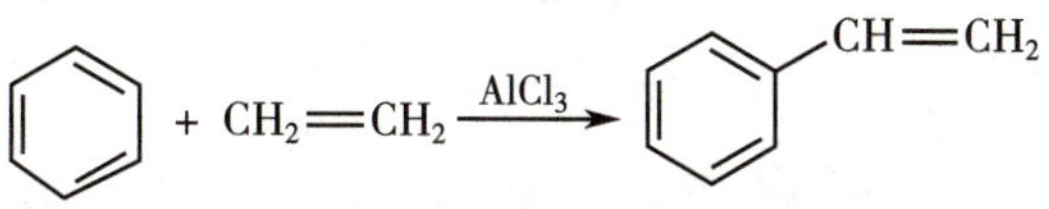

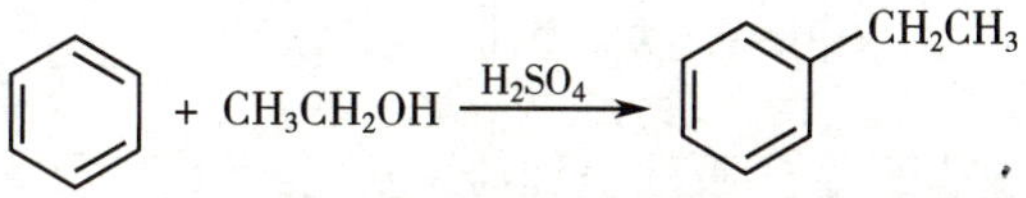

当苯环上连有强吸电子基（如硝基、磺酸基、酰基和氰基等）时，一般不发生烷基化。

卤代烷在三氯化铝存在下与苯反应，生成烷基苯。催化剂三氯化铝的作用是促使形成反应活性较高的亲电试剂，即碳正离子（$CH_3CH_2^{\oplus}$）。下面以氯乙烷与苯的反应为例说明反应机理。

1）生成活性较强的亲电试剂

$$CH_3CH_2-Cl + AlCl_3 \rightleftharpoons CH_3CH_2^{\oplus} + AlCl_4^{\ominus}$$

2）亲电试剂进攻苯环形成 σ- 络合物

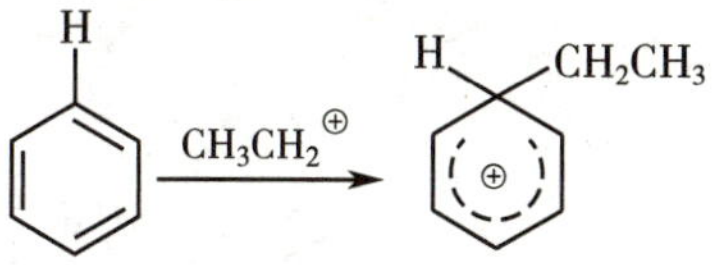

3）σ- 络合物失去质子生成取代产物

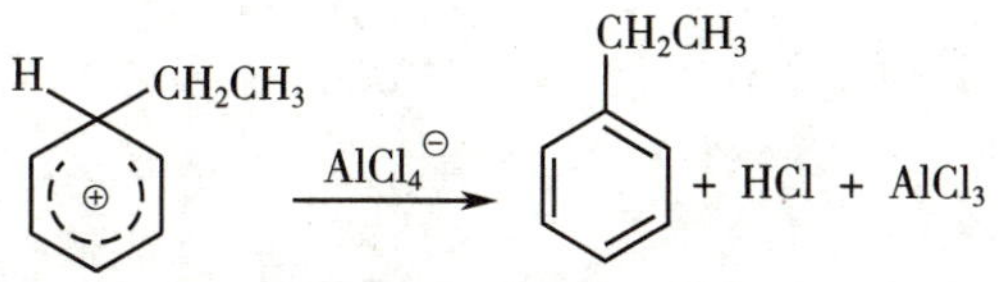

由于烷基化的亲电试剂是碳正离子，因此当卤代烷含有 3 个或多个碳原子时，烷基往往发生重排。例如 1- 氯丙烷和苯反应，主要生成物是异丙苯。

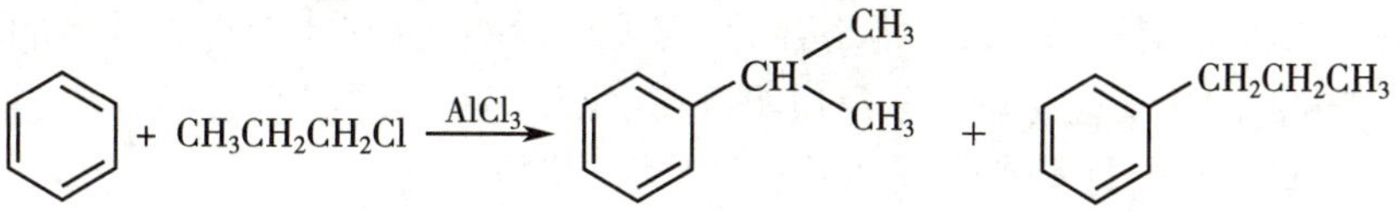

70%　　　　30%

这是因为烷基化的第一步是生成一级碳正离子（$CH_3CH_2\overset{\oplus}{C}H_2$），随后发生 1，2-H 迁移，重排成较稳定的二级碳正离子（$CH_3\overset{\oplus}{C}HCH_3$）。

笔记栏

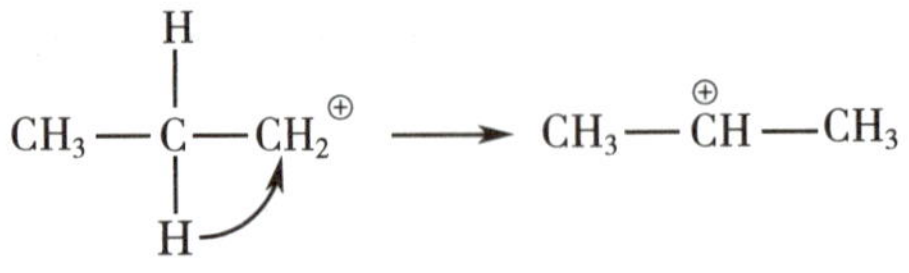

1,2-H迁移　　　　异丙基碳正离子

第二步是异丙基碳正离子进攻苯环，发生亲电取代生成异丙苯。

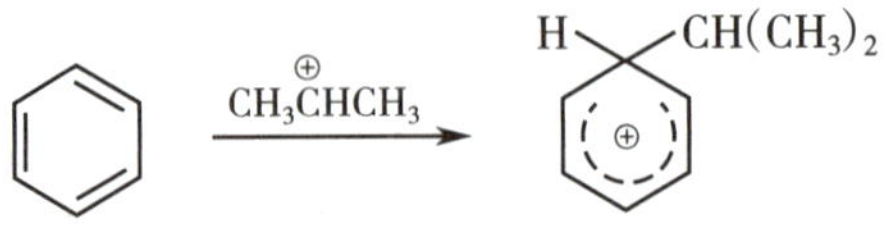

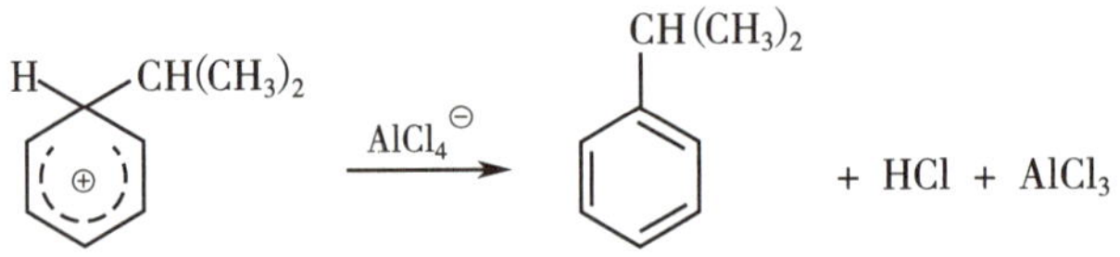

(2) 弗里德-克拉夫茨酰化反应：芳烃与酰卤（RCOX）在无水 $AlCl_3$ 催化作用下生成芳酮，这个反应叫作弗里德-克拉夫茨酰化反应。这是制备芳酮的重要方法之一。常用的酰化试剂为酰卤、酸酐和羧酸等。

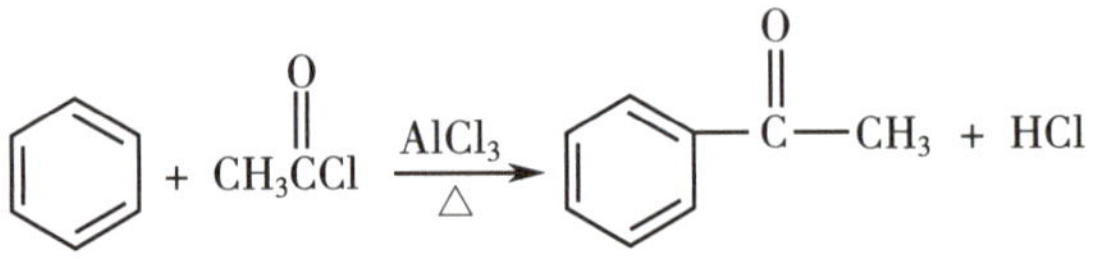

酰化的亲电试剂是酰基正离子，反应机理与烷基化类似。

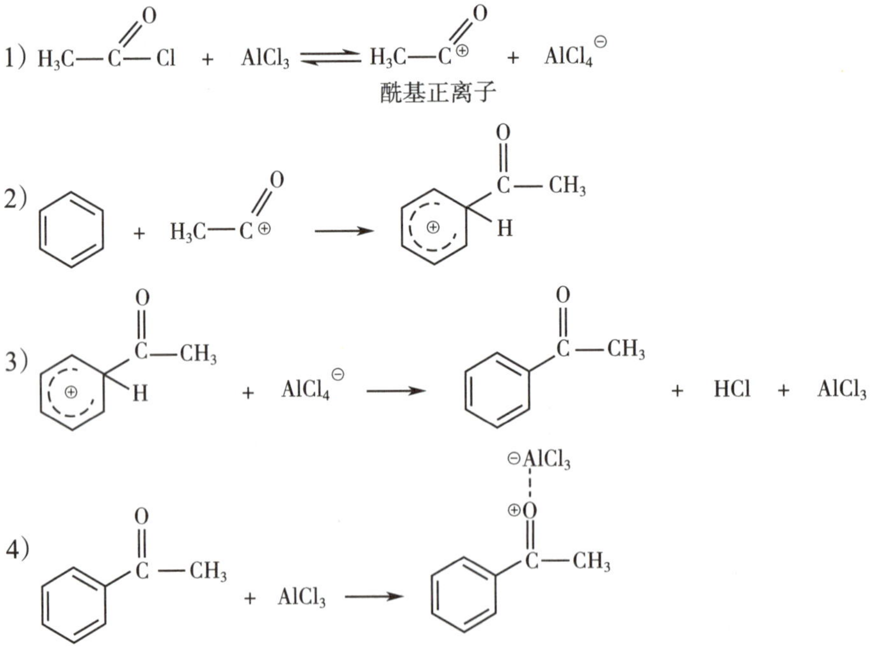

反应后生成的芳酮是与 $AlCl_3$ 相络合的，需再加稀酸处理，才能得到游离的酮。因此，弗里德-克拉夫茨酰化反应与烷基化反应不同，三氯化铝的用量必须过量。

酰化没有重排产物，且不易生成多酰基化产物。例如：

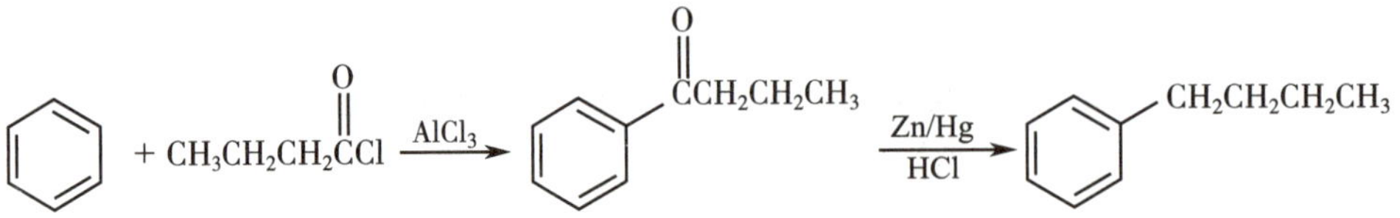

生成的酮可以用锌汞合金（又称锌汞齐）加盐酸将羰基还原为亚甲基。因此，酰化也是芳环上引入直链烷基的一个重要方法。苯环上如果有硝基、磺酸基等强吸电子取代基时，也不能发生弗里德 - 克拉夫茨酰化反应。

ER-6-1 弗里德 - 克拉夫茨反应

5. 芳烃亲电取代反应机理　在亲电取代反应中，首先是亲电试剂 $E^{\oplus}$进攻苯环，与离域的 π 电子相互作用形成不稳定的中间体 π- 络合物（或称电荷迁移络合物）。

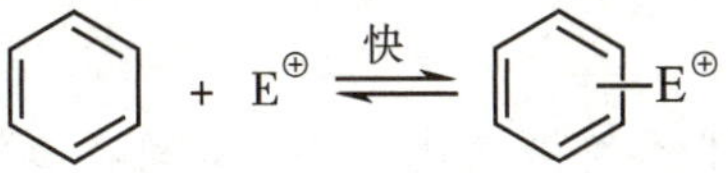

这时并没有发生价键变化，π- 络合物仍然保持着苯环结构。紧接着亲电试剂从苯环的 π 体系中获得 2 个电子，与苯环的一个碳原子形成 σ 键，生成 σ- 络合物。

此时这个碳原子的 sp^2 杂化轨道也随着变成 sp^3 杂化轨道，于是该碳原子不再有 p 轨道，而苯环上只剩下 4 个 π 电子，且这 4 个 π 电子只离域分布在环的 5 个碳原子上，仍然是一个共轭体系，但原来苯环上 6 个碳原子形成的闭合共轭体系被破坏了。从共振的观点看，σ- 络合物是 3 个环状的碳正离子共振结构的杂化体。

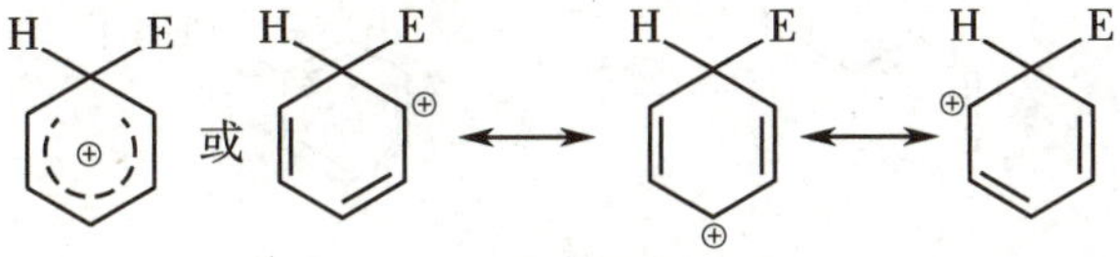

σ-络合物

因此，σ- 络合物的能量比苯高而不稳定。它很容易从 sp^3 杂化碳原子上失去 1 个质子，从而恢复原来的 sp^2 杂化状态，结果又形成 6 个 π 电子离域的闭合共轭体系——苯环，从而降低了体系的能量，生成比较稳定的产物取代苯。反应过程的能量变化，如图 6-4 所示。

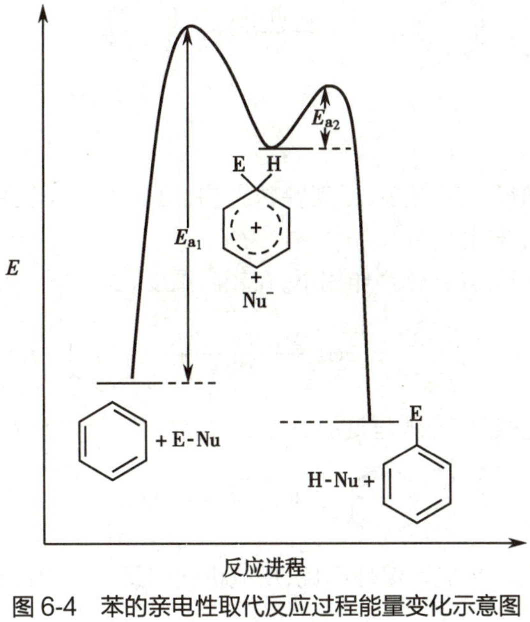

图 6-4　苯的亲电性取代反应过程能量变化示意图

笔记栏

综上所述，芳香亲电取代反应机理可概括表示如下：

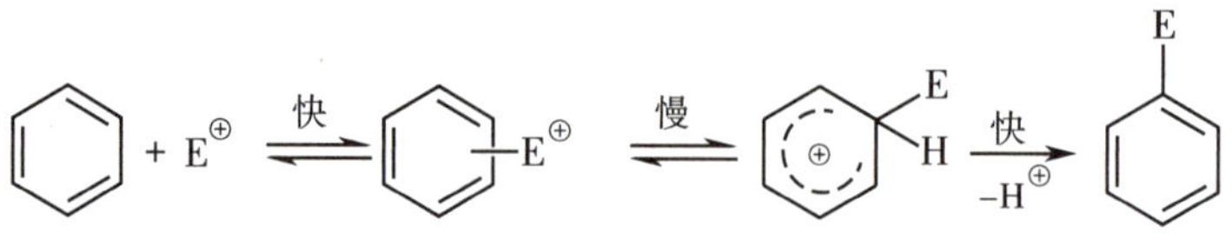

π-络合物　　σ-络合物

(二) 氧化反应

苯环很稳定，在一般条件下不易被氧化开环。只有在高温、催化作用下，苯才可被空气氧化生成 *cis*- 丁烯二酸酐。

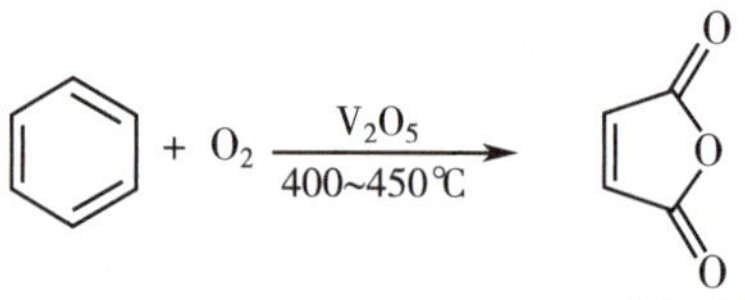

cis-丁烯二酸酐

但是烃基苯的烃基可被高锰酸钾或酸性重铬酸钾等强氧化剂氧化。在通常情况下，氧化反应发生在 α 碳原子上，因为 α 氢受苯环的影响而活泼性增加，氧化时无论烷基侧链长短，最后都被氧化生成羧基。当 α 碳上没有 H 原子时，这种侧链就难被氧化。

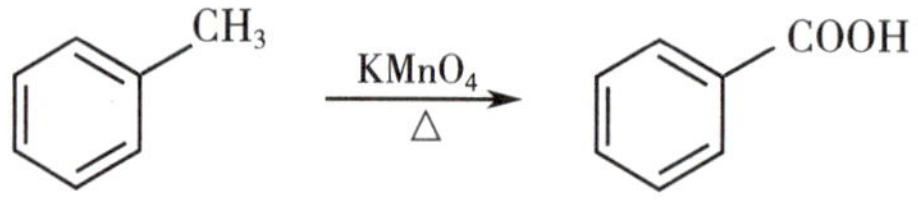

苯甲酸

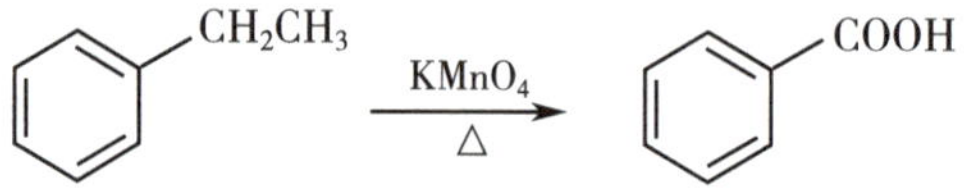

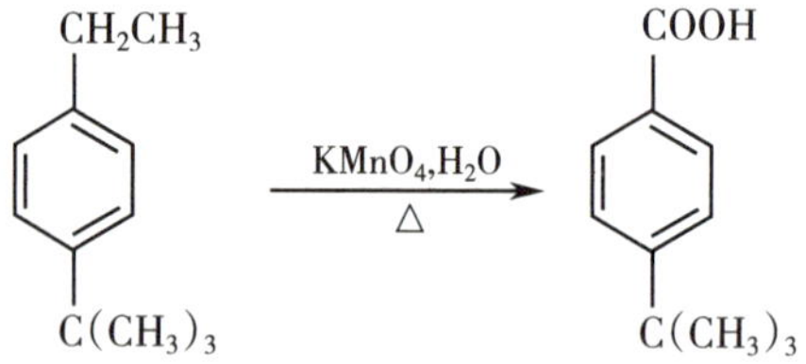

(三) 加成反应

苯比一般的不饱和烃稳定得多，因其特殊结构，离域能大而较稳定。苯难发生加成反应，但在特殊条件下也能发生。

1. 加氢　在 Ni、Pt、Pd 等催化剂作用下，在较高温度、加压下，苯加氢生成环己烷。

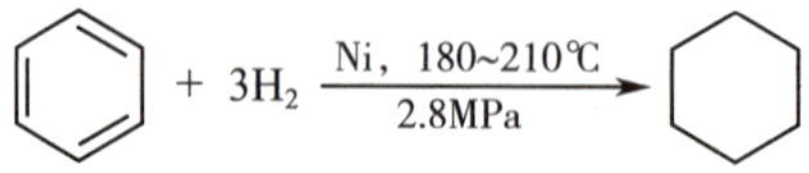

2. 加氯　在紫外光照射下，苯与氯加成生成六氯化苯（杀虫剂六六六）。

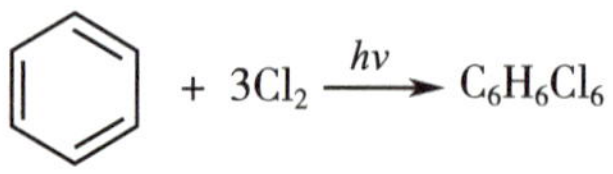

溴也能进行上述反应，生成六溴环己烷，反应机理同氯一样均按自由基反应机理进行。

笔记栏

第三节 芳环的亲电取代定位规则

一、亲电取代定位效应

如果苯环上已有 1 个取代基时，再引入第 2 个取代基，可能会进入它的邻位、间位或对位。例如：

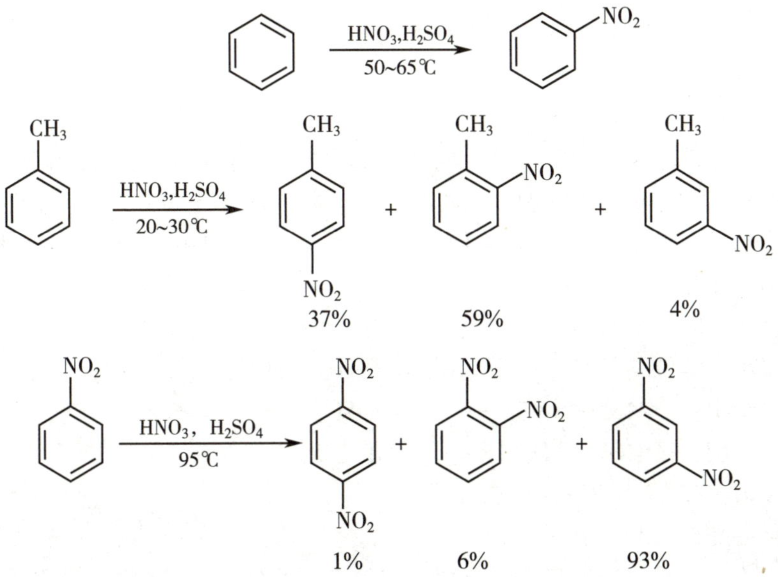

对比苯、甲苯和硝基苯的硝化条件和反应产物比例，可以看出甲苯比苯容易硝化，且硝基主要进入甲基的邻位、对位。硝基苯比苯难硝化，第 2 个硝基主要进入间位。

大量实验结果(表 6-2)表明，不同一元取代苯在进行同一取代反应时(以硝化为例)，按所得产物的比例不同可以分成 2 类：一类是取代反应产物中邻位和对位异构体占优势，反应速率一般都要比苯快些；另一类是以间位异构体为主，反应速率比苯慢。因此，按所得取代产物的不同比例来划分，可以把苯环上的取代基分为邻对位定位基和间位定位基两类。

表 6-2 取代苯硝化相对速率和产物

定位基	相对速率(与氢相比)	二元取代硝化中各异构体的比例 /%			
		邻位	对位	间位	邻对位之和
—$NHCOCH_3$	很快	19	79	2	98
—CH_3	24.5	58	38	4	96
—$C(CH_3)_3$	15.5	15.8	72.7	11.5	88.5
—CH_2Cl	3.0×10^{-1}	32	52.5	15.5	84.5
—F	0.15	12	88.5	微量	~100
—Cl	3.3×10^{-2}	29.6	69.5	0.9	99
—Br	3.0×10^{-2}	36	62.9	1.1	98.9
—I	0.18	41	59	微量	~100

笔记栏

续表

定位基	相对速率(与氢相比)	二元取代硝化中各异构体的比例 /%			
		邻位	对位	间位	邻对位之和
$—\overset{\oplus}{N}(CH_3)_3$	1.2×10^{-8}	微量	微量	~100	微量
$—NO_2$	6×10^{-8}	6.4	0.3	93.3	6.7
—COOH	$< 10^{-3}$	18.5	1.3	80.2	19.8
$—COOC_2H_5$	3.67×10^{-3}	24	4	72	28

1895 年,霍里曼(Holleman)等从大量实验事实中归纳出这一规律,称为苯环亲电取代定位规则(又称定位效应)。

常见的定位基可以归纳为下面两大类:

(1)邻对位定位基:邻对位定位基又叫第一类定位基。这类定位基使第 2 个取代基主要进入它的邻位和对位(邻 + 对 >60%)。这类定位基主要有以下 2 个特点:①除卤素外,这类定位基均能使苯环上电子云密度升高,使苯环活化。因此,这些定位基又称活化基。亲电取代反应活性比苯高,反应速率比苯快。②这类定位基在结构上的特征是:这些取代基与苯环直接相连的原子一般都是饱和的,且多数有孤电子对或带负电荷。

常见的邻对位定位基及其反应活性(相对苯而言)如下:

强烈致活作用:$—NH_2$($—NHR$、$—NR_2$)、—OH。

中等致活作用:$—OCH_3$($—OC_2H_5$ 等)、$—NHCOCH_3$。

弱致活作用:$—C_6H_5$、$—CH_3$($—C_2H_5$ 等)。

致钝作用:—F、—Cl、—Br、—I。

(2)间位定位基:间位定位基又叫第二类定位基。间位定位基使第 2 个取代基主要进入间位(间位 >40%)。这类定位基主要有以下 2 个特点:①这类定位基均能使苯环上电子云密度降低,使苯环钝化。因此,这些定位基又称钝化基。亲电取代反应活性比苯低,反应速率比苯慢。②这类定位基在结构上的特征是:这些取代基与苯环直接相连的原子上一般具有不饱和键或带正电荷。另外,一些强吸电子基团如$—CF_3$、$—CCl_3$ 也属于此类定位基。

常见的间位定位基及其对苯环活性影响的能力排列如下:

强烈致钝作用:$—\overset{\oplus}{N}(CH_3)_3$、$—NO_2$、—CN、—COOH(—COOR)、$—SO_3H$、—CHO、—COR。

这里讲的活化和钝化,是针对苯而言的。甲基使苯环活化,表示甲苯的取代反应速率快于苯;硝基使苯环钝化,表示硝基苯取代反应速率比苯慢。反应速率与反应机理密切相关。苯的亲电取代反应机理中,形成碳正离子中间体的一步为决定反应速率的步骤。

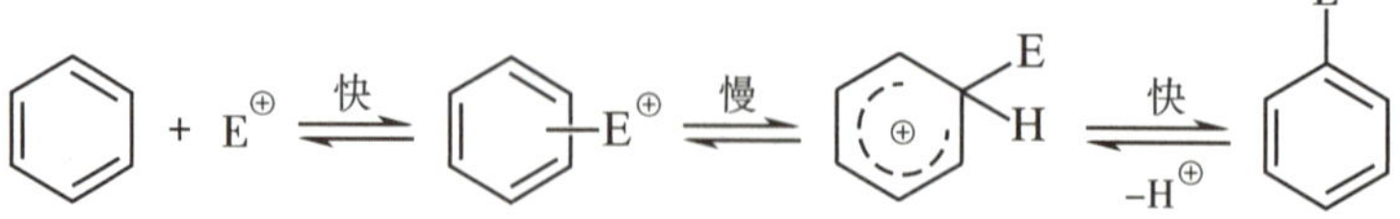

当取代苯进一步进行亲电取代时,其反应形成碳正离子的稳定性与所连取代基的性质有关。例如,比较甲苯、硝基苯和苯取代反应中间体的稳定性。

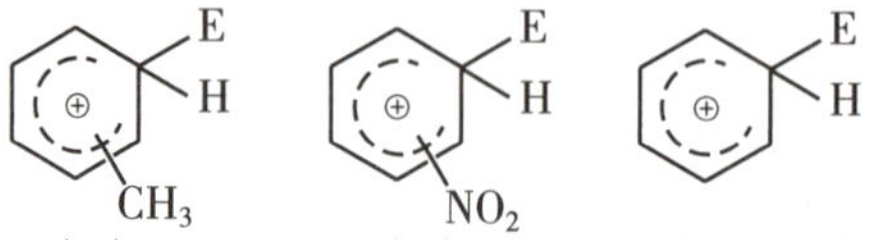

(1) (2) (3)

笔记栏

甲基为斥电子基团，能分散环上的正电荷，其中间体(1)比(3)稳定，因此甲苯反应速率比苯快。硝基为吸电子基团，增加环上的正电荷，其中间体(2)的稳定性小于(3)，所以反应速率比苯慢。因此，反应活性(1)>(3)>(2)。

一般来说，斥电子基团使苯环活化，吸电子基团使苯环钝化。一个致活基团使苯环上所有位置都活化，甚至它们的间位也较苯中的任一位置活泼，而它之所以定位在邻位和对位，是因为它对邻位、对位活化的能力比间位更强。一个致钝基团使苯环上所有位置都钝化，包括它们的间位，而它之所以定位在间位，是因为它使邻位、对位钝化的能力比间位强。

因此，任何定位基团不论是致活基团，还是致钝基团，对于邻位和对位的影响总是最强的。

二、取代定位规则的理论解释

苯环上的定位基影响和决定新取代基进入的位置以及取代反应的难易，这是分子中原子与原子团之间相互影响、相互作用的结果。

通过前面芳烃亲电取代反应机理的讨论，已知环状的碳正离子 σ- 络合物是芳烃亲电取代反应的中间体。生成 σ- 络合物需要一定的活化能，因此这一步的反应速率是反应中的慢步骤，是决定整个反应速率的关键步骤。

中间体 σ- 络合物的稳定性必定是由生成碳正离子的稳定性决定的，为此，必须研究取代基在亲电取代反应中对中间体 σ- 络合物的生成有何影响，即对中间体碳正离子的相对稳定性有何影响。如果能使碳正离子趋向稳定，那么 σ- 络合物的生成比较容易，也就是需要的活化能较小，使决定整个反应速率的这一步比苯快，当然，整个取代反应的速率也就比较快，这种取代基的影响就是使苯环活化。反之，若取代基的影响使碳正离子的稳定性降低，那么生成碳正离子就需要较高的活化能，表明这步反应较难进行，反应速率也就比苯慢，这种取代基的影响是使苯环钝化。因此，在苯环亲电取代反应中要注意碳正离子的相对稳定性。

下面分别讨论两类定位基对苯环的影响及其定位效应。现以甲基、羟基、硝基和卤原子为例说明。

(一) 邻对位定位基的影响

这类取代基(除卤素外)的特点是对苯环有斥电子效应，从而使苯环电子云密度增加。

1. 甲基　甲基与苯环相连时，可以通过诱导效应(+I)和超共轭效应(+C)把电子云推向苯环，使整个苯环的电子云密度增加。甲基的这种斥电子性，有利于中和碳正离子中间体的正电性，同时使自身也带有部分正电荷，这一电荷的分散作用使碳正离子获得了稳定性。因此，甲基可使苯环活化，甲苯比苯容易进行亲电取代反应。在共轭体系中，电子的传递是以极性交替的方式进行，邻位和对位上电子云密度的增加比间位多些。所以，亲电取代反应主要发生在甲基的邻位和对位上。

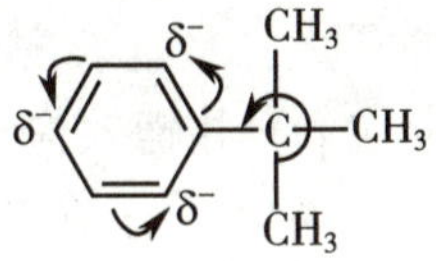

从共振观点看，当亲电试剂 $E^{\oplus}$ 进攻邻位时，生成的碳正离子是 3 种共振结构的杂化体：

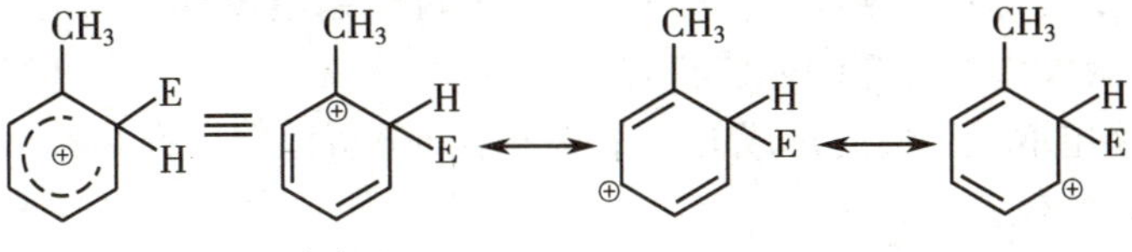

稳定 I

笔记栏

当亲电试剂 $E^{\oplus}$进攻对位时，生成碳正离子：

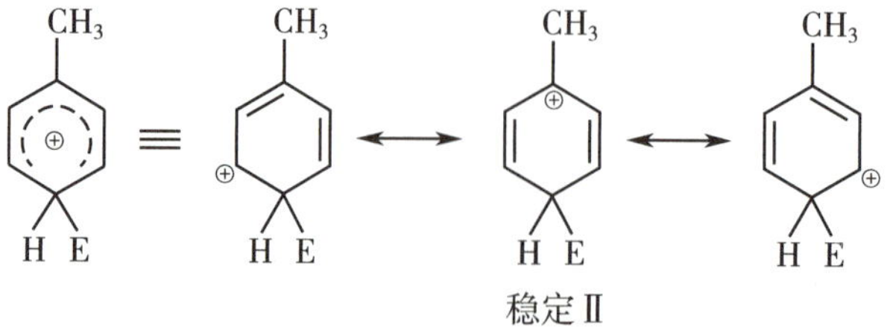

其中Ⅰ和Ⅱ，带正电荷的碳原子与具有斥电性的甲基直接相连，正电荷分散较好，能量较低，较稳定，是主要参与杂化的共振结构式，由此形成的共振杂化体碳正离子也较稳定，所以邻对位取代产物较易形成。

当 $E^{\oplus}$进攻间位时，生成碳正离子：

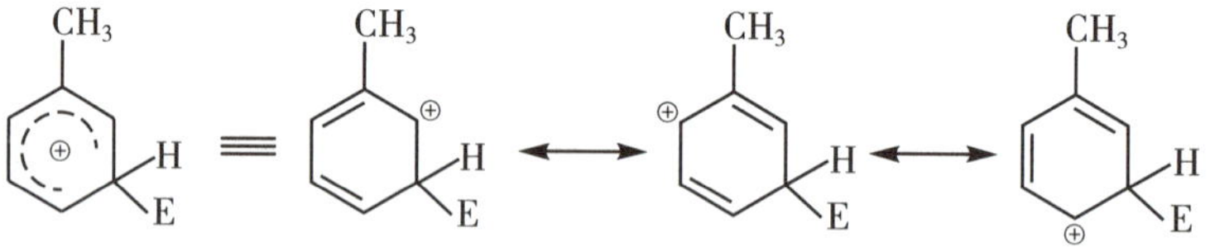

这 3 个共振结构式都是仲碳正离子，带正电荷的碳原子不与甲基直接相连，正电荷分散不好，能量较高，稳定性较差，故生成间位取代产物较困难。

因此，甲苯的邻对位取代反应所需活化能小，反应速率快。而甲基间位被取代时，反应所需活化能大，速率慢，所以甲苯的亲电取代反应主要得到邻对位产物。甲苯硝化时生成邻对位和间位中间体碳正离子的能量关系如图 6-5 所示。从图 6-5 中可以看出，甲基的斥电子性对形成碳正离子中间体的活化能和稳定性的影响。

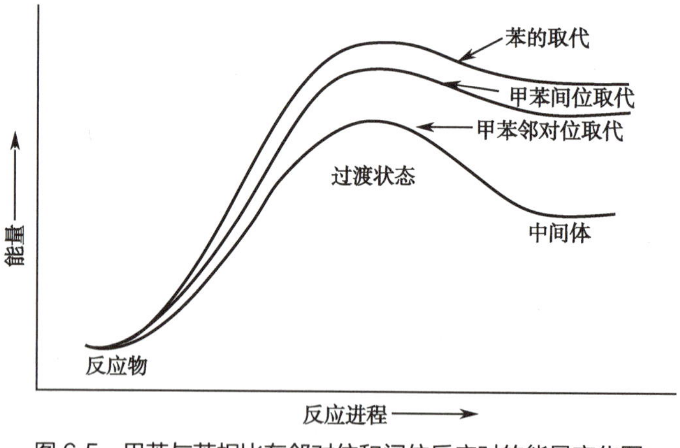

图 6-5 甲苯与苯相比在邻对位和间位反应时的能量变化图

2. 羟基 羟基氧的电负性比碳原子大。羟基表现为吸电子诱导效应，但羟基氧带有孤对电子的 p 轨道与苯环的 π 键之间存在 p-π 共轭效应，而共轭效应的结果使氧上的电子云向苯环离域，使苯环的电子云密度升高。苯酚分子在亲电取代反应中总的电子效应表现为供电子的共轭效应（+C）大于吸电子的诱导效应（-I），结果使苯环的电子云密度升高，特别是羟基的邻位和对位上增加得较多。因此，当苯酚进行亲电取代反应时，不仅比苯容易进行，且取代反应主要发生在羟基的邻位和对位。

苯酚在发生亲电取代反应时形成的碳正离子中间体可以用下列共振结构式表示。

亲电试剂进攻邻位：

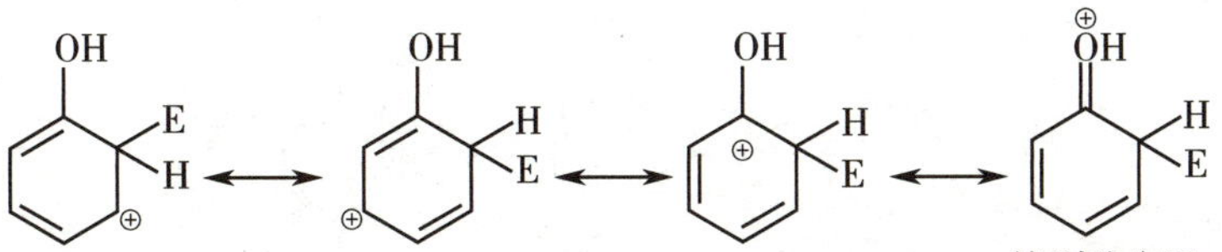

特别稳定Ⅲ

亲电试剂进攻对位：

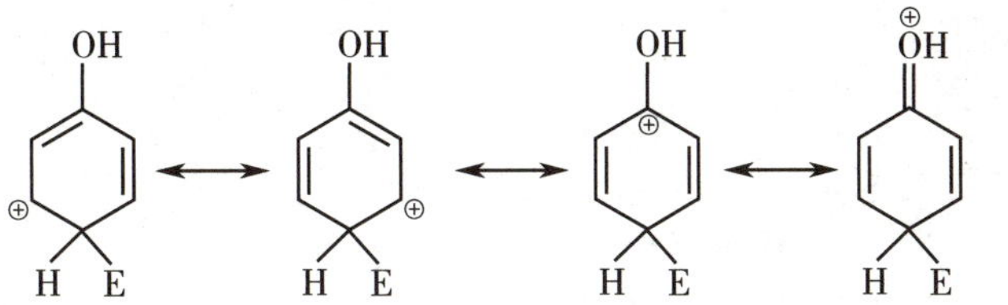

特别稳定Ⅳ

亲电试剂进攻间位：

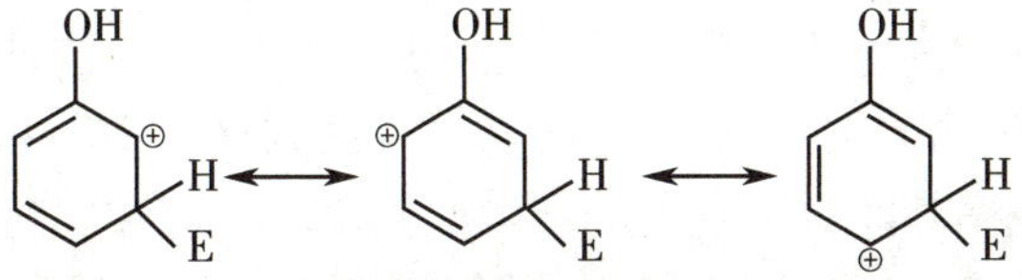

从上述共振结构可以看出，苯酚的邻对位受亲电试剂进攻时不仅使碳正离子的正电荷分散到环上碳原子，而且还生成两个特别稳定的共振结构式Ⅲ和Ⅳ，每个原子（除氢原子外）都有完整的八隅体结构。这样的共振结构式对共振杂化体的贡献最大，也特别稳定，比进攻苯环所生成的碳正离子要稳定得多，而且容易生成。进攻间位时则得不到这种特别稳定的共振结构。所以，羟基的存在，可以使亲电取代反应不仅比苯容易进行，而且主要发生在羟基的邻位和对位。

（二）间位定位基的影响

这类取代基的特点是对苯环有吸电子效应，使苯环电子云密度下降。这种碳正离子中间体能量比较高，稳定性低，不容易生成，因此使苯环钝化。另外，这类取代基中的 π 键与苯环的 π 键可形成 π-π 共轭体系，而共轭效应的结果也使苯环的电子云密度降低，下降最多的是硝基的邻位和对位。因此，硝基苯在进行亲电取代反应时，不仅比苯难进行，而且主要生成间位产物。例如，硝基对苯环吸电子诱导效应（—I）和共轭效应（—C），两者都使苯环上的电子云密度降低。

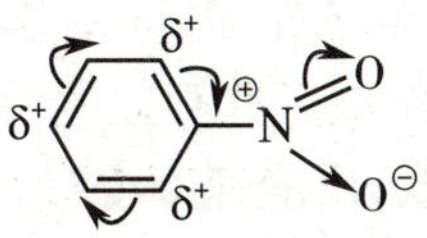

硝基苯在发生亲电取代反应时形成的碳正离子中间体可以用下列共振结构式表示。

亲电试剂进攻邻位：

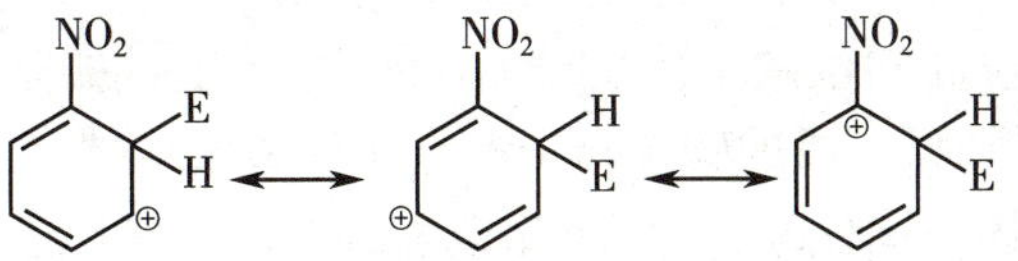

特别不稳定Ⅴ

亲电试剂进攻对位：

笔记栏

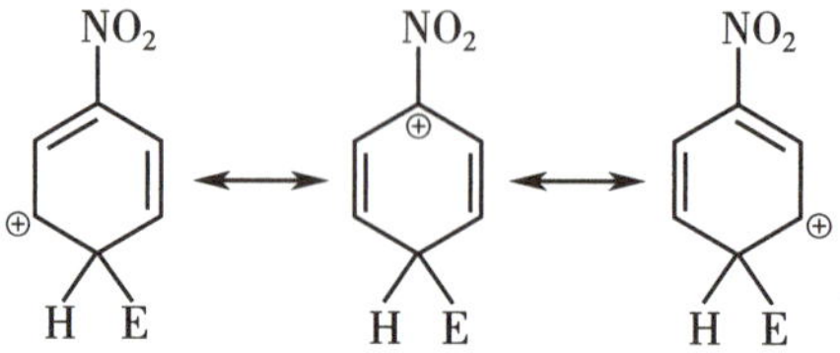

特别不稳定Ⅵ

亲电试剂进攻间位：

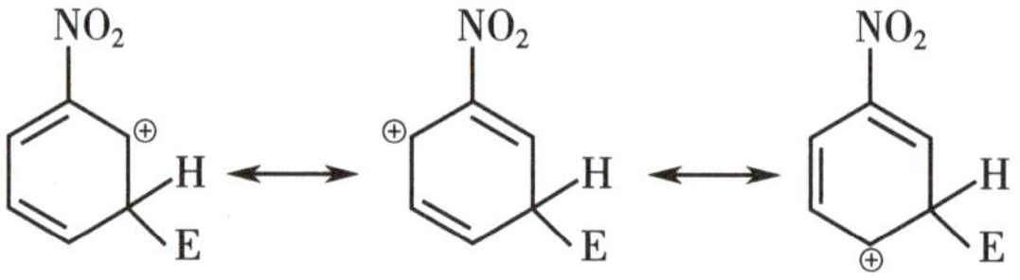

在硝基苯的邻位和对位受到亲电试剂进攻时所生成的碳正离子共振结构中，Ⅴ、Ⅵ是带有正电荷的碳原子直接和强吸电子的硝基相连，使正电荷更加集中，能量特别高，不稳定而不容易形成。但在亲电试剂进攻间位的共振结构中，带正电荷的碳原子都不直接和硝基相连，因此进攻硝基间位生成的碳正离子中间体比进攻邻对位生成的碳正离子中间体的能量低，比较稳定。所以，在硝基间位上发生的亲电取代反应要比在邻对位上快得多，取代产物以间位为主。硝基苯和苯在亲电取代反应时的能量变化如图 6-6 所示。

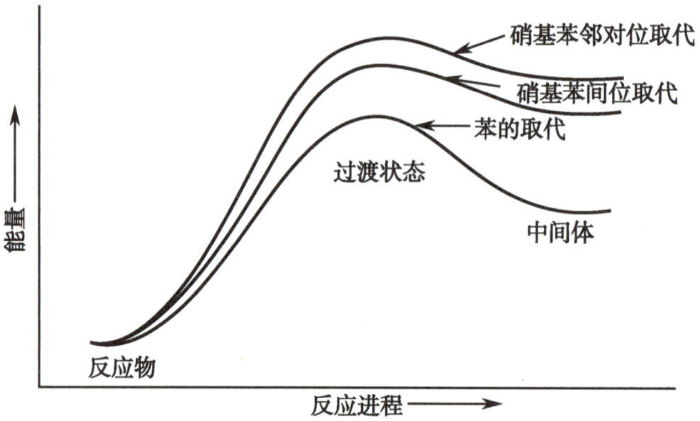

图 6-6　硝基苯与苯相比在邻对位和间位反应时的能量变化图

（三）卤原子的定位效应

卤原子比较特殊，具有较强的吸电子作用，能使苯环钝化，但却又是邻对位定位基。卤原子既具有吸电子诱导效应，又具有给电子共轭效应，且共轭效应弱于诱导效应。它们共同作用的结果使苯环的电子云密度降低，反应速率变慢，苯环钝化。另一方面，卤原子 p 轨道上的未共用电子对和苯环的大 π 键发生 p-π 共轭，卤原子上的电子向苯环离域，表现为给电子共轭效应，使苯环上卤原子的邻位和对位上的电子云密度下降得比间位少，所以卤原子是一个邻对位定位基。另外，也可以从共振论的角度进行分析。以氯苯为例，可比较氯苯在亲电取代反应中生成邻对位和间位碳正离子（即 σ- 络合物）的共振杂化体的稳定性。当亲电试剂进攻氯原子的邻对位时，生成的碳正离子都是 4 种共振结构的杂化体，其中有一个共振结构式具有完整的八隅体结构比较稳定，因此亲电试剂进攻氯原子的邻对位时生成的碳正离子比较稳定，容易形成。

亲电试剂进攻对位：

笔记栏

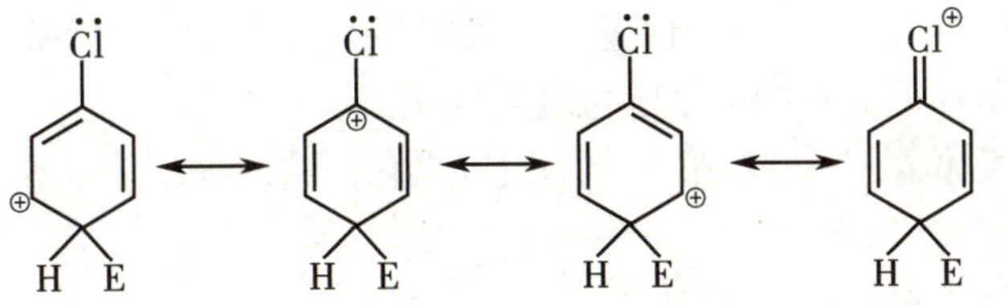

亲电试剂进攻邻位：

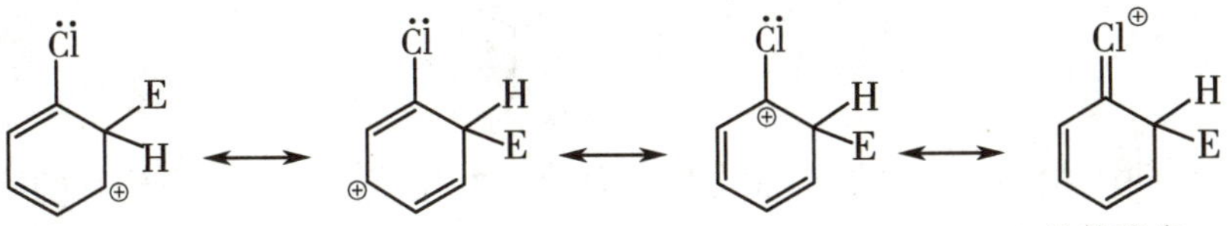

进攻邻位时与进攻对位相类似。进攻间位则不能得到相似的共振结构式。

亲电试剂进攻间位：

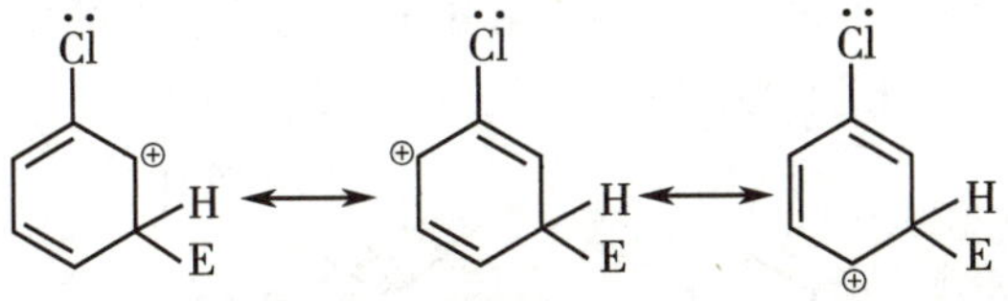

因而进攻邻对位的中间体碳正离子比较容易生成，也比较稳定。取代主要发生在氯原子的邻位和对位。由此可见，卤原子的较强诱导效应控制了反应活泼性，能使苯环钝化，而定位效应则是由共轭效应所控制。两种效应的综合结果，使卤原子成为一个钝化的邻对位定位基。

卤苯和苯在亲电取代反应时的能量变化如图 6-7 所示。

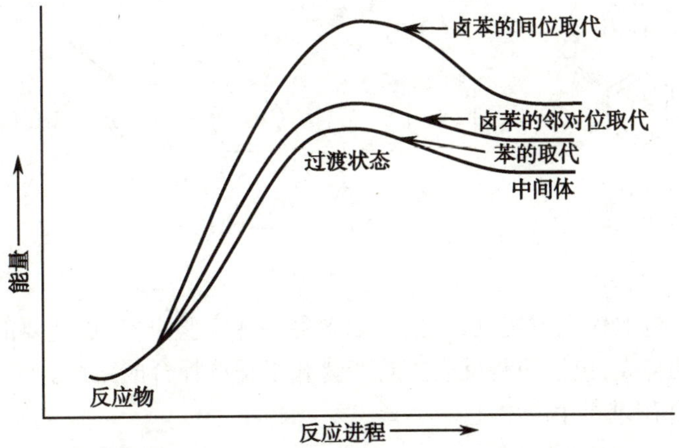

图 6-7 卤苯与苯相比在邻对位和间位反应时的能量变化图

芳环取代反应定位规则

三、取代定位规则的应用

学习取代定位规则，不仅要理解取代定位规则，还要应用这个规则来预测反应的主要产物以及如何选择适当的合成途径。

(一) 预测反应的主要产物

虽然二取代苯的定位效应比较复杂，但在许多情况下，仍可作出明确的预测。根据定位

笔记栏

基的性质，就可判断新引入取代基的位置。如果苯环上已有 2 个取代基时，第 3 个取代基进入苯环的位置是由苯环上原有的 2 个定位基共同决定。

1. 两个定位基定位效应一致，第 3 个基团进入它们共同确定的位置。

例如：

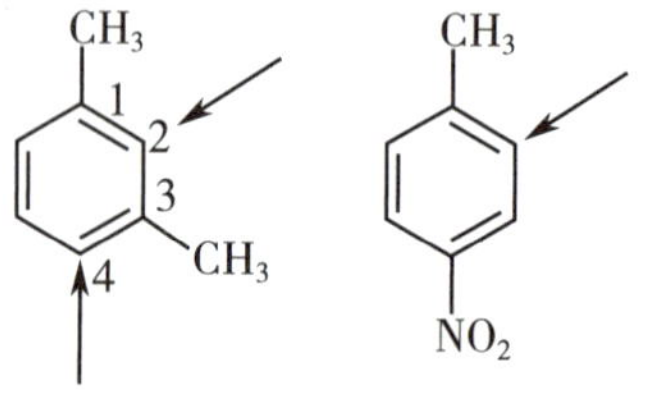

在上面例子中，箭头所示的为第 3 个取代基进入的位置。在考虑定位基的性质的同时，还要考虑空间位阻对取代基导入苯环的位置也有一定的影响。例如：在间二甲苯的取代反应中，2 位和 4 位都受到 2 个甲基的致活作用，但 2 位受到 2 个甲基的空间位阻，所以在磺化、硝化等反应中，主要生成 4 位取代物。

2. 若原有的 2 个取代基不是同一类的，第 3 个取代基进入的位置主要受邻对位定位基的支配，因为邻对位定位基的定位能力强于间位定位基。例如：

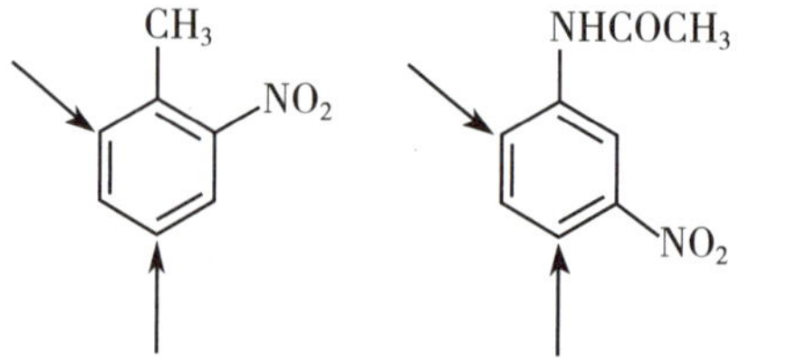

$-CH_3 > -NO_2$　　$-NHCOCH_3 > -NO_2$

3. 若原有 2 个取代基是同一类的，则第 3 个取代基进入的位置主要受强的定位基支配。例如：

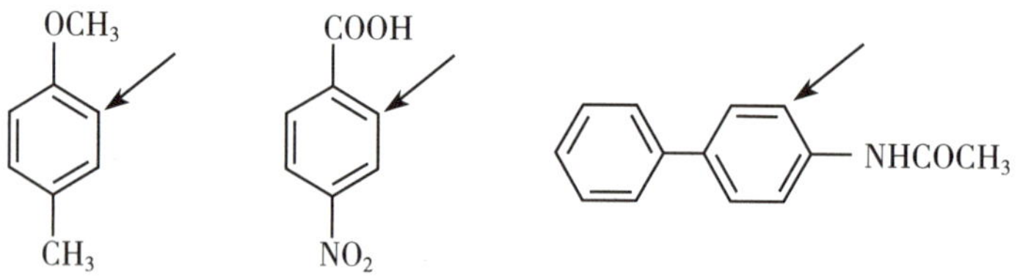

$-OCH_3 > -CH_3$　　$-NO_2 > -COOH$　　$-NHCOCH_3 > -C_6H_5$

（二）选择适当的合成路线

单环芳烃的亲电取代定位规则，不仅可以解释一些实验事实，更重要的是应用定位规则来指导多取代苯的合成，包括预测反应主要产物和正确选择合成路线。

1. 由苯合成邻硝基苯甲酸

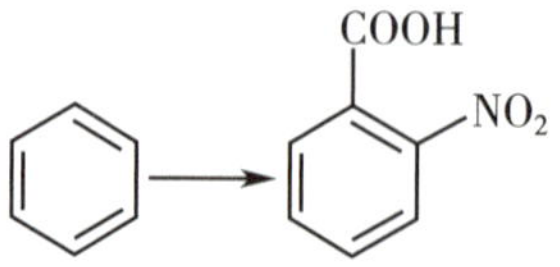

从产物中看出，羧基和硝基处于邻位，而二者都是间位定位基，这时采用逆推的方法，考虑邻硝基甲苯经氧化可得到产物。这样，似乎甲苯硝化后分离出邻硝基甲苯再进行氧化就可以得到产物了。但仔细分析发现，若这样进行，硝化后所得的邻硝基甲苯的产率不足 60%，而磺化是可逆的，在较高温度下磺化，磺酸基主要进入甲基的对位，再硝化，硝基只能进入甲基的邻位，最后水解除去磺酸基即得到邻硝基甲苯，再氧化便得到邻硝基苯甲酸。所

以最佳合成路线是:

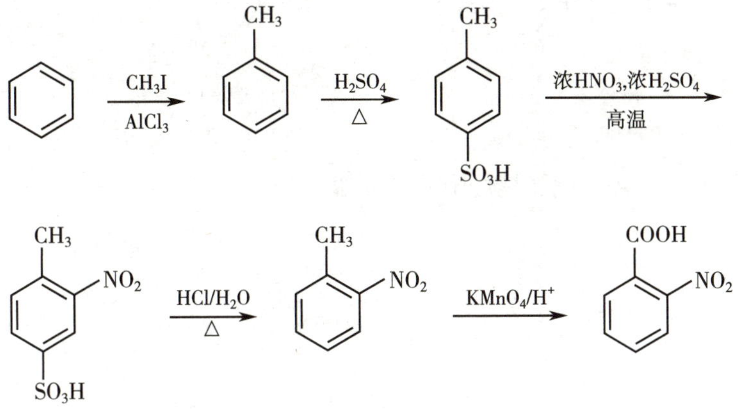

2. 由苯合成 4- 氯 -3- 硝基苯磺酸

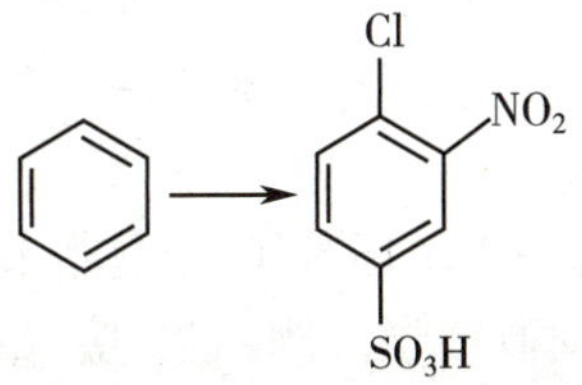

对比原料和产物的结构,可以看出反应至少要进行硝化、磺化和氯化 3 步。

反应的第一步不能是硝化和磺化,因为硝基和磺酸基都是间位定位基,而产物中的氯原子是在硝基的邻位和磺酸基的对位。显然第一步只能是氯化。

氯原子虽为邻对位定位基,但它使苯环钝化,所以再进行硝化和磺化,比苯所需要的条件要高。已经知道,磺化在较高温度下进行时产物以对位为主。若氯苯在 100℃磺化,则几乎全生成对氯苯磺酸,这正是所需要的反应。如果先硝化,则将得到邻硝基氯苯和对硝基氯苯 2 种异构体,故应先磺化后硝化。

中间产物对氯苯磺酸进行硝化时,由于对氯苯磺酸分子中氯和磺酸基的定位效应是一致的,所以是最适宜位置。

反应最佳路线如下:氯化→磺化→硝化

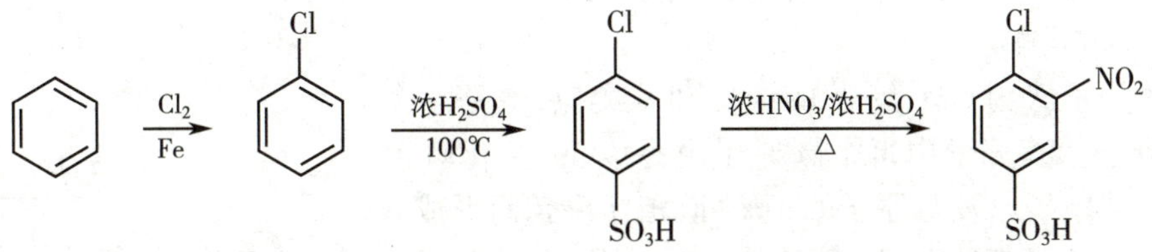

第四节 多 环 芳 烃

多环芳烃(polycyclic aromatic hydrocarbon)是指分子中含有 2 个或 2 个以上的苯环结构的芳烃。按照苯环相互连接的不同方式,可以分成三大类:

一类是分子中有 2 个或 2 个以上的苯环直接以单键相连接,如联苯、三联苯等。这类化合物可以看作一个苯环上的氢原子被另一个苯环取代,因此每一个苯环上的化学行为和单独的苯环类似。

笔记栏

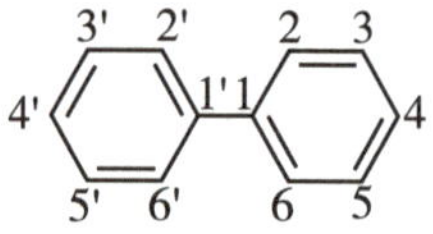

联苯
biphenyl

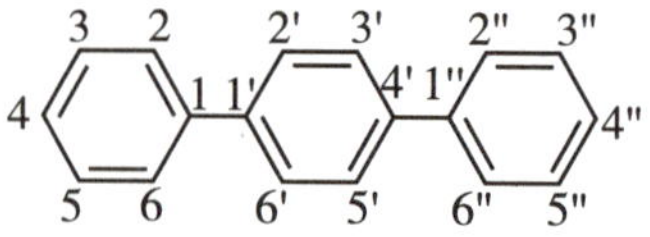

对三联苯
p-terphenyl

另一类可以看作苯环取代了烷烃中的氢。如：

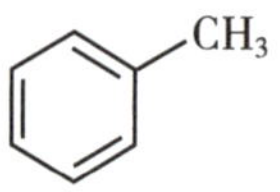

甲苯
methylbenzene

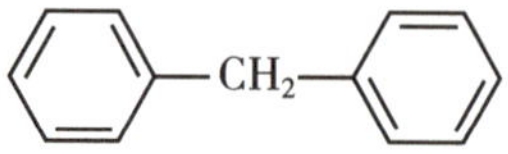

二苯甲烷
diphenylmethane

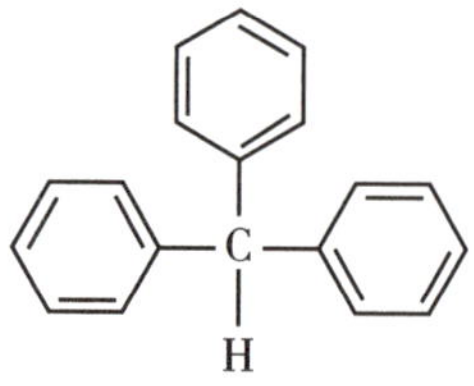

三苯甲烷
triphenylmethane

烷烃被苯环取代后，烷基上的氢被活化，同时苯环上的氢也被活化。例如二苯甲烷两环之间的 CH_2 很容易被氧化。

第三类是稠环芳烃，是重要的一类多环芳烃，也是本节学习的重点。这类多环芳烃的结构特点是分子中 2 个苯环共用一对碳原子。例如萘、蒽、菲等就是稠环芳烃。它们都存在于煤焦油的高温分馏产物中。

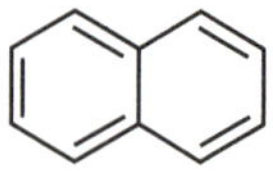

萘
naphthalene

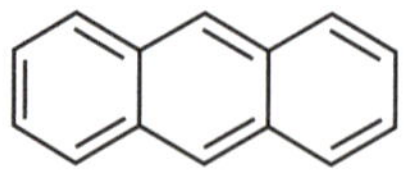

蒽
anthracene

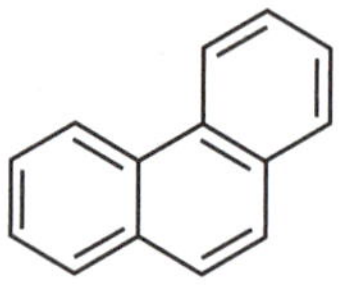

菲
phenanthrene

一、萘

萘是煤焦油中含量最多的一种稠环芳烃，含量为 5%~10%。萘为白色片状结晶，熔点 80.6℃，有特殊气味，易升华，是重要的工业原料。

（一）萘的结构

萘的分子式为 $C_{10}H_8$。萘的结构和苯类似，也是一个平面形分子。萘分子中每个碳原子也是以 sp^2 杂化轨道与相邻的碳原子以及氢原子的 1s 轨道相互重叠而形成 σ 键。10 个碳原子都处在同一平面内，连接成 2 个稠合的六元环；8 个氢原子也在这个平面内。每个碳原子剩余一个垂直于这个平面的 p 轨道。这些对称轴相互平行的 p 轨道在侧面相互重叠，形成一个闭合的离域大 π 键 π_{10}^{10}，如图 6-8 所示。

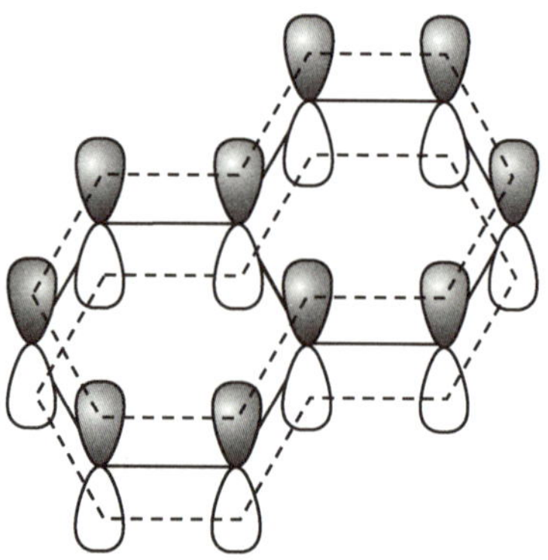

图 6-8 萘的 π 分子轨道示意图

萘和苯并不是完全一样。萘分子中的 π 电子云分布并不均匀。由于萘分子中的各碳原子的周围电子云分布不是等同的，因此键长平均化并不彻底。经 X 衍射法测定萘分子各键的键长，如图 6-9 所示。

笔记栏

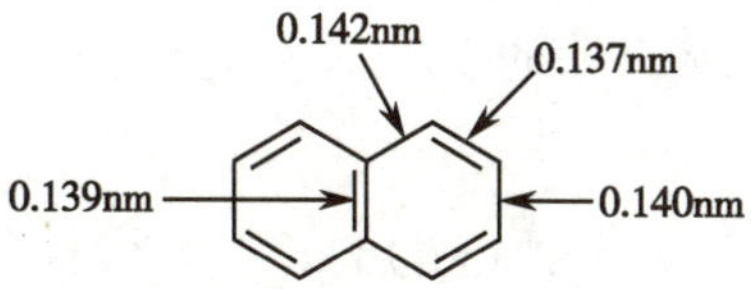

图 6-9 萘分子的键长

萘分子结构可用如下共振结构式表示：

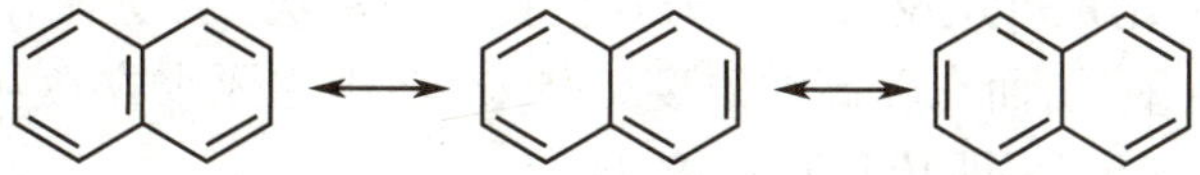

实测萘的共振能为 255.4kJ/mol，比 2 个苯的共振能之和小[150×2=300(kJ/mol)]，可预测萘与苯的化学性质相似，具有芳香性，但比苯活泼。

萘的结构式一般常用下式来表示：

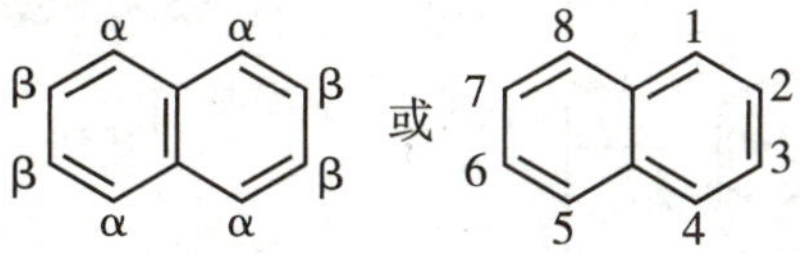

萘分子中的 1、4、5、8 位电子云密度稍高些，称为 α 位；2、3、6、7 位电子云密度稍低，称为 β 位。

（二）萘的化学性质

萘具有芳香性，能发生亲电取代反应，且其取代的位置主要是 α 位，这是因为进攻 α 位可以形成 2 个均保留苯环的较稳定的共振结构式，而进攻 β 位只有 1 个保留苯环的稳定共振结构式，所以进攻 α 位形成的共振杂化中间体比进攻 β 位的稳定。

从共振论看，当萘的 α 位和 β 位被取代时，形成的中间体正离子可分别用下列共振结构式表示。

亲电试剂取代 α 位：

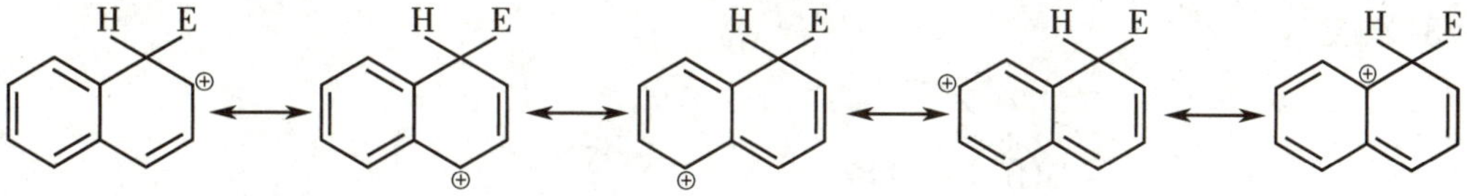

亲电试剂取代 β 位：

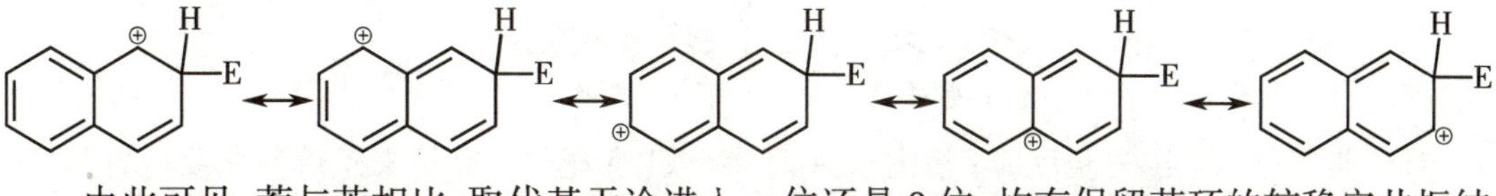

由此可见，萘与苯相比，取代基无论进入 α 位还是 β 位，均有保留苯环的较稳定共振结构式存在，因此萘的亲电取代活性比苯要大，所以取代反应条件比苯温和。

1. 亲电取代反应

(1) 卤化：萘与溴的四氯化碳溶液一起加热回流，反应在不加催化剂的情况下就可进行，得到 α- 溴萘。制备氯萘的方法是在氯化铁作用下，将氯气通入熔融的萘中，主要得到 α- 氯萘。

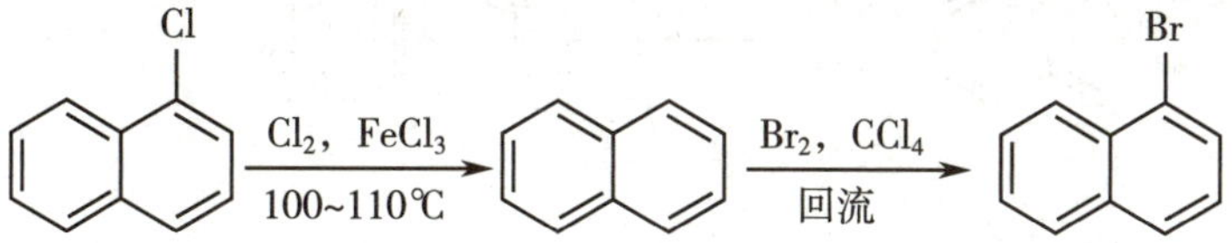

α-氯萘95%　　　　α-溴萘72%~95%

笔记栏

(2)硝化：萘用混酸硝化，主要产物为 α- 硝基萘。α 位反应速率比苯的硝化要快 750 倍，β 位比苯快 50 倍，为防止二硝基萘的生成，所用混酸的浓度比苯硝化时的低。

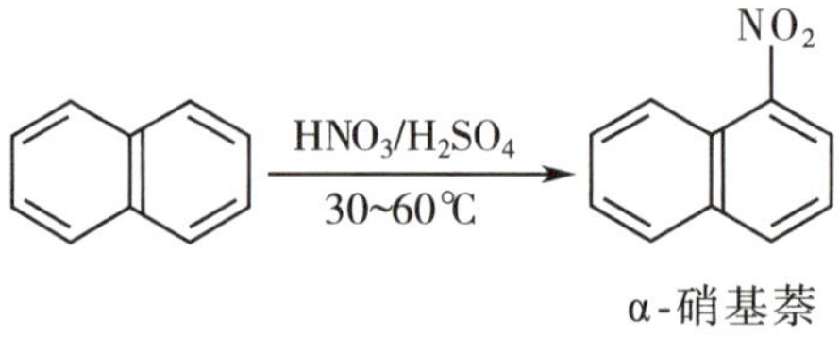

(3)磺化：萘的磺化是可逆反应。因为 α 位比 β 位活泼，所以当用浓 H_2SO_4 磺化时，在 80℃以下生成萘 -α- 磺酸，而在较高的温度(165℃)时则主要生成萘 -β- 磺酸。若把萘 -α- 磺酸与硫酸共热至 165℃时，即转变为萘 -β- 磺酸。

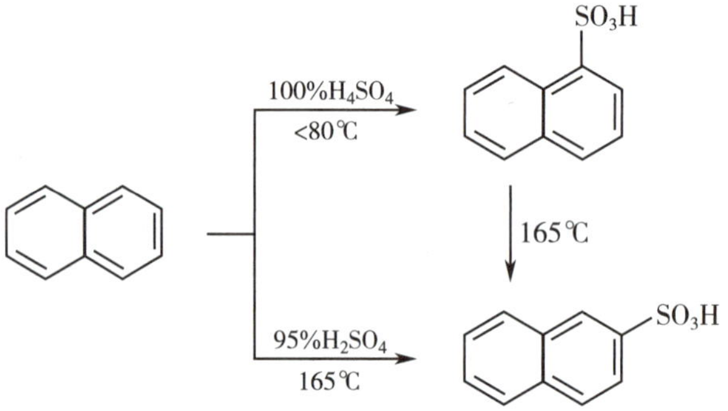

磺化所得到的产物与反应温度有关。由于萘的 α 位活性比 β 位高，萘在较低温度下磺化，α 位的反应速率较快，反应产物主要是萘 -α- 磺酸，即动力学控制产物。但是磺酸基的体积比较大，处于异环相邻 α 位上的氢原子的范德华半径之内，存在空间干扰使萘 -α- 磺酸不稳定。磺酸基在 β 位时与相邻碳原子上 H 的排斥作用小于 α 位，所以萘 -β- 磺酸比萘 -α- 磺酸稳定。β 位磺化时需要的活化能较高，反应速率慢，因此升高温度才能生成具有较大热力学稳定性的产物萘 -β- 磺酸，即热力学控制产物。在高温下萘 -α- 磺酸可转化为萘 -β- 磺酸。

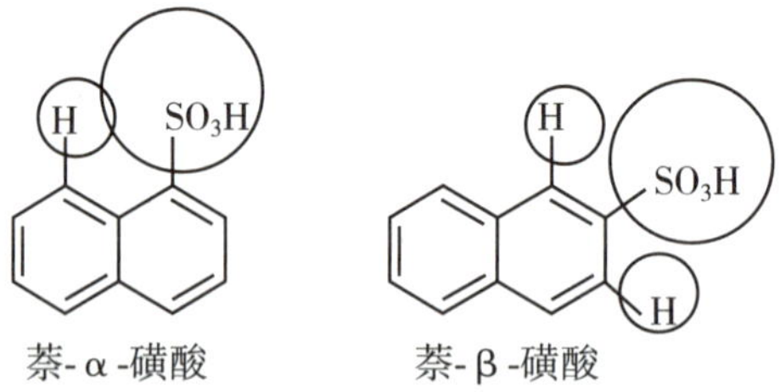

(4)弗里德 - 克拉夫茨反应：萘比苯活泼，易发生弗里德 - 克拉夫茨烷基化反应，但产物比较复杂，无实际意义。但萘发生弗里德 - 克拉夫茨酰化反应的产物较单一，而且定位效应取决于溶剂。在二硫化碳或四氯化碳溶剂中，其产物以 α 取代为主；在硝基苯中，其产物以 β 位取代为主。

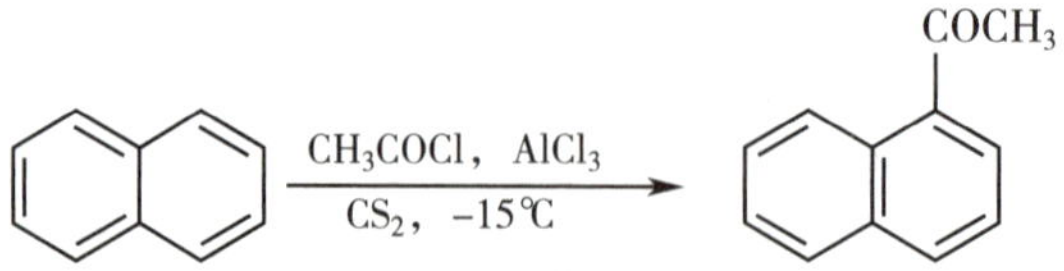

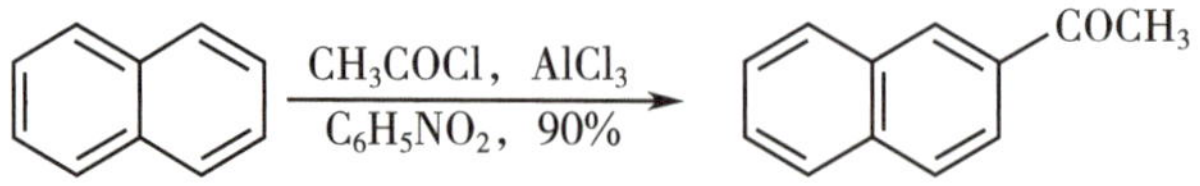

在极性溶剂(如硝基苯)中,产物通常以β异构体为主,这可能是由于 CH_3COCl、$AlCl_3$ 和 $C_6H_5NO_2$ 形成的络合物体积较大,使之不易进攻α位之故,即由于空间效应影响的结果。

2. 氧化反应 萘比苯容易氧化,随氧化条件不同,产物也不相同。在三氧化铬的乙酸溶液中,萘被氧化为1,4-萘醌。若在五氧化二矾催化下,萘的蒸气可与空气中的氧反应生成邻苯二甲酸酐。

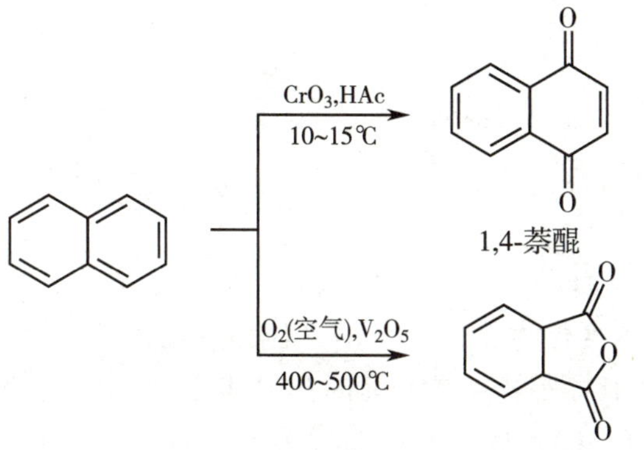

取代萘被氧化时,哪个环容易被氧化取决于取代基的性质。两个环中比较活泼的即电子云密度比较高的环易被氧化。如果取代基为活化基,则连接取代基的苯环被氧化。若取代基为致钝化基,则不连接取代基的苯环被氧化。结果都生成邻苯二甲酸酐及其衍生物。

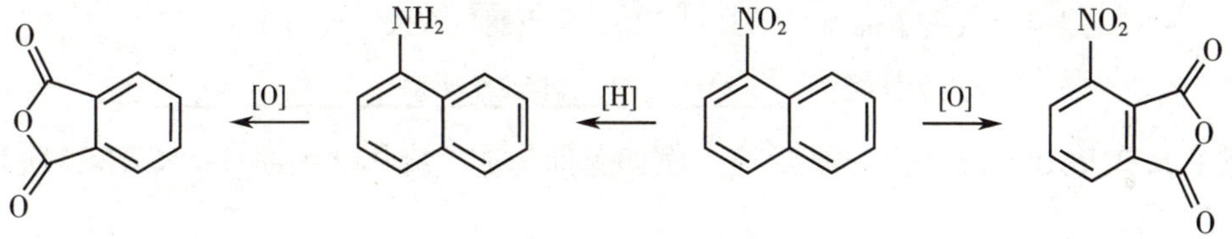

3. 还原反应 萘的还原反应比苯容易,但比烯烃困难。用金属钠和溶解在乙醇中的萘反应时,萘被还原成1,4-二氢化萘。1,4-二氢化萘不稳定,加热后生成1,2-二氢化萘。例如:

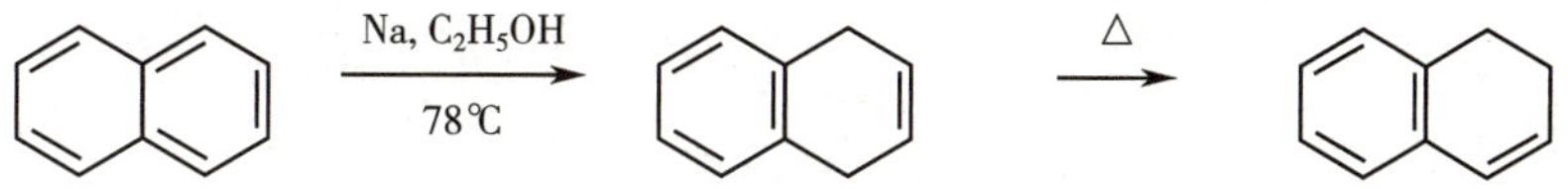

若在强烈条件下还原,则生成四氢化萘和十氢化萘。例如:

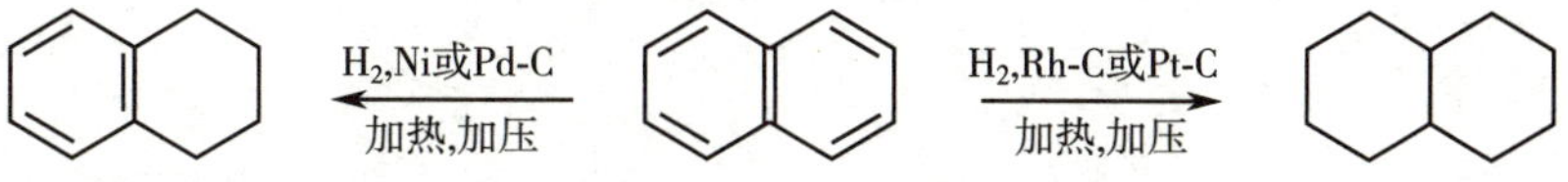

四氢化萘和十氢化萘为高沸点液体,是良好的溶剂。

二、蒽和菲

蒽和菲的分子式均为 $C_{14}H_{10}$。它们是同分异构体,由3个苯环稠合而成,且3个苯环在同一个平面,但蒽的3个苯环在同一直线上,而菲的3个苯环则不在同一直线上。

蒽和菲都存在于煤焦油中,为带蓝色荧光的片状晶体。蒽和菲的熔点分别为216℃和101℃。

蒽和菲分子中所有的碳原子和氢原子都在同一个平面内,与萘相似,环上相邻碳原子上的p轨道侧面相互重叠,形成闭合共轭大 π_{14}^{14} 键。蒽和菲环上键长的平均化也不彻底。

笔记栏

蒽的结构和键长可表示如下：

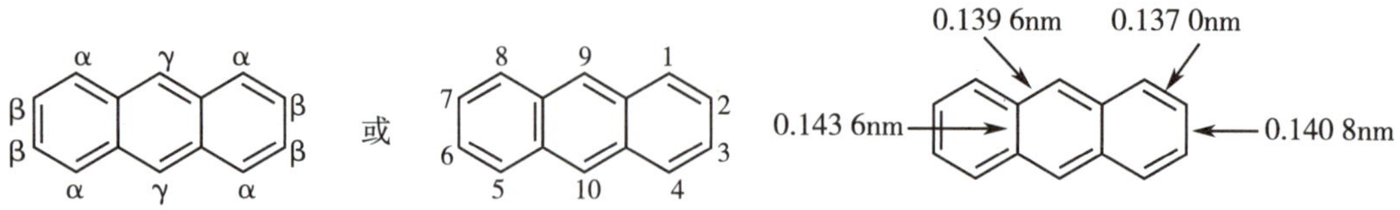

菲的结构：

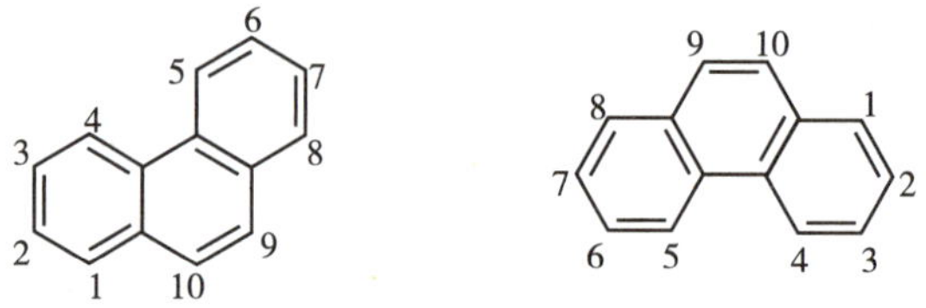

蒽和菲分子中 1、4、5、8 位为 α 位，2、3、6、7 位为 β 位，9、10 位为 γ 位。蒽和菲具有芳香性，但是它们的不饱和性比萘显著。蒽和菲的 9、10 位特别活泼，可发生氧化、还原、加成、取代等反应。

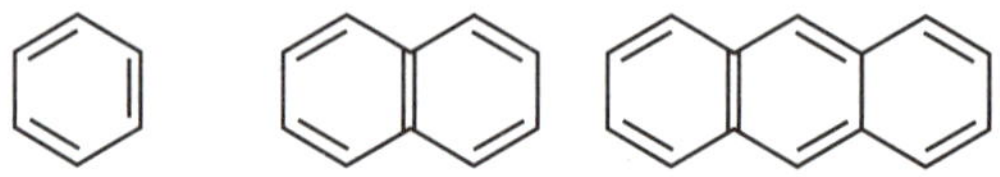

共振能kJ/mol	152	255	351
每个环共振能kJ/mol	152	128	117
化学反应性能	活泼性增加 →		

蒽容易在 9、10 位上发生加成反应。例如蒽催化加氢或化学还原（$Na+C_2H_5OH$）生成 9,10- 二氢化蒽。

9,10-二氢化蒽

氯或溴在低温下就可与蒽发生加成反应。例如：

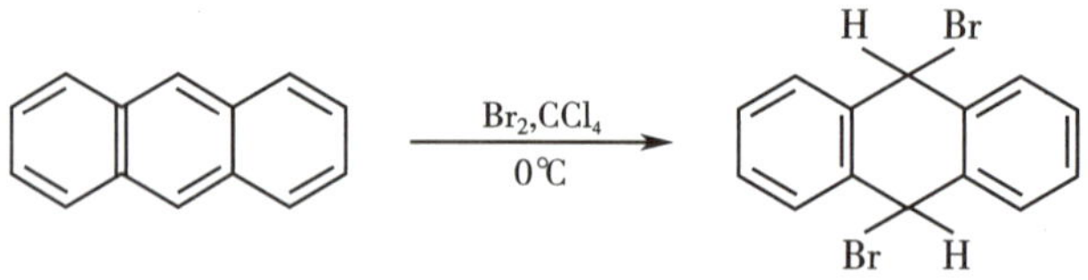

9,10-二溴-9,10-二氢化蒽

蒽的 γ 位加成产物的结构中保持 2 个苯环［共振能为 2×152=304（kJ/mol）］，而 α 位或 β 位的加成产物中则留有 1 个萘环（共振能为 255kJ/mol）。前者比后者更稳定。因此，9、10 位容易发生加成反应。蒽的其他反应也往往发生在 γ 位。重铬酸钾加硫酸可使蒽氧化为蒽醌。

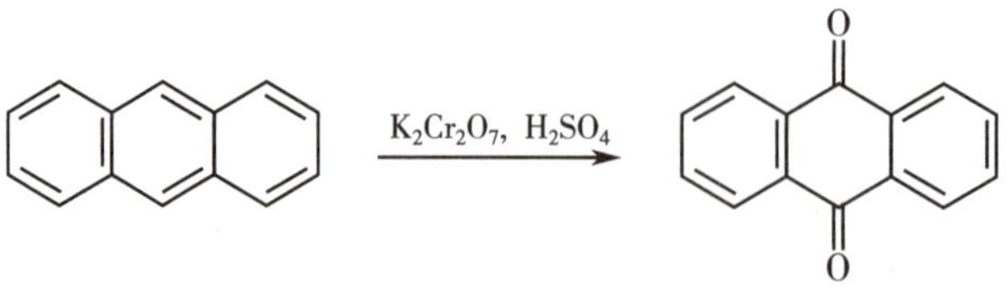

9,10-蒽醌

笔记栏

工业上一般用 V_2O_5 作催化剂，在 300~500℃下，采用空气催化氧化的方法制备蒽醌。它也可以用苯和邻苯二甲酸酐反应来合成。

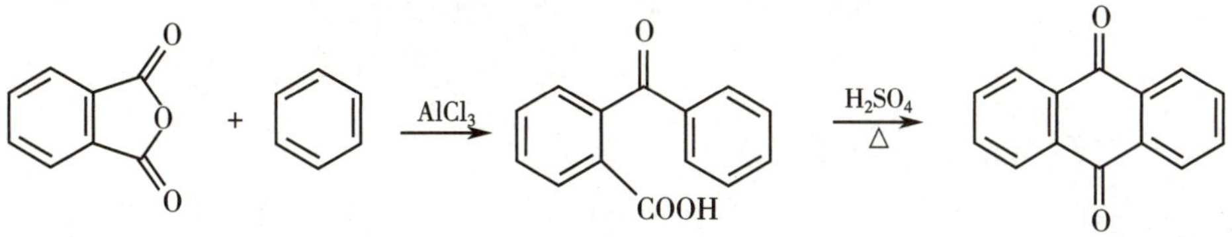

蒽醌是浅黄色晶体，熔点 275℃，不溶于水，也难溶于多数有机溶剂，但易溶于浓硫酸。蒽醌及其衍生物是合成许多蒽醌类染料的重要原料，也是中药中的一类重要活性成分。如大黄、番泻叶等的有效成分，都属于蒽醌类衍生物。

蒽容易发生取代反应。但由于取代产物往往都是混合物，在有机合成上没有实用价值。由于蒽的芳香性比较差，且在 9、10 位比较活泼，因此蒽可作为双烯体发生第尔斯 - 阿尔德反应。例如：

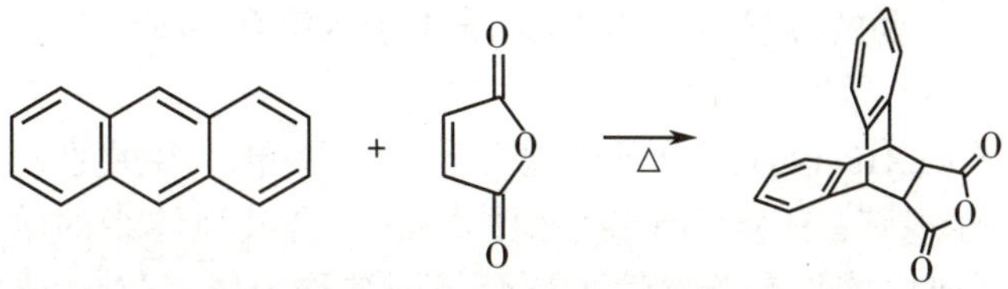

菲的离域能为 382kJ/mol，芳香性与稳定性皆比蒽强，化学活性比蒽弱，性质与蒽相似，也可发生加成、氧化和取代等反应，并首先发生在 9、10 位。例如：

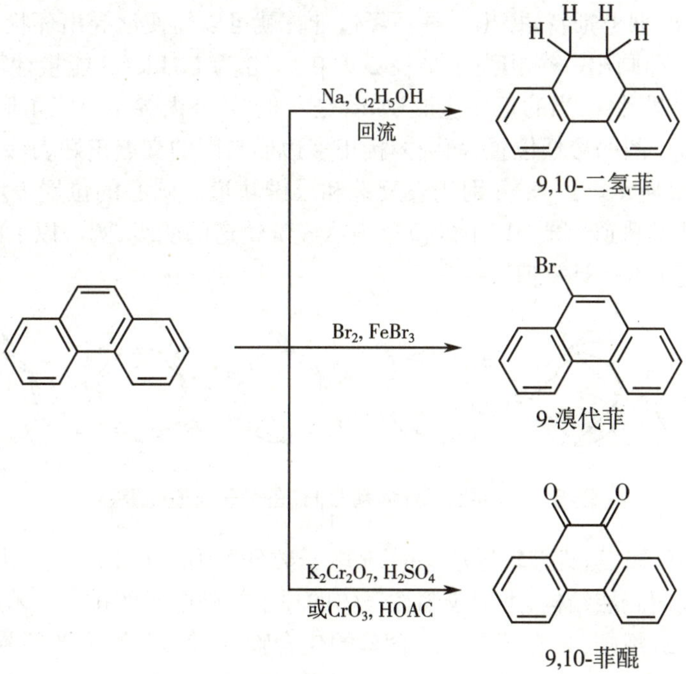

菲醌是红色针状结晶，可作农药，如作杀菌拌种剂可防治小麦莠病、甘薯黑斑病等。

笔记栏

第五节 非苯芳烃

一、芳香性和休克尔规则

（一）芳香性

把芳香化合物定义为类似苯的化合物，一个化合物有芳香性，那应该具有苯的哪些性质？除了含有苯环的化合物（如萘、蒽、菲等）外，还有许多不含苯环的化合物也具有芳香性。也就是说，芳香化合物应该具备一些共同性质。

1. 分子含有多个不饱和键的环烯，但不易进行加成反应，易进行亲电取代反应。
2. 氢化热小，具有特殊稳定性。
3. 能够形成抗磁环流，环外质子的核磁信号在低场，环内质子则相反。
4. 分子必须是共平面的，键长发生平均化，π 电子数符合 $4n+2$ 规则。

（二）Hückel（$4n+2$）规则

1931 年，休克尔（E.Hückel）用分子轨道理论计算了单环多烯的 π 电子的能级，得出判断分子具有芳香性规则：一个具有共平面的环状闭合共轭体系的单环烯，只有当它的 π 电子数符合（$4n+2$）时，才具有芳香性。这个规则被称为休克尔（$4n+2$）规则（n 为 0，1，2，3，…）。也就是说，对于芳香化合物具有的特殊稳定性而言，只靠离域作用是不够的，还必须具有一定的 π 电子数如 2、6、10 等等。

1953 年，Frost（弗罗斯特）提出一种不经过计算就可以简便地导出环状共轭多烯的分子轨道能量的方法，即画出一个相当于半径 2｜β｜（β 为 E.Hückel 能量计算公式中的一个能量单位）的任意圆，将适当的正多边形（如苯是六角形，环丙烯基是三角形）内接于这个圆内，使其一角相接于圆的最低位置，而圆内接正多边形与圆的交点正好表示了体系的分子轨道能级，如图 6-10 所示。π*、π 分别代表反键和成键轨道。圆心的位置表示为成键的原子轨道的能级（即非键轨道），圆心以下的位置表示成键轨道的能级，圆心以上的位置表示反键轨道能级，其精度不低于计算值。

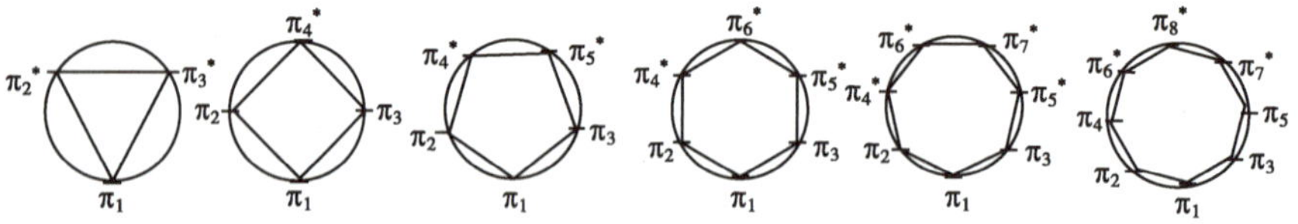

图 6-10 平面单环体系 C_nH_m 的分子轨道能级图

由图 6-10 还可知，当成键轨道填满时，π 电子数分别为 2，6，10，…，刚好为（$4n+2$）。这时，电子为稳定的闭壳层结构，类似于惰性气体的原子核外电子的排布。苯成键轨道有 6 个 π 电子，符合（$4n+2$）规则，具有芳香性。含苯的化合物萘、蒽、菲等为稠环芳香化合物，其中每一环的电子数符合（$4n+2$），整个环周边的电子数也符合（$4n+2$）。

每环六电子　　周边十电子

环丁二烯和环辛四烯分别有 4 个和 8 个 π 电子，不符合（$4n+2$）规则，没有芳香性。在环丁二烯分子中有 2 个电子分别在未成键的 2 个分子轨道上，为双自由基结构，体系能量较

笔记栏

高，特别不稳定。在休克尔规则的启示下，化学家合成了许多不含苯环的芳香化合物，于是发现了一系列非苯芳烃。

二、非苯芳烃

1. 环丙烯正离子　环丙烯正离子的 π 电子数为 2（n=0），符合（4n+2）规则，是最简单的芳香离子。由于环丙烯正离子存在着 1 个空 p 轨道和 2 个各含有 1 个单电子的 p 轨道，且彼此平行、相互重叠，形成 1 个含有 2 个 π 电子的闭合共轭体系，而环丙烯正离子的 2 个 π 电子完全离域在环的 3 个碳原子上，形成了缺电子型的 π_3^2 大 π 键，因此环丙烯正离子是稳定的，具有芳香性。自 1957 年后，陆续合成了一些含取代基的环丙烯正离子盐。例如三苯基环丙烯正离子氟硼酸盐。

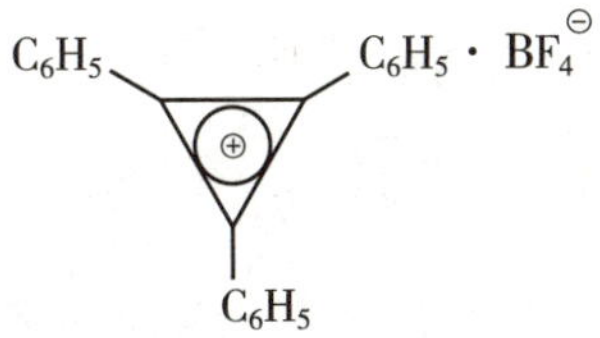

经测定，环丙烯正离子的环中碳碳键长都是 0.140nm，和苯的碳碳键长 0.140nm 相同。从图 6-10 可见，环丙烯正离子基态下的 2 个 π 电子正好填满 1 个成键轨道，所以它具有芳香性。

2. 环戊二烯负离子　环戊二烯分子中亚甲基上的氢具有酸性（pKa=16.0），相当于醇，可与活泼金属（如钠）反应，放出氢气。

在环戊二烯负离子中，存在着 4 个各有 1 个单电子的 p 轨道和 1 个含有 1 对电子的 p 轨道（由原亚甲基碳原子提供）彼此平行，相互重叠，形成 1 个含有 6 个 π 电子的闭合共轭体系。环戊二烯负离子具有 6 个 π 电子，它们离域分布在 5 个碳原子上。基态下 3 个成键轨道正好被 6 个 π 电子填满。环戊二烯负离子虽然不含苯环，但它具有 6 个 π 电子，符合 4n+2 规则，因此具有芳香性。

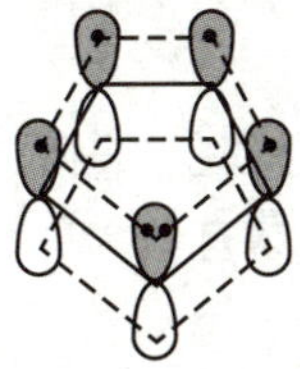

下面的环烯是一种由具有潜在的负电荷和正电荷而组成的芳香体系。

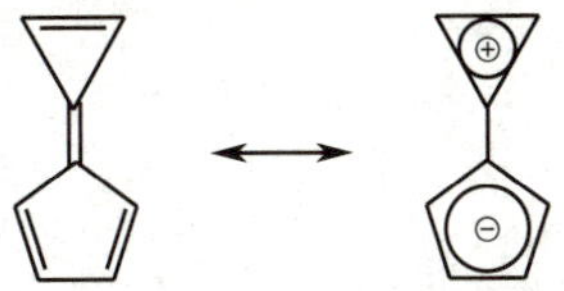

环戊二烯负离子可与二价铁离子络合，生成非常稳定的化合物二茂铁。二茂铁具有芳香性，是一个夹层结构的橙色固体，熔点 174℃，100℃升华。

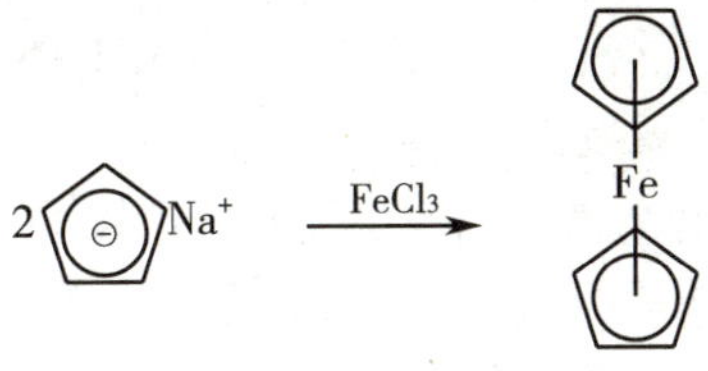

二茂铁

笔记栏

3. 环庚三烯正离子 环庚三烯和三苯甲基正离子在 SO_2 溶液中作用，生成较稳定的环庚三烯正离子和三苯甲烷。

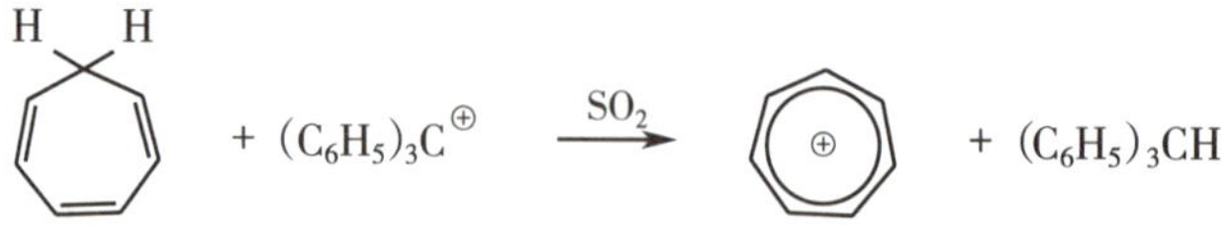

环庚三烯正离子是一个正七边形，其中 6 个碳原子各提供 1 个 p 轨道，每个 p 轨道含有 1 个电子，第 7 个碳原子只提供 1 个空的 p 轨道，7 个 p 轨道相互重叠形成 1 个六电子的闭合共轭体系。因此，环庚三烯正离子具有芳香性。

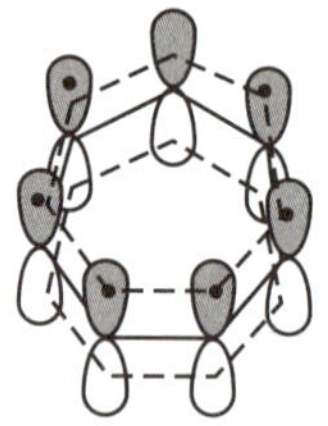

4. 环辛四烯双负离子 环辛四烯 π 电子数为 8，不符合休克尔规则，不具有芳香性。当在四氢呋喃溶液中加入金属钾后，环辛四烯变成双负离子，体系由原来的船型变成平面正八边形，其 π 电子数为 10，符合休克尔规则，从而具有了芳香性。

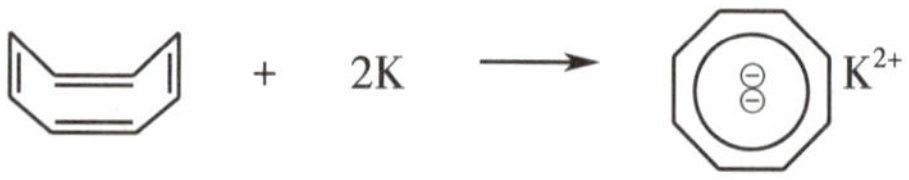

5. 轮烯 具有单双键交替排列的单环多烯烃，通称为轮烯(annulene)。这类化合物是否有芳香性，可以由下面几点判断：

(1) 单环多烯共平面或接近平面(平面扭转不大于 0.1nm)。

(2) 环内氢原子无或只有很小的空间排斥作用。

(3) π 电子数符合 $(4n+2)$ 规则。

从分子轨道能级计算发现，平面闭合环状共轭多烯如果有 $4n+2$ 个 π 电子刚好能填满成键轨道，有类似惰性气体的电子排布，则具有最大的成键能而变得稳定。当环结构为平面或接近平面，这种电子离域才有效，化合物具有芳香性；当环上的原子存在空间的排斥作用而无法共平面时，$(4n+2)$ 规则不适用，化合物不具有芳香性。

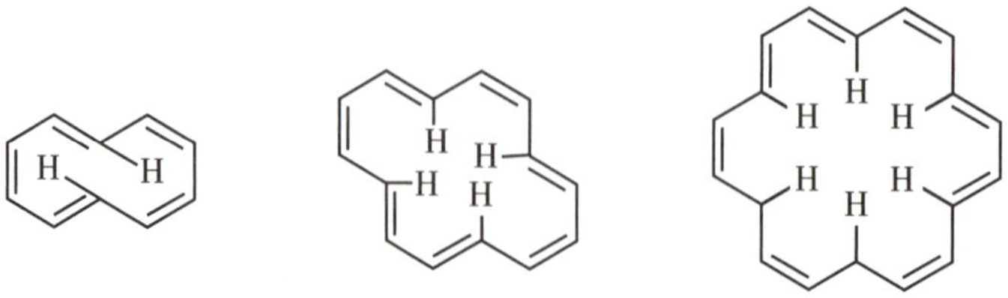

[10]轮烯　　[14]轮烯　　[18]轮烯

ER-6-3

[14]轮烯简介

[10]轮烯的 π 电子数为 10，符合 $(4n+2)$ 规则，但由于环内的氢原子具有强烈排斥作用使得环不能共平面，所以[10]轮烯无芳香性。

[14]轮烯和[18]轮烯均具有芳香性。以[18]轮烯为例，实验结果证明[18]轮烯是一个稳定的晶体。[18]轮烯分子中有 18 个 π 电子，X 射线数据表明，其具有 1 个对称中心，基本上是一个平面分子，因此[18]轮烯符合休克尔规则，具有芳香性。

6. 薁

(1) 薁的结构：薁(azulene)的分子式为$C_{10}H_8$，是由环戊二烯和环庚三烯稠合而成。薁有10个π电子，符合(4*n*+2)规则，具有芳香性。薁为蓝色片状晶体，熔点99℃。薁的偶极矩为1.0D，其中七元环有把电子给予五元环的趋势，这样七元环上带1个正电荷，五元环上带1个负电荷，结果每一个环上都分别有6个π电子，符合4*n*+2的π电子体系，与萘恰好具有相同的电子结构，是一个典型的非苯芳烃。在基态时，薁用下列方式表示比较合适。

(2) 薁的亲电取代反应：薁可以发生某些典型的芳烃亲电取代反应，如硝化、乙酰化等反应，易异构化生成萘。

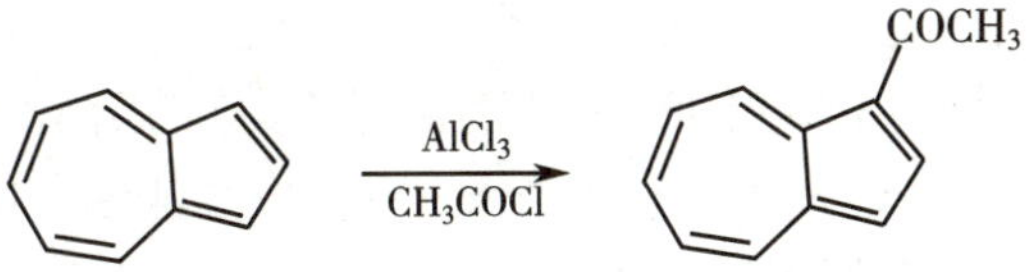

7. 环庚三烯酚酮

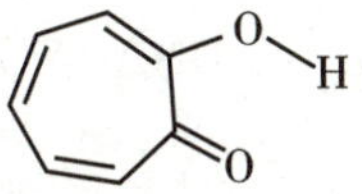

环庚三烯酚酮(tropolone，又称䓬酚酮)是一种无色针状结晶，易溶于水。它的羟基和酚羟基一样显酸性，并能与三氯化铁反应而显深绿色。环庚三烯酚酮分子中的羰基不能与亲核试剂发生加成反应，而其环能发生亲电取代反应，具有芳香性。

环庚三烯酚酮分子中的羰基之所以不发生亲核加成反应，是由于羰基极化形成了稳定的䓬离子。由于分子中羰基氧原子具有吸电子效应，这个化合物在分子中可以形成一个带部分正电荷的七元环。

一般来说，在分子中产生极性的两性离子结构是不稳定的，对共振的贡献可以忽略，但是如果这种环变成6π电子体系的共振结构，由于芳香性而趋稳定，这时对共振的贡献就不能忽略。

综上所述，这些符合休克尔规则而具有芳香性，又不含苯环的烃类化合物，叫作非苯芳烃(nonbenzenoid aromatic hydrocarbon)。

三、代表性化合物

芳烃主要来源于石油和煤焦油，主要作为化工原料和有机溶剂。大多数芳烃的生物活性不强，但其衍生物却具有一定的生物活性。

(一) 苯乙酮和对甲氧基苯甲醛

苯乙酮(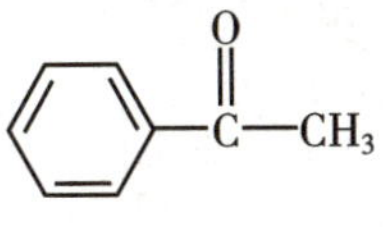)、对甲氧基苯甲醛(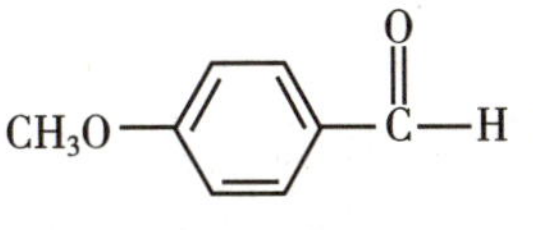)都可看作苯的衍生物。它们都具有一定的生物活性。苯乙酮具有催眠的作用，还可作为香料。对甲氧基

笔记栏

苯甲醛也称为对茴香醛，具有抑制真菌作用，其气味类似于香豆素，可用来制造香精和香皂，同时也用于有机合成。

（二）肉桂酸

肉桂酸又名桂皮酸、β- 苯基丙烯酸、3- 苯基丙烯酸，分子式为 $C_9H_8O_2$，分子量 148.16，白色至淡黄色粉末，微有桂皮香气。其结构为：

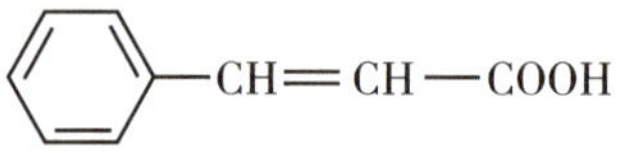

肉桂酸是从肉桂皮或安息香中分离出的有机酸，还可由苯甲醛与乙酸酐在乙酸钠存在下经珀金（Perkin）反应制得，主要用于香精香料、食品添加剂、医药工业、美容、农药、有机合成等方面。

（三）致癌芳烃

在 20 世纪初，人们已注意到在长期从事煤焦油作业的人员中有皮肤癌症的病例。后来用动物试验的方法（如在动物体上长期涂抹煤焦油）也证实了煤焦油的某些高沸点馏分能引起癌变，即具有致癌作用。经过一系列研究发现，用合成方法制得的 1，2，5，6- 二苯并蒽有显著的致癌性。煤焦油中存在的微量 3，4- 苯并芘和 5，10- 二甲基 -1，2- 苯并蒽有着高度的致癌性。研究发现，复杂的多核芳烃中的许多化合物具有致癌性，而这些烃是通过体内生物化学过程产生的活性物质，且该活性物质与 DNA 结合引起细胞变异。

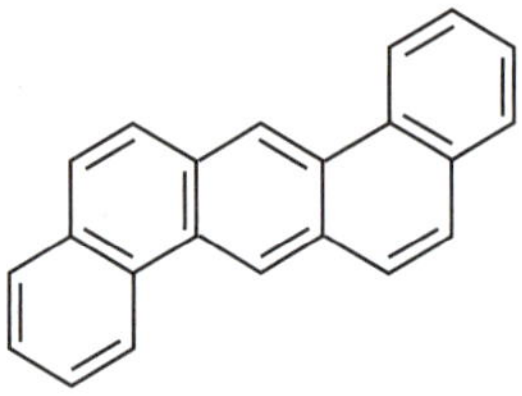

1,2,5,6-二苯并蒽

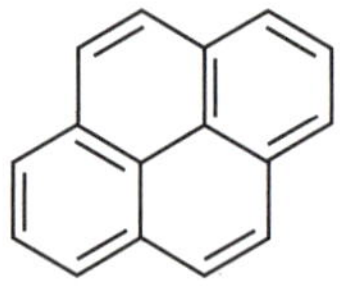

芘

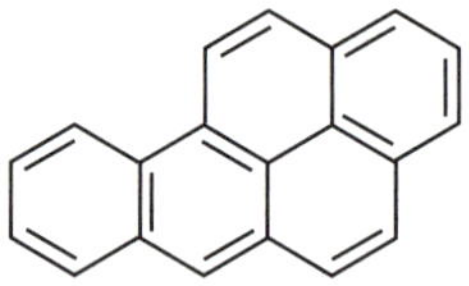

3,4-苯并芘

近年来的研究认为，致癌烃多为蒽和菲的衍生物，当蒽的 9 位或 10 位上有烃基时，其致癌性增强。例如下列化合物都有显著致癌作用。

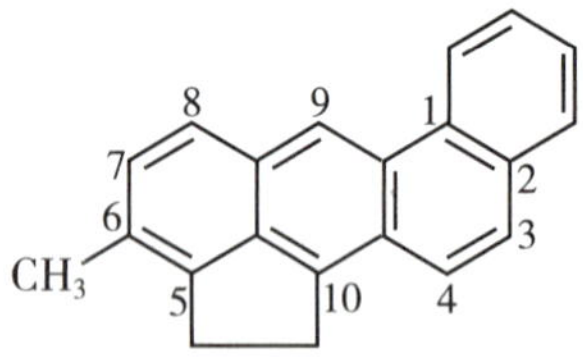

6-甲基-5,10-亚乙基-1,2-苯并蒽

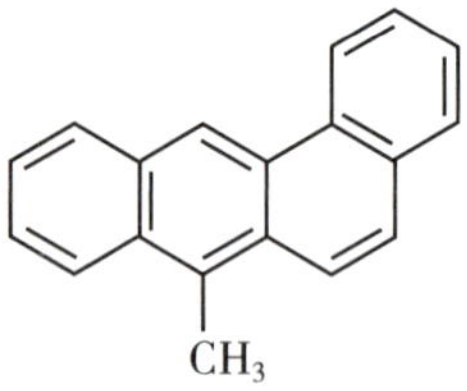

10-甲基-1,2-苯并蒽

活性的致癌烃也有菲的衍生物。例如：

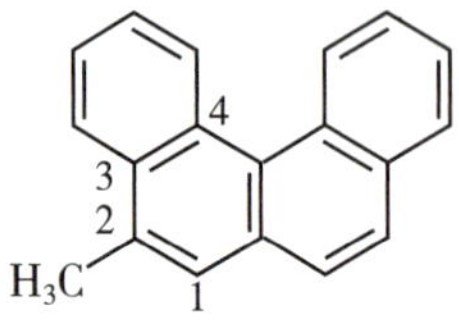

2-甲基-3,4-苯并菲

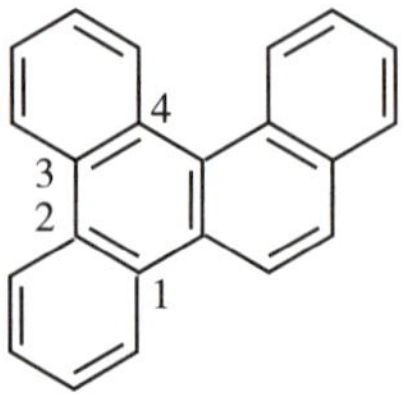

1,2,3,4-二苯并菲

对于多环芳烃的结构和致癌的关系，现在只有一些初步的经验规律。有关致癌机理以及它和致癌物质结构的关系都还很不清楚。这方面的研究工作对于环境保护以及癌症的治

疗和预防都有很重要的意义。

在汽车排放的废气和石油、煤等未燃烧完全的烟气中，都含有有害的多环芳烃，因此治理废气，保护环境，减少污染是保护我们身体健康的主要举措。

(尹 飞　赵 骏　李 根)

笔记栏

FR-6-4

阿司匹林和白藜芦醇

学习小结

1. 学习要点

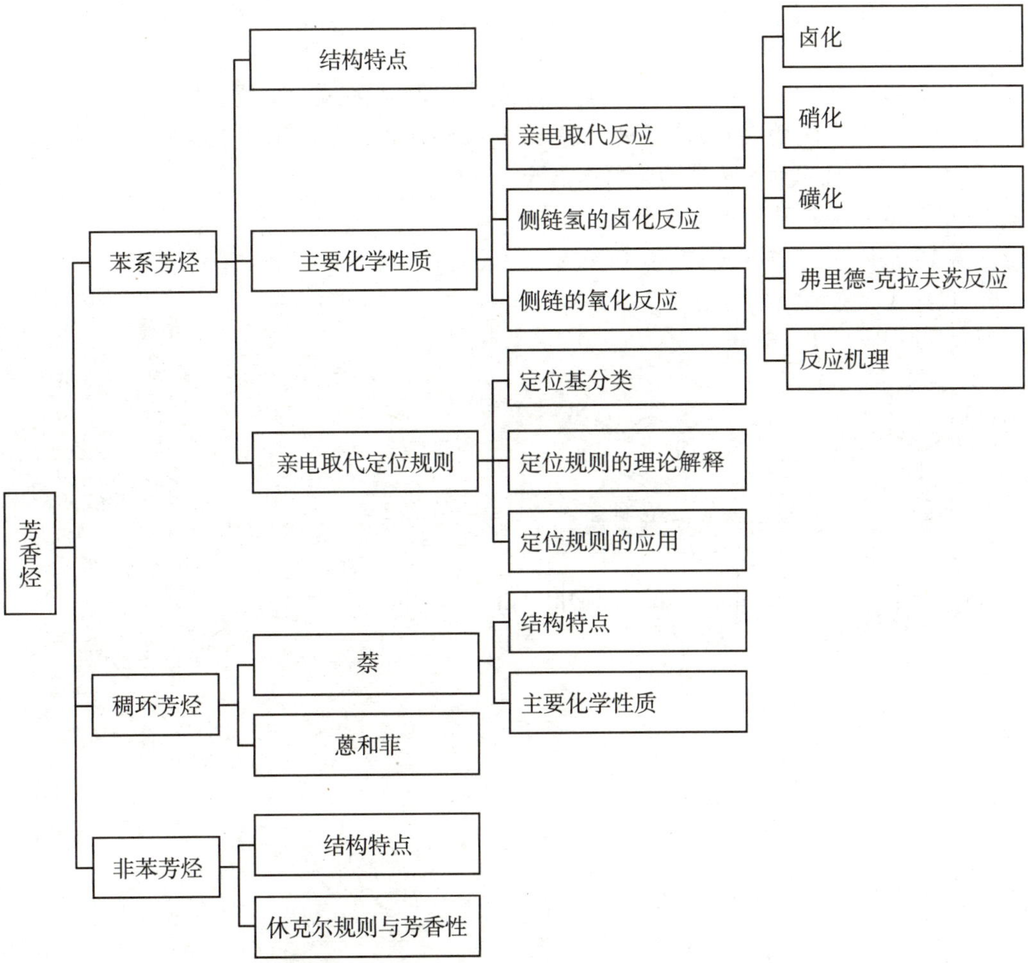

2. 学习方法　在了解芳烃共轭体系结构特点及稳定性的基础上，理解芳烃的主要化学反应并熟悉其用途；通过对芳烃亲电取代反应机理的学习，掌握该反应的特点、影响反应活泼性的结构因素、定位规则的理论解释及应用，学会能够正确分析不同结构芳烃反应活泼性顺序及判断其主要产物；对比单环芳烃与稠环芳烃结构的异同，掌握萘的主要化学性质；了解非苯芳烃的结构特点及休克尔$(4n+2)$规则，熟悉芳香性的判据。

复习思考题与习题

1. 为什么苯的凯库勒结构式不能很好地解释苯的性质?

2. 为什么苯乙烯的沸点比乙苯高? 苯乙炔的熔点比乙苯高?

3. 写出甲苯在下列条件下反应的主要产物。

(1) Br_2 和铁粉　(2) Cl_2 和光照　(3) 酸性高锰酸钾溶液　(4) CH_3COCl 和无水 $AlCl_3$

4. 将下列各组化合物按亲电取代反应活性由大到小的顺序排列。

(1) A. 苯　　B. 硝基苯　　C. 甲苯　　D. 苯酚

(2) A. 　B. 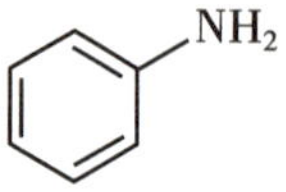　C. 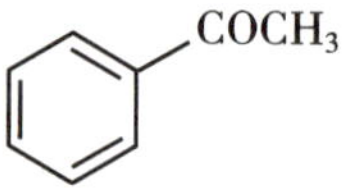　D. 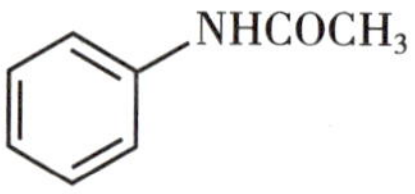

5. 从苯硝化的反应机理分析, $NO_2^{\oplus}$是什么试剂? 苯的硝化是什么类型的反应? 为什么?

6. 试写出苯甲醚硝化时, 硝基进入邻位、间位和对位时形成的碳正离子中间体的共振极限式, 并指出本反应的主要产物是哪个。为什么?

7. 用化学方法鉴别下列化合物。

乙基环己烷、4- 乙基环己烯、乙苯、苯乙烯、苯乙炔。

8. 以苯或甲苯为原料合成

(1) 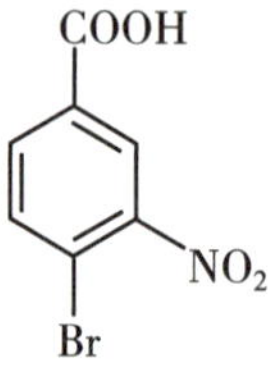　(2) 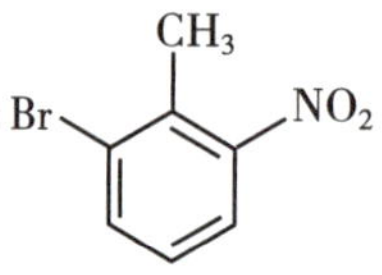

9. 判断下列化合物是否具有芳香性。

(1) 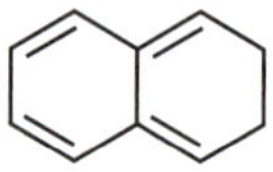　(2) 　(3) 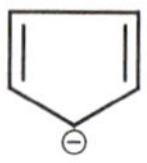　(4) 　(5) 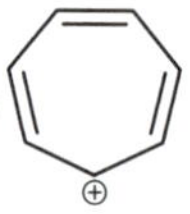

笔记栏

PPT 课件

第七章 卤代烃

学习目标

卤代烃是实现烃与烃的衍生物之间转化的重要桥梁，是烃的衍生物知识体系中的重要组成部分，在有机化学中具有重要的地位和作用。它是合成其他有机化合物的重要原料，也是药物合成中的重要活性中间体。

1. 掌握卤代烃的化学性质：亲核取代反应，消除反应，格氏试剂的制备。
2. 熟悉卤代烃的分类与结构，双键位置对卤原子活泼性的影响。理解亲核取代反应的 S_N1、S_N2 反应机理及影响因素；消除反应的 E1、E2 反应机理，择向性规律及影响因素。
3. 了解多卤代烃的特性。

卤代烃在农业、工业、医药和日常生活中有着广泛的应用，常用作农药、麻醉剂、溶剂、灭火剂和制冷剂等。很多含有卤素的有机化合物具有生理活性。

第一节　卤代烃的分类与结构

烃分子中的氢原子被卤原子取代后所形成的化合物称为卤代烃（halohydrocarbon），简称卤烃。通常用 RX 这一通式代表卤代烃，其中 R 表示烃基，X 表示不同的卤素（F、Cl、Br、I）。

一、卤代烃的分类

卤代烃的分类主要根据分子中烃基结构的变化、卤原子种类、卤原子数目及卤原子所连碳原子的类型不同而进行。

按卤素所连烃基类型的不同可将卤代烃分为饱和卤代烃、不饱和卤代烃及卤代芳烃 3 类。例如：

饱和卤代烃：

$CHCl_3$
氯仿
chloroform

$CF_3CHClBr$
2-溴-2-氯-1,1,1-三氟-乙烷
2-bromo-2-chloro-1,1,1-trifluoroethane

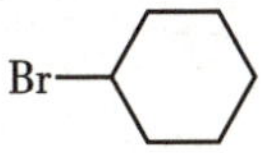
溴代环己烷
bromocyclohexane

不饱和卤代烃：

$CH_2{=}CH{-}Cl$
氯乙烯
chloroethene

$F_2C{=}CF_2$
四氟乙烯
tetrafluoroethylene

$CH_2{=}CH{-}CH_2Br$
3-溴丙烯
3-bromoprop-1-ene

笔记栏

卤代芳烃：

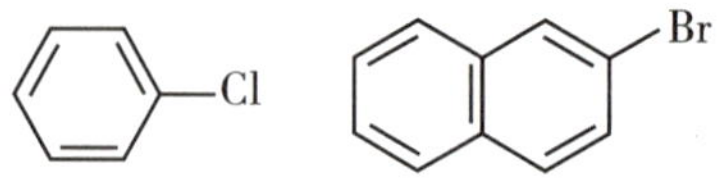

氯苯 chlorobenzene　　2-溴萘 2-bromonaphthalene

卤代烃还可根据分子中卤原子种类的不同分为氟代烃、氯代烃、溴代烃及碘代烃，亦可根据分子中卤原子数目的多少分为一元卤代烃、二元卤代烃和多元卤代烃。

一元卤代烃根据卤原子所连碳原子种类的不同还可分为卤甲烷、伯卤代烃（1° 卤代烃）、仲卤代烃（2° 卤代烃）和叔卤代烃（3° 卤代烃）。

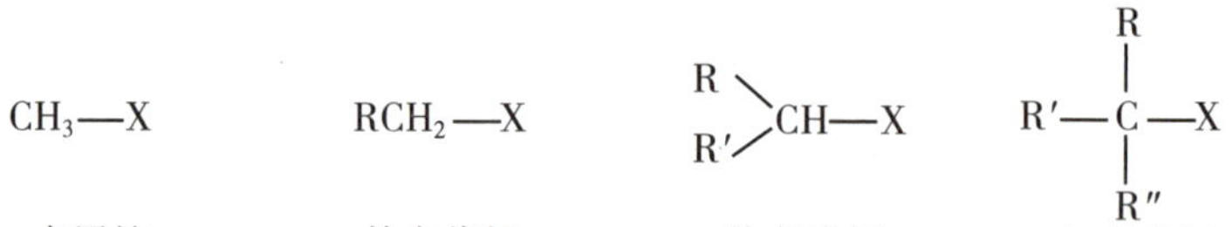

卤甲烷　　伯卤代烃　　仲卤代烃　　叔卤代烃

二、卤代烃的结构

卤代烃中的卤原子连接于 sp^3 杂化态碳原子上，因碳原子的电负性弱于卤原子，故形成的碳卤键具有较强的极性，其中卤原子周围电子云密度相对较大，可视为其带有部分负电荷，而 α 碳原子周围电子云密度相对较小，可视为其带有部分正电荷。极性的碳卤键在一定条件下容易进一步极化而断裂，从而引发化学反应，故卤素是卤代烃分子的官能团。

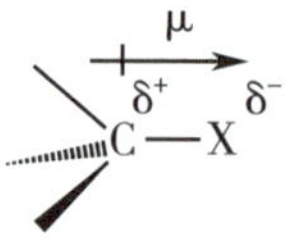

常见碳卤键极性强弱的顺序为 C—Cl>C—Br > C—I，这是因为碳卤键极性的强弱与卤原子电负性及碳卤键键长都有关，而以上顺序是二者综合作用的结果。

碳卤键的可极化性顺序则正好与其极性强弱顺序相反，是 C—Cl<C—Br<C—I，因为决定碳卤键可极化性的因素是卤原子的原子半径及电负性，由于碘在 3 种主要卤素中的原子半径最大，而电负性又最小，其价电子距原子核最远，受原子核控制程度最小，在外电场作用下最易变形，因而具有较大的可极化性。碳卤键的可极化性越大，在反应中越容易断裂。

卤代烃分子中带部分正电荷的 α 碳是一个缺电子反应中心，容易受到亲核试剂的进攻，导致亲核取代反应的发生。

卤原子是典型的吸电子基，可通过诱导效应影响到分子中其他共价键电子云的分布。例如，β 碳原子距离卤原子较近，其所连接的氢原子受这一效应的影响酸性有所增强，容易受到碱的进攻而失去 β 氢，从而导致消除反应的发生。

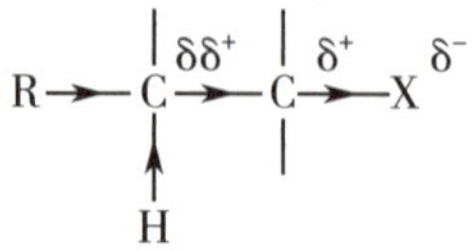

第二节 卤代烃的性质

一、卤代烃的物理性质

在室温下，除少数低级卤代烃（如氯甲烷、溴甲烷、氯乙烷、氯乙烯等）是气体外，其余常见卤代烃都是液体。

纯净的一卤代烷都是无色的，但碘代烷因受光照影响容易分解析出碘，故一碘代烷经放置后会呈红色或棕色。

卤代烃的沸点会随分子中碳原子数的增加而升高。若含碳数相同，则沸点高低顺序为碘代烷 > 溴代烷 > 氯代烷。含碳数和卤原子种类都相同的卤代烃，其沸点会随碳链分支程度的增加而降低。

卤代烃不溶于水，能溶于醇、醚等有机溶剂中，故卤代烃的多数反应都在有机溶剂中进行。卤代烃本身对许多有机物有着较好的溶解性能，所以很多卤代烃都是良好的溶剂。

部分卤代烃及卤代芳烃的蒸气有毒并具有致癌性，使用时应尽量避免吸入体内。

一些常见卤代烃的物理常数见表 7-1。

表 7-1 常见卤代烃的物理常数

构造式	熔点 /℃	沸点 /℃	密度 d_4^{20}	折射率 n_D^{20}
CH_3F	−114.8	−79.4	0.578 6	1.172 7
CH_3Cl	−97.7	−24.2	0.915 9	1.338 9
CH_3Br	−93.6	3.5	1.675 5	1.421 8
CH_3I	−66.4	42.4	2.279	1.530 4
CH_3CH_2Cl	−136.4	12.3	0.897 8	1.367 6
CH_3CH_2Br	−118.6	38.4	1.460 4	1.432 6
CH_3CH_2I	−108	72.3	1.935 8	1.510 3
$CH_3CH_2CH_2CH_2Cl$	−123.1	78.4	0.886 2	1.402 1
$CH_3CH_2CH_2CH_2Br$	−112.4	101.6	1.275 8	1.440 5
$CH_3CH_2CH_2CH_2I$	−103	130.5	1.615 4	1.500 1
$CH_3CH_2CH(Cl)CH_3$	−131.3	68.3	0.873 2	1.397 1
$CH_3CH_2CH(Br)CH_3$	−111.9	91.2	1.258 5	1.436 6
$CH_3CH_2CH(I)CH_3$	−104.2	120	1.592 0	1.499 1
$(CH_3)_3CCl$	−25.4	52	0.842 0	1.385 7
$(CH_3)_3CBr$	−16.2	73.2	1.220 9	1.427 8
$(CH_3)_3CI$	−38.2	100	1.544 5	1.491 8

笔记栏

续表

构造式	熔点/℃	沸点/℃	密度 d_4^{20}	折射率 n_D^{20}
$CH_2{=}CHCl$	-153.8	-13.4	0.910 6	1.370 0
$CH_2{=}CHCH_2Cl$	-134.5	45	0.937 6	1.414 0
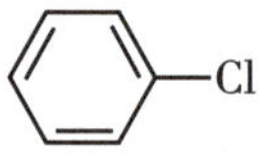	-45.6	132	1.105 8	1.524 1
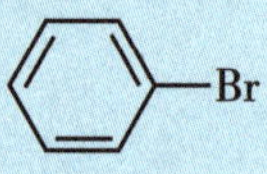	-30.8	156	1.495 0	1.559 7
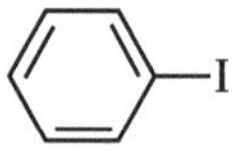	-31.3	188.3	1.830 8	1.620 0
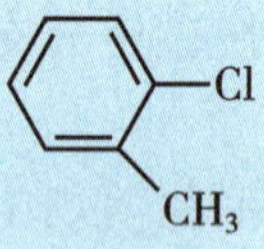	-35.1	159.2	1.082 5	1.526 8
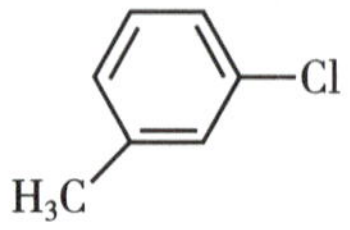	-47.8	162	1.072 2	1.521 4
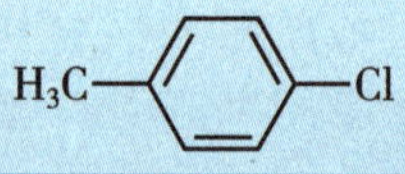	7.5	162	1.069 7	1.515 0

二、卤代烃的化学性质

卤代烃的化学性质比较活泼，其碳卤键容易断裂，能发生多种化学反应，转变为其他化合物。

（一）取代反应

卤代烃与不同的试剂作用，分子中的卤原子可被其他原子或原子团取代，发生取代反应。能与卤代烃反应的试剂种类较多，基本上都属于亲核试剂。由亲核试剂进攻所引发的取代反应称为亲核取代反应（nucleophilic substitution），缩写符号为 S_N。卤代烃的亲核取代反应一般可用下列通式表示：

$$\underset{\text{亲核试剂}}{Nu:^{\ominus}} + \underset{\text{底物}}{-\overset{|}{\underset{|}{C}}-X} \longrightarrow \underset{\text{产物}}{Nu-\overset{|}{\underset{|}{C}}-} + \underset{\text{离去基团}}{X:^{\ominus}}$$

卤代烃重要的亲核取代反应如下：

（1）水解反应：卤代烃与水作用，卤原子被羟基所取代，生成的产物是醇，称为卤代烃的水解反应。

$$R-X + H_2O \rightleftharpoons R-OH + HX$$

这一反应可逆，没有实用价值。为使反应进行完全，通常用碱（NaOH 或 KOH）的水溶液代替水进行反应，可获得较好的效果。

$$R-X + NaOH \xrightarrow{H_2O} \underset{\text{（醇）}}{R-OH} + NaX$$

笔记栏

该反应一般并不用于制备醇，因为多数卤代烃都是以相应的醇为原料制备的，但这一反应可用来在某些有机物分子的特定位置引入羟基。因为在通常情况下，在这些位置上引入卤素比直接引入羟基容易，所以往往采取先引入卤素，再水解成羟基的方法来进行制备。

(2) 与醇钠的反应：卤代烃与醇钠作用，卤原子被烃氧基所取代，生成醚。

$$R—X + NaOR' \longrightarrow \underset{(醚)}{R—O—R'} + NaX$$

该反应是制备醚类常用的反应，也称为威廉逊（Williamson）醚合成。在反应过程中，应主要以伯卤代烃为原料进行制备，尽量避免使用叔卤代烃，因为后者在反应中更容易发生消除反应生成烯烃。

(3) 与氰化物的反应：卤代烃与氰化钠（氰化钾）在醇溶液中反应，卤原子被氰基取代，生成腈类。

$$R—X + NaCN \xrightarrow{醇} \underset{(腈)}{R—CN} + NaX$$

该反应可用于在有机物分子中引入氰基，亦是用于增长有机物碳链的重要反应。

氰基性质活泼，可通过进一步反应转变成羧基、氨甲基等其他官能团。

(4) 氨解反应：卤代烃与氨反应，卤原子被氨基取代，生成胺类。

$$R—X + NH_3(过量) \longrightarrow \underset{(伯胺)}{R—NH_2} + HX$$

(5) 与硝酸银的反应：卤代烃与硝酸银的醇溶液作用，生成硝酸酯，并有卤化银的沉淀产生。

$$R—X + AgNO_3 \xrightarrow{醇} \underset{(硝酸酯)}{R—ONO_2} + AgX\downarrow$$

在这一反应中，不同结构卤代烃的反应活性有明显差异。烃基结构相同而卤原子种类不同的卤代烃反应活性顺序为 R—I>R—Br>R—Cl；卤原子种类相同而烃基结构不同的卤代烃反应活性顺序为叔卤代烃 > 仲卤代烃 > 伯卤代烃。因此，可根据反应中生成沉淀速度的快慢及沉淀颜色的不同，来鉴别结构不同的卤代烃。

(6) 与炔基负离子的反应：卤代烃可与炔基负离子反应，在炔键碳原子上引入烃基。该反应可用于炔烃的制备。

$$R—X + R'—C\equiv\overset{\ominus}{C}\overset{\oplus}{Na} \longrightarrow R'—C\equiv C—R$$

（二）消除反应

从有机物分子中脱去一个简单分子生成不饱和键的反应称为消除反应（elimination reaction），用 E 表示。卤代烃与氢氧化钠或氢氧化钾的醇溶液共热时，会在 α- 与 β- 碳之间脱去一分子卤化氢生成烯烃。

$$R—\underset{H}{\overset{\beta}{C}H}—\underset{X}{\overset{\alpha}{C}H_2} + KOH \xrightarrow[\triangle]{醇} R—CH=CH_2 + H_2O + KX$$

仲、叔卤代烃发生消除反应时，分子中可能存在多种不同的 β- 氢可供消除，生成不同的消除产物。例如：

笔记栏

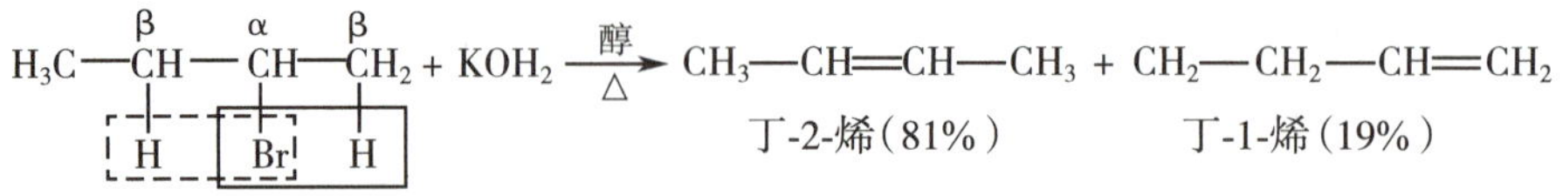

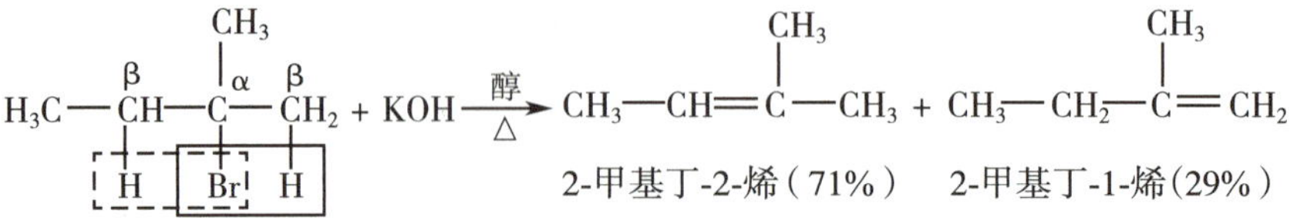

实验证明，仲卤代烃或叔卤代烃脱卤化氢时，其消除的 β- 氢主要来自含氢较少的 β- 碳原子，所生成的主要是双键碳上烃基取代较多的烯烃。卤代烃发生消除反应遵循的这一择向性规律称为札依采夫规则（Zaitsev rule）。

不同烃基结构的卤代烃发生消除反应的活性顺序是叔卤代烃 > 仲卤代烃 > 伯卤代烃。

这一反应可用于在有机物分子中引入碳碳双键，是制备烯烃的方法之一。

卤代烃的亲核取代反应和消除反应一般都是在碱性条件下进行的，两者是一对竞争性反应，在生成亲核取代产物的同时大都伴随消去产物的生成，反之亦然。反应主要以何种方式进行，与卤代烃的结构及反应条件有关。

知识链接

提出有机消除反应取向规则的化学家——札依采夫

亚历山大·米哈伊洛维奇·札依采夫（Алекса́ндр Миха́йлович За́йцев，1841—1910），俄国化学家，也译作查伊采夫，1841 年生于喀山，是有机结构理论奠基人布特列洛夫的学生。1869 年任喀山大学的讲师，1870 年任教授。他曾培养了无数卓越的有机化学家。

他曾致力于布特列洛夫的第二、第三醇合成法的研究，不饱和羧酸和羟基酸的研究，发现过环状内酯。札依采夫在 1875 年第一次提出脱卤化氢反应的取向"法则"。这种优先形成稳定异构体的取向称为"札依采夫取向"。由于这一发现，札依采夫获得了许多荣誉，当选为俄国科学院院士、基辅大学荣誉教授，并担任了两届俄国物理化学学会主席。

（三）与金属的反应

卤代烃在一定条件下可与金属元素反应，生成含有 C—M 键（M 表示金属元素）的金属有机化合物。这类金属有机物性质活泼，在有机合成中有着重要用途。

1. 格氏试剂的生成　卤代烃在无水乙醚中可与镁反应，生成有机镁化合物。

$$R—X + Mg \xrightarrow{\text{无水乙醚}} RMgX$$

R=1°、2°、3° 烷基、芳基或烯基

该反应的产物称为格利雅试剂（Grignard reagent），简称格氏试剂。格氏试剂的结构比较复杂，至今尚不十分清楚，一般用 RMgX 表示。

乙醚在反应中不仅是溶剂，还可通过与格氏试剂络合而对其起稳定作用。

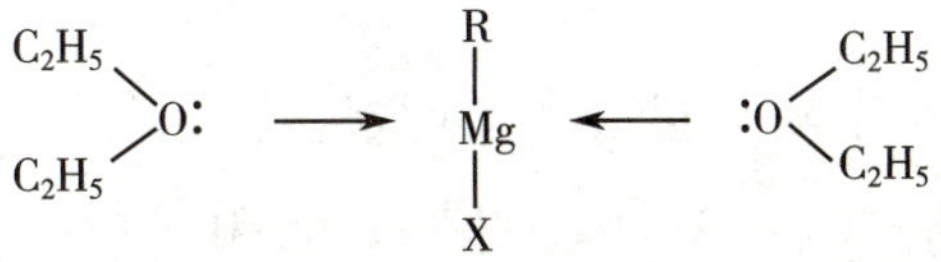

不同结构的卤代烃生成格氏试剂的难易程度不同。烃基相同时，R—X 的反应活性顺序是 R—I>R—Br>R—Cl。一般反应中，常用溴代烃制备格氏试剂，因为其活性较氯代烃高而价格比碘代烃便宜。卤素相同而烃基结构不同的卤代烃反应活性顺序是伯卤代烃 > 仲卤代烃 > 叔卤代烃 > 乙烯型卤代烃或卤代芳烃。乙烯型卤代烃或卤代芳烃通常在乙醚中难以与镁作用生成格氏试剂，需提高反应温度并换用四氢呋喃（THF）为溶剂才能使反应顺利进行。

格氏试剂性质活泼，遇到含活泼氢的化合物（如水、醇、羧酸、胺等）即分解生成烷烃。格氏试剂也易与空气中的氧及二氧化碳作用。因此，在制备格氏试剂时除应严格无水操作外，还应隔绝空气，并避免使用含活泼氢的化合物作反应物或溶剂。

$$RMgX+\left\{\begin{array}{l}H_2O\\R'OH\\R'COOH\\R'NH_2\\R'C\equiv CH\end{array}\right.\longrightarrow RH+\left\{\begin{array}{l}HOMgX\\R'OMgX\\R'COOMgX\\R'NHMgX\\R'C\equiv CMgX\end{array}\right.$$

2. 与碱金属的反应　卤代烃与锂、钠等碱金属作用生成烃基锂、烃基钠。

$$RX+Li\longrightarrow RLi$$
$$RX+Na\longrightarrow RNa$$

烃基钠的性质比格氏试剂更活泼，生成后会立即与卤代烃反应，得到 2 个烷基偶连的烷烃。这种卤代烷与金属钠反应生成烷烃的反应称为伍尔兹（Wultz）反应。

$$RNa+RX\longrightarrow R—R$$

烃基锂则可与 CuX 作用，生成二烃基铜锂。二烃基铜锂是一个很好的烷基化剂，可用于复杂结构烷烃的制备，而该反应称为科瑞 - 豪斯（Corey-House）反应。

$$2RLi+CuX\longrightarrow R_2CuLi$$
$$R_2CuLi+R'X\longrightarrow R—R'+RCu+LiX$$

知识链接

格氏试剂的发现者——格利雅

弗朗索瓦·奥古斯特·维克多·格利雅（Francois Auguste Victor Grignard，1871—1935），法国有机化学家，1893 年入里昂大学学习数学，毕业后改学有机化学，1901 年获博士学位。1905 年任贝桑松大学讲师，1910 年任南锡大学教授。1919 年起，任里昂大学终身教授。1926 年当选为法国科学院院士。格利雅于 1901 年研究用镁进行缩合反应，发现格利雅试剂。在第一次世界大战期间，研究过光气和芥子气等毒气。格利雅因发现格利雅试剂获 1912 年诺贝尔化学奖（41 岁）。他还是许多国家的科学院名誉院士和化学会名誉会员。

笔记栏

（四）还原反应

卤代烃可以在不同条件下发生还原反应，生成烷烃。

$$R—X + LiAlH_4 \xrightarrow{THF} R—H$$

$$R—X \xrightarrow{Zn/HCl} R—H$$

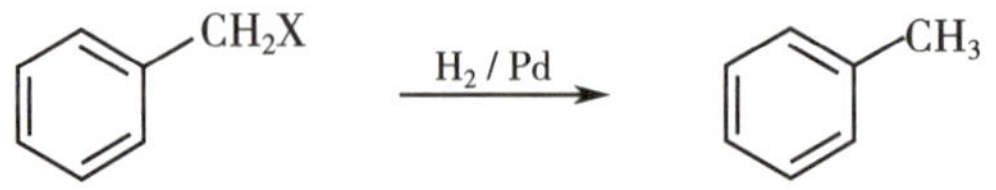

这些反应多用于除去有机物分子中的卤原子，可根据需要选择使用。

（五）多卤代烃的特性

多卤代烃的化学性质与一卤代烃相似，但同碳多卤代烃的卤原子反应活性会随其卤原子数目的增加而依次降低。例如，氯甲烷类化合物水解反应所需温度，就会随分子中氯原子数目的增加而增高。

$$CH_3Cl + H_2O \xrightarrow[加压]{100℃} CH_3OH + HCl$$

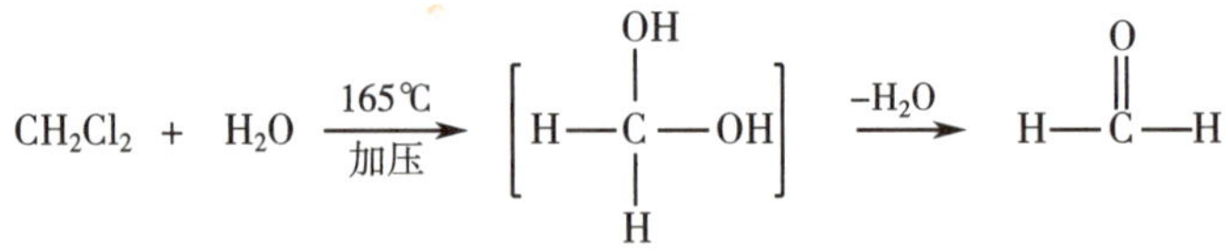

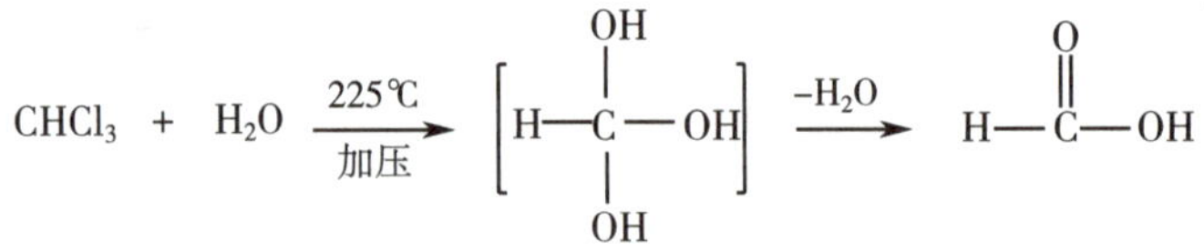

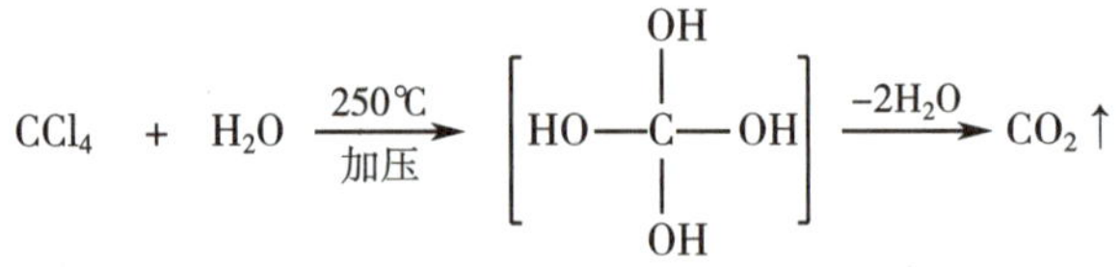

这类多卤代烃与硝酸银的醇溶液共热通常也不产生卤化银沉淀。

第三节 卤代烃的制备

一、一卤代烃的制备

制备一卤代烃最常用的方法是通过醇的取代反应。醇可以和HX、PX_3、$SOCl_2$等试剂反应生成卤代烃。

$$R—OH + HX \underset{}{\overset{H^{\oplus}}{\rightleftharpoons}} R—X + H_2O$$

$$R—OH + PX_3 \longrightarrow R—X + P(OH)_3$$

$$R—OH + SOCl_2 \xrightarrow[回流]{吡啶} R—X + SO_2\uparrow + HCl\uparrow$$

脂环烃、芳烃的取代以及烯烃的加成或取代反应也可用于制备一卤代烃。

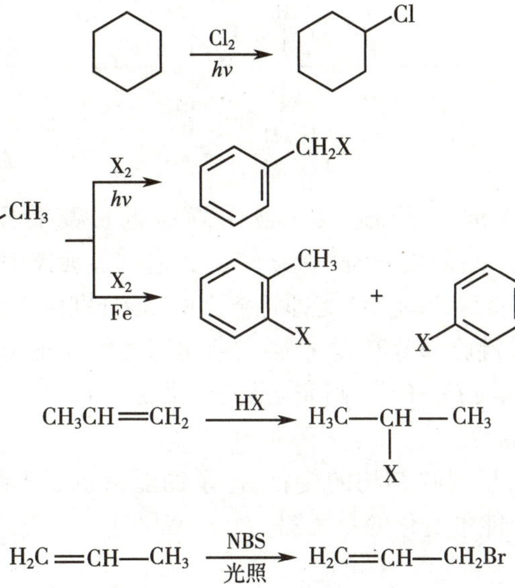

二、多卤代烃的制备

多卤代烃通常可采用烯、炔烃的加成等反应来制备。

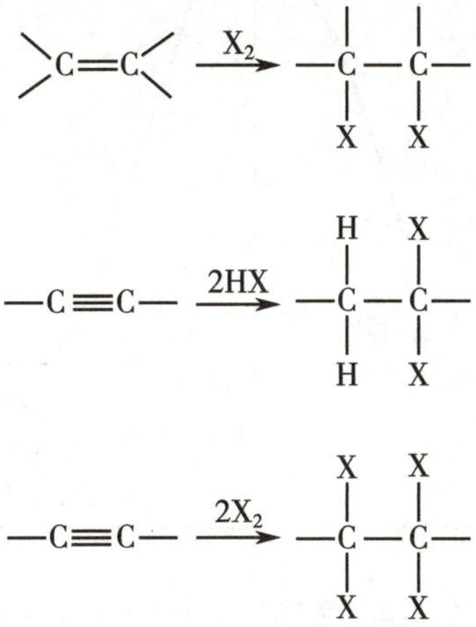

第四节 亲核取代反应机理及影响因素

一、亲核取代反应机理

亲核取代反应的机理可用一卤代烃的水解反应为例来说明。对卤代烃水解反应的动力学研究发现,有些卤代烃(如叔丁基溴等)的水解反应速度仅与卤代烃本身的浓度变化有关,而另一些卤代烃(如溴甲烷等)的水解反应速度则不仅与卤代烃的浓度变化有关,还和亲核试剂的浓度变化有关。这说明卤代烃的水解反应可能经历了不同的机理。

1. 双分子亲核取代反应机理(S_N2 反应机理) 溴甲烷的碱性水解反应属于动力学二级反应,其反应速率与 2 种反应物(底物及亲核试剂)的浓度的一次方成正比。

$$反应速率 = k[CH_3Br][OH^-]$$

笔记栏

一般认为,溴甲烷的碱性水解反应是按以下反应机理进行的:

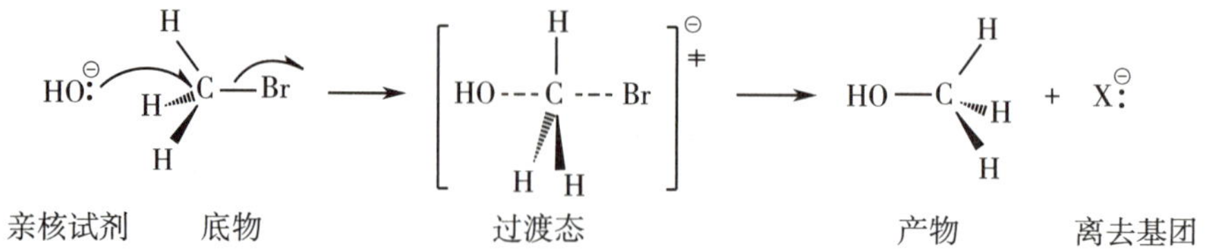

亲核试剂首先从碳溴键的背面进攻 α 碳,逐渐接近 α 碳原子,与此同时碳溴键逐渐拉长弱化,α 碳的杂化态由 sp^3 杂化向 sp^2 杂化转化。达到过渡态时,α 碳和其上所连的 3 个氢基本处于同一平面,即将键合的 HO 与即将离去的 Br 分别位于此平面两侧,此时,C—OH 键已部分形成,而 C—Br 键已部分断裂,α 碳的杂化态大致为 sp^2 杂化。随着反应的进一步进行,C—OH 键正式形成而 C—Br 键则完全断裂,而 α 碳的杂化态又回归为 sp^3 杂化,整个分子的骨架随即发生了翻转。

在反应过程中,随着反应物结构的变化,体系的能量也在不断变化。图 7-1 是溴甲烷 S_N2 反应碱性水解过程中能量变化的示意图。

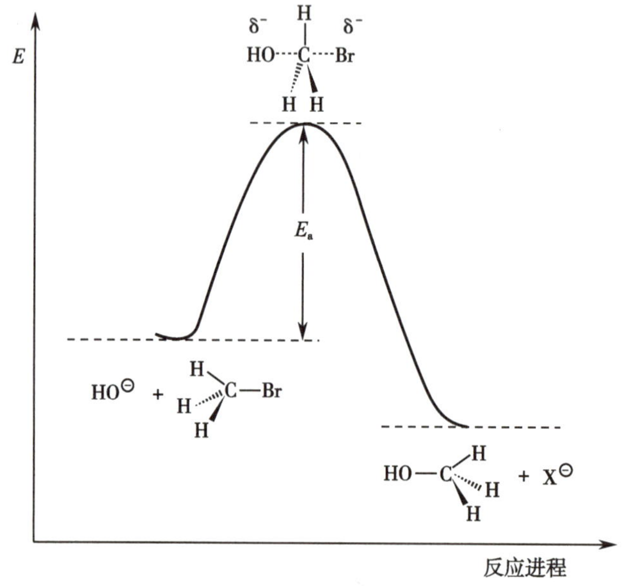

图 7-1 溴甲烷 S_N2 反应能量变化示意图

从图 7-1 中可以看出,当亲核试剂从溴原子的背面进攻 α 碳时,要克服氢原子的空间阻碍,能量逐渐升高,到达过渡态时,5 个原子同时挤在 α 碳的周围,能量达到最高,然后随着溴原子的离去,张力减小,体系的能量逐渐降低。

由于这一反应机理是不分阶段一步完成的,过程中同时有 2 种分子(底物及亲核试剂)参与了反应,因此反应速率与 2 种反应物的浓度改变都有关,属于动力学二级反应,故被称为二级亲核取代反应,亦称为双分子亲核取代反应,用 S_N2 表示(2 表示双分子)。

在 S_N2 反应中,亲核试剂总是从离去基团背面进攻 α 碳原子,反应完成后,以 α-C 为中心的分子骨架将发生翻转,犹如一把被大风吹翻的雨伞。这种分子骨架的翻转过程称为瓦尔登(Walden)翻转。当 S_N2 反应在手性 α-C 上发生时,会导致产物的分子骨架完全翻转,常引起产物构型发生转化。所以分子骨架完全翻转是 S_N2 反应的典型立体化学特征。例如,光学活性的(*S*)-2- 溴丁烷在碱性条件下水解得到的是构型完全转化的产物(*R*)丁 -2- 醇。

笔记栏

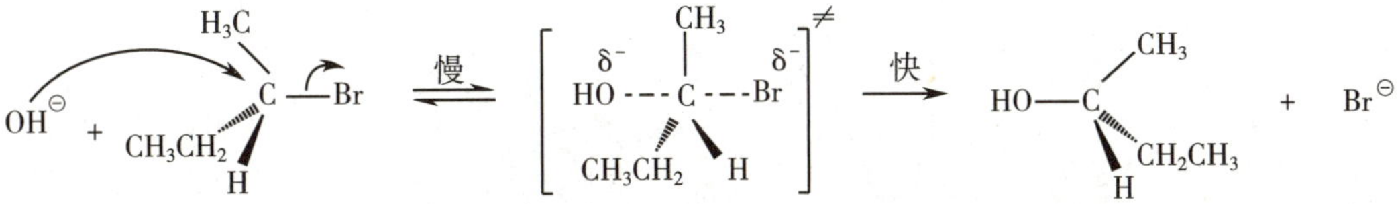

（S）-2-溴丁烷　　　　（R）丁-2-醇

应当指出的是，手性 α-C 上发生的瓦尔登翻转一定会使产物的分子骨架完全翻转，但并不总是会导致其构型标识符号由 R 变成 S（或由 S 变成 R）。因为手性碳的构型是按构型标识法的规则确定的，即使分子骨架发生了改变，也并不意味其构型标识符号一定会发生变化。例如：

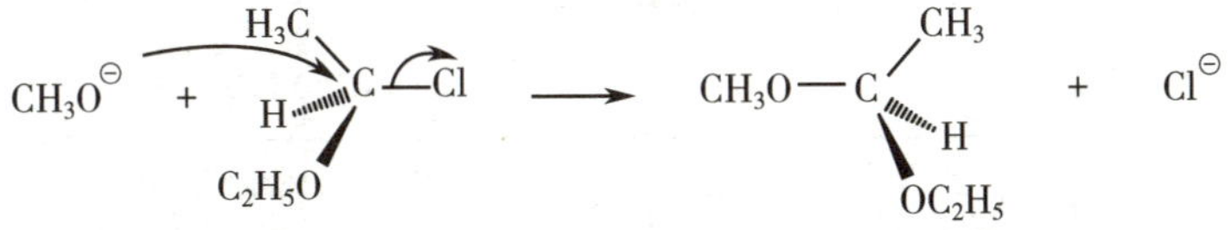

R　　　　R

根据 S_N2 反应机理和立体化学特征归纳出 S_N2 反应特点为：

(1) 反应一步完成，旧键的断裂和新键的形成是同时进行的同步反应，只有一个决定反应速率的过渡态。

(2) 反应速率与底物和亲核试剂的浓度有关。

(3) 亲核试剂总是从离去基团的背面进攻，产物通常伴随着构型的转化。

ER-7-1

卤代烃的双分子亲核取代反应机理

2. 单分子亲核取代反应机理（S_N1 反应机理）　叔丁基溴的碱性水解反应在动力学上属于一级反应，其反应速率只与底物浓度的一次方成正比，而与亲核试剂的浓度变化无关。

$$反应速率 = k\,[(CH_3)_3CBr]$$

一般认为，叔丁基溴的碱性水解反应是分两步进行的：

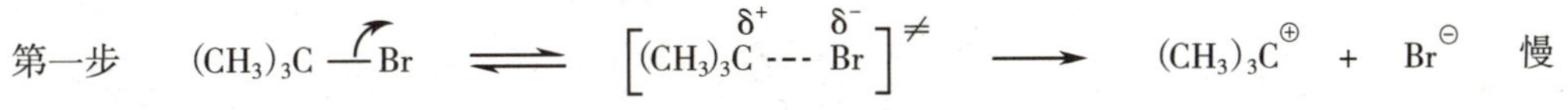

过渡态a

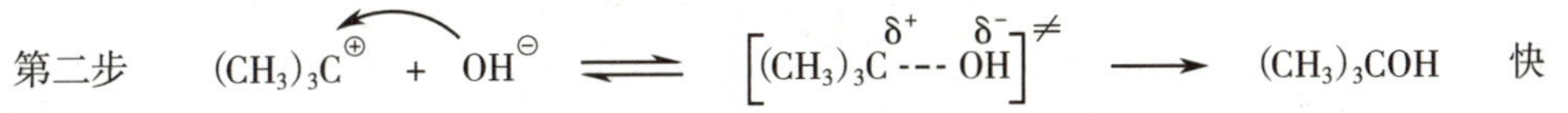

过渡态b

第一步是在溶剂的作用下叔丁基溴的 C—Br 键发生离解，生成叔丁基碳正离子和溴负离子。在离解过程中，C—Br 键逐渐拉长减弱，电子云进一步向溴原子转移，使得碳原子上的正电荷和溴原子上的负电荷都在逐渐增加，形成了一个 C—Br 键将断未断，能量较高的过渡态 a，随着 C—Br 键的进一步弱化，最终发生断裂，形成叔丁基碳正离子和溴负离子。第二步是氢氧负离子进攻叔丁基碳正离子，经过渡态 b 结合生成叔丁醇。

图 7-2 是叔丁基溴 S_N1 反应碱性水解过程中能量变化的示意图。

对于多步反应而言，整个反应的速率是由能耗最高的一步决定。从图 7-2 中可以看出，第一步反应的活化能 E_{a_1} 远高于第二步反应的活化能 E_{a_2}，因此该反应的速率取决于第一步反应的活化能 E_{a_1}，亦即整个反应的速率是由第一步的速率来决定的，第一步是整个反应速率控制的关键步骤。因为在反应的速率控制步骤中只有叔丁基溴一种分子参与了反应，故整个反应的速率只与叔丁基溴浓度的改变有关，而与亲核试剂浓度的变化无关，属于动力学一级反应。因此，这一反应被称为一级亲核取代反应，亦称为单分子亲核取代反应，用 S_N1 表示（1 表示单分子）。

笔记栏

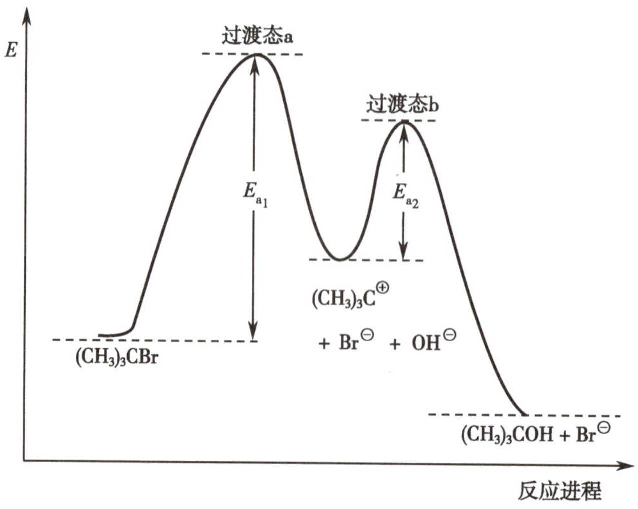

图 7-2 叔丁基溴 S_N1 反应能量变化示意图

在 S_N1 反应中，亲核试剂进攻的对象是碳正离子。碳正离子通常为 sp^2 杂化态的平面三角形构型，中心碳上有一个空 p 轨道分布在三角形平面的两边。亲核试剂与碳正离子结合时，可从平面两边的任何一边进行，而且从两个相反方向反应的概率相等，所以这一过程如果发生在一个手性碳上，会得到 50% 构型保持和 50% 构型转化的结果，见图 7-3，亦即 S_N1 反应机理的立体化学特征是外消旋化。

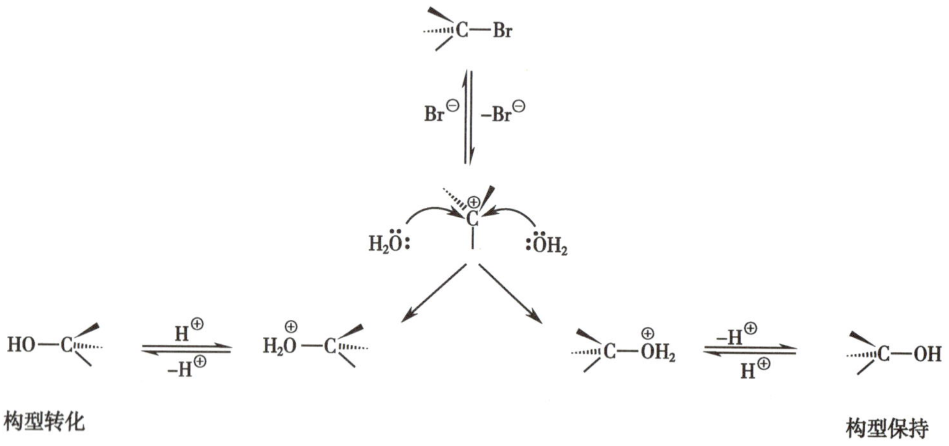

图 7-3 S_N1 机理的外消旋化

虽然理论上这一反应应该生成外消旋体，在很多反应中，也确实得到了构型转化和构型保持比例几乎相等的结果，但在有些反应中，却是构型转化产物的比例占到了多数。这种现象可以用卤代烃离解的离子对机理进行解释。

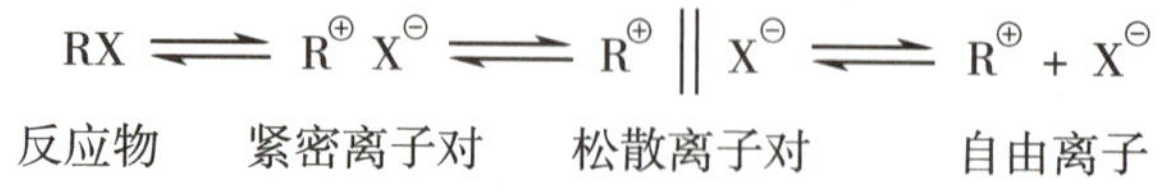

卤代烃离解时，碳卤键断裂后生成的 X 有时并未迅速离开底物，而是通过静电引力与碳正离子形成紧密离子对。紧密离子对进一步被溶剂隔开则形成松散离子对，最后形成自由离子。亲核试剂可以与不同阶段的离子发生反应：

（1）在紧密离子对阶段，由于 $R^{\oplus}$ 与 $X^{\ominus}$ 结合紧密，离去基团阻碍了亲核试剂从正面进攻，因而只会得到从背面进攻的构型转化产物。

笔记栏

(2) 在松散离子对阶段，离去基团尚未完全离去，亲核试剂从背面进攻的机会略大于正面进攻的机会，因而得到的结果是构型转化略多于构型保持。

(3) 在自由离子阶段，亲核试剂从碳正离子两边进攻的机会相等，因而得到的是构型转化和构型保持比例相等的结果，如果中心碳原子是手性碳，此阶段将发生外消旋化。

在 S_N1 机理中，有碳正离子中间体生成，而碳正离子的特点是容易发生重排，所以这一过程也会有重排产物生成。例如：

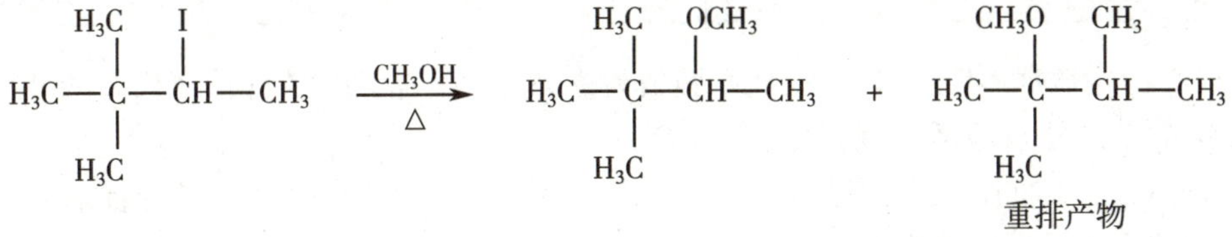

反应时，卤代烃先离解生成 2° 碳正离子，然后一个甲基迁移，重排为 3° 碳正离子，再由 3° 碳正离子进一步反应生成重排产物。由于碳正离子的稳定性顺序是 3°>2°>1°，所以发生这一重排是合理的。而有重排产物生成亦可证明反应是经由了碳正离子中间体这一途径完成的。

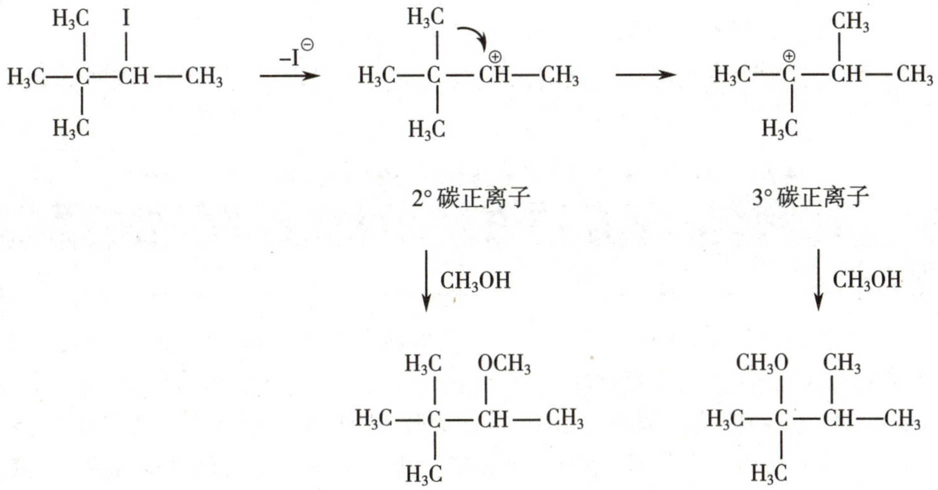

根据 S_N1 反应机理和立体化学特征归纳出 S_N1 反应特点为：

(1) 反应分两步完成，有 2 个过渡态，1 个中间体。第一步是速率控制的关键步骤。

(2) 反应速率只与卤代烃的浓度有关。

(3) 有中间体碳正离子生成，所以可能有重排产物生成。

(4) 反应产物的构型部分保持，部分翻转，其立体化学特征主要是外消旋化。

ER-7-2

卤代烃的单分子亲核取代反应机理

二、影响亲核取代的因素

影响卤代烃亲核取代反应活性及机理的因素较多，现从底物结构、试剂亲核性和溶剂性质等方面分述如下：

底物结构

1. 烃基的影响　对于 S_N2 反应而言，烃基结构对反应活性的影响主要是在空间效应方面。因为亲核试剂总是从背面进攻 α-C，α-C 上所连烃基的数目或体积越小，空间位阻越小，反应活性越高；β-C 紧邻 α-C，其所连烃基的数目及体积也会对亲核试剂的进攻产生位阻，亦会影响反应活性。表 7-2 列出了几种溴代烷在无水丙酮中与碘化钾按 S_N2 反应机理进行反应时的相对反应速率。

表 7-2 几种溴代烷与碘化钾进行 S_N2 反应时的相对反应速率

RBr	相对反应速率	RBr	相对反应速率
CH_3Br	30	CH_3CH_2Br	1.0
CH_3CH_2Br	1	$CH_3CH_2CH_2Br$	0.82
$(CH_3)_2CHBr$	0.02	$(CH_3)_2CHCH_2Br$	0.036
$(CH_3)_3CBr$	~0	$(CH_3)_3CCH_2Br$	~0

表 7-2 中的数据表明，α-C 上取代基数目越多，S_N2 反应活性越低；伯卤代烃的 β-C 上取代基数目越多，S_N2 反应活性也越低。

因此，S_N2 反应的活性顺序是 CH_3X> 伯卤代烃 > 仲卤代烃 > 叔卤代烃，且伯卤代烃随 β- 位支链的增多而反应速度减慢。

对于 S_N1 反应而言，烃基结构对反应活性的影响既有电子效应，亦有空间效应。在分步进行的 S_N1 反应中，生成碳正离子的步骤是决定反应速率的关键步骤，而这一步速率的快慢，则由碳正离子的稳定性决定。碳正离子的稳定性顺序是 3°>2°>1°>$CH_3^{\oplus}$，越是稳定的碳正离子生成时所需活化能越小，生成的速率也就越快，所以从电子效应考虑，卤代烃 S_N1 反应的活性顺序是叔卤代烃 > 仲卤代烃 > 伯卤代烃 > CH_3X。

表 7-3 列出了几种溴代烷在甲酸溶液中按 S_N1 反应机理进行水解反应时的相对反应速率。

表 7-3 几种溴代烷按 S_N1 反应机理进行水解反应时的相对反应速率

RBr	CH_3Br	CH_3CH_2Br	$(CH_3)_2CHBr$	$(CH_3)_3CBr$
相对反应速率	1	1.7	45	10^8

叔卤代烃反应活性高的另一个原因是空间效应。因为叔卤代烃 α- 碳上连有 3 个烃基，空间关系较为拥挤，彼此相互排斥，若形成碳正离子，因杂化状态的改变，键角将会由约 109.5° 变为 120°，从而使基团间距离增大，排斥力降低，能量降低，这种因基团间拥挤、排斥而产生的张力反而有助于碳卤键的离解。此种能增加反应速率的空间效应称为空助效应。

综上所述，烃基结构对亲核取代反应的影响可归纳为：

S_N2反应活性增强 ←

RX = CH_3X 伯卤代烃 仲卤代烃 叔卤代烃

→ S_N1反应活性增强

一般卤甲烷、伯卤代烃主要按 S_N2 机理进行反应，叔卤代烃按 S_N1 机理进行反应，而仲卤代烃既可按 S_N1 机理也可按 S_N2 机理进行反应，这取决于溶剂和亲核试剂等的影响。

2. 离去基团的影响 卤素是卤代烃亲核取代反应中的离去基团。离去基团离去能力的增强，无论是对 S_N1 反应还是 S_N2 反应都是有利的，但对 S_N1 反应更为有利，因为 S_N1 反应的速率主要取决于离去基团从底物中离去这一步。

卤原子离去能力的强弱与 C—X 键的强度及可极化性有关。C—X 键的键能越小，越容易断裂，卤原子离去能力越强；C—X 键可极化性越大，在反应中越容易因极化变形而断裂，卤原子离去能力越强。在几种不同的 C—X 键中，其可极化性顺序为 C—I>C—Br>C—Cl>C—F；而键能也是 C—I<C—Br<C—Cl<C—F。所以，不同卤原子离去能力强弱的顺序为—I>—Br>—Cl>—F，亦即烃基相同时，卤代烃亲核取代反应（无论是 S_N1 反应还是 S_N2 反应）活性顺序总是 R—I>R—Br>R—Cl>R—F。

笔记栏

3. 亲核试剂的影响　亲核试剂对反应的影响分为浓度高低和亲核能力强弱两个方面。对 S_N1 反应而言，无论是试剂浓度变化还是亲核性强弱变化，对其影响都不明显，因为 S_N1 反应的速率只取决于 R—X 的离解，与亲核试剂无关。亲核试剂浓度及亲核性强弱变化对 S_N2 反应的影响较大，因为 S_N2 反应是一步完成的，决定反应速率的过程有亲核试剂的参与。亲该试剂的浓度越高、亲核性越强，S_N2 反应速率越快。

亲核试剂是能够提供电子的负离子或中性分子，其亲核性强弱与其提供电子的能力（碱性）、可极化性及溶剂化作用程度等因素有关。碱性是指试剂与质子的结合能力，而亲核性是指试剂与碳原子的结合能力。两者体现的都是提供电子的能力，试剂在具有亲核性的同时也具有碱性，因此往往可以根据其碱性的强弱推断出其亲核性的强弱，且二者的强弱顺序有时确实是一致的。但亲核性与碱性毕竟有所不同，所以两者的强弱顺序有时也不一致。试剂的亲核性和碱性之间的一般规律如下：

同周期元素为反应中心的同类亲核试剂，随原子序数增加，碱性与亲核性均减弱。例如：

亲核性及碱性：$R_3C^{\ominus} > R_2N^{\ominus} > RO^{\ominus} > F^{\ominus}$

具有相同中心原子的亲核试剂，碱性强者其亲核性亦强。例如：

亲核性及碱性：$C_2H_5O^{\ominus} > OH^{\ominus} > PhO^{\ominus} > CH_3COO^{\ominus} > NO_3^{\ominus}$

亲核性及碱性：$C_2H_5O^{\ominus} > OH^{\ominus} > C_2H_5OH > H_2O$

一般中性分子 H_2O、C_2H_5OH 等都是弱亲核试剂，而相应的负离子 $OH^{\ominus}$、$C_2H_5O^{\ominus}$等都是强亲核试剂。

同主族元素为反应中心的亲核试剂，其亲核性和碱性强弱会受到溶剂的影响。在质子性溶剂中，其亲核性随原子序数增加而增强，而碱性则随原子序数增加而减弱。例如：

碱性：$F^{\ominus} > Cl^{\ominus} > Br^{\ominus} > I^{\ominus}$

亲核性：$I^{\ominus} > Br^{\ominus} > Cl^{\ominus} > F^{\ominus}$

而在非质子性溶剂中，其亲核性与碱性的强弱一致。例如：

亲核性及碱性：$F^{\ominus} > Cl^{\ominus} > Br^{\ominus} > I^{\ominus}$

此外，试剂的体积有时也会影响到其亲核性与碱性。例如，$(CH_3)_3CO^{\ominus}$的碱性比 $OH^{\ominus}$、$C_2H_5O^{\ominus}$更强，但亲核性却比二者弱。这是因为空间位阻阻碍了它对碳原子的进攻，而碳原子通常对空间效应比质子要更敏感一些。

一些常见的亲核试剂在质子性溶剂中的亲核性强弱顺序为：

$RS^{\ominus} > ArS^{\ominus} > CN^{\ominus} > I^{\ominus} > NH_3(RNH_2) > RO^{\ominus} \approx OH^{\ominus} > Br^{\ominus} > PhO^{\ominus} > Cl^{\ominus} > CH_3CO^{\ominus} > H_2O > F^{\ominus}$

4. 溶剂的影响　溶剂对亲核试剂及卤代烃都有影响。溶剂根据是否含有可以形成氢键的氢原子分为质子性溶剂（如水、醇、酸等）和非质子性溶剂［如己烷、苯、乙醚、丙酮、氯仿、二甲基甲酰胺（DMF）、二甲基亚砜（DMSO）等］。非质子性溶剂根据极性又可分为非极性溶剂（如己烷、苯、乙醚等）和极性溶剂（又称偶极溶剂，如丙酮、氯仿、DMF、DMSO 等）。偶极溶剂的偶极正端埋在分子内部，负端暴露在外部，其特点是可溶剂化正离子。

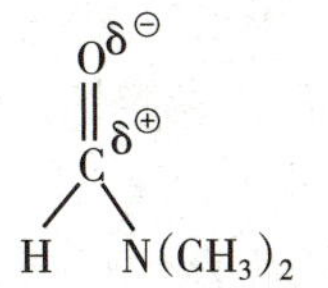
DMF（*N*,*N*-二甲基甲酰胺）

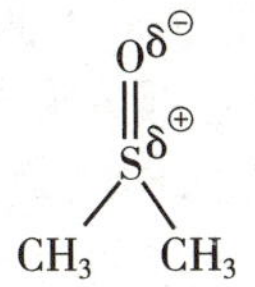
DMSO（二甲基亚砜）

笔记栏

偶极溶剂有利于 S_N2 反应。因为其可使正离子溶剂化，从而使亲核试剂处于“自由状态”。亲核试剂的亲核性比在质子性溶剂中强，有利于 S_N2 反应的进行。

质子性溶剂的特点是能溶剂化负离子，如水可在卤素负离子周围形成氢键而分散负电荷，降低其亲核性。一般体积越小、电荷越集中的负离子溶剂化的程度越高，亲核性越弱。

增加质子性溶剂的极性，有利于 S_N1 反应而不利于 S_N2 反应。因为在 S_N1 反应中，决定速率的步骤是中性底物离解生成碳正离子这一步，其过渡态的极性比反应物大，而质子性溶剂能更好地溶剂化过渡态，降低反应活化能，从而有利于反应的发生。而在 S_N2 反应中，过渡态的电荷与反应物相比更为分散，质子性溶剂会更大程度地溶剂化 $Nu^{\ominus}$，使 $Nu^{\ominus}$被溶剂分子包围，降低其亲核性，不利于反应的发生。

S_N1: $R—X \longrightarrow [R^{\delta+}\cdots\cdots X^{\delta-}]^{\neq} \longrightarrow R^{\oplus} + X^{\ominus}$

极性较小　　极性较大

S_N2: $Nu^{\ominus} + R—X \longrightarrow [Nu^{\delta-}\cdots\cdots R\cdots\cdots X^{\delta-}]^{\neq} \longrightarrow R—Nu + X^{\ominus}$

电荷较集中　　电荷较分散

第五节　消除反应机理及影响因素

一、消除反应机理

卤代烃的消除反应与亲核取代反应是一对竞争性反应，且二者的反应机理有许多相似之处。卤代烃最为重要的典型消除反应也分为两种——双分子消除反应与单分子消除反应。

（一）双分子消除反应机理（E2 反应机理）

双分子消除反应与 S_N2 反应相似，也是不分阶段一步完成的。不同之处在于，亲核试剂（碱）的进攻对象不是 S_N2 反应中的 α- 碳而是 β- 氢。反应开始时，碱通过接近 β- 氢形成过渡态，然后夺取 β- 氢，与此同时卤原子带着一对电子离去，并在 β- 碳与 α- 碳之间形成双键。

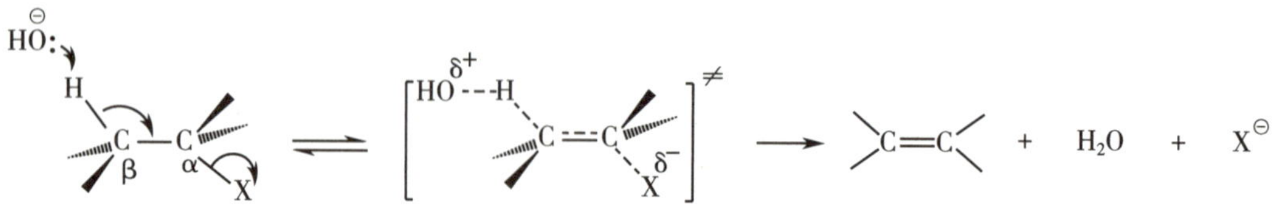

过渡态

此过程中有 2 种分子（底物与碱）同时参与反应，反应速率与底物及碱的浓度变化成正比，属于动力学二级反应，故称为双分子消除反应，用 E2 表示。

E2 反应的过渡态中双键已部分形成，因此，任何能使烯烃稳定的因素都会影响到过渡态能量的高低，从而决定反应速率的快慢。与伯卤代烃相比，叔卤代烃消除反应所生成的烯烃能量更低，所以不同卤代烃发生 E2 反应的活泼性顺序为叔卤代烃 > 仲卤代烃 > 伯卤代烃。

E2 反应中旧键的断裂与新键的形成是不分先后同时完成的，α- 碳与 β- 碳杂化态的改变是逐渐进行的，其对过渡态有严格的空间要求：β- 氢与离去基团必须处于反式共平面位置。因为只有二者处于共平面位置，在反应过程形成的 p 轨道才会彼此平行而重叠成键；而二者位于反式时正好处于交叉构象，形成过渡态所需的活化能比二者位于顺式时的重叠构象要低，反应速率更快。所以，E2 反应具有高度的立体选择性，当反应可能生成 2 种构型不同的产物时，特定构型的底物通常只生成 1 种构型（顺式或反式）的产物，而不是 2 种构型产物都生成。例如：

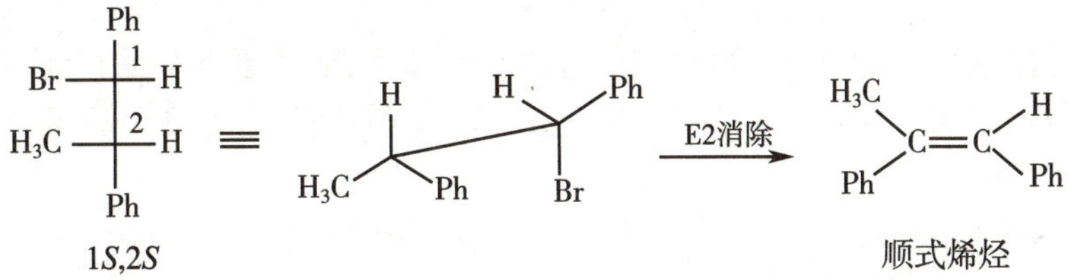

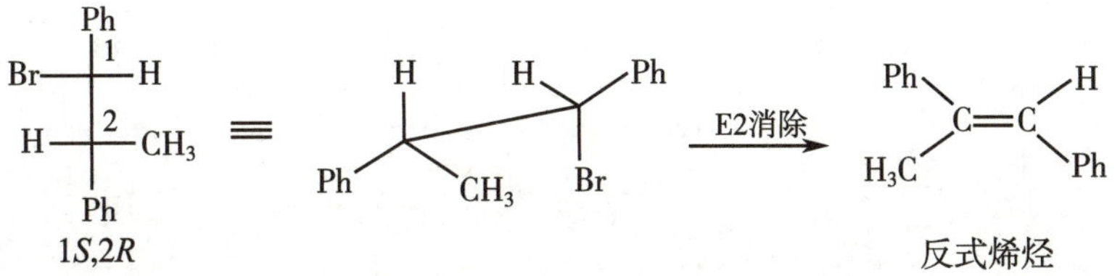

（二）单分子消除反应机理（E1 反应机理）

单分子消除反应与 S_N1 反应相似，也是分两步完成的。其第一步与 S_N1 反应完全相同，仍是在溶剂的作用下卤代烃的 C—X 键发生离解，生成碳正离子和卤负离子，这一步是反应速率控制步骤；第二步则是进攻试剂（碱）夺取 β- 氢并在 α- 碳与 β- 碳之间形成 π 键。

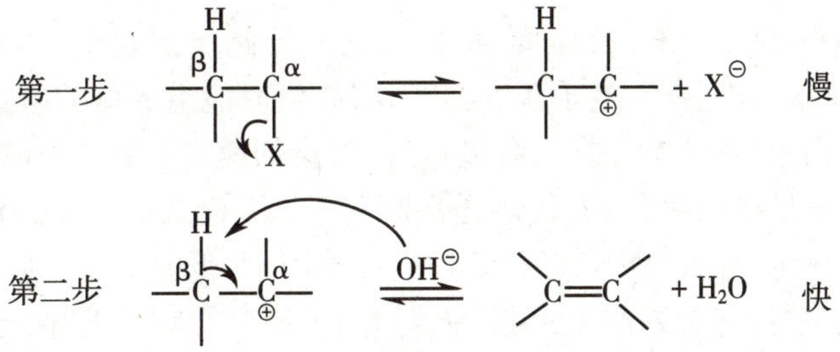

在反应的速率控制步骤只有底物的参与，而碱没有参与反应，且反应速率只与底物的浓度变化成正比，属于动力学一级反应，故称为单分子消除反应，用 E1 表示。

反应的速率控制步骤是生成碳正离子的过程。碳正离子的稳定性决定了其所需活化能的高低，亦即决定了反应速率的快慢，所以卤代烃发生 E1 反应的活泼性顺序为 3°>2°>1°。

E1 反应是一个经由碳正离子中间体完成的过程，所以与 S_N1 反应一样，也有可能生成重排产物。

二、消除反应的取向

对于仲卤代烃及叔卤代烃而言，其消除反应（E1、E2）的择向性规律是服从札依采夫规则。这可以从反应过渡态及产物的稳定性得到解释。例如，2- 溴丁烷发生消除反应是按 E2 反应机理进行的。由于分子含有 2 种 β- 氢，当碱进攻时可形成 2 种过渡态，进而生成 2 种不同的产物。

笔记栏

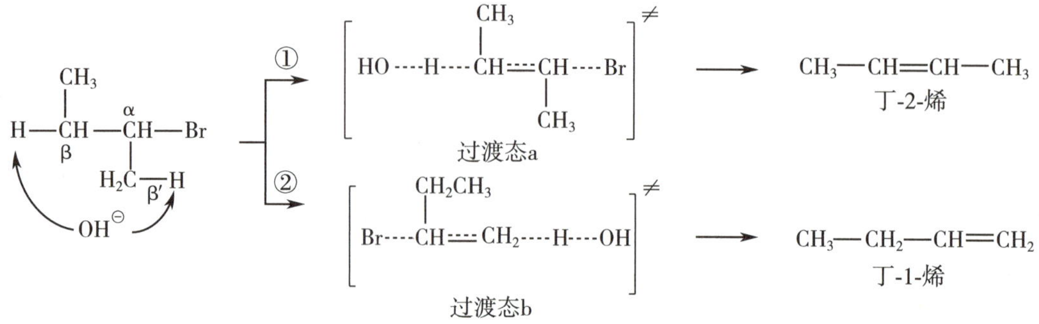

由于过渡态a中存在的超共轭效应比过渡态b显著，能量更低，因而反应①比反应②更容易进行；同理，因为丁-2-烯比丁-1-烯的超共轭效应显著，是更稳定的烯烃，也使得反应①比反应②更容易进行。

但是，消除反应的取向并非全都是服从札依采夫规则的，当反应按E2反应机理进行，卤代烃的β-位存在较大空间位阻，而碱的体积又较大时，其取向就不服从札依采夫规则。例如：

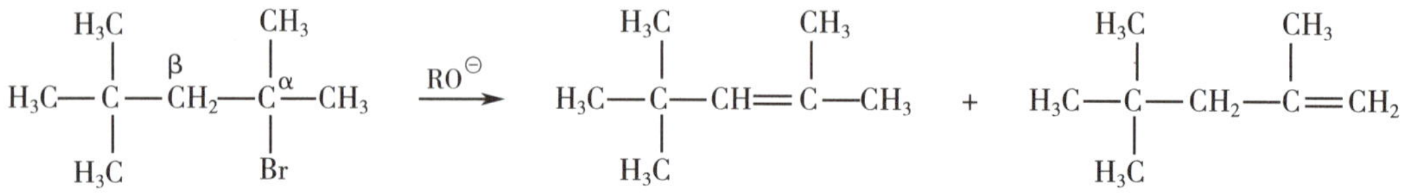

$RO^{\ominus}=C_2H_5O^{\ominus}$	14%	86%
$RO^{\ominus}=(CH_3)_3CO^{\ominus}$	2%	98%

三、影响消除反应的因素

1. 烃基结构的影响　对E1反应而言，反应速率控制步骤是C—X键离解生成碳正离子的过程，当卤代烃α-碳上有斥电子基存在时，将能生成能量更低的碳正离子，降低反应活化能，对反应有利；当α-碳的空间拥挤程度增加时，会加速C—X键的离解，也对反应有利，故当进攻试剂碱性不是很强时，叔卤代烃通常倾向于以E1反应机理发生消除。对E2反应来说，凡能通过电子效应增加产物烯烃稳定性的结构因素，都能加快反应速率，对反应有利。

2. 进攻试剂的碱性　进攻试剂的碱性强弱对E1反应影响不明显，但对E2反应影响明显，其碱性越强越有利于对β-氢的进攻，也就越有利于过渡态的形成，所以E2反应通常要求进攻试剂有足够的碱性。有时进攻试剂碱性的增强甚至能使易发生E1反应的叔卤代烃改为以E2反应方式进行反应。

3. 溶剂的影响　增加溶剂的极性，能加速C—X键的离解，因而对E1反应有利；而溶剂极性的减弱则对E2反应有利，因为E2反应的过渡态的电荷更为分散，低极性溶剂能更好地稳定其过渡态。

第六节　亲核取代反应和消除反应的竞争

卤代烃的亲核取代反应与消除反应是在相同条件下同时发生并相互竞争的，反应主要按何种方式进行取决于反应物的结构及反应条件。现分几方面分述如下：

1. 卤代烃结构　就卤代烃而言，两种反应都是由同一试剂进攻所引起的，进攻 α- 碳发生亲核取代反应，进攻 β- 氢则发生消除反应。

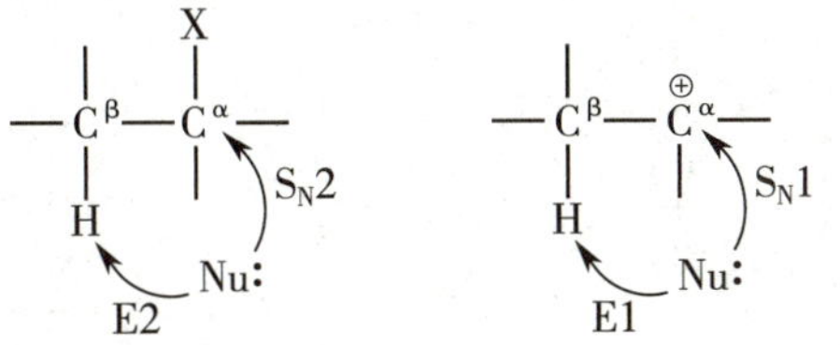

当 α- 碳或 β- 碳上支链增多时，因为空间位阻及基团间拥挤程度的增加，对亲核取代反应不利，而对消除反应相对有利。所以叔卤代烃通常更容易发生消除反应而不是亲核取代反应，直链伯卤代烃则更易进行亲核取代反应。

2. 进攻试剂　进攻试剂的亲核性强对 S_N2 反应有利，进攻试剂的碱性强则对 E2 反应有利。因此，在制备亲核取代产物时，应尽量选择亲核性强、碱性弱的试剂；而制备消除产物时则相反。

3. 溶剂　增加溶剂极性对过渡态电荷增加的单分子反应（S_N1、E1）有利，对过渡态电荷分散的双分子反应（S_N2、E2）不利，尤其是对过渡态电荷最为分散的 E2 反应更不利；而降低溶剂极性的作用则相反。因此，我们看到卤代烃在碱的水溶液中反应主要生成醇（亲核取代产物）；而在碱的醇溶液中反应主要生成烯烃（消除产物）。

4. 温度　温度升高对亲核取代反应和消除反应均有利，但对消除反应更有利。因为消除反应需要拉长 βC—H 键，形成过渡状态所需的活化能较大。

总之，影响亲核取代反应和消除反应竞争的因素较多，且因素间相互交织，错综复杂。事实上，仅根据列出的反应物及条件，并不总是能够预测某一反应的产物和反应机理，而我们常常能做到的仅仅是排除某些可能，以做出最接近事实的判断。

第七节　双键位置对卤原子活泼性的影响

卤代烯烃中卤原子的活泼性取决于双键与卤原子相对距离的不同。通常根据这种相对距离的不同，可将卤代烃分为乙烯型卤代烃、烯丙型卤代烃和孤立型卤代烃 3 类。

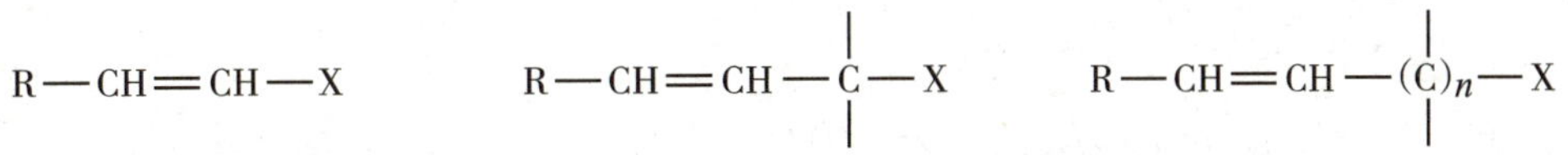

乙烯型卤代烃　　　烯丙型卤代烃　　　孤立型卤代氢（n≥2）

1. 乙烯型卤代烃　这类卤代烃分子中的卤原子性质非常不活泼，通常不发生亲核取代反应，与金属镁反应生成格氏试剂也较为困难。例如，氯乙烯即使与硝酸银的乙醇溶液一起共热数天，也无氯化银的沉淀产生；而氯乙烯与金属镁需在四氢呋喃中才能顺利生成格氏试剂，在乙醚中则不能。这是因为乙烯型卤代烃的卤原子与烯键碳原子直接相连，卤原子的一对孤对电子与 π 键构成 p-π 共轭体系，导致电子离域，内能降低，键长发生平均化，使得碳卤键除了 σ 键外还具有部分 π 键特征，增加碳卤键离解的难度，所以很不活泼。氯乙烯分子中 p-π 共轭体系如图 7-4 所示。

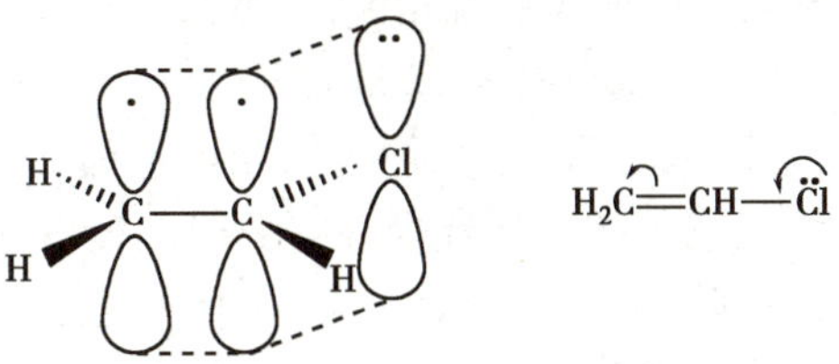

图 7-4　氯乙烯分子中 p-π 共轭示意图

卤苯类卤代芳烃结构与乙烯型卤代烃结构

相似，卤原子中的一对 p 电子与苯环也构成 p-π 共轭体系，导致其中的碳卤键之间除了 σ 键外还有部分 π 键特征，致使卤原子难以解离，所以很不活泼。氯苯分子中 p-π 共轭如图 7-5 所示。

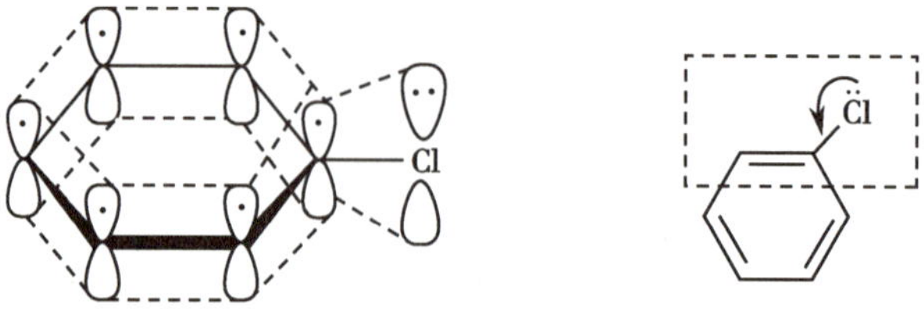

图 7-5 氯苯分子中 p-π 共轭示意图

2. 烯丙型卤代烃 这类卤代烃的特点是分子中卤原子性质非常活泼，很容易发生亲核取代反应。例如，3- 氯丙烯在室温下能立即与硝酸银的乙醇溶液反应产生氯化银沉淀，而 1- 氯丙烷在同样情况下是不可能产生氯化银沉淀的。烯丙型卤代烃的卤原子之所以非常活泼，是因为其碳卤键很容易离解而生成稳定性很高的碳正离子。这类碳正离子由于带正电荷的碳原子采取 sp^2 杂化，其空 p 轨道能与 π 键构成 p-π 共轭体系，导致正电荷得到有效分散，能量降低，稳定性增加，其稳定性甚至超过了叔碳正离子。烯丙基碳正离子的电子离域情况如图 7-6 所示。

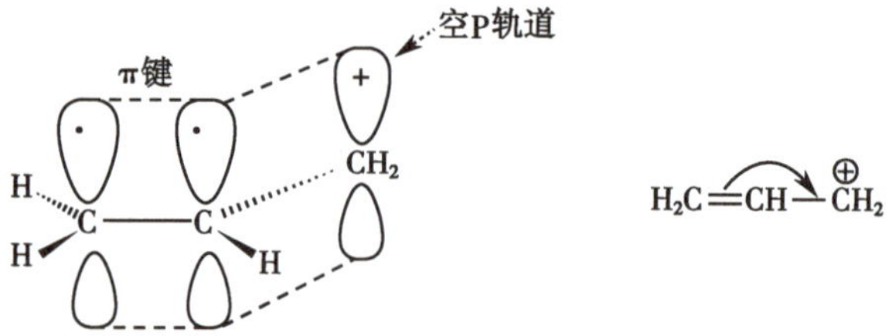

图 7-6 烯丙基碳正离子的电子离域示意图

苄基型卤代烃（如苄基氯）与烯丙型卤代烃相似，其碳卤键也因能形成稳定性很高的碳正离子而易于离解，卤原子非常活泼，容易发生亲核取代反应。苄基碳正离子的电子离域情况如图 7-7 所示。

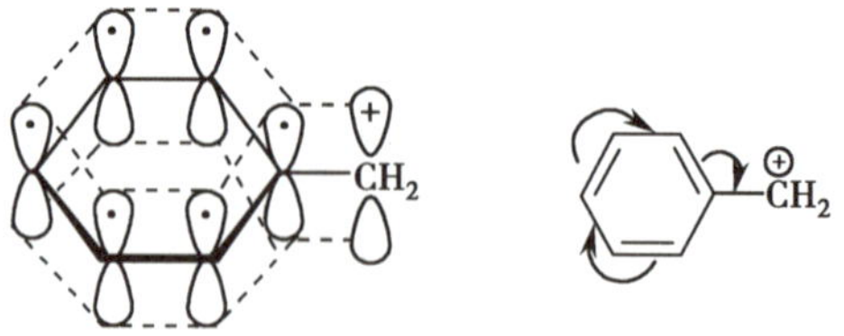

图 7-7 苄基碳正离子的电子离域示意图

3. 孤立型卤代烃 由于卤原子与烯键间距离较远，相互无明显影响，其卤原子的活泼性与相应的卤代烷相似，所以孤立型卤代烃也叫卤代烷型卤代烃。

综上所述，若按 S_N1 机理反应，不同卤代烃的活泼性顺序为烯丙型卤代烃、苄基型卤代烃 > 叔卤代烃 > 仲卤代烃 > 伯卤代烃 > 卤甲烷 > 乙烯型卤代烃、卤苯。例如，烯丙型卤代烃或苄基型卤代烃在室温时与硝酸银醇溶液反应能立即生成卤化银沉淀，伯卤代烃（碘代烷除外）在室温时一般不生成沉淀，在加热条件下可慢慢反应生成沉淀，而乙烯型卤代烃或卤苯即使加热也不生成沉淀。因此，利用卤代烃与硝酸银醇溶液反应可以鉴别不同结构的卤代烃。

除了易于以 S_N1 方式反应外，烯丙型卤代烃、苄基型卤代烃在 S_N2 反应中也具有较高的活泼性。这可能是因为过渡态 sp^2 杂化碳上的 p 轨道（这时的 p 轨道还处在与部分亲核试剂和离去基团结合的状态）与相邻 π 轨道平行重叠，从而稳定了过渡态。3-氯丙烯进行 S_N2 反应时过渡态的轨道模型如图 7-8 所示。

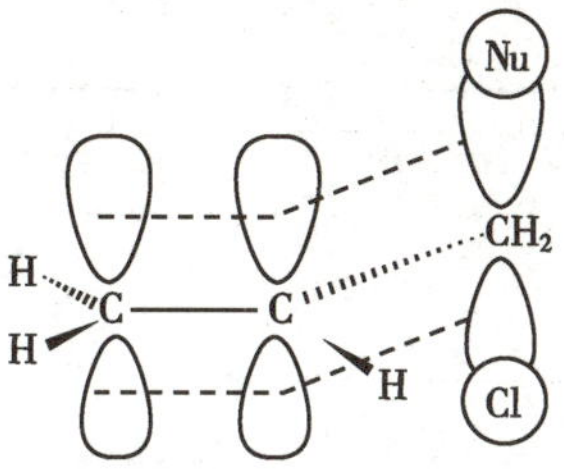

图 7-8　3-氯丙烯 S_N2 反应的过渡态

第八节　代表性化合物

1. 二氯甲烷　二氯甲烷为无色液体，凝固点 −95℃，沸点 39.7℃，有醚样气味，易挥发。二氯甲烷微溶于水，能与乙醚、乙醇等绝大多数常用的有机溶剂互溶。二氯甲烷具有溶解能力强、毒性低及不易燃的优点，是优良溶剂，常用来代替易燃的石油醚、乙醚等，在药物合成、电影胶片制造方面应用广泛。

2. 氯乙烯　氯乙烯为无色气体，沸点 −13.4℃，难溶于水，可溶于乙醇、乙醚、丙酮等，是高分子工业的重要原料，主要用于合成聚氯乙烯塑料。聚氯乙烯塑料无论是在工业上还是在日常生活中都有着广泛用途，可用于制造板材、管材、门窗、电线绝缘层、玩具、文具等。

3. 四氟乙烯　四氟乙烯常温下为无色气体，沸点 −76.3℃，不溶于水。可用于制造聚四氟乙烯及其他氟塑料、氟橡胶和全氟丙烯的单体。聚四氟乙烯是一种优良的高分子材料［商品名为“特氟隆”（teflon）］，化学性质特别稳定，耐高温，耐腐蚀、不粘、自润滑、摩擦系数很低，可在 −100~+300℃范围内使用，性能居所有塑料之首，故被称为“塑料王”。

4. 氟利昂　氟利昂是某些含氟与氯卤代烃的总称，常用缩写符号 CFC-*nm* 表示具体的化合物（*n* 为分子中所含氢原子数加 1，*m* 为分子中氟原子数），如 CFC-11（CCl_3F）、CFC-12（CCl_2F_2）、CFC-22（$CHClF_2$）等。这类卤代烃为易液化的气体，无毒、无腐蚀性、不燃烧，化学性质稳定，曾被广泛用作空调器、冰箱中的制冷剂及喷雾剂型的抛射剂。由于有些氟利昂（如 CFC-12、CFC-22 等）释放到大气中会分解产生氯原子，对地球臭氧层有巨大破坏作用，国际上已要求限期淘汰。目前，冰箱、冷柜、空调器中使用较多的是对臭氧层无破坏的所谓“环保型制冷剂”，如 R134a（$C_2H_2F_4$）、R410a（为二氟甲烷与五氟乙烷以 50%∶50% 的质量百分比混合而成）等。

虽然氢氟碳化物（HFCs）对臭氧层没有破坏作用，但由于大部分具有较高的 GWP（global warming potential，全球增温潜能值），对全球变暖影响较大，因此，寻找更加环保的制冷剂是新一代制冷剂发展的风向标。由此得到的启示是，在卤代烃应用研究中要将绿色环保理念贯穿始终。

ER-7-3

将绿色环保理念贯穿有机化学应用研究始终

5. 氯化苄　氯化苄亦称苄基氯，为无色液体，熔点 −43℃，沸点 179.4℃，不溶于水，可溶于乙醇、乙醚、氯仿等有机溶剂，具有刺激性气味并有催泪性。氯化苄性质活泼，用途广泛，

笔记栏

ER-7-4

药物碘仿的作用

是制造染料、香料、药物、合成鞣质、合成树脂等的原料。

（沈 琤 姚惠文）

学习小结

1. 学习内容

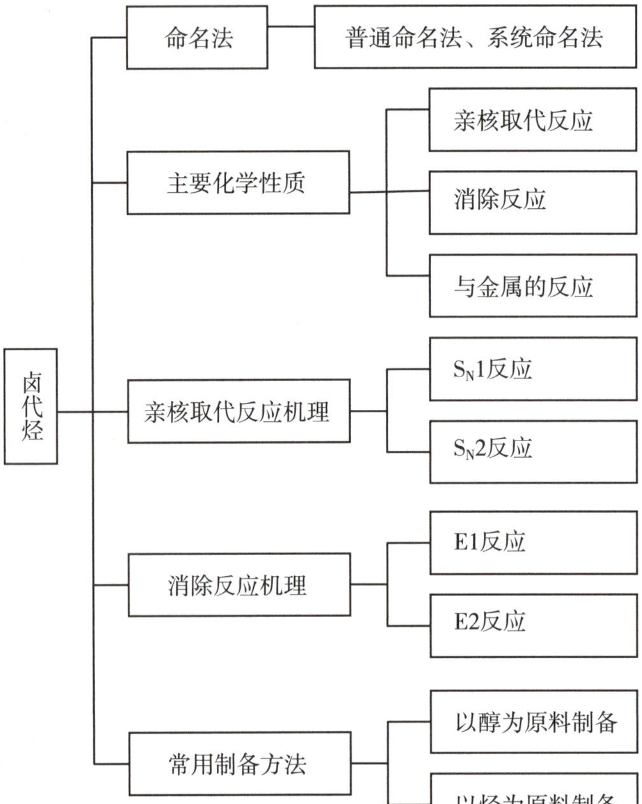

2. 学习方法　卤代烃分子中存在极性的碳卤键，对分子中邻近的原子有明显影响。在了解卤代烃结构特点的基础上，理解卤代烃的亲核取代反应、消除反应以及与金属的反应等化学性质，并掌握其用途。对 S_N1、S_N2、E1、E2 等反应机理应仔细对比，加以理解；特别需要关注烃基结构、进攻试剂的性质及反应条件等对竞争性反应的影响，熟悉其规律。

复习思考题与习题

1. 溴代新戊烷是伯卤代烷，在与乙醇反应时是发生 S_N1 反应还是 S_N2 反应？请写出溴代新戊烷与乙醇反应时生成 2- 乙氧基 -2- 甲基丁烷和 2- 甲基丁 -2- 烯的反应机理。

2. 请比较 S_N1 与 S_N2 反应机理的异同点。

3. 用化学方法鉴别下列化合物。

笔记栏

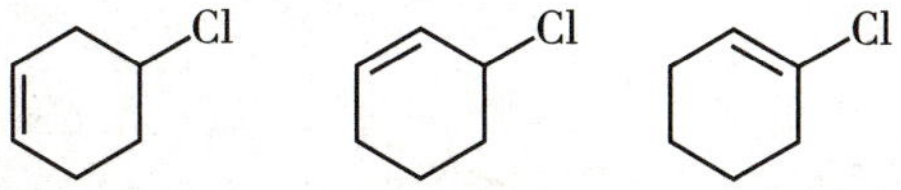

4. 制备格氏试剂为什么不能在水溶剂中进行？

5. 发生消除的主要产物是(A)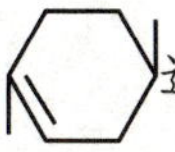还是(B)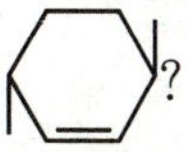？为什么？

6. 试比较 CH_3CH_2—Cl 与 CH_2═CH—Cl 分子中的 C—Cl 键长大小，并给予合理的解释。

7. 将下列各组化合物按照 S_N1 反应机理的活性大小进行排序。

(1) A. 正溴丁烷　　B. 2- 溴丁烷　　C. 2- 溴 -2- 甲基丙烷

(2) A. $(CH_3)_3CBr$　　B. 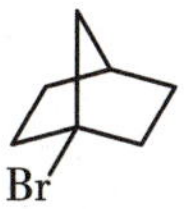　　C. 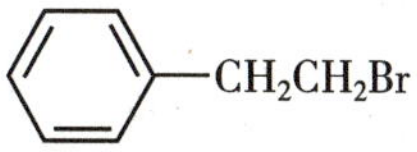

(3) A. CH_3CH_2Cl　　B. CH_3CH_2Br　　C. CH_3CH_2I

8. 将下列各组化合物按照 S_N2 反应机理的活性大小进行排序。

(1) A. CH_3CH_2Br　　B. 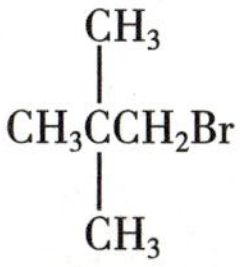　　C. 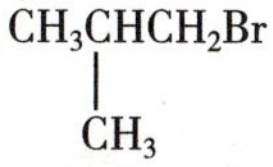

(2) A. $CH_3CHBrCH_3$　　B. CH_2═CHBr　　C. CH_2═$CHCH_2Br$

(3) A. 　　B. 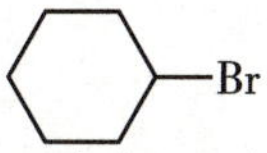　　C. 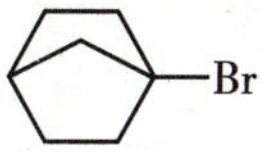

9. 将下列各组化合物按照 E1 反应机理的活性大小进行排序。

(1) A. 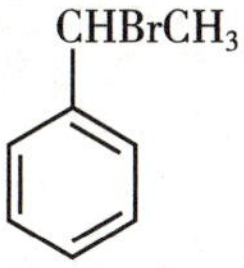　　B. 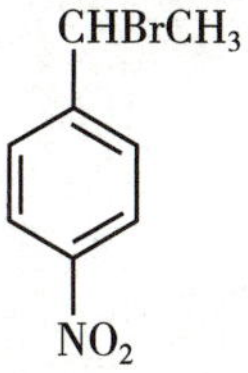　　C. 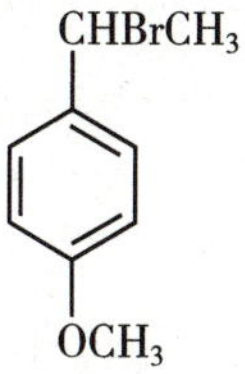

(2) A. 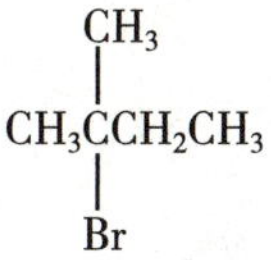　　B. 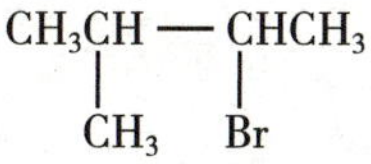　　C. 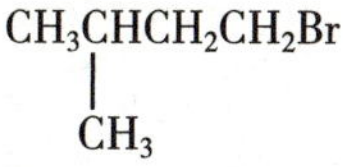

10. 将下列各组化合物按照 E2 反应机理的活性大小进行排序。

(1) A. $CH_3CH_2CH_2CH_2Br$　　B. CH_2═$CHCH_2CH_2Br$　　C. 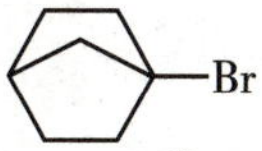

(2) A. 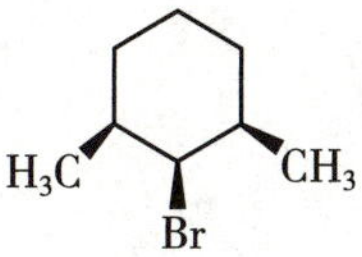　　B. 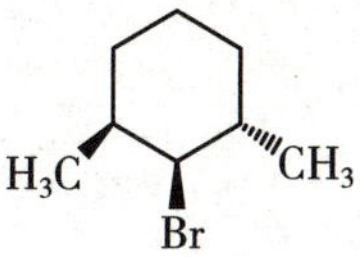　　C. 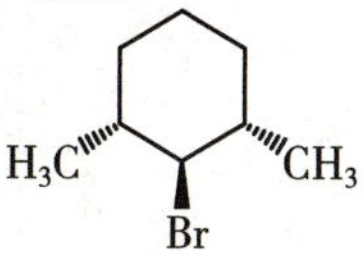

笔记栏

PPT 课件

第八章 醇、酚、醚

学习目标

醇、酚、醚不仅与生产、生活密切相关，而且广泛应用于化学工业、制药和有机合成的各个领域。

1. 掌握醇的分类、结构、主要化学性质和一般制备方法；酚的分类、结构和主要化学性质；醚的分类、结构、主要化学性质和醚的制备，环氧化合物的结构和主要化学性质。

2. 熟悉醇的亲核取代反应和消除反应的机理，片呐醇（频哪醇）重排机理，硫醇的结构和性质；克莱森重排和酚的亲电取代反应机理；醚键的断裂反应机理。

3. 了解醇、酚、醚的物理性质和代表性化合物；酚的制备；冠醚的结构和性质。

醇（alcohol）、酚（phenol）、醚（ether）都属于烃的含氧衍生物，广泛存在于自然界中，是三类具有重要作用的有机化合物，可作为溶剂、食品添加剂、香料和药物等。醇可以看作烃分子中 sp^3 杂化碳原子上的氢被羟基（—OH）取代的化合物。酚是芳环上的氢被羟基取代的化合物。通常把醇中的羟基称为醇羟基，而酚中的羟基称为酚羟基。醇和酚的通式可表示为：

R—OH　　　　Ar—OH

醇　　　　　　酚

醚是醇或酚的衍生物，可看作醇或酚羟基上的氢被烃基（—R′或—Ar′）取代的化合物。醚的通式为：

(Ar)R—O—R′(Ar′)

醚

第一节 醇

一、醇的分类和结构

（一）分类

1. 根据醇分子中羟基所连烃基的不同，可将醇分为饱和醇、不饱和醇、脂环醇及芳香醇。

CH_3CH_2OH

乙醇（饱和醇）

$CH_3CH{=}CHCH_2OH$

丁-2-烯-1-醇（不饱和醇）

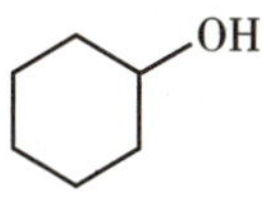

环己醇（脂环醇）

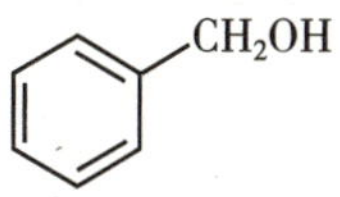

苯甲醇（芳香醇）

2. 根据羟基所连碳原子的种类不同，又可将醇分为伯醇（primary alcohol）、仲醇（secondary alcohol）和叔醇（tertiary alcohol）。

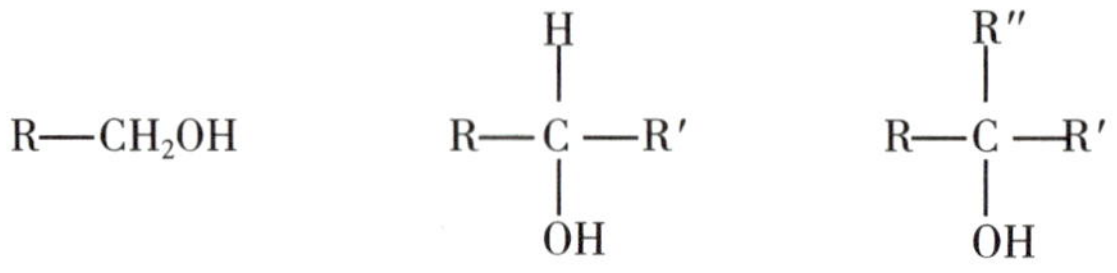

伯醇（1°醇）　仲醇（2°醇）　叔醇（3°醇）

3. 根据所含羟基的数目，醇还可分为一元醇、二元醇、三元醇等，而含2个以上羟基的醇又称为多元醇（polyhydric alcohol）。例如：

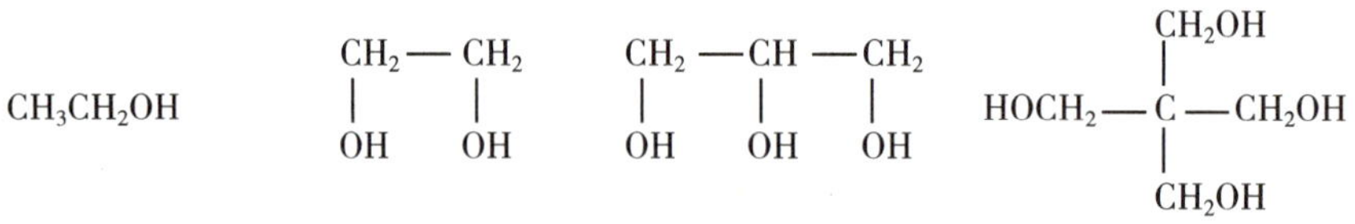

乙醇（一元醇）　乙二醇（二元醇）　丙三醇（多元醇）　季戊四醇（多元醇）

多元醇的羟基一般分别与不同的碳原子相连，同一个碳原子上连有2个或3个羟基的多元醇是不稳定的，易自动脱水成醛、酮或羧酸。

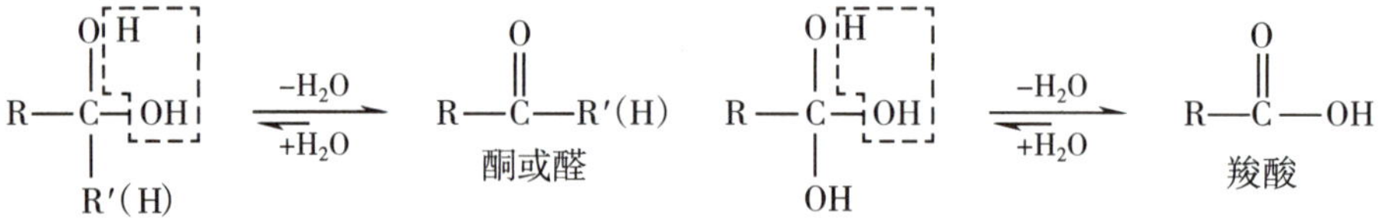

（二）结构

醇的结构特点是羟基直接与饱和碳原子相连，醇羟基中的氧原子为不等性 sp^3 杂化，2对未共用电子对分别位于2个 sp^3 杂化轨道中，其余2个 sp^3 杂化轨道分别与碳原子以及氢原子形成C—O和O—H σ键。见图8-1。

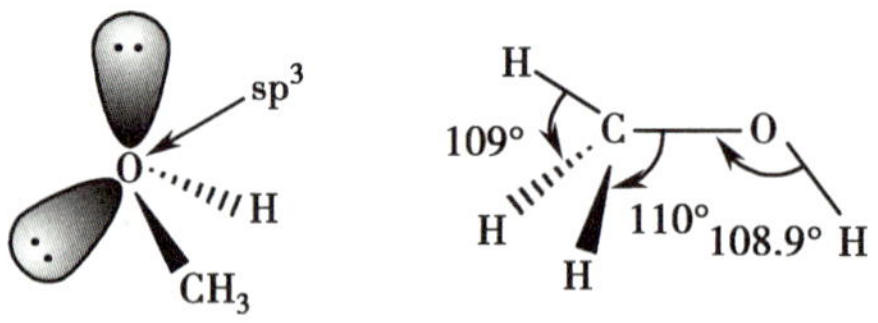

图8-1　甲醇的分子结构示意图

由于氧原子的电负性强于碳原子和氢原子，醇分子中的C—O键和O—H键的电子云均偏向于氧原子，为极性共价键，因此醇为极性分子。甲醇的偶极矩为 5.01×10^{-30} C·m。

羟基连在双键碳原子上的醇称为烯醇（enol）。一般情况下，烯醇不稳定，单独存在的概率较小，容易变成比较稳定的醛或酮。

烯醇　酮或醛

二、醇的物理性质

C_1~C_5 的低级饱和一元醇为易挥发的无色液体，C_6~C_{11} 的醇为黏稠液体，一般具有特殊气味；12个碳原子以上的高级醇为蜡状固体，多数无臭无味。

笔记栏

醇的沸点，比与其分子量相近的烷烃及卤代烃高得多。例如甲醇的沸点比甲烷高229℃，乙醇的沸点比乙烷高167℃。其原因在于液态醇分子中的羟基之间可以通过氢键缔合起来，见图8-2a。要使缔合形成的液态醇气化为单个气体分子，除要克服分子间的范德华力外，还需要提供更多的能量去破坏氢键（氢键键能约为25kJ/mol）。随着醇的分子量增大，烃基增大，阻碍了氢键的形成，醇分子间的氢键缔合程度减弱，因而沸点也与相应烃的沸点越来越接近。例如，正十二醇与正十二烷的沸点仅差25℃。

醇的沸点随分子量的增加而呈规律性的升高。对于直链饱和一元醇来说，每增加一个—CH_2系差，沸点约升高18~20℃。碳原子数相同的醇，含支链愈多者沸点愈低。多元醇的沸点随着羟基数目的增多而升高。

醇分子与水分子之间也可形成氢键，见图8-2b。因此，醇在水中的溶解度比烃类大得多。低级醇如甲醇、乙醇、丙醇等能与水以任意比例互溶。随着醇分子中烃基部分增大，醇分子中亲水的部分（羟基）所占的比例减小，并且醇分子与水分子间形成氢键的能力也降低，醇在水中的溶解度也随之降低（如正己醇25℃时在水中的溶解度为0.6g/100ml）。多元醇分子中，羟基数目较多，与水形成氢键的部位增多，故在水中的溶解度更大。例如丙三醇（俗称甘油），可与水以任何比例溶解。低浓度丙三醇溶液可作为润滑油对皮肤进行滋润，加之其对无机盐及一些药物的盐有较好的溶解性能，使得甘油在药物制剂及化妆品工业中得到广泛的应用。

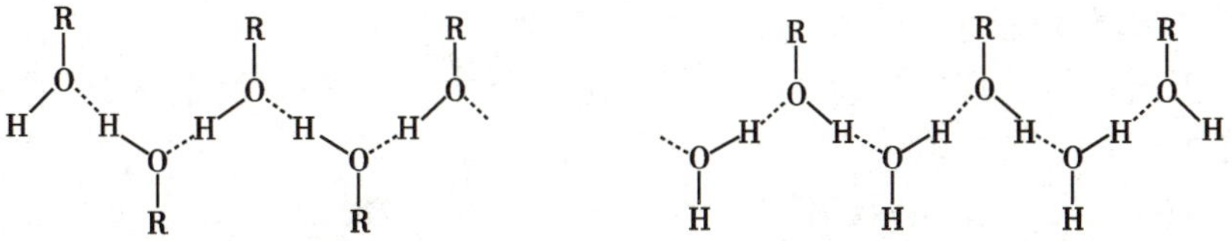

a 醇分子间通过氢键的缔合　　b 醇分子与水分子通过氢键的缔合

图8-2　醇分子的氢键缔合

一些常见醇的物理常数见表8-1。

表8-1　一些常见醇的物理常数

化合物	熔点/℃	沸点/℃	溶解度(25℃)/(g/100ml 水)
甲醇	-97.9	65.0	∞
乙醇	-114.7	78.5	∞
丙醇	-126.5	97.4	∞
丙-2-醇(异丙醇)	-88.5	82.4	∞
丁醇	-89.5	117.3	7.9
2-甲基丙-1-醇(异丁醇)	-108	108	10.0
丁-2-醇(仲丁醇)	-114.7	99.5	12.5
2-甲基丙-2-醇(叔丁醇)	25.5	82. 2	∞
戊醇	-79	138	2.2
己醇	-52	156	0.6
环己醇	25.2	161.1	3.8

低级醇能与氯化钙、氯化镁等无机盐形成结晶配合物，而它们可溶于水而不溶于有机溶

笔记栏

剂。例如：

$$CaCl_2 \cdot 4CH_3OH \qquad MgCl_2 \cdot 6CH_3OH$$
$$CaCl_2 \cdot 4C_2H_5OH \qquad MgCl_2 \cdot 6C_2H_5OH$$

因此，醇类化合物不能用氯化镁、氯化钙作干燥剂来除去其中的水分。

三、醇的化学性质

醇的化学性质主要由羟基（—OH）决定。氧的电负性比较大，与氧相连的 C—O 键和 O—H 键有极性，可以发生断裂。O—H 键断裂主要表现出醇的酸性及成酯反应；C—O 键断裂主要发生亲核取代反应和消除反应；羟基氧原子上的孤对电子能接受质子，具有一定的碱性和亲核性。由于羟基是吸电子基团，醇的 α 碳原子上的氢原子（称为 α 氢原子）也表现出一定的活性，可以发生氧化和脱氢反应。

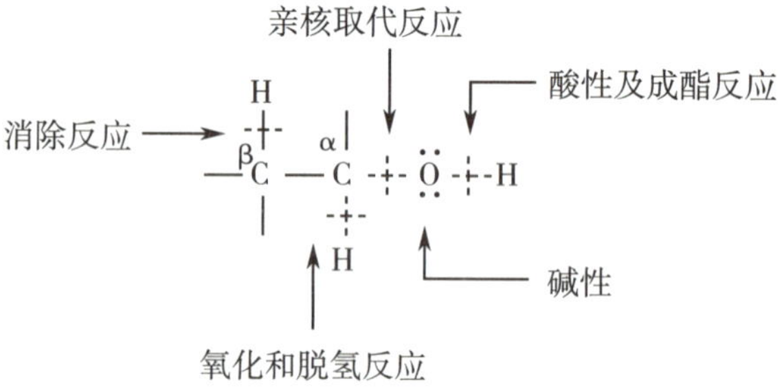

（一）氢氧键断裂的反应

1. 酸性及与活泼金属的反应　醇具有一定的酸性，可以与活泼金属钾、钠反应生成醇盐并放出氢气。

$$R—O—H + Na \longrightarrow R—ONa + 1/2H_2\uparrow$$
$$R—O—H + K \longrightarrow R—OK + 1/2H_2\uparrow$$

虽然醇与水都可与活泼金属反应，但是醇羟基与斥电子的烃基相连，烃基的斥电子（+I）诱导效应使羟基中氧原子上的电子云密度增加，减弱了氧吸引氢氧间电子对的能力，因此醇的酸性（p*K*a 16~18）比水的酸性（p*K*a 15.7）弱，生成的共轭碱的碱性比 NaOH 还强。

$$\underset{\text{水}}{H—O:H} \qquad \underset{\text{醇}}{R \rightarrow O:H}$$

随着醇的 α- 碳原子上的烷基取代基的增多，与羟基相连的烷基的斥电子能力增强，醇的酸性减弱（p*K*a 增大）。不同类型的醇的酸性大小次序为甲醇 > 伯醇 > 仲醇 > 叔醇，其共轭碱的碱性大小次序为叔醇钠 > 仲醇钠 > 伯醇钠 > 甲醇钠。

醇与活泼金属反应生成的醇盐只能在醇溶液中保存，一旦遇到水会立即与水反应游离出醇。

$$R—ONa + H_2O \longrightarrow R—O—H + NaOH$$

醇除了与碱金属反应外，还可以与其他活泼金属如镁、铝反应，生成醇镁和醇铝。其中，异丙醇铝和叔丁醇铝在有机合成中有重要用途。

$$(CH_3)_2CHOH + Al \longrightarrow [(CH_3)_2CHO]_3Al + H_2\uparrow$$

2. 与无机含氧酸的反应　醇可与硝酸、亚硝酸、硫酸和磷酸等无机含氧酸作用，脱去一分子水生成无机酸酯。例如：

$$CH_3\underset{|}{\overset{CH_3}{C}}HCH_2CH_2OH + HONO \longrightarrow \underset{\text{亚硝酸异戊酯}}{CH_3\overset{CH_3}{C}HCH_2CH_2ONO} + H_2O$$

甘油（glycerol）含有 3 个羟基，可与三分子硝酸发生反应。

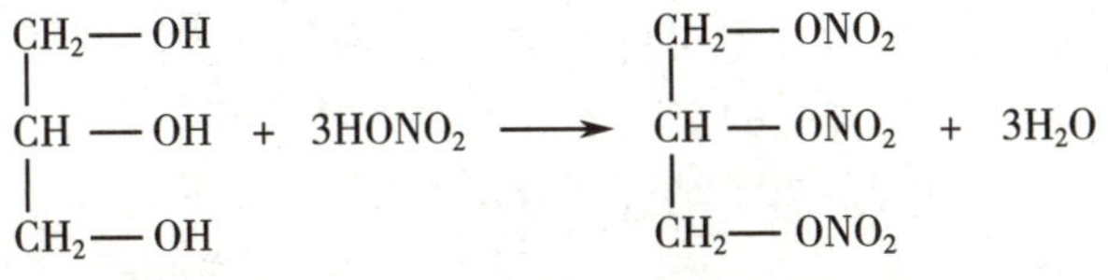

三硝酸甘油酯

亚硝酸异戊酯和三硝酸甘油酯（又称硝化甘油）在临床上用作扩张血管及治疗心绞痛的药物。三硝酸甘油酯遇到震动还会发生猛烈爆炸，通常将它与一些惰性材料混合以提高其使用安全性，这就是诺贝尔发明的硝化甘油炸药。诺贝尔毕生致力于科学发明的实用普及，为人类进步作出巨大贡献，而且还在身后留下遗嘱，将全部财产捐献出来成立举世闻名的诺贝尔奖，这种精神值得每个人去学习。

炸药大王——诺贝尔

醇不仅能与无机酸作用生成无机酸酯，也能与有机羧酸作用生成羧酸酯（见第十章相关内容）。

（二）碳氧键断裂的反应

醇分子中的 C—O 键是极性共价键，在亲核试剂作用下发生与卤代烃类似的亲核取代反应。

1. 卤化　醇与氢卤酸发生亲核取代反应，生成卤代烷和水。该反应可看作卤代烃水解反应的逆反应。

$$R-OH+HX \rightleftharpoons R-X+H_2O$$

由于羟基不是一种良好的离去基团，因此反应需用酸催化，使醇羟基先质子化后，再以水分子的形式离去。反应活性与醇的结构及氢卤酸的种类有关。对于同一种醇来说，氢卤酸的活性次序为 HI>HBr>HCl，这是因为卤素负离子的亲核能力是 $I^->Br^->Cl^-$。而对于相同的氢卤酸，醇的活性次序为烯丙型或苄基型醇 > 叔醇 > 仲醇 > 伯醇。例如：叔丁醇与浓盐酸在室温下即可发生反应，而正丁醇则需在路易斯酸无水 $ZnCl_2$ 催化、加热条件下才可反应。

$$(CH_3)_3C-OH+HCl(浓)\xrightarrow{室温}(CH_3)_3C-Cl+H_2O$$

$$CH_3CH_2CH_2CH_2OH+HCl(浓)\xrightarrow[\triangle]{ZnCl_2}CH_3CH_2CH_2CH_2Cl+H_2O$$

用浓盐酸和无水氯化锌配制成的试剂称为卢卡斯（Lucas）试剂。该试剂与叔醇立即反应，生成的卤代烃在反应体系中不溶解，因此反应液立即变混浊；与仲醇反应需几分钟；而与伯醇反应时，必须加热。利用上述反应速率的不同，可用来鉴别 6 个碳以下的低级醇。

叔醇、仲醇、伯醇 $\xrightarrow[室温]{36\%HCl/ZnCl_2}$

- 叔醇：立即混浊
- 仲醇：数分钟后混浊
- 伯醇：不出现混浊，加热后混浊

醇与氢卤酸的反应是酸催化下的亲核取代反应，根据醇的结构可按 S_N1 或 S_N2 反应机理进行。大多数的伯醇与氢卤酸反应是按 S_N2 反应机理进行。

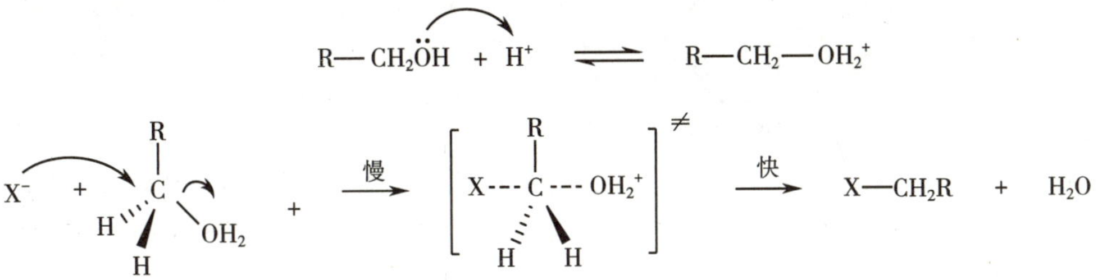

笔记栏

烯丙型醇、苄基型醇、叔醇、大多数仲醇及β-碳含有较多支链的伯醇与氢卤酸反应易按 S_N1 反应机理进行，即第一步是酸中的氢离子和醇中的氧原子结合生成𬭩盐，再离解成水和碳正离子，然后碳正离子与卤素负离子结合形成卤代烷。

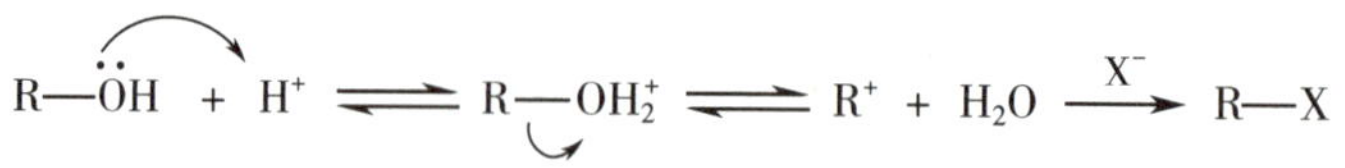

由于 S_N1 反应过程中有碳正离子生成，因此醇与氢卤酸按 S_N1 反应时，可能有重排产物生成。

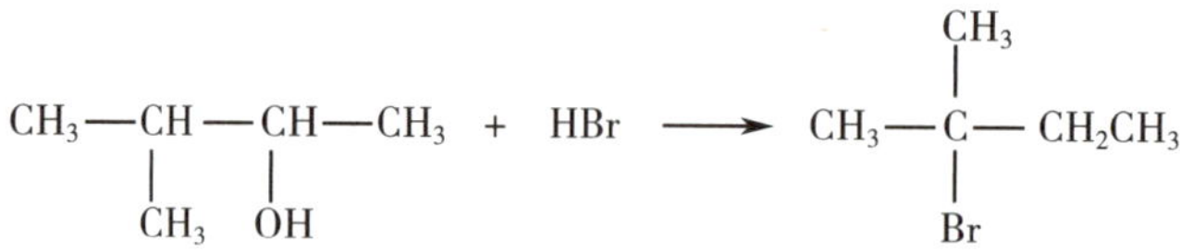
重排产物

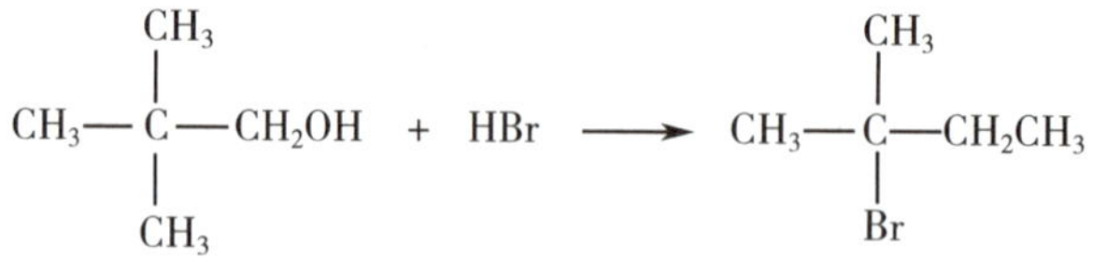
重排产物

为了避免重排反应的发生，常使用卤化磷（PX_3 或 PX_5）或氯化亚砜（$SOCl_2$，又称亚硫酰氯，thionyl chloride）作为醇的卤代试剂。它们与醇作用的方式不同于氢卤酸，不形成碳正离子，因此引起重排的机会较少。

$$3ROH + PX_3 \longrightarrow 3RX + H_3PO_3\ (X=Br, I)$$

$$ROH + SOCl_2 \xrightarrow[\triangle]{\text{乙醚}} RCl + SO_2\uparrow + HCl\uparrow$$

醇与氯化亚砜反应时，产物中除氯代烷外，副产物 SO_2 和 HCl 均为气体，易离去，故反应不可逆，收率高，产物较纯，但氯化亚砜较贵，腐蚀性也强。此外，反应的立体化学特征与反应条件有关，当与羟基相连的碳原子有手性时，在醚等非极性溶剂中反应，得到构型保持的产物；如果采用吡啶作为溶剂，则得到构型转化的产物。例如：

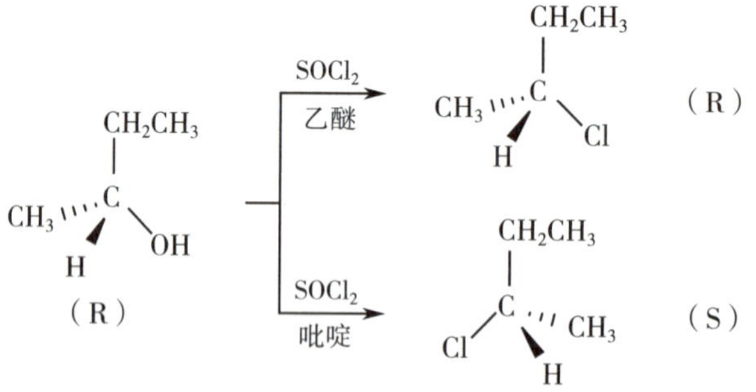

2. 脱水反应　醇在脱水剂硫酸或氧化铝等存在下加热可发生脱水反应。受醇的结构及反应条件影响，醇有 2 种脱水方式——分子内脱水和分子间脱水。

（1）分子内脱水生成烯烃：例如将乙醇与浓 H_2SO_4 一起加热到 170℃，乙醇发生分子内脱水生成乙烯。例如：

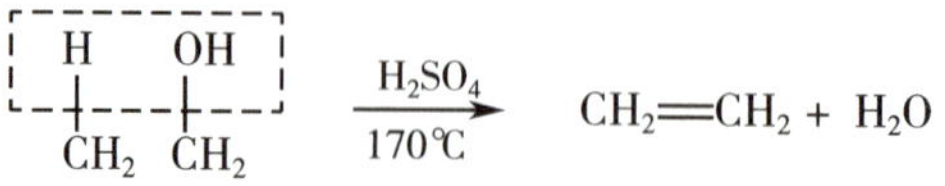

该反应属于消除反应，符合 E1 反应机理，即在酸的存在下，羟基发生质子化，质子化后使碳氧键极性增加，更易断裂，失去水而形成碳正离子中间体，然后再消除β-H 生成烯烃。

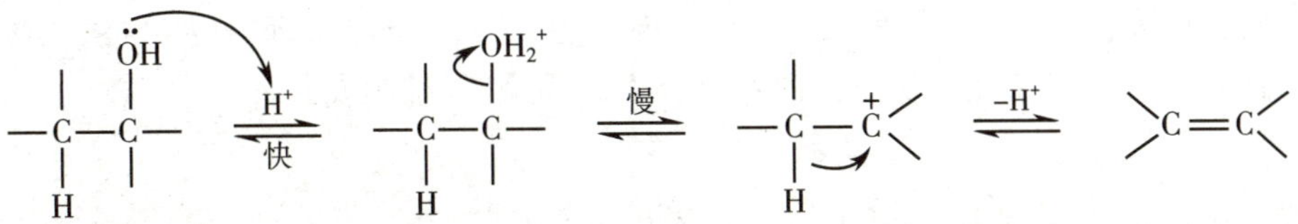

脱水的难易程度取决于中间体碳正离子的稳定性。由于碳正离子的稳定性顺序是叔碳正离子 > 仲碳正离子 > 伯碳正离子，所以醇的脱水活性顺序是叔醇 > 仲醇 > 伯醇。例如：

$$CH_3CH_2OH \xrightarrow[170℃]{H_2SO_4} CH_2{=\!=}CH_2 + H_2O$$

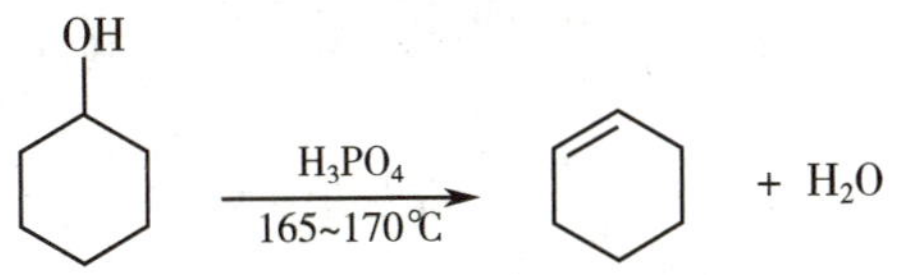

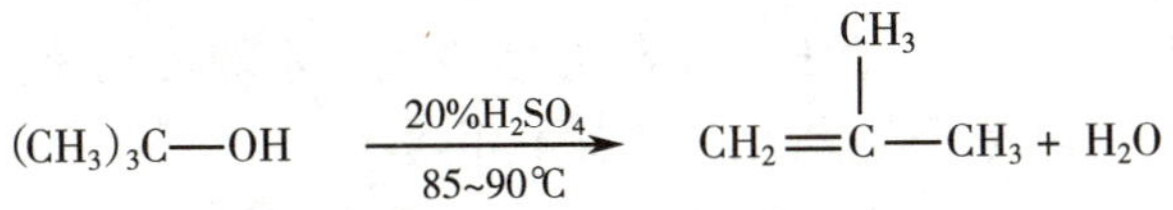

当醇分子中有多个 β-H 可供消除时，遵循札依采夫规则，生成双键上连有取代基最多的烯烃（与卤代烷脱卤化氢类似）。例如：

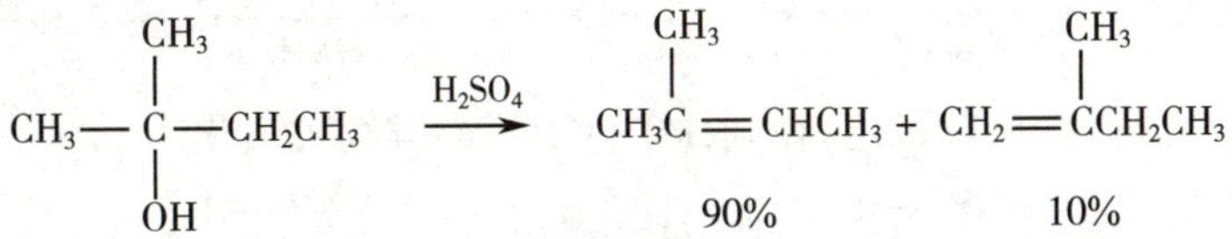

烯丙型及苄型醇分子内脱水以形成稳定共轭体系的烯烃为主产物。例如：

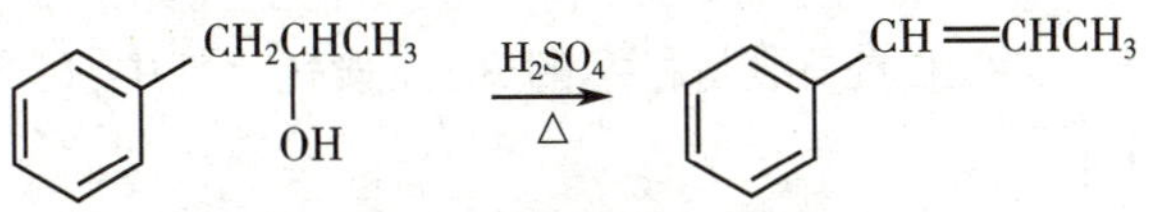

当主要产物有顺反异构体时，常以反式异构体为主（烯烃的稳定性是反式 > 顺式）。例如：

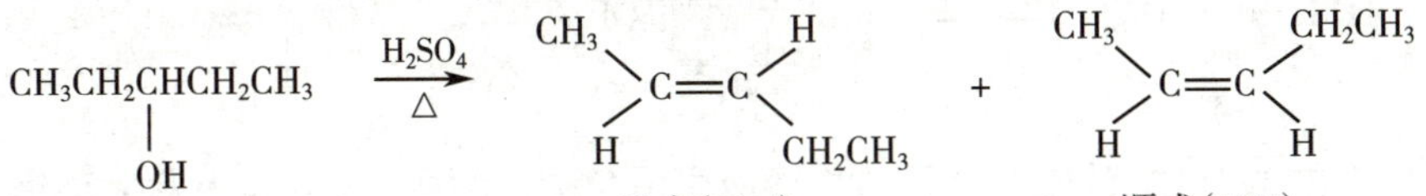

反式(75%)　　　　顺式(25%)

由于脱水反应的中间体是碳正离子，其可能发生重排后再消除 β-H 生成烯烃。例如 3,3- 二甲基丁 -2- 醇脱水的主要产物是 2,3- 二甲基丁 -2- 烯。

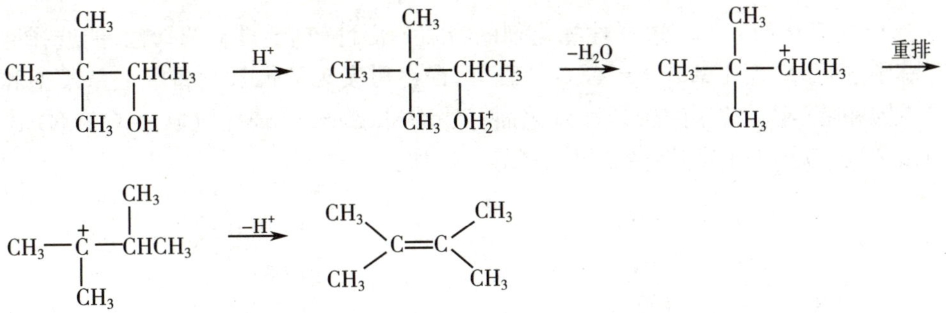

(2) 分子间脱水生成醚：两分子醇也可以发生分子间的脱水而生成醚。例如：

$$CH_3CH_2{-}OH + HO{-}CH_2CH_3 \xrightarrow[140℃]{H_2SO_4} CH_3CH_2OCH_2CH_3 + H_2O$$

此反应实际上是一种亲核取代反应。一般伯醇按 S_N2 反应机理，仲醇按 S_N1 或 S_N2 反应机理，而叔醇在一般情况下易发生消除反应生成烯烃，很难形成醚。

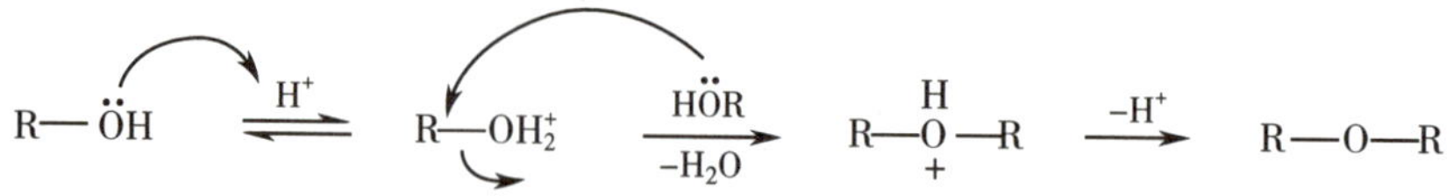

醇的消除和成醚反应都是在酸的存在下进行。成醚和消除反应是并存和相互竞争的，反应方向与醇的结构和反应条件有关。伯醇易发生成醚反应，而叔醇易发生消除反应；较低的温度有利于成醚反应，而高温条件有利于消除反应生成烯烃。

$$CH_3CH_2OH \xrightarrow[170℃]{H_2SO_4} CH_2{=}CH_2 + H_2O$$

$$2CH_3CH_2OH \xrightarrow[140℃]{H_2SO_4} CH_3CH_2OCH_2CH_3 + H_2O$$

(三) 氧化和脱氢反应

醇分子中的 α-H 由于受到—OH 的影响，也表现出一定的活性，使醇可以被多种氧化剂氧化。醇的结构不同、氧化剂不同，氧化产物各不相同。

1. 强氧化剂氧化　用 $K_2Cr_2O_7(Na_2Cr_2O_7)$ 或 $KMnO_4$ 作为氧化剂，伯醇首先被氧化成醛，再进一步被氧化为羧酸。

$$R—CH_2OH \xrightarrow[\text{或}KMnO_4]{K_2Cr_2O_7/H_2SO_4} [R—CHO] \xrightarrow[\text{或}KMnO_4]{K_2Cr_2O_7/H_2SO_4} R—COOH$$

仲醇氧化生成酮。酮比较稳定，在同样条件下不易继续被氧化。

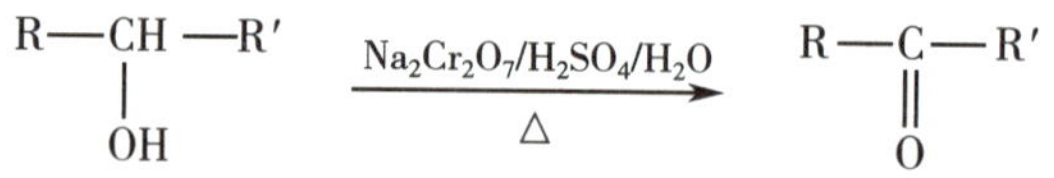

叔醇由于没有 α-H，对氧化剂一般是稳定的，但在强氧化剂中，可先脱水成烯，然后烯烃再发生氧化反应。例如：

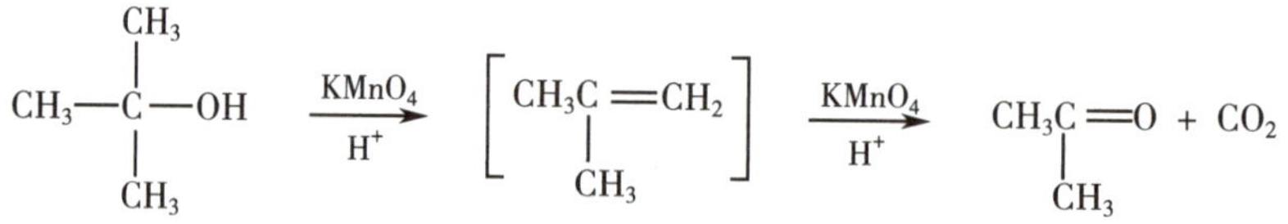

伯醇和仲醇被酸性重铬酸钾氧化时，溶液由橙色变为绿色，故可利用发生氧化反应的难易程度及氧化产物的不同来区分伯醇、仲醇、叔醇。酒后驾车严重危害交通安全，害人害己害社会，理应坚决杜绝。交通警察快速检查驾驶员是否酒后驾车的酒精分析仪，就是利用醇的氧化反应原理。

2. 选择性氧化剂氧化　选择性氧化剂的特点是活性较低，具有选择性，能选择性氧化不饱和醇中的羟基，而不氧化 C═C、C≡C 等，最终可实现从伯醇制备醛或从不饱和醇制备相应不饱和醛、酮。常用的选择性氧化剂有沙瑞特(Sarrett)试剂[$CrO_3/(C_5H_5N)_2$]、琼斯(Jones)试剂(CrO_3/H_2SO_4)和活性二氧化锰等。例如：

$$\underset{\text{烯丙醇}}{CH_2{=}CHCH_2OH} \xrightarrow[CH_2Cl_2]{CrO_3\cdot(Py)_2} \underset{\text{丙烯醛}}{CH_2{=}CHCHO}$$

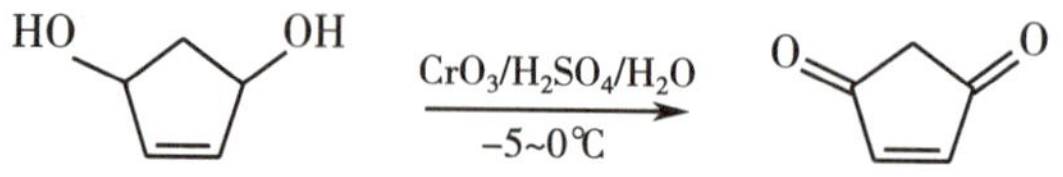

斯文(Swern)氧化也可将二级醇氧化成酮，一级醇氧化成醛。这个反应的副产物是易挥发的，很容易从有机产物中分离出来；该反应提供了氧化醇的另一个有用选择，避免了用对环境有害的铬酸试剂作氧化剂。倡导绿色化学理念是保护环境的有效措施。

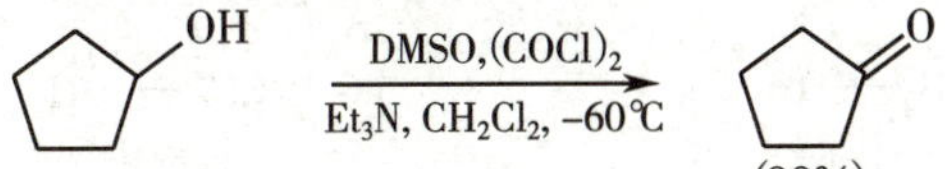

(90%)

$$CH_3(CH_2)_8CH_2OH \xrightarrow[Et_3N,\ CH_2Cl_2,\ -60℃]{DMSO,\ (COCl)_2} \underset{(85\%)}{CH_3(CH_2)_8CHO}$$

3. 欧芬脑尔氧化　在异丙醇铝或叔丁醇铝存在下，仲醇和丙酮一起反应，仲醇被氧化成酮，丙酮被还原成异丙醇的反应称为欧芬脑尔(Oppenauer)氧化。

$$R-\underset{OH}{\underset{|}{CH}}-R' + CH_3-\underset{O}{\underset{\|}{C}}-CH_3 \xrightarrow[\text{或}[(CH_3)_3CO]_3Al]{[(CH_3)_2CHO]_3Al} R-\underset{O}{\underset{\|}{C}}-R' + CH_3-\underset{OH}{\underset{|}{CH}}-CH_3$$

此反应只把仲醇上的2个氢原子转移给丙酮，而醇分子中其他的官能团不受影响，是制备不饱和酮的好方法。例如：

$$CH_3\underset{OH}{\underset{|}{C}}HCH_2CH_2CH{=}\underset{CH_3}{\underset{|}{C}}CH{=}CH_2 + CH_3\underset{O}{\underset{\|}{C}}CH_3 \xrightarrow[\text{苯}]{[(CH_3)_2CHO]_3Al} CH_3\underset{O}{\underset{\|}{C}}CH_2CH_2CH{=}\underset{CH_3}{\underset{|}{C}}CH{=}CH_2$$

4. 脱氢反应　伯醇或仲醇的蒸气在高温下通过催化剂(如活性铜、银、镍等)可发生脱氢反应，分别生成醛或酮。

$$CH_3CH_2OH \underset{250\sim350℃}{\overset{Cu}{\rightleftharpoons}} CH_3CHO + H_2$$

$$CH_3\underset{OH}{\underset{|}{C}}HCH_3 \underset{500℃,\ 0.3MPa}{\overset{Cu}{\rightleftharpoons}} CH_3\underset{O}{\underset{\|}{C}}CH_3 + H_2$$

醇的脱氢反应脱去的2个氢原子，一个是羟基氢，另一个是α-氢。叔醇分子中无α-H存在，因此不能发生脱氢反应。

脱氢反应是可逆的，为了使反应向生成物方向进行，往往通入一些空气，将脱下的氢转化成水。脱氢反应的优点是产品较纯，但由于需要专门的设备和苛刻的反应条件，主要适用于工业生产。

在有机反应中，通常把分子中脱去氢原子或引进氧原子看作氧化反应；反之，引进氢原子或脱去氧原子看作还原反应。醇的脱氢反应也常见于人体的代谢过程中，而与体外反应的差别在于，它一般是在脱氢酶的催化下进行的。如人饮酒后，摄入的乙醇在肝内被乙醇脱氢酶氧化成乙醛，乙醛可被乙醛脱氢酶进一步氧化成乙酸，乙酸又形成乙酰辅酶A而进入三羧酸循环，最后生成二氧化碳和水，并释放能量生成ATP。但如果饮酒过量，导致摄入乙醇的速率远大于其被氧化的速率，则乙醇会在血液中潴留，进而会导致酒精中毒。

(四) 邻二醇的特性

多元醇的化学性质大多与饱和一元醇类似，能够发生一元醇的所有反应。但由于多元醇所含的羟基比一元醇多，因此具有某些特殊的性质。如二元醇分子中，2个羟基相对位置较远的二元醇，其化学性质与一元醇相似；而2个羟基连在相邻的2个碳原子上的邻二醇，除具有一元醇的一般性质外，还具有一些特殊的化学性质。

1. 与氢氧化铜的反应　邻二醇可与氢氧化铜反应，使氢氧化铜沉淀溶解，成为绛蓝色

笔记栏

溶液。例如：

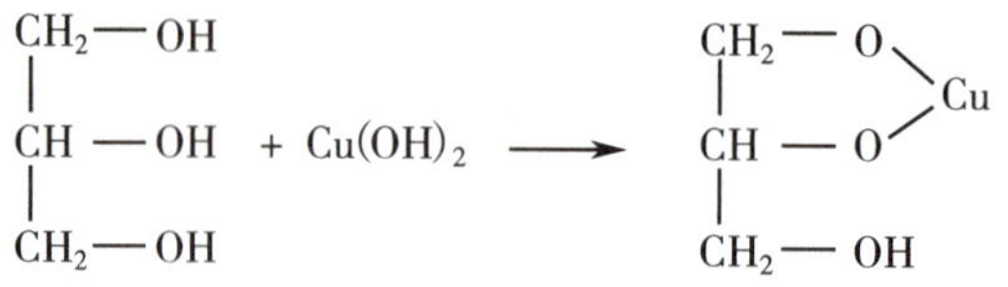

甘油　　　　　　甘油铜

此反应是邻二醇类化合物的特有反应，一元醇和非邻二醇结构的醇类无此反应，因此可以用于鉴别邻二醇类化合物。

2. 被高碘酸或四乙酸铅氧化　邻二醇用高碘酸或四乙酸铅氧化，可以断裂 2 个羟基之间的碳碳单键，生成两分子羰基化合物。

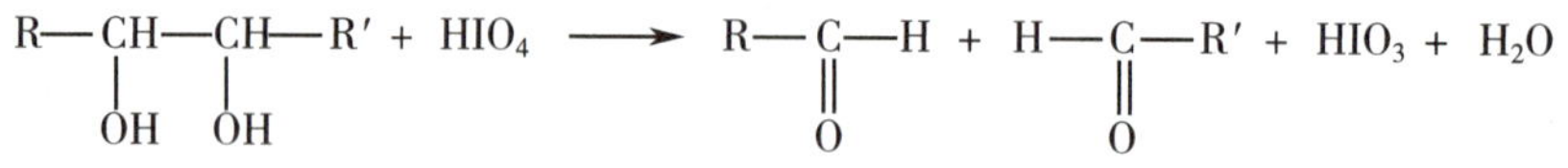

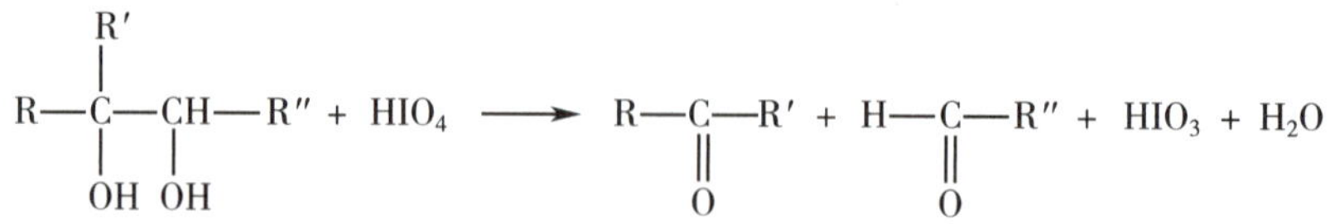

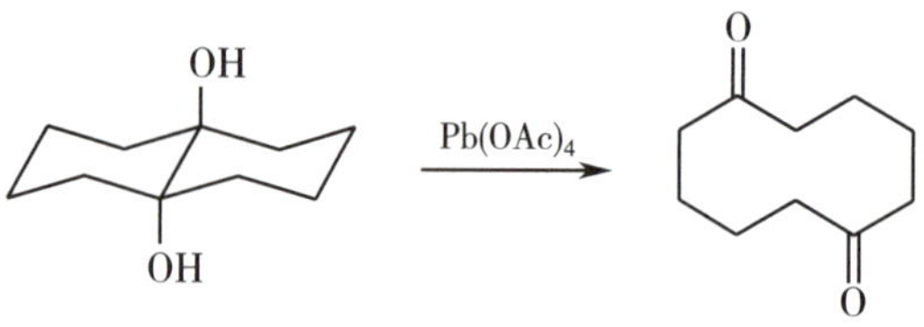

高碘酸氧化邻二醇的反应是定量进行的，每断裂 1 个 C—C 键需要一分子 HIO_4，故可根据消耗 HIO_4 的物质的量及产生的醛或酮的结构推测邻二醇的结构。例如：

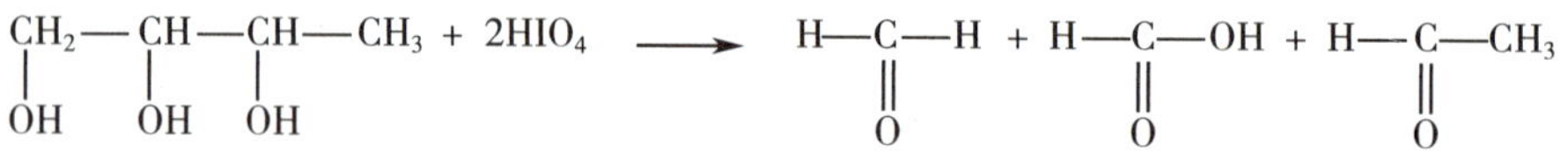

3. 片呐醇重排　化合物 2,3- 二甲基丁 -2,3- 二醇俗称片呐醇（pinacol），又称频哪醇。片呐醇在酸性试剂（如硫酸）作用下脱去一分子水生成碳正离子后，碳架会发生重排，生成的化合物称为片呐酮（pinacolone），这类反应称为片呐醇重排。例如：

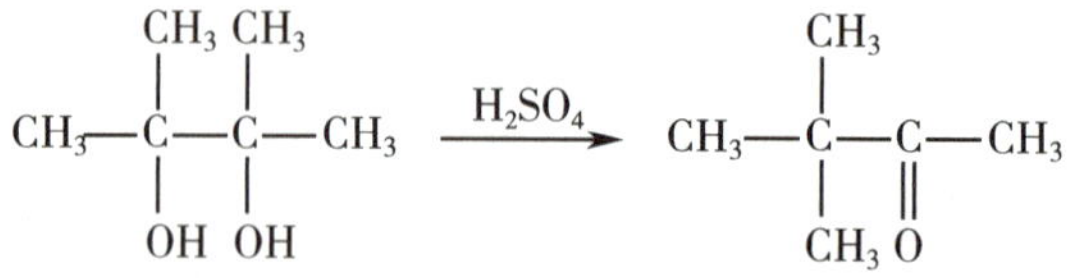

片呐醇　　　　　　片呐酮

反应机理为：

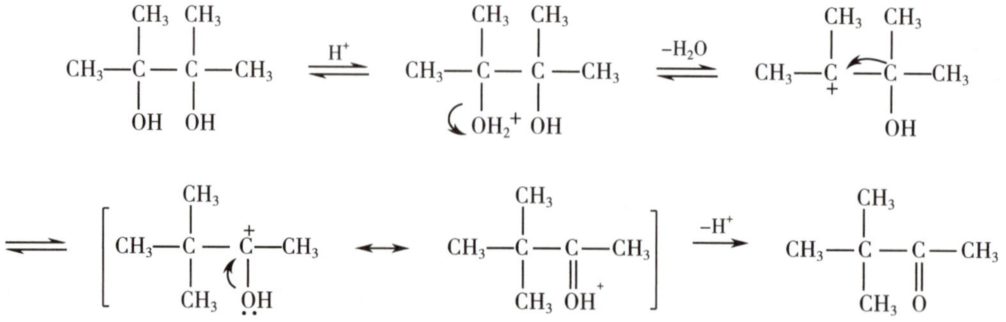

笔记栏

在不对称取代的乙二醇中，哪一个羟基先离去，哪一个基团迁移，一般规律如下：

(1)能优先生成较稳定碳正离子的羟基先离去，例如：

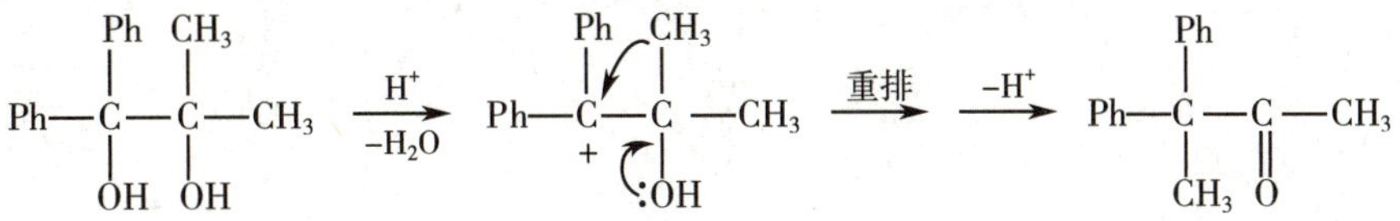

因为中间体碳正离子的稳定性是：

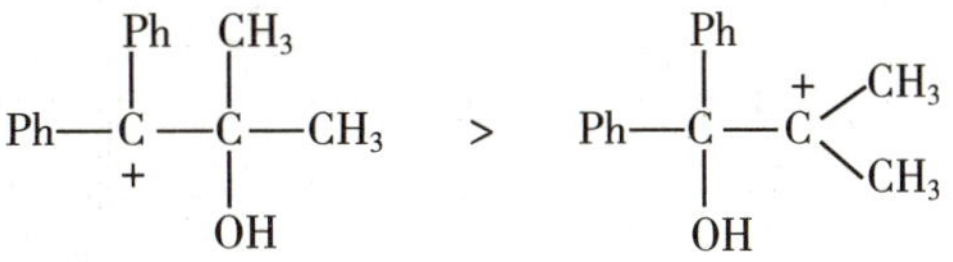

ER-8-2

片呐醇重排机理

(2)基团的迁移顺序为芳基＞烷基＞氢，例如：

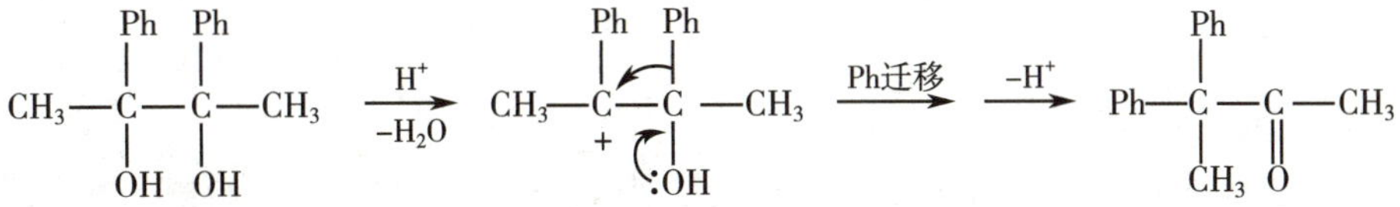

四、醇的制备

工业上，一些简单的醇，曾经靠发酵的方法生产。随着石油化工的发展，大多数醇已改由烯烃来生产。醇的常见制备方法如下：

(一) 由烯烃制备

1. 烯烃酸催化水合反应　烯烃在酸催化下与水进行加成反应得到醇。由乙烯可以制备伯醇，其他烯烃可制备仲醇和叔醇。

$$R-CH=CH_2 + H_2O \xrightarrow[\triangle,加压]{H^+} R-\underset{\displaystyle OH}{\underset{|}{C}H}CH_3$$

2. 烯烃硼氢化 - 氧化反应　烯烃经过硼氢化 - 氧化反应可制得上述方法不能得到的伯醇。

$$R-CH=CH_2 \xrightarrow{B_2H_6} \xrightarrow[OH^-]{H_2O_2} RCH_2CH_2OH$$

(二) 由卤代烃制备

卤代烃多数由醇来制备。通常由卤代烃水解反应来制备醇的不多，只有一些较难得到的醇才用此法来制备，而且一般用伯卤烃。

$$RX + NaOH \xrightarrow{H_2O} ROH + NaX$$

(三) 由格氏试剂制备

格氏试剂与醛、酮的加成可以制得伯醇、仲醇、叔醇(见第九章)，其通式为：

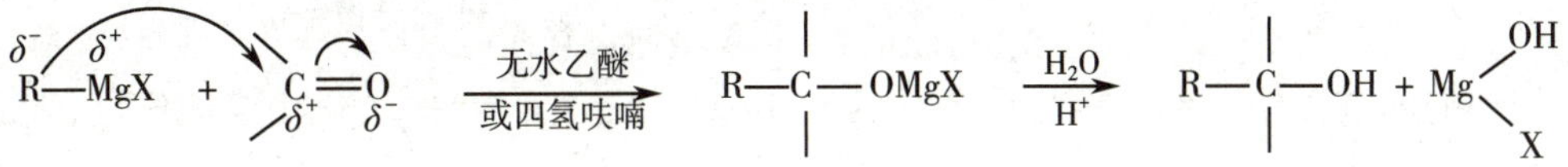

甲醛与格氏试剂加成、水解可制伯醇，其他醛可制得仲醇，由酮可制得叔醇。

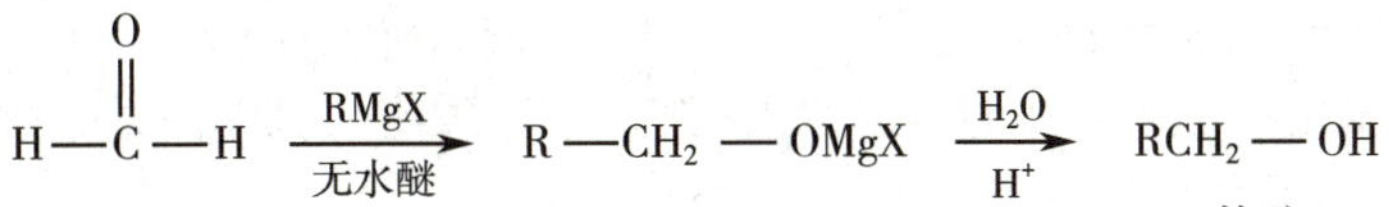

甲醛　　　伯醇

笔记栏

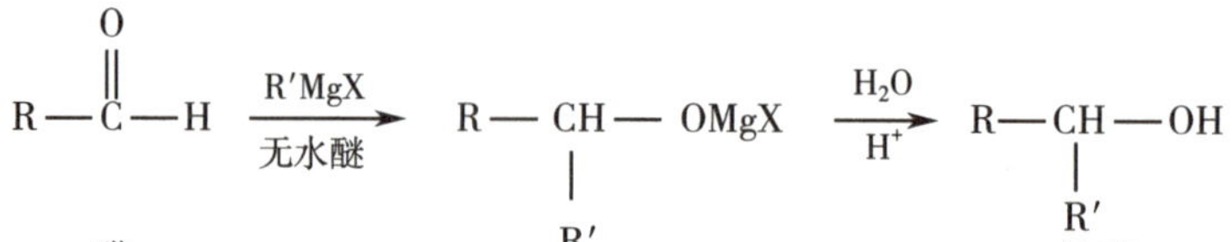

醛 仲醇

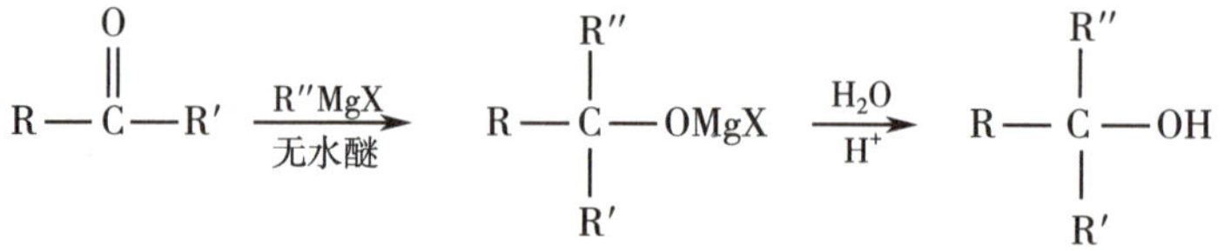

酮 叔醇

五、硫醇

(一) 结构和命名

醇分子羟基中的氧原子被硫原子取代后所形成的化合物称为硫醇(thiol),通式为R-SH。官能团—SH 称为巯基,又称氢硫基。

硫醇的命名方法与醇相似,只是把“醇”改为“硫醇”即可。例如:

CH_3SH

甲硫醇
methanethiol

$CH_2{=}CHCH_2SH$

丙-2-烯-1-硫醇(烯丙硫醇)
prop-2-ene-1-thiol

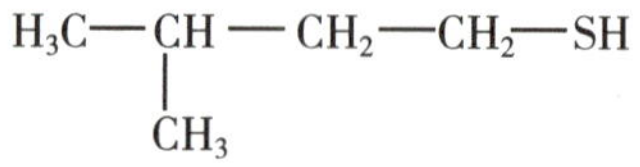

3-甲基丁-1-硫醇
3-methylbutane-1-thiol

(二) 物理性质

低级硫醇具有难闻的臭味,即使量很少,气味也很明显。如乙硫醇在空气中的浓度为10^{-10}mol/L 时即能嗅出它的味道;工业上如天然气中添加少量的叔丁硫醇作为臭味剂,以便及时发现燃气泄漏。硫醇的臭味随相对分子质量的增高而逐渐减弱,如壬硫醇($C_9H_{19}SH$)反而具有香味。

由于硫的电负性比氧小,原子半径较氧大,硫醇分子之间以及硫醇与水分子之间不像醇那样能够形成氢键,因此低级硫醇的沸点及在水中的溶解度均比相应的醇低得多。例如乙醇的沸点为 78.5℃,而乙硫醇为 36℃;乙醇能与水混溶,而乙硫醇在水中微溶。但是高级硫醇的沸点和相应的高级醇的沸点很接近。

(三) 化学性质

1. 弱酸性 由于硫的原子半径大于氧,其原子核对核外电子控制力较弱,外层电子的可极化性大,因此硫醇分子中 S—H 键比醇分子中的 O—H 键容易解离,即硫醇的酸性比醇强,如 C_2H_5SH 的 pKa=10.5,而 C_2H_5OH 的 pKa=15.9。硫醇能溶于氢氧化钠或氢氧化钾的乙醇溶液,生成相应的硫醇盐。

$$RSH + NaOH \longrightarrow RSNa + H_2O$$

硫醇的弱酸性还表现在能与重金属(Pb、Hg、Cu、Ag、Cd 等)的氧化物或盐作用,生成不溶于水的硫醇盐。

$$RSH + HgO \longrightarrow (RS)_2Hg\downarrow(\text{白色}) + H_2O$$
$$RSH + Pb(OAc)_2 \longrightarrow (RS)_2Pb\downarrow(\text{黄色}) + HOAc$$

许多重金属盐能引起人畜中毒,正是因为这些重金属能与机体内某些酶中的巯基结合,导致酶失去活性,从而使机体丧失其正常的生理作用。

笔记栏

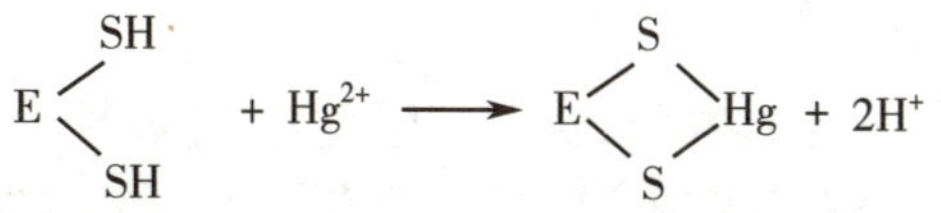

活性酶　　　　中毒酶

利用硫醇与重金属能形成稳定不溶性盐的性质，某些含有巯基的化合物可作为重金属中毒的解毒剂，如2，3-二巯基丙-1-醇、2，3-二巯基丙磺酸钠、2，3-二巯基丁二酸钠等。其解毒的机理在于这些分子中均含有2个相邻的巯基，更能与汞、砷等金属作用，生成稳定、无毒的环状化合物，从而夺取已和酶结合的重金属离子，使酶复活。

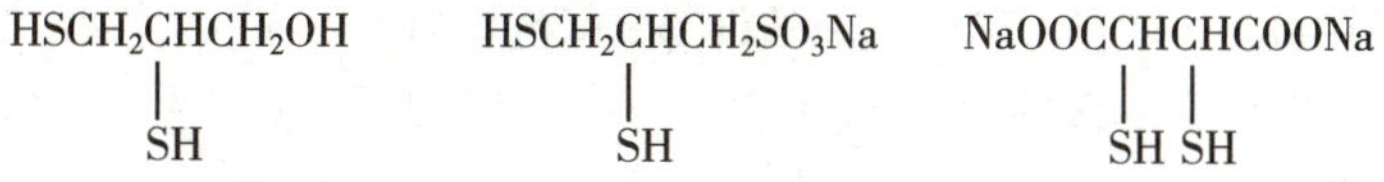

2,3-二巯基丙-1-醇　　2,3-二巯基丙磺酸钠　　2,3-二巯基丁二酸钠

2. 氧化　硫醇中的硫氢键（S—H）容易断裂，空气中的氧、H_2O_2、I_2 等弱氧化剂都能将硫醇氧化而生成二硫化物（disulfide）。在强氧化剂（如高锰酸钾、硝酸等）作用下，硫醇可被氧化为亚磺酸，进一步氧化即生成磺酸。

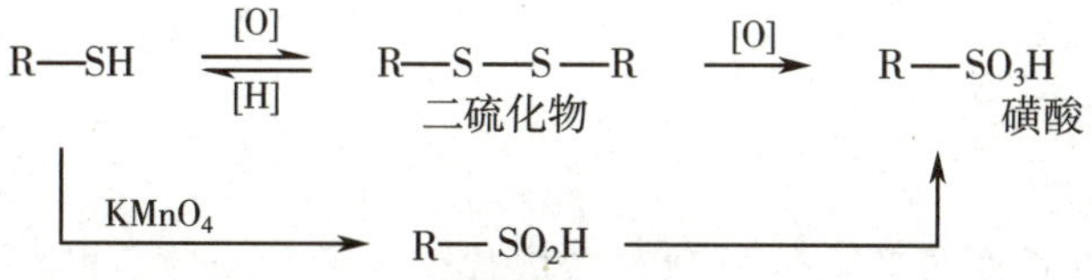

二硫化物中含有二硫键（—S—S—），其对维系蛋白质分子的构型起着重要的作用。在一定条件下，二硫键可被还原为硫醇。硫醇与二硫化物之间的相互转变在生物体内起着重要作用，例如半胱氨酸（硫醇）与胱氨酸（二硫化物）之间的相互转变。

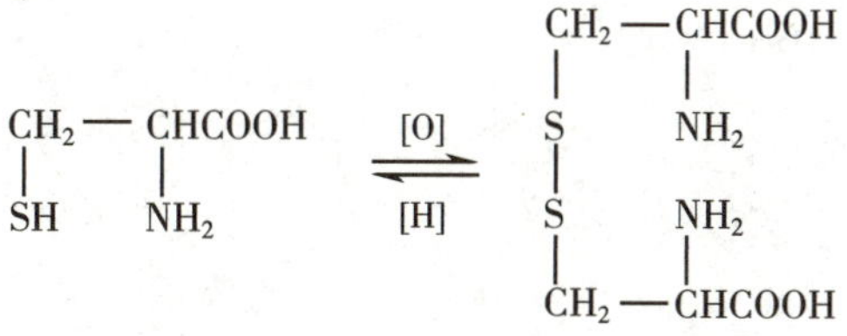

半胱氨酸　　　　胱氨酸

六、代表性化合物

（一）苯甲醇

苯甲醇又名苄醇，为无色液体，具有芳香气味，微溶于水，可与乙醇、乙醚混溶。在自然界中，苯甲醇多数以酯的形式存在于精油（又称香精油、挥发油）中，例如茉莉花油、风信子油和秘鲁香脂中都含有此成分。苯甲醇具有微弱的麻醉和防腐作用，故临床上把少量的苯甲醇注射剂称为“无痛水”；曾经用作青霉素钾盐的溶剂，以减轻注射时的疼痛，但因具有副作用，已经被禁止用作青霉素溶剂注射使用。10%的苯甲醇软膏或其洗剂为局部止痒剂。

（二）丙三醇

丙三醇俗名甘油，为无色透明带有甜味的黏稠液体，沸点290℃，能与水或乙醇混溶。无水甘油有很强的吸湿性，常用作吸湿剂。在医药方面，用作溶剂，如酚甘油和碘甘油；对便秘者，常用甘油栓剂或50%甘油溶液灌肠，既有润滑作用，又由于能产生高渗压而引起排便反射。在药剂学中，甘油用作赋形剂和润滑剂。

笔记栏

(三) 维生素 A

维生素 A 又叫视黄醇,为不饱和一元醇,有维生素 A_1 和维生素 A_2 两种。维生素 A_2 为维生素 A_1 的 3,4- 二脱氢衍生物,生物活性只及维生素 A_1 的一半。维生素 A_1 结构如下:

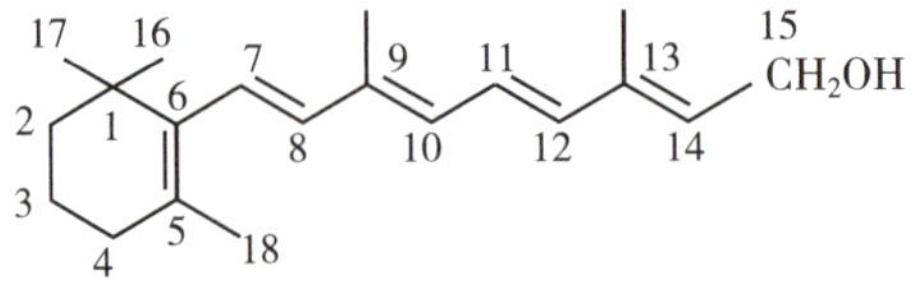

维生素 A_1 主要存在于动物肝脏、血液和眼球的视网膜中,熔点 62~64℃。维生素 A_2 主要在淡水鱼中存在,熔点只有 17~19℃。维生素 A_1 的前体为 β 胡萝卜素,存在于黄、红色蔬菜中,胡萝卜中含量尤富。人体缺乏维生素 A 不但可引起皮肤干燥、眼干燥症、夜盲症,而且会影响正常的生长发育。

第二节 酚

一、酚的分类和结构

(一) 酚的分类

酚(phenol)可以看作芳环上的氢被羟基取代生成的化合物。酚分子中的羟基称酚羟基。酚分子通式为 Ar—OH。

根据直接连接在芳环上的羟基数目分为一元酚、二元酚、三元酚等。通常将含 2 个以上酚羟基的酚称为多元酚。

根据酚羟基所连的芳基不同,可分为苯酚、萘酚、蒽酚等。

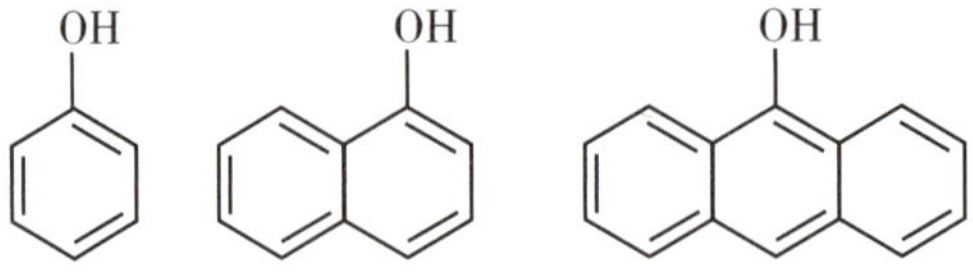

苯酚 phenol　萘 -1- 酚 naphthalen-1-ol　蒽-9-酚 anthracen-9-ol

(二) 酚的结构

最简单的酚为苯酚。苯酚的分子结构如图 8-3 所示。

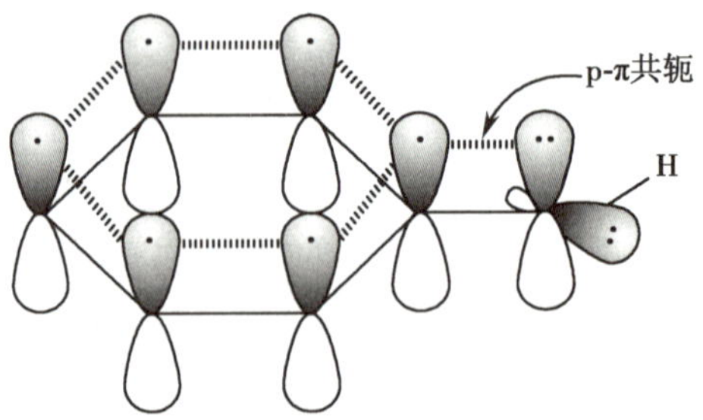

图 8-3 苯酚的分子结构示意图

酚与醇均有羟基,但结构差异较大。醇分子中羟基与 sp^3 杂化碳原子相连;而酚羟基与 sp^2 杂化的碳原子直接相连。酚羟基的氧原子上未共用 p 电子而与芳环上 π 电子云形成 p-π

共轭体系，使氧原子上的 p 电子向芳环方向转移，致使碳氧键的强度增强、氧氢键强度削弱。醇分子中羟基是吸电子基；而苯酚分子中羟基的供电子共轭作用大于吸电子诱导作用，使芳环上电子云密度增大。

二、酚的物理性质

由于酚分子与醇分子一样存在羟基，分子间能形成氢键，所以沸点比相应分子量的烃类要高得多。常温下，除少数烷基酚为液体外，绝大多数酚是固体。酚一般是无色的，经光照很容易发生氧化而呈粉红色至深棕色。酚也能与水形成氢键，所以在水中有一定的溶解度，且其溶解度大小受分子结构的影响较大，一般极性基团增多，水溶性增强。但有些能形成分子内氢键的酚，如邻硝基苯酚，水溶性会比同类化合物小。大多数酚具有难闻的气味，少数具有香味。酚类有杀菌作用，也有一定毒性。

一些常见酚的主要物理常数见表 8-2。

表 8-2 常见酚的物理常数

化合物	熔点 /℃	沸点 /℃	在水中溶解度 /(g/kg)	p*K*a
苯酚	40.89	181.87	91.7(25℃)	9.99
2- 甲基苯酚	31.03	191.04	31.8(40℃)	10.29
3- 甲基苯酚	12.24	202.27	25.7(40℃)	10.09
4- 甲基苯酚	34.77	201.98	23.1(40℃)	10.26
2- 硝基苯酚	44.8	216	1.70(25℃)	7.23
3- 硝基苯酚	96.8		21.9(20℃)	8.36
4- 硝基苯酚	113.6		15.8(20℃)	7.15
2- 氯苯酚	9.4	174.9	23.2(25℃)	8.56
3- 氯苯酚	32.6	214	22(25℃)	9.12
4- 氯苯酚	42.8	220	26.2(25℃)	9.42
苯 -1,2- 二酚	104.6	245	451(20℃)	9.34(pKa_1) 12.6(pKa_2)
苯 -1,3- 二酚	109.4	276.5	1 750(20℃)	9.32(pKa_1) 11.1(pKa_2)
苯 -1,4- 二酚	172.4	285	80.1(25℃)	9.85(pKa_1) 11.4(pKa_2)
2,4- 二硝基苯酚	114.8		0.69(25℃)	4.07
2,4,6- 三硝基苯酚	122.5		12.7(25℃)	0.42
萘 -1- 酚	95.0	288	1.11(20℃)	9.39
萘 -2- 酚	121.5	285	0.64(20℃)	9.63

三、酚的化学性质

酚与醇都含有羟基，所以性质有相似之处，但是由于酚羟基氧与苯环形成 p-π 共轭，导致碳氧键强度增加，而不易发生碳氧键的断裂反应；同时氧氢键的活性增大，且芳环上的电子云密度增大，所以酚的化学活性主要表现为 O—H 的断裂反应和苯环上的反应。

笔记栏

(一) 氧氢键断裂反应

1. 酸性　酚具有弱酸性，且酸性比水和醇强，如苯酚（p*K*a=9.99）、环己醇（p*K*a=15.9）的酸性约相差 10^6。苯酚和环己醇的酸性差别可通过比较它们各自解离后形成的氧负离子的稳定性进行解释。

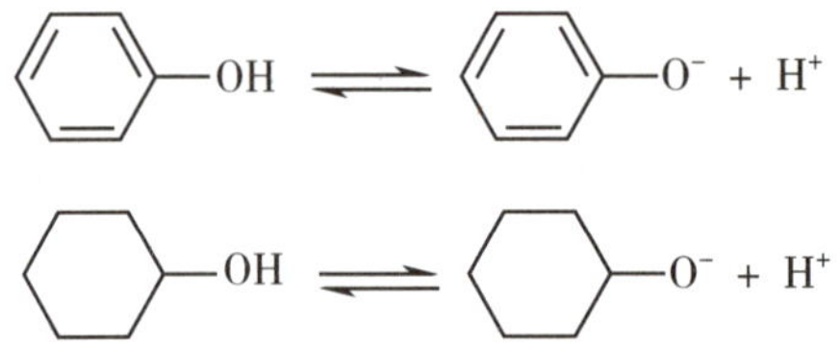

环己醇解离所形成的氧负离子，负电荷完全集中在氧原子上；而苯酚解离所开成的氧负离子由于与苯环的共轭，负电荷得以分散，所以更加稳定。苯氧负离子还可用共振结构式表示如下：

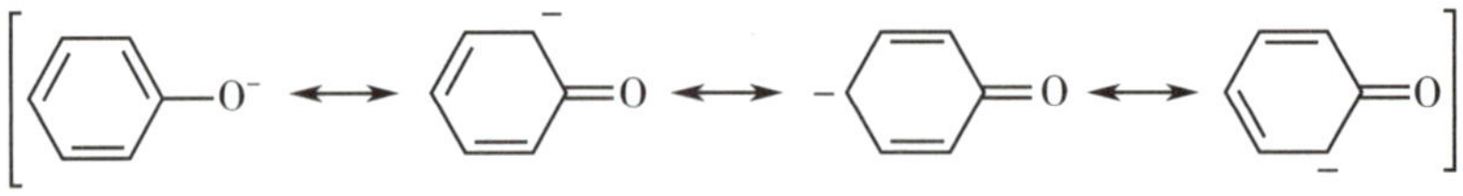

从反应现象上看，苯酚在室温下不易溶于水，但是很容易溶解于氢氧化钠等强碱溶液。

苯酚的酸性比碳酸（p*K*a=6.35）和有机酸（p*K*a ≈ 5）弱，不易溶解在碳酸氢钠溶液中；相反，向苯酚钠的水溶液中通入二氧化碳则会有苯酚析出。

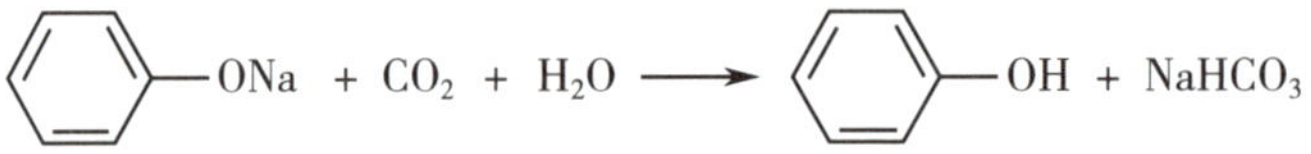

大多数酚的酸性与苯酚相近，所以易溶于氢氧化钠水溶液而难溶于碳酸氢钠水溶液。利用这一特性，可将酚类化合物从其他有机物中分离出来。

芳环上的取代基和位置不同，则酚的酸性强弱有较大变化。总的来说，当芳环上连有吸电子取代基时，使环上电子密度降低，酚的酸性增强；有斥电子取代基存在时，使环上电子密度增强，酚的酸性减弱。例如，硝基酚的酸性大于苯酚，且硝基越多，酸性越强，如 2,4,6- 三硝基苯酚的酸性与盐酸相当；甲基酚的酸性比苯酚弱。

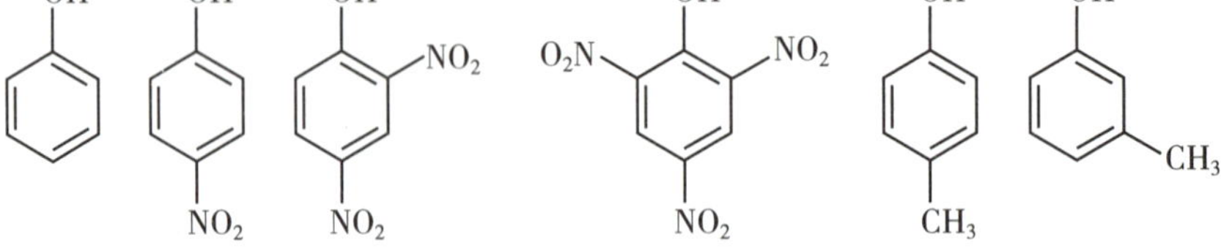

p*K*a　9.99　7.15　4.07　0.42　10.26　10.09

间位和对位取代基对酚羟基酸性的影响，主要由电子效应决定；而邻位取代基的影响不仅存在电子效应，还存在空间效应，统称为邻位效应。

例如邻硝基苯酚、间硝基苯酚、对硝基苯酚的酸性虽然都比苯酚强，但三者也有一定的差异。硝基处于间位时，只对羟基表现出吸电子诱导效应；而处于对位时，不仅存在吸电子诱导效应，还存在强的吸电子共轭效应，可使其解离产生的苯氧负离子的负电荷进一步分散，所以酸性进一步增强。

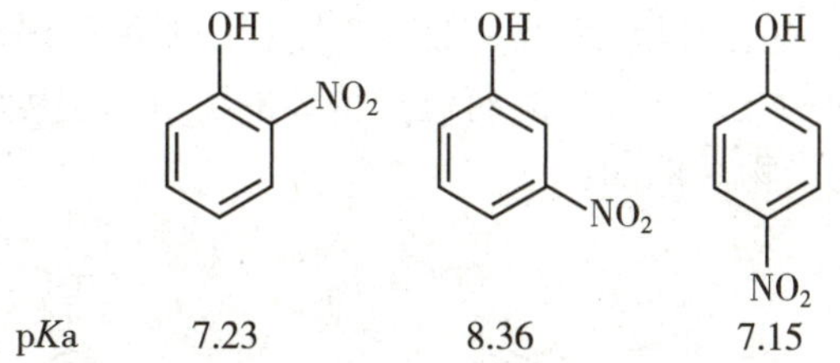

间硝基苯酚及对硝基苯酚的酸性大小还可以通过二者解离后生成的离子稳定性加以说明，分别可以用共振结构式表示如下：

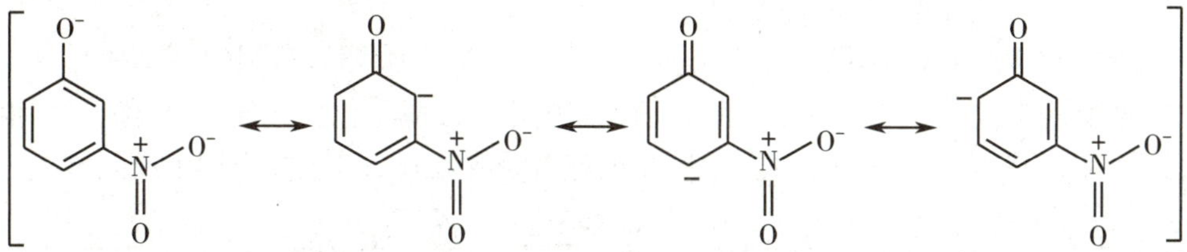

在间硝基苯酚解离形成的负离子中，共振结构式与苯酚解离形成的负离子共振结构式相似；由于硝基为吸电子诱导效应基团，使负电荷有一定程度的分散，所以比苯酚解离形成的负离子要稳定。

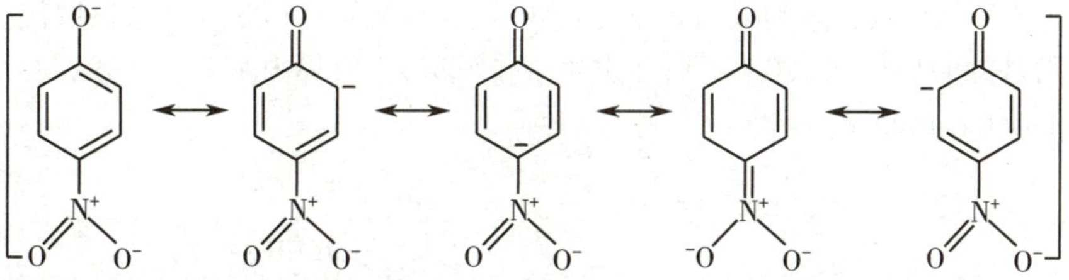

对硝基苯酚解离形成的负离子中，由于共轭作用，负电荷进一步分散，所以更加稳定。

再如，甲氧基取代的苯酚，酸性大小顺序为间位 > 邻位 > 苯酚 > 对位。因为甲氧基在间位时吸电子诱导效应起作用，使酸性增强；在对位时同时存在吸电子诱导效应和供电子共轭效应，且共轭效应强于诱导效应，使酸性减弱；在邻位时，除了诱导效应和共轭效应，还有空间效应，最终导致其酸性比苯酚略强。

2. 酚酯的形成及弗莱斯重排　酚羟基的氧原子与醇羟基氧原子上都具有孤电子对，因此具有一定的亲核能力。但由于氧与芳环的共轭，其电子云向芳环发生转移，电子云密度减小，致使亲核能力下降，所以酚类化合物直接与酸作用生成酯比较困难，一般需要酸酐或酰卤与其反应，而碱（碳酸钾、吡啶等）或酸（硫酸、磷酸等）可促使反应的进行。

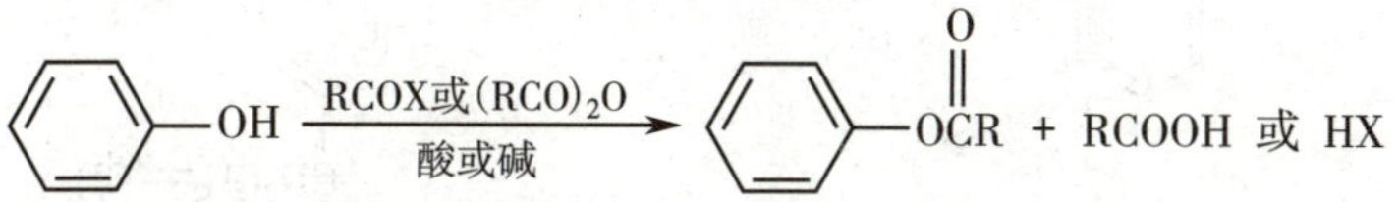

生成的酚酯在三氯化铝等路易斯酸存在下加热，酰基可重排至羟基的邻位或对位，得到羟基芳酮，此重排称弗莱斯（Fries）重排。

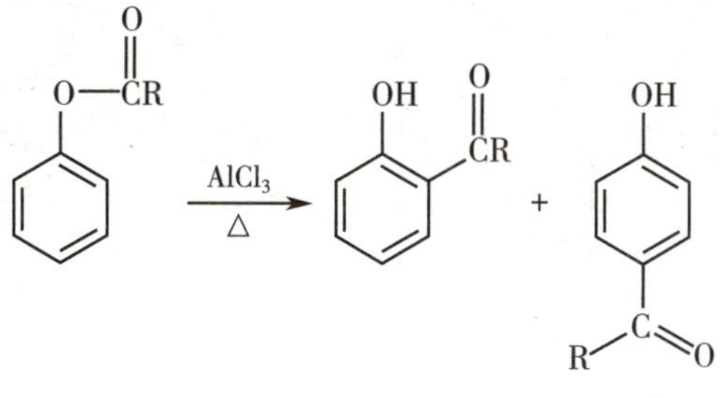

笔记栏

由于苯酚遇 $AlCl_3$ 首先会成盐，所以一般不直接利用苯酚的酰化来制备酚酮，而弗莱斯重排是制备羟基芳酮的好方法。生成邻、对位异构体的比例与温度有关，一般低温有利于对位产物，高温有利于邻位产物。例如：

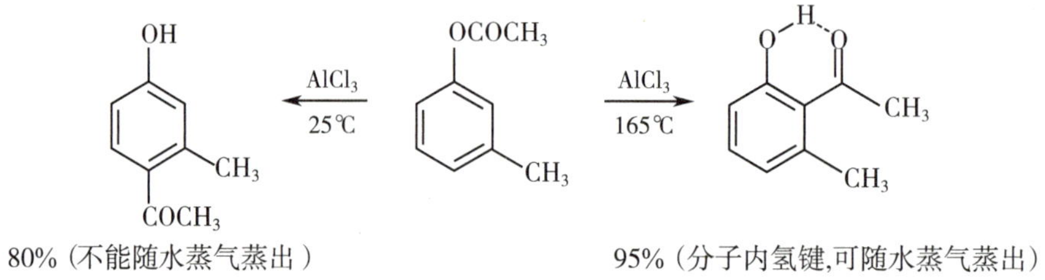

3. 酚醚的形成与克莱森重排　醇分子之间脱水形成醚是比较方便的，但酚分子间脱水生成醚很困难，需要用特殊的条件。常用酚钠与卤烃或硫酸二烷基酯作用生成酚醚。

由于在碱性条件下，苯酚转变为苯氧负离子，增强了亲核能力，可以与卤烃或硫酸二烷基酯发生亲核取代反应。反应在碱性条件下进行，为减少副产物，所用卤烃最好是伯卤代烃。当然也不宜用卤代乙烯型或卤苯型化合物，因为这类结构很难发生亲核取代反应。

将烯丙基酚醚加热到 200℃左右会发生重排反应，生成烯丙基取代苯酚，此反应称克莱森重排（Claisen rearrangement）。

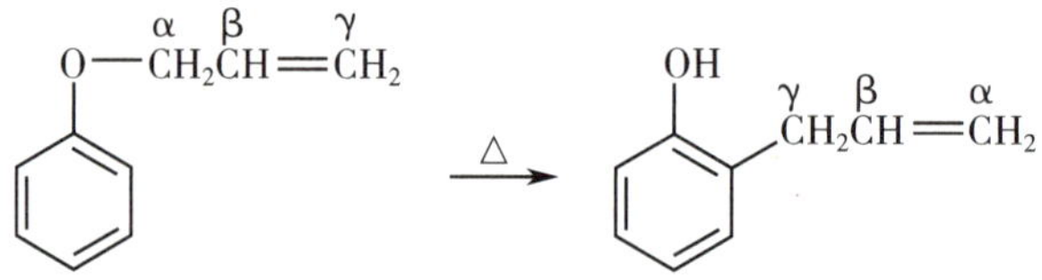

由反应机理可见，重排经过六元环状过渡态完成，结果烯丙基中的 γ 碳连到羟基的邻位碳原子上。

当酚羟基的 2 个邻位都被占领时，则会发生 2 次重排，先排在邻位，再重排到对位，生成对位产物。由于经过了 2 次重排，所以 α 碳原子连接在芳环上。如果邻、对位都被占据，重排不会发生。

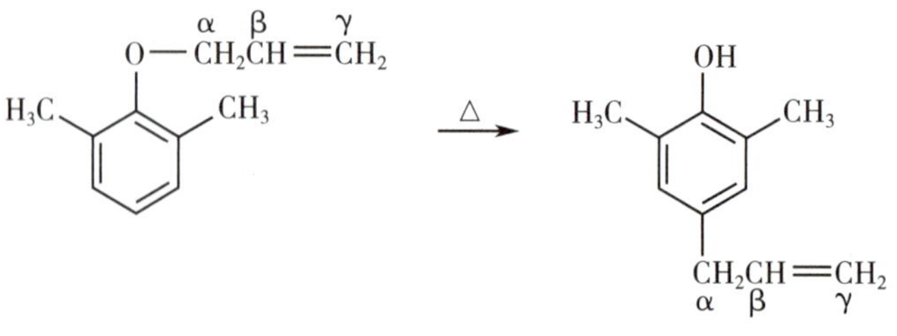

克莱森重排的机理如下：

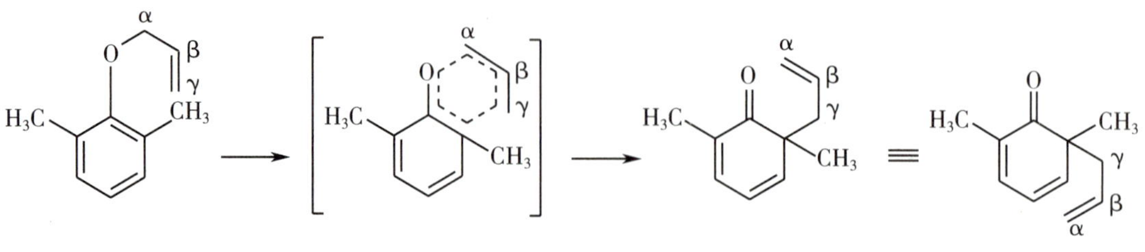

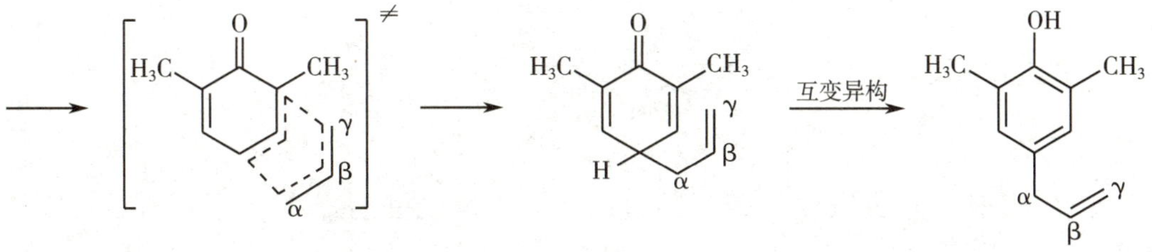

4. 与三氯化铁的显色反应　大多数酚与三氯化铁作用能生成有颜色的配合物，此反应可以作为酚类的定性鉴定。反应式如下：

$$6ArOH + FeCl_3 \longrightarrow H_3[Fe(OAr)_6] + 3HCl$$

不同的酚所产生的颜色不同。如苯酚、间苯二酚及均苯三酚与 $FeCl_3$ 反应都显蓝紫色，对苯二酚显暗绿色，连苯三酚显红棕色等。

另外，具有烯醇结构的化合物也有类似反应。

（二）芳环上的取代反应

酚是在芳环上连有羟基的化合物，且羟基是强的致活基团，因此酚极易发生芳环上的亲电取代反应。

1. 卤化　苯酚与溴水作用，立即生成 2,4,6- 三溴苯酚白色沉淀，反应迅速、现象明显且定量进行，所以这一性质可用于苯酚的定性鉴别和定量测定。

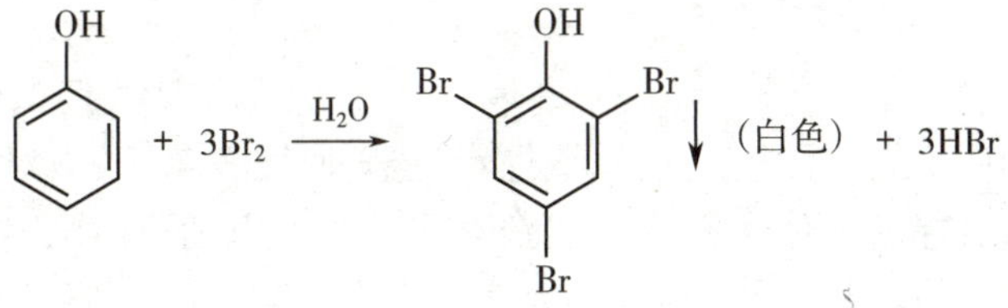

在低温、非极性溶剂如二硫化碳或四氯化碳条件下，可得到一溴代产物。

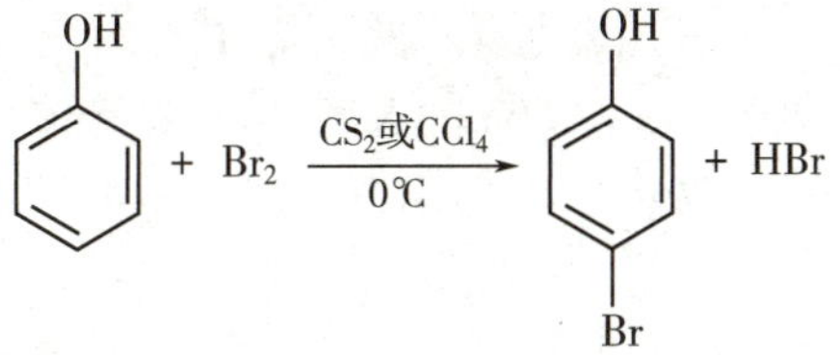

在强酸条件下，则生成二溴代产物。

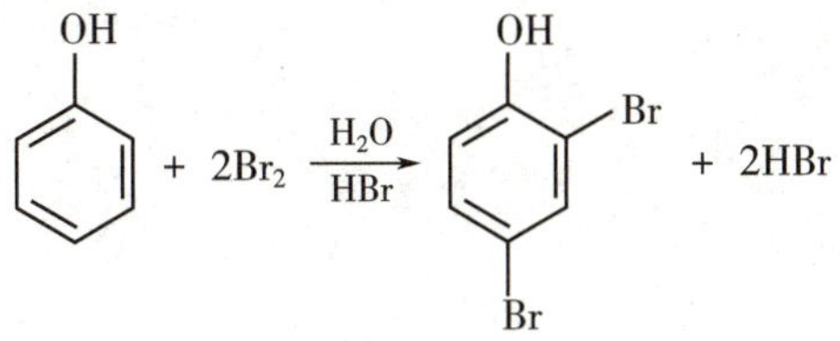

2. 磺化　苯酚在室温下就容易与浓硫酸作用，在苯环上引入磺酸基，主要产物是邻羟基苯磺酸，为动力学控制产物；而在 100℃时，主要产物是对羟基苯磺酸，为热力学控制产物。邻羟基苯磺酸受热也可直接转变为对羟基苯磺酸。一元取代物，还可以继续磺化得二元取代物。

笔记栏

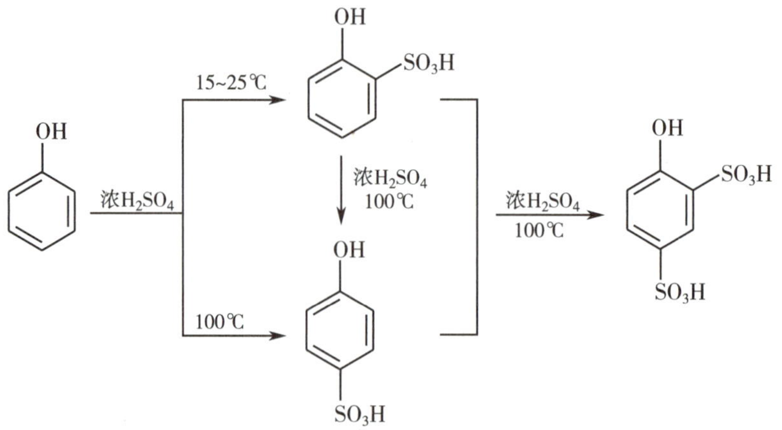

酚的磺化非常有用，一方面，磺酸基的引入降低了芳环的电子云密度，使苯环钝化，稳定性增加，如苯酚容易被硝酸氧化，而羟基苯磺酸不易被硝酸氧化；另一方面，可利用其在高温对位为主的特点，用磺酸基占据对位，则可使其他取代基进入邻位。由于磺化是可逆的，生成的羟基苯磺酸与稀酸共热，磺酸基可除去。

3. 硝化　苯酚在室温下即可与稀硝酸反应，生成邻位和对位一元硝基苯酚。

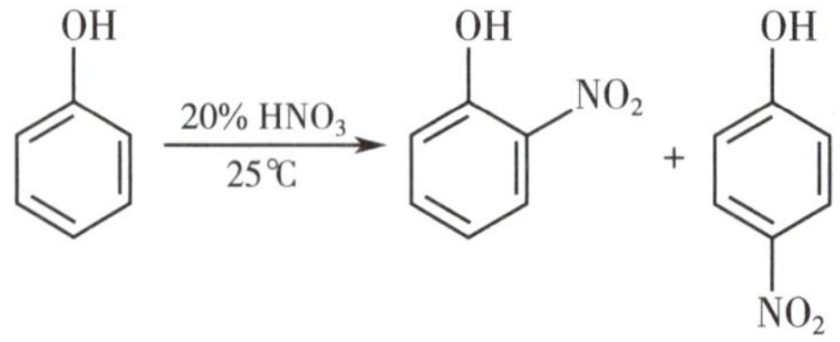

由于邻位产物可形成分子内氢键，水溶性小，能随水蒸气蒸出，而对位产物能通过分子间氢键形成缔合体，不能随水蒸气蒸出，因此邻位和对位硝基酚可用水蒸气蒸馏方法分离。

苯酚与较浓的硝酸反应，虽然可生成二硝基取代的产物，但因硝酸的氧化性而使产率降低。多硝基酚只能用其他方法制备，如利用磺化保护后再硝化。

4. 弗里德 - 克拉夫茨反应　虽然酚很容易发生亲电取代反应，但在 $AlCl_3$ 等路易斯酸作催化剂下，酚的弗里德 - 克拉夫茨酰化反应并不是很容易进行。这是因为酚羟基的氧原子具有孤电子对，即有路易斯碱（Lewis base，又称电子对给体）的性质，能与 $AlCl_3$ 结合成盐，使 $AlCl_3$ 失去催化活性，影响产率。常选用 BF_3 或质子酸（如 HF、H_3PO_4 等）为催化剂进行反应。

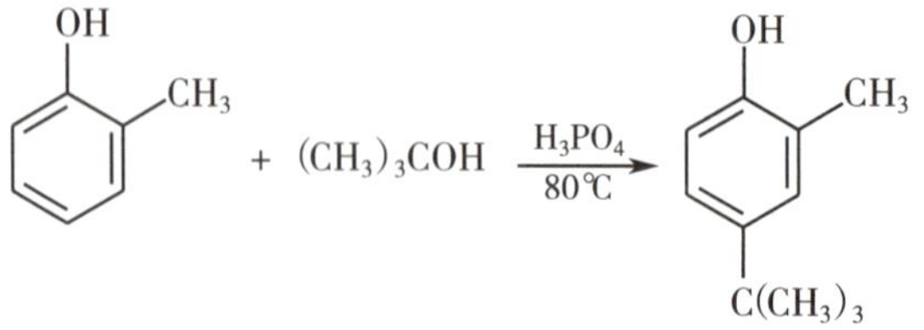

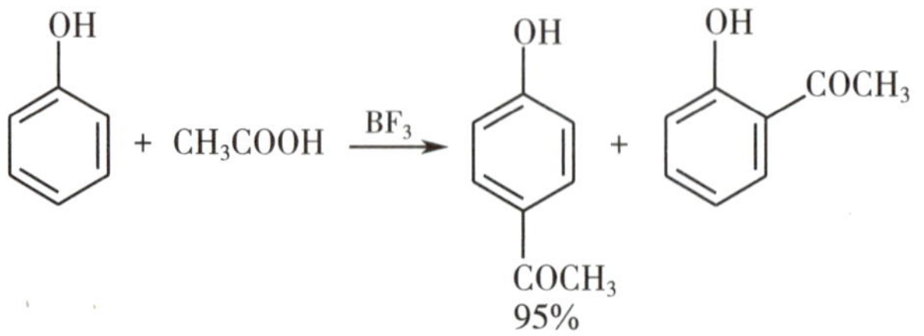

5. 与甲醛的缩合反应　酚在酸或碱的催化下反应，易与羰基化合物发生缩合反应。例

如苯酚与甲醛反应，先生成邻位或对位羟基苯甲醇。继续反应得到二元取代物，而二元取代物分子之间还可以继续脱水发生缩合反应，形成高聚物——酚醛树脂。

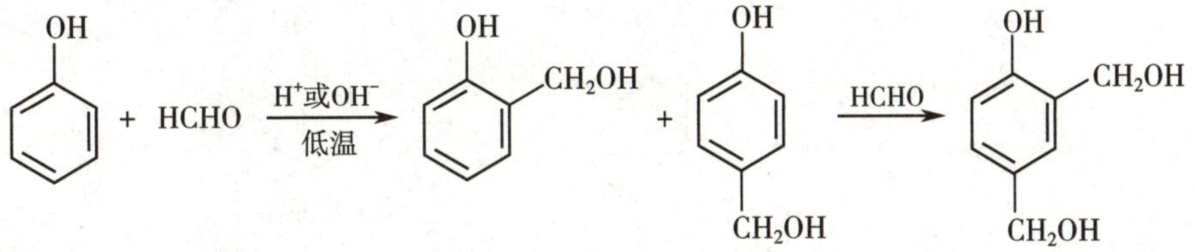

不同的物料配比，不同的酸碱性条件下，所得酚醛树脂结构有所不同，但都具有良好的绝缘、耐热、耐老化、耐化学腐蚀等性能，广泛用于电子、电气、塑料、木材、纤维等工业。其部分结构如下：

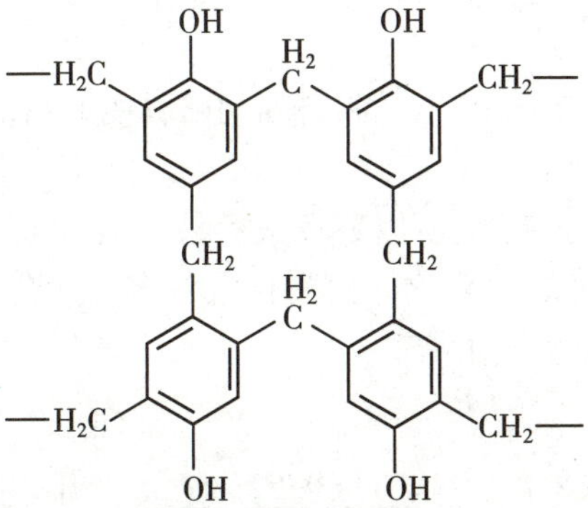

6. Reimer-Tiemann 反应　酚的碱性水溶液与氯仿共热，生成羟基苯甲醛的反应，称为瑞穆尔 - 蒂曼（Reimer-Tiemann）反应。产物一般以邻位为主。

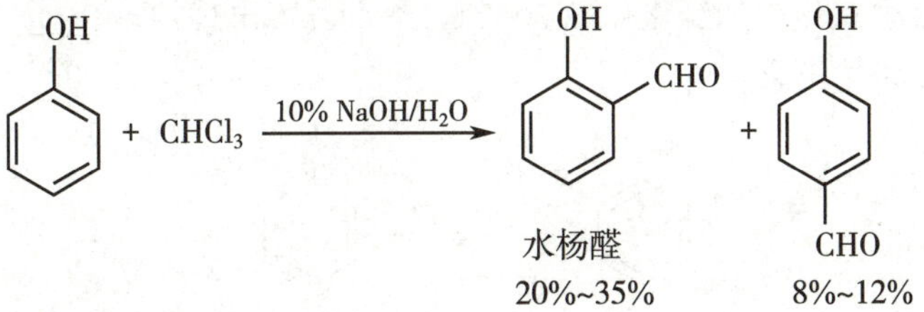

反应机理如下：

$$CHCl_3 + OH^- \longrightarrow {}^-CCl_3 \xrightarrow{-Cl^-} :CCl_2$$

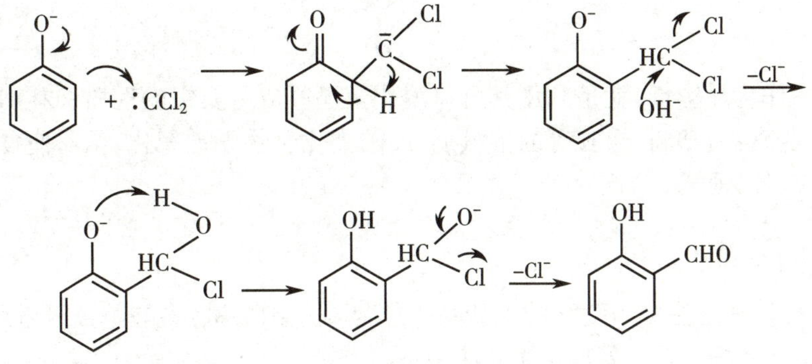

这是工业上生产水杨醛的方法。能发生此反应的化合物还有萘酚、多元酚和其他一些芳香化合物等。

7. 科尔贝 - 施密特反应　用干燥的酚钠与二氧化碳在一定的温度和压力下，在苯环上

笔记栏

引入羧基的反应，称为科尔贝－施密特（Kolbe-Schmidt）反应。一般来讲，钠盐及反应温度较低时有利于邻位异构体的生成，而钾盐及其反应温度较高时有利于对位异构体的生成。

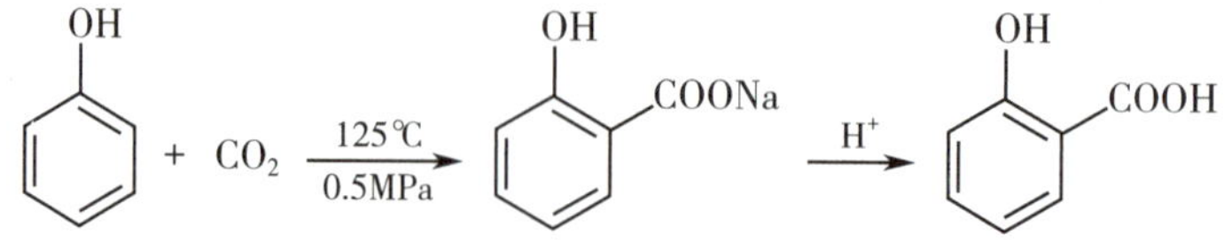

反应机理如下：

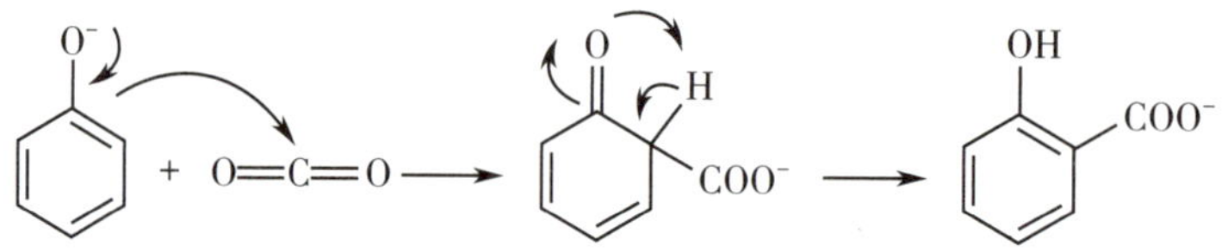

水杨酸具有消炎和抗风湿作用，也是制备阿司匹林的原料。

（三）氧化反应

由于酚羟基是强的供电子基团，所以芳环很容易发生氧化反应，而常用的强氧化剂都能将酚氧化，甚至在空气中即可缓慢氧化。酚类化合物多为无色，久置或经光照后，往往颜色加深，就是因为发生氧化反应生成了醌。

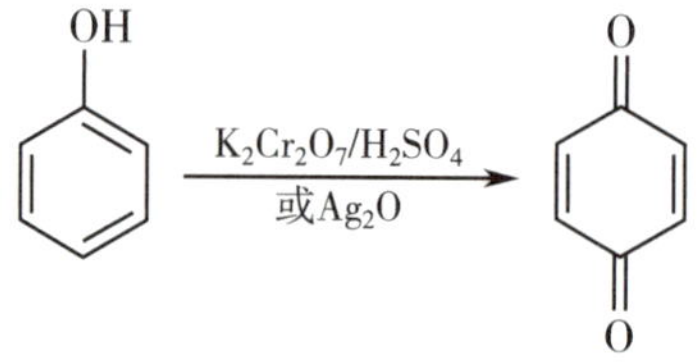

多元酚更容易被氧化。如绿茶中富含多酚，茶水放置出现棕红色，主要因为其中含有的多酚类化合物被氧化的结果。

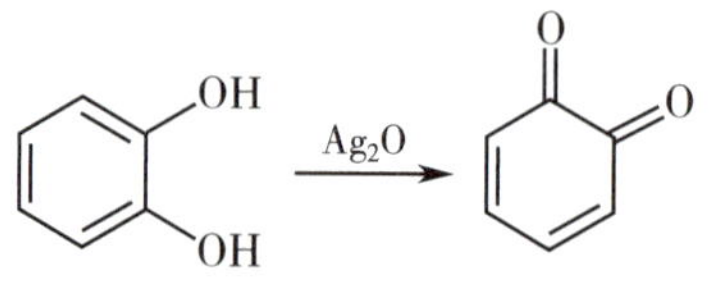

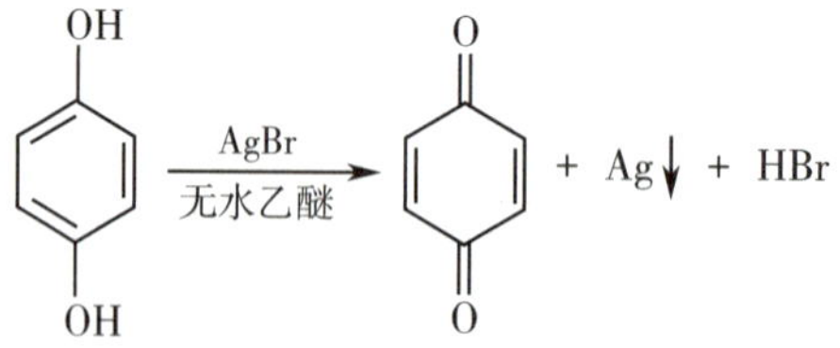

对苯二酚作为显影剂，就是利用其可将溴化银还原成金属银的性质。利用酚易被氧化的性质，可作为食品、塑料、橡胶等的抗氧剂，即酚类化合物先被氧化，从而使食品等因氧化而变质的反应得以延缓。

四、酚的制备

1. 苯磺酸盐碱熔法　苯磺酸的钠盐与固体氢氧化钠共融，磺酸基被羟基取代得到酚，这是最早的工业制酚法。萘酚也可用此法制备。

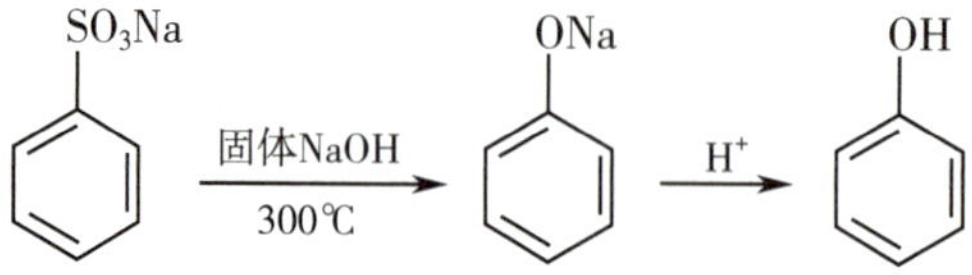

笔记栏

2. 异苯丙法 这是工业上制备大量苯酚的较好方法,但仅限于苯酚,不能推广制备其他酚。

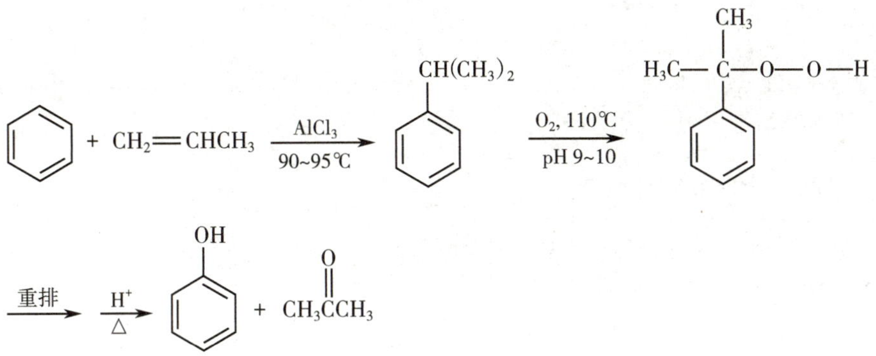

3. 卤代芳烃的水解 这是一个亲核取代反应,主要适用于芳环上有吸电子取代基的酚类化合物的制备,如硝基酚、氯代酚等。

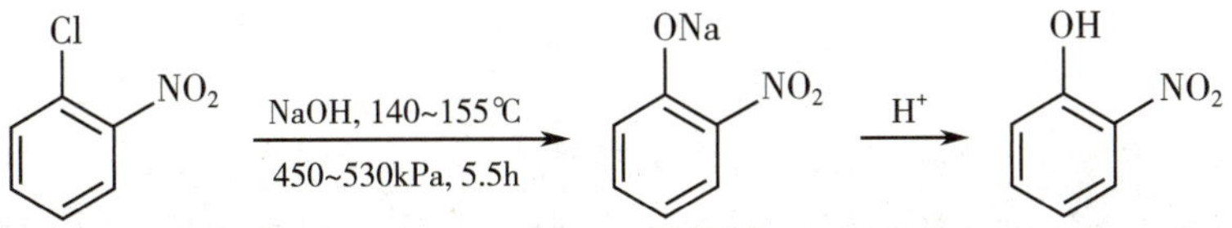

4. 重氮盐水解 由于反应条件温和,副反应少,主要用于实验室制备酚。

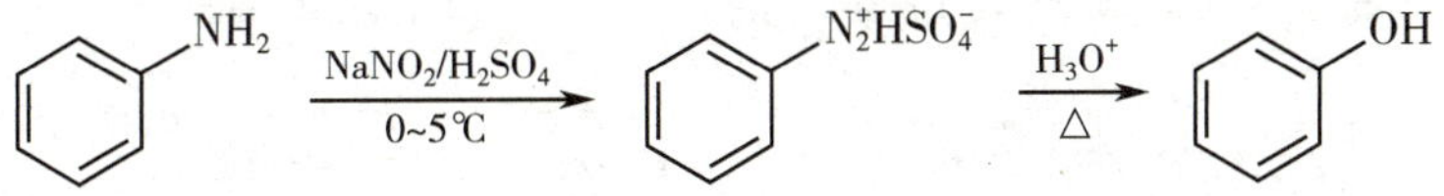

五、代表性化合物

1. 苦味酸 即2,4,6-三硝基苯酚,黄色针状或块状晶体化合物,味极苦,熔点为123℃,在300℃高温时会爆炸。难溶于冷水,易溶于热水,可溶于乙醇、乙醚等有机溶剂。能与多种有机碱形成苦味酸盐。苦味酸盐为难溶于水的结晶,并有一定的熔点,可用于有机碱的鉴定。

2. 儿茶素 是一类黄烷-3-醇的总称,也可特指(+)-儿茶素,结构如下。为白色针状结晶,对光敏感。溶于热水、乙醇、丙酮和冰醋酸,微溶于冷水和乙醚,几乎不溶于苯、氯仿和石油醚。广泛分布于植物界,是中药儿茶的主要成分,也是茶叶的重要成分,具有苦涩味。由于具有多酚结构,具有良好的抗氧化作用,可以用于清除人体自由基,延缓衰老,预防蛀牙。

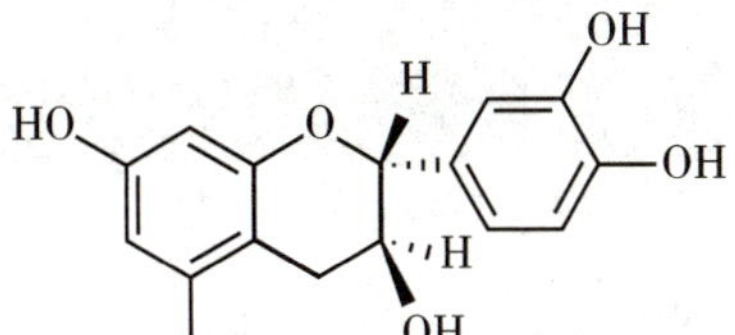

3. 麝香草酚 即2-异丙基-5-甲基苯酚,又称百里酚,因百里香(麝香草)中的香气成分而得名,为无色晶体或白色粉末,微溶于水,熔点为51.5℃,用于制造香料、药物和指示剂等,也用于治疗某些皮肤病。

笔记栏

第三节 醚和环氧化合物

醚(ether)可以看成水分子中的 2 个氢原子被烃基取代生成的化合物,也可看成醇或酚分子中羟基上的氢被烃基取代的产物。

一、醚的分类和结构

1. 分类 醚分子常可分为简单醚、混合醚和环醚 3 类。

简单醚中 2 个烃基相同,可表示为:

R—O—R   Ar—O—Ar

混合醚中 2 个烃基不同,可表示为:

R—O—R′   Ar—O—Ar′   R—O—Ar

环醚中氧原子参与成环,如:

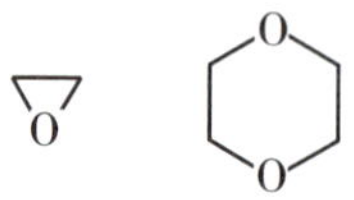

2. 醚的结构 醚分子中含有 2 个 C—O 单键,称为醚键,是醚的官能团。醚分子中的氧原子通过不等性 sp^3 杂化方式成键,与水分子相似,有 2 个未共用电子对在 sp^3 杂化轨道中,分子中没有活性氢原子。醚键的键角接近 110°。如甲醚的结构,见图 8-4。

碳氧键是极性键,且分子呈角形,所以分子有极性;但 2 个烃基是分布在氧原子的两端的,也有一定程度的互相抵消作用,所以整个分子极性较弱。

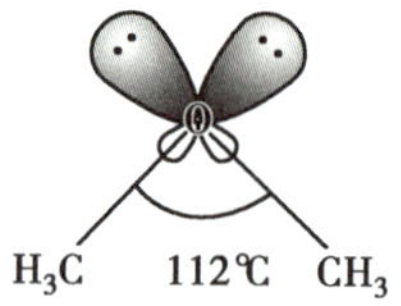

图 8-4 甲醚的分子结构示意图

二、醚的物理性质

醚为弱极性化合物,和同样含氧的醇类比,其沸点比分子量相近的醇低得多,如乙醚的沸点为 34.5℃,而正丁醇的沸点为 117.3℃。3 个碳以下的醚常温下是气体,其余的醚常温下多为无色液体,有特殊气味。

醚分子中含有氧原子,且氧原子上具有孤电子对,可与水分子形成氢键,所以在水中的溶解度与同碳原子数的醇相近。如乙醚在水中的溶解度与正丁醇相似,约为 8g/100ml。环醚在水中溶解度要大些,因为环醚中的氧原子突出在外,更容易与水形成氢键,如四氢呋喃可与水混溶。一些常见醚的物理性质见表 8-3。

表 8-3 一些常见醚的物理性质

化合物	熔点 /℃	沸点 /℃	相对密度	折射率
甲醚	-141.5	-24.8	/	/
乙醚	-116.2	34.5	$0.713\ 8^{20}$	$1.352\ 6^{20}$
丙醚	-114.8	90.08	$0.746\ 6^{20}$	$1.380\ 9^{20}$
异丙醚	-85.4	68.4	$0.719\ 2^{25}$	$1.365\ 8^{25}$

笔记栏

续表

化合物	熔点/℃	沸点/℃	相对密度	折射率
丁醚	-92	94	$0.788\ 8^{20}$	$1.402\ 6^{20}$
甲基苯基醚	-37.13	153.7	$0.994\ 0^{20}$	$1.517\ 4^{20}$
环氧乙烷	-112.5	10.6	$0.882\ 1^{10}$	$1.359\ 7^{7}$
四氢呋喃	-108.44	65	$0.883\ 3^{25}$	$1.405\ 0^{25}$
1,4-二氧六环(二噁烷)	11.85	101.5	$1.033\ 7^{20}$	$1.422\ 4^{20}$

注：表格中相对密度和折射率数值中的上角标表示测定温度。

醚是常用的有机溶剂。低级醚沸点低，具有高度的挥发性，又极易着火，使用时要注意安全。

三、醚的化学性质

醚是一类比较稳定的化合物，常温下与碱、氧化剂、还原剂都不发生反应。醚的极性比较弱，其碳氧键可以断裂，但是活泼性比醇的碳氧键要弱一些，即亲核取代反应的活性比醇低。另外，醚分子中的氧原子具有孤电子对，为路易斯碱。因此，醚的化学性质主要为氧原子的碱性，以及发生碳氧键断裂反应。

1. 鉾盐的形成　醚能与强酸或路易斯酸形成盐。例如：

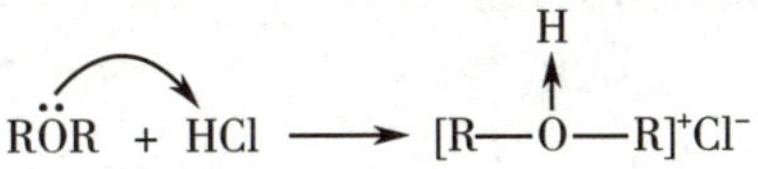

鉾盐很不稳定，遇水立即分解成醚和酸。利用这种性质可将醚从烃、卤烃等不含氧的化合物中分离出。

2. 醚键的断裂　醚与浓强酸共热，可以发生醚键断裂反应。如与氢卤酸作用，可生成卤烷和醇，如有过量酸存在，醇将继续被转变为卤代烷。例如：

$$R—O—R + HX \xrightarrow{\triangle} RX + ROH$$
$$ROH \xrightarrow{HX} RX + H_2O$$

卤化氢的反应活性次序为 HI>HBr>HCl。由于 HI 最活泼，所以常用 HI。

当混合醚进行这个反应时，根据烃基结构不同，碳氧键断裂情况不同。如果 2 个烃基都是脂肪烃基，多数情况下是较小的烃基与氧之间断裂与卤素结合，而较大的烃基生成醇。例如：

$$CH_3OCH_2CH_2CH_3 + HI \xrightarrow{\triangle} CH_3I + CH_3CH_2CH_2OH$$

这是一个 S_N2 亲核取代反应，机理如下：

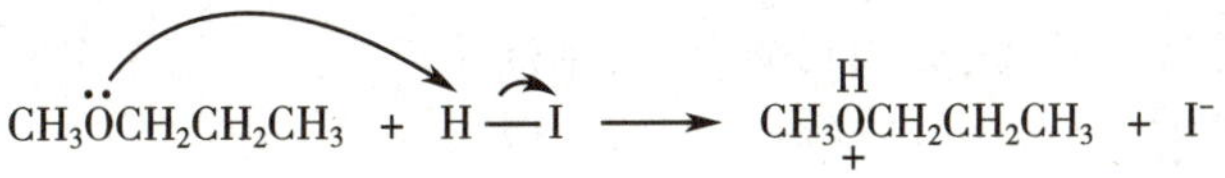

笔记栏

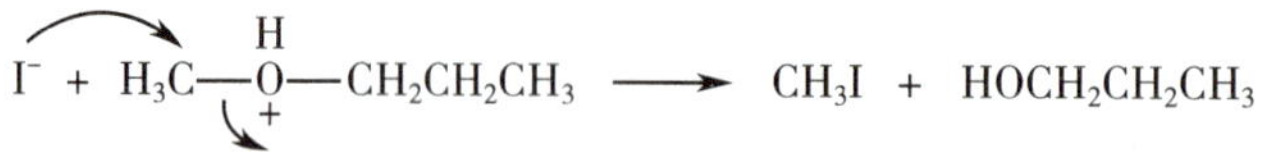

所以卤素进攻空间位阻较小的烃基。

如果其中一个烃基是三级烷基、烯丙基或苄基等结构时发生，则卤素与三级烷基或烯丙基结合。如叔丁基乙基醚与碘化氢反应，机理如下：

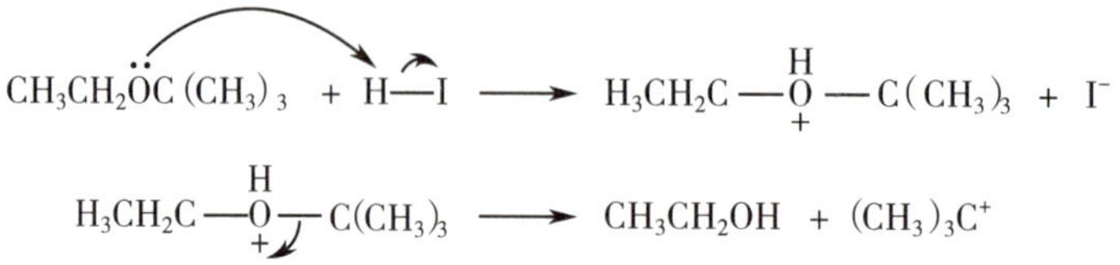

$$(CH_3)_3C^+ + I^- \longrightarrow (CH_3)_3I$$

此为 S_N1 反应，由于叔丁基正离子稳定性较好，所以该 C—O 键优先断裂，形成的叔丁基正离子再与 I^- 结合即得。

芳基烷基醚断裂时，一般是脂肪烃基先形成卤代烃。因为芳基碳与氧相连时由于存在 p-π 共轭，所以该 C—O 键的键能比较大，难以断裂。例如：

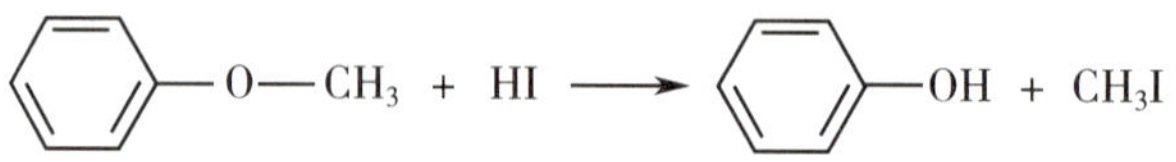

由于酚在碱性条件下易生成酚醚，而酚醚容易被酸分解，所以在有机合成中常用生成醚的方法来保护酚羟基，反应完成后再除去。例如：

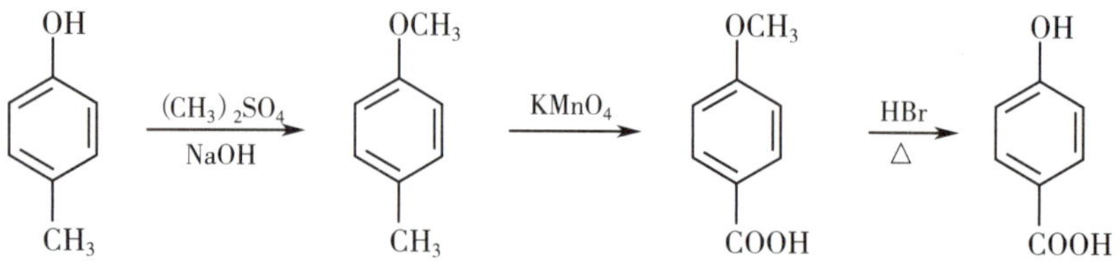

ER-8-3

醚键的断裂

3. 氧化反应　醚类对一般的氧化剂是稳定的，但长时间与空气中的氧接触，会发生自动氧化而生成过氧化物。氧化通常发生在 α- 碳上。

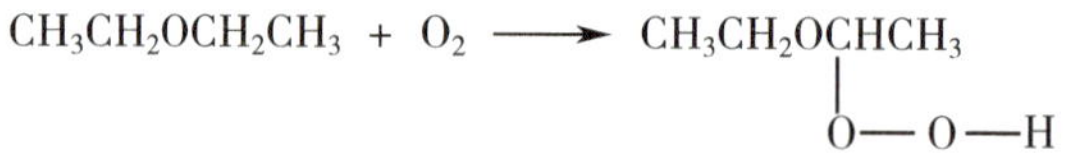

氢过氧化乙醚

过氧化醚遇热会爆炸，务必小心操作，并将实验室安全放在第一位。因此，对放置过久的醚在使用前应做过氧化物的检查，如能使湿 KI- 淀粉试纸变蓝或使 $FeSO_4$-KSCN 试液变红，说明有过氧化物存在。将含过氧化物的醚用硫酸亚铁水溶液洗涤，即可破坏过氧化物。

四、醚的制备

1. 醇分子间脱水

$$2ROH \xrightarrow[\triangle]{H_2SO_4} ROR + H_2O$$

该法适合由伯醇或仲醇制备简单醚。如欲用 2 种醇来制备混合醚，将得到多种醚的混合物。该反应为亲核取代反应，如用叔醇反应，则消除反应的产物占多数。

还可用此法制备五元、六元的环醚。例如：

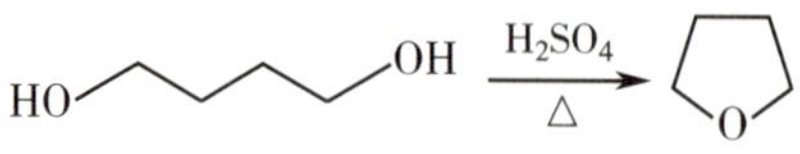

笔记栏

2. 威廉逊合成法　醇钠或酚钠与卤烃作用生成醚的方法，称为威廉逊（Williamson）合成法。既可用于制备简单醚，又可用于制备混合醚。

$$RONa + R'X \longrightarrow ROR' + NaX$$

在此反应中，醇钠或酚钠作为亲核试剂发生了亲核取代反应，使用时应正确选择原料。例如，一般不用叔卤代烃，应该用伯卤代烃或仲卤代烃，因为叔卤代烃易发生消除反应；也不要用卤代乙烯型或卤苯型化合物，因为这些化合物很难发生亲核取代反应；如果产物为苄基醚或烯丙基醚，应以苄基型卤烃或烯丙型卤烃为原料，因为这类卤烃的亲核取代反应活性好。例如：

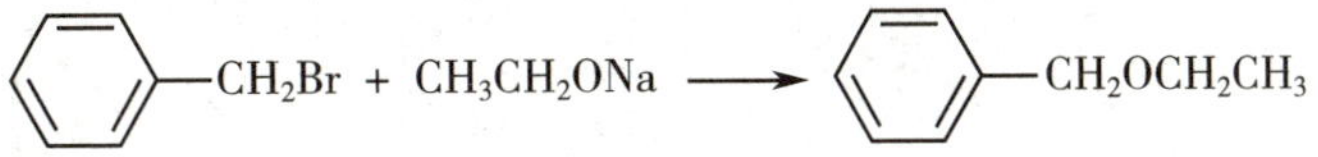

3. 三元环醚的制备　工业上常用氯醇与氢氧化钙共热制备。例如：

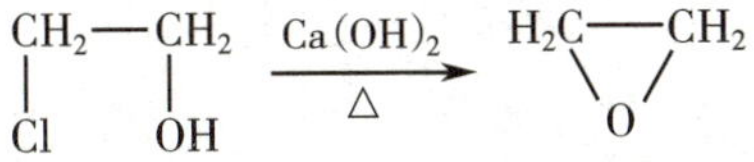

工业上还常用乙烯和氧气在银催化下反应得到环氧乙烷。此法仅限于环氧乙烷的合成。

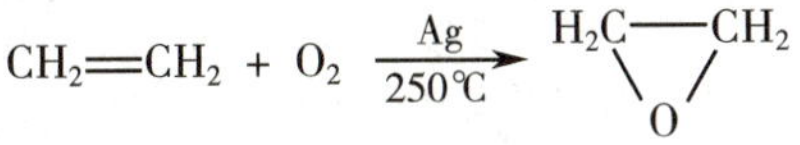

五、环氧化合物和冠醚

（一）环氧化合物

1. 环氧化合物的结构　环氧化合物一般指 1,2- 环氧化合物，最简单的是环氧乙烷。环氧乙烷化学性质活泼，是很重要的化工原料，熔点为 –112.5℃，沸点为 10.6℃，极易挥发，且与空气能形成爆炸性混合物，使用时应注意安全。

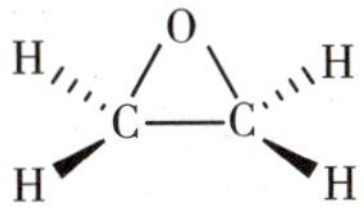

环氧乙烷由于含三元环，与环丙烷相似，有较大的环张力，容易发生开环反应，所以比开链醚或其他环醚的化学性质活泼。

2. 环氧乙烷的主要化学性质　由于分子中的活泼键是碳氧键，所以开环反应的机理是亲核取代反应机理。例如：

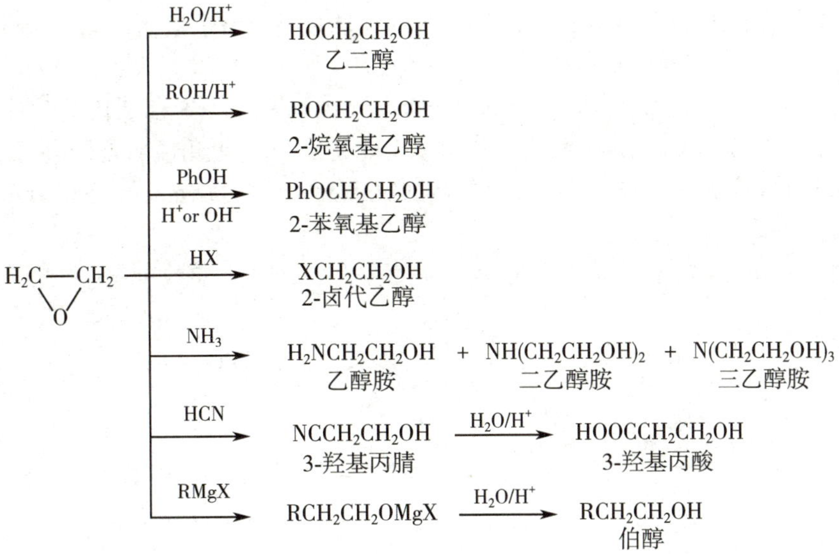

笔记栏

环氧乙烷为对称分子，发生开环反应时，不存在试剂进攻方向的差别，如用取代环氧乙烷就存在开环的方向问题。开环的方向主要取决于是酸催化还是碱催化条件，可从反应机理来分析这一差别。

（1）酸催化下的开环反应：例如 2,2- 二甲基环氧乙烷在酸催化下的亲核取代反应机理如下。

第一步：醚结合质子生成锌盐。该锌盐极不稳定，与氧相连的碳原子需要分散一部分的正电荷。由于烃基有斥电子作用，所以连接烃基较多的碳原子分散了较多的正电荷，或者说该原子比连接烃基少的碳原子容纳的正电荷多一些。

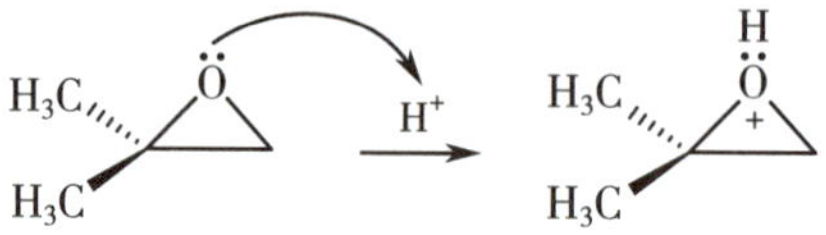

第二步：亲核试剂的进攻，并发生开环。亲核试剂进攻正电荷容量高的碳原子，即进攻取代较多的碳原子。

从反应机理看，这是一个 S_N2 反应机理，所以亲核试剂应从离去基团的背面进攻。

（2）碱催化下的开环反应：例如 2,2- 二甲基环氧乙烷与醇钠反应，机理如下。

亲核试剂直接进攻环氧乙烷，生成相应的产物。这时空间位阻是影响进攻方向的决定因素，空间位阻小的碳原子优先被进攻。反应机理为 S_N2 反应机理，亲核试剂应从离去基团的背面进攻。

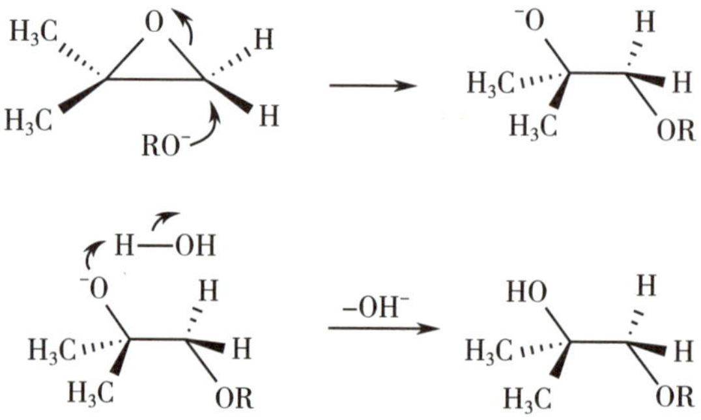

（二）冠醚

冠醚是分子中具有 $-\!\!\left(CH_2CH_2O\right)\!\!-$ 重复单元的大环多醚。由于最初合成的冠醚都形似皇冠，故此得名。

20 世纪 60 年代，美国杜邦公司的 C.J.Pedersen 在研究烯烃聚合催化剂时首次发现冠醚。之后，美国化学家 C.J.Cram 和法国化学家 J.M.Lehn 从各个角度对冠醚进行了研究，其中 J.M.Lehn 首次合成了穴醚。为此，1987 年，C.J.Pedersen、C.J.Cram 和 J.M.Lehn 共同获得了诺贝尔化学奖。

该类化合物按 "*x*- 冠 -*y*" 的方式命名，其中 *x* 表示环上的碳原子总数，*y* 表示氧原子数。例如：

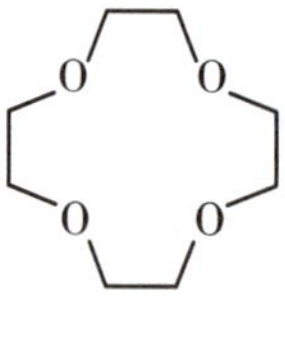

12-冠-4
12-crown-4

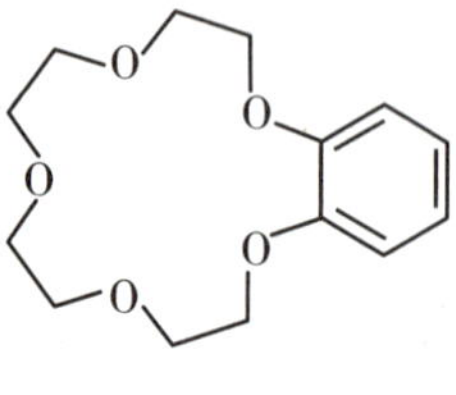

苯并-15-冠-5
benzo-15-crown-5

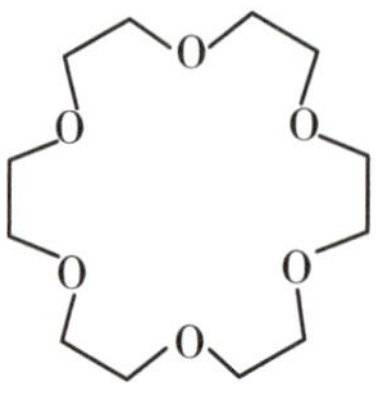

18-冠-6
18-crown-6

冠醚的重要特点是分子中具有空穴。结构不同，空穴的大小也不同。同时由于空穴的内部有多个氧原子，所以可以结合金属离子形成配合物。但是空穴的大小要与金属离子的大小接近，才能结合，因此冠醚对金属离子有较高的选择性。如，18-冠-6的空穴直径与钾离子相近，二者可以结合生成配合物。这种选择性可用于金属离子的分离和测定。

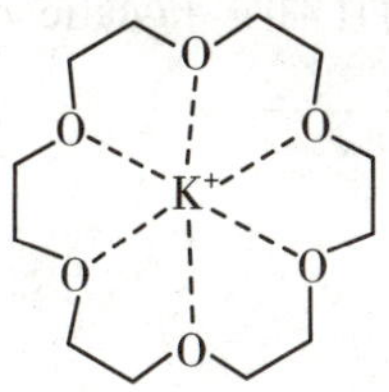

冠醚在有机化学上还常用作相转移催化剂（简称PTC）。例如环己烯用$KMnO_4$氧化生成己二酸的反应，如果直接反应，$KMnO_4$在水相，而环己烯在有机相，二者不相溶，反应效率低，需要较高的温度和较长的时间才能完成。而加入冠醚后，由于具有亲油性的亚甲基排列在环的外侧，亲水性的氧原子在环的内侧，即可将$KMnO_4$转移至有机相中，成为均相反应，如此则反应效率大大提高，在室温和较短时间内便可完成。但是，冠醚合成较困难，而且有一定毒性，回收也较难，使用时要多加注意。

六、代表性化合物

1. 蒿甲醚　本品为白色结晶或结晶性粉末，无臭，味微苦；在丙酮或三氯甲烷中极易溶解，在乙醇或乙酸乙酯中易溶，在水中几乎不溶；熔点为86~90℃。蒿甲醚不仅是一种高效的抗疟药，而且对急性上呼吸道感染高热有较好的退热作用，尚可用于治疗血吸虫病。

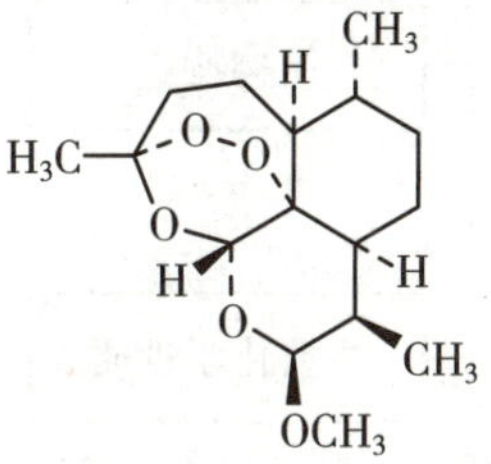

蒿甲醚（artemether）

思政元素

屠呦呦与青蒿素

蒿甲醚是青蒿素的衍生物。中国中医科学院研究员屠呦呦及其课题组于1972年首次发现并提取出了青蒿素。2015年10月5日，屠呦呦因发现了青蒿素，荣获2015年诺贝尔生理学或医学奖。屠呦呦在寻找青蒿素的艰难跋涉中，付出了常人难以忍受的艰辛和汗水。这种甘守清贫、淡泊名利、默默耕耘和无私奉献的精神体现了一个科学家最可宝贵的意志品质。

2. 愈创甘油醚　本品为白色结晶性粉末，微苦，稍有特殊气味；25℃时1g该品可溶于20ml水，溶于乙醇、氯仿、甘油、二甲基甲酰胺，易溶于苯，不溶于石油醚；熔点78.5~79℃，沸点215℃（2.53kPa）。愈创甘油醚祛痰镇咳，适用于慢性支气管炎、支气管扩张等。

笔记栏

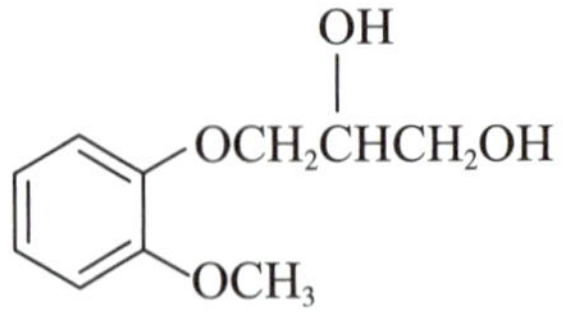

愈创甘油醚（guaifenesin）

（房 方 李贺敏）

学习小结

1. 学习要点

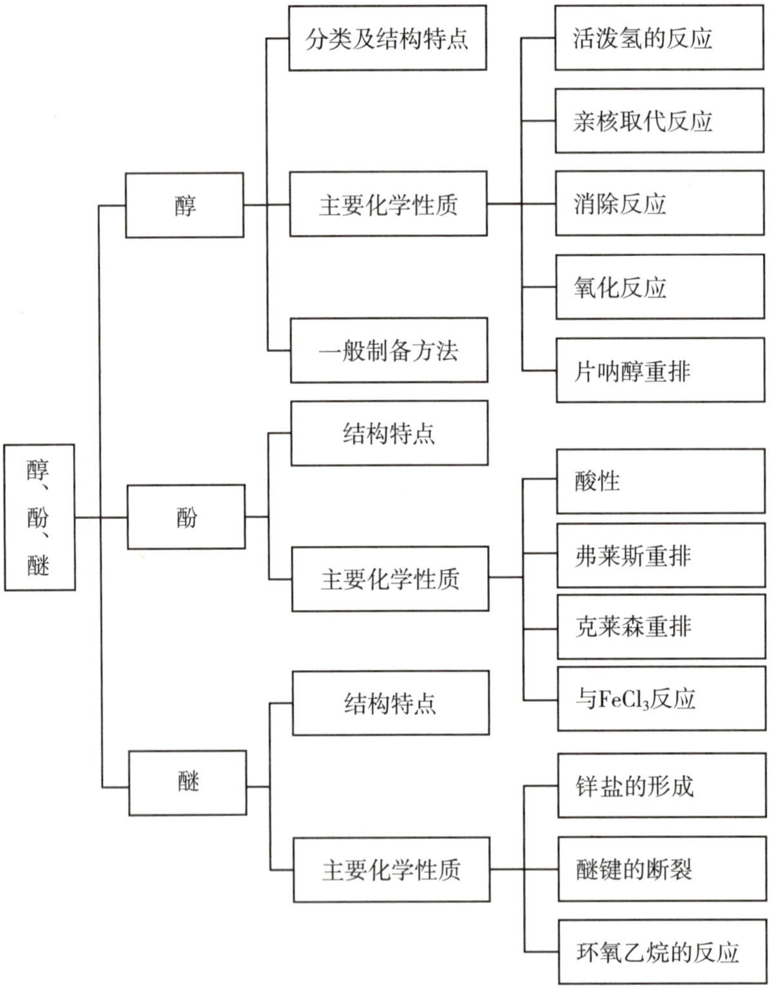

2. 学习方法 醇、酚和醚都属于含氧化合物，三者在结构上有相似之处，但又各有特点，学习中应注重这3类化合物的区别与联系。①三者都含有氧原子，都是路易斯碱，都能与路易斯酸作用。②在氧氢键性质方面，酚氧与芳环形成共轭后，导致其氧氢键的活性增强。一方面酚的酸性比醇强，另一方面酚及芳基氧负离子的亲核能力比醇及烷氧负离子弱。③在碳氧键的活性上，醇、酚、醚的活性差异很大，醇能与多种亲核试剂作用，醚通常与强酸发生亲核取代反应，而酚很难发生亲核取代反应。④在氧化反应的活性及产物上，醇可与强氧化剂作用，一般生成酮或羧酸；酚分子中的芳环受羟

笔记栏

基的影响很容易发生氧化，往往生成醌；而醚对于一般的氧化剂是稳定的，只是在空气中可缓慢发生自氧化。三元环氧化物因分子中存在小环张力，化学性质非常活泼，在合成中比较重要。

复习思考题与习题

1. 为什么 R-X、R-OH、R-O-R 都能发生亲核取代反应？试说明它们发生亲核取代反应的异同点。

2. 为什么硫醇比醇的酸性强，亲核性 RS^- 比 RO^- 强？

3. 试解释为什么苦味酸有较强的酸性（Ka=0.42）。

4. 请将下列化合物酸性由强至弱的顺序进行排列。

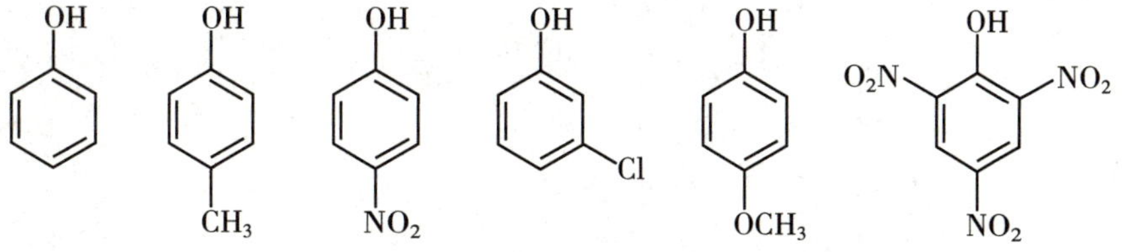

A B C D E F

5. 请将下列负离子碱性由强至弱的顺序进行排列。

$C_6H_5O^-$	$CH_3CH_2O^-$	$(CH_3)_3CO^-$	HCO_3^-
A	B	C	D

6. 将下列化合物按沸点由高到低排列次序，并解释理由。

正丁醇　　四氢呋喃　　丙醇　　丁烷

7. 为什么蒸馏久置乙醚之前必须先做过氧化物检查？如何检查？如何除去其中的过氧化物？

8. 为什么下列方法不适用于合成叔丁基丙基醚？这个反应的主要产物是什么？提出叔丁基丙基醚的一个较好的合成方法。

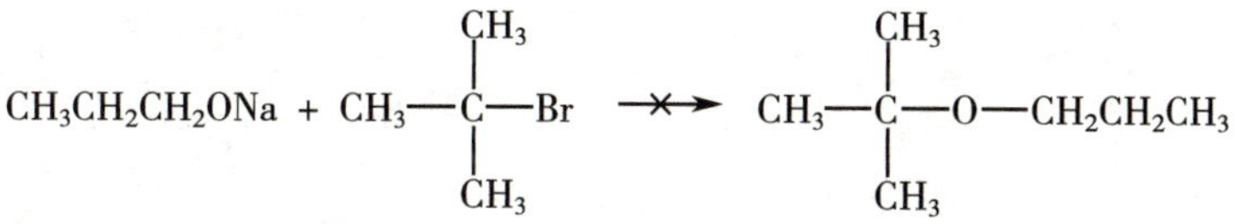

9. 完成下列反应式。

(1) 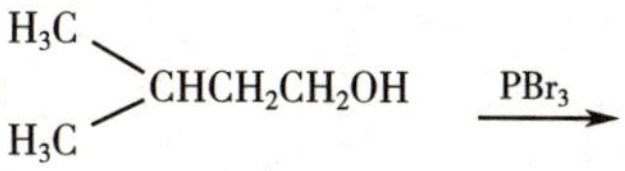

(2) 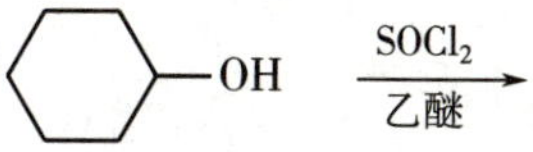

(3) 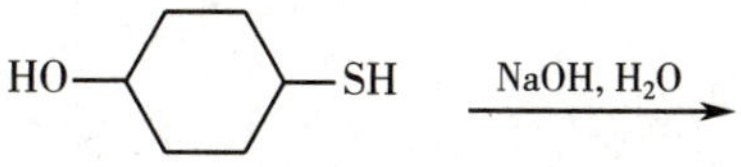

(4) 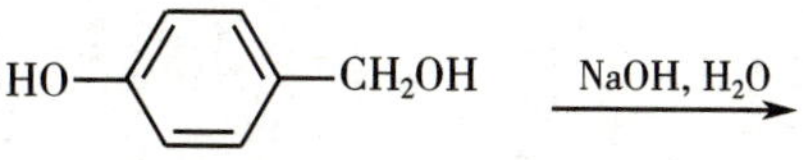

(5) 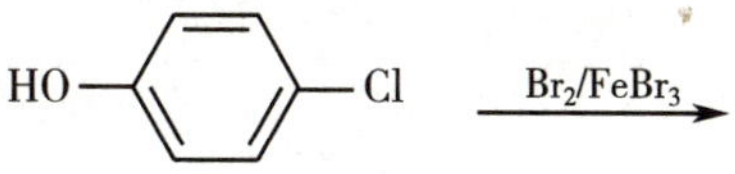

(6) 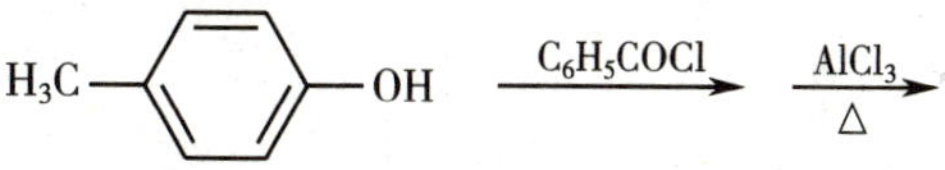

(7) 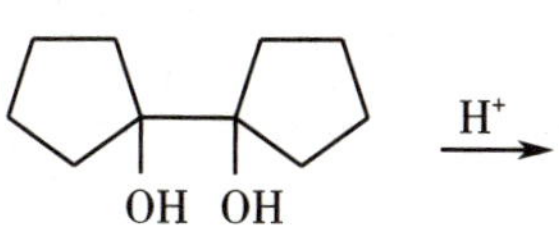

(8) 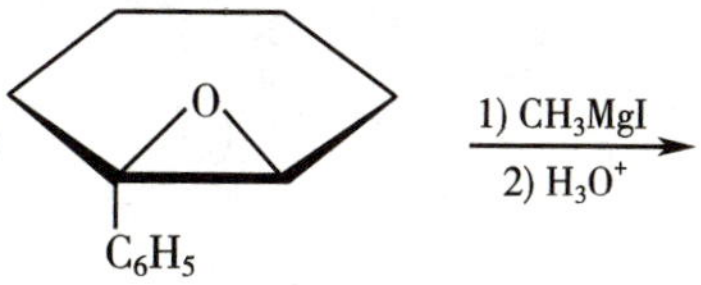

笔记栏

(9) 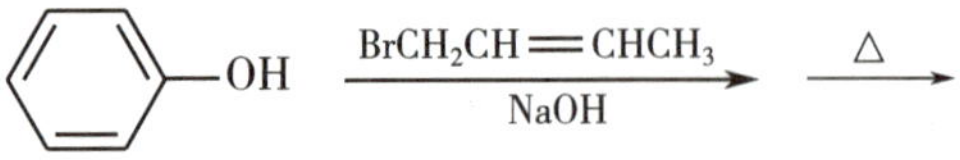

(10) 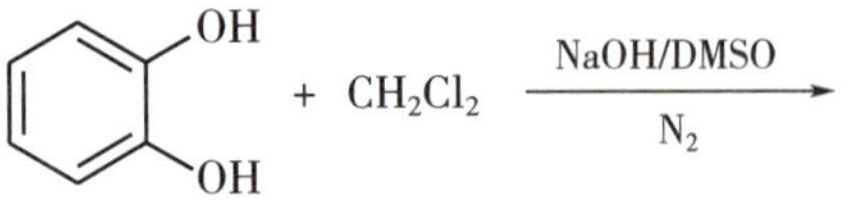

(11) 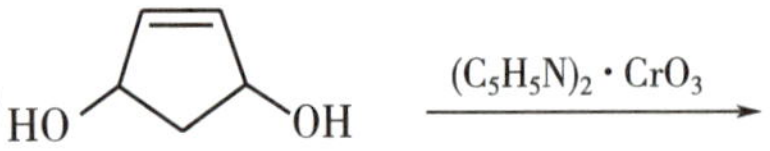

(12) 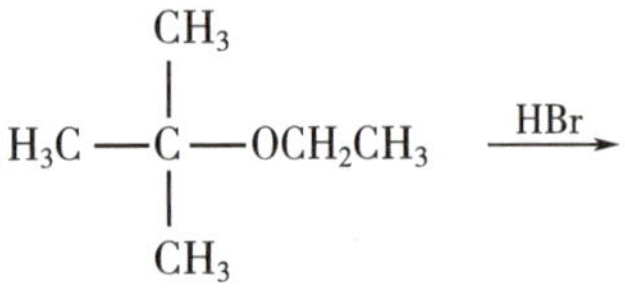

10. 用化学方法鉴别下列各组化合物。

(1) 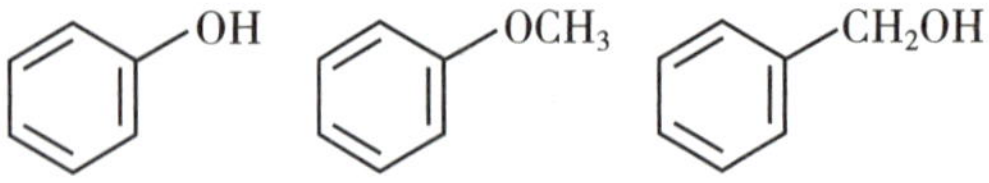

(2) 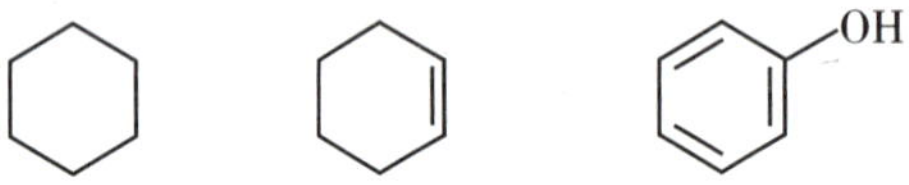

(3) 正丁醇　乙醚　正戊烷

第九章

醛、酮、醌

笔记栏

09章PPT

PPT 课件

学习目标

醛、酮是一类重要的有机合成中间体，将其还原可以得到醇，氧化可以得到羧酸。醛、酮和醌类物质含有重要官能团——羰基，易发生亲核加成反应。

1. 掌握醛、酮的重要反应：亲核加成反应，活泼氢反应，氧化还原反应，贝克曼重排，亲核加成反应机理。

2. 熟悉醛、酮、醌的命名，安息香缩合反应，影响羰基亲核加成反应的因素。

3. 了解醌的化学性质。

第一节 醛 和 酮

碳原子与氧原子通过双键相连的基团称为羰基（carbonyl），为醛和酮的官能团。羰基碳与氢和烃基相连的化合物称为醛（RCHO。甲醛例外，其羰基与 2 个氢原子相连），而结构中的—CHO 叫作醛基。羰基碳与 2 个烃基相连的化合物称为酮（$R_2C{=}O$）。酮分子中的羰基也叫作酮基。这类化合物广泛存在于自然界中，通常可作为化学品、溶剂、聚合物单体、黏合剂、医药品等。

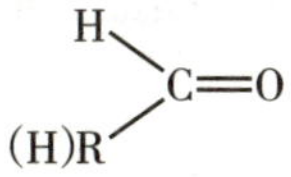

醛

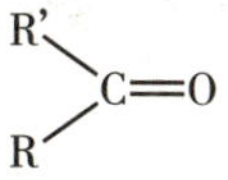

酮

一、醛和酮的分类、结构和异构

（一）分类

醛（aldehyde）和酮（ketone）的分类方式有很多种。根据羰基碳所连烃基结构的不同，醛、酮可分为脂肪族（aliphatic）、脂环族（alicyclic）和芳香族（aromatic）醛、酮等。根据羰基碳所连烃基的饱和程度不同，醛、酮又可分为饱和（saturated）与不饱和（unsaturated）醛、酮。

笔记栏

根据烃基结构分
- 脂肪醛　CH_3CH_2CHO　$CH_3-\underset{}{\overset{CH_3}{\overset{|}{CH}}}-CHO$
- 脂肪酮　$H_3C-\overset{O}{\overset{\|}{C}}-CH_3$　$CH_3-\overset{O}{\overset{\|}{C}}-CH_2-\overset{O}{\overset{\|}{C}}-CH_2CH_3$
- 脂环酮　　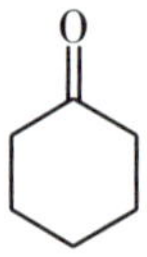
- 芳香醛　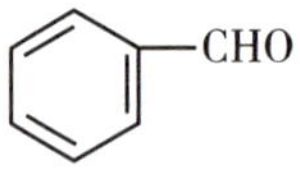　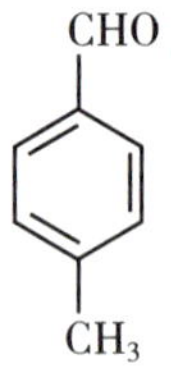
- 芳香酮　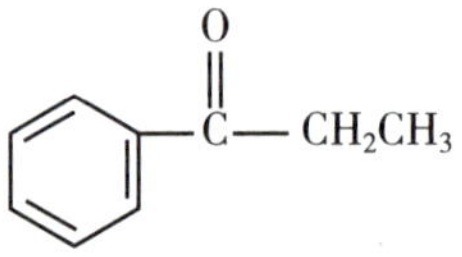

根据烃基饱和程度分
- 饱和醛　CH_3CH_2CHO
- 饱和酮　$H_3C-\overset{O}{\overset{\|}{C}}-CH_3$
- 不饱和醛　$H_2C{=}CH-CHO$
- 不饱和酮　$H_2C{=}CH-\overset{O}{\overset{\|}{C}}-CH_3$

根据分子中所含羰基的数目，醛、酮还可分为一元、二元和多元醛、酮。例如：

$OHC-CH_2-CHO$　　$H_3C-\overset{O}{\overset{\|}{C}}-CH_2-\overset{O}{\overset{\|}{C}}-CH_3$　　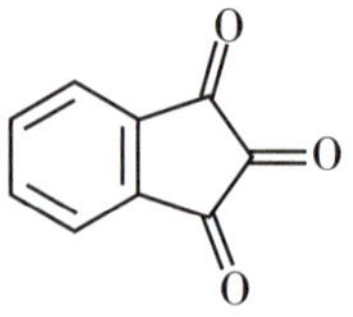

二元醛　　二元酮　　多元酮

此外，根据酮分子中与羰基碳相连的 2 个烃基是否相同，也可把酮分为简单酮和混合酮（或不对称酮）。例如：

$CH_3-\overset{O}{\overset{\|}{C}}-CH_3$　　$CH_3-\overset{O}{\overset{\|}{C}}-CH_2CH_3$

简单酮　　混合酮

（二）异构

醛分子的异构只有碳链异构；酮分子除了碳链异构外，还有羰基的位置异构。碳原子数相同的饱和一元醛、酮互为官能团异构体。

笔记栏

(三) 结构

羰基中碳和氧以双键相结合，与乙烯的碳碳双键相似，碳原子以 3 个 sp^2 杂化轨道形成 3 个 σ 键，并且在同一个平面上。羰基的碳氧双键是由 1 个 σ 键和 1 个 π 键形成的，和烯烃中碳碳双键的结构类似。如图 9-1 所示。

图 9-1　羰基的结构及电子云分布示意图

羰基是一个极性基团，具有偶极矩。由于羰基中氧原子的电负性较大，使羰基的 π 电子分布不均匀，氧原子带部分负电荷，碳原子带部分正电荷。

受羰基极性影响，羰基的 α 碳原子的碳氢键易发生极化，使 α 氢有较强的活泼性。

二、醛和酮的物理性质

由于羰基的偶极距增加了分子间的吸引力，因此醛、酮的沸点比相应分子量的烷烃高。由于醛、酮分子间不能形成氢键，因此沸点比相应分子量的醇低。低级醛、酮可以与水混溶，随着相对分子质量的增加，在水中溶解度呈现减小趋势。一些常见醛、酮的物理性质如表 9-1 所示。

表 9-1　常见醛、酮的物理性质

名称	沸点 /℃	熔点 /℃	比重 /(g/ml)	溶解度 /(g/100g 水)
甲醛	-21	-92	0.815(-20℃)	易溶
乙醛	21	-121	0.795 1(10℃)	16
丙醛	49	-81	0.796 6(25℃)	7
丙烯醛	52	-87	0.841 0	溶
异丁醛	64	-66	0.793 8	溶
丁醛	76	-99	0.817 0	微溶
戊醛	103	-92	0.81	微溶
苯甲醛	178	-26	1.041 5(15℃)	0.3
苯乙醛	194	33~34	1.027 2	微溶
丙酮	56	-95	0.789 9	易溶
丁酮	80	-86	0.805 4	26
戊 -2- 酮	102	-78	0.808 9	6.3
戊 -3- 酮	102	-41	0.813 8	5
环己酮	156	-45	0.947 8	2.4
苯乙酮	202	21	1.025 0	不溶
二苯酮	306	48	1.098 0	不溶

常温下除甲醛是气体外，12 个碳原子以下的脂肪醛、酮类都是无色液体，高级脂肪醛、酮和芳香酮多为固体。低级醛具有刺激性气味，某些中级醛、酮和芳香醛具有特殊的香味，可用于化妆品和食品工业。

笔记栏

三、醛和酮的化学性质

羰基是醛、酮的官能团，是醛、酮类化合物的反应中心，在这一点上醛、酮分子具有一些相似的化学性质。但是，醛的羰基上连有 1 个烃基和 1 个氢原子，而酮的羰基上连着 2 个烃基，所以醛、酮的化学性质也存在明显差异。

（一）羰基的亲核加成

醛、酮分子中羰基的 π 键和碳碳双键中的 π 键相似，也易断裂，因此与碳碳双键类似，羰基也可以通过断裂 π 键而发生加成反应。但醛、酮分子中的羰基极性较大，氧原子带部分负电荷，碳原子带部分正电荷，而且带部分负电荷的氧原子要比带正电荷的碳原子稳定得多，因此羰基中带正电荷的碳原子是反应的活性中心，亲核试剂容易进攻带正电性的碳，导致 π 键异裂，形成加成产物。这种由亲核试剂的进攻引发的加成反应称为亲核加成。

亲核加成反应既可以在碱性条件下进行，也可以在酸性条件下进行。碱性条件下的反应机理：

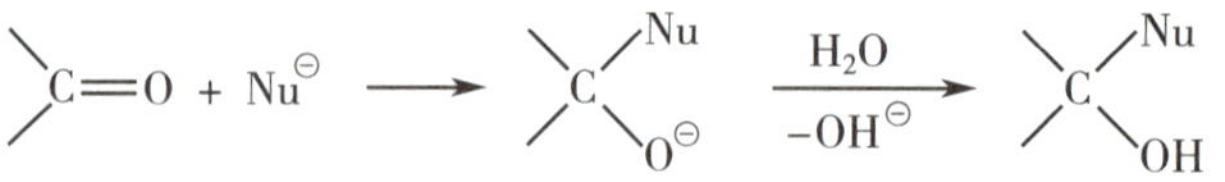

酸性条件下的反应机理：

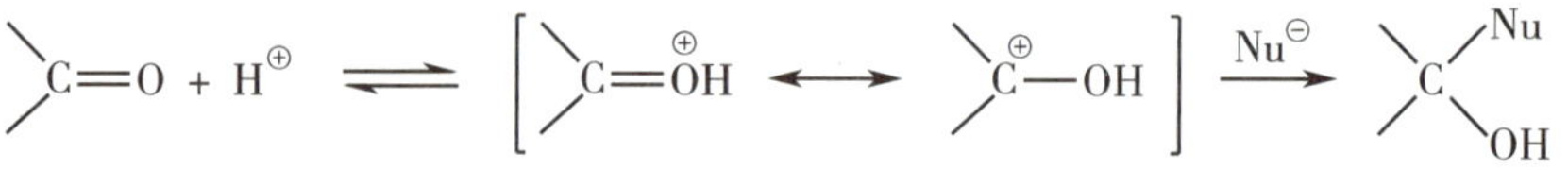

ER-9-1 羰基的亲核加成机理

1. 与氢氰酸的加成　氢氰酸可以和醛、酮发生亲核加成，反应后生成 α- 羟基腈。它是制备 α- 羟基酸的原料。

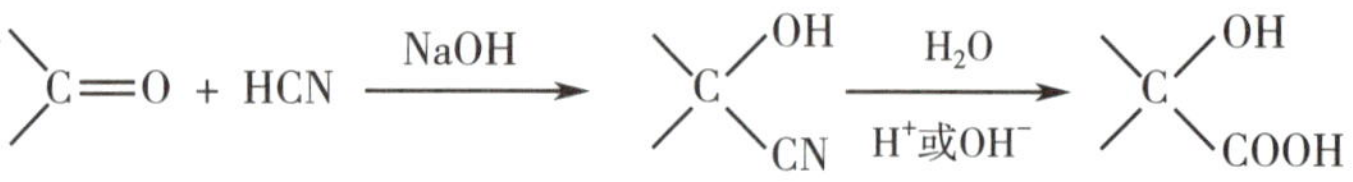

α -羟基腈　　α -羟基酸

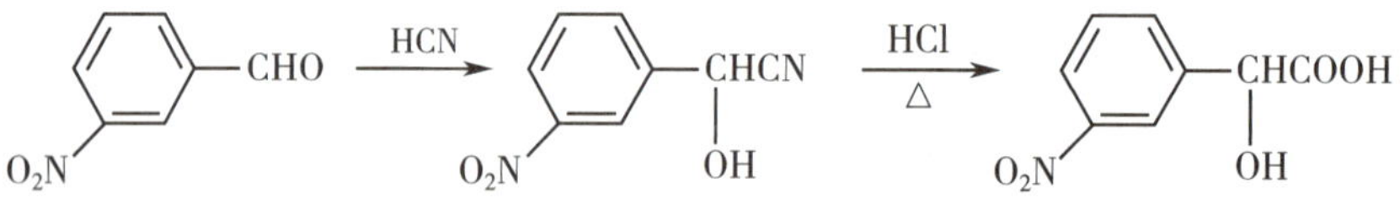

间硝基苦杏仁酸

有 β-H 的 α- 羟基酸可进一步失水，变成 α，β- 不饱和羧酸。

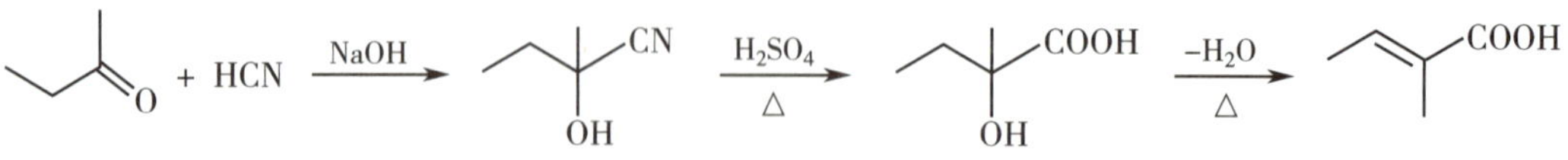

有机玻璃的制备就是利用了丙酮与氢氰酸的加成反应：

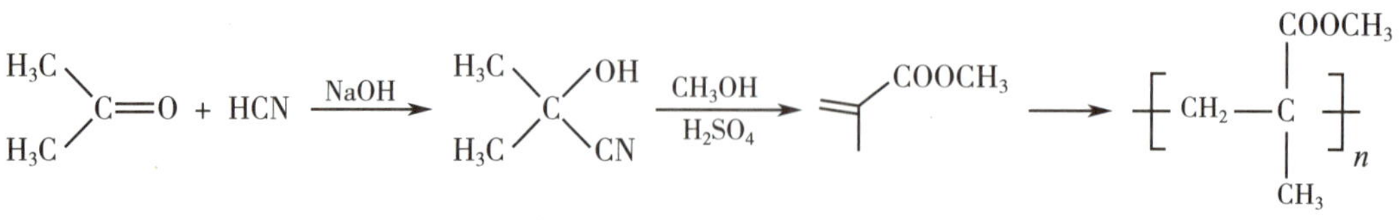

丙酮氰醇(78%)　　甲基丙烯酸甲酯(90%)　　有机玻璃

醛、酮与氢氰酸加成时，由于氢氰酸极易挥发，且毒性很大，所以操作要特别小心，需要

笔记栏

在通风橱内进行。为了增加 CN^- 的浓度，常将醛、酮与氰化钾或氰化钠的水溶液混合，然后缓缓加入硫酸使产生的 HCN 立即与醛、酮反应生成氰醇。

2. 与亚硫酸氢钠的加成　醛、脂肪族甲基酮及八元以下的环酮可以与饱和亚硫酸氢钠水溶液（约 40%）发生加成反应，生成稳定的亚硫酸氢钠加成物。

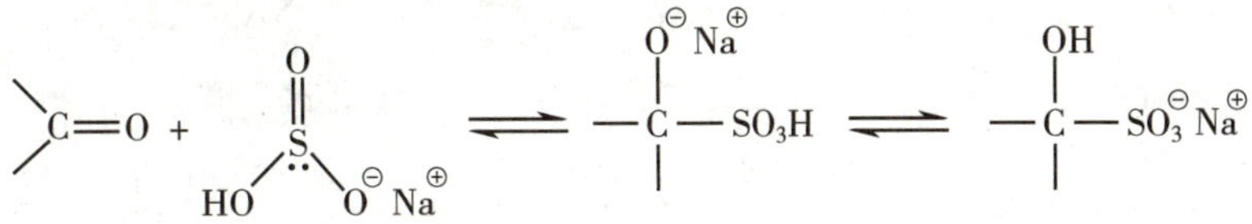

该反应不需要催化剂就可以发生，反应时用过量的饱和亚硫酸氢钠水溶液和醛、酮一起振荡，使平衡尽量向右移动，使醛、酮完全反应。加成产物为盐，不溶于乙醚，但能溶于水中，通常能形成很好的无色结晶，因此可以利用这个反应将醛、酮从其他不溶于水的有机化合物中分离出来。反应又是可逆的，将存在于体系中的微量亚硫酸氢钠用酸或碱不断地除去，加成物又可分解得到原来的醛、酮。因此，利用这一反应可鉴别醛、脂肪族甲基酮和八元以下的环酮，也可分离提纯这些化合物。

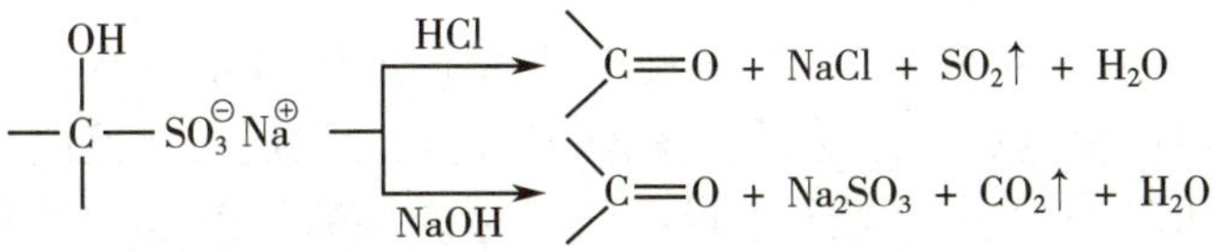

3. 与水的加成　水也可与醛、酮发生亲核加成反应，生成的产物称为醛或酮的水合物。

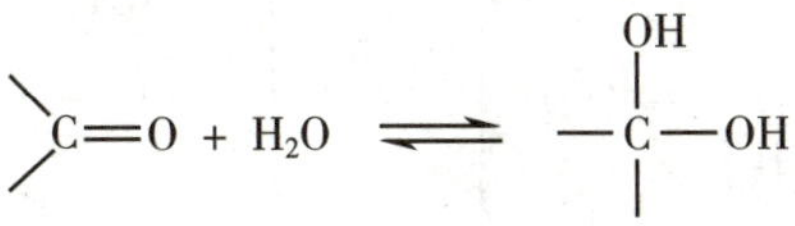

由于水合物中 2 个羟基连在同一个碳上，这样的结构在热力学上是很不稳定的，很容易失水而重新生成醛和酮分子，即该反应是一可逆反应，平衡大大偏向于反应物方面。只有个别醛，如甲醛在水溶液中几乎全部都变成其水合物，但不可能把它们分离出来，原因是甲醛水合物在分离过程中即失水生成甲醛。

若醛、酮的羰基与强吸电子基（如 CCl_3—、RCO—、—CHO、—COOH 等）相连，则羰基碳的正电性大大增加，这样的醛、酮与水形成的加成产物，稳定性大大增强。如：

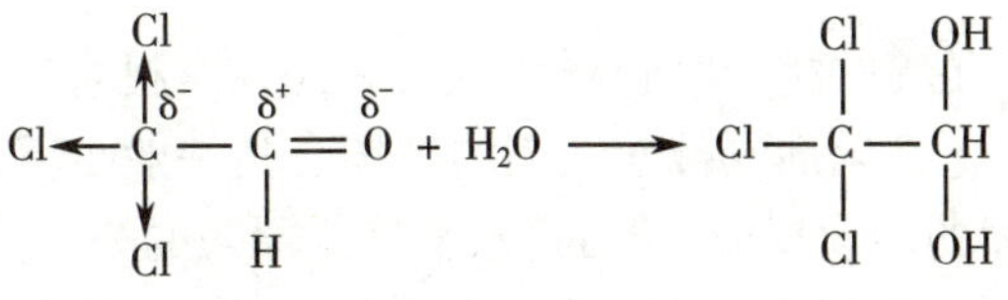

三氯乙醛　　　　水合三氯乙醛

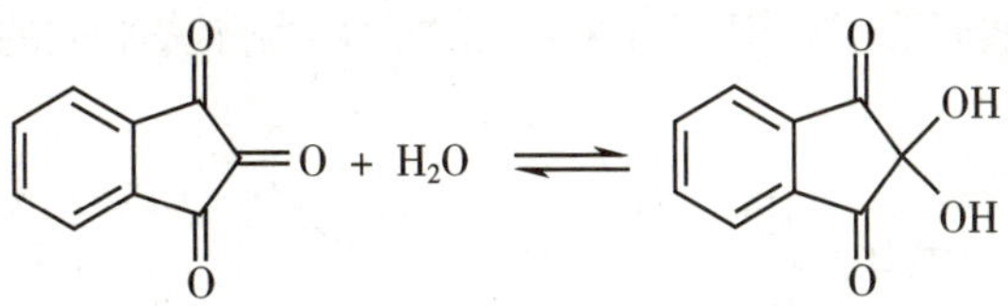

茚三酮　　　　水合茚三酮

4. 与醇的加成　醇也具有一定的亲核性，在酸性催化剂如对甲苯磺酸、干燥氯化氢的作用下，一分子醛、酮首先与一分子醇发生加成反应生成半缩醛（酮）。半缩醛（酮）羟基一般比较活泼，在酸性条件下，与过量的醇进一步反应，失去一分子水得到缩醛(酮)。

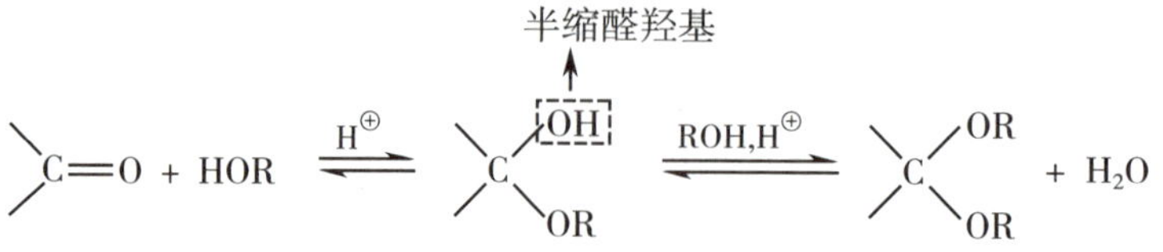

醛或酮　　半缩醛（酮）　　缩醛（酮）

某醛（酮）缩一某醇　　某醛（酮）缩二某醇

该反应是可逆反应，半缩醛(酮)在酸性或碱性溶液中不稳定，易分解成醛(酮)和醇；缩醛(酮)在酸性水溶液中不稳定，易分解成醛(酮)和醇，但对碱和氧化剂是稳定的。因此，生成半缩醛(酮)的缩醛(酮)的反应须在无水的酸性条件下进行。例如：

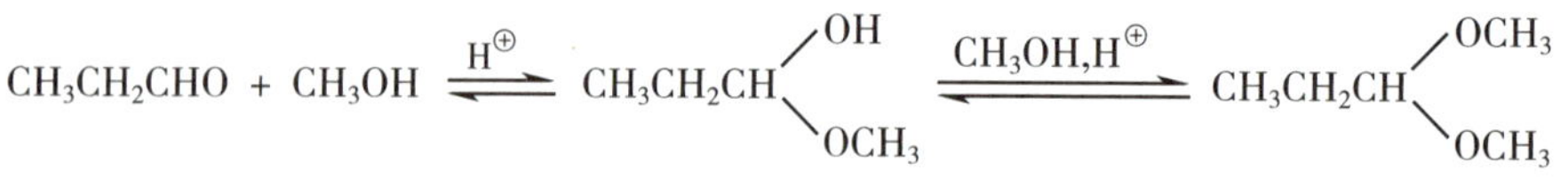

丙醛缩一甲醇　　丙醛缩二甲醇

缩醛的生成经过许多中间步骤：首先是羰基的质子化，羰基氧原子上的质子化增强了羰基碳原子的正电性，使其更容易受到亲核试剂的进攻。然后是亲核性较弱的醇分子对质子化羰基的加成，再失去 1 个氢离子，生成不稳定的半缩醛。半缩醛在酸的催化下，失去一分子水，形成 1 个碳正离子，而碳正离子与醇结合脱去氢，最后得到稳定的缩醛。

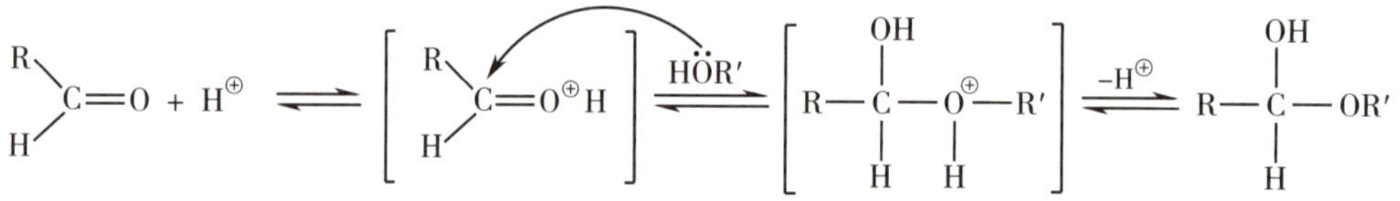

半缩醛

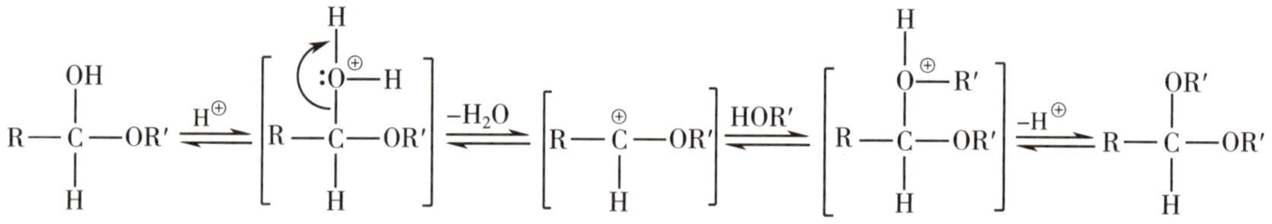

缩醛

缩醛可以看作同碳二元醇的醚，性质与醚相似，因此在有机合成上常用来保护羰基，以避免活泼的醛基在反应中受氧化剂或碱性试剂的破坏。其一般步骤如下：先将醛转变成缩醛，再进行分子中其他基团的转化反应，然后再水解恢复原来的醛。

酮与一元醇在上述条件下，反应平衡偏向于反应物一边，一般得不到半缩酮和缩酮。环状缩酮的稳定性较强，将酮与二元醇反应，并设法除去反应生成的水，也可得到环状缩酮。例如，在酸催化下，使酮与乙二醇作用，并采用油水分离器除去生成的水，可得到较稳定的缩酮产物。

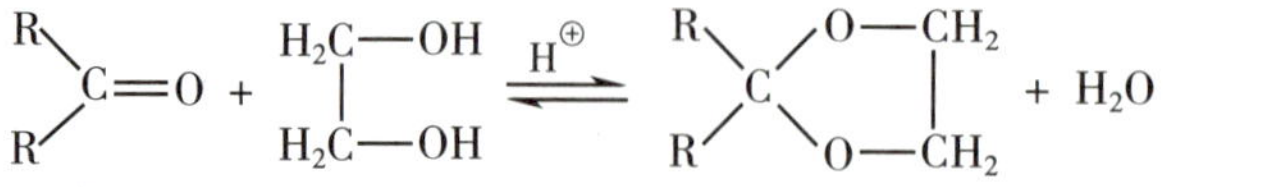

此外，使用特殊的试剂(如：原甲酸三乙酯)和酮在酸的催化作用下进行反应，也可以得到较高产率的缩酮。

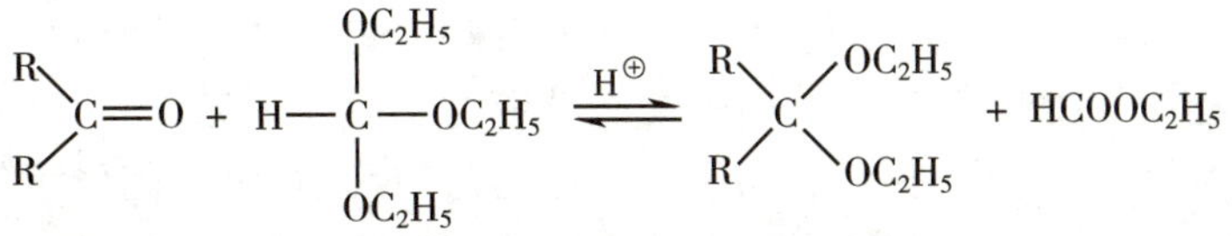

5. 与氨及其衍生物的加成　氨及其衍生物可用一般式 $H_2N\text{-}Y$ 来表示。氨及常用的氨的衍生物有：

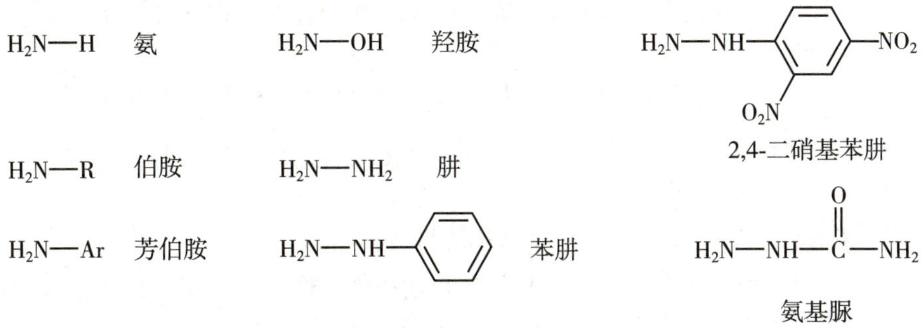

氨及其衍生物的分子中的氮原子上都带有未共用电子对，因此都是含氮的亲核试剂，能与醛、酮发生亲核加成，然后失水，形成含有碳氮双键（>C═N—）的化合物。该反应可用如下通式表示：

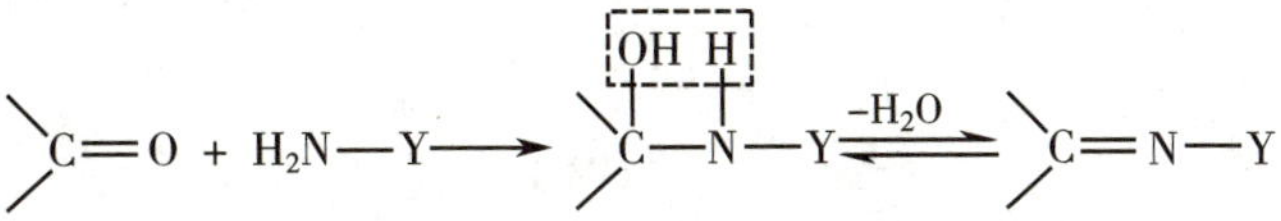

醛、酮与氨的衍生物的加成反应产物分别为：

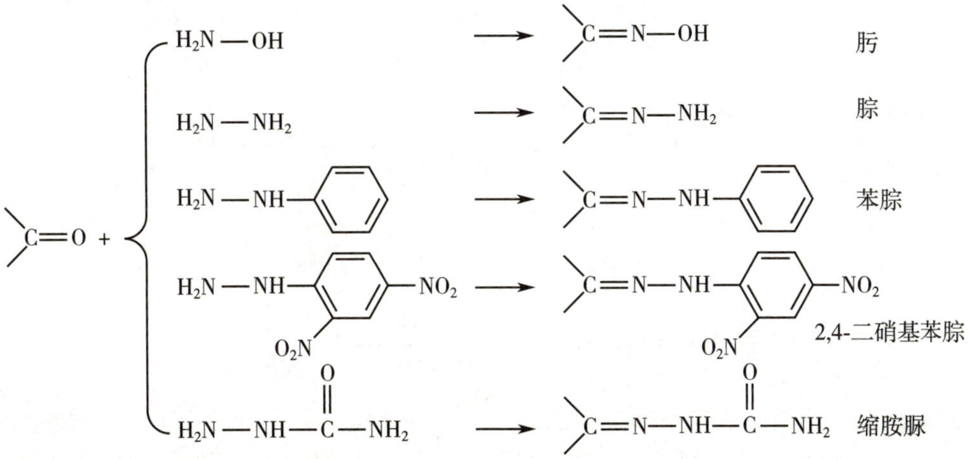

例如：

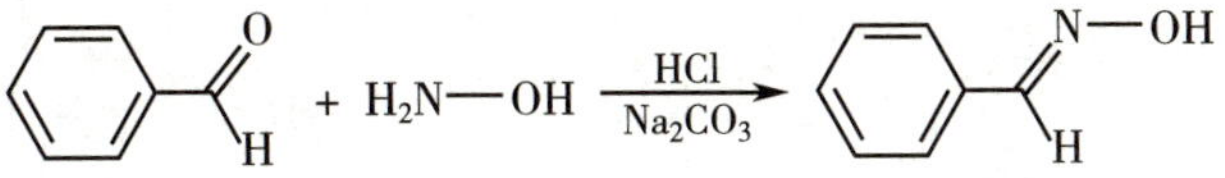

苯甲醛肟

羟胺、肼、苯肼等氨的衍生物，与醛、酮的加成产物（如肟、腙、苯腙及缩氨脲等）一般都是黄色或白色的结晶化合物，具有固定的结晶形状和熔点，可用于鉴别醛、酮；此外，所生成的加成产物在稀酸作用下，还可水解得到原来的醛、酮，因此又可用于分离纯化醛、酮，故而将这些氨的衍生物专称“羰基试剂”。但这些试剂的亲核性不如 CN^-、R^- 强，所以反应一

笔记栏

般需要酸催化以增强羰基的亲电性，从而有利于亲核试剂的进攻。但 H^+ 也能使羰基试剂($H_2N—Y$)质子化形成取代铵离子，从而失去亲核能力。由此可见，反应介质必须要有足够的酸性使醛、酮的羰基质子化，但酸性又不能太强，以避免亲核试剂因质子化而浓度降得太低。反应的最佳 pH 一般在 3~4，具体数值决定于羰基试剂的碱性及醛、酮的结构。

醛、酮与氨、伯胺作用生成席夫碱(Schiff base)：

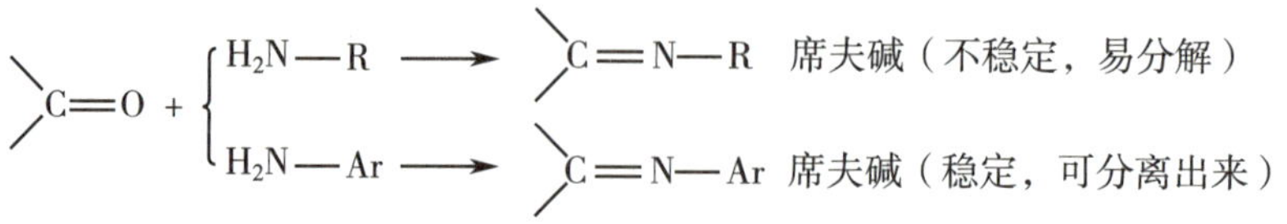

6. 与格氏试剂的加成　格氏试剂 RMgX 中的 R 可看作碳负离子(R^-)，具有很强的亲核性，因此格氏试剂可以和大多数醛、酮发生亲核加成反应，且加成产物水解后生成碳原子数更多的、具有新碳架的醇。这是合成不同结构醇的常用方法。

格氏试剂与甲醛作用生成伯醇，与其他醛作用生成仲醇，而与酮作用则生成叔醇。由于格氏试剂能与具有活泼氢的化合物(如水、醇等)反应而失效，因此该反应的第一步需要在无水环境中进行，常用的溶剂为无水乙醚或无水四氢呋喃。

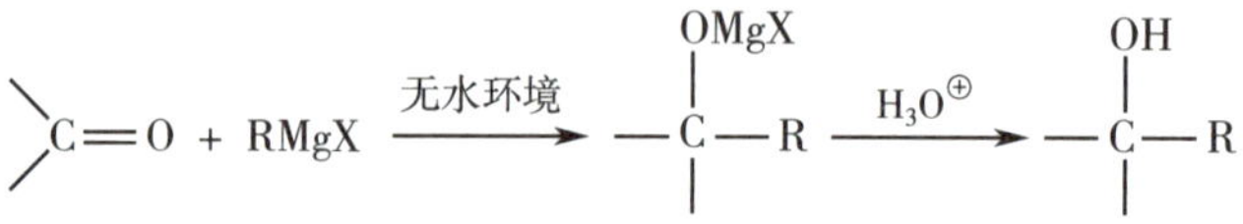

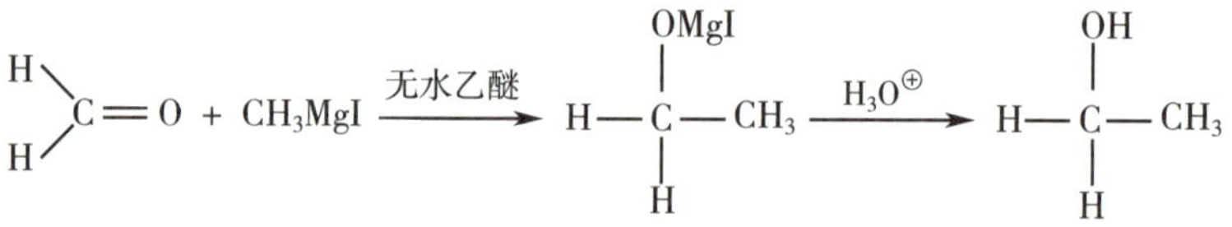

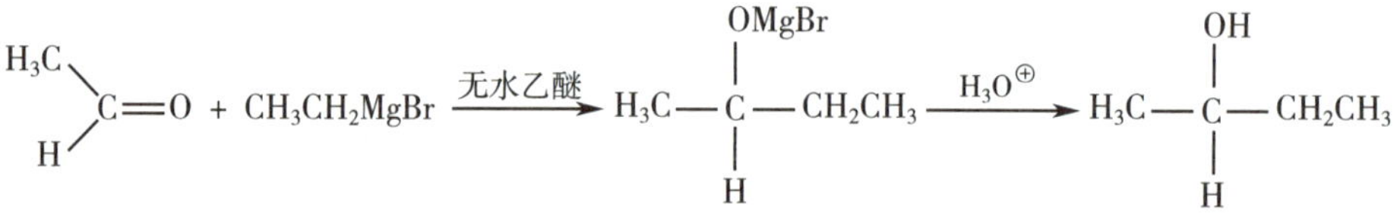

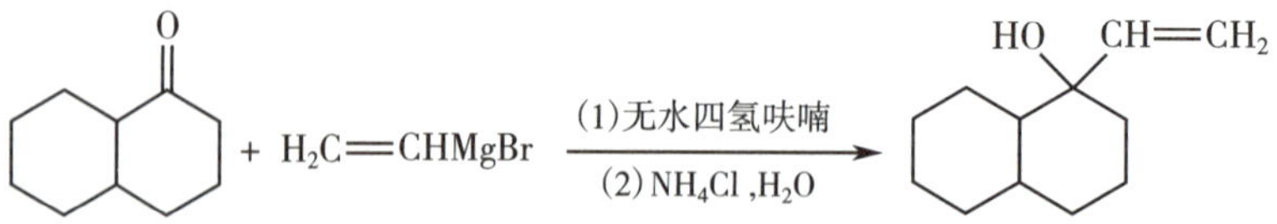

羰基两侧基团以及试剂空间位阻的大小影响到该类反应产物的产率。当羰基两侧基团不太大时，亲核加成反应可以正常进行；反之，产物产率将降低。例如下式中当 R 为 C_2H_5 时是正常的亲核加成反应，产率为 80%；当 R 分别为正丙基、异丙基时，产物的产率分别为 30%、0。

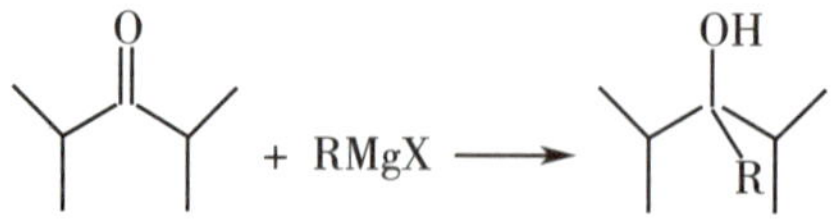

原因是当酮分子中的 2 个烃基和格氏试剂中的烃基体积都很大时，格氏试剂对羰基的加成因空间位阻增加而大大减慢。

用活性更强的有机锂化合物代替格氏试剂，仍能得到加成产物，且产率较高，易分离。不同之处是，有机锂化合物和空间位阻较大的酮加成时，仍能得到加成产物。

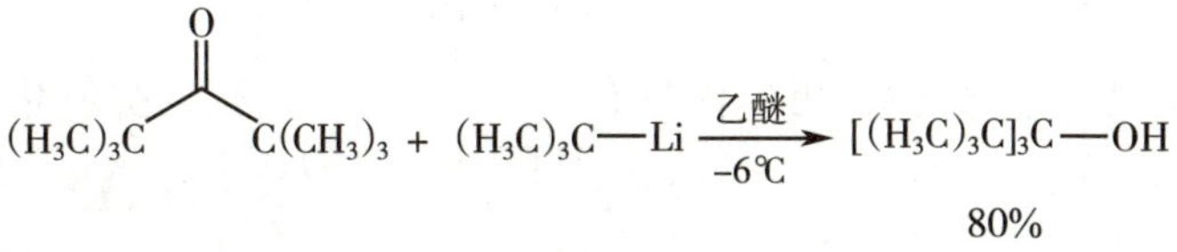

(二)活泼氢的反应

醛、酮羰基的α-碳原子上的氢原子因受羰基的吸电子效应的影响而具有较大的活泼性。

1. α-H的卤化　在酸或碱的催化下，醛、酮的α-H可被卤素原子取代。

酸催化反应机理如下：

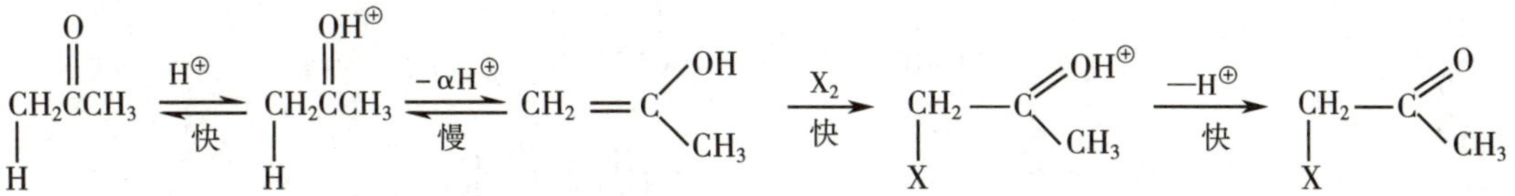

决定酸催化反应速度的步骤是生成烯醇这一步，即反应取决于醛、酮和酸的浓度，而与卤素的浓度无关。由于卤原子电负性较大，使一卤代物难以形成烯醇式，且少量的烯醇式也因双键上的电子云密度降低而继续与卤素反应的速度减小，所以酸催化时，反应通常停留在一元卤代阶段。

对于不对称酮，酸催化卤化反应的优先次序是：

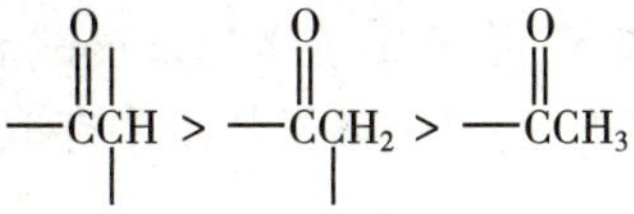

碱催化反应机理如下：

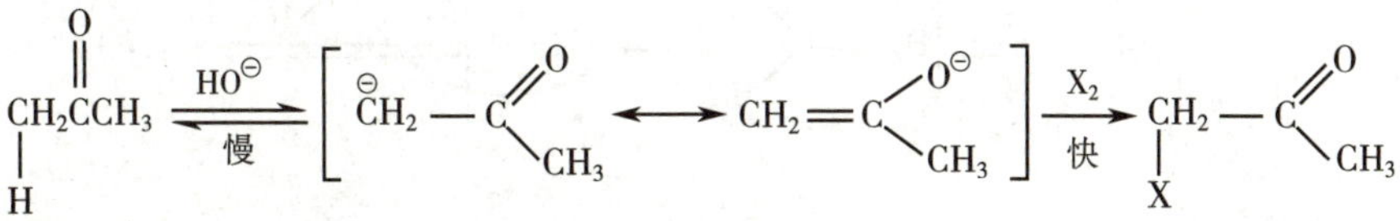

碱催化时，当一个卤原子引入α-碳原子以后，由于卤素是吸电子的，使得α-氢原子更加活泼，形成新的碳负离子更加容易，形成的碳负离子更加稳定，所以碱催化使反应不易停留在一元阶段，一直到这个碳上的氢完全被取代为止。

2. 卤仿反应　乙醛、甲基酮类化合物或能被次卤酸钠氧化成乙醛或甲基酮类的化合物，在碱性条件下与卤素作用生成氯仿、溴仿、碘仿的反应称为卤仿反应。

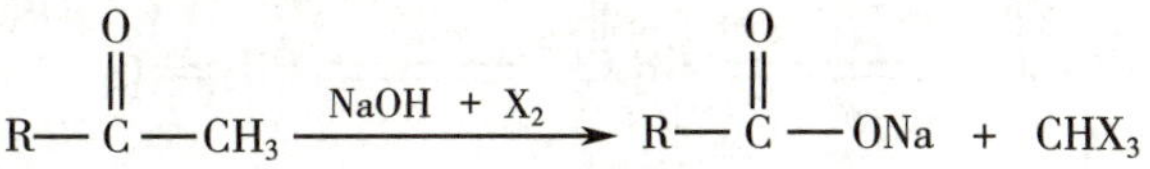

卤仿反应机理如下：

首先是乙醛或甲基酮在碱性条件下发生α-H的3次卤化，得到三卤乙醛或三卤甲基酮，再经加成-消除反应，得到羧酸和三卤甲基负离子，最终通过酸碱反应得到卤仿。

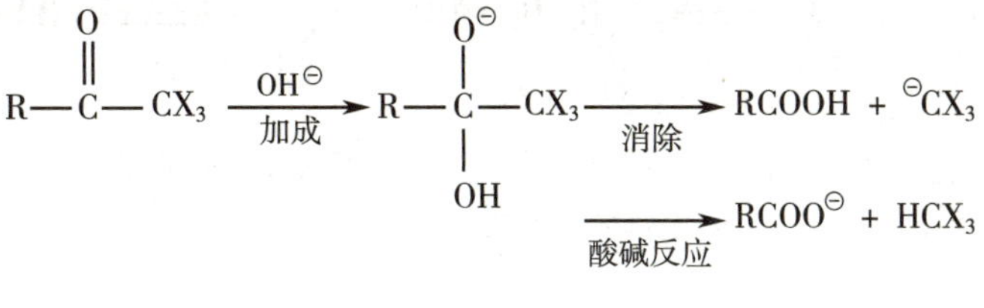

笔记栏

由于次卤酸钠是一个氧化剂，可以使具有 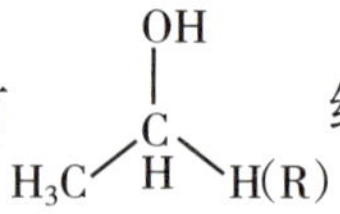 结构的醇氧化为乙醛或甲基酮，因此具有 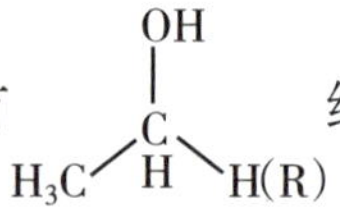 结构的醇也都能发生卤仿反应。如果用次碘酸钠（碘加氢氧化钠）作试剂，生成难溶于水的黄色结晶且具有特殊臭味的碘仿（CHI_3），即为碘仿反应。

碘仿反应常用来鉴别具有 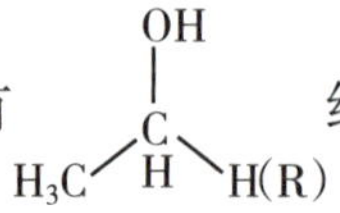 结构的醇和具有 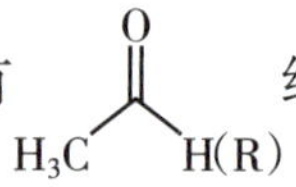 结构的醛、酮。

3. 羟醛缩合　带有 α- 氢的醛、酮在稀碱或稀酸的作用下，缩合生成 β- 羟基醛（酮）的反应称为羟醛缩合。

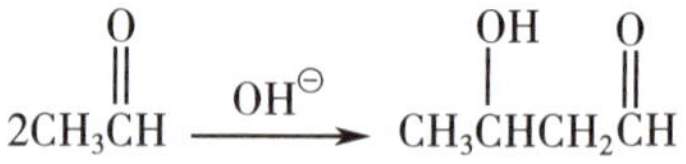

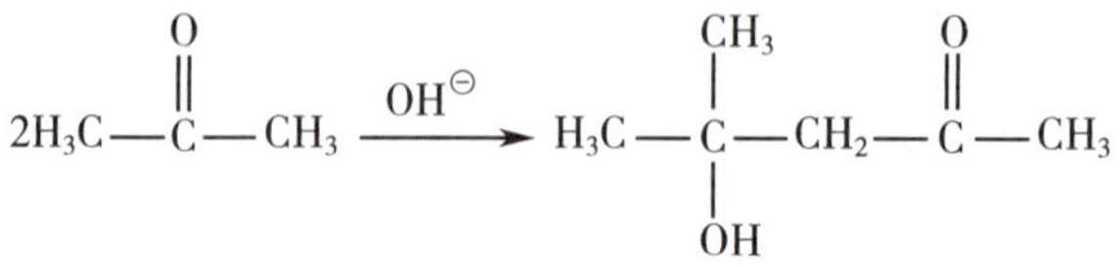

生成的 β- 羟基醛（酮）很容易失水，生成 α，β- 不饱和醛（酮），因此该反应是一个很好的合成 α，β- 不饱和醛（酮）的方法。

稀碱催化的反应机理：大多数的羟醛缩合是在碱性条件下进行的。一分子醛（酮）在碱作用下失去 α-H 形成 1 个碳负离子，碳负离子作为亲核试剂再对另一分子醛（酮）的羰基碳原子进行亲核加成生成烷氧负离子，烷氧负离子从水中夺取 1 个氢生成 β- 羟基醛（酮）。

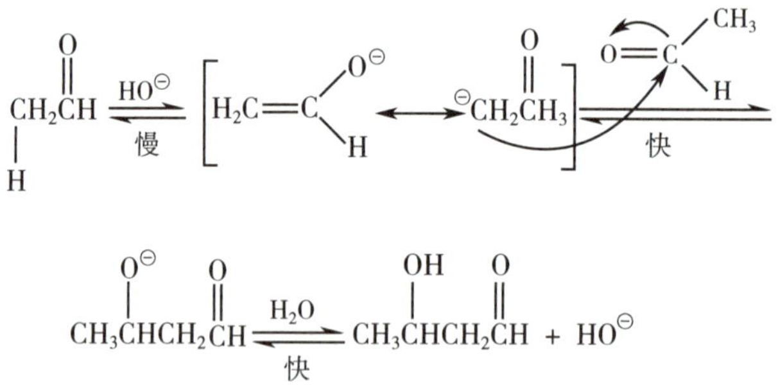

稀酸催化反应机理：

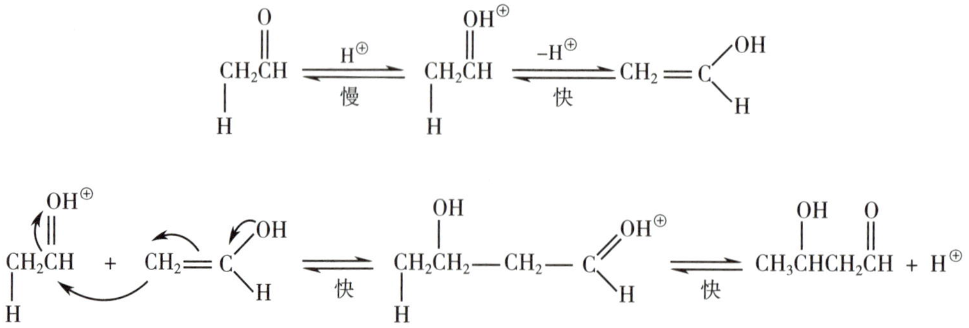

首先是在酸催化下由醛（酮）式转变为烯醇式，然后烯醇式对质子化的醛（酮）羰基进行亲核加成，再通过质子转移生成 β- 羟基醛（酮）。

笔记栏

$$C_6H_5CHO + CH_3CHO \xrightleftharpoons{NaOH} C_6H_5\underset{}{\overset{OH}{|}}{CH}CH_2CHO \xrightarrow{-H_2O} C_6H_5CH{=}CHCHO$$

不同的醛、酮分子间发生的缩合反应叫交叉羟醛缩合。如果 2 个都含有 α-H 的不同醛、酮进行缩合反应，将得到多种产物。通常采用的这一反应是用一个无 α-H 的芳香醛提供羰基和一个有 α-H 的脂肪族醛、酮提供烯醇负离子，进行交叉羟醛缩合，产物脱水得到产率很高的 α,β- 不饱和醛、酮。这一反应叫作克莱森 - 施密特（Claisen-Schmidt）缩合反应。

（三）氧化还原反应

1. 氧化反应

（1）醛的氧化

$$R\text{-}CHO \xrightarrow{[O]} R\text{-}COOH$$

由于醛的羰基碳原子上连有氢原子，所以醛非常容易被氧化，得到含有相同碳原子数的羧酸。醛分子既可以被强氧化剂（如酸性 $KMnO_4$、$K_2Cr_2O_7$-H_2SO_4 等）氧化，也可以被弱氧化剂（托伦试剂、费林试剂、本尼迪克特试剂、氧化银等）氧化。托伦试剂（Tollen reagent）是氢氧化银与氨溶液反应制得的银氨络合离子 $[Ag(NH_3)_2^+]$。醛被氧化，Ag^+ 被还原为金属银并以银镜的形式沉淀出来，称为银镜反应。费林试剂（Fehling reagent）是将 $CuSO_4$ 与 NaOH 和酒石酸钾钠的溶液临时混合制得，醛被氧化时，Cu^{2+} 被还原为红色的 Cu_2O 沉淀。

$$RCHO + 2[Ag(NH_3)_2]^{\oplus}OH^{\ominus} \xrightarrow[\triangle]{} RCOOH + 2Ag\downarrow + 3NH_3 + H_2O$$

$$RCHOH + 2Cu(OH)_2 + OH^{\ominus} \xrightarrow[\triangle]{} RCOOH + Cu_2O\downarrow + H_2O$$

托伦试剂可氧化所有醛，而费林试剂仅能氧化脂肪醛、不能氧化芳香醛，因此可以用费林试剂鉴别脂肪醛和芳香醛。甲醛被费林试剂氧化时，Cu^{2+} 可被还原为 Cu，甚至产生铜镜，而其他脂肪醛只能得到红色的 Cu_2O 沉淀，因此费林试剂也可用于鉴别甲醛和其他脂肪醛。

（2）酮的氧化：酮一般不易被弱氧化剂氧化，可以用托伦试剂、费林试剂等弱氧化剂来鉴别醛、酮。酮在强氧化剂（酸性 $KMnO_4$、浓 HNO_3 等）的作用下，羰基与 α- 碳之间的碳链会发生氧化断裂，产物往往是多种酸的混合物，在合成方面意义不大。

$$CH_3CH_2\overset{O}{\overset{\|}{C}}CH_3 \xrightarrow[\triangle]{KMnO_4,\ H^{\oplus}} CH_3CH_2COOH + CH_3COOH + CO_2 + H_2O$$

但环己酮可氧化为单一产物己二酸，是重要的工业原料。工业上常以此法制备己二酸。

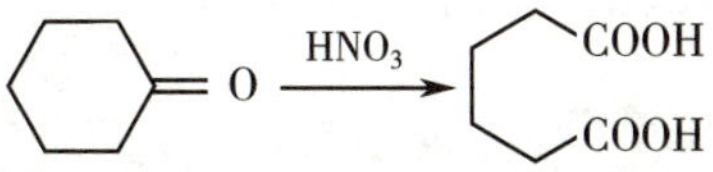

2. 还原反应　用不同的还原剂还原醛、酮，可以将醛、酮的羰基还原成亚甲基、醇。

（1）催化加氢：在金属催化剂（Ni、Cu、Pt、Pd 等）的作用下加氢，醛可被还原为一级醇，酮可被还原为二级醇。

醛、酮的还原

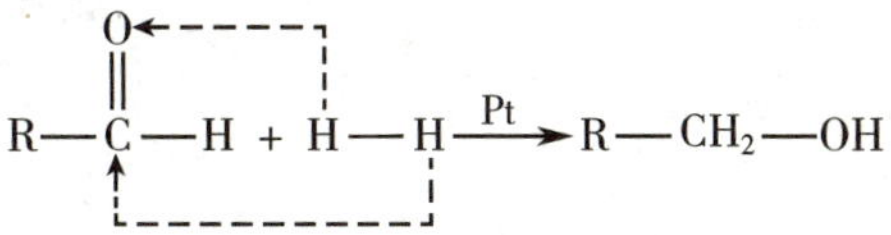

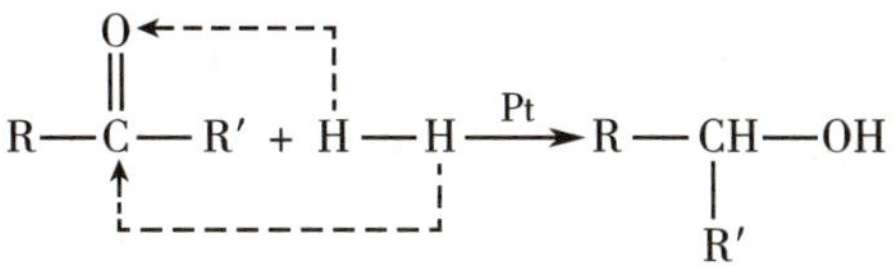

醛、酮的催化加氢产率较高，但其缺点是催化剂较贵，并且还能将分子中的其他不饱和键同时还原。因此，常采用其他方法将醛、酮还原为醇。

(2) 用金属氢化物还原：常用的金属氢化物还原剂有 $NaBH_4$、$LiAlH_4$ 等。它们可以对醛、酮的羰基进行选择性还原而不影响孤立的 >C=C<、—C≡C—及其他可被催化加氢的基团。

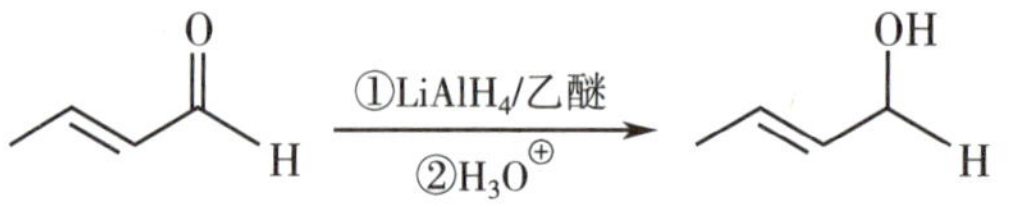

$$C_6H_5CH{=}CHCHO \xrightarrow[\text{②}H_3O^{\oplus}]{\text{①}NaBH_4/\text{乙醇}} C_6H_5CH{=}CHCH_2OH$$

由于 $LiAlH_4$ 在水中会分解，在醚中稳定，所以反应一般在干燥的醚溶液中进行。$LiAlH_4$ 的还原性比 $NaBH_4$ 强。除了羰基之外，$LiAlH_4$ 还可还原—COOH、—NO_2、—C≡N 等官能团，而 $NaBH_4$ 一般不还原上述基团。

(3) 麦尔外因 - 彭杜尔夫 (Meerwein-Ponndorf) 还原反应：异丙醇铝是一个具有高度选择性的醛、酮还原剂。反应一般在苯或甲苯溶液中进行。该反应的产物为醇。

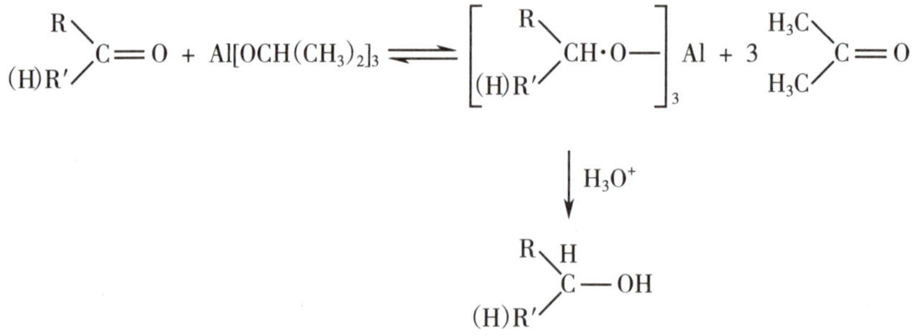

该反应可选择性地将羰基还原成醇羟基，而其他不饱和基团不受影响。

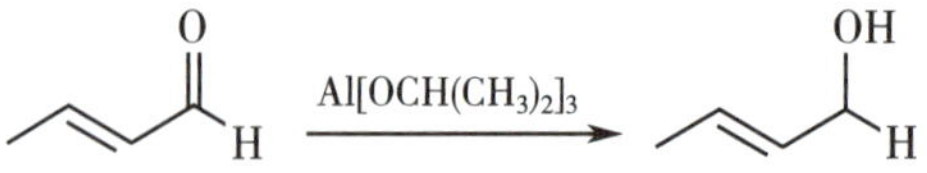

(4) 克莱门森还原反应：将醛、酮与锌汞齐和浓盐酸一起回流，醛、酮的羰基被还原为亚甲基，这个反应称为克莱门森 (Clemmensen) 还原反应。

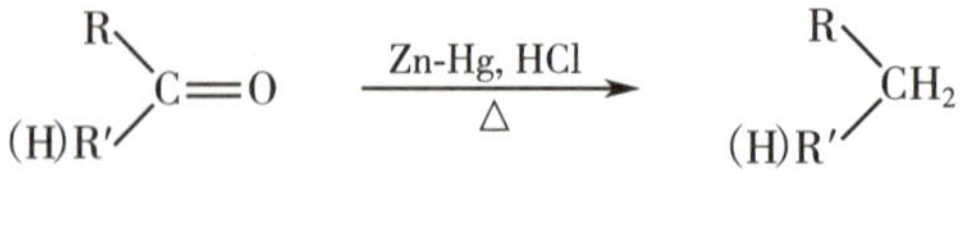

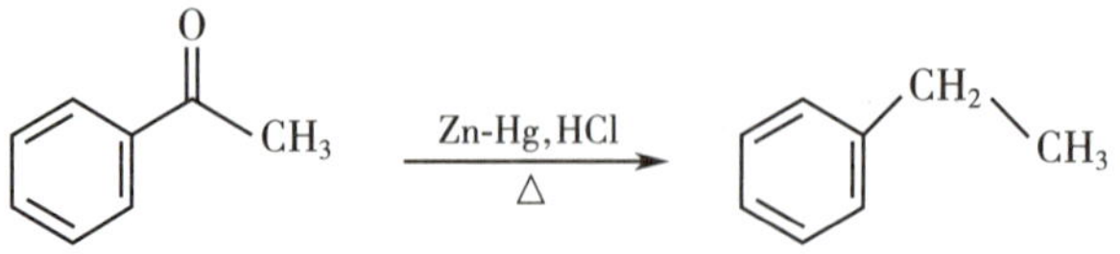

此法用于还原芳酮效果较好，而芳酮可以通过芳烃的弗里德 - 克拉夫茨酰化反应得到。通过这样一系列反应能间接地把直链的烷基连到芳环上，这是合成带侧链芳烃纯品的一种方法，但此法只适用于对酸稳定的化合物。α, β- 不饱和醛、酮还原时，碳碳双键一起被还原。对除 α, β- 不饱和键外的不饱和键，一般没有影响。

笔记栏

(5)沃尔夫 - 基希纳 - 黄鸣龙反应：该还原反应适用于对酸不稳定而对碱稳定的羰基化合物的还原。此法对羰基具有选择性，不会影响到碳碳双键。

将醛、酮与肼作用生成腙，然后把生成的腙与乙醇钠及无水乙醇在封管或高压釜中加热到 180℃左右，羰基被还原为亚甲基，这个反应叫作沃尔夫 - 基希纳反应（Wolff-Kishner reaction）。

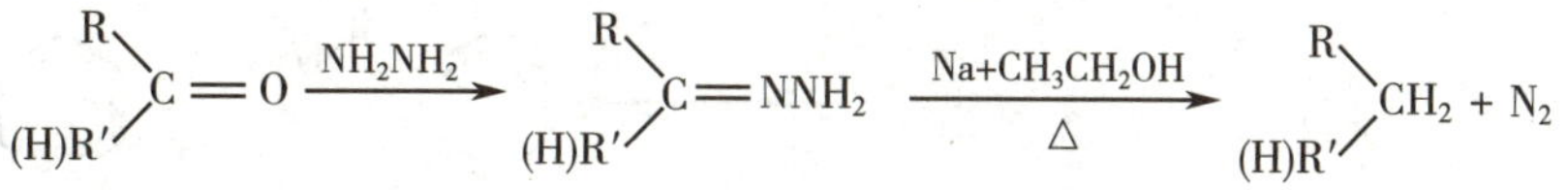

此法的条件较苛刻，操作不方便，反应需要 50~100 小时。我国化学家黄鸣龙对此法作了改进，将醛（酮）、氢氧化钠（钾）、肼的水溶液和一个高沸点的水溶性溶剂〔如一缩乙二醇（$HOCH_2CH_2OCH_2CH_2OH$，沸点 245℃）〕一同加热反应，使醛、酮变成腙，之后将水和过量的肼蒸出，待温度达到腙开始分解的温度（195~200℃）时，再回流 3~4 小时，使反应完全。这样反应可在常压下进行，操作简便，产率提高，反应时间也缩短至 3~5 小时。这个改良方法称为黄鸣龙还原法，又称沃尔夫 - 基希纳 - 黄鸣龙反应。此方法适用于对碱稳定的羰基化合物的还原，应用范围很广泛。当改用二甲基亚砜（CH_3SOCH_3）作溶剂时，反应温度可进一步降低至约 100℃。这一改进，可以使该还原法更适用于工业生产。

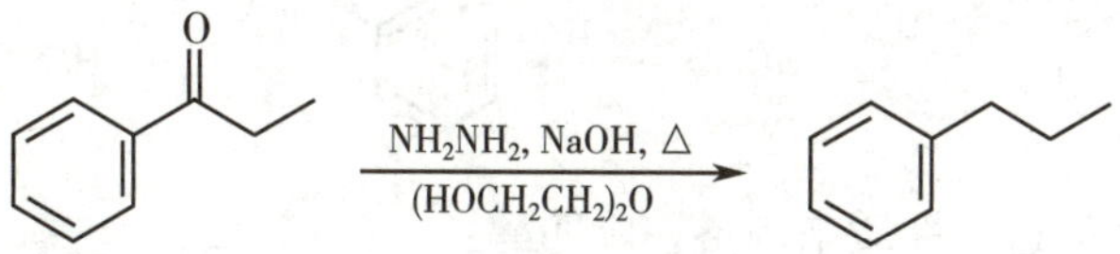

ER-9-3
黄鸣龙还原法

思政元素

第一个以中国人名字命名的有机人名反应

有机化学发展到今天，已经发现了成千上万种化学反应，其中一些经典的、具有较大创新性和应用价值的反应被冠以人名，以表彰和纪念发现、研究该反应的化学家们，这就是有机人名反应。黄鸣龙还原法是第一个以中国人的名字命名的有机人名反应。

(6)坎尼扎罗反应：无 α- 氢的醛（如 HCHO、R_3CCHO、ArCHO 等）在浓碱作用下，自身发生氧化 - 还原反应，结果一分子醛被氧化成羧酸，另一分子被还原为醇。该反应属于歧化反应，称为坎尼扎罗（Cannizzaro）反应。

$$2HCHO \xrightarrow{\text{浓}OH^{\ominus}} CH_3OH + HCOO^{\ominus}$$

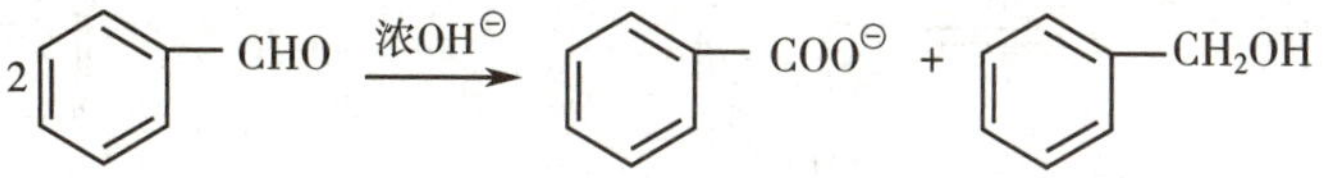

反应机理如下：

笔记栏

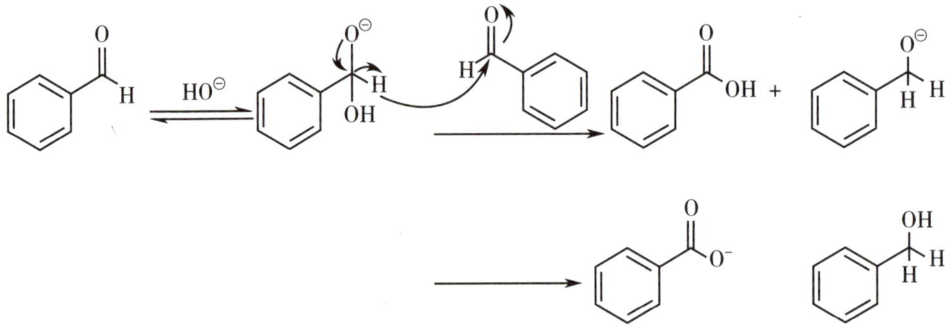

首先由 ^{-}OH 进攻羰基发生亲核加成而生成负氧离子中间体；负电荷的存在使碳上的氢易以负氢离子的形式加成到另一分子醛的羰基碳原子上，即浓碱促使一分子醛成为负氢离子给予体对另一分子醛进行加成。

2 种不含 α- 氢的不同醛在浓碱条件下也能进行歧化反应，但产物复杂，包括 2 种羧酸和 2 种醇，称为交叉的歧化反应。但若两种之一为甲醛，由于甲醛的还原性最强，因而最易被氧化，反应结果总是另一种醛被还原成醇而甲醛被氧化成甲酸。例如芳醛和甲醛在强碱作用下共热，得到芳香醇和甲酸。

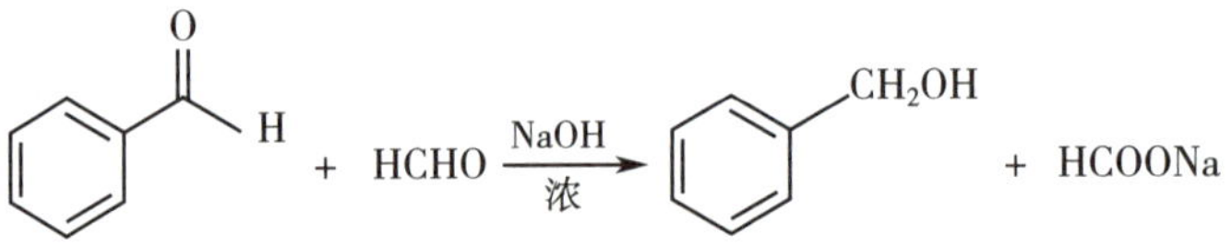

工业上利用甲醛的这个性质来制备季戊四醇：

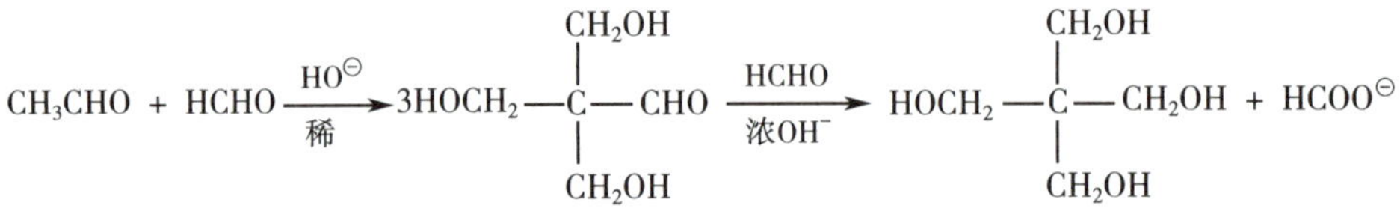

季戊四醇

(四) 贝克曼重排

酮肟在酸性催化剂硫酸、多聚磷酸以及能产生强酸的五氯化磷、三氯化磷、苯磺酰氯等的作用下重排成酰胺的反应，称贝克曼重排(Beckmann rearrangement)。

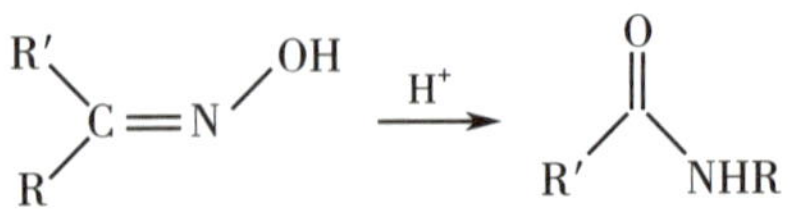

反应机理：

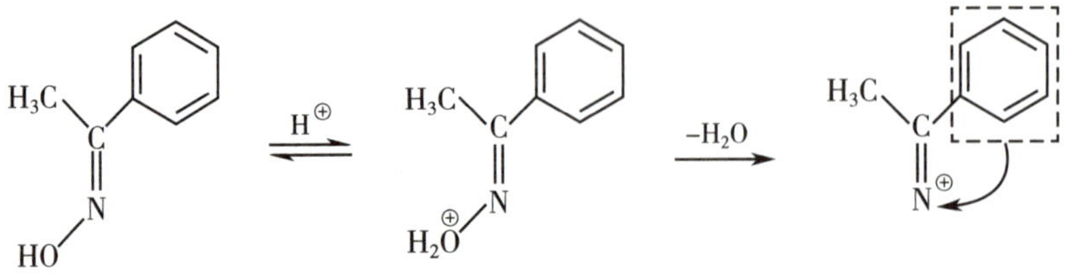

笔记栏

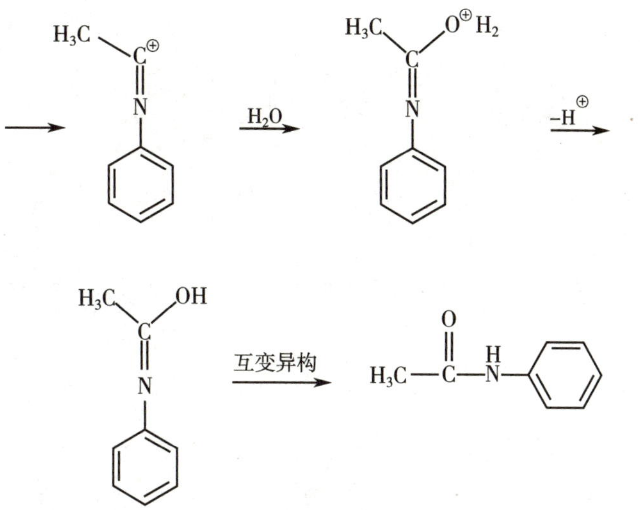

反应需要在酸性催化剂的作用下进行。酮肟在酸性催化剂的作用下失去一分子水,形成氮正离子。立体化学分析表明,当氮正离子形成后,酮肟中与羟基处于反式的烃基将迁移到氮原子上,形成碳正离子。需要指出的是,由于实验结果只有一种产物,由此说明水分子的失去和烃基迁移是同时进行的。碳正离子再与水分子结合,然后消去氢离子,最后再发生互变异构即生成酰胺。由苯乙酮肟的 *Z* 和 *E* 异构体重排得到不同的产物的这个例子,就可以很好地证明在贝克曼重排过程中,酮肟中与羟基处于反式位置的烃基将迁移到氮原子上。

(*Z*)异构体

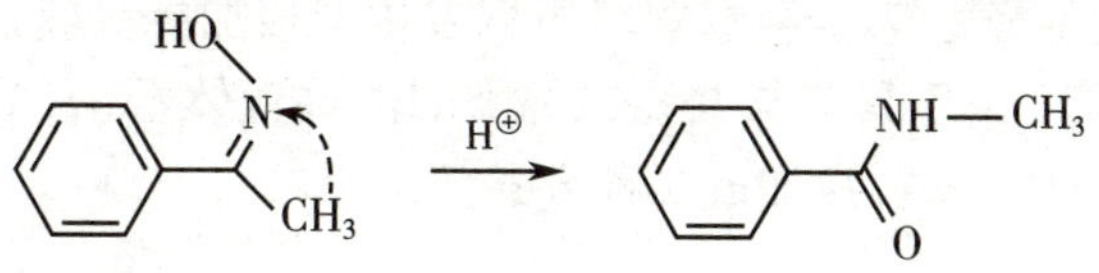

(*E*) 异构体

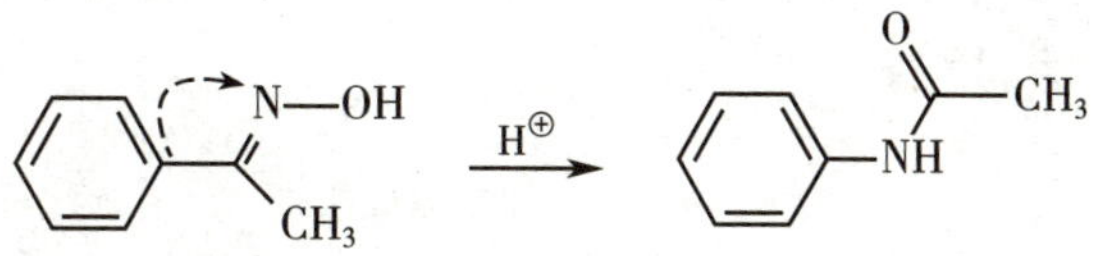

工业上利用贝克曼重排从环己酮合成环状的己内酰胺。己内酰胺经聚合可得到具有广泛用途的合成纤维尼龙 -6。

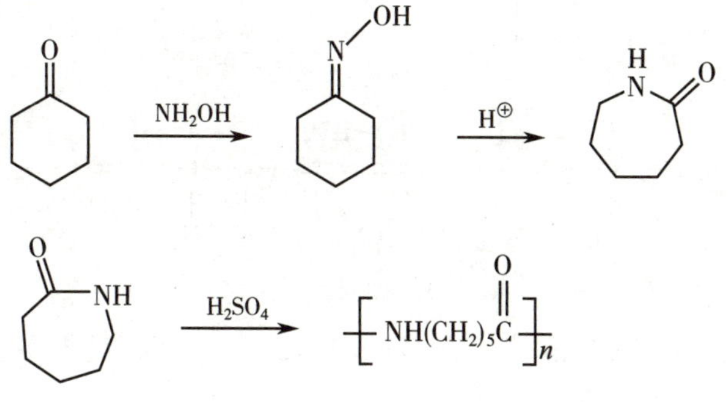

聚己内酰胺(尼龙-6, 锦纶)

(五) 安息香缩合

两分子苯甲醛在氰化钾的稀乙醇溶液中受热缩合生成安息香(benzoin)的反应叫作安息香缩合。

笔记栏

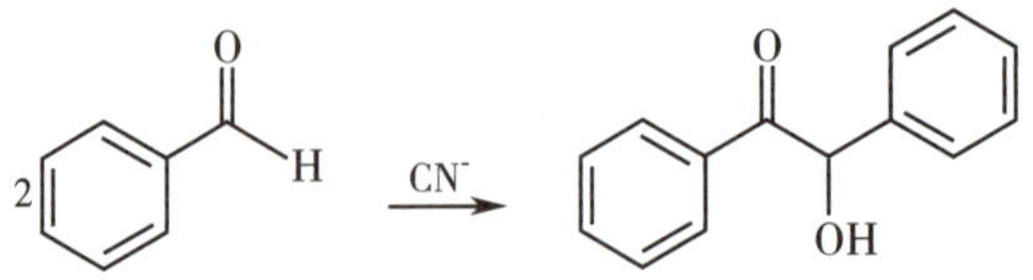

反应机理：

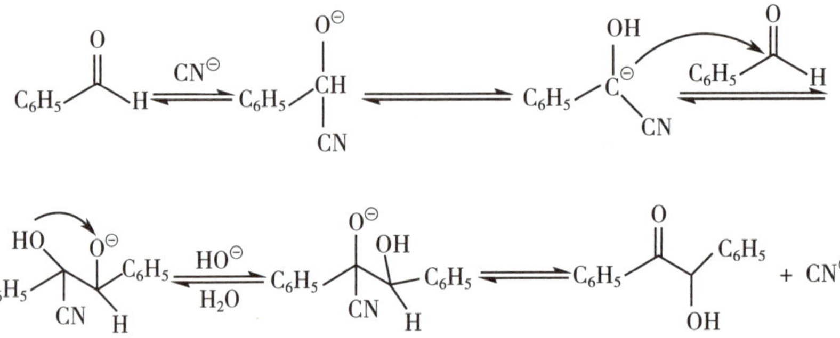

反应中 CN^- 作为亲核试剂与羰基进行亲核加成，生成氧负离子中间体，由于氰基的强吸电子诱导效应，使其邻近碳氢键的酸性增强，氧负离子中间体重排成碳负离子，而碳负离子与另一分子苯甲醛发生亲核加成，CN^- 离去，得到安息香。

安息香又称苯偶姻、二苯乙醇酮，是一种无色或白色晶体，可作为药物和润湿剂的原料。

（六）α，β- 不饱和醛、酮的反应

分子中的羰基和碳碳双键形成共轭体系的醛、酮称为 α，β- 不饱和醛、酮，如 $H_2C{=}CH{-}CH{=}O$（丙烯醛）。该类化合物既可以发生亲核加成反应，也可发生亲电加成反应。

1. 亲核加成　由于具有与共轭二烯类似的共轭体系，α，β- 不饱和醛、酮在发生亲核加成时，也有 1，2- 加成和 1，4- 加成 2 种方式。

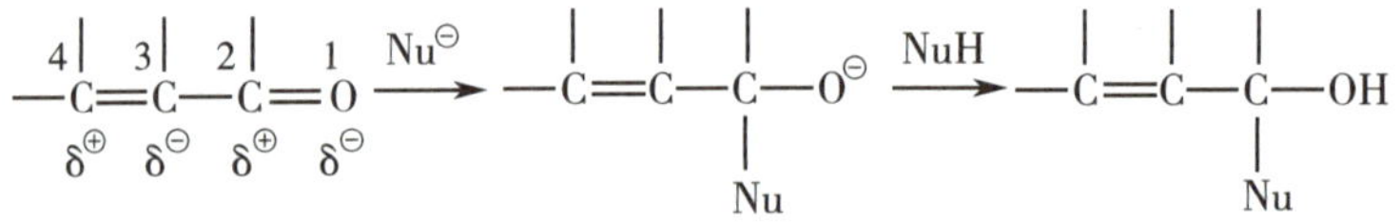

1,2-加成机理

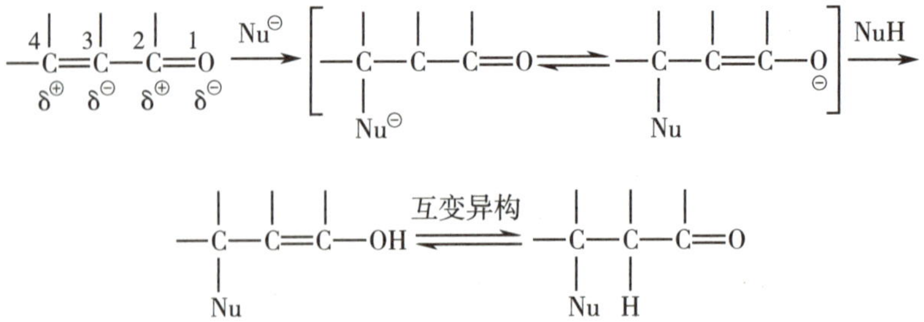

1,4-加成机理

α，β- 不饱和醛、酮与 HCN、醇等弱亲核试剂加成时，一般得到 1，4- 加成产物。

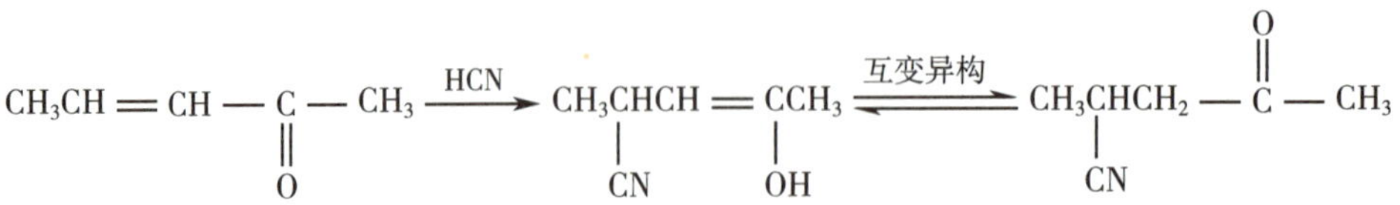

α，β- 不饱和醛、酮与格氏试剂反应，既能发生 1，2- 加成，也能发生 1，4- 加成。具体反应取向与试剂中烃基的大小和醛、酮结构中羰基旁的基团大小有关。α，β- 不饱和醛与格氏

笔记栏

试剂反应时主要以 1,2- 亲核加成为主。例如：

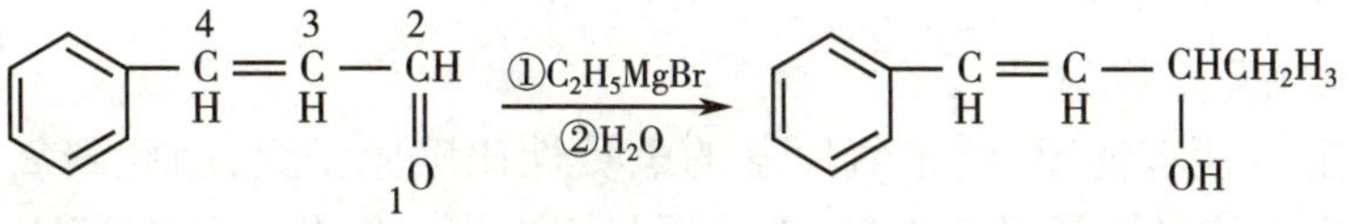

1,2-亲核加成 100%

α,β- 不饱和酮与格氏试剂反应的主要产物视格氏试剂中烃基的大小和 4 号位上的空间结构而定。例如：

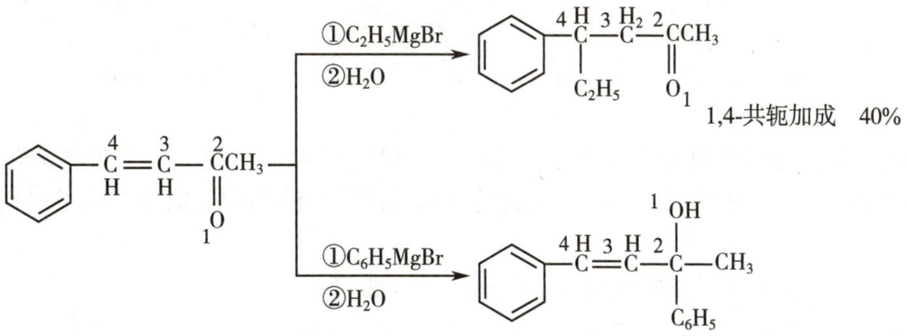

2. 亲电加成　由于羰基的强吸电子作用，降低了双键的电子云密度，从而降低了亲电加成的反应活性，此外还影响了加成反应的取向。当 HCl 与 α,β- 不饱和醛、酮发生亲电加成反应时，主要生成 1,4- 加成产物。

$$CH_3CH{=}CH-\underset{\underset{O}{\|}}{C}-H \xrightarrow{HCl} CH_3\underset{\underset{Cl}{|}}{C}HCH_2-\underset{\underset{O}{\|}}{C}-H$$

反应机理：

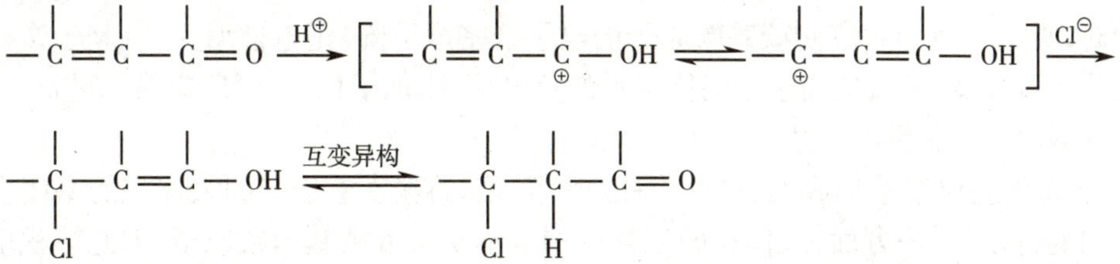

α,β- 不饱和醛、酮与卤素单质和次卤酸加成时，不发生 1,4- 加成，只能在碳碳不饱和键上发生亲电加成反应。

$$CH_3CH{=}CH-\overset{\overset{O}{\|}}{C}-CH_3 \xrightarrow{Br_2} CH_3\underset{\underset{Br}{|}}{C}H\underset{\underset{Br}{|}}{C}H\overset{\overset{O}{\|}}{C}CH_3$$

$$CH_3CH{=}CH-\overset{\overset{O}{\|}}{C}-CH_3 \xrightarrow{HOBr} CH_3\underset{\underset{OH}{|}}{C}H\underset{\underset{Br}{|}}{C}H\overset{\overset{O}{\|}}{C}CH_3$$

笔记栏

四、亲核加成反应机理

（一）亲核加成反应机理

羰基是一个极性官能团，由于氧原子的电负性比碳原子大，因此碳氧双键上的电子偏向氧原子一边而使氧原子显负电性，碳原子显正电性。因此，亲核试剂比较容易进攻带正电性的碳原子而使羰基的 π 键断裂生成新的 σ 键，这一过程称为羰基的亲核加成反应（nucleophilic addition reaction）。

亲核加成反应可以在碱性条件下反应。其机理如下：

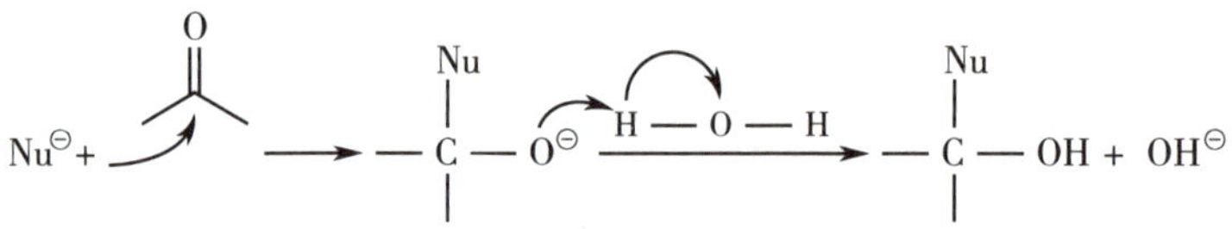

亲核试剂首先进攻缺电子的羰基碳原子，使得羰基碳氧双键上的 1 对电子转移到氧上，形成四面体构型的烷氧基负离子，最后烷氧基负离子从溶剂中夺取 1 个质子得到加成产物醇。

亲核加成反应也可以在酸性条件下反应。其机理如下：

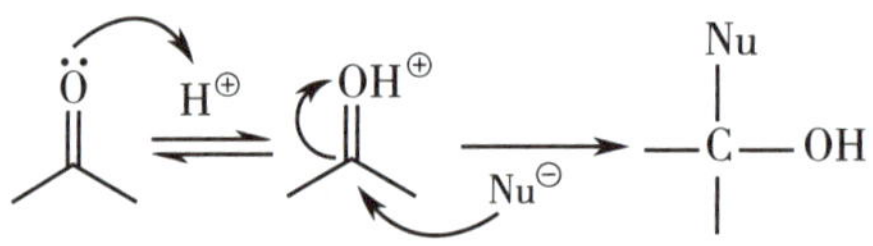

由于在酸性条件下，负离子亲核试剂难以存在，参与反应的亲核试剂一般为中性分子，亲核性比负离子有所下降。在这种情况下，羰基氧首先质子化，提高了羰基的反应活性，这样活性较弱的亲核试剂就可以进攻羰基碳，进而生成加成产物醇。

（二）醛、酮亲核加成反应的影响因素

1. 电子效应对亲核加成的影响　羰基亲核加成的关键一步是亲核试剂对羰基的进攻，形成氧负离子中间体。羰基碳的正电性越高越容易受到亲核试剂的进攻；形成的氧负离子中间体，负电荷越容易得到分散越稳定，反应就越容易进行。所以当羰基碳原子连接有吸电子基团时，吸电子诱导效应使羰基碳原子的电子云密度下降，正电性增大，有利于亲核试剂的进攻，同时也减弱了氧负离子中间体氧上的负电荷，增加了稳定性，反应易于进行。相反，如果羰基碳原子连有供电子基团时，反应难以进行。

2. 空间效应对亲核加成的影响　一方面，醛、酮的羰基上连有的大体积的基团会阻碍亲核试剂的进攻，另一方面，大体积的亲核试剂也不易接近羰基的碳原子，因此体积增大会导致亲核试剂的活性降低。此外，当亲核试剂进攻羰基碳原子时，碳原子的杂化状态由 sp^2 变成 sp^3，键角由 120° 变为 109°，羰基所连基团越大，在键角变小过程中，基团之间就变得越“拥挤”，反应就越困难，甚至不发生反应。因此，羰基所连的基团越大、进攻试剂的体积越大，中间体就越不容易形成，反应就困难。所以，一般醛、酮发生亲核加成的活性有如下顺序：$HCHO>RCHO>CH_3COCH_3>CH_3COR>RCOR>ArCOR$。此外，醛、酮的反应活性还与亲核试剂有关。亲核试剂的亲核性越强，加成越容易进行；亲核试剂的体积越大，反应越不容易进行。

五、羰基加成反应的立体化学

在醛、酮亲核加成中，羰基碳原子杂化形式由 sp^2 转变为 sp^3，产物的中心碳原子为正四面体立体结构。在大量实验事实的基础上，克拉姆（Cram）总结出，当醛、酮分子中的羰基直

接相连的碳原子（α-碳原子）为手性碳时，发生亲核加成反应的有利构象是α-碳原子上的体积最大基团与羰基氧处于反式共平面的状态，且亲核试剂的进攻方向主要取决于手性碳原子上各原子（基团）体积的相对大小。简言之，亲核试剂会选择空间位阻小的一侧来进攻羰基碳原子。设L、M、S分别为α-手性碳原子上连接的大、中、小（体积）的原子（基团），则有如下反应规则：

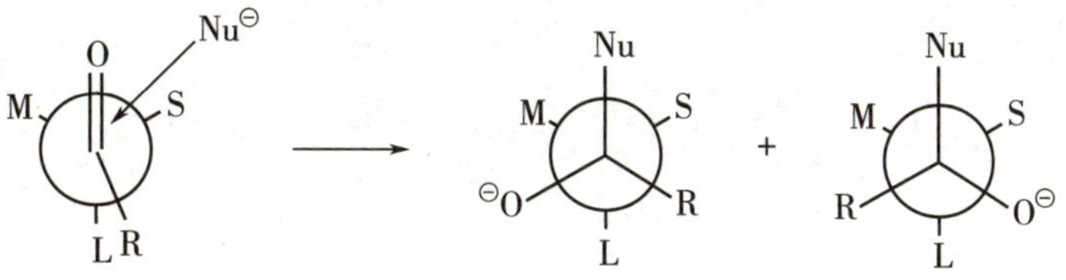

例如(*R*)-3-甲基辛-2-酮与CN^-的加成：

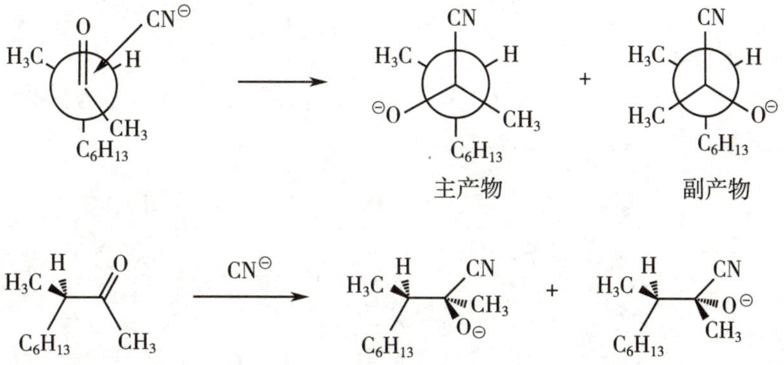

可见，反应物原来的手性中心诱导影响新生成手性中心的构型。实验证明，这种影响与它们的距离有密切关系，而且距离越近，其效应越大。

六、醛、酮的制备

一般的醛、酮都可用合成方法来制备得到。复杂的天然醛、酮可从动植物中提取。由于受原料来源的限制，目前大多数的醛、酮已通过人工合成的方法得到。

（一）醇的氧化或脱氢

实验室常用到的氧化剂是铬酸与40%~50%硫酸混合液。伯醇的氧化产物先是醛，醛进一步氧化为酸。例如：

$$CH_3CH_2CH_2OH \xrightarrow[H_2SO_4]{Na_2Cr_2O_7} CH_3CH_2COOH$$

如果控制合适的氧化条件，在氧化成醛后及时将其从反应体系中蒸出，可避免醛进一步氧化成酸。仲醇的氧化产物为酮，例如：

$$CH_3(CH_2)_5\underset{OH}{\underset{|}{C}}HCH_3 \xrightarrow[H_2O,100℃]{K_2Cr_2O_7+H_2SO_4} CH_3(CH_2)_5\underset{O}{\underset{\|}{C}}CH_3 \quad 96\%$$

将伯醇或仲醇的蒸气通过加热的催化剂（铜粉、银粉等），可以使伯醇脱氢生成醛，仲醇脱氢生成酮。

$$CH_3CH_2OH \xrightarrow[275\sim300℃]{Cu} CH_3CHO + H_2\uparrow$$

笔记栏

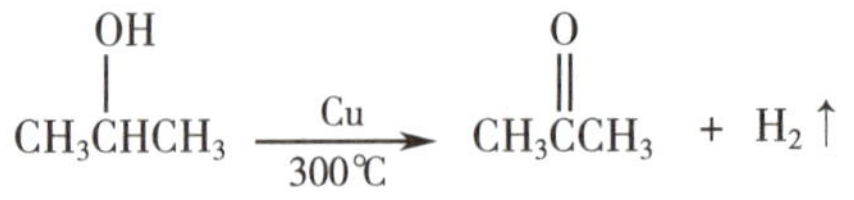

(二) 炔烃水合法

在含有硫酸汞的稀硫酸溶液的催化下，炔烃可以和水加成得到烯醇，烯醇异构化即得到醛或酮。例如：

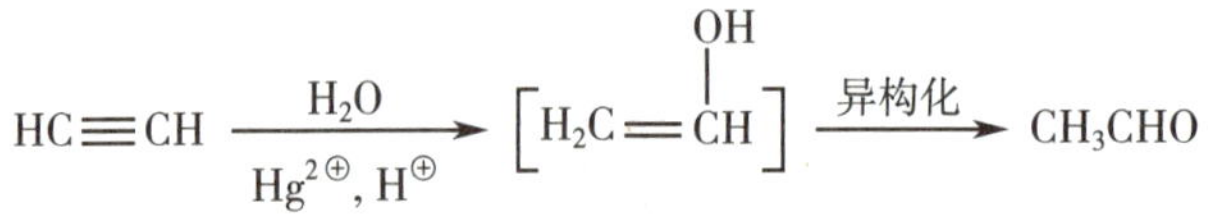

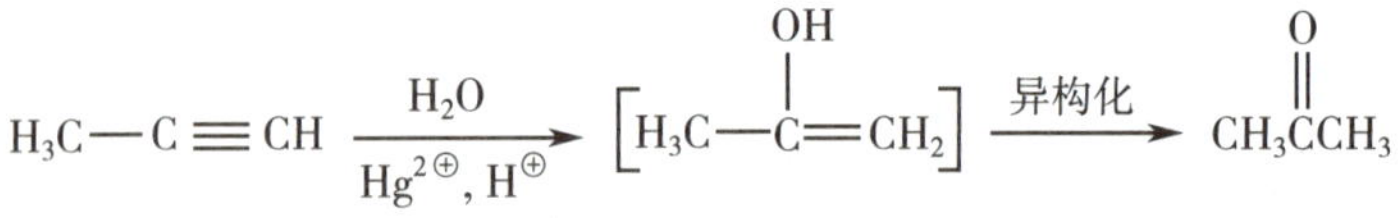

(三) 同碳二卤烃水解

侧链 α 位碳上有 2 个氢的芳香烃，在光或热的作用下，用卤素或 *N*- 溴代琥珀酰亚胺（NBS）制得二卤取代物，水解后生成醛或酮。

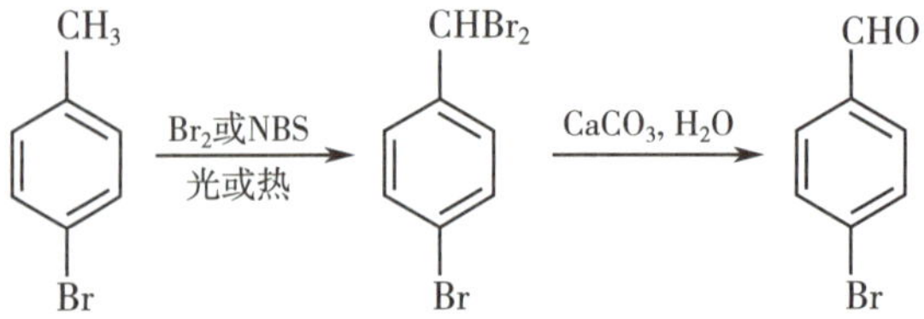

(四) 弗里德 - 克拉夫茨酰化反应

弗里德 - 克拉夫茨酰化反应是制备芳香酮最常用的方法。

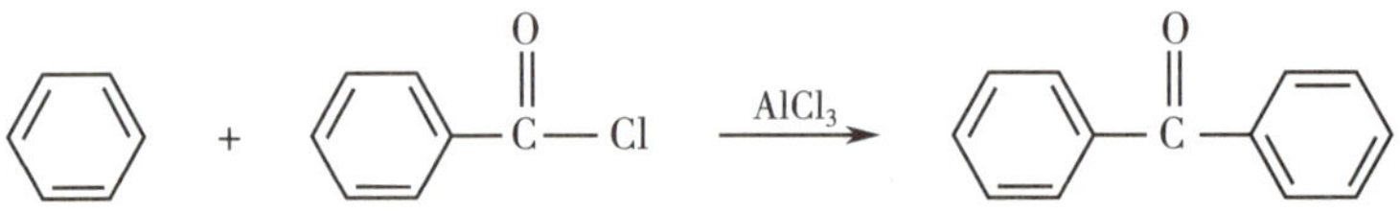

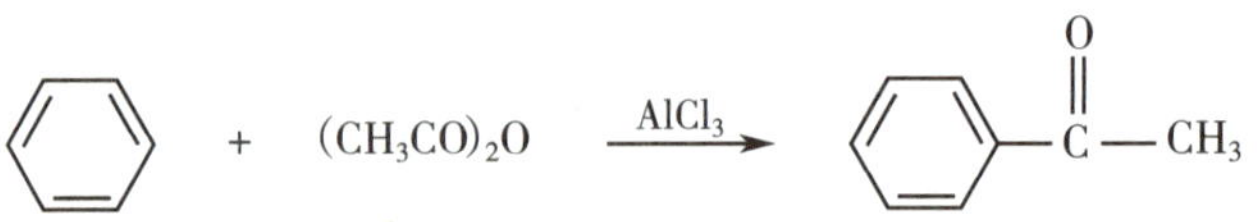

酰基是一个间位定位基。当引入 1 个酰基后，苯环就钝化了，难以引入第 2 个酰基，因此反应停止在一酰化物的阶段，生成的芳酮不能继续酰化，也不发生重排，产率一般比较高。

(五) 腙水解合成醛(酮)

腙及其衍生物与二水合氯化铜在 80% 乙腈溶液中回流反应 1~3 小时，可以高收率地制得醛(酮)，同时可以定量回收铜盐。这种通过腙及其衍生物在铜盐催化下自身水解反应从而制备醛(酮)的方法，克服了目前大部分文献中存在的反应条件苛刻、试剂毒性强等缺点，实现了铜盐的循环利用，符合绿色化学理念。

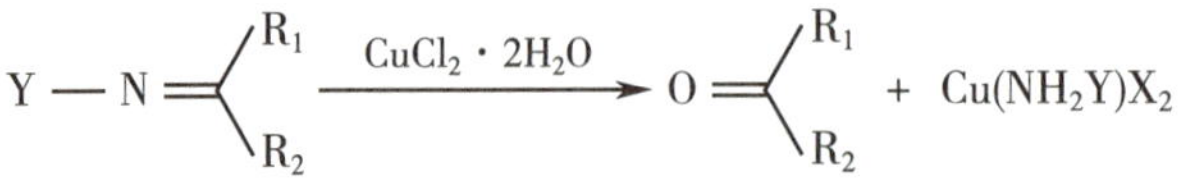

笔记栏

七、代表性化合物

(一) 甲醛

甲醛又称蚁醛，是具有强烈刺激性的无色气体，沸点 -21℃，易溶于水。37%~40% 的甲醛水溶液商品名叫福尔马林，能使蛋白质凝结，可用作消毒剂、防腐剂，用于农作物种子的消毒及标本的保存。在工业上，甲醛是合成药物、染料和塑料的原料。

甲醛分子中的羰基与 2 个氢原子相连，其化学性质比其他醛活泼，容易被氧化，易聚合，其浓溶液（60%）在室温下长期放置就能自动聚合成三分子的环状聚合物。

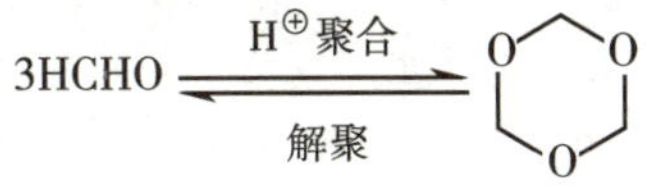

三聚甲醛

三聚甲醛为白色结晶，熔点 62℃，无还原性，加热时容易解聚成甲醛。因此，可以应用聚合和解聚这 2 个反应来保存或精制甲醛。蒸发甲醛的水溶液，则多个甲醛分子聚合成链状的聚合物——多聚甲醛。

$$n\text{HCHO} \longrightarrow \text{HO}(\text{CH}_2\text{O})_n\text{H}$$

多聚甲醛为白色固体，聚合度 n 为 8~100，在酸催化下，也能解聚成甲醛。因此，常将甲醛以聚合体形式进行储存和运输。甲醛水溶液放置过久也容易析出多聚甲醛。

甲醛是重要的有机合成原料，特别是在高分子工业中应用广泛。目前，甲醛在工业上主要通过甲醇的催化氧化法制备。

(二) 鱼腥草素

鱼腥草素（又称癸酰乙醛）是鱼腥草（一种常用的清热解毒类中草药，具有杀菌、抗病毒等功效）中的一种有效成分，为白色鳞片状结晶。经实验室抑菌试验、临床验证以及机体免疫方面的观察，初步认为鱼腥草素对呼吸道炎症有一定的疗效。鱼腥草素目前已能通过人工合成得到。

鱼腥草

(三) 香草醛

香草醛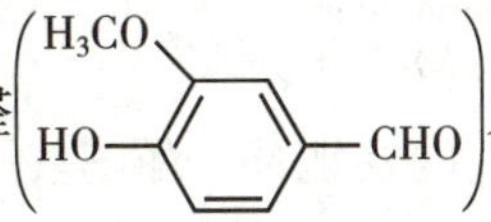

又叫香荚兰醛、香荚兰素或香草素。熔点 80~81℃，白色结晶。香草醛同时兼有酚、芳香醚和芳香醛的性质。因有特殊的香味，可以作饮料、食品的香料或药剂中的矫味剂。香草醛也用作合成原儿茶酸的原料。

(四) 丙酮

丙酮是具有愉快香味的无色液体，沸点 56℃，比重 0.789 9，能与水、乙醇、乙醚、氯仿等混溶，具有酮的典型性质。

丙酮常用作有机溶剂，而且还是一个重要的有机合成原料，如丙酮和氢氰酸的反应物可制备有机玻璃。另外，丙酮还可以用来生产环氧树脂、橡胶、氯仿、碘仿、乙烯酮等。

第二节 醌

醌（quinone）是含有共轭环己二烯二酮结构的一类化合物。一般分子内都有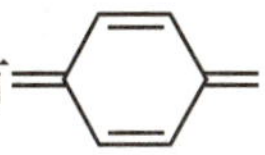

笔记栏

(对醌式)和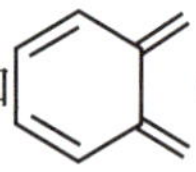(邻醌式)结构。具有醌式结构的化合物都有颜色,如对位的醌多是黄色,邻位的醌多是红色或橙色,故醌是许多染料和指示剂的母体。

醌通常作为相应芳香烃的衍生物来命名,可分为苯醌、萘醌、蒽醌和菲醌等。

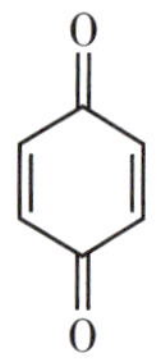

对苯醌
p-benzoquinone
黄色晶体

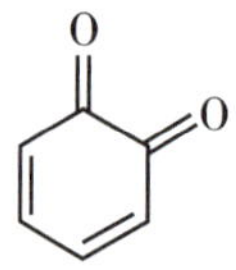

邻苯醌
o-benzoquinone
红色晶体

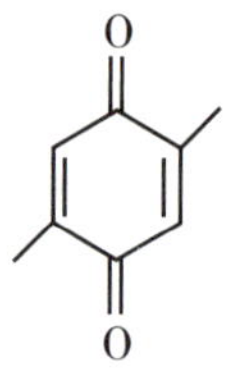

2,5-二甲基-1,4-苯醌
2,5-dimethyl-1,4-benzoquinone
黄色晶体

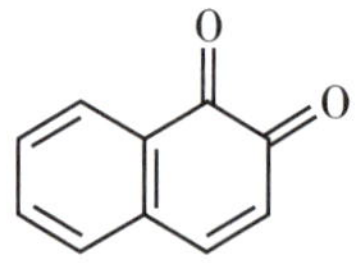

1,2-萘醌
1,2-naphthoquinone
橙黄色晶体

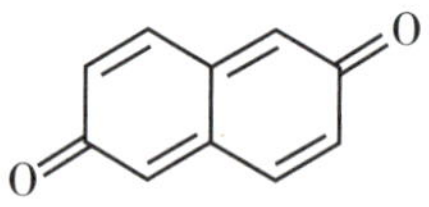

2,6-萘醌
2,6-naphthoquinone
橙色晶体

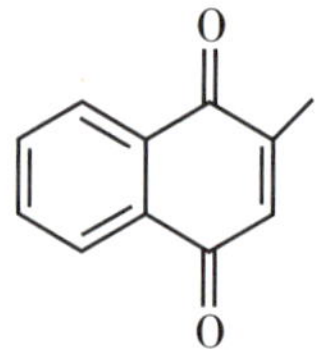

2-甲基-1,4-萘醌
2-methyl-1,4-naphthoquinone
黄色晶体

一、苯醌

苯醌有邻位和对位 2 种异构体(间位不存在)。

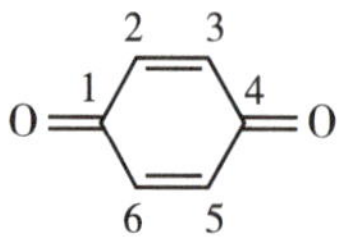

1,4-苯醌(对苯醌)
1, 4-benzoquinone
(黄色结晶,熔点115.7℃)

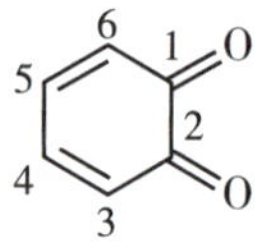

1,2-苯醌(邻苯醌)
1, 2-benzoquinnone
(红色结晶,熔点60~70℃分解)

苯醌从严格意义上讲并不属于芳香化合物,而是脂肪族的共轭环二酮,是一个 α,β- 不饱和二酮。因此,苯醌显示出很多不饱和酮的化学性质。

1. 碳碳双键的加成反应

(1) 与 HCl 加成:对苯醌可与 HCl 加成,生成 2- 氯 -1,4- 苯醌。该产物可继续与一分子 HCl 进行 1,4- 加成,生成 2,3- 二氯 -1,4- 苯醌。如下所示:

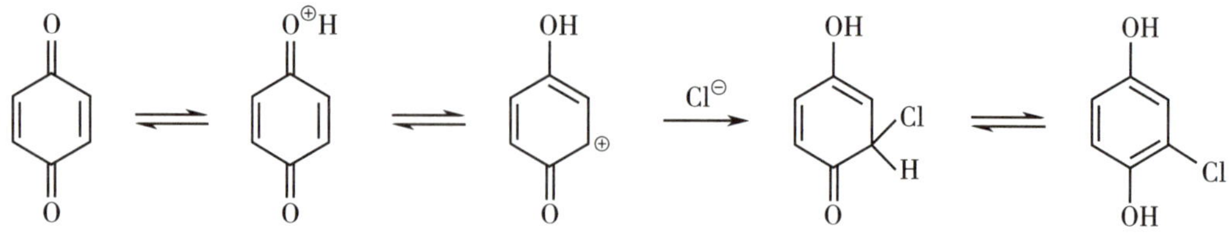

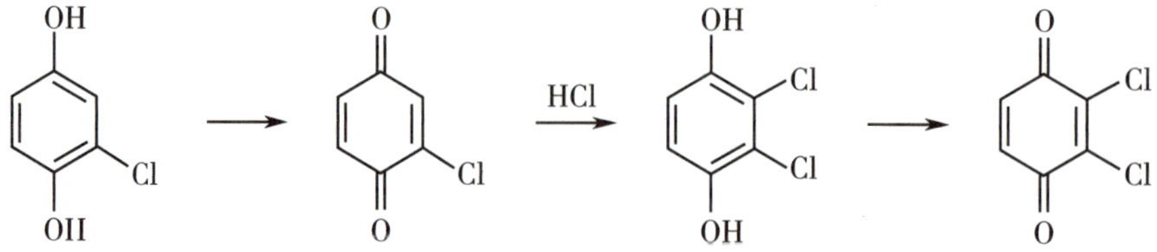

笔记栏

如果 HCl 过量，上述反应还可继续进行下去，最终可得到黄色片状晶体 2,3,5,6- 四氯 -1,4- 苯醌（简称四氯苯醌）。该化合物在有机合成中被广泛用作脱氢剂。

（2）与 HCN 加成：将氰化钾水溶液滴加到含有硫酸的对苯醌乙醇溶液中，发生下列 1,4- 加成。

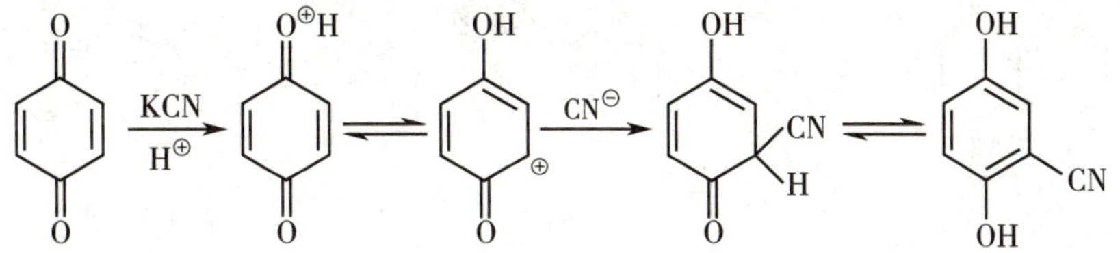

反应生成物是合成 2,3- 二氯 -5,6- 氰基 -1,4- 苯醌（简称 DDQ）的原料。DDQ 也是有机合成中常用的脱氢剂。

2. 羰基的加成反应　对苯醌可与二分子羟胺缩合，生成双肟，这也说明醌类具有二元羰基化合物的特性。

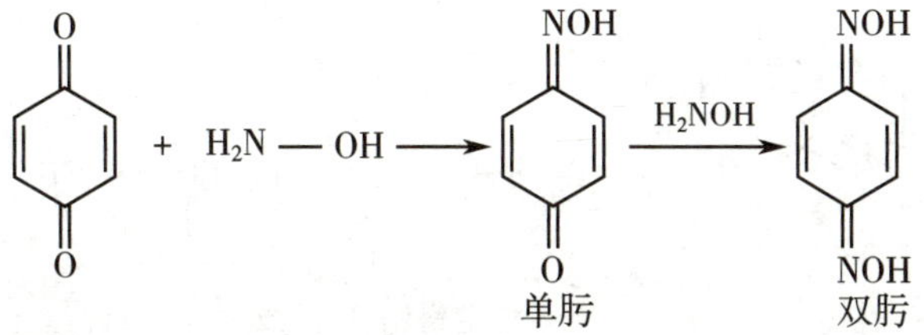

对苯醌也可与氨基脲缩合，生成双缩氨脲。

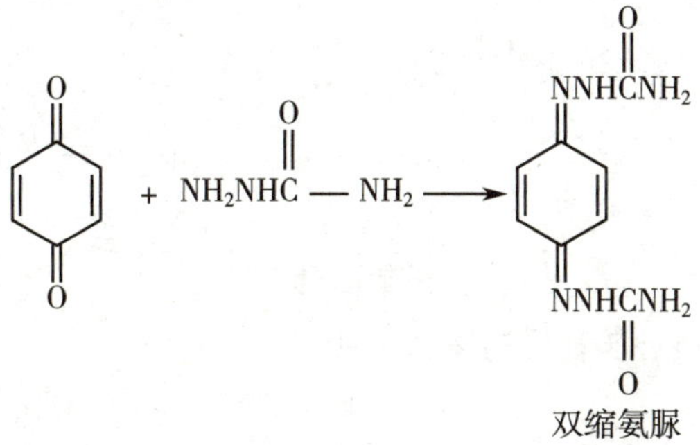

3. 烯键的反应　在乙酸溶液中，溴与苯醌中的烯键加成，生成二溴或四溴化物。

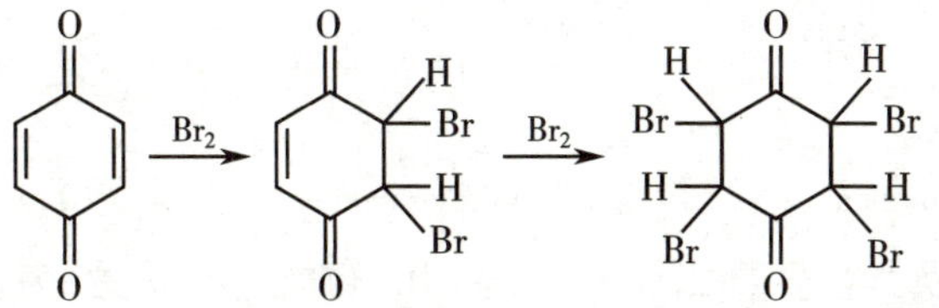

4. 第尔斯 - 阿尔德反应（双烯加成）　对苯醌的烯键，受两端羰基的影响，成为典型的亲双烯体，可与共轭二烯烃发生第尔斯 - 阿尔德反应（Diels-Alder reaction）。例如：

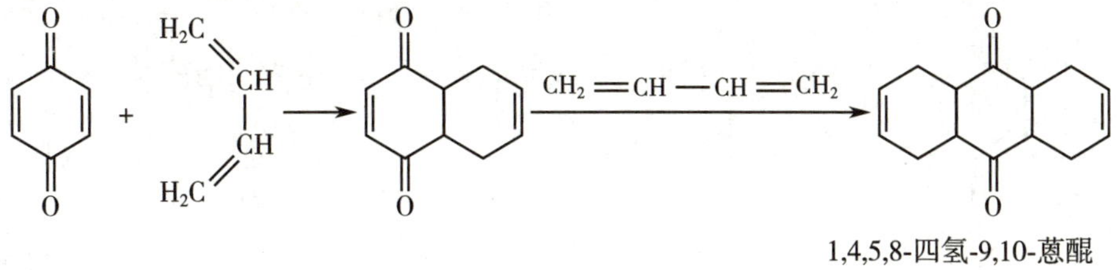

二、其他醌类物质

1. 萘醌　萘醌有 3 种异构体，如下所示。

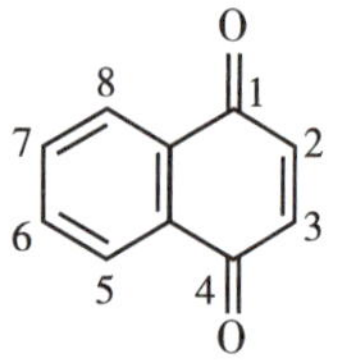

1,4-萘醌
1,4-naphthoquinone

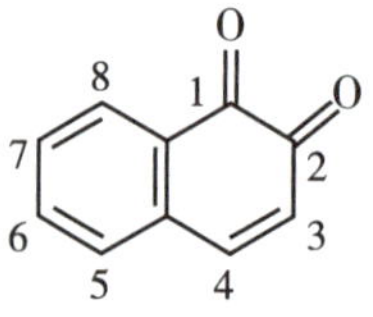

1,2-萘醌
1,2-naphthoquinone

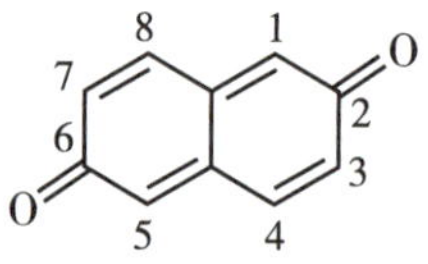

2,6-萘醌
2,6-naphthoquinone

1,4-萘醌又叫 α-萘醌，是黄色晶体，熔点 125℃，可升华，微溶于水，溶于乙醇和醚中，有刺鼻气味。

许多天然色素中含有 α-萘醌结构，如维生素 K_1 和维生素 K_2。

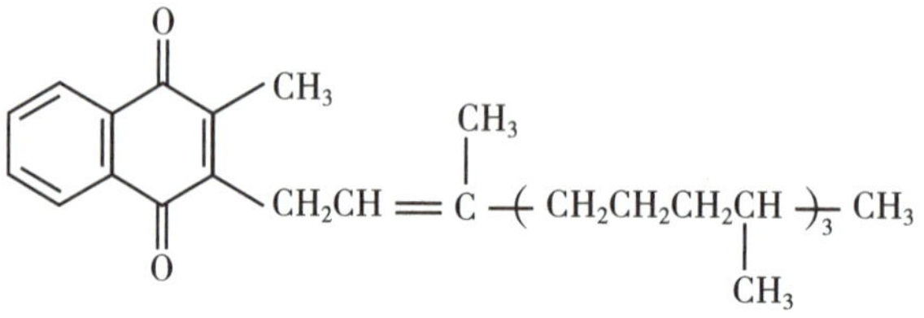

维生素K_1

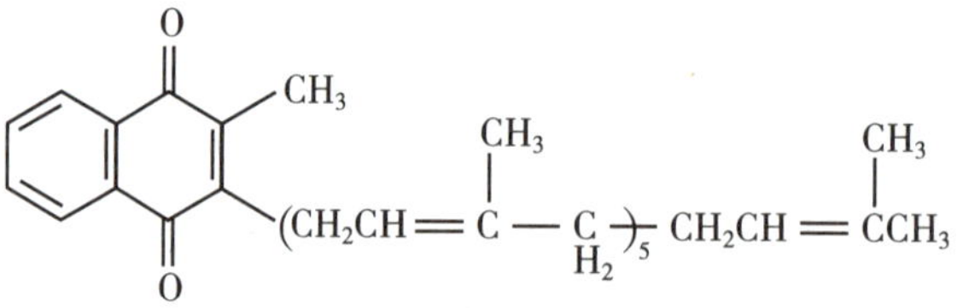

维生素K_2

2. 蒽醌和菲醌　蒽醌有 3 种异构体，如下所示。

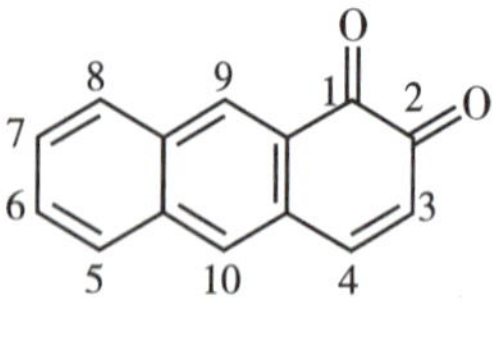

1,2-蒽醌
1,2-anthraquinone

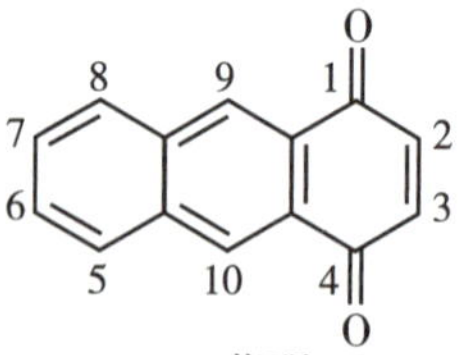

1,4-蒽醌
1,4-anthraquinone

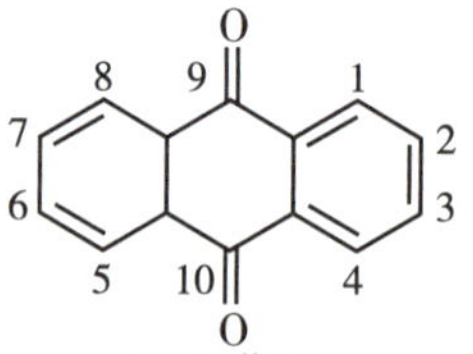

9,10-蒽醌
9,10-anthraquinone

其中，9,10-蒽醌及其衍生物比较重要。9,10-蒽醌简称蒽醌，为黄色晶体，是合成染料的原料。蒽醌在自然界中衍生物很多，多为植物成分，如茜草中的茜素，大黄中的大黄酚、大黄酸等。

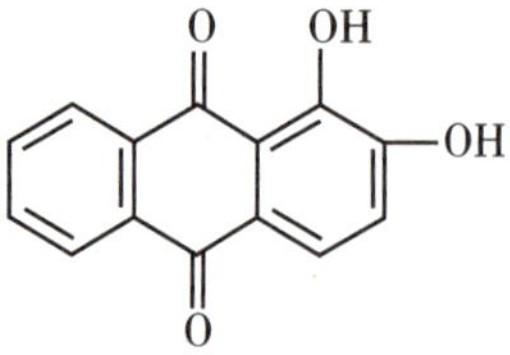

茜素

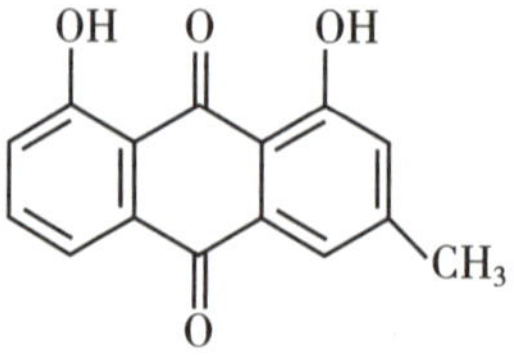

大黄酚

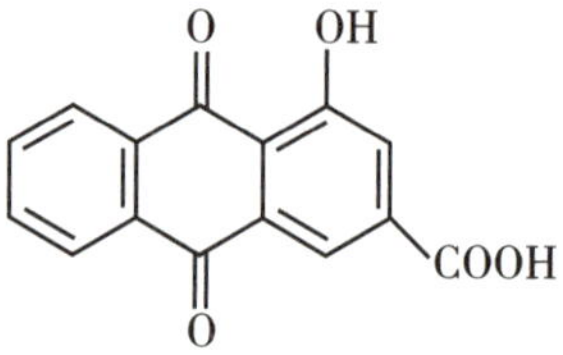

大黄酸

有些药物分子中含有菲醌的结构。如中药丹参就含有多种具有菲醌结构的色素，如丹参醌甲、丹参醌乙等。

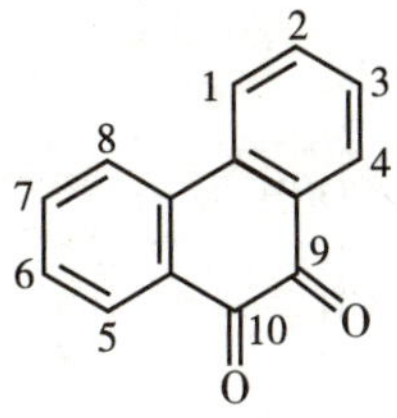

9,10-菲醌

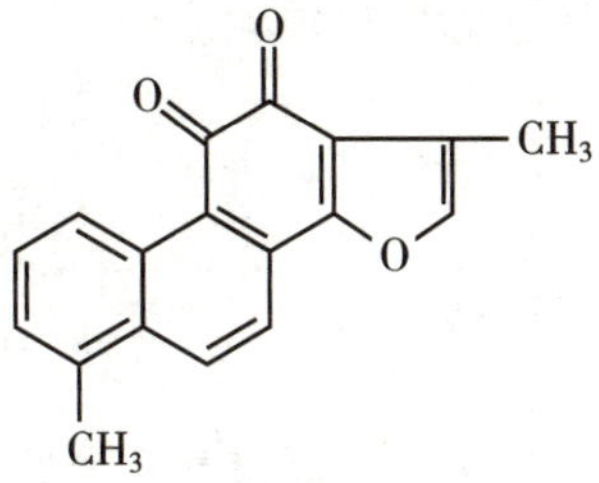

丹参醌甲

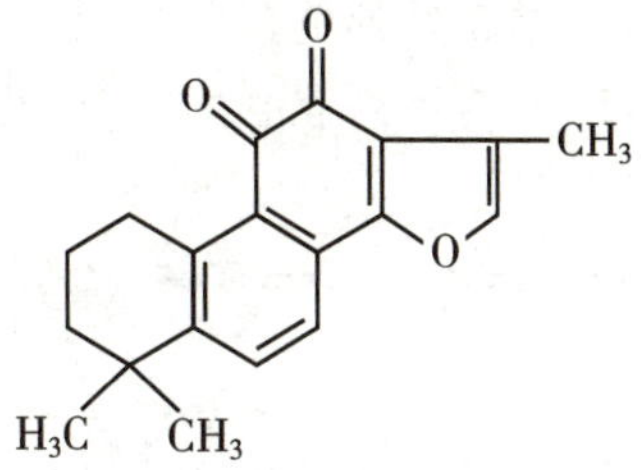

丹参醌乙

（邓仕任 王建华 王 敏）

学习小结

1. 学习内容

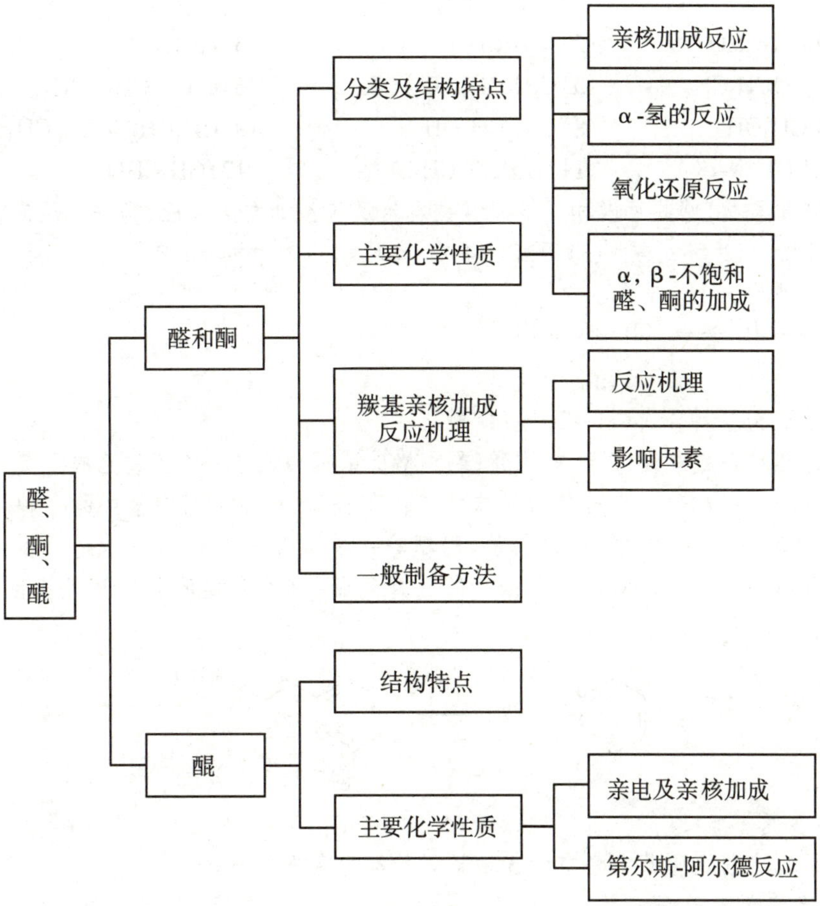

2. 学习方法 了解羰基的结构特点以及其对相邻 α 位的影响，在此基础上掌握醛、酮的亲核加成、还原、α- 氢卤化及羟醛缩合等反应，并熟悉其用途；通过对羰基亲核加成反应机理的学习，熟悉影响醛、酮亲核加成反应活性的结构因素，做到能正确判断不同结构醛、酮的亲核加成反应活性；了解 α,β- 不饱和醛、酮结构中羰基与碳碳双键间的相互影响，理解其在亲电加成和亲核加成反应中的 1,2- 和 1,4- 加成机理。

笔记栏

复习思考题与习题

1. 请说明影响醛发生亲核加成反应的影响因素。

2. 命名下列化合物。

(1) 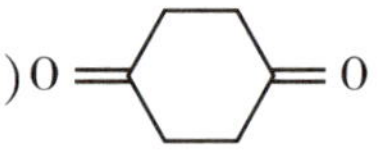　(2) 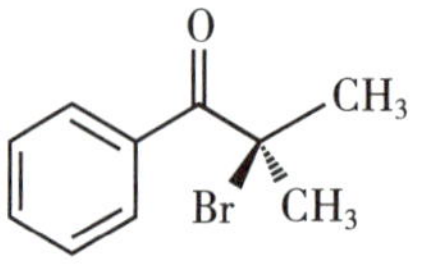　(3) 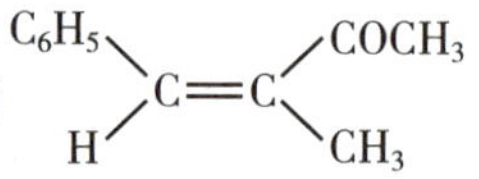

3. 将下列羰基化合物按发生亲核加成反应的难易顺序排列。

(1) HCHO、$C_6H_5COCH_3$、CH_3CHO、C_6H_5CHO、$C_6H_5COC_6H_5$

(2) $CH_3CHClCHO$、CH_3CCl_2CHO、CH_3CH_2CHO、CH_2ClCH_2CHO、CH_3CHO

4. 用化学方法鉴别下列各组化合物。

(1) 环己酮、戊-2-酮、戊-3-酮、戊烯-3-酮

(2) 丙醛、丙酮、丙醇、异丙醇

(3) 苯甲醛、苯乙醛、苯乙酮、1-苯基乙醇

5. 指出下列化合物中,哪些能发生碘仿反应?

(1) CH_3CH_2CHO　(2) ICH_2CHO　(3) HCHO

(4) $CH_3COCH_2CH_3$　(5) $C_6H_5CH(OH)CH_3$　(6) $C_6H_5COCH_2CH_3$

(7) CH_3CH_2OH　(8) $C_6H_5CH_2OH$　(9) $CH_3CH_2COCH_2CH_3$

(10) CH_3OH　(11) $C_6H_5COCH_3$　(12) CH_3CHO

6. 下列化合物,哪些可以和亚硫酸氢钠发生反应?如发生反应,哪一个反应快?

(1) 苯丁酮　(2) 环戊酮　(3) 丙醛　(4) 二苯酮　(5) 苯甲酮

7. 完成下列转化。

(1) $CH_2{=}CH_2 \longrightarrow CH_3CH(OH)CH_2CH_3$

(2) 由乙醛为原料合成"丁-2-烯-1-醇"。

8. 设计2种合成路线,以适当的醛、酮和格氏试剂合成"1-环己基乙醇"

9. 肉桂醛是一种赋予肉桂独特风味的有机化合物,也是中药肉桂中的一种特征性药效成分,具有抗真菌、抗溃疡、抗病毒、降脂、降糖等一系列药理活性,还可以进一步合成许多功效更广泛的药物分子。请同学们以苯甲醛为起始物,利用必要的有机和无机试剂,合成肉桂醛。

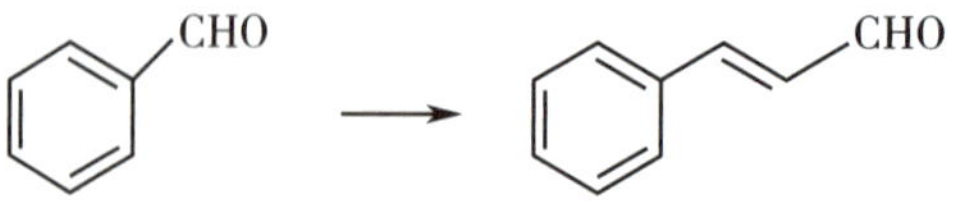

肉桂醛

10. 简答题

(1) 试举出中药鱼腥草中含有的5种不同种类的有机化合物。

(2) 鱼腥草素属于哪一类?有什么药理作用?(解答提示:利用数据库搜索相关文献资料)

PPT 课件

第十章
羧酸及羧酸衍生物

学习目标

羧酸的官能团是羧基（—COOH）。羧基可以看作羰基和羟基的联合体。由于 p-π 共轭的存在，羧基具有独特的化学活性。

1. 掌握羧酸及其衍生物的结构、主要化学性质。
2. 熟悉诱导效应、共轭效应对羧酸类化合物酸性的影响，羧酸衍生物亲核取代的反应机理。
3. 了解羧酸及其衍生物在医药领域的应用。

羧酸及羧酸衍生物与人类生活密切相关。如食用醋为 5% 左右的乙酸，食用油是羧酸的甘油酯。有些羧酸与医药有关，可作为合成药物的原料；有些羧酸本身就是药物。例如：水杨酸、阿司匹林、多氨基水杨酸钠等。

第一节 羧 酸

分子中具有羧基（—COOH）的化合物，称为羧酸（carboxylic acid）。羧基是羧酸的官能团。

一、羧酸的结构和分类

在羧酸分子中，羧基碳原子以 sp^2 杂化轨道成键，3 个 sp^2 杂化轨道分别与 2 个氧原子和 1 个碳原子（或氢原子）形成 3 个 σ 键，这 3 个 σ 键在同一平面上，键角约为 120°，所以羧基是平面结构。羧基碳原子上未参与杂化的 p 轨道与羰基氧原子的 p 轨道形成 1 个 π 键，羟基氧原子具有未共用电子对的 p 轨道与羰基的 π 键形成 p-π 共轭体系。羧基的结构如图 10-1 所示。

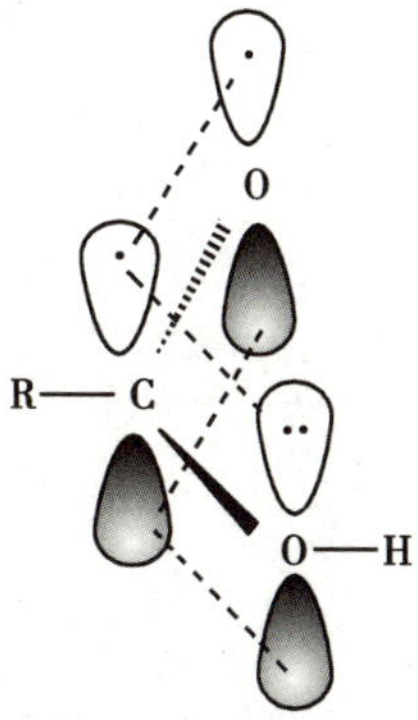

图 10-1 羧酸的分子结构示意图

羧基的结构可用 X 射线和电子衍射实验加以证明。在甲酸中，C═O 键长是 0.123nm，C—OH 键长是 0.136nm，与典型 C═O 及 C—OH 键长相比，存在明显差异，如甲醛 C═O 键长为 0.12nm，甲醇 C—OH 键长为 0.143nm。数据显示，羧基中 C═O 和 C—OH 的碳氧键键长趋于平均化。

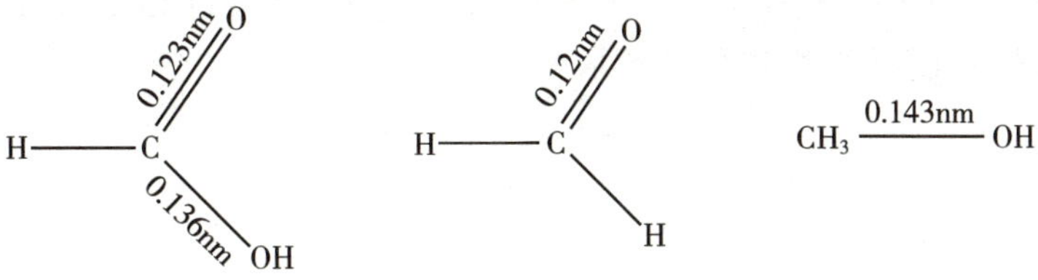

笔记栏

ER-10-1

羧基的结构

键长的平均化趋势是结构中形成 p-π 共轭体系的结果。由于 p-π 共轭,羟基氧原子上的未共用电子对向羰基转移,从而造成羧酸分子中的 C═O 与—OH 上的电子云密度发生了变化,使它们原有的键长改变。

羧酸的种类繁多。根据与羧基相连的烃基不同,羧酸可以分为饱和脂肪酸、不饱和脂肪酸和芳香酸;根据羧基的数目不同,羧酸又可分为一元羧酸、二元羧酸及多元羧酸等。

二、羧酸的物理性质

低级一元脂肪酸在常温下是液体,且具有刺激性气味;中级脂肪酸是具有一定黏度的油状液体,会散发腐败气味。10 个碳以上的高级脂肪酸是石蜡状固体,气味很小。脂肪二元羧酸以及芳香酸都是结晶固体。

饱和一元羧酸的沸点高于分子量相近的醇的沸点。例如:甲酸和乙醇的分子量都是 46,甲酸的沸点为 101℃,而乙醇的沸点则为 78℃。这是由于羧酸分子中电负性较强的羰基氧可接近质子,通过双分子交叉氢键缔合成二聚体。

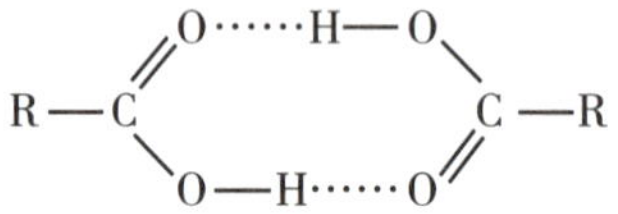

氢键的存在使二聚体有较高的稳定性,低级羧酸(甲酸、乙酸等)甚至在蒸气状态下也保持双分子缔合的形式。

直链饱和一元羧酸的熔点随分子中碳原子数目的增加呈锯齿状上升,即含偶数碳原子羧酸的熔点比相邻 2 个含奇数碳原子羧酸的熔点高,如图 10-2 所示。这是由于处于晶体状态的羧酸分子,其碳链是呈锯齿状排列的,含偶数碳的羧酸,链端甲基和羧基分处在碳链的两边,对称性较好,从而使羧酸的晶格更紧密排列,相互之间的吸引力大,熔点则较高。

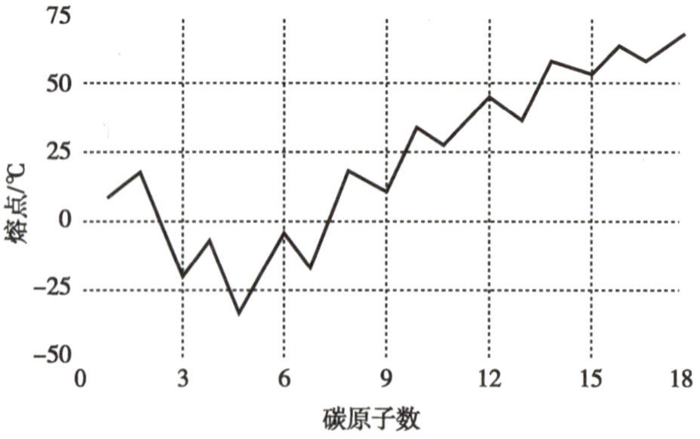

图 10-2　直链饱和一元羧酸的熔点

羧基具有较强的亲水性,与水分子可很好地形成氢键。因此,低级脂肪酸都能与水互溶。从戊酸开始,随分子量增加,疏水性的烃基越来越大,在水中的溶解度就迅速减小。脂肪一元羧酸一般能溶于乙醇、乙醚、氯仿等有机溶剂中。低级饱和二元羧酸易溶于水,并随碳链的增长,溶解度降低。芳香酸在水中的溶解度极微。一些常见羧酸的物理性质见表 10-1。

笔记栏

表 10-1 羧酸的物理常数

名称	结构式	沸点 /℃	熔点 /℃	p*Ka*
甲酸(蚁酸)	HCOOH	100.5	8.4	3.77
乙酸(醋酸)	CH_3COOH	118	16.6	4.76
丙酸(初油酸)	CH_3CH_2COOH	141	-20.8	4.88
丁酸(酪酸)	$CH_3(CH_2)_2COOH$	162.5	-7.9	4.82
异丁酸	$(CH_3)_2CHCOOH$	154.5	-47	4.85
戊酸(缬草酸)	$CH_3(CH_2)_3COOH$	187	-34.5	4.81
2,2- 二甲基丙酸	$(CH_3)_3CCOOH$	163.5	35.5	5.02
己酸(羊油酸)	$CH_3(CH_2)_4COOH$	205	-1.5	4.83
庚酸(毒水芹酸)	$CH_3(CH_2)_5COOH$	223.5	-8	4.89
辛酸(羊脂酸)	$CH_3(CH_2)_6COOH$	239	16	4.85
壬酸(天竺葵酸)	$CH_3(CH_2)_7COOH$	254	12.5	4.96
癸酸	$CH_3(CH_2)_8COOH$	268.4	31.5	
棕榈酸(软脂酸)	$CH_3(CH_2)_{14}COOH$	269/0.01MPa	62.9	
十八酸(硬脂酸)	$CH_3(CH_2)_{16}COOH$	287/0.01MPa	70	6.37
丙烯酸(败脂酸)	$CH_2{=}CHCOOH$	141	13	4.26
丁 -3- 烯酸	$CH_2{=}CHCH_2COOH$	163	-35	4.35
3- 苯丙烯酸(肉桂酸)	$C_6H_5CH{=}CHCOOH$	300	133	4.44
乙二酸(草酸)	HOOC—COOH	101	189	1.27* 4.27**
丙二酸(缩苹果酸)	$HOOC—CH_2—COOH$	140(分解)	136	2.85* 5.70**
丁二酸(琥珀酸)	$HOOC—(CH_2)_2—COOH$	235(失水)	185	4.21* 5.64**
戊二酸(胶酸)	$HOOC—(CH_2)_3—COOH$	303	97.5	4.33* 5.41**
己二酸(肥酸)	$HOOC—(CH_2)_4—COOH$	337.5	151	4.43* 5.40**
苯甲酸	C_6H_5COOH	249	121.7	4.17
苯乙酸	$C_6H_5CH_2COOH$	265	78	4.28
邻甲基苯甲酸	*o*-$CH_3C_6H_4COOH$	259	106	3.89
间甲基苯甲酸	*m*-$CH_3C_6H_4COOH$	263	112	4.28
对甲基苯甲酸	*p*-$CH_3C_6H_4COOH$	275	180	4.35

注:*pKa_1,**pKa_2。

三、羧酸的化学性质

在羧酸分子中,因羧基中羟基氧原子的未共用电子对与羰基形成 p-π 共轭,降低了羰基碳原子的正电性,所以羧基与亲核试剂发生反应的活性比醛酮低;同时,羟基中氧原子上的电子云向羰基转移,羟基氧原子上电子云密度降低,使羟基极性增强,有利于氢原子的离解,从而使羧酸的酸性比醇的酸性强,因而羧基中的羟基性质和醇羟基的性质也不完全相同。

笔记栏

(一) 酸性

1. 羧酸根离子的结构 多数羧酸属于弱酸，在水溶液中大部分以未电离的分子形式存在。

$$RCOOH + H_2O \rightleftharpoons RCOO^- + H_3^+O$$

羧基中的羟基电离出氢离子，氧原子带负电荷，这样更容易提供电子，与羰基键发生共轭作用。在羧酸根负离子形成的共轭体系中，2 个氧原子和碳原子各提供 1 个 p 轨道，组成 1 个包括 3 个原子（O—C—O）和 4 个 π 电子的 π 分子轨道，负电荷可以分布在 2 个氧原子上。由于负电荷高度分散，羧酸根负离子非常稳定，其共轭结构可用下列共振结构式来表示。

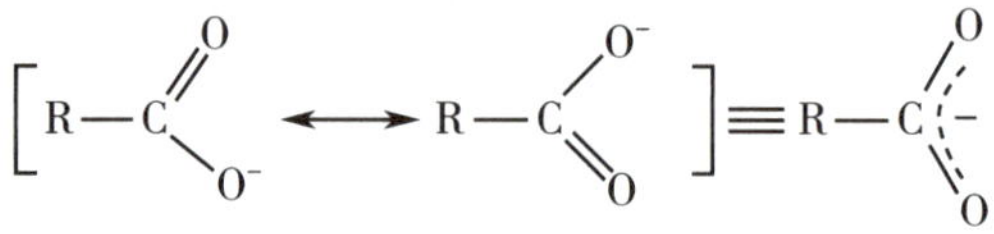

羧酸根负离子中负电荷的离域可用 X 射线衍射实验证明。甲酸钠的 2 个碳氧键的键长相等，都是 0.127nm，没有单键和双键之分。

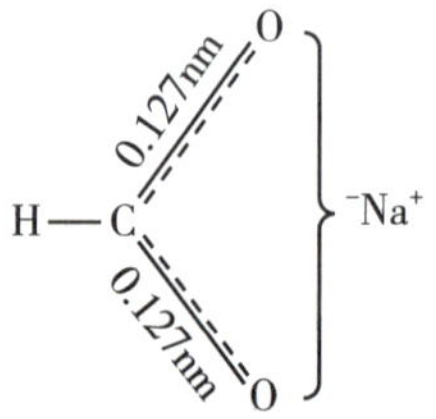

2. 成盐及应用 多数无取代羧酸的 p*K*a 为 3.5~5，是比碳酸（p*K*a=6.38）强的有机弱酸。羧酸能与氢氧化钠、碳酸钠、碳酸氢钠等作用生成羧酸盐，后者与无机强酸作用可游离出羧酸。一些常见化合物的酸性强弱次序如下：

	RCOOH	H_2CO_3	ArOH	H_2O	ROH	HC≡CH	RH
p*K*a	3.5~5	6.38	9~10	15.74	16~19	~25	~50

$$RCOOH + NaOH \longrightarrow RCOONa + H_2O$$

$$RCOOH + CaO \longrightarrow (RCOO)_2Ca + H_2O$$

$$RCOOH + Na_2CO_3 \longrightarrow RCOONa + CO_2 + H_2O$$

$$RCOONa \xrightarrow{HCl} RCOOH$$

上述几种化合物的酸性差异可用于分离、提纯羧酸，也可用于从中草药中提取含羧基的有效成分。如当羧酸和中性化合物混在一起时，首先将混合物用醚溶解，然后再用碱水溶液提取，这时羧酸则成盐而进入水层，中性化合物仍留在醚层。分层后，将水层酸化，便得到游离的羧酸。

对一些含羧基的药物，可将它制成羧酸盐增加其在水中的溶解度，这样就更有利于制成水剂或注射使用。例如：

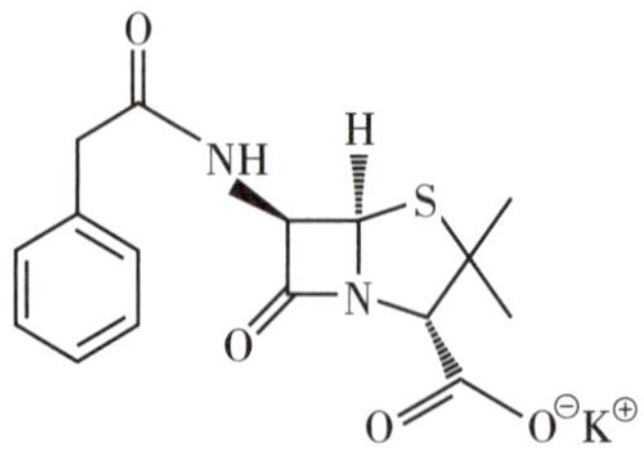

青霉素G钾/penicillin G potassium（抗菌药）

笔记栏

3. 酸性的影响因素 在饱和一元羧酸分子中，烃基上的氢原子被含卤素、羟基、硝基等电负性大的基团取代后，由于产生吸电子诱导效应，电子通过碳链向电负性大的基团偏移，有利于羧基中氢的离解，从而使羧酸酸性增强。取代基的吸电子诱导效应越强，羧酸的酸性越强。若取代基为斥电子基，则斥电子诱导效应越强，羧酸的酸性越弱。表 10-2 中所列取代甲酸的 p*K*a 说明了这一点。

表 10-2 取代甲酸（Y-COOH）的 p*K*a

Y—	p*K*a	Y—	p*K*a	Y—	p*K*a
H—	3.77	FCH_2—	2.57	CH_2═$CHCH_2$—	4.35
CH_3—	4.74	$ClCH_2$—	2.86	HC≡CCH_2—	3.32
CH_3CH_2—	4.87	$BrCH_2$—	2.94	O_2NCH_2—	1.08
$CH_3CH_2CH_2$—	4.82	ICH_2—	3.18	$NCCH_2$—	2.44

例如：卤素的吸电子诱导效应次序为 F>Cl>Br>I，所以，卤代乙酸中的氟代乙酸酸性最强，碘代乙酸酸性最弱。而烷基有斥电子诱导效应，其次序为 CH_3CH_2—>CH_3—>H—，所以在脂肪族一元羧酸中，甲酸的酸性最强。但烷基间的斥电子诱导效应差别较小，还常受反应溶剂的影响，所以，烷基斥电子诱导效应的次序可能与上述次序不同。

诱导效应对酸性的影响还与取代基中碳原子杂化状态、数目及位置等有关。对不同杂化状态的碳原子来说，s 成分越大，吸电子能力越强。含不同杂化状态的碳原子的吸电子次序为 CH≡CCH_2—> CH_2═$CHCH_2$—>$CH_3CH_2CH_2$—。因此，不饱和羧酸中，不饱和程度越大，酸性越强（表 10-2）。

诱导效应有加和性，吸电子基团数目越多，–I 则越大，酸性越强。

	$ClCH_2COOH$	$Cl_2CHCOOH$	Cl_3CCOOH
p*K*a	2.86	1.29	0.65

诱导效应可沿 σ 键传递，随着距离的增加而迅速减弱，酸性减弱。

	$CH_3CH_2CH(Cl)COOH$	$CH_3CH(Cl)CH_2COOH$	$CH_2(Cl)CH_2CH_2COOH$
p*K*a	2.86	4.41	4.70

在取代芳香酸中，诱导效应常与共轭效应同时存在，而酸性取决于二者的综合作用结果。另外，对某些具有特殊空间构型的羧酸，酸性的大小还需考虑氢键、空间效应等因素的影响。

对位取代的苯甲酸，当取代基为—NO_2、—CN、—COOH、—CHO 等基团时，这些基团中的不饱和键与苯环大 π 键形成 π-π 共轭体系，因基团中含电负性强的原子，产生了吸电子的共轭效应（–C），同时又有吸电子诱导效应（–I），且两者方向一致，使苯甲酸羧基中的羟基极性增大，酸性增强；当取代基为—OH、—OCH_3、—NH_2 等时，由于氧、氮原子 p 轨道上的未共用电子与苯环大 π 键形成 p-π 共轭体系，呈现斥电子的共轭效应（+C），但就诱导效应而言，则是 –I，且由于 +C 大于 –I，基于两效应综合的结果，使酸性减弱；当取代基为卤素时，同样由于存在 p-π 共轭体系，产生 +C，另一方面卤素电负性大，产生 –I，而 –I 大于 +C，所以使酸性增强。取代基为烷基时，因同时具有 +C 和 +I，故酸性减弱。

间位取代的苯甲酸，因共轭效应受阻，其对酸性的影响主要由诱导效应决定。前述如

笔记栏

—NO_2、—CN、—COOH、—CHO 等具有吸电子共轭效应的基团，以及—OH、—OCH_3、—Cl 等具有斥电子共轭效应的基团，具有 –I，均使苯甲酸的酸性增强。

邻位取代基对苯甲酸酸性影响比较复杂，除共轭效应和诱导效应外，还要考虑空间效应、氢键的影响。一般来说，邻位取代的苯甲酸，除氨基外，不管是斥电子基还是吸电子基，都使酸性增强。这种邻位取代基对苯甲酸酸性产生的特殊影响叫作邻位效应，可看作电子效应、空间效应、氢键影响的总和。邻位效应使邻位取代苯甲酸的酸性较间位和对位强。部分不同位置取代苯甲酸的 p*K*a 见表 10-3。

表 10-3 取代苯甲酸的 p*K*a

取代基	p*K*a		
	邻 -(*o*-)	间 -(*m*-)	对 -(*p*-)
H—	4.20	4.20	4.20
CH_3—	3.91	4.28	4.38
C_2H_5—	3.79	4.27	4.35
Cl—	2.92	3.83	3.97
Br—	2.85	3.81	3.97
O_2N—	2.21	3.46	3.40
HO—	2.98	4.12	4.54
CH_3O—	4.09	4.08	4.47
H_2N—	5.00	4.82	4.92

综合运用上述影响因素进行分析，就能很好地说明不同位置取代的苯甲酸的酸性。例如：3 种羟基苯甲酸的酸性次序为邻位 > 间位 > 对位。这是因为对位取代的羟基兼有 –I 和 +C（+C>–I），间位仅有 –I，故间羟基苯甲酸羧基中的羟基极性较大，酸性较强。邻羟基苯甲酸的酸性在三者中最强，可从邻位羟基与羧基负离子形成分子内氢键考虑。分子内氢键可稳定邻羟基苯甲酸负离子，使邻羟基苯甲酸中的氢非常容易离解，而呈现最强酸性。

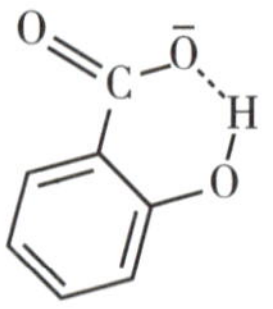

邻羟基苯甲酸负离子分子内氢键

对于二元羧酸来说，分子中有 2 个羧基，电离分两步进行。

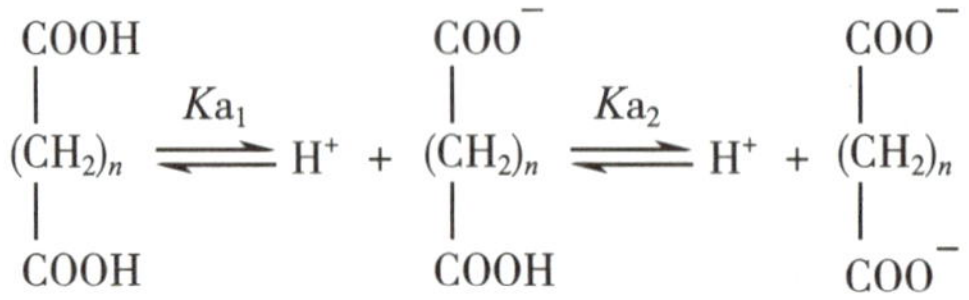

因此，二元羧酸有 2 个离解常数 Ka_1 和 Ka_2。表 10-4 列出了常见二元羧酸的 p*K*a。

表 10-4 常见二元羧酸的 p*K*a

化合物	结构式	pKa_1	pKa_2
乙二酸	HOOC—COOH	1.27	4.27
丙二酸	HOOC—CH_2—COOH	2.85	5.70
丁二酸	HOOC—$(CH_2)_2$—COOH	4.21	5.64
戊二酸	HOOC—$(CH_2)_3$—COOH	4.33	5.41
cis-丁烯二酸	CHCOOH ‖ CHCOOH	1.92	6.59
trans-丁烯二酸	HOOCCH ‖ CHCOOH	3.03	4.54

从表 10-4 可见，二元羧酸的 Ka_1 大于 Ka_2。这是由于羧基有强的吸电子效应，在其吸电子作用下使另一个羧基容易离解，但这种影响是随着 2 个羧基距离的增大而减弱。所以在具有 4 个以上碳原子的二元羧酸中，pKa_1 与 pKa_2 比较接近，但酸性还是比乙酸强。第一个羧基解离后形成羧酸根负离子，对另一个羧基产生斥电子诱导效应，使该羧基上的氢不易离解，所以二元羧酸的 Ka_1 大于 Ka_2。

在丁烯二酸的 2 个顺反异构体中，对于 pKa_1 而言，顺式小于反式，而对于 pKa_2 来说，却是反式小于顺式。这是由于 *cis*- 丁烯二酸一级电离生成的羧酸根负离子可通过分子内氢键的形成得到稳定，使顺式的 pKa_1 较反式的为小；而又由于氢键的形成使第 2 个质子不易解离，却使 pKa_2 较反式的大。

诱导效应一般指通过碳链传递的静电作用。还有一种通过空间传递的特殊电性效应（F 效应），称为场效应。任何一个带电粒子（包括极性共价键和极性分子）在其周围空间都存在静电场，这个静电场中的任一个带电体都要受其静电力的作用，这就是场效应的本质。例如：丙二酸的羧基负离子除对另一羧基有诱导效应外，还有场效应。这两个效应都使质子不易离去，因而丙二酸的二级电离相对难发生。

场效应的大小与距离平方成反比，距离愈远，作用愈小。如：邻氯苯丙炔酸中，氯原子的吸电子诱导效应使酸性增强，而 C—Cl 键偶极的场效应又使酸性减弱。对位或间位的氯原子和羧基的质子相距较远，不存在场效应，所以邻氯苯丙炔酸的酸性较相应的间位和对位酸的酸性稍弱。

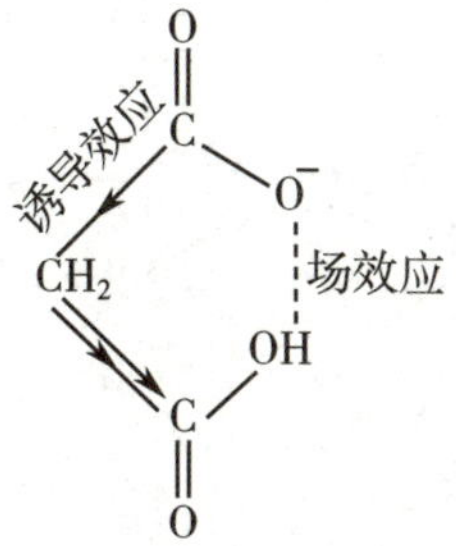

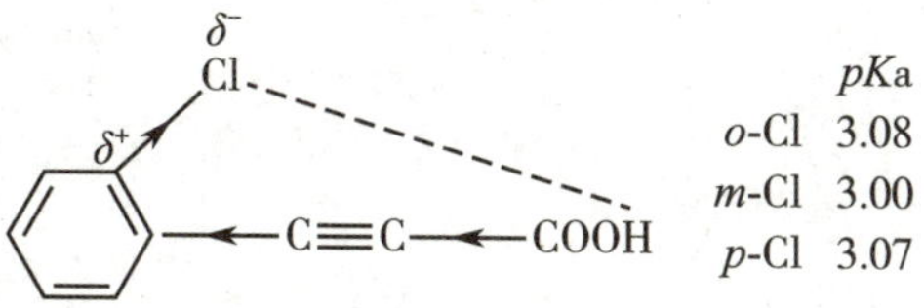

（二）羧基上羟基的取代反应

羧酸分子中的羟基可以被卤素、酰氧基、烷氧基和氨基取代，分别生成酰卤、酸酐、酯和酰胺等羧酸衍生物。

笔记栏

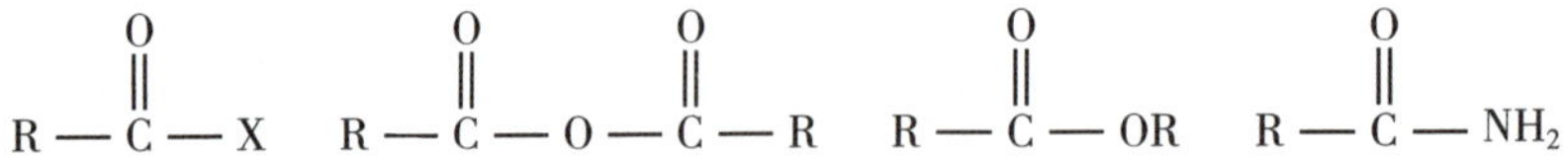

酰卤 acyl halide　　酸酐 anhydride　　酯 ester　　酰胺 amide

羧酸中羟基的取代反应

羧酸分子（RCOOH）中除去羟基后剩余的基团叫作酰基（RCO—）。

1. 酯的生成　在酸催化并加热下，羧酸与醇反应生成酯，此反应称为酯化反应（esterification reaction）。

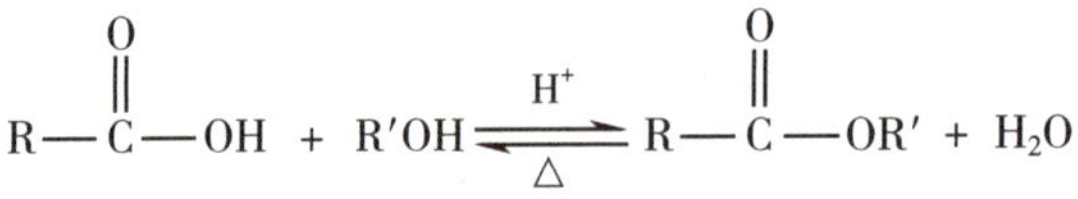

同样条件下，酯和水也可以作用生成醇和羧酸，称为酯的水解反应。所以，水解反应是酯化反应的逆反应。酯化反应如没有催化剂存在则反应速度很慢，如果加入少量催化剂（如硫酸等）并加热则反应明显加速。酸催化仅能缩短达到平衡的时间，并不能提高酯的转化率，因为这些催化条件在加速酯化反应的同时，也加速了逆反应的进行。要提高酯的产率，可增加一种便宜的原料用量，以便使平衡向生成物方向移动。比如，等摩尔的乙醇与乙酸反应，当反应达到平衡时只有 65% 的醇或酸转化成乙酸乙酯，而当乙醇与乙酸的摩尔比达到 10∶1 时，转化率可以达到 97%。另外，还可采取不断从反应体系中除去产物的方法使平衡向生成物方向移动，如合成甲酸甲酯时，由于甲酸甲酯的沸点（32℃）比甲酸（沸点 100.5℃）、甲醇（沸点 65℃）和水都低，因此可以在酯化反应时将甲酸甲酯不断蒸出，从而提高酯的产率。

发生酯化反应时，羧酸和醇分子间有 2 种可能的失水方式如下：

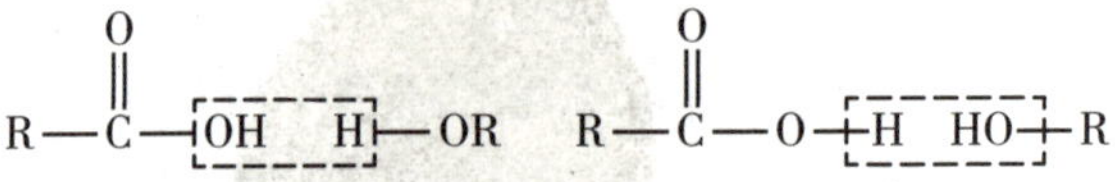

（1）酰氧键的断裂　　（2）烷氧键的断裂

实验证明，羧酸与醇的酯化反应大多数情况下是按（1）式进行的。如用含有 ^{18}O 标记的醇与酸作用，证明生成的酯含有 ^{18}O，而生成的水并不含有 ^{18}O。

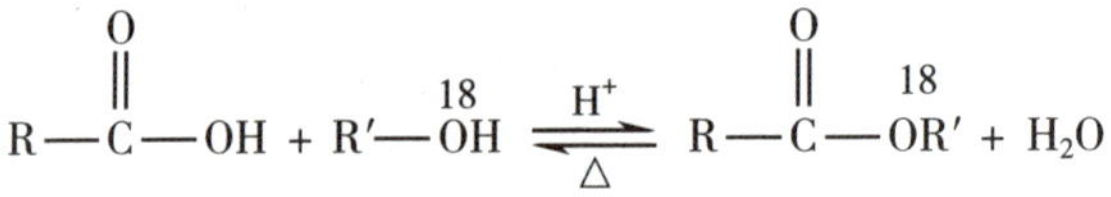

酯化反应的机理比较复杂，常因反应条件和反应物结构的不同而异。酸催化酯化通常是一个亲核加成 - 消除的反应过程。反应机理如下：

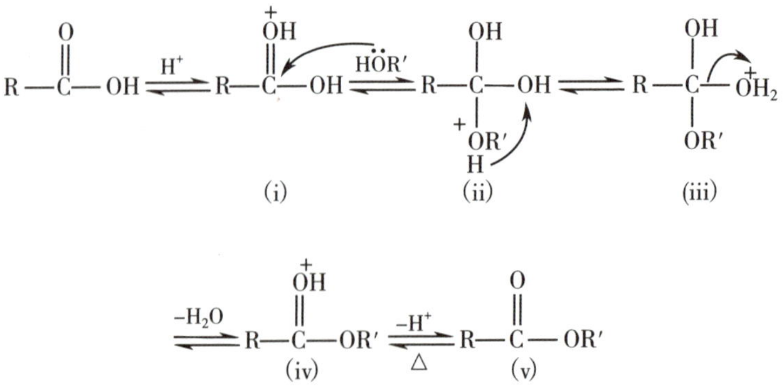

首先使羧酸的羰基氧原子发生质子化（ⅰ），增强羰基碳的正电性，有利于与醇发生亲核加成，形成四面体中间体（ⅱ），然后通过质子转移形成中间体（ⅲ），再失去一分子水及 H^+ 生

笔记栏

成酯(V)。反应结果是,羧酸发生酰氧键断裂,羧基中的羟基被醇中的烷氧基取代。

按此机理,空间效应对酯化反应活性影响较大。一般来说,酸或醇分子的空间位阻越大,酯化反应速度越慢。

不同结构的酸或醇发生酯化反应的活性顺序为:

酸的反应活性:$HCOOH>CH_3COOH>RCH_2COOH>R_2CHCOOH>R_3CCOOH$

醇的反应活性:$CH_3OH>RCH_2OH>R_2CHOH$

另外,电子效应也会对酯化反应活性产生影响。芳香酸因苯环与羧基发生 π-π 共轭,降低了羧基中羰基碳的正性,使其与醇的亲核加成活性减弱,所以芳香酸酯化活性小于脂肪酸。

叔醇在酸性条件下易产生稳定的碳正离子,因此叔醇的酯化反应一般是按照烷氧键断裂的方式(2)进行的。

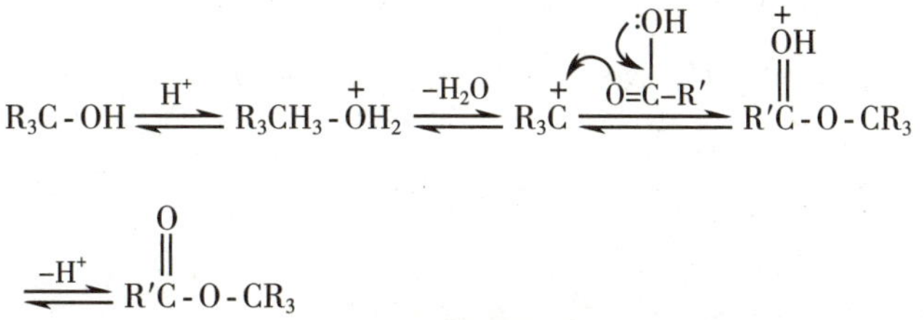

ER-10-3

海洛因

2. 酰卤的生成　羧酸与三卤化磷(PX_3)、五卤化磷(PX_5)或氯化亚砜($SOCl_2$)作用,羧基中的羟基被卤素取代生成酰卤。由于产物酰氯容易水解,一般采用蒸馏法分离精制产物。

$$CH_3COOH + PCl_3 \longrightarrow CH_3COCl + H_3PO_3$$

b.p.　118℃　75℃　52℃　200℃(分解)

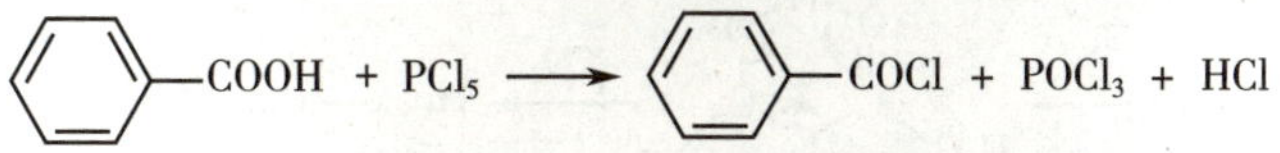

b.p.　249℃　162℃　197℃　107℃

$$CH_3(CH_2)_4COOH + SOCl_2 \longrightarrow CH_3(CH_2)_4COCl + HCl\uparrow + SO_2\uparrow$$

b.p. 79℃

为便于酰氯与原料的分离,通常根据酰氯与试剂或副产物的沸点来选择合适的卤化剂。制备低沸点的酰氯,可用 PCl_3 作卤化剂;制备高沸点的酰氯,可用 PCl_5 作卤化剂。例如:丁酰氯的沸点为 102℃,因用 PCl_5 作卤化剂副产物 $POCl_3$ 的沸点为 107℃,是不合适的,用蒸馏法很难将丁酰氯与 $POCl_3$ 分离开来,所以,应以 $SOCl_2$ 或 PCl_3 作为试剂。使用 $SOCl_2$ 合成酰氯所得副产物都是气体,易于与酰氯分离,对上述两种情况都可适用,但产生的 HCl 和 SO_2 气体,要回收或吸收,以免对环境造成污染。

3. 酸酐的生成　羧酸(除甲酸外)在脱水剂(如五氧化二磷)存在下加热,发生分子间或分子内脱水生成酸酐。

$$RCOOH + HOOCR \xrightarrow[\triangle]{P_2O_5} R-\overset{O}{\overset{\|}{C}}-O-\overset{O}{\overset{\|}{C}}-R + H_2O$$

由于酸酐很容易吸水,故有时亦可用醋酐作为脱水剂来制备其他酸酐。

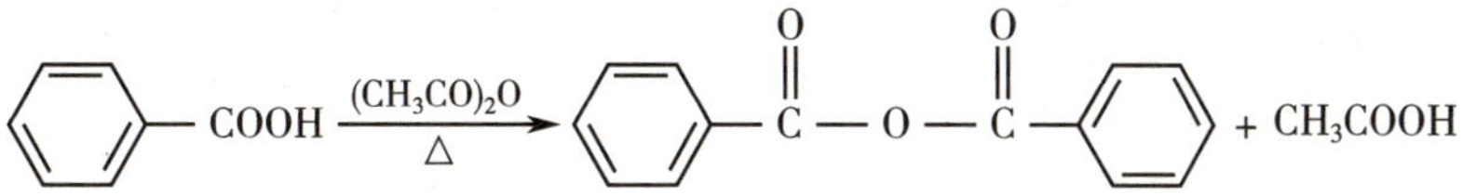

笔记栏

酸酐还可通过酰卤与羧酸盐共热制备，通常用来制备混合酸酐。

$$RCOONa + R'COCl \xrightarrow{\triangle} R-\overset{\overset{\large O}{\|}}{C}-O-\overset{\overset{\large O}{\|}}{C}-R' + NaCl$$

4. 酰胺的生成　羧酸和氨或胺作用，先生成羧酸铵盐，再对铵盐加热脱水生成酰胺。

$$RCOOH \xrightarrow{NH_3} RCOONH_4 \xrightarrow{\triangle} RCONH_2 + H_2O$$

（三）脱羧

羧酸分子中脱去羧基并放出二氧化碳的反应称脱羧(decarboxylation)。一般情况下，羧酸中的羧基较为稳定，不易发生脱羧。但当羧酸分子中的 α-C 上连有吸电子基时，由于 α-C 同时受两吸电子基的作用，结构不稳定，在加热的条件下容易发生脱羧。最常用的脱羧方法是将羧酸盐与碱石灰或固体氢氧化钠强热，则分解出二氧化碳而生成烃。当 α-C 上含有吸电子基团(如硝基、卤素、酰基、腈基等)时，则脱羧更容易发生。

$$RCOONa + NaOH \xrightarrow{\triangle} CH_4 + Na_2CO_3$$

$$Cl_3CCOOH \xrightarrow{\triangle} CHCl_3 + CO_2$$

$$CH_3\overset{\overset{\large O}{\|}}{C}COOH \xrightarrow{\triangle} CH_3CHO$$

当 α- 碳原子上含有吸电子基团如羰基时，极易发生脱羧。这是由于羰基和羧基以氢键螯合，形成一个六元环状的过渡态，有利于电子转移而失去二氧化碳。β- 酮酸、丙二酸型化合物以及 α，β- 不饱和羧酸的脱羧都经历这样的过程。

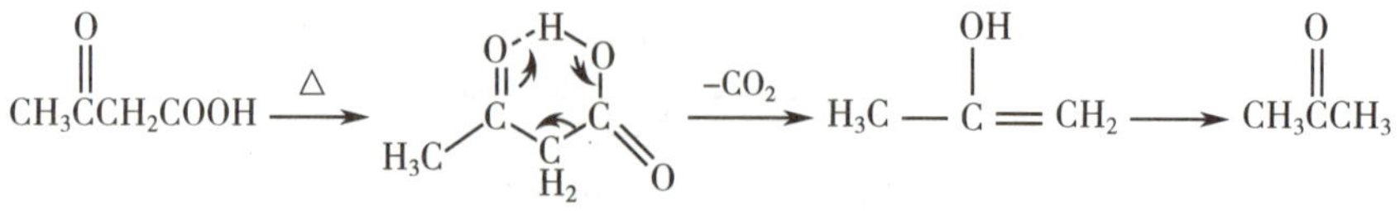

芳香酸的脱羧比脂肪酸容易进行，尤其当苯环邻、对位上连有吸电子基团时，反应更易发生。例如：

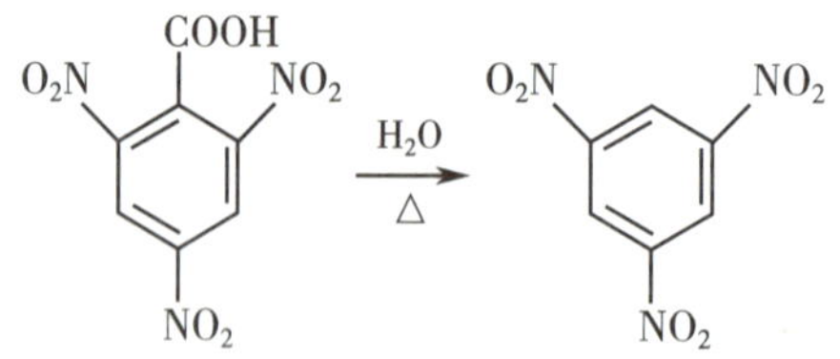

（四）α- 氢的卤化

羧酸分子中的 α- 碳原子上的氢原子与醛、酮中 α- 碳原子上的氢相似，较为活泼，但羧基的致活作用比羰基小得多，因为羧基中的羟基与羰基形成 p-π 共轭体系，+C 效应使得羰基碳原子的正电性下降，吸电子作用减弱，从而降低了 α- 氢原子的活性。因此，羧酸 α- 氢的取代比醛、酮困难，取代反应不易进行。在少量红磷等催化剂存在下，卤素可取代羧酸的 α- 氢原子，只要控制卤素用量，就能生成一元或多元取代的卤代酸，此反应称为赫尔 - 乌尔哈 - 泽林斯基(Hell-Volhard-Zelinski)反应。

$$CH_3CH_2CH_2COOH + Br_2 \xrightarrow[\text{或}P_{红}]{PBr_3} CH_3CH_2\underset{\underset{\large Br}{|}}{C}HCOOH + HBr$$

反应中，磷的作用是先和卤素生成三卤化磷，然后三卤化磷将羧酸转化为酰卤，酰卤的α-氢比羧酸的α-氢更加活泼，更容易形成α-卤代酰卤，得到的α-卤代酰卤再与一分子羧酸进行交换反应得到α-卤代羧酸。反应机理如下：

$$2P + 3X_2 \longrightarrow 2PX_3$$

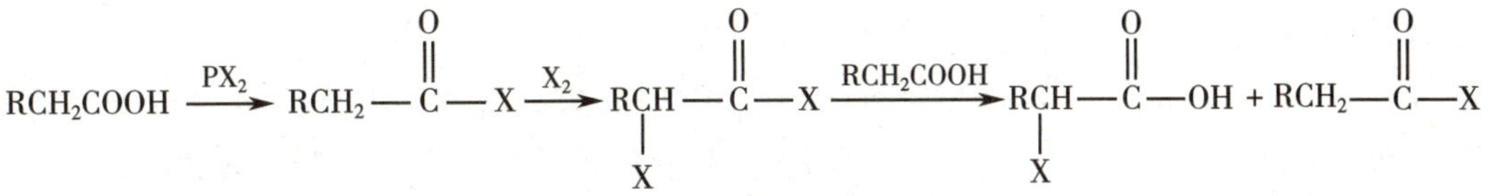

（五）二元羧酸的热解反应

二元羧酸对热较为敏感，当受热或与脱水剂共热时，可根据2个羧基间的不同距离而发生不同的热解反应，有的发生脱水反应，有的发生脱羧反应，有的则发生二者兼有的反应。

2个羧基直接相连或只间隔1个碳原子的二元羧酸，如乙二酸、丙二酸，受热易脱羧，生成一元羧酸。

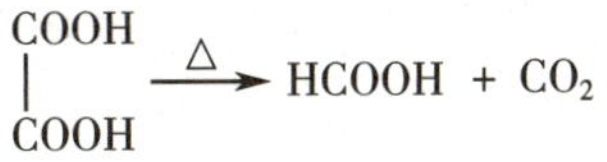

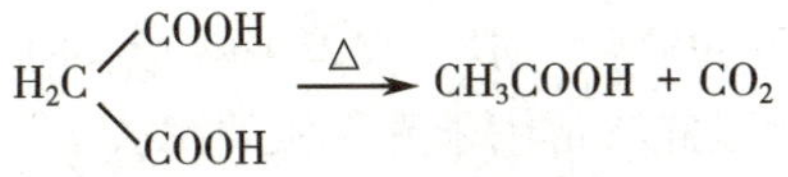

2个羧基间隔2个或3个碳原子的二元羧酸，如丁二酸、戊二酸，受热发生分子内脱水生成环状内酸酐。

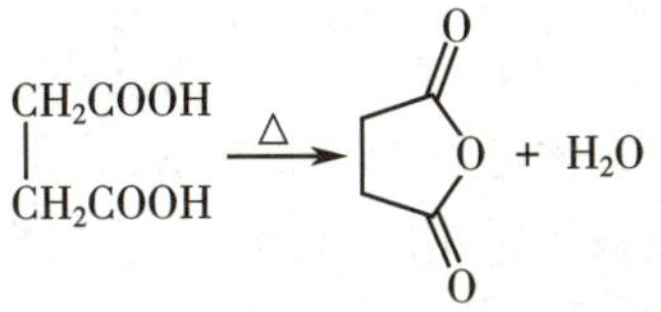

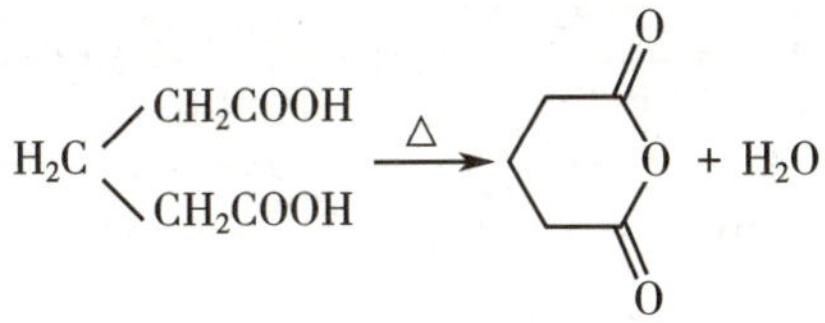

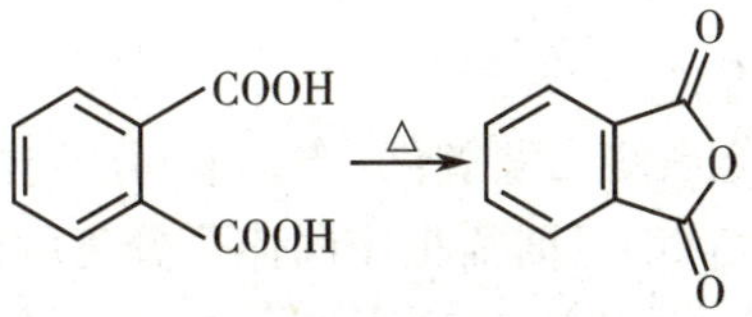

2个羧基间隔4个或5个碳原子的二元羧酸，如己二酸、庚二酸，受热发生分子内脱水、脱羧生成环酮。

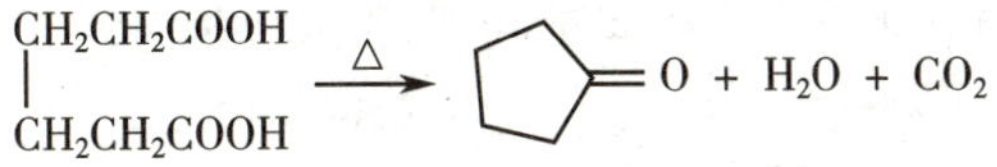

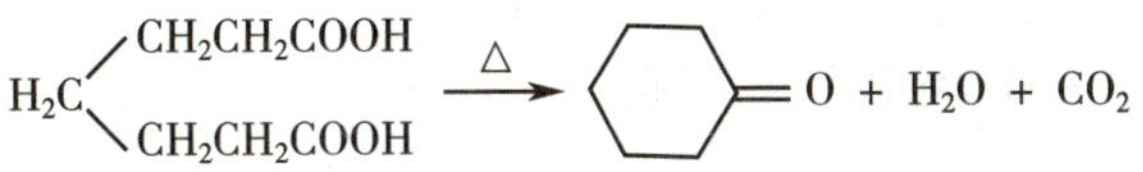

笔记栏

庚二酸以上的二元羧酸，在高温时发生分子间的失水作用，一般不形成大于六元的环酮，而生成高分子的酸酐。布朗克根据以上事实提出，有机反应在有可能形成环状产物的情况下，总是倾向于形成张力较小的五元环或六元环产物，这一规则称为布朗克(Blanc)规则。

四、羧酸的制备

(一) 氧化法

1. 烃的氧化　近代工业上以石蜡(C_{20}~C_{30} 正烷烃)等高级烷烃为原料，在催化剂高锰酸钾、二氧化锰的存在下，用空气或氧气进行氧化，发生碳链断裂，得到高级脂肪酸的混合物。

$$\underset{\text{高级烷烃混合物}}{RCH_2CH_2R'} \xrightarrow[\sim 110℃]{MnO_2} RCOOH + R'COOH + \text{其他羧酸}$$

烯烃的氧化有时也可以用来制备羧酸，但是一般采用对称的烯烃、环状的烯烃或末端烯烃，氧化产物较为单一。

$$(CH_3)_3C(CH_2)_3\underset{\underset{CH_3}{|}}{C}HCH{=}CH_2 \xrightarrow[107\sim110℃]{KMnO_4,H_2O} \underset{45\%}{(CH_3)_3C(CH_2)_3\underset{\underset{CH_3}{|}}{C}HCOOH} + CO_2$$

芳烃支链烷基(无论长短)的氧化一般生成苯甲酸，条件是与芳环相连的碳至少有 1 个氢原子，即至少有 1 个 α-H，所以此法常用于芳香酸的制备。

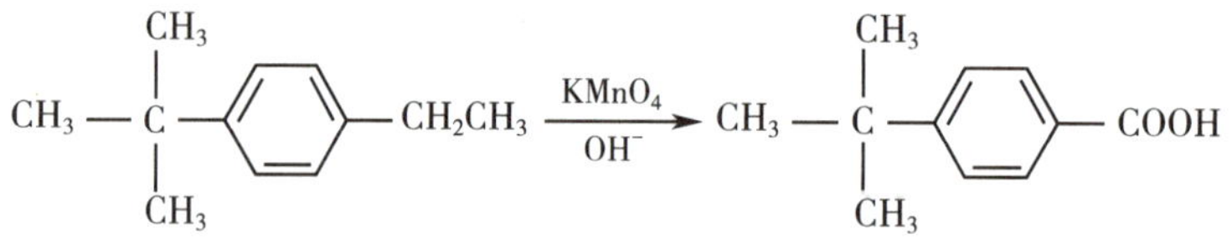

2. 伯醇或醛的氧化　伯醇或醛氧化可得相应的羧酸，这是制备羧酸最普通的方法。伯醇首先氧化生成醛，醛再氧化生成羧酸。常用的氧化剂是重铬酸钾(钠)和硫酸、三氧化铬和冰醋酸、高锰酸钾、硝酸等。多元醇的氧化与此类似。

$$RCH_2OH \xrightarrow[H_2SO_4]{Na_2Cr_2O_7} RCHO \xrightarrow[H_2SO_4]{Na_2Cr_2O_7} RCOOH$$

$$\begin{array}{c} CH_2OH \\ | \\ (CH_2)_n \\ | \\ CH_2OH \end{array} \xrightarrow{[O]} \begin{array}{c} COOH \\ | \\ (CH_2)_n \\ | \\ COOH \end{array}$$

用重铬酸钾和硫酸作为氧化剂使伯醇氧化，作为中间产物的醛易与反应物醇生成半缩醛，而半缩醛又很快氧化成酯。因此，这时需把中间体醛分离后再氧化。

不饱和醇或醛氧化生成不饱和羧酸，须选用适当的弱氧化剂，以免影响不饱和键。

$$CH_3CH{=}CHCHO \xrightarrow{AgNO_3,NH_3} CH_3CH{=}CHCOOH$$

此外，脂环酮在硝酸的强氧化下可发生碳链断裂，生成一种二元羧酸产物。

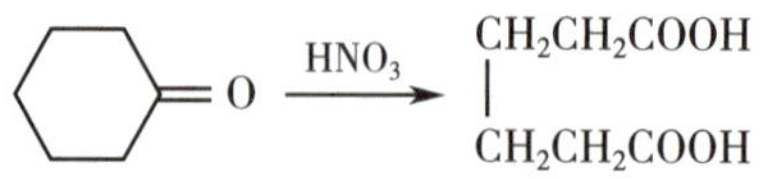

坎尼扎罗反应使无 α-H 的醛转化成醇和酸，产率虽不高，但因方法简便而快速，仍可用于羧酸的制备。

笔记栏

(二) 水解法

腈在酸性或碱性条件下回流水解即生成羧酸。腈一般可选择伯卤代烷制得,主要是因为仲、叔卤代烷在氰化钠碱性条件下容易发生消除反应。所以,水解法仅适用于从伯卤代烷制备羧酸。从产物结构看,所得羧酸比相应伯卤代烷多 1 个碳原子。

$$(CH_3)_2CHCH_2CH_2Cl \xrightarrow{NaCN} (CH_3)_2CHCH_2CH_2CN \xrightarrow[OH^-]{H_2O} \underset{82\%}{(CH_3)_2CHCH_2CH_2COOH}$$

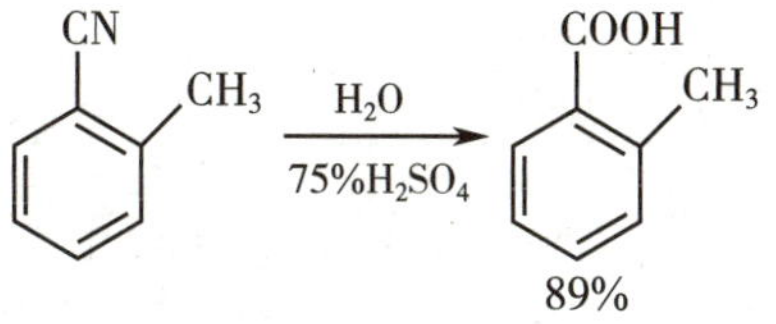

以二卤代烷、卤代酸盐为原料制备腈,再水解还可以制备二元羧酸。

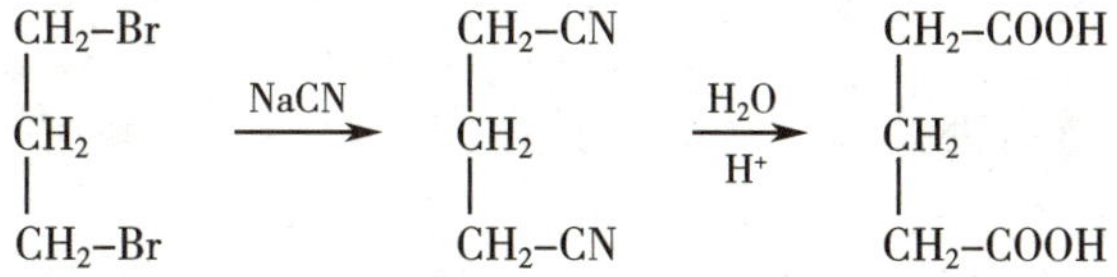

$$ClCH_2COONa \xrightarrow{NaCN} NCCH_2COONa \xrightarrow[NaOH]{H_2O} \xrightarrow{H^+} \underset{82\%}{HOOCCH_2COOH}$$

(三) 格氏试剂法

格氏试剂和二氧化碳的加成产物经水解后生成羧酸。由于低温有利于反应,因此常将格氏试剂的乙醚溶液倒在过量的干冰(即固体二氧化碳)中,此时干冰既是反应试剂又是冷冻剂,或者将格氏试剂的乙醚溶液在冷却下通入二氧化碳,待二氧化碳不再被吸收后,把所得的混合物水解,就得到羧酸。

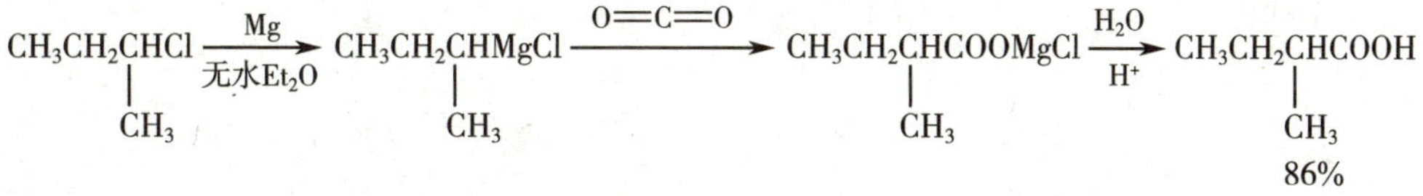

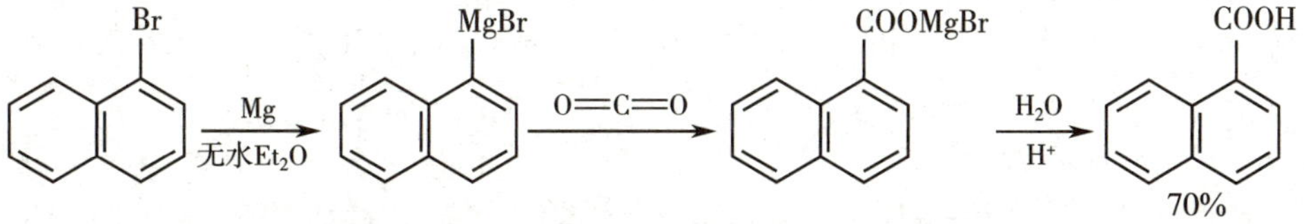

格氏试剂可由伯、仲、叔卤代烷或卤代芳烃制得,所以,此法可合成比相应的伯、仲、叔卤代烷或卤代芳烃多 1 个碳原子的羧酸。在制备格氏试剂时,应注意烃基上不能含有与格氏试剂发生作用的其他基团。

五、代表性化合物

(一) 甲酸

甲酸俗称蚁酸,主要存在于蜂类、某些蚁类及毛虫的分泌物中。工业上用一氧化碳和氢氧化钠在加压、加热下反应,再酸化制得。

$$CO + NaOH \xrightarrow[0.6\sim0.8MPa]{120\sim130℃} HCOONa \xrightarrow{H_2SO_4} HCOOH$$

甲酸是具有刺激性气味的无色液体，沸点100.5℃，能与水、乙醇和乙醚混溶。它的腐蚀性很强，能刺激皮肤起疱。

甲酸的结构比较特殊，分子中的羧基和氢原子相连。它既具有羧基的结构，同时又具有醛基的结构。

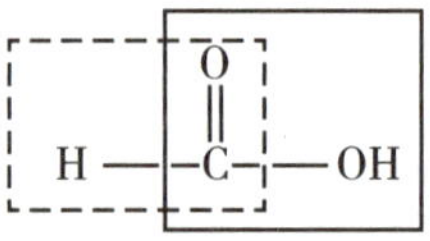

因此，甲酸表现出与它的同系物不同的特性。例如：甲酸具有还原性，能与托伦试剂发生作用生成银镜，还能使高锰酸钾溶液褪色，这些反应常用作甲酸的定性鉴定。

医药上，因甲酸有杀菌力，可用作消毒剂或防腐剂。

（二）乙二酸

乙二酸俗称草酸，常以钾盐或钙盐的形式存在于植物细胞膜中；工业上可由甲酸钠热分解，再经酸化制得。

$$2\,HCOONa \xrightarrow{400℃} \begin{matrix} COONa \\ | \\ COONa \end{matrix} \xrightarrow{H_2SO_4} \begin{matrix} COOH \\ | \\ COOH \end{matrix}$$

草酸是无色结晶，常含有两分子结晶水，熔点为101.5℃，当加热至100~105℃就可失去结晶水而得无水草酸，熔点189.5℃。草酸易溶于水，而不溶于乙醚等有机溶剂。

草酸具有还原性，与氧化剂作用易被氧化成二氧化碳和水。

$$\begin{matrix} COOH \\ | \\ COOH \end{matrix} \xrightarrow{[O]} CO_2 + H_2O$$

草酸可以使酸性高锰酸钾溶液褪色，这一反应在定量分析中常用作标定高锰酸钾浓度的方法。

$$5\begin{matrix} COOH \\ | \\ COOH \end{matrix} + 2KMnO_4 + 3H_2SO_4 \longrightarrow K_2SO_4 + 2MnSO_4 + 10CO_2 + 8H_2O$$

草酸与许多金属能生成可溶性的络离子，因此可用来除去铁锈和蓝墨水痕迹。此外，草酸还用于钙的定量测定和稀有金属的分离。医药上，草酸是生产抗生素和冰片等药物的医药中间体。

（三）十一碳-10-烯酸

十一碳-10-烯酸[$CH_2{=}CH(CH_2)_8COOH$]为黄色液体，有特殊臭味，沸点275℃，不溶于水，可溶于有机溶剂中。十一碳-10-烯酸为消毒防腐药，由减压蒸馏蓖麻油制得；其锌盐$(C_{11}H_{19}COO)_2Zn$有抗霉菌的作用，可外用治疗各种皮肤霉菌病。

$$2CH_2{=}CH(CH_2)_8COOH + ZnO \longrightarrow \underset{\text{十一碳-10-烯酸锌(杀霉菌)}}{(C_{11}H_{19}COO)_2Zn} + H_2O$$

（四）齐墩果酸

齐墩果酸（oleanolic acid）为白色针状结晶，为中药女贞子中的主要有效成分，在植物中多以游离和苷元（又称配糖体）的形式存在。熔点309℃，不溶于水，可溶于乙醚、乙醇、氯仿、丙酮等有机溶剂中。

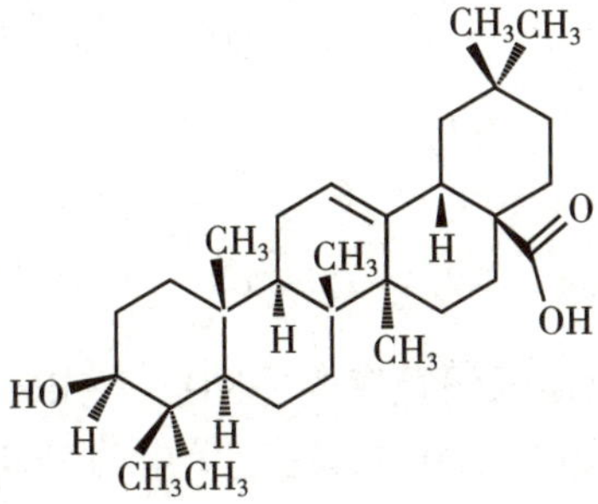

齐墩果酸有多方面的生理活性，主要具有护肝降酶、促进肝细胞再生、抗炎、抗肿瘤等作用，还具有降血糖、降血脂作用，是开发治疗肝病和降血糖等药物的有效成分。

第二节　羧酸衍生物

羧酸分子中羧基上的羟基被其他原子或基团取代后生成的化合物称为羧酸衍生物，包括酰卤（acyl halide）、酸酐（anhydride）、酯（ester）和酰胺（amide）等。

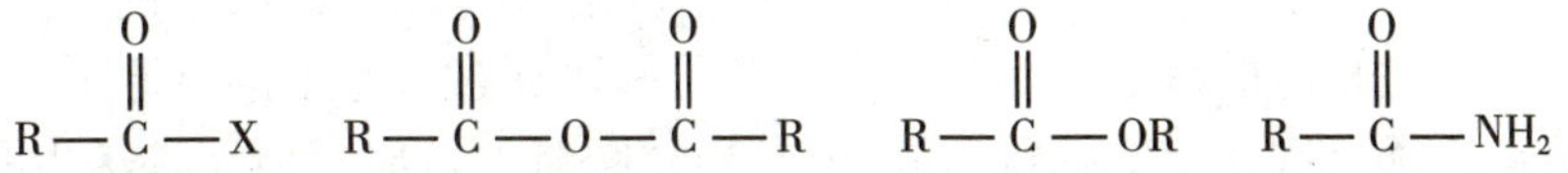

酰卤　　酸酐　　酯　　酰胺

一、羧酸衍生物的结构

酰卤、酸酐、酯和酰胺都含有酰基（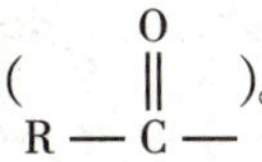）。因此，这 4 种化合物的结构可用通式表示如下：

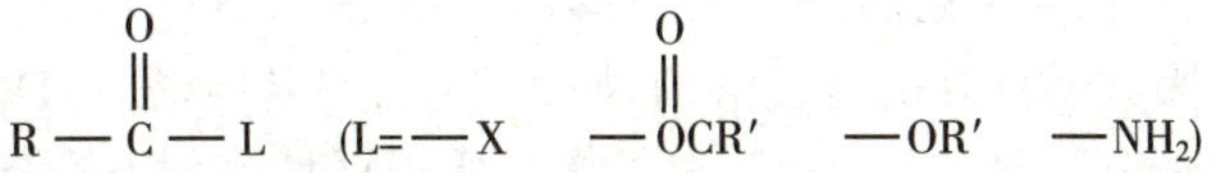

羧酸衍生物的结构和羧酸相似，见图 10-3。酰基中的羰基碳以 sp^2 杂化轨道成键，其 p 轨道与氧 p 轨道构成碳氧 π 键，可与取代基 L 相应原子上的 1 对未共用电子对形成 p-π 共轭。

p-π 共轭的存在导致各羧酸衍生物中的 C—L 键键长发生了变化。

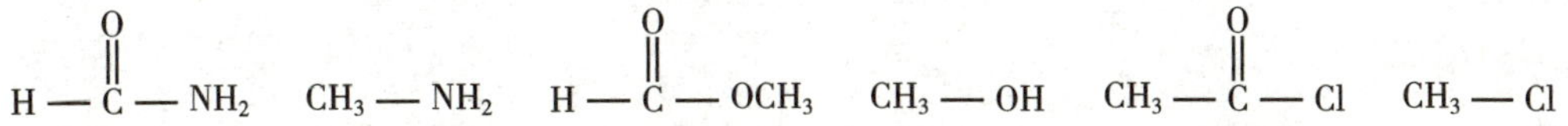

0.138nm　0.147nm　0.133nm　0.143nm　0.179nm　0.178nm

酰胺中 C—N 键较胺中 C—N 键短，酯中 C—O 键也较醇中 C—O 键短。一方面在于酰胺、酯的 C—L 键中的碳以 sp^2 杂化轨道成键，而胺、醇中的 C—L 键中的碳则以 sp^3 杂化轨道成键，sp^2 杂化轨道的 s 成分较多，故键长较短；另一方面，羧酸衍生物中存在 p-π 共轭效应，氨基、烷氧基对羰基产生较强斥电子作用，致使电子离域，C—N 键、C—O 键的键长有平均化的趋势，C—N 键、C—O 键都出现部分双键的属性。

酰氯中，氯与羰基也能发生 p-π 共轭，但共轭作用较弱，而氯同时又具有较强的诱导效应。在该分子中，诱导效应起主导作用，所以酰氯中 C—Cl 键与氯代烷中 C—Cl 键的键长接近。

笔记栏

由于 p-π 共轭的形成，酰卤、酸酐、酯、酰胺的结构也可用下列共振极限式表示：

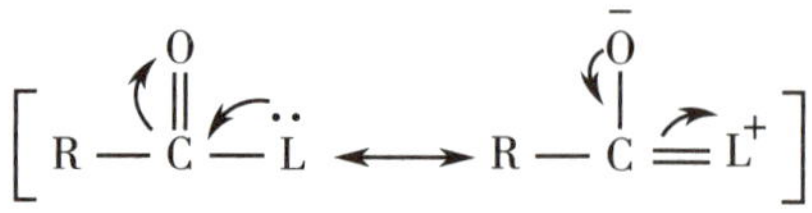

上述结构中，L 基团的电负性强弱顺序为—NH_2<—OR<—Cl，说明氨基更容易接受正电荷，所以在酰胺中具有正负电荷分离的极限式对杂化体的贡献最大，酯次之，而酰氯中电荷分离的极限式对杂化体的贡献是极其微弱的。

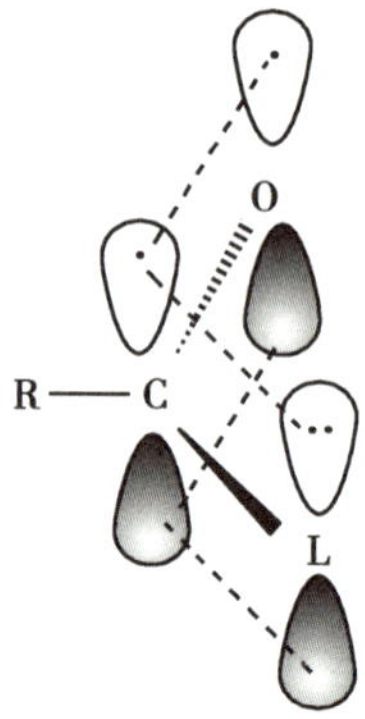

图 10-3 羧酸衍生物的分子结构示意图

二、羧酸衍生物的物理性质

低级的酰卤和酸酐都是有刺激性气味的液体，高级的为固体。低级酯是具有芳香气味的液体，广泛分布于花和果实中。例如：乙酸异戊酯有香蕉的香味，戊酸异戊酯有苹果的香味，可用作香料。室温下，除甲酰胺、脂肪族 *N*- 取代酰胺为液体外，其他酰胺多为无味的固体。

酰卤、酸酐由于分子不能通过氢键缔合，沸点比相应的羧酸低；酸酐的沸点比分子量相当的羧酸低，但是比相应的羧酸高。酰胺由于分子间可通过氨基上的氢原子形成氢键而缔合，所以其熔点和沸点都比相应的羧酸高，但是当酰胺氮上氢原子被烷基逐步取代后，则氢键缔合减少，熔点和沸点会降低。

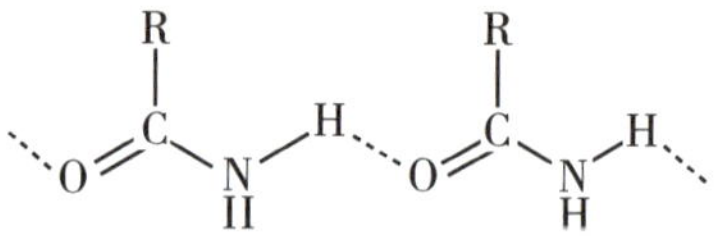

酰卤、酸酐不溶于水，但低级的酰卤、酸酐遇水即分解。酯在水中溶解度较小。低级的酰胺可溶于水。羧酸衍生物一般都溶于有机溶剂，如乙醚、氯仿、苯等。部分羧酸衍生物具有良好的溶解性能，因此是良好的有机溶剂，如 *N*,*N*- 二甲基甲酰胺（DMF）、*N*,*N*- 二甲基乙酰胺（DMAC）具有强极性，能与水混溶，常用作非质子极性溶剂。另外，乙酸乙酯、乙酸丁酯等也大量用作溶剂。表 10-5 列出了一些常见羧酸衍生物的物理常数。

表 10-5 常见羧酸衍生物的物理常数

名称	沸点 /℃	熔点 /℃	名称	沸点 /℃	熔点 /℃
乙酰氯	52	-112	乙酸甲酯	57	-98
乙酰溴	76	-96	乙酸乙酯	77	-83
丙酰氯	80	-94	乙酸丙酯	102	-93
丁酰氯	102	-89	乙酸戊酯	149	-78
戊酰氯	125	-110	乙酸异戊酯	142	-79
十八碳酰氯	176(2mmHg)	21	苯甲酸乙酯	213	-34
苯甲酰氯	197	-1	苯甲酸苄酯	324	20
对 - 溴苯甲酰氯	246	38	甲酰胺	192	2.5
乙酸酐	140	-73	乙酰胺	222	81
丙酸酐	168	-45	丙酰胺	213	79

续表

名称	沸点/℃	熔点/℃	名称	沸点/℃	熔点/℃
丁酸酐	198	-75	丁酰胺	216	116
戊酸酐	229	-56	苯甲酰胺	290	130
丁二酸酐	261	119	乙酰苯胺	305	114
苯甲酸酐	360	42	*N*,*N*-二甲基甲酰胺	153	-61
邻苯二甲酸酐	285	132	*N*,*N*-二甲基乙酰胺	165	-20
甲酸甲酯	32	-100	丁二酰亚胺	288(可分解)	125
甲酸乙酯	54	-80	邻苯二甲酰亚胺	359(升华)	238

三、羧酸衍生物的化学性质

羧酸衍生物的结构相似，均含有酰基，因此它们有相似的化学性质，且其反应机理也大致相同。由于与羰基直接相连的卤原子、氧原子或氮原子的电负性不同，导致 p-π 共轭的程度不同，使得它们在化学性质上有所差异。某些衍生物还表现出特殊的化学性质。

(一) 亲核取代反应

羧酸衍生物中都有一个极性酰基，带部分正电荷的碳原子易受到亲核试剂（水、醇、胺）的进攻，发生亲核取代反应。可用通式表示如下：

$$R-\overset{\overset{\displaystyle O}{\|}}{C}-L + Nu:^- \longrightarrow R-\overset{\overset{\displaystyle O}{\|}}{C}-Nu + L^-$$

1. 水解　羧酸衍生物水解后都生成羧酸。

(1) 酰卤的水解：低级的酰卤极易水解，如乙酰氯遇水剧烈反应并产生大量烟雾状气体 HCl。

$$H_3C-\overset{\overset{\displaystyle O}{\|}}{C}-Cl + H_2O \longrightarrow H_3C-\overset{\overset{\displaystyle O}{\|}}{C}-OH + HCl$$

随着酰卤分子量的增大，在水中的溶解度降低，水解速度逐渐减慢。如果加入对酰氯和水都具有良好溶解性能的溶剂（如二氧六环、四氢呋喃等），可加快高级酰氯的水解速率。有些情况下需要加碱作催化剂。例如：

$$n\text{-}C_{19}H_{39}-\overset{\overset{\displaystyle O}{\|}}{C}-Cl + H_2O \xrightarrow[\text{二氧六环}]{25℃} n\text{-}C_{19}H_{39}-\overset{\overset{\displaystyle O}{\|}}{C}-OH + HCl$$

酰氯由羧酸合成，所以酰氯水解用处很少。

(2) 酸酐的水解：酸酐较易水解，反应比酰卤稍温和些，但比酯的反应快。酸酐室温下水解很慢，通常需加热、加酸或碱催化以促进反应，有时也可选择适当溶剂使反应成均相，加快反应进行。例如：

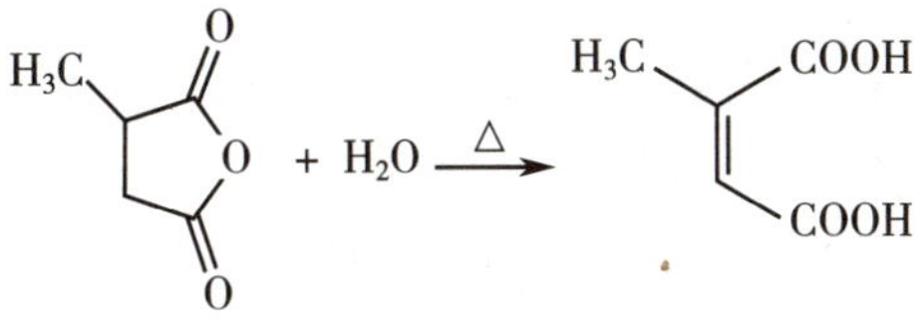

(3)酯的水解：酯水解活性远不如酰卤和酸酐，需在酸或碱的催化下进行。

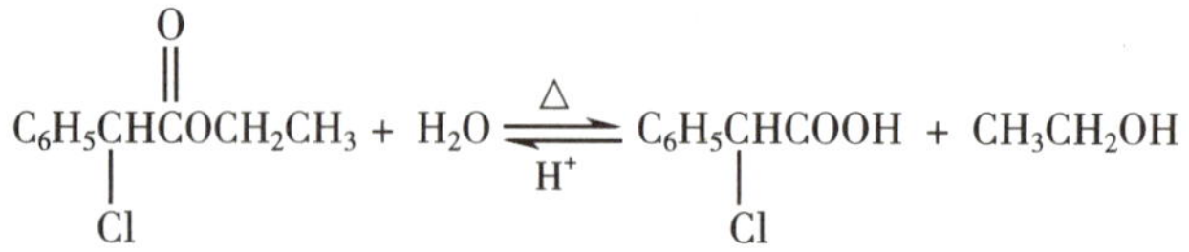

酸催化下，水解反应是酯化反应的逆反应。碱催化下，酯水解生成的羧酸与碱成盐，为不可逆反应。过量的碱可以使酯的水解进行彻底，这是酯水解常采用的方法。油脂在碱性条件下水解，生成脂肪酸的钠(或钾)盐及甘油。日常用的肥皂就是高级脂肪酸的钠盐，所以油脂的碱性水解称为皂化反应。

酯有 2 种水解方式，一种是酰氧键断裂的水解，另一种是烷氧键断裂的水解。

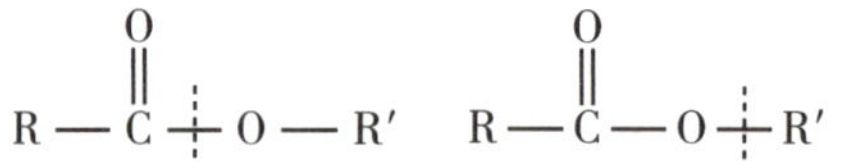

酰氧键断裂　　　　烷氧键断裂

1)酯的碱性水解机理：大量的事实证明，碱催化下，酯的水解是以酰氧键断裂方式进行的。如用同位素 ^{18}O 标记的丙酸乙酯进行碱性水解，产物乙醇含 ^{18}O，羧酸不含 ^{18}O，说明断裂的是酰氧键。

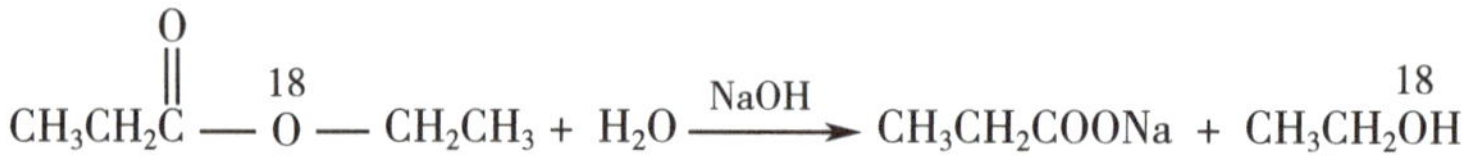

又如，具有光学活性的乙酸 -1- 苯乙醇酯在碱性条件下水解后，生成具有光学活性的产物(1- 苯乙醇)，反应前后构型没有改变。这一现象再次证明，酯在碱性条件下的水解是酰氧键的断裂。

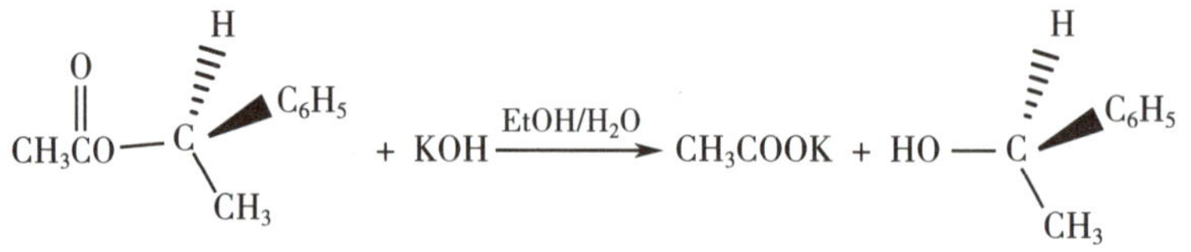

(*R*)-(+)-乙酸-1-苯乙醇酯　　　　(*R*)-(+)-1-苯乙醇

酯的碱性水解是基于亲核加成 - 消除反应机理完成的。具体过程如下：

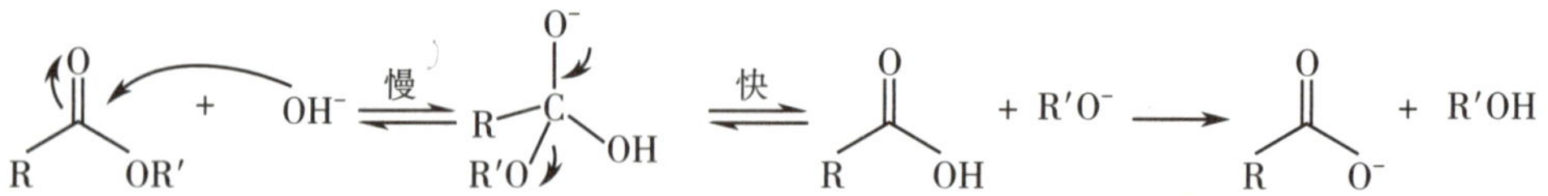

四面体中间体

OH^- 先进攻羰基碳发生亲核加成，形成四面体中间体，然后消除 OR′，这两步反应均是可逆的。由于反应在碱性条件下进行，生成的羧酸和碱发生中和反应，从而使平衡向右移动。

在酯亲核加成 - 消除的反应中，OH^- 进攻羰基碳生成四面体中间体的负离子是反应最慢的一步，即速控步(又称决速步)，所以酯水解反应的速度与四面体中间体的稳定性有关。四面体中间体的稳定性既取决它自身的空间位阻，也决定于氧上负电荷的分散程度。酰基 α- 碳上的取代基体积越大，或酯基中与氧相连的烷基碳上的取代基数目愈多，愈不利于中间体形成，水解速度愈慢。若酯分子中烃基上有吸电子基，有利于负电荷分散，使中间体稳定，水解速度加快，吸电子能力越强，反应速度越快。

2)1°、2° 醇酯的酸性水解机理：羧酸的伯、仲醇酯在酸催化下水解时，通常也是以酰氧

笔记栏

键断裂的方式进行。反应机理如下：

$$CH_3CH_2\overset{O}{\overset{\|}{C}}—\overset{18}{O}—CH_2CH_3 + H_2O \xrightarrow{NaOH} CH_3CH_2COONa + CH_3CH_2\overset{18}{O}H$$

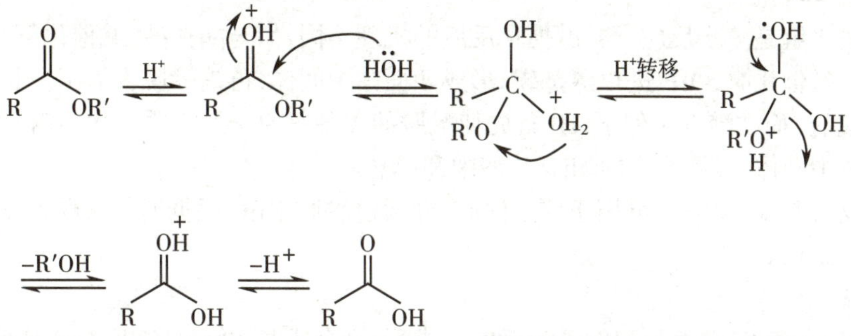

酯分子中羰基氧原子首先与质子结合，质子化使羰基碳原子正电性增加，有利于弱亲核试剂水的进攻，与水加成形成四面体中间体，质子转移到烷氧基的氧上，通过消除反应消去弱碱性的醇分子，最后脱去质子生成羧酸。

酸催化下酯水解速度的快慢也与中间体的稳定性有关，空间位阻对其反应影响较大。空间位阻对酯酸性条件下（HCl，25℃）水解速度的影响见表 10-6。电性效应对酸催化下酯水解速率的影响较小，因为给电子基团虽对酯的质子化有利，但不利于水分子的亲核进攻。

表 10-6 空间位阻对乙酸酯（CH_3COOR）酸催化水解（HCl，25℃）反应速率的影响

R—	CH_3—	CH_3CH_2—	$C_6H_5CH_2$—	C_6H_5—	$(CH_3)_2CH$—
相对速率	1	0.97	0.96	0.69	0.53

比较这些基团的相对速率可以看出，基团的空间位阻越大，反应速率越慢。上述的酸催化酰氧键断裂机理适用于 1° 醇酯和 2° 醇酯的酸性水解。

3）3° 醇酯的酸性水解机理：同位素跟踪实验证明，3° 醇酯做酸催化下水解是基于烷氧键断裂的机理进行的，得到的是没有 ^{18}O 的三级醇。

$$CH_3CH_2\overset{O}{\overset{\|}{C}}—\overset{18}{O}—C(CH_3)_3 + H_2O \xrightarrow{H^+} CH_3CH_2CO\overset{18}{O}H + (CH_3)_3COH$$

烷氧基的断裂

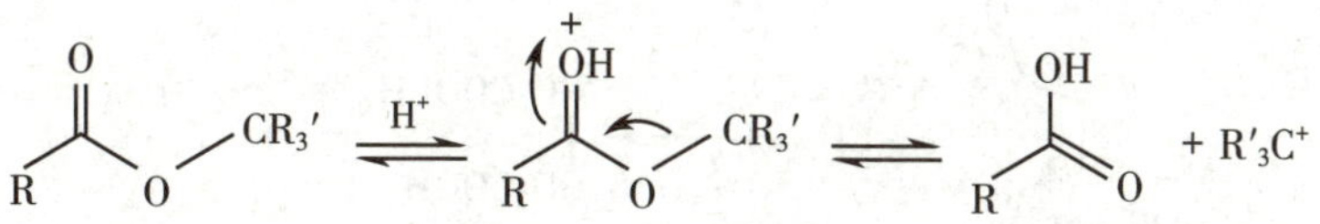

$$R'_3C^+ + H_2O \rightleftharpoons R'_3C—\overset{+}{O}H_2 \rightleftharpoons H^+ + R'_3COH$$

这是一个酸催化后的 S_N1 反应过程，中间首先形成碳正离子而放出羧酸，碳正离子再与水结合成醇。三级醇的酯化，是它的可逆反应。

酯的水解反应在油脂工业上非常重要，很多天然存在的脂肪、油或蜡，常需用水解方法得到相应的羧酸。

酯的水解反应可用于分析酯的结构，通过水解得到酸和醇，然后鉴定所得到酸和醇的结

笔记栏

构，就可得知酯的结构。

(4)酰胺的水解：酰胺比酯难水解，需在酸或碱催化、加热条件下进行。例如：

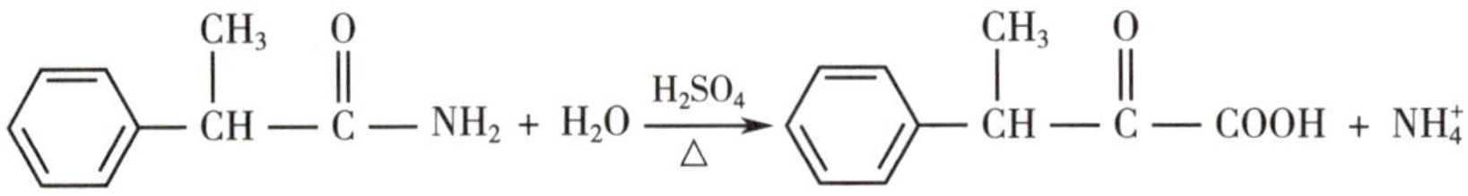

酰胺的水解是多步反应，酸、碱催化反应的机理不同，但与酯在酸、碱催化下水解反应的机理类似。碱催化时，OH^- 进攻羰基碳，形成四面体中间体，再消除脱去 NH_3，同时将生成的羧酸中和成盐；而在酸性条件下，H^+ 首先使酰胺的羰基氧原子发生质子化，有利于与水加成形成四面体中间体，最后消除的 NH_3 与酸中和成盐。

这个反应与酯一样，亦可用于鉴定酰胺，即通过酰胺水解，根据所得羧酸及氨(或胺)，来判断酰胺的结构。

2. 醇解

(1)酰卤的醇解：酰卤与醇能迅速反应生成酯，是合成酯的常用方法之一，通常用来制备难以直接从羧酸与醇反应得到的酯。例如：

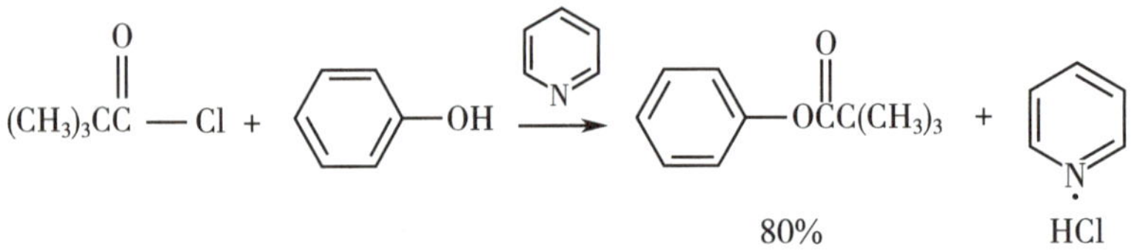

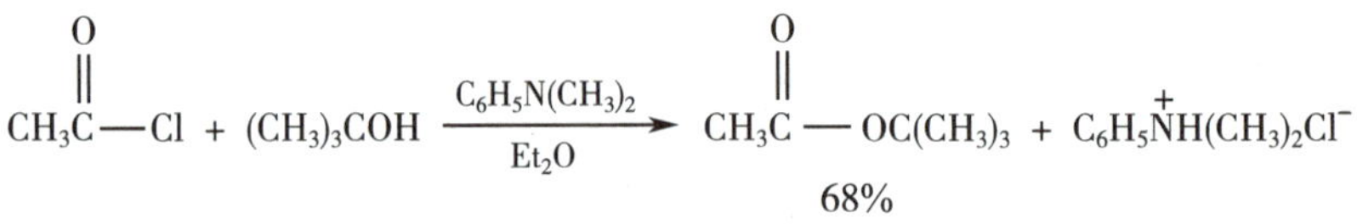

反应常在碱性物质(如氢氧化钠、吡啶、三级胺等)存在下进行，其作用一方面是中和反应中产生的酸，另一方面可能也起了催化作用。

(2)酸酐的醇解：酸酐和酰卤一样，也很容易醇解。酸酐醇解生成酯和一分子酸，反应较酰卤温和。少量酸或碱催化可使反应速度加快，这也是制备酯的常用方法。例如：

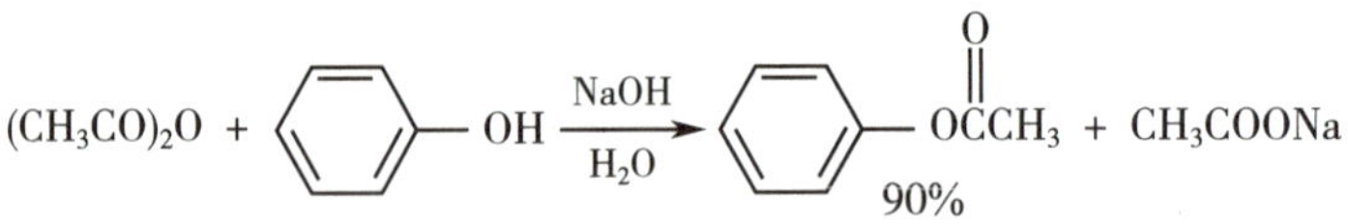

环状酸酐在不同的条件下醇解，可以得到二元羧酸的单酯或二酯。例如：

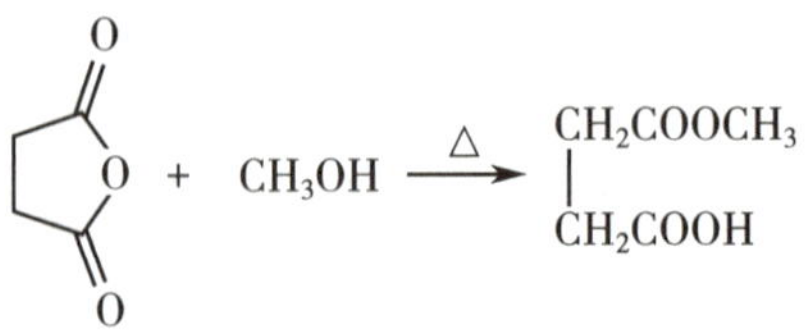

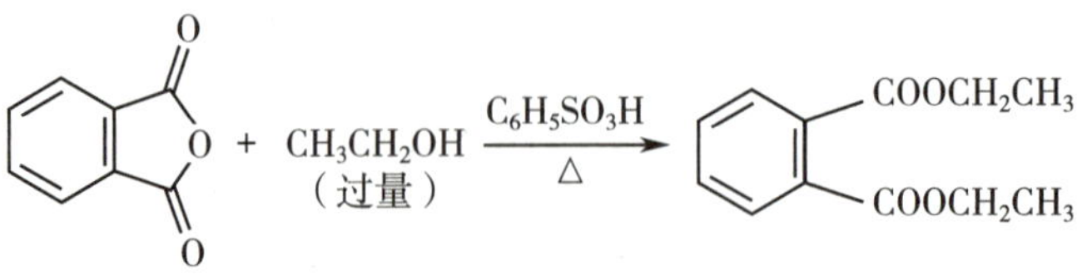

(3)酯的醇解：在酸或碱存在下，酯与醇反应，酯中的烷氧基与醇中的烷氧基交换生成新的酯和醇，这个反应称为酯交换(ester exchange)反应。此反应是可逆的，需加入过量的醇或

将生成的醇除去，才能使反应向生成新酯的方向进行。反应机理与酯在酸、碱性催化下的水解机理类似。

酯交换反应常用来制备难以直接酯化合成的酯（如酚酯或烯醇酯），或从低沸点醇酯合成高沸点醇酯。例如：

$$CH_2{=}CHCOOCH_3 + n\text{-}C_4H_9OH \xrightarrow{p\text{-}CH_3C_6H_4SO_3H} CH_2{=}CHCOOC_4H_9\text{-}n + CH_3OH$$

酯交换反应常用于药物及其中间体的合成。当酯结构复杂，难以直接酯化时，可先制成简单易得的甲酯或乙酯，然后通过酯交换反应得到结构复杂的酯。例如：局部麻药普鲁卡因的合成。

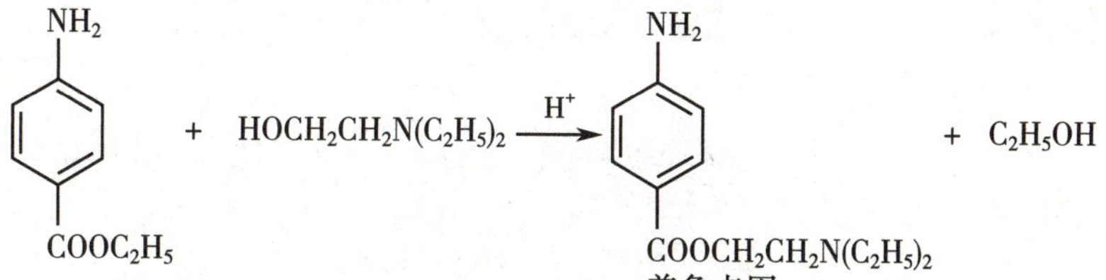

普鲁卡因

3. 氨解　羧酸衍生物与氨（或胺）作用，可生成酰胺，是制备酰胺的常用方法。由于氨（或胺）的亲核性比水、醇强，故羧酸衍生物的氨解反应比水解、醇解更容易进行。

（1）酰卤的氨解：酰卤能与氨（或胺）迅速发生反应。为提高产率，在制备取代酰胺时，常加入碱以除去生成的氯化氢。例如：

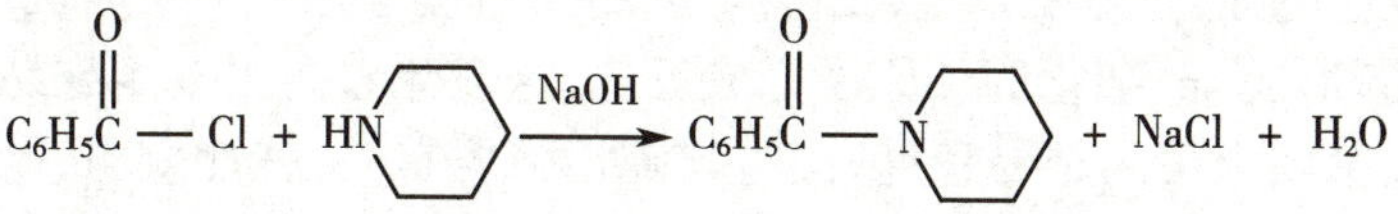

81%

（2）酸酐的氨解：酸酐的反应活性低于酰卤。因此，当酰卤与氨（或胺）反应过于激烈时，常用酸酐替代酰卤参与反应。例如：

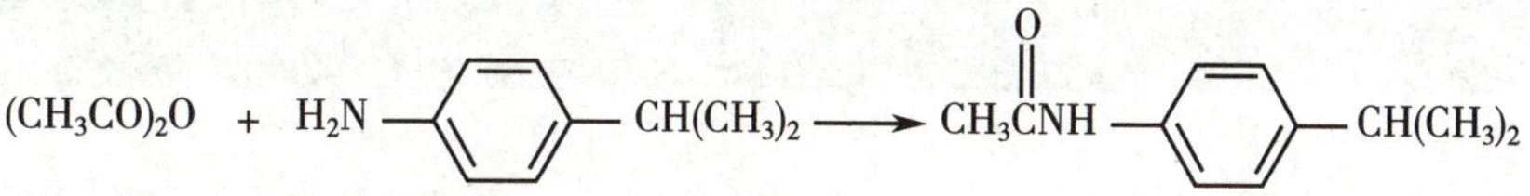

环状酸酐与氨（或胺）反应，则开环生成单酰胺酸的铵盐，酸化后生成单酰胺酸；或在高温下加热，生成酰亚胺（imide）。

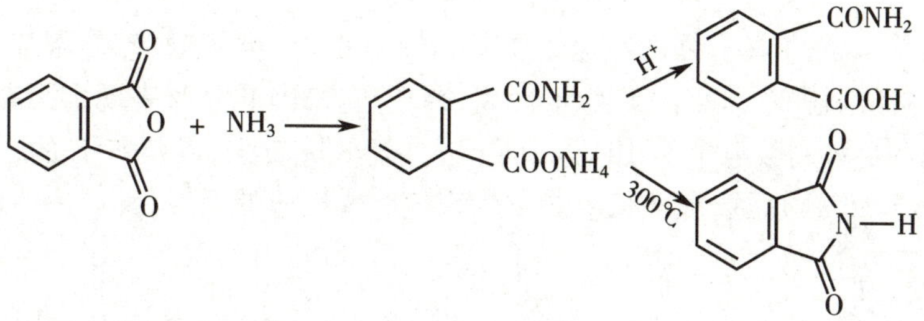

酰卤、酸酐的醇解和氨解又称为醇和胺的酰化（acylation）。酰卤和酸酐称为酰化剂（acylating agent）。醇或胺的酰化反应在有机和药物合成中有重要意义。如：用以制备前体药物；或增加药物的脂溶性，以改善体内吸收；或降低毒性，提高疗效等。在有机合成中，也常用于保护羟基或胺基。

（3）酯的氨解：酯与氨（或胺）及氨的衍生物（如肼、羟氨等）作用生成酰胺与醇。这些含

笔记栏

氮化合物本身可作为亲核试剂。酯的氨解也常在碱性催化剂存在下进行。例如：

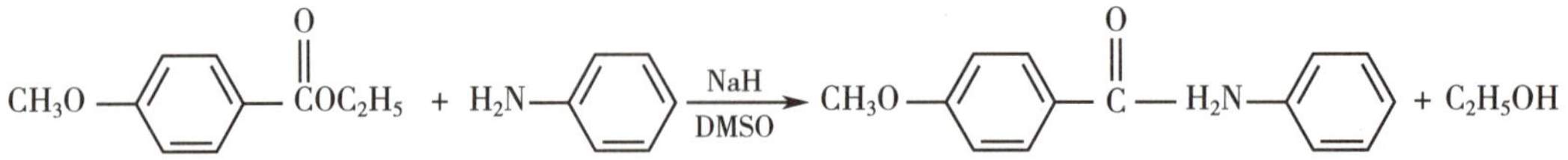

(4) 酰胺的氨解：酰胺的氨解可以生成一个新的酰胺和一个新的胺，因此该反应也可以看作酰胺的交换反应。

$$RCONH_2 + CH_3NH_2 \cdot HCl \xrightarrow{\triangle} RCONHCH_3 + NH_4Cl$$

4. 亲核取代反应的反应机理和反应活性　羧酸衍生物的水解、醇解和氨解都是基于加成-消除反应机理来完成的。可用通式表示如下：

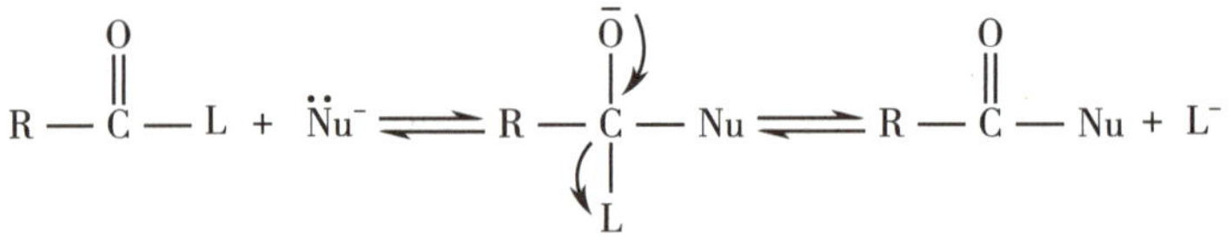

L=离去基-X　–OCOR′　–OR′　–NH_2

$\ddot{N}u^-$=亲核试剂：H_2O　ROH　NH_3

羧酸衍生物的亲核取代反应分两步进行。首先，亲核试剂进攻羰基 sp^2 杂化的碳原子，发生亲核加成，形成 sp^3 杂化的碳原子的四面体氧负离子中间体。因此，如果羰基碳上所连的基团吸电子效应越强，且体积较小，则中间体稳定，有利于加成。反应机理的第二步是消去离去基团，重新形成 sp^2 杂化的碳原子完成反应，这意味着离去基团越易离去，反应速率就越快。而离去基团离去的难易程度，又与其碱性强弱有关，碱性愈弱，愈稳定，愈容易离去。羧酸衍生物（$R-\overset{O}{\overset{\|}{C}}-L$）中不同的基团（L）对加成-消除反应性能的影响见表 10-7。

表 10-7　$R-\overset{O}{\overset{\|}{C}}-L$ 中 L 对加成-消除反应性能的影响

L	-I	+C	L^- 的稳定性	反应活性
—Cl 或—OCOR	大	小	大	大
—OR	中	中	中	中
—NH_2 或—NHR 或—NR_2	小	大	小	小

对酰氯来说，氯原子具有强的吸电子作用和较弱的 p-π 共轭效应，使羰基碳的正电性加强而易于被亲核试剂进攻，同时 Cl^- 稳定性高，易于离去，因此酰氯表现出很高的反应活性。相反，酰胺分子中，氮的吸电子作用较弱，而 p-π 共轭效应较强，以及 NH_2^- 的不稳定性，使酰胺反应能力减弱。综上所述，羧酸衍生物发生亲核取代反应的活性为：

$$R-\overset{O}{\overset{\|}{C}}-X > R-\overset{O}{\overset{\|}{C}}-O-\overset{O}{\overset{\|}{C}}-R' > R-\overset{O}{\overset{\|}{C}}-OR' > R-\overset{O}{\overset{\|}{C}}-NH_2$$

（二）与格氏试剂反应

羧酸衍生物均能与格氏试剂反应，首先进行加成-消除反应生成酮，而酮与格氏试剂进一步反应生成叔醇。

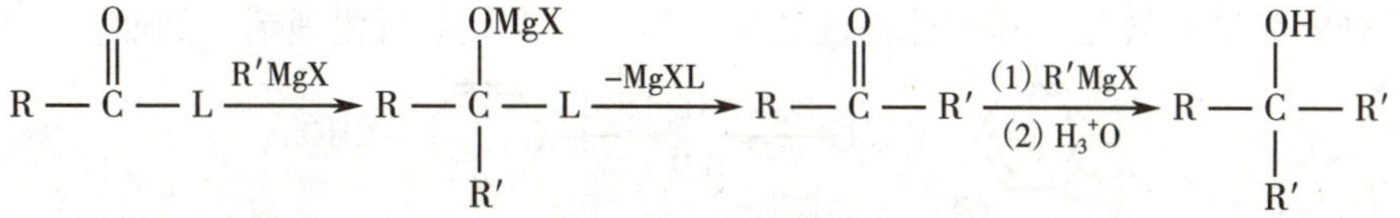

酰氯的羰基比酮羰基活泼，反应条件适当可停留在生成酮的阶段；而酯的羰基活性比酮羰基弱，最终产物是叔醇。因此，酯与格氏试剂的反应常用于制备 α- 碳原子上至少连有 2 个相同烷基的叔醇；若用甲酸酯与格氏试剂反应，则生成对称的仲醇；内酯也能发生类似反应，产物为二元醇。例如：

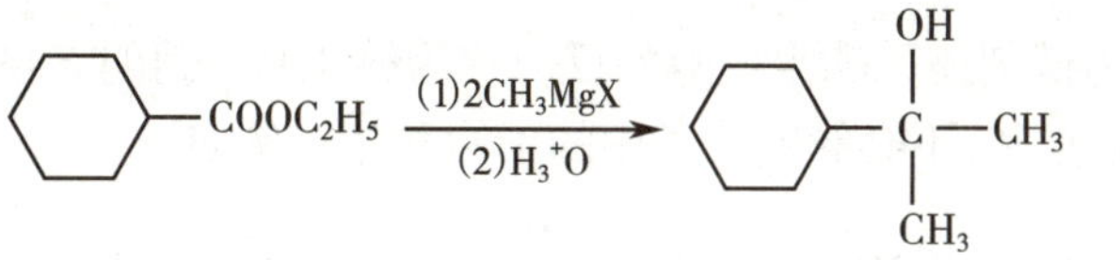

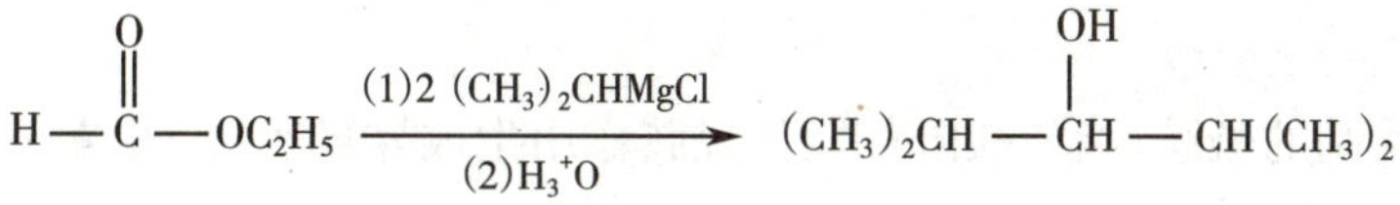

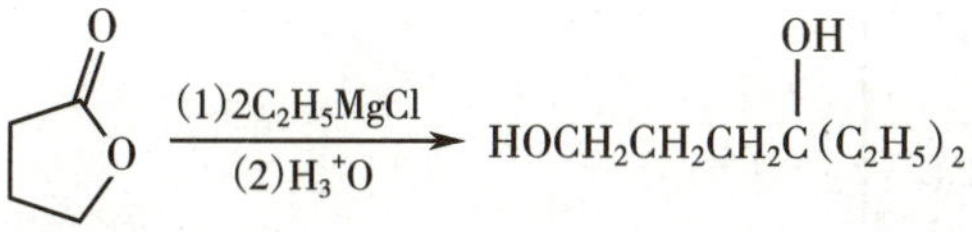

（三）还原反应

和羧酸类似，羧酸衍生物分子中的羰基也可被还原。由于与羰基相连的基团不同，通常发生还原反应的难易程度也不同，而由易到难的顺序为酰卤 > 酸酐 > 酯 > 羧酸。羧酸衍生物的还原方法很多，不同的羧酸衍生物用不同的还原方法能得到不同的还原产物。

1. 氢化锂铝还原　氢化锂铝可还原酰卤、酸酐、酯生成伯醇；酰胺还原生成胺。此法常用于酯和酰胺的还原。

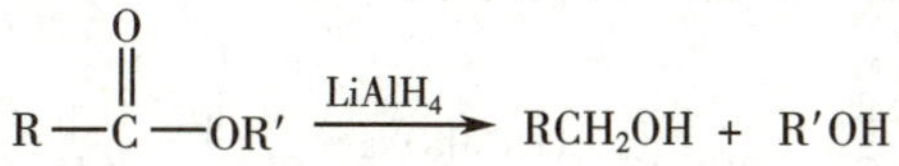

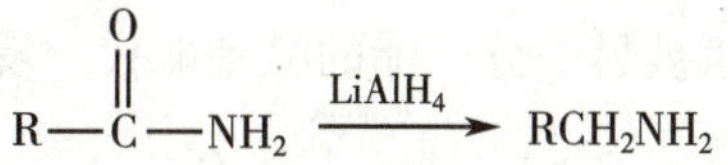

2. 罗森蒙德反应　酰卤用降低了活性的钯催化剂（加入少量硫 - 喹啉的 Pd-$BaSO_4$）进行催化还原，可避免产物进一步还原，用以制备各种醛，这种还原称为罗森蒙德（Rosenmund）反应。在反应中硝基和酯基不受影响。例如：

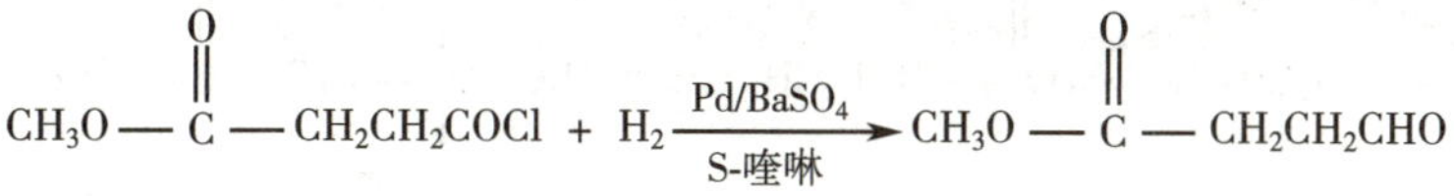

笔记栏

另一种能将酰氯转化为醛的选择性还原剂是三叔丁氧基氢化锂铝。例如：

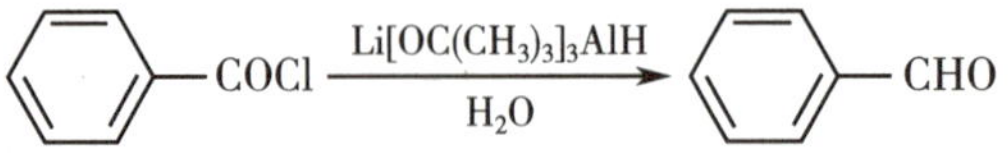

3. 其他还原 酯、酰胺可用催化加氢进行还原，但都要求高温、高压条件。在 250℃和 10~33MPa 的条件下，用铜铬催化剂使酯类加氢，能达到很高的转化率。反应过程中，分子中双键可被同时还原。

$$RCOOR'+H_2 \xrightarrow{CuO\text{-}Cr_2O_3} RCH_2OH+R'OH$$

用金属钠和醇为试剂还原酯生成醇的反应称为鲍维特 - 勃朗克（Bouveault-Blanc）还原反应。此反应条件较温和，不会影响分子中的不饱和键。例如：

$$CH_3CH{=}CHCH_2COOC_2H_5 \xrightarrow[C_2H_5OH]{Na} CH_3CH{=}CHCH_2CH_2OH$$

（四）异羟肟酸铁反应

氮上无取代基的酰胺、酯与酸酐都能与羟胺作用生成异羟肟酸，再与三氯化铁作用，即生成红至紫色的异羟肟酸铁。

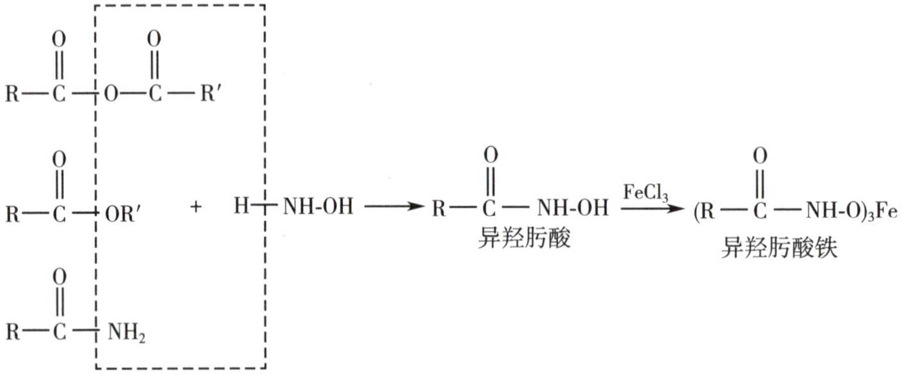

酰卤需要先转变为酯才能进行上述反应，因此，异羟肟酸铁反应可用于羧酸衍生物的定性鉴定。

（五）酯缩合反应

酯中的 α- 氢显弱酸性，在醇钠作用下可与另一分子酯发生类似于羟醛缩合的反应，生成 β- 酮酸酯，称为酯缩合反应或克莱森（Claisen）缩合反应。例如：在乙醇钠作用下，2 分子乙酸乙酯脱去 1 分子乙醇，生成乙酰乙酸乙酯。

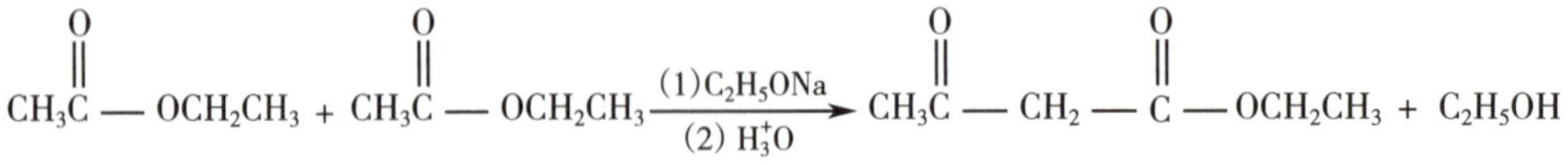

反应结果是一分子酯的 α- 氢被另一分子酯的酰基取代。反应机理如下：

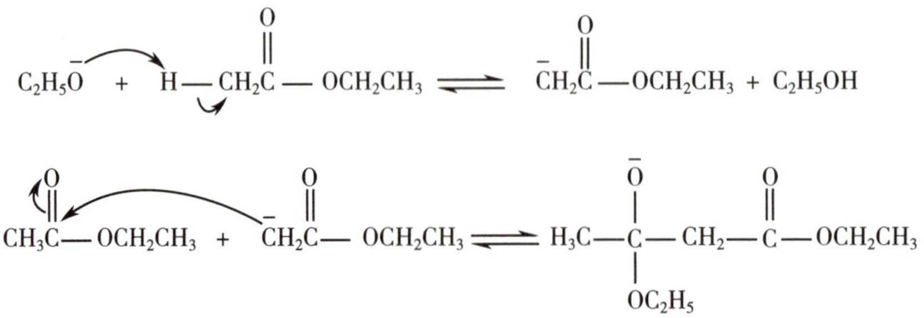

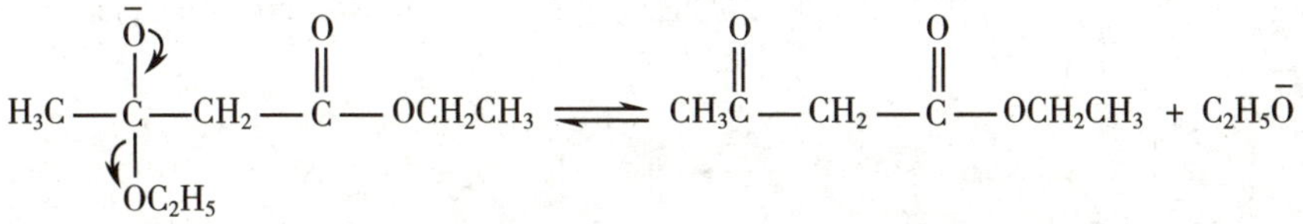

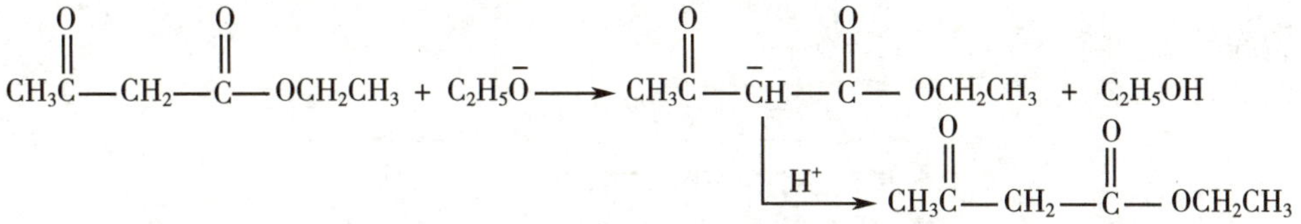

反应分四步进行，前三步是可逆的。首先，乙酸乙酯在醇钠作用下生成碳负离子；然后，少量碳负离子对另一分子酯的羰基进行亲核加成；加成中间体再经消除生成乙酰乙酸乙酯。而乙酰乙酸乙酯酸性较强，与醇钠作用生成稳定的乙酰乙酸乙酯盐，此步反应不可逆，从而使缩合反应不断进行直至完成，最后酸化得游离的乙酰乙酸乙酯。

用 2 种不同而且都含有 α- 氢的酯进行酯缩合反应时，称为交叉酯缩合反应。理论上，交叉酯缩合反应可以有 4 种产物，在合成上没有意义。但如果 2 种酯中，一种不具有 α-H（如苯甲酸酯、甲酸酯、草酸酯和碳酸酯等），与另一种具有 α-H 的酯进行酯缩合反应，控制反应条件就能得到以某一产物为主的缩合产物。例如：

$$C_6H_5COOC_2H_5 + CH_3COOCH_2CH_3 \xrightarrow[(2)H^+]{(1)NaH} C_6H_5\overset{O}{\overset{\|}{C}}CH_2COOCH_2CH_3 + C_2H_5OH$$

二元羧酸酯在碱性作用下，可发生分子内或分子间的酯缩合反应。己二酸酯或庚二酸酯均可发生分子内酯缩合反应，生成五元或六元环的 β- 酮酸酯，这是合成五元或六元碳环的一个方法。这种分子内的酯缩合反应称为迪克曼（Dieckmann）缩合反应。例如：

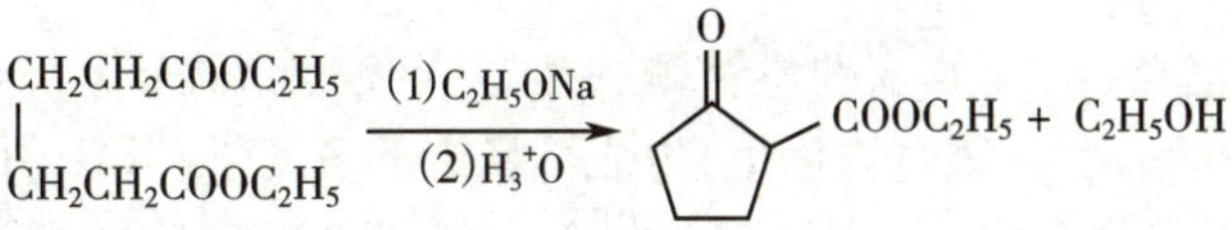

（六）酰胺的特性

1. 酸碱性　酰胺由于氮原子上未共用电子对与碳氧双键形成 p-π 共轭，使氨基氮原子上的电子云密度降低，减弱了其接受质子的能力，因而碱性较弱，近中性，可与强酸成盐。

$$CH_3CONH_2 + HCl \xrightarrow{\text{乙醚}} CH_3CONH_2 \cdot HCl$$

当酰胺中的氨基氢原子被 2 个酰基取代后即为酰亚胺。在酰亚胺分子中，2 个酰基均与氮原子上未共用电子对形成 p-π 共轭，使氮原子上的电子云密度大大降低而不显碱性；同时，氮氢键的极性增强，酰亚胺表现出明显的酸性，能与氢氧化钠（或氢氧化钾）水溶液成盐。例如：

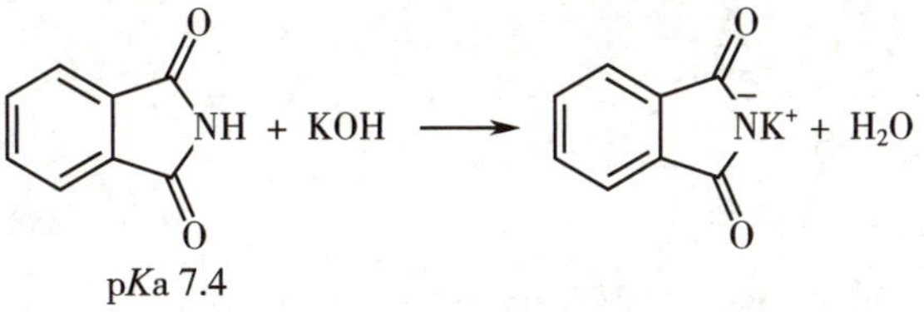

pKa 7.4

成盐后的氮负离子，其氮原子上的负电荷可被 2 个与之共轭的羰基分散而稳定。

酰亚胺在碱性溶液中可以和溴发生反应生成 *N*- 溴代产物。如在水冷却条件下，将溴加

笔记栏

到琥珀酰亚胺的碱性溶液中可制取 *N*- 溴代琥珀酰亚胺（*N*-bromosuccinimide，简称 NBS）。

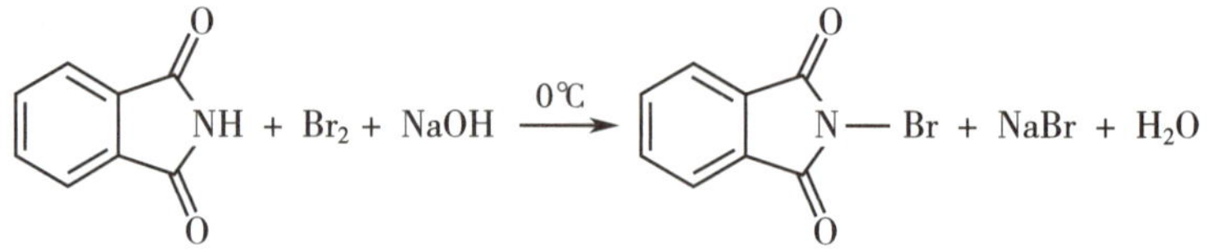

胺的酸碱性顺序：

酸性增强，碱性减弱

$NH_3 \longrightarrow RCONH_2 \longrightarrow (RCO)_2NH$

2. 霍夫曼降解　氮上无取代基的酰胺在碱性溶液中与卤素（Cl_2 或 Br_2）作用，失去羰基而生成少 1 个碳原子的伯胺的反应，称为霍夫曼降解（Hofmann degradation），也称为霍夫曼重排（Hofmann rearrangement）。

$$R-\overset{O}{\overset{\|}{C}}-NH_2 + OH^- + Br_2 \longrightarrow RNH_2 + CO_3^{2-} + Br^- + H_2O$$

机理如下：

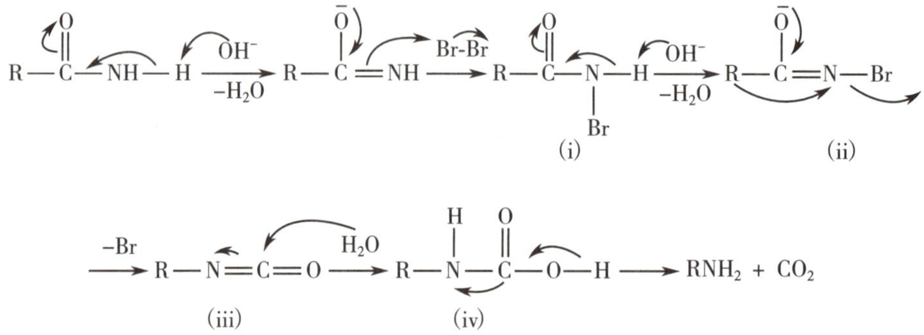

在溴的碱性溶液中，酰胺氮上的氢被溴代生成 *N*- 溴代酰胺（ⅰ）。（ⅰ）中的溴和酰基增强了氮上氢原子的酸性，在碱性作用下，生成不稳定的负离子（ⅱ）。（ⅱ）重排生成异氰酸酯（ⅲ）。异氰酸酯很容易水解，生成不稳定的 *N*- 取代氨基甲酸（ⅳ）。（ⅳ）脱羧生成相应的伯胺。

霍夫曼降解操作简单易行，产率较高。该反应常用于由羧酸制备少 1 个碳原子的伯胺，也可用来制备氨基酸。例如：

$$CH_3(CH_2)_4\overset{O}{\overset{\|}{C}}-NH_2 \xrightarrow[NaOH]{Br_2} CH_3(CH_2)_4NH_2 + Na_2CO_3 + NaBr + H_2O$$

在霍夫曼重排中，如果酰胺分子中 α- 碳原子是手性中心，反应后手性中心的构型保持不变。例如：

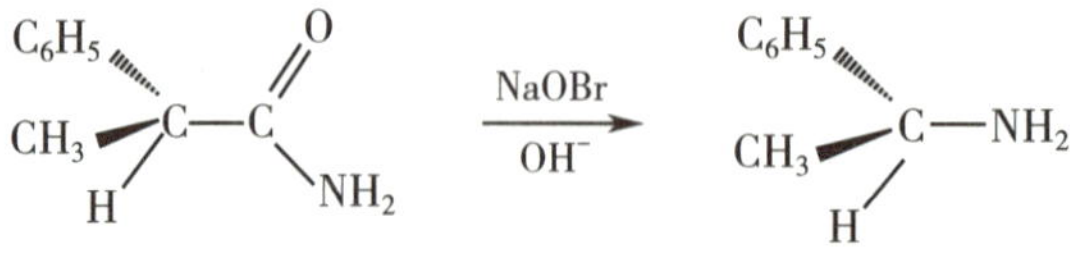

(*S*)-(+)-α-苯基丙酰胺　　(*S*)-(−)-α-苯基乙胺

原因主要在于：重排进行时，迁移基团从碳原子迁移到氮原子上，C—N 键的生成和 C—C 键的断裂是同时进行的，所以重排后迁移基团的构型保持不变。

笔记栏

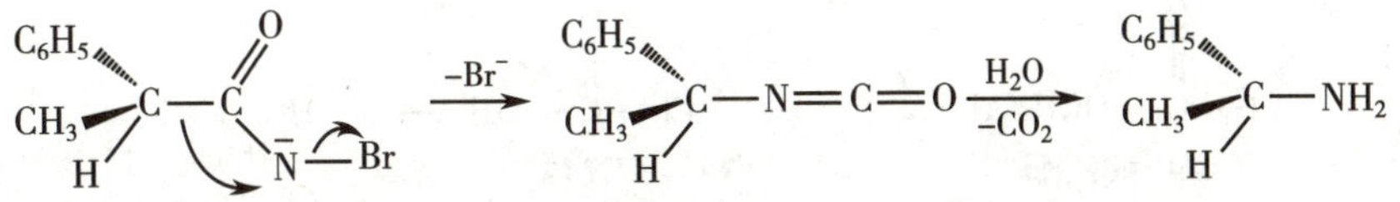

四、代表性化合物

(一) 穿心莲内酯

穿心莲内酯(andrographolide)是存在于穿心莲全草中的二萜内酯,为无色方形结晶,熔点 231℃,溶于丙酮、甲醇、乙醇,微溶于氯仿,难溶于水、乙醚。

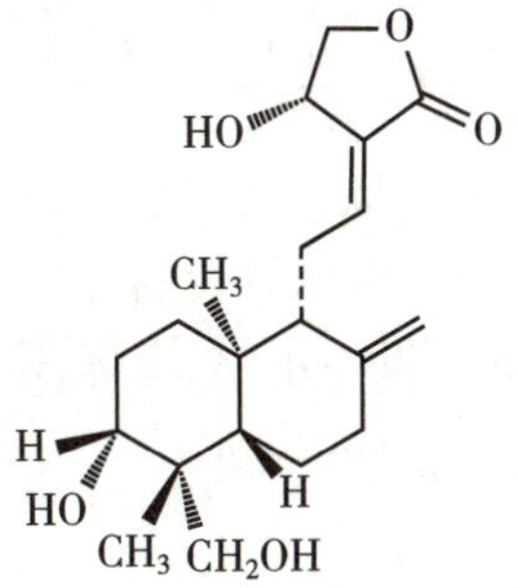

穿心莲内酯为穿心莲的抗菌成分之一,具有清热解毒、消炎止痛的功效,临床用于细菌性与病毒性上呼吸道感染和痢疾,疗效较好,被誉为天然抗生素药物。

(二) 青霉素

青霉素(penicillin)又称苄青霉素,是一种高效、低毒、临床应用广泛的重要抗生素。它的出现开创了用抗生素治疗疾病的新纪元。

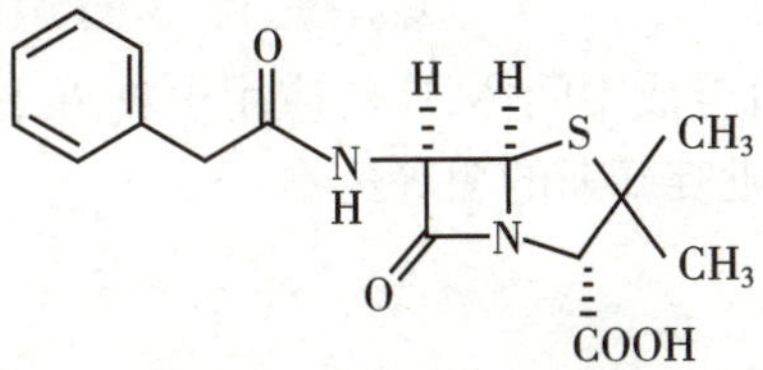

青霉素不溶于水,可溶于有机溶剂甲醇、乙醇、乙酸乙酯、苯、三卤甲烷、丙酮等。临床上常用其钠盐或钾盐,以增强其水溶性。青霉素属于β-内酰胺类抗生素,具有高度不稳定性。在酸、碱条件下或β-内酰胺酶存在下,β-内酰胺环均易发生水解或分子重排。使用前需进行皮试。

FR-10-4

酸性离子液体

第三节 碳酸衍生物

结构上可以把碳酸看作 2 个羧基共用 1 个羰基的二元羧酸,也可以看作羟基甲酸。它的水合物称为原碳酸。

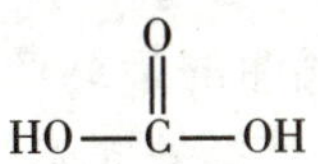

碳酸

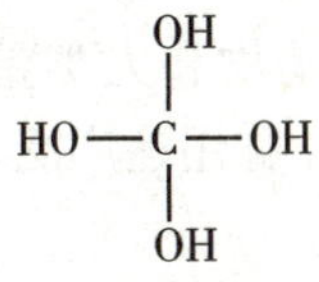

原碳酸

碳酸含有 2 个可被取代的羧羟基,因此它可以形成单酰氯、单酰胺、单酯,也可以形成双酰氯、双酰胺、双酯。保留 1 个羟基的碳酸的衍生物是不稳定的,很容易分解放出 CO_2。例如:

笔记栏

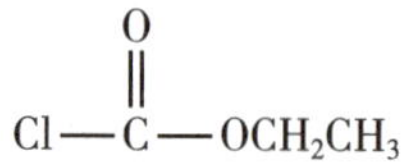

氯甲酸乙酯

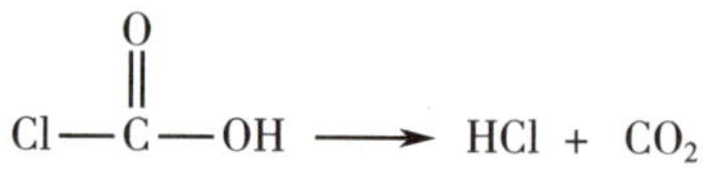

不稳定

碳酸衍生物不少是重要的药物或合成药物的原料。部分重要碳酸衍生物如下。

一、碳酰氯

碳酰氯又叫光气，是由一氧化碳和氯气在日光作用下，或用活性炭作催化剂，加热至200℃制取。

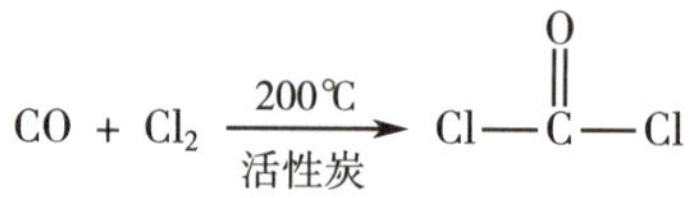

常温下，碳酰氯为带甜味的无色气体，沸点8.2℃，熔点－118℃，相对密度1.381，易溶于苯及甲苯，具有窒息性，毒性很强。第一次世界大战时，碳酰氯曾被用作毒气。

碳酰氯可看成碳酸的酰氯，因此可发生水解、醇解、氨解的反应。

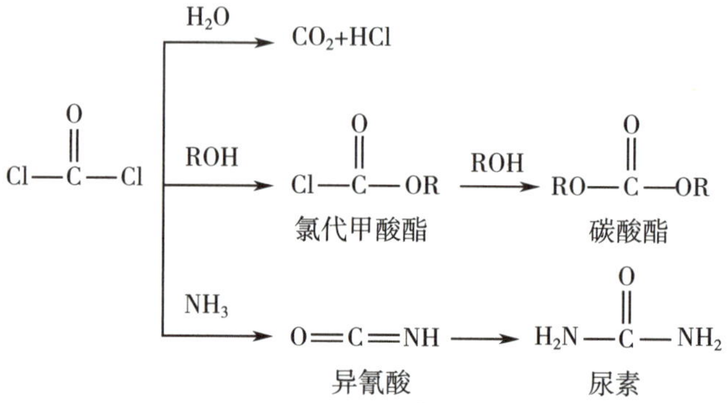

碳酰氯是一种重要的有机合成中间体，广泛应用于农药、医药、染料以及国防军事上，在医药上可用于合成马普替林、吡喹新斯的明等药物。

二、碳酰胺

(一) 氨基甲酸酯

碳酸中的2个羟基分别被氨基和烷氧基代替后即形成氨基甲酸酯。在医药上，它是一类具有镇静和轻度催眠作用的化合物。例如：

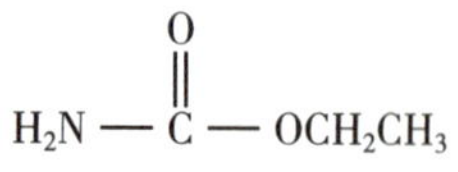

氨基甲酸乙酯（乌拉坦）

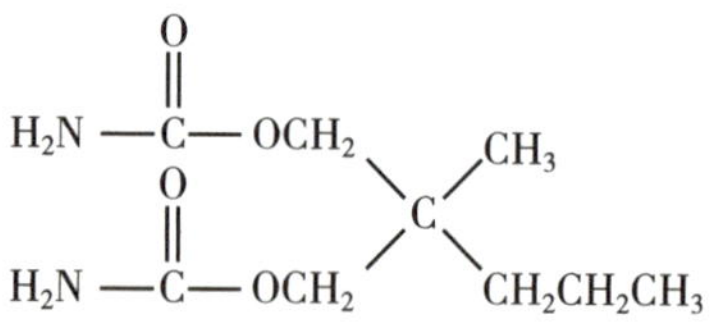

2-甲基-2-丙基丙-1,3-二醇二氨基甲酸酯（眠尔通）

(二) 脲

脲俗称尿素，是多数动物和人类蛋白质新陈代谢的最终产物。脲是白色结晶，熔点132.7℃，易溶于水和乙醇。脲用途广泛，除在农业用作高效固体氮肥外，工业上还是制造塑料及药物的重要合成原料。

脲具有弱碱性，能和硝酸、草酸等作用成盐，而生成的盐不溶于水和酸溶液，利用这个性质可以从尿中分离出脲。

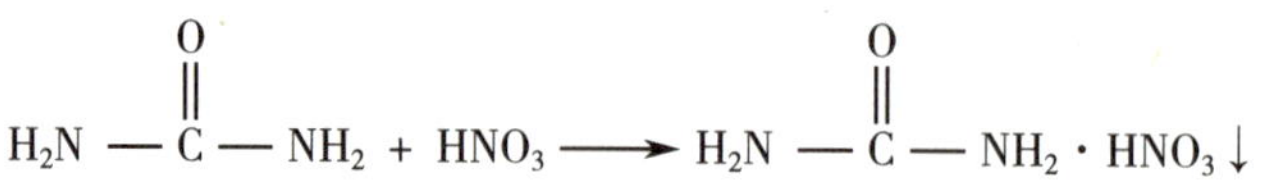

笔记栏

脲在酸、碱溶液中加热或尿素酶的影响下，能发生与酰胺相似的水解反应。

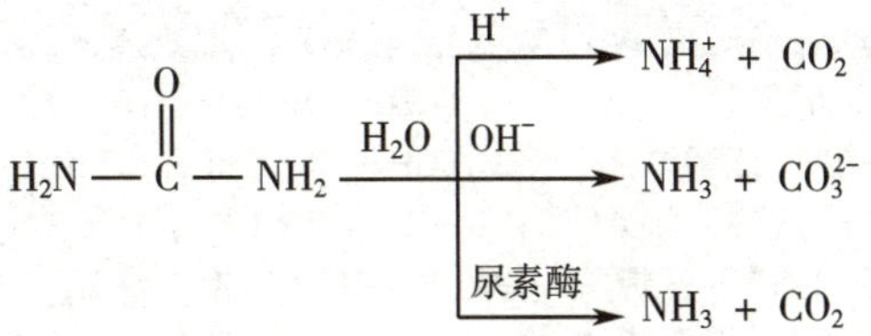

把脲缓慢加热到 150~160℃，则发生分子间脱氨反应，生成双缩脲（又称缩二脲）。

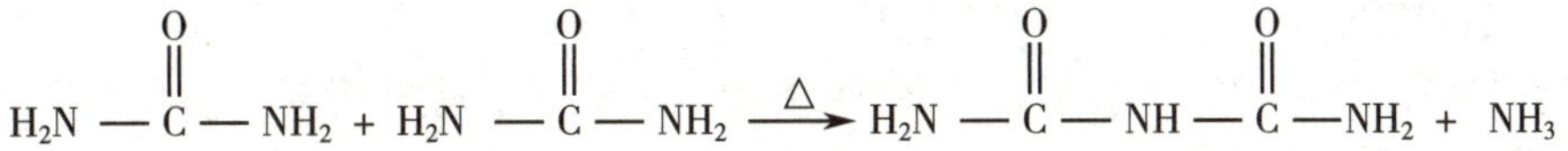

缩二脲

双缩脲在碱性溶液中与微量硫酸铜产生紫红色的颜色反应，称为双缩脲反应。凡分子结构中含有 2 个或 2 个以上 —C(=O)—NH— 键（称为肽键）的化合物都可发生该反应。因此，利用这个反应，可以鉴别多肽或蛋白质。

第四节 油脂、蜡和表面活性剂

油脂和蜡广泛存在于动、植物体内，在生物生理及实际应用上都十分重要。

一、油脂

（一）油脂的组成和结构

油脂是高级脂肪酸甘油酯，一般在常温下为液态的称为油，固态或半固态的称为脂。其结构式可表示为：

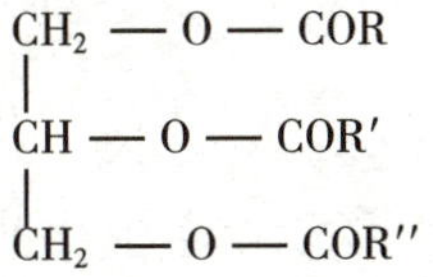

上式中，R、R′ 与 R″ 相同时为单甘油酯，R、R′ 与 R″ 有 2 个或 3 个不同时则为混合甘油酯。天然的油脂大都为混合甘油酯。

组成油脂的脂肪酸种类很多，但主要是含偶数碳原子的饱和或不饱和的直链羧酸。现已从油脂水解得到的有 C_4~C_{26} 的各种饱和脂肪酸和 C_{10}~C_{24} 的各种不饱和脂肪酸。脂肪酸不饱和程度越高，由它所组成的油脂的熔点也越低，因此脂中含有较多的饱和脂肪酸甘油酯，而油中则含有较多的不饱和（或者不饱和程度大的）脂肪酸甘油酯。油脂中常见的脂肪酸见表 10-8。

表 10-8 油脂中常见的脂肪酸

类别	名称	系统命名	结构式	熔点/℃
饱和脂肪酸	月桂酸	十二碳酸	$CH_3(CH_2)_{10}COOH$	44
	豆蔻酸	十四碳酸	$CH_3(CH_2)_{12}COOH$	54
	棕榈酸	十六碳酸	$CH_3(CH_2)_{14}COOH$	63
	硬脂酸	十八碳酸	$CH_3(CH_2)_{16}COOH$	70
	花生酸	二十碳酸	$CH_3(CH_2)_{18}COOH$	76

笔记栏

续表

类别	名称	系统命名	结构式	熔点/℃
不饱和脂肪酸	油酸	十八碳-9-烯酸	$CH_3(CH_2)_7CH{=}CH(CH_2)_7COOH$	13
	亚油酸	十八碳-9,12-二烯酸	$CH_3(CH_2)_4CH{=}CHCH_2CH{=}CH(CH_2)_7COOH$	-5
	蓖麻油酸	12-羟基十八碳-9-烯酸	$CH_3(CH_2)_5CHOHCH_2CH{=}CH(CH_2)_7COOH$	5.5
	亚麻油酸	十八碳-9,12,15-三烯酸	$CH_3CH_2(CH{=}CHCH_2)_3(CH_2)_6COOH$	-11
	桐油酸	十八碳-9,11,13-三烯酸	$CH_3(CH_2)_3(CH{=}CH)_3(CH_2)_7COOH$	49

（二）油脂的性质

油脂比重在0.9~0.95，易溶于石油醚、氯仿和四氯化碳等有机溶剂。油脂兼有酯和烯烃的化学性质（特别是油类）。

1. 水解 在酸、碱或酶的催化下，油脂水解生成甘油和高级脂肪酸（或高级脂肪酸盐）。高级脂肪酸钠盐可以做肥皂，因此油脂在碱性条件下的水解亦称为皂化反应。

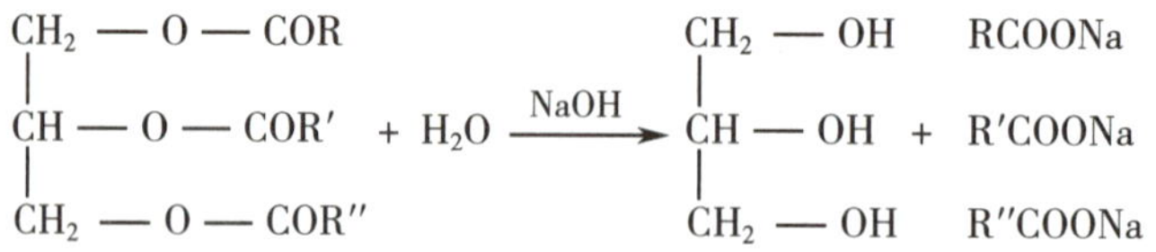

各种油脂的成分不同，皂化时需要碱的量也不同。工业上把水解1g油脂所需的氢氧化钾的质量（以mg计）定义为皂化值。皂化值大小与油脂平均分子量相关，即油脂平均分子量越大，单位重量油脂中含甘油酯的物质的量就越少，皂化值也就越小。

2. 加成

（1）氢化：液态的不饱和脂肪酸甘油酯（油）以镍为催化剂可发生加氢反应转化为饱和程度较高的固态或半固态饱和脂肪酸甘油酯（脂），这种反应称为氢化，通常又称为油的硬化。氢化在工业上有广泛用途，便于贮存、运输，也适宜于制肥皂等。

（2）加碘：油脂与碘的加成可用于判断油脂的不饱和程度。工业上把100g油脂所能吸收的碘的质量（以g计）称为碘值。碘值越大，表示油脂的不饱和程度越大。

二、蜡

蜡是高级脂肪酸和高级一元醇所形成的酯，其中的脂肪酸和醇都含偶数碳原子。蜡在常温下为固体，不溶于水，可溶于有机溶剂。蜡比油脂的稳定性大，在空气中不易变质，难以皂化；在体内也不能被脂肪酶所水解，所以无营养价值。

自然界中的昆虫、植物的果实、幼枝和叶的表面常有一层蜡，可起保护作用。医药上常用的重要蜡有蜂蜡、虫蜡和羊毛脂等。

蜂蜡又称“黄蜡”“蜜蜡”，是建造蜂巢的主要原料，其成分是软脂酸蜂蜡酯（$C_{15}H_{31}COOC_{30}H_{61}$）。蜂蜡药用价值高，内服和外敷可治疗下痢脓血、久泻不止等，药剂上常用作成药赋型剂及软膏基质。

虫蜡又称“白蜡”，主产于我国四川省，是寄生在女贞或白蜡树上的白蜡虫分泌的物质，主要成分是蜡酸蜡酯（$C_{25}H_{51}COOC_{26}H_{53}$）。白蜡常用作药片的抛光剂，也可用作软膏基质。

羊毛脂是羊的皮脂腺分泌的天然物质，主要成分是甾醇类、脂肪醇类和三萜烯醇类与大约等量的脂肪酸所生成的酯，为白色或淡黄色软膏状物，不溶于水，但可与2倍量的水均匀混合。药剂上也用作软膏基质。

三、肥皂和表面活性剂

(一) 肥皂的去污原理

高级脂肪酸钠盐分子中含有极性的亲水部分(羧基)和非极性憎水部分(烃基)。在水中,憎水的烃基依靠范德华力聚集在一起,而亲水的羧基包裹在外面,形成胶体大小的聚集粒子,称为胶束。肥皂的胶束呈球形。

洗涤时,污垢中的油脂被搅动,分散成细小的油滴。胶束憎水的烃基部分就溶解进入油滴内,而亲水的羧基部分则伸在油滴外面的水中,于是油污被肥皂分子包围形成稳定的乳浊液。通过机械搓揉和水的冲刷,油污等污物就脱离附着物分散成更小的乳浊液滴进入水中,随水漂洗而离去。

肥皂形成胶束的最低浓度称为临界胶束浓度。在临界胶束浓度前后,去污能力与肥皂的浓度有很大的关系:低于临界胶束浓度,去污能力随肥皂浓度的下降而急剧下降;超过临界胶束浓度,去污能力几乎不随肥皂的浓度而改变。其他的洗涤剂也是如此。

肥皂不宜在酸性或硬水中使用。在酸性水中,肥皂会形成难溶于水的脂肪酸,而在硬水中则生成不溶于水的脂肪酸钙盐和镁盐。这样不仅浪费肥皂,而且去污能力也大大降低。为克服肥皂上述缺点及避免肥皂生产过程中大量食用油脂的消耗,目前国内外多使用与肥皂具有类似结构的合成洗涤剂代替肥皂。

(二) 表面活性剂

肥皂溶于水时,其亲水的羧基部分倾向于进入水分子中,而憎水的烃基部分则被排斥在水的外面,从而削弱了水表面上水分子与水分子之间的引力,所以肥皂具有强烈降低水表面张力的性质。像肥皂这种能显著降低液体表面张力的物质,被称为表面活性剂。从结构上看,表面活性剂具有两亲性:一端亲水(含亲水部分),一端亲油(含憎水部分)。表面活性剂有多种不同分类方法。根据结构特点,表面活性剂分为离子型和非离子型两大类。

1. 离子型表面活性剂

(1) 阴离子型表面活性剂:凡是像肥皂一样能在水中形成具有表面活性作用的阴离子的表面活性剂即为阴离子型表面活性剂。目前,阴离子型表面活性剂应用最广泛,主要包括高级羧酸盐、磺酸盐等。其中,烷基苯磺酸盐是阴离子型表面活性剂中最重要的一种品种。

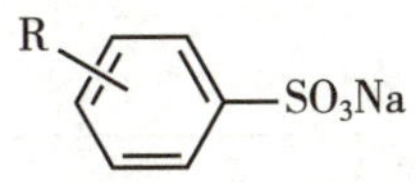

R 一般为 C_{12}~C_{18},过大、过小都会直接影响表面活性剂效率(使水的表面张力明显下降所需的表面活性剂的浓度)及有效值(能够把水的表面张力降低到的最小值),直接影响洗涤剂的去污能力。十二烷基苯磺酸钠是我国生产的洗衣粉中的主要活性成分,一般以煤油(180~280℃)或丙烯的四聚体(丙烯聚合时的副产物)为原料,经氯化、烷基化、磺化、中和等工序制成。

(2) 阳离子型表面活性剂:在水中形成具有表面活性作用的阳离子的表面活性剂即为阳离子型表面活性剂。绝大多数阳离子型表面活性剂是有机含氮化合物,少数是含硫或含磷的化合物。季铵盐就是该类表面活性剂的典型代表。

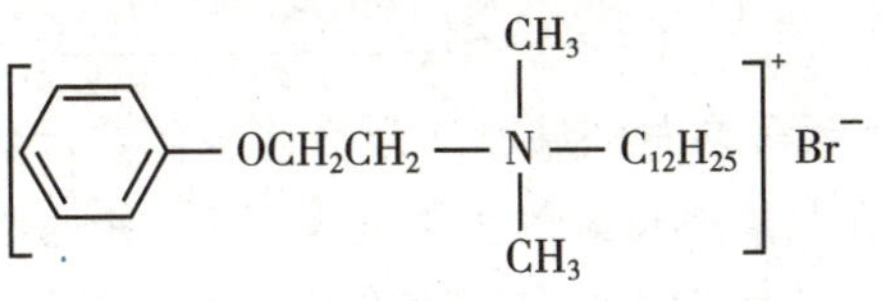

十二烷基二甲基-2-苯氧基乙基溴化铵(杜灭芬)

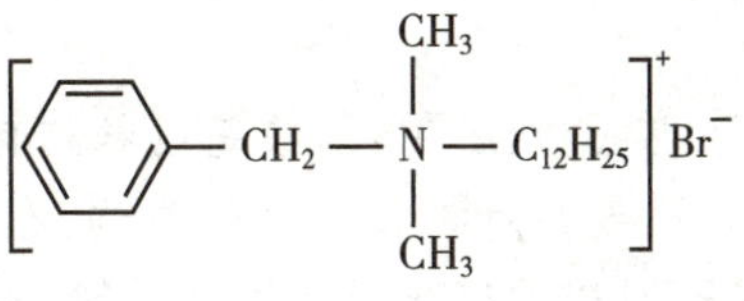

苄基十二烷基二甲基溴化铵(新洁尔灭)

笔记栏

这类表面活性剂去污能力较差，但是多数具有杀菌作用。如杜灭芬为常用的预防及治疗口腔炎、咽炎的药物，新洁尔灭(苯扎溴铵)主要用于外科手术时的皮肤及器械消毒。

2. 非离子型表面活性剂　该表面活性剂在水中不离解产生离子，为中性化合物，其亲水部分都含有羟基及多个醚键。非离子型表面活性剂稳定性高，不与金属离子或硬水作用，对酸碱也较稳定。非离子型表面活性剂与其他类型表面活性剂能混合使用，相容性好。因此，在工业上常用作洗涤剂、乳化剂、润湿剂，另外也可用作印染固色剂和矿石浮选剂等。比较常用的有下列几种：

$$R—O\!+\!CH_2CH_2O\!+_{n}\!H \qquad R—\overset{O}{\overset{\|}{C}}—O\!+\!CH_2CH_2O\!+_{n}\!H$$

脂肪醇聚氧乙烯醚　　　　脂肪酸聚氧乙烯酯

(蔡梅超　马　艳)

学习小结

1. 学习内容

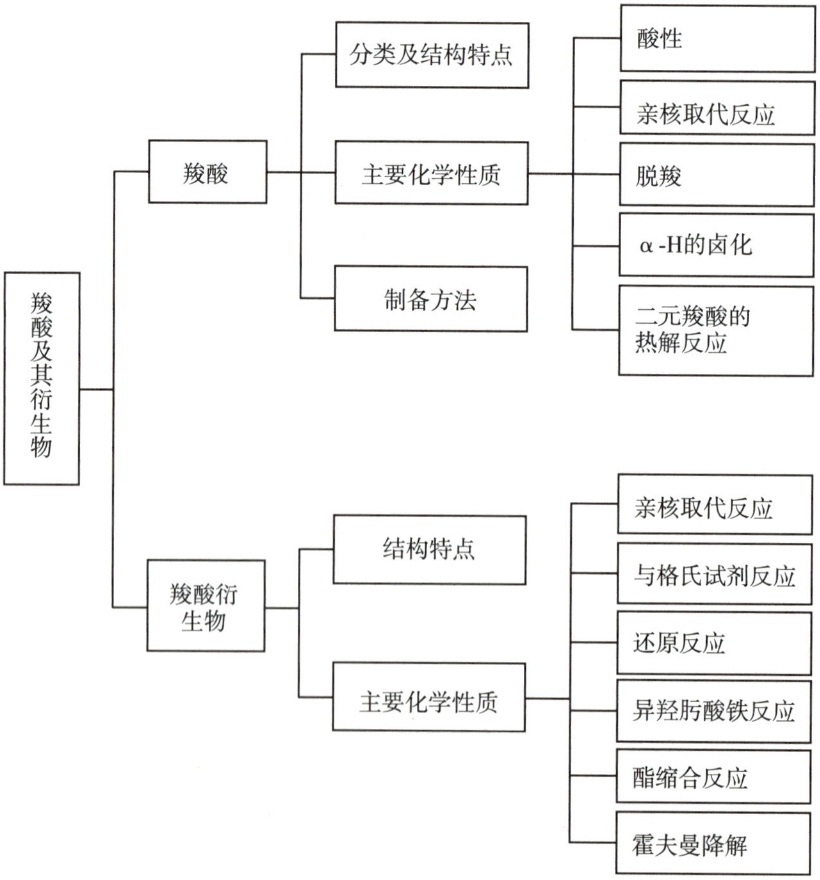

2. 学习方法　掌握羧基的结构特点，熟悉羰基与羟基相连形成共轭体系后的相互影响以及羧基对相邻 α 位的影响，在此基础上掌握羧酸的主要化学性质，并熟悉其用途；通过对羧酸衍生物结构的了解，掌握不同羧酸衍生物结构及化学性质的异同；了解油脂和蜡的结构特征及其主要性质。

笔记栏

复习思考题与习题

1. 请讨论羧酸及其衍生物和亲核试剂的反应与醛酮和亲核试剂的反应有何差异。为什么会有这种差异？

2. 比较并解释 RCl 和 RCOCl 与亲核试剂 Nu^- 反应的机理及反应活性的差异。

3. 试比较在丁烯二酸的 2 个异构体中，2 个 pKa_1(pKa_2)之间的大小关系并加以解释。

4. 试解释下列数据。

(1)
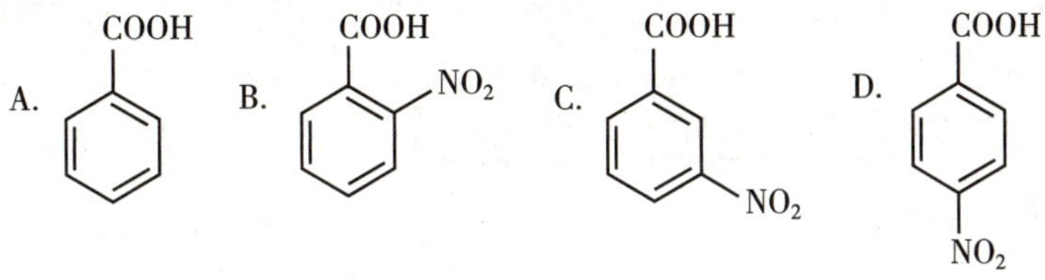

p*K*a　4.20　2.21　3.49　3.42

(2)
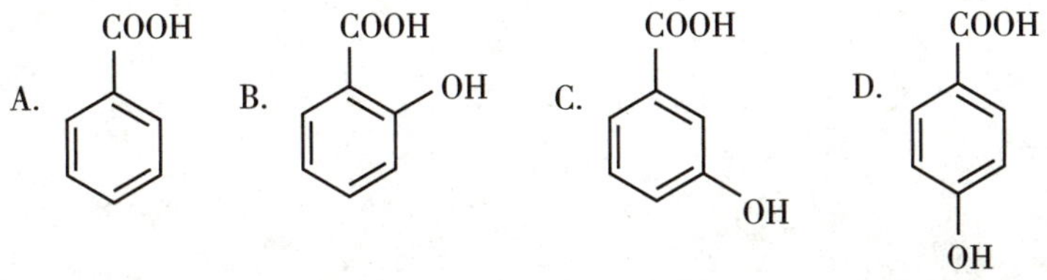

p*K*a　4.20　2.98　4.08　4.57

(3)
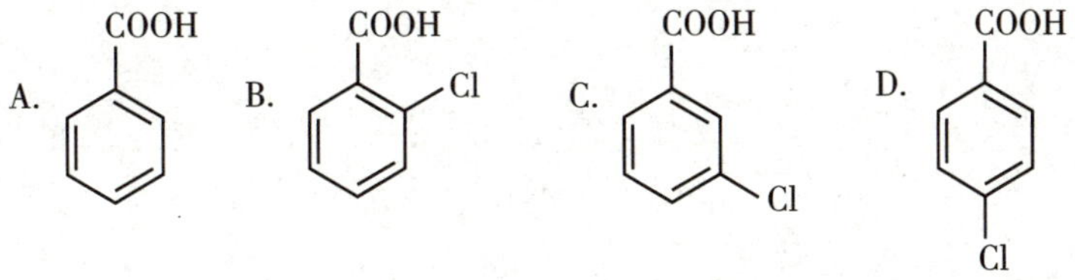

p*K*a　4.20　2.92　3.83　3.97

5. 将下列各组化合物按水解反应速率大小进行排序。

(1) A. $CH_3-C(=O)-Cl$　B. $CH_3-C(=O)-O-C(=O)-CH_3$　C. $CH_3-C(=O)-NHCH_3$　D. $CH_3-C(=O)-OCH_3$

(2)
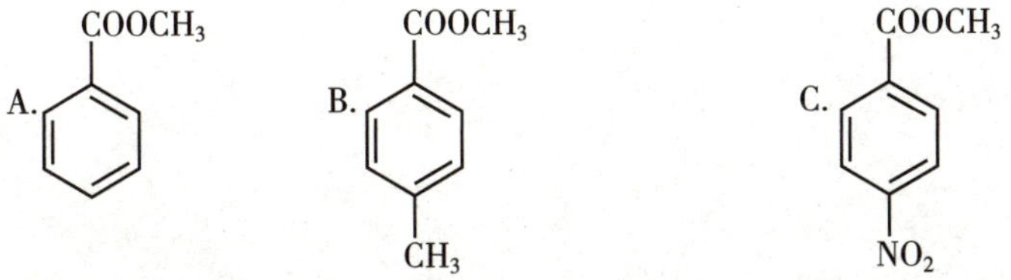

(3) A. 丁酸乙酯　B. 丁酸甲酯　C. 丁酸丙酯　D. 丁酸叔丁酯

6. 将下列化合物按与乙醇酯化的反应活性大小排列。

A. 苯甲酸　B. 2,6- 二甲基苯甲酸　C. 邻甲基苯甲酸

7. 完成下列反应

(1) $(CH_3)_3CCOOH + SOCl_2 \longrightarrow$

(2) $HOOC-COOH \longrightarrow$

笔记栏

(3) $CH_3CH(CH_2COOH)_2 \longrightarrow$

(4) 

(5) $CH_3COOCOCH_3 + C_6H_5OH \longrightarrow$

(6) 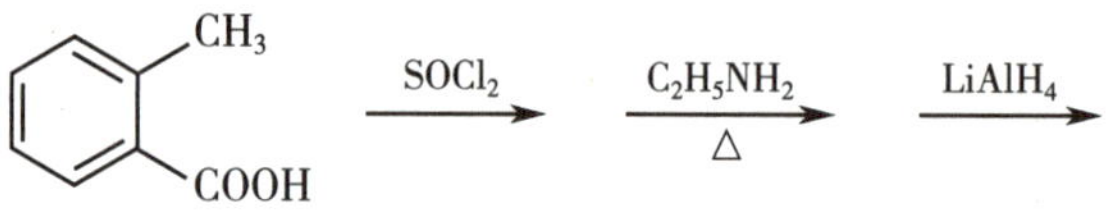

笔记栏

PPT 课件

第十一章 取代羧酸

学习目标

取代羧酸包括卤代酸、羟基酸、羰基酸和氨基酸。本章学习卤代酸、羟基酸、羰基酸等取代羧酸的主要性质和用途。

1. 掌握卤代酸、羟基酸和羰基酸的命名；卤代酸的酸性、水解反应；羟基酸的酸性、氧化反应、脱水反应、分解反应；酮式分解、酸式分解及其在有机合成中的应用。
2. 熟悉乙酰乙酸乙酯的合成、性质。
3. 了解羰基酸的性质，达则斯反应和雷福尔马斯基反应。

羧酸分子中烃基上的氢原子被其他原子或基团取代所生成的化合物称为取代羧酸。根据取代基的种类，取代羧酸可分为卤代酸、羟基酸、羰基酸和氨基酸等，羟基酸又可分为醇酸和酚酸，羰基酸又可分为醛酸和酮酸。取代羧酸是具有 2 种或 2 种以上官能团的化合物，称为复合官能团化合物。它们不仅具有羧基和其他官能团的一些典型性质，而且还有这些官能团之间相互作用和相互影响而产生的一些特殊性质，这也充分说明了分子中各原子或原子团并不是孤立存在的，而是在一定的化学结构中相互联系、相互影响的。

本章主要学习卤代酸、羟基酸和羰基酸。氨基酸相关知识将在后续章节中介绍。

取代羧酸的命名以羧酸作为母体，分子中的卤素、羟基、羰基及氨基等作为取代基。

ICH_2CH_2COOH

3-碘丙酸（β-碘丙酸或ω-碘丙酸）

3-iodopropanoic acid

$CH_3CBr_2CH_2COOH$

3,3-二溴丁酸（β,β-二溴丁酸）

3,3-dibromobutanoic acid

$ClCH_2CH_2CH_2COOH$

4-氯丁酸（γ-氯丁酸或ω-氯丁酸）

4-chlorobutanoic acid

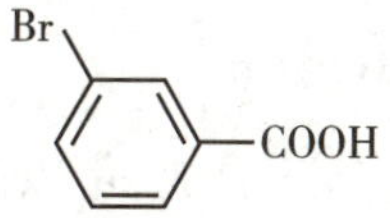

3-溴苯甲酸（间溴苯甲酸或*m*-溴苯甲酸）

3-bromobenzoic acid

$HC(=O)COOH$

乙醛酸

glyoxylic acid

$CH_3C(=O)COOH$

丙酮酸

pyruvic acid

$CH_3CH(NH_2)COOH$

α-氨基丙酸

α-aminoxypropanoic acid

许多取代羧酸是天然产物，所以多有根据来源命名的俗名。如：

笔记栏

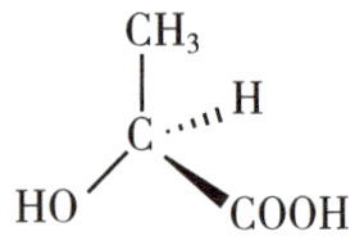

(*S*)-α-羟基丙酸[(*S*)-乳酸]
(*S*)-2-hydroxypropanoic acid

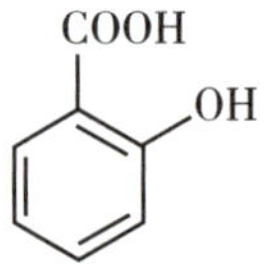

2-羟基苯甲酸(水杨酸)
2-hydroxybenzoic acid

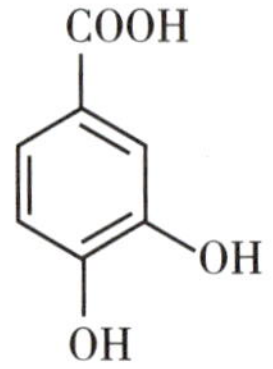

3,4-二羟基苯甲酸(原儿茶酸)
3,4-dihydroxybenzoic acid

在脂肪族二元羧酸中,碳链用希腊字母编号时,有 2 个 α- 碳原子,为便于区别可分别用 α、α′ 表示,相应地有 β、β′,γ、γ′,δ、δ′,…,例如:

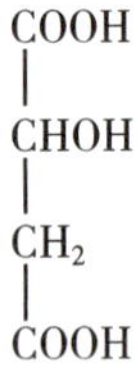

α-羟基丁二酸(苹果酸)
2-hydroxysuccinic acid

α,α′-二羟基丁二酸(酒石酸)
2,3-dihydroxysuccinic acid

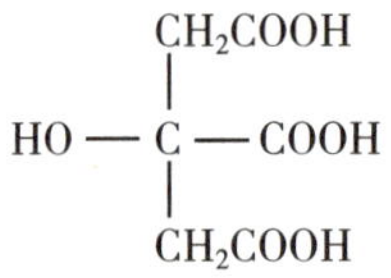

2-羟基丙烷-1,2,3-三羧酸(柠檬酸)
2-hydroxypropane-1,2,3-tricarboxylic acid

羰基酸命名时取含羰基和羧基的最长碳链作主链,称为某醛酸或某酮酸,或者称为氧亚基某酸。例如:

β-氧亚基丙酸或 ω-氧亚基丙酸(丙醛酸)
3-oxopropanoic acid

ε-氧亚基己酸或 ω-氧亚基己酸(己醛酸)
6-oxohexanoic acid

3-氧亚基丁酸(乙酰乙酸)
3-oxobutanoicacid

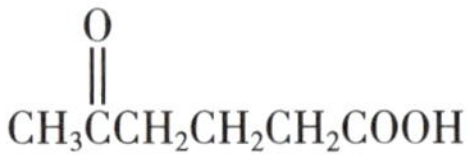

5-氧亚基己酸(乙酰丁酸)
5-oxohexanoicacid

第一节 卤代酸

一、卤代酸的制备

卤代酸通常由人工合成,可以由卤素取代羧酸中烃基上的氢原子而制得,也可以向卤素衍生物中引入羧基而制得。值得注意的是,按照卤素和羧基的相对位置不同,它们的制法也有所不同。

1. α- 卤代酸的制备　饱和一元羧酸与溴直接作用可以制得 α- 溴代酸。但直接氯化得到的往往是混合物,这是由于溴的活性比氯低,所以溴化反应的选择性比氯化反应选择性高。例如:

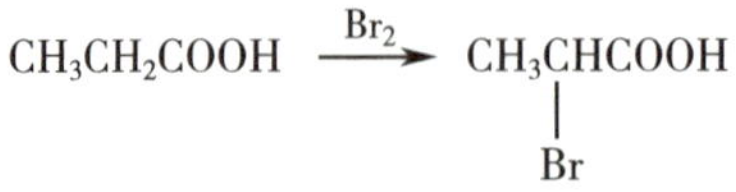

笔记栏

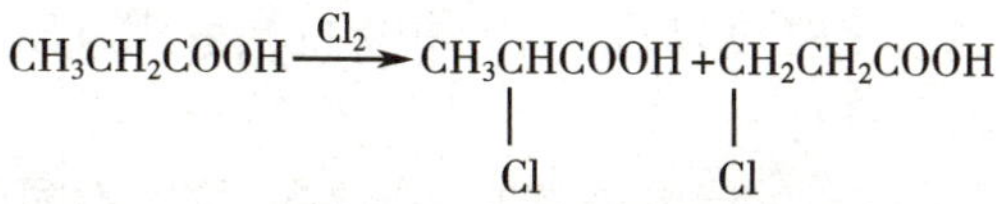

上述羧酸与卤素直接反应进行得很慢，但如果在日光作用下，或加入少量红磷（或卤化磷）作催化剂并加热，则反应进行得很顺利。该反应称为赫尔 - 乌尔哈 - 泽林斯基（Hell-Volhard-Zelinski）反应，简称泽林斯基反应。

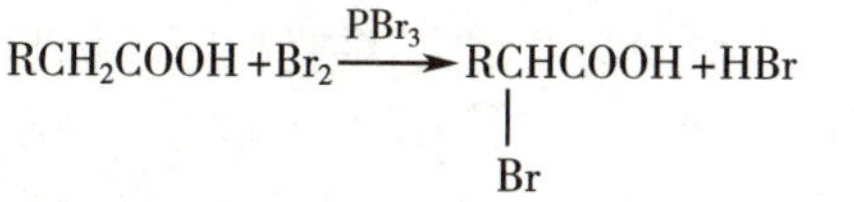

α- 碘代酸一般不能用直接的碘化法制备，但可以由碘化钾与 α- 氯代酸或 α- 溴代酸作用制得。

2. β- 卤代酸的制备　采用 α，β- 不饱和羧酸与卤化氢加成，可制得 β- 卤代酸。加成时，卤原子总是加到离羧基较远的不饱和碳原子上。这是由于羧基（—COOH）是强吸电子基，羧基的吸电子诱导效应（-I）和吸电子共轭效应（-C）的综合作用，使 α- 碳原子上的电子云密度降低很多，从而使 α- 碳正离子很不稳定，所以加成反应总是卤素远离羧基加成。

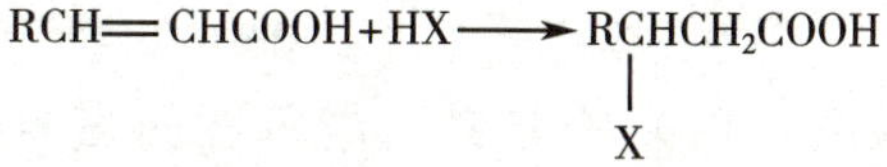

α，β-不饱和酸　　β-卤代酸

α，β-unsaturated acid　β-halogen acid

用 β- 羟基酸与氢卤酸或卤化磷作用，也可制得 β- 卤代酸。

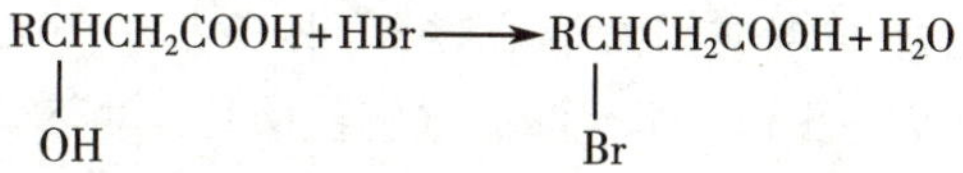

β-羟基酸　　β-卤代酸

β-hydroxy acid　β-halogen acid

3. γ、δ- 卤代酸的制备　γ、δ 等卤代酸可由相应的二元羧酸单酯为原料，经洪赛迪克尔（Hunsdiecker）反应制备。例如 δ- 卤代酸可以由己二酸单甲酯制得。

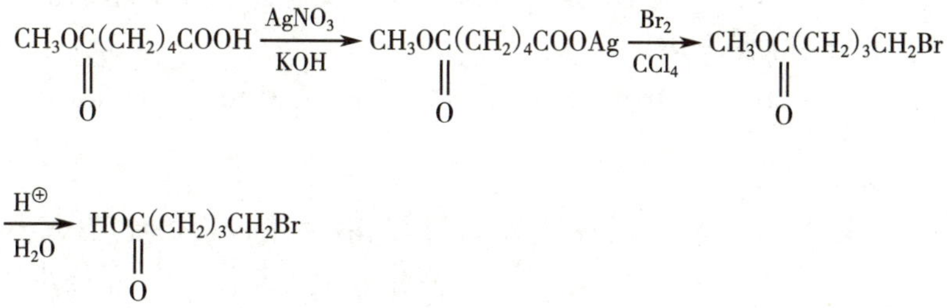

二、卤代酸的性质

卤代酸分子中含有羧基和卤素，所以卤代酸兼有羧酸和卤烃的一般反应（如羧基部分可以成盐、酯、酰卤、酸酐、酰胺等；卤原子可以被羟基、氨基等取代）。由于羧基和卤素在分子内相互影响的结果，卤代酸还表现出一些特有的性质。由于卤素的影响，使得卤代酸的酸性比相应的羧酸强；在羧基的影响下，卤原子的性质也有一些改变，如 α- 卤代酸中的卤原子容易被取代。

1. 酸性　羧酸中烃基上的氢原子被电负性强的卤原子取代后，由于卤原子在羧酸分子

笔记栏

中所引起的吸电子诱导效应，使卤代酸的酸性比相应的羧酸强，而且酸性的强弱与卤原子取代的位置、卤原子的种类和数目有关。

(1) 卤素的位置：卤素对羧酸的影响随着它们所在的位置不同而有着明显的差别，如羧酸分子中 α- 碳原子上的氢原子被取代后，则酸性增强很多，而 β- 或 γ- 碳原子上的氢原子被取代后，酸性虽有所增强，但与没有取代的羧酸差别不太大。这是因为诱导效应强度与相对距离成反比，卤素原子离羧基较近时，吸电子诱导效应比较明显，增强了酸性；卤素原子离羧基渐远时，诱导效应的影响逐渐减弱甚至消失，酸性增强不明显。如：

	$CH_3CH_2CH(Cl)COOH$	$CH_3CH(Cl)CH_2COOH$	$CH_2(Cl)CH_2CH_2COOH$	$CH_3CH_2CH_2COOH$
p*K*a	2.86	4.41	4.70	4.81

(2) 卤素的数目：卤素的数目越多，酸性就越强。如：

	CH_3COOH	$ClCH_2COOH$	$Cl_2CHCOOH$	Cl_3CCOOH
p*K*a	4.74	2.86	1.29	0.65

(3) 卤素的种类：卤素不同，酸性强度也不同。氟代酸的酸性最强，氯代酸和溴代酸次之，碘代酸最弱。如：

	FCH_2COOH	$ClCH_2COOH$	$BrCH_2COOH$	ICH_2COOH
p*K*a	2.57	2.87	2.90	3.16

各种卤素原子对羧酸酸性的影响与卤素电负性的强弱次序一致，其大小次序为 F>Cl>Br>I。

2. 水解反应　卤代酸碱性条件下与水的反应可因卤素与羧基的相对位置不同而得到不同的产物。

(1) α- 卤代酸：α- 卤代酸与水或稀碱溶液共煮，水解成 α- 羟基酸。这是由于卤原子受羧基的影响而表现得更活泼，所以 α- 卤代酸的水解比卤代烷更容易。

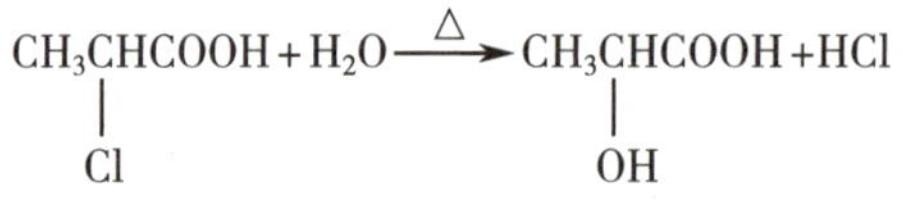

(2) β- 卤代酸：β- 卤代酸与氢氧化钠水溶液反应，失去一分子卤化氢而生成 α,β- 不饱和羧酸。因为在 β- 卤代酸中，α- 氢受到卤素和羧基 2 个吸电子基的影响而比较活泼，容易与 β- 碳上的卤素一起发生消除反应。

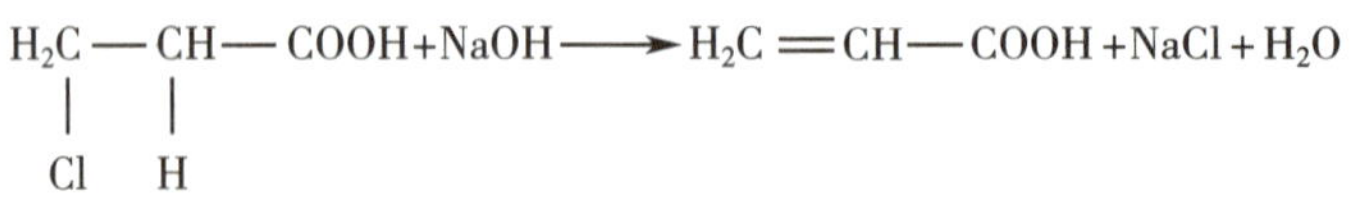

(3) γ- 或 δ- 卤代酸：γ- 或 δ- 卤代酸与水或碳酸钠溶液一起共煮时，生成不稳定的 γ- 或 δ- 羟基酸。γ- 或 δ- 羟基酸中的羧基和羟基立即发生分子内酯化反应，最终生成稳定的五元环或六元环内酯。

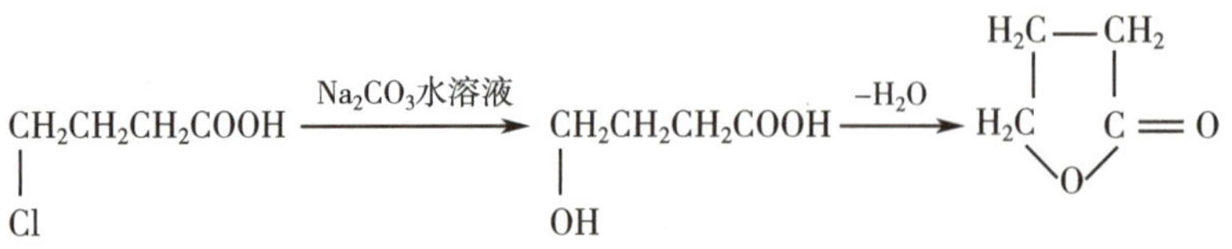

γ-羟基丁酸　γ-hydroxybutyric acid

γ-丁内酯（1,4-丁内酯）　γ-butyrolactone

笔记栏

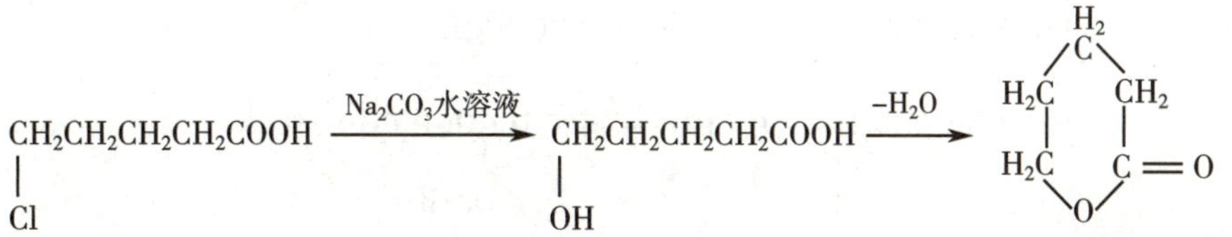

γ-羟基戊酸　　　　γ-戊内酯(戊-1,5-内酯)

γ-hydroxyvaleric acid　　　　γ-valerolactone

3. 达则斯反应　含有 α- 氢原子的 α- 卤代酸酯在碱性试剂存在下(一般用醇钠或钠氨)与醛、酮发生的反应,类似克莱森缩合反应,称为达则斯(Darzens)反应。但该反应不生成 β- 羟基酸酯,而是形成氧负离子中间体。该氧负离子迅速按 S_N2 反应机理将邻近的卤原子取代,生成环氧酸酯。这种由于邻近基团的直接参与促使反应迅速进行的现象称为邻基参与。

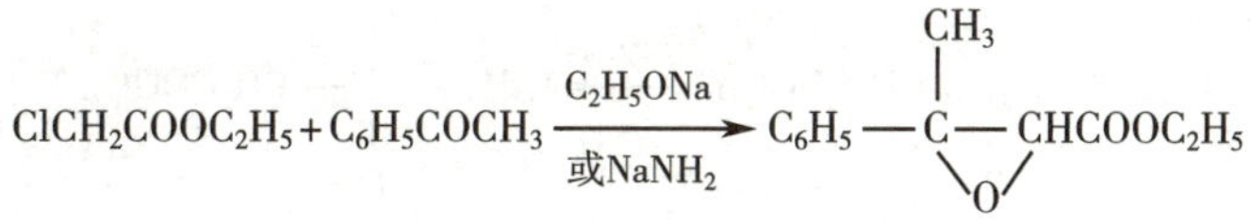

反应机理为:

$$ClCH_2COOC_2H_5 + C_2H_5ONa \rightleftharpoons {}^{\ominus}CHClCOOC_2H_5 + C_2H_5OH$$

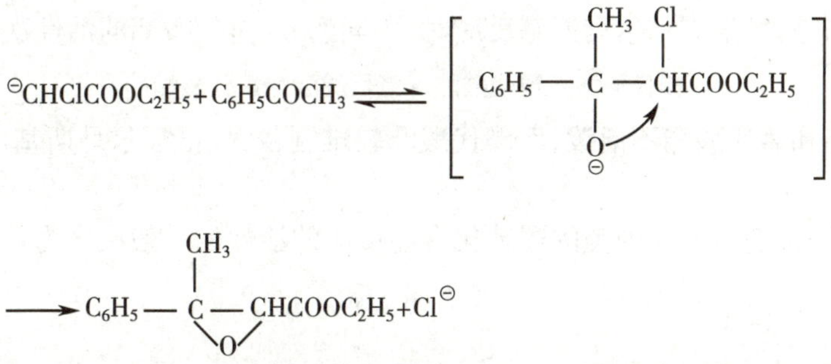

生成的 α,β- 环氧酸酯经皂化得到 α,β- 环氧酸盐,然后再酸化加热,可脱羧并最终生成醛或酮,这也是制备醛、酮的一种方法。

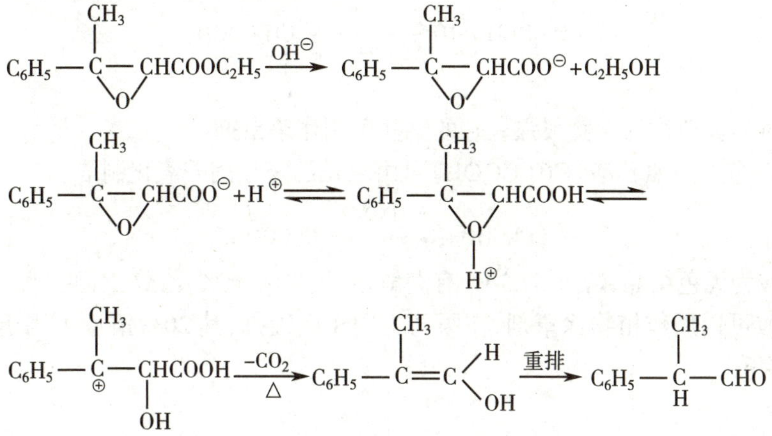

4. 雷福尔马斯基反应　α- 卤代酸酯于惰性溶剂中在锌粉作用下与含有羰基的化合物(醛、酮、酯)发生反应,产物经水解后生成 β- 羟基酸酯,这个反应叫作雷福尔马斯基反应(Reformatsky reaction)。

笔记栏

$$BrCH_2COOC_2H_5 + Zn \xrightarrow{醚} BrZnCH_2COOC_2H_5$$

$$BrZnCH_2COOC_2H_5 + C_6H_5CHO \longrightarrow C_6H_5\underset{\overset{|}{OZnBr}}{C}HCH_2COOC_2H_5$$

$$C_6H_5\underset{\overset{|}{OZnBr}}{C}HCOOC_2H_5 + H_2O \longrightarrow C_6H_5\underset{\overset{|}{OH}}{C}HCH_2COOC_2H_5$$

α- 卤代酸酯不能与镁生成有机镁化合物(格氏试剂),但易与锌形成有机锌化合物。有机锌化合物与格氏试剂类似,也能起类似反应,但没有格氏试剂那样活泼,只能与醛、酮发生反应,而与酯反应缓慢。格氏试剂与酯反应很快,因此,雷福尔马斯基反应中的锌不能用镁代替。

有机锌化合物与醛、酮的反应与格氏试剂与醛、酮的反应相似,生成 β- 羟基酸酯。

$$C_6H_5COCH_3 + BrCH_2COOC_2H_5 \xrightarrow{Zn} C_6H_5-\underset{\underset{OH}{|}}{\overset{\overset{CH_3}{|}}{C}}-CH_2COOC_2H_5$$

这是制备 β- 羟基酸酯的一个很好的方法。β- 羟基酸酯再经水解得 β- 羟基酸,也是合成 β- 羟基酸的一种好方法。β- 羟基酸酯经脱水生成 α,β- 不饱和羧酸酯,因此可用于制备 α,β- 不饱和羧酸酯。

需要说明的是,发生雷福尔马斯基反应时,不同的 α- 卤代酸酯的活性次序为:

碘代酸酯 > 溴代酸酯 > 氯代酸酯 > 氟代酸酯

因氟代酸酯和氯代酸酯不活泼,而碘代酸酯较难制备,故雷福尔马斯基反应常用溴代酸酯为原料。

另外,有机锌试剂与不同种类的羰基化合物反应的活性的一般次序为:

醛 > 酮 > 酯

三、代表性化合物

1. 氟乙酸 氟乙酸(FCH_2COOH)在工业上由一氧化碳与甲醛及氟化氢作用而制得。

$$CO + HCHO + HF \xrightarrow[75\sim 994kPa]{160℃} \underset{\underset{F}{|}}{C}H_2COOH$$

氟乙酸对哺乳动物的毒性很强。它的钠盐可用作杀鼠剂。

2. 三氯乙酸 三氯乙酸(CCl_3COOH)可由三氯乙醛经硝酸氧化制取。

$$CCl_3CHO + [O] \xrightarrow{HNO_3} CCl_3COOH$$

三氯乙酸为无色结晶,熔点 57.5℃,有潮解性,极易溶于水、乙醇、乙醚。

三氯乙酸可以用作植物除草剂,在医药上用作腐蚀剂,其 20% 溶液可用于治疗角蛋白相关的疣类疾病。

第二节 羟 基 酸

羟基酸可以分为醇酸和酚酸两类。羟基连接在脂肪链上的叫作醇酸;羟基连接在芳环

笔记栏

上的叫作酚酸。醇酸和酚酸都广泛存在于动植物界。

一、醇酸

1. 制备

(1)卤代酸水解：卤代酸水解可以得到羟基酸。不同的卤代酸，水解产物不同。只有 α-卤代酸水解生成 α- 羟基酸，且产率较高。例如：

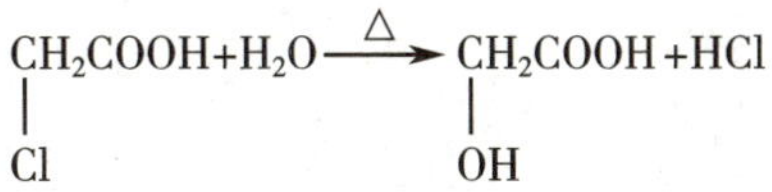

α -羟基乙酸
α -hydroxyacetic acid

β-、γ-、δ- 等卤代酸水解后，所得的主要产物往往不是羟基酸，因此卤代酸水解这个方法只适宜于制取 α- 羟基酸。

(2)羟基腈水解：醛或酮与氢氰酸起加成反应，生成羟基腈。羟基腈再水解，就得 α- 羟基酸。这是制备 α- 羟基酸的常用方法。

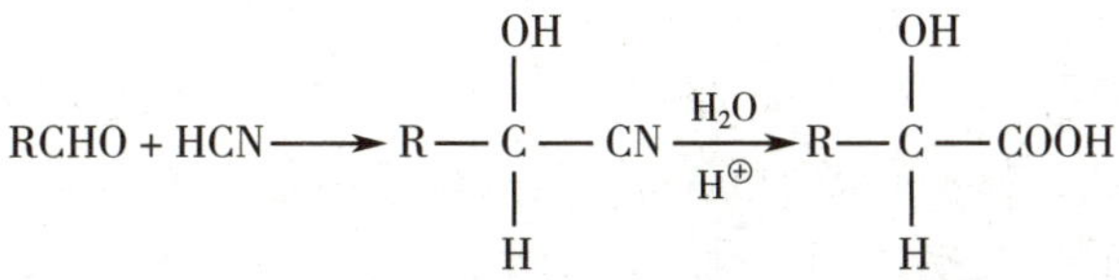

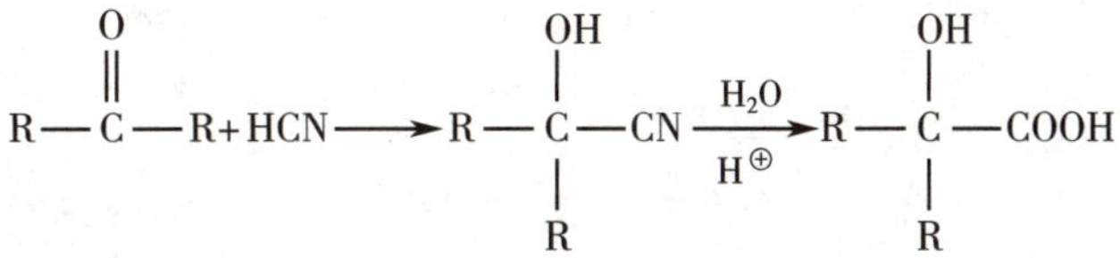

烯烃与次氯酸加成后，再与氰化钾作用制得 β- 羟基腈。β- 羟基腈经水解得到 β- 羟基酸。

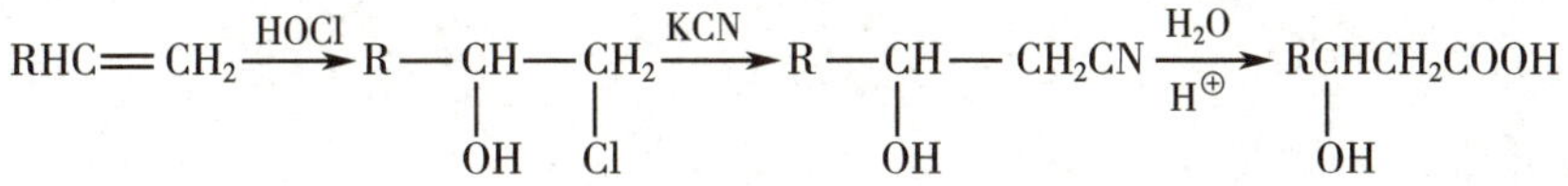

β -羟基酸
β -hydroxy acids

芳香族羟基酸也可由羟基腈制得。

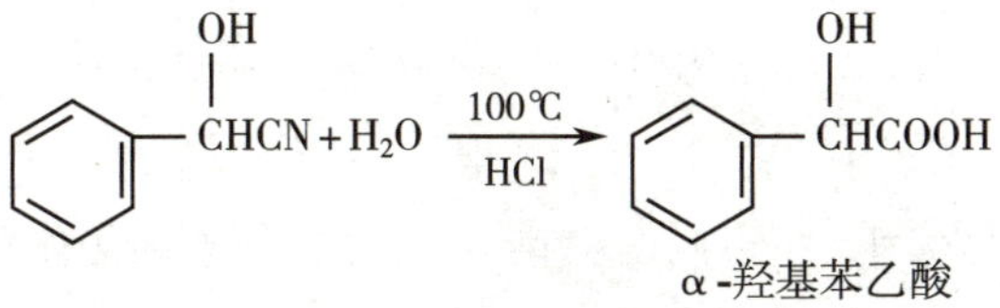

α -羟基苯乙酸
α -hydroxybenzene acetic acid

(3)雷福尔马斯基反应：β- 羟基酸可由 α- 卤代酸酯与醛或酮通过雷福尔马斯基反应制得。首先得到的产物是 β- 羟基酸酯。β- 羟基酸酯再经水解，就得 β- 羟基酸。

(4)天然冰片不对称合成 α- 取代乳酸：以天然冰片与非手性的丙酮酸在一定条件下反应，可以生成不对称酯。该酯能够再与格氏试剂反应，生成一种构型过量的具有旋光活性的 α- 取代乳酸。

2. 醇酸的性质　醇酸一般为结晶或黏稠液体。醇酸在水中的溶解度比相应的羧酸大，

ER-11-1
醇酸的性质

笔记栏

低级的醇酸可与水混溶，这是由于羟基、羧基都易与水形成氢键。醇酸熔点也比相应的羧酸高。此外，许多醇酸都具有旋光活性。

醇酸具有醇和酸的典型化学性质，如成盐、酯化、酰化等反应，又由于 2 个官能团的相互影响而具有一些特殊的性质。

(1) 酸性：醇酸分子中，羟基是吸电子基，可以通过诱导效应使羧基的解离度增加，所以醇酸的酸性比相应的羧酸强，但羟基对酸性的影响不如卤素大。通常羟基距离羧基越近，对酸性的影响越大，酸性就越强。

	$CH_3CHOHCOOH$	CH_2OHCH_2COOH	CH_3CH_2COOH
p*K*a	3.87	4.51	4.88

(2) 氧化反应：醇酸中的羟基具有醇的性质，尤其是羧基酯化后主要按醇的方式反应。醇酸的羟基，可发生酯化和成醚等反应。

醇酸中的羟基可以被氧化生成醛酸或酮酸。α- 羟基酸中的羟基比醇中的羟基更容易被氧化。

(3) 脱水反应：醇酸受热后能发生脱水反应，按照羧基和羟基的相对位置不同而得到不同的产物。

1) α- 醇酸：α- 醇酸受热发生分子间脱水反应生成交酯。交酯是两分子 α- 羟基酸间的羟基和羧基交互缩合脱去两分子水而成的酯，是六元环化合物。如两分子 α 羟基丙酸(乳酸)，在加热时生成丙交酯。交酯比较稳定，当与水共沸时，水解而成原来的 α- 羟基酸。

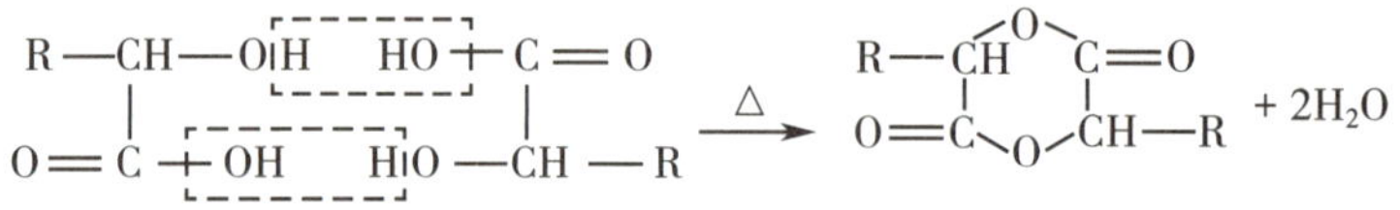

交酯多为结晶物质。和其他酯类一样，与酸或碱共热时，交酯容易发生水解而生成原来的醇酸。

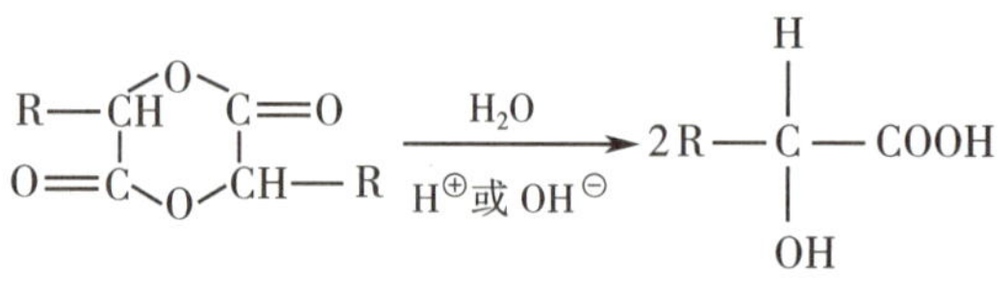

2) β- 醇酸：β- 醇酸受热时，由于分子中的 α- 氢同时受羧基和羟基的影响比较活泼，容易和相邻碳原子上的羟基失水，生成 α,β- 不饱和羧酸。

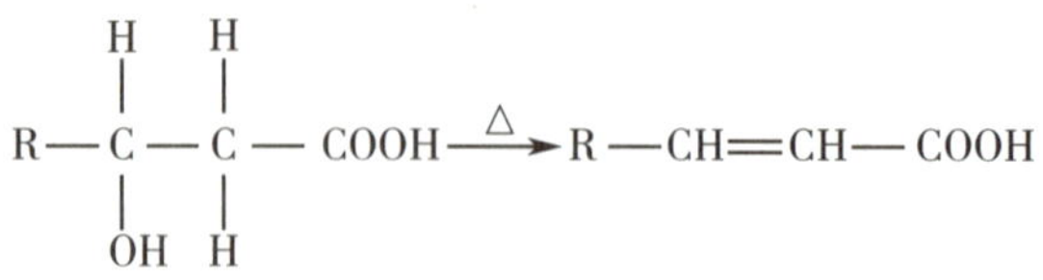

3) γ- 醇酸：γ- 醇酸极易失水，在室温时就能自动发生分子内脱水生成稳定的五元环状内酯。

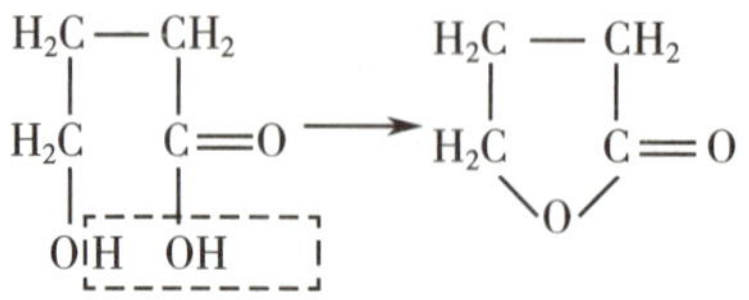

γ-丁内酯

γ-butyrolactone

γ- 内酯是稳定的中性化合物。正因如此，有的 γ- 醇酸不能稳定存在，因为当它们游离出来时立即就会失水而生成稳定的内酯。因此，γ- 醇酸只有变成盐以后才是稳定的。内酯和酯一样，与碱溶液作用能水解而生成原来的醇酸盐。如 γ- 丁内酯遇到热的碱溶液时，就能水解生成 γ- 羟基酸盐。

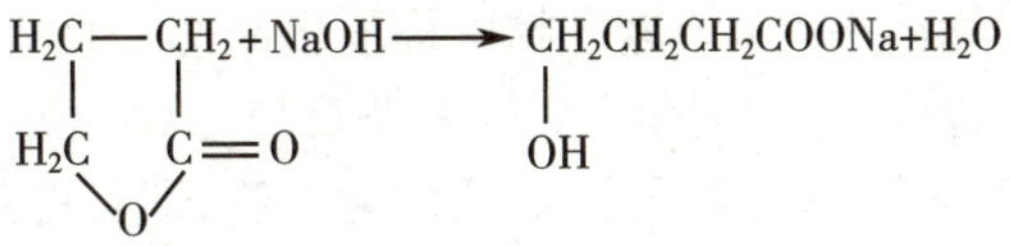

γ- 羟基丁酸钠有麻醉作用，能做麻醉剂。

4）δ- 醇酸：δ- 醇酸脱水生成六元环 δ- 内酯，但不如 γ- 醇酸那样容易，通常需要在加热条件下进行。由于五元环和六元环比较稳定，所以 γ- 内酯和 δ- 内酯相对容易形成。

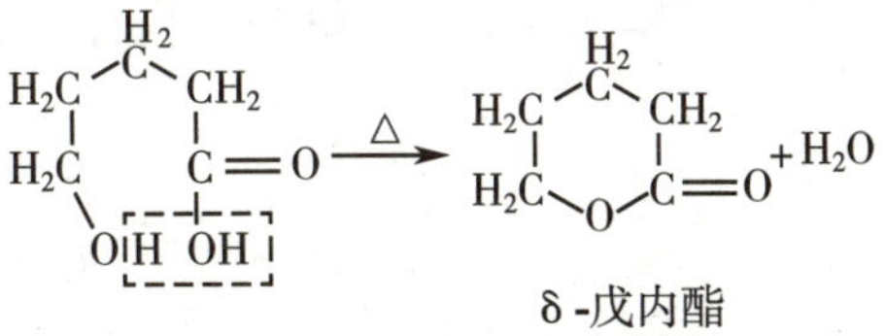

δ -戊内酯
δ -valerolactone

一些中药的有效成分中常含有内酯的结构。例如中药白头翁及其类似植物中含有的有效成分白头翁脑和原白头翁脑就是属于不饱和内酯结构的化合物。

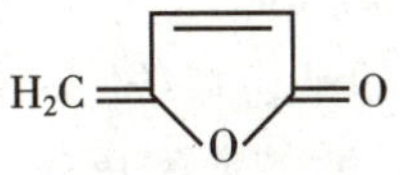

原白头翁脑
protoanemonin

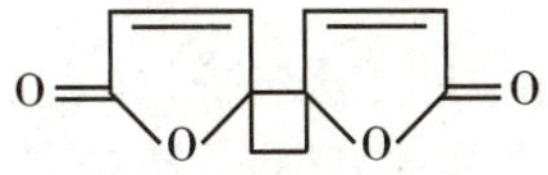

白头翁脑
anemone camphor

又如抗菌消炎药穿心莲的主要有效成分穿心莲内酯就含有一个 γ- 内酯环。

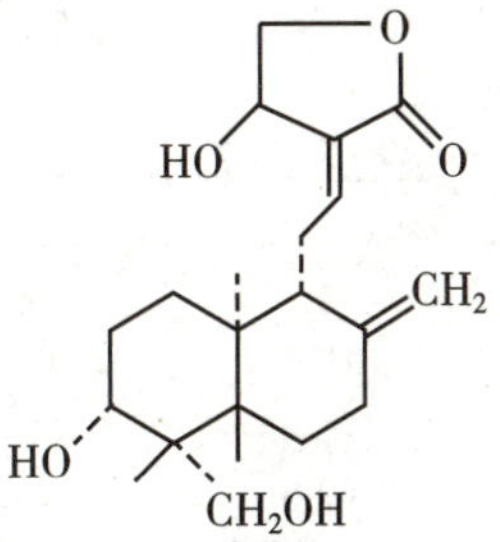

穿心莲内酯
andrographolide

(4) 分解反应：α- 醇酸与稀硫酸或酸性高锰酸钾溶液加热，分解为醛、酮和甲酸。

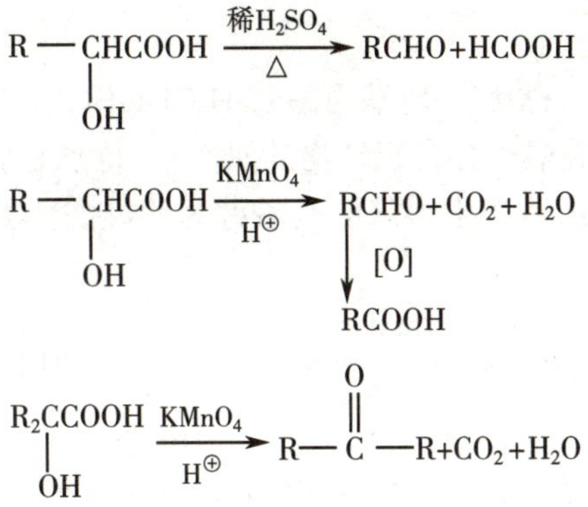

此反应在有机合成上可用来使羧酸降解，生成碳原子数减少的羧酸。

笔记栏

二、酚酸

酚酸多以盐、酯或苷的形式存在于自然界中。比较重要的酚酸有水杨酸和五倍子酸等。

1. 酚酸的制备　许多酚酸是从天然产物中提取出来的。合成酚酸的一般方法是柯尔贝 - 施密特(Kolbe-Schmidt)反应。柯尔贝 - 施密特反应是将干燥的苯酚钠与二氧化碳在405~709kPa 和 120~140℃下作用发生反应,最后酸化产物,即可得到水杨酸(又称邻羟基苯甲酸)。产物中含有少量对位异构体。如果反应温度在 140℃以上,或用酚的钾盐为原料,则主要产物是对羟基苯甲酸。

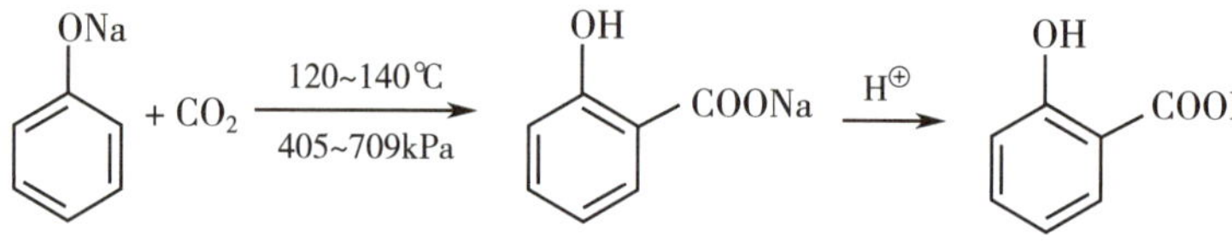

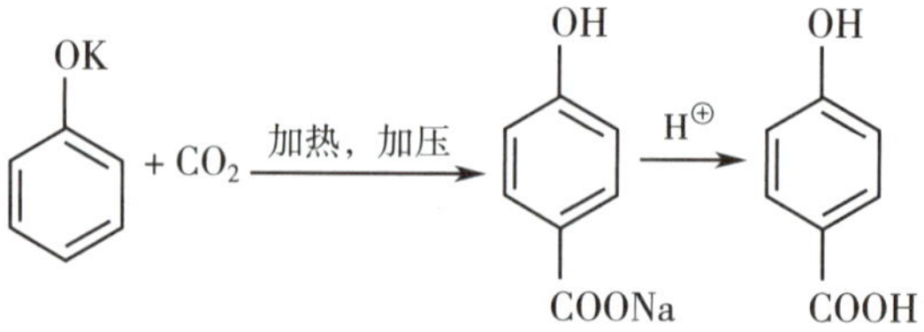

其他的酚酸也可以用上述方法制备,只是反应的难易和条件有所不同。

2. 酚酸的性质　酚酸为结晶体,具有酚和芳香酸的典型反应。例如,酚酸与三氯化铁溶液反应时能显色(酚的特性),羧基和醇作用成酯(羧酸的特性)等。

酚酸中的羟基与羧基处于邻位或对位时,受热容易脱羧。这是酚酸的重要特性之一。例如:

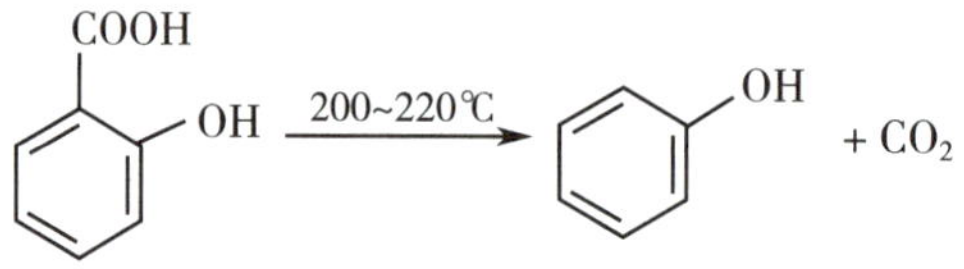

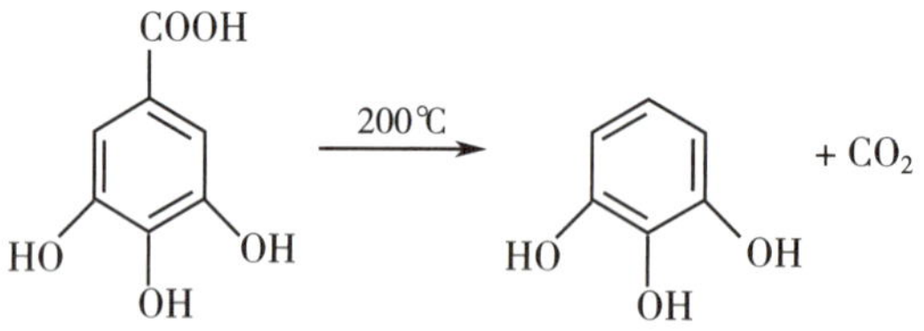

三、代表性化合物

1. 乳酸　乳酸的化学名称为 α 羟基丙酸($CH_3CHOHCOOH$),最初是从变酸的牛奶中发现的,所以俗名叫乳酸。乳酸也存在于动物的肌肉中,特别是肌肉经过剧烈活动后含乳酸更多,因此肌肉感觉酸胀。由肌肉中得来的乳酸称为肌乳酸。乳酸在工业上是由糖经乳酸菌发酵而制得。

$$C_6H_{12}O_6 \xrightarrow[30\sim 45℃]{\text{乳酸菌}} 2CH_3-\underset{\displaystyle OH}{\underset{|}{CH}}-COOH$$

乳酸是无色黏稠液体,溶于水、乙醇和乙醚中,但不溶于氯仿和油脂,吸湿性强。乳酸具有旋光活性。

由酸牛奶中得到的乳酸是外消旋体，由糖发酵制得的乳酸是左旋的，而肌肉运动产生的乳酸是右旋的。

乳酸在医疗方面有消毒防腐作用。乳酸的钙盐$(CH_3CHOHCOO)_2Ca\cdot 5H_2O$在临床上用于治疗佝偻病等一般缺钙症。此外，乳酸还大量用于食品、饮料工业。

2. 酒石酸　化学名称为2,3-二羟基丁二酸(HOOCCHOHCHOHCOOH)，广泛分布于植物中，尤其以葡萄中的含量最多，常以游离态或盐的形式存在。在制造葡萄酒的发酵过程中，溶液中的乙醇浓度增高时，存在于葡萄中的酸式酒石酸钾盐因难溶于水和乙醇而结成巨大的结晶，这种酸式钾盐叫作酒石(HOOCCHOHCHOHCOOK)。酒石再与无机酸作用，就生成游离的酒石酸。自然界中的酒石酸是巨大的透明结晶，不含结晶水，熔点170℃，极易溶于水，不溶于有机溶剂。

酒石酸常用于配制饮料。它的盐类如酒石酸氢钾是配制发酵粉的原料。用氢氧化钠将酒石酸氢钾中和，即得酒石酸钾钠(KOOCCHOHCHOHCOONa)。酒石酸钾钠可用作泻药和用于配制费林试剂。酒石酸锑钾(KOOCCHOHCHOHCOOSbO)又称吐酒石，为白色结晶粉末，能溶于水，医药上用作催吐剂，也广泛用于治疗血吸虫病。

3. 枸橼酸　化学名称为2-羟基丙烷-1,2,3-三羧酸(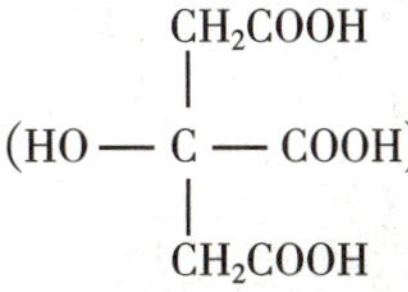)，存在于柑橘、山楂、乌梅等的果实中，尤以柠檬中含量最多，约占6%~10%，因此俗名又叫柠檬酸。枸橼酸为无色结晶或结晶性粉末，无臭、味酸，易溶于水和醇，内服有清凉解渴作用，常用作调味剂、清凉剂，可用来配制饮料。

枸橼酸的钾盐$(C_6H_5O_7K_3\cdot 6H_2O)$为白色结晶，易溶于水，用作祛痰剂和利尿剂。

枸橼酸的钠盐$(C_6H_5O_7Na_3\cdot 2H_2O)$也是白色易溶于水的结晶，有防止血液凝固的作用。

枸橼酸的铁铵盐为棕红色而易溶于水的固体，用作贫血患者的补血药。

4. 水杨酸及其衍生物

(1) 水杨酸：即邻羟基苯甲酸，又称柳酸(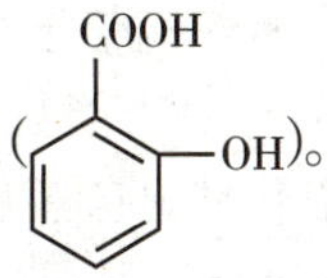)。柳树或杨树皮等都含有水杨酸。水杨酸为白色晶体，熔点159℃，微溶于水，能溶于乙醇和乙醚，加热可升华，并能随水蒸气一同挥发，但加热到它的熔点以上时，就失去羧基而变成苯酚。

水杨酸是合成药物、染料、香料的原料。它本身就有杀菌作用，在医药上可作为外用防腐剂和杀菌剂，多制备成膏剂，用于治疗某些皮肤病。同时，水杨酸还有解热镇痛和抗风湿作用。由于水杨酸对胃肠有刺激作用，一般不能直接内服。

水杨酸与碳酸钠作用，即生成水杨酸钠。

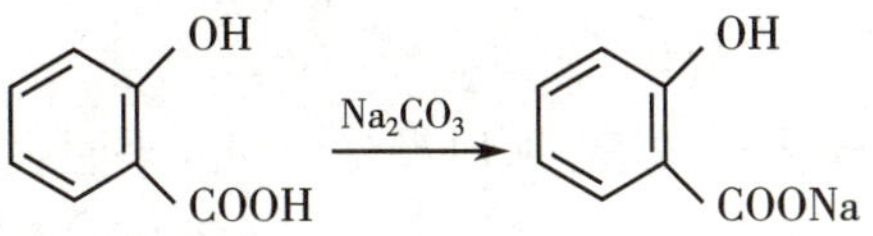

水杨酸钠的解热镇痛作用比非那西丁弱，同时它进入胃部后遇酸能释放出水杨酸，因此仍有刺激性，临床上一般已不作为解热镇痛药使用。但它对风湿热和风湿性关节炎的疗效相当肯定，在鉴别诊断上有一定价值。水杨酸和它的钠盐遇光或催化剂，特别是在碱性溶液中，很容易氧化成颜色很深的醌型化合物，所以要避光贮存。

笔记栏

(2) 乙酰水杨酸：俗称阿司匹林(aspirin)(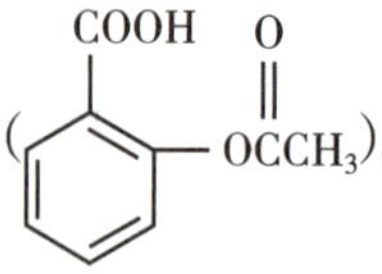)，由水杨酸与乙酸酐在乙酸中加热到80℃进行酰化而制得。

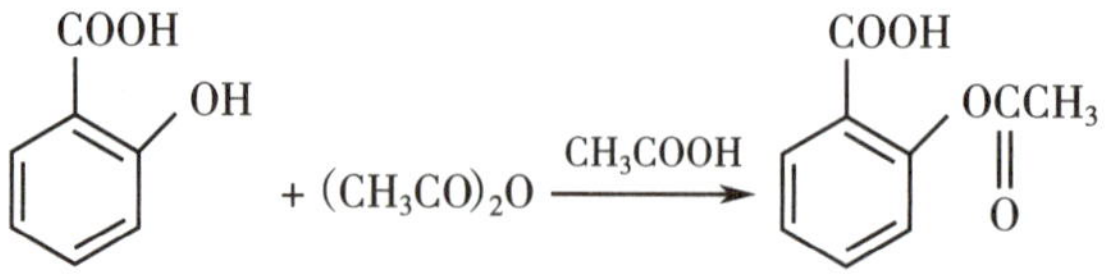

乙酰水杨酸为白色结晶，熔点135℃，微酸味，无臭，难溶于水，溶于乙醇、乙醚、氯仿。本品在干燥空气中稳定，但在湿空气中易水解为水杨酸和乙酸，所以应在干燥处密闭贮存。

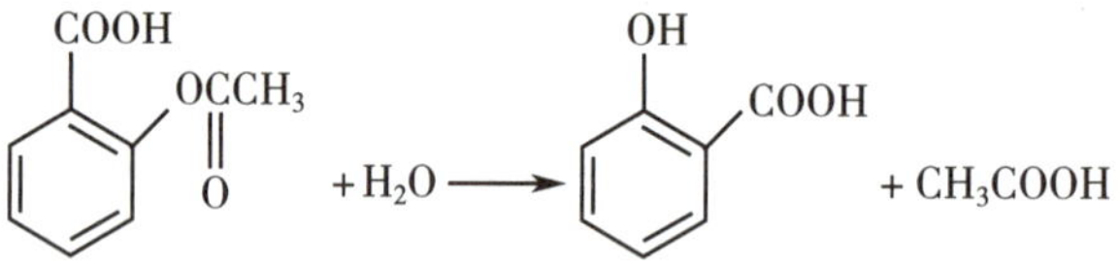

纯乙酰水杨酸分子中没有游离的酚羟基，所以不与三氯化铁溶液起颜色反应，但乙酰水杨酸水解后产生了水杨酸，就可以与三氯化铁反应呈紫色，故三氯化铁常用于检查阿司匹林中游离水杨酸的存在。

阿司匹林有退热、镇痛和抗风湿痛的作用，而且对胃的刺激作用小，故常用于治疗发热、头痛、关节痛、活动性风湿病等。它与非那西丁、咖啡因等合用称为复方阿司匹林，简称APC。

(3) 没食子酸：没食子酸又叫五倍子酸、棓酸，化学名称为3,4,5-三羟基苯甲酸(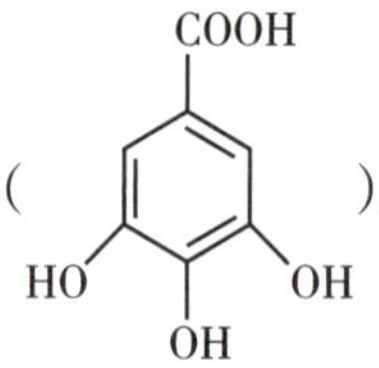)，是自然界分布很广的一种有机酸。它以游离状态存在于茶叶等植物中，或组成鞣质存在于五倍子等植物中。水解五倍子(没食子)中所含的鞣质，可生成没食子酸。

没食子酸很容易被氧化，有强还原性，能从银盐溶液中把银沉淀出来，因此在照相中用作显影剂。没食子酸水溶液遇三氯化铁显蓝黑色，所以也是制墨水的原料。

没食子酸在碱性条件下，与三氯化锑反应生成的络合物没食子酸锑钠，又称锑-273，是治疗血吸虫病的有效药物。

碱性没食子铋又叫没食子酸铋，有收敛防腐作用，内服为胃肠黏膜的保护剂，外用为防腐收敛剂。其结构式为：

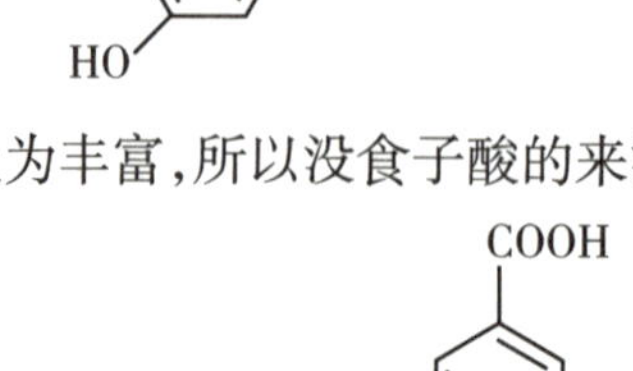

我国四川省五倍子的产量极为丰富，所以没食子酸的来源很广。

(4) 原儿茶酸：原儿茶酸叫3,4-二羟基苯甲酸()，是中药四季青中的有效成分

之一。四季青在临床上治疗烧伤有较好的效果，此外，可用以治疗细菌性痢疾、肾盂肾炎及某些溃疡病等。

第三节 羰基酸

羰基酸分子中羰基在碳链末端的是醛酸，在碳链中间的是酮酸。酮酸中以β-酮酸酯最为重要。

一、α-羰基酸

丙酮酸是最简单的α-羰基酸，是动植物体内糖和蛋白质代谢过程的中间产物。

乳酸经乳酸脱氢酶氧化可得到丙酮酸。

$$CH_3CHOHCOOH \xrightarrow{[O]} CH_3-\overset{\overset{\displaystyle O}{\|}}{C}-COOH + H_2$$

丙酮酸是无色、有刺激性臭味的液体，沸点165℃（分解），易溶于水、乙醇和醚，除有一般羧酸和酮的典型性质外，还具有α-酮酸的特殊性质。

在一定条件下，丙酮酸可以脱羧或脱羰，分别生成乙醛或乙酸。丙酮酸与稀硫酸共热时发生脱羧，得到乙醛。

$$CH_3-\overset{\overset{\displaystyle O}{\|}}{C}-COOH \xrightarrow[\triangle]{\text{稀硫酸}} CH_3CHO + CO_2$$

丙酮酸与浓硫酸共热时发生脱羰，得到乙酸。

$$CH_3-\overset{\overset{\displaystyle O}{\|}}{C}-COOH \xrightarrow[\triangle]{\text{浓硫酸}} CH_3COOH + CO$$

这是因为α-酮酸中羰基和羧基直接相连，由于氧原子有较强的电负性，使得羰基和羧基碳原子间的电子云密度较低，这个碳碳键就容易断裂，所以丙酮酸可脱羧或脱羰。

另外，丙酮酸极易被氧化。弱氧化剂如 Fe^{2+} 与 H_2O_2 就能把丙酮酸氧化成乙酸，并放出二氧化碳。在同样的条件下，酮和羧酸都难以发生上述反应，这是α-酮酸特有的反应。

$$CH_3-\overset{\overset{\displaystyle O}{\|}}{C}-COOH \xrightarrow[Fe^{2+},\ H_2O_2]{[O]} CH_3COOH + CO_2$$

二、β-羰基酸

乙酰乙酸（$CH_3-\overset{\overset{\displaystyle O}{\|}}{C}-CH_2COOH$）是最简单的β-羰基酸。乙酰乙酸是生物体内脂肪代谢的中间产物，为黏稠的液体。由于乙酰乙酸很不稳定，受热时容易脱羧生成丙酮。容易脱羧是β-酮酸的特征反应。

$$CH_3-\overset{\overset{\displaystyle O}{\|}}{C}-CH_2COOH \xrightarrow{\triangle} CH_3-\overset{\overset{\displaystyle O}{\|}}{C}-CH_3 + CO_2$$

$$R-\overset{\overset{\displaystyle O}{\|}}{C}-CH_2COOH \xrightarrow{\triangle} R-\overset{\overset{\displaystyle O}{\|}}{C}-CH_3 + CO_2$$

笔记栏

FR-11-2

糖尿病酮症酸中毒与酮体

乙酰乙酸被还原则生成 β- 羟基丁酸。

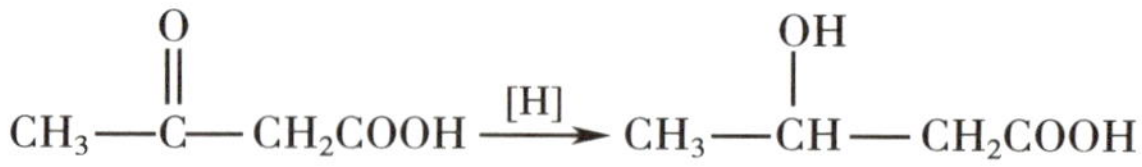

丙酮、乙酰乙酸和 β- 羟基丁酸总称为酮体。酮体存在于糖尿病患者的尿液和血液中，并能引起患者的昏迷和死亡。所以临床上对于进入昏迷状态的糖尿病患者，除检查尿液中的葡萄糖外，还需要检查是否有酮体的存在。

乙酰乙酸本身并不重要，但乙酰乙酸的酯在理论及实验上都具有重要意义。

三、乙酰乙酸乙酯

乙酰乙酸乙酯（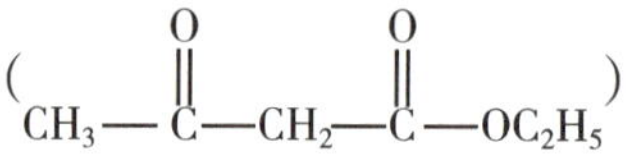）又叫 3- 氧亚基丁酸乙酯。它是一个具有清香气的无色透明液体，熔点 45℃，沸点 181℃，稍溶于水，易溶于乙醇、乙醚、氯仿等有机溶剂。

1. 制备

（1）二乙烯酮与醇作用：二乙烯酮和乙醇作用生成乙酰乙酸乙酯。

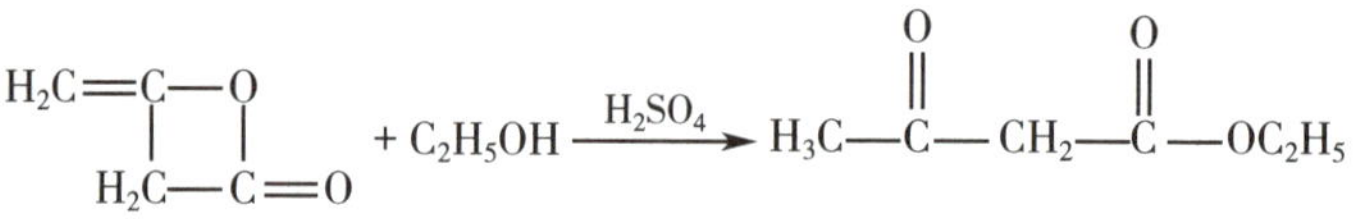

反应机理可能如下：

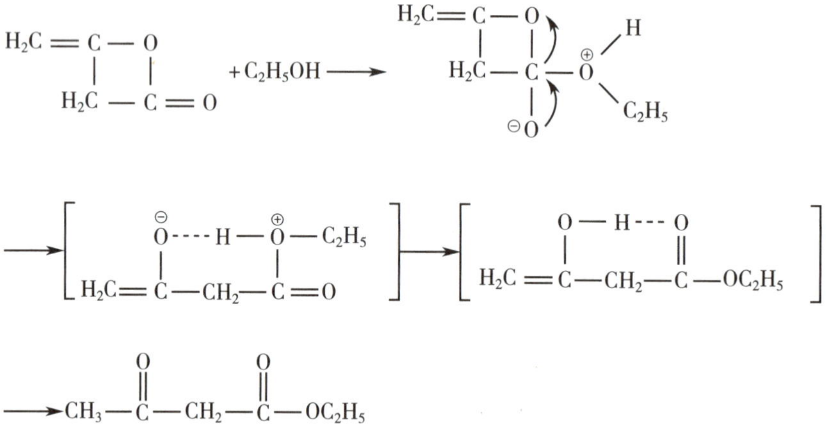

（2）克莱森缩合反应：乙酸乙酯在乙醇钠或金属钠的作用下，发生酯缩合反应，生成乙酰乙酸乙酯。

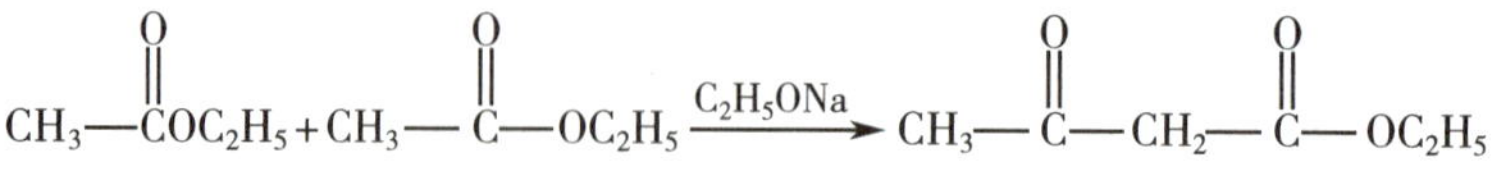

2. 酸性和互变异构现象

（1）活泼亚甲基上 α- 氢的酸性：乙酰乙酸乙酯及 β- 二羰基化合物的亚甲基，由于受到 2 个羰基的影响，使得 α- 氢原子的酸性比一般的醛、酮、酯的酸性强。

乙酰乙酸乙酯类化合物的亚甲基就称为活泼亚甲基，失去 α- 氢后形成的碳负离子，其负电荷可以分散到 2 个羰基氧上，使其稳定性比一般的醛、酮、酯形成的碳负离子更加稳定。失去 α- 氢的碳负离子可用共振结构式表示：

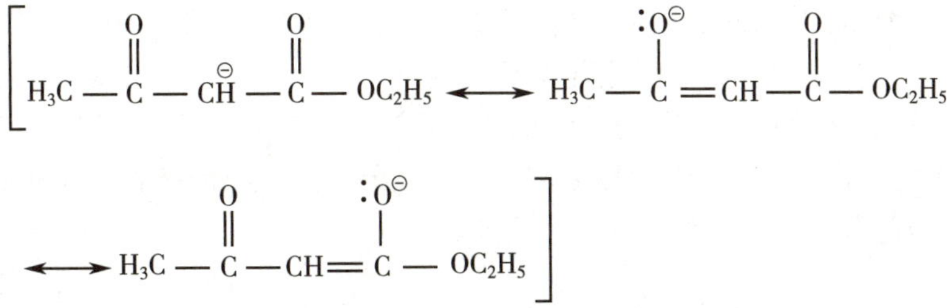

乙酸乙酯碳负离子共振结构式：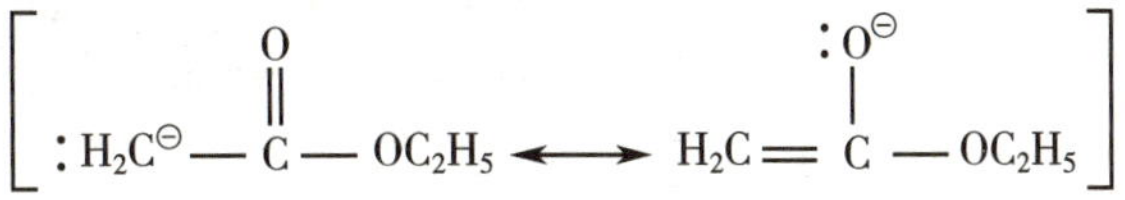

丙酮碳负离子共振结构式：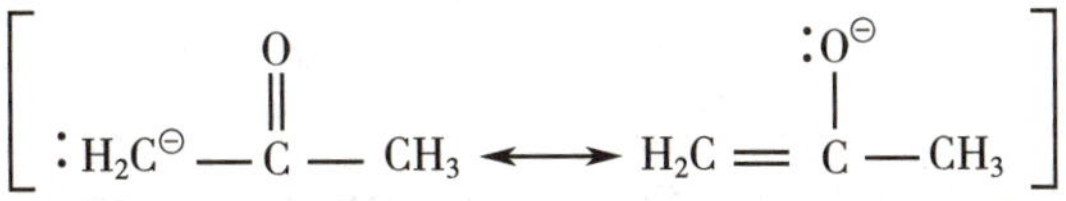

乙酰乙酸乙酯负离子有 3 个共振式，而乙酸乙酯负离子和丙酮负离子都只有 2 个共振式，所以乙酰乙酸乙酯负离子比乙酸乙酯、丙酮负离子都稳定，故乙酰乙酸乙酯的酸性比醛、酮、酯强。

(2) 乙酰乙酸乙酯的互变异构：乙酰乙酸乙酯具有酮的性质，例如它能与羰基试剂（苯肼、羟胺等）反应，与氢氰酸、亚硫酸氢钠等起加成反应。但是还有一些反应是不能用分子中含有羰基来解释的。例如，在乙酰乙酸乙酯中加入溴的四氯化碳溶液，可使溴的颜色消失，说明分子中有碳碳双键存在；乙酰乙酸乙酯可以与金属钠反应放出氢气，生成钠的衍生物，说明分子中有活泼氢；乙酰乙酸乙酯与乙酰氯作用生成酯，说明分子中有醇羟基；乙酰乙酸乙酯还能与三氯化铁水溶液作用呈紫红色，说明分子中有烯醇式结构。根据上述实验事实，可以认为乙酰乙酸乙酯是酮式和烯醇式 2 种结构处于动态平衡状态而同时存在的互变异构体。

无论用化学方法或物理方法都已证明乙酰乙酸乙酯是酮式和烯醇式的混合物所形成的平衡体系，且它们能互相转变。在室温下的乙醇溶液中，酮式占 92.5%，烯醇式占 7.5%。

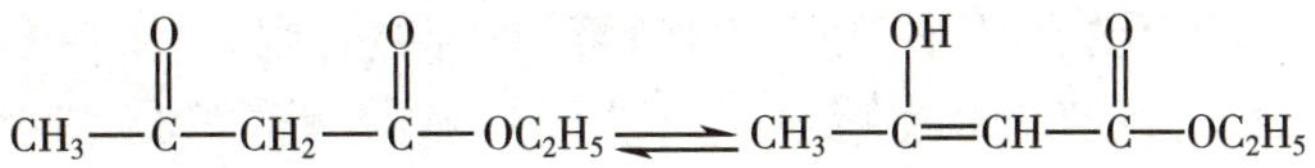

酮式92.5%　　　　烯醇式7.5%

像这样，凡是 2 种或 2 种以上的异构体可以互相转变并处于动态平衡状态而同时存在的现象，称为互变异构现象（tautomerism）。

乙酰乙酸乙酯的酮式和烯醇式异构体，在室温时彼此互变很快，但在低温时互变速度很慢，因此可以用低温冷冻的方法进行分离。例如，把乙酰乙酸乙酯的乙醇溶液冷至 -78℃时，得到一种结晶形的化合物，熔点 -39℃；它不和溴发生加成，不与三氯化铁发生颜色反应，但具有酮的特征反应（如与羰基试剂发生反应），由此可知这个化合物是酮式异构体。如在 -78℃时，将理论量的干燥氯化氢通入乙酰乙酸乙酯钠衍生物的石油醚悬浮液中，滤去生成的氯化钠，再在减压和低温下蒸发溶剂，得到另一种结晶化合物；它不和羰基试剂反应，能和三氯化铁作用呈紫红色，也能使溴的四氯化碳溶液褪色，由此可知这个化合物是烯醇式异构体。这证明了乙酰乙酸乙酯的酮式和烯醇式在低温时互变的速度很慢，因此，在低温时纯的酮式或烯醇式可以保留一段时间。但如温度升高，互变速度就加快，所以在室温时得不到纯的烯醇式或酮式异构体。

笔记栏

乙酰乙酸乙酯的酮式和烯醇式异构体的平衡，是由于在 2 个羰基吸电子基的影响下，亚甲基上的氢原子发生一定程度的活化并质子化，质子在 α- 碳原子和羰基氧原子之间进行可逆的重排所导致的。活泼亚甲基上的氢原子，主要转移到乙酰基的氧原子上，而不能转移到酯基中羰基的氧原子上。这是因为羰基氧原子的电负性更强，而酯基中羰基上的氧原子由于 O—C—O 之间形成共轭而使其电负性减弱。

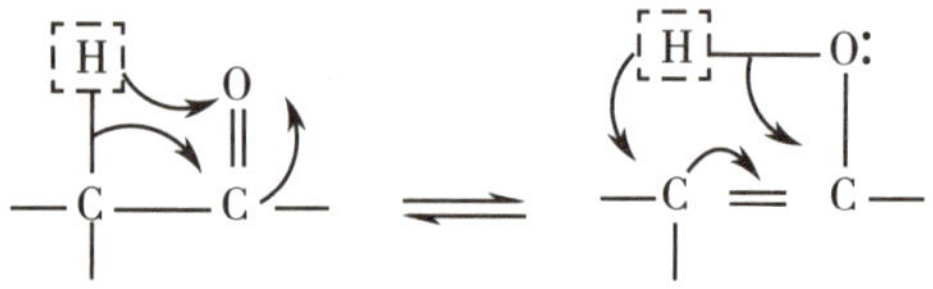

从理论上讲，凡是具有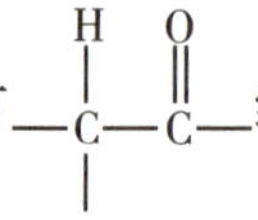结构的化合物，都应存在着 2 种形式的互变异构体。但因化合物不同，达到平衡时烯醇式所占的比例有很大的差别。

β- 二羰基化合物的烯醇式含量较高，这可能是由于通过分子内氢键形成一个较稳定的六元环，另一方面烯醇式中的碳氧双键与碳碳双键形成了一个较大的共轭体系，发生电子的离域，从而降低了分子的能量。这些都使得烯醇式的稳定性增加，所以平衡时烯醇式的含量增加。

乙酰乙酸乙酯的性质

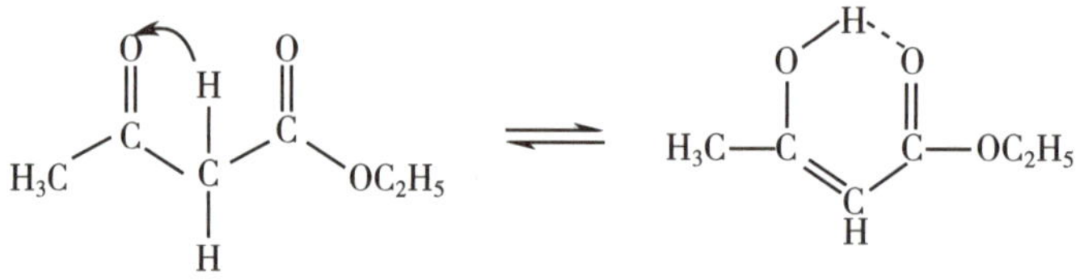

酮式　　　　烯醇式

此外，溶剂、浓度、温度等也可影响烯醇式的含量。乙酰乙酸乙酯在达到平衡状态的混合物中，异构体含量随溶剂、浓度、温度的差异而有所不同。在水或其他含质子的极性溶剂中，烯醇式含量较少；在非极性溶剂中，烯醇式含量较多。

3. 乙酰乙酸乙酯的酸式分解和酮式分解

（1）酸式分解：乙酰乙酸乙酯在强碱（40%）溶液中共热，则 α- 和 β- 碳原子之间发生断裂，生成两分子羧酸盐，经酸化后得羧酸。一般 β- 羰基酸酯都能发生这个反应，称为酸式分解。

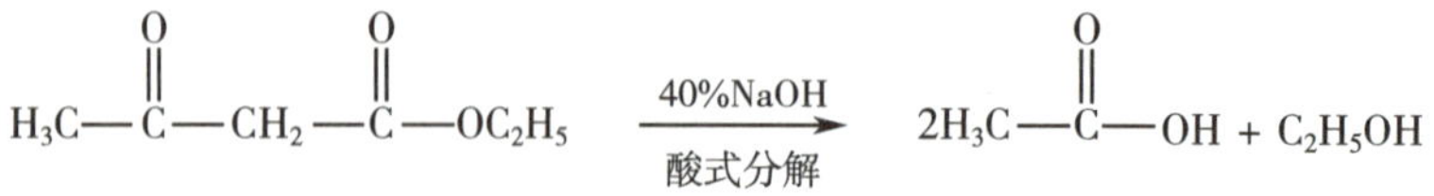

（2）酮式分解：乙酰乙酸乙酯在稀碱（5%）溶液中共热，则酯基水解。用稀碱水解时生成乙酰乙酸钠，加酸酸化，生成乙酰乙酸。乙酰乙酸不稳定，在加热下立即脱羧生成酮，所以称为酮式分解。易发生脱羧是 β- 酮酸的又一特性。

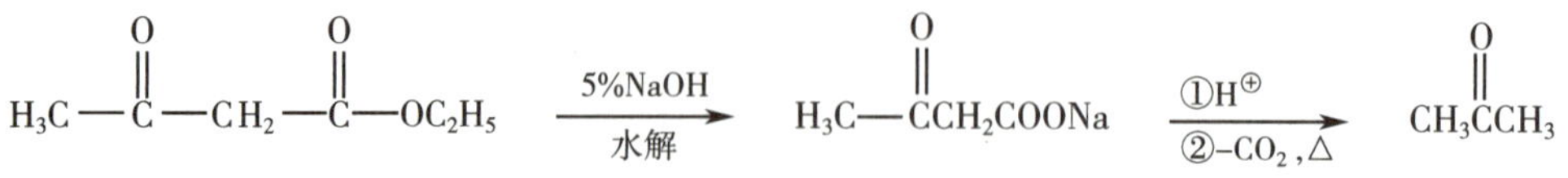

这就是乙酰乙酸乙酯在稀碱和浓碱中的 2 种不同的分解方式。

4. α- 亚甲基上的烷基化和酰化　乙酰乙酸乙酯分子中活泼亚甲基上的氢原子因受相邻 2 个羰基的影响，性质特别活泼，即活泼亚甲基上的氢原子具有较强的酸性，容易以质子的形式离去。所以乙酰乙酸乙酯在乙醇钠或氨基钠的作用下，活泼亚甲基上的氢原子可以

笔记栏

被钠取代生成乙酰乙酸乙酯的钠盐，而这个盐可以和卤代烷或酰卤发生亲核取代反应，生成烷基或酰基取代的乙酰乙酸乙酯。

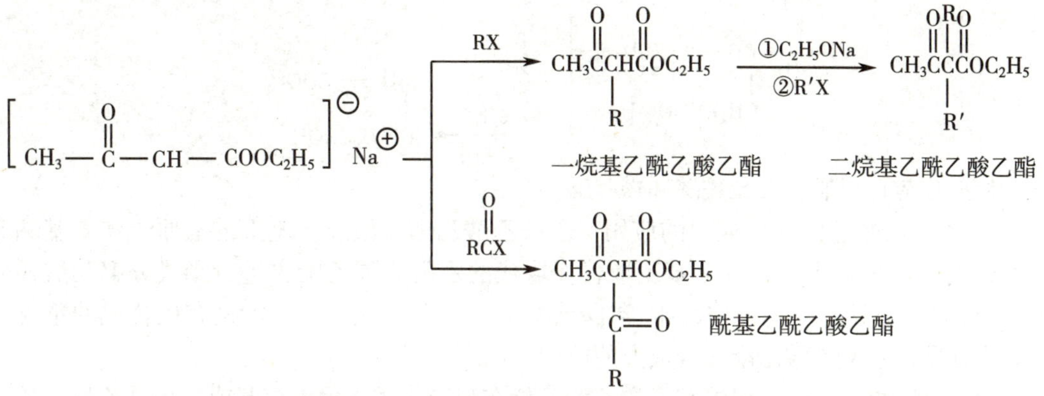

烷基化取代反应中所用的卤烷为伯卤烷，不能使用芳卤烃和乙烯型卤烃，因为这些卤烃不活泼而不能得到所需的产物；也不能使用叔卤烷，因为叔卤烷在强碱性条件下很易发生消除反应；同样，仲卤烷也因伴随消除反应的发生使产量大幅度地降低而不宜采用。

上述取代的乙酰乙酸乙酯能进行酮式分解或酸式分解。可表示如下：

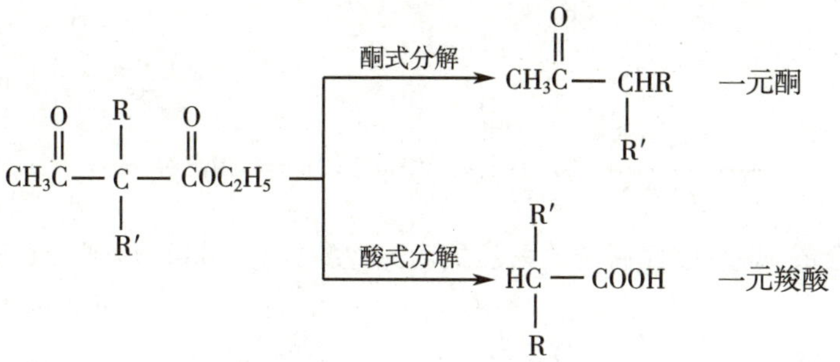

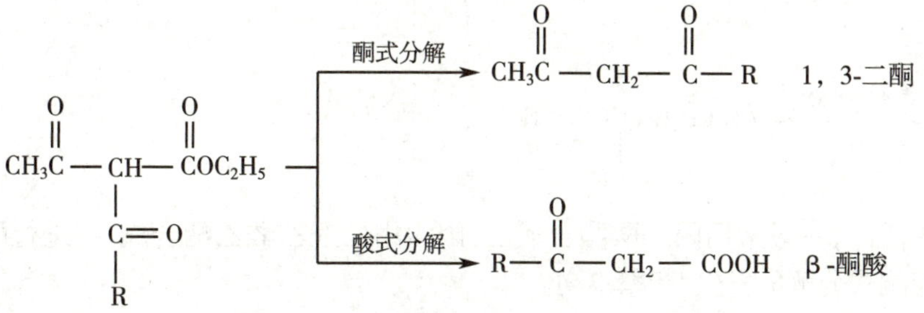

另外，α-卤代酮、卤代酯等也可以与乙酰乙酸乙酯发生类似的反应。

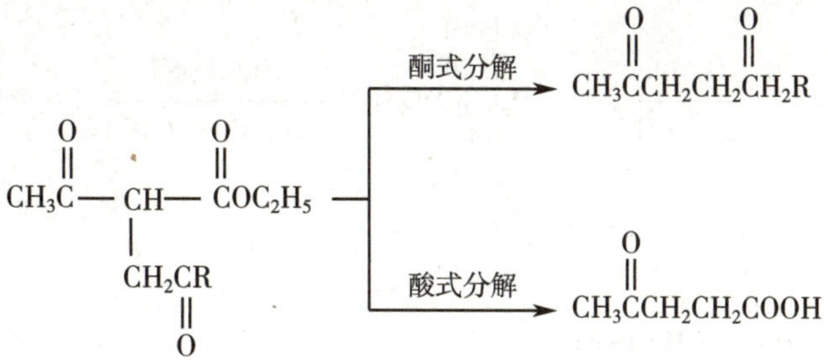

用此反应可以制备1,4-二酮和γ-羰基酸。

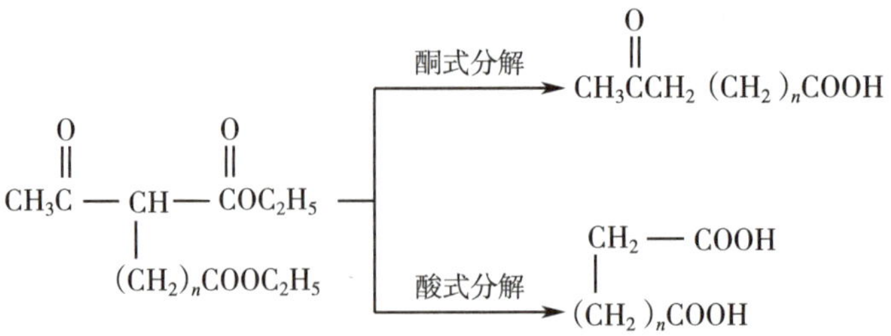

用此反应可以制备二元羧酸和羰基酸。

5. 乙酰乙酸乙酯在合成上的应用　乙酰乙酸乙酯活泼亚甲基上的氢原子在氨基钠或乙醇钠的存在下可被其他许多基团取代。取代的乙酰乙酸乙酯再进行酮式分解和酸式分解，就可制备出具有各种结构的酮、羧酸或酮酸。所以乙酰乙酸乙酯是有机合成的重要试剂。下面举例乙酰乙酸乙酯在合成上的应用。

(1) 甲基酮的合成：卤代烷与乙酰乙酸乙酯在强碱作用下生成烷基或二烷基乙酰乙酸乙酯，经酮式分解便得甲基酮。

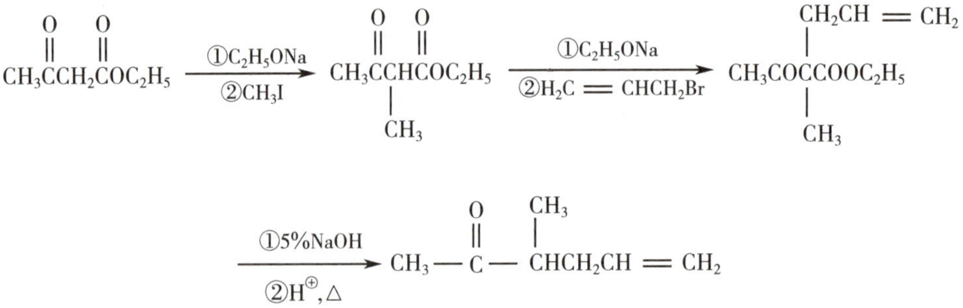

(2) 一元羧酸的合成：烷基取代后的乙酰乙酸乙酯经酸式分解即可得到一元羧酸。

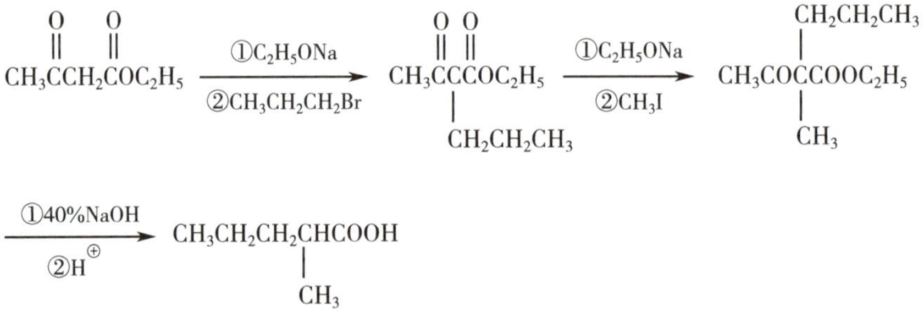

合成羧酸时，一般常用丙二酸酯合成法，因为用乙酰乙酸乙酯合成，在进行酸式分解时总是伴随着酮式分解的发生，产率不高。

(3) 酮酸的合成：乙酰乙酸乙酯负离子与卤代烷、卤代酸酯或 α, β- 不饱和羧酸酯反应生成乙酰基取代的二元羧酸酯，经酮式分解并脱羧便得到 β-、γ- 或 δ- 酮酸。与卤代酮、α, β- 不饱和羰基化合物反应的产物经酸式分解也分别得到酮酸。

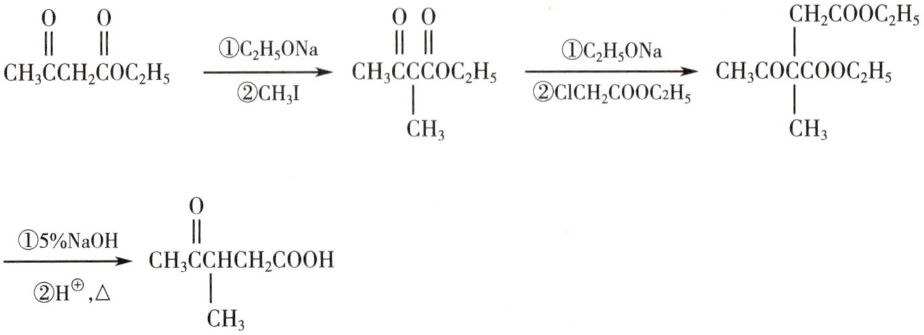

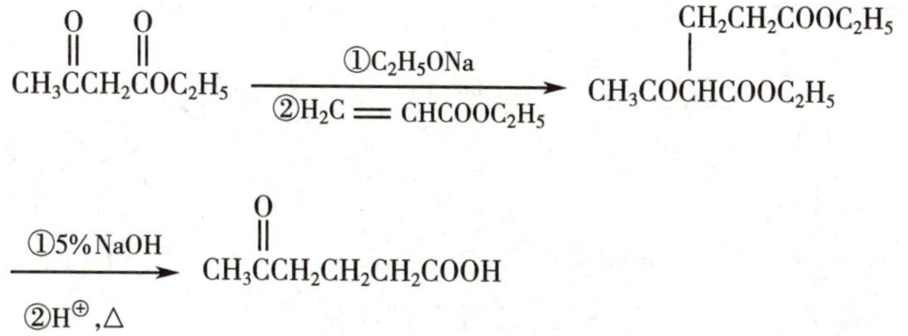

(4)二酮的合成：乙酰乙酸乙酯负离子与 α,β- 不饱和酮、卤代酮或酰卤反应即生成酰基取代的乙酰乙酸乙酯。酰基取代的乙酰乙酸乙酯经酮式分解并脱羧分别制得 δ-、γ- 和 β- 二酮。

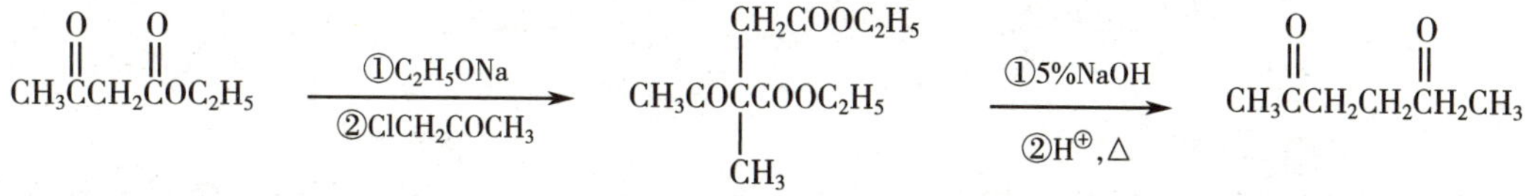

(5)二元羧酸的合成：乙酰乙酸乙酯或其一取代衍生物与卤代酯反应经酸式分解即生成二元羧酸。

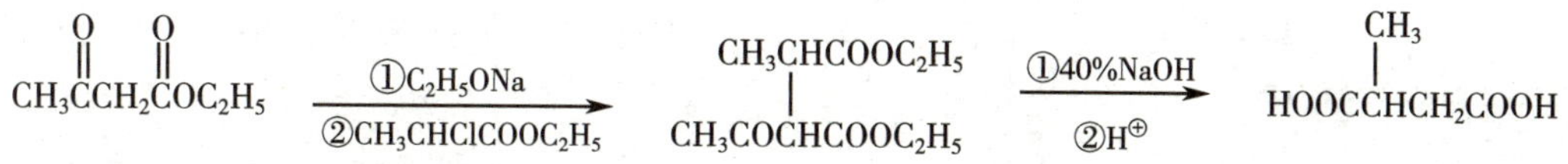

四、丙二酸二乙酯

丙二酸二乙酯($H_5C_2OOCCH_2COOC_2H_5$)为无色、具有香味的液体，沸点 199℃，微溶于水，溶于乙醇、乙醚、氯仿及苯等有机溶剂。它是在有机合成中与乙酰乙酸乙酯具有同等重要性的化合物。

1. 制备　丙二酸二乙酯是一个二元羧酸的酯，是由氯乙酸的钠盐和氰化钾(钠)反应后再经乙醇和硫酸(或干燥氯化氢)醇解而制得。

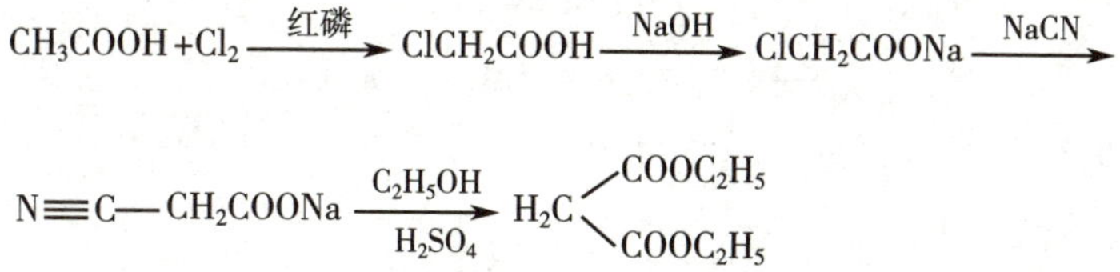

$NCCH_2COONa$ 的酯化过程包括了氰基上的加成反应。

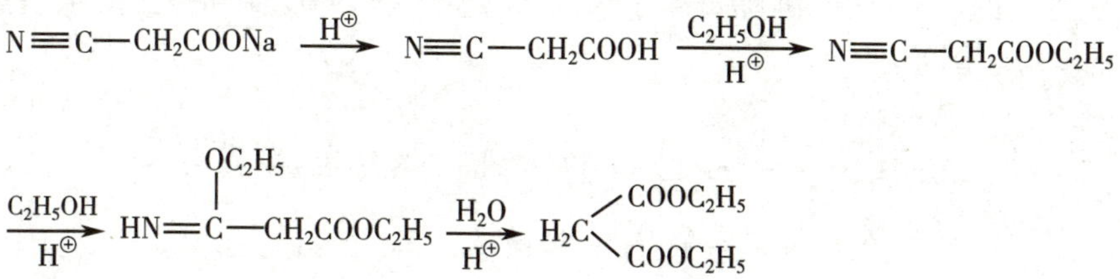

2. 性质　丙二酸二乙酯亚甲基上的氢由于受到 2 个酯基的影响显示酸性，非常活泼，与乙酰乙酸乙酯具有相似的性质，与醇钠反应时生成钠盐。该钠盐也能进行烷基化和酰化。

烷基化：

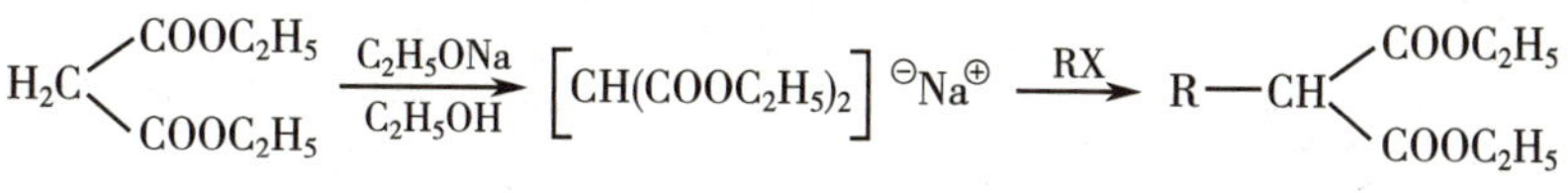

烷基丙二酸二乙酯

笔记栏

一烷基取代的丙二酸二乙酯中还有一个活泼氢原子，还可继续被取代。

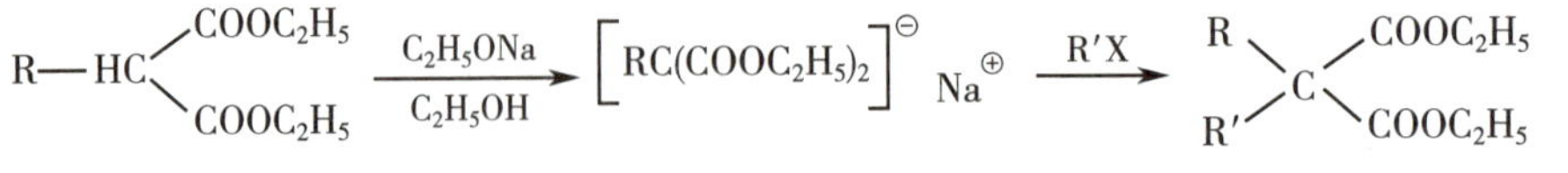

二烷基丙二酸二乙酯

烷基化中，伯卤烷最好，叔卤烷则绝大部分发生副反应（消除反应）而生成烯烃，仲卤烷部分发生消除反应而使产率降低，乙烯卤和芳卤烃不能反应。

酰化：

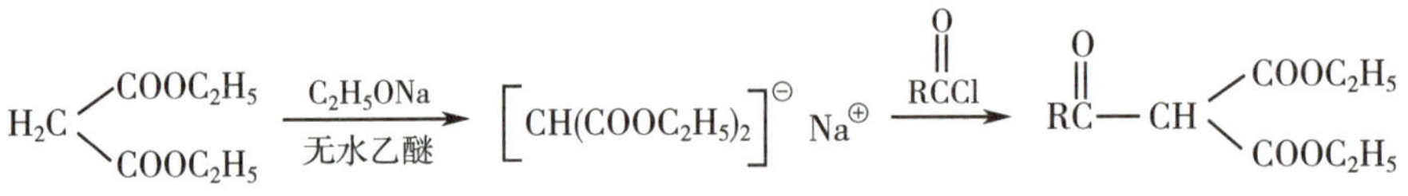

酰基丙二酸二乙酯

3. 丙二酸二乙酯在合成上的应用　丙二酸二乙酯与乙酰乙酸乙酯相似，含有活泼亚甲基，能与活泼卤化物作用。活泼亚甲基上的氢被烃基或其他基团取代，水解受热后发生分解反应，得到多 2 个碳原子的羧酸的各种产物，这在有机合成上具有重要意义。

(1) 合成一元羧酸类化合物：这类化合物可用一分子或二分子卤代烃与丙二酸酯负离子反应来合成。例如：

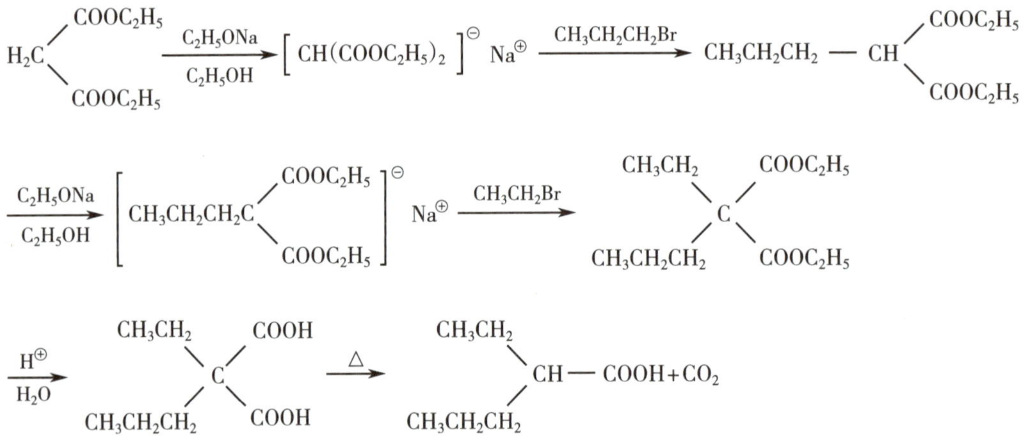

(2) 合成二元羧酸类化合物

1) 丁二酸类化合物：由丙二酸酯合成丁二酸类化合物有 3 种常用的方法，即丙二酸酯负离子与碘分子的反应、丙二酸酯负离子与 α- 卤代甲基酮的反应和丙二酸酯负离子与 α- 卤代酸酯的反应。例如：

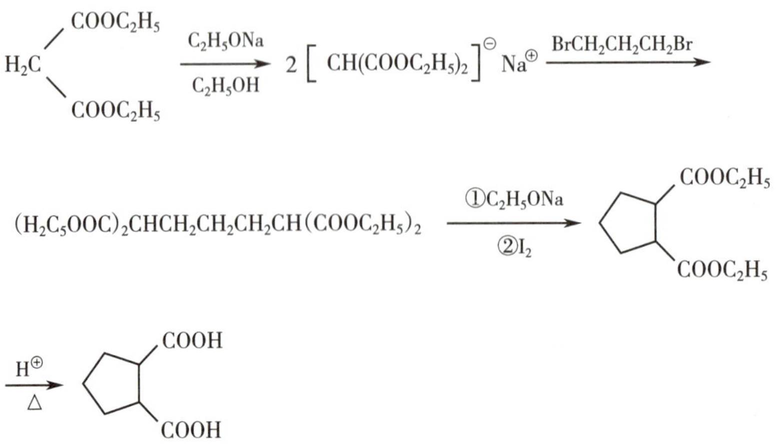

2)戊二酸类化合物：由丙二酸酯合成戊二酸类化合物有 4 种方法。它们是：丙二酸酯负离子与β-卤代甲基酮的反应；丙二酸酯负离子与α,β-不饱和羧酸酯的反应；丙二酸酯负离子与β-卤代酸酯的反应；丙二酸酯负离子与α,β-不饱和醛酮的反应。

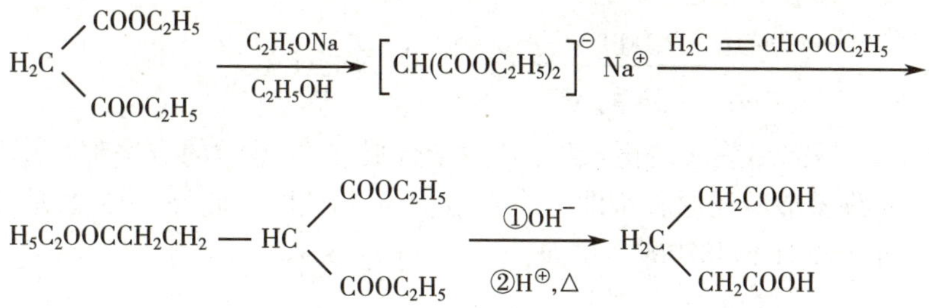

3)合成 5 个碳以上的二元羧酸类化合物：由丙二酸酯合成己二酸以上的二元羧酸一般用丙二酸酯负离子与一分子二卤代烃反应来实现。

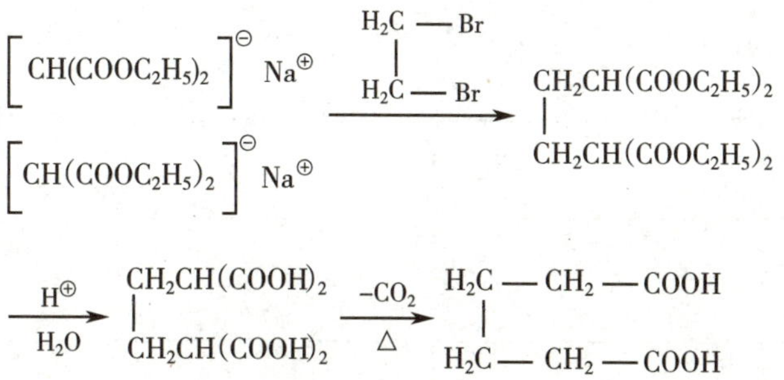

(3)合成酮类化合物：由丙二酸酯合成酮类化合物的方法主要有丙二酸酯负离子与酰卤的反应(合成β-酮酸)；丙二酸酯负离子与α-卤代酮的反应(合成γ-酮酸)；丙二酸酯负离子与α,β-不饱和酮的反应(合成δ-酮酸)。以上反应中，生成的β-酮酸受热易分解脱羧生成酮。

例如由丙二酸二乙酯和甲苯及其他必要的无机试剂合成邻硝基苯乙酮。

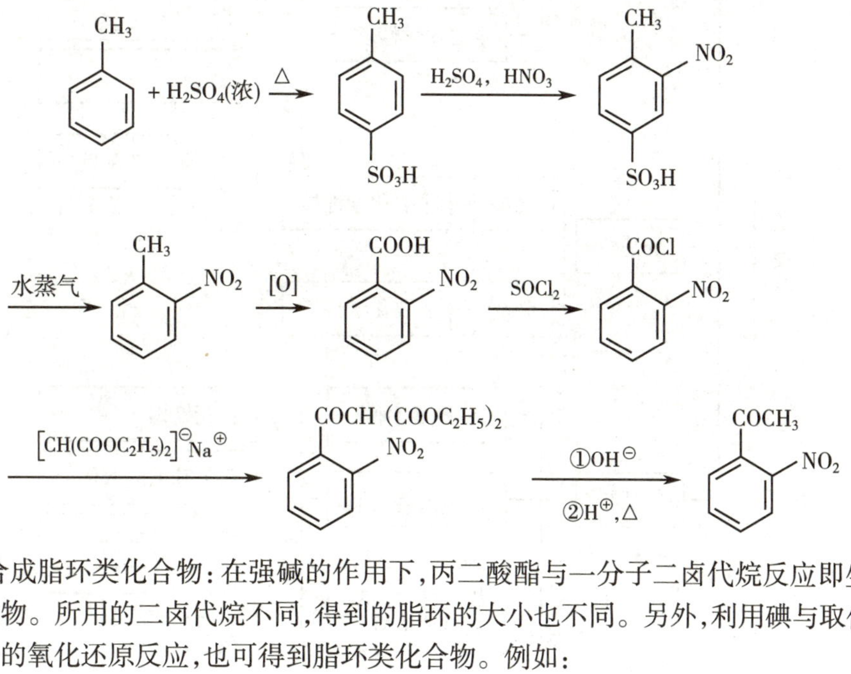

(4)合成脂环类化合物：在强碱的作用下，丙二酸酯与一分子二卤代烷反应即生成脂环类的衍生物。所用的二卤代烷不同，得到的脂环的大小也不同。另外，利用碘与取代丙二酸酯负离子的氧化还原反应，也可得到脂环类化合物。例如：

笔记栏

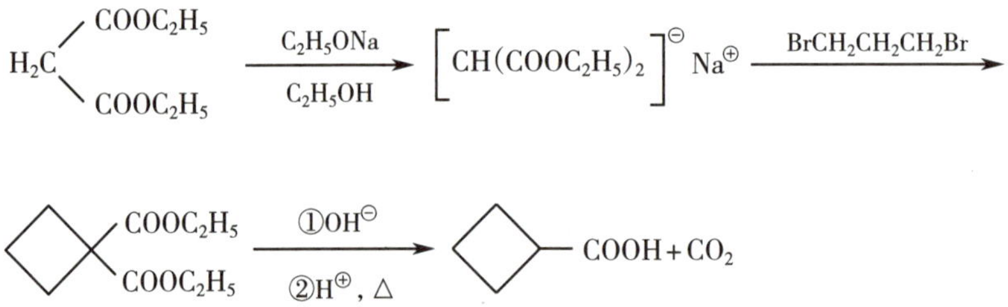

(5) 合成α,β-不饱和羧酸类化合物：凡用于合成β-羰基酸的方法都可用于合成α,β-不饱和羧酸。β-羰基酸经还原脱水即生成α,β-不饱和羧酸。此外，丙二酸酯负离子与醛、酮反应也可得到α,β-不饱和羧酸。例如：

$$H_2C(COOC_2H_5)_2 \xrightarrow[C_2H_5OH]{C_2H_5ONa} [CH(COOC_2H_5)_2]^{\ominus}Na^{\oplus} \xrightarrow{CH_3CHO}$$

$$CH_3CH(OH)CH(COOC_2H_5)_2 \xrightarrow[②H^{\oplus},\ \triangle]{①OH^-} CH_3CH{=}CHCOOH + CO_2 + H_2O$$

（胡冬华）

学习小结

1. 学习要点

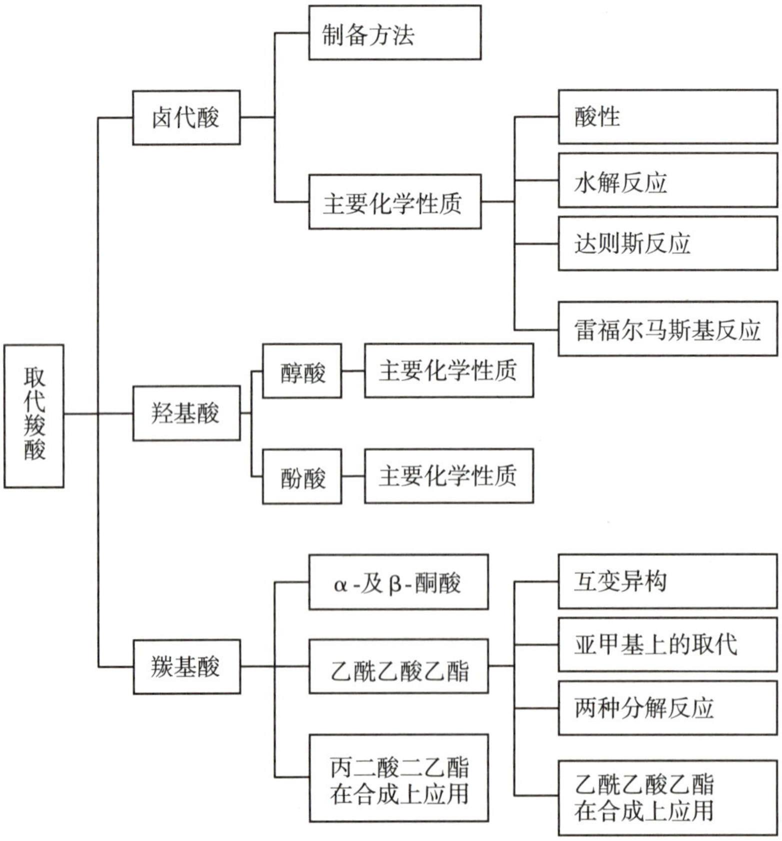

笔记栏

2. 学习方法　取代羧酸是具有 2 种或 2 种以上官能团的化合物。它们不仅具有羧基和卤素、羟基、羰基等特征基团的一些典型性质，而且具有这些特征基团之间相互作用和相互影响而产生的一些特殊性质。正确理解乙酰乙酸乙酯酮式 – 烯醇式互变异构现象，熟悉乙酰乙酸乙酯及丙二酸二乙酯的性质，掌握它们在合成上的重要应用。

复习思考题与习题

1. 取代羧酸中，卤代酸、羟基酸受热后的反应，因卤素、羟基距离羧基的远近不同，所发生的反应有什么样的规律，试加以总结。

2. 将下列化合物按酸性从强到弱排序。

A. $ClCH_2CH_2COOH$　　B. $CH_3CH(Cl)COOH$

C. $CH_3C(Cl)_2COOH$　　D. CH_3CH_2COOH

3. 将下列化合物按烯醇式含量的多少排序。

A. $CH_3COCHCOCH_3$（CH 上连 $COCH_3$）　　B. $CH_3COCH_2CH_3$

C. $CH_3COCH_2COCH_3$　　D. $PhCOCH_2COCH_3$

4. 下列属于酮体的是

A. 丙酮　　B. α- 羟基丁酸　　C. β- 羟基丁酸　　D. 乙酰乙酸

5. 利用乙酰乙酸乙酯或丙二酸二乙酯及必要的其他试剂合成下列化合物。

A. 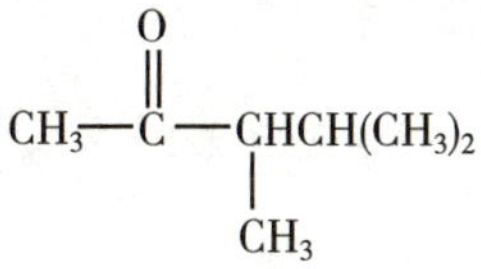

B. 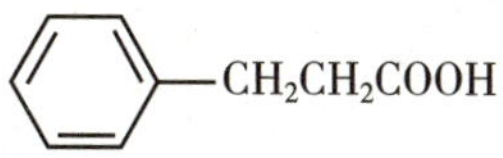

C. 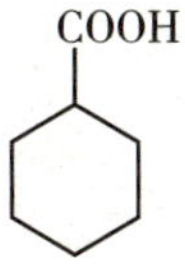

D. 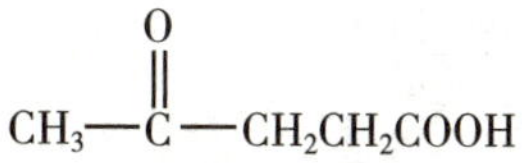

笔记栏

12章PPT

PPT 课件

第十二章
糖 类

学习目标

糖类是自然界广泛存在的一类有机化合物，是生物体的能量物质、结构物质与信息物质，在生命过程中发挥着重要的生理功能。许多中药的功效与糖密切相关，因此，糖类化合物也是目前中药研究中的一个重要方向。

1. 掌握单糖的开链式结构和环状式结构；α、β- 异构体和构象式；单糖的氧化反应、成脎反应、成苷反应、酯化反应和还原反应等化学性质。

2. 熟悉双糖的结构特点。

3. 了解糖的定义与分类，重要多糖的结构特点。

认识单糖、寡糖和多糖的结构及其糖类的化学性质，为苷类化合物的学习打下基础。

糖类（saccharide）是自然界广泛存在的一类有机化合物，与人类生命活动密切相关。人类需要的大量糖类化合物主要来自植物。绿色植物通过光合作用将水和二氧化碳先转变成葡萄糖，再进一步转变成淀粉或纤维素。在植物体中，糖约占其干重的 80%；在人和动物体中，葡萄糖是血液、淋巴液和其他体液的组分，以多聚形式（糖原）存在于肝和肌肉中，以结合态存在于三磷酸腺苷（ATP）、核酸、糖蛋白、糖脂中。糖类化合物不仅是生物体的能量物质与结构物质，还具有诸多生物学功能，同时也是重要的信息物质。由于糖链组成、序列及立体结构的复杂性与多样性，使糖成为携带生物信息的极好载体，在生命过程中发挥着重要的生理功能，因而极具研究价值。许多中药活性成分是以与糖结合成苷的形式存在，如人参的活性成分人参皂苷，许多天然多糖如甲壳质、香菇多糖等具有显著的生理活性。

第一节　糖的定义与分类

糖类化合物过去曾被称作碳水化合物（carbohydrate），这是由于早期发现的这类化合物的分子式都可用通式 $C_m(H_2O)_n$ 表示。但后来的研究发现，有些糖的分子式不符合这一通式，如鼠李糖（$C_6H_{12}O_5$）；而有些化合物的分子式虽然符合上述通式，但却不具备糖类化合物的特征与性质，如乙酸（$C_2H_4O_2$）。因此，碳水化合物的名称并不确切，但作为习惯名称仍见使用。

根据糖类化合物的结构特征，糖类化合物的定义应该是多羟基醛（酮）及其缩聚物和衍生物。

糖类化合物依据其水解情况可分为 3 类：单糖、寡糖、多糖。

笔记栏

一、单糖

单糖(monosaccharide)是不能再水解成更小糖分子的糖类化合物。根据分子中所含碳原子数或所含官能团的类型,它们可分为如下2类。

1. 按所含碳原子数可分为丙糖、丁糖、…、壬糖。

2. 按所含官能团的类型可分为醛糖(aldose)、酮糖(ketose)。

这2种分类方法常合并使用。自然界最简单的醛糖是丙醛糖(甘油醛),最简单的酮糖是丙酮糖(1,3-二羟基丙酮);自然界最广泛存在的单糖是葡萄糖(己醛糖);自然界中碳数最多的单糖为壬酮糖。人体内最常见的单糖是戊糖和己糖。有些糖的羟基可被氨基或氢原子取代,分别称为氨基糖(如2-氨基葡萄糖)和去氧糖(如2-去氧核糖)。

二、寡糖

寡糖(oligosaccharide)也称低聚糖,通常是指可水解成2~9个单糖结构单元的糖类化合物。根据寡糖水解生成的单糖结构单元数,可相应分为二糖、三糖、四糖等。最常见的寡糖是二糖,如蔗糖、麦芽糖等;自然界存在的寡糖还有棉子糖(raffinose,三糖)、水苏糖(stachyose;lupeose,四糖)、毛蕊花糖(verbascose,五糖)等。

三、多糖

多糖(polysaccharide)是可水解成9个以上单糖结构单元的糖类化合物。自然界中的多糖大多数是由几十乃至几万个单糖脱水缩合而成的高聚物,如淀粉、纤维素等。

糖类化合物的命名常用俗名。它们的名称多数与来源有关。

第二节 单 糖

单糖是糖类化合物最基本的结构单位。要研究和认识糖类化合物,首先必须学习和研究单糖。它是本章学习的基础与重点。单糖中最重要的是己糖。下面以己醛糖和己酮糖为例来阐述单糖的化学结构及其化学性质。

一、单糖的结构

在自然界中,葡萄糖(glucose)是己醛糖的重要代表物,果糖(fructose)是己酮糖的重要代表物。我们以葡萄糖和果糖为例来讨论单糖的化学结构。

(一)葡萄糖的结构

1. 开链式结构(费歇尔投影式)和相对构型 确定葡萄糖链状结构的依据如下:

(1)经元素分析与分子量测定,确定葡萄糖的分子式是$C_6H_{12}O_6$。

(2)葡萄糖能与一分子的HCN发生加成反应,并可与一分子羟胺缩合生成肟,说明它含有1个羰基。

(3)葡萄糖能与过量的乙酐作用生成五乙酸酯,说明它的分子中含有5个羟基。由于2个羟基连在同一碳原子上的结构较不稳定,所以这5个羟基应该分别连在5个碳原子上。

(4)葡萄糖用钠汞齐还原得到己六醇,用氢碘酸进一步还原得到正己烷,说明葡萄糖分子的碳架是一个直链,没有支链。

笔记栏

(5) 葡萄糖可被托伦试剂和费林试剂氧化,说明它是五羟基醛或五羟基酮。用硝酸氧化后,葡萄糖生成了四羟基己二酸,氧化前后碳链不变,说明葡萄糖是醛糖,因为酮糖经硝酸氧化会引起碳链断裂。

(6) 葡萄糖与 HCN 加成后水解生成六羟基酸(庚糖酸),再经 HI 还原得正庚酸,进一步证明葡萄糖是醛糖。

其平面结构简式为 $HOCH_2(CHOH)_4CHO$。

在葡萄糖的构造式中含有 4 个手性碳,理论上存在 2^4 即 16 个构型异构体。下面我们用费歇尔投影式表示其中 8 个 D- 构型异构体,其余 8 个为 L- 构型,是它们相应的对映异构体。

单糖的构型可用绝对构型(*R*-、*S*-)表示,也可以用相对构型(D-、L-)表示,但后者更常用。单糖的相对构型确定方法:将单糖分子中编号最大的手性碳(如己醛糖的 C_5)的构型与 D- 甘油醛进行比较,相同,则属 D- 构型(简称 D- 系);反之,则属 L- 构型(简称 L- 系)。

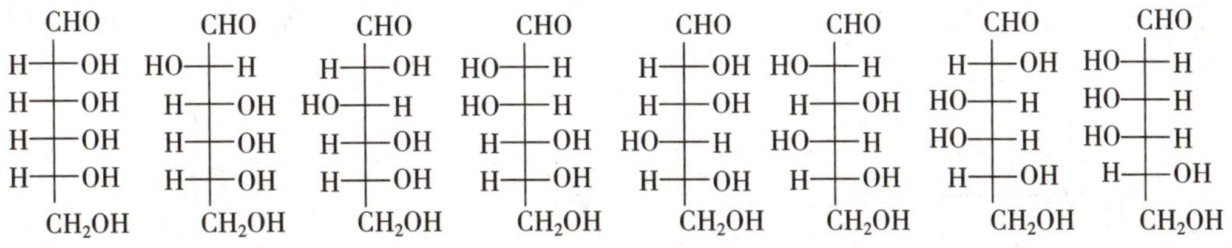

(1) (2) (3) (4) (5) (6) (7) (8)

D-(+)-阿洛糖 D-(+)-阿卓糖 D-(+)-葡萄糖 D-(+)-甘露糖 D-(−)-古罗糖 D-(−)-艾杜糖 D-(+)-半乳糖 D-(+)-太罗糖

自然界存在的单糖大多数为 D- 构型,其中分布最广、蕴藏量最大且能被人体利用的是 D-(+)- 葡萄糖,而它的构型是由德国化学家 E.Fischer 确定的。D-(+)- 葡萄糖开链式结构的费歇尔投影式如下式(1),式(2)(3)(4)均为简化表示式。这 4 种表示式以式(3)最为常用。

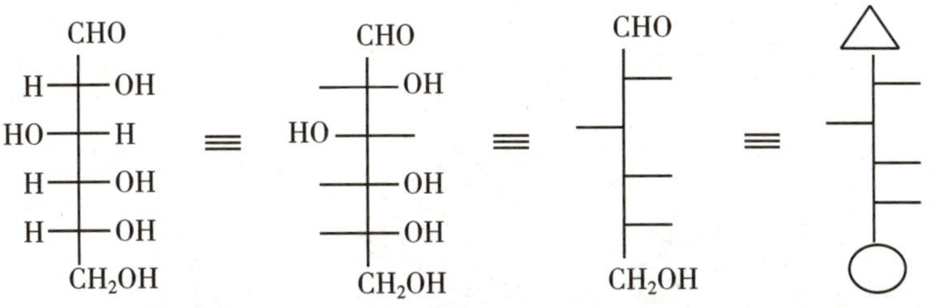

(1) (2) (3) (4)

单糖的链状结构

自然界中常见的己醛糖有 D-(+)- 葡萄糖、D-(+)- 甘露糖、D-(+)- 半乳糖。除自然界存在的己醛糖外,其他构型的己醛糖也均已通过人工合成的方法制得。

2. 氧环式结构和 α、β- 异构体 葡萄糖的开链式结构与其许多性质相符合,但进一步的研究发现,有些现象无法用开链式结构解释。诸如:① D- 葡萄糖在不同溶剂中处理,可以得到物理性质不同的 2 种结晶。用冷乙醇作溶剂时得到的 D- 葡萄糖的结晶熔点为 146℃,比旋光度为 +112°;用热吡啶作溶剂时得到的 D- 葡萄糖的结晶熔点为 150℃,比旋光度为 +18.7°。② D- 葡萄糖的这 2 种结晶都存在变旋光现象。当分别把上述 2 种不同的结晶配成溶液时,其比旋光度随时间的延长都逐渐发生变化,前者的比旋光度由 +112° 逐渐变低,后者的比旋光度由 +18.7° 逐渐升高,经过一段时间后,2 种水溶液的比旋光度都恒定在

笔记栏

+52.7°，不再发生变化。这种旋光活性化合物溶液的比旋光度发生自行改变，并最终达到恒定数值的现象称变旋。③葡萄糖的醛基不同于普通的醛基：它与醇类化合物在无水的酸性条件下发生反应时，仅需要消耗一分子的醇就能生成类似于缩醛结构的稳定化合物，而且葡萄糖的醛基也不能像普通羰基那样与亚硫酸氢钠发生加成反应。④固体 D- 葡萄糖在红外光谱中不出现羰基的伸缩振动峰，在磁共振谱中也不显示醛基中氢原子（H—CO—）的特征峰。

如何解释 D- 葡萄糖的上述“异常现象”？葡萄糖是分子内具有多个官能团的化合物。它的分子内既有醛基又有羟基，二者之间有可能发生分子内的加成反应，生成环状半缩醛结构，因而与醇类化合物在无水的酸性条件下发生反应时，仅需要消耗一分子的醇。葡萄糖分子中有 5 个羟基，与醛基发生加成反应的可能性最大的 C_4 或 C_5 上的羟基，因为与这 2 个碳原子上的羟基加成，能形成比较稳定的五元环或六元环。研究证明，游离葡萄糖主要以其醛基与 C_5 羟基加成而形成的六元环形式存在。当 D- 葡萄糖分子中醛基与 C_5 羟基加成后，C_1 变成了手性碳原子，则有 2 种构型：一种是 C_1 的羟基（即半缩醛羟基，也称苷羟基）与决定构型的 C_5 羟基在同侧，称之为 α- 异构体；另一种是 C_1 的羟基与 C_5 羟基分占两侧，称之为 β- 异构体。在水溶液中，它们通过开链式结构相互转化，生成 α- 和 β- 构体的平衡混合物。

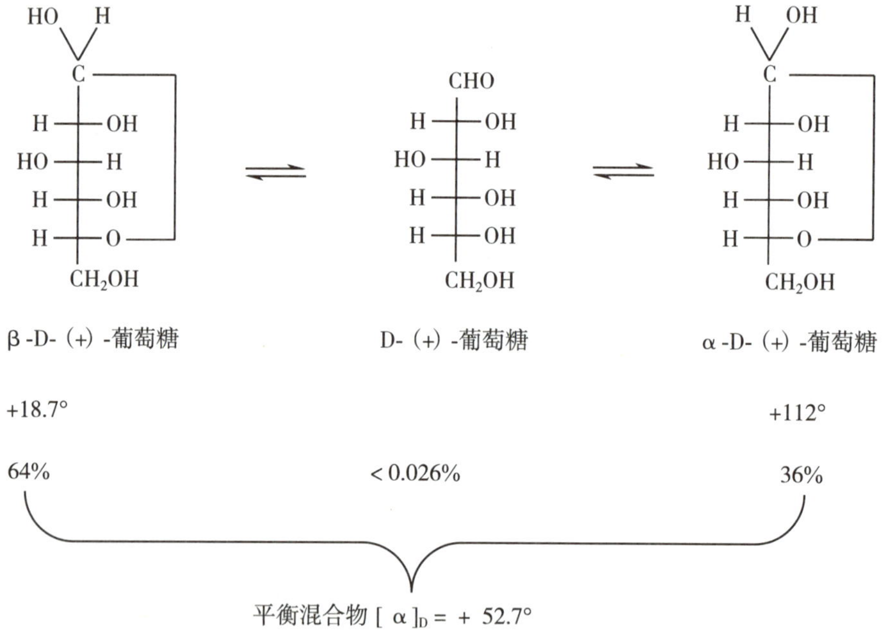

前面提到的 D- 葡萄糖分子的 2 种晶体就是 α-D-(+)- 葡萄糖和 β-D-(+)- 葡萄糖。它们是非对映体，也是差向异构体，由于二者之间的差别在于 C_1 的构型相反，因此又被称作端基差向异构体（end-group-isomerism）或异头物（anomer）。D- 葡萄糖产生变旋现象的内在原因：在水溶液中，2 种异头物可通过开链式结构而互变，因而比旋光度随之改变，最终三者间建立动态平衡，比旋光度达到恒定。由于开链式结构含量极低，羰基的某些反应不易发生，并在红外光谱和氢核磁共振谱中表现出异常现象。

3. 环状结构的霍沃思表达式　上述氧环式结构较好地解释了开链式结构无法解释的现象，弥补了开链式结构的不足，能较直观帮助我们理解开链式结构如何变成环状结构。但氧环式结构还不能真实地反映单糖分子内原子或基团间的空间关系，表示方式也欠合理（如结构式中 C_1 和 C_5 之间过长的氧桥显然是不稳定的）。为了更准确地表达单糖的环状结构，英国化学家霍沃思（Haworth，也译为哈沃斯）提出了一种表示单糖环状结构的平面表示式，

笔记栏

即霍沃思(Haworth)表达式,也称台面式。下面以 D-(+)- 葡萄糖为例,将它的费歇尔投影式改写成霍沃思表达式的过程表示如下:

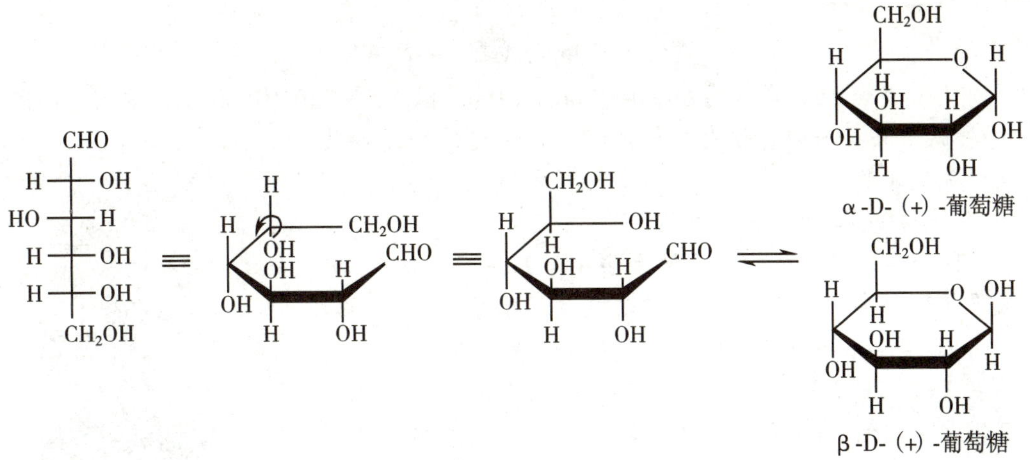

霍沃思表达式的环平面垂直于纸平面,习惯上将环中的氧原子处于纸平面的后右上方,图中粗线表示朝前的边缘,细线表示朝后的边缘。这种含氧六元环的结构与吡喃环相似,故称为吡喃葡萄糖。

通过对 D-(+)- 葡萄糖结构改写过程的观察和分析,我们可以得到如下结论:①在费歇尔投影式中,凡处于左侧的基团,将位于台面式的环上;凡处于右侧的基团,将位于台面式的环下。② D- 己醛糖中决定构型的羟基都在右侧,所以参与成环时,其后所连的羟甲基总是向上的。③ C_1 上的羟基向下为 α- 异构体,C_1 上的羟基向上为 β- 异构体。

霍沃思表达式中的含氧六元环也可用均一的细线表示,环上的氢原子可省略,羟基常可用短线表示。当不需要强调 C_1 的构型,或是 2 种端基差向异构体的混合物时,可用波浪线方法表示:

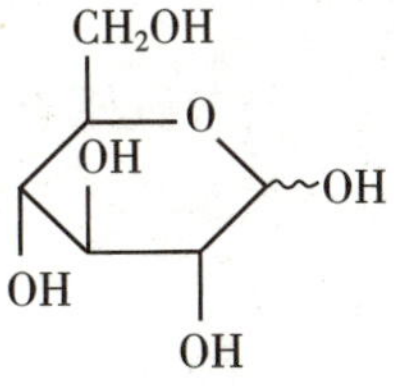

D-(+)-葡萄糖

若己醛糖的醛基与 C_4 羟基加成,所形成的含氧五元环结构与呋喃环相似,故称呋喃糖。如 D- 葡萄糖和 D- 半乳糖的呋喃型结构的霍沃思表达式如下所示:

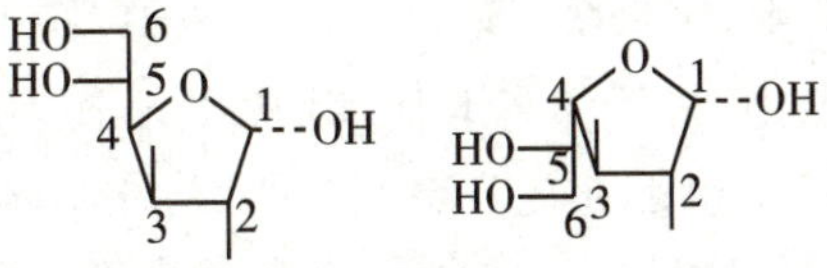

此时,C_5-C_6 成为环外侧链,α-D- 呋喃葡萄糖 C_5-C_6 侧链在环上,而 α-D- 呋喃半乳糖 C_5-C_6 侧链在环下。二者侧链朝向之所以相反,是因为二者的 C_4 构型相反而引起的。那么,呋喃型己醛糖构型该如何判断?要以决定构型的手性碳原子(己醛糖是 C_5)的 *R*、*S* 构型为依据,因为从开链式结构变成呋喃环型结构时,C_5 的 *R*、*S* 构型是不会改变的。因此,C_5-*R* 者为 D- 系,C_5-*S* 者为 L- 系。

单糖的环状结构

笔记栏

知识链接

维生素C的合成者——霍沃思

沃尔特·诺曼·霍沃思(Walter Norman Haworth,1833—1950),英国化学家。1912年,霍沃思在圣安德鲁斯大学与化学家J·欧文和T·珀迪共同研究碳水化合物,发现糖的碳原子不是直线排列而成环状,此结构被称之为霍沃思结构式。

1925年,霍沃思任伯明翰大学化学系主任。此后,霍沃思转而研究维生素C,并发现其结构与单糖相似。1934年,他与英国化学家E·赫斯特成功地合成了维生素C,这是人工合成的第一种维生素。这一研究成果不仅丰富了有机化学的研究内容,而且可生产廉价的医药用维生素C(即抗坏血酸)。为此,霍沃思于1937年获得了诺贝尔化学奖。

4. 构象式及端基效应　从环己烷的构象分析中可知,环己烷并不是以平面六元环的形式存在的,而是有无数种构象,其中椅型构象为优势构象。糖的吡喃环型结构相当于环己烷的一个亚甲基被氧原子取代,其构象应该是类似的。吡喃糖的椅型构象有2种,即N式(normal form,正常式)和A式(alternative form,交替式)。

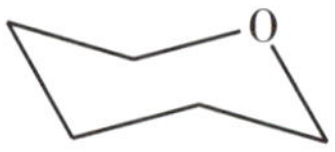

N式

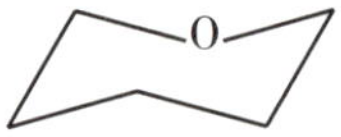

A式

一个单糖究竟以哪种椅型构象存在,与各碳原子上所连取代基的构象有关。D系糖多数以N式为优势构象。

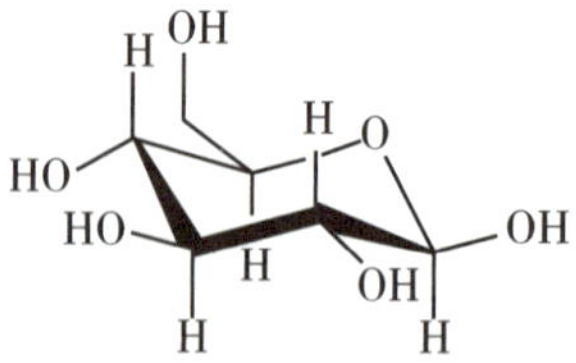

β-D-吡喃葡萄糖

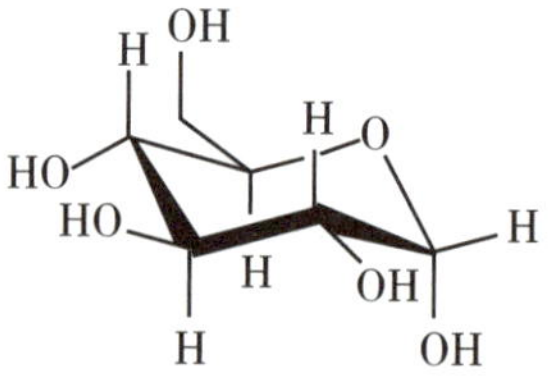

α-D-吡喃葡萄糖

D-葡萄糖的N式构象中,β-异构体各取代基均处在e键,是己醛糖中最稳定的构象;α-异构体除苷羟基外,其他取代基也都处在e键上。所以,在结构互变的动态平衡中,β-异构体所占比例大于α-异构体,而自然界中D-葡萄糖蕴藏量最大的原因也在于此。

如果D-葡萄糖采用A式构象,β-异构体各取代基均处在a键,α-异构体除苷羟基外,其他取代基也都处在a键上,显然A式构象不稳定。因此,D-葡萄糖以N式为优势构象。

决定吡喃糖构象稳定性的因素是多方面的。一般情况下,仍以大基团尽可能在e键上的构象为优势构象。但是,有时为了让更多的—OH能处于e键,—CH_2OH被迫处于α键,并以A式构象为优势构象。例如,α-D-艾杜糖。

此外,当C_1上是甲氧基、乙酰氧基或卤素原子时,这些取代基处于a键的构象往往是优势构象，此时的 α- 异构体反而比 β- 异构体稳定，这种现象称为端基效应（end-group effect）或异头效应（anomeric effect）。

产生端基效应的原因是，糖环内氧原子上的未共用电子对与 C_1 上的氧原子或卤素原子的未共用电子对之间相互排斥作用的结果。这种排斥作用类似于 1，3- 干扰作用，也有人把这种 1，3- 干扰作用称作兔耳效应。当甲氧基、乙酰氧基或卤素原子处于 a 键时，这种排斥作用比它们处于 e 键时小，因而此时 α- 异构体更稳定。

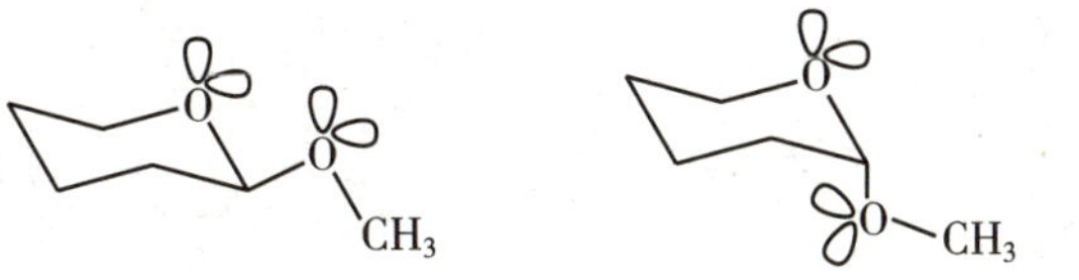

（β -异构体不稳定）　　（α -异构体较稳定）

（二）果糖的结构

1. 开链式结构与氧环式结构的互变平衡　果糖是己酮糖，与葡萄糖是同分异构体。它的构造式可表示为：

$$CH_2OH(CHOH)_3COCH_2OH$$

果糖分子中有 3 个手性碳原子，理论上有 8 个构型异构体。自然界存在的果糖是 D-(−)- 果糖。与 D- 葡萄糖相似，D- 果糖分子中 C_2 上的羰基也能与 C_5 或 C_6 上的羟基加成，形成五元或六元环状半缩酮。一般在游离态时，以六元环状半缩酮（吡喃型）形式存在；而在结合态时，常以五元环状半缩酮（呋喃型）形式存在。D- 果糖在水溶液中同样存在开链式与氧环式结构的互变平衡，同样存在变旋现象。其开链式结构（费歇尔投影式）与氧环式结构的互变平衡可表示如下：

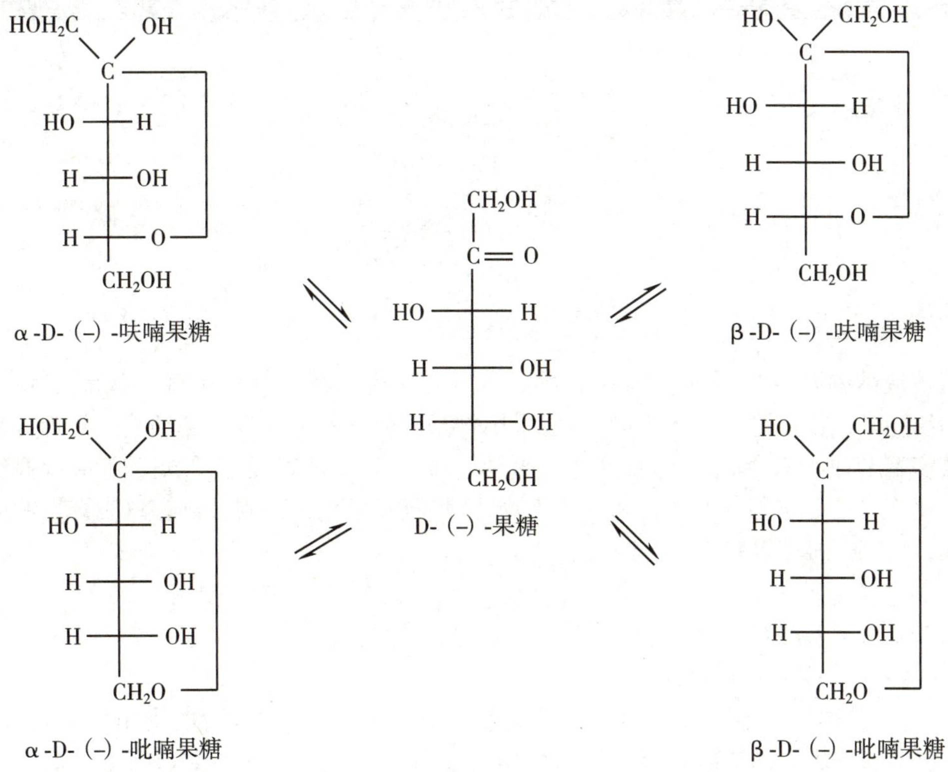

2. 环状结构的霍沃思表达式　霍沃思表达式较合理地表达了 D- 果糖的环状结构，是最常用的一种表示式。吡喃型和呋喃型 D- 果糖的霍沃思表达式见下：

笔记栏

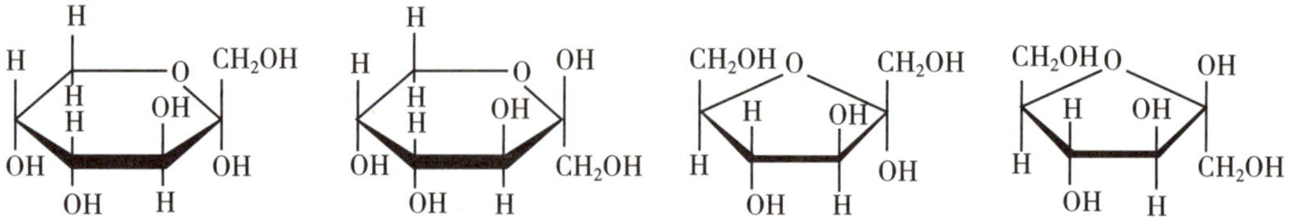

α-D-(-)-吡喃果糖　　β-D-(-)-吡喃果糖　　α-D-(-)-呋喃果糖　　β-D-(-)-呋喃果糖

3. D-(-)-吡喃果糖的构象式

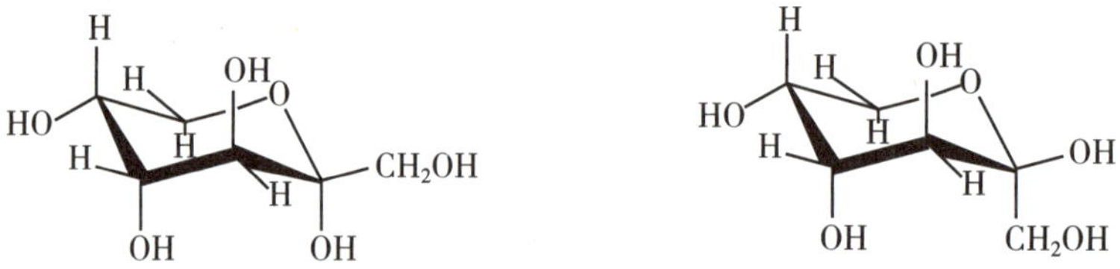

α-D-(-)-吡喃果糖　　β-D-(-)-吡喃果糖

二、单糖的性质

(一) 物理性质

单糖为无色结晶形固体，有甜味，易溶于水，不溶于弱极性或非极性溶剂。因单糖溶于水后存在开链式与环状结构之间的互变，所以新配制的单糖溶液可观察到变旋现象。常见糖的比旋光度和变旋后的平衡值见表 14-1。

表 14-1　常见糖的比旋光度（$[\alpha]_D^{20}$）

名称	α- 异构体	β- 异构体	平衡值
D- 葡萄糖	+112	+18.7	+52.7
D- 果糖	-21	-113	-92
D- 半乳糖	+151	+53	+84
D- 甘露糖	+29.9	-17	+14.6
D- 乳糖	+90	+35	+55
D- 麦芽糖	+168	+112	+136

糖溶液浓缩时，容易得到黏稠的糖浆，不易结晶，说明糖的过饱和倾向很大，难析出结晶。解决糖的结晶问题是一个难题，一般采用物理或化学的方法促使糖结晶。物理方法是通过改变溶剂或冷冻，摩擦容器壁或引入晶种等，同时还要放置几天或更长时间，等候结晶长大。化学方法是将糖转变成合适的衍生物，如将羟基酰化，或制备成缩醛（酮）等，改变分子结构，增大分子量，以利于结晶析出。

(二) 化学性质

单糖是多羟基醛（酮），因而具有羟基和羰基的一般性质。此外，分子内多个官能团相互影响，又会表现出某些特殊性质。

1. 差向异构化　单糖分子中 α-H 受羰基影响表现出一定的活性，当用稀碱处理时，α-H 易被稀碱夺去而形成碳负离子，并通过烯醇式中间体发生重排，部分转化成酮（醛）糖，另一部分成为一对差向异构体，这一过程叫作差向异构化（epimerization）。例如，在稀碱存在下，D- 葡萄糖可分别转化成 D- 甘露糖和 D- 果糖的平衡混合物。

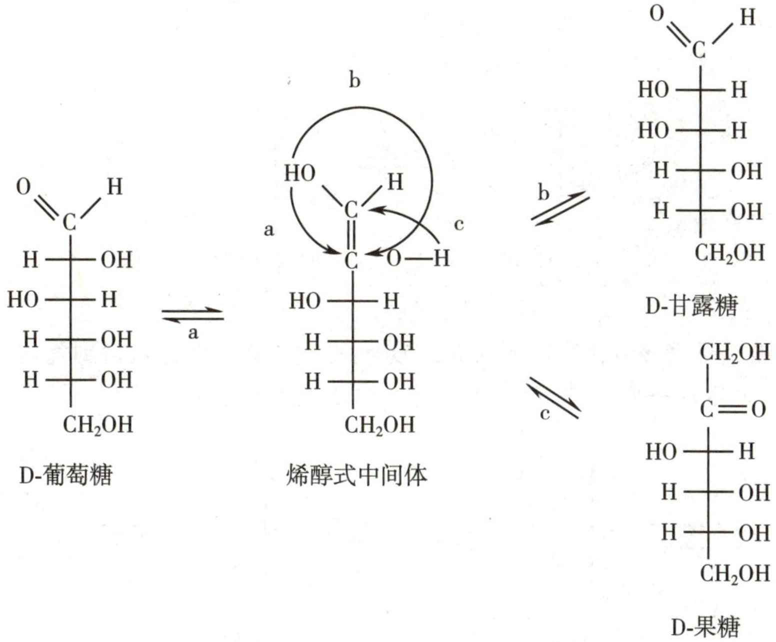

用稀碱处理果糖或甘露糖，也得到同样的平衡混合物。因此，在碱性条件下，酮糖与醛糖时常表现出相同的性质。

在生物体内，在异构酶的催化下，葡萄糖和果糖也会相互转化。现代食品工业中常利用淀粉，通过生物生化过程生产果葡糖浆，就是醛糖转化为酮糖的应用实例。

2. 氧化反应

(1) 与托伦试剂、费林试剂、本尼迪克特试剂的反应：这三者均为弱碱性氧化剂。醛糖或酮糖都能还原托伦试剂，产生银镜；也能还原费林试剂或本尼迪克特试剂(Benedict reagent)，生成砖红色的氧化亚铜沉淀。酮糖本身虽不具有醛基，但却能被这 3 种试剂氧化的原因是，在碱性条件下，酮糖可通过烯醇式结构，部分转变为醛糖。

$$Ag(NH_3)_2^+ + C_6H_{12}O_6 \longrightarrow C_5H_{11}O_5—COOH + Ag\downarrow$$

$$Cu(OH)_2 + C_6H_{12}O_6 \longrightarrow C_5H_{11}O_5—COOH + Cu_2O\downarrow$$

(砖红色)

在糖化学中，将能发生上述反应的糖称为还原糖，不能发生上述反应的糖称为非还原糖。该反应简单且灵敏，常用于单糖的定性检验。

(2) 与溴水的反应：在酸性或中性条件下，醛糖中的醛基可选择性地被溴水或其他卤素氧化成羧基，生成糖酸，然后糖酸又很快生成内酯。酮糖不发生此反应，因此该反应可作为区分醛糖和酮糖的鉴别反应。

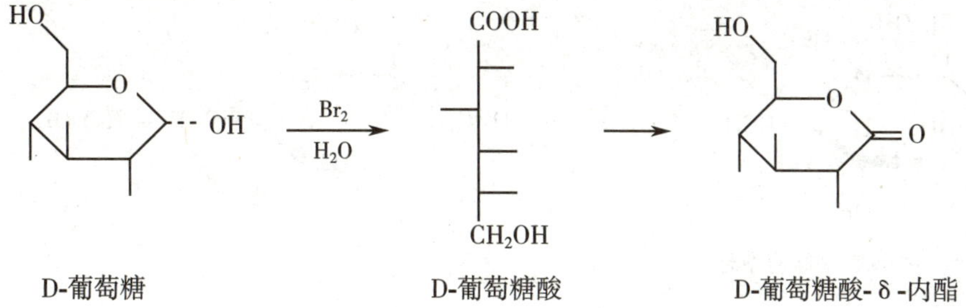

(3) 与稀硝酸的反应：在温热的稀硝酸作用下，醛糖的醛基和伯醇羟基可同时被氧化生成糖二酸。如 D- 半乳糖被硝酸氧化生成半乳糖二酸，通常称黏液酸。黏液酸的溶解度小，

笔记栏

在水中析出结晶。因此,常用此反应检验半乳糖的存在。

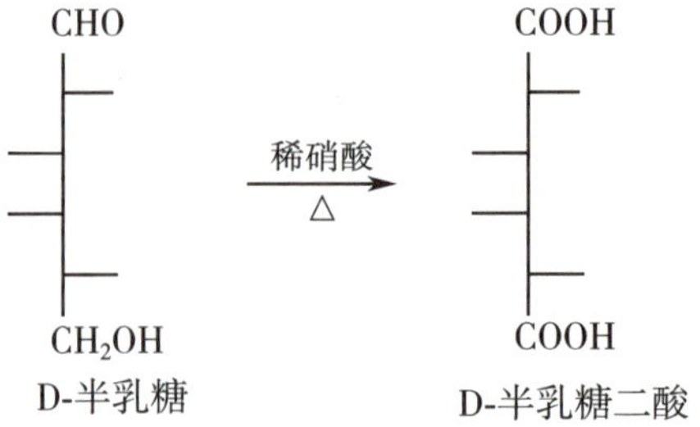

D-葡萄糖经稀硝酸氧化生成葡萄糖二酸,再经适当方法还原可得到葡萄糖醛酸。酮糖在上述条件下发生 C_2—C_3 链的断裂,生成小分子二元羧酸。

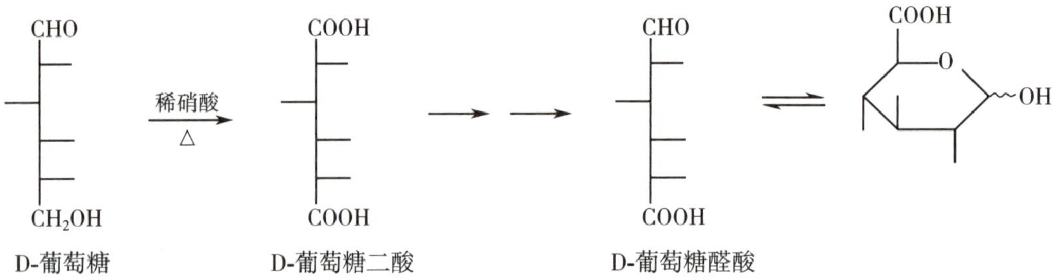

在生物体内,葡萄糖在酶的作用下也可以生成葡萄糖醛酸。在人体的肝脏中,葡萄糖醛酸可与醇或酚等有毒物质结合成苷,并排出体外,从而起到保肝解毒的作用。临床上常用的保肝药"肝泰乐(葡醛内酯)",其主要成分就是葡萄糖醛酸。

(4)高碘酸的氧化:高碘酸对邻二醇的氧化作用在醇一章中已作介绍。单糖具有邻二醇结构,也能被高碘酸氧化。1 个葡萄糖分子可与 5 个高碘酸分子反应。

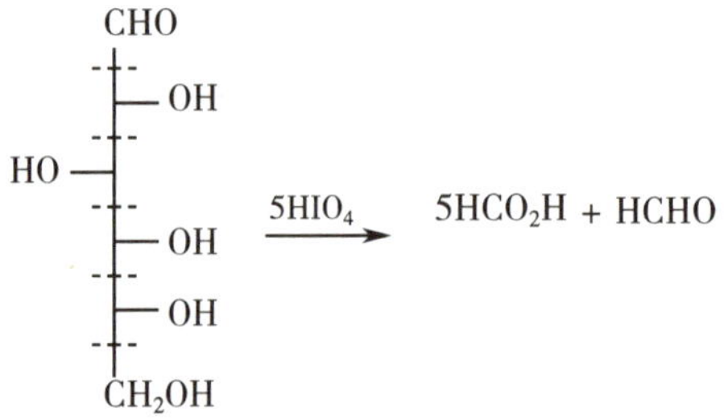

高碘酸氧化反应是测定糖结构的一种有效的方法,利用该反应可以确定糖环的大小。例如,为确定葡萄糖是以呋喃环还是吡喃环存在,可先将其苷羟基甲基化,然后与高碘酸反应。若是以吡喃环存在,则消耗两分子高碘酸,生成一分子甲酸;若是以呋喃环存在,消耗同样多的高碘酸,但生成一分子甲醛。

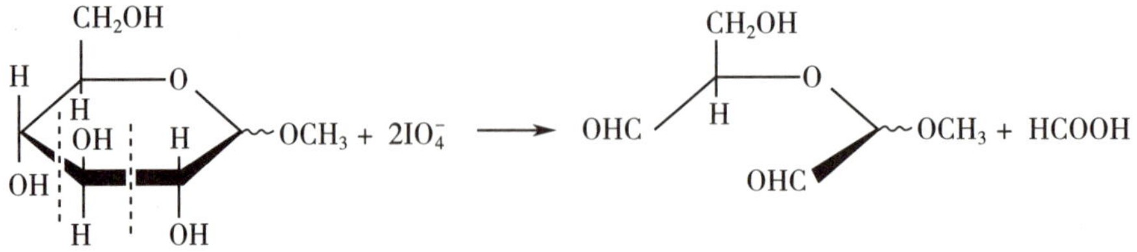

D-(+)-甲基吡喃葡萄糖苷

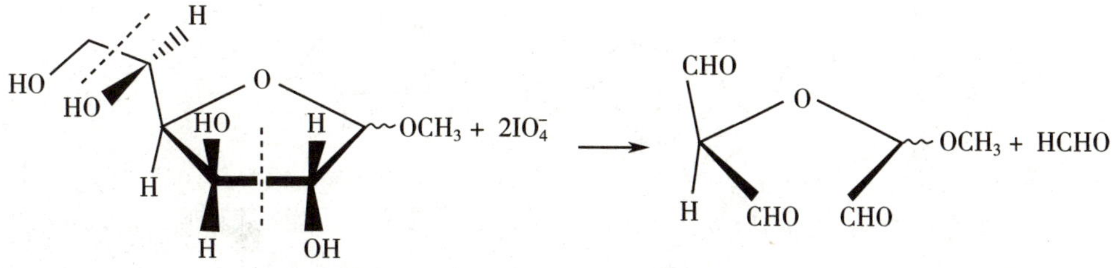

D-（+）-甲基呋喃葡萄糖苷

除此之外，高碘酸氧化法还可用于多糖中苷键连接位置的确定。

3. 成脎反应　单糖可与多种羰基试剂发生加成反应。如与等摩尔的苯肼在温和的条件下可生成糖苯腙；但在苯肼过量（1∶3）时，α- 位羟基可被苯肼氧化（苯肼对其他有机物不表现出氧化性）成羰基，然后再与 1mol 苯肼反应生成黄色的糖脎结晶。

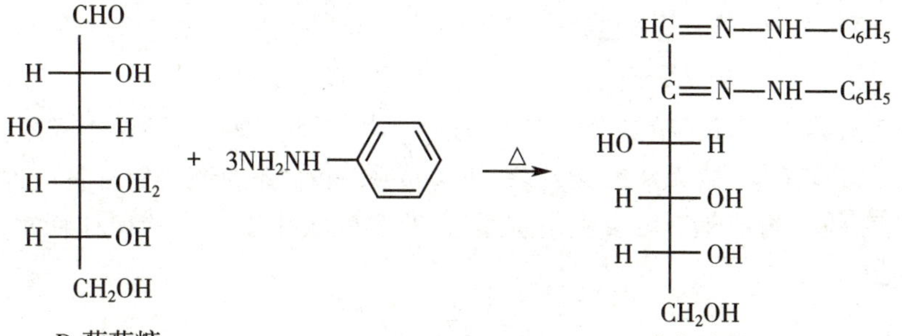

D-葡萄糖　　　　D-葡萄糖脎

该反应是 α- 羟基醛或酮的特有反应，由于反应简单、灵敏，常作为单糖的定性检验。不同的糖脎，晶型、熔点不一样；不同的糖成脎速度也不同。例如，D- 果糖成脎比 D- 葡萄糖快。所以常根据结晶析出的快慢、晶型的显微镜观察以及熔点的测试来区分或鉴别各种单糖。

成脎反应在单糖构型测定中颇有意义。因为反应只涉及 C_1 和 C_2，所以如果 2 种糖生成的脎相同，便可推知二者 C_3 以下的构型是相同的。如 D- 葡萄糖、D- 甘露糖和 D- 果糖形成的脎相同。

4. 成苷反应　单糖的半缩醛（酮）羟基可与其他含有羟基、氨基或巯基等活泼氢的化合物发生脱水，生成糖苷（glycoside）。例如，D- 葡萄糖在干燥的 HCl 作用下与甲醇反应，生成 α-D- 甲基葡萄糖苷和 β-D- 甲基葡萄糖苷的混合物，且以 α- 异构体为主。

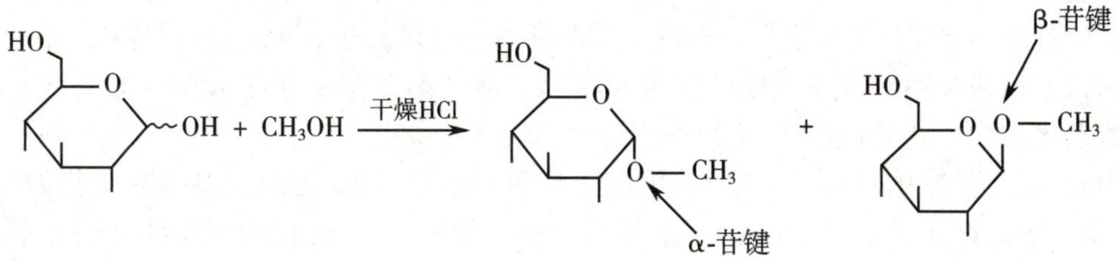

α-D-甲基吡喃葡萄糖苷　　β-D-甲基吡喃葡萄糖苷

糖苷由糖和非糖两部分组成。糖的部分称为糖苷基，非糖部分称为苷元或配糖基（简称配基）。如甲基葡萄糖苷中的甲基就是苷元或糖苷配基。糖和非糖部分之间连接的键称为糖苷键（简称苷键）。根据苷键原子的不同可分为氧苷键、氮苷键、硫苷键和碳苷键。例如：

笔记栏

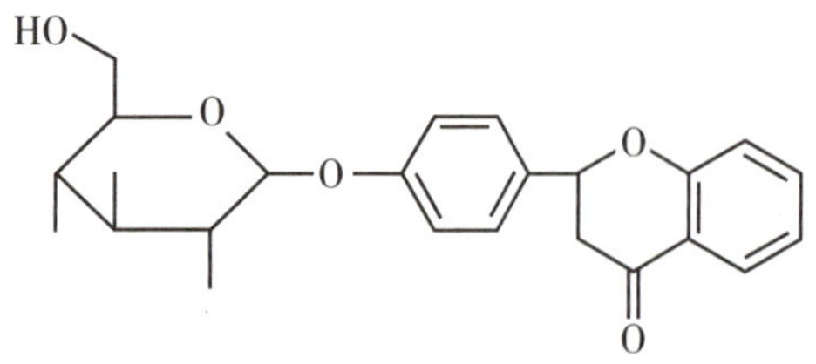

甘草苷（氧苷）

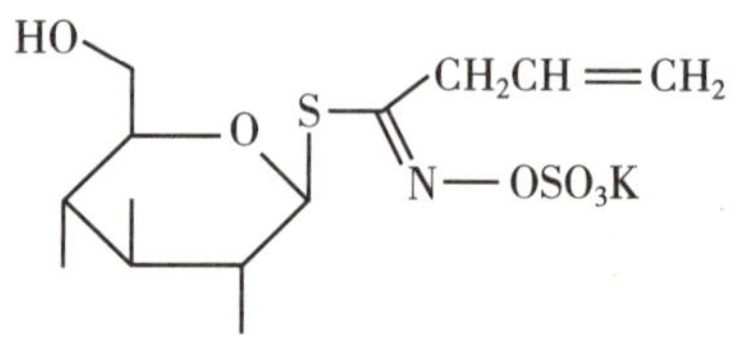

黑芥子苷（硫苷）

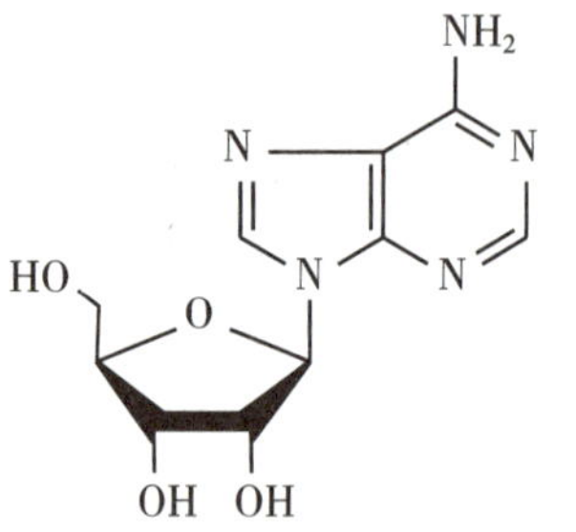

腺苷(氮苷)

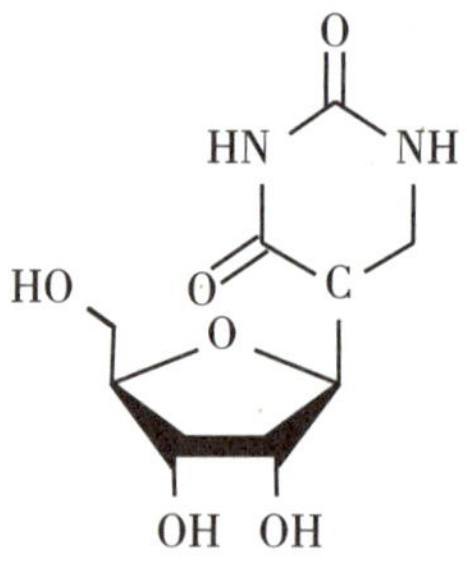

伪尿嘧啶核苷(碳苷)

糖苷的结构类似于缩醛(酮),性质比较稳定。由于分子中已不存在半缩醛(酮)羟基,不能开环转变成链式结构,故无变旋光现象,不能成脎,也无还原性。糖苷在中性和碱性溶液中比较稳定,在酸或酶催化下可发生水解反应,苷键断裂生成原来的糖和苷元,而再次表现出单糖的性质。

$$\text{苷}+\text{水}\xrightarrow{\text{酸或酶}}\text{糖}+\text{苷元}$$

糖苷在酸催化下的水解反应没有选择性,而在酶催化下的水解反应是有选择性的。例如:麦芽糖酶只能水解 α- 型葡萄糖苷,苦杏仁苷酶只能水解 β- 型葡萄糖苷。利用酶水解反应的选择性,可以鉴别糖苷是 α- 型还是 β- 型。

苷在自然界分布很广,很多具有生物活性,是植物药中的一种重要成分。在糖苷中,糖分子的存在可提高其溶解度,同时还可作为与酶作用时分子识别的部位。

5. 脱水和显色反应　在强酸(硫酸或盐酸)作用下,戊糖或己糖经过多步脱水,分别生成糠醛或糠醛衍生物。多糖经过酸水解,也可发生此反应。

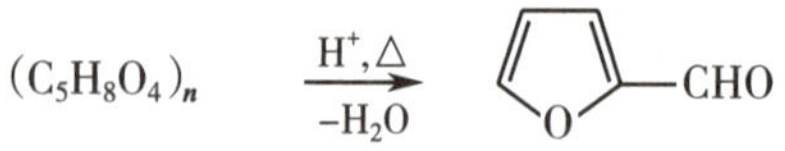

戊糖或多缩戊糖　　　　糠醛

反应生成的糠醛及其衍生物可与酚类或芳胺类缩合,生成有色化合物,故常利用该性质进行糖的鉴别。常用的有莫立许(Molish)反应和西里瓦诺夫(Seliwanoff)反应。

Molish 反应是用浓硫酸作脱水剂,生成的糠醛或其衍生物再与两分子 α- 萘酚缩合成紫色的醌型化合物。该反应简单、灵敏,常用于糖类的检验。

但是,所有的糖类、苷类和糠醛类化合物对 Molish 反应都呈阳性,其他有机物如丙酮、乳酸、葡萄糖醛酸等也能对 Molish 反应都呈阳性。因此,Molish 反应呈阴性是糖类不存在的确证,而阳性反应不一定证明含有糖。

Seliwanoff 反应是以浓盐酸作脱水剂,生成的糠醛衍生物再与间苯二酚反应,生成鲜红色的缩合物。由于酮糖的反应速度明显快于醛糖,故该反应常用于酮糖和醛糖的鉴别。

6. 酯化反应　单糖分子中的羟基,和普通醇羟基一样能被有机或无机酸酯化,其中具有重要生物学意义的反应之一是形成磷酸酯。在生物体内,很多糖类分子都是以磷酸酯的形式存在并参与生化反应,如 D-6- 磷酸葡萄糖、D-1,6- 二磷酸果糖和 D-1- 磷酸核糖等。生物体内的磷酰化试剂是三磷酸腺苷(ATP)而不是磷酸。糖类的磷酰化用 ATP 要比用磷酸快得多,反应在磷酸激酶催化下进行。

对人体功能具有重要意义的 ATP 和 NAD^+ 等生物大分子,其分子结构中的核糖部分都是磷酰化的。

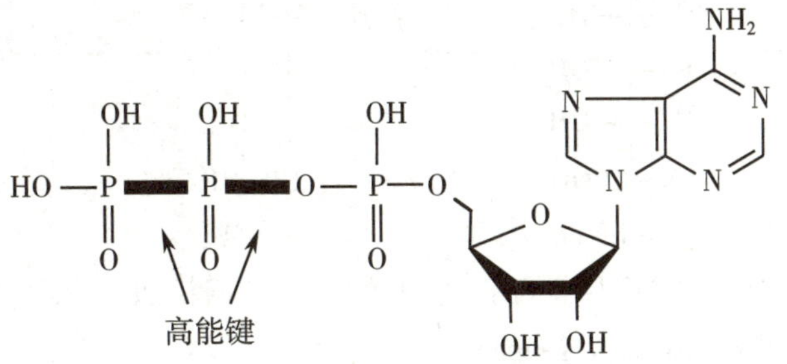

三磷酸腺苷(ATP)

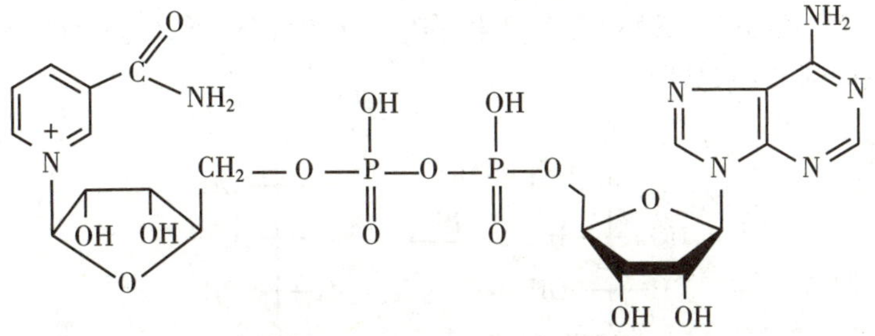

烟酰胺腺嘌呤二核苷酸(NAD^+)

糖分子中的羟基也可被乙酰化。由于糖的半缩醛羟基具有特殊的活性,即使 C-1 苷羟基被乙酰化后,仍比其他碳上的乙酰基活泼得多。如用无水溴化氢处理 α- 或 β- 五乙酰基葡萄糖时,可得到 α- 溴代四乙酰基葡萄糖;它是一个极活泼的重要中间体,由它可以方便地制备各种苷类衍生物,这在药物的化学修饰上非常重要。如含有羟基或羧基的药物可与溴代糖中间体反应生成糖苷或糖酯,以降低副作用或改善其溶解性能等。

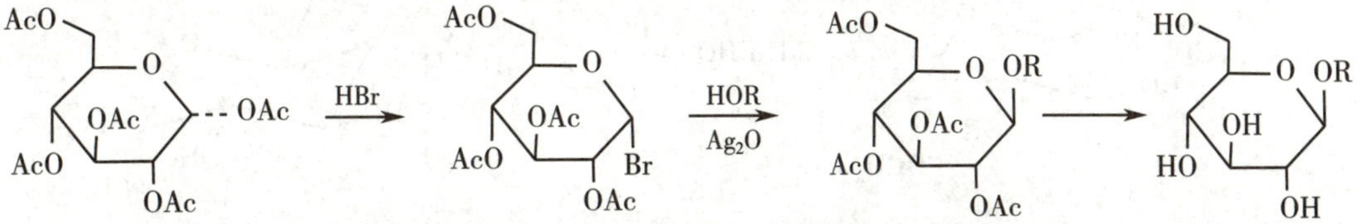

7. 还原反应　单糖的羰基可经催化氢化或硼氢化钠还原得到相应的醇,这类多元醇通称为糖醇。例如 D- 核糖的还原产物为 D- 核糖醇,是维生素 B_2 的组分;D- 葡萄糖的还原产物是葡萄糖醇,也称作山梨醇,是制造维生素 C 的原料;甘露糖的还原产物是甘露糖醇(又称甘露醇);D- 果糖的还原产物是 D- 葡萄糖醇和 D- 甘露糖醇的混合物。

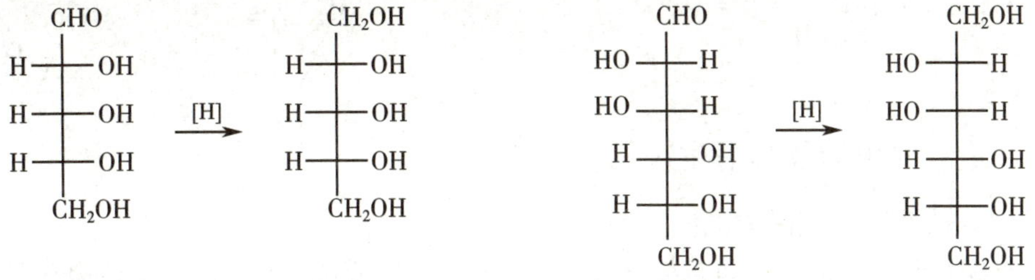

D-核糖　　D-核糖醇　　D-甘露糖　　D-甘露醇

笔记栏

山梨醇和甘露醇在饮食疗法中常用于代替糖类。山梨醇所含的热量与糖差不多，但山梨醇不易引起龋齿，这可能与它不像糖发酵那么快有关。

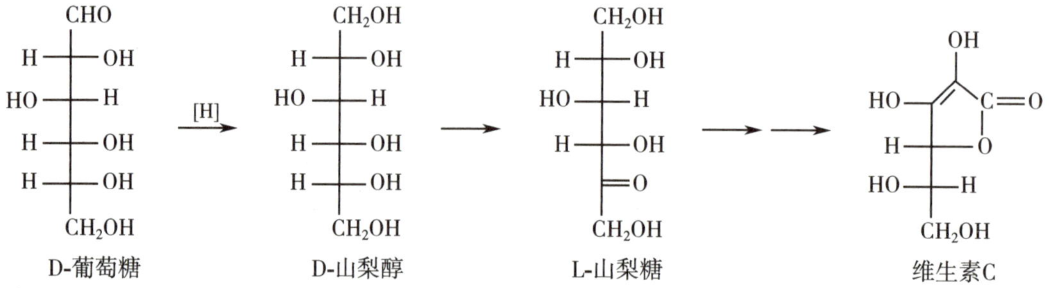

木糖醇（xylitol）是一种新型甜味剂。它的外观与蔗糖相似，甜度与蔗糖相当，而热量只有蔗糖的 60%。木糖醇易溶于水，溶解时吸收大量热，所以食用时口腔有清凉感。木糖醇不能被口腔中产生龋齿的细菌发酵利用，且能抑制链球菌生长及酸的产生，因而具有防止龋齿的功效。商品木糖醇是用玉米芯、甘蔗渣等农产品的废弃部分经过深加工制得。天然 D- 木糖（xylose）以多糖的形态（木聚糖）存在于植物中。在酸催化下，木聚糖水解得到 D- 木糖，再经过加氢还原得到 D- 木糖醇。

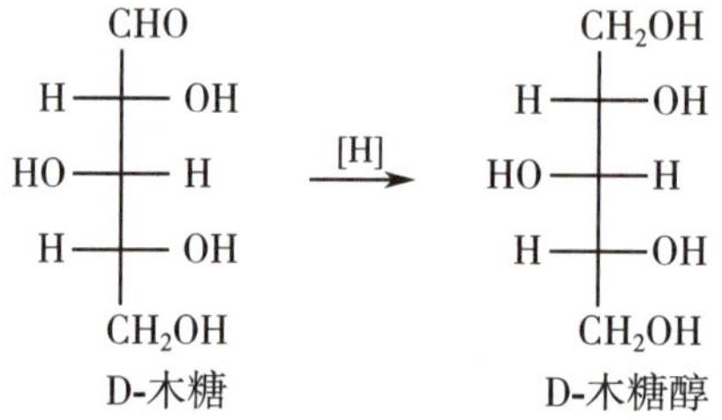

8. 环状缩醛或缩酮的形成 处于糖环上的顺式邻二羟基或间二羟基可与醛或酮生成环状的缩醛或缩酮。该性质常用于某些合成反应中糖上羟基的保护。反式邻二醇不发生此反应。

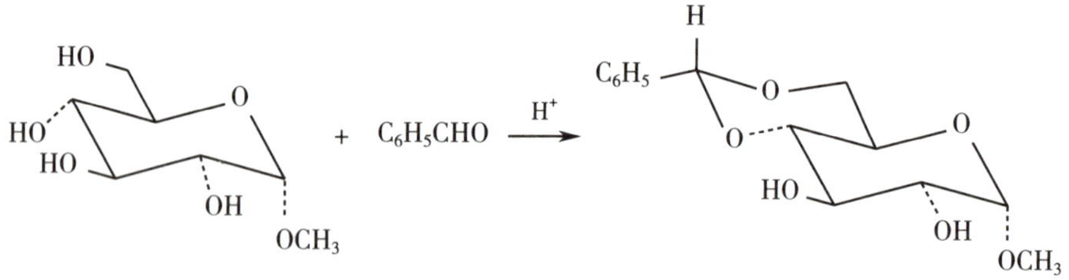

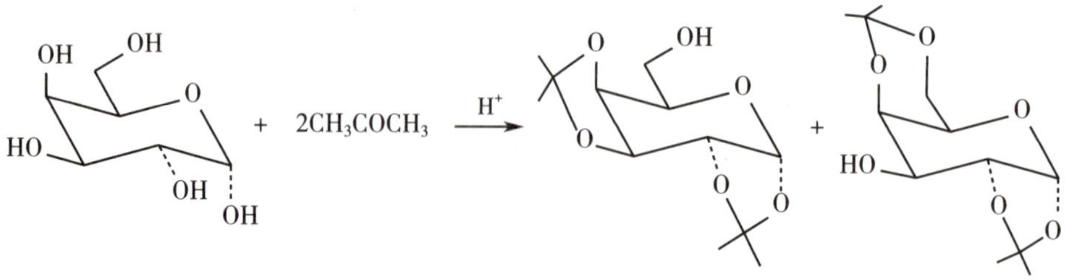

三、重要的单糖及其衍生物

（一）D- 核糖和 D- 脱氧核糖

D- 核糖（ribose）和 D- 脱氧核糖（deoxyribose）都是戊醛糖。它们的化学结构分别如下：

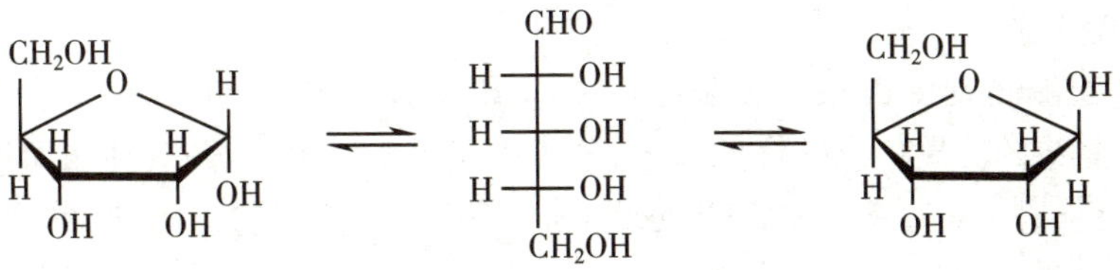

α-D-呋喃核糖　　D-(–)-核糖　　β-D-呋喃核糖

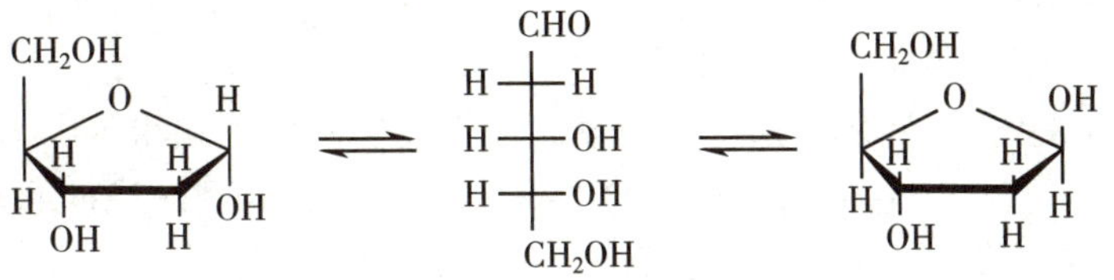

α-D-2-脱氧呋喃核糖　　D-(–)-2-脱氧核糖　　β-D-2-脱氧呋喃核糖

它们在自然界中不以游离状态存在，多数结合成苷类，如巴豆中含有的巴豆苷，水解后释放出核糖。核糖是核糖核酸（RNA）的组成部分，脱氧核糖是脱氧核糖核酸（DNA）的一个必要组分。它们在生命活动中起着非常重要的作用。

（二）氨基糖

氨基糖是单糖的衍生物，其结构与单糖十分相似。如生物贮存量极大的 2- 氨基葡萄糖和 2- 乙酰氨基葡萄糖，可以看成是葡萄糖的 C_2—OH 分别被氨基或乙酰氨基取代的衍生物。它们的结构如下：

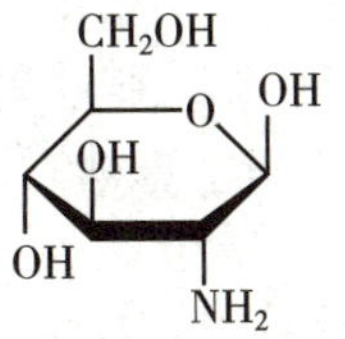

β-D-2-氨基葡萄糖

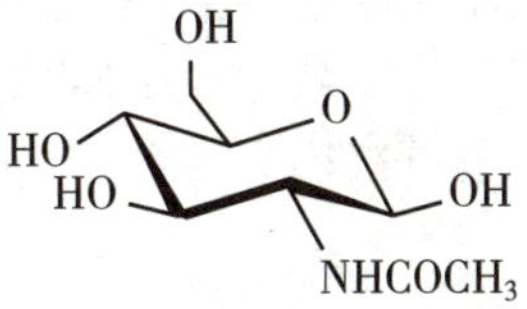

β-D-2-乙酰氨基葡萄糖

它们常以结合态存在于自然界。例如，构成某些甲壳动物（蟹、虾）外壳的成分甲壳质（甲壳素），就是由 β-D-2- 乙酰氨基葡萄糖形成的高聚物。

第三节 寡 糖

寡糖（oligosaccharide）是由 2~9 个相同或不同的单糖分子间脱水缩合形成的聚合物。它们一般为结晶型固体，可溶于水，有甜味。本节主要讨论寡糖中最常见、最基础的双糖（二糖）。

一、双糖的分类、结构和性质

双糖是由一个单糖分子的苷羟基与另一个单糖分子的苷羟基或醇羟基脱水缩合而成的二聚体。双糖在结构上也可以看成是苷，不过其苷元部分不是醇或酚，而是另一分子的单糖。根据双糖分子中是否含有苷羟基，可将其分成非还原糖和还原糖两类。

（一）非还原性双糖

非还原性双糖（non-reducing disaccharide）是由 2 个单糖分子的苷羟基脱水缩合而成的二聚体。这样的双糖，分子中已没有苷羟基存在，在水溶液中不存在环状结构与开链式的互变平衡，故无还原性，无变旋现象，不能成脎。因此，称之为非还原糖，如蔗糖和海藻糖等。

笔记栏

(二)还原性双糖

还原性双糖(reducing disaccharide)是由一个单糖分子的苷羟基与另一个单糖分子的醇羟基脱水缩合而成的二聚体。这样的双糖,分子中仍保留一个苷羟基,在水溶液中依然存在环状结构与开链式的互变平衡,故有还原性,有变旋现象,能成脎。因此,称之为还原糖,如麦芽糖、乳糖等。

ER-12-3

还原糖和非还原糖

二、重要的双糖

(一)蔗糖

蔗糖(sucrose)是自然界分布最广的双糖。它主要是从甘蔗和甜菜中提取得到的,故称蔗糖或甜菜糖。蔗糖由 α-D- 吡喃葡萄糖的半缩醛羟基与 β-D- 呋喃果糖的半缩酮羟基之间缩去一分子水形成。结构如下:

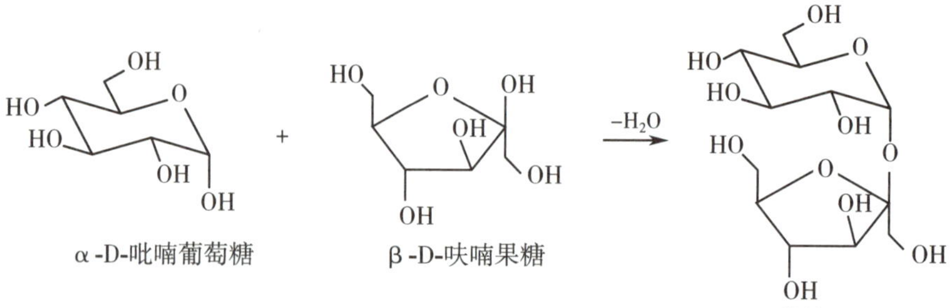

蔗糖

蔗糖分子中不存在游离的苷羟基,无变旋现象,不能成脎,不能还原托伦试剂和费林试剂,因此是非还原糖。蔗糖的化学名称为 α-D- 吡喃葡萄糖基 -β-D- 呋喃果糖苷,或 β-D- 呋喃果糖基 -α-D- 吡喃葡萄糖苷;其苷键称为 α-1,2 苷键或 β-2,1 苷键。蔗糖的结构还可以如下表示:

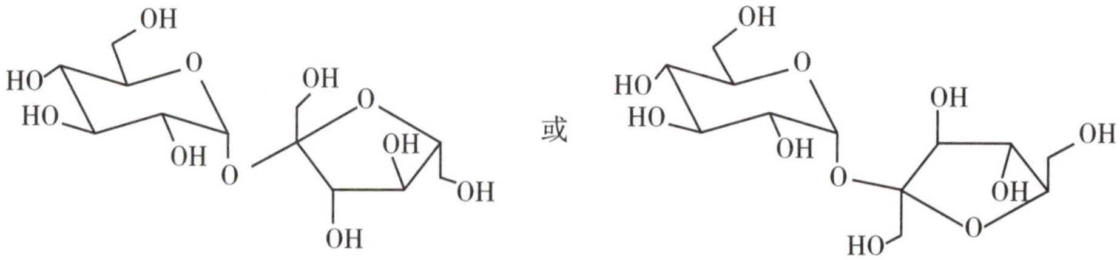

蔗糖被稀酸或酶水解后,生成等量 D-(+)- 葡萄糖和 D-(−)- 果糖的混合物,称为转化糖(invert sugar)。蔗糖是右旋糖,比旋光度为 +66.5° ,水解后比旋光度为 −19.7°,水解前后旋光方向发生了改变。由于果糖的甜度高于其他糖,所以转化糖比蔗糖更甜。蜂蜜中大部分是转化糖。蜜蜂体内含有能催化蔗糖水解的酶,这些酶称为转化酶。

(二)海藻糖

海藻糖(trehalose)又叫酵母糖。它存在于藻类、细菌、真菌、酵母及某些昆虫中。海藻糖是由 2 个 D- 葡萄糖分子 C_1 上的 α- 苷羟基脱水连接而成的非还原性双糖。结构如下:

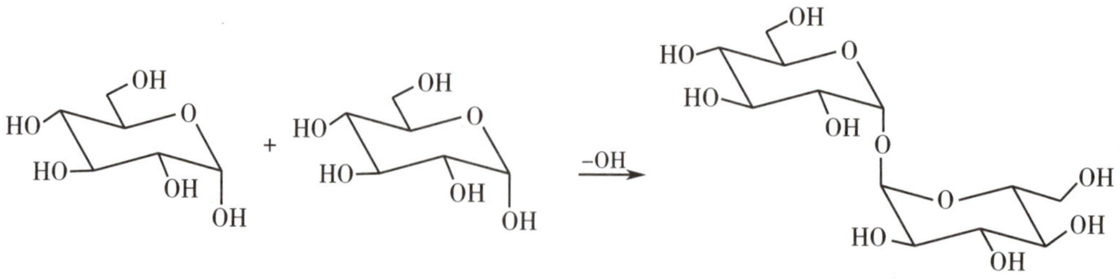

α-D-吡喃葡萄糖　α-D-吡喃葡萄糖　海藻糖

海藻糖分子中不存在游离的苷羟基，性质稳定，是非还原性双糖。海藻糖的全名为α-D-吡喃葡萄糖基-α-D-吡喃葡萄糖苷，其苷键为α-1,1苷键。

海藻糖是一种极具开发价值的双糖。它的甜味只有蔗糖的45%。与蔗糖相比，海藻糖的甜味容易渗透，食后不留后味，不易引起龋齿，可代替高热量的蔗糖，尤其适合于肥胖及糖尿病患者。海藻糖具有保护生物细胞，使生物活性物质（如各种蛋白质、酶等）在脱水、干旱、高温、辐射、冷冻等胁迫环境下活性不受破坏的功能。海藻糖作为一种新型添加剂，在食品、药物和化妆品等方面具有广泛的应用前景。目前，生物学家正试图通过生物技术，培育含海藻糖从而具有抗旱、抗冻、抗辐射等特性的转基因植物，为改造沙漠、绿化荒山做出贡献。

（三）麦芽糖

麦芽糖（maltose）是两分子D-葡萄糖通过α-1,4苷键连接成的还原性双糖。结构如下：

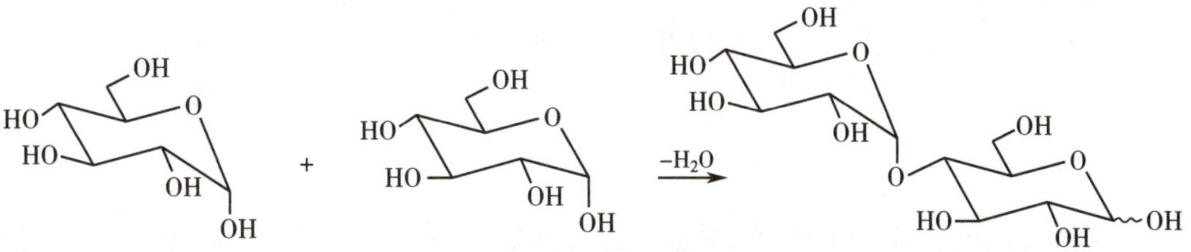

α-D-吡喃葡萄糖　　α-D-吡喃葡萄糖　　麦芽糖

与非还原性双糖的系统命名不同，还原性双糖把保留苷羟基的糖单元作母体，脱去苷羟基的糖作为取代基。麦芽糖的全名为4-O-（α-D-吡喃葡萄糖基）-D-吡喃葡萄糖。结晶状态的（+）-麦芽糖，其苷羟基为β-构型，但在水溶液中，存在开链式与α-异构体、β-异构体的互变平衡，故苷羟基的构型可不标出。

麦芽糖是无色片状晶体，通常含1个结晶水，熔点102.5℃（分解），易溶于水；在水溶液中，开链式与氧环式结构达到平衡时 $[\alpha]_D^{20}=+136°$。

麦芽糖存在于发芽的大麦中。由于麦芽中含有淀粉酶，所以能使淀粉水解成麦芽糖。麦芽糖又可在麦芽糖酶或酸的作用下水解成两分子D-葡糖糖。酶水解反应具有专一性，如麦芽糖酶只能水解α-1,4苷键，对β-1,4苷键不起作用。"麦芽浸膏"的主要成分是麦芽糖和淀粉酶（还含少量的糊精和葡萄糖）。"麦精鱼肝油"是含有麦芽浸膏的鱼肝油制剂。

（四）纤维二糖

纤维二糖（cellobiose）是由一分子β-D-葡萄糖的苷羟基与另一分子D-葡萄糖 C_4 上的醇羟基脱水而形成的双糖。纤维素经一定的方法处理后部分水解可得到纤维二糖。它是一种白色晶体，熔点225℃，可溶于水，水溶液是右旋的。

纤维二糖水解后也生成两分子D-葡萄糖，但纤维二糖只能被苦杏仁酶（对β-苷键有专一性）水解。纤维二糖是麦芽糖的同分异构体，二者的差别是纤维二糖为β-1,4苷键，麦芽糖为α-1,4苷键。纤维二糖的全名为4-O-（β-D-吡喃葡萄糖基）-D-吡喃葡萄糖。化学结构如下：

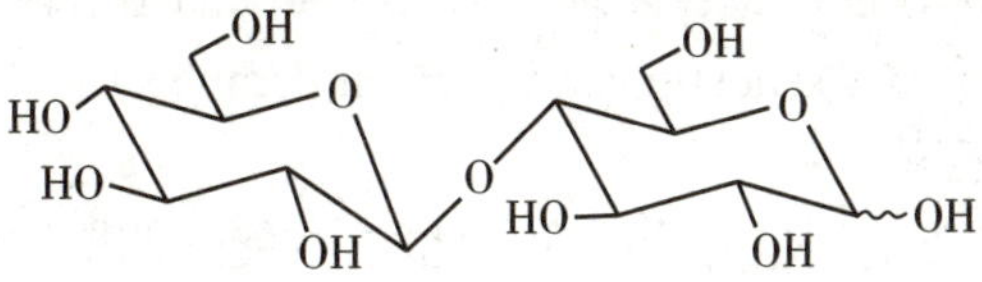

纤维二糖与麦芽糖虽然只是苷键的构型不同，但生理活性上却有很大差别。麦芽糖具有甜味，可在人体内分解消化；纤维二糖无甜味，也不能被人体消化吸收。食草动物体内含有能水解β-苷键的酶，所以能够消化吸收纤维素。

笔记栏

（五）乳糖

乳糖（lactose）是由一分子 β-D- 半乳糖的苷羟基与另一分子 D- 葡萄糖 C_4 上的醇羟基脱水而形成的双糖。乳糖的苷键为 β-1,4 苷键，在苦杏仁酶催化下，可水解得到等量的 D-吡喃葡萄糖和 D- 半乳糖。乳糖全名为 4-O-（β-D- 吡喃半乳糖基）-D- 吡喃葡萄糖。化学结构如下：

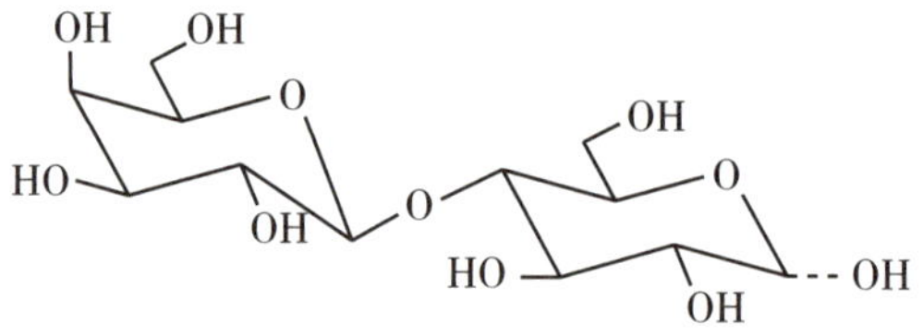

ER-12-4

膏滋

乳糖存在于哺乳动物的乳汁中，人乳中含 5%~8%，牛奶中含 4%~6%。乳糖为结晶型粉末，通常含 1 个结晶水，可溶于水，但其溶解度是双糖中较小的，在水溶液中平衡时 $[\alpha]_D^{20}=+55.3°$。工业上，乳糖可从制取乳酪的副产物乳清中获得。乳糖较稳定，不易吸湿，可用作片剂、胶囊剂、冲剂等的赋型剂。

三、环糊精

环糊精（cyclodextrin）简称 CD，是淀粉经环糊精葡萄糖基转化酶水解，得到一系列环状寡糖的总称。其中研究较多且具有重要实际意义的是由 6、7、8 个 D-(+)- 葡萄糖通过 α-1,4 苷键形成的环，分别简称 α-CD、β-CD 和 γ-CD。作为一种新型药物载体，环糊精在药物制剂中具有广泛应用。其中，β- 环糊精的应用最普遍。β- 环糊精是由 7 个葡萄糖通过 α-1,4 苷键形成的筒状化合物。化学结构如下：

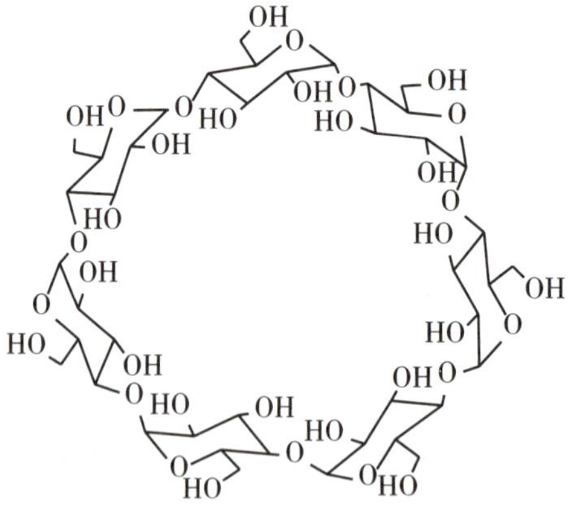

β -环糊精

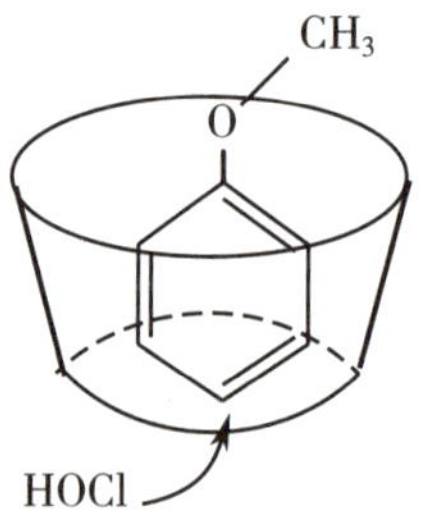

苯甲醚在CD催化下的氯化反应

β-CD 的分子结构比较特殊，每个葡萄糖单位上 C_2、C_3、C_6 的羟基都处在分子的外部，C_3、C_5 上的氢原子和苷键氧原子位于筒状的孔腔内，因此 β-CD 分子的外部呈极性，内腔为非极性。β-CD 的孔腔能选择性地包合多种结构与其匹配的脂溶性化合物，通过分子间特殊的作用力形成主体 - 客体包合物（host-guest inclusion complex）。这一特性在药物制剂、络合催化、模拟酶等方面颇有意义。

因形成包合物后能够改变被包合物的理化性质，如能降低挥发性、提高水溶性和化学稳定性等，所以包合技术在医药、农药、食品、化工以及在有机合成和催化方面多有应用。中药挥发油易于挥发，难溶于水，给制剂加工和贮存带来诸多不便；当将其制备成 CD 包合物后，上述缺陷可得到明显改善。在有机合成方面，加入 CD 往往可以提高反应速度和反应选择性。如苯甲醚在次氯酸作用下的氯化反应，无 CD 存在时一般生成 33% 的邻氯产物和 67% 的对氯产物；但当加入 β-CD 后，进入 CD 孔腔的苯环只有对位不受 CD 屏蔽，因而反应可选择性地发生在对位，生成 96% 的对氯苯甲醚。

CD 与被包合物的主体 - 客体关系非常像酶与底物的作用，因此 CD 及其衍生物已成为目前广泛研究的模拟酶之一。

第四节 多 糖

一、多糖的结构与一般性质

自然界中的多糖通常是由几十乃至数万个单糖以苷键形成的天然高聚物。多糖主要有直链和支链 2 种，个别也有环状。连接单糖的苷键主要有 α-1,4、β-1,4 和 α-1,6 三种，前两种在直链多糖中常见，后者主要在支链多糖链与链的连接部位。按照组成多糖的单糖是否相同，又可把多糖分为均多糖和杂多糖。

在生物体内，多糖的天然合成与酶催化的专一性有关。尽管单糖的种类繁多，构型各异，但所形成的天然多糖结构多有一定的重复性和规律性。组成天然多糖的单糖主要有 D-葡萄糖、D- 甘露糖、D- 果糖和 D- 半乳糖等。

多糖与单糖和寡糖在性质上有较大差别。多糖不具有甜味，一般不溶于水。多糖的链端虽有苷羟基，但在整个分子中所占的比例微不足道，所以一般无还原性和变旋现象。多糖在酸或酶的催化下，可水解生成分子量较小的多糖、寡糖、单糖。

二、重要的多糖

(一) 淀粉

淀粉（starch）是自然界蕴藏量最丰富的多糖之一，也是人类获取糖类的主要来源。淀粉存在于植物各器官组织中，尤其在种子、果实和块根中含量较高。它是植物的储能物质。将植物原料磨碎使细胞破裂，然后用水冲洗，使淀粉在水中混悬下沉，过滤后干燥即得淀粉。

淀粉是白色、无味的粉末状物质。天然淀粉可分为直链淀粉和支链淀粉 2 类。前者存在于淀粉的内层，后者存在于淀粉的外层，组成淀粉的皮质。直链淀粉难溶于冷水，在热水中有一定的溶解度。这是由于热量促使直链淀粉螺旋状结构伸展，易与水形成氢键而被溶解。支链淀粉在热水中也不溶，但可膨胀成糊状。因为支链淀粉的结构在热水中虽然也有所伸展，但由于分子中许多支链彼此纠缠而产生糊化现象。

直链淀粉一般由 250~300 个 D- 葡萄糖以 α-1,4 苷键连接而成。结构如下：

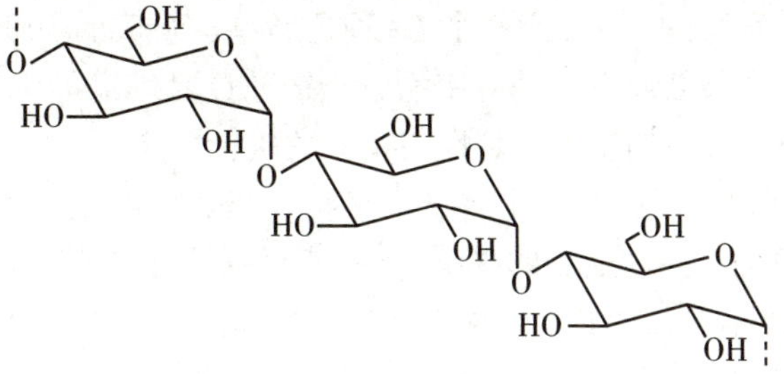

由于 α-1,4 苷键的氧原子有一定的键角，且单键可相对转动，分子内适宜位置的羟基间能形成氢键，所以直链淀粉具有规则的螺旋状空间结构。每个螺旋距间有 6 个 D- 葡萄糖单

笔记栏

位。淀粉与碘呈蓝紫色，是因碘分子与直链淀粉的孔腔匹配，钻入该旋螺圈中，借助范德华力而形成包合物的缘故。

支链淀粉的链上有许多分支，分子量比直链淀粉大，通常有 6 000 个以上 D- 葡萄糖单位。支链淀粉分子中，主链由 α-1,4 苷键连接，每隔 25~30 个葡萄糖残基就出现 1 个与 α-1,6 苷键相连的分支。其结构如下：

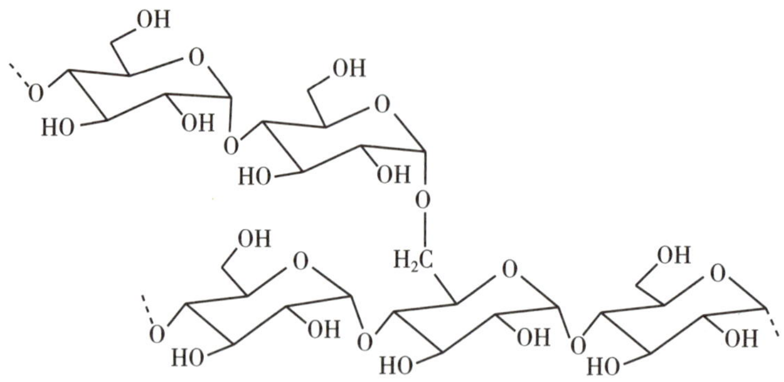

淀粉在酸或酶催化下水解，可逐步生成分子较小的多糖，最后水解成葡萄糖。

淀粉→各种糊精→麦芽糖→葡萄糖

碘与淀粉作用显蓝紫色，与不同分子量的糊精作用显红色或黄色。糖分子量太小时，与碘作用不显色。

（二）糖原

糖原（glycogen）也称肝淀粉。它主要贮存在肝脏和肌肉组织中。当人体的血糖浓度低于正常水平时（低血糖），糖原便分解出葡萄糖供机体利用，是生物体内葡萄糖的一种贮存形式。

糖原和支链淀粉在结构上很相似，但分支更密，每隔 8~10 个葡萄糖残基就出现 1 个与 α-1,6 苷键相连的分支。糖原是无定形粉末，易溶于热水，溶解后成胶体溶液。糖原与碘作用呈紫红色至红褐色，颜色因聚合度不同而异。

（三）纤维素

纤维素（cellulose）是自然界分布最丰富的有机物，是植物细胞壁的主要组分。棉花中纤维素含量大于 90%，木材中纤维素含量约 50%。

纤维素是 D- 葡萄糖通过 β-1,4 苷键连接而成的直链多糖。其结构如下：

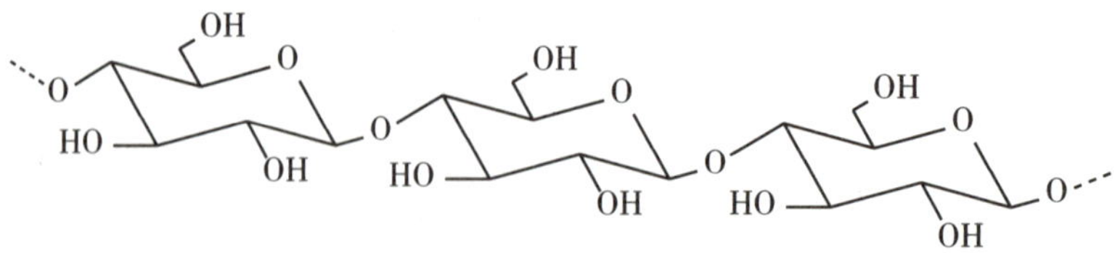

不同来源的各种纤维素的分子量是不同的。天然纤维素分子含有数千乃至上万个 D- 葡萄糖单位，棉花纤维素大约是由 3 000 个 D- 葡萄糖单位组成的。纤维素呈一束一束的形状，每一束是由 100~200 条彼此平行的纤维素分子链通过氢键聚集在一起，又相互扭绞成绳索状的长链，因此表现出较好的化学稳定性与良好的机械性能。

纤维素是不溶于水的白色物质，比淀粉难水解。在一定温度和压力下，用 40% 盐酸催化，可水解得到 D- 葡萄糖；控制适当的水解条件，能得到纤维二糖。

人体胃部不含有分解纤维素的酶，因此不能消化利用纤维素。食草动物的消化道中存在某些微生物，它们能分泌出水解 β-1,4 苷键的酶，因此这些动物能从纤维素中获取营养。

（四）甲壳质和葡糖胺

甲壳质（chitin）也叫甲壳素、几丁质等，主要存在于甲壳类动物的外壳以及节肢动物表

笔记栏

皮中。它是一种天然动物纤维，是继淀粉、纤维素之后正在开发的第三大生物资源。自然界中每年的生物合成量达 1 000 亿吨之多。甲壳质是由 2- 乙酰氨基葡萄糖通过 β-1，4 苷键连接而成的直链多糖。化学结构如下：

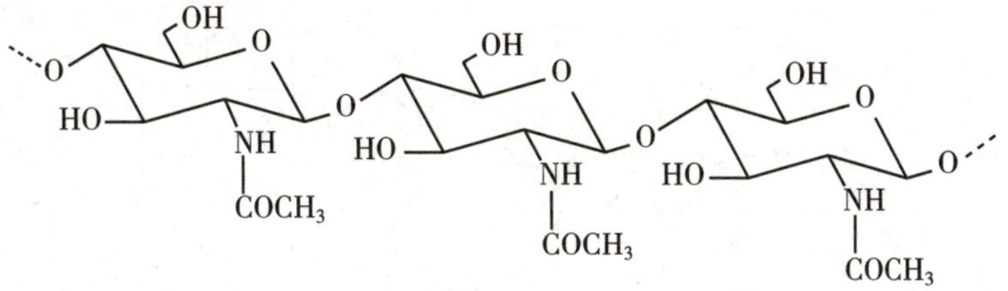

甲壳质脱乙酰基后，生成的产物叫作葡糖胺（glucosamine），又称氨基葡糖、壳糖胺（chitosamine）。化学结构为：

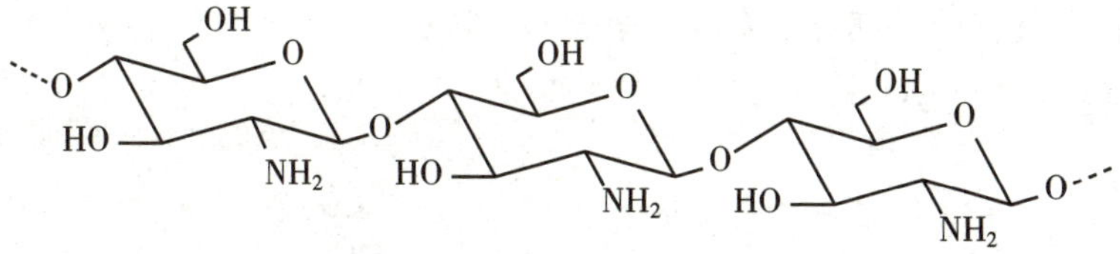

与纤维素相比，两者的差别仅在于葡糖胺只是把纤维素中葡萄糖的 C_2—OH 换为—NH_2 而已。或者说，葡糖胺是由 2- 氨基葡萄糖通过 β-1，4 糖苷键而形成的动物性纤维素。

现代药理学研究表明，葡糖胺及其水解产物或部分水解产物具有各种生理和药理活性。如葡糖胺具有调节人体生理生化功能的作用，能增强人体的免疫力，抑制肿瘤，降低血糖、血脂和胆固醇，能促进伤口愈合和断骨再生，并具有解毒排毒等功能。葡糖胺的水解产物是人体细胞或组织必需的生物活性物质，与人体组织有良好的生物相容性。目前对于它们的研究和开发利用，已经成为多糖研究的一个热点。

第五节 代表性化合物

近年来，糖化学以及糖生物学的研究结果不断向世人展示，糖不仅与人类的衣、食、住、行有密切关系，其药用价值更令人青睐。现在使用的糖类药物有抗生素、糖苷、多糖和糖脂等，针对了几乎所有的疾病。

许多植物中含有糖苷类化合物。它是糖在自然界存在的一种主要形式。常见的有强心苷、水杨苷、黄酮苷、氨基糖苷等。早在公元前 1600 年，古埃及人就记载了强心苷小剂量使用，能使心肌收缩加强，脉搏加速；大剂量能使心脏中毒而停止跳动。根据来源不同，强心苷有多种类型，它们的结构中除甾体苷元外，都连有单糖或寡糖。例如：

（1）洋地黄毒苷

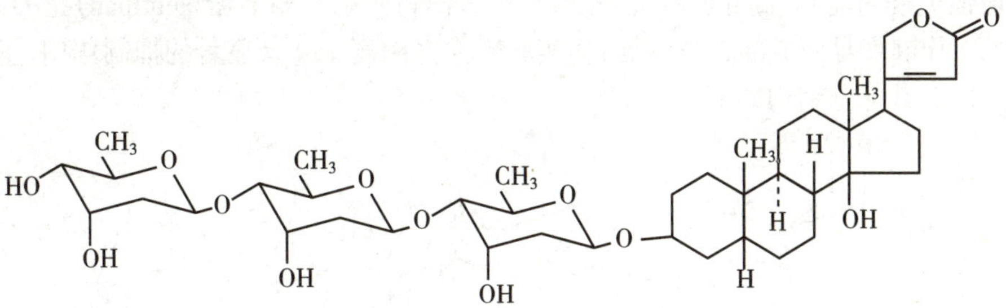

洋地黄毒苷

笔记栏

(2)铃兰毒苷

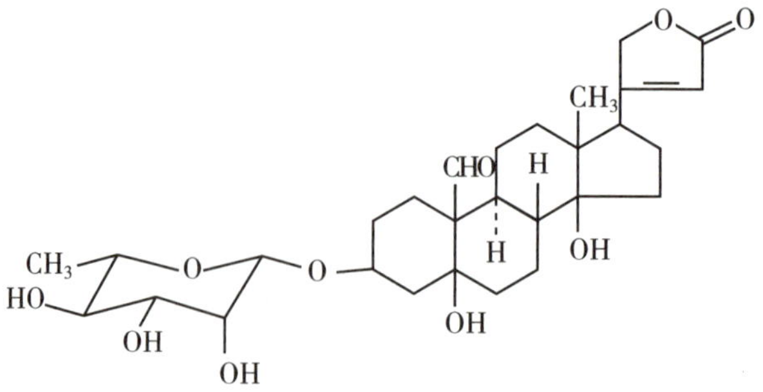

铃兰毒苷

氨基糖苷类抗生素是一类含糖的抗生素。这类抗生素的抗菌谱广,对葡萄球菌、革兰氏阴性杆菌、结核分枝杆菌等都有很好的抗菌活性。例如:

(1)链霉素(streptomycin)

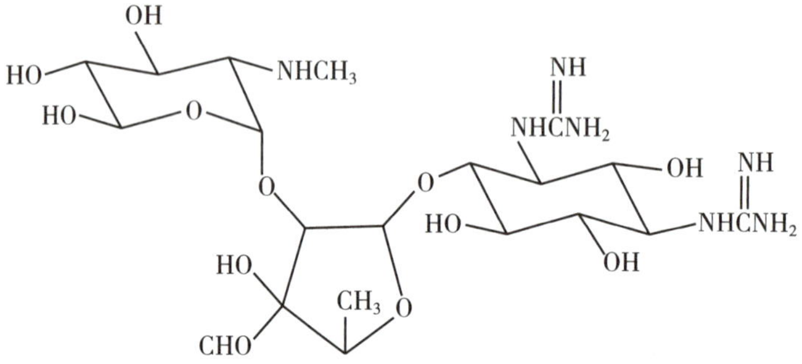

(2)庆大霉素 C 复合物(gentamycin)

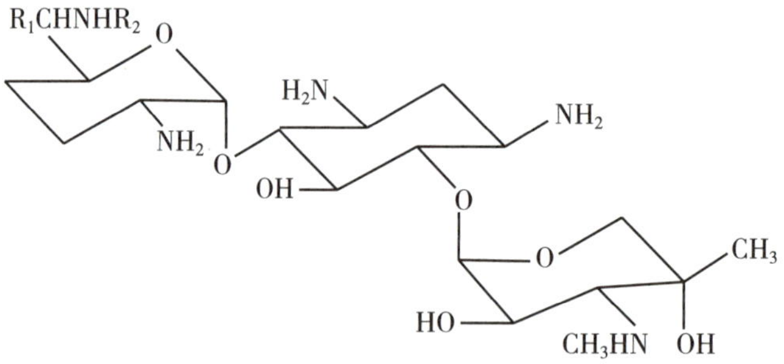

庆大霉素C复合物(R_1、R_2代表H或CH_3)

20 世纪 60 年代以来,人们逐渐发现多糖具有许多方面的生物活性,且一般无毒,是比较理想的药物。如昆布多糖和肝素有抗凝血作用,硫酸软骨素可防止血管硬化。

许多中草药多糖对免疫系统具有明显的调节作用,是较公认的天然优良免疫调节剂。如香菇多糖、银耳多糖、刺五加多糖、黄芪多糖、灵芝多糖、茯苓多糖、地黄多糖、枸杞多糖等都具有增强免疫功能和抗癌的作用。从香菇中分离得到的香菇多糖(lentinan)是 D- 葡萄糖通过 β-1,3 苷键聚合而成的直链多糖,在实验室内对肉瘤 180 有显著的抑制作用,呈现显著的抗癌活性。其部分结构如下:

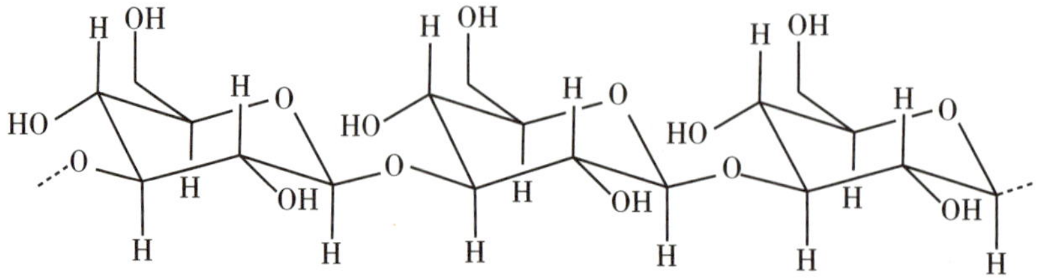

茯苓中所含的茯苓多糖，也是β-1,3 葡聚糖，但开始没有发现抗癌作用。进一步研究发现，茯苓多糖结构中还有β-1,6 支链，而不是单纯的β-1,3 葡聚糖，当支链切断后，也有显著的抗癌活性。这对研究多糖结构与抗肿瘤作用的关系提供了重要的线索。其部分结构如下：

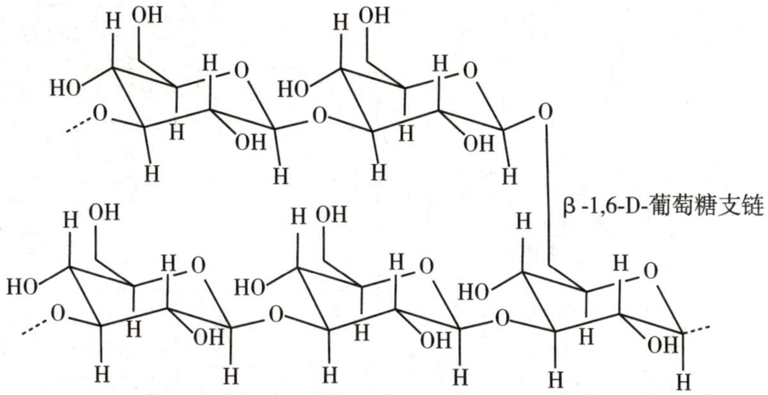

随着化学糖生物学研究的兴起，和科学家们对生命过程中糖功能认识的逐步加深，极大促进了糖药物的创新研究，发现了唾液酸衍生物、糖疫苗、肝素模拟物等新的糖类药物。例如，GG-167 是唾液酸的类似物，可阻止流感病毒与人体表面唾液酸的结合，从而阻止流感病毒侵入细胞，因而可作为抗流感药物。

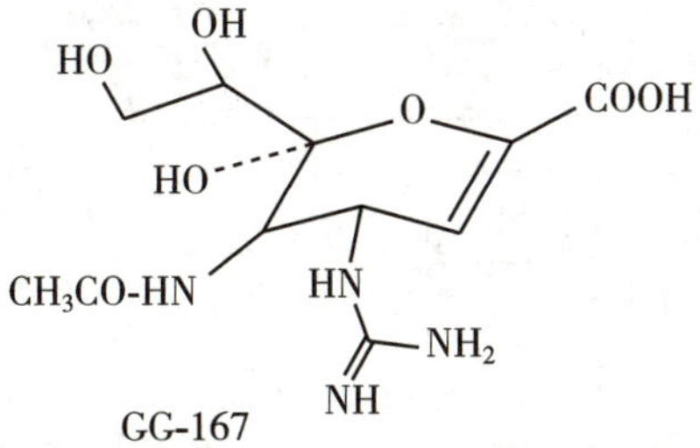

GG-167

又如，治疗糖尿病的药物阿卡波糖（acarbose），是酶水解淀粉时过渡态的结构类似物，可以抑制淀粉水解酶的活性，以阻止进食后血糖的升高。

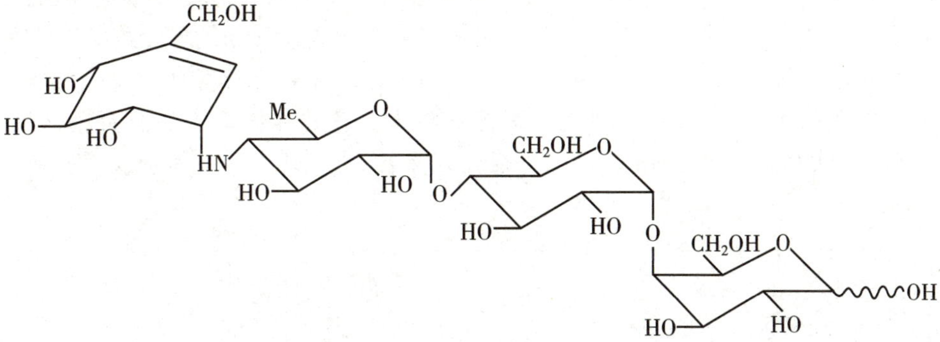

阿卡波糖

（余宇燕）

笔记栏

学习小结

1. 学习内容

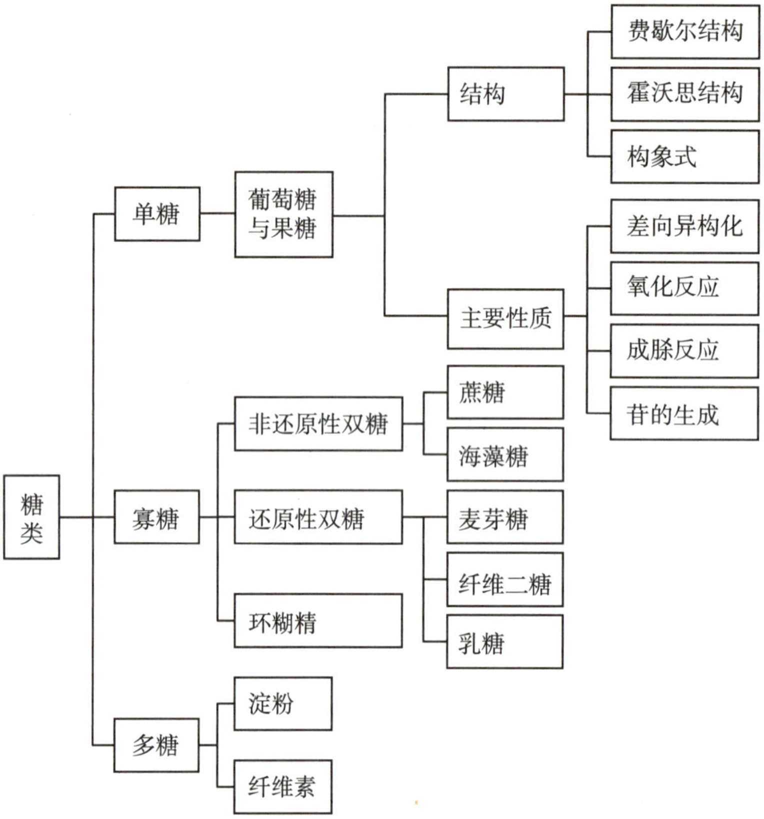

2. 学习方法 糖类是多羟基醛、酮及其缩聚物，属多官能团化合物。单糖含有多个手性碳，旋光异构体数目较多，在标记单糖构型及命名时要用到多种符号（α/β、D/L、呋喃/吡喃），应注意区分并熟记；单糖在溶液中既以环状半缩醛形式存在，亦以链状羟基醛（酮）形式存在，二者互变达到平衡状态，故单糖的化学性质是二者结构特点的共同体现，要注意理解。双糖根据分子中有无游离苷羟基存在而分为非还原性双糖与还原性双糖，二者在性质方面差别较大。多糖的链端虽有苷羟基，但在整个分子中所占的比例微不足道，所以一般无还原性，在性质方面与单糖及寡糖有明显不同。

复习思考题与习题

1. 为什么葡萄糖不和 $NaHSO_3$ 反应，不能形成醛基与 $NaHSO_3$ 的加成物？
2. 为什么中药黄芩保存或炮制不当会变绿色？（提示：黄芩的主要有效成分为黄芩苷）
3. 下列化合物中，哪些没有变旋现象（即哪些不能形成糖脎）？

(1)
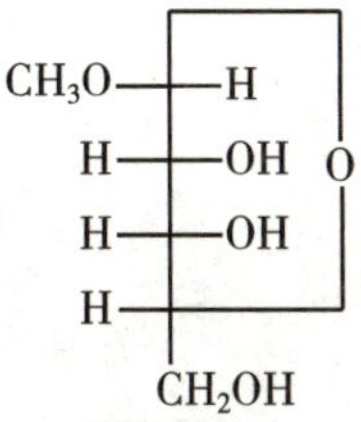

(2)
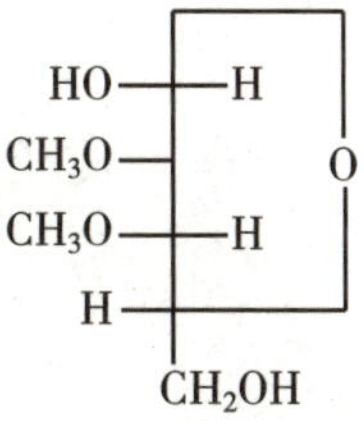

(3)
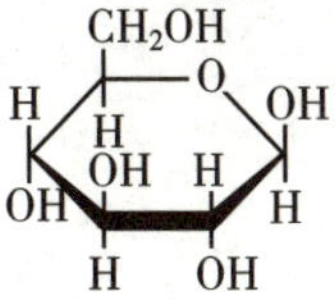

(4)
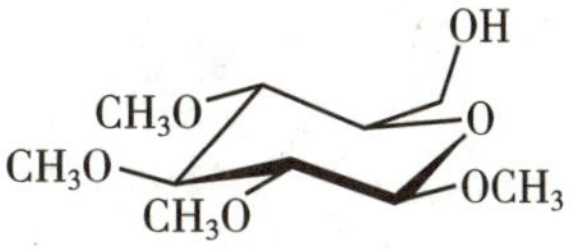

(5)
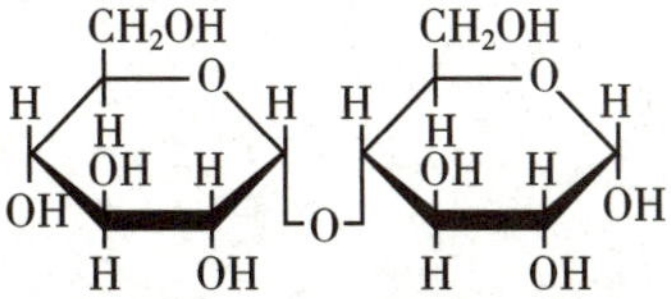

(6)
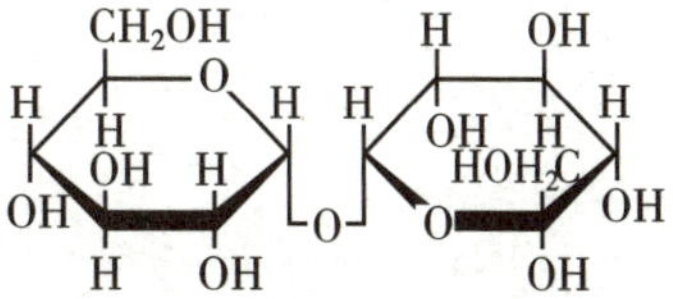

4. 写出 D- 甘露糖与下列试剂的反应产物。

(1) Br_2/H_2O　(2) HNO_3（稀）　(3) H_2/Pd

(4) $Ag(NH_3)_2^+OH^-$　(5) $C_6H_5NHNH_2$（过量）　(6) $CH_3OH+HCl$（干燥）

5. 棉子糖是自然界中最知名的一种三糖，是从植物（甜菜糖蜜或棉子）中提取的纯天然功能性寡糖，具有较强增殖双歧杆菌的功能。其结构如下：

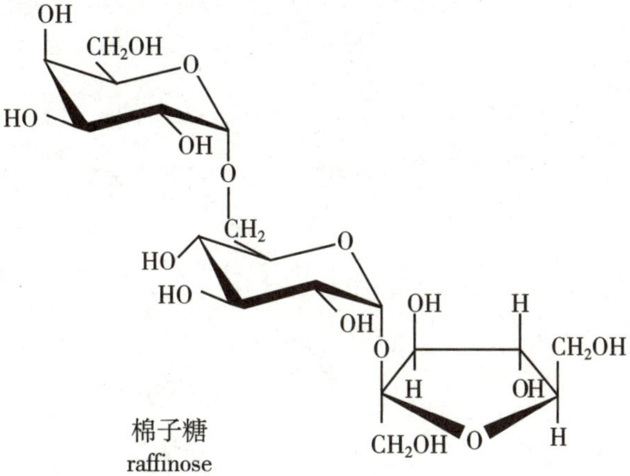

棉子糖
raffinose

(1) 请找出棉子糖中的 3 个单糖单元，写出它们的名称。

(2) 描述棉子糖的每个糖苷键。

(3) 判断棉子糖是还原糖还是非还原糖。

11章PPT

PPT 课件

第十三章
含氮有机化合物

学习目标

含氮有机化合物中由于含有较高活性的氮原子，使得这一类化合物具有较高的化学活性，在化工、药物研究工作中具有非常重要的地位。

1. 硝基化合物　结构与分类，酸性，还原反应，苯环上的取代反应。

2. 胺类　结构与分类，碱性，烷基化，酰化 - 兴斯堡反应，与亚硝酸的反应，氧化反应，芳环上的取代反应，伯胺的异腈反应，季铵盐和季铵碱的性质。

3. 重氮盐　重氮盐制备，放氮反应，留氮反应。

4. 偶氮化合物　颜色与结构的关系，偶氮指示剂。

含氮有机化合物的种类很多，如胺、氨基酸、硝基化合物、腈类、异腈、酰胺、肟、脲和缩氨脲等。本章主要学习硝基化合物、胺类、重氮盐和偶氮化合物。

第一节　硝基化合物

烃分子中的氢原子被硝基（—NO_2）取代，生成的化合物叫硝基化合物（nitro-compound）。

通式：　　$R—NO_2$　　　　$Ar—NO_2$

　　　　脂肪硝基化合物　　芳香硝基化合物

一、硝基化合物的分类和结构

（一）硝基化合物的分类

根据硝基所连碳原子不同：
- 伯硝基化合物 1°　$CH_3CH_2NO_2$
- 仲硝基化合物 2°　$(CH_3)_2CHNO_2$
- 叔硝基化合物 3°　$(CH_3)_3CNO_2$

根据硝基所连烃基不同：
- 脂肪硝基化合物　$CH_3CH_2NO_2$
- 芳香硝基化合物　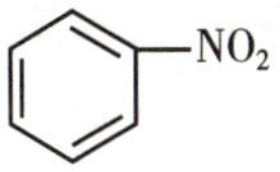

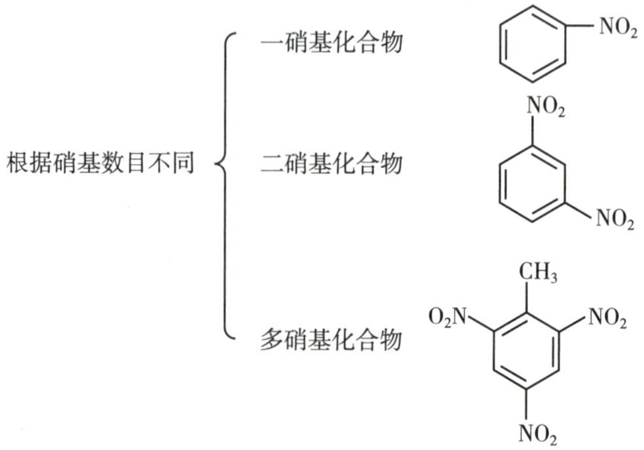

（二）硝基化合物的结构

硝基化合物的结构可用下面的共振杂化体来表示：

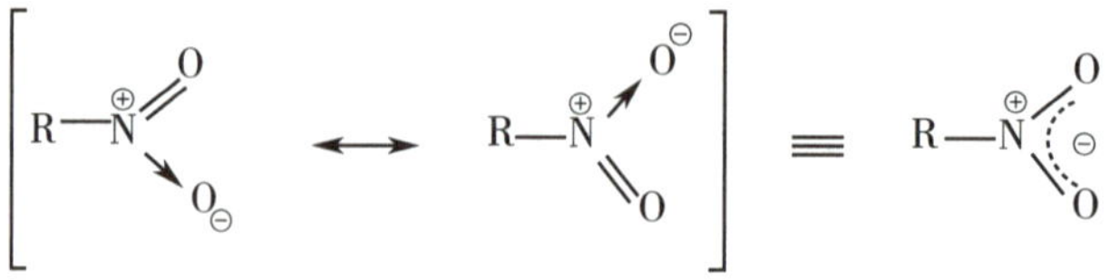

分子中 2 个氮氧键的键长完全相等，均是 0.122nm。由于硝基氮原子上带正电荷，所以硝基是强吸电子基。

二、硝基化合物的性质

（一）物理性质

硝基化合物极性较大，沸点较高。脂肪族硝基化合物大多是无色并具有芳香气味的液体。芳香族硝基化合物除了一硝基化合物为高沸点的液体外，多硝基化合物多为无色或淡黄色固体，具有苦杏仁气味并有毒。多硝基化合物具有爆炸性，如 2,4,6- 三硝基甲苯（TNT）可用作炸药。硝基化合物相对密度都大于 1，不溶于水，易溶于有机溶剂。

（二）化学性质

1. 还原反应　硝基化合物易被还原，条件不同，还原产物不同。例如在还原剂（铁、锡和盐酸）作用下，得到胺类化合物。

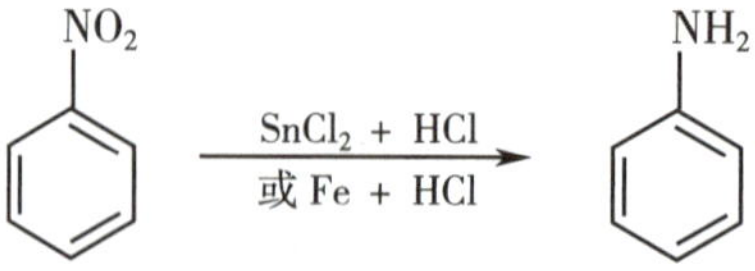

其还原过程为：

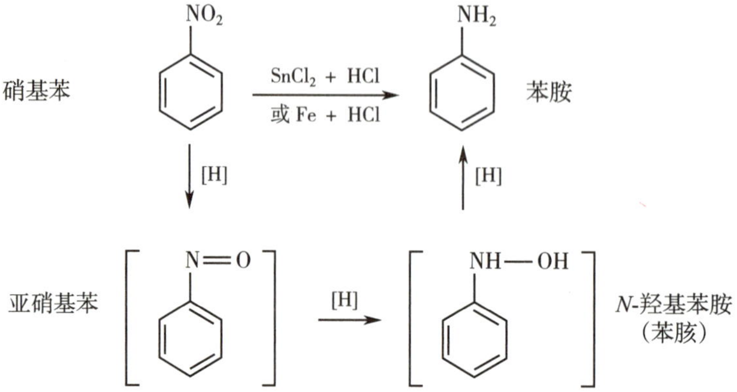

笔记栏

在酸性介质中,由于亚硝基苯和苯胺比硝基苯更易还原,因此这两个中间体不易被分离出来,只能得到最终还原产物苯胺。

芳香多硝基化合物,用金属硫化物还原,可选择性地还原其中一个硝基为氨基。例如:

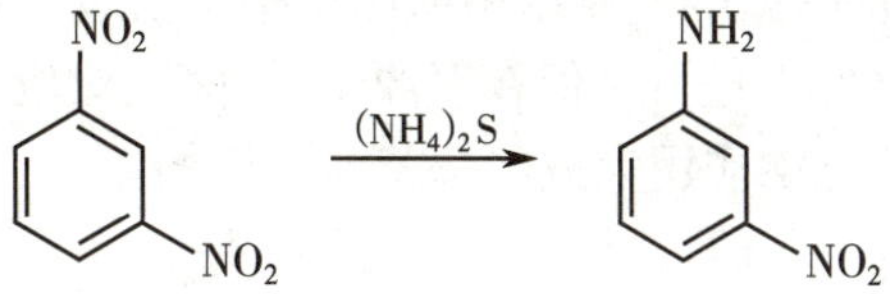

若用 Fe+HCl 还原,则多硝基都还原成氨基。例如:

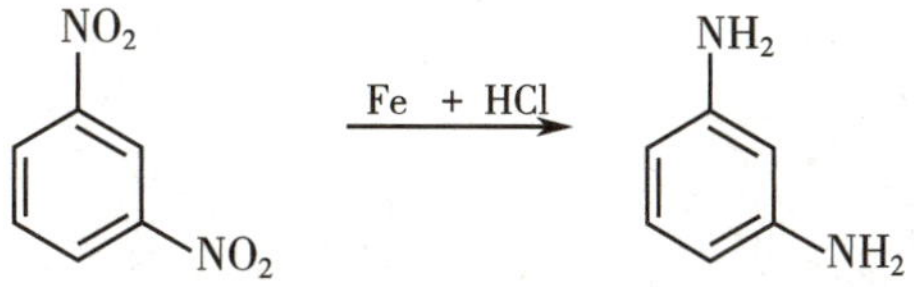

2. 互变异构和酸性　有 α-H 的 1° 或 2° 脂肪族硝基化合物,能逐渐溶于氢氧化钠溶液中而生成钠盐,表现出明显的酸性。但从硝基化合物的结构中却看不出它具有酸性,因而推测出它和碱作用时,一定是先发生了结构上的变化。事实证明,含有 α-H 的硝基化合物,通过互变异构,形成酸式结构。

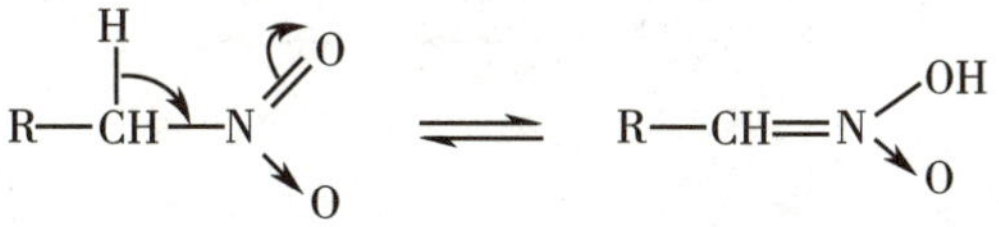

假酸式(Ⅰ)　　　　酸式(Ⅱ)

这是因为 1° 或 2° 硝基化合物的 α-H 受硝基 -I 影响,能以质子的形式发生迁移,迁移到硝基的氧原子上,形成酸式结构。(Ⅱ)式中连接在氧原子上的氢是活泼的,易解离而显酸性,称酸式。(Ⅰ)式表面上看来不反映分子的酸性,称假酸式;但异构化为(Ⅱ)式后显酸性,称酸式,可在氢氧化钠溶液中成盐而溶解。

这个反应和一般的中和反应不同,在成盐之前必须先异构化成酸式,然后再形成盐,所以溶解缓慢。

3° 硝基化合物和芳香硝基化合物因 α-C 上没有氢,不能异构化为酸式,所以不溶于氢氧化钠溶液,可用这一性质鉴别具有 α-H 的硝基化合物。生成物酸化后,又得到原来的硝基化合物,还可利用这一性质来分离具有 α-H 的硝基化合物。

3. 硝基对苯环亲电取代的影响　硝基是强吸电子基,对苯环的影响是使苯环上电子云密度降低,使苯环钝化,使亲电取代反应比苯难。例如:

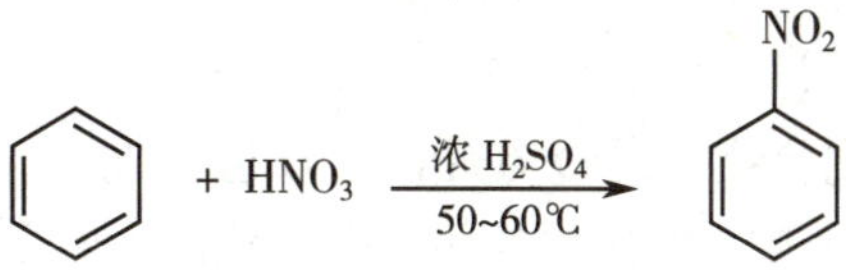

笔记栏

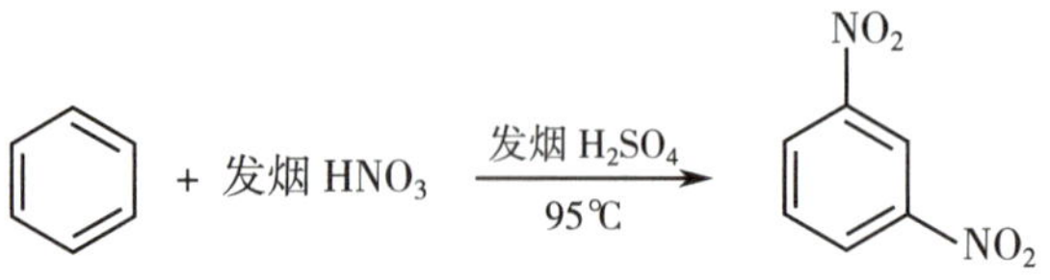

4. 硝基对苯环上取代基的影响　氯苯中氯原子很不活泼，不容易水解成为羟基。由氯苯制取苯酚需在高温高压条件下进行。但在氯原子的邻位、对位引入硝基后，氯原子活性增大，变得比较活泼，能和氢氧化钠作用生成硝基苯酚。例如：

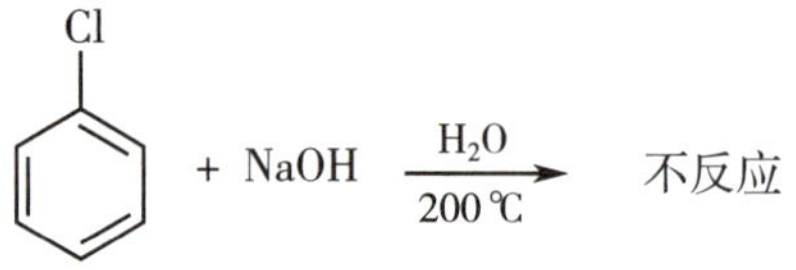

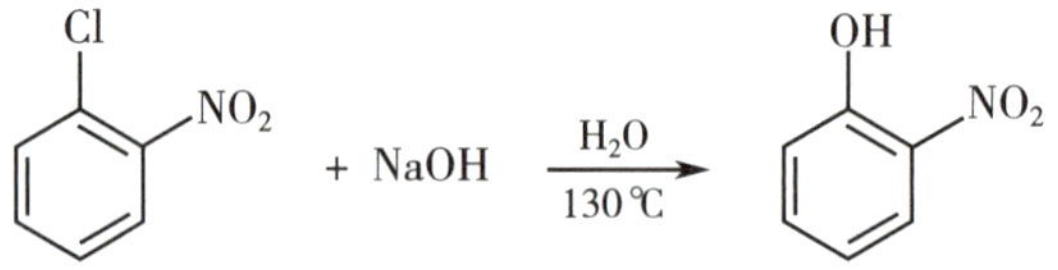

卤原子的邻位、对位硝基越多，卤原子活性越大。

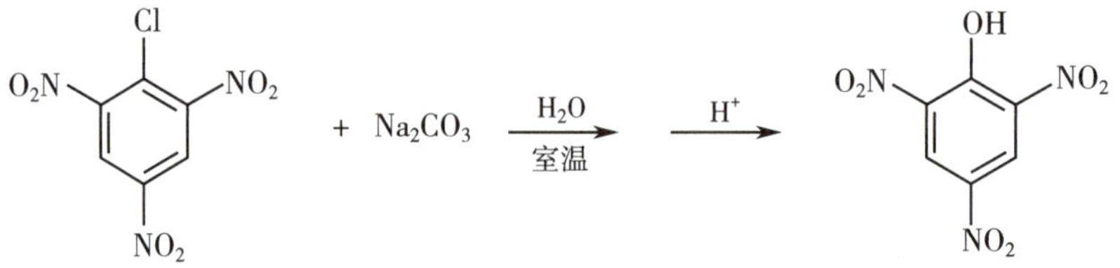

硝基在卤原子间位，对卤原子的活性影响不大。

5. 硝基对酚羟基的影响　硝基是吸电子基，其吸电子作用使酚羟基酸性增强，其影响是邻位 > 对位 > 间位。邻位、对位的硝基越多，影响越大，酸性越强。例如：

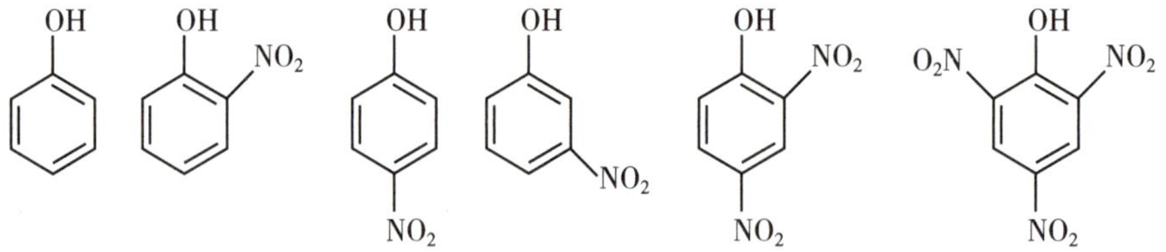

p*K*a:　9.94　7.15　7.22　8.39　4.09　0.25

三、硝基化合物的制备

1. 烷烃的硝化　脂肪族硝基化合物可以通过烷烃在气相中直接硝化制取，但产物复杂，是多种硝基烷烃的混合物。

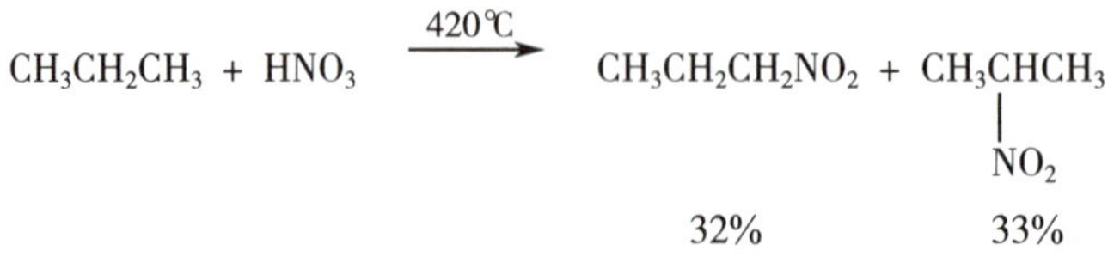

2. 芳烃的硝化　芳香硝基化合物可通过芳烃硝化反应制取。生成一硝基化合物比较容易，但进一步硝化比较难，见本节中“硝基对苯环亲电取代的影响”部分内容。

笔记栏

四、代表性化合物

马兜铃酸

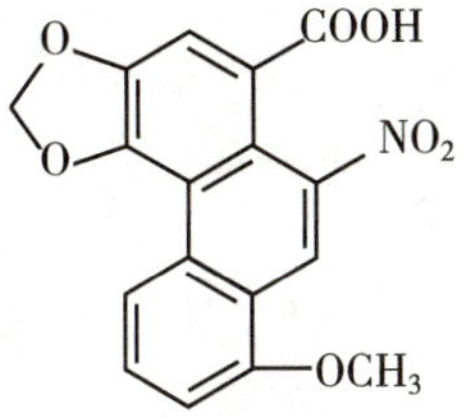

马兜铃酸 A

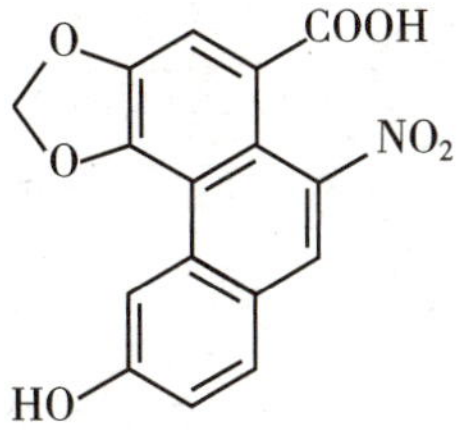

马兜铃酸 C

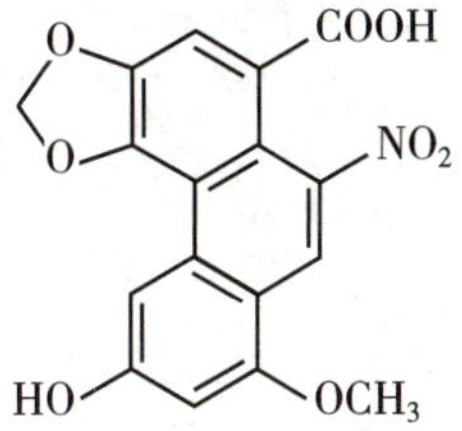

马兜铃酸 D

马兜铃酸是马兜铃根的主要成分。马兜铃主产于我国江苏、安徽、浙江等地，具有清肺降气、止咳平喘、清肠消痔的功效，用于治疗肺热咳喘、痰中带血、肠热痔血、痔疮肿痛等。马兜铃根中马兜铃总酸含量为 0.31%。马兜铃根中主要含马兜铃酸 A、马兜铃酸 C、马兜铃酸 D、马兜铃内酰胺、7- 羟基马兜铃酸、木兰花碱等。

第二节 胺

氨分子中的氢原子被烃基取代生成的化合物叫胺（amine）。

通式：

$R—NH_2$　　　　$Ar—NH_2$

脂肪胺　　　　芳香胺

胺类衍生物具有多种生理活性，可在临床上用于解热镇痛、局部麻醉、抗菌驱虫等。胺也具有多种工业用途，是一类重要的含氮有机化合物。

一、胺的分类和结构

（一）胺的分类

按氮上所连烃基种类不同：

- 脂肪胺　$CH_3CH_2NH_2$
- 芳香胺　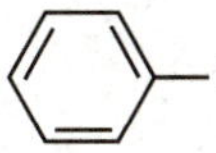 $—NH_2$　氨基连在苯环上
- 芳脂胺　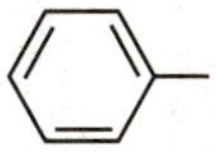 $—CH_2NH_2$　氨基连在苯环侧链上

按氨基所连烃基数目不同	伯胺 1°	RNH_2	$—NH_2$	氨基
	仲胺 2°	R_2NH	—NH—	亚氨基
	叔胺 3°	R_3N	—N—（N 上另有一键）	次氨基
	季胺 4°	$R_4\overset{\oplus}{N}$	$R_4\overset{\oplus}{N}\ X^{\ominus}$ 季铵盐	$R_4\overset{\oplus}{N}\ OH^{\ominus}$ 季铵碱

按氨基数目不同	一元胺	$CH_3CH_2NH_2$
	二元胺	$H_2NCH_2CH_2NH_2$
	三元胺	$NH_2CH_2CHCH_2NH_2$（CH 上连 NH_2）

(二) 胺的结构

氨分子中的氮原子是 sp^3 不等性杂化。氮以 3 个 sp^3 不等性杂化轨道和氢原子的 s 轨道重叠形成 3 个 sp^3-s 轨道，即 N—H σ 键。N 上的未共用电子对占据第四 sp^3 杂化轨道，类似第 4 个基团，故氨的结构和甲烷的结构相似，氮位于四面体的中心，4 个 sp^3 杂化轨道指向四面体的 4 个顶点。但由于氮上孤对电子的排斥作用，使∠ H—N—H 键角缩小，成三角锥结构，见图 13-1。

胺的结构和氨很相似，所不同的是键长、键角稍有差异。例如氨、甲胺和三甲胺结构如下：

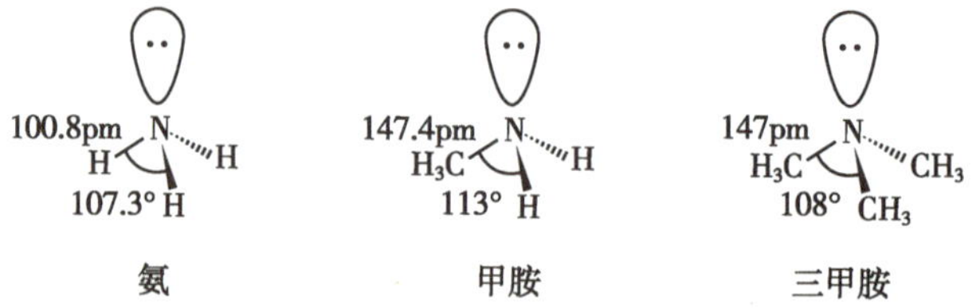

图 13-1　氨、甲胺和三甲胺的结构

苯胺的氨基也是棱锥形结构，但 H—N—H 键角较大，约 113.9°，H—N—H 平面交叉角度为 39.4°。在苯胺分子中，氮上孤对电子的 sp^3 杂化轨道比氨分子中氮上的 sp^3 杂化轨道有更多的 p 轨道的性质，与苯环 π 电子轨道重叠，形成共轭体系。当 2 种轨道接近平行时，轨道重叠形成的共轭体系最有效。在苯胺分子中，氮原子仍为棱锥形结构，N 上孤对电子和苯环形成 p-π 共轭体系，见图 13-2。

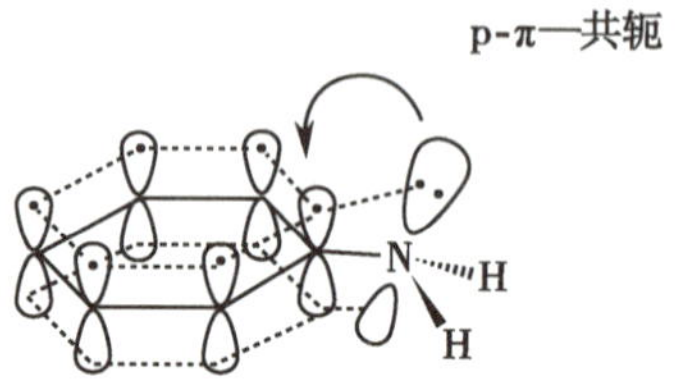

图 13-2　苯胺的分子结构示意图

由于胺具有棱锥形结构，因此当氮上连有 3 个不同的原子或基团时，分子具有手性，应当有对映体存在。

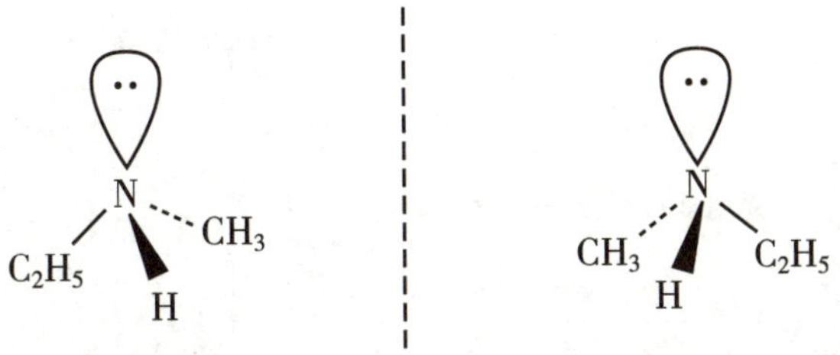

但是这种对映体并没有分离得到。这是因为胺的对映体之间可通过像雨伞在大风中由里向外翻转一样的“氮翻转”而相互转换。这种转换仅需要较小的活化能即可发生(其活化能大约 25kJ/mol),在室温下分子的热运动足以克服这种能量差,而使构型很快相互转变,实际上孤对电子起不到第 4 个基团的作用,所以不能将它们加以拆分。

胺的对映体的转化过程:

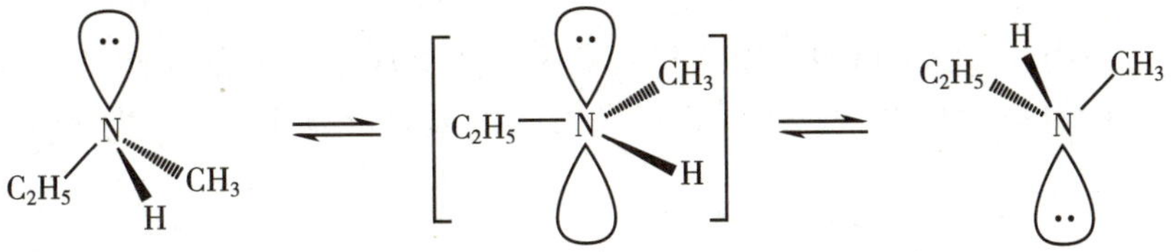

在季铵化合物中,氮的 4 个 sp^3 杂化轨道都用以成键(季铵盐或季铵碱),其四面体构型不易改变。因此,若氮上连有 4 个不同原子或基团时,分子存在着对映体。例如:碘化甲基乙基烯丙基苯基铵的对映异构体之间不能相互转化,可拆分成左旋和右旋异构体。

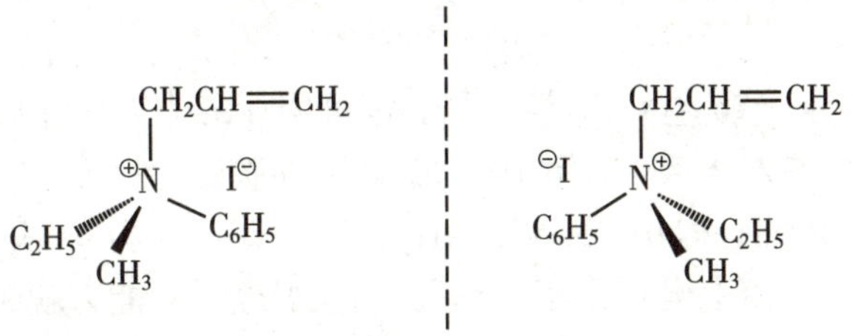

二、胺的性质

(一) 胺的物理性质

低级脂肪胺如甲胺、二甲胺、三甲胺和乙胺在常温时为气体,丙胺以上是液体,含有 12 个碳原子以上的胺为固体。低级胺的气味与氨相似,有的还有鱼腥味(三甲胺)。肉腐烂时能产生极臭且剧毒的丁二胺(腐胺)及戊二胺(尸胺)。

芳香胺的气味不像脂肪胺那样大,但芳香胺毒性很大,而且容易渗入皮肤,无论吸入它的蒸气或皮肤与之接触都能引起中毒,在使用时应当注意防护。

(二) 胺的化学性质

在胺分子中,氮上具有未共用电子对,可以接受质子呈碱性;还可以给出电子具有亲核性,能与卤代烷、酰卤、酸酐等发生亲核取代反应。氨基连在苯环上,使苯环易发生亲电取代反应,其反应部位见图 13-3。

1. 碱性　胺和氨一样,分子中氮原子上的未共用电子对能接受质子,因而呈现碱性,能与酸作用生成盐。

$$R{-}NH_2 + HCl \longrightarrow R{-}\overset{\oplus}{N}H_3Cl^{\ominus}$$

笔记栏

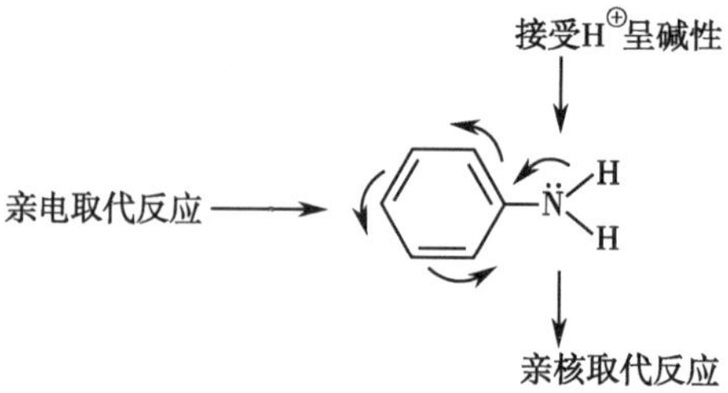

图 13-3　苯胺的反应部位示意图

胺分子中氮上的孤对电子能接受水的质子,使水中的氢氧根浓度增大,故水溶液呈碱性。

$$R—NH_2+H_2O \rightleftharpoons R—\overset{\oplus}{N}H_3+OH^{\ominus}$$

胺在水溶液中的离解度可以反映胺与质子的结合能力,亦即胺的碱性强弱。因此,可以用胺的水溶液的解离常数 Kb 或 Kb 对数的负值 pKb 来表示碱性强度。当胺溶于水时存在下列平衡:

$$R—NH_2+H_2O \overset{Kb}{\rightleftharpoons} R—\overset{\oplus}{N}H_3+OH^{\ominus}$$

$$Kb=\frac{[RNH_3]^{\oplus}[OH]^{\ominus}}{[RNH_2]}$$

$$pKb=-\log Kb$$

pKb 越小,碱性越强;pKb 越大,碱性越弱。也可用 pKa 来表示,pKa 越大,碱性越强。

(1)脂肪胺的碱性:在水溶液中,脂肪胺的碱性为仲胺碱性最强,伯胺次之,叔胺最弱,但它们的碱性都比氨强($R_2NH>RNH_2>R_3NH>NH_3$)。胺的碱性强弱,取决于氮原子上未共用电子对和质子结合的难易。氮上电子云密度越大,则吸引电子的能力就越大,碱性就越强。如果以氨为标准,脂肪胺所连 R 基是斥电子基,它使氮上电子云密度增大,从而增大了它接受质子的能力,所以碱性比氨强,若仅考虑供电子的影响,则应是氮上连烷基越多碱性越强。那么,下面 3 种胺的碱性强弱次序应该是:

$$(CH_3)_3N>(CH_3)_2NH>CH_3NH_2>NH_3$$

但在水溶液中测定二甲胺碱性最强,甲胺次之,三甲胺最弱。

$$(CH_3)_2NH>CH_3NH_2>(CH_3)_3N>NH_3$$

pKa　　10.7　　10.6　　9.8　　9.3

为什么三甲胺的碱性最弱呢?这是因为胺的碱性是由下列因素决定的。

1)电子效应:胺的氮原子上所连的烷基增多,斥电子能力增强,氮原子上电子密度升高,有利于接受质子,碱性增强。

碱性次序应该是:3° >2° >1° >NH_3

2)溶剂化效应:胺的氮上氢越多,则与水形成氢键的机会越多,溶剂化程度越大,胺正离子的正电荷分散得越好,胺的碱性就越强。

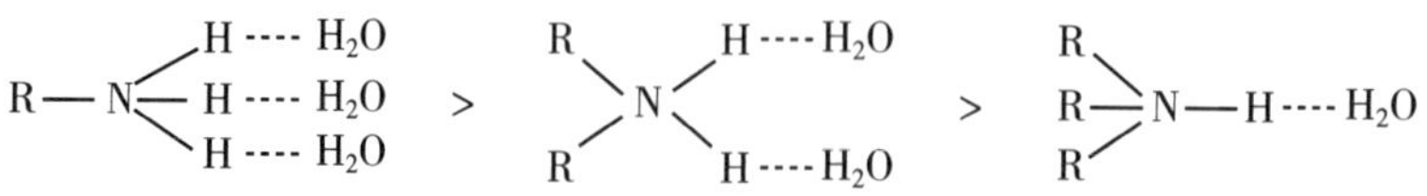

碱性次序应该是：$NH_3>1°>2°>3°$

3）空间效应：氮上连的基团越多，则空间位阻越大。三甲胺中3个甲基的斥电子作用，增大了氮上的电子云密度，同时甲基的增多也增大了空间位阻，阻碍了氮上未共用电子对和质子的结合，因而三甲胺的碱性比甲胺弱。

碱性次序应该是：$NH_3>1°>2°>3°$

从电子效应看，烷基越多碱性越强。从溶剂化效应看，烷基越多碱性越弱。从空间效应看，也是烷基越多碱性越弱。所以脂肪胺的碱性是电子效应、溶剂化效应、空间效应的综合结果。

结论：$2°>1°>3°>NH_3$

（2）芳香胺的碱性：芳香胺的碱性比氨弱，这是由于芳香胺中氨基氮上的未共用电子对与苯环的π电子形成共轭体系，而共轭的结果，使氮上的电子向苯环转移，使氮上的电子云密度降低，与质子的结合能力降低，因而碱性减弱。同时，苯环又占有较大的空间，阻碍了质子与氮上未共用电子对的结合，所以芳香胺的碱性次序是：

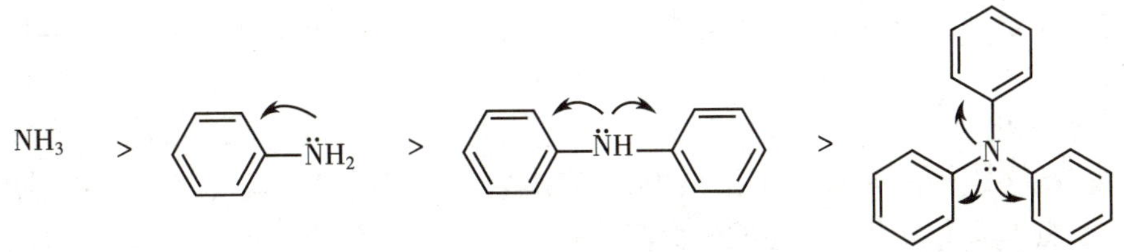

p*K*a 9.3 4.6 0.8 –5.0

N-甲基苯胺和*N*,*N*-二甲基苯胺的碱性和苯胺相似，甲基的斥电子作用使氮上的电子云密度增大，易和质子结合，故碱性增强。但又因甲基的存在，增大了空间位阻，因此它们的碱性都和苯胺接近。

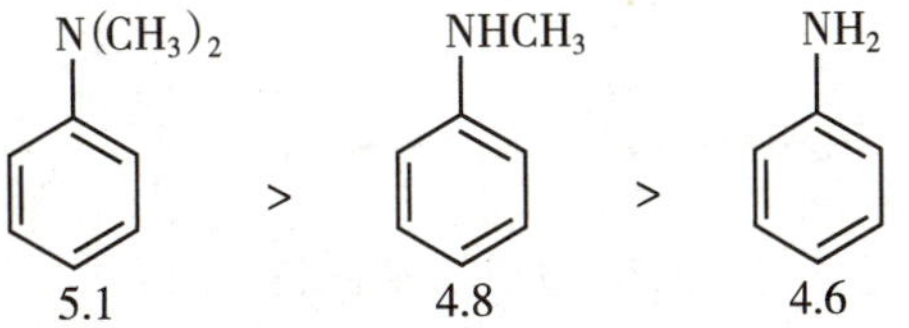

p*K*a 5.1 4.8 4.6

取代芳香胺的碱性，取决于取代基的性质。环上连斥电子基，碱性增强；环上连吸电子基，碱性减弱。

碱性： 对甲苯胺 ＞ 苯胺 ＞ 对硝基苯胺

p*K*a 5.1 4.6 1.2

胺类化合物具有碱性，可以与无机酸反应（如 HCl、H_2SO_4），即便是碱性较弱的芳香胺也可与强酸作用成盐，加碱又游离出胺。例如：

$$RNH_2+HCl \longrightarrow R\overset{\oplus}{N}H_3Cl^{\ominus} \xrightarrow{NaOH} RNH_2+NaCl$$

可利用这一性质提取分离胺类化合物。

2. 烷基化 胺是一种亲核试剂，可以与卤代烷发生亲核取代反应，在胺的N原子上引入烷基，故也称烷基化。

$$RNH_2+RX \longrightarrow R_2NH$$

$$R_2NH+RX \longrightarrow R_3N$$

$$R_3N+RX \longrightarrow R_4\overset{\oplus}{N}X^{\ominus}$$

笔记栏

生成季铵盐是胺烃基化的最后产物。

3. 酰化和磺酰化　因为氮上有孤对电子，作为亲核试剂，伯胺、仲胺和氨一样，能和酰卤、酸酐、酯作用，生成 *N*- 取代酰胺和 *N*,*N*- 二取代酰胺。

$$RNH_2 \xrightarrow[(R'CO)_2O]{R'COX} R'-\overset{\overset{\large O}{\|}}{C}-NH-R \qquad N\text{-取代酰胺}$$

$$R_2NH \xrightarrow[(R'CO)_2O]{R'COX} R'-\overset{\overset{\large O}{\|}}{C}-NR_2 \qquad N,\ N\text{-二取代酰胺}$$

叔胺的氮原子上无氢原子，不能发生酰化。

$$R_3N \xrightarrow[(R'CO)_2O]{R'COX} \text{不反应}$$

酰胺都是结晶固体，具有一定的熔点，通过测定熔点，可推知原来的胺，因此，酰化可用来鉴别伯胺和仲胺。

在有机化学中，鉴别各级胺的反应称兴斯堡反应(Hinsberg reaction)，也称磺酰化。伯胺和仲胺在氢氧化钠或氢氧化钾溶液中，与苯磺酰氯或对甲基苯磺酰氯反应，生成相应的苯磺酰胺；叔胺因氮上没有氢不能发生反应。

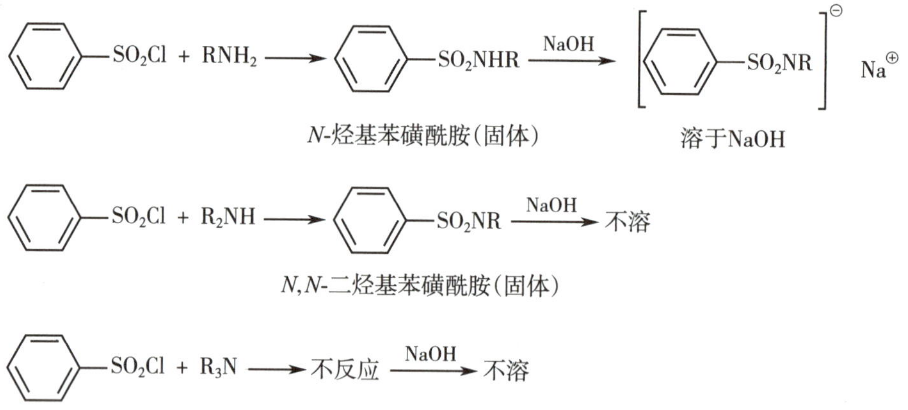

基于伯胺生成的 *N*- 烃基苯磺酰胺(固体)，因为苯磺酰基是较强的吸电子基，受它的影响，N 上的 H 显酸性，可溶于氢氧化钠水溶液生成盐。基于仲胺生成的 *N*,*N*- 二烃基苯磺酰胺(固体)，因为 N 上没有 H，故不能与碱作用生成盐。叔胺因 N 上没有 H，不和苯磺酰氯反应，也不溶于氢氧化钠，所以此反应可用于各级胺的鉴别。

胺的酰化

生成的苯磺酰胺与强酸共沸水解，又恢复成原来的胺，所以此反应也可用于各级胺分离。

对乙酰氨基苯磺酰氯与氨或胺反应后，经水解可得到多种磺胺类药物。

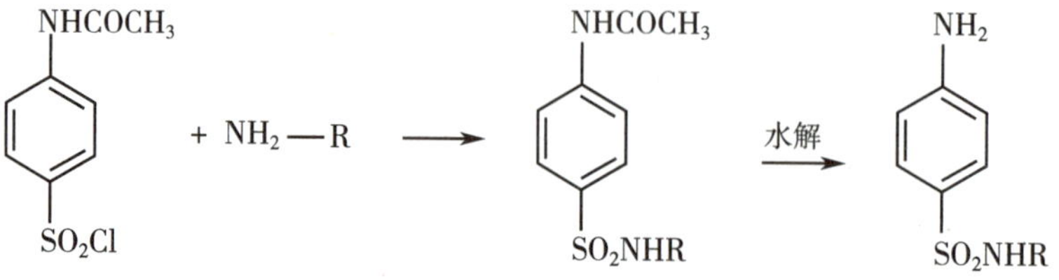

磺胺类药物具有广谱抗菌作用。最早发现的磺胺类药物百浪多息原是一种红色染料，

笔记栏

ER-13-2

多马克与百浪多息

后经德国科学家多马克创造性地使用，而发现其抗菌消炎作用，并获得了 1939 年诺贝尔生理学或医学奖。磺胺类药物的发现与开发开启了药物合成化学发展的新时代。

4. 与亚硝酸的反应　伯胺、仲胺、叔胺都可以与亚硝酸反应，但生成的产物不同。由于亚硝酸易分解，一般是反应时现用亚硝酸钠与酸作用，生成亚硝酸。

$$NaNO_2 + HCl \longrightarrow HNO_2 + NaCl$$

脂肪伯胺与亚硝酸反应生成极不稳定的重氮盐。此重氮盐立即分解，生成碳正离子，并定量放出氮气，而且生成的碳正离子可继续反应，生成卤代烃、醇、烯烃等的混合物。

$$R—NH_2 + NaNO_2 \xrightarrow[0\sim5℃]{HCl} R—\overset{\oplus}{N_2}\overset{\ominus}{Cl} \longrightarrow 醇 + 卤代烃等 + N_2\uparrow$$

因为产物复杂，在合成上没有价值，但放出的氮气是定量的，可用于伯胺的定性、定量分析。

芳香伯胺与亚硝酸反应，温度控制在 0~5℃，生成较稳定的重氮盐。重氮盐又能发生很多反应，在有机合成上占有非常重要的位置，后面将专题讨论。

脂肪仲胺与亚硝酸作用生成黄色油状物 *N*- 亚硝基胺。*N*- 亚硝基胺和稀酸共热，又分解成原来的 2° 胺，故此反应可用于脂肪 2° 胺的鉴别和分离。

$$(CH_3)_2NH + NaNO_2 + HCl \longrightarrow (H_3C)_2N—N{=}O$$

N-亚硝基二甲胺　黄色油状物

$$(H_3C)_2N—N{=}O \xrightarrow[\triangle]{稀H^{\oplus}} (CH_3)_2NH + HNO_2$$

芳香仲胺与亚硝酸作用也生成 *N*- 亚硝基化合物，在酸性条件下发生重排，生成对亚硝基化合物。

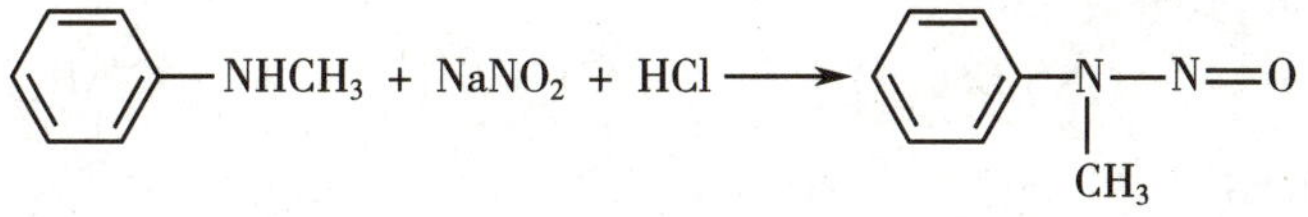

N-甲基-*N*-亚硝基苯胺
黄色油状物

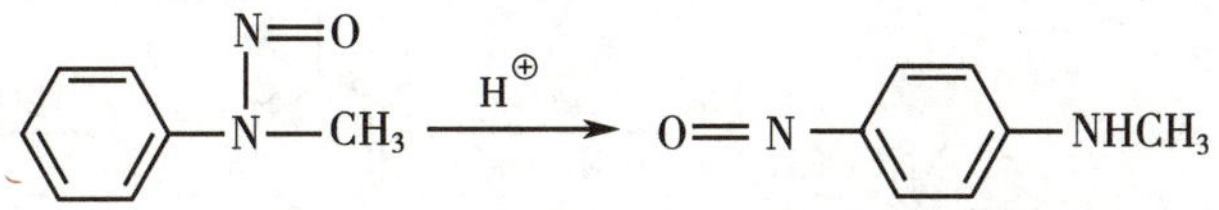

对亚硝基-*N*-甲基苯胺
m.p.150~154℃棕色结晶

脂肪叔胺因 N 上没有 H，只和亚硝酸作用生成一个不稳定的亚硝酸盐而溶解。

$$R_3N + NaNO_2 \xrightarrow[0\sim5℃]{HCl} R_3\overset{\oplus}{N}H\overset{\ominus}{NO_2} + NaCl$$

芳香叔胺与亚硝酸作用，在环上发生亚硝化反应，生成对亚硝基取代物，反应一般发生在对位，如对位被占，则生成邻亚硝基取代物。

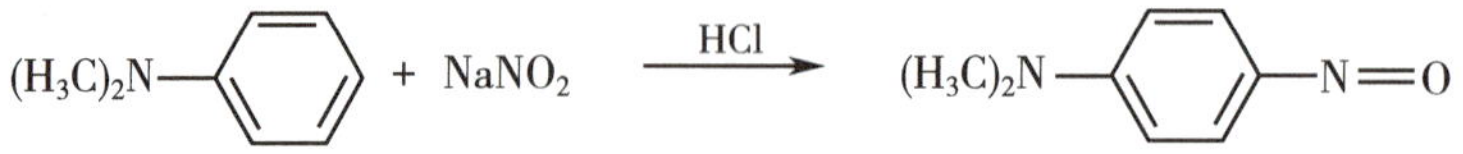

对亚硝基-*N*,*N*-二甲基苯胺
m.p. 84~86℃ 绿色结晶

由于亚硝酸和伯胺、仲胺、叔胺反应的现象不同，故可用于各级胺的鉴别。

5. 芳环上的亲电取代反应　氨基是很强的第Ⅰ类定位基，使苯环上电子云密度增大，使苯环活化，很容易在其邻位、对位发生亲电取代反应。

(1)卤化：苯胺与溴水作用，立即生成2,4,6-三溴苯胺白色沉淀。反应很难停留在一取代阶段。

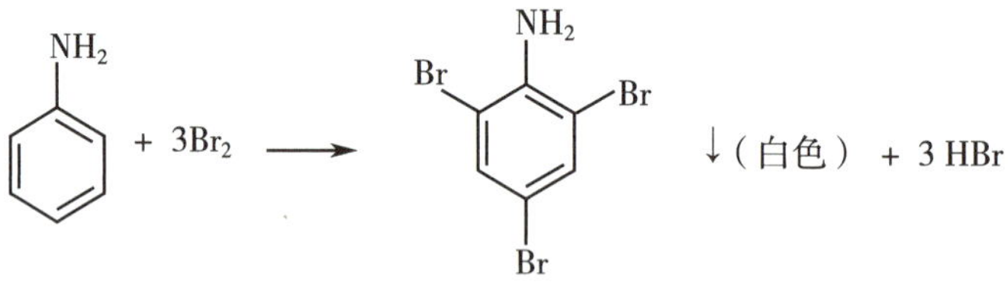

反应是定量完成的，可用于苯胺的定性、定量分析。

如果只需在苯环上引入1个卤原子，可将氨基乙酰化，使其钝化，降低其对苯环的活化作用。由于乙酰氨基体积较大，所以主要生成对位产物。例如：

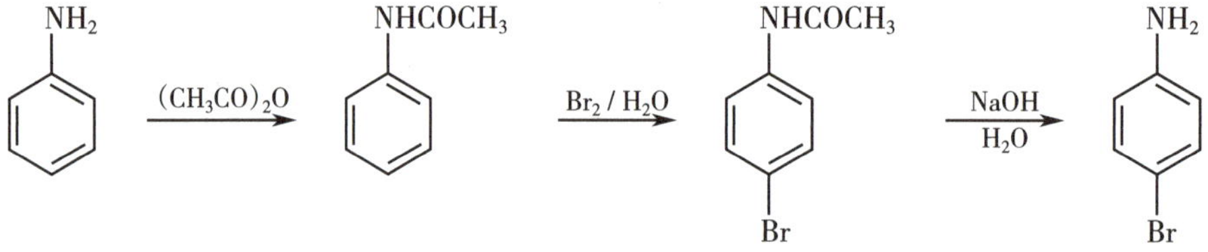

对溴苯胺

(2)硝化：由于硝酸具有很强的氧化性，苯胺直接硝化，易引起氧化反应，所以硝化前必须先将氨基保护起来（保护方法是采用乙酰化或成盐），然后硝化。例如：

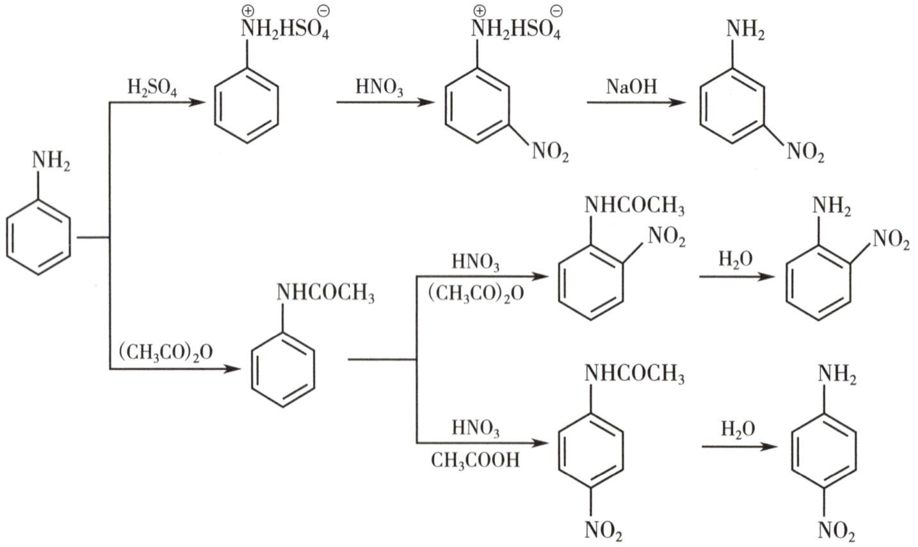

氨基乙酰化时硝基取代邻位、对位，氨基成盐时硝基取代间位。

芳香叔胺因氮上没有氢，不易被氧化，不用保护氨基。

(3)磺化：苯胺与浓硫酸作用，先溶于浓硫酸生成苯胺硫酸盐，然后加热到180℃，脱去一分子水，并重排生成对氨基苯磺酸。

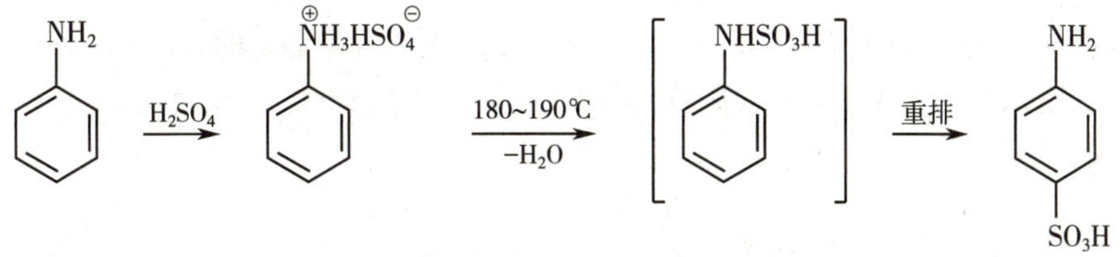

对氨基苯磺酸为白色结晶，熔点 288℃，分子中同时具有酸式基团—SO_3H 和碱式基团—NH_2，故能形成内盐。

6. 伯胺的异腈反应　利用伯胺与氯仿和氢氧化钠（钾）的醇溶液共煮生成具有恶臭味的异腈（胩），可用于鉴别伯胺和氯仿。异腈有毒，可用稀酸使其水解。

$$R—NH_2 + CHCl_3 + KOH \xrightarrow{\triangle} R—N\equiv C + KCl + H_2O$$

$$R—N\equiv CH + H_2O \xrightarrow[\triangle]{HCl} R—NH_2 + HCOOH$$

7. 季铵化合物的反应　叔胺与卤代烷作用生成季铵盐（胺的烃基化最后产物）。

$$R_3N + RX \longrightarrow [R_4N]^{\oplus}X^{\ominus}$$

季铵盐为白色结晶，是离子型化合物，易溶于水，不溶于非极性有机溶剂。季铵盐加热分解成原来的叔胺和卤代烷。

$$[R_4N]^{\oplus}X^{\ominus} \xrightarrow{\triangle} R_3N + RX$$

季铵盐和伯铵盐、仲铵盐、叔铵盐的区别是与碱的作用不同。伯铵盐、仲铵盐、叔铵盐中氮上的氢与碱结合，游离出胺。

$$R\overset{\oplus}{N}H_3\overset{\ominus}{Cl} + NaOH \longrightarrow RNH_2 + NaCl + H_2O$$

而季铵盐氮上没有氢，当它遇到强碱时，生成季铵碱。

$$R_4\overset{\oplus}{N}\overset{\ominus}{Cl} + KOH \rightleftharpoons R_4\overset{\oplus}{N}\overset{\ominus}{OH} + KCl$$

此反应是可逆的，说明季铵碱是强碱，其碱性相当于氢氧化钠或氢氧化钾的碱性。由于反应可逆，没有制备价值。制备季铵碱一般利用弱碱氢氧化银和季铵盐的水溶液作用，生成的卤化银析出，破坏了平衡体系，使反应进行到底。

$$(CH_3)_4\overset{\oplus}{N}\overset{\ominus}{I} + AgOH \longrightarrow (CH_3)_4\overset{\oplus}{N}\overset{\ominus}{OH} + AgI\downarrow \text{黄色}$$

将沉淀过滤除去，就得到季铵碱的水溶液，在低温下慢慢蒸去水分，就得到季铵碱的白色结晶。

季铵碱受热时可发生分解，生成 3° 胺和其他产物。

例如：$(CH_3)_4\overset{\oplus}{N}\overset{\ominus}{OH} \xrightarrow{\triangle} (CH_3)_3N + CH_3OH$

含有 β-H 的季铵碱受热分解，生成 3° 胺和烯烃，这个反应称为霍夫曼消除（Hofmann elimination）。

当 4 个烃基不同时，究竟如何断裂？经验规律是，甲基和氮结合最牢，含有 β-H 的烷基生成烯烃。

笔记栏

$$[(CH_3)_3\overset{\oplus}{N}CH_2CH_3]OH^{\ominus} \xrightarrow{\text{加热}} (CH_3)_3N + CH_2{=}CH_2 + H_2O$$

当季铵碱的消除取向有选择时，即分子中有 2 种 β-H 可以消除时，反应的主要产物是双键上带有烷基较少的烯烃，这一规则称为霍夫曼规则（Hofmann rule），和札依采夫规则正好相反。例如：

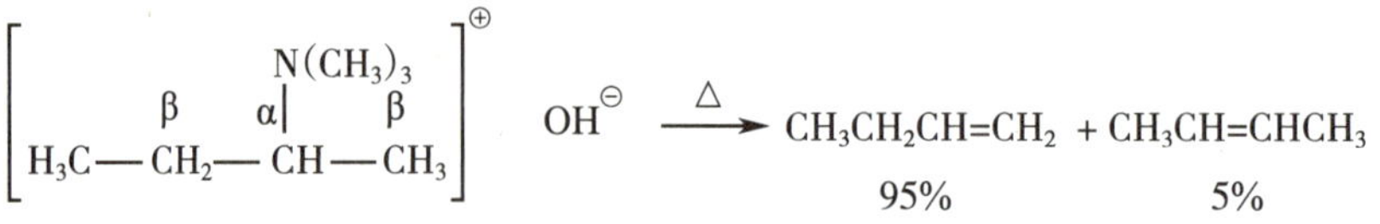

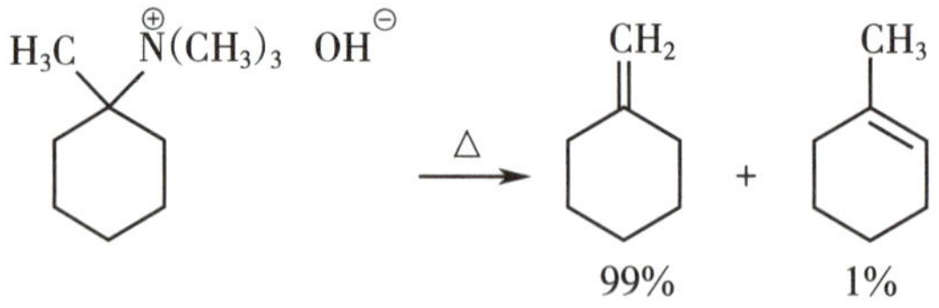

决定反应取向的因素有 2 个，一是 β-H 酸性，也就是 β-H 活性，β-C 上连斥电子基，活性减小，不易受亲核试剂进攻，发生消除反应；二是立体效应，该反应为 E2 消除反应，要求离去基团反式共平面位置有 β-H，含烷基少的 β-C 空间位阻小，易受到亲核试剂的进攻而发生消除反应。

如果 β-C 上连有苯环、乙烯基、羰基等吸电子基时，消除取向不遵循霍夫曼规则。例如：

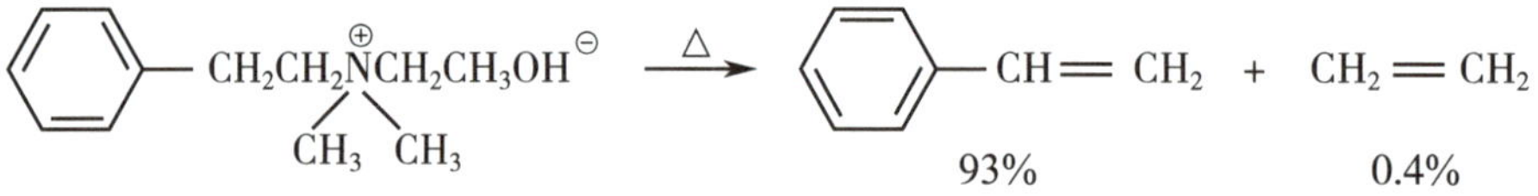

这是因为苯环、双键、羰基是吸电子基，增大了 β-H 的活性。再者，生成的烯烃是共轭体系，内能低、稳定性大。

季铵碱受热反应

霍夫曼消除可用于测定胺的结构，其方法为：先将一未知结构的胺与碘甲烷作用生成季铵盐，再转化成季铵碱，然后加热裂解得到一分子烯烃和一分子 3° 胺。由消耗碘甲烷的量可推知是几级胺，由所得烯烃的结构可推知原来胺的结构。例如：

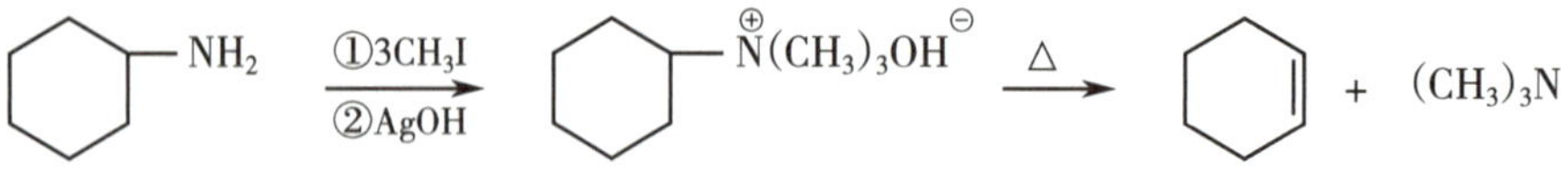

因为消耗 3mol 碘甲烷，故知该胺为 1° 胺；由所得烯烃为环己烯，故知该化合物为氨基环己烷（环己胺）。

这种用碘甲烷处理，最后把季铵碱裂解成烯烃的反应，称霍夫曼彻底甲基化反应。

对于环状胺，如果氮原子二价连在环上，需要经过 2 次霍夫曼彻底甲基化反应，生成二烯化合物；若三价连在环上，需要经过 3 次霍夫曼彻底甲基化反应生成三烯化合物。

例如：某胺分子式为 $C_6H_{13}N$，经霍夫曼彻底甲基化反应，消耗一分子碘甲烷，并测知产物为一含烯键的胺，将此胺再进行一次霍夫曼彻底甲基化反应，又消耗一分子碘甲烷，并生成戊 -1，4- 二烯和三甲胺，推测该胺的结构。

解：该胺需经 2 次霍夫曼彻底甲基化反应，可知 N 的二价连在环上；每次消耗一分子碘甲烷，可知 2 次彻底甲基化都是叔胺；根据生成产物戊 -1，4- 二烯和三甲胺，可知是五碳一氮六元环，且氮的二价连在环上，还有一价连有 1 个甲基支链。因为三甲胺中 2 个甲基是碘甲烷提供的，另外 1 个是原结构中含有的，所以该胺为 *N*- 甲基哌啶。

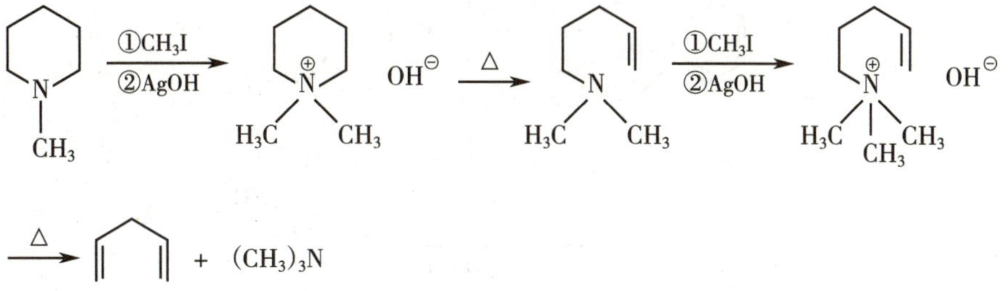

三、胺的制备

1. 氨或胺的烷基化　通过卤代烷与氨或胺发生亲核取代反应可以得到伯胺、仲胺、叔胺和季胺等多种产物的混合物，通常没有制备的意义。具体反应见本章中“胺的性质”相关内容。

2. 盖布瑞尔合成法　利用盖布瑞尔（Gabriel）合成法可以得到较为纯净的伯胺。首先，邻苯二甲酸酐与氨反应可得到邻苯二甲酰亚胺。在邻苯二甲酰亚胺结构中，由于受到 2 个羰基的影响，亚胺上的氢具有一定的酸性，能与碱金属成盐，具有亲核性质。形成的邻苯二甲酰亚胺的钾盐或钠盐再进行烷基化，所得产物水解后可得到伯胺。烷基化溶剂一般为 *N*，*N*- 二甲基甲酰胺（DMF）。

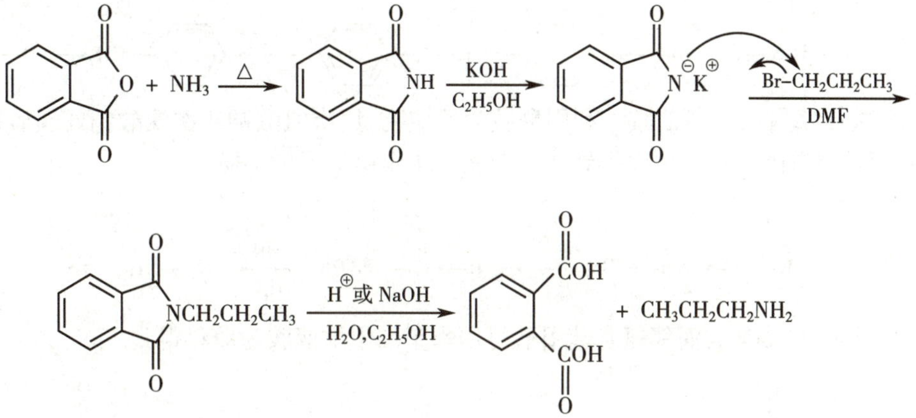

水解困难的情况下，可用水合肼作溶剂，通过肼解反应得到产物。

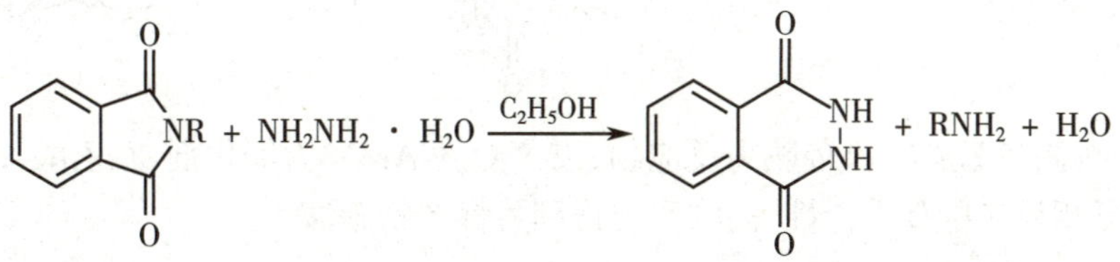

3. 硝基化合物的还原　芳香胺可以通过苯及其衍生物硝化后再还原制得。硝基化合物还原是制备芳香伯胺的重要方法。常用的试剂为铁、锌或锡等金属与盐酸或硫酸组合。部分反应见本章中“硝基化合物的性质”相关内容。

用氯化亚锡作还原剂还可以避免醛基的还原。用催化氢化法还原硝基的反应对环境危害小，已逐步取代化学方法，常见的催化剂为 Ni、Pt、Pd 等。

笔记栏

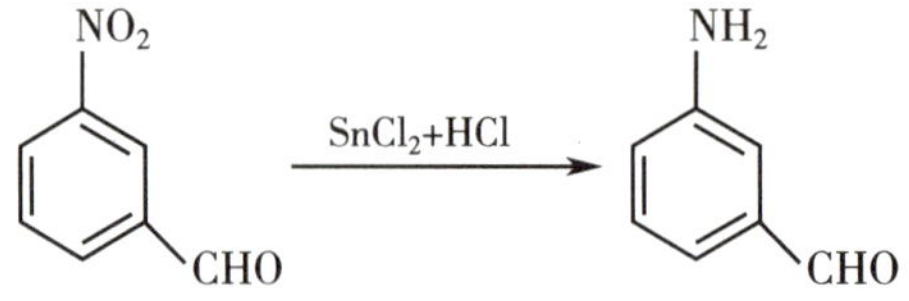

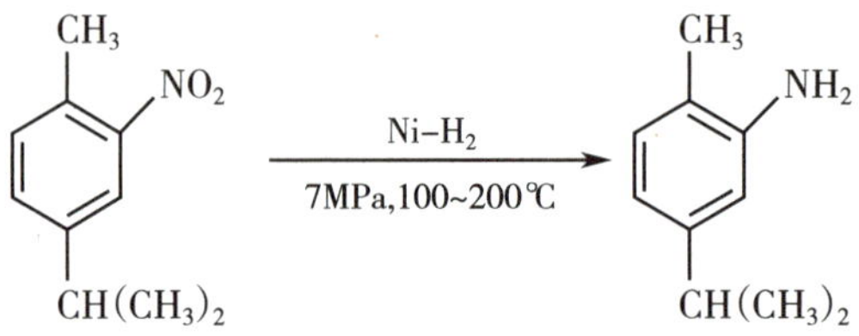

4. 腈、酰胺、肟、亚胺的还原　腈、酰胺、肟、亚胺等化合物的结构中均有 C—N 键，可以通过催化氢化或化学还原法还原为伯胺或仲胺。

$$\mathrm{CH_3\overset{\overset{O}{\|}}{C}NHC_6H_5 \xrightarrow{LiAlH_4} \xrightarrow{H_2O} CH_3CH_2NHC_6H_5}$$

$$\mathrm{CH_3(CH_2)_5CH{=}NOH \xrightarrow{Na+C_2H_5OH} CH_3(CH_2)_6NH_2}$$

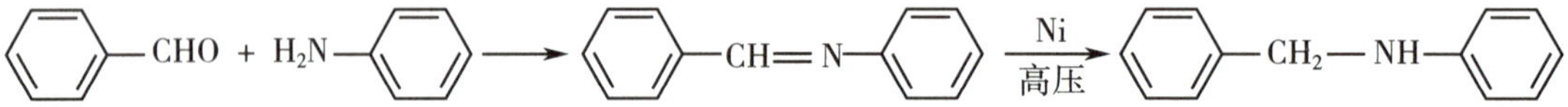

5. 霍夫曼降解法制备伯胺　利用酰胺为反应物，用次氯酸钠或次溴酸钠处理后得到异腈酸酯，而异腈酸酯水解后可以得到比反应物少 1 个碳原子的伯胺。

$$\mathrm{R{-}\overset{\overset{O}{\|}}{C}{-}NH_2 + Br_2 \longrightarrow R{-}\overset{\overset{O}{\|}}{C}{-}NHBr \xrightarrow[H_2O]{OH^{\ominus}} R{-}NH_2}$$

工业上常用 NaOCl，而邻氨基苯甲酸可用邻苯二甲酰亚胺为原料得到。

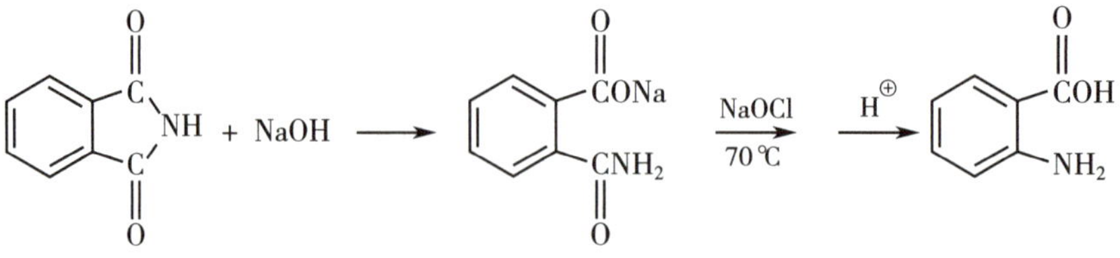

6. 由羟胺制备苯胺　以羟胺为反应物，以 $V_2O_5/\gamma\text{-}Al_2O_3$ 为催化剂，在乙酸 - 水介质中进行的液 - 固复相反应中高选择性、高收率地得到目标产物苯胺。

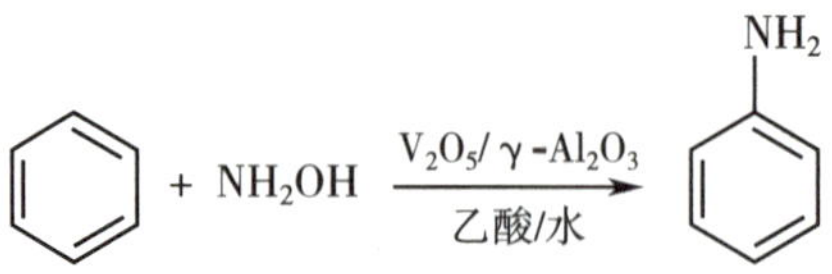

此法比传统的苯胺合成方法（如硝基苯铁粉还原法、硝基苯催化加氢法等）操作简单，对环境污染小，符合可持续发展和绿色化学的思路。

四、代表性化合物

1. 麻黄碱

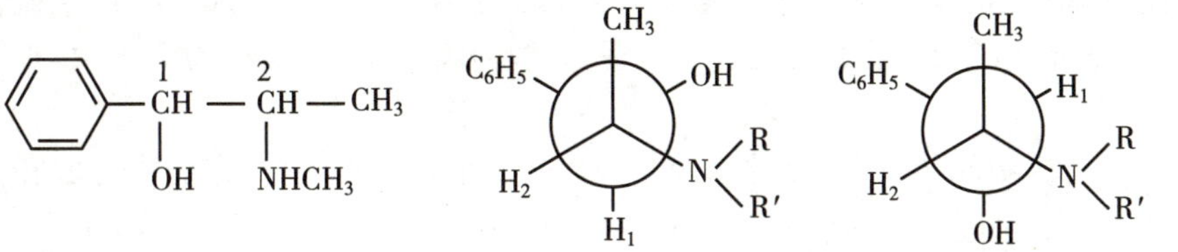

l-麻黄碱(1R, 2S)	R= H, R′= CH_3	*l*-麻黄碱	*d*-伪麻黄碱
d-伪麻黄碱(1S, 2S)	R= R′=CH_3	*l*-甲基麻黄碱	*d*-甲基伪麻黄碱
	R= R′=H	*l*-去甲基麻黄碱	*d*-去甲基伪麻黄碱

麻黄是我国特产药材，也是常用的重要中药材。麻黄性味辛、微苦、温，有发汗、平喘、利水等作用，主治风寒感冒、发热无汗和咳喘、水肿等。麻黄中含有多种生物碱，如左旋麻黄碱、右旋伪麻黄碱、左旋甲基麻黄碱、右旋甲基伪麻黄碱和左旋去甲基麻黄碱、右旋去甲基伪麻黄碱。这些生物碱都属于有机胺类。

2. 小檗碱　黄连的有效成分主要是生物碱。已经分离出的生物碱中主要有小檗碱、黄藤素（巴马丁）、黄连碱、甲基黄连碱、药根碱、表小檗碱、木兰花碱等。其中以小檗碱含量最高，可达 10% 左右，而且以盐酸盐的状态存在于黄连中。小檗碱具有明显的抗菌作用，对痢疾杆菌、葡萄球菌和链球菌具有显著抑制作用。

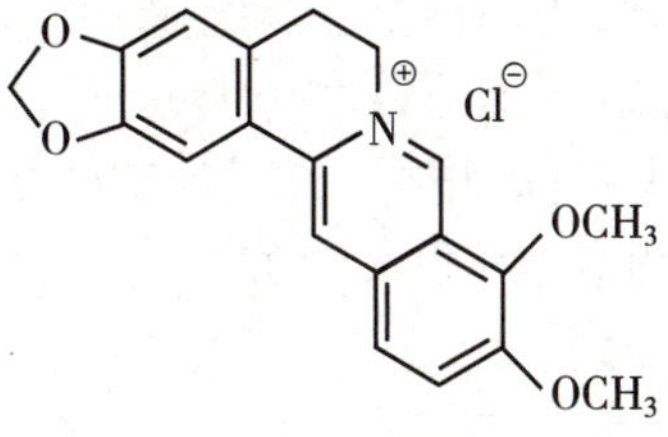

盐酸小檗碱

第三节　重氮盐及其性质

一、重氮盐的制备

芳香伯胺在低温和强酸条件下，与亚硝酸作用，生成重氮盐，叫重氮化。

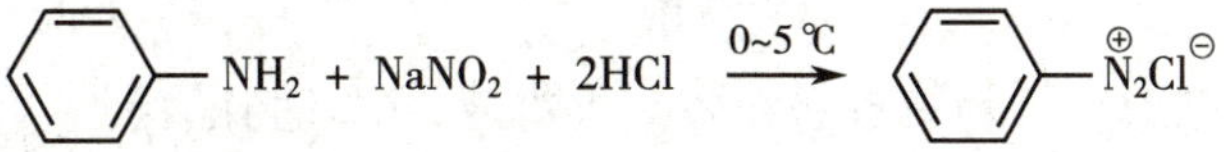

重氮化所需的酸为 HCl 或 H_2SO_4，反应温度 0~5℃。

重氮盐是离子型化合物。其结构式为：

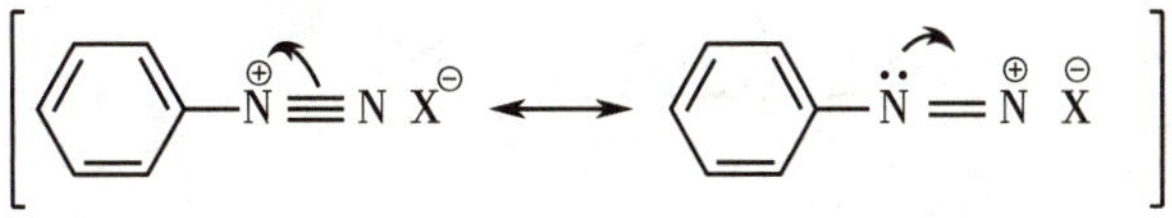

由于亚硝酸易分解，所以由盐酸或硫酸与亚硝酸钠在低温下反应先生成亚硝酸，再和胺

笔记栏

反应。

二、重氮盐的性质及在合成上的应用

重氮盐为无色结晶。干燥的重氮盐极不稳定，受热或振动时易爆炸。重氮盐在室温时即分解，所以重氮化需保持在低温下进行。重氮盐为离子型化合物，易溶于水，难溶于有机溶剂。

重氮盐是活性中间体，可发生许多反应，生成各种类型的产物，在药物合成和分析上常被采用。这些反应可概括为两类——放氮反应和留氮反应。

（一）放氮反应

所谓放氮反应，即重氮基被取代的反应。重氮盐在一定条件下发生分解，重氮基可被氢原子、羟基、卤素、氰基等取代，生成相应的芳香族衍生物，同时放出氮气。重氮盐的放氮反应有其特殊的重要性，是制备芳香多取代物的方法。

1. 重氮基被氢原子取代　重氮盐和次磷酸或乙醇等还原剂作用，重氮基被氢原子取代，生成芳烃。

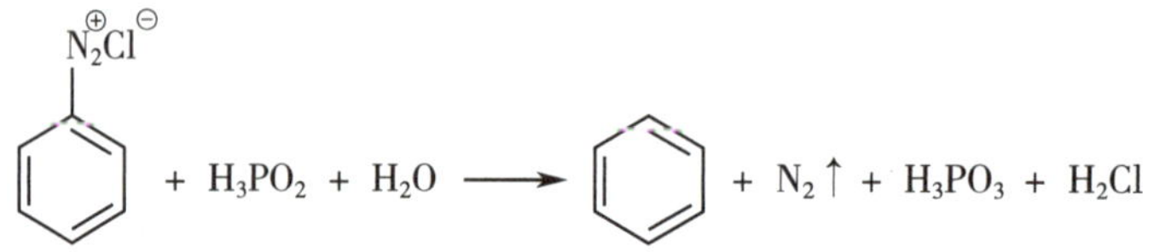

此反应在有机合成上可作为去氨基的方法。由于氨基是很强的Ⅰ类定位基，可利用其定位效应，在芳环上引入其他基团，再去掉氨基。例如：由苯合成 1,3,5- 三溴苯。

比较反应物和产物，需要在苯环上引入 3 个溴，由于 3 个邻对位定位基处于间位不能直接合成，必须采用间接的方法，先硝化得硝基苯，硝基苯还原得苯胺，苯胺溴代生成 2,4,6- 三溴苯胺，然后将氨基重氮化，再和次磷酸反应去掉重氮基，便得到产物 1,3,5- 三溴苯。

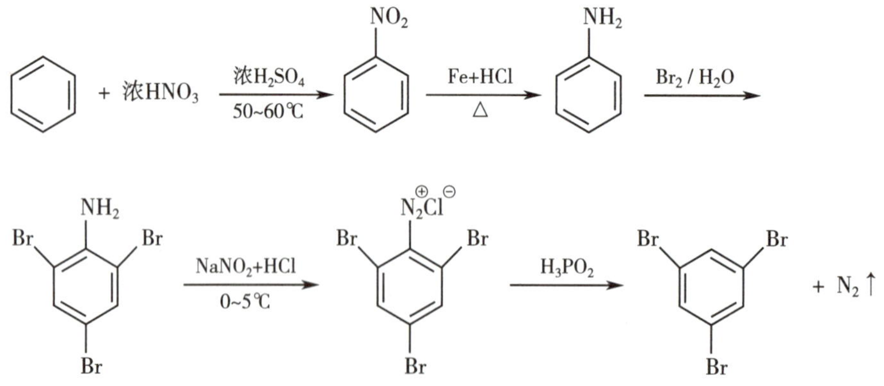

2. 重氮基被羟基取代　当重氮盐在硫酸水溶液（40%~50%H_2SO_4 溶液）中加热时，重氮盐发生水解反应，重氮基被羟基取代生成酚。

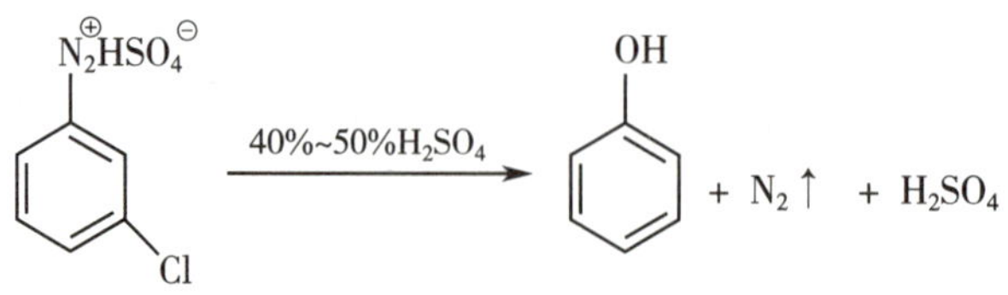

此反应一般用硫酸重氮盐，因为用盐酸重氮盐，有副产物卤代芳烃生成。所用硫酸

笔记栏

的浓度在40%~50%，因为用较浓的强酸是为防止生成的酚和未反应的重氮盐发生偶合反应。

重氮盐生成酚的反应，产率较低，一般在50%~60%，因此在合成上用其他方法不易得到的酚类才采用此方法。例如：由苯合成间溴苯酚。

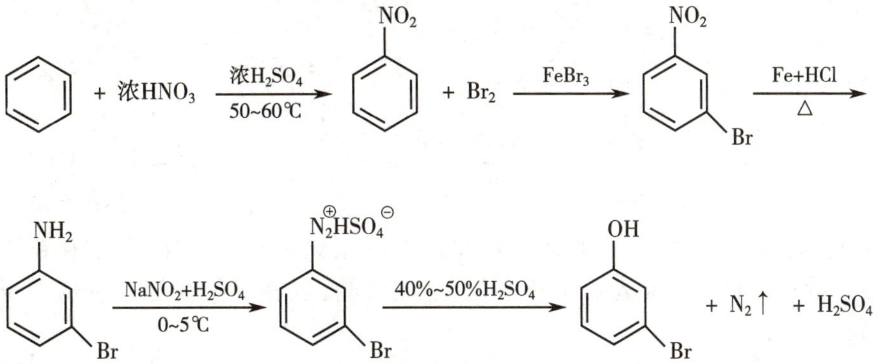

重氮盐的性质

3. 重氮基被卤素取代　在卤化亚铜的卤化氢溶液中，重氮基被氯和溴原子取代生成芳香氯化物或溴化物，同时放出氮气，这一反应称为桑德迈尔反应（Sandmeyer reaction）。

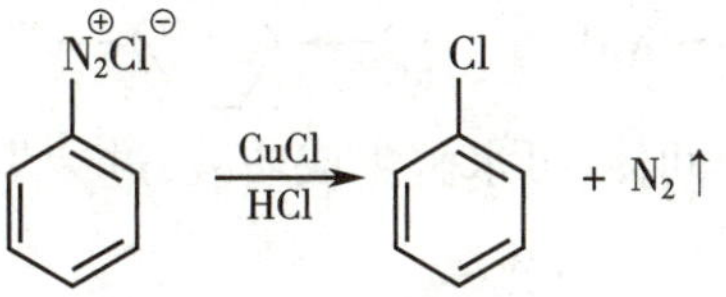

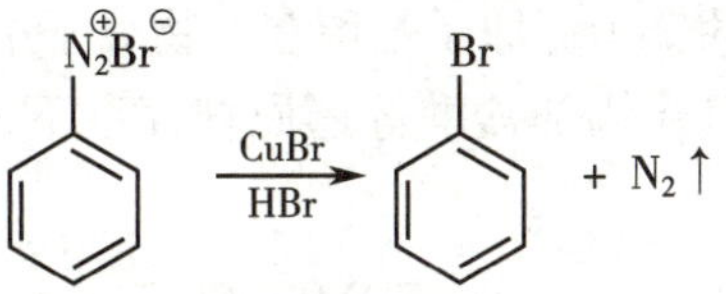

利用此反应制备卤代甲苯，产率较高（在70%以上）。如果用甲苯直接氯代，得到邻位和对位的混合物，二者物理性质相近，不易分离，而采用此方法可得到单一的纯品。也可用此方法合成通过直接合成得不到的产物。

氟和碘代芳香化合物也可通过重氮盐来制备，但不属于桑德迈尔反应。芳香重氮盐可和氟硼酸或碘化钠反应，生成氟苯或碘苯。

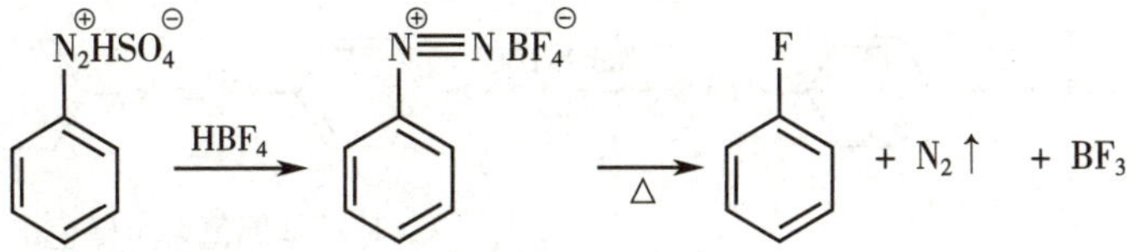

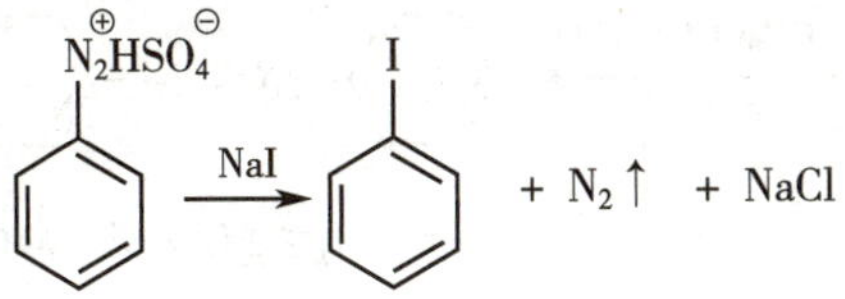

笔记栏

例如：由苯合成 1- 氯 3- 溴苯。

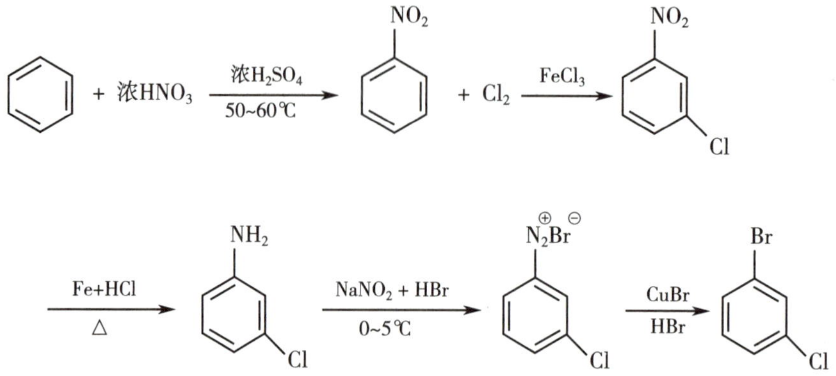

4. 重氮基被氰基取代　重氮盐与氰化亚铜的氰化钾水溶液作用，或在铜粉存在下与氰化钾溶液反应时，重氮基被氰基取代，生成芳腈，也属于桑德迈尔反应（Sandmeyer reaction）。

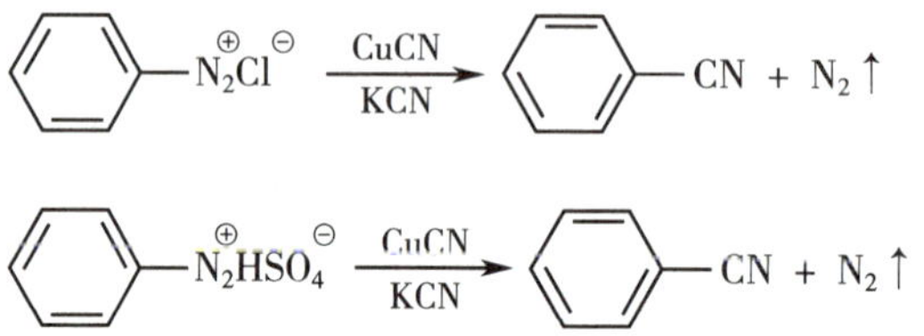

芳腈是一类重要的合成中间体，可水解生成羧酸，进一步转变成羧酸衍生物，或者还原生成胺。

（二）留氮反应

所谓留氮反应，即重氮基的 2 个氮原子都留在产物分子中的反应。

1. 还原反应　重氮盐在氯化锡加盐酸等还原剂存在下，被还原成苯肼盐酸盐，再用碱处理则得苯肼。

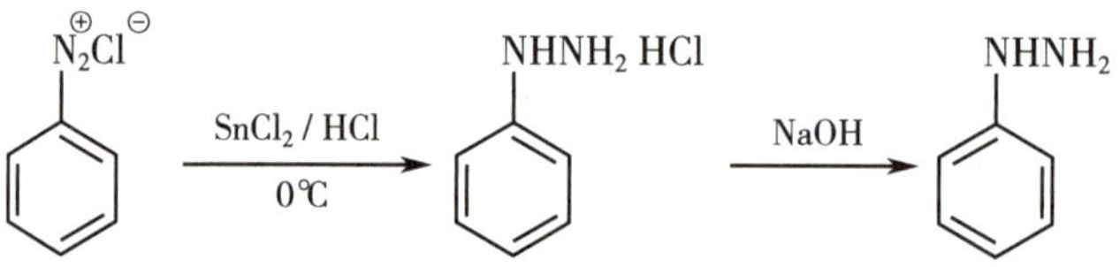

苯肼是无色油状液体，沸点 241℃，不溶于水，易溶于有机溶剂，毒性很大，是常用的羰基试剂，也是合成药物和染料的中间体。

2. 偶合反应　重氮盐在弱碱、中性或弱酸性溶液中与酚或芳胺等反应，生成有颜色的偶氮化合物，这个反应称为偶合反应或偶联反应。例如：

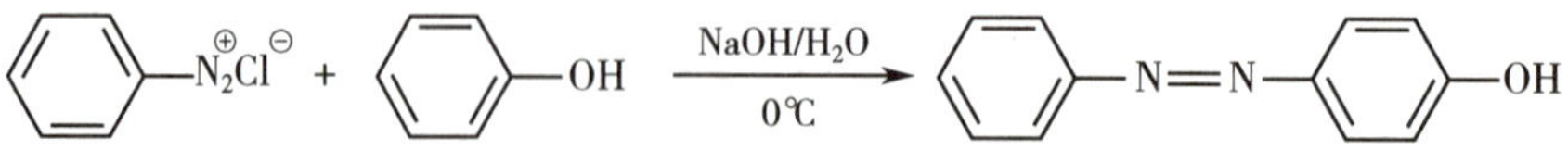

对羟基偶氮苯（橙色）

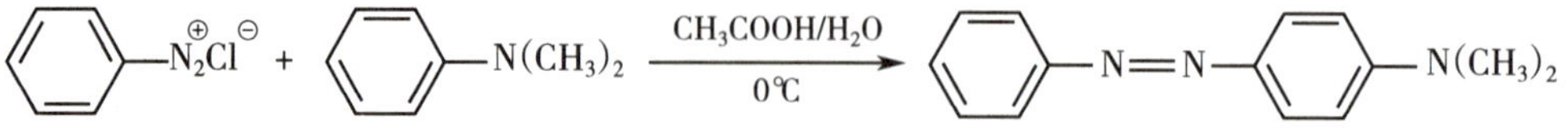

对二甲胺基偶氮苯（黄色）

所得产物叫偶氮化合物，参加偶合反应的重氮盐称重氮组分，酚或芳胺部分称偶合组分。偶氮化合物具有鲜艳的颜色，所以常用偶合反应鉴定芳胺类药物。

偶合反应是亲电取代反应。由于电子效应和空间效应的影响，反应一般发生在羟基和氨基的对位；当对位被占据时，反应发生在邻位，但不发生在间位。例如：

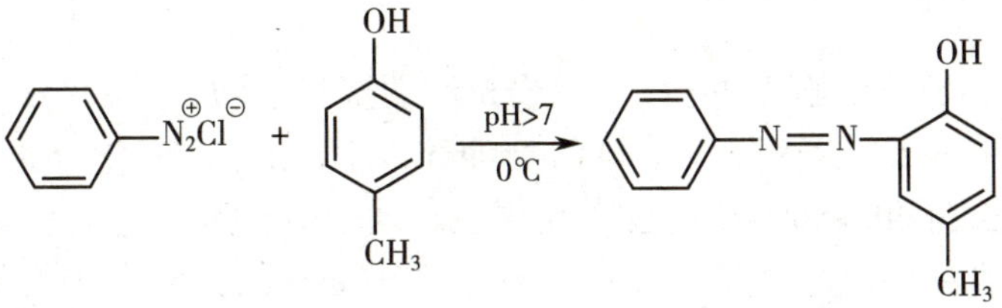

5-甲基-2-羟基偶氮苯

偶合反应与反应介质有关。介质的酸碱性是很重要的。一般来讲，重氮盐与酚类偶合是在弱碱溶液中进行的，因为此时酚转变成（$Ar—O^{\ominus}$），而氧负离子是比酚羟基（—OH）更强的邻对位定位基，更容易发生亲电取代反应。重氮盐与芳胺偶合是在中性和弱酸性介质中进行的，如果在强酸条件下，芳胺被质子化（$Ar—NH_3^{\oplus}$），而在强碱条件下，重氮盐变成重氮酸（—N═N—OH），都不能发生偶合反应。

在有机分析中，常用到的偶合组分是α-萘酚和β-萘酚。它们和重氮盐偶合生成橙红色的偶氮染料。例如：

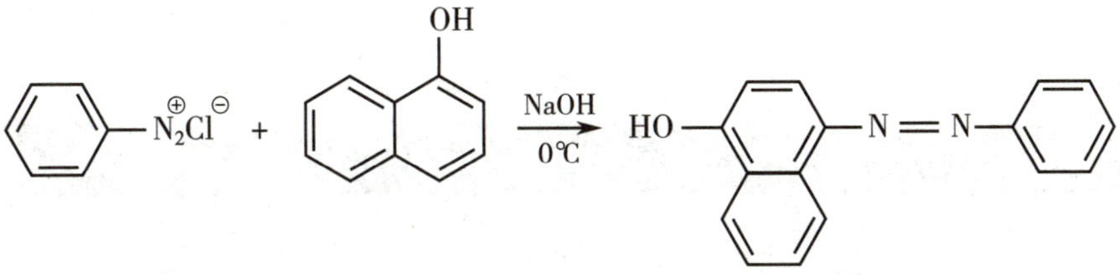

橙红色

三、代表性化合物

氯化重氮苯（benzenediazonium chloride）

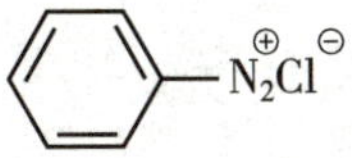

氯化重氮苯为无色结晶，能溶于乙醇、水，不溶于乙醚、苯，水溶液呈中性，可在水中完全解离，放置湿空气中即分解，振荡或加热会引起爆炸。在氯化亚铜、溴化亚铜、碘化钾、氰化亚铜的水溶液中加热，则分别产生氯苯、溴苯、碘苯及苯腈。在弱酸性介质中与芳香胺反应，或在弱碱性介质中与酚类反应，则生成偶氮化合物。以二氯化锡与盐酸还原，即成为苯肼。

第四节 偶氮化合物

分子中含有偶氮基（—N═N—）的化合物叫偶氮化合物。

通式：Ar—N═N—Ar

偶氮化合物因为颜色鲜艳，性质稳定，被广泛地用作染料，称为偶氮染料。据统计，世界偶氮染料的用量占所有合成染料的 60%，所以偶合反应的最重要用途是合成染料。

有些偶氮染料的颜色，可因溶液的酸碱性不同而发生改变。这些偶氮化合物在分析化学中作指示剂。

笔记栏

一、颜色的实质

有机物都能吸收一定程度的光波。吸收光波的选择性和化合物的结构有关系。大多数有机物所吸收的光的波长都较短，即在 400nm 以下，因此这些化合物都是无色的。如果所吸收的光波长在 400~800nm 就会产生颜色。这个波长区域称为可见光区。例如，波长 400~425nm 的光线看上去是紫色，波长在 510~530nm 的光线看上去是绿色。由波长 800~400nm 排列，光的颜色呈现红、橙、黄、绿、青、蓝、紫七色。

有机物分子中电子的跃迁或分子的振动、转动，能吸收一定波长的光波。如果所吸收的光波的波长在 400~800nm 的可见光区，这样的有机物看上去可呈现不同的颜色。有色有机物呈现的颜色是它所吸收的波长光波的补色，即未被它吸收的那部分光波的颜色。例如，某一物质能吸收波长为 400~435nm 的紫色光波，那么它看上去是黄绿色，因为它将黄绿色的光反射出来了，而紫色与黄绿色互为补色，所以物质选择性吸收了可见光而产生颜色，其颜色是被吸收色光的补色。如果物质将可见光线全部吸收，该物质就呈黑色；如果物质在可见光区完全不被吸收，该物质应无色。表 13-1 列出了不同波长的可见光的颜色及其补色。

表 13-1　可见光线的吸收

波长(nm)	相应的颜色	观察到的颜色(补色)
400	紫	黄绿
425	靛蓝	黄
450	蓝	橙黄
490	蓝绿	红
510	绿	紫
530	黄绿	紫
550	黄	靛蓝
590	橙黄	蓝
640	红	蓝绿
730	紫	绿

由表 13-1 可以知道，显红色的有机物有 2 种可能性：①吸收了波长 490nm 的蓝绿光；②除波长 640nm 附近的光波外，其余的可见光波全部被吸收。

二、颜色与结构的关系

有机物能吸收哪种波长的光波与其分子结构有关。电子在分子中结合越牢固，激发所需的能量越高，所吸收的光波的波长也越短。例如，分子中只含有 σ 键的有机物，由于组成 σ 键的电子互相结合的比较牢固，其基态与激发态之间的能差大，因此所需的激发能较高，电子激发所吸收的光波处于波长较短的远紫外区，在可见光区没有吸收，所以是无色的。而不饱和的有机物分子中，构成 π 键的 π 电子互相结合不牢固，π 电子的激发比较容易，特别是共轭大 π 键的体系，由于 π 电子的离域，流动性增大，激发更容易。例如：NO_2、NO、

—N ═N—连在苯环上的有机物，含有醌型结构（）的有机物等，分子中离域 π 电子的流动性都较大，激发所需能量较小，因此它们都能吸收可见光区的某些波长的光波，而使物质呈现颜色。一般共轭体系越长，越容易进入激发态，所吸收的光波更偏向能量小、波长长的波段，相应的物质颜色越深。

物质的结构不同，可对光波产生选择吸收，当选择性吸收发生在可见光区时，便产生不同的颜色。

三、生色团和助色团

经过深入研究，人们对有色有机物的结构特征已有所认识，并意识到某些不饱和基团是有色有机化合物结构中不可缺少的部分，这样的基团叫作生色团（又称发色团）。例如：

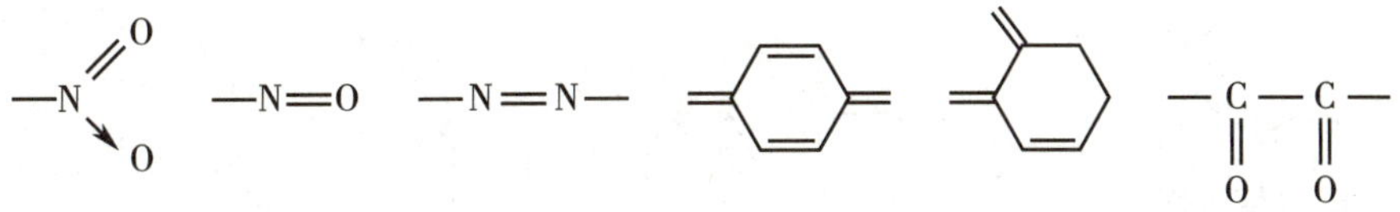

硝基　　亚硝基　　偶氮基　　对醌基　　邻醌基　　1，2-二酮基

凡含有生色团的有机物统称为色原体。

另外，有些酸性或碱性基团，可以使色原体的颜色加深。这类基团称为助色团（深色团）。例如：$—NH_2$、—NHR、$—NR_2$、$—SO_3H$、—OH、—OR 等。它们在结构上的共同特点是，与生色团相连的原子都带有未共用电子对。例如：

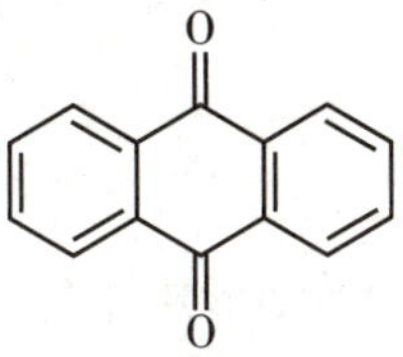

浅黄色

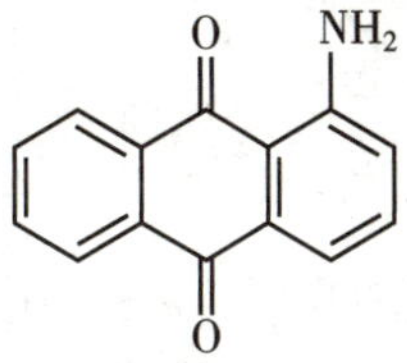

红色

助色团的另一作用是，能使作为染料的有机物较牢固地附着在纤维上。作为染料使用的有色物质，必须对纤维有一定的亲和力，能附着在纤维上，耐洗涤。助色团就具有增强染料对纤维附着力的作用。某些助色团（如$—SO_3H$）还能增加染料的水溶性。

四、代表性化合物

1. 甲基橙　甲基橙（methyl orange）是由对氨基苯磺酸的重氮盐与 *N*,*N*- 二甲基苯胺偶合而成。

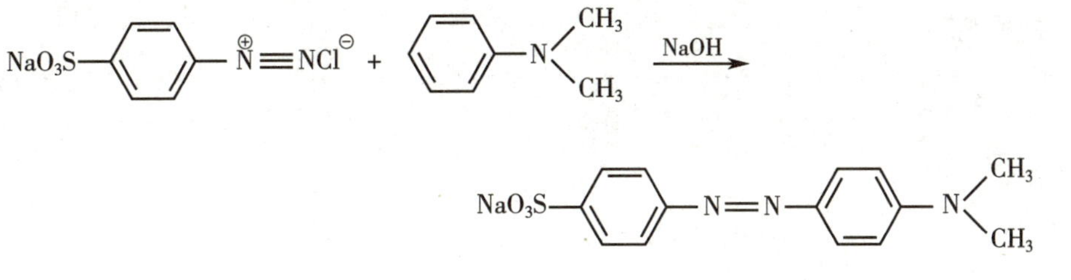

甲基橙

甲基橙的变色范围为 pH 3.1~4.4。它在 pH<3.1 的溶液中呈红色，在 pH>4.4 的溶液中显黄色，在 pH 3.1~4.4 之间显橙色。甲基橙之所以能在不同的 pH 溶液中呈现出不同的颜色，是因为其结构能随 pH 改变而改变。

笔记栏

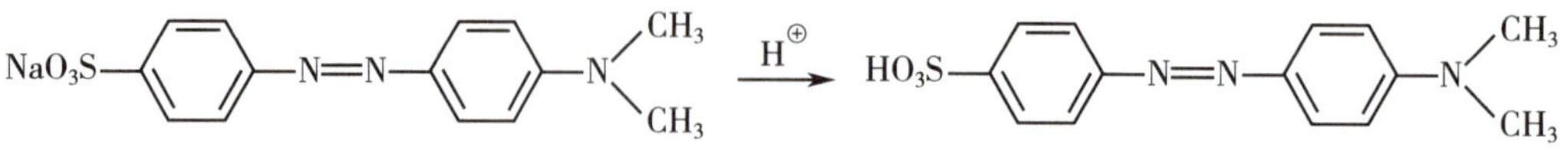

黄色　　　　橙色

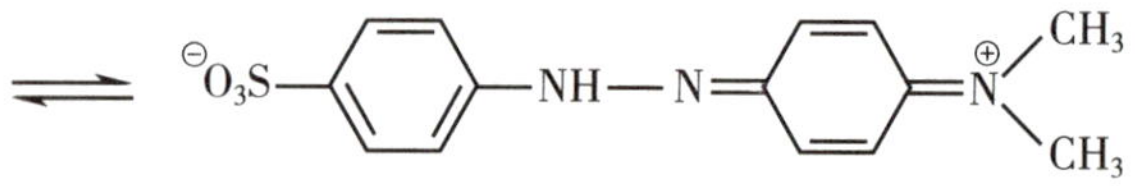

红色

在 pH>4.4 时主要生色团是偶氮基，而在 pH<3.1 时主要生色团是对醌基，由于生色团不同，所呈现的颜色也不同。

2. 刚果红　刚果红（Congo red）是由联苯胺双重氮盐与两分子 4- 氨基萘磺酸偶合而成，是一个双偶氮化合物。

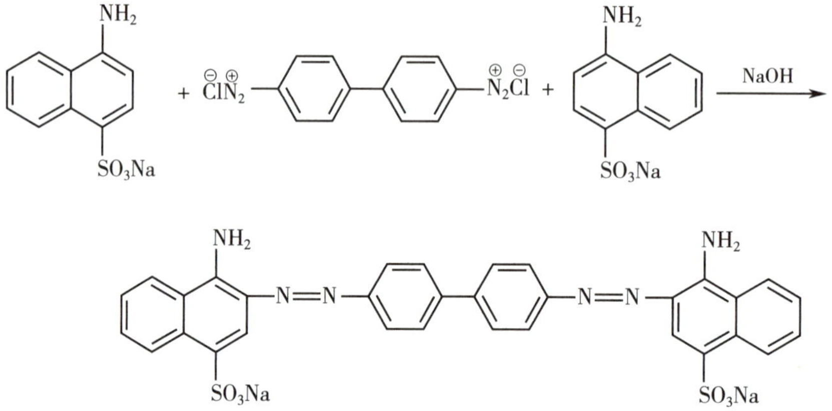

红色

刚果红的变色范围为 pH 3~5。在 pH>5 时，它以磺酸钠形式存在，显红色；在 pH<3 时，它以邻醌式内盐的形式存在，显蓝色。

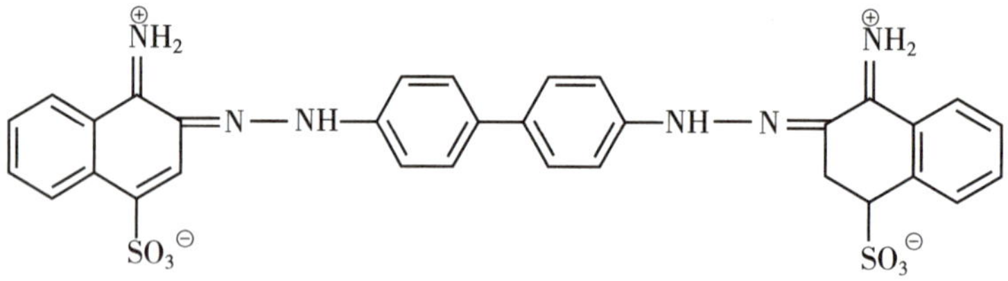

蓝色

刚果红曾经用作染料，但日久褪色，又遇酸、碱变色，所以不再用作染料，只在分析化学中用作指示剂。

（张立剑）

笔记栏

学习小结

1. 学习内容

- 含氮化合物
  - 硝基化合物
    - 结构
    - 主要化学性质
      - 还原反应
      - 互变异构
      - 硝基对芳环的影响
  - 胺类
    - 分类与结构
    - 主要化学性质
      - 碱性
      - 烷基化
      - 酰化与磺酰化
      - 与亚硝酸反应
      - 季铵化合物的特性
  - 重氮盐
    - 制备方法
    - 主要反应
      - 取代反应
      - 偶联反应
      - 还原反应

2. 学习方法　含氮化合物一般分为硝基化合物、胺类、重氮盐和偶氮化合物等。硝基化合物的官能团是硝基，具有不饱和性及强吸电子性，能发生还原反应，并对 α 碳或芳环产生影响。胺类的官能团是氨基，氨基氮具有孤对电子，具亲核性及碱性，且影响胺类碱性强弱的因素有电子效应、空间效应及溶剂化效应等，要注意区分和理解；胺类中的季铵碱在发生热消除反应时主要服从霍夫曼规则，应注意与札依采夫规则相区别。重氮盐是一类活泼的化合物，应掌握其取代、偶联、还原反应在合成中的应用。

复习思考题与习题

1. 已知 $(CH_3)_3N$ 的沸点为 3℃，$CH_3CH_2CH_2NH_2$ 的沸点为 49℃。解释：为什么在同分异构体中，三级胺的沸点最低？

2. 由苯胺制备对氯苯胺一般都在稀酸或弱酸性介质中进行，如在强酸中进行，会得到什么产物？为什么？

3. 比较三甲胺水溶液和氢氧化四甲铵水溶液，谁的碱性强。为什么？

笔记栏

4. 完成下列反应式。

(1) 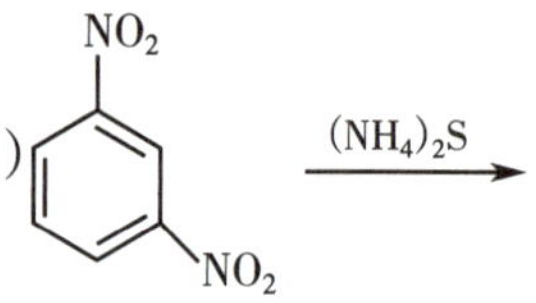

(2) 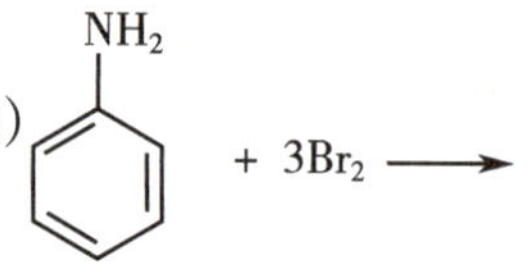

(3) 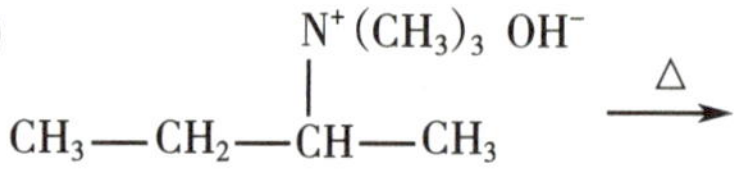

(4) 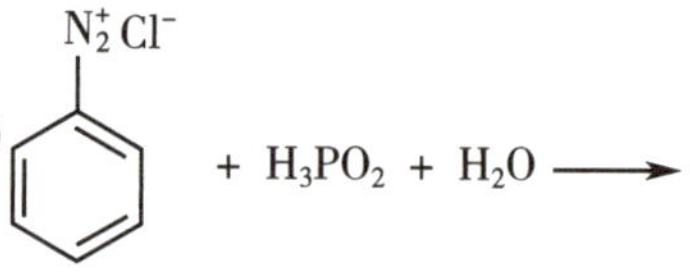

5. 比较下列化合物的碱性强弱。

(1) $FCH_2CH_2NH_2$, $CH_3CH_2NH_2$

(2) $FCH_2CH_2NH_2$, $F_3CCH_2NH_2$

(3) $CH_3OCH_2CH_2NH_2$, $CH_3CH_2CH_2CH_2NH_2$

6. 比较下列化合物在水溶液中的碱性。

(1) 

1 2 3 4

(2) 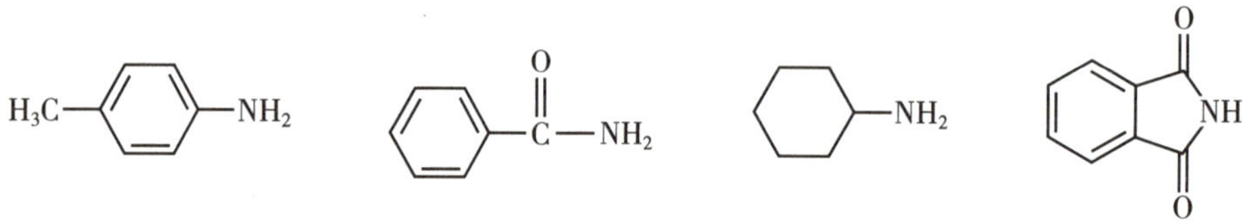

1 2 3 4

(3) 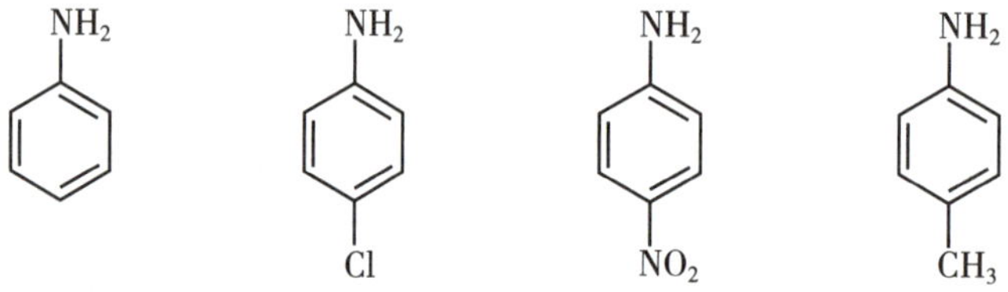

1 2 3 4

7. 用化学方法区别下列各组化合物。

(1) 苯酚、苯胺和苯甲醇

(2) 苯胺盐酸盐和对氯苯胺

(3) 苯胺、*N*-甲基苯胺、*N*,*N*-二甲基苯胺

8. 由指定的原料和必要的试剂合成下列化合物。

(1) 由苯合成1,3,5-三溴苯

(2) 由苯合成间溴苯酚

(3) 由苯合成对甲基苯甲酸

(4) 由苯合成间二溴苯

第十四章

杂环化合物

笔记栏

PPT 课件

学习目标

杂环化合物在有机化学和药物化学中占有重要的地位。由于结构上的特殊性，杂环化合物在机体中具有独特的生物活性，故许多药物都含有杂环。

1. 掌握各类常见杂环化合物的结构和命名；掌握呋喃、噻吩、吡咯、吡啶、吲哚、喹啉的化学性质。
2. 熟悉核酸组成中的重要碱基——嘧啶、嘌呤。
3. 了解叶绿素、血红素等卟啉环化合物。

在前面一些章节中，我们已遇到如下化合物：

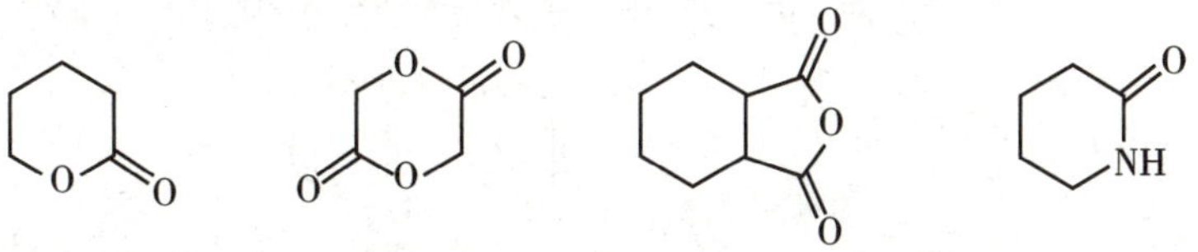

这样的化合物，它们结构上的共同特点是：①环状化合物；②成环原子除碳外，还有其他原子。这些非碳原子，称为杂原子。杂原子大多属于周期表中Ⅳ、Ⅴ、Ⅵ三族的主族元素，最常见的是氮、氧、硫，其中以氮原子最为多见。但这些化合物通常容易开环成原来的链状化合物，其性质又与相应的链状化合物相似，因此一般不把它们列入杂环化合物的范围。

有机化学中所讨论的杂环化合物，除了具有环状化合物、成环原子有杂原子 2 个特点外，一般都比较稳定，不容易开环。有些杂环化合物的性质与苯、萘等相似，具有不同程度的芳香性，环中的 π 电子数符合 $4n+2$ 规则。

杂环化合物广泛分布于自然界，种类繁多，数目庞大，功用很多。据统计，杂环化合物约占已发现的有机化合物的 65% 以上，在有机化学的各个研究领域中都占有相当重要的地位。动植物体内所含的生物碱、苷类、色素等往往都含有杂环结构。许多药物，包括天然药物和人工合成药物，如头孢菌素（抗生素）、羟喜树碱（抗肿瘤药）、小檗碱（抗菌药）等也都含有杂环。与人类生命活动及各种代谢关系非常密切的核酸，其碱基部分也含有杂环。近几十年来，杂环化合物的理论和应用方面的研究不断取得重大进展，许多天然杂环化合物，包括像维生素 B_{12} 那样结构极其复杂的杂环分子，已经能够用人工方法进行全合成；同时，人类也合成了许多自然界不存在的杂环化合物，分别作为药物、超导材料、工程材料等，也都具有很重要的作用。

第一节 杂环化合物的分类

杂环化合物种类繁多，按所依据的原则不同，常见的分类方法有以下几种：

笔记栏

一、按分子所含环系的多少及其连接方式分类

- 单杂环类，如：吡咯、吡啶等。
- 稠杂环类，如：吲哚、嘌呤等。
- 螺杂环类，如： 等。
- 桥杂环类，如：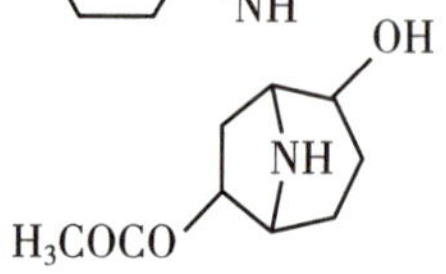 等。
- 巨杂环类，如：卟啉、冠醚等。

二、按分子中所含 π 电子的状态和数量分类

- 芳香性杂环化合物
  - 多 π 电子芳杂环：通常为五元芳杂环，如呋喃、吡咯、噻吩等。

     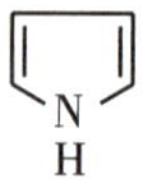 
  - 缺 π 电子芳杂环：通常为六元含氮芳杂环，如吡啶、嘧啶等。

    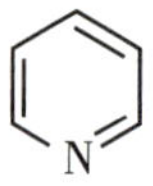 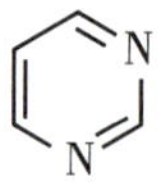
- 非芳香性杂环化合物
  - 烯型杂环：含有 π 键但不含闭合环状共轭体系的杂环，如 α -吡喃、 γ -吡喃等。

    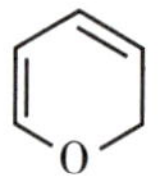 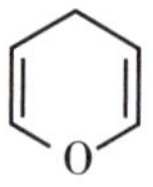
  - 烷型杂环：不含 π 键的饱和杂环，如四氢呋喃、六氢吡啶等。

     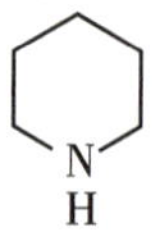

此外，单杂环类可按照环的大小分为三元杂环、四元杂环、五元杂环、六元杂环等。稠杂环化合物的结构较为复杂，可以是芳环和杂环相稠合，也可以是杂环和杂环相稠合，还可能是含有共用杂原子的稠杂环。

第二节 杂环化合物的命名

采用俗名的含杂原子单环母体氢化物的命名，已经在第二章介绍。这里简要介绍杂环多环母体氢化物的命名。

对这类杂环化合物，可将其母核分解成2个有特定名称的环系，并将其中一个定为基本环，另一个定为附加环。命名时将附加环名称放在前，基本环名称放在后，两环名称间缀一方括号，方括号内分别用阿拉伯数字和小写英文字母表示两环的稠合情况。具体方法如下：

1. 基本环的选择方法　基本环的选择，主要按以下几条规则依次考虑。

(1)由杂环和芳环构成的稠杂环，优先选择杂环作基本环。如还有选择时，应优先选择环数较多，且有特定名称的杂环作基本环。例如：Ⅰ、Ⅱ。

(Ⅰ)

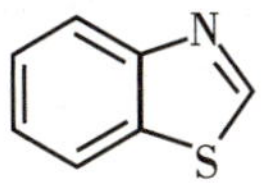

苯并[d]噻唑(benzo[d]thiazole)
(噻唑为基本环)

(Ⅱ)

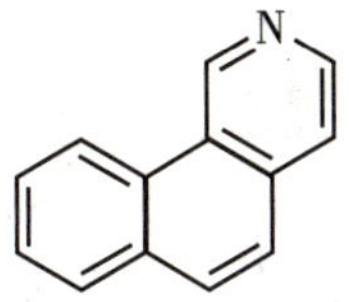

苯并[h]异喹啉(benzo[h]isoquinoline)
(异喹啉为基本环，不称萘并吡啶)

(2)由杂环和杂环构成的稠杂环，环大小不同时，优先选择大环作基本环；环大小相同时，按O、S、N的顺序优先选择基本环。例如：Ⅲ、Ⅳ。

(Ⅲ)

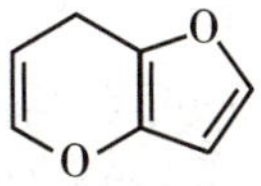

呋喃并[3,2-b]-4*H*-吡喃
(furo [3,2-b]-4*H*-pyran)
(大环优先)

(Ⅳ)

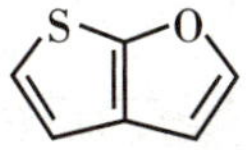

噻吩并[2,3-b]呋喃
(thieno[2,3-b]furane)
(含氧优先于含硫)

(3)杂环中杂原子数目不同时，含杂原子数目多的环优先；数目相同时，则含杂原子种类多的环优先。例如：Ⅴ、Ⅵ。

(Ⅴ)

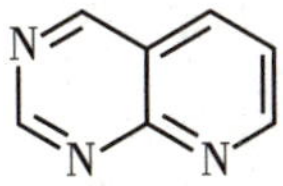

吡啶并[2,3-d]嘧啶
(pyrido[2,3-d]pyrimidine)
(杂原子数目多的优先)

(Ⅵ)

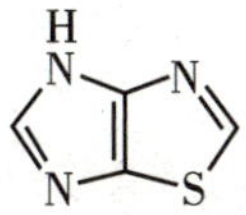

咪唑并[5,4-d]噻唑
(imidazo[5,4-d]thiazole)
(杂原子种类多的优先)

(4)环的大小、杂原子的数目、种类都相同时，优先选择稠合前杂原子编号较小的杂环为基本环。例如：Ⅶ。

(Ⅶ)

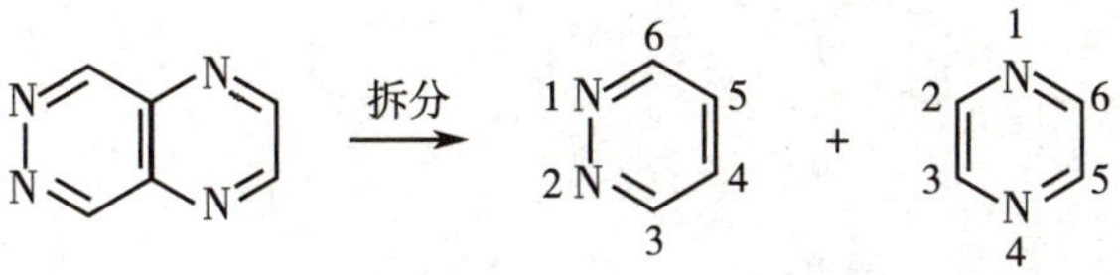

哒嗪　　吡嗪
(杂原子编号较小，选为基本环)

(5)含有共用杂原子的稠杂环，应视为两环都含有该共用杂原子来进行选择。例如：Ⅷ。

(Ⅷ)

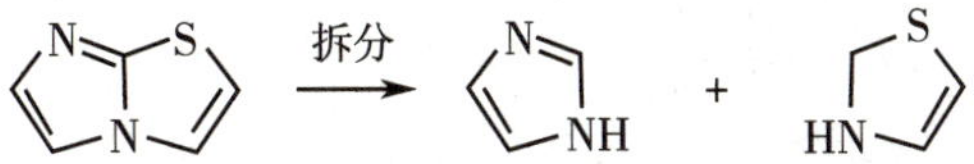

咪唑　　噻唑
(含杂原子种类多，选为基本环)

笔记栏

除以上规定外，尚有一些其他习惯使用的规定，此处不再讲述。

2. 稠合边的表示方法 为了将基本环与附加环的稠合方式表达清楚，应先将两部分各自按本节“1.(1)~(4)”中的编号原则编号，再将基本环的每条边按编号方向依次用 a、b、c、d、…代表，然后将附加环稠合边原子序号写在前，基本环稠合边字母写在后，二者之间用“-”隔开，一起放到两环系名称之间的方括号内。附加环稠合边原子序号在书写时应与基本环字母次序的方向一致，两者顺序相同时小数字在前，大数字在后；反之，则大数字在前，小数字在后。例如：

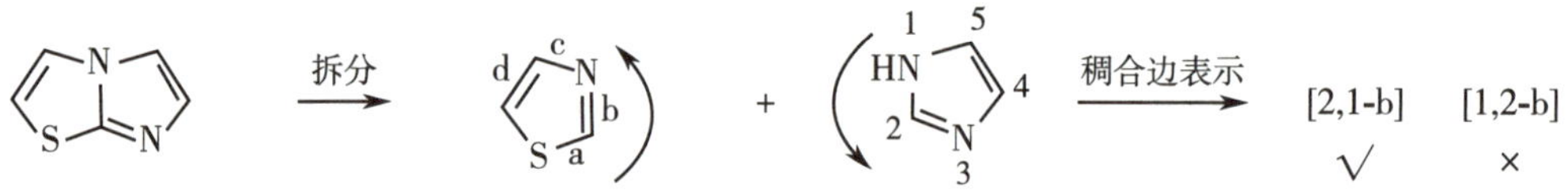

咪唑并[2,1-b]噻唑　　噻唑　　咪唑

（S优于N，选为基本环）

该化合物两环稠合边编号方向相反，命名时应使其一致，所以应称为咪唑并［2,1-b］噻唑，而不称咪唑并［1,2-b］噻唑。

又例如前面所见到的Ⅰ应称为苯并［d］噻唑（苯环的稠合边原子序号在此无须标出）；Ⅳ称为噻吩并［2,3-b］呋喃；Ⅵ称为咪唑并［5,4-d］噻唑；Ⅶ称为吡嗪并［2,3-d］哒嗪。

3. 整个稠杂环的编号方法 当此类化合物分子中存在其他取代基或官能团时，需要对整个化合物进行统一编号（此编号方式与表示稠合方式的编号无关）。其编号规则如下：

(1) 应尽可能使所有杂原子都有最低位次，其次按 O、S、NH、N 的顺序选择优先编号的杂原子。例如：

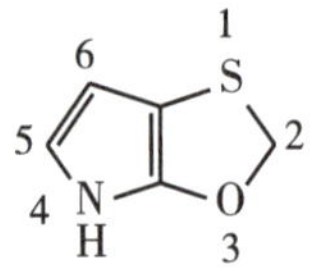

正确

（杂原子编号为1、3、4）

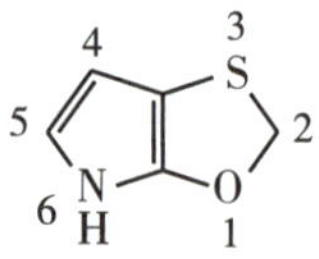

错误

（杂原子编号为1、3、6）

(2) 共用碳原子一般不编号（个别例外），但在满足上一条规则的前提下，应尽可能使共用碳原子具有较低的序号（其编号方式是依整个分子的编号方向在其前一个原子的编号下加注“a”“b”“c”等）。例如：下面化合物可有 3 种不同的编号方式，其中杂原子的编号均为 1、4、5、8，但第 1 种共用碳原子的编号为 4a，后 2 种则为 8a，故正确的编号方式应为第 1 种。

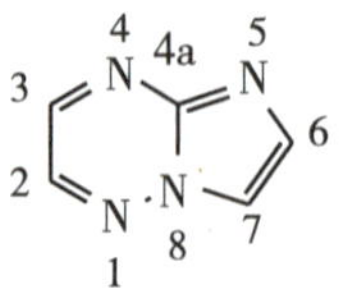

正确

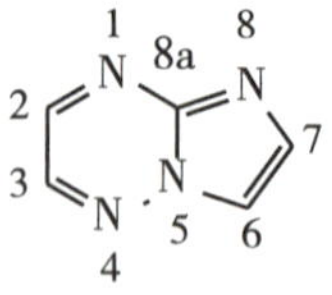

错误

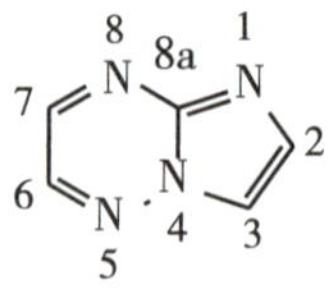

错误

(3) 氢原子和指示氢的编号应尽可能低。例如：

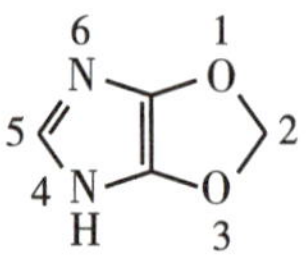

正确

（氢原子编号为2、2、4、5）

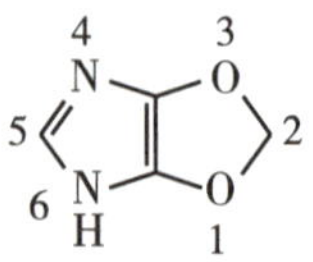

错误

（氢原子编号为2、2、5、6）

笔记栏

命名实例：

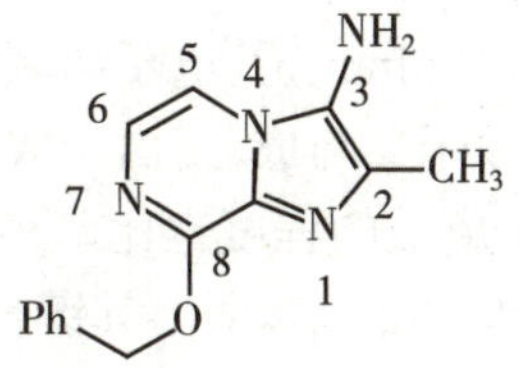

3-氨基-8-苄氧基-2-甲基-咪唑并[1,2-a]吡嗪

3-amino-8-benzyloxy-2-methylimidazo[1,2-a]pyrazine

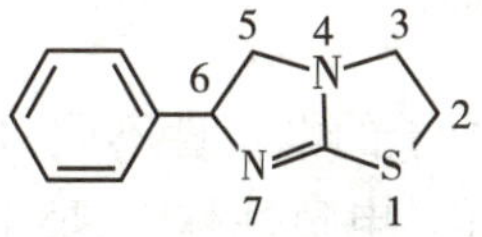

6-苯基-2,3,5,6-四氢咪唑并[2,1-b]噻唑

6-pheny1-2,3,5,6-tetrahydroimidazo[2,1-b]thiazole

第三节 五元杂环化合物

五元杂环化合物的种类较多，其中含1个杂原子的典型代表是呋喃(furan)、噻吩(thiophene)和吡咯(pyrrole)，含2个杂原子的典型代表是吡唑(pyrazole)、咪唑(imidazole)和噻唑(thiazole)。它们的某些衍生物非常重要。本节将重点介绍这几种化合物。

一、呋喃、噻吩和吡咯

(一) 结构与芳香性

呋喃、噻吩与吡咯结构相似，都可以看作由O、S、NH分别取代了1,3-环戊二烯分子中的CH_2后得到的化合物。然而，其典型化学性质却类似苯，能发生亲电取代反应，而不太容易发生加成反应，具有一定的芳香性。

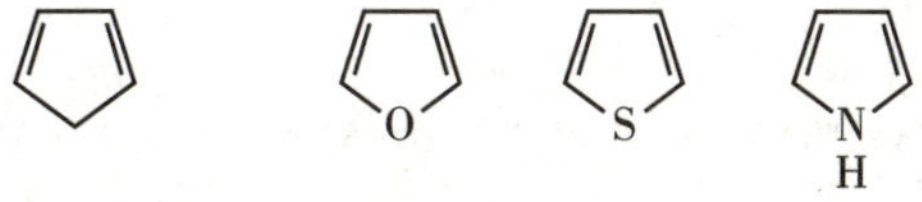

1,3-环戊二烯	呋喃	噻吩	吡咯
cyclopenta-1,3-diene	furan	thiophene	pyrrole

物理方法证明，呋喃、噻吩、吡咯是一个平面结构。按照杂化理论的观点，呋喃、噻吩、吡咯分子中4个碳原子和1个杂原子间都以sp^2杂化轨道形成σ键，并处于同一平面上，每一个原子都剩1个未参与杂化的p轨道(其中碳原子的p轨道上各有1个电子，杂原子的p轨道上有2个电子)。这5个p轨道彼此平行，并相互侧面重叠形成一个五轨道六电子的环状共轭大π键，π电子云分布于环平面的上方与下方(图14-1)，其π电子数符合休克尔$4n+2$规则($n=1$)。这3个化合物所形成的共轭体系与苯非常相似，所以它们都具有类似的芳香性。

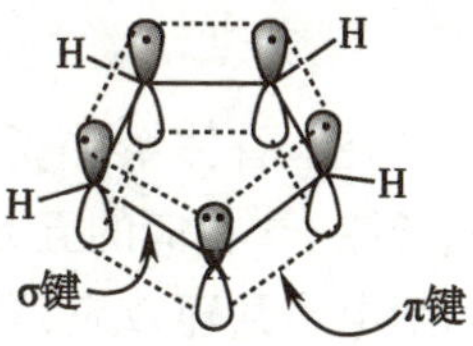

X=O、S、NH

图14-1 呋喃、噻吩、吡咯的共轭体系

但是，这3个化合物的共轭体系与苯并不完全一样，主要表现

如下：

1. 键长平均化程度不同，芳香性有差异　苯的成环原子种类相同，电负性一样，键长完全平均化（6 个碳碳键的键长均为 0.14nm），其电子离域程度大，π 电子在环上的分布也是完全均匀的。这 3 个化合物都有杂原子参与成环，由于成环原子电负性的差异，使得它们分子中键长平均化的程度不如苯，电子离域的程度也比苯小，π 电子在各杂环上的分布也不是很均匀，所以，呋喃、噻吩、吡咯的芳香性都比苯弱。其键长分别如下：

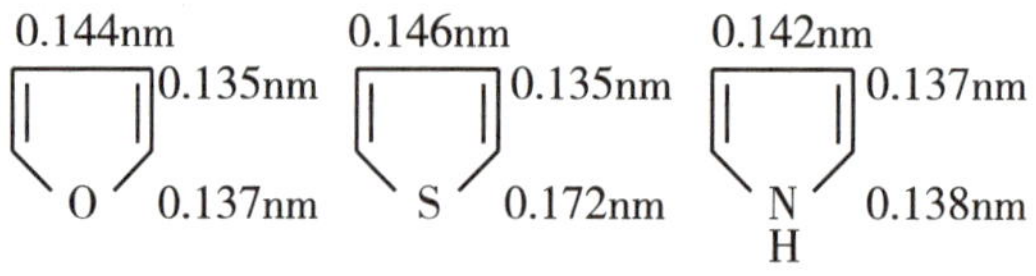

此外，由于这 3 个杂环所含杂原子的电负性不同，各环系中电子云密度的分布也不一样，所以它们之间的芳香性也有差异。电负性越大，环中 π 电子的离域程度相对越小，其芳香性越差。这 3 个杂环化合物芳香性强弱顺序与电负性数据如下：

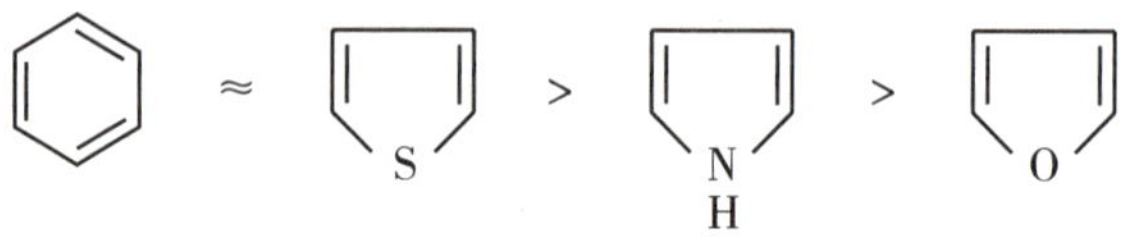

	苯	噻吩	吡咯	呋喃
电负性：	2.55（C）	2.58（S）	3.04（N）	3.50（O）

2. 环上平均 π 电子云密度大小不同　苯分子形成的是一个六轨道六 π 电子的等电子共轭体系，而 3 种杂环形成的是五轨道六 π 电子的多电子共轭体系，其环上平均 π 电子云密度要比苯大，因此被称作多 π 芳杂环。它们的亲电取代反应活性都比苯高。

（二）物理性质

呋喃是无色液体，沸点 31.36℃，有氯仿的气味；噻吩是无色而有特殊气味的液体，沸点 84.16℃；吡咯为无色液体，沸点 130~131℃，略有苯胺气味。

1. 偶极矩　芳香不饱和五元杂环的偶极矩方向及数据如下：

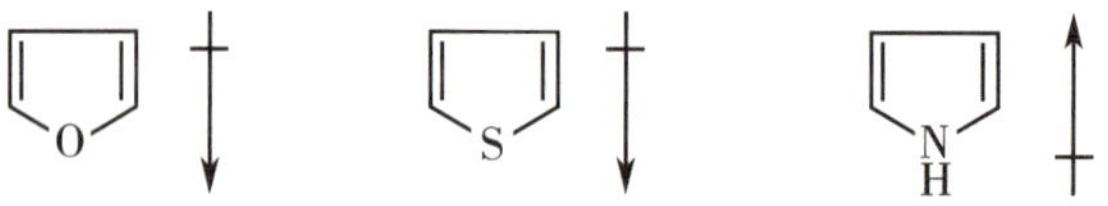

2.33×10^{-30}C · m　　1.70×10^{-30}C · m　　6.03×10^{-30}C · m

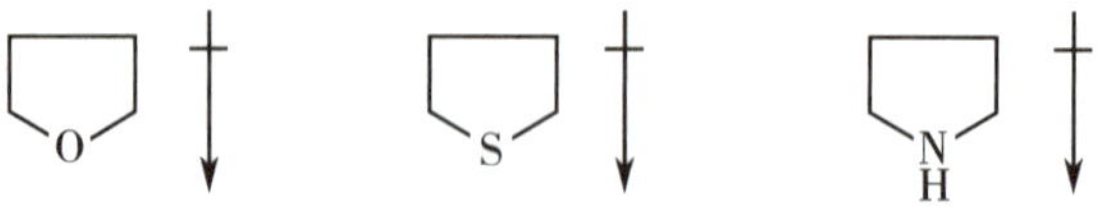

5.76×10^{-30}C · m　　6.33×10^{-30}C · m　　5.25×10^{-30}C · m

在芳香体系（饱和）的五元杂环中，由于杂原子的吸电子诱导效应，偶极矩的方向都是指向杂原子；相应的五元芳杂环的偶极矩是由 2 种作用力构成的，即杂原子的吸电子诱导效应和给电子共轭效应，最终的结果是呋喃和噻吩的偶极矩数值变小，而吡咯的偶极矩方向发生逆转，这说明在这种共轭体系中，氮的给电子共轭效应大于吸电子诱导效应。

2. 水溶性　呋喃、噻吩、吡咯分子中杂原子的未共用电子对因参与组成环状共轭体系，失去或减弱了与水分子形成氢键的可能性，致使它们都较难溶于水，但吡咯因氮原子上的氢还可与水形成氢键，故水溶性稍大。三者水溶性顺序为吡咯（1∶17）> 呋喃（1∶35）> 噻吩（1∶700）。

3. 环的稳定性

（1）对碱：3 种杂环化合物都很稳定。

（2）对氧化剂：呋喃、吡咯（甚至空气中的氧）不稳定，特别是呋喃可被氧化开环生成树脂状物；噻吩对氧化剂比较稳定，但在强氧化剂如硝酸的作用下也可开环。

（3）对酸：噻吩比较稳定；吡咯与浓酸作用可聚合成树脂状物；呋喃对酸很不稳定，稀酸就可使环破坏生成不稳定的二醛，并聚合成树脂状物。这是因为杂原子参与环系共轭的电子对能不同程度地与质子结合，从而部分地破坏了环状大 π 键，导致环的稳定性下降。

（三）化学性质

呋喃、噻吩、吡咯均属多 π 芳杂环，环中 π 电子云密度大，亲电取代反应活性比苯高，又因它们对酸的稳定性不同，故反应条件比苯温和。另外，由于 3 个化合物的芳香性比苯差，因而在一定条件下可发生加成反应，如催化加氢、第尔斯 - 阿尔德反应等。

1. 亲电取代

（1）卤化：3 个化合物都非常易于发生卤化反应，通常得到多卤代产物；控制反应条件，也可使生成一卤代产物为主。例如：

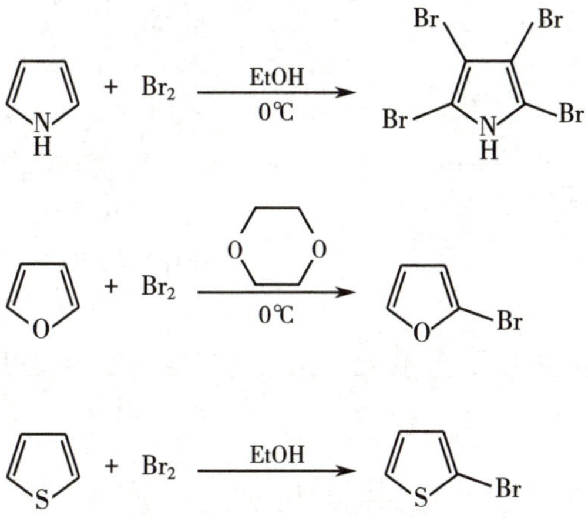

（2）硝化：硝酸是强酸，又是强氧化剂，因此 3 个化合物都不能直接用硝酸硝化，而需采用硝酸乙酰酯作硝化剂。硝酸乙酰酯是一个温和的非质子硝化剂，可在低温下进行反应。

$$HNO_3 + (CH_3CO)_2O \longrightarrow CH_3COONO_2 + CH_3COOH$$

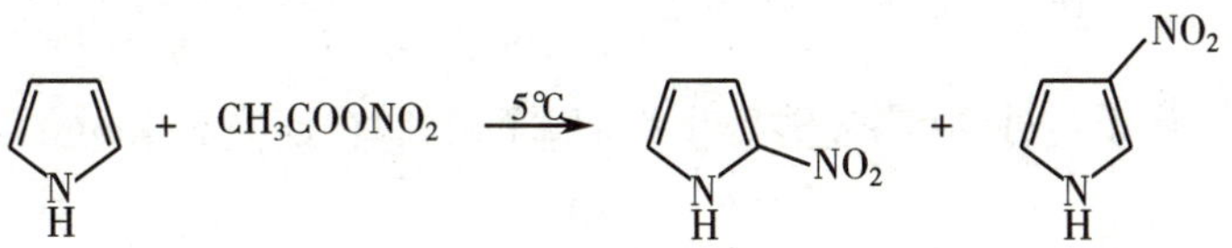

83%　　5%~7%

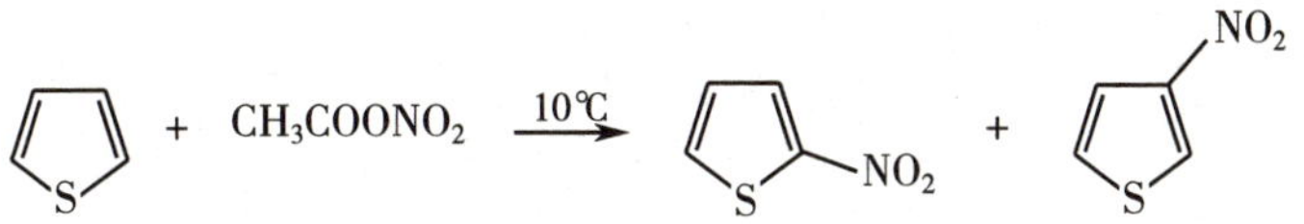

70%　　5%

笔记栏

(3)磺化:3个化合物中噻吩对酸较稳定,可直接用浓硫酸作磺化剂,在室温下就可进行反应。

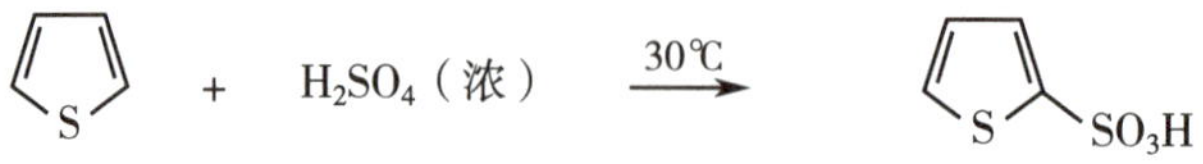

噻吩-2-磺酸(75%)
thiophene-2-sulfonic acid

苯在相同的条件下很难发生反应,因此,常利用这个性质上的差异从粗苯中除掉噻吩。其方法是,在室温下反复用浓硫酸洗涤粗苯,磺化的噻吩可溶于浓硫酸,而苯不溶于浓硫酸,分离后即可得到无噻吩的苯。这一方法同样可用于噻吩的提取、纯化。因为噻吩-2-磺酸可经水解而去掉磺酸基。

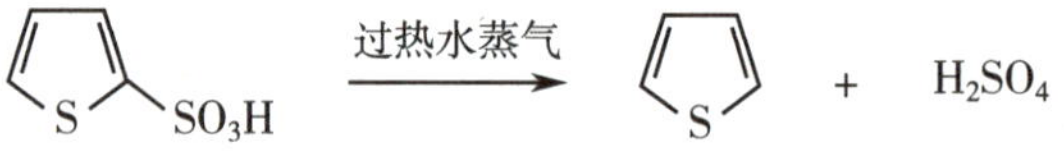

呋喃、吡咯不能直接用浓硫酸磺化,需采用吡啶的 SO_3 加成物作非质子磺化剂进行反应。

呋喃-2-磺酸(90%)
furan-2-sulfonic acid

吡咯-2-磺酸(90%)
pyrrole-2-sulfonic acid

(4)弗里德-克拉夫茨酰化反应:呋喃、噻吩、吡咯均可发生弗里德-克拉夫茨酰化反应,得到 α 位酰化产物。例如:

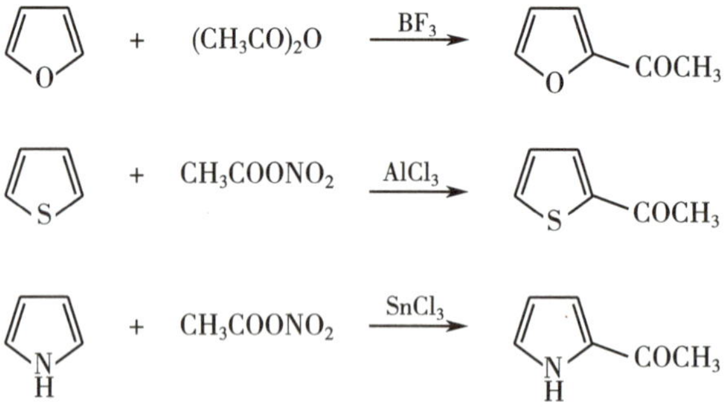

除上述亲电取代反应外,吡咯还能发生类似苯酚的偶合反应和 Reimer-Tiemann 反应。

由上述反应实例可以看出，呋喃、噻吩、吡咯发生亲电取代反应比苯容易，取代基主要进入α位，这是因为α位的π电子云密度较β位高，更易受到亲电试剂的进攻。这种现象也可以用共振论加以解释。以吡咯的硝化为例，反应时，$^{+}NO_2$ 进攻β位得到的碳正离子中间体是2个共振结构（Ⅰ与Ⅱ）的共振杂化体；进攻α位得到的碳正离子中间体是3个共振结构（Ⅲ、Ⅳ、Ⅴ）的共振杂化体，参加共振的共振式越多，说明正电荷的分散程度越大，共振杂化体就越稳定。所以在α位反应得到的中间体碳正离子较稳定，而稳定的中间体的过渡态能量低，反应速度快。因此，亲电取代反应均容易在α-位发生。

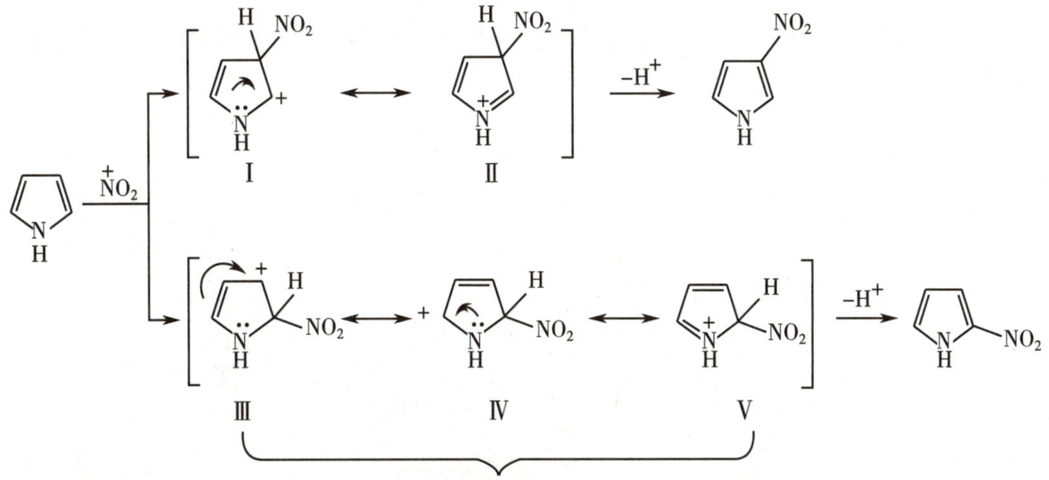

较稳定的正离子

2. 加成反应　3个化合物在一定条件下都可发生加成，且其加成反应活性与其芳香性相反，即呋喃 > 吡咯 > 噻吩。

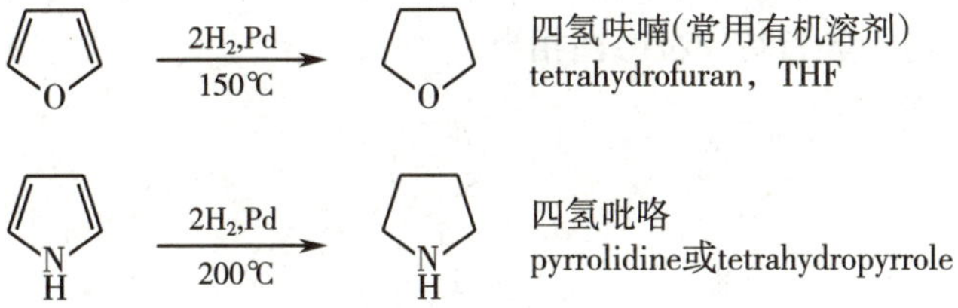

噻吩含硫，易使催化剂中毒而失去活性，所以其催化加氢较困难，需使用特殊催化剂。例如：

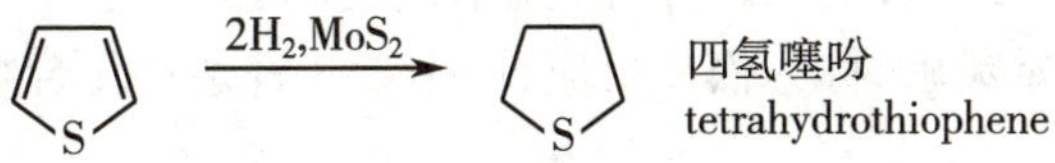

呋喃、吡咯还可作为双烯体，与亲双烯体（如丁烯二酸酐）发生第尔斯 - 阿尔德反应，生成相应的产物。噻吩不能发生这一反应。例如：

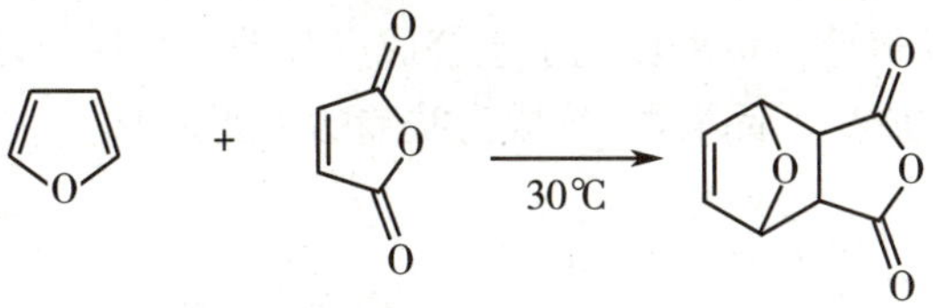

3. 酸碱性　3个化合物中，噻吩和呋喃既无酸性，也无碱性；吡咯从结构上看是一个仲胺，应具有碱性，但由于氮上的未共用电对参与构成环状大π键，削弱了它与质子的结合能力，因此

笔记栏

吡咯的碱性极弱（pKb=–3.8），比一般脂肪仲胺（pKb ≈ 10）的碱性弱得多，而且它不能与酸形成稳定的盐，可以认为无碱性。另，由于氮原子上的未共用电子对参与了环系的共轭，致使其电子云密度相对减小，氮原子上的氢能以质子的形式离解，所以吡咯显弱酸性（pKa=17.5）；它可以看成是一种比苯酚酸性更弱的弱酸，能与固体氢氧化钾作用生成盐，即吡咯钾。

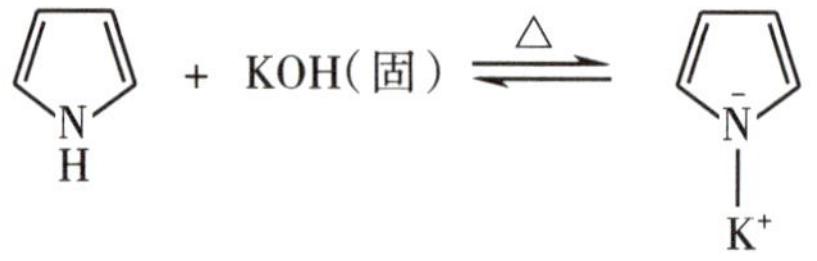

这个钾盐不稳定，相对容易水解，但在一定条件下，它可以与许多试剂反应，生成一系列氮取代产物。例如：

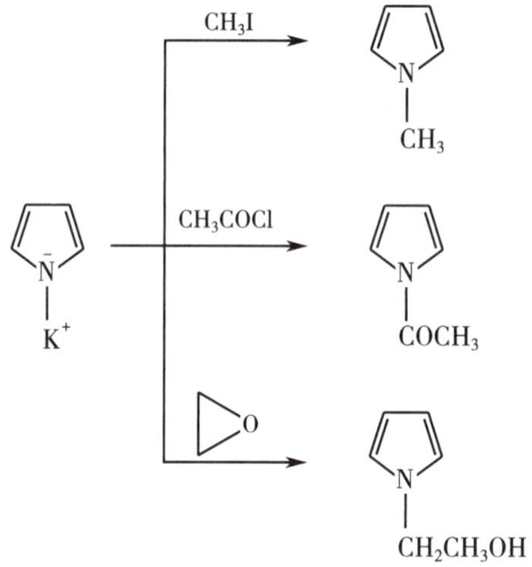

吡咯的氢化产物——四氢吡咯不含芳香共轭体系，氮上的未共用电子对可与质子结合，因此碱性大大增加，与一般脂肪仲胺碱性相当。

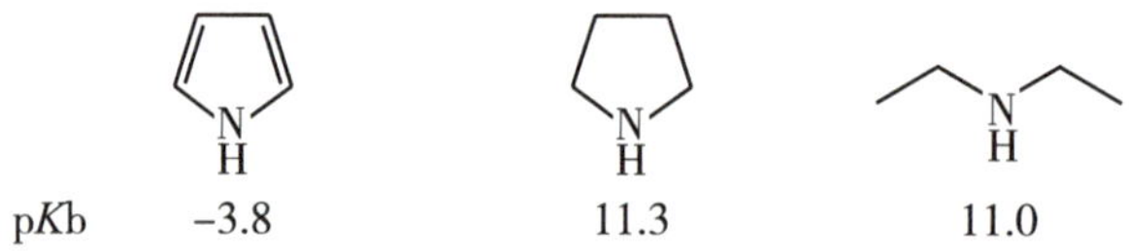

4. 显色反应 呋喃、噻吩、吡咯遇到酸浸润过的松木片，能够显示出不同的颜色。例如，呋喃与吡咯遇到盐酸浸润过的松木片分别显深绿色和鲜红色；噻吩遇蘸有硫酸的松木片则显蓝色。这种反应非常灵敏，称为松片反应，可用于 3 种杂环化合物的鉴别。

（四）合成

1. 呋喃、噻吩、吡咯的制备

(1) 呋喃：可由呋喃 -α- 甲醛（俗称糠醛）在催化剂（ZnO-Cr_2O_3-MnO_2）作用下加热至 400~415℃脱羰基而得。糠醛由农副产品如麦秆、玉米芯、棉子壳等原料制取。这些农副产品中都含有戊聚糖，而戊聚糖在稀酸作用下水解成戊醛糖，再进一步脱水环化可得糠醛。我国是农业大国，有丰富的农副产品资源，这成为呋喃的主要来源。

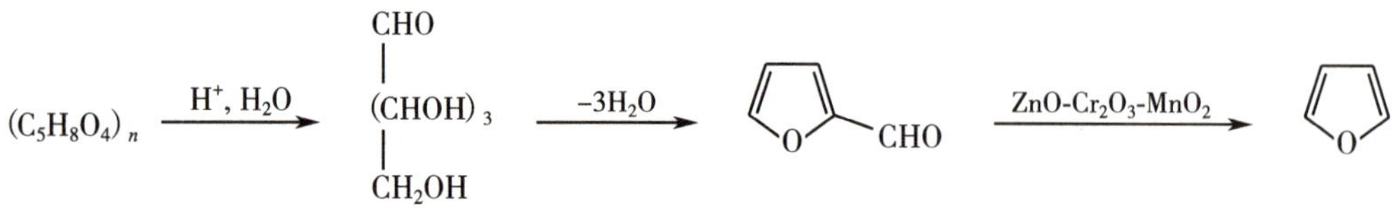

笔记栏

(2)噻吩：可直接从煤焦油中提取，工业上可由 C_4 馏分（丁烷、丁烯、丁二烯）和硫迅速通过 600~650℃的反应器而得，也可由乙炔制得。

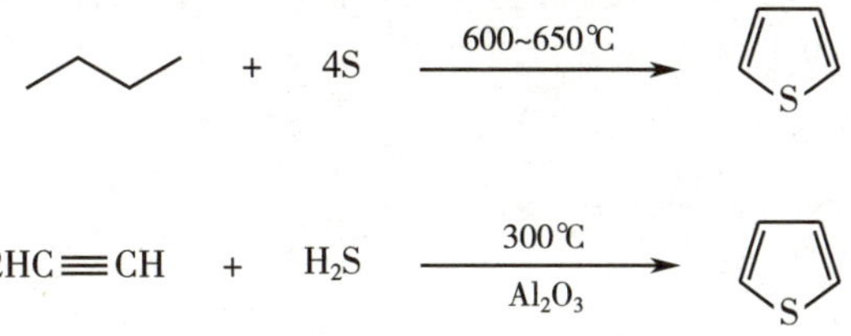

(3)吡咯：主要存在于骨焦油中，可用稀碱处理，再酸化分馏提纯；工业上可通过呋喃或乙炔与氨作用制得。

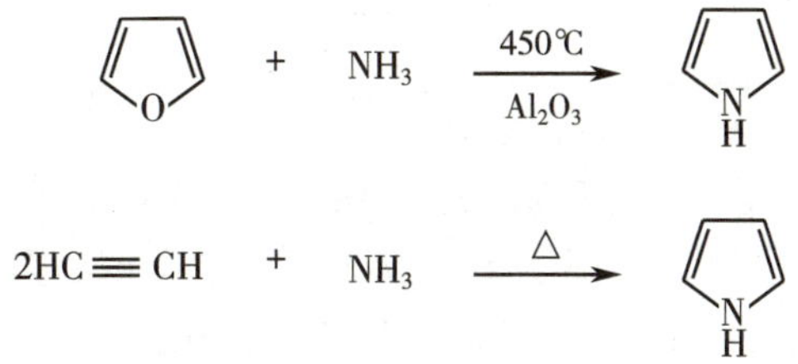

2. 呋喃、噻吩、吡咯衍生物的合成　杂环化合物的合成方法较多，多数情况下是采用开链化合物进行关环。下面列举 2 种常见的方式。

第一种方式是用 1,4 二羰基化合物与 $(NH_4)_2CO_3$、P_2O_5、P_2S_5 缩合关环。

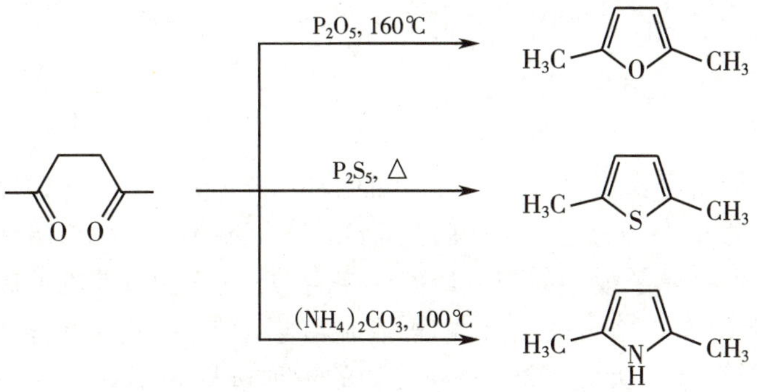

第二种方式是用β-酮酸酯（或β-二酮）与α取代酮（如卤素或氨基取代）发生环缩合。

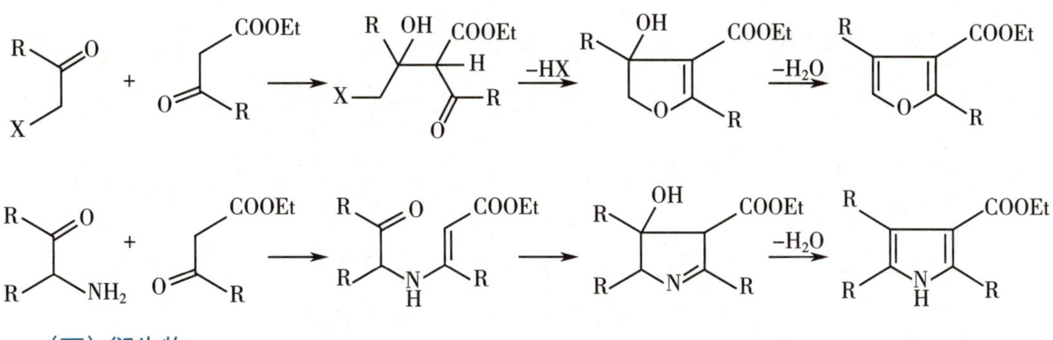

(五) 衍生物

呋喃、噻吩、吡咯本身并无太大的实际用途，但它们的某些衍生物却很重要。

1. 糠醛　糠醛是呋喃-α-甲醛的俗名，为无色液体，熔点 -38.7℃，沸点 162℃，折射率

笔记栏

(n_D^{20}) 1.526 1。糠醛能溶于水，亦能与乙醇、乙醚等有机溶剂混溶。

糠醛是优良的溶剂，常用于精炼石油，以溶解含硫物质和环烷烃，也可用于精制润滑油，提炼油脂，还能溶解硝酸纤维素。作为化工原料，糠醛可用于合成树脂、尼龙及涂料。

糠醛的化学性质类似苯甲醛。例如：

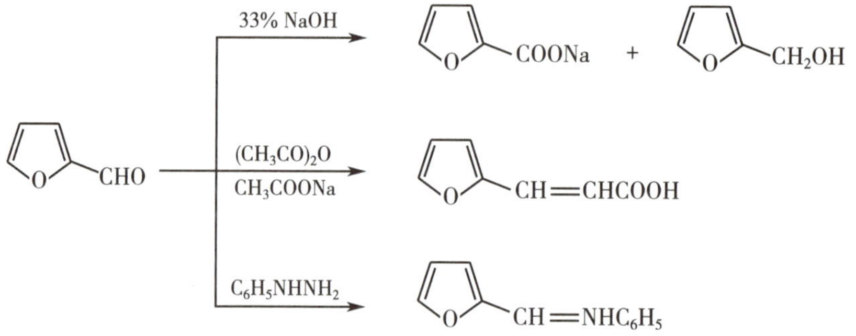

2. 头孢噻吩和头孢噻啶　头孢噻吩（cefalotin，先锋霉素Ⅰ）和头孢噻啶（cefaloridine，先锋霉素Ⅱ）的结构中都含有噻吩环，属于半合成头孢菌素类抗生素。由于噻吩环的引入，增强了其抗菌活性，因此它们的抗菌效果都优于天然头孢菌素。

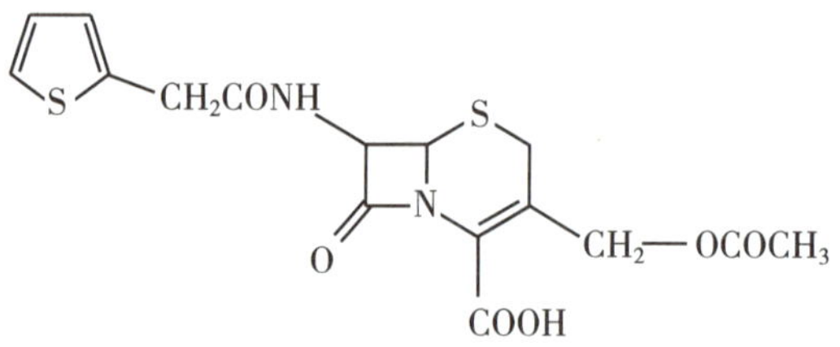

头孢噻吩

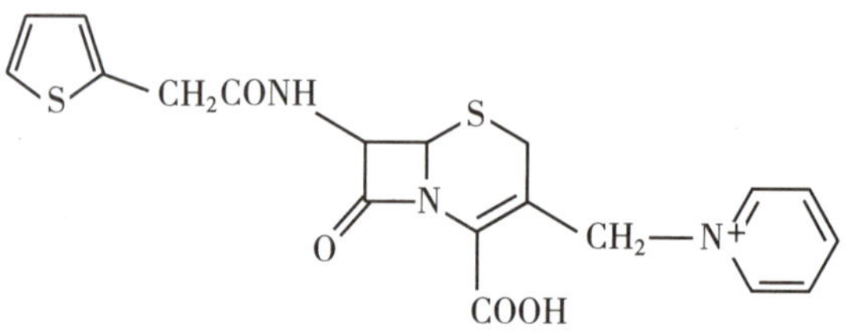

头孢噻啶

3. 卟啉（卟吩的衍生物）类化合物　4 个吡咯环与 4 个次甲基（—CH═，又称甲基亚基）交替连接可构成一个巨杂环分子——卟吩（porphine）。卟吩是一个含 18 个 π 电子的大环芳香体系，环内的 4 个氮原子很容易与金属离子络合，形成各种重要的卟啉（卟吩的衍生物）类化合物。如在叶绿素中络合的是金属镁，在血红素中是铁，在维生素 B_{12} 中则为钴。这些在动植物中广泛存在的天然产物，在动植物的生理过程中起着重要的作用。具体结构如下图：

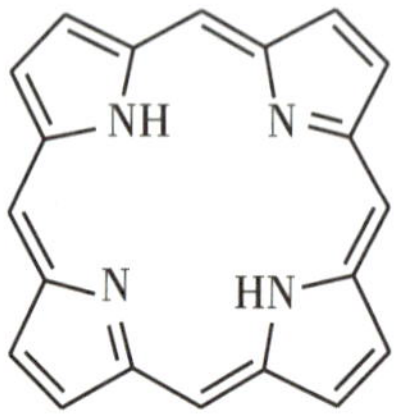

卟吩

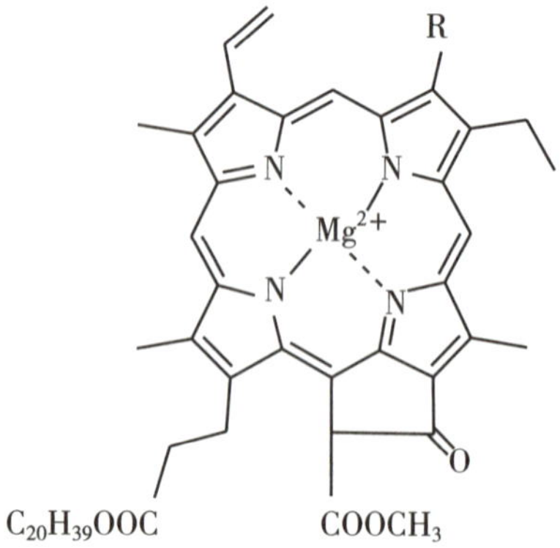

叶绿素

R=—CH_3为叶绿素a；R=—CHO为叶绿素b

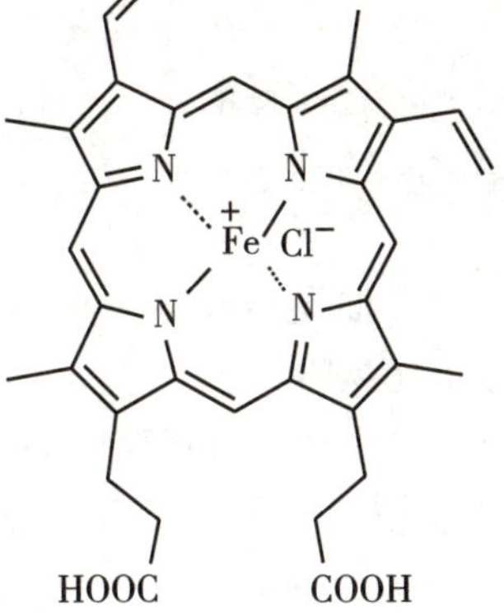

绿化血红素

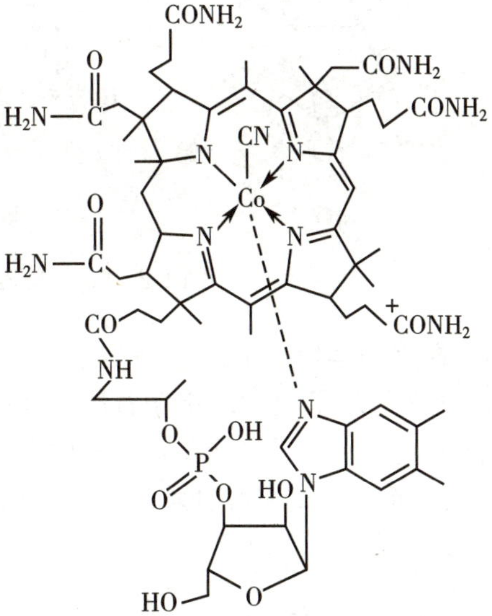

维生素B_{12}(氰钴素)

二、吡唑、咪唑和噻唑

含 2 个杂原子的五元杂环，其中必有 1 个氮原子的杂环通称为“唑”(azole)类。根据杂原子在环中位置的不同，可将其分为 1,2- 唑与 1,3- 唑 2 类。常见的有以下几种：

1,2-唑:

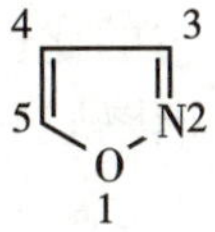

异噁唑
isoxazole

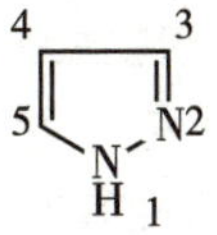

吡唑
pyrazole

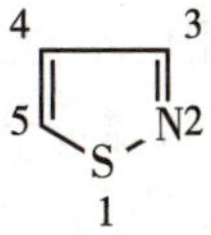

异噻唑
isothiazole

1,3-唑:

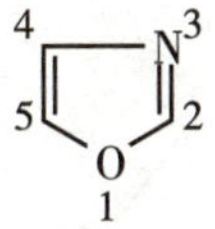

噁唑
oxazole

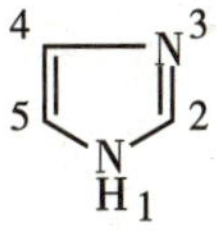

咪唑
imidazole

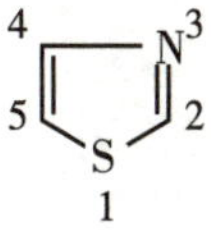

噻唑
thiazole

其中，比较重要的是吡唑、咪唑与噻唑。

(一) 结构

吡唑、咪唑与噻唑可以看作吡咯或噻吩环中的 1 个—CH═ 基团被—N═ 取代而成的化合物；该氮原子也是 sp^2 杂化，以 1 个 p 电子参与共轭。它们的结构与吡咯、噻吩类似，仍存在 6 个 π 电子闭环的共轭体系(图 14-2)，具有某种程度的芳香性。由于新引入的氮原子的未共用电子对没有参与组成环状共轭体系(在 sp^2 杂化轨道中)，能够容纳质子，所以吡唑、咪唑、噻唑的碱性及环对酸的稳定性都较吡咯、噻吩强；但该氮原子的引入也使得环碳原子 π 电子云密度有所降低，因而 3 个化合物的亲电取代反应活性都较苯低。

(二) 性质

1. 水溶性与沸点　由于—N═ 原子的引入，无论吡唑、咪唑还是噻唑，其水溶性都比相应的单杂环有所增加。这是因为新引入的氮原子能以未共用电子对与水分子形成氢键，从而

笔记栏

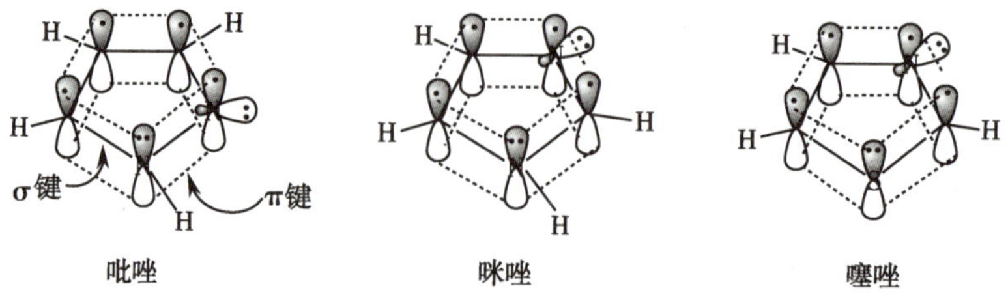

图 14-2　吡唑、咪唑、噻唑的共轭体系

有利于它们在水中溶解。如吡唑易溶于水(1∶2.5),难溶于石油醚;咪唑在水中的溶解度(1∶0.56)比吡唑还大,也几乎不溶于石油醚;噻唑的水溶性也比噻吩大。

吡唑除了能和水分子形成氢键外,还能产生 2 个分子间的缔合,而咪唑则能产生多达 20 个分子间的缔合,因此吡唑和咪唑都具有较高的沸点(分别为 188℃和 255℃),而且缔合程度更高的咪唑沸点更高。

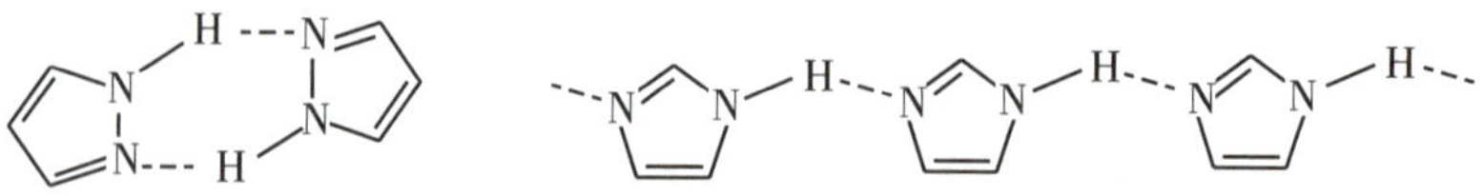

吡唑的氢键缔合　　　　咪唑的氢键缔合

2. 酸碱性　吡唑、咪唑、噻唑的结构中都含有 1 个三级氮原子,其带有 1 对未共用电子,可与质子结合,所以 3 个化合物都具有弱碱性。它们的 p*K*a 数值分别为 2.5、7.2、2.4,碱性都比吡咯(p*K*a 为 –3.8)强,但较相应的脂肪胺弱。它们的碱性之所以比脂肪胺弱,是因为氮原子上的未共用电子对处于 sp^2 杂化轨道上,s 成分占的比例较大,给出电子的倾向相对较小(一般脂肪叔胺氮原子上未共用电子对处于 sp^3 杂化轨道);另外 2 个杂原子同处一环内,由于电子效应的相互影响,也使碱性有所减弱。

3. 环的稳定性　含未共用电子对氮原子的引入,使吡唑、咪唑、噻唑对抗酸的能力明显增强。3 个化合物均不会受酸的作用开环,可在一般条件下进行磺化和硝化。另外,第 2 个氮原子的引入,也使得整个芳环给出电子的倾向有所减小,所以吡唑、咪唑、噻唑对氧化剂也是稳定的。例如:

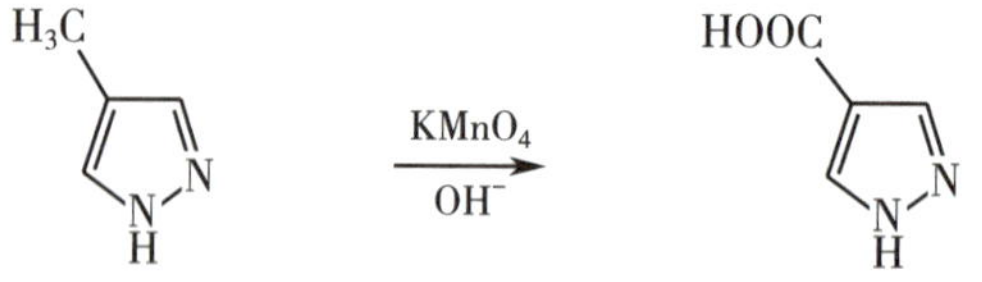

4-甲基吡唑　　　　吡唑-4-甲酸
4-methylpyrazole　　　　pyrazole-4-carboxylic acid

4. 亲电取代反应　吡唑、咪唑、噻唑都能够进行亲电取代反应,但由于第 2 个氮原子的引入,相当于在环上增加了 1 个吸电子基,致使它们环碳原子的 π 电子云密度都有所降低,因此 3 个化合物的亲电取代反应活性比吡咯、噻吩低,也比苯低,但高于六元缺 π 芳杂环(如吡啶)。在酸性条件下进行反应时,由于叔氮原子与质子成盐,其对反应的钝化作用比较明显,反应较为困难。例如:

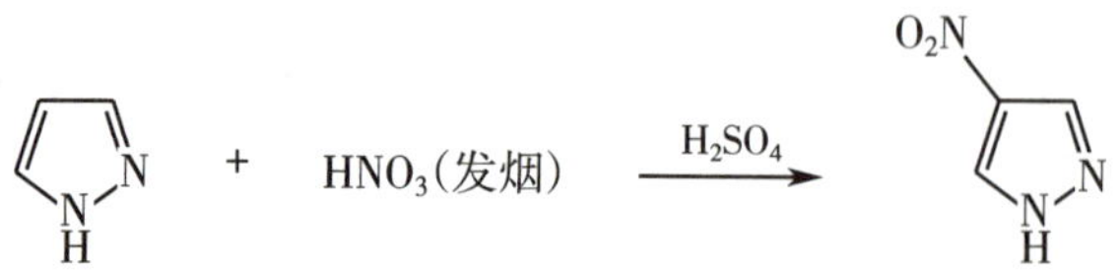

笔记栏

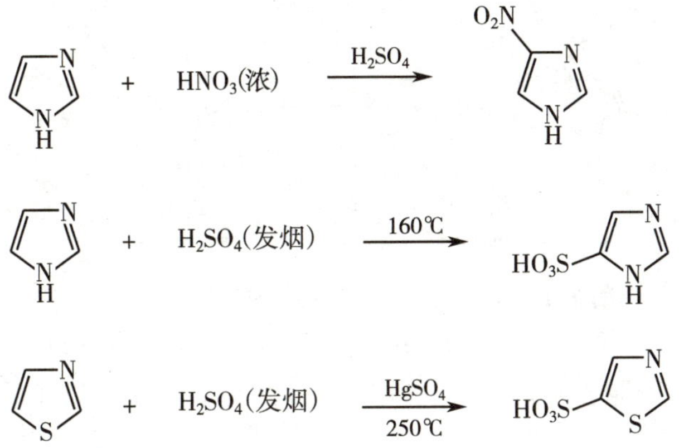

环上有斥电子基取代时，可提高反应活性，降低反应条件。例如：

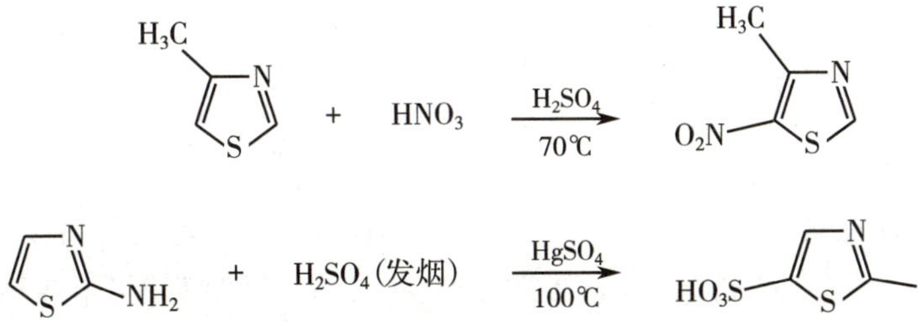

这 3 种杂环进行亲电取代反应的相对活性顺序为咪唑 > 吡唑 > 噻唑。

5. 吡唑和咪唑的互变异构　吡唑、咪唑的分子中既存在能与质子结合的氮原子，又存在活泼氢，且该活泼氢能以质子的形式在 2 个氮原子之间迅速转移，从而产生互变异构。因此，在吡唑环中，3- 位和 5- 位是相同的；同理，咪唑环中的 4- 位和 5- 位也是相同的。

3(5)-甲基吡唑:

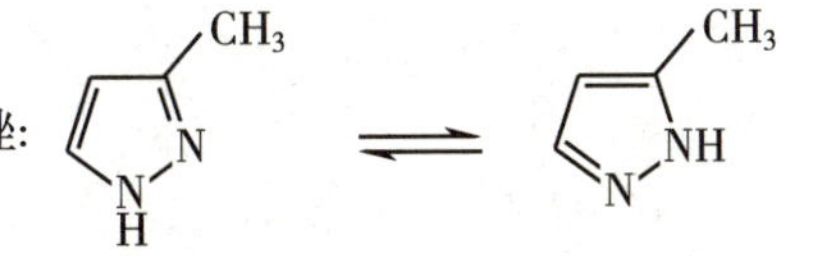

3-甲基吡唑 3-methylpyrazole　　5-甲基吡唑 5-methylpyrazole

4(5)-甲基咪唑:

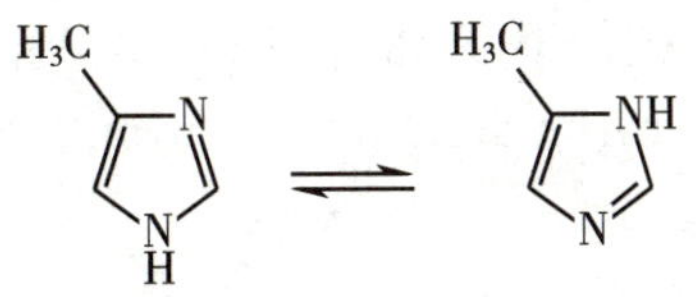

4-甲基咪唑 4-methylimidazole　　5-甲基咪唑 5-methylimidazole

如果吡唑或咪唑氮上的氢原子被其他原子或基团取代，则不可能发生这种互变异构现象。

(三) 衍生物

1. 组氨酸与组胺　组氨酸(histidine)是咪唑的衍生物，是人体的必需氨基酸之一。组氨酸是许多酶(如胰凝乳蛋白酶、超氧化物歧化酶等)和功能蛋白质的重要组成部分，而且其所含咪唑环往往是酶或蛋白质的活性中心。组氨酸在细菌的作用下，可脱羧生成组胺(histamine)。

笔记栏

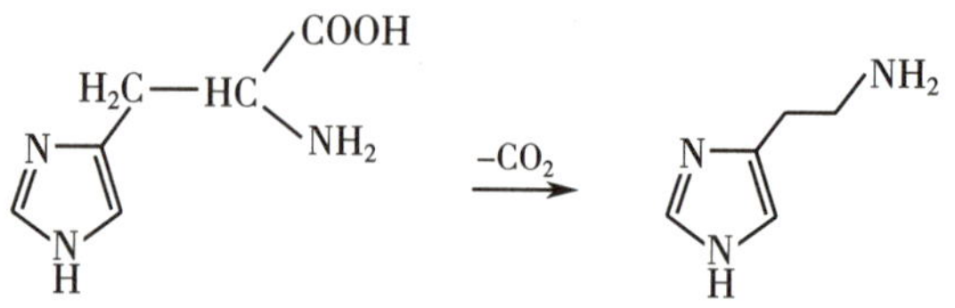

组氨酸 histidine　　组胺 histamine

在人体中，当组胺以游离状态释放时，会引起过敏反应。

2. 毛果芸香碱　毛果芸香碱（pilocarpine）是毛果芸香中存在的一种咪唑衍生物，具有兴奋 M- 胆碱能受体、缩瞳、收缩平滑肌等活性。临床上主要作为治疗青光眼的药物使用。

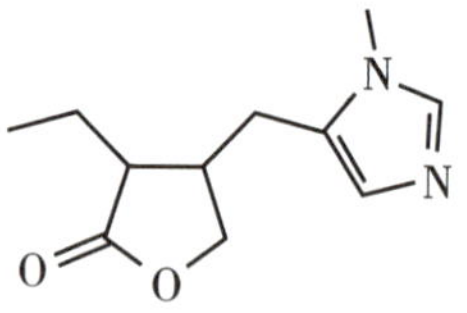

毛果芸香碱
pilocarpine

3. 青霉素　青霉素（penicillin）是一类使用相当广泛的抗生素，其分子中含有氢化的噻唑环。这类抗生素有天然青霉素（如青霉素 G）与半合成青霉素（如氨苄西林）之分。

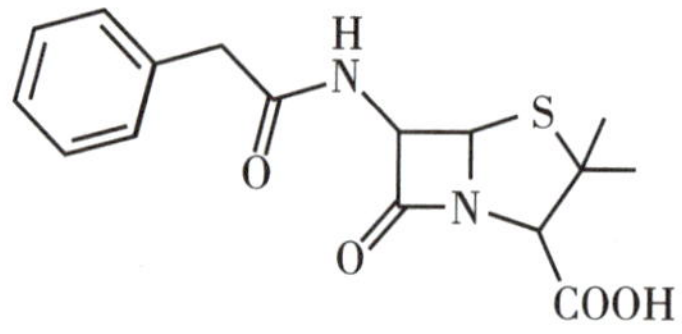

青霉素 G
penicillin G

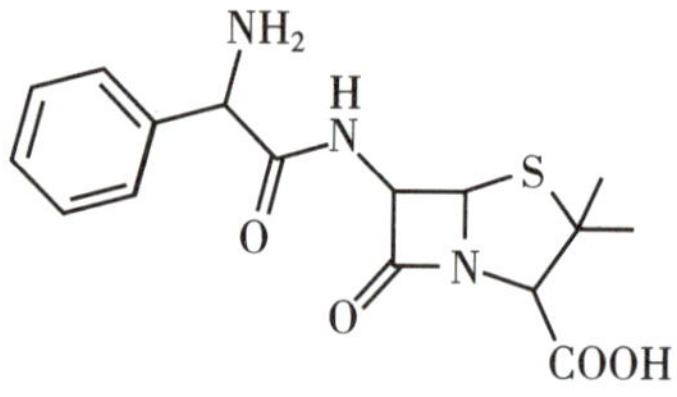

氨苄西林
ampicillin

第四节 六元杂环化合物

六元杂环化合物的种类也很多，常含有 1 个或 2 个杂原子（杂原子多为氧和氮），较重要的有吡啶（pyridine）、嘧啶（pyrimidine）和吡喃（pyran）。

一、吡喃

吡喃是由 1 个氧原子和 5 个碳原子构成的六元杂环化合物。吡喃分子中的碳原子有 4 个是 sp^2 杂化，1 个是 sp^3 杂化，所以它不存在闭合的共轭体系，没有芳香性，属于烯型杂环化合物。由于亚甲基在分子中所处的位置不同，吡喃可以有 2 种异构体，即 *2H*- 吡喃和 *4H*- 吡喃。

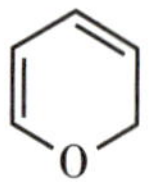

2H-吡喃（或 α -吡喃）
2H-pyran

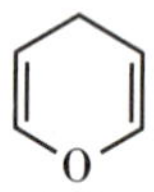

4H-吡喃（或 γ -吡喃）
4H-pyran

这2种吡喃母核在自然界还没有发现，天然存在的都是其衍生物，但γ-吡喃已通过人工合成方法得到。吡喃的衍生物中，以含氧衍生物吡喃酮最为常见。

吡喃酮也有2种异构体：

吡喃-α-酮
pyran-2-one

吡喃-γ-酮
pyran-4-one

吡喃-α-酮是具有香味的无色油状液体，实际上属于环状不饱和内酯，具有内酯和共轭二烯烃的典型性质。

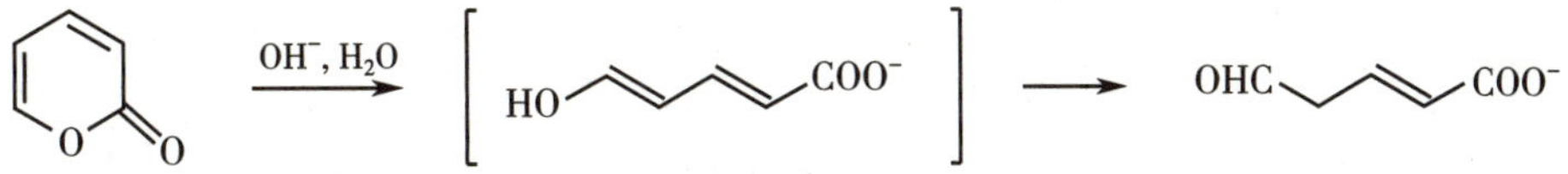

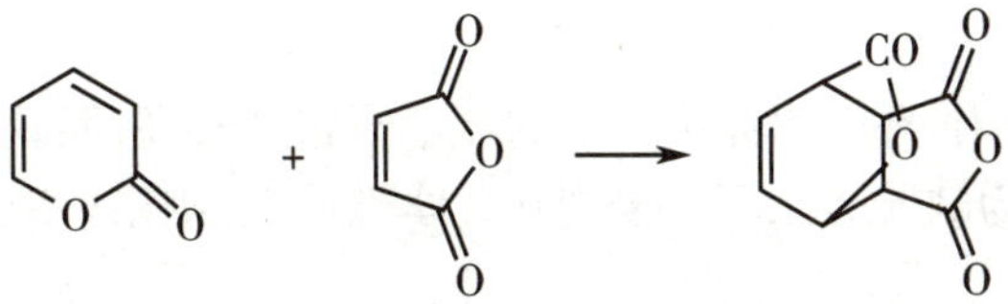

吡喃-γ-酮是无色结晶，从结构上看，属于α,β-不饱和二酮，但实际上它并没有一般羰基化合物的典型性质，也没有一般碳碳双键的性质。例如，它不与羟胺、苯肼反应生成肟或腙，与无机酸反应时生成很稳定的盐。

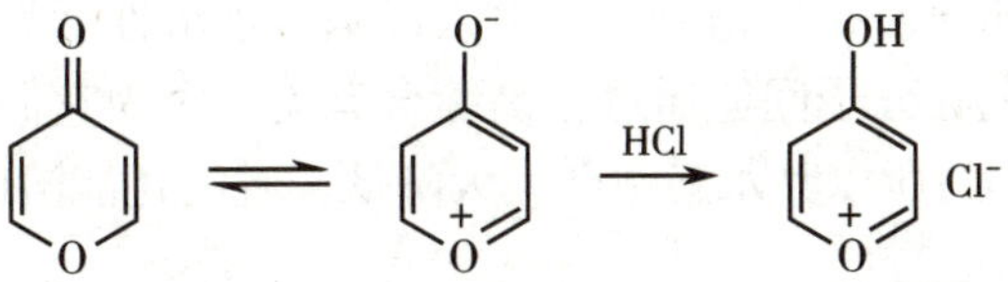

这是由于吡喃-γ-酮环上氧原子的未共用电子对能与双键发生共轭，环上电子云向羰基方向转移，致使成盐时质子不是与环内氧原子结合，而是与羰基氧原子结合。成盐后的吡喃-γ-酮变成了一个闭合的芳香共轭体系，使其稳定性增加。

二、吡啶

吡啶是含1个杂原子的六元单杂环化合物中最重要的一个，主要存在于煤焦油与页岩油中。在许多天然化合物的结构中，也有吡啶环存在。

（一）结构

吡啶虽然也含氮杂环，但结构与吡咯并不一样，其形成的共轭体系与苯非常相似，可看作苯分子中1个碳原子被氮原子取代所得到的化合物。

吡啶环上的碳原子与氮原子都以 sp^2 杂化轨道相互成键构成六元环，且6个成环原子各有1个p轨道垂直于环平面，每个p轨道上各有1个电子。这6个p轨道相互侧面重叠形成1个六轨道六电子、闭合的环状共轭大π键，其π电子数符合 $4n+2$ 规则（如图14-3所示），具有芳香性，但芳香性比苯差。

笔记栏

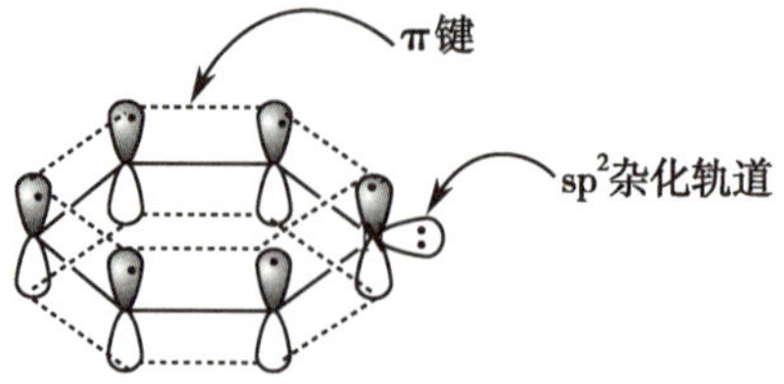

图 14-3 吡啶的分子结构

吡啶环的键长平均化程度较大，经物理方法测定，其 C—C 键长为 0.139nm，介于正常 C—C(0.154nm) 和 C═C 键之间；C—N 键长为 0.137nm，也介于正常 C—N 键(0.147nm) 和 C═C 键(0.134nm)之间，而且 C—N 键和 C—C 键键长的差值较小，接近于苯。

由于成环原子电负性的不同，吡啶环的 π 电子云密度分布并不均匀，π 电子主要向氮原子方向偏移。相对于苯分子(各碳原子 π 电子密度均为 1)，吡啶环中各原子周围 π 电子密度如下：

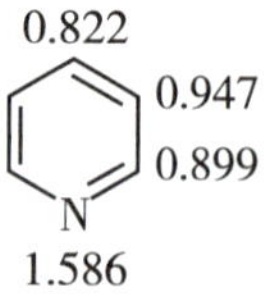

从这些数值可以看出，环中氮原子周围的 π 电子密度较高，而碳原子周围 π 电子密度相对较低，所以吡啶被称为缺 π 芳杂环。表现在化学性质上，则亲电取代变难，亲核取代变易，氧化变难，还原变易。

(二) 性质

1. 溶解性　吡啶的溶解性相当广，能溶解大多数极性或非极性有机化合物，能与水、乙醇、乙醚、石油醚等以任意比例互溶。吡啶之所以呈现高水溶性，是因为其氮上的未共用电子对能与水分子形成氢键。在吡啶环上引入羟基，其水溶性就会降低，而且引入的羟基数越多，水溶性就越小。这和通常有机物分子中引入羟基后水溶性增大的规律恰好相反。出现这种反常现象，与羟基吡啶分子间能通过氢键缔合有关。因为它们形成分子间氢键的能力大于和水形成氢键的能力，所以其水溶性会大大降低。吡啶还能溶解某些无机盐，因而有许多有机反应都采用吡啶作溶剂。

2. 碱性与亲核性　吡啶环的氮原子具有未共用电子对，且这对电子处于 sp^2 杂化轨道上，表现出能与质子结合或给出电子的倾向，所以吡啶具有弱碱性。从 p*K*a 看，其碱性比一般脂肪胺及氨都弱，但比苯胺强。

	苯胺	< 吡啶	< 氨	< 三乙胺
p*K*a	4.7	5.2	9.3	10.6

吡啶不能与弱酸形成稳定的盐，但可与强酸结合成盐。

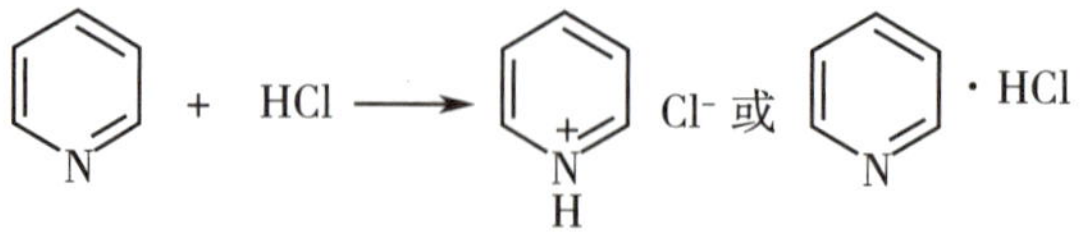

吡啶也能与某些路易斯酸作用，生成相应的盐。

笔记栏

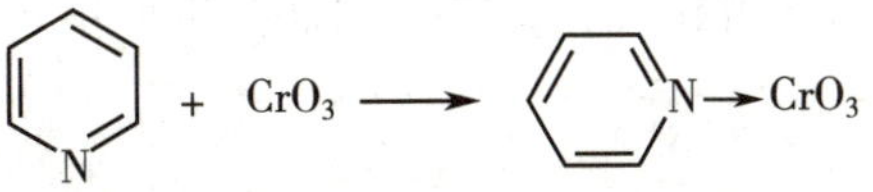

其中，吡啶与 SO_3 形成的盐是一种特殊的磺化剂，可用于在酸中不稳定的化合物（如呋喃、吡咯等）的磺化；而吡啶与 CrO_3 形成的盐则是一种非质子性氧化剂［沙瑞特（Sarrett）试剂］，可用于将伯醇氧化成醛。

吡啶中氮原子还能表现出亲核性，与卤代烷反应，生成季铵盐类化合物。

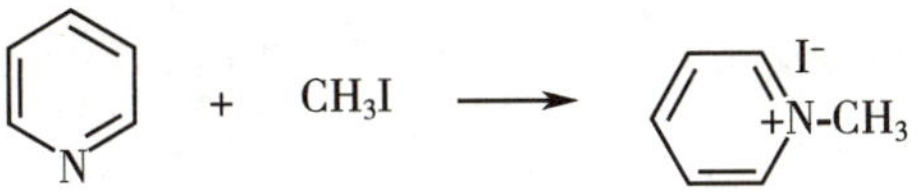

碘化*N*-甲基吡啶

某些长链卤代烷与吡啶作用的产物可用作表面活性剂，如溴化 *N*- 十六烷基吡啶就是一个染色助剂和杀菌剂。

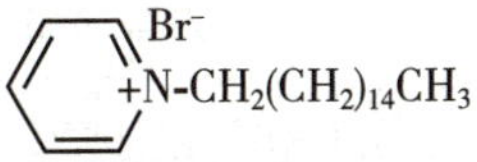

溴化*N*-十六烷基吡啶

3. 亲电取代反应　吡啶属缺 π 芳杂环，氮原子在环中所起的作用相当于硝基对苯环所起的作用，即致钝和间位定位。在较强烈的条件下进行反应，取代基通常进入环中 3- 位。

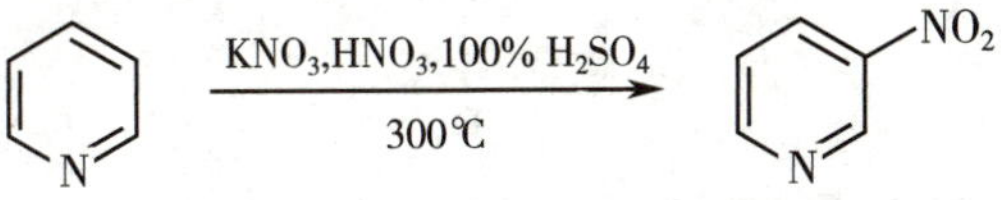

3-硝基吡啶（21%）
3-nitropyridine

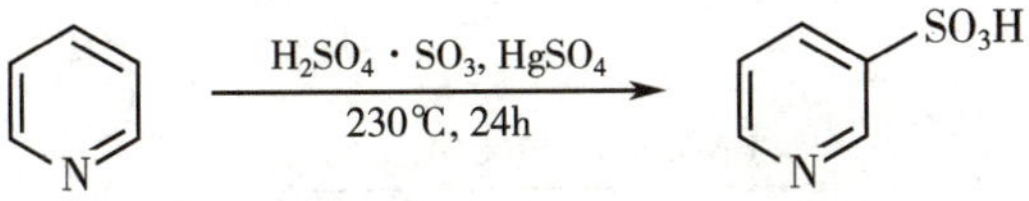

吡啶-3-磺酸（71%）
pyridine-3-sulfonic acid

吡啶的硝化与磺化活性比硝基苯还低，这是因为反应在强酸性条件下进行，氮原子与酸成盐后带有正电荷，其吸电子效应更加强烈的缘故。环上有斥电子基取代的吡啶，进行亲电取代反应相对容易一些。例如：

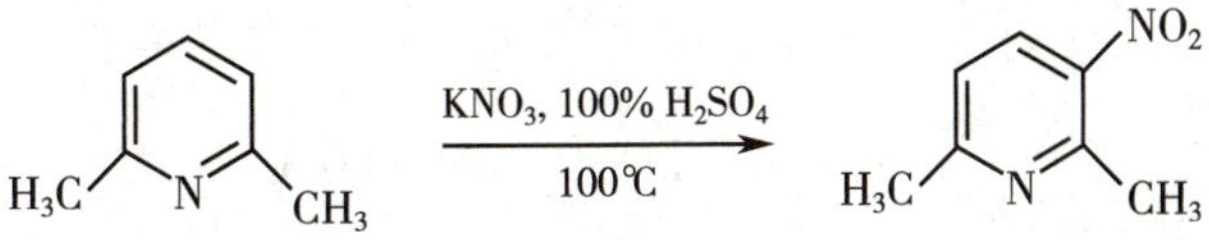

2,6-二甲基-3-硝基吡啶（66%）
2,6-dimethyl-3-nitropyridine

由于吡啶的亲电取代反应活性太低，所以它不能发生弗里德 - 克拉夫茨反应。

4. 亲核取代反应　吡啶不易进行亲电取代，却很容易发生亲核取代反应。例如，吡啶可与氨基钠作用，生成 2- 氨基吡啶。

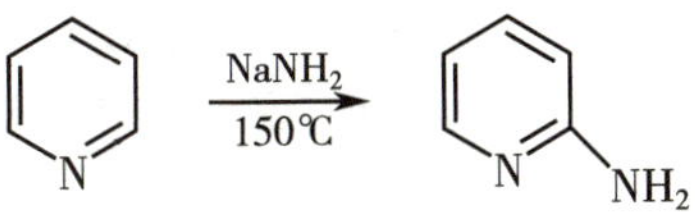

笔记栏

5. 氧化反应 吡啶环不易氧化，但有侧链的吡啶，其侧链可以氧化；吡啶环系对氧化剂的稳定性大于苯环。

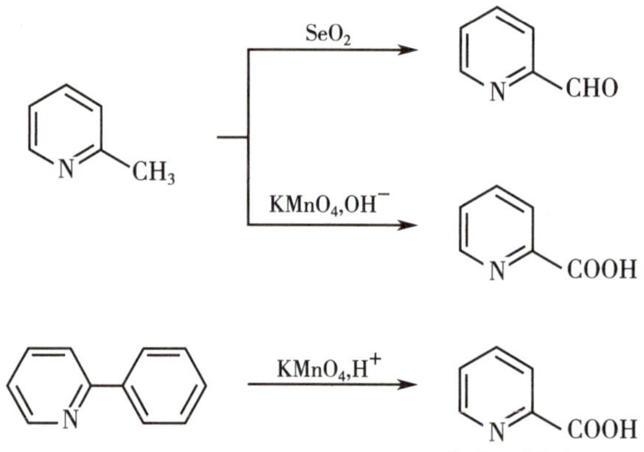

吡啶-2-甲酸
2-picolinic acid

另外，吡啶环中的氮原子也可被过酸氧化，生成 *N*- 氧化吡啶。

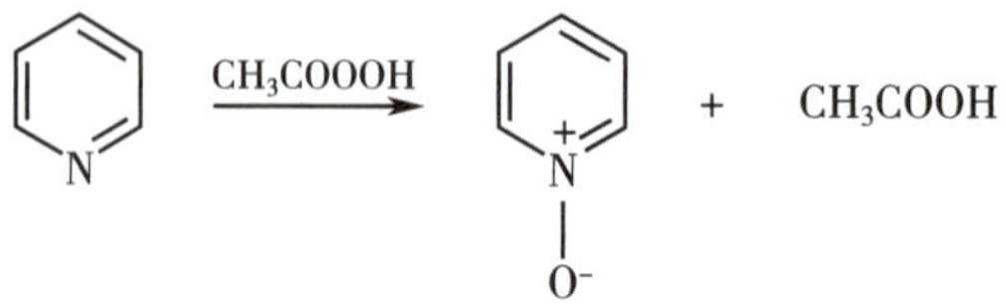

N- 氧化吡啶比吡啶容易发生亲电取代，因为氧上的未共用电子对能通过 p-π 共轭作用使吡啶环的 2- 位和 4- 位变得活泼。

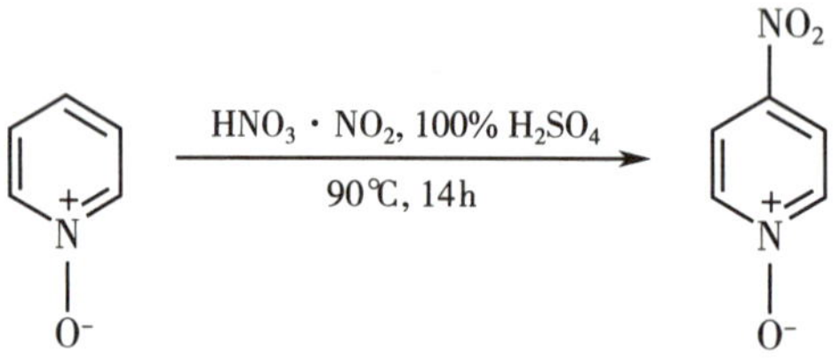

生成的产物与 PCl_3 作用可转变成 4- 硝基吡啶。

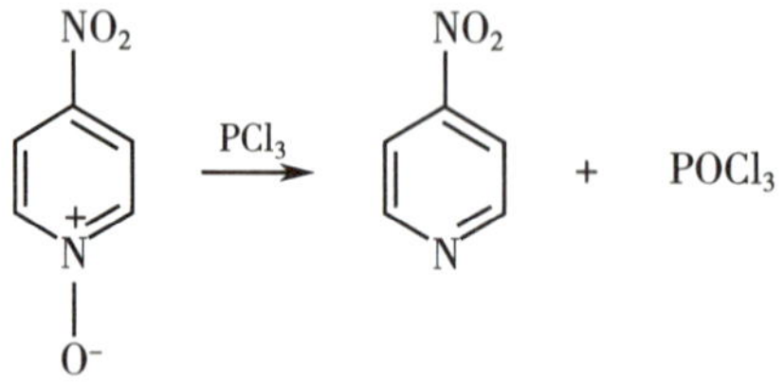

N- 氧化吡啶还能与多种亲电或亲核试剂发生反应，是一个非常重要的化合物。

6. 还原反应 吡啶的还原比苯容易，无论是催化氢化，还是用化学还原剂还原，都能得到氢化产物。

FR-14-1

吡啶的化学性质

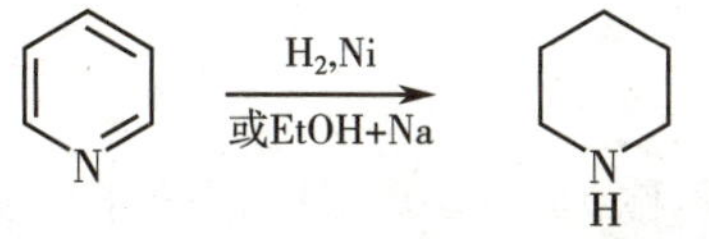

哌啶
piperidine

生成物六氢吡啶（也称哌啶）的碱性（p*K*a 11.2）比吡啶（p*K*a 5.2）强得多。

（三）合成

吡啶及六元杂环化合物通常采用1,5二羰基化合物与氨缩合关环，也可用1,3二羰基化合物与烯醇或烯胺缩合关环；还可利用环加成反应。

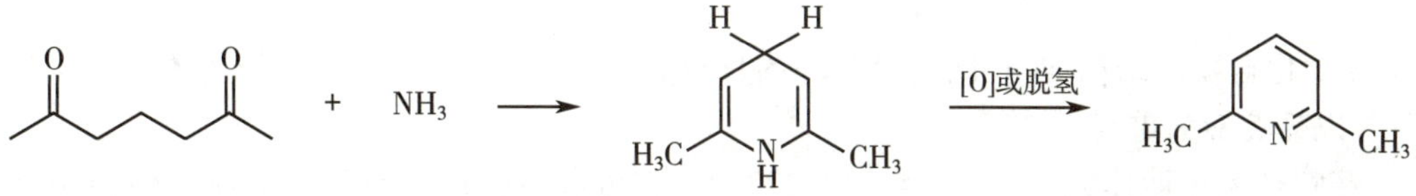

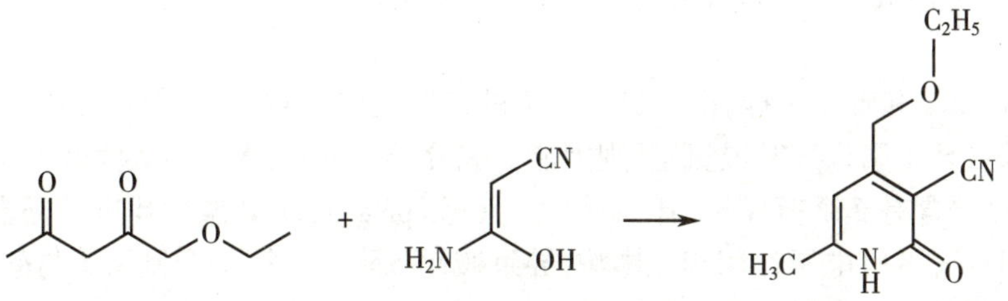

（合成维生素B_6的一个中间产物）

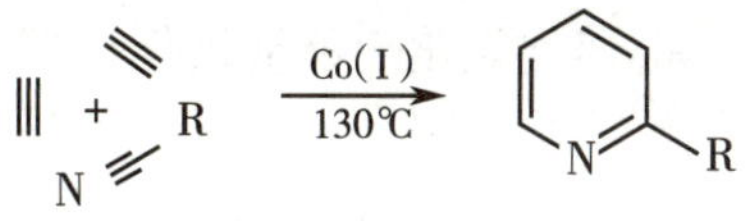

（四）衍生物

1. 维生素B_6　维生素B_6含有吡啶环。它由下列3种物质组成：

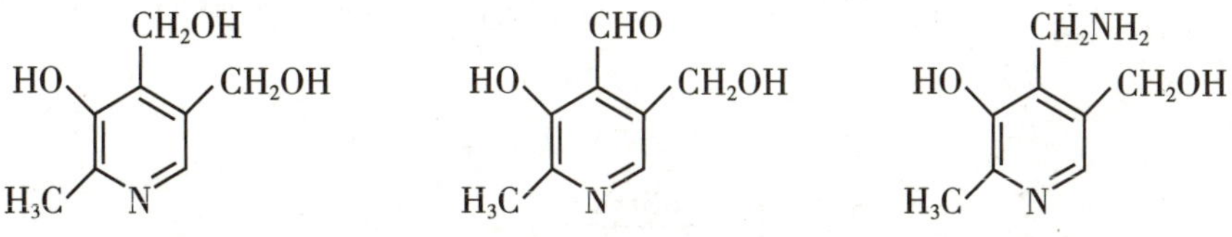

吡多醇　　吡多醛　　吡多胺

维生素B_6参与体内蛋白质及脂肪代谢。人体如果缺乏维生素B_6，蛋白质代谢就会出现障碍。药用维生素B_6是吡多醇的盐酸盐，在体内需转变成吡多醛或吡多胺才具有生理活性。

2. 山梗菜碱　山梗菜碱（lobeline，洛贝林）是中药半边莲中含有的一种成分，属于六氢吡啶的衍生物。它是一种中枢神经兴奋剂，临床上用于呼吸衰竭患者的抢救，使用的是其盐酸盐。

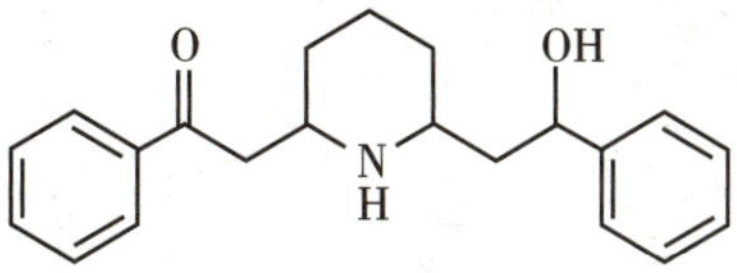

山梗菜碱

笔记栏

三、嘧啶

含 2 个氮原子的六元杂环称为二嗪类。根据分子中杂原子相对位置的不同，二嗪类可分为 1，2- 二嗪（哒嗪，pyridazine）、1，3- 二嗪（嘧啶，pyrimidine）和 1，4- 二嗪（吡嗪，pyrazine）。

哒嗪 pyridazine　　嘧啶 pyrimidine　　吡嗪 pyrazine

3 个化合物的结构均与吡啶相似，环内具有芳香共轭体系，属于缺 π 芳杂环。这 3 个二嗪中，以嘧啶最为重要。

嘧啶是无色液体或固体，熔点 220~222℃。它可以单独存在或与其他环系稠合存在于维生素、蛋白质及生物碱中。许多合成药物中也含有嘧啶环。

（一）性质

1. 溶解性　嘧啶和吡啶一样，由于氮原子上的未共用电子对，可以与水形成氢键，所以易溶于水。如果在环上引入羟基或氨基，则因能形成分子间氢键，水溶性大大降低。

2. 碱性　嘧啶含有 2 个氮原子，却只是个一元碱（p*K*a=1.3），其碱性比吡啶还弱。这是由于环内 2 个氮原子的吸电子作用相互影响，导致碱性下降。当第 1 个氮原子与酸成盐后，带正电荷的氮原子将大大降低另一个氮原子的电子云密度，使其不再显碱性。

3. 环的稳定性　嘧啶环对酸、对氧化剂都稳定，这与其含有氮原子和环内 π 电子云密度较低有关。与苯类似，带有 α-H 的侧链遇到氧化剂易被氧化；与苯环稠合时，苯环比嘧啶环易氧化。

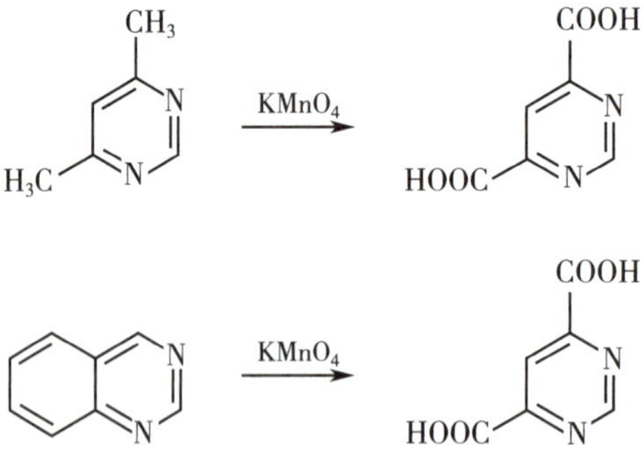

但嘧啶环对碱不太稳定，在沸腾的氢氧化钠溶液中加热，嘧啶即慢慢分解。这是因为嘧啶引入第 2 个氮原子后，π 电子云分布均匀程度进一步下降的缘故。

4. 取代反应　嘧啶比吡啶更难发生亲电取代反应，特别是硝化、磺化等在酸性条件下发生的反应，即使在很剧烈的条件下，也难以进行。嘧啶的卤化反应相对容易一些，取代在电子云密度下降较少的 5- 位发生。例如：

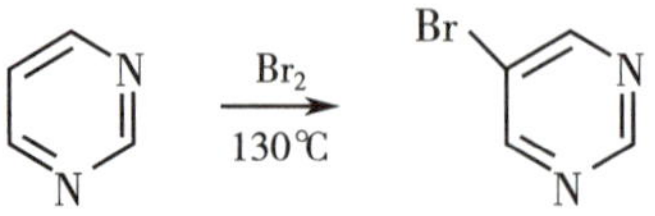

环上有羟基、氨基等斥电子基存在，可使反应活性增加。例如：

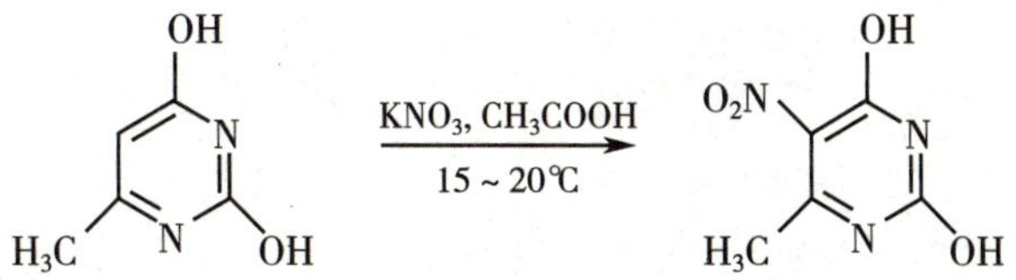

斥电子基越多，亲电取代越易发生。大概情况是，有1个斥电子基取代，可勉强发生反应，活性约相当于吡啶；有2个斥电子基取代，可顺利地进行反应，活性约相当于苯；有3个斥电子基取代，则很容易进行反应，活性与苯酚相当。

嘧啶的亲核取代较易进行，反应在电子云密度较低的2-位、4-位、6-位发生。例如：

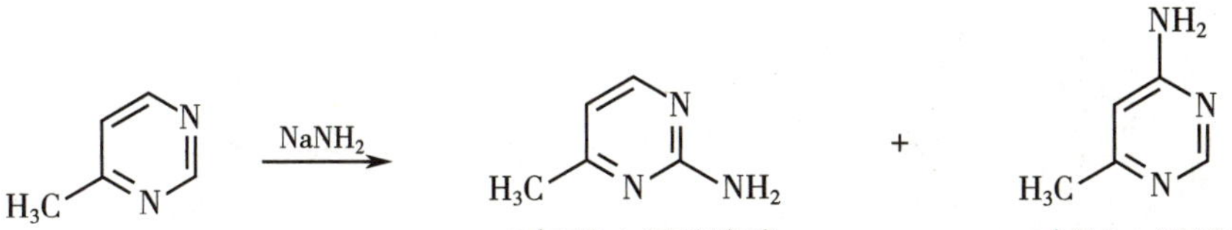

2-氨基-4-甲基嘧啶 2-amino-4-methylpyrimidine　　6-氨基-4-甲基嘧啶 6-amino-4-methylpyrimidine

5. 加成反应　嘧啶的 π 电子云分布不太均匀，芳香性较弱，可与氢、溴化氢等试剂加成，反应一般在C-5和C-6双键处发生。例如：

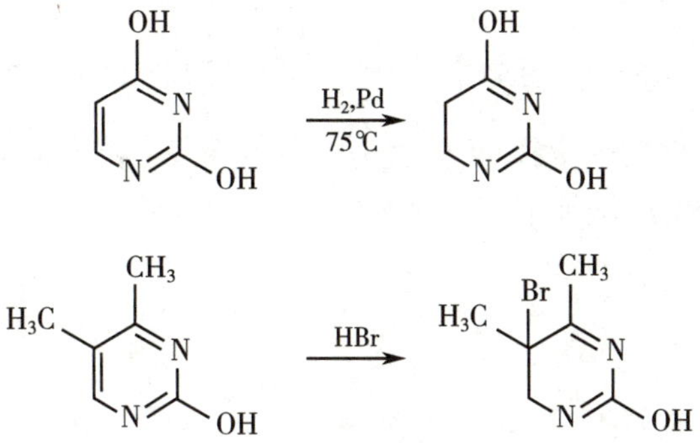

（二）衍生物

1. 尿嘧啶、胞嘧啶和胸腺嘧啶　嘧啶的衍生物在生物体内的主要存在形式是作为嘧啶碱基，与五碳糖、磷酸共同组成核酸。核酸是生命的物质基础之一，具有存储遗传信息与合成蛋白质的功能。构成核酸碱基的嘧啶衍生物主要有以下3种：

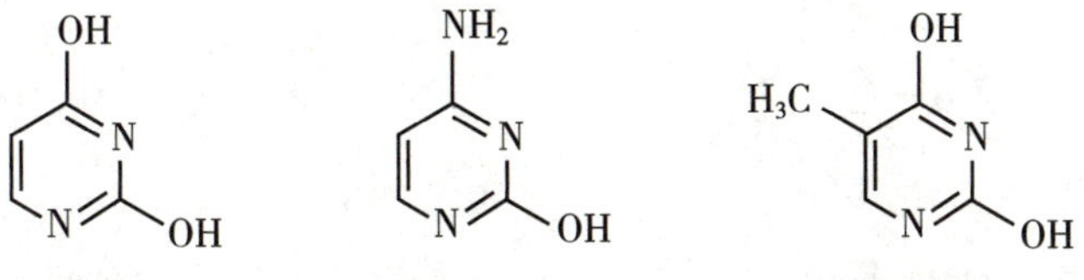

尿嘧啶 uracil　　胞嘧啶 cytosine　　胸腺嘧啶 thymine

2. 巴比妥类药物　巴比妥类药物均是2,4,6-三羟基嘧啶（又称为巴比妥酸）的衍生物，具有镇静、催眠、抗癫痫等功效。

巴比妥酸存在酮式-烯醇式互变异构现象：

笔记栏

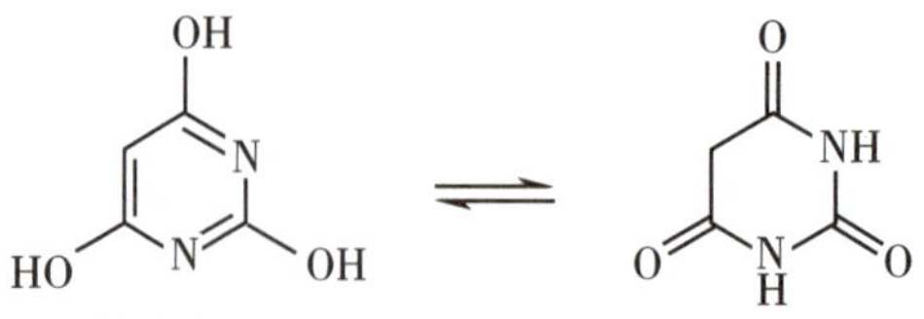

烯醇式　　　　酮式

巴比妥酸
barbituric acid

巴比妥酸本身并无治疗效用，只有 5- 位亚甲基上的氢原子被其他原子或基团取代后才呈现活性。根据取代基的不同，巴比妥酸可分为以下 4 种类型：

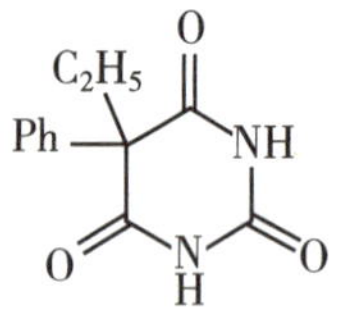

苯巴比妥（长效4～12小时）

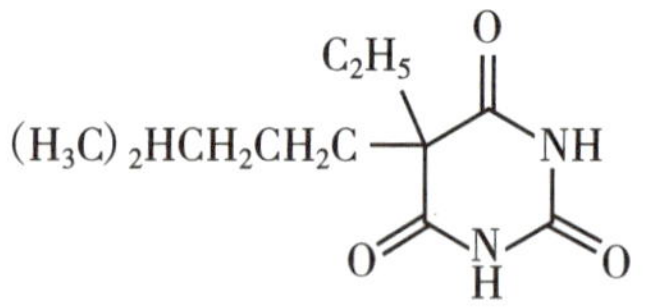

异戊巴比妥（中效2～8小时）

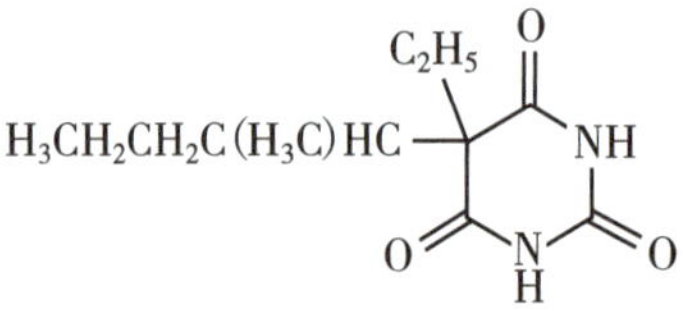

戊巴比妥（短效1～4小时）

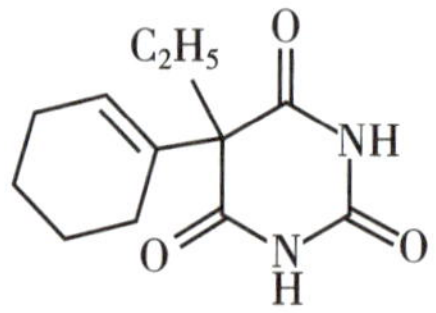

己琐巴比妥（超短效1小时）

巴比妥类药物在水中溶解度很小，但因为能发生酮式 - 烯醇式互变异构，它们在溶液中呈弱酸性，能够与强碱成盐，增加水溶性。例如，它的钠盐易溶于水，把钠盐配制成水溶液可供口服或注射用。

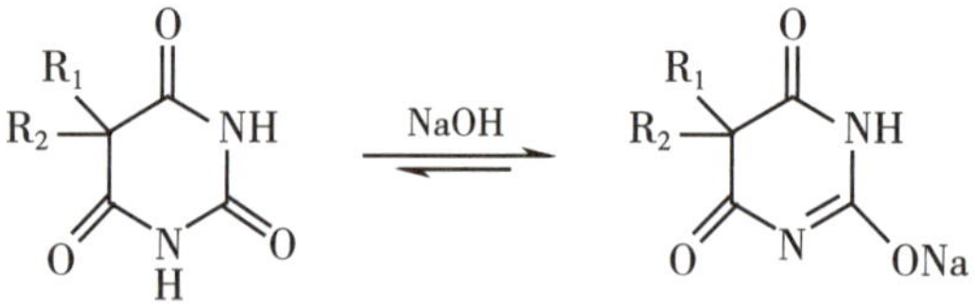

3. 磺胺嘧啶类　磺胺是一类用于治疗细菌感染性疾病的化学药物，其中疗效较好者的分子中多含有杂环，而且含嘧啶环的磺胺药较为常见。例如：

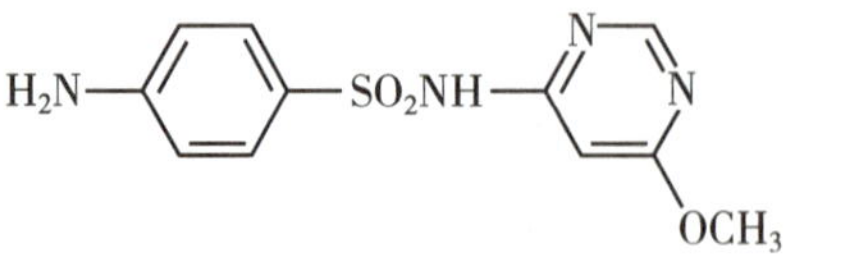

磺胺间甲氧嘧啶（sulfamonomethoxine，SMM）
或4-（对氨基苯磺酰氨基）-6-甲氧基嘧啶
4-amino-*N*-（6-methoxypyrimidin-4-yl）
benzenesulfonamide

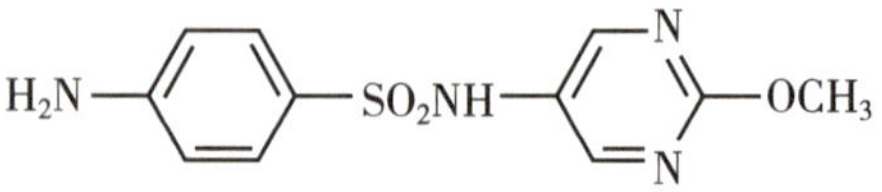

磺胺甲氧嘧啶（sulfamethoxydiazine，SMD）
或4-（对氨基苯磺酰氨基）-2-甲氧基嘧啶
4-amino-*N*-（2-methoxypyrimidin-5-yl）
benzenesulfonamide

2，4- 二氨基 -5-（3，4，5- 三甲氧基苄基）嘧啶（简称 TMP）是一种广谱化学抗菌药，分子中也含有嘧啶环。它虽不属于磺胺药，但与磺胺药合用可增强其抗菌效果，称为磺胺增效剂。

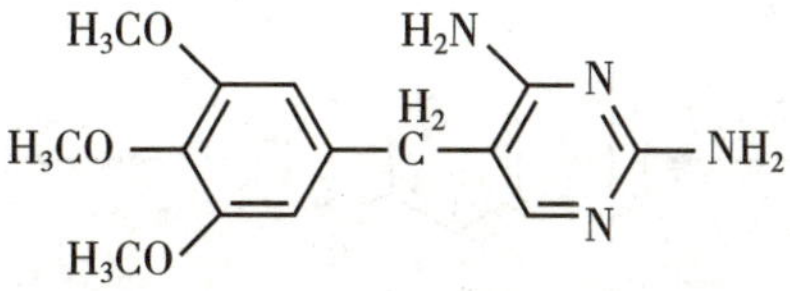

2,4-二氨基-5-(3,4,5-三甲氧基苄基)嘧啶
2,4-diamino-5-(3,4,5-trimethoxybenzyl)pyrimidine(TMP)

第五节 稠杂环化合物

稠杂环化合物是指芳环与杂环,或杂环与杂环稠合而成的化合物,种类非常多,其中比较常见又较为重要的有吲哚、苯并吡喃、喹啉、异喹啉、嘌呤等,分别介绍如下。

一、吲哚

吲哚(indole)是由苯环与吡咯环的b-边稠合而成,亦可称为苯并[b]吡咯(benzo[b]pyrrole)。它存在于煤焦油中,为无色片状结晶,熔点52℃,沸点254℃,可溶于热水、乙醇及乙醚。

(一)性质

1. 酸碱性 吲哚含有吡咯环,性质与吡咯较为相似。吲哚的碱性很弱(p*K*b=-3.5),但比吡咯(p*K*b=-3.8)略强。它遇无机酸易聚合,能与苦味酸作用生成稳定的盐。吲哚氮原子上的氢原子能被金属钾取代,显示出弱酸性(p*K*a=16.2),且酸性比吡咯略强。

2. 亲电取代反应 吲哚具有芳香性,属多π芳杂环,也易于发生亲电取代,且其反应活性低于吡咯,高于苯。

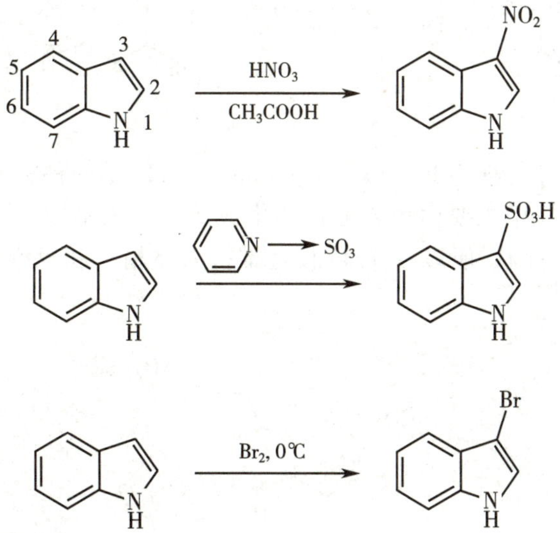

与吡咯不同,吲哚的亲电取代反应主要发生在3-位。一方面,由于吲哚的2个环中,杂环的π电子密度大于苯环;另一方面,这种现象仍与中间体的稳定性有关。亲电试剂进攻2-位或3-位得到的碳正离子的共振结构如下:

进攻2-位:

笔记栏

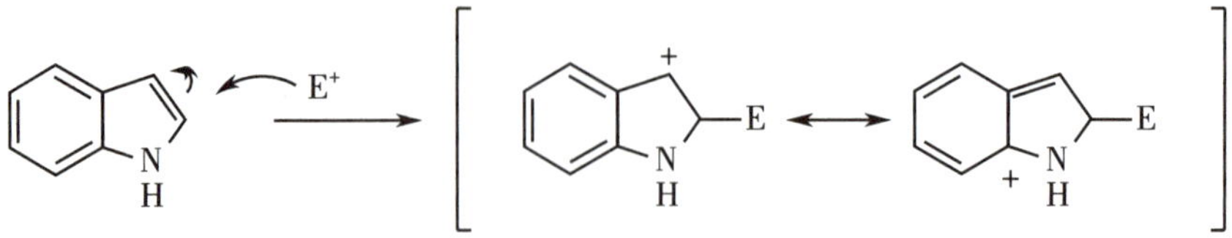

进攻 3- 位：

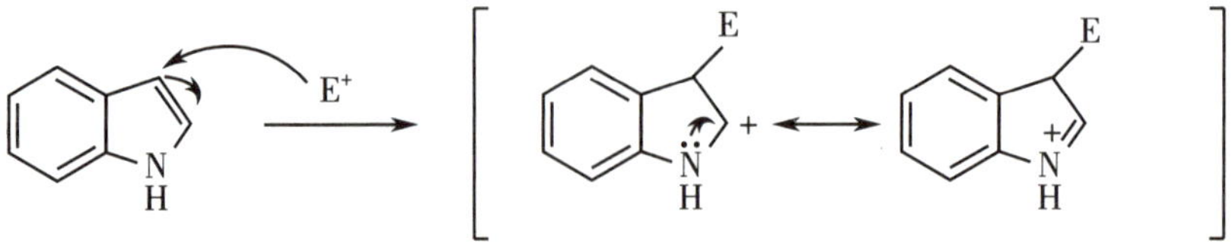

完整苯环的稳定共振式多

进攻 2- 位，只能得到 1 个带有完整苯环的稳定共振式；而进攻 3- 位，可以得到 2 个带有完整苯环的稳定共振式。参与共振的稳定共振式越多，中间体碳正离子就越稳定。所以，吲哚的亲电取代反应取代基一般进入 3- 位。当 3- 位上已有斥电子基取代时，新取代基进入 2- 位；当 2- 位和 3- 位都被占，或 3- 位有吸电子基占据时，新取代基进入苯环。例如：

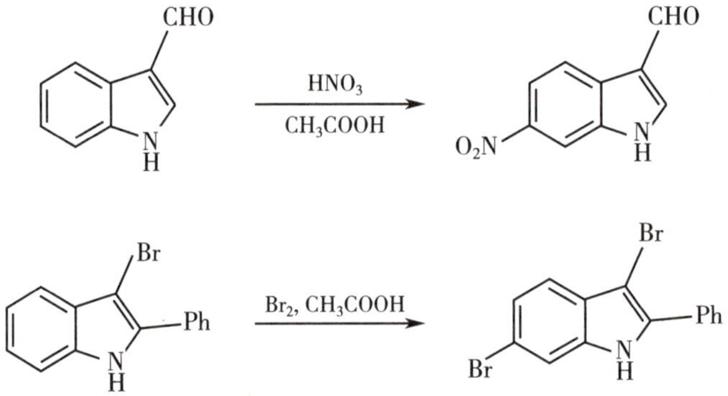

FR-14-2

吲哚的化学性质

（二）衍生物

1. 5- 羟色胺　5- 羟色胺（5-hydroxytryptamine，5-HT）是一种重要的神经介质，又名血清素（serotonin），在人体中主要由色氨酸代谢生成。当人大脑中 5- 羟色胺的量突然改变时，就会出现神经失常症状，所以 5- 羟色胺是维持人体精神和思维正常活动不可缺少的物质。

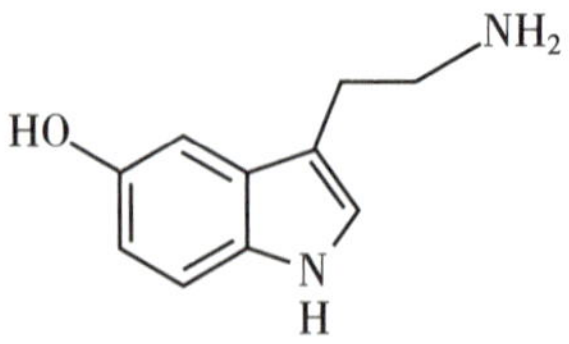

5-羟色胺（血清素）
5-hydroxytryptamine(serotonin)

2. 靛玉红　靛玉红（indirubin）是十字花科植物菘蓝（中药板蓝根、大青叶、青黛等的原植物）中存在的一种成分，具有明显的抗癌活性，临床上用于治疗慢性粒细胞性白血病。

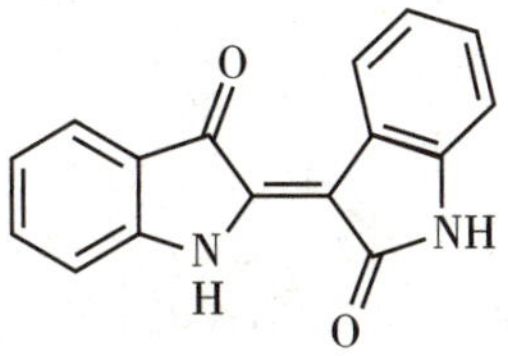

靛玉红
indirubin

二、苯并吡喃

苯并吡喃(benzopyran)又称为色烯(chromene)。它与吡喃一样,也有 2 种异构体。

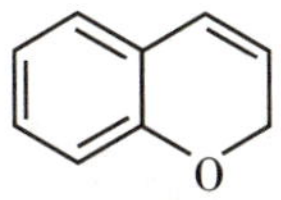

苯并-α-吡喃
α-色烯

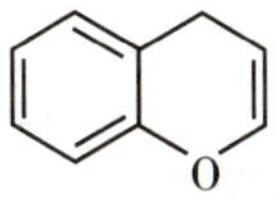

苯并-γ-吡喃
γ-色烯

这 2 个化合物本身并不重要,但它们的羰基衍生物——苯并-α-吡喃酮和苯并-γ-吡喃酮却很重要,存在于许多天然化合物的结构中。

1. 维生素 E　维生素 E 属于色烯的二氢化物——2,3-二氢苯并吡喃[俗称色满(chroman)]的衍生物。它是一类维生素(共有 8 种)的总称。由于这类化合物分子中都含有酚羟基,其活性又与生殖功能有关,故又称它们为生育酚(tocopherol)。这 8 种生育酚中以 α-生育酚的活性最强,作为药物使用的是其乙酸酯,习惯上称为维生素 E,化学名称为 2,5,7,8-四甲基-2-(4,8,12-三甲基十三烷基)-6-色满醇乙酸酯。

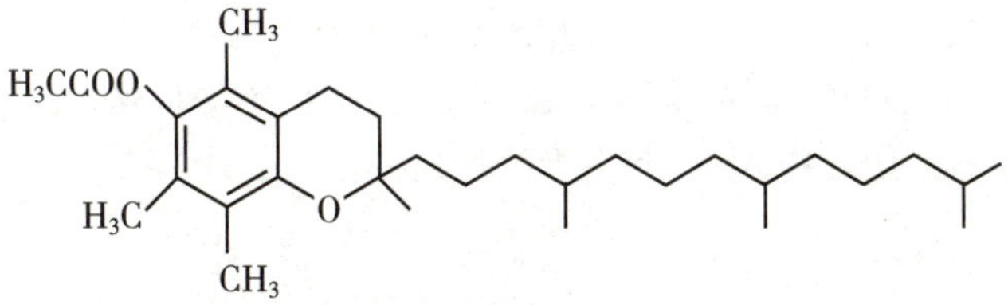

维生素E(α-生育酚乙酸酯)

天然的维生素 E 都为右旋,合成品为外消旋体。维生素 E 有较强的还原性,可作为其他药物的抗氧剂使用。

2. 香豆素类化合物　苯并-α-吡喃酮又称香豆素。香豆素可以看成是顺-邻羟基桂皮酸的内酯,具有内酯类化合物的通性,即在强碱溶液中加热,内酯环破裂,生成可溶于水的邻羟基桂皮酸盐,再遇酸又能环合而生成难溶于水的香豆素。从中药中提取、分离香豆素类成分时,常利用这一性质。

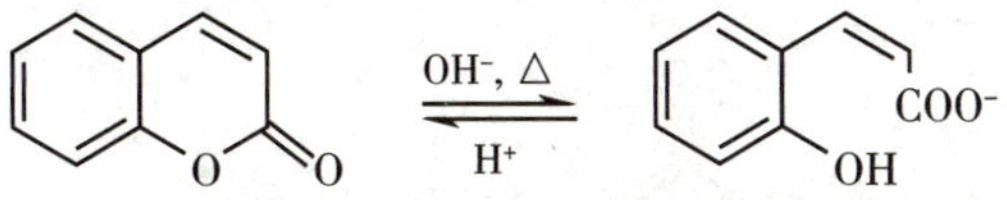

香豆素　　　　顺-邻羟基桂皮酸盐

一些中草药中存在的香豆素类化合物如下:

笔记栏

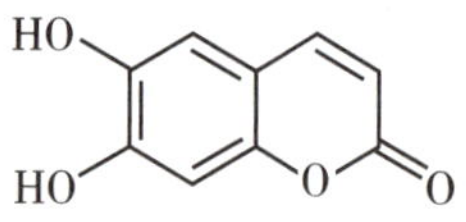

七叶内酯
aesculetin

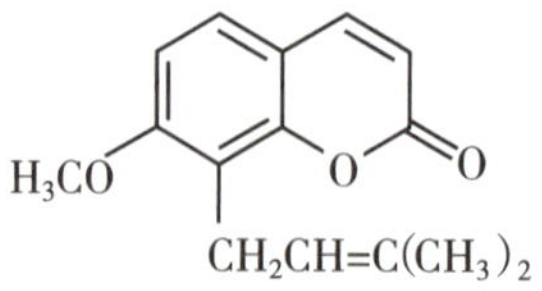

蛇床子素
osthol

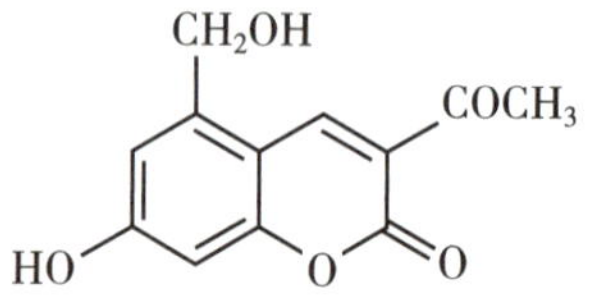

亮菌甲素
armillarisin A

七叶内酯（aesculetin）又称秦皮乙素，是中药秦皮所含有的一种香豆素类成分，具有良好的抗菌效果，可用于治疗细菌性痢疾；蛇床子素（osthol）存在于中药蛇床子中，具有抗菌和抗疟作用，可用于治疗脚癣、湿疹、阴道滴虫病等疾病；亮菌甲素（armillarisin A）存在于假蜜环菌的菌丝体中，对胆道系统具有多方面的作用，可用于治疗急性胆道感染。

3. 苯并 -γ- 吡喃酮衍生物　苯并 -γ- 吡喃酮又称色酮（chromone）。2- 位或 3- 位有苯基取代的色酮是一类重要植物成分的母核。2- 苯基色酮称为黄酮（flavone）；3- 苯基色酮称为异黄酮（isoflavone），含有这类母核的植物成分通称为黄酮类化合物。

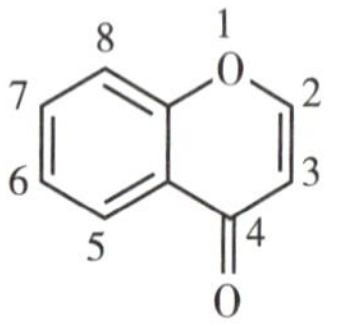

色酮
chromone

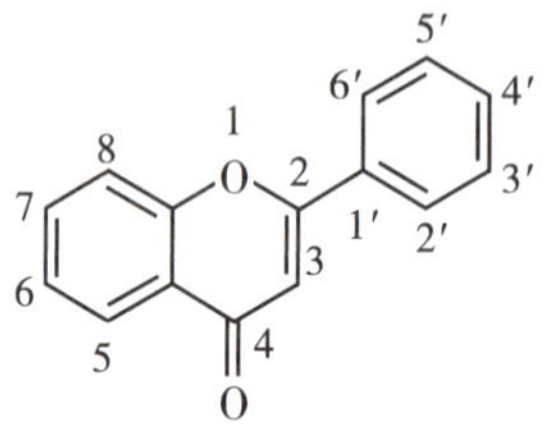

黄酮
flavone

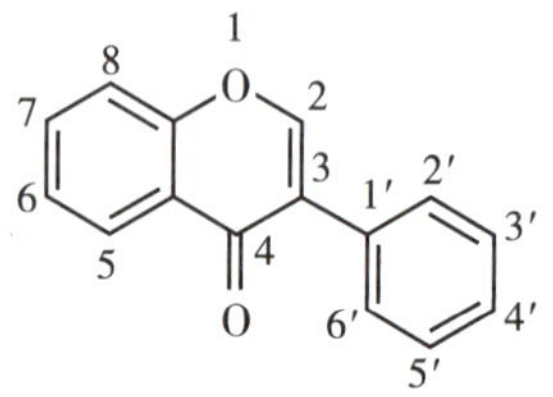

异黄酮
isoflavone

这类化合物分子中常带有羟基、烷氧基或烷基，并常与糖结合以苷的形式存在于植物中。例如，中药黄芩中含有的黄芩苷（baicalin，糖部分是葡萄糖醛酸），是黄芩具有抗菌活性的有效成分；中药葛根含有的葛根素（puerarin，糖部分是葡萄糖）属于异黄酮类化合物，具有解痉、扩张冠状动脉、增加冠脉血流量等作用，是葛根的主要有效成分；白果素（bilobetin）存在于银杏中，属双黄酮类化合物，临床上用于治疗冠心病。

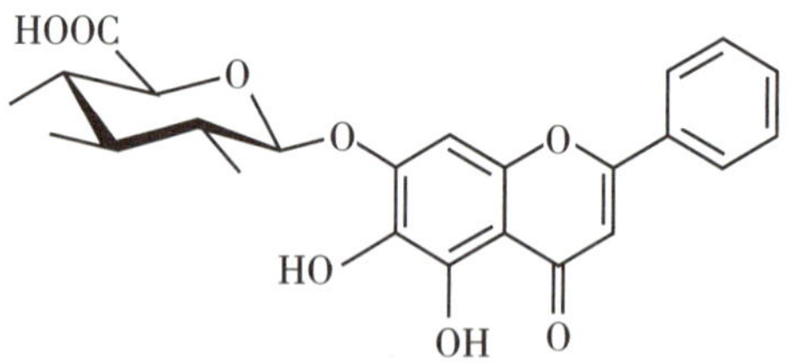

黄芩苷
baicalin

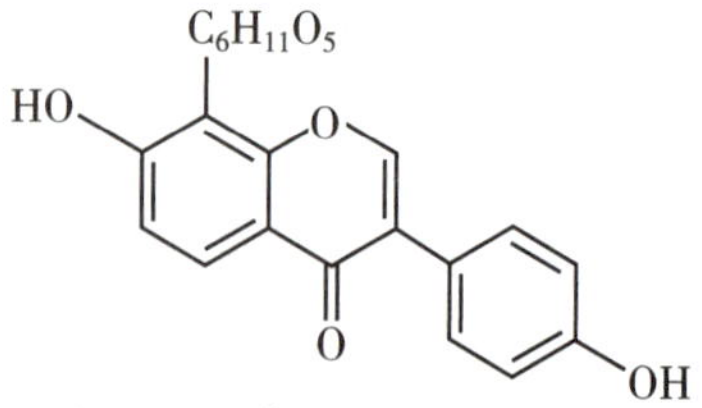

葛根素
puerarin

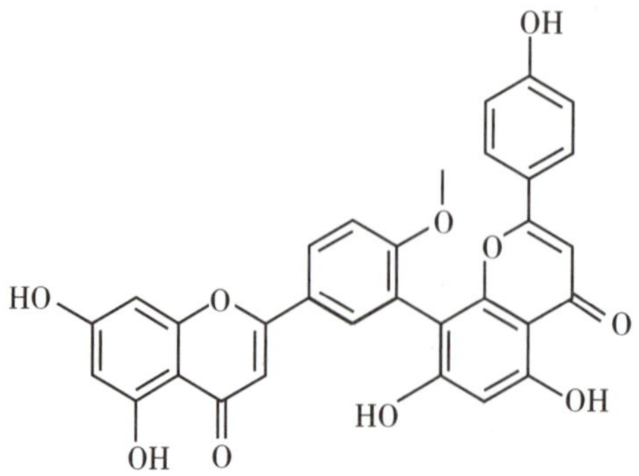

白果素
bilobetin

三、喹啉与异喹啉

喹啉(quinoline)和异喹啉(isoquinoline)都是由苯环与吡啶环稠合而成的稠杂环化合物。喹啉又称为苯并[b]吡啶;异喹啉又称为苯并[c]吡啶。二者的结构与吡啶类似,属于缺 π 芳杂环。

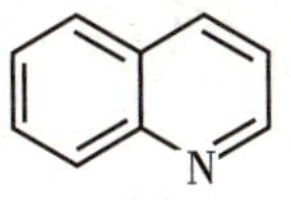

喹啉
quinoline

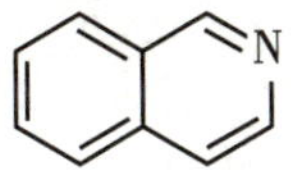

异喹啉
isoquinoline

(一) 性质

1. 溶解性　喹啉与异喹啉均是无色油状液体,能与大多数有机溶剂混溶,难溶于冷水,易溶于热水。与吡啶相比,它们的水溶性明显降低。

2. 碱性　喹啉与异喹啉都含有叔氮原子,具有弱碱性,其中喹啉的碱性(p*K*a=4.9)较吡啶(p*K*a=5.2)稍弱,异喹啉的碱性(p*K*a=5.4)较吡啶略强。二者都可以与强酸作用成盐。

3. 亲电取代反应　喹啉、异喹啉的性质与吡啶相似,既可发生亲电取代,又可发生亲核取代。因二者分子中苯环的 π 电子密度高于吡啶环,故亲电取代优先在苯环上发生,取代基一般进入 5- 位或 8- 位。

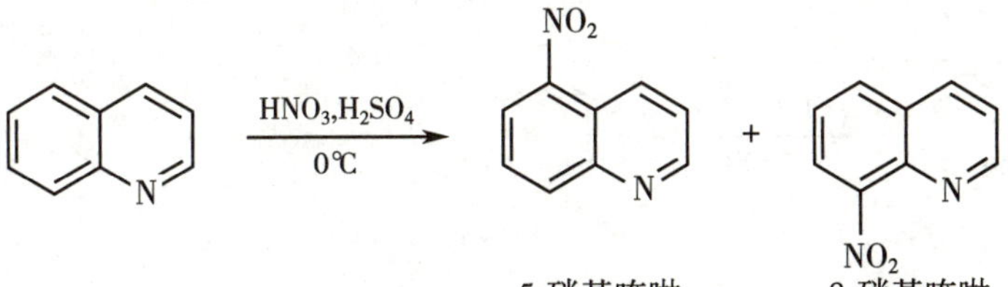

5-硝基喹啉　8-硝基喹啉
5- nitroquinoline　8-nitroquinoline

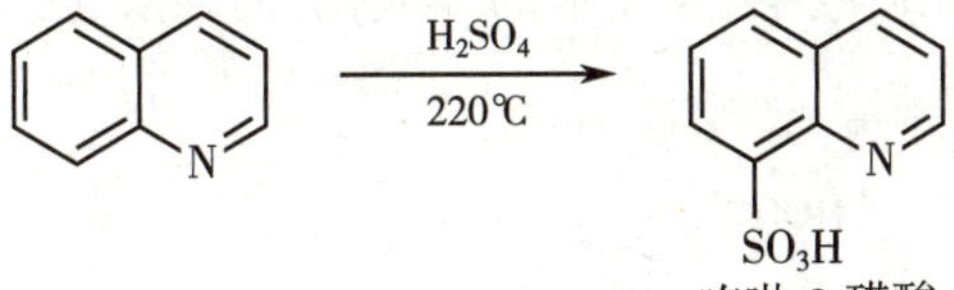

喹啉-8-磺酸
quinoline-8-sulfonic acid

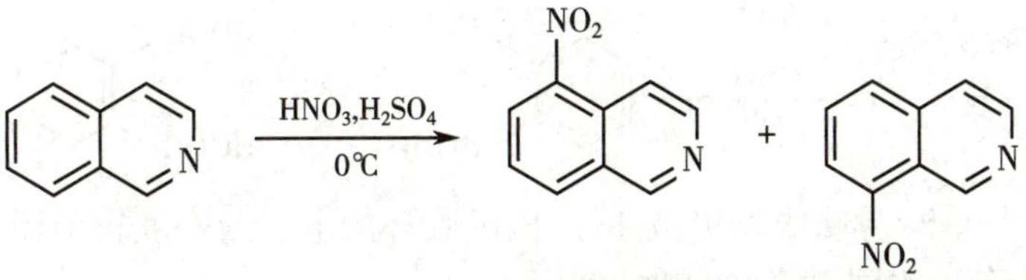

5-硝基异喹啉　8-硝基异喹啉
5- nitroisoquinoline　8- nitroisoquinoline

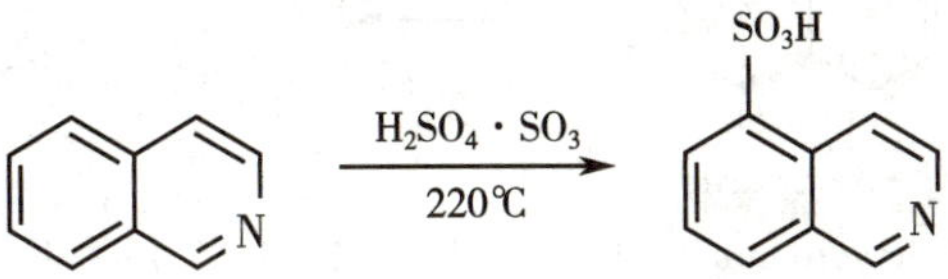

异喹啉-5-磺酸
isoquinoline-5-sulfonic acid

4. 亲核取代反应　亲核取代主要在吡啶环上进行，取代基一般进入 2- 位、4- 位（喹啉）或 1- 位（异喹啉）。

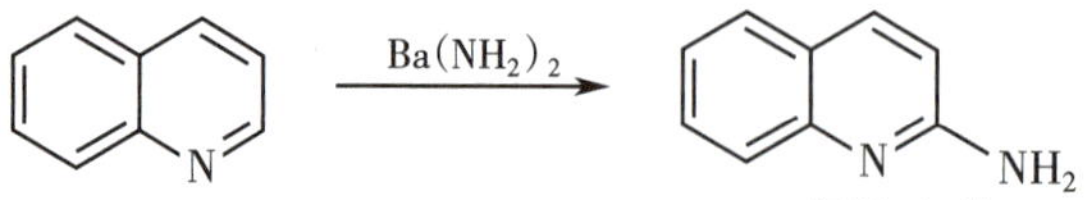

2-氨基喹啉
1-aminoquinoline

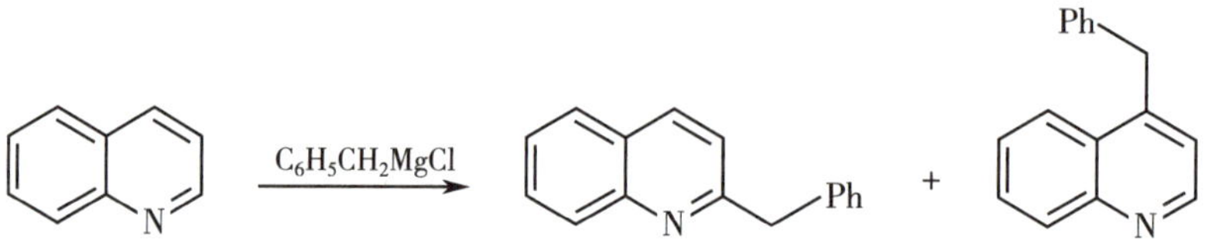

2-苄基喹啉
2-benzylquinoline

4-苄基喹啉
4-benzylquinoline

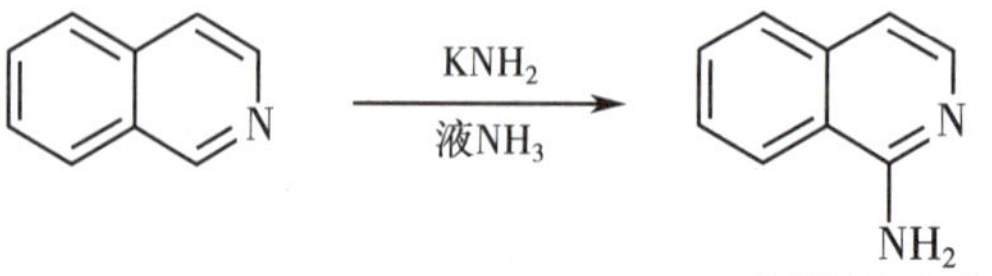

1-氨基异喹啉
1-aminoisoquinoline

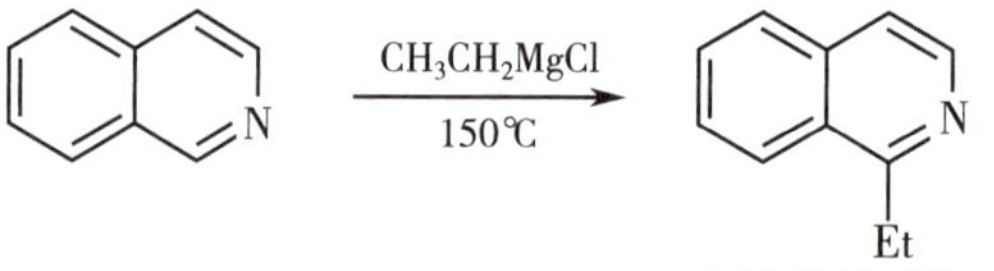

1-乙基异喹啉
1-ethylisoquinoline

5. 氧化反应　一般氧化剂不能使喹啉、异喹啉的环氧化，而强氧化剂可使它们氧化开环。

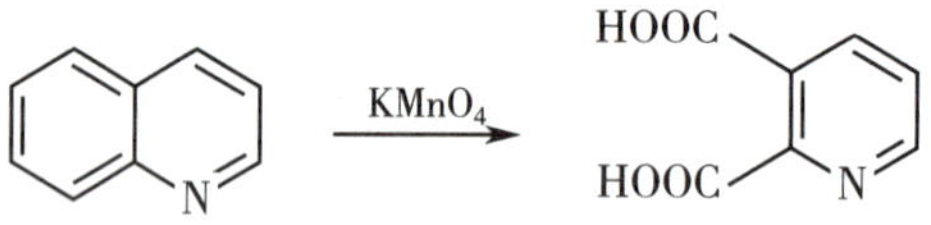

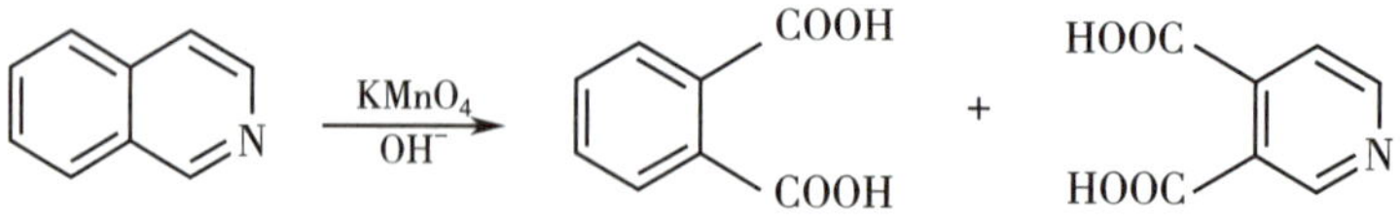

6. 还原反应　喹啉、异喹啉均可被还原，因吡啶环的电子云密度较苯环低，故吡啶环更易还原。根据反应条件不同，得到的产物也不同：

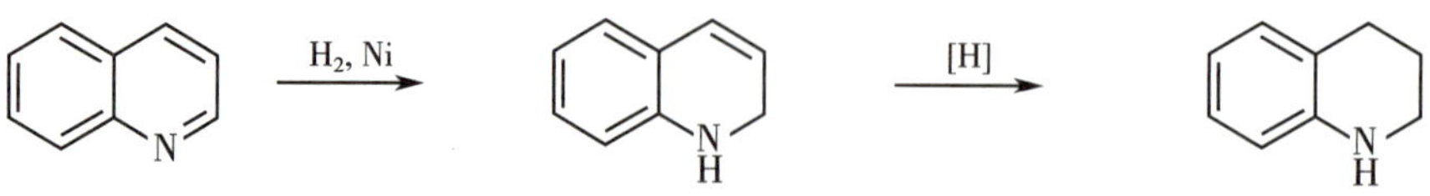

1,2-二氢喹啉
1,2-dihydroquinoline

1,2,3,4-四氢喹啉
1,2,3,4-tetrahydroquinoline

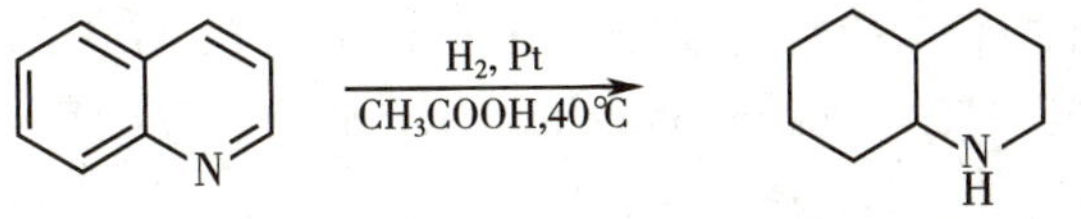

十氢喹啉
decahydroquinoline

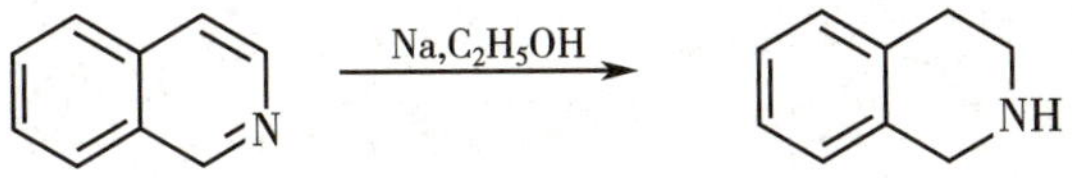

1,2,3,4-四氢异喹啉
1,2,3,4-tetrahydroisoquinoline

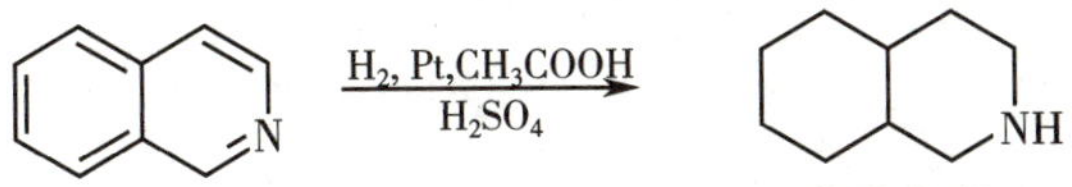

十氢异喹啉
decahydroisoquinoline

(二) 喹啉及其衍生物的合成

喹啉及其衍生物有多种合成方法，较常用的是 Skraup 合成法，即用甘油在浓硫酸作用下脱水生成丙烯醛，后者和苯胺加成生成 β- 苯氨基丙醛，再经环化、脱水生成二氢喹啉，最后被硝基苯氧化脱氢生成喹啉。此反应实际上是一步完成的，反应式表示如下：

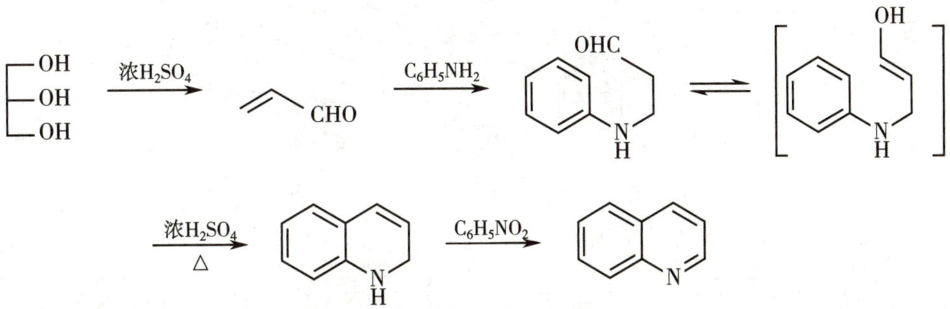

用其他芳胺代替苯胺，或用其他不饱和醛酮代替丙烯醛，可制备其他喹啉衍生物。

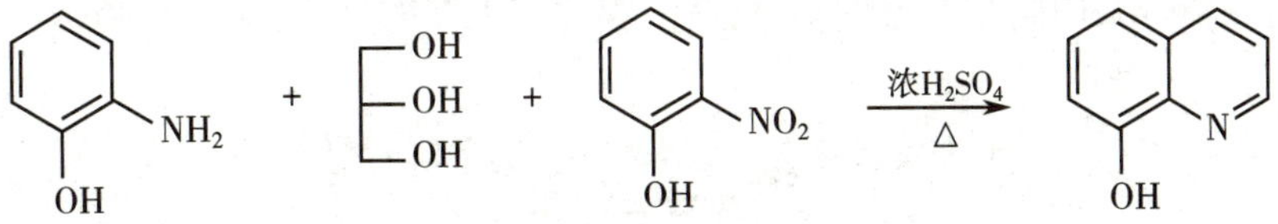

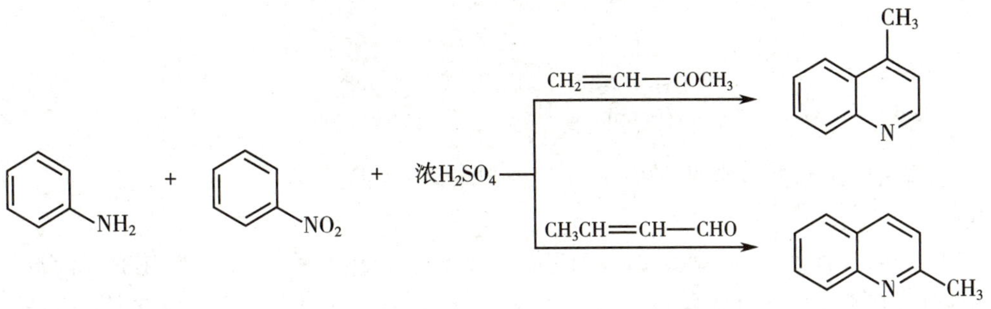

(三) 衍生物

1. 喹啉的衍生物　许多天然药及合成药的结构中都含喹啉环。例如，从金鸡纳属植物

笔记栏

中分离得到的奎宁(quinine)具有抗疟活性;合成抗疟药氯喹(chloroquine)也是喹啉的衍生物;存在于珙桐科植物喜树中的羟喜树碱(hydroxycamptothecine)具有显著抗癌活性,已作为肿瘤治疗药在临床上使用。

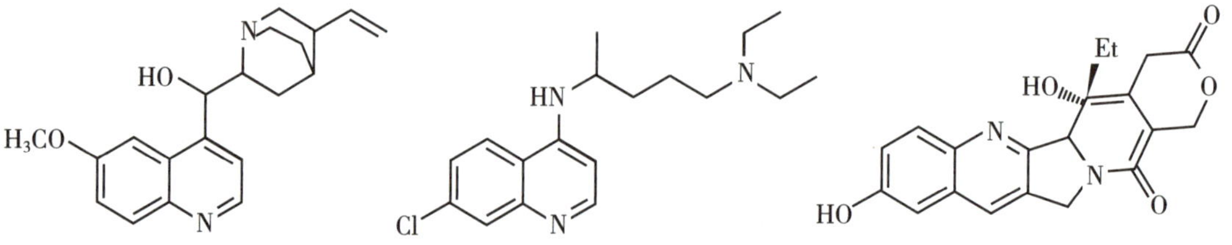

奎宁 quinine　　氯喹 chloroquine　　羟喜树碱 hydroxycamptothecine

2. 异喹啉的衍生物　异喹啉的衍生物在植物中分布较广,结构类型也比较多。例如,从中药黄连、黄柏、三颗针等中分离得到的小檗碱(berberine,也称黄连素),是一个具有良好抗菌作用的季铵生物碱;中药防己和青风藤等中存在的青藤碱(sinomenine)具有抗心律失常活性,临床上用于治疗心律失常和风湿性关节炎。

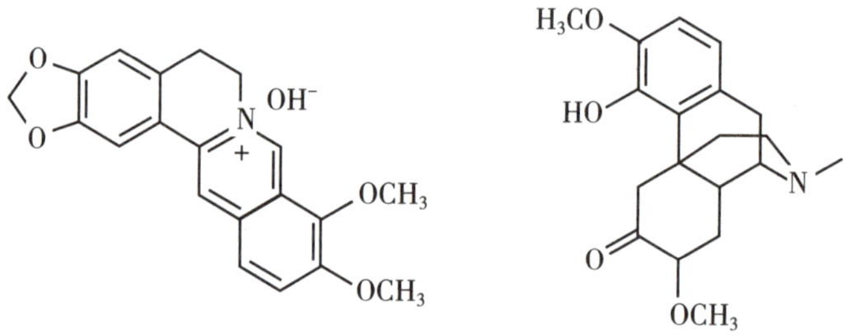

小檗碱 berberine　　青藤碱 sinomenine

四、嘌呤

嘌呤(purine)是由 1 个咪唑环和 1 个嘧啶环稠合构成的化合物,其稠合方式为咪唑并[4,5-d]嘧啶。嘌呤采用固有的习惯编号方式,存在下列互变异构:

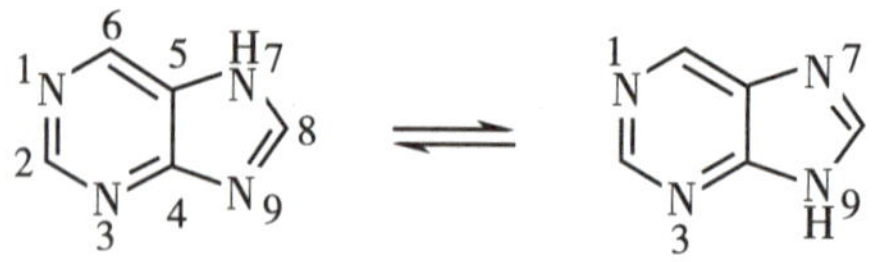

(Ⅰ) 7*H*-嘌呤 7*H*-purine　　(Ⅱ) 9*H*-嘌呤 9*H*-purine

在药物中以(Ⅰ)式较常见,在生物化学中则多采用(Ⅱ)式。

(一) 性质

嘌呤是无色针状结晶,熔点 216~217℃,易溶于水和热乙醇,难溶于常用有机溶剂。嘌呤既具有弱酸性,又具有弱碱性。嘌呤的酸性(p*K*a=8.9)比咪唑(p*K*a=14.5)强,这是因为嘧啶环能吸引咪唑环的电子,使咪唑环氮上的氢酸性增强。嘌呤的碱性(p*K*a=2.4)比嘧啶(p*K*a=1.4)强,比咪唑(p*K*a=7.2)弱。因此,嘌呤既可与强酸成盐,也可与强碱成盐。

嘌呤分子中存在密闭的共轭体系，π 电子数符合 $4n+2$ 规则，具有一定程度的芳香性。由于含有多个电负性较强的环氮原子，大大减弱了环碳原子的电子云密度，所以嘌呤很难发生亲电取代反应。

(二) 衍生物

嘌呤的衍生物非常多，尤以含羟基、氨基的衍生物最为常见，这些化合物以游离态或结合形式广泛存在于生物体内。

1. 腺嘌呤与鸟嘌呤　腺嘌呤与鸟嘌呤是组成核酸的 2 个嘌呤碱基。腺嘌呤是 6- 氨基嘌呤；鸟嘌呤是 2- 氨基 -6- 羟基嘌呤。

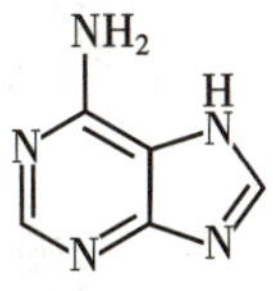

腺嘌呤
adenine

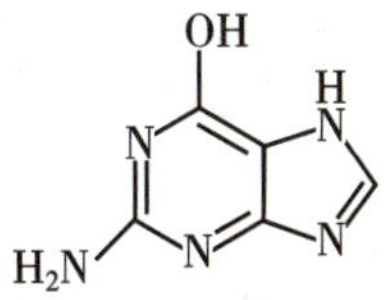

鸟嘌呤
guanine

腺嘌呤也称为维生素 B_4，除了作为核酸的碱基存在外，也以游离形式存在于动物的肌肉、肝脏及某些植物中。从香菇中分离得到的香菇嘌呤(eritadenine)以及从冬虫夏草中分离得到的虫草素(cordycepin)可看作腺嘌呤的衍生物，前者具有降血脂、降胆固醇作用，后者有抗病毒、抗菌、抗肿瘤活性。

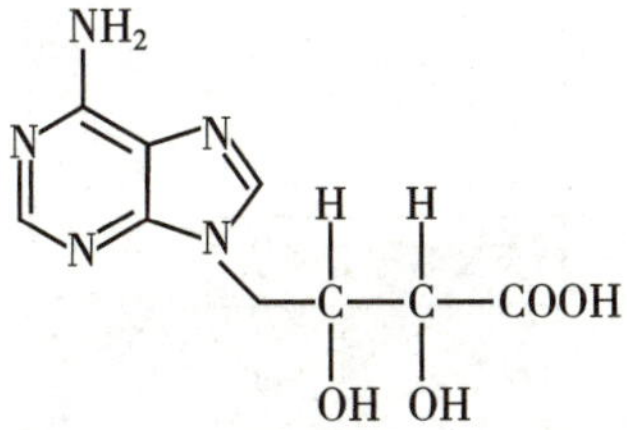

香菇嘌呤
eritadenine

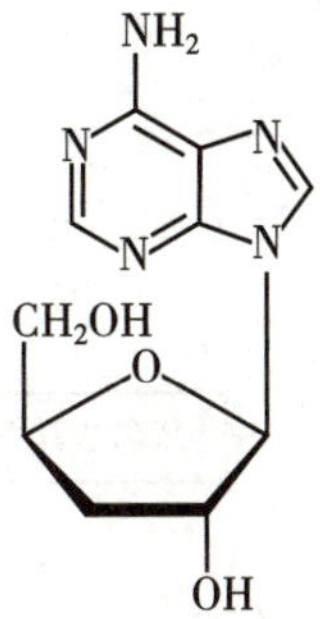

虫草素
cordycepin

鸟嘌呤又称为鸟粪素，在鸟粪及鱼鳞中的含量较高，可由这些物质水解制取，亦可通过合成的方法生产。鸟嘌呤的主要工业用途是作为合成咖啡因及嘌呤类药物的原料。鸟嘌呤存在酮式 - 烯醇式互变异构。

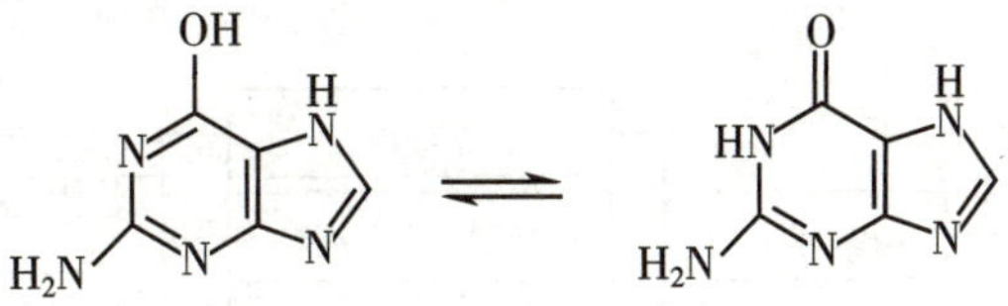

烯醇式　　　　酮式

2. 黄嘌呤及其衍生物　黄嘌呤(xanthine)是 2，6- 二羟基嘌呤，是黄白色固体，熔点 220℃，难溶于水，具有弱碱性(pKa=2.4)和弱酸性(pKa=8.9)，能与强酸或强碱作用成盐。黄嘌呤与鸟嘌呤相似，也有酮式 - 烯醇式互变异构。

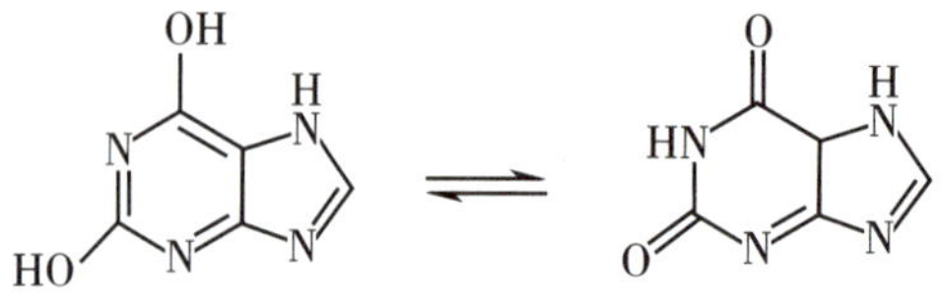

烯醇式　　　　酮式

茶碱、可可碱及咖啡碱等都是植物中存在的黄嘌呤的衍生物。它们的结构如下：

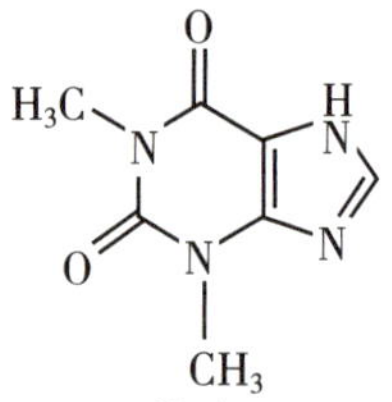

茶碱
（1,3-二甲基黄嘌呤）
theophylline

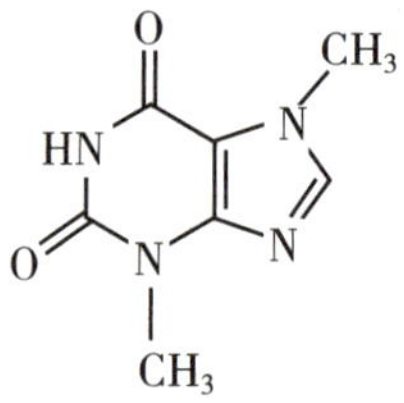

可可碱
（3,7-二甲基黄嘌呤）
theobromine

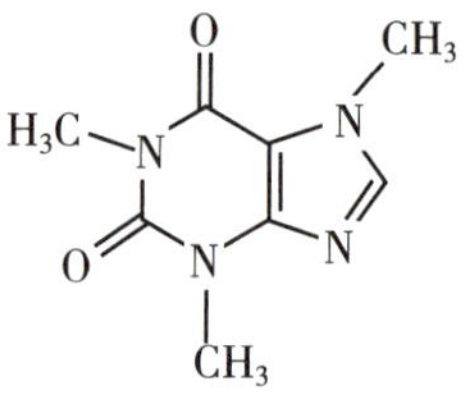

咖啡碱
（1,3,7-三甲基黄嘌呤）
caffeine

这 3 种黄嘌呤类生物碱都有显著的生理活性。茶碱（theophylline）具有利尿和松弛平滑肌作用，临床上用作利尿剂；可可碱（theobromine）具有利尿和兴奋中枢神经作用，临床上曾作为利尿剂使用，因其利尿作用不及茶碱，现已少用；咖啡碱（caffeine）又称咖啡因，也具有利尿和兴奋中枢神经作用，因后一作用较强，临床主要用作中枢神经兴奋剂。

（陈胡兰　方玉宇）

学习小结

1. 学习内容

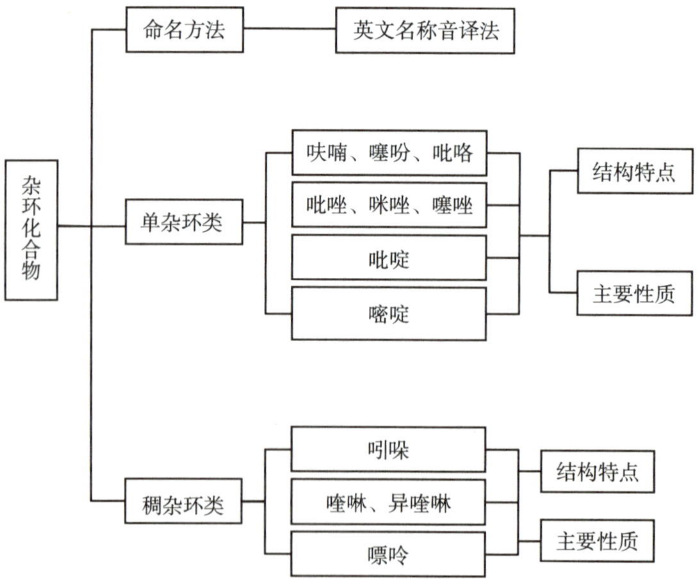

2. 学习方法　杂环化合物结构复杂，在学习中应注意了解各类不同杂环的结构特点，才能更好地掌握其化学性质。呋喃、噻吩、吡咯等属于多 π 芳杂环，易发生亲电取代，容易氧化，遇强酸易分解；吡啶、嘧啶等属于缺 π 芳杂环，难以发生亲电取代，可以

笔记栏

发生亲核取代，不易氧化，对酸稳定；吲哚的杂环π电子云密度高于苯环，故更易发生亲电取代；喹啉、异喹啉则是苯环π电子云密度高于杂环，故苯环易发生亲电取代，杂环易发生亲核取代。含氮杂环中的吡咯型氮原子因孤对电子参与组成芳香共轭体系，无碱性；而吡啶型氮原子的孤对电子不参与组成芳香共轭体系，有一定碱性。

复习思考题与习题

1. 比较吡咯、吡唑、吡啶的亲电取代反应的活性差异，并解释为什么有这样的差异。
2. 为什么咪唑既有弱碱性又有酸性？
3. 为什么吡啶的偶极矩比六氢吡啶大？
4. 比较下列化合物中各氮原子碱性的强弱。

(1)

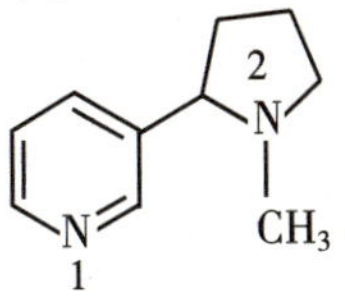

烟碱

(2)

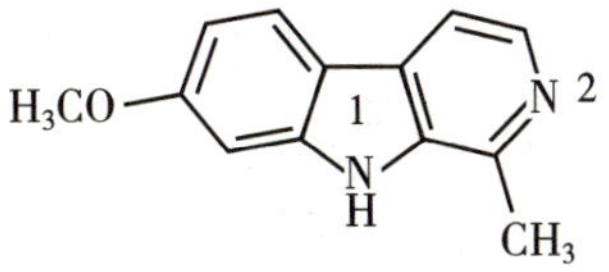

哈尔明碱

(3)

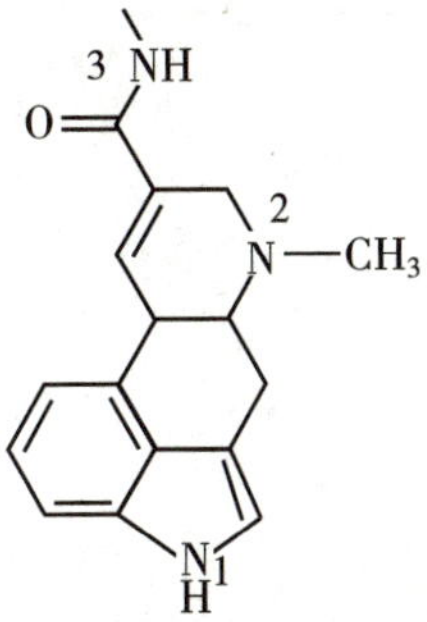

麦角新碱

(4)

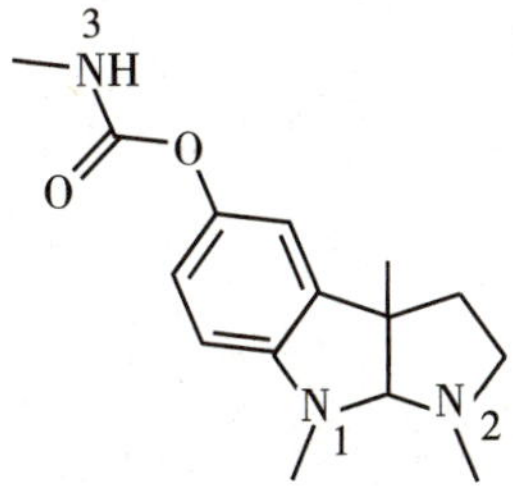

毒扁豆碱

5. 喹啉的侧链α-H易发生如下反应：

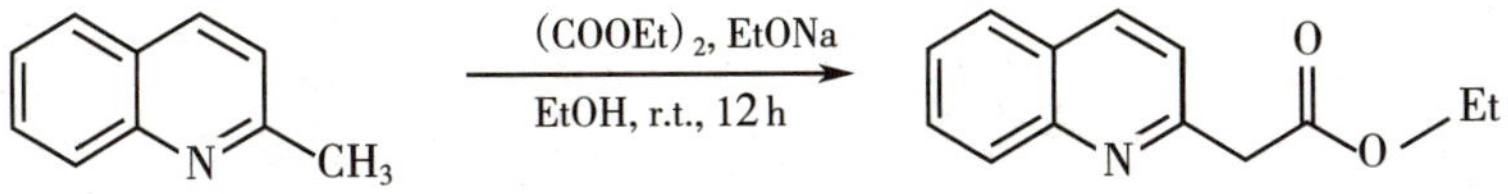

请推测如下反应产物：

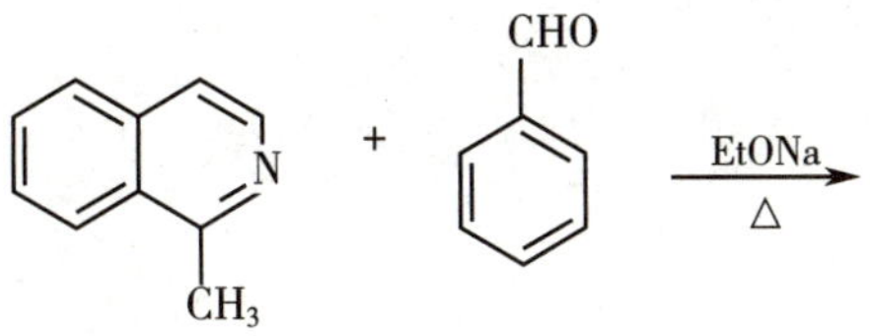

6. 吗啡(morphine)、可待因(codein)和海洛因(heroin)具有相同的骨架(如下式)。吗啡味苦，对中枢神经有麻痹作用，有极快的镇痛效力，但易成瘾，临床上一般使用吗啡的盐酸盐及其制剂。可待因与吗啡有相同的生理作用，镇痛作用较小，强度为吗啡的1/4，但不像吗啡那样易成瘾，临床一般使用其磷酸盐。海洛因不存在于自然界，其成瘾性为吗啡的

笔记栏

3~5 倍，从不作为药用，是对人类危害最大的毒品之一。查阅资料，指出 R_1 和 R_2 分别为何种结构。

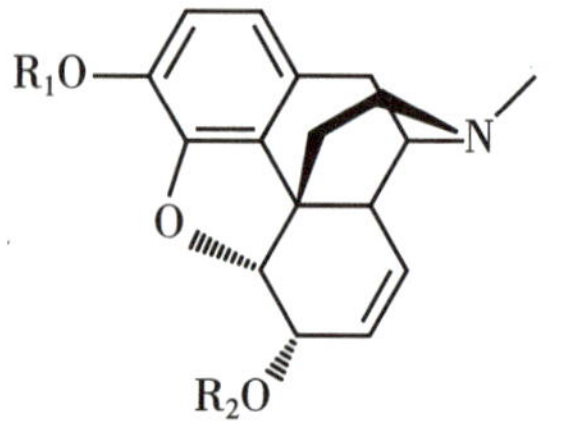

笔记栏

15章PPT

PPT 课件

第十五章 氨基酸、肽、蛋白质及核酸

学习目标

这是一类广泛存在于生命体中的重要化合物，与机体的代谢、遗传等功能密切相关。

1. 掌握氨基酸和蛋白质的主要化学性质　两性电离和等电点，成肽反应，脱羧，颜色反应，胶体性质，沉淀反应。
2. 熟悉氨基酸、肽、蛋白质的结构、分类和命名。
3. 了解氨基酸的来源，核酸的组成、结构、功能。

蛋白质、核酸都是天然含氮有机大分子化合物，既是生物体的重要组成成分，又是生命活动中重要的物质基础。蛋白质存在于生物体内的一切细胞中，是构成人体和动、植物体的基本物质，具有各种生理功能。核酸是一类携带遗传信息和指导蛋白质合成的生物大分子，在生物个体发育、生长、繁殖和遗传变异等生命活动中起着重要作用。

第一节　氨基酸、肽、蛋白质

一、氨基酸

氨基酸（amino acid）是指分子中含有氨基（氨亚基）和羧基的一类化合物，是组成肽和蛋白质的基本单位。自然界中有 300 多种氨基酸，其中用于合成蛋白质的氨基酸仅有 20 种，被称为编码氨基酸（或标准氨基酸）。编码氨基酸是人体所必不可少的物质。许多氨基酸可直接用作药物，如谷氨酸、天冬酰胺、天冬氨酸、氨基己酸等。

（一）氨基酸的结构、分类和命名

1. 氨基酸的结构　氨基酸可看成是羧酸分子中烃基上的氢原子被氨基所取代而成的取代羧酸。在氨基酸分子中，氨基与羧基的相对位置有所不同。但是，组成蛋白质的 20 种编码氨基酸，除脯氨酸（亚氨酸）外，均为 α- 氨基酸，即在羧基邻位的 α- 碳原子上连有 1 个氨基，且绝大多数 α- 碳原子（除甘氨酸外）都是手性碳原子。氨基酸具有 L- 型和 D- 型 2 种构型，但是，组成天然蛋白质的氨基酸均为 L- 构型。其结构式表示如下：

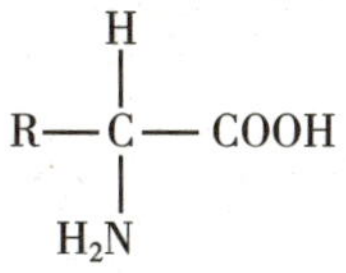
α-氨基酸

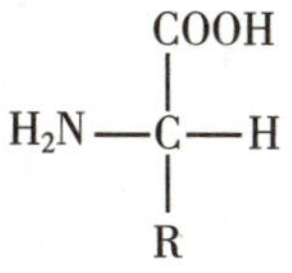
L- α -氨基酸

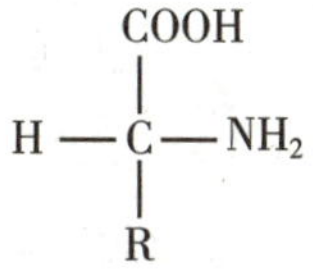
D- α -氨基酸

笔记栏

氨基酸的构型一般用 D/L 标记，如用 *R/S* 标记，则天然 L- 型氨基酸大多是 *S*- 型的。

2. 氨基酸的分类　氨基酸的分类有助于认识氨基酸的结构、性质以及作用。通常有以下 3 种分类方法。

(1) 根据氨基和羧基相对位置，氨基酸可以分成 α- 氨基酸、β- 氨基酸、γ- 氨基酸等。

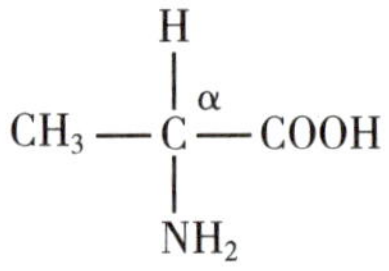
α-氨基丙酸

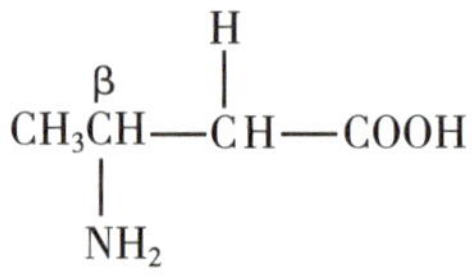
β-氨基丁酸

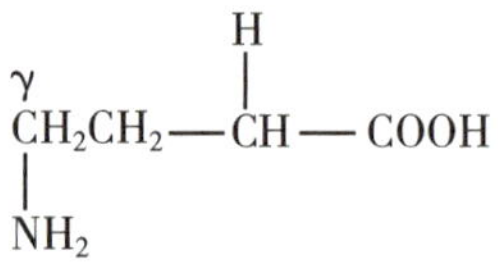
γ-氨基丁酸

(2) 根据氨基酸分子中烃基（R—）的类型分为脂肪族氨基酸、芳香族氨基酸和杂环氨基酸三大类。

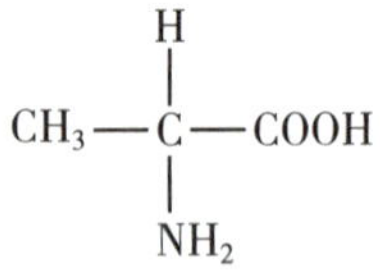
脂肪族氨基酸
（丙氨酸）

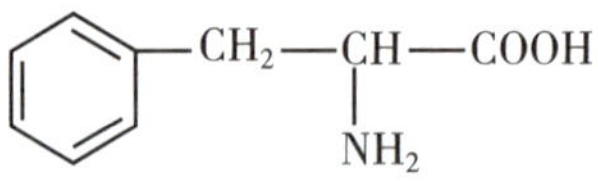
芳香族氨基酸
（苯丙氨酸）

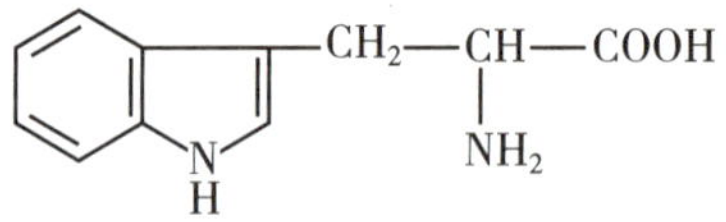
杂环氨基酸
（色氨酸）

(3) 根据氨基酸分子中所含氨基和羧基的相对数目不同分为中性氨基酸（氨基和羧基数目相等）、酸性氨基酸（羧基数目多于氨基）和碱性氨基酸（氨基数目多于羧基）。

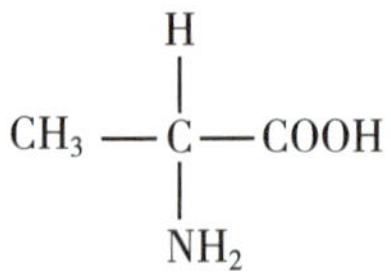
中性氨基酸
（丙氨酸）

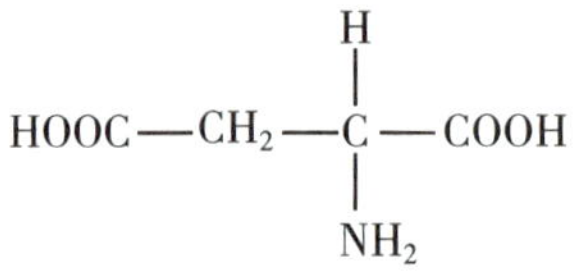
酸性氨基酸
（天冬氨酸）

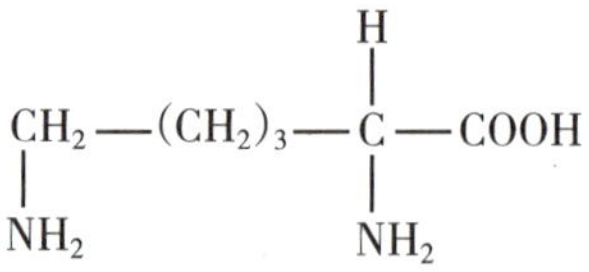
碱性氨基酸
（赖氨酸）

另外，氨基酸还可根据人体能否自身合成，分为必需氨基酸和非必需氨基酸。

3. 氨基酸的命名　氨基酸的系统命名法与其他取代羧酸（如羟基酸）类似，即以羧酸为母体，氨基作为取代基命名，也可用希腊字母 α-、β-、γ- 等来标明氨基的位置。如 2- 氨基丁二酸（α- 氨基丁二酸）；2,6- 二氨基己酸（α,ω- 二氨基己酸或 α,ε- 二氨基己酸），2- 氨基 -5- 胍基戊酸（α- 氨基 -δ- 胍基戊酸）等等。

通常，天然氨基酸根据其来源或性质多用俗名。如天冬氨酸最初从天门冬的幼苗中发现，胱氨酸最先来自尿结石，甘氨酸是由于它具有甜味而得名。

另外，氨基酸还可用缩写符号表示：取中文俗名第 1 个字，或英文名前 3 个字符表示。组成大多数天然蛋白质的氨基酸分类、名称、缩写符号及结构式等见表 15-1。

表 15-1　组成天然蛋白质的编码氨基酸

分类	中文名称（英文名称）	缩写	结构式	分子量	等电点
脂肪族氨基酸	甘氨酸（glycine）	甘（Gly，G）	CH_2COOH | NH_2	75.05	5.97
	丙氨酸（alanine）	丙（Ala，A）	$CH_3CHCOOH$ | NH_2	89.06	6.00

笔记栏

续表

分类	中文名称（英文名称）	缩写	结构式	分子量	等电点
脂肪族氨基酸	*缬氨酸（valine）	缬（Val，V）	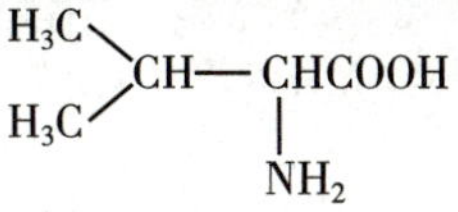	117.09	5.96
	*亮氨酸（leucine）	亮（Leu，L）	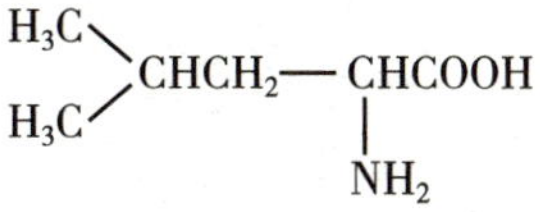	131.11	5.98
	*异亮氨酸（isoleucine）	异亮（Ile，I）	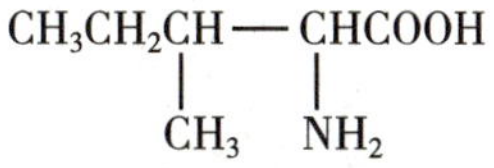	131.11	6.02
	丝氨酸（serine）	丝（Ser，S）	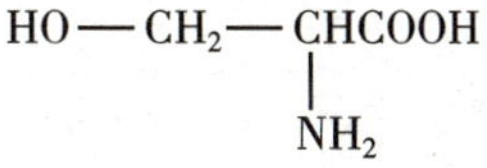	105.06	5.68
	苏氨酸（threonine）	苏（Thr，T）	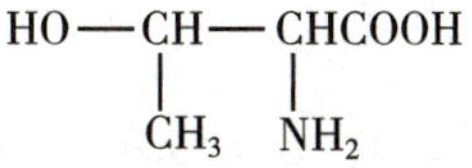	119.08	6.16
	半胱氨酸（cysteine）	半（Cys，C）	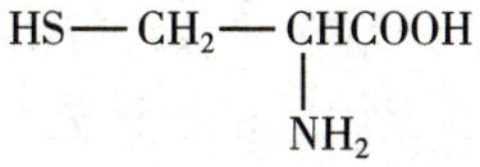	121.12	5.07
	*蛋氨酸（methionine）	蛋（甲硫）（Met，M）		149.15	5.74
	天冬酰胺（asparagine）	天胺（Asn，N）	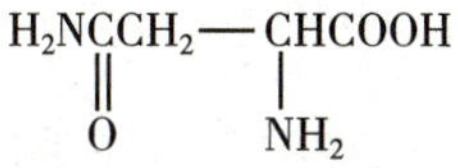	132.12	5.41
	谷氨酰胺（glutamine）	谷胺（Gln，Q）	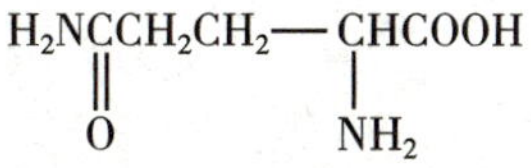	146.15	5.65
	*赖氨酸（lysine）	赖（Lys，K）	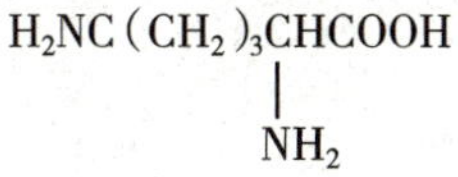	146.13	9.74
	精氨酸（arginine）	精（Arg，R）	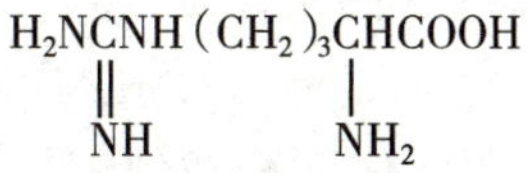	174.14	10.76
	天冬氨酸（aspartic acid）	天门（Asp，D）	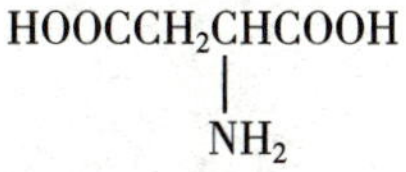	133.60	2.77
	谷氨酸（glutamic acid）	谷（Glu，E）	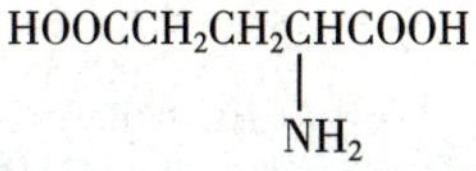	147.08	3.22
芳香族氨基酸	苯丙氨酸（phenylalanine）	苯丙（Phe，F）	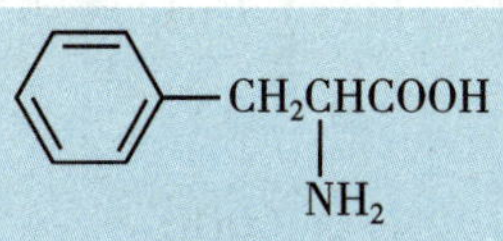	165.09	5.48
	酪氨酸（tyrosine）	酪（Tyr，Y）	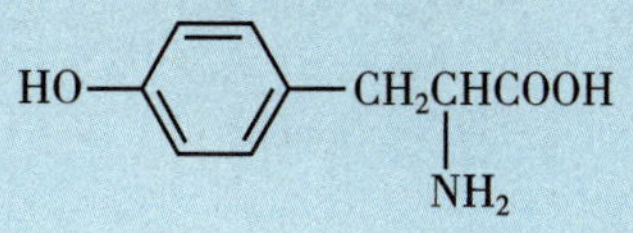	181.09	5.66

笔记栏

续表

分类	中文名称（英文名称）	缩写	结构式	分子量	等电点
杂环氨基酸	*色氨酸（tryptophan）	色（Try，W）	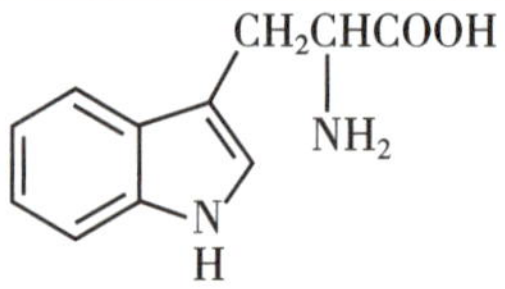	204.22	5.89
	组氨酸（histidine）	组（His，H）	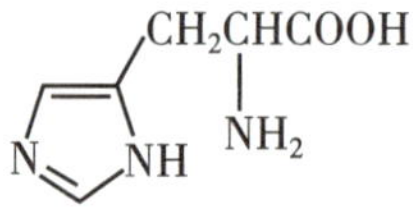	155.16	7.59
	脯氨酸（proline）	脯（Pro，P）	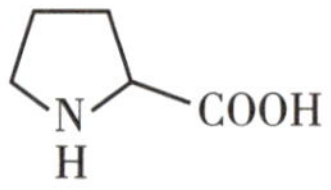	115.13	6.30

注：* 必需氨基酸（essential amino-acid）——人体不能合成，必须由食物供给。

（二）氨基酸的来源和制法

氨基酸主要通过天然蛋白质及多肽的酸性水解、微生物发酵法和化学合成法得到。

1. 蛋白质的水解　蛋白质在酸、碱或酶的催化下，可以逐步水解成短链肽类化合物，其最终产物为 α- 氨基酸混合物。将各种混合 α- 氨基酸进行分离，可以得到单一的 α- 氨基酸。

$$蛋白质 \xrightarrow[H^{\oplus}]{H_2O} 多肽 \longrightarrow \cdots\cdots \longrightarrow 二肽 \longrightarrow \alpha\text{-}氨基酸$$

2. α- 卤代酸氨解　α- 卤代酸与氨反应可生成氨基酸。此法有副产物仲胺和叔胺生成，不易纯化。

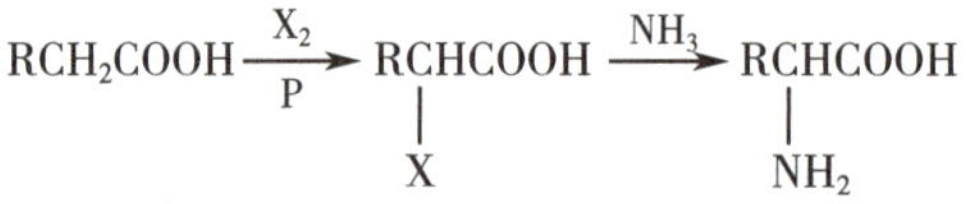

α- 卤代酸氨解法制备氨基酸常伴有仲胺、叔胺副产物生成。

3. 盖布瑞尔合成法　盖布瑞尔（Gabriel）合成法是制备纯净伯胺的一种常用方法（见第十三章中“胺的制备”）。用卤代酸酯与邻苯二甲酰亚胺钾反应，先形成亚胺盐，再烷基化，最后水解得到氨基酸。

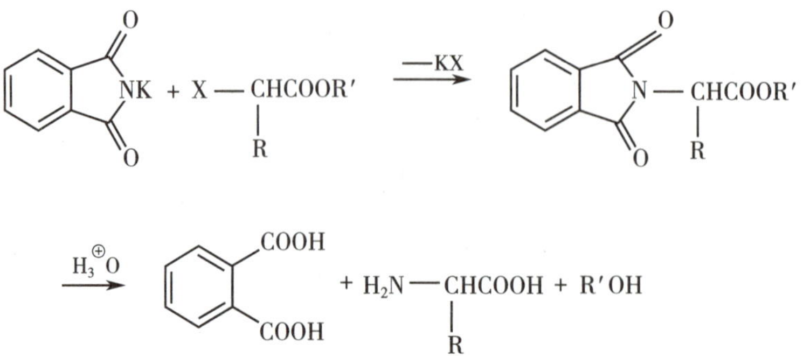

盖伯瑞尔合成法所得产物较为纯净，适用于实验室合成氨基酸。

4. 斯特雷克尔合成法　斯特雷克尔（Strecker）合成法是最早被发现的氨基酸合成方法。此法将醛在氨存在下加氢氰酸生成 α- 氨基腈，后者水解生成 α- 氨基酸。

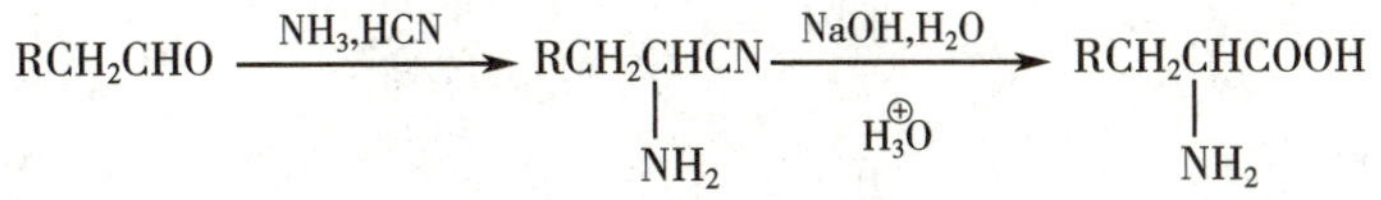

此合成方法得到的 α- 氨基酸均为 D/L 型氨基酸的外消旋体，还需要进一步拆分。

（三）氨基酸的物理性质

氨基酸呈无色结晶，熔点一般高于相应羧酸或胺、多在 200~300℃，大多在融熔时分解。一般的氨基酸能溶于水，溶解度各不相同；易溶于酸或碱，不溶于乙醇、乙醚、苯等有机溶剂。天然 α- 氨基酸除甘氨酸外，都具有旋光活性。

（四）氨基酸的化学性质

FR-15-1

氨基酸的化学性质

氨基酸为复合官能团化合物，分子中同时含有氨基和羧基。因此，氨基酸具有氨基和羧基的典型性质，但又因其 2 种基团的相互影响而呈现出一些特殊性质。

1. 两性电离和等电点　氨基酸分子中的氨基（碱性）和羧基（酸性），可与强酸或强碱作用生成盐，所以氨基酸是两性化合物。

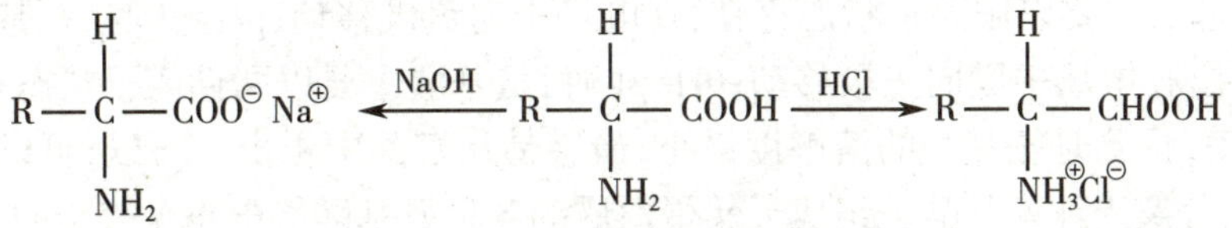

此外，氨基酸分子内的氨基和羧基也可以互相作用生成盐。

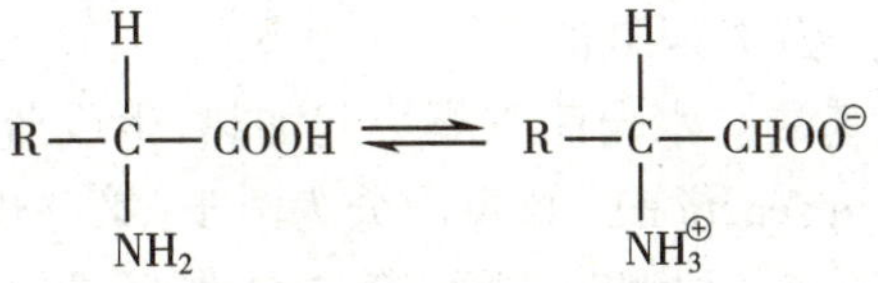

这种由分子内部酸性基团和碱性基团所成的盐称为内盐。内盐分子中既有阳离子部分，又有阴离子部分，所以又称两性离子或偶极离子（dipolar ion）。结晶状态的氨基酸以内盐形式存在，所以具有低挥发性、高熔点、难溶于有机溶剂等物理性质。

在水溶液中，氨基酸分子中的羧基和氨基可以分别像酸和碱一样离子化。

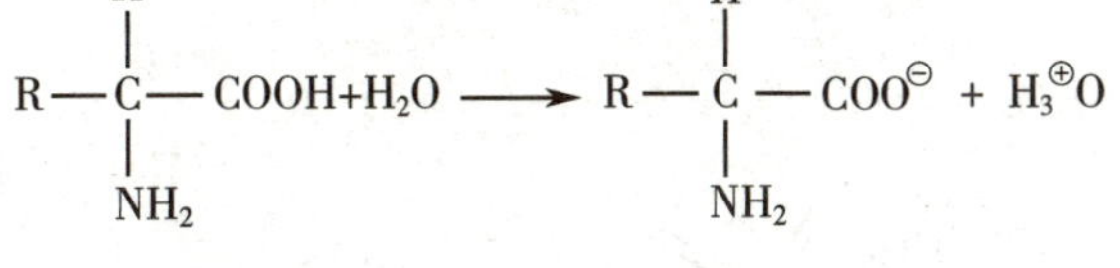

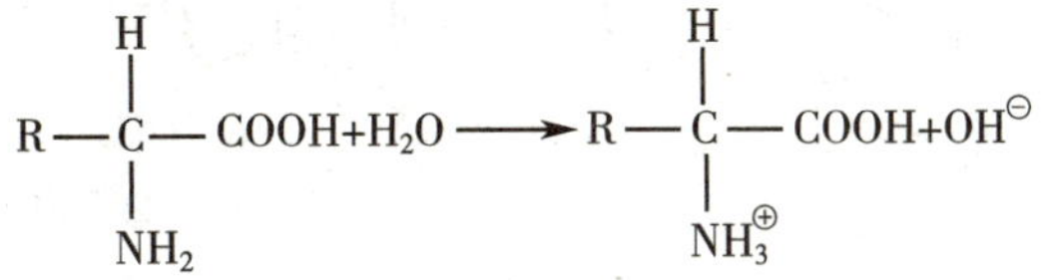

在氨基酸的水溶液中，阳离子、阴离子及两性离子三者之间可通过得失 H^+ 而相互转化，呈如下平衡状态：

笔记栏

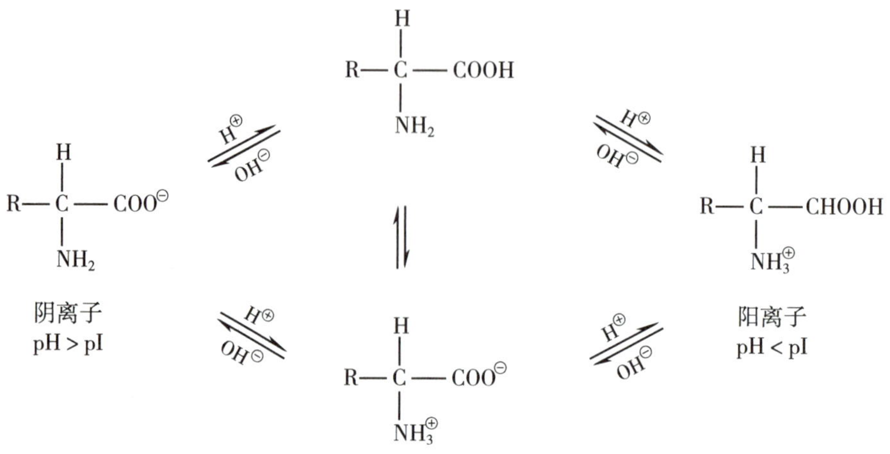

由此可见，氨基酸在水溶液中的电离状况与溶液的 pH 有关，因而在电场中的行为也有所不同。在酸性溶液中，羧基的电离受到抑制；反之，在碱性溶液中，氨基的电离受到抑制。在一定的 pH 时，氨基和羧基的电离程度相等，溶液中氨基酸分子所带正电荷与负电荷数量相等，静电荷为零，此时溶液的 pH 称为该氨基酸的等电点(isoelectric point，pI)。当溶液的 pH<pI 时，氨基酸主要以阳离子状态存在，在电场中向负极移动；pH>pI 时，氨基酸主要以阴离子状态存在，在电场中则向正极移动；pH=pI 时，氨基酸主要以两性离子状态存在，在电场中不发生移动，且此时氨基酸的溶解度最小，最容易从溶液中析出。所以，可以利用调节溶液 pH 的方法分离提纯氨基酸。组成天然蛋白质的各种氨基酸等电点见表 15-1。

由于氨基和羧基的电离程度不同(羧基的电离程度略大于氨基)，即便是中性氨基酸，2 个基团的电离程度也不相同，因此中性氨基酸的等电点为 5.0~6.3，酸性氨基酸的等电点为 2.8~3.2，碱性氨基酸的等电点为 7.6~10.8。

2. 茚三酮反应 α- 氨基酸与水合茚三酮一起加热，生成蓝紫色或紫红色混合物的反应称为茚三酮反应(ninhydrin reaction)。该反应分为两步：第一步，氨基酸被氧化形成 CO_2、NH_3 和醛，水合茚三酮被还原成还原型茚三酮；第二步，所形成的还原型茚三酮、氨和另一分子水合茚三酮反应，缩合生成蓝紫色化合物，称为罗曼氏紫(Ruhemann's purple)。

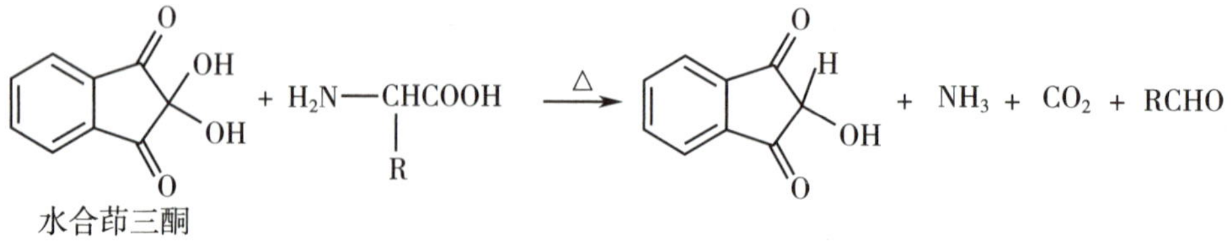
水合茚三酮

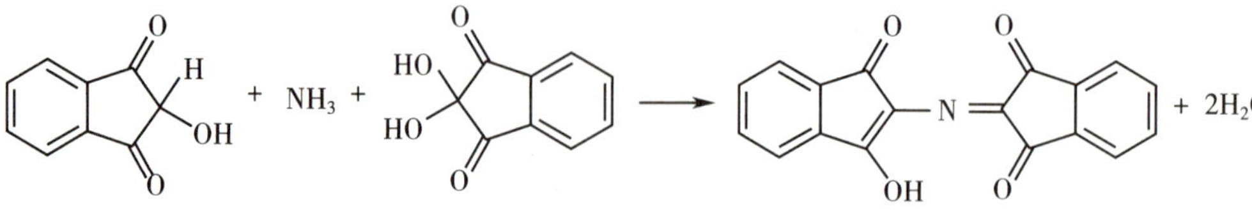
罗曼氏紫

所有具有游离 α- 氨基的化合物都发生茚三酮反应，但脯氨酸和羟脯氨酸(亚氨基酸)与茚三酮反应产生黄色物质，且此反应快速、灵敏，常用于 α- 氨基酸、多肽和蛋白质的鉴别。β- 氨基酸、γ- 氨基酸等不发生此反应。水合茚三酮是 α- 氨基酸比色测定及薄层分析常用的

笔记栏

显色剂。

3. 与亚硝酸反应　含有游离氨基（—NH_2）的氨基酸（不包括亚氨酸）都能与亚硝酸反应生成 α- 羟基酸，并定量放出氮气。

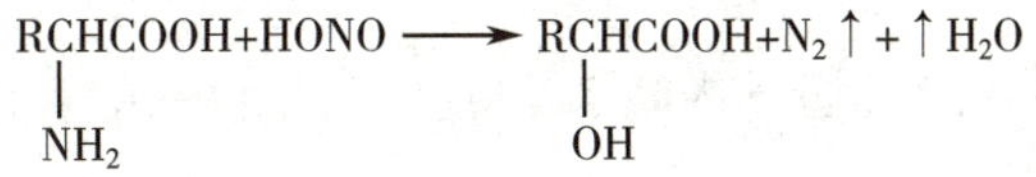

由于反应所放出的氮气，一半来自于氨基酸，另一半来自于亚硝酸，故该反应可用于氨基酸定量分析。在标准条件下测定生成氮气的体积，即可计算出相应伯胺或氨基酸的量。这是范斯莱克法（Van Slyke method）测定氨基氮的基本原理。

4. 成肽反应　在受热或酶的作用下，一分子氨基酸的 α- 羧基与另一分子氨基酸的 α- 氨基脱去一分子水，缩合形成以酰胺键（amide linkage）相连接的反应，称为成肽反应（peptide formation）。

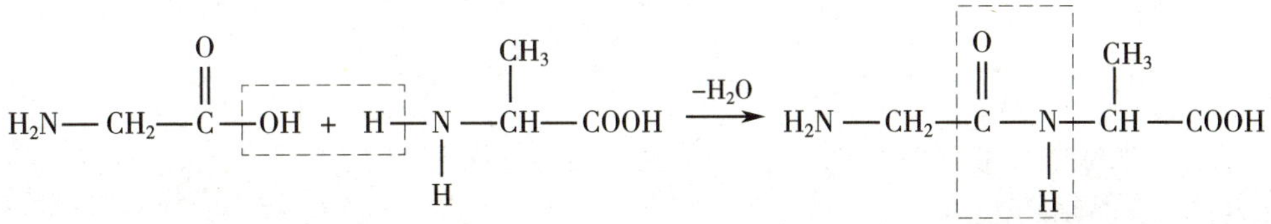

肽分子中的酰胺键又称为肽键（peptide bond）。氨基酸的成肽反应是生命起源过程中的一类重要反应。

5. 脱羧　在一定条件下（如在高沸点溶剂中回流、动物体内脱羧酶作用、肠道细菌作用等），某些氨基酸可脱羧而生成相应的胺类。此反应是人体内氨基酸分解代谢的一种途径。常见的有谷氨酸脱羧生成 γ- 氨基丁酸，组氨酸脱羧生成组胺，色氨酸脱羧生成 5- 羟色胺等。

谷氨酸　　γ-氨基丁酸

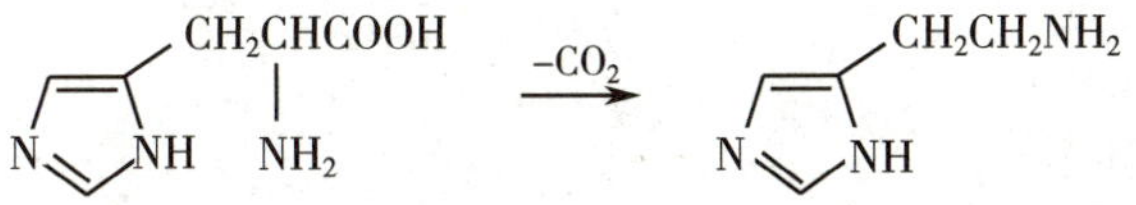

组氨酸　　组胺

6. 脱水脱氨反应　氨基酸与羟基酸相似，受热时可发生脱水或脱氨反应。由于氨基酸分子中氨基和羧基相对位置的不同，α-、β-、γ- 等氨基酸受热后所发生的反应也不同。

α- 氨基酸受热时，两分子间发生交互脱水作用，生成六元环的交酰胺，也称为二酮吡嗪。

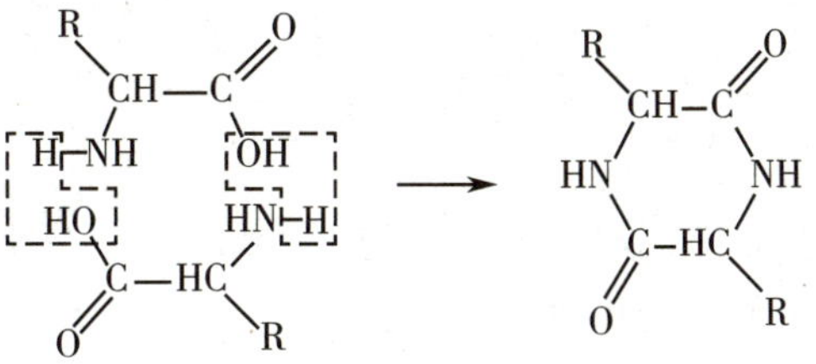

笔记栏

β- 氨基酸受热时，发生分子内脱氨反应，生成 α，β- 不饱和羧酸。

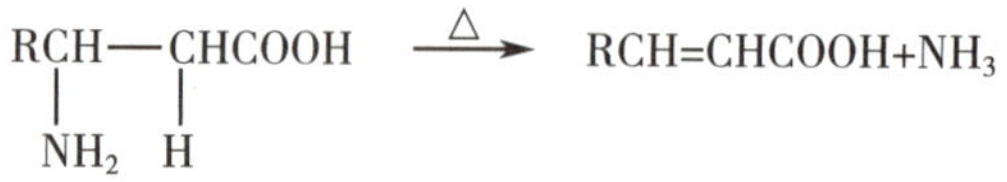

γ- 或 δ- 氨基酸受热后，发生分子内脱水反应，生成五元环或六元环内酰胺。

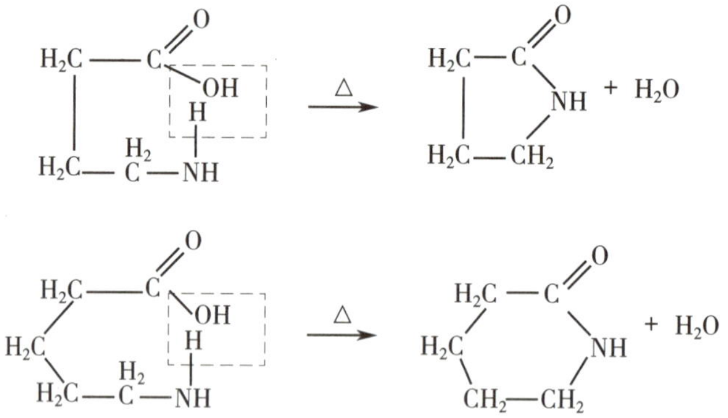

交酰胺、内酰胺在酸或碱催化下，水解则得到原来的氨基酸。

(五) 代表性化合物

1. 谷氨酸　谷氨酸(glutamic acid；Glu)又称麸氨酸，为脂肪族酸性氨基酸，大量存在于谷类的蛋白质中，通常由面筋和豆饼的蛋白质加酸水解而制得，故名谷氨酸。在临床上常用于抢救肝昏迷患者。左旋谷氨酸的单钠盐就是味精。

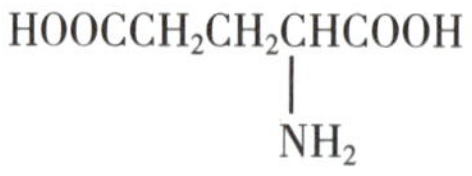

谷氨酸

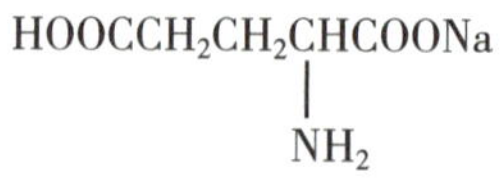

谷氨酸钠（味精）

2. 天冬酰胺　天冬酰胺(asparagine)又名天门冬青，为脂肪族中性氨基酸，存在于中药天门冬、杏仁、玄参、姜和棉花根中，具有镇咳作用。

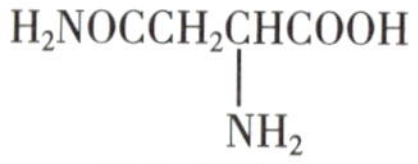

天冬酰胺

3. 使君子氨酸　使君子氨酸(quisqualic acid)又称使君子酸，是一种非编码杂环氨基酸，存在于使君子科植物使君子(*Quisqualis indica* L.)等的种子中。其钾盐用于临床，具有明显的驱蛔虫作用(驱蛔虫作用近似山道年)和一定的驱蛲虫作用，但对钩虫、绦虫等肠道寄生虫无明显作用。

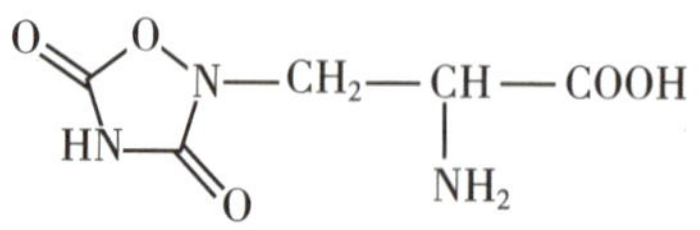

使君子氨酸

4. 止血氨酸　是一类非编码氨基酸，分子中氨基和羧基分别连接在烃基的两端。因其能抑制纤维蛋白质溶解而发挥止血作用，所以称为止血氨酸。临床上主要应用于各种内外科出血和月经过多等。常用的止血氨酸有氨甲环酸（tranexamic acid，又名止血环酸、凝血酸等）、氨甲苯酸（aminomethylbenzoic acid，又名止血芳酸、抗血纤溶芳酸）和氨基己酸（aminocaproic acid）等。其中，氨甲环酸止血作用最强，氨甲苯酸次之，氨基己酸较弱。

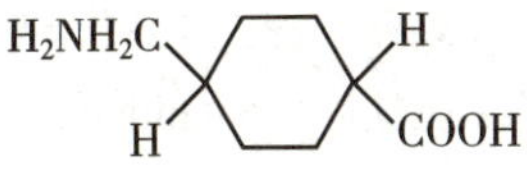

止血环酸
简写为Trans-AMCHA

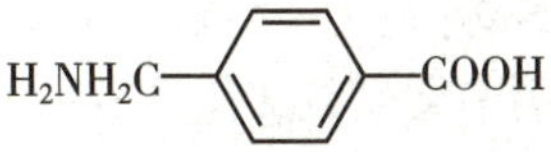

止血芳酸
简写为PAMBA

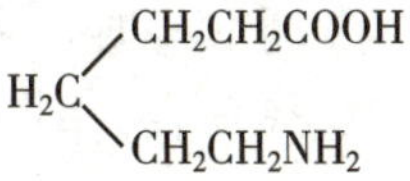

6-氨基己酸
简写为EACA

二、肽和蛋白质

肽（peptide）和蛋白质（protein）都是由 α- 氨基酸构成的化合物，广泛存在于动、植物体内，在生命活动中具有重要的生理功能。人体很多活性物质都是以肽的形式存在的，可以说没有肽，就没有生命。例如，广泛分布于神经组织的神经肽，如脑啡肽、内啡肽、强啡肽等，是一类在神经传导过程中起信息传递作用生物活性肽；存在于大部分细胞中的谷胱甘肽，参与细胞的氧化还原过程。具有催化作用的酶、免疫作用的抗体及调节作用的激素等都是蛋白质。

肽和蛋白质分子中，各氨基酸单元称为氨基酸残基（amino acid residue）。根据分子中氨基酸残基数目分别称为二肽、三肽、四肽、…、多肽。通常将含有 2~10 个氨基酸残基的肽称为寡肽（oligopeptide）或低聚肽；含有 11~100 个氨基酸残基的肽称为多肽（polypeptide）；含有 100 个以上氨基酸残基的（分子量在 10 000 以上，即 10kDa）称为蛋白质。多肽与蛋白质之间并无严格的界限，如胰岛素的分子量为 6 000，但在溶液中，特别是在金属离子存在下，它迅速结合成分子量为 12 000、36 000 或 48 000 的质点。因此，把胰岛素看作蛋白质。

（一）肽的结构和命名

1. 肽的结构　肽分子中肽键（酰胺键）的特点是：氮原子上的孤对电子与羰基具有明显的共轭作用，C—N 键具有部分双键的性质，不能自由旋转；组成肽键的原子处于同一平面，称为肽平面（peptide plane）或酰胺平面（amide plane），与 C—N 键相连的 O 和 H 或 2 个 α-C 呈反式分布（图 15-1）。

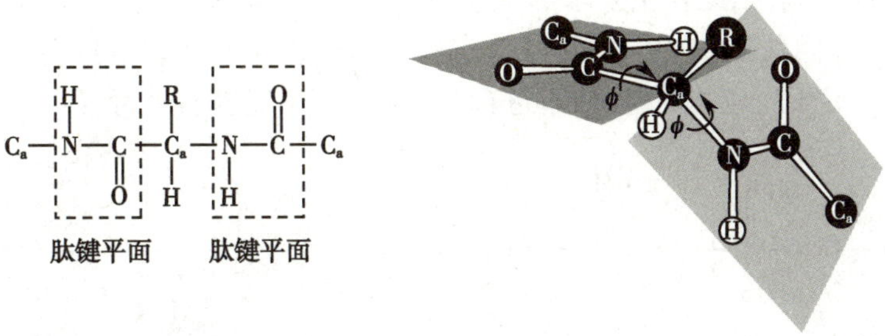

图 15-1　肽键平面示意图

多肽分子为链状结构（极少数为环状），故又称为多肽链（polypeptide chain），其主链由肽键和 α-C 交替构成，而氨基酸残基的 R 基团相对很短，称为侧链。多肽链的一端含游离氨基称为 N 端（N-terminal），又称氨基端（amino terminal）或 H 端；另一端含游离羧基称为 C 端（C-terminal），又称羧基端（carboxyl terminal）或 OH 端。肽链有方向性，通常把 N 端看成是肽链的头，这与多肽链的合成方向一致，即多肽链的合成开始于 N 端，结束于 C 端。

笔记栏

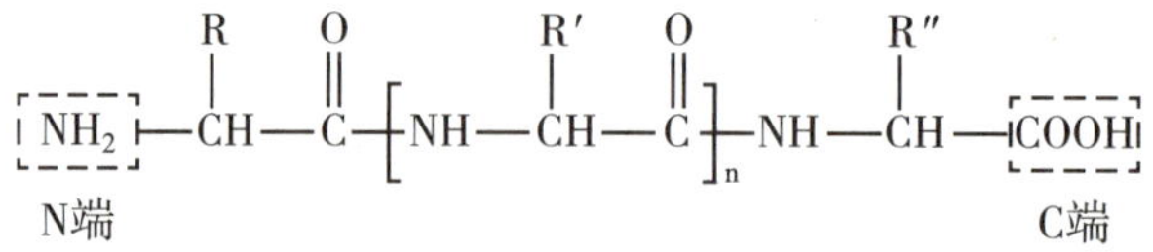

书写肽链时，习惯上把N端写在左侧(用H_2N—或H—表示)，C端写在右侧(用—COOH或—OH表示)，也可用中文或英文代号表示。如谷胱甘肽(glutathione)可表示为：

H—谷—胱—甘—OH　或　H—E—C—G—OH

由于氨基酸形成肽键时连接的顺序不同，所以2种不同氨基酸组成的二肽有2种。肽链中残基越多，可能形成的多肽异构体数目就越多，如3种氨基酸组成的三肽可有6种，4种氨基酸组成的四肽可有24种，6种氨基酸组成的六肽则有720种。在多肽链中，氨基酸残基按一定的顺序排列，这种排列顺序称为氨基酸序列(amino acid sequence)。

2. 肽的命名　以C端含有完整羧基的氨基酸为母体，由N端开始，把肽链中其他氨基酸名称中的酸字改为酰字，依次称为某氨酰-某氨酰-某氨酸(简写为某-某-某)。

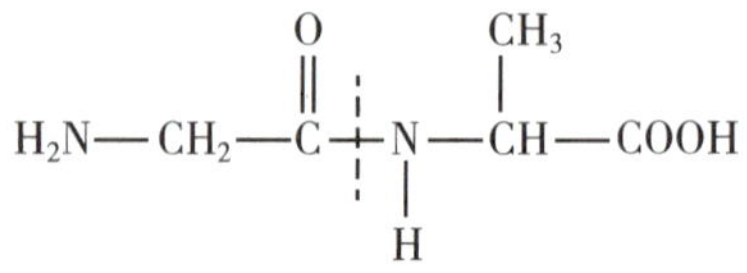

甘氨酰-丙氨酸(甘-丙)

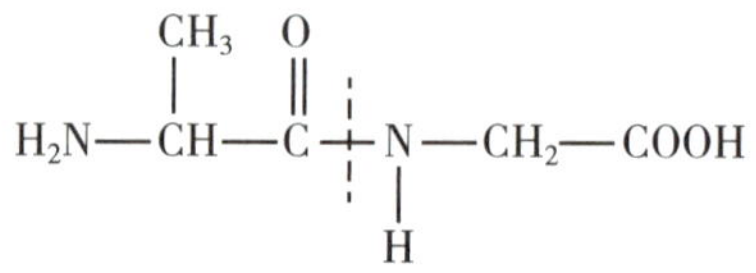

丙氨酰-甘氨酸(丙-甘)

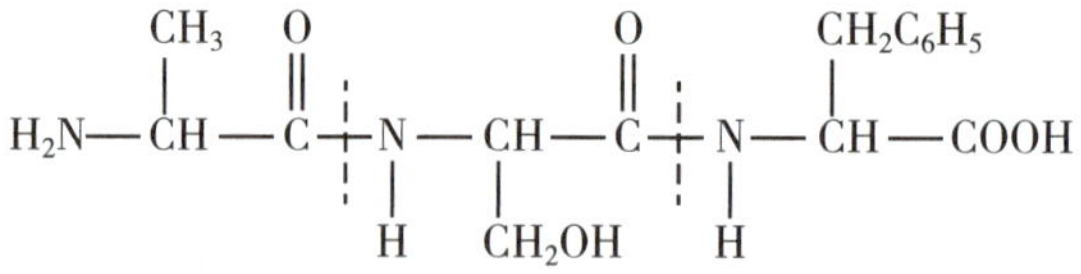

丙氨酰-丝氨酰-苯丙氨酸(丙-丝-苯丙)

肽的俗名根据其功能或来源而得，如催产素、升压素、胰岛素、促肾上腺皮质激素等。

(二) 多肽的合成

对于合成多肽的目的，大多数是用于制备和天然产物一样具有光学活性的化合物，也就是将α-氨基酸按照预定残基序列和预定长度连接成多肽链。由于氨基酸是多官能团化合物，可能同时参加反应，因此在按要求形成肽键时，须将不参加反应的—NH_2和—COOH暂时“保护”起来；又因肽链中的肽键易发生水解、氨解等反应，所以合成时反应条件必须温和。另外，还要对参于反应的氨基、羧基进行“活化”，使反应容易进行。

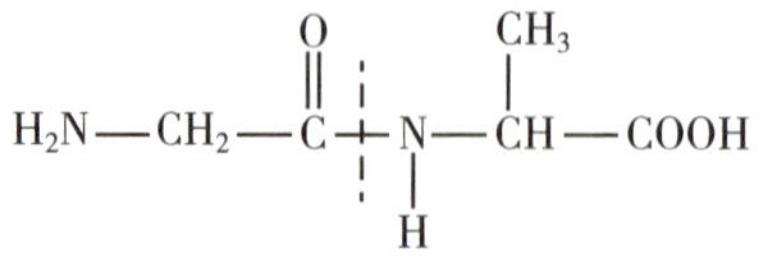

甘氨酰-丙氨酸（甘-丙）

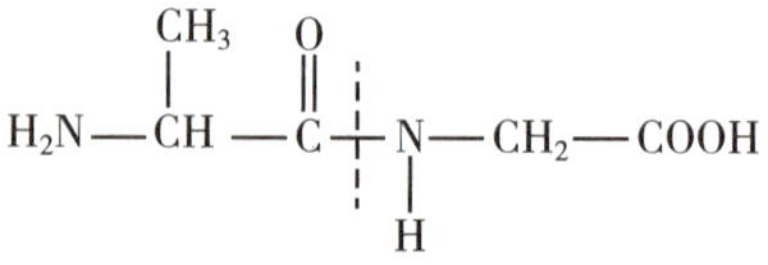

丙氨酰-甘氨酸（丙-甘）

多肽的合成是一项十分复杂的化学工程，但最主要的是保护氨基、保护羧基、活化羧基及脱去保护基4个过程。通常把保护氨基称为戴帽子，保护羧基称为穿靴子。对保护基的选择标准是：容易引入，反应结束后又容易除去。保护氨基常用的试剂为氯甲酸苄酯，因为反应后，氨基上的苄氧羰基很容易用催化加氢的方法解除保护。

(三) 蛋白质的组成、分类

1. 蛋白质的分子组成　绝大多数蛋白质都是以20种编码氨基酸为结构单位形成的大

分子化合物，主要组成元素为C(50%~55%)、H(6.0%~7.5%)、O(19%~24%)、N(15%~17%)、S(0~4%)、P(0~0.8%)，有些还含有微量的Fe、Cu、Mn、I、Zn等。一般蛋白质中N含量约为16%，因此，测定N含量可推算蛋白质的含量。

样品中蛋白质的含量(g%)=每克样品中含氮克数 ×6.25×100%

即每克氮相当于6.25g蛋白质。

2. 蛋白质的分类　蛋白质是自然界数量和种类最多的物质。据估计，整个生物界可能存在着100亿种不同的蛋白质，仅人体就含约10万种不同结构的蛋白质。通常根据蛋白质的组成、形状及功能进行分类。

(1)根据化学组成分为：单纯蛋白质(simple protein)和结合蛋白质(conjugated protein)。单纯蛋白质完全由氨基酸构成，如白蛋白(albumin)、球蛋白(globulin)等。结合蛋白质除蛋白质部分外，还含有非蛋白质部分(又称为辅基)，如糖蛋白(glycoprotein)、脂蛋白(lipoprotein)、核糖核蛋白(ribonucleoprotein，RNP)和金属蛋白(metalloprotein)等。

(2)根据分子形状分为：纤维状蛋白质(fibrous protein)和球状蛋白质(globular protein)。通常分子长轴与短轴之比小于10者为球状蛋白质，如白蛋白、血红蛋白(hemoglobin)、肌红蛋白(myoglobin)、γ球蛋白(gamma globulin)，以及多种溶解于胞液或体液中的蛋白质；分子长轴与短轴之比大于10者为纤维状蛋白质，如丝蛋白(fibroin)、角蛋白(keratin)等。

(3)根据蛋白质的功能分为：活性蛋白质和非活性蛋白质。活性蛋白质包括在生命运动过程中一切有活性的蛋白质，按照生理作用不同，又可分为酶、激素、抗体、收缩蛋白、运输蛋白等。非活性蛋白质主要包括一大类担任生物的保护或支持作用的蛋白，而本身不具有生物活性的物质，如贮存蛋白(白蛋白、酪蛋白等)、结构蛋白(角蛋白、弹性蛋白胶原等)等。

(四)蛋白质的结构

蛋白质是由1条或几条多肽链相互折叠和缠绕形成具有独特、专一立体结构的高分子化合物。蛋白质分子中成千上万的原子在空间排布，十分复杂。特定的氨基酸组成及空间排布是蛋白质具有独特生理功能的分子基础。通常根据分子的结构层次分为4级：

1. 蛋白质的一级结构　多肽链是蛋白质分子的基本结构。有些蛋白质就是一条多肽链，有些是由2条或几条多肽链构成。多肽链中氨基酸的排列顺序称为蛋白质的一级结构(primary structure)。肽键是一级结构中连接氨基酸残基的主要化学键，有的蛋白质分子还具有二硫键(disulfide bond)。二硫键由2个半胱氨酸的巯基脱氢氧化而成，有链间二硫键和链内二硫键2种形式。一级结构包括二硫键的位置。图15-2为人胰岛素的一级结构。

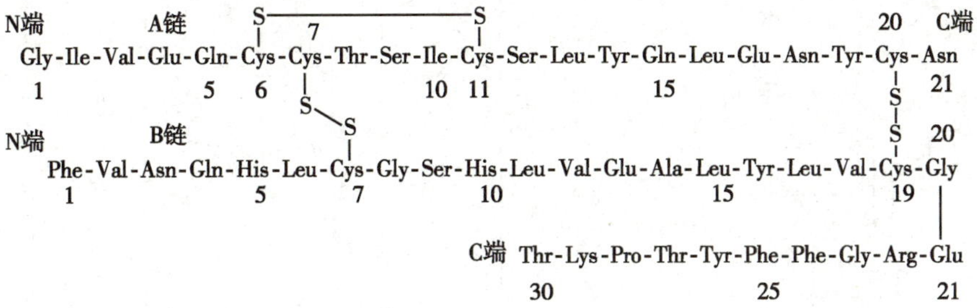

图15-2　人胰岛素一级结构

一级结构是蛋白质的基本结构。任何特定的蛋白质都有其特定的氨基酸排列顺序，而且与蛋白质的功能有密切关系。

笔记栏

知识链接

英国生物化学家——弗雷德里克·桑格(Frederick Sanger)

1955 年,建立了蛋白质氨基酸的序列分析方法,完成了第 1 个蛋白质——牛胰岛素 51 个氨基酸的全序列测定,同时证明蛋白质具有明确构造。为此,1958 年他单独、也是第一次获得诺贝尔化学奖。

1965 年,完成了含有 120 个核苷酸的大肠杆菌 5SrRNA 的全序列分析。1975 年,与同事建立了 DNA 核苷酸序列分析的快速、直读技术,分析出含有 5 386 个核苷酸的 Φ X174 噬菌体 DNA 全序列。1978 年,又建立了更为简便、快速、准确测定 DNA 序列的“链末端终止法(也称桑格法)”。随后完成了人线粒体 DNA 全长为 16 569 个碱基对的全序列分析,为整个生物学、特别是分子生物学研究的发展开辟了广阔的前景。这项研究后来成为人类基因组计划等研究得以展开的关键之一。为此,1980 年他再度荣获诺贝尔化学奖。

2. 蛋白质的二级结构 天然蛋白质分子的多肽链并非全部为松散的线状结构,而是盘绕、折叠成特定构象的立体结构。一级结构中部分肽链的弯曲或折叠产生的主链原子的局部空间构象称为蛋白质的二级结构(secondary structure)。多肽链中的肽平面是一个刚性结构,是肽链卷曲折叠的基本单位。由于肽平面相对旋转的角度不同,一般有 α 螺旋、β 片层、β 转角、无规卷曲等几种形式的二级结构。

(1)α 螺旋:肽链的肽平面围绕 α-C 以右手螺旋盘绕形成的结构,称为 α 螺旋(α-helix,图 15-3)。螺旋每上升一圈平均需要 3.6 个氨基酸,螺距为 0.54nm,螺旋的直径为 0.5nm。由于此空间太小,所以溶剂分子不能进入。

氨基酸的 R 基团分布在螺旋的外侧,相邻 2 个螺旋之间肽键的 C═O 与 H—N(每一个肽键的羰基氧与从该羰基所属氨基酸开始向后数第 5 个氨基酸的氨基氢)形成氢键,从而使这种 α 螺旋能够稳定。

(2)β 片层:多肽链中的局部肽段,主链呈锯齿形伸展状态,数段平行排列可形成裙褶样结构,称为 β 片层(β-sheet,图 15-4),又称 β 折叠。1 个 β 片层单位含 2 个氨基酸,其 R 基团交错排列在折叠平面的上下。相邻肽段的肽键之间形成的氢键是维持 β 片层的主要作用力。

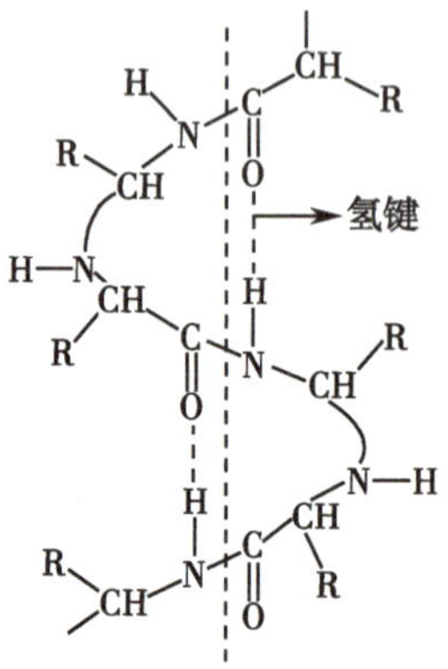

图 15-3 蛋白质分子的 α 螺旋结构

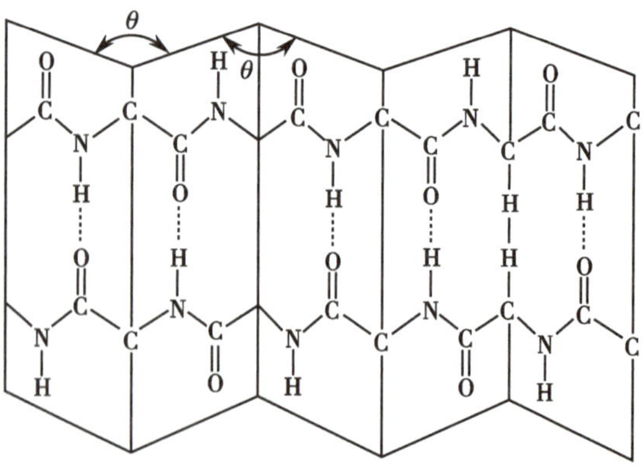

图 15-4 蛋白质分子的 β 片层结构

α 螺旋和 β 片层是蛋白质的 2 种基本构象。此外,还有 β 转角(β-Turn)和无规卷曲

(random coil)等。氢键是维持蛋白质分子二级结构的副键(auxiliary bond)。

3. 蛋白质的三级结构　在二级结构基础上进一步卷曲、盘绕、折叠成更为复杂、紧密的三维空间结构,为蛋白质的三级结构(tertiary structure,图 15-5)。三级结构是蛋白质分子中一条多肽链上主、侧链所有原子或基团在三维空间的整体排布。大多数蛋白质都具有球状或纤维状的三级结构。维持三级结构的主要作用力是氢键、疏水键、离子键(盐键)、范德华力等,而且它们都是蛋白质分子结构的副键。

4. 蛋白质的四级结构　由 2 条或 2 条以上具有相对独立三级结构的多肽链,通过非共价键(副键)缔合形成特定的三维空间排列,称为蛋白质的四级结构(quaternary structure,图 15-6)。其中,每一条具有完整三级结构的多肽链称为蛋白质的原体或亚基(subunit)。四级结构实际上是指亚基的空间排布、相互作用及接触部位的布局。亚基之间副键的结合比二、三级结构疏松,因此在一定条件下,具有四级结构的蛋白质可分离为组成它的亚基,而亚基本身构象仍可不变。

蛋白质的一级结构决定空间结构,空间结构决定生理功能。

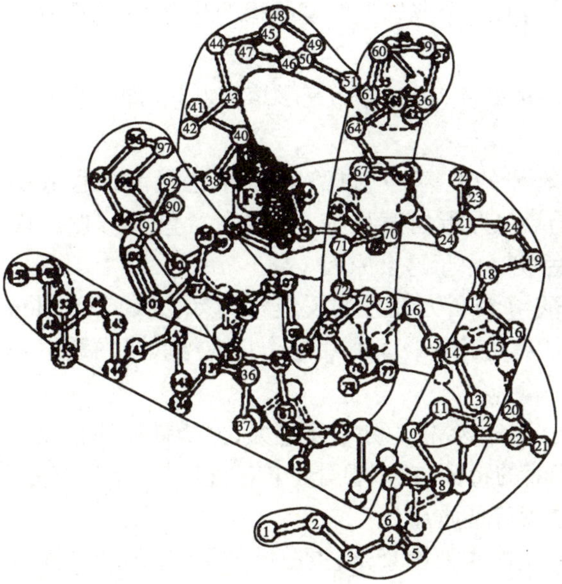

图 15-5　肌红蛋白的三级结构

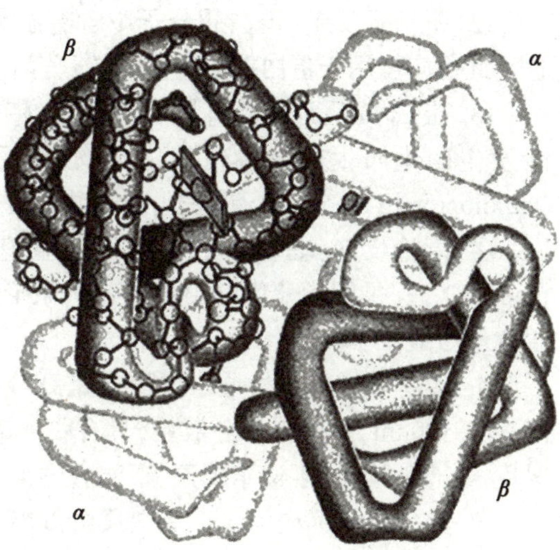

图 15-6　血红素的四级结构

(五) 蛋白质的性质

蛋白质是由氨基酸组成的生物大分子化合物,其理化性质部分与氨基酸相似,如等电点、两性电离、成盐反应、呈色反应等;同时,也具有大分子的特性,如胶体性、不易透过半透膜、沉降及沉淀等。

1. 紫外吸收特征　蛋白质含肽键和芳香族氨基酸,在紫外光范围内 2 处有吸收峰。一是由于肽键结构,在 200~220nm 处有吸收峰;二是因含有色氨酸和酪氨酸残基,分子内部存在共轭双键,在 280nm 处有吸收峰。在一定条件下,蛋白质对 280nm 紫外吸收峰与其浓度成正比,在蛋白质分离分析中常以此作为检测手段。

2. 两性电离和等电点　蛋白质分子既有游离的 C 端羧基、侧链谷氨酸的 γ- 羧基和天冬氨酸的 β- 羧基,可以给出质子带负电;也有游离的 N 端氨基、赖氨酸的 ε- 氨基、精氨酸的胍基和组氨酸的咪唑基,可以结合质子带正电。所以,蛋白质是两性电解质,在溶液中的带电状态受溶液的 pH 影响。在某一 pH 下,蛋白质分子的净电荷为零,此时溶液的 pH 称为

笔记栏

该蛋白质的等电点(pI)。如果溶液 pH 小于蛋白质等电点，蛋白质带正电；如果溶液 pH 大于蛋白质等电点，则蛋白质带负电。

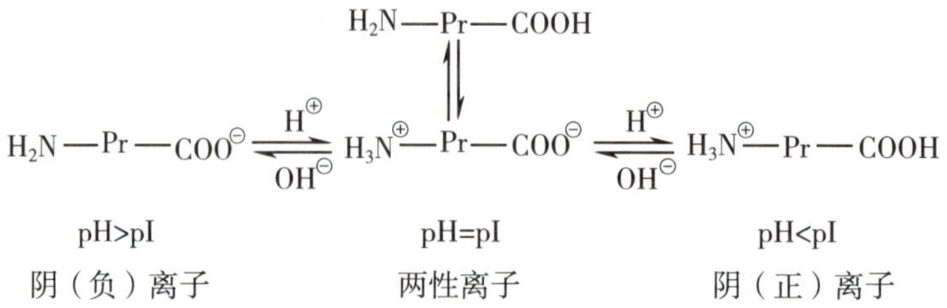

各种蛋白质的组成和结构不同，其 pI 也不同，因而在同一 pH 的溶液中，不同蛋白质所带电荷的性质和数量也有所不同，加之分子的大小、形状的差异，各蛋白质在电场中的泳动速度则有所不同。通常利用电泳法分离、纯化、鉴定和制备蛋白质。

3. 蛋白质的颜色反应

(1) 双缩脲反应：蛋白质的碱性溶液与硫酸铜稀溶液反应，呈紫色或紫红色，称为双缩脲反应(biuret reaction)，又称缩二脲反应。凡是含有 2 个或以上肽键结构的化合物，均可发生双缩脲反应。

(2) 茚三酮反应：蛋白质分子中含有游离 α- 氨基，所以与茚三酮溶液共热，即呈现蓝紫色。此反应可用于蛋白质的定性、定量分析。

(3) 蛋白黄反应：蛋白质分子含有带苯环的氨基酸(如酪氨酸和色氨酸)，遇浓硝酸发生硝化而生成黄色硝基化合物，该反应称为蛋白黄反应，又称为黄色(蛋白)反应(xanthoprotein reaction)。皮肤遇浓硝酸变黄色就是由于这个原因。

(4) 米伦反应：蛋白质遇硝酸汞的亚硝酸溶液变为红色的反应称为米伦反应(Millon reaction)。这是因为酪氨基中的酚基与汞形成有色化合物。利用这个反应检验蛋白质中是否含酪氨酸。

4. 蛋白质的胶体性质　蛋白质是高分子化合物，相对分子质量大，分子颗粒的直径一般在 1~100nm，属于胶体分散系，具有胶体溶液的特征(在水中分子扩散速度慢、不易沉淀、黏度大、布朗运动、丁达尔现象、不能透过半透膜等性质)。

5. 蛋白质的沉淀反应　蛋白质溶液能稳定的主要因素是，蛋白质分子表面带有“同性电荷”及大量亲水基团形成的“水化膜”。消除了“同性电荷”的相斥作用、除去水化膜的保护，则蛋白质分子就会互相凝聚成颗粒而沉淀。通常有以下几种方法：

(1) 盐析：向蛋白质溶液中加入中性盐至一定浓度时，其胶体溶液稳定性被破坏而使蛋白质析出，这种方法称为盐析(salting out)。常用的中性盐有硫酸铵、硫酸钠和氯化钠等。

不同蛋白质盐析时所需的盐浓度不同，利用此性质，可用不同浓度的盐溶液将蛋白质分段析出，予以分离。例如，向血清中加入$(NH_4)_2SO_4$至半饱和时，球蛋白先析出；滤去球蛋白后，再加入$(NH_4)_2SO_4$至饱和，则血清中的白蛋白被析出。盐析得到的蛋白质经透析脱盐仍保持活性。

(2) 重金属离子沉淀：重金属离子 Hg^{2+}、Pb^{2+}、Cu^{2+} 和 Ag^{+} 等在溶液的 pH 大于蛋白质的等电点时，易与蛋白质阴离子结合而沉淀。

$$\text{pH>pI: } H_2N—Pr—COO^{\ominus} + Ag^{\oplus} \longrightarrow H_2N—Pr—COOAg\downarrow$$

重金属沉淀常导致蛋白质变性，但若在低温条件下操作并控制重金属离子浓度，也可分离制备未变性蛋白质。

笔记栏

临床上在抢救重金属中毒时，通常给患者口服大量蛋白质，然后结合催吐剂进行解毒。

(3) 某些酸类沉淀：钨酸、鞣酸和苦味酸等沉淀生物碱的试剂，三氯乙酸、磺基水杨酸、过氯酸等酸的复杂酸根，在溶液的 pH 小于蛋白质的等电点时，易与蛋白质阳离子结合而沉淀。此沉淀法往往导致蛋白质变性，常用于除去样品中的杂蛋白。

$$pH>pI:\ H_3\overset{\oplus}{N}—Pr—CHOOH + CCl_3COO^{\ominus} \longrightarrow CCl_3COOH_3N—Pr—COOH\downarrow$$

(4) 有机溶剂沉淀：甲醇、乙醇和丙酮等极性较大的有机溶剂对水的亲和力很大，能破坏蛋白质分子表面的水化膜，在等电点时可沉淀蛋白质。在中草药有效成分提取过程中所用的“醇沉”就是该原理。在常温下，蛋白质与有机溶剂长时间接触往往会发生性质改变而不再溶解，这正是酒精消毒灭菌的原理；但在低温条件下变性缓慢，所以可于低温条件下分离制备各种血浆蛋白。

6. 蛋白质的变性　因物理因素（如干燥、加热、高压、振荡或搅拌、紫外线、X 射线、超声等等）或化学因素（如强酸、强碱、尿素、重金属盐、三氯乙酸、乙醇、去污剂等等）的作用，使蛋白质的副键断裂、特定的空间结构被破坏，从而导致其理化性质改变，生物活性丧失，这一现象称为蛋白质变性（protein denaturation）。蛋白质变性不改变一级结构。临床上常利用变性原理进行消毒灭菌。

蛋白质变性和沉淀之间有很密切的关系。蛋白质变性的原因是空间结构被改变，活性丧失，但不一定沉淀。蛋白质沉淀是胶体溶液稳定因素被破坏，构象不一定改变，活性也不一定丧失，所以不一定变性。

7. 蛋白质的水解　蛋白质在酸、碱或酶催化下发生水解反应，使各级结构逐步被破坏，最后水解为各种氨基酸的混合物。

$$\text{蛋白质} \longrightarrow \text{胨} \longrightarrow \text{多肽} \longrightarrow \text{寡肽} \longrightarrow \text{氨基酸}$$

(六) 代表性药物

多肽和蛋白质类药物主要以 20 种天然氨基酸为基本结构单元依序连接而得。按国际药学界通行的分类法，凡氨基酸残基数量在 100 个以下的药品属于多肽类（如谷胱甘肽、环孢霉素、降钙素等），而氨基酸残基数量大于 100 的药物均属于蛋白质类（如胰岛素、生长素、干扰素等）。

1. 谷胱甘肽　谷胱甘肽（glutathione，GSH）广泛存在于动、植物中，是由谷氨酸、半胱氨酸和甘氨酸 3 个氨基酸组成的活性短肽。人工合成的谷胱甘肽药物，临床上用于脂肪肝、中毒和病毒性肝炎等的辅助治疗。

2. 环孢素 A　环孢素 A（cyclosporin A，CsA）又名环孢多肽 A、环孢霉素 A、环孢灵、赛斯平、山地明，是一种含有 11 个氨基酸残基的环状多肽抗生素，由真菌代谢产物提取，可人工合成。本品有抗霉菌作用，主要用于肝、肾以及心脏移植的抗排异反应，是目前器官移植的首选药物，也可用于一些免疫性疾病的治疗。多肽类抗生素毒性一般较大，主要会引起神经毒性和肾毒性。

3. 降钙素　降钙素（calcitonin，CT）是一种调节血钙浓度的多肽激素，由甲状腺内的滤泡旁细胞（C 细胞）分泌。降钙素是由 32 个氨基酸残基组成的单链多肽，分子量约 3 500，主要由猪甲状腺和鲑、鳗的心脏或心包膜制得。用化学合成和基因工程技术制备降钙素已获成功。降钙素的主要功能是降低血钙，临床上用于治疗中度至重度症状明显的畸形性骨炎。

4. 胸腺肽　胸腺肽（thymopeptide）是胸腺组织分泌的具有生理活性的一组多肽，具有调节和增强人体细胞免疫的功能。临床上常用的胸腺肽是从小牛胸腺提取，用于治疗各种原发性或继发性 T 细胞缺陷病、某些自身免疫性疾病、各种细胞免疫功能低下的疾病，还用

笔记栏

于肿瘤的辅助治疗。

5. 胰岛素 胰岛素(insulin)广泛存在于人和动物的胰中,是机体内唯一降低血糖的激素。胰岛素共含 51 个氨基酸残基,由 A、B 链组成。不同种属动物的胰岛素分子组成均有差异,结构大致相同,主要差别在 A 链二硫桥中间的第 8、第 9 和第 10 位上的 3 个氨基酸及 B 链 C 末端。牛胰岛素的分子量为 5 733,猪胰岛素的分子量为 5 764,人胰岛素的分子量为 5 784。胰岛素是治疗糖尿病的特效药物。目前,临床最常使用的胰岛素为重组人胰岛素。

思政元素

世界上第一个人工合成的蛋白质——牛胰岛素

1958 年,我国科学家提出"人工合成胰岛素"这一意义重大、难度很高、国际上还没有人开始研究的基础科研项目。当时,我国科学家在蛋白质合成方面没有任何的经验。在艰苦条件下,我国科学家一切从零开始,克服重重困难,于 1965 年 9 月 17 日,在世界上首次人工合成牛胰岛素。牛胰岛素的人工合成,标志着人类在认识生命、探索生命奥秘的征途中,迈出了关键性的一步。

6. 白蛋白 白蛋白(albumin,Alb)又称清蛋白,是由 585 个氨基酸残基组成的单链蛋白质,分子量为 66 458。自然界中,几乎所有的动植物都含有白蛋白,如血清白蛋白、卵白蛋白、乳白蛋白、肌白蛋白、麦白蛋白、豆白蛋白等。白蛋白是血浆中含量最多、分子最小、溶解度大、功能较多的一种蛋白质,主要作用是维持胶体渗透压。

临床上常用的白蛋白是由健康人的血浆提取、分离、精制而得,主要用于失血创伤和烧伤等引起的休克、脑水肿,以及肝硬化、肾病综合征或腹水等危重病症的治疗,以及用于低蛋白血症患者。

7. 干扰素 干扰素(interferon,IFN)是一组广谱抗病毒蛋白质,因能够干扰多种病毒的复制而得此名。根据其来源和结构不同分为 α 干扰素(含 165 个氨基酸残基)、β 干扰素(含 166 个氨基酸残基)和 γ 干扰素(含 146 个氨基酸残基)3 类。按制作方法不同,可分为基因工程重组 α 干扰素和人自然干扰素两大类。α 干扰素具有较强的抗病毒作用,临床广泛用于治疗病毒性肝炎(如丙肝、慢性乙肝等),疗效较好。

8. 丙种球蛋白 丙种球蛋白(gamma globulin)又名 γ 球蛋白,是一类主要存在于血浆中、具有抗体活性的糖蛋白(glycoprotein),分子量 150 000,因在血清电泳图中位于球蛋白第三区带而得名。丙种球蛋白具有补充抗体和免疫调节作用,能够提高机体对多种细菌、病毒的抵抗能力,主要用于预防流行性疾病(如病毒性肝炎、脊髓灰质炎、麻疹、水痘等)及治疗丙种球蛋白缺乏症等,也可用于其他细菌性、病毒性感染。

9. 促红细胞生成素 促红细胞生成素(erythropoietin,EPO)是由肾脏分泌的一种能够促进前体红细胞增生分化的细胞因子蛋白质,分子量 34 000。自 20 世纪 80 年代后期以来,利用基因工程技术生产的重组人促红细胞生成素已经成为治疗肾功能性贫血的常规药物,在全世界得到广泛应用。

10. 单克隆抗体药物 单克隆抗体药物是当今世界上最先进的发展最迅猛的蛋白质类药物之一。单克隆抗体由双重链和双轻链通过二硫键连接而成,总分子量为 150 000 左右。其抗原结合区 Fab 有着数量极为庞大的不同氨基酸的变化和组合,使得一种单克隆抗体能够特异性结合某种人体疾病相关蛋白。其超高的特异性和低毒性使其被称为魔弹(magic

笔记栏

bullet)，只进攻目标靶点。单克隆抗体药物是很多癌症和自免疫疾病的最佳药物，但是其价格极为昂贵，在发展中国家还有待普及。代表药物为贝伐珠单抗（bevacizumab），用于治疗乳腺癌、直肠癌和肺癌等多种癌症。

随着生物工程技术的迅速发展，众多新型多肽和蛋白质类药物不断研发上市。由于多肽和蛋白质类药物品种繁多、基本原料简单易得、可用于治疗各种类型疾病，并能有效地治疗各种不治之症或疑难杂症（如癌症、艾滋病以及由免疫紊乱导致的各种疾病），近年来，对这类药物的研发已经延伸到疾病防治的各个领域，已成为目前医药研发领域中最活跃、进展最快的部分，是21世纪最有前途的产业之一。

ER-15-2 核酸的发现

第二节 核　　酸

核酸（nucleic acid）是细胞中重要的生物大分子。除病毒外，各种生物都含有2类核酸，一类是脱氧核糖核酸（deoxyribonucleic acid，DNA），一类是核糖核酸（ribonucleic acid，RNA）。其中，DNA主要存在于细胞核中，决定生物体的繁殖、遗传及变异，是生物遗传的物质基础。RNA主要存在于细胞质中，参与生物体遗传信息的表达、控制蛋白质的合成。生物体内，大部分核酸与蛋白质结合成核蛋白，只有少量以游离状态存在。

一、核酸的分子组成

核酸是由有许多单核苷酸（mononucleotide）按一定的顺序连接而成的、具有特定空间结构的多核苷酸大分子。核苷酸（nucleotide）是核酸的结构单位，由核苷与磷酸形成酯。核苷是由核糖或脱氧核糖与碱基形成的苷。核酸可逐步水解，最终产物为戊糖、磷酸和碱基。

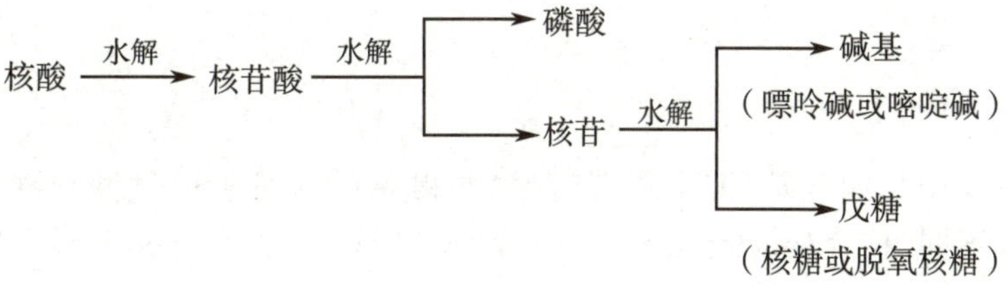

（一）核糖和脱氧核糖

RNA分子中含有核糖，所以称为核糖核酸；DNA分子中含有D-2-脱氧核糖，所以称为脱氧核糖核酸。

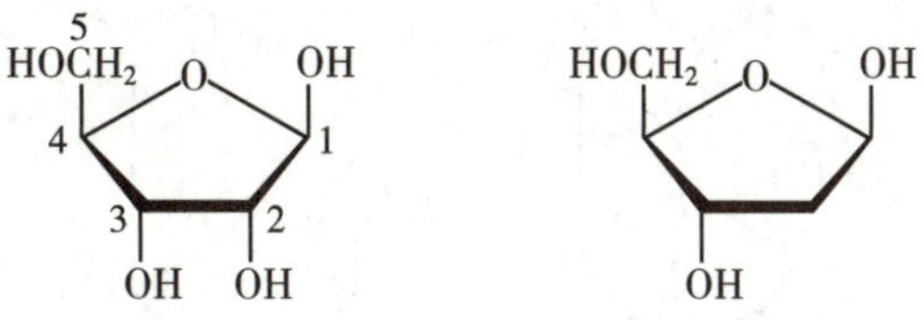

核糖　　　　脱氧核糖

（二）碱基

核酸分子中的碱基有嘌呤碱和嘧啶碱2类。前者为嘌呤的衍生物，主要包括腺嘌呤（adenine，A）、鸟嘌呤（guanine，G）2种；后者为嘧啶衍生物，主要有胞嘧啶（cytosine，C）、尿嘧

笔记栏

啶(uracil,U)和胸腺嘧啶(thymine,T)。其中,DNA分子含有A、G、C、T 4种碱基,而RNA分子含有A、G、C、U 4种碱基,二者差别只在T和U不同。

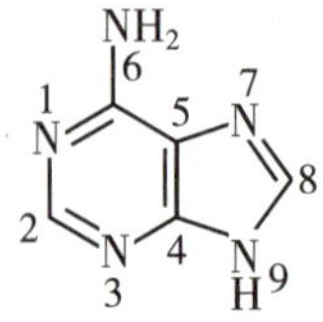
腺嘌呤，A

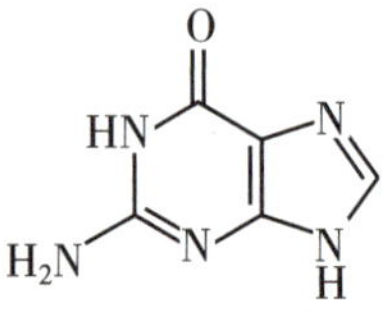
鸟嘌呤，G

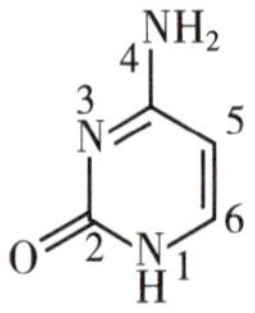
胞嘧啶，C

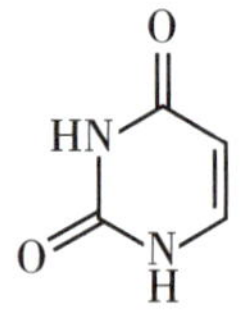
尿嘧啶，U

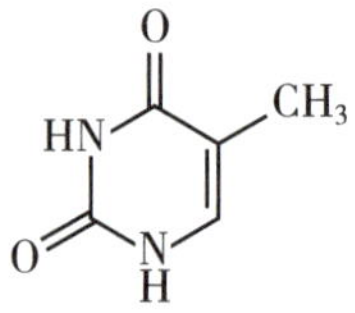
胸腺嘧啶，T

除了以上碱基之外,核酸中还含有微量的其他碱基,称为稀有碱基(minor base)。稀有碱基含量虽少,却具有重要的生物学意义。

(三) 磷酸

核酸是磷酸含量最大的生物大分子,每个结构单位都含有一分子磷酸。核苷的戊糖羟基与磷酸形成酯键,即成为核苷酸。

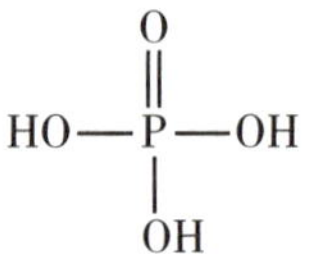
磷酸

二、核苷的分子结构

核苷是由戊糖苷的羟基(即半缩醛羟基)与碱基的活泼氢通过糖苷键连接而成。根据戊糖的组成不同,核苷(nucleoside)又可分为核糖核苷(ribonucleoside)和脱氧核糖核苷(deoxyribonucleoside)。其结构、名称如下:

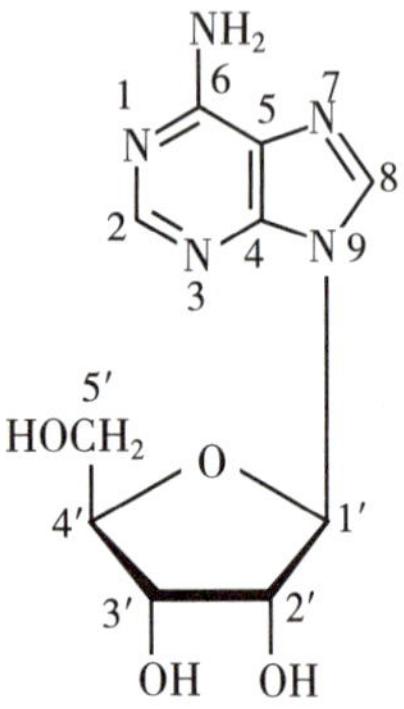
腺苷

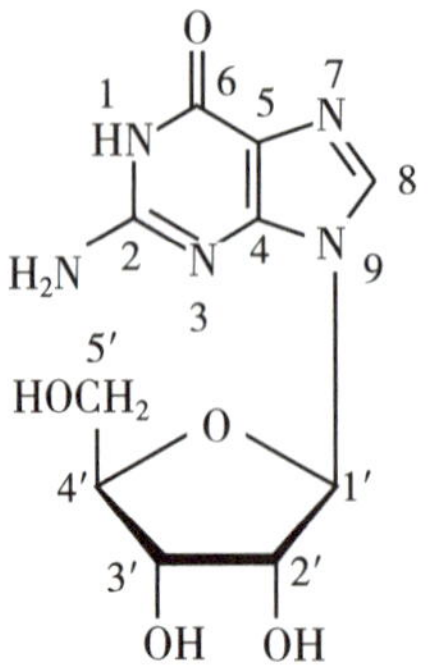
鸟苷

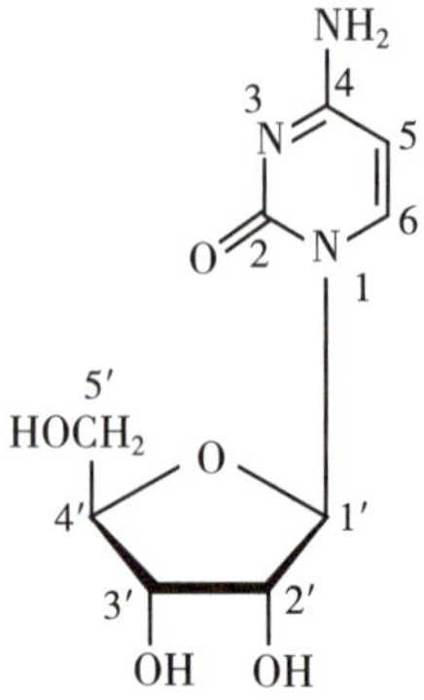
胞苷

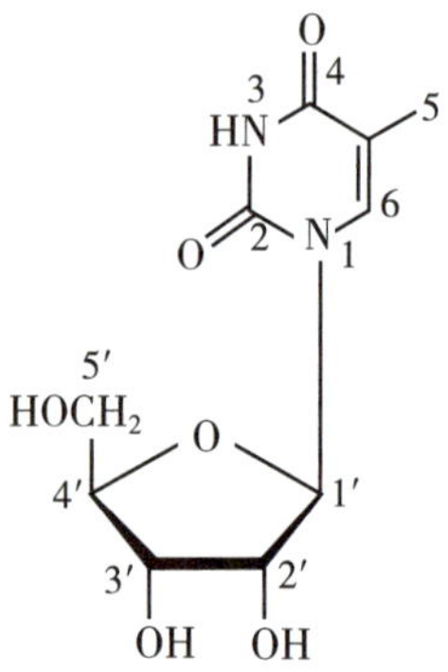
尿苷

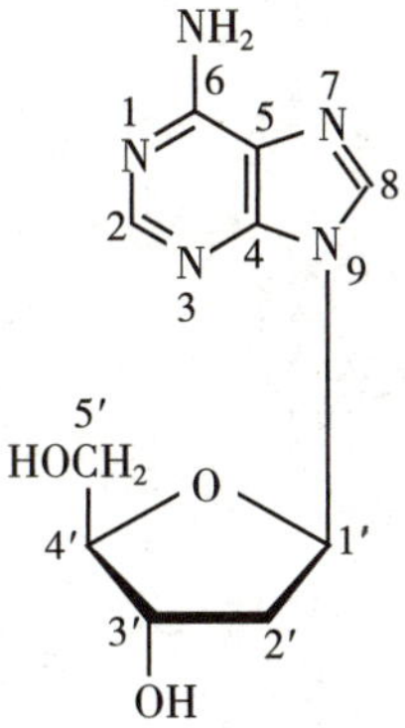

脱氧腺苷

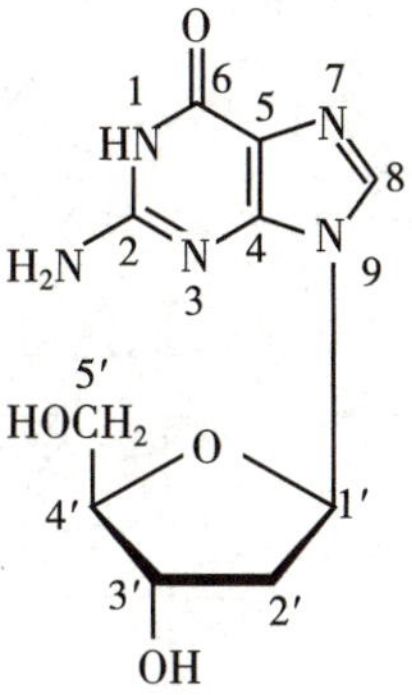

脱氧鸟苷

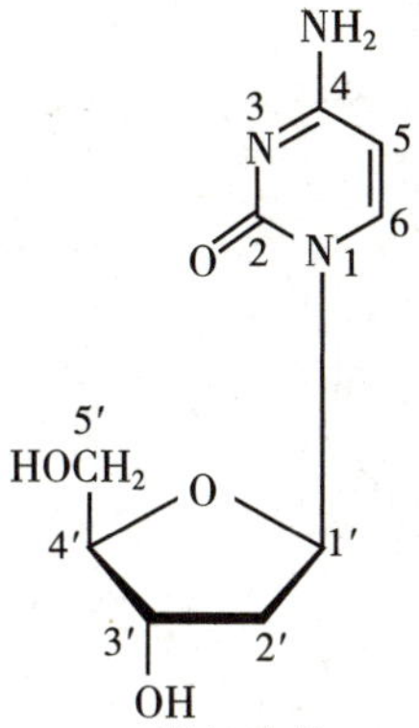

脱氧胞苷

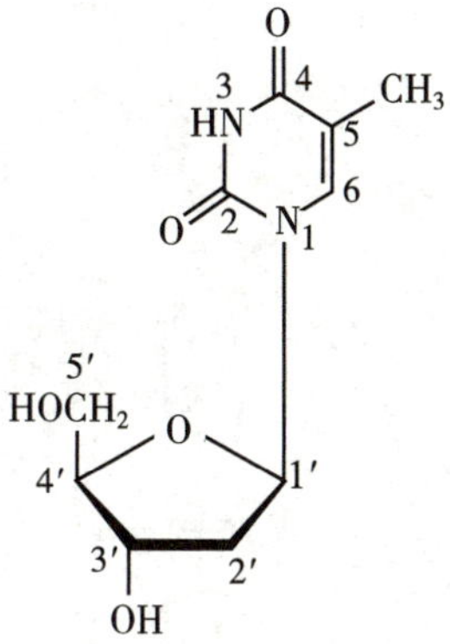

脱氧胸苷

三、核苷酸的分子结构

核酸分子中的核苷酸，是核苷 5′ 位碳原子上的羟基与磷酸通过磷酸酯键连接而成。组成 RNA 的核苷酸有 4 种，分别是腺苷酸（AMP）、鸟苷酸（GMP）、胞苷酸（CMP）和尿苷酸（UMP）；组成 DNA 的为脱氧核苷酸，包括脱氧腺苷酸（dAMP）、脱氧鸟苷酸（dGMP）、脱氧胞苷酸（dCMP）和脱氧胸苷酸（dTMP）。其结构如下：

腺苷酸(AMP)

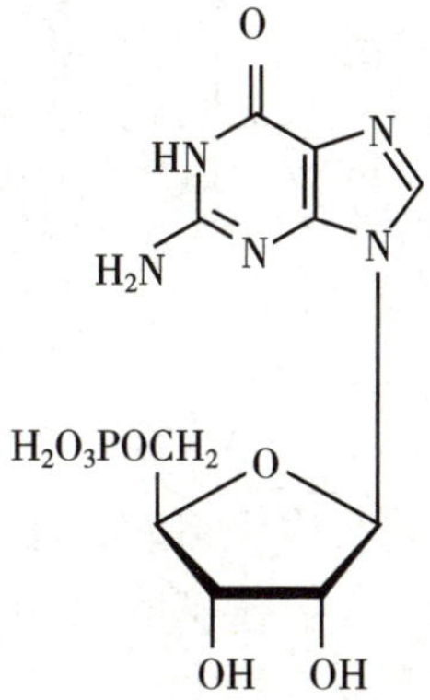

鸟苷酸(GMP)

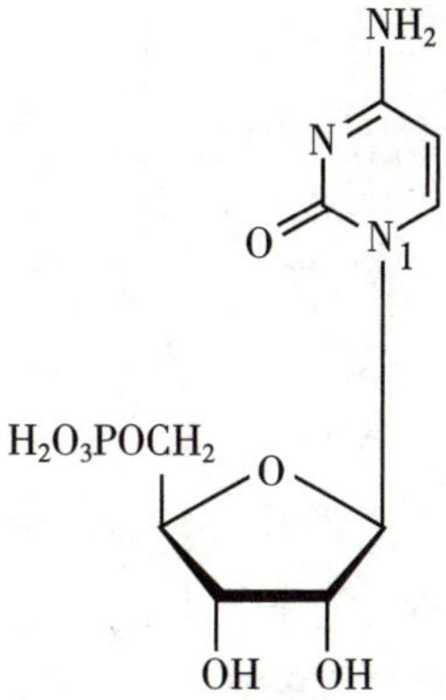

胞苷酸(CMP)

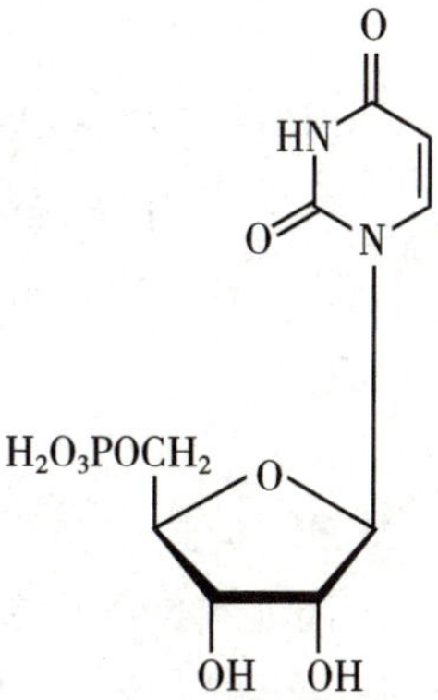

尿苷酸(UMP)

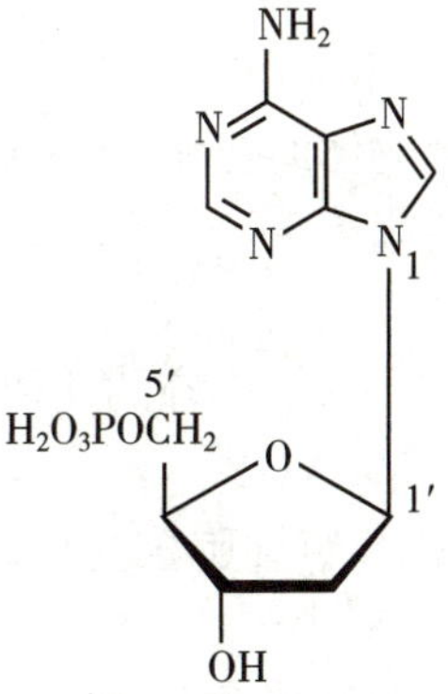

脱氧腺苷酸(dAMP)

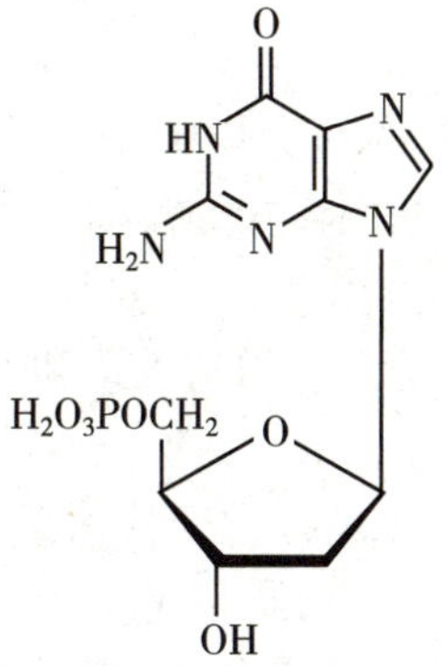

脱氧鸟苷酸(dGMP)

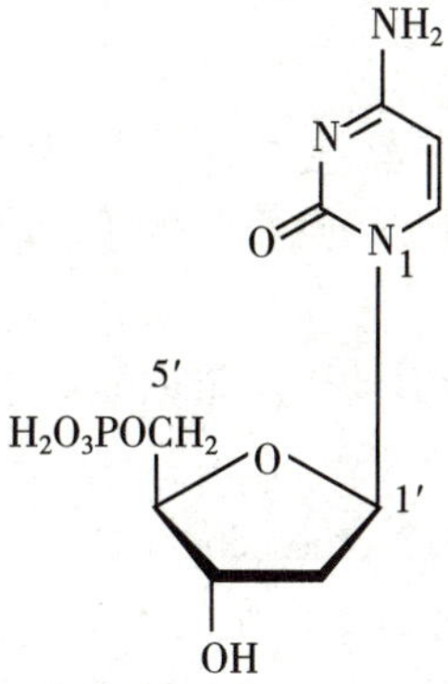

脱氧胞苷酸(dCMP)

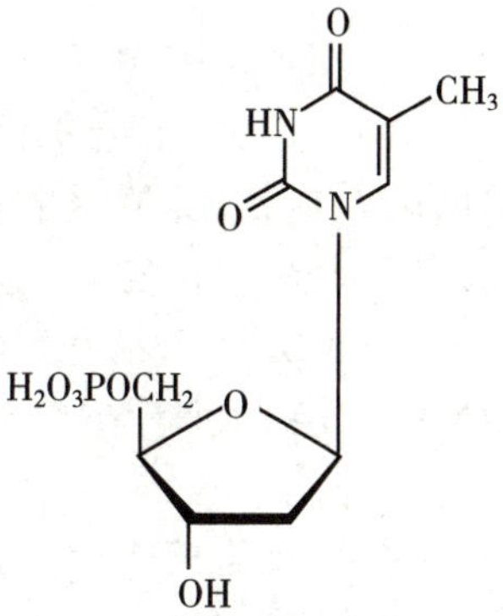

脱氧胸苷酸(dTMP)

此外，磷酸可同时与核苷上 2 个羟基形成酯键，成为环化核苷酸。例如：3′,5′- 环腺苷酸（cAMP）和 3′,5′- 环鸟苷酸（cGMP）。

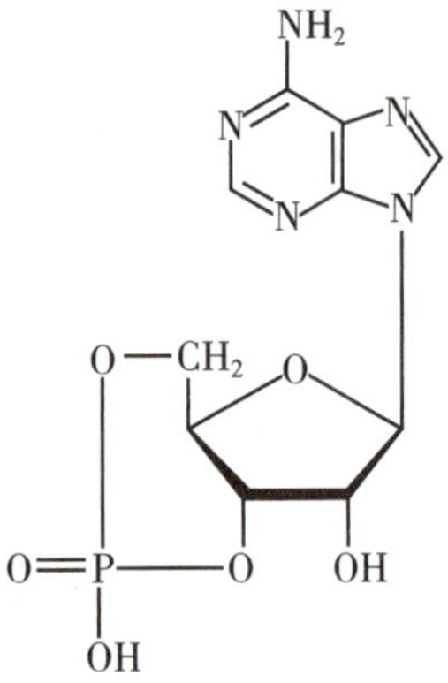

3′,5′-环腺苷酸
(cAMP)

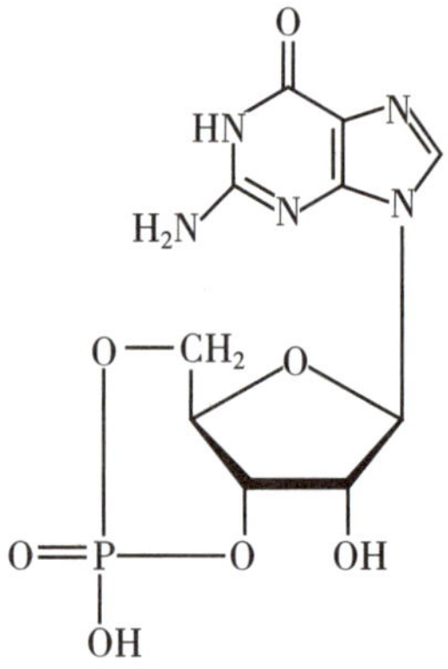

3′,5′-环鸟苷酸
(cGMP)

核苷结合的磷酸基团可以是 1 个,也可以更多,即多磷酸核苷酸。例如:二磷酸腺苷(ADP)和三磷酸腺苷(ATP)。

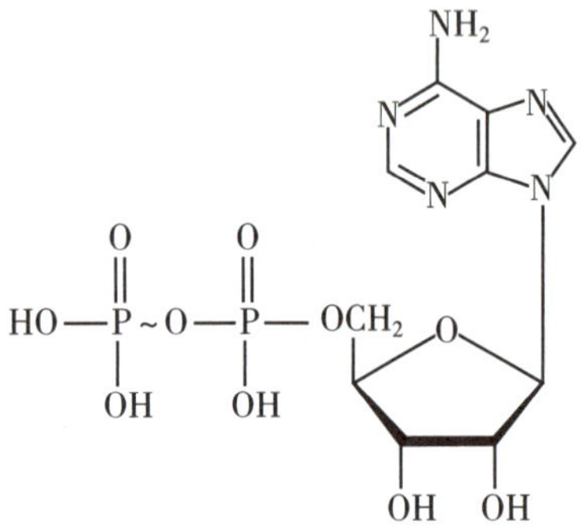

二磷酸腺苷(ADP)

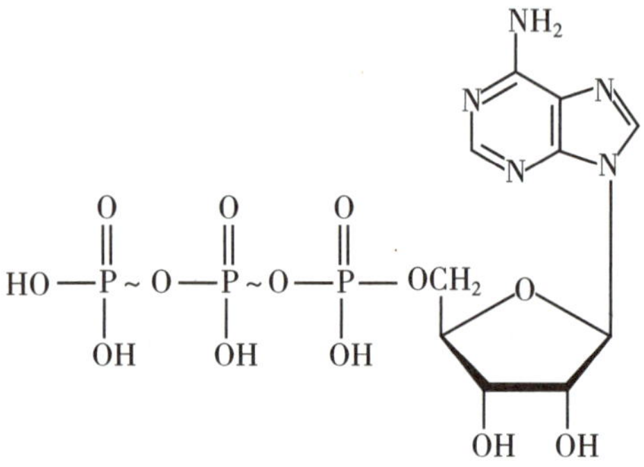

三磷酸腺苷(ATP)

ATP 结构式中的“~”代表一种特殊的化学键,称为高能磷酸键(high-energy phosphate bond)。高能磷酸键断裂时,会释放大量的能量。ATP 水解时,高能磷酸键释放的能量可达 30.54kJ/mol。所以说 ATP 是细胞内一种高能磷酸化合物。

四、核酸的功能

(一) DNA 的功能

DNA 是遗传信息的携带者,是生命遗传、繁殖的物质基础,并决定生物体的变异。DNA 的基本功能就是作为生物遗传信息复制的模板和基因转录的模板。

(二) RNA 的功能

RNA 功能广泛,在生命活动中与蛋白质共同负责基因的表达和调控。目前已知的几种 RNA 及其功能如下:

1. 信使 RNA　信使 RNA(messenger RNA,mRNA)把遗传信息从 DNA(细胞核内)带到核糖体(细胞核外),作为合成蛋白质的模板,指导蛋白质合成。

2. 转运 RNA　转运 RNA(transfer RNA,tRNA)是蛋白质合成中的“运输工具”,选择性地转运氨基酸,同时把核酸语言(碱基)翻译成蛋白质语言(氨基酸)。

3. 核糖体 RNA　核糖体 RNA(ribosomal RNA,rRNA)与蛋白质构成核糖体(或称为核蛋白体)。核糖体是蛋白质合成的“机器”。

核酸的组成单位核苷酸,除了为核酸的合成提供原料之外,在体内还具有多种功能。如

ATP 为生命活动提供能量；尿苷三磷酸（UTP）参与糖原的合成；胞苷三磷酸（CTP）参与磷脂的合成；AMP 构成酶的辅助因子，如烟酰胺腺嘌呤二核苷酸（NAD）、烟酰胺腺嘌呤二核苷酸磷酸（NADP）、黄素腺嘌呤二核苷酸（FAD）和辅酶 A（CoA）；cAMP、cGMP 作为第二信使（激素为第一信使），在信号传递过程中起重要作用。

五、核酸类代表药物

核酸类药物包括核酸、核苷酸、核苷、碱基及其衍生物，是一大类具有多种药理作用的生化药物，通常由动物、微生物的细胞提取或人工合成；临床上用于抗病毒、抗肿瘤、抗心脑血管病等，对防治危害人类最大的几类疾病有着重大的意义。目前，国内外此类药物品种已超过 60 种，以下介绍几种常见的核酸类药物。

（一）三磷酸腺苷

三磷酸腺苷（adenosine triphosphate，ATP）又称腺苷三磷酸，分子结构可以简写成 A—P~P~P（结构式如前所示）。三磷酸腺苷是体内组织细胞一切生命活动所需能量的直接来源，被誉为细胞内能量的“分子货币”，是生物体内与组织生长、修补、再生、能源供应等密切相关的高能化合物。以兔肉分离制提，为辅酶类药。用于治疗进行性肌萎缩、脑出血后遗症、心功能不全、心肌疾患及肝炎等。

（二）阿糖腺苷

阿糖腺苷（adenine arabinoside）又名腺嘧啶阿拉伯糖苷，是近年来引人注目的广谱 DNA 病毒抑制剂，对单纯疱疹病毒（1 型、2 型）、水痘 - 带状疱疹病毒、巨细胞病毒、牛痘病毒等有明显抑制作用。目前认为，阿糖腺苷是治疗单纯疱疹脑炎最好的抗病毒药物；也用于急性淋巴细胞白血病等，对消化道肿瘤及恶性淋巴瘤等也有一定疗效。

（三）胞二磷胆碱

胞二磷胆碱（CDP- 胆碱，CDP-choline，citicoline）又名尼可林、胞磷胆碱等，化学名称为胞嘧啶核苷 -5′- 二磷酸胆碱钠盐，为核苷衍生物，用于颅脑外伤和脑手术后的代谢障碍、意识障碍的治疗，还可促进脑血栓半身麻痹患者上肢运动功能的恢复，以及用于帕金森病的辅助治疗。

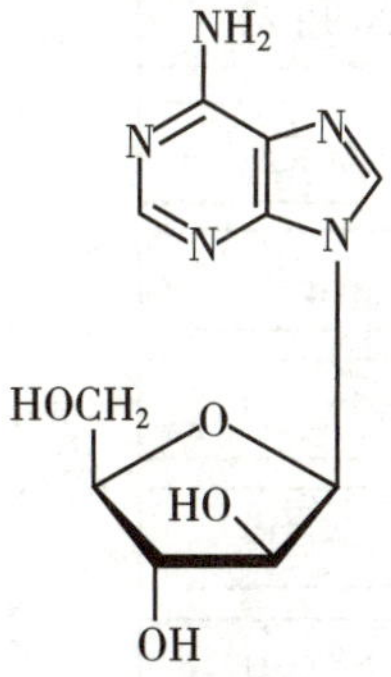

阿糖腺苷

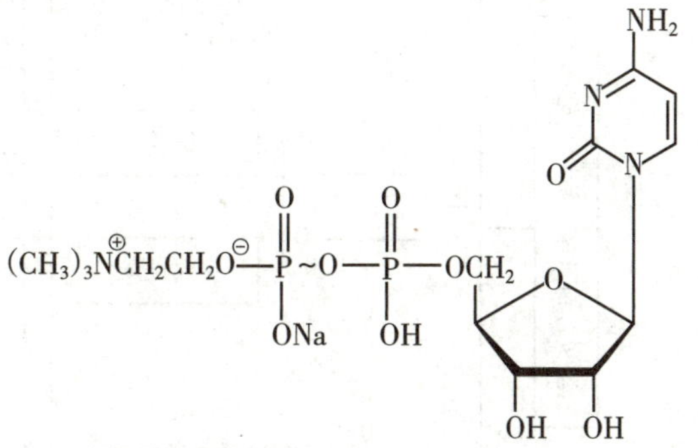

胞二磷胆碱

（四）阿德福韦酯

阿德福韦酯（adefovir dipivoxil，ADV）又名贺维力，化学名称为 9-［2-［双（新戊酰氧甲氧基）磷酰甲氧基］乙基］腺嘌呤。阿德福韦酯为单磷酸腺苷的无环核苷类似物，具有广谱抗病毒活性，是一种新的抗乙型肝炎病毒药物，适用于治疗乙型肝炎病毒活动复制和血清氨基酸转移酶持续升高的肝功能代偿的成年慢性乙型肝炎患者，更适合慢性乙肝及肝硬化患者的长期治疗。

笔记栏

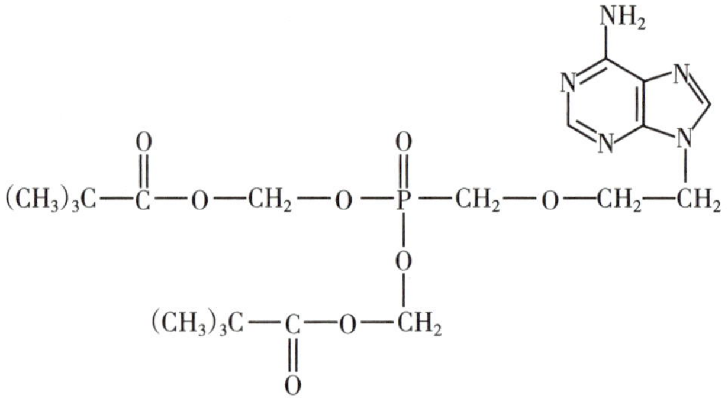

阿德福韦脂

ER-15-3

基因治疗

(五) 基因治疗

基因治疗（gene therapy）是近年来新兴的一大类利用 DNA 或 RNA 来治疗或预防疾病的统称。基因治疗通过载体把特定序列的 DNA 或 RNA 传导至人体内，其中 DNA 用来表达某种患者缺少的有用蛋白质或疫苗抗原，RNA（一般是干扰 RNA）用来抑制和降解某种患者过多或致病的蛋白质。基因治疗是根治很多遗传病的唯一方法。目前，基因治疗还处于临床研究阶段，主要技术瓶颈在于安全和高效的载体的设计。载体是把 DNA 或 RNA 传输进入人体的途径，一般为质粒、腺病毒或其他减活病毒。基因治疗和干细胞治疗一样被普遍认为是未来 20 年生物医学发展的热点。

（李红梅　张京玉）

学习小结

1. 学习内容

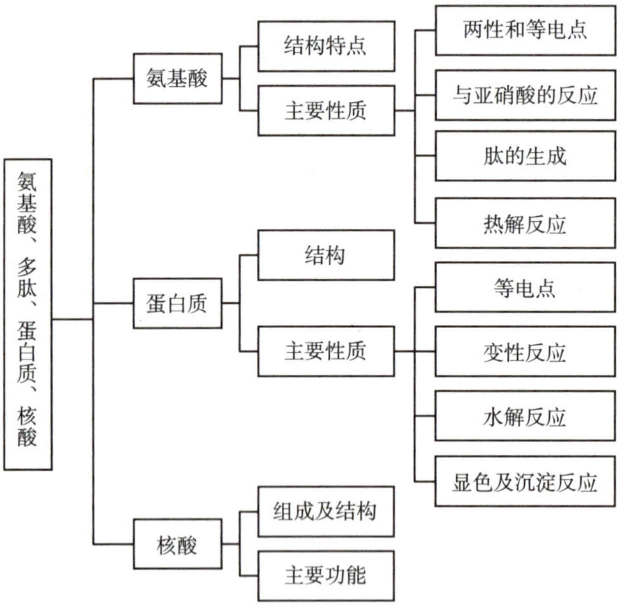

2. 学习方法　氨基酸分子中既具有碱性的氨基，又具有酸性的羧基，属于复合官能团化合物。其具有氨基和羧基的典型性质——水溶液中存在两性电离，等电点（pH=pI）时所带静电荷为零。蛋白质是由众多不同的 α- 氨基酸通过肽键连接构成，

笔记栏

具有四级结构。核酸是由核苷酸按一定的顺序连接而成的生物大分子，包括 DNA 和 RNA；核苷酸由核苷与磷酸组成；核苷则是由核糖或脱氧核糖与碱基组成。

复习思考题与习题

1. 何谓必需氨基酸？请写出其结构式及名称。
2. 请写出下列二肽，三肽的结构式。
(1) 丙氨酰苏氨酸　(2) 谷胱甘肽　(3) 异亮氨酰甘氨酸
3. 核酸如何分类？它们的分子组成如何？
4. 为什么蛋白质盐析变性是可逆的，而加热变性是不可逆的？
5. 写出尿嘧啶和胸腺嘧啶的酮式 - 烯醇式互变异构体。
6. 判断下列说法是否正确。
(1) 组成蛋白质的氨基酸都是 α- 氨基酸。
(2) 组成蛋白质的氨基酸都具有旋光活性。
(3) 蛋白质变性主要发生空间构象的破坏，并不涉及一级结构的改变。
(4) 蛋白质和多肽都能发生双缩脲反应。
(5) 分子中含有 2 个肽键的化合物称为二肽。
7. 按等电点由大到小排序。

(1) $CH_3\underset{\displaystyle NH_2}{\underset{|}{C}}HCOOH$　　(2) $HSCH_2\underset{\displaystyle NH_2}{\underset{|}{C}}HCOOH$

(3) $H_2N(CH_2)_4\underset{\displaystyle NH_2}{\underset{|}{C}}HCOOH$　　(4) $HOOCCH_2CH_2\underset{\displaystyle NH_2}{\underset{|}{C}}HCOOH$

8. 完成下列反应式。

(1) $2\ CH_3\underset{\displaystyle NH_2}{\underset{|}{C}}HCOOH \xrightarrow{\triangle}$

(2) $H_2NCH_2COOH \xrightarrow{HCl}$

(3) $CH_3\underset{\displaystyle NH_2}{\underset{|}{C}}HCOOH + HNO_2 \longrightarrow$

9. 写出下列氨基酸在指定 pH 溶液中的构造式，并判断它们在电场中的移动方向。
(1) 丝氨酸（pI=5.68）在 pH=1 时。
(2) 色氨酸（pI=5.89）在 pH=12 时。
10. 用化学方法鉴别下列各组化合物。
(1) 丙氨酸与乳酸
(2) 蛋白质、二肽和葡萄糖

第十六章

萜类化合物和甾体

笔记栏

PPT 课件

学习目标

萜类化合物和甾体属于特殊的脂环类化合物，广泛存在于自然界，是药物的重要结构单元，在生物体中都属于醋源化合物。

1. 掌握甾体的碳架构型及构象。
2. 熟悉萜类化合物和甾体的定义、结构特点与分类。
3. 理解萜类化合物的异戊二烯规则。

萜类化合物(terpenoid)和甾体(steroid)化合物都是结构比较复杂的脂环化合物，广泛存在于自然界，或为人工合成产物，在生物体内有重要的生理作用。萜类化合物和甾体从结构上看并不属于同类化合物，但从生源途径来看有着密切的关系。它们在生物体内都是以乙酸为基础物质通过一定的生源途径产生的。我们把这些来源于乙酸的化合物统称为醋源化合物。

第一节 萜类化合物

萜类化合物是许多植物挥发油的主要成分，如松节油中的α-蒎烯、柠檬油中的苧烯。萜类化合物一般指通式为$(C_5H_8)_n$的链状或环状烯烃及其聚合物、氢化物或含氧衍生物，分子中的碳原子数目大多为5或10的整倍数，并且碳链骨架呈现以异戊二烯(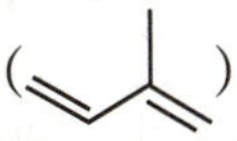)为单位按不同方式相连接的结构特征。也就是说，萜类化合物是指分子的基本骨架可以划分为若干个异戊二烯单位的化合物以及它们的含氧及饱和程度不等的衍生物。这种现象在很长时期内，被人们称为萜类结构的"异戊二烯规则"。

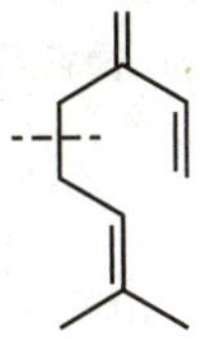

月桂烯

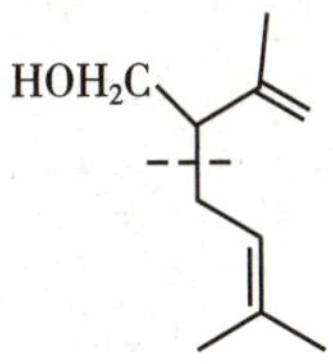

薰衣草花醇

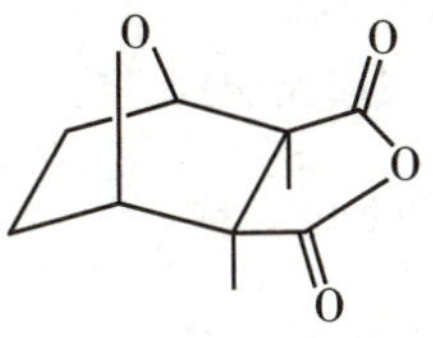

斑蝥素

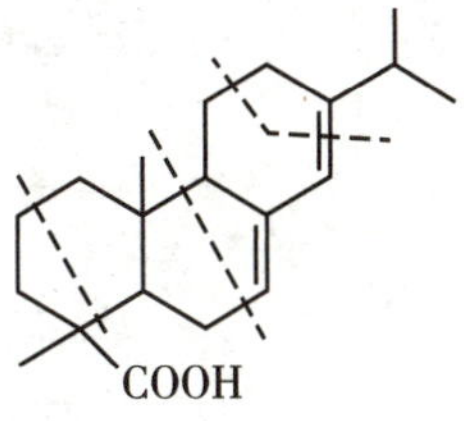

松香酸

大多数萜类化合物的分子是由异戊二烯骨架头尾相连而成，少数由头头相连或尾尾相连而成。如下所示：

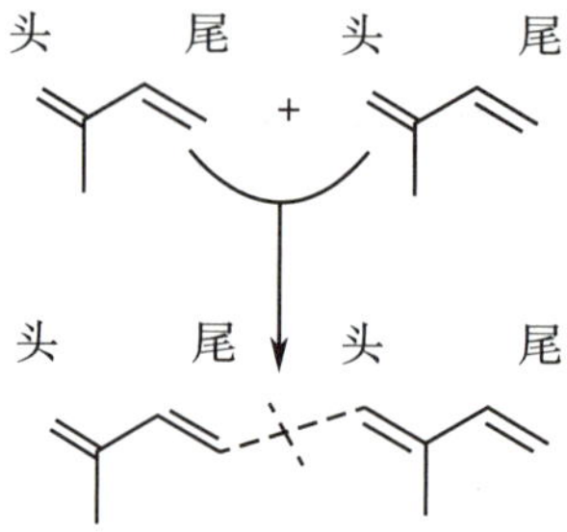

尽管萜类化合物的碳架符合异戊二烯规则，而且 Bouchardat 于 1875 年曾以异戊二烯为原料合成了一个标准的萜类化合物——苎烯。

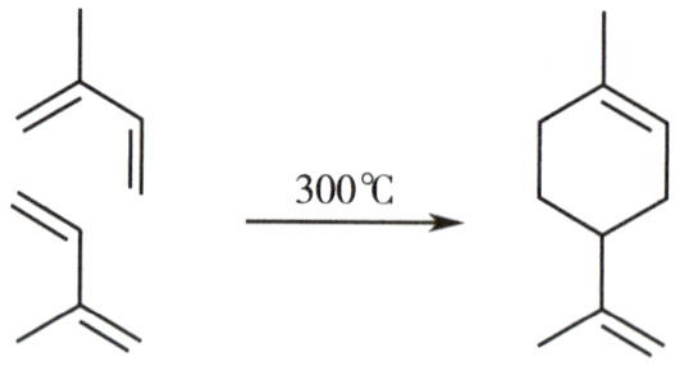

异戊二烯　　　　苎烯

但是同位素标记的生物合成实验证明，在植物体内形成萜类化合物成分的真正单位是由乙酸生成的甲戊二羟酸。

$$\mathrm{HOOCCH_2\overset{\displaystyle OH}{\underset{\displaystyle CH_3}{C}}CH_2CH_2OH}$$

因此，现在把凡是由甲戊二羟酸衍变形成的植物成分都称为萜类化合物。这就是生源性异戊二烯规则。

一、萜类化合物的分类与命名

萜类化合物种类繁多。根据分子中所含异戊二烯单位数目（n），萜类化合物的分类如表 16-1 所示。

表 16-1　萜类化合物的分类

n	类别	分子式	实例
2	单萜（monoterpene）	$C_{10}H_{16}$	蒎烯
3	倍半萜（sesquiterpene）	$C_{15}H_{24}$	姜烯
4	二萜（diterpene）	$C_{20}H_{32}$	樟脑烯
6	三萜（triterpene）	$C_{30}H_{48}$	鲨烯
8	四萜（tetraterpene）	$C_{40}H_{56}$	胡萝卜素
	多萜（polyterpene）	>40	

上述化合物中，单萜或倍半萜是某些植物挥发油的主要成分，二萜、三萜、四萜和多萜多为植物中所含树脂、皂苷或色素的主要成分。

由于萜类化合物结构复杂，故命名时多采用俗名再接上“烷”“烯”“醇”等类名而成，如樟脑烯、薄荷醇、月桂烯、柠檬醛等。此外，也可用系统命名法。

二、单萜

单萜是较为重要的萜类化合物，由 2 个异戊二烯单元组成。根据分子中 2 个异戊二烯单位相互连接方式的不同，单萜又可分为链状单萜、单环单萜与双环单萜。

（一）链状单萜

链状单萜的分子基本碳架如下：

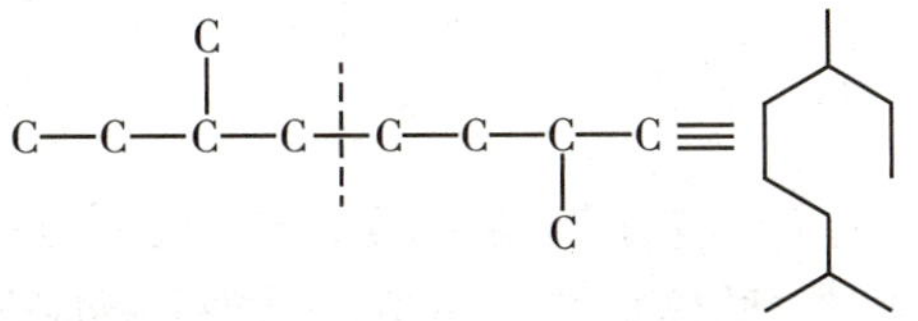

在萜类化学中，链状萜类化合物构造式可用锯齿状键线式表示，但通常采用准六元环型键线式表示。

很多链状单萜是香精油的主要成分，如月桂油中的月桂烯，玫瑰油中的香叶醇（又称牦牛儿醇），橙花油中的橙花醇，柠檬油中的 α- 柠檬醛（又称香叶醛）与 β- 柠檬醛（又称香橙醛、橙花醛），玫瑰油、香茅油、香叶油中的香茅醇等。

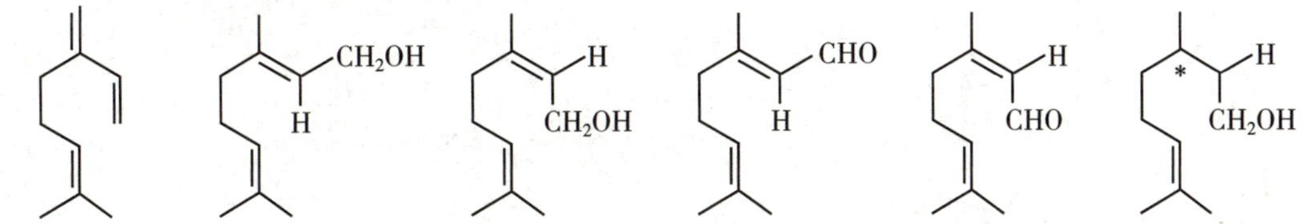

月桂烯（myrcene）　香叶醇（geraniol）　橙花醇（nerol）　α -柠檬醛（geranial）　β -柠檬醛（neral）　香茅醇（citronellol）

香叶醇和橙花醇、α- 柠檬醛和 β- 柠檬醛分别属于顺反异构体。从结构上看，香叶醇是 α- 柠檬醛的还原产物，橙花醇是 β- 柠檬醛的还原产物。香茅醇含有 1 个手性碳原子，有 1 对对映异构体。柠檬醛是合成紫罗兰酮的原料。紫罗兰酮既是重要的香料，也是合成维生素 A 的原料。

（二）单环单萜

单环单萜的分子一般含有 1 个六元碳环。最简单的萜烷（1- 甲基 -4- 异丙基环己烷）又称薄荷烷，并不存在于自然界，只是把它看成是各种单环单萜的母体。单环单萜的编号有特殊规定，除环碳原子外，环外的烷基也需给予规定的编号。重要的单环单萜有苧烯、α- 松油烯、3- 萜醇等。

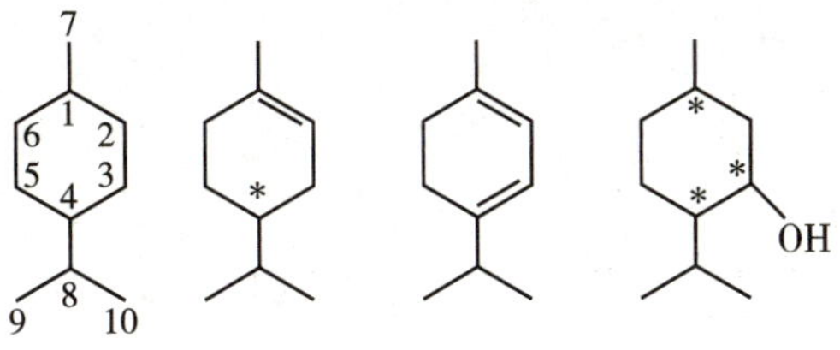

萜烷　苧烯　α -松油烯　3-萜醇

笔记栏

1. 苧烯　苧烯又叫柠檬烯、薄荷烯，化学名称为 1，8- 萜二烯，是有芳香气味的液体。从结构上看，苧烯具有 1 个手性碳，因此有 2 个对映异构体。左旋体存在于松针中，右旋体存在于柠檬油中。它为无色液体，有柠檬香味，可作香料。在松节油中存在的苧烯是外消旋体——对薄荷烯。

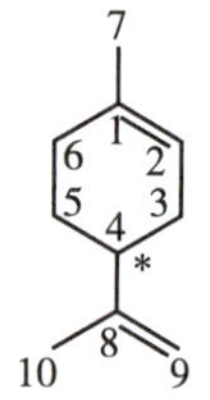

苧烯

2. 萜烷　萜烷的 C_3 羟基衍生物称 3- 萜醇，分子中有 3 个不同的手性碳原子（C_1、C_3 和 C_4），故有 8 种手性异构体（4 对对映体）。它们的立体结构和相应名称如下：

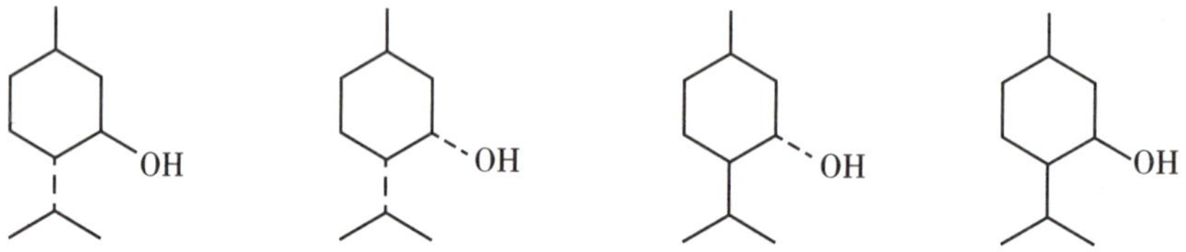

（±）-薄荷醇

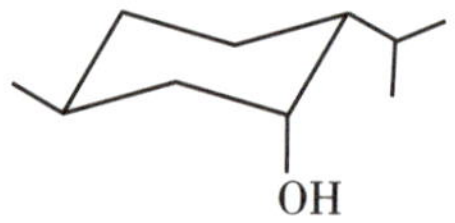

（±）-新薄荷醇

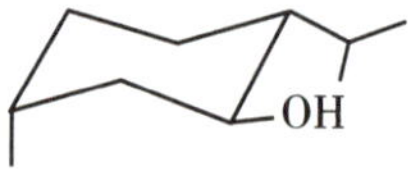

（±）-异薄荷醇

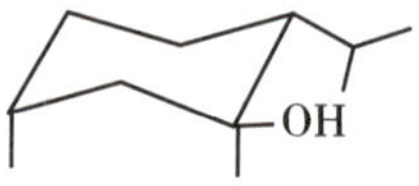

（±）-新异薄荷醇

比较 4 对对映体优势构象式的能量，可以看出，薄荷醇的能量应是其中最低的。分子中环上的 3 个取代基都位于 e 键。薄荷中只有（-）- 薄荷醇和（+）- 新薄荷醇存在，并以前者为主。其他 6 种异构体都是人工合成品。

（-）- 薄荷醇又称薄荷脑，是薄荷的茎和叶提取的薄荷油的主要成分，有强烈的清凉芳香气味，可用作香料，也是医药上的清凉剂、祛风剂、防腐剂及麻醉剂，可用于制清凉油、人丹、痱子粉和皮肤止痒搽剂，也用于牙膏、糖果、饮料和化妆品中。

（三）双环单萜

双环单萜指分子结构中含有 2 个碳环的单萜。

1. 基本碳架与命名

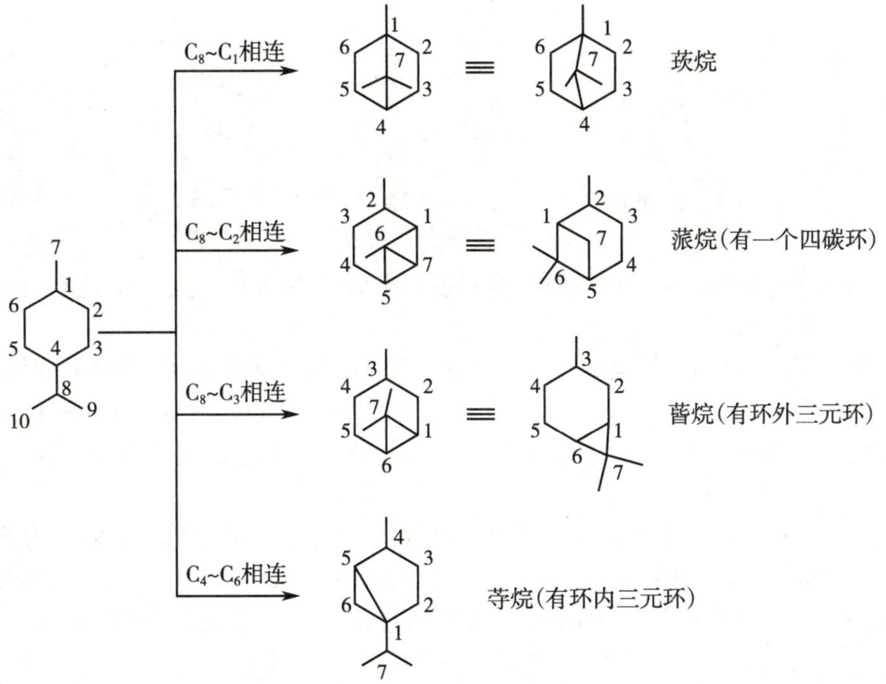

双环单萜属于桥环类化合物，也可按桥环化合物的系统命名方法命名。比较重要的有蒎烷、莰烷、蒈烷和苧烷。它们可看作薄荷烷在不同部位环合而成的化合物。

从它们的优势构象来看，莰烷以船型构象存在时才有利于桥环的形成；蒎烷、蒈烷与苧烷则多为稳定的椅型构象。

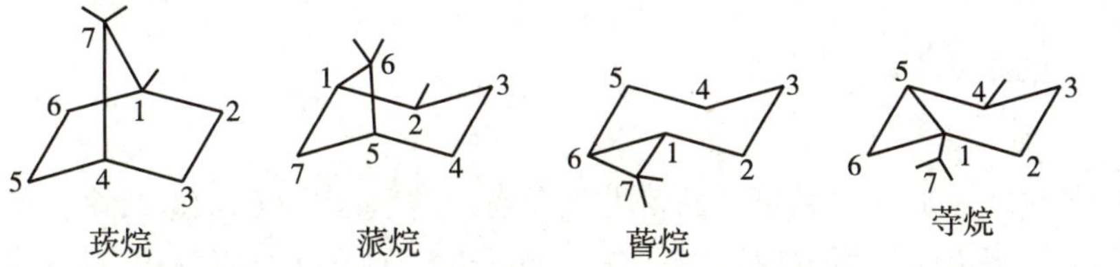

这 4 种双环单萜烷在自然界中并不存在，但它们的某些不饱和衍生物、含氧衍生物是广泛分布于植物体的萜类化合物，尤以蒎烷和莰烷的衍生物与药物关系密切。

2. 蒎烯　蒎烯又称松香精、松油二环烯，根据烯键位置不同，有 α- 蒎烯与 β- 蒎烯 2 种异构体。

α-蒎烯　　β-蒎烯

二者均存在于松节油中，但以 α- 蒎烯为主(占松节油的 60%)。蒎烯是工业上用来合成樟脑、龙脑、紫丁香香精的原料。

3. 樟脑　樟脑的化学名称为 2- 莰酮，分子中有 2 个手性碳原子，理论上应有 4 个手性异构体，但实际只存在 1 对稳定对映体。由于桥环需要的是船型构象，这就限制了桥头 2 个手性碳所连基团的构型，使其 C_1 所连的甲基与 C_4 相连的氢只能位于顺式构型，即这 2 个桥头基团只能排列于环外，而不能采取伸向环内的排列方式。

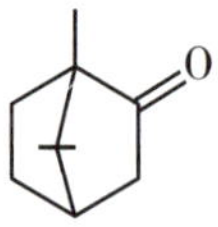

2-莰酮（樟脑）

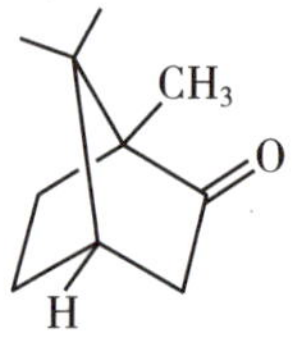

（+）-樟脑
（1*S*,4*S*）

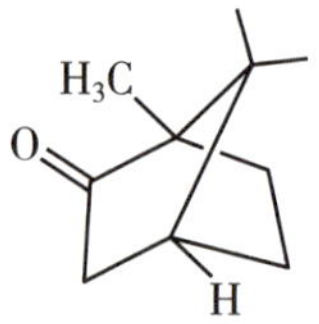

（–）-樟脑
（1*R*,4*R*）

天然樟脑为右旋体，存在于樟树中，为白色闪光结晶，易升华。我国台湾盛产樟脑，所产樟脑纯度高、品质优。

樟脑在工业上、医药上都是重要的萜类化合物。樟脑能反射性地兴奋呼吸或循环系统，且吸收迅速，药效较快，可用于呼吸或循环系统的急性障碍，以及对抗中枢神经抑制药的中毒等。它还有局部刺激和驱虫作用，也可用于治疗神经痛、冻疮等，还可作为衣物、书籍的防蛀剂。

4. 龙脑与异龙脑　樟脑经四氢硼钠还原后，生成龙脑与异龙脑。它们互为差向异构体，属于非对映异构体。龙脑又称冰片，具有发汗、镇痉、止痛等作用，是人丹、冰硼散等药物的主要成分之一。自然界存在的龙脑有左旋体和右旋体 2 种，合成品为外消旋体。

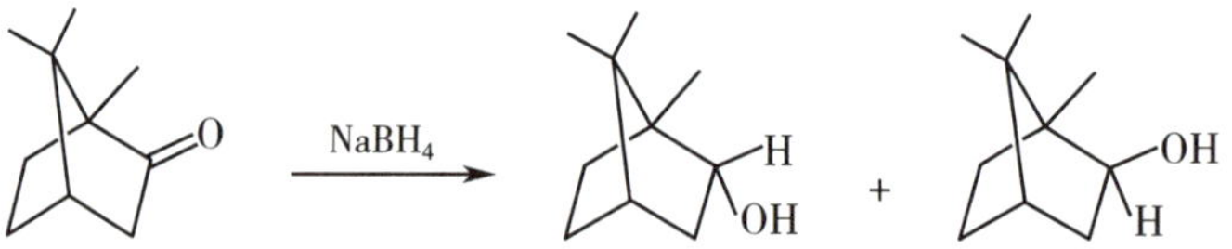

龙脑　　　　异龙脑
熔点 206~208℃　　214~217℃

三、其他萜类化合物

（一）倍半萜

倍半萜是含 3 个异戊二烯单位的萜类化合物，一般通式为 $C_{15}H_{24}$，大多数都符合异戊二烯规则。倍半萜多以含氧衍生物，如醇、酮、内酯等形式存在于挥发油中，是挥发油中高沸点部分的主要组成物，多有较强的香气和生物活性。其基本母核也分为链状、单环、双环、三环和四环等多种，分子中的环可以是小环、普通环、中环以及大环。它们的化学结构只是近几十年来才逐渐为人们所认识。例如：

1. 法尼醇　法尼醇（farnesol）又称金合欢醇，是一种链状倍半萜，存在于香茅草、橙花、玫瑰等多种芳香植物的挥发油中，为无色油状液体，是一种名贵香料。它还有昆虫保幼激素活性。昆虫保幼激素过量，可抑制昆虫的变态和成熟。

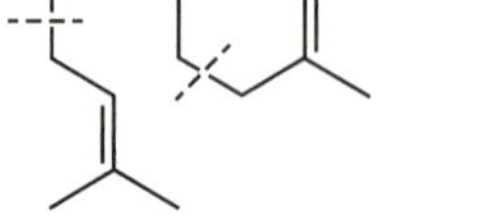

金合欢醇

2. 杜鹃酮　杜鹃酮（germacrone）又名大牻牛儿酮，存在于兴安杜鹃（满山红）叶的挥发油中，是一个十元环的单环倍半萜。杜鹃叶挥发油具有止咳、祛痰、平喘作用，可用于治疗慢性支气管炎；杜鹃酮是其主要成分，熔点 56~57℃。

笔记栏

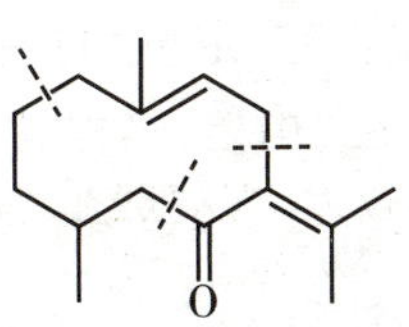

杜鹃酮

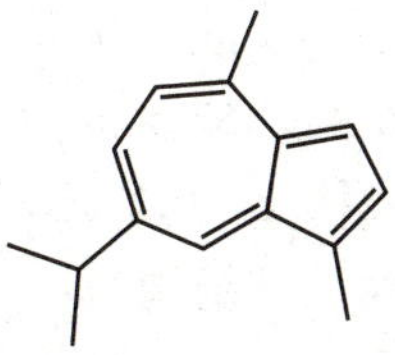

愈创木薁

3. 愈创木薁　愈创木薁(guaiazulene)是存在于蒺藜科植物愈创木挥发油、老鹳草挥发油等中的一种倍半萜。它是蓝色针状结晶，熔点 31℃，有抗炎作用，能促进烫伤或灼伤创面的愈合，是国内烫伤膏的主要成分之一。

ER-16-1

屠呦呦与青蒿素

4. 青蒿素　青蒿素(artemisinin)为无色针状结晶，熔点 156℃，是一种新型的含过氧基倍半萜内酯。其结构如下：

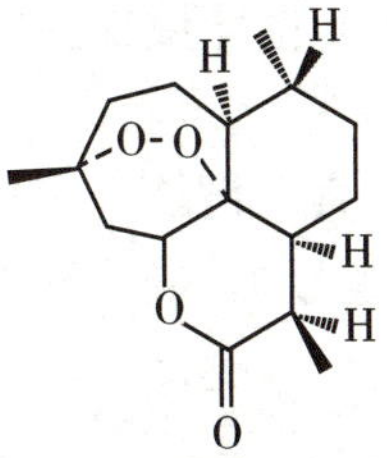

青蒿素

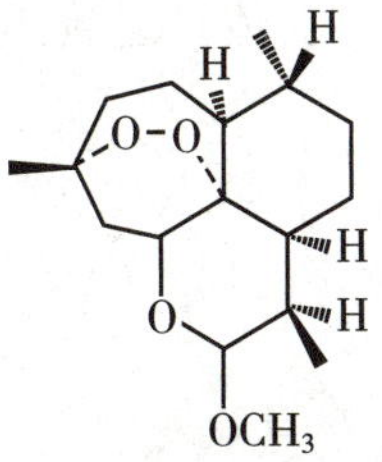

蒿甲醚

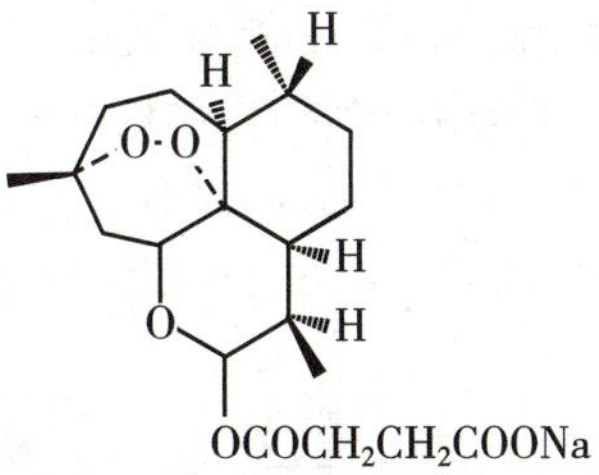

青蒿琥珀酰单酯钠

青蒿素是我国首先发现的一种新抗疟药，其作用方式与现有抗疟药不同，因此可用于对现有抗疟药已产生抗药性的患者，而且起效快、毒性低，是一种安全有效的抗疟药。由于青蒿素在水中及油中均难溶，其临床应用受到一定限制，故经过结构修饰将它制备成脂溶性的蒿甲醚或水溶性的青蒿琥珀酰单酯钠，从而得到速效低毒的新衍生物。

5. 姜烯　姜烯(zingiberene)是姜科植物姜的根茎挥发油的主要成分，有祛风止痛作用，可作调味剂。

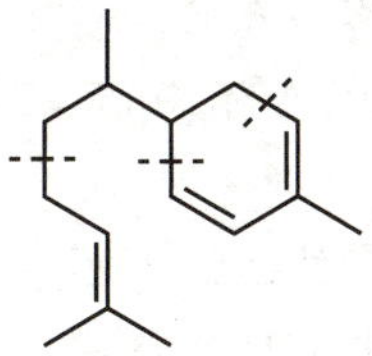

姜烯

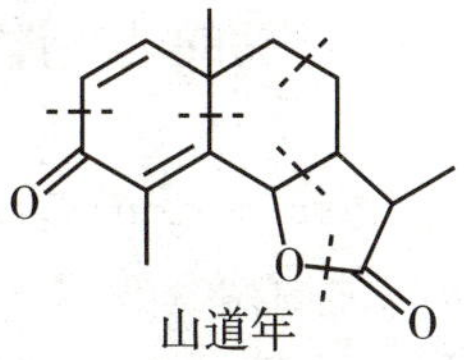

山道年

6. α 山道年　α 山道年(α-santonin)是山道年蒿花中提取的无色晶体，不溶于水，易溶于有机溶剂，是一种肠道驱虫剂，可用于治疗肠道寄生虫病。

(二) 二萜

二萜由 4 个异戊二烯单位组成，分子量较大，沸点较高，一般不具挥发性，在植物挥发油中很少见。二萜广泛分布于动植物界，较为重要的有：

1. 叶绿醇　叶绿醇(phytol)又称植醇，是链状二萜，由叶绿素水解而得，在叶绿素结构中以酯键与卟啉环相连。它还是构成维生素 E 和维生素 K_1 支链的一部分，所以可用于维生素 E、维生素 K_1 的合成。

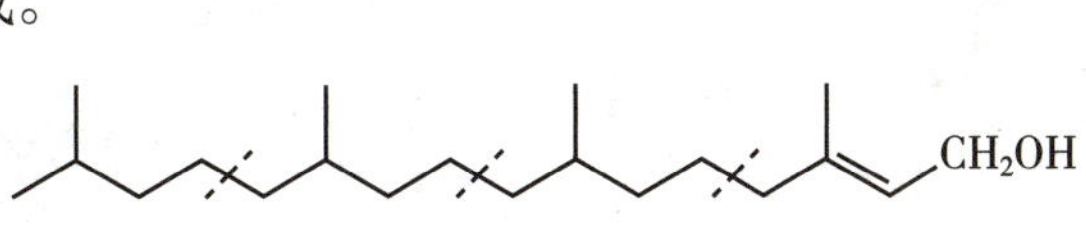

叶绿醇

笔记栏

2. 维生素 A　维生素 A（vitamin A）又称视黄醇（retinol）或抗干眼醇，是单环二萜，为共轭多烯类化合物。维生素 A 的共轭体系为全反式构型，是保持其生物活性所必需的结构，如果其中某个双键成为顺式构型，其生物活性将会降低或消失。维生素 A 的制剂贮存过久，可因构型转化影响其活性。其结构为：

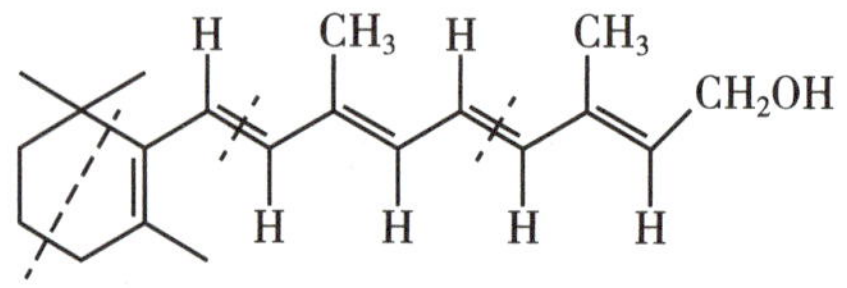

维生素A

自然界中，维生素 A 主要存在于蛋黄、动物肝脏、奶油、牛乳及鱼肝油中。维生素 A 为脂溶性维生素，是人和动物生长发育所必需的营养成分之一，能维持黏膜及上皮的正常功能，参与视网膜圆柱细胞中视紫质的合成。人体缺乏维生素 A 将导致皮肤粗糙硬化、夜盲症和眼干燥症，还会影响生长、发育与繁殖。

3. 紫杉醇　紫杉醇（taxol）属于三环二萜，熔点 252℃，具有广谱抗癌活性，是高效低毒的抗癌新药。紫杉醇存在于紫杉、短叶紫杉等的树皮中，但含量极低，故价格十分昂贵。

紫杉醇

（三）三萜

三萜是 6 个异戊二烯单元的聚合体，在自然界分布较广，许多常用的中药如人参、三七、柴胡、甘草等都含有这类成分。三萜的基本骨架以四环、五环最常见，链状的较少。酸性皂苷差不多全是三萜衍生物。

1. 甘草皂苷　甘草皂苷（glycyrrhizin）是中药甘草的主要成分。它的苷元称甘草次酸，是一个五环三萜。甘草次酸与葡萄糖醛酸缩合，即为甘草皂苷，具有镇咳祛痰作用。

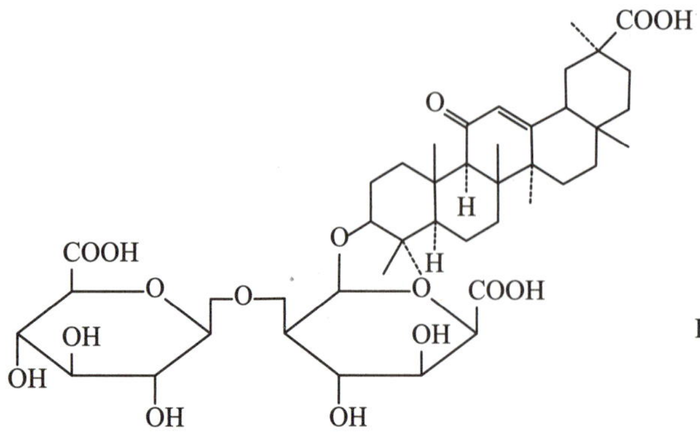

甘草皂苷

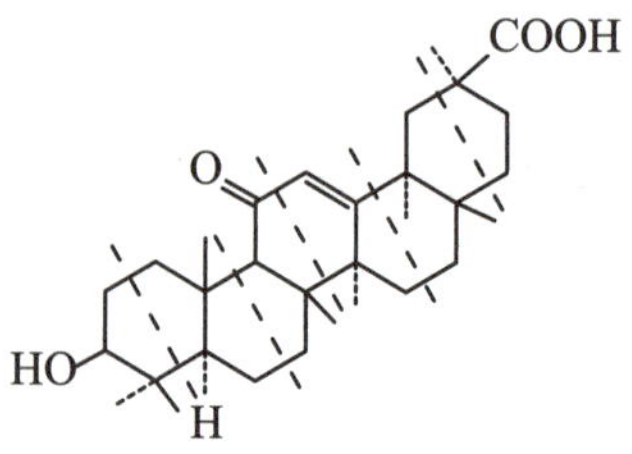

甘草次酸

2. 角鲨烯　角鲨烯（squalene）存在于鲨鱼肝油、橄榄油、菜籽油、麦芽与酵母中，具有链状三萜的结构，是目前发现的唯一的链状三萜。角鲨烯可作杀菌剂，也可用作气相色谱的固定液。其氢化产物鲨烷，可用于制作化妆品。角鲨烯在生物体内不仅是合成四环三萜、五环三萜的前体，也是合成甾体的前体。由它合成的羊毛固醇具有四环三萜的结构。羊毛固醇是形成内源性胆固醇的前体物质。

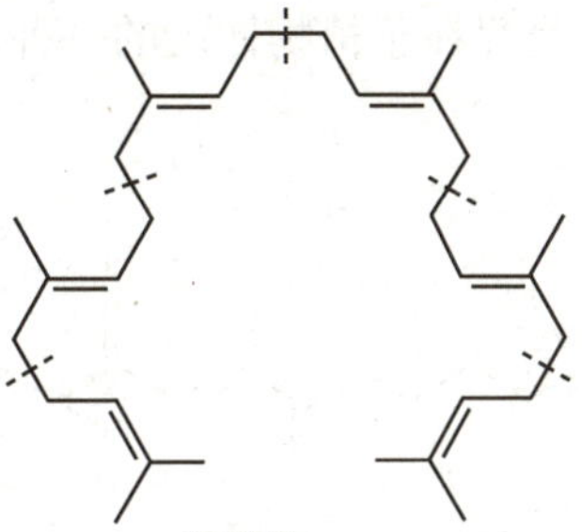

角鲨烯

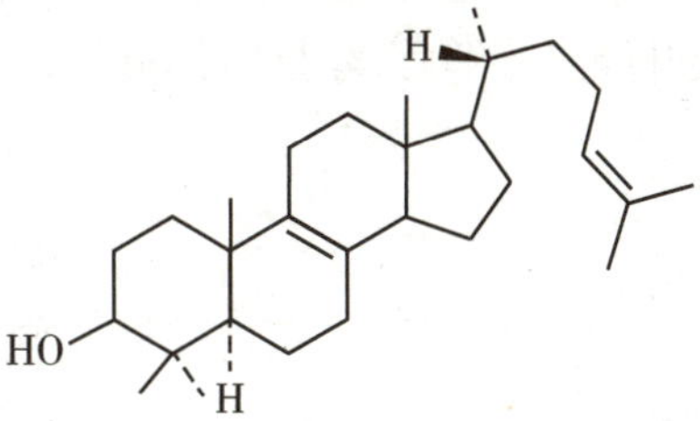

羊毛固醇

3. 人参皂苷　人参皂苷(ginsenoside)是中药人参中的一类主要有效成分，根据不同的苷元主要为原人参二醇系和原人参三醇系，其骨架结构均属四环三萜中的达玛烷型。其结构如下：其中 R_1、R_2 为不同的糖链。

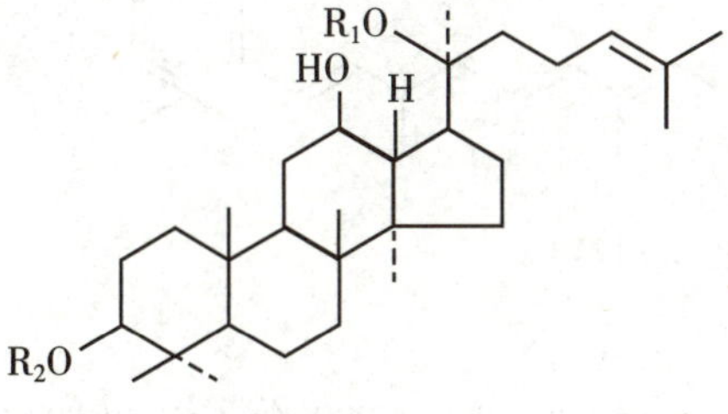

20(S)-原人参二醇系

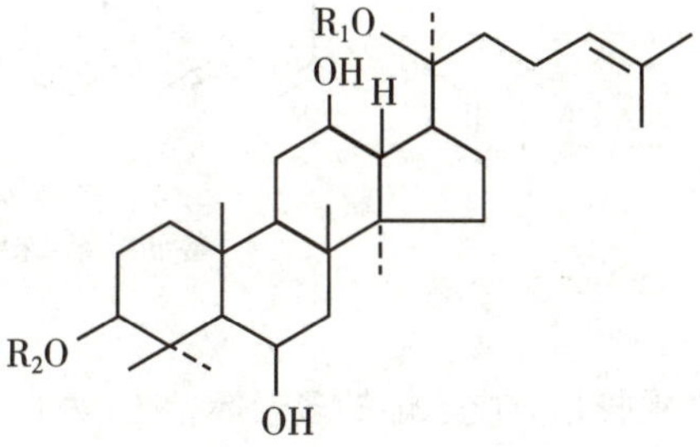

20(S)-原人参三醇系

(四) 四萜

四萜是含 8 个异戊二烯单位的聚合体，分子中都含有 1 个较长的共轭多烯链，具有由黄橙到红的颜色，所以又称多烯色素。四萜在自然界分布很广，对人体无害，可作食品色素用。

1. 胡萝卜素　许多植物中都有胡萝卜素(carotene)存在。它与叶绿素共存于植物的叶中一起参与光合作用。胡萝卜素是存在于胡萝卜中的橙黄(结晶体为红色)色素。蛋黄和奶油中也有胡萝卜素。天然的胡萝卜素是 α、β、γ 三种异构体的混合物，但以 β 异构体为主。它在动物体内转化成维生素 A。位于 β 胡萝卜素多烯碳链中间的烯键(共轭多烯链第 5 位处)很易断裂，在人体肝脏内受酶作用裂解并被氧化成两分子维生素 A 原。所以 β 胡萝卜素在体内能显示出维生素 A 的活性，并称它为维生素 A 原。胡萝卜素还有防止心脏病和防癌、抗癌的疗效，经常食用可以提高人体的免疫力。

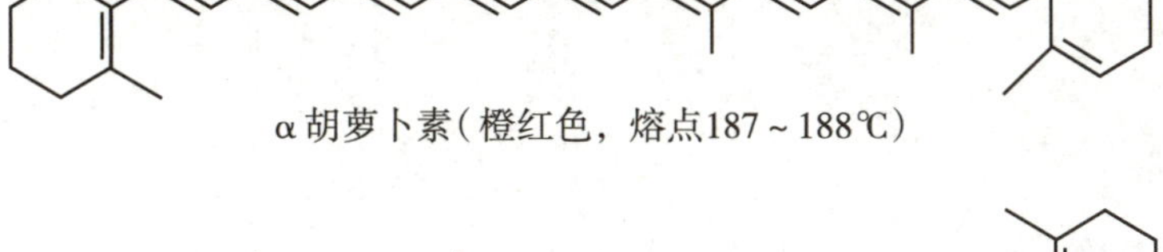

α 胡萝卜素(橙红色，熔点187～188℃)

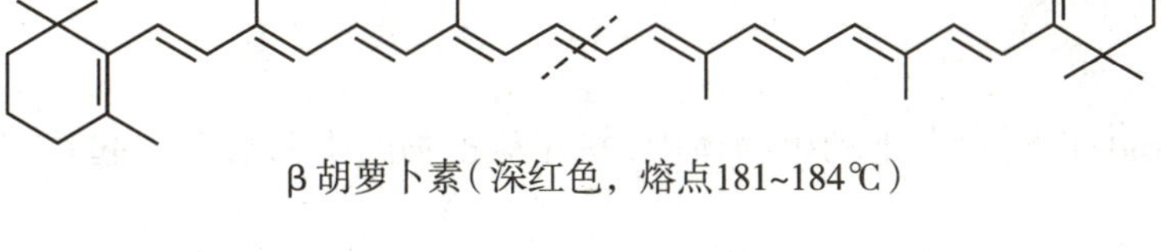

β 胡萝卜素(深红色，熔点181~184℃)

笔记栏

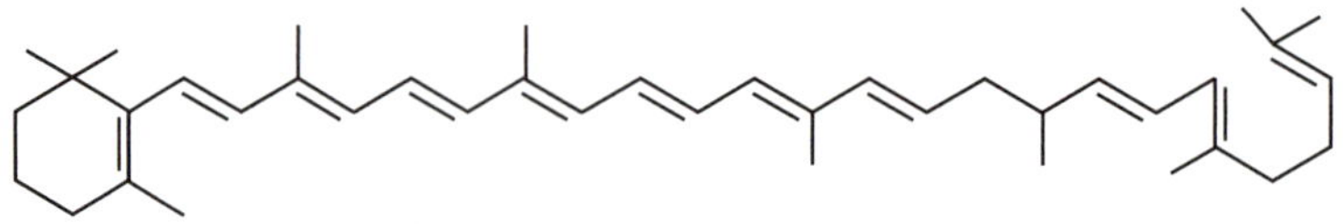

γ胡萝卜素（深紫色，熔点153 ~ 155℃）

2. 叶黄素　叶黄素(carotenol)又称胡萝卜醇，是存在于植物体内的一种黄色色素，与叶绿素共存，秋天叶绿素分解后，才显出其黄色。

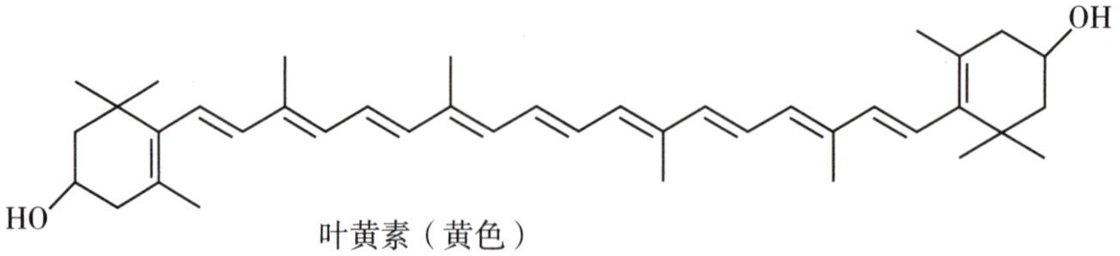

叶黄素（黄色）

3. 番茄红素　番茄红素(lycopene)是从番茄中得到的。许多水果中也含有。番茄红素在生物体内可以转化为各种胡萝卜素。

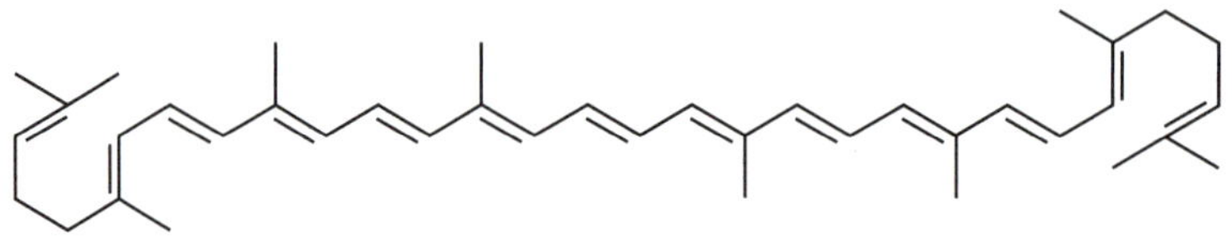

蕃茄红素(深红色,m.p.174℃)

(五) 多萜

天然橡胶是异戊二烯的多聚体，通式为$(C_5H_8)_n$，n 约为 1 000~5 000，分子中双键为全顺式。

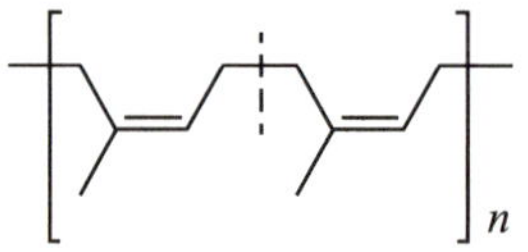

橡胶

中药杜仲中也存在异戊二烯的多聚体，称杜仲胶，其双键为全反式。

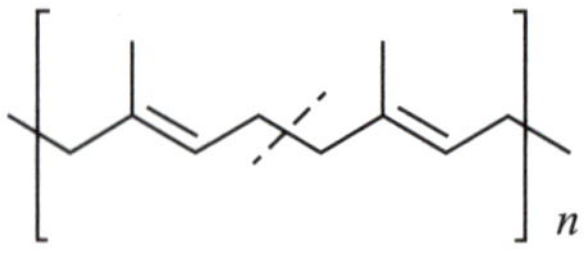

杜仲胶

第二节　甾　　体

一、甾体的结构

(一) 基本骨架

甾体(steroid)广泛存在于动植物体内，并在动植物的生命活动中起着重要的作用。从

笔记栏

结构上看，甾体分子中都具有 1 个环戊烷并多氢菲的基本骨架，并通常带有 3 个支链。“甾”字即形象化地表示了这类化合物的基本骨架。甾体母核的结构、环序和编号方式如下：

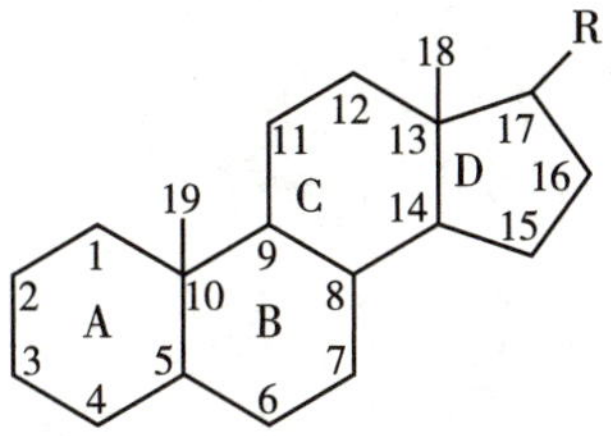

环戊烷并多氢菲

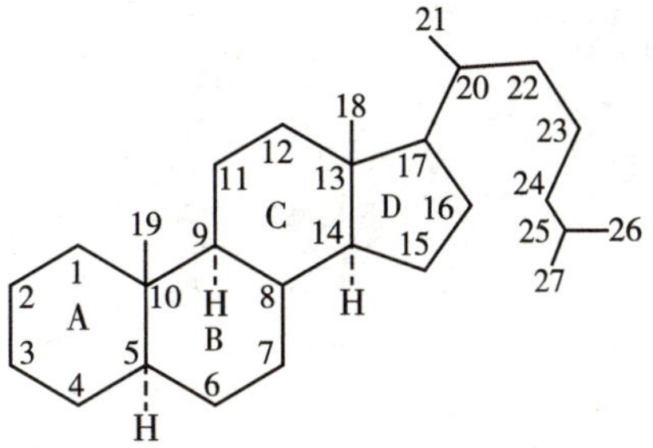

式中 C_{10}、C_{13} 处一般为甲基，称为角甲基；C_{17} 上的取代基则因化合物不同而异。

（二）分类与命名

根据 C_{10}、C_{13} 与 C_{17} 处所连的侧链不同，甾体可分为如下 6 类构造不同的类型（表 16-2）。

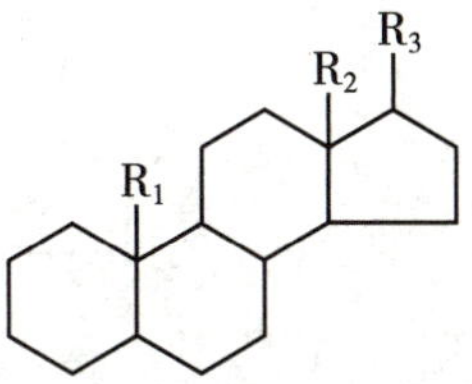

表 16-2 甾体的构造类型

类型	R_1	R_2	R_3
甾烷（sterane）	—H	—H	—H
雌甾烷（estrane）	—H	$—CH_3$	—H
雄甾烷（androstane）	$—CH_3$	$—CH_3$	—H
孕甾烷（pregnane）	$—CH_3$	$—CH_3$	$—CH_2CH_3$
胆烷（cholane）	$—CH_3$	$—CH_3$	$H_3C—\underset{\vert}{\overset{\vert}{CH}}—CH_2—CH_2—CH_3$
胆甾烷（cholestane）	$—CH_3$	$—CH_3$	$H_3C—\overset{\vert}{CH}—CH_2—CH_2—CH_2—\underset{\underset{CH_3}{\vert}}{CH}—CH$

甾体命名时常被看作有关甾体母核的衍生物而加以命名。取代基的位置、名称和构型，写在甾体母核名称前，母核中含有碳碳烯键、羟基、羰基或羧基时，则将“烷”改成“烯”“醇”“酮”或“酸”等，并将其位置表示出来。分子内的手性中心用 *R* 或 *S* 表示，取代基用 α、β 和 ε 来表示其构型。如：

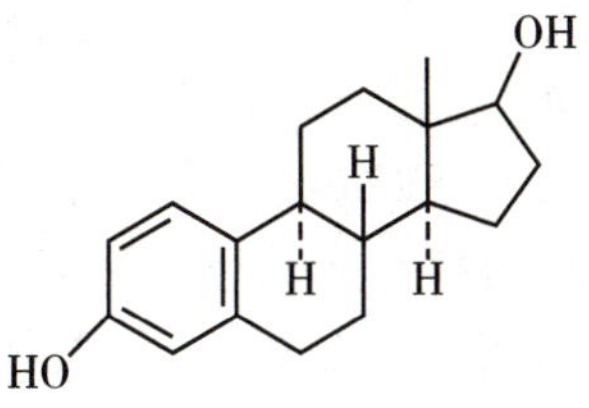

3,17β-二羟基-1,3,5(10)-雌甾三烯（β-雌二醇）

笔记栏

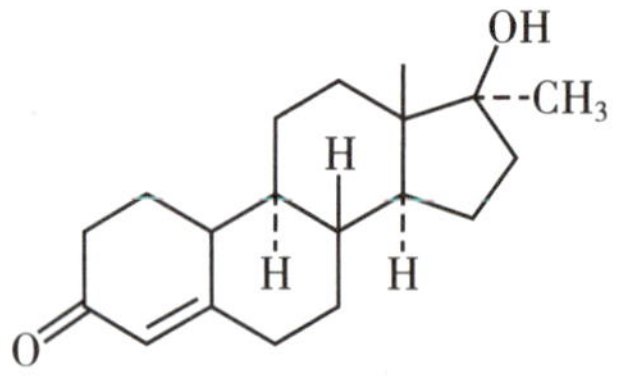

17α-甲基-17β-羟基-雄甾-4-烯-3-酮（甲基睾丸酮）

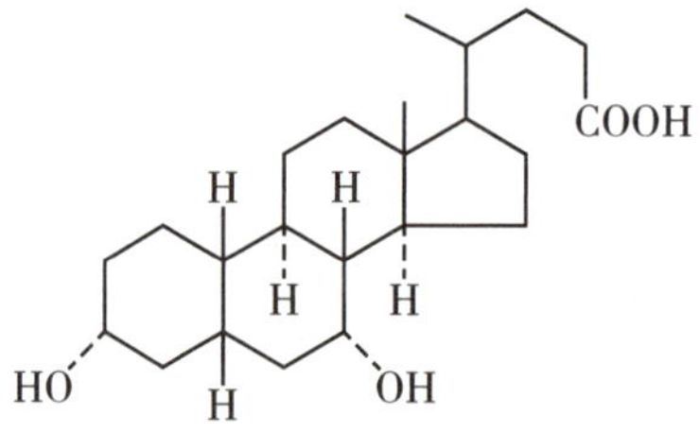

3α,7α-二羟基-5β-胆烷-24-酸（鹅去氧胆酸）

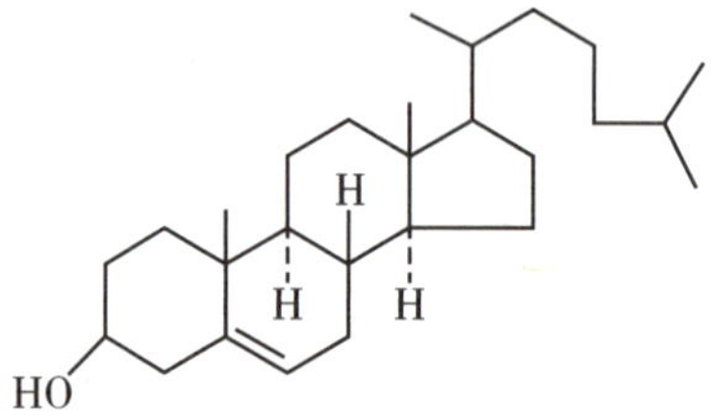

3β-羟基-胆甾-5-烯（胆甾醇）

ER-16-2

甾体的结构和分类

（三）碳架的构型

甾体碳架的构型有2种，一种为碳环稠合的顺反构型，另一种为甾体母核中手性碳原子所连取代基的相对构型。甾体环上取代基的构型一般很少采用 *R/S* 绝对构型表示法，而是采用 α/β 相对构型表示法。把位于纸平面前的取代基称 β- 构型取代基，用实线或粗线相连；把位于纸平面后的取代基称 α- 构型取代基，用虚线相连。波纹线相连则表示所连基团的构型待定，用希腊字母 ε（音 ksi）表示。绝大多数甾体 C_{10}、C_{13} 处的角甲基和 C_{17} 处所连的侧链均为 β- 构型。

甾体环系中含有7个（位于5、8、9、10、13、14、17位的）手性碳原子，理论上应有 2^7(128) 个手性异构体，但由于稠环的刚性及环系空间位阻的影响，甾体立体异构体的数目远少于理论值。

绝大多数甾体环系的稠合方式（环系构型）有一定的共同规律：

1. B环与C环均为反式稠合（表示为B/C反），稠合处碳原子所连基团的构型为8β、9α。

2. C环与D环也多为反式稠合（表示为C/D反，但强心苷、蟾酥毒素类甾体除外），稠合处碳原子所连基团的构型为13β、14α。

3. A环与B环的稠合方式有2种，即A/B顺式和A/B反式。根据A/B两环的稠合方式，可将甾体分为两大类构型不同的甾体环系。

正系：A/B顺，B/C反，C/D反。也称5β- 甾体（简称5β型）。

别系：A/B反，B/C反，C/D反。也称5α- 甾体（简称5α型）。

如果甾体中碳4(5)、碳5(6)或碳5(10)处有双键，区分A/B环稠合方式的依据已不存在，4个碳环稠合的构型没有差异，也就不存在正系与别系的构型区别了。

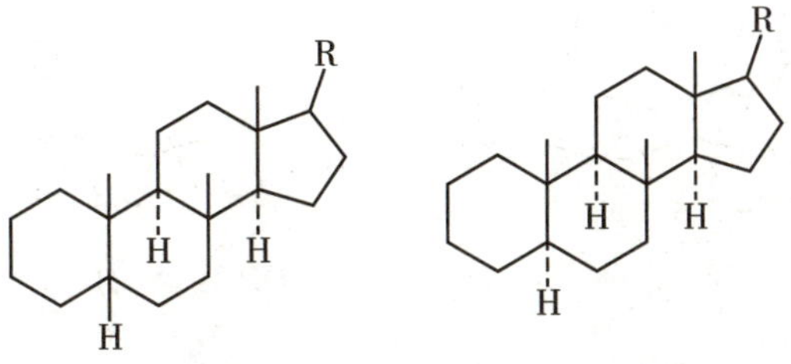

5β-甾体　　5α-甾体

(四) 甾体碳架的构象和构象分析

甾体碳架是由 3 个环己烷环相互按椅型构象的方式稠合成全氢菲碳架，再与环戊烷环并合而成。5β 系和 5α 系甾体母核的构象式如下：

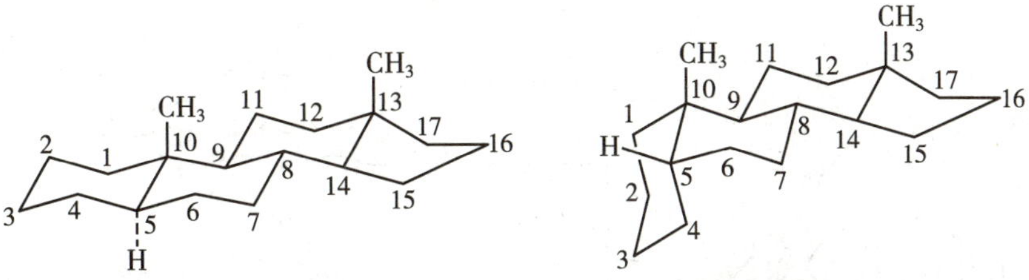

5α-甾体碳架的构象　　5β-甾体碳架的构象

由于在 5β 系和 5α 系甾体母核中都有反式稠合环，所以它们与反十氢萘一样无转环作用发生，分子中 a 键与 e 键不能互换，其构象是相对固定的。因此，母核中每个碳上的氢被取代后所形成的 α、β 两种构型异构体，分别也都只有 1 种构象，这使得甾体构象异构体的数目也大为减少。正因为甾体分子中的 a 键与 e 键不能互换，处于 a 键的基团和处于 e 键的基团在化学行为方面的差异非常明显，所以它们常被作为研究构象基本规律的模型化合物，这就大大加深了人们对甾体的了解，加速了甾体学科以及构象分析理论的发展。现将这类化合物的构象分析简单介绍如下：

1. 取代基的稳定性　甾体与环己烷一样，一般也以取代基处于 e 键较稳定。例如，天然存在的 5α 系甾醇类，其 C_3- 位的羟基都是 β- 构型（处于 e 键）；而属 5β 系的甾醇，其 C_3- 位的羟基都是 α- 构型（处于 e 键）。当母核上的酮基被还原时，产物中占优势的异构体是羟基位于 e 键的醇。

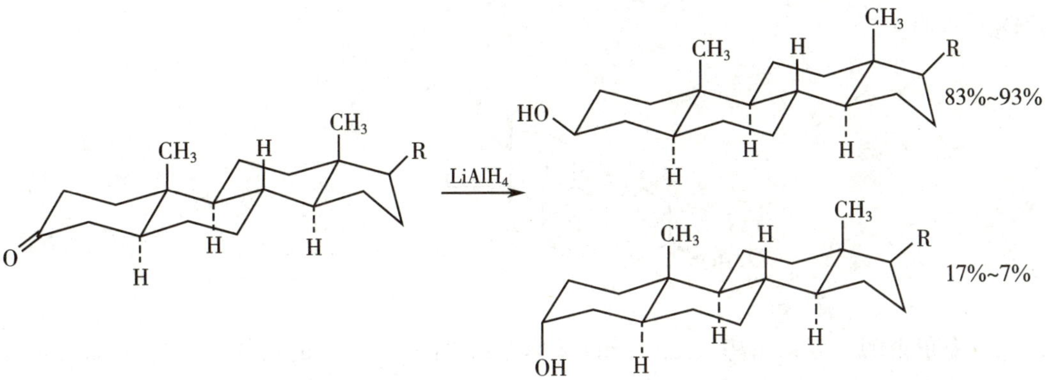

2. 发生化学变化的难易　由于空间位阻，甾体分子中 a 键取代基比 e 键取代基或侧链上的取代基难以发生化学反应。例如，下列甾体用氯代甲酸乙酯酰化时，只有处于 e 键的羟基酰化成酯。

笔记栏

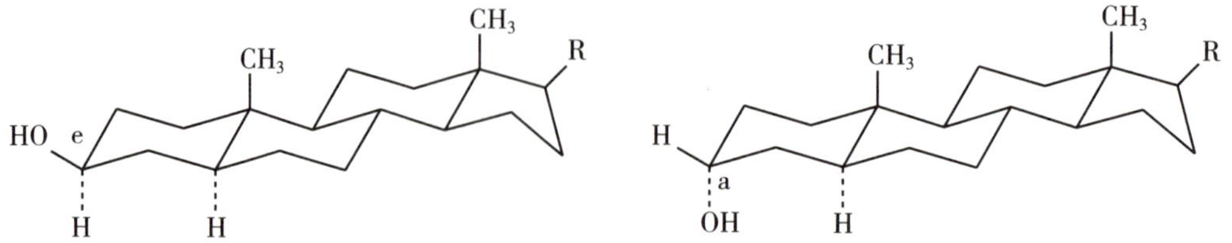

A　　　　　　　　　　B

3β-OH(e键)　　　　3α-OH(a键)

酯化速度：快　　　　慢

甾体分子的正面(β面)由于有角甲基及 C_{17} 取代基的存在，常导致进攻试剂从其空间位阻较小的背面(α面)进攻，从而使新引入的原子或基团常具有α-构型。例如，胆甾醇(即胆固醇)C_5-双键的催化加氢和环氧化反应。

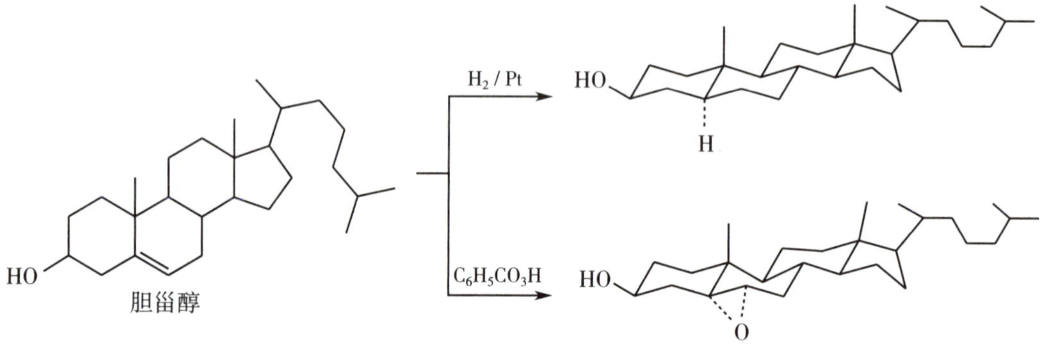

二、各类甾体简介

(一) 甾醇

甾醇多为固体，所以又称固醇，属于胆甾烷的含氧衍生物，常以游离状态或以酯和糖苷的形式广泛存在于动植物体内，分为动物甾醇和植物甾醇。

1. 胆甾醇　胆甾醇(cholesterol)也称胆固醇，属动物甾醇(zoosterol，又称动物固醇)，化学名为5-胆甾烯-3β-醇，是人和动物体中含量最多的甾体。胆甾醇主要分布于人及动物的脑、脊髓及血液中。人体内的胆结石几乎全由胆甾醇组成，为无色蜡状固体，不溶于水，溶于有机溶剂。血液中的胆甾醇含量增加是导致动脉硬化的重要因素。胆甾醇可作为合成维生素 D_3 的原料。

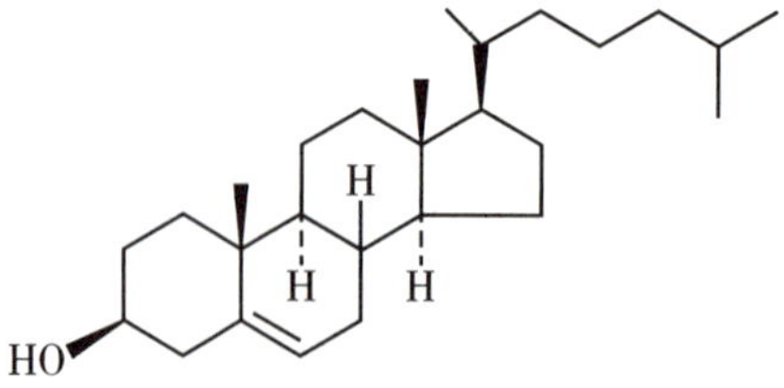

(胆甾醇)

2. 麦角甾醇　麦角甾醇(ergosterol)又称麦角固醇，为重要的植物甾醇(phytosterol，又称植物固醇)，存在于酵母、霉菌及麦角中(中药猪苓、灵芝中也含有此结构)，为白色片状或针状结晶，在紫外光照射下可分解生成维生素 D_2。维生素 D_2 和天然存在于鱼肝油中的维生素D的结构相近，具有抗佝偻病的疗效。麦角甾醇还是青霉素生产中的一种副产品，可用于激素的生产。

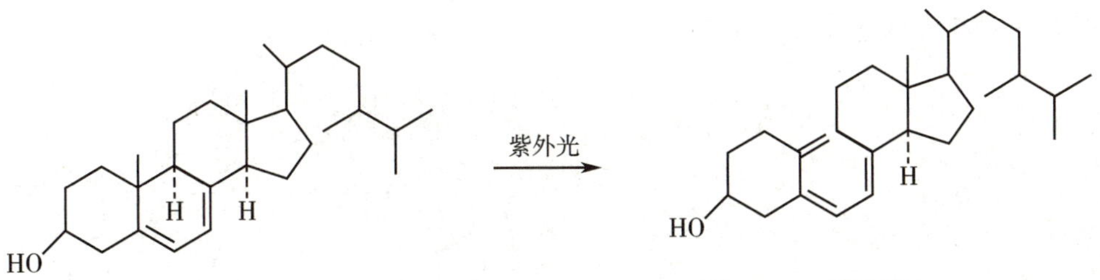

麦角甾醇　　　　维生素D_2

(二) 胆酸

胆酸(cholic acid)是存在于人类和某些动物胆汁中的甾体,是一类饱和的胆烷羟基酸,可用水解的方法从胆汁中分离出来。从人和牛的胆汁中分离出来的胆酸主要是胆酸和去氧胆酸。其结构如下:

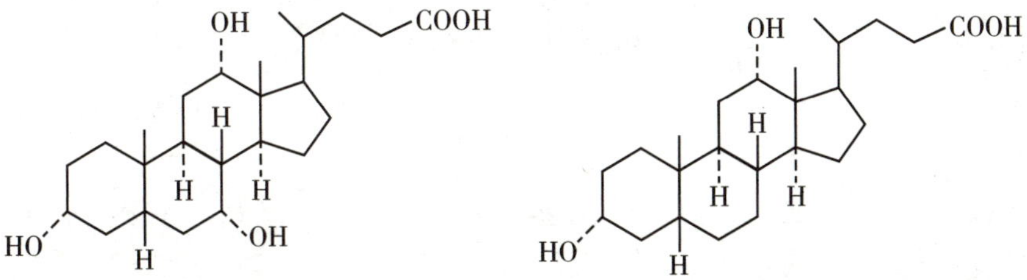

胆酸　　　　去氧胆酸

胆酸在人与动物体内是由胆甾醇形成的。在胆汁中,游离胆酸中的羧基与甘氨酸(H_2NCH_2COOH)或牛磺酸($H_2NCH_2CH_2SO_3H$)中的氨基以酰胺键结合成几种不同的结合胆酸(如甘氨胆酸、牛磺胆酸等),并以不同比例存在于不同动物的胆汁中,总称为胆汁酸。胆汁酸在胆汁中以钾(或钠)盐形式存在。这些胆盐是一种表面活性剂,其生理作用是使脂肪在肠中乳化,有助于脂肪的消化吸收。临床上治疗胆汁分泌不足而引起的疾病,常用甘氨胆酸钠和牛磺胆酸钠的混合物。

(三) 甾体激素

激素(hormone)俗称荷尔蒙,是由各种内分泌腺体分泌的一类具有生理活性的物质。它们直接进入血液或淋巴液中,循环至体内的不同组织或器官,对生物的正常代谢和生长、发育及繁殖起着重要的调节作用。激素根据化学结构分为两大类:一类为含氮激素(nitrogenous hormone),包括胺、氨基酸、多肽及蛋白质;另一类为甾体激素(steroid hormone),包括性激素、肾上腺皮质激素。

1. 性激素　控制性生理活动的激素叫性激素(sex hormone),是高等动物性腺的分泌物,可分为孕激素(progestogen)、雌激素(estrogen)和雄激素(androgen)。3 种性激素的结构各有特征,如孕激素的 C_{17} 位常连有 2 个碳原子的侧链,雄激素的 C_{17} 位一般不含烷基或只含有 1 个甲基,雌激素在 C_{10} 和 C_{17} 位一般无烷基取代。孕酮(progesterone)是一种孕激素,为卵胞排卵后生成的黄体分泌物内成分(又称黄体酮),为准备及维持妊娠与哺乳所必需,具有保胎作用。它能抑制排卵、促进受精卵在子宫中发育,临床上用于治疗先兆流产、习惯性流产等。

雌激素由成熟的卵胞产生,重要的有 α- 雌二醇(C_{17} 为 α-OH)和 β- 雌二醇(C_{17} 为 β-OH)2 种,其中 β- 雌二醇活性较强。雌二醇(estradiol)具有促进雌性第二性征和性器官发育的作用,临床用于卵巢功能不全引起的疾病。

雄激素如睾酮是睾丸的分泌物,有促进雄性动物的发育、生长及维持雄性特征的作用。

笔记栏

几种重要性激素的结构式如下：

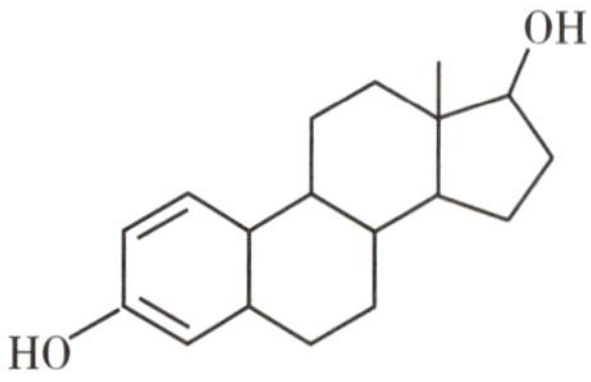

雌二醇

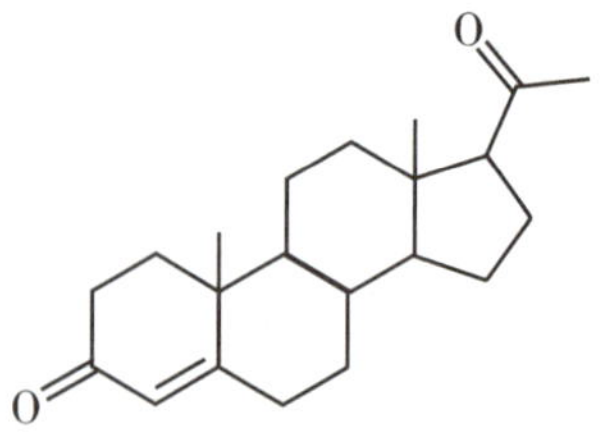

孕酮

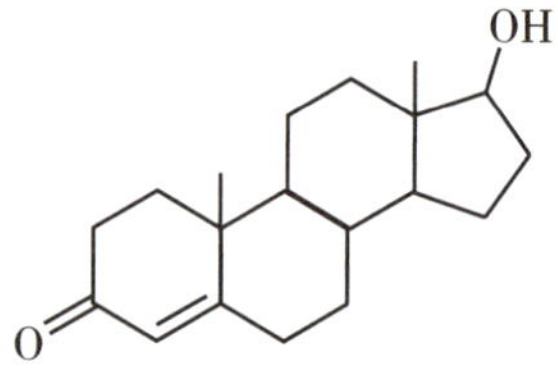

睾酮

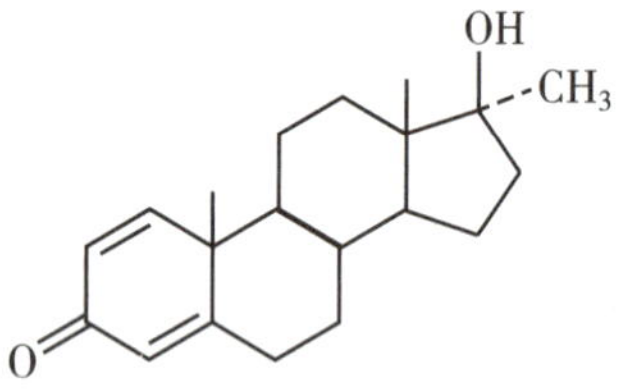

大力补
（去氢甲基睾丸素）

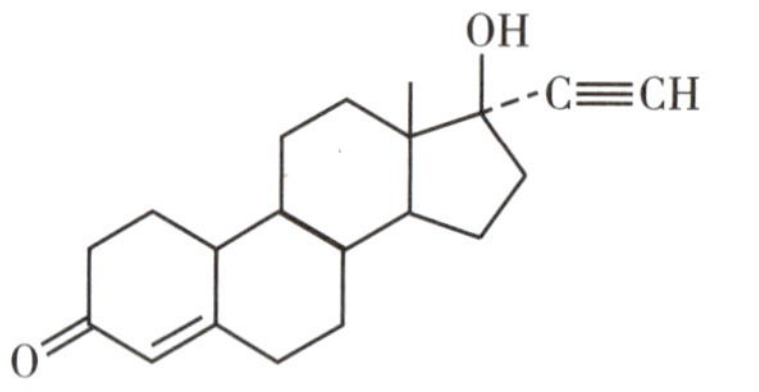

炔诺酮

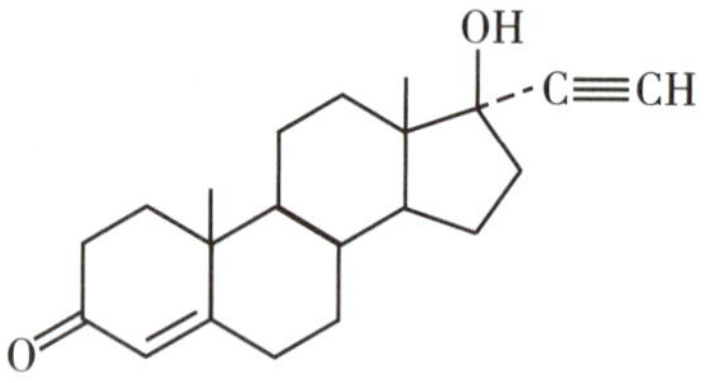

妊娠素（炔孕酮）

炔诺酮(norethisterone)比妊娠素(炔孕酮)少 1 个 C_{10}- 甲基，属于孕激素，是一种女用口服避孕药。

2. 肾上腺皮质激素　肾上腺皮质激素(adrenocortical hormone)是哺乳动物的肾上腺皮质所分泌的一种激素。种类较多，它们对人体的电解质、糖、脂肪及蛋白质代谢具有重要意义。根据各自的生理功能，肾上腺皮质激素可分为糖皮质激素(glucocorticoid)和盐皮质激素(mineralocorticoid)。如可的松(cortisone)就是一种糖皮质激素，能控制糖类的新陈代谢，有治疗风湿性关节炎和促进机体生理功能的作用。我国有机化学家黄鸣龙在 20 世纪 50 年代领导完成了可的松的全合成工作，处于当时的国际先进水平。醛固酮(aldosterone)对体液内电解质的平衡有"贮钠排钾"的调节作用，故称为盐皮质激素。

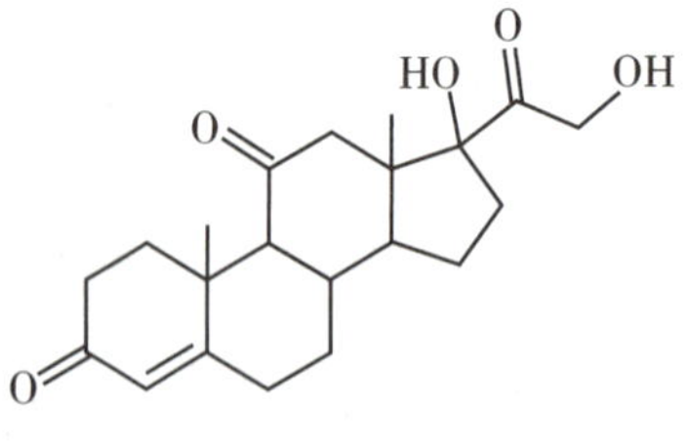

可的松

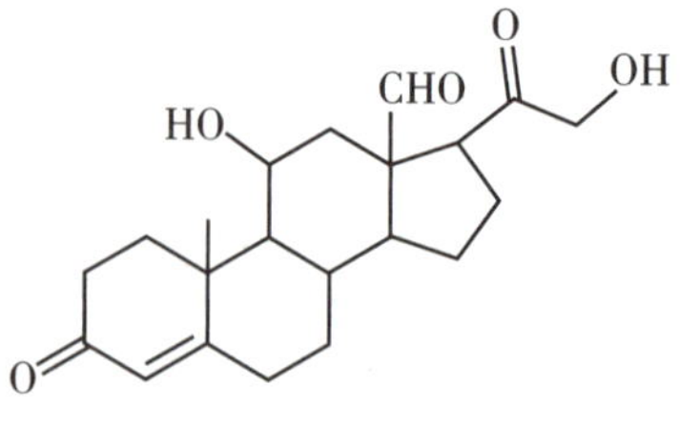

醛固酮

(四) 强心苷

强心苷(cardiac glycoside，cardenolide)是存在于某些动植物体内的一类与糖形成苷的甾体。它们对心肌具有兴奋作用，小剂量能使心跳减慢，心跳强度增加，故称为强心苷。如玄参科毛地黄叶中的毛地黄毒苷，百合科铃兰中的铃兰毒苷等。强心苷有相当大的毒性，若超过使用剂量，能使心脏中毒而停止跳动；临床上用于治疗心力衰竭和心律失常。其强心作用是由强心苷的配糖基(苷元)产生的。与一般甾体相反，强心苷配糖基的甾环结构较为特殊，环系构型分别为 A/B 顺、B/C 反、C/D 顺式。下面是几种强心苷的配糖基：

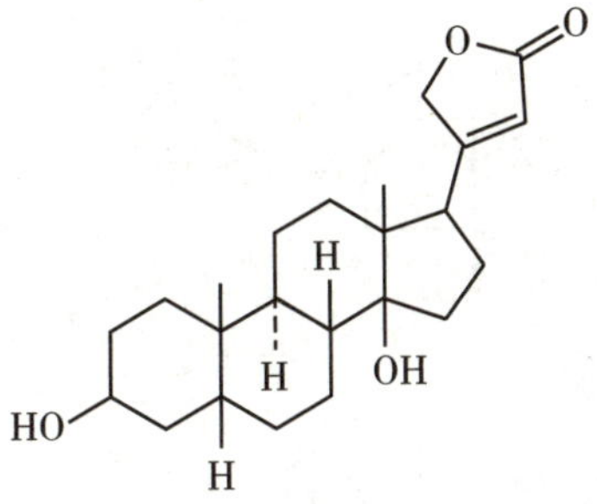

毛地黄毒苷元

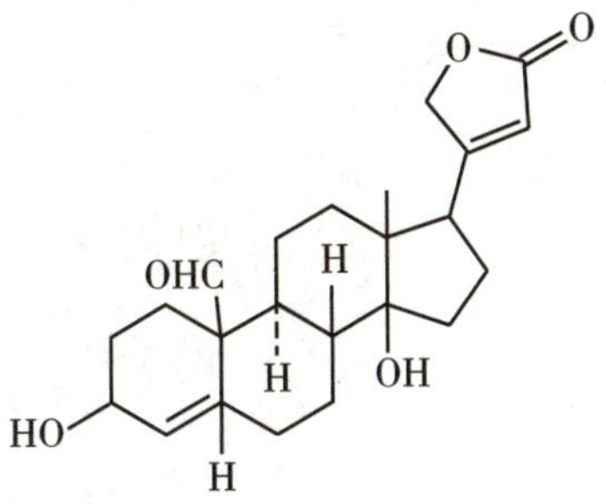

黄夹桃A毒苷元

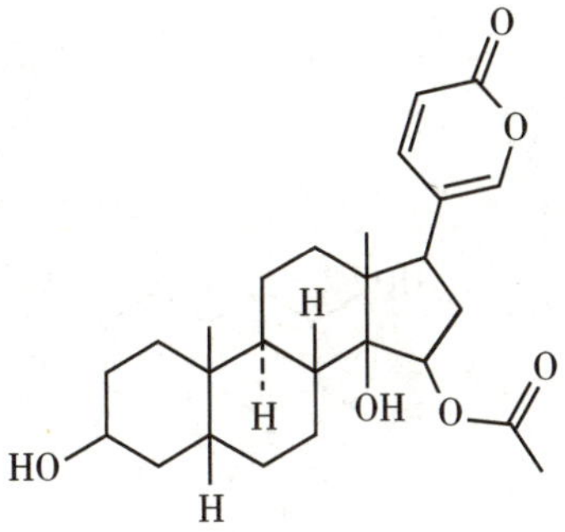

蟾毒苷元

(五) C_{21} 甾苷

C_{21} 甾苷是由孕甾烷的含氧衍生物与糖结合构成的一种苷类植物成分。由于其苷元都是含 21 个碳原子的甾体,故称为 C_{21} 甾苷。这类化合物常与强心苷、皂苷共存于植物中。如杠柳苷 K 苷元。

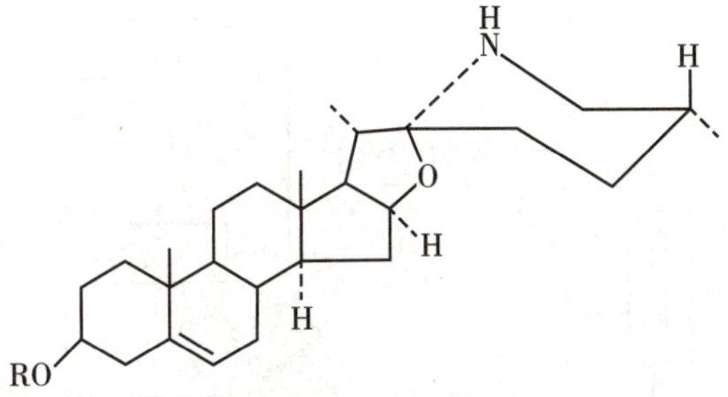

R=洋地黄糖-*O*-（葡萄糖）$_2$
杠柳苷K(北五加皮苷K)

(六) 甾体生物碱

甾体生物碱(steroid alkaloid)是一类含 N 原子的甾体植物成分,分子中的 N 原子可以在环内,也可以在环外链上。这类生物碱主要分布于百合科藜芦属、贝母属以及茄科茄属等植物中,有的以苷类存在,有的以酯类存在。例如:番茄中所含的茄碱(solanine)等。

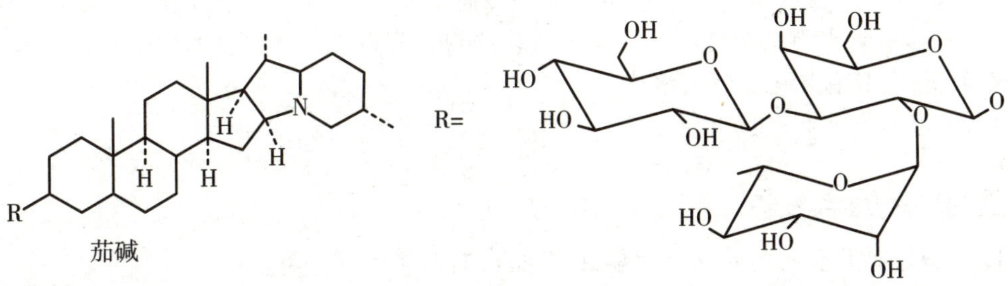

茄碱

(七) 昆虫信息素

昆虫信息素(pheromone, insect hormone)又称昆虫外激素,是一类在昆虫体内对昆虫的生长、蜕皮、变态、生殖及活动行为起着重要作用的化学物质。其中具有甾体母核的是蜕皮激素。

蜕皮激素(ecdysone, molting hormone)又称蜕皮酮,是一种具有蜕皮活性的物质。它们能促进昆虫细胞生长,刺激真皮细胞分裂,产生新的表皮并使昆虫蜕皮。蜕皮激素也存在于某些植物及甲壳动物体内。蜕皮激素除对昆虫显示蜕皮活性外,对人体也有一定作用。

典型的例子如:

笔记栏

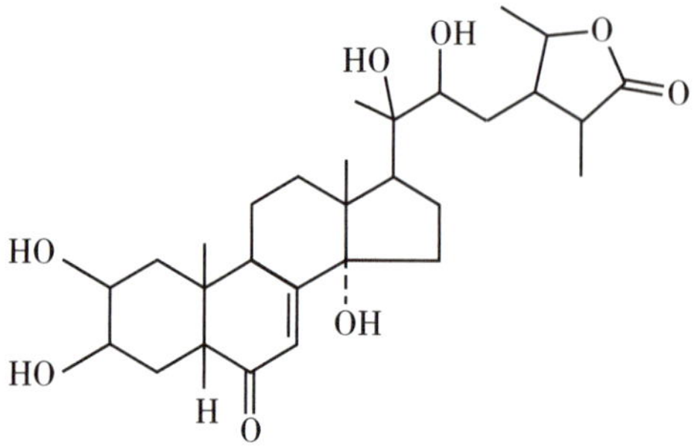

蜕皮酮

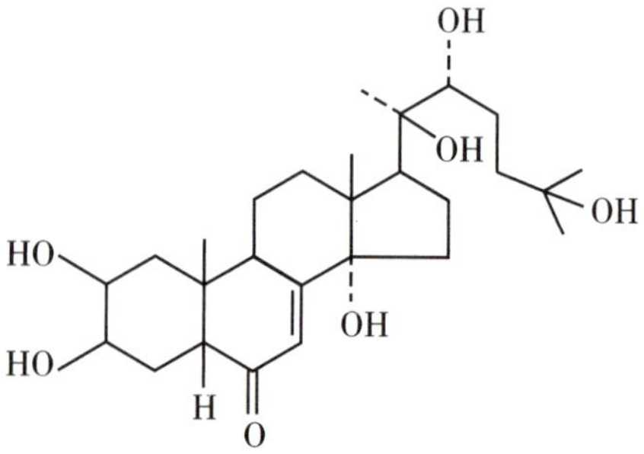

羟基蜕皮甾酮

（彭彩云　盛文兵）

学习小结

1. 学习内容

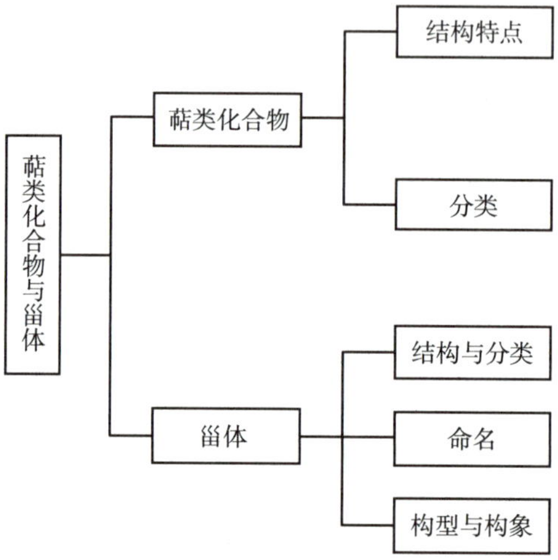

2. 学习方法　萜类化合物与甾体都属于醋源化合物，学习时应注意了解其各自具有不同的结构特点。萜类化合物结构的典型特征是大多可以划分为若干个异戊二烯单元；甾体的特点则是含有环戊烷并多氢菲结构。萜类化合物或甾体的分子中含有何种官能团，应具有其相应的化学性质。

复习思考题与习题

1. 划分下列化合物的异戊二烯单位，并指出它们属于哪一类萜。

(1)  驱蛔萜（属藜属植物）

(2) 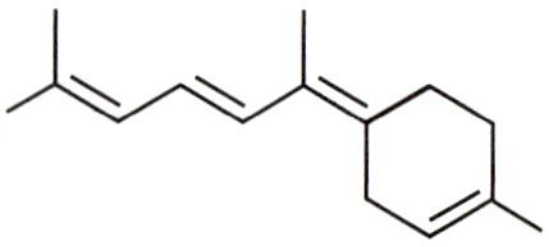 红没药烯

(3) 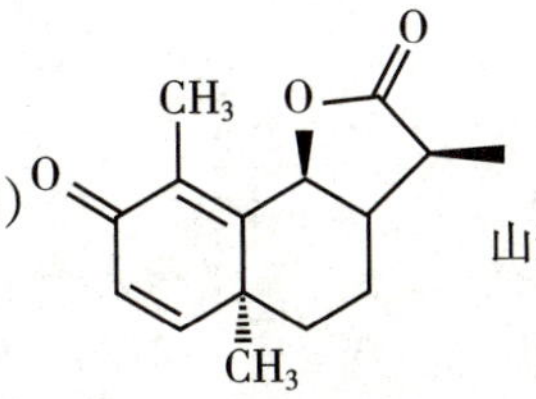

山道年

2. 写出(–)-薄荷醇的构型和构象式。

3. 写出 α-蒎烯、β-蒎烯和龙脑的构象式。

4. 用简单的化学方法鉴别下列各组化合物。

(1) 柠檬醛、樟脑、薄荷醇

(2) 胆酸、胆固醇、炔雌二醇

5. 写出下列反应的主产物。

(1) 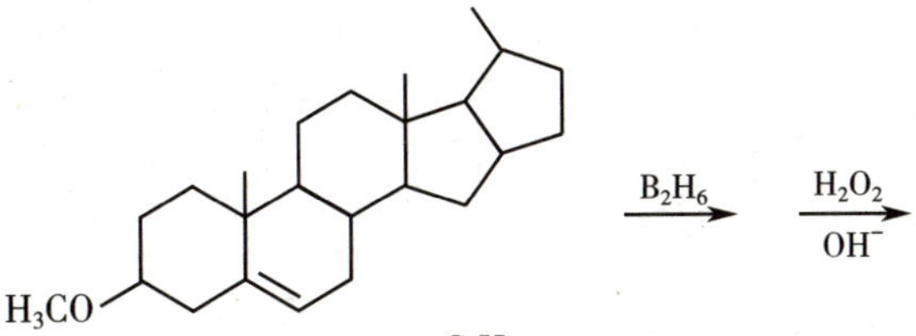

(2) 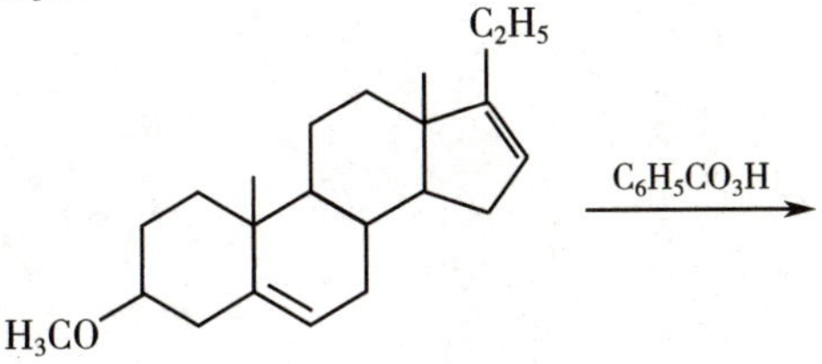

主要参考书目

1. 中国化学会有机化合物命名审定委员会 . 有机化合物命名原则[M]. 北京：科学出版社，2018.
2. 邢其毅，裴伟伟，徐瑞秋，等 . 基础有机化学[M].4 版 . 北京：北京大学出版社，2016.
3. 汪秋安，范华芳，廖头根 . 有机化学实验室技术手册[M]. 北京：化学工业出版社，2012.
4. L.G.Wade，Jr. 有机化学（英文版·原书第 7 版）[M]. 北京：机械工业出版社，2011.
5. 赵骏，杨武德 . 有机化学[M].2 版 . 北京：中国医药科技出版社，2018.

复习思考
题与习题
答案要点

模拟试卷
及答案